W0263554

E. LECHER'S
LEHRBUCH DER PHYSIK

FÜR

MEDIZINER, BIOLOGEN UND PSYCHOLOGEN

FÜNFTE AUFLAGE

BEARBEITET VON

Dr. STEFAN MEYER UND Dr. EGON SCHWEIDLER

O.Ö. PROFESSOREN DER PHYSIK AN DER UNIVERSITÄT WIEN

MIT 524 FIGUREN IM TEXT

1928

SPRINGER FACHMEDIEN WIESBADEN GMBH

ISBN 978-3-663-15315-3   ISBN 978-3-663-15883-7 (eBook)
DOI 10.1007/978-3-663-15883-7

Vorwort zur ersten Auflage.

Jede Physik für Mediziner hat mit dem oft berechtigten Widerwillen der Studierenden zu kämpfen, als wäre das alles ein ephemerer und überflüssiger Wiederbelebungsversuch von alten, verstaubten Wissensresten aus der eben glücklich beendeten Mittelschulzeit. Darum darf die Widmung „für Mediziner" nicht nur das Titelblatt zieren.

Vorliegendes Buch bringt natürlich auch die Grundlehren der Physik. Ist doch diese als älteste aller Naturwissenschaften für die jüngeren Schwesterwissenschaften pfadweisend durch ihre Ergebnisse und Methoden. Dabei soll aber hier ganz besonders jener zahlreichen Erfolge gedacht werden, welche die Physik zu Nutz und Frommen der Medizin und Biologie erarbeitet hat. Ein solches möglichstes Eingehen auf medizinische Anwendungen möchte die Daseinsberechtigung dieses Werkes bilden.

Für das Verständnis der gesperrt gedruckten Schlagworte genügt der groß gedruckte Text, indes das Kleingedruckte weitergehende Wissenswünsche befriedigen soll. Die Figuren sind schematisch gehalten, da ja jeder Studierende die betreffenden Versuche in der Vorlesung sieht. Selbststudium einer experimentellen Wissenschaft kann die Anschauung ebensowenig ersetzen, wie das Lesen eines Klavierauszuges das Anhören einer Oper.

Wien, September 1912.

E. Lecher.

Vorwort zur fünften Auflage.

Die Beliebtheit des Lecherschen Lehrbuches, besonders in den Kreisen, für die es geschrieben war, äußert sich darin, daß bereits eine fünfte Auflage notwendig wurde. Als nach dem Tode des Verfassers der Verlag sich an uns wandte, haben wir gerne die Bearbeitung übernommen. Wir haben uns dabei bemüht, einerseits dieselbe in seinem Sinne zu gestalten, d. h. insbesondere die sehr anschauliche Darstellungsweise und die eingehende Berücksichtigung der Anwendung physikalischer Gesetze in Biologie und Medizin beizubehalten, anderseits lautgewordenen Kritiken Rechnung zu tragen sowie durch Ergänzungen und Veränderungen, wie sie die schnell fortschreitende Entwickelung der Physik verlangt, das Buch dem derzeitigen Stande der Erkenntnisse anzupassen So wurden z. B. die Hauptsätze der mechanischen Wärmetheorie, die Photometrie, Ionisierung der Gase, Röntgenstrahlen, Radioaktivität, die neuen Anschauungen über den Atombau u. a. in teilweise geänderter Form gebracht. Wir hoffen, daß auch unsere Bearbeitung freundlich aufgenommen werden möge.

Wien, September 1928.

Stefan Meyer. Egon Schweidler.

Inhalt.

(Ausführliches Sachregister am Schluß des Buches.)

I. Einleitung.

II. Mechanik.

1. Mechanik fester Körper.

2. Mechanik flüssiger Körper.

3. Mechanik gasförmiger Körper.

III. Akustik.

Seite

IV. Wärme.

VI. Elektrizität.

1. Elektrostatik.

2. Magnetismus.

3. Elektrochemie.

4. Ohmsches Gesetz.

5. Elektrizität und Wärme.

6. Ponderomotorische Wirkung von Strömen.

7. Elektromagnetische Induktion.

8. Elektromagnetische Schwingungen.

9. Elektrische Ströme in Gasen.

10. Röntgenstrahlen.

11. Elektronik und Atombau.

12. Radioaktivität.

I. Einleitung.

1. Das Wort Physik stammt von $\varphi\acute{v}\sigma\iota\varsigma$, das die „Natur" heißt, und bedeutet ursprünglich allgemein Naturkunde. Aber in diesem allgemeinsten Wortsinn würde das Gebiet ein allzuumfassendes sein. Schon frühzeitig wurden daher als selbständige Wissensgebiete diejenigen unterschieden, die sich mit der belebten Natur befassen, und abgetrennt von denen, welche die unbelebte betreffen. So wurden Zoologie und Botanik in ihrer Systematik und Biologie abgeschieden. Aber auch die unbelebte Natur erwies sich als zu vielseitig, es sonderten sich die beschreibenden Wissenschaften, Mineralogie, Geologie, Geographie als eigene Spezialwissenschaften ab. Freilich als diese Wissenschaften ihren rein deskriptiven Charakter verloren, als das Werden der Kristalle und ihre Beziehungen untereinander, als das Entstehen der Gesteine, als die Bildung unserer Erdoberfläche usw. in den Kreis der Betrachtungen gezogen wurden, da wurden die Beziehungen zur eigentlichen Physik wieder immer engere, und es entstanden in der Kristallkunde, in der physikalisch-chemischen Mineralogie, der Geophysik usw. eine Reihe von Grenzgebieten, deren Zuordnung durchaus nicht mehr eindeutig möglich oder erwünscht ist. Weiter wurden aus der Physik im Laufe der Zeiten noch große Arbeitsgebiete abgeschieden, die ihr immer wesensverwandt geblieben sind: Die Chemie, die sich mit Beschreibung, Bildung und Zerlegung der unbelebten Stoffe befaßt, mit allen ihren Unterabteilungen; die Astronomie, die ein herausgegriffenes Kapitel aus der Mechanik (Himmelsmechanik) darstellt, sowie die Astrophysik; die Meteorologie und Geodynamik und die speziellen technischen Wissenschaften.

Was bleibt also eigentlich für unser Gebiet übrig? Eine genaue Definition ist hierfür unmöglich, weil die Grenzen mit wachsender Erkenntnis neuen Tatsachenmateriales sich beständig verschieben und man z. B. heute kaum sagen kann, wie weit Radioaktivität und Atomphysik noch besser in der Physik oder in der physikalischen Chemie oder als selbständiger Wissenszweig besprochen werden sollen. Man behandelt zur Zeit als „Physik" im engeren Sinne die Abschnitte über: Mechanik, Akustik, Wärme, Optik, Elektrizität und Magnetismus.

Schon aus dieser Einteilung geht hervor, daß ursprünglich die sinnliche Wahrnehmung, die für die Physik als Erfahrungswissenschaft die Grundlage bildet, das Einteilungsprinzip geliefert hat, daß also Naturerscheinungen, die wir mittels eines bestimmten Sinnes wahrnehmen,

z. B. Schall, Wärme, Licht, in entsprechende Gruppen zusammengefaßt wurden.

Obgleich aber die direkte sinnliche Wahrnehmung den Ausgangspunkt aller physikalischen Untersuchungen bildet, muß die Physik doch in vielen Fällen, nämlich dort, wo es sich um die Aufstellung präziser quantitativer Gesetze handelt, die sinnlich wahrgenommenen Qualitäten (Empfindungsinhalte) durch zahlenmäßig angebbare Größen ersetzen. Die Erfahrung zeigt nun, daß alle physikalischen Größenangaben sich auf Messungen von **Längen, Zeiten** und **Massen** zurückführen lassen, und in diesem Sinne spricht man von einem **absoluten Maßsystem** der Physik.

So wird z. B. die Temperatur physikalisch durch die Volumausdehnung der Körper gemessen, eine Tonhöhe durch die Zahl der Schwingungen in der Zeiteinheit, ein bestimmter Farbenton durch die Wellenlänge des Lichtes definiert oder die Größe einer elektrischen Ladung aus den mechanischen Kraftwirkungen, die sie hervorbringt, berechnet.

Mit der Einführung des absoluten Maßsystems wird bloß eine Übereinkunft darüber getroffen, auf welche Art die verschiedenen physikalischen Größen zu messen sind; keineswegs wird aber damit auch schon die Hypothese der mechanistischen Weltauffassung, daß alle Naturvorgänge, z. B. die elektrischen, durch Bewegung von Massen erklärt werden könnten, als richtig angenommen.

Länge, Fläche, Volumen, Winkel.

2. Als Einheit des Längenmaßes wählte man den vierzigmillionsten Teil eines Erdmeridianes und nannte diese Einheit Meter, m. Ein auf der Erdoberfläche kürzester Weg vom Äquator zum Pole, ein sog. Erdmeridianquadrant, sollte nach dieser Definition die Länge von genau 10.000 000 oder 10^7 m haben.

Später zeigte sich aber, daß ein solches Maß nicht endgültig herzustellen ist, da jede Verbesserung in den geometrischen Bestimmungen der Erddimensionen immer wieder von neuem kleine Differenzen ergeben mußte. Nach den derzeitigen besten Messungen ist der Erdquadrant 10 000 860 m. Man beschloß daher 1889, den seinerzeit möglichst genau der Definition entsprechend hergestellten Maßstab als Längennormale beizubehalten. Die Originaltype dieses **internationalen Meters** befindet sich in Paris, und alle größeren Staaten erhielten zwei gleiche Maßstäbe.

1 Meter, 1 m, ist gleich der Entfernung zweier Striche auf einem in Paris aufbewahrten Normalstabe aus Platiniridium bei der Temperatur des schmelzenden Eises.

Im absoluten Maßsystem wird 1 cm als Einheit gewählt.

10^6	= 1 000 000 m	= 1 Mm	= 1 Megameter	10^{-3}	= 0,001 m	= 1 mm	= 1 Millimeter
10^3	= 1000 m	= 1 km	= 1 Kilometer	10^{-4} cm	= 10^{-3} mm	= 1 μ	= 1 Mikron
10^{-1}	= 0,1 m	= 1 dm	= 1 Dezimeter	10^{-7} cm	= 10^{-6} mm	= 1 mμ	= 1 Milli-
10^{-2}	= 0,01 m	= 1 cm	= 1 Zentimeter				mikron (früher als $\mu\mu$ bezeichnet)

$$10^{-8}\,\text{cm} = 1\,\text{Å. E.} = 1\ \text{Ångström-Einheit}$$
$$10^{-11}\,\text{cm} = 1\,\text{X. E.} = 1\ \text{X-Einheit.}$$

Das Mikron (μ) wird hauptsächlich in der Mikroskopie verwendet, mμ und Å. E. in der Optik, X. E. bei Röntgen- und γ-Strahlen.

Eine Festlegung der Längeneinheit von 1 m kann auch erfolgen durch Ausmessung der Wellenlänge (λ) des Lichtes bestimmter Farbe. Wählt man die rote Cadmiumlinie bei 15^0 C in trockener Luft bei Normaldruck, so ist 1 m = 1 553 164,13 λ.[1])

Andere Längenmaße:

Englische Maße: 1 foot (Fuß) = 12 inches = 30,480 cm

1 inch (Zoll) = 10 lines = 2,5400 cm

1 yard (Elle, Rute) = 3 feet = 91,43992 cm

1 fathom (Faden, Klafter) = 6 feet = 182,8798 cm

1 Mile (englische Meile) = 1,609 343 km.

Amerikanische Maße: 1 U. S. inch = 2,54001 cm

1 U. S. yard = 91,44018 cm

1 U. S. Mile = 1,609 347 km.

1 geographische Meile = 4 Bogenminuten des Äquators = 7,4204 km

1 Seemeile = 1 mittlere Bogenminute des Meridians = 1,852 km.

In der Astronomie verwendet man als Längeneinheit die „Erdweite" = mittlere Entfernung der Erde von der Sonne = angenähert $1,5 \cdot 10^8$ km; ferner das „Lichtjahr", das ist die Strecke, welche das Licht in einem Jahr zurücklegt = angenähert $9,5 \cdot 10^{12}$ km; schließlich eine Einheit, die 1 „parsec" genannt wird. 1 parsec = 3,26 Lichtjahre $= 31 \cdot 10^{12}$ km ist diejenige Entfernung, aus der die Erdweite (siehe oben) unter einem Gesichtswinkel von einer Bogensekunde erscheint. (**Parallaxe** = 1 Secunde.)

Längenmessungen. Einfache Messungen erfolgen mit Maßstäben, Bandmaßen usw. Für genauere Messungen bedient man sich der Endmaße oder Strichmaße.

Endmaße messen die Entfernung einer Endfläche eines Körpers zur anderen; bei Strichmaßen ist die Länge durch den Abstand zweier Striche gegeben.

Große Entfernungen werden trigonometrisch aus einer Basislänge und Winkeln berechnet.

3. Schublehre. Um die Länge eines Stückes C zu messen (Fig. 1), schiebt man den Schlitten B möglichst nach links, so daß C zwischen die Backen a und b kommt. Die Länge von C wäre z. B. 12,4 mm, wo die Zehntel Millimeter zunächst nur geschätzt sind.

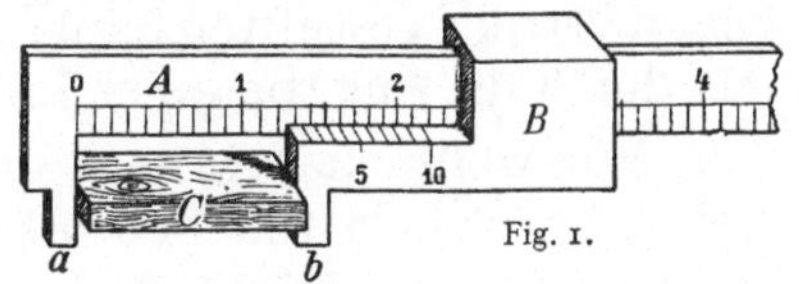

Fig. 1.

Man kann sie genauer mit Hilfe des **Nonius** auf B messen. 10 Teile der Skala des Nonius sind gleich 9 Teilen der Hauptskala auf A. Stimmt also irgendein Strich der Hauptskala genau mit einem Strich der Noniusskala überein, so liegt der nächste Noniusstrich links um $\frac{1}{10}$ gegen den entsprechenden Strich der Hauptskala nach rechts verschoben, der nach links zweitnächste Noniusstrich um $\frac{2}{10}$ usw. In der gezeichneten Stellung deckt sich nun der dritte Noniusstrich mit einem bestimmten Hauptmaßstrich, es liegt also der Nullpunkt des Nonius um $\frac{3}{10}$ rechts vom nächsten linken Hauptmaßstabstrich. Was wir also früher mit $\frac{4}{10}$ mm geschätzt, ist genau $\frac{3}{10}$ — die Länge von C ist somit 12,3 mm.

4. Die Verwendung der **Mikrometerschraube** ist bei Meßinstrumenten eine sehr häufige; sie bedarf wohl für die meisten Fälle keiner eigenen

---

1) $\lambda = 643,84696\ m\mu$.

Erklärung. In Fig. 2 ist ein Dickenmesser abgebildet, der dazu dient, die Dicke von Glasplatten, Drähten oder dgl., welche in den Zwischenraum nach x kommen und dort durch die Schraube einge-

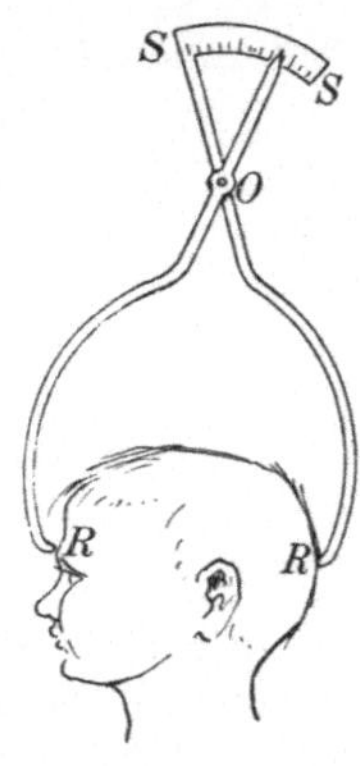

Fig. 3.

klemmt werden, rasch zu messen. Gewöhnlich beträgt die Höhe eines Schraubenganges 1 mm, und der Apparat ermöglicht durch seine Kreiseinteilung K auch noch Hundertstel einer ganzen Schraubenumdrehung direkt zu messen, Tausendstel zu schätzen.

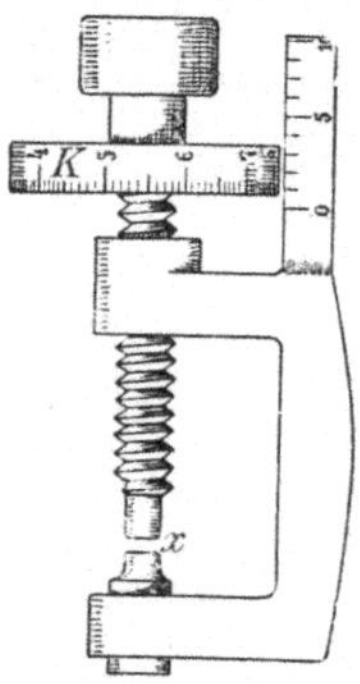

Ein weiteres oft angewendetes Hilfsmittel haben wir im **Fühlhebel**, der die Messung verfeinern oder auch vergröbern kann. Fig. 3 stellt ein Kephalometer dar, einen Apparat, mit dem man irgendeinen Durchmesser, z. B. des Schädels bestimmt. Die kreisförmige Skala SS ist hier vom Drehpunkte O ein Zehntel so weit entfernt als die Spitzen RR. Die mm auf der Skala SS bedeuten daher cm der Entfernung RR;

Fig. 2.

diese geringe Genauigkeit genügt hier. (Es ist in Fig. 3 der Deutlichkeit wegen OS verhältnismäßig zu groß gezeichnet.)

Wäre umgekehrt $OS = 10\,OR$, so würde eine Entfernung RR auf SS in zehnmal zu großen Einheiten abgelesen, was natürlich die Genauigkeit der Ablesung erhöhen würde.

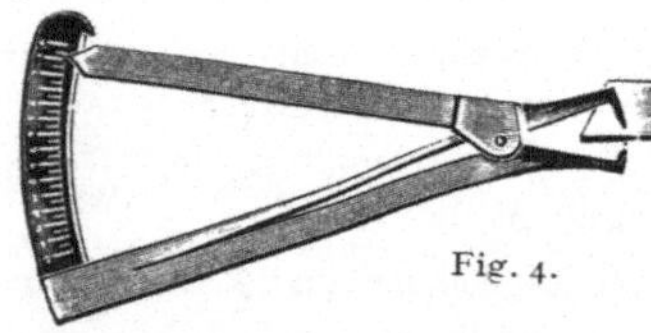

Fig. 4.

Einen solchen physikalischen Fühlhebel, der mm, als cm vergrößert, abzulesen gestattet, gibt Fig. 4. (Auch hier ist das Hebelverhältnis ungenau gezeichnet.)

5. Komparatoren, Kathetometer. Zum Vergleich von Strichmaßstäben verwendet man sogenannte Komparatoren. Sie bestehen aus einem festen Mikroskop und einem mittelst einer Mikrometerschraube in einer Schlittenführung verschiebbaren Mikroskop.

Vertikale Distanzen werden mit Kathetometern bestimmt. Auf einer genau vertikal gestellten Säule mit Maßstab wird ein Fernrohr verschoben, das durch die Angabe einer Libelle (siehe S. 8) kontrolliert wird.

6. Wir wollen das Wesen des **parallaktischen Fehlers** an folgenden Beispielen uns klarmachen. Es sei (Fig. 5) das Ende eines Thermometer-

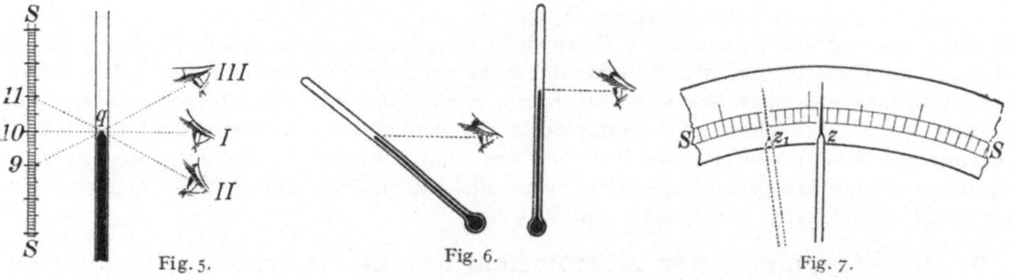

Fig. 5.   Fig. 6.   Fig. 7.

quecksilberfadens q und SS die Skala. Ablesungen macht man hier mit einem Auge. Blickt dieses senkrecht auf das Thermometer und die dazu parallele Skala, wie in **I**, so ist die Ablesung richtig (z. B. 10^0). Befindet sich das Auge zu tief, in II, so wird die Ablesung zu hoch (z. B. 11^0). Befindet sich das Auge zu hoch, III, so wird die Ablesung eine zu geringe (z. B. 9^0). Aus Fig. 5 ist ersichtlich, daß der parallaktische Fehler um so **größer wird, je weiter die Skala vom Quecksilberfaden absteht**; gute Thermometer haben darum die Skala möglichst unmittelbar am Quecksilberfaden. Aber auch hier kann z. B. bei einem Fieberthermometer ein beträchtlicher Fehler entstehen, wenn die Blickrichtung nicht senkrecht zur Thermometerachse steht. Fig. 6 deutet links falsche, rechts richtige Ablesung an.

Ein senkrechtes Anvisieren erreicht man oft am leichtesten dadurch, daß die Skala selbst auf einen Spiegel geätzt ist oder knapp neben einem Spiegel in paralleler Ebene mit ihm liegt, wie dies z. B. bei vielen modernen elektrischen Meßinstrumenten der Fall ist. Hier bewegt sich ein Zeiger längs einer Skala, und wenn man richtig ablesen will, müssen der Zeiger und sein Spiegelbild sich decken. In Fig. 7 ist SS ein Bruchstück der kreisförmigen Spiegelskala, z der Zeiger und z. B. z_1 sein Spiegelbild, d. h. das Auge steht zu weit links. Geht man mit dem beobachtenden Auge langsam nach rechts, so rückt z_1 gegen z. Sowie z_1 mit z sich genau deckt, ist die Ablesung der Skalenbezifferung und Schätzung der Skalenbruchteile vorzunehmen.

7. Aus den angegebenen Längenmaßen bilden sich in bekannter Weise die **Flächenmaße** als Quadrate mit der Seitenlänge = Längeneinheit. Z. B. 1 m², 1 cm² usw., ferner 1 Ar (a) = 100 m²; 1 Hektar (ha) = 100 a.

Die Größe regelmäßiger Flächen wird geometrisch ausgewertet. Für unregelmäßige Flächen bedient man sich der ,,Planimeter" (einer Abrollvorrichtung).

Man kann auch die ausgeschnittene Fläche bzw. eine gleiche aus Papier, Stanniol oder dergl. auswägen und das Gewicht mit dem der Einheit (z. B. 1 dm²) vergleichen.

In analoger Weise stellen Würfel von der Seitenlänge = 1 die Einheiten des **Volumens** dar.

$$(1 \text{ m}^3, 1 \text{ cm}^3)$$

Ein **Liter** = 1 dm³ ist ein Volummaß für Flüssigkeiten und Gase.

$$(1 \text{ Hektoliter [hl]} = 10^2 \text{ l})$$

Das Volumen von Flüssigkeiten bestimmt man in mit Teilstrichen versehenen Maßzylindern oder Mensuren, Pipetten, Büretten, Tarierfläschchen oder Überlaufgefäßen. Das Volumen fester regelmäßiger Körper wird durch geometrische Ausmessung, das unregelmäßiger durch Wasserverdrängung in einem Eichgefäß bestimmt.

8. Unter „**Winkel**" versteht man in Formeln das Verhältnis von Bogen zu Radius, so daß diese Größe eine reine Verhältniszahl ist. In diesem Winkelmaß entspricht

$$360^0 = 2\pi \qquad\qquad 57{,}2958^0 = 1 \quad \text{(Winkel für den}$$

$$90^0 = \frac{\pi}{2} \qquad\qquad 3437{,}75' = 1 \qquad \text{Bogen} = \text{dem}$$

$$1^0 = \frac{\pi}{180} \qquad\qquad 206\,265'' = 1 \qquad \text{Halbmesser).}$$

Um einen Winkel in einer Zeichnung oder an einer Kante zu messen, verwendet man den allgemein bekannten **Transporteur** oder das **Anlegegoniometer** (Fig. 8).

Denken wir uns einmal die drei Winkel eines bestimmten Dreiecks gemessen und diese Messung liefere z. B. $a = 60^0$, $\beta = 61{,}6^0$, $\gamma = 59{,}3^0$. Die Summe dieser drei Winkel gibt $180{,}9^0$. Wir wissen aber, daß die Summe 180^0 sein muß; es sind also unsere Messungen mit einem Fehler von $0{,}9^0$ behaftet. Unter der Annahme, daß alle drei Messungen mit gleicher Sorgfalt durchgeführt worden sind, müssen wir bei Vornahme der Korrektur diesen Fehler von $0{,}9^0$ auf alle drei Messungen gleichmäßig verteilen und annehmen, daß jede der drei Messungen um $0{,}3^0$ zu groß war. Wir erhalten somit als richtige Werte $a = 59{,}7^0$, $\beta = 61{,}3^0$, $\gamma = 59^0$. Dieses Beispiel soll uns zeigen, daß wirkliche Messungen niemals vollständig dem wirklichen Tatbestande entsprechen können, sie sind immer mit Ablesefehlern behaftet, deren Größe von der Genauigkeit der angewandten Methode abhängt. Wir würden mit einem besseren Instrumente viel genauere Resultate erzielt haben, oder wenn wir jede der drei Messungen sehr oft wiederholt und daraus das arithmetische Mittel genommen hätten; nie aber wäre die Summe der drei Winkel — außer durch Zufall — genau 180 Grade geworden.

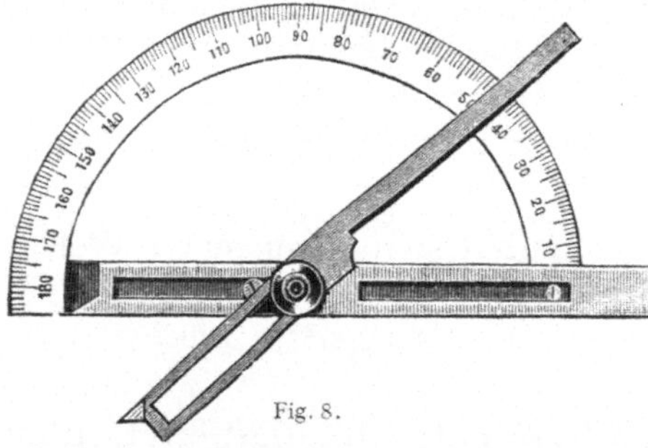

Fig. 8.

Die Verwendung des Nonius bei Kreisbogen (Limbus) und beweglichem Arm (Alhidade) geschieht z. B. bei $\frac{1}{2}^0$ Teilung, 30 Nonienintervalle auf 29 Kreisintervalle mit einer Ablesemöglichkeit auf $1'$.

Den Winkel, den zwei spiegelnde Flächen, z. B. eines Kristalles oder eines optischen Prismas einschließen, mißt das **Goniometer**, das wir später (§ 297) besprechen wollen.

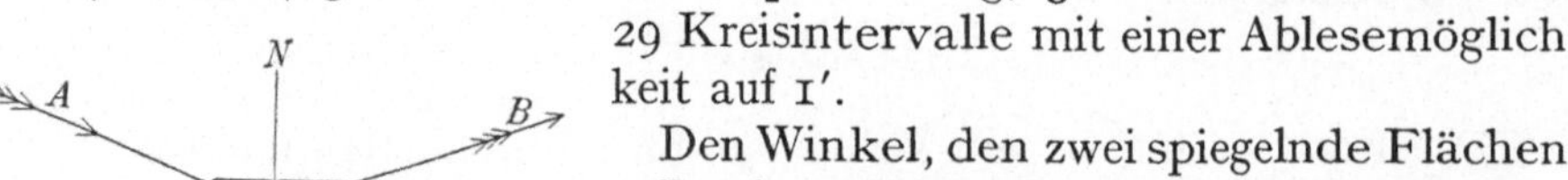

Fig. 9.

9. Eine in der Physik sehr gebräuchliche Methode der Winkelmessung bildet die sogenannte **Spiegelablesung**. Da wir diese Methode des öfteren anwenden werden, so sei sie hier schon geschildert, wiewohl wir ein Gesetz benutzen, das einem späteren Kapitel (der Optik) angehört.

Wenn ein Lichtstrahl in der Richtung AO auf eine spiegelnde Fläche SS auffällt, ergibt sich die Richtung des reflektierten Strahles OB aus folgendem Reflexionsgesetz (Fig. 9).

1. Wir errichten im Punkte O eine auf die spiegelnde Fläche Senkrechte ON — das Einfallslot; 2. wir legen durch einfallenden Strahl AO und Einfallslot ON eine Ebene; 3. wir ziehen in dieser Ebene OB so, daß der Einfallswinkel AON gleich ist dem Reflexionswinkel NOB. Ein Lichtstrahl AO wird also in der Richtung OB reflektiert und erzeugt an einer fernen Wand einen hellen Lichtfleck.

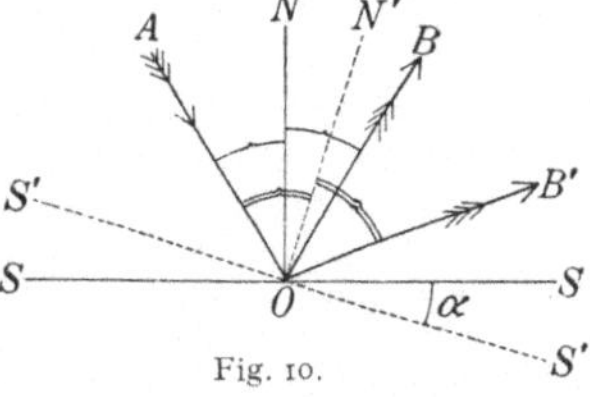
Fig. 10.

Dreht sich der Spiegel SS (Fig. 10) in die punktierte Lage $S'S'$ um den Winkel α, so kommt ON nach ON'. Der reflektierte Strahl von AO ist jetzt OB'.

Die Winkeldrehung des reflektierten Strahles 2α ist also doppelt so groß als die Drehung α des Spiegels. Dies ist aus Fig. 10 unmittelbar ersichtlich.

Hängen wir eine kleine Magnetnadel in ihrer Mitte so an einen dünnen Faden, daß sie um eine Vertikalachse in horizontaler Ebene sich bewegen kann, so stellt sie sich bekanntlich in der magnetischen Nordsüdrichtung ein. Eine kleine Ablenkung dieser Magnetnadel aus dieser Ruhelage, z. B. infolge eines benachbarten elektrischen Stromes oder infolge einer Änderung des Erdmagnetismus, können wir an einem kleinen vertikalen Spiegelchen messen, das fest mit der Magnetnadel verbunden ist und daher mit der Nadel zusammen sich dreht.

Es sei von oben gesehen SS der Spiegel (Fig. 11), L eine Lichtquelle und der Strahl r werde vom Spiegel in der Richtung gegen den Nullpunkt einer Skala AB geworfen. Dreht sich nun der Spiegel nach $S'S'$, so wird derselbe einfallende Strahl r jetzt auf einen anderen Strich der Skala, z. B. 20, reflektiert.

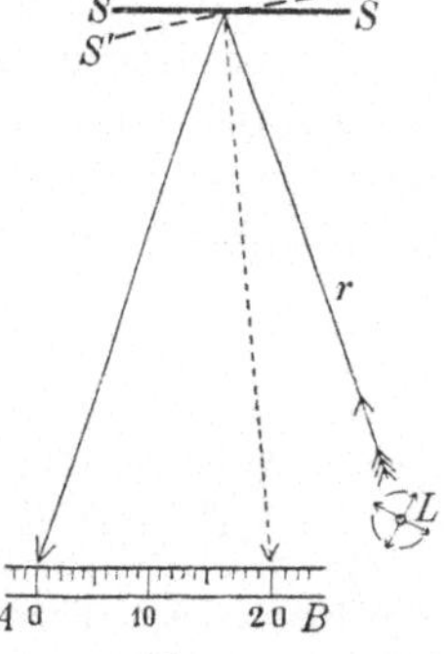
Fig. 11.

Um das Bild behufs genauer Ablesung scharf zu machen, muß man in den Gang der Lichtstrahlen eine Linse einschalten, welche von der Lichtquelle L auf der Skala ein scharfes Bild entwirft; man kann auch zu diesem Zweck für SS ein Hohlspiegelchen nehmen.

Dies ist die **objektive Spiegelablesung,** weil gleichzeitig viele Personen, z. B. in einem großen Hörsaale, das Hin- und Herwandern des Lichtstrahles auf der Skala beobachten können.

Bei **subjektiver Spiegelablesung** beobachtet man (Fig. 12) das Spiegelbild einer hell erleuchteten Skala durch ein Fernrohr F.

Die Ziffern dieser Skala stehen verkehrt, weil sie im astronomischen Fernrohr F umgekehrt werden. Sie sind aber überdies in Spiegelschrift geschrieben, damit sie uns im Spiegel in natürlicher Lage erscheinen.

Zuerst sehen wir z. B. den Nullpunkt der Skala; wenn das **Spiegelchen** SS sich dann in die punktierte Lage $S'S'$ dreht, sehen wir einen anderen Punkt der Skala, z. B. 25. Schwingt das an einem kleinen Magnet oder an sonst einem Apparate befestigte Spiegelchen mit diesem Magnet oder mit diesem Apparate um eine Vertikalachse langsam hin und her, so sieht man im Fernrohre scheinbar die Skala sich horizontal hin und

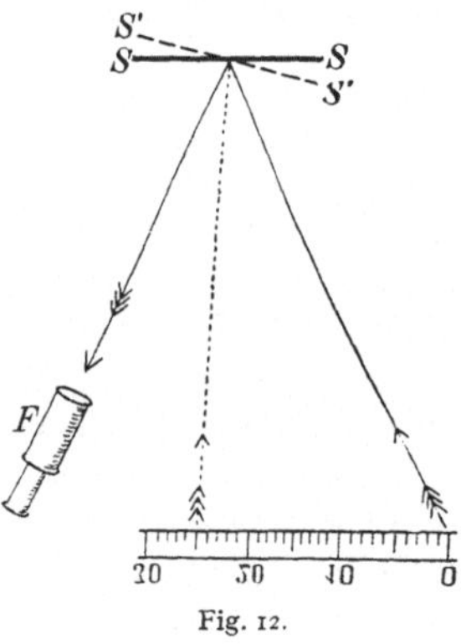

Fig. 12.

her bewegen. Man kann so in dem Fernrohre mittels seiner Ablesungsmarke, dem sogenannten **Fadenkreuz**, ganz kleine Ablenkungen mit großer Genauigkeit bestimmen.

Bei der objektiven Spiegelablesung ist der einfallende Strahl fix, bei der subjektiven der reflektierte.

In beiden Methoden der Spiegelablesung haben wir am Spiegelchen gleichsam einen sehr langen bis zur Skala reichenden gewichtslosen Lichtzeiger angebracht; eine kleine Drehung des Spiegelchens erscheint an der Skala als um so größerer Ausschlag, je weiter die Skala entfernt ist. Das ist der **Hauptvorteil der Spiegelablesung**. Ein weiterer Vorteil liegt darin, daß der Beobachter in großer Entfernung vom Apparat sich befindet und Störungen durch seine Bewegungen und Hantierungen geringer ausfallen, als wenn er sich z. B. unmittelbar über die Magnetnadel selbst beugen müßte.

10. Fadenlot, Libellen. Zur Justierung der Horizontal- bzw. Vertikal-Stellung von Apparaten benutzt man das Fadenlot oder Libellen. Bei den Libellen unterscheidet man **Röhrenlibellen** (**Wasserwaagen**), die nacheinander in zwei aufeinander senkrechten Stellungen durch Stellschrauben zum Einspielen der Luftblase auf die Null-Lage gebracht werden oder **Dosenlibellen**, bei denen die Blase in die Mitte einer Kreismarke zu bringen ist.

Zeit.

11. Zum Begriffe der Zeit können wir nur gelangen durch Vergleichung von Bewegungen. Wir müssen annehmen, daß irgendeine Bewegung, nach der wir uns richten wollen, in immer gleichmäßiger Weise vor sich geht. Eine solche bietet uns in fast einwandfreier Weise die Achsenumdrehung der Erde, durch welche der Eindruck erzeugt wird, als ob die Fixsterne in Kreisen um die verlängerte Erdachse rotierten. Die konstante Zeit, die irgendein Stern zum Durchlaufen dieses Kreises braucht, heißt Sterntag. Die Sonne, die im Vergleich zu den Fixsternen in unmittelbarer Nähe der Erde sich befindet, bewegt sich scheinbar ebenso wie diese Sterne, aber etwas langsamer. Infolge der jährlichen Umdrehung der Erde um die Sonne nämlich erscheint letztere zu verschiedenen Jahreszeiten vor verschiedenen Sternbildern. Es ist somit der Sonnentag etwas länger als der Sterntag, da das Jahr gerade einen Sterntag mehr als Sonnentage hat. Diese scheinbare Bewegung der Sonne gegen die Fixsterne oder dieses scheinbare Zurückbleiben der Sonne gegen die

Sterne ist aber aus verschiedenen Gründen (elliptische Form der Erdbahn; Schiefe der Ekliptik) nicht regelmäßig. Würden wir daher den Tag so definieren, daß derselbe von einem höchsten Sonnenstande bis zum nächsten, also von einem Sonnenmittag bis zum nächsten reicht, so wären diese Tage zu verschiedenen Jahreszeiten verschieden. Eine regelmäßig gehende Uhr würde Differenzen bis zu $\frac{1}{4}$ Stunde aufweisen. Da wir nun aus praktischen Gründen unsere Zeit — wenigstens annähernd — nach der Sonne richten müssen, so denkt man sich eine ideale Sonne dadurch gekennzeichnet, daß sie jeden Tag gegen den Sterntag um 3,9 (ungefähr 4) Minuten zurückbleibt. Ein **mittlerer Sonnentag** ist also ein Sterntag mehr 4 Minuten. Dieser Tag dividiert durch $24 \cdot 60 \cdot 60$ ist **1 Sekunde, 1 sec, die Zeiteinheit.**

1 Jahr $= 365,2422$ Tage.

$1 \sigma = 10^{-3}$ sec.

Die **Zeitmessung** durch Uhren sowie in Spezialfällen (Messung sehr kleiner Zeiten durch besondere Apparate (Chronographen) kann hier nicht ausführlicher besprochen werden (vgl. § 14, 48, 155, 608).

Kinematik.

Im Besitz einer Definition der Längen- und Zeiteinheit wollen wir nun einige einfache Bewegungen besprechen.

12. Ein Körper bewege sich in gerader Bahn so, daß er in gleichen Zeiträumen gleiche Wegstrecken zurücklegt. Dann gibt uns der in der Zeiteinheit zurückgelegte Weg ein Maß für diese **gleichförmige Geschwindigkeit.** Sie sei c und der während der Zeit t zurückgelegte Weg s; wir haben infolge dieser Definition

$$c = \frac{s}{t} \quad \text{oder} \quad s = c \cdot t,$$

Geschwindigkeit $=$ Weg durch Zeit oder: Weg $=$ Geschwindigkeit mal Zeit.

Wir müssen, wenn wir irgendeine Geschwindigkeit angeben, immer hinzufügen, welches Längen- und welches Zeitmaß wir gewählt haben. Die Geschwindigkeit des Schalles ist 332 m pro sec, und man schreibt dies 332 m/sec. Wir könnten ebensogut sagen 33200 cm/sec oder 19,92 km/min. — Die Geschwindigkeit des Lichtes ist $3 \cdot 10^{10}$ cm/sec oder 300000 km/sec.

Die eben gegebene Definition bedarf eines Zusatzes, wenn die Geschwindigkeit in jedem Punkte der Bahn sich ändert, wenn wir eine **ungleichförmige Bewegung** haben. Immer aber können wir für ein ganz kleines Zeitteilchen annehmen, daß die Geschwindigkeit während dieses kleinen Zeitteilchens gleichförmig sei. Wenn ein Körper z. B. fällt, so bewegt er sich immer rascher und rascher, gleichwohl können wir aber für eine ganz kleine Strecke die Annahme machen, daß wenigstens dieses Stück mit einer gleichförmigen Geschwindigkeit durchlaufen werde. In diesem Momente ist die sonst veränderliche Geschwindigkeit

$$v = (\text{sehr kleine Wegstrecke}) : (\text{dabei verflossene sehr kleine Zeit}).$$

Wir nehmen für diesen ganz kleinen Weg ein eigenes Zeichen, indem wir dem s ein Δ voraussetzen, also Δs. Die zur Zurücklegung dieses ganz kleinen Weges Δs benötigte Zeit wird natürlich auch sehr klein sein, und wir wollen dies dadurch ausdrücken, daß wir dem t ein Δ voraussetzen und diese ganz kleine Zeit Δt nennen. Dann gibt uns das Verhältnis dieses ganz kleinen Weges zu der dazu benötigten ganz kleinen Zeit die Geschwindigkeit v in diesem Momente um so genauer, je kleiner Zähler und Nenner werden. Den Grenzwert, dem diese Folge solcher Näherungswerte zustrebt, nennt man den Differentialquotienten $\frac{ds}{dt}$. Die Geschwindigkeit ist also gleich dem Differentialquotienten des Weges nach der Zeit.

13. Gleichförmig beschleunigte Bewegung. Wir wollen nun eine geradlinige Bewegung uns vorstellen, deren Geschwindigkeitszuwachs in jeder Sekunde immer derselbe bleibt. Man nennt den Geschwindigkeitszuwachs pro sec die **Beschleunigung**. Eine solche Bewegung soll z. B. im Zeitmomente Null beginnen, der Körper hat also im Zeitmomente o die Geschwindigkeit o, und diese wird in jeder Sekunde um b größer; wir haben also am Ende der

$$\text{Sekunde} \qquad\qquad 0, \quad 1, \quad 2, \quad 3, \quad \ldots t$$
$$\text{die Geschwindigkeit} \quad 0, \quad 1b, \quad 2b, \quad 3b, \quad \ldots tb.$$

Wir erhalten folglich $v_t = bt$ oder: erreichte Geschwindigkeit nach t sec = Beschleunigung mal Zeit.

Wenn wir nun den in t sec zurückgelegten Weg s finden wollen, können wir nicht wie früher einfach die Geschwindigkeit mit der Zeit multiplizieren, da ja während dieser t sec die Geschwindigkeit fortwährend ihren Wert ändert. Die Geschwindigkeit v war zuerst o und ist am Ende des betreffenden Weges v. Es läßt sich nun mathematisch leicht zeigen, daß wir das richtige Resultat erhalten, wenn wir das Mittel dieser Anfangs- und Endgeschwindigkeit, nämlich $\frac{(0 + bt)}{2}$ als mittlere Geschwindigkeit einführen. Der Weg in t sec sei s, und daher (Zeit mal mittlere Geschwindigkeit) $= t\,\frac{(0 + bt)}{2} = \frac{bt^2}{2}$. Also

$$s_t = \frac{bt^2}{2} \qquad\qquad \text{oder}$$

(Weg nach beliebiger Zeit) = (halbe Beschleunigung) mal (Zeit zum Quadrat).

Beweis: Tragen wir (Fig. 13) auf einer horizontalen Linie als Abszisse die Zeit auf, $OA = 1$ sec, $OB = 2$ sec $\ldots ON = t$ sec. Über A ziehen wir die Vertikalen $AA' = b$, über B dann $BB' = 2b \ldots$, über N schließlich $NN' = tb$. Diese senkrechten Ordinaten geben die Geschwindigkeit in der betreffenden Zeit t; ihre Verbindungslinie ist eine Gerade $A'B' \ldots N'$. Für irgendeine Zeit OX ist XX' die Geschwindigkeit. Während der kleinen Zeit CD sei die Geschwindigkeit konstant XX'; Zeit mal Geschwindigkeit oder Weg für diese kleine Zeit ist hier das schraffiert gezeichnete Parallelogramm. Die Summe aller Wege ist die Summe aller Parallelogramme oder der Flächeninhalt des Dreiecks ONN', und zwar um so genauer, je schmäler diese Parallelogramme sind. Daraus folgt $s = \frac{1}{2}ON \cdot NN' = \frac{1}{2}bt^2$. Fig. 13 gibt ein Diagramm, hier Geschwindigkeitsdiagramm die analytische Gleichung für ON' ist $v_t = bt$.

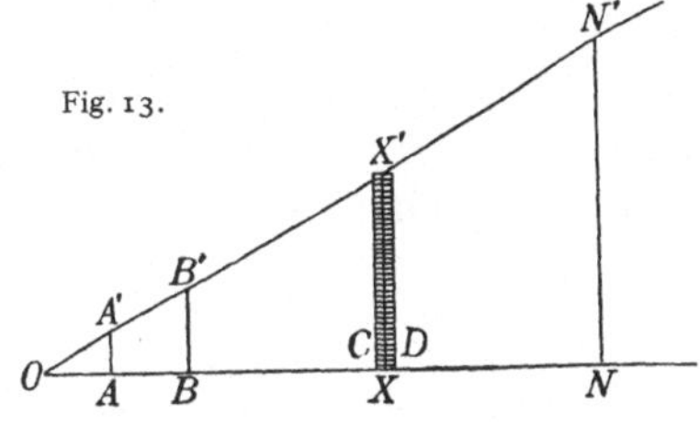

Gleichung $v_t = bt$ quadriert und durch 2 dividiert, gibt

$$\frac{v_t^2}{2} = \frac{b^2 t^2}{2} = b\left(\frac{bt^2}{2}\right) = bs \qquad \text{oder}$$

$$\text{Geschwindigkeitsquadrat} = \text{zweimal Beschleunigung mal Weg.}$$

14. Ein Beispiel für die untersuchte Bewegungsart liefert der **freie Fall**. Hier wählen wir als Symbol für die Beschleunigung nicht den Buchstaben b, sondern g (Gravitation), und obige Gleichungen lauten dann

$$\text{I.} \quad v_t = gt \qquad \text{2.} \quad s_t = \frac{gt^2}{2} \qquad \text{3.} \quad v_t^2 = 2gs_t.$$

Um g zu finden, messen wir eine Fallstrecke s und die dazu gehörige Fallzeit t. Beides in die Gleichung 2) eingesetzt, liefert g.

Man benützt dazu eigentümlich konstruierte Uhren, die noch Tausendstel von Sekunden angeben (Hipps Chronoskop). Ein solcher Versuch ergibt z. B., daß eine Kugel, wenn man sie frei läßt, nach 0,3 sec einen Weg von 44,1 cm zurückgelegt hat. Wir haben somit $44,1 = \frac{1}{2}g(0,3)^2$, und es berechnet sich daraus g mit 980 cm/sec pro sec (vgl. Dimensionen § 25).

Der Geschwindigkeitszuwachs oder die Beschleunigung beim freien Fall g beträgt pro sec in den mittleren geographischen Breiten von Deutschland ca. 981 cm/sec, also fast 10 m/sec. Die genaueste Bestimmung geschieht mittels Pendels (§ 48).

Alle Körper, ob schwer oder leicht, groß oder klein, fallen im luftleeren Raume gleich schnell; bei frei in der Luft fallenden Körpern spielt aber die Reibung eine große Rolle.

15. Es sei WW' (Fig. 14) ein Wasserarm, den ein Schwimmer in der Richtung ab durchschwimmt, wenn das Wasser als ruhig angenommen wird. Würde aber in derselben Zeit, die der Schwimmer zum Zurücklegen der Strecke ab braucht, das Wasser um die Strecke aa' in der Richtung des Pfeiles fortströmen, so würde der Schwimmer statt in b in b' landen. Die beiden Bewegungen (oder Wege oder Geschwindigkeiten) ab und aa', die Komponenten der Bewegung, geben als **Resultierende** ab', welche die **Diagonale eines Parallelogrammes** ist, **dessen Seiten die Komponenten** sind.

Ebenso setzen sich zwei Beschleunigungen zu einer Resultierenden zusammen.

16. Man unterscheidet in der Physik zwischen **Vektoren**, das sind gerichtete Größen, und **Skalaren**, das sind Größen ohne Richtung. Eine Bewegung, eine Geschwindigkeit, eine Beschleunigung, eine elektrische

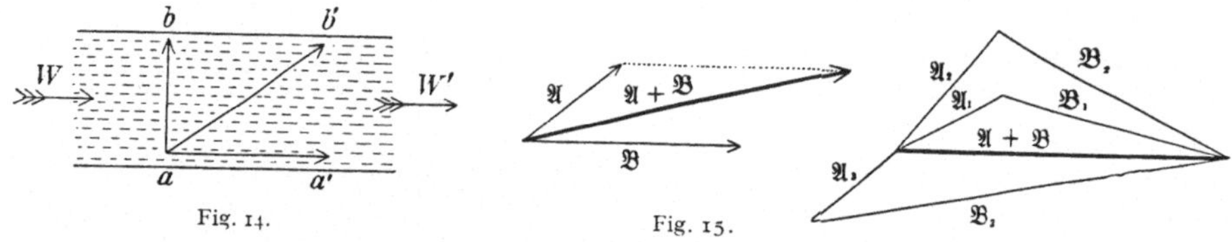

Fig. 14.   Fig. 15.

oder magnetische oder sonstige Kraft u. dgl. sind Vektoren, denn sie haben nicht nur eine bestimmte Größe, sondern auch eine ganz bestimmte Richtung im Raume. Hingegen Massen, Wärmemengen, Temperaturen u. dgl. sind Skalare, da man hier von einer bestimmten Richtung nicht sprechen kann.

Für die Vektorenrechnung gelten nun nicht mehr die gewöhnlichen Sätze der Arithmetik. Es seien $\mathfrak{A}$ und $\mathfrak{B}$ (Fig. 15 links), zwei Vektoren, welche z. B. der Größe und Richtung nach Geschwindigkeiten oder in gleichen Zeiten zurückgelegte Wegstrecken darstellen. Die Addition dieser Vektoren erfolgt so, daß wir die Größe $\mathfrak{A}$ auftragen, und an das Ende derselben in genauer Länge und Richtung $\mathfrak{B}$ anschließen. Letztere ist punktiert gezeichnet. Die Verbindungslinie des Anfanges des ersten und Endpunktes des zweiten Vektors ist die Resultierende oder die Summe der beiden Geschwindigkeiten ($\mathfrak{A} + \mathfrak{B}$). Ebenso werden mehrere Geschwindigkeiten addiert, ob sie nun in der Ebene oder im Raume liegen.

Die umgekehrte Aufgabe, die Zerlegung einer Resultierenden in die Komponenten, ist im allgemeinen eine unbestimmte Aufgabe. Wenn die Linie $\mathfrak{A} + \mathfrak{B}$ gegeben ist (Fig. 15 rechts), so können die Komponenten in beliebiger Weise gezogen werden, z. B. $\mathfrak{A}_1$ und $\mathfrak{B}_1$ oder $\mathfrak{A}_2$ und $\mathfrak{B}_2$ usw.

17. Insofern ein Vektor nicht bloß eine bestimmte Größe, sondern auch eine bestimmte Richtung hat, sind zwei Vektoren gleicher Größe, aber verschiedener Richtung als verschiedene Vektoren zu betrachten. Ändert sich daher bei der Bewegung eines Körpers die Richtung der Bewegung (z. B. auf einer krummlinigen Bahn), während die Geschwindigkeit der Größe nach gleich bleibt, so erfährt der Geschwindigkeitsvektor eine Änderung, und es ist somit eine Beschleunigung (trotz Konstanz der Geschwindigkeitsgröße) vorhanden.

Bewegt sich ein Punkt speziell in einem Kreise vom Radius r mit konstanter Geschwindigkeit c, so ist der Geschwindigkeitsvektor im

Punkte P durch (rechter Teil der Figur 16) den Pfeil c, im Punkte P' durch den Pfeil c' darstellbar. Der Vektor, den man zu c hinzufügen muß, um den neuen Vektor c' zu erhalten, ist nach den obigen Sätzen über Vektoraddition durch die Verbindungslinie cc' gegeben. Wenn der Winkel α zwischen den beiden Vektoren klein ist, wird die Sehne cc' identisch mit dem Kreisbogen (in der Figur gestrichelt); die Richtung dieses Vektors steht senkrecht auf der von c, und seine Größe ist $cc' = c \cdot \alpha$. Wie aus dem linken Teile der Figur hervorgeht, ist aber $PP' = ct = r\alpha$ der vom

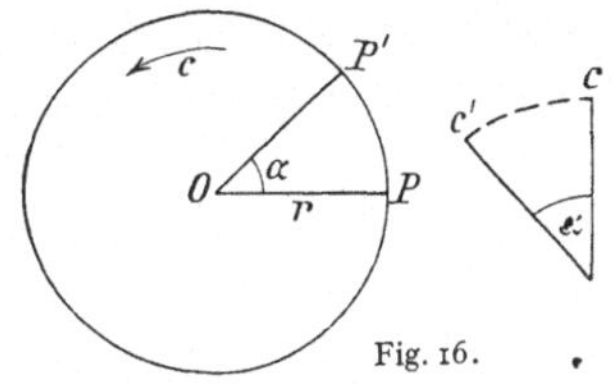

Fig. 16.

Punkte in der Zeit t zurückgelegte Weg. Also ist $\alpha = \dfrac{ct}{r}$ und daher die Geschwindigkeitsänderung cc', die innerhalb der Zeit t erfolgt ist:

$$cc' = c \cdot \alpha = \frac{c^2 t}{r}.$$

Die Beschleunigung des kreisenden Punktes (Geschwindigkeitsänderung in der Zeiteinheit) ist daher

$$b = \frac{c\alpha}{t} = \frac{c^2}{r}$$

und steht jeweils senkrecht auf der momentanen Bewegungsrichtung, und zwar zum Mittelpunkt hin gerichtet (**Zentripetalbeschleunigung**).

18. Beim **Wurf schief aufwärts** bewegt sich ein Körper (z. B. die Teilchen eines in solcher Richtung geschleuderten Wasserstrahls, ein Geschoß usw.) in einer **parabelförmigen Bahn**.

Beweis: Denken wir uns einen Körper (Fig. 17) schief in der Richtung ar aufwärts geworfen; die Geschwindigkeit sei ab. Der Körper würde somit, wenn er nicht gleichzeitig fiele, nach 1 sec in b, nach 2 sec in c usw. sein, wobei $ab = bc$ usw. Gleichzeitig wirkt aber die Erdbeschleunigung, die den Körper in der ersten sec die Strecke bb' abwärts zieht. Die Addition der Vektoren ab und bb' ergibt, daß der Körper nach 1 sec in b' sein wird. Die Wegstrecke, die der Körper infolge des freien Falles in 2 sec zurücklegt, cc', muß gleich sein $4bb'$. Die entsprechende

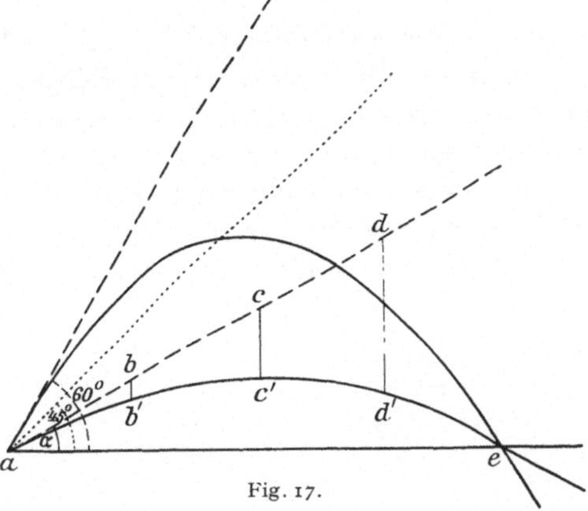

Fig. 17.

Wegstrecke für 3 sec ist $dd' = 9bb'$ usw. Die resultierende Bahn des Körpers ist also $ab'c'd'$, und es läßt sich leicht durch Rechnung oder Konstruktion zeigen, daß diese Kurve eine Parabel ist.

Die Wurfweite $W = ae = \dfrac{v^2}{g} \cdot \sin 2\alpha$ ist am größten für $\sin 2\alpha = 1$, also $\alpha = 45^0$ und gleich groß für Winkel, die gleich viel nach oben und unten von 45^0 abweichen (z. B. für

30^0 und 60^0). Die Wurfhöhe $h = \dfrac{v^2 \sin^2 a}{2g}$ ist gleich $\dfrac{W}{4}$ tg a; für die maximale Wurfweite ($a = 45^0$) wird daher $h = \dfrac{W}{4}$.

Macht man die Wurfrichtung (ar) immer steiler, so wird die Parabel immer enger. Wird diese Richtung schließlich vertikal, so fallen die beiden Äste zusammen, und wir haben dann den geraden Wurf aufwärts.

Ein vertikal aufwärts mit der Anfangsgeschwindigkeit c geworfener Körper bewegt sich, weil c in jeder sec um g kleiner wird, immer langsamer (z. B. $c = 500$ m/sec und $g = 10$ m pro sec²). Die Beschleunigung ist hier gegen die Bewegung gerichtet und negativ, ist also eine Verzögerung. Wenn $c = gt$ (oder z. B. $500 = 10t$) wird, ist die ursprüngliche Geschwindigkeit ganz aufgebraucht, der Körper hat den höchsten Punkt der Bahn erreicht, und die Steigzeit ergibt sich daraus mit $t = \dfrac{c}{g}$ (oder z. B. $t = \dfrac{500}{10} = 50$ sec).

In ebenderselben Zeit hätte der Körper ohne Einwirkung der Erde die Höhe $ct = \dfrac{c^2}{g}$ erreicht. Da er aber in ebenderselben Zeit um die Strecke $\dfrac{gt^2}{2} = \left(\dfrac{g}{2}\right)\left(\dfrac{c}{g}\right)^2$ zurückfällt, so ist die Steighöhe $h = \dfrac{c^2}{g} - \left(\dfrac{g}{2}\right)\left(\dfrac{c^2}{g^2}\right) = \dfrac{c^2}{2g}$. (Oder z. B. $h = 500 \cdot 50 - \dfrac{10}{2} 50^2$ $= 12\,500$ m Steighöhe.)

Von dieser Höhe muß der Körper dann wieder herabfallen. Setzen wir für s in die Formel $s = \dfrac{gt^2}{2}$ dieses h ein und lösen die Gleichung nach t auf, so ergibt sich für die Fallzeit wieder $\dfrac{c}{g}$. Der Körper braucht zum Fallen dieselbe Zeit wie zum Steigen. Ersetzen wir dann in $v = gt$ das t durch $\dfrac{c}{g}$, so ergibt sich für die Geschwindigkeit, mit der der Körper wieder zum Ausgangspunkt zurückgelangt, wieder c.

Ein in die Höhe geworfener Körper steigt immer langsamer, steht an höchster Stelle für einen unendlich kurzen Zeitmoment still und fällt dann immer rascher und rascher zurück. Abgesehen von der Luftreibung kommt er mit derselben Geschwindigkeit wieder auf der Erde an, mit der er in die Höhe geworfen wurde, es tritt weder eine Vermehrung noch eine Verminderung der Geschwindigkeit ein.

II. Mechanik.

1. Mechanik fester Körper.

Wir haben uns bisher nur gekümmert um Länge und Zeit, d. h. wir haben die bewegte Masse selbst noch nicht berücksichtigt. Eine solche Betrachtung bildet eine Art Geometrie der Bewegung und führt den Namen **Kinematik**. Man kann alle Bewegungen in dieser vereinfachten Form untersuchen. Um aber für die komplizierten Bewegungen bestimmtere physikalische Vorstellungen zu gewinnen, wollen wir uns vorher mit dem Begriffe der Masse vertraut machen, wobei wir zunächst der Einfachheit wegen als bewegte Materie einen festen Körper annehmen.

Masse und Kraft.

19. Wenn ich durch irgendeine Kraft, z. B. die Muskelkraft meines Armes, einen Körper in Bewegung bringen, ihm also eine Beschleunigung erteilen will, fühle ich einen Widerstand, und wenn ich umgekehrt einen bewegten Körper zum Stillstande bringen, ihm also eine negative Beschleunigung erteilen will, fühle ich wieder einen Widerstand. Es kostet (auch abgesehen von der Reibung) Anstrengung, einen Wagen in Bewegung zu setzen; es kostet dann genau dieselbe Anstrengung in entgegengesetzter Richtung, um den bewegten Wagen zur Ruhe zu bringen.

Es ist eine Erfahrungstatsache, daß eine Beschleunigung nie von selbst auftritt. Sooft Bewegung entsteht, nehmen wir immer eine wirkende Ursache an, die wir Kraft nennen. Wenn ein Körper eine bestimmte Geschwindigkeit (die auch Null sein kann) und Geschwindigkeitsrichtung besitzt, so ist jede Änderung der Geschwindigkeit oder auch nur der Geschwindigkeitsrichtung allein möglich infolge einer äußeren Ursache, einer äußeren Kraft. Diese Eigenschaft jedes Körpers, den Bewegungszustand, d. i. seine Geschwindigkeit und Geschwindigkeitsrichtung (oder seine Ruhe) beizubehalten, heißt **Trägheit**. Alles, was der Trägheit entgegen den Bewegungszustand eines Körpers ändert, heißt **Kraft**. (Newton, 1687).

Wir sehen, daß ein und dieselbe Masse unter der Einwirkung verschiedener Kräfte verschiedene Beschleunigungen erfährt, und setzen die jeweilige Kraft der durch sie erzeugten Beschleunigung proportional.

Wenn wir dann weiter sehen, daß ein und dieselbe Kraft bei verschiedenen Massen verschiedene Beschleunigungen hervorbringt, so werden wir die Kraft auch der durch sie bewegten Masse proportional setzen. Wir erhalten so die allgemeine und wichtige Gleichung

$$\text{Kraft} = \text{Masse mal Beschleunigung.}$$

Für diese drei Größen müssen wir Einheiten definieren. Nach § 13 erhalten wir die Einheit der Beschleunigung immer dann, wenn eine beliebige Masse pro sec einen Geschwindigkeitszuwachs Eins (1 cm pro sec) erfährt. Noch aber haben wir keine Einheiten für Kraft und Masse; da diese nach vorstehender Gleichung voneinander abhängen, genügt die Definition einer dieser Größen, denn damit ist auch die andere bestimmt. Wir können daher noch entweder die Kraft oder aber die Masse willkürlich definieren. Man hat das letztere gewählt und bestimmte willkürlich als Einheit der Masse jene Masse, welche 1 cm³ Wasser bei einer Temperatur von 4⁰ Celsius besitzt. Diese Temperatur ist mit Rücksicht auf besondere Eigenschaften des H_2O (§ 182) gewählt. Diese Einheit wird **Grammasse** oder Gramm, g, genannt.

Von den bekannten dezimalen Vielfachen und Unterteilungen des Gramms kommen für die Physik in Betracht:

$$
\begin{aligned}
&1 \text{ Tonne (t)} &&= 10^6 \text{ g} = 10^3 \text{ kg}\\
&1 \text{ Kilogramm (kg)} &&= 10^3 \text{ g}\\
&1 \text{ Milligramm (mg)} &&= 10^{-3} \text{ g}\\
&1 \text{ Gamma } (\gamma) &&= 10^{-6} \text{ g}.
\end{aligned}
$$

Letzteres findet besonders in der Mikroanalyse Verwendung.

Für praktische Zwecke verwendet man oft den „metrischen Zentner" 1 q = 100 kg, auch „Doppelzentner" genannt, wenn wie noch häufig 1 Zentner = 100 Pfund = 50 kg gesetzt wird. Ein „metrisches Karat" = 200 mg, meist für Gewichtsangaben von Edelsteinen.

Englische und amerikanische Gewichtseinheiten:

1 pound (Pfund) (lb) (℔) (avoirdupois) = 16 Unzen = 453,592 g
1 ounce (Unze) = 12 drams = 480 grains = 28,350 g
1 grain = 64,799 mg.

Als Normalmaß gilt international ein **Kilogrammstück aus Platiniridium**, das in Paris aufbewahrt wird und möglichst genau (ähnlich wie beim Meter) der oben gegebenen Definition von 1000 g entspricht.

Daraus ergibt sich folgerichtig: Die Einheit der Kraft oder ein **Dyn** wirkt immer dann, wenn die Grammasse Eins die Beschleunigung Eins erfährt. Wollen wir daher irgendeine Kraft messen, so müssen wir immer die durch diese Kraft bewegte Masse mit der durch diese Kraft (in der Kraftrichtung) erzeugten Beschleunigung multiplizieren.

$$\text{Kraft (in Dyn)} = \text{Masse (in g) mal Beschleunigung (in cm und sec).}$$

Alle Körper fallen gleich schnell gegen die Erde, sie sind schwer; wenn man daher wissen will, mit welcher Kraft 1 g auf seine ruhende Unterlage drückt, so muß man die Beschleunigung des freien Falles (ausgedrückt in cm und sec) mit der betreffenden Masse 1 g multiplizieren, und das Resultat ergibt die Kraft in Dyn, somit 981. Die Grammmasse wird also von der Erde mit der Kraft 981 Dyn angezogen. Wir nennen diese Kraft das „**Grammgewicht**" und erhalten so das Resultat:

$$1 \text{ Grammgewicht} = 981 \text{ Dyn}.$$

Ein Dyn ist ungefähr so groß wie ein Milligrammgewicht (genau $\frac{1}{981}$ Grammgewicht).

Der Druck einer Masse m auf die Unterlage oder gm ändert sich, wenn für m und Unterlage eine Beschleunigung in vertikaler Richtung eintritt.

Ein Mensch mit der Masse 70 kg drückt z. B. auf den Korb eines Luftballons mit $70000 \cdot 981$ Dyn. Fällt aber der Korb frei gegen die Erde, so wird dieser Druck gleich Null. Der Fallende könnte auch aussteigen und er würde dann neben dem frei fallenden Korbe gleich schnell mit diesem fallen.

In einem Lift, der anfängt, rasch nach abwärts zu gehen, würde ein Gewicht an einer Federwaage leichter und umgekehrt. Bei einiger Aufmerksamkeit kann man diese Gewichtsänderung des eigenen Körpers beim Beginne einer raschen Aufwärts- oder Abwärtsbewegung selbst deutlich spüren. Das Auf- und Abwärtsheben eines Schiffes oder einer Schaukel wird den Druck des Mageninhalts auf die Magenwände abwechselnd größer und kleiner machen, was gewiß auch mit ein Grund für die Seekrankheit ist.

Kräfteparallelogramm. Da die Kraft ein Vektor ist, so gilt für sie auch die für die Geschwindigkeiten abgeleitete Zusammensetzung, z. B. können $\mathfrak{A}$ und $\mathfrak{B}$ in Fig. 15 auch Kraftkomponenten und Kraftresultierende darstellen. Man kann natürlich auch $\mathfrak{A}$ und $\mathfrak{B}$ als Seiten eines Parallelogramms ansehen, dessen Diagonale die Resultierende liefert.

20. Gleiche Volumina verschiedener Substanzen haben verschiedenes Gewicht. Eine Eisenkugel z. B. wird etwa achtmal so schwer sein als eine gleichgroße Wasserkugel. Diese Zahl 8 heißt **spezifisches Gewicht** des Eisens. (Siehe S. 57.)

Unter **Dichte** versteht man die Masse von 1 cm³ des betreffenden Stoffes. Spezifisches Gewicht und Dichte werden also durch dieselbe Zahl ausgedrückt.

$$\text{Dichte} = \text{Masse} : \text{Volumen}$$

$$\text{Spez. Gewicht} = \frac{\text{Körpergewicht}}{\text{Gewicht einer volumgleichen Wassermenge}} \quad ^{1)}$$

Wenn wir irgendeine physikalische Größe durch Länge, Masse und Zeit ausdrücken, so wenden wir das sogenannte absolute Maßsystem an (§ 1). Wählen wir Zentimeter (C), Gramm (G) und Sekunde (S) als Einheiten, so haben wir die Bestimmung im **absoluten C.G.S.-Systeme** vorgenommen.

---

1) Anders als sonst in Mittelschulen oft gegebene Definitionen.

Energie.

21. Für eine gleichförmig beschleunigte Bewegung fanden wir § 13 die Gleichung $\frac{v^2}{2} = bs$; multiplizieren wir beide Seiten mit m, so erhalten wir $\frac{m v^2}{2} = bms$. Nun ist aber bm, d. i. (Beschleunigung mal Masse) gleich einer Kraft, P. Wir erhalten also

$$\frac{m v^2}{2} = P s.$$

Das Produkt Ps (Kraft mal Weg) heißt **Arbeit.**

Die eben abgeleiteten Beziehungen gelten viel allgemeiner, als wir es hier gezeigt haben. Die Größe einer Arbeit erhalten wir, wenn wir den Weg multiplizieren mit jener Kraftkomponente, die in die Wegrichtung fällt.

Die Arbeitseinheit im C.G.S.-System ist das **Erg,** d. i. jene Arbeit, welche ein Dyn leistet, wenn es einen Körper in der Kraftrichtung um 1 cm verschiebt.

Da diese Arbeit sehr klein ist, etwa gleich jener, welche ein mg um 1 cm hebt, so verwendet man als praktische Arbeitseinheit 10^7 Erg oder ein **Joule.**

Bei einer Arbeitsleistung ist natürlich die Zeit, innerhalb welcher die Arbeit geleistet wird, von Wichtigkeit. Die pro sec geleistete Arbeit heißt „Leistung“ (oder „Effekt“). Im absoluten C.G.S.-System ist die Einheit der Leistung das „Erg/sec“; im praktischen System ist die Einheit ein Joule pro sec oder ein **Watt.**

Umgekehrt kann man sagen 1 Joule = 1 Wattsekunde (Watt · sec).

1 Hektowatt resp. 1 Kilowatt sind 100 bzw. 1000 Watt.

Als Arbeitseinheiten (nicht Leistungseinheiten) verwendet man in der Praxis auch 1 Wattstunde = 3600 Watt · sec = 3600 Joule; bzw. 1 Hektowattstunde = 360 000 Joule und 1 Kilowattstunde $= 3{,}6 \cdot 10^6$ Joule.

Früher gebrauchte man oft als Arbeitseinheit das Kilogrammeter, kgm, d. h. jene Arbeit, welche ein Kilogrammgewicht 1 m hochheben kann. Eine „Pferdestärke“, 1 PS, ist eine Leistung von 75 Kilogrammgewichtmeter pro Sekunde.

Wir wollen diese „Pferdestärke“ in absolutes Maß umrechnen:

75 kg Gewicht · Meter = 75 (1000 g Gewicht) (100 cm),

75 ,,   ,,   ,, = 75 (1000 · 981 Dyn) (100 cm),

1 PS = 75 kg Gewicht · Meter/sec = $736 \cdot 10^7$ Erg/sec = 736 Watt.

Eine Lokomotive z. B. hat etwa 500 PS oder 368 000 Watt oder 368 Kilowatt.

Die englische Einheit ist: 1 HP (horse power) = 76 kgm/sec = 746 Watt.

Hält man ein Gewicht mit horizontal ausgestreckten Armen ruhig, so verlangt dies keine Arbeit im physikalischen Sinn, wohl aber im physiologischen, da noch andere Energieumsätze stattfinden.

22. Eine bewegte Masse kann Arbeit leisten. Ein aufwärts geworfener Körper steigt infolge der erteilten Geschwindigkeit in die Höhe, er hebt sich gleichsam selbst. Ein fliegendes Geschoß, bewegte Luft oder Wassermassen leisten im Anpralle Arbeit. Diese Fähigkeit, Arbeit zu leisten, heißt allgemein Energie. Eine mit der Geschwindigkeit v bewegte Masse m besitzt (§ 21) also die Bewegungsenergie oder **kinetische Energie** $\frac{mv^2}{2}$. Die Größe $\frac{mv^2}{2}$ nennt man auch Wucht oder — nicht sehr glücklich — lebendige Kraft. Durch diese kinetische Energie unterscheidet sich ein ruhender Körper und ein bewegter, wenn sie auch sonst physikalisch ganz gleich sind; im bewegten Körper steckt ein gewisser Arbeitsvorrat.

Beispiel. Ein vertikal aufwärts fliegendes Gewehrgeschoß von 15 g Masse und einer Geschwindigkeit von 820 m pro sec besitzt die kinetische Energie $\frac{1}{2} \cdot 15 \cdot 82000^2$. In Arbeit verwandelt, würde diese Energie ausreichen, einen Körper von 50 kg Gewicht 10,3 m hoch zu heben.

Oder: Die Granate eines 35,5-cm-Marinegeschützes (mit 620 kg) hat eine Anfangsgeschwindigkeit von 800 m/sec. Die Wucht ist etwa dreimal so groß als die eines vollständigen Eilzuges in voller Fahrt!

Die überraschend große Wucht des Anpralls ergibt sich aus dem Quadrat der Geschwindigkeit; ein Geschoß, daß zweimal so rasch flöge, würde obigen Körper schon rund 41 m hochheben. Wir kennen Massenteilchen, die kleiner sind als die Atome (Elektronen), die sich aber mit 200000 km pro sec und mehr bewegen; die Wucht des Anpralls dieser Teilchen ist trotz ihrer Kleinheit eine relativ sehr große.

23. Es gibt aber noch eine andere Form von Arbeitsvorrat. Ein Stein auf dem Dache und ein identischer Stein auf dem Erdboden sind physikalisch nur scheinbar gleich. Der Stein auf dem Dache kann infolge seiner erhöhten Lage fallen und im Fallen Arbeit leisten. Ebenso liegt in einer gespannten elastischen Feder oder im Dynamit usw. die Fähigkeit, die Möglichkeit, Arbeit zu leisten; dieser Arbeitsvorrat, hervorgebracht durch die Lage oder Spannung, heißt Energie der Lage oder **potentielle Energie**. Weitere Beispiele werden wir später kennen lernen.

24. Das oberste Gesetz der Chemie lautet: Materie kann nicht zerstört und nicht erschaffen werden. Das analoge oberste Gesetz der Physik heißt: Energie kann nicht zerstört und nicht erschaffen werden.

Hat man ein geschlossenes System, also irgendwelche Massen in einer bestimmten Umgrenzung, z. B. verschiedene Stoffe in einem großen verschlossenen Glaskolben, so kann die Summe aller Materie trotz aller chemischen Vorgänge nicht geändert werden, außer man brächte neue Materie hinzu oder ließe solche, z. B. in Gasform, entweichen; dann aber wäre das System nicht geschlossen. Ebenso bleibt die Summe aller Energie in einem geschlossenen System immer konstant. Man nennt dies Gesetz das der **Erhaltung der Energie.**

Schießt man z. B. eine Kugel aufwärts, so erteilt man der Kugel eine gewisse kinetische Energie mit auf ihren Weg; diese kinetische Energie wird im Steigen immer kleiner, dafür aber (von Luftreibung abgesehen) im selben Maße die potentielle größer. An der höchsten Stelle ist nur noch letztere vorhanden. An jedem Punkt der Bahn ist die Summe der potentiellen und kinetischen Energie unverändert.

Daß Arbeit nicht aus nichts gewonnen werden kann, ist ein Erfahrungssatz; ein aus sich selbst Energie erzeugendes Perpetuum mobile ist unmöglich. Dies gilt auch für die übrigen physikalischen Gebiete, z. B. Wärme und Elektrizität usw. (Robert Mayer 1842, Helmholtz 1847.)

Das Gesetz der Erhaltung der Energie ist das wichtigste Gesetz aller Naturwissenschaften. Es findet auch auf biologischem Gebiete nie eine Ausnahme.

25. Dimensionen von Größen. Die Angabe der „Dimension" erfolgt in der Mitteilung, in welchen Potenzen in einer Größe Länge (L), Masse (M) und Zeit (T) auftreten. Man schreibt sie gewöhnlich in eckiger Klammmer, z. B.:

Weg s $= [L]$	Geschwindigkeit $v = [L T^{-1}]$
Zeit t $= [T]$	Beschleunigung $b = [L T^{-2}]$.
Masse m $= [M]$	Kraft K $= [M L T^{-2}]$
Fläche f $= [L^2]$	Energie E $= [M L^2 T^{-2}]$
Volumen $V = [L^3]$	Leistung L $= [M L^2 T^{-3}]$

Im absoluten Maßsystem (C.G.S.-System) werden als Grundeinheiten cm, g, sec gewählt. Daher z. B.

$$1 \text{ Dyn} = [C\,GS^{-2}]$$
$$1 \text{ Erg} = [C^2 GS^{-2}]$$

und analog bei komplizierteren Größen, die später erwähnt werden.

Der manchmal gebrauchte Ausdruck „Sekundenerg" ist nicht als Produkt sondern als „Anzahl der Erg dividiert durch die Anzahl der Sekunden" zu verstehen ($= [C^2 GS^{-3}]$).

Schwerpunkt.

26. Jedes kleinste Teilchen eines Körpers wird mit der Gewichtskraft dieses Teilchens abwärts gezogen. Alle diese parallelen Kräfte haben eine Resultierende, welche, allein wirkend gedacht, dem ganzen Körper dieselbe Schwerebeschleunigung erteilte, wie alle Einzelkräfte zusammen. Die Resultierende ist gleich der Summe aller einzelnen Gewichtskräfte, und der Angriffspunkt dieser resultierenden Gewichtskraft heißt **Schwerpunkt.** Bei einer Kugel ist der Schwerpunkt der geometrische Mittelpunkt; er liegt bei einem Ringe in der Mitte des Ringes, also außerhalb des Körpers.

Die Lage des Schwerpunktes innerhalb eines starren Körpers ist unabhängig von dessen Orientierung im Raum.

Auch zwei (oder mehrere) nicht starr verbundene Massen M_1 und M_2 haben einen gemeinsamen Schwerpunkt. Sind S_1 und S_2 die Schwerpunkte dieser beiden Massen, so liegt der gemeinsame Schwerpunkt S auf der Verbindungslinie $S_1 S_2$, und zwar entsprechend der Formel

$$S_1 S : S_2 S = M_2 : M_1,$$

also in der Mitte, wenn $M_1 = M_2$, sonst näher an der größeren Masse.

Da diese Punkte nicht nur bei der Wirkung der Schwerkraft eine Rolle spielen, sondern auch bei anderen Problemen, heißen sie auch „Massenmittelpunkte".

Ist jener Punkt, in dem die Resultierende an einem Körper angreift, in starrer Verbindung mit allen Massenpunkten und fixiert, so bleibt natürlich der Körper in Ruhe. Ein Körper fällt also nicht, wenn der Schwerpunkt nicht fallen, d. h. tiefer sinken kann. Ist der Schwerpunkt aber beweglich, so geht er soweit als möglich abwärts; er fällt, wenn er kann. Die potentielle Energie der erhöhten Lage geht in kinetische Energie des freien Falles über.

27. Wenn der Schwerpunkt die tiefste mögliche Lage hat und daher bei irgendeiner Verschiebung des Körpers sich aufwärts bewegt, besteht **stabiles Gleichgewicht,** z. B. wenn der Körper an einem Faden hängt oder wenn eine Kugel im tiefsten Punkt einer runden Schüssel liegt usw.

Wenn der Schwerpunkt bei einer Verschiebung des Körpers sich horizontal verschiebt, also weder steigt noch fällt, besteht **indifferentes Gleichgewicht,** z. B. eine Kugel auf horizontaler Unterlage, ein Rad an einer zentralen Achse usw.; hier gibt es keine bevorzugte Stellung.

Schließlich herrscht **labiles Gleichgewicht,** das aber in der Natur dauernd nicht vorkommt, wenn der Schwerpunkt die höchste mögliche Lage hat, also bei jeder Verschiebung tiefer sinkt; z. B. eine Kugel, die genau auf dem obersten Punkt einer anderen ruht, ein Messer, das auf einer punktförmigen Spitze steht, usw.

Beim Fahrrade oder beim **Balancieren** eines Stockes besteht labiles Gleichgewicht; sowie aber der Körper z. B. nur ein klein wenig nach links fällt, geht das Rad oder die Hand auch rasch nach links, so daß der Unterstützungspunkt wieder auf die andere Seite des Schwerpunktes kommt und ein gleichsam abwechselndes Fallen nach immer entgegengesetzten Richtungen eintritt, das sich gegenseitig aufhebt. Je höher der Schwerpunkt über dem Unterstützungspunkt, desto leichter geht dies Unterfahren. Ein langer Stock ist leicht zu balancieren, ein Streichholz aber sehr schwer. Ebenso muß der Fahrer eines Fahrrades immer nach der Seite lenken, nach der das Fahrrad zu fallen droht; die Erhaltung des Gleichgewichts auf einem Hochrade ist leichter als auf einem modernen niederen Fahrrad.

Ein mit mehreren Punkten auf horizontaler Unterlage ruhender Körper ist im stabilen Gleichgewichte, wenn die durch den Schwerpunkt gezogene Vertikale durch die Unterstützungsfläche geht, d. i. die kleinste Kontur, welche die äußersten Unterstützungspunkte einschließt. Wenn man eine liegende Kiste um eine liegen-

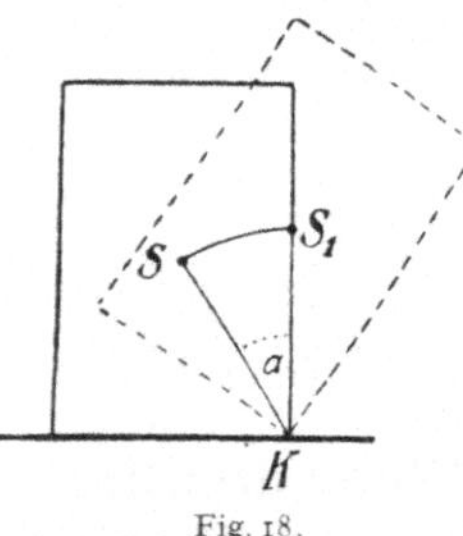
Fig. 18.

bleibende Kante K dreht, wird der Schwerpunkt S gehoben, Fig. 18. Bis zur punktiert gezeichneten Lage fällt der Körper in das stabile Gleichgewicht zurück; in der punktiert gezeichneten Lage ist das Gleichgewicht labil, weil S_1 seine höchste Lage erreicht hat; dreht man aber nur um ein weniges über den Winkel α hinaus, fällt die Kiste nach rechts um. Die **Standfestigkeit** oder die zum Umkippen nötige Kraft wird um so größer sein, je größer die Unterstützungsfläche, je tiefer der Schwerpunkt und je schwerer die Masse ist. Das Viereck, welches die äußersten Stützpunkte der vier Extremitäten eines Säugetieres bestimmt, gibt die Unterstützungsfläche. Je größer diese, desto größer ist die Stabilität. Die Stabilität eines auf einem Beine stehenden Storches ist also klein. Ringer stehen möglichst breitspurig.

28. Schwerpunktsbestimmung. In manchen Fällen kann die Lage des Schwerpunktes berechnet werden, nämlich bei geometrisch einfachen Körpern, die homogen mit Masse erfüllt sind, z. B. bei einer dreieckigen

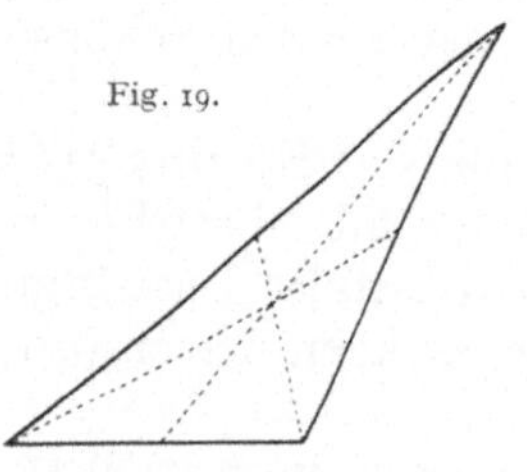
Fig. 19.

Platte (Fig. 19) oder bei Vierecken aus den Schwerpunkten der beiden Teildreiecke (vgl. Formel S. 21). Bei geometrisch unregelmäßigen oder nicht homogenen Körpern kann der Schwerpunkt empirisch derart ermittelt werden, daß man den Körper nacheinander an zwei verschiedenen Punkten aufhängt und von dem Unterstützungspunkte abwärts eine vertikale Linie zieht. Da beim Hängen stabiles Gleichgewicht herrscht, liegt der Schwerpunkt jedenfalls auf diesen Vertikallinien; ihr Durchschnittspunkt gibt den Schwerpunkt.

Um den Schwerpunkt eines Menschen zu finden, legt man zunächst ein großes langes Brett symmetrisch auf eine Kante, so daß Gleichgewicht herrscht. Auf diesem Brette wird der Mensch in symmetrischer Rückenlage, z. B. mit gestreckten Armen so lange verschoben, bis wieder Gleichgewicht herrscht, dann muß der Schwerpunkt genau über der Kante (inter nates et pubim) liegen, Fig. 20 oben. Bei jeder Lageänderung der Extremitäten ändert sich der Schwerpunkt, ja er wechselt sogar bei ruhiger Stellung fortwährend infolge der Atmung und Blutströmung. Wir können unseren Körper auch so krümmen, daß der Schwerpunkt außerhalb zu liegen kommt, Fig. 20 unten, wo wir das Brett einmal auf der Kante K und einmal auf K' ins Gleichgewicht bringen. Für die Mechanik der tierischen Bewegung ist natürlich die Kenntnis des Schwerpunktes auch einzelner Glieder wichtig. Solche werden am besten an gefrorenen Gliedmaßen bestimmt.

29. Erhaltung des Massenmittelpunktes. Wenn ein Körper fällt oder in schiefem Wurf parabelförmig fliegt oder eine sonstige Bewegung ausführt, so gelten alle Bewegungsgesetze für die Bewegung des Schwerpunktes. Durch innere Kräfte, d. i. Kräfte, die im bewegten Körper selbst wirken, also nicht von außen herkommen, kann diese Bewegung des Schwerpunktes nicht geändert werden.

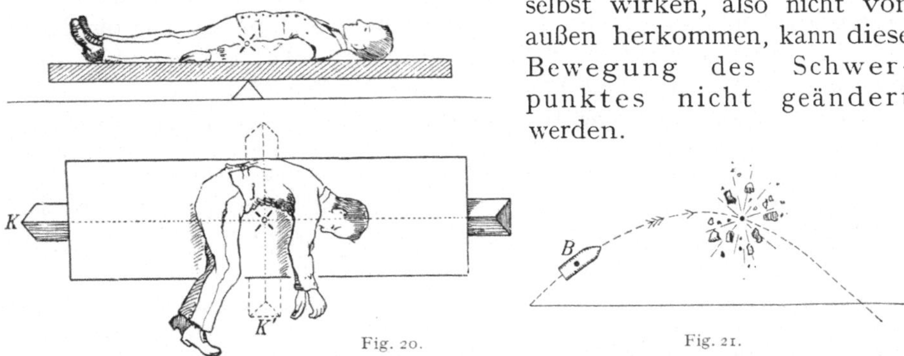

Fig. 20.   Fig. 21.

In Fig. 21 sei B eine Bombe, die längs der Parabel in der Pfeilrichtung fliegt. Wenn eine innere Pulverladung das Geschoß während des Fluges in einzelne Teile zersprengt, fliegt der gemeinsame Schwerpunkt oder Massenmittelpunkt dieser Sprengstücke in der Parabel mit derselben Geschwindigkeit weiter, als wenn die Bombe ganz geblieben wäre.

Eine Katze, die fällt, fällt so, daß der Schwerpunkt der Katze den Fallgesetzen gehorcht. Durch innere Kräfte, d. h. die Muskelkräfte, kann die fallende Katze daran nichts ändern, gleichwohl kann sie solche Drehungen und Wendungen ausführen, daß sie fast immer auf die Füße fällt.

Beim menschlichen Sprung mit Anlauf ist das (vordere) Sprungbein zuerst gebogen und wird nun möglichst rasch gestreckt, wobei die Streckmuskel des Hüft-, Knie- und Fußgelenkes mitwirken. Nach dem Absprung beschreibt der Schwerpunkt des Springers eine Parabel. Durch Muskelzug (innere Kräfte) sind aber dann auch noch Drehungen der Körperteile um diesen Schwerpunkt in der Luft möglich.

Bei Berechnung der Arbeitsleistung eines Springers ist zu beachten, daß zunächst der Schwerpunkt beim Absprung schon ca. 1 m hoch liegt und beim Überspringen eines Hindernisses die Körperhaltung instinktiv eine solche wird, dass die Erhebung des Schwerpunktes eine sehr geringe ist. Eine im vulgären Sinne aufgefaßte Sprunghöhe von 1,5 m dürfte eine Erhebung des Schwerpunktes von vielleicht 0,5 m erfordern. Gute Springer ziehen die Füße hoch und den Rumpf tief, sie wälzen sich meist gleichsam über das Hindernis.

30. Newton hat den Satz aufgestellt, daß die Wirkung — **actio** — immer gleich ist der Gegenwirkung — **reactio.** Die Kraft, mit der ein Springer seinen Schwerpunkt hinaufdrückt, ist ebenso groß wie die gleichzeitige Kraft, mit der er den Boden abwärts drückt. Wenn ein Springer auf einer balancierten Waage steht, kann man diese scheinbare Vermehrung seines Gewichtes im Moment des Abspringens ersichtlich machen. Steht der Springer direkt auf der Erde, so stößt er diese im Momente des Abspringens nach unten; die Erdmasse ist aber so groß, daß eine Beschleunigung derselben natürlich unmerklich ist.

Man kann dies auch so auffassen: Springer und Erde zusammen haben einen gemeinsamen Massenmittelpunkt, der beim Springen am selben Platze bleiben muß. Geht der Springer in die Höhe, so muß die Erde sich in entgegengesetzter Richtung bewegen, aber entsprechend dem Massenverhältnis (Erde und Springer) unendlich wenig.

Selbst beim Gehen ändert sich der gegen den Fußboden ausgeübte Druck; darum das Verbot des gleichförmigen Marschierens größerer Militärkolonnen über Brücken, wobei noch das Resonanzphänomen (§ 142) zu gewaltigen Überlastungen führen kann.

Der Rückstoß, den eine Kanone beim Abschießen eines Geschosses erfährt, ist nach denselben Gesichtspunkten „actio und reactio" oder „Erhaltung des Schwerpunktes" zu behandeln.

Die Kanonen haben darum eigene Rücklaufvorrichtungen; während das Geschoß nach vorn fliegt, gleitet das Rohr auf einer Gleitbahn rückwärts, von wo es ein selbsttätiger Federvorholer wieder in die ursprüngliche Schußstellung zurückbringt.

Auf dem Reaktionsprinzip beruht auch der Raketenantrieb (Raketen-Wagen, -Flugzeug, Raumrakete).

Mechanische Maschinen.

31. Eine Vorrichtung, welche Größe und Richtung einer Kraft ändert, heißt **mechanische Maschine.** Wir wollen in diesem Abschnitte solche aus festen Körpern hergestellte Maschinen betrachten.

Hebe ich (Fig. 22) ein Gewicht P mittels eines über eine **fixe Rolle** R geführten Seiles eine bestimmte Strecke s, so ist der Angriffspunkt der Gewichtskraft P um s nach aufwärts verschoben worden. Die in das System hineingesteckte Arbeit ist Kraft mal Weg oder $P \cdot s$. Diese Energie leisten meine Muskeln dadurch, daß ich mit derselben Kraft P längs derselben Wegstrecke s (auf der rechten Seite der Fig. 22) abwärts zog. Die Störungen durch Reibungen und Trägheit lassen wir außer Betracht. Eine fixe Rolle ändert also nur die Richtung, nicht aber die Größe einer Kraft.

Habe ich aber eine **bewegliche Rolle** (Fig. 23) und ziehe ich hier rechts um s hinauf, so hebt sich

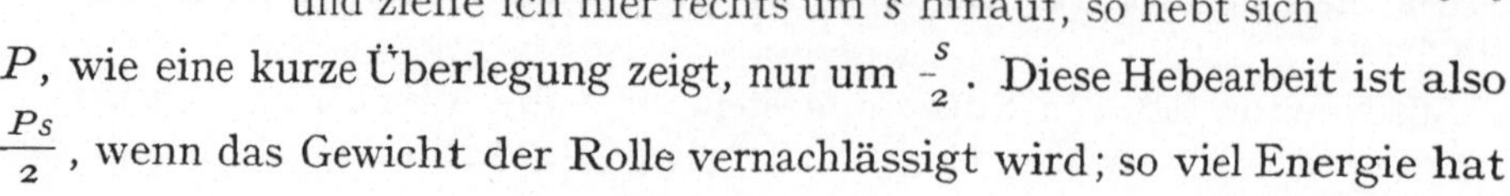

Fig. 22.

Fig. 23.

P, wie eine kurze Überlegung zeigt, nur um $\frac{s}{2}$. Diese Hebearbeit ist also $\frac{Ps}{2}$, wenn das Gewicht der Rolle vernachlässigt wird; so viel Energie hat

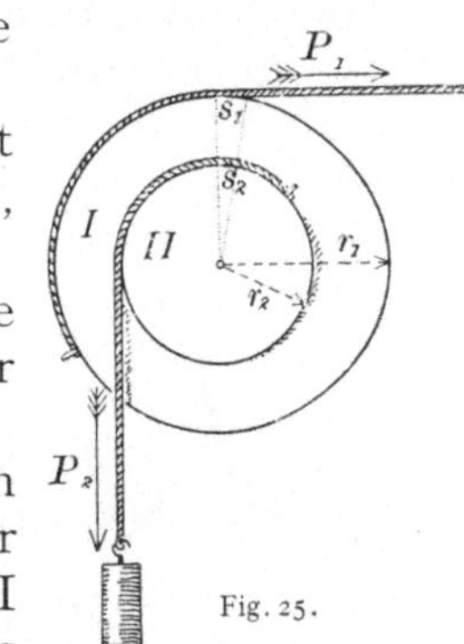

mein Ziehen mit der Kraft x geliefert. Die erzielte Arbeit $\frac{Ps}{2}$ muß gleich sein der verwendeten Arbeit $x \cdot s$ oder $x = \frac{P}{2}$. Die Kraft ist hier halb so groß als die Last.

Was ich an Kraft gewinne, geht an Weg verloren (goldene Regel, die ganz allgemein gilt).

Diese Regel gilt z. B. auch für kompliziertere Flaschenzüge; in Fig. 24 ist das Verhältnis der Kraft zur Last 1 : 4.

Denken wir uns (Fig. 25) zwei verschieden große Rollen fix miteinander verbunden an einer Drehachse sitzend: Wellrad. Die Schnur von I sucht mit der Kraft P_1 im Sinne des Uhrzeigers

Fig. 24.

Fig. 25.

zu drehen, die von II mit P_2 entgegengesetzt. Wir denken uns nun eine ganz kleine Drehung ausgeführt, wobei die Schnur I um s_1 abläuft, die von II um s_2 sich aufwickelt. Die in das Rad I hineingesteckte (der Angriffspunkt geht mit der Kraftrichtung) Arbeit, d. h. Kraft mal Weg, ist $P_1 s_1$. Die vom Rade II aufgenommene (der Angriffspunkt geht gegen die Kraftrichtung) Arbeit ist $P_2 s_2$. Im Falle von Gleichgewicht darf bei einer solchen (kleinen) Verschiebung Energie weder gewonnen werden noch verloren gehen.

Also
$$P_1 s_1 = P_2 s_2 \quad \text{oder} \quad \frac{P_1}{P_2} = \frac{s_2}{s_1}.$$

Da
$$\frac{s_2}{s_1} = \frac{r_2}{r_1}, \quad \text{so} \quad \frac{P_1}{P_2} = \frac{r_2}{r_1} \quad \text{oder} \quad P_1 r_1 = P_2 r_2.$$

In Fig. 26 ist ein beliebiger, um eine feste Achse O drehbarer Körper mit zwei Kräften P_1 und P_2 dargestellt (die unregelmäßige Kontur der Fig. 26). Um das Gewicht dieses festen Körpers wollen wir uns nicht kümmern, es handelt sich nur um die Wirkung der beiden Kräfte P_1 und P_2 (nicht punktierte Zeichnung). Die unmittelbare Wirkung einer Kraft wird ersichtlich nicht geändert, wenn wir den Angriffspunkt dieser in der Kraftrichtung verschieben. Wir lassen P_1 in a und P_2 in b angreifen und haben dann (in der punktierten Zeichnung) genau die Verhältnisse von Fig. 25, also für das Gleichgewicht $P_1 r_1 = P_2 r_2$. Die Grösse r bedeutet aber jetzt den Abstand der Kraft P vom Drehpunkt. Diesen „Kraftarm" findet man, indem man vom Drehpunkte O eine Senkrechte Oa (oder Ob) auf die Kraftrichtung P_1 (oder P_2) zieht. Das Produkt aus Kraftarm und Kraft, Pr, heißt **Drehmoment**.

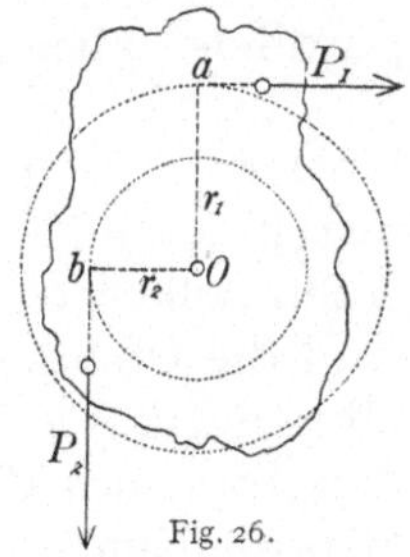

Fig. 26.

32. In Fig. 25 ändert sich auch bei einer größeren Drehung um einige Winkelgrade nichts, anders aber in der allgemeineren Fig. 26. — Hier ist unsere Betrachtung nur für ganz kleine Verschiebungen gültig. Gleichgewicht herrscht dann, wenn die Summe aller geleisteten Arbeiten bei einer gedachten (virtuellen) unendlich kleinen Verschiebung gleich Null ist: **Prinzip der virtuellen Verschiebungen.**

Beispiel: In Fig. 27 sei BOA ein beliebig gekrümmter — gewichtslos gedachter — um O drehbarer Stab; an den Punkten A und B greifen die Kräfte P_1 und P_2 an. — Bei Gleichgewicht muß das Drehmoment, d. h. Kraft mal Kraftarm, für beide Seiten gleich sein, oder $P_1 r_1 = P_2 r_2$. (Sämtliche Linien in der Papierebene gedacht.)

Wir erhalten so das allgemeine Gesetz, daß bei Drehmöglichkeit dann Gleichgewicht vorhanden ist, wenn die Summe aller Drehmomente gleich Null ist, wobei alle Kräfte, die im Sinne des Uhrzeigers zu drehen suchen, z. B. negativ, die entgegengesetzten positiv zu rechnen sind.

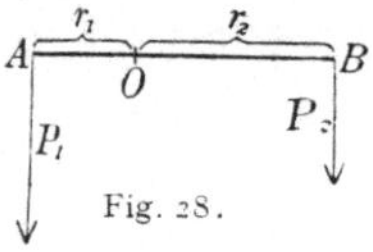

Daraus folgen alle die einfachen **Hebelgesetze** für einarmigen, zweiarmigen, Winkelhebel usw.

Fig. 27.

Fig. 28.

33. Die in § 16 angegebene Konstruktion der Resultierenden versagt, wenn die Kräfte (Fig. 28) parallel sind. Der Hebel AOB ist im Gleichgewicht, wenn $r_1 \cdot P_1 = r_2 \cdot P_2$. Beide Kräfte P_1 und P_2 wirken parallel abwärts und drücken den Unterstützungspunkt O hinunter mit einer resultierenden Kraft $(P_1 + P_2)$. Es ist also der Angriffspunkt dieser Resultierenden in O.

Stellen P_1 und P_2 durch ihre Größen zwei (eventuell auch voneinander isolierte) Massen in A und B dar, so ist O, der Angriffspunkt der **Resultierenden der parallelen Kräfte,** auch der Massenmittelpunkt.

Es sei AB (Fig. 29) ein masseloser Stab, an dem zwei gleichgroße, parallele, aber entgegengesetzt gerichtete Kräfte P, ein sogenanntes **Kräftepaar,** in einer gegenseitigen Entfernung l angreifen. Wir denken uns links auf der Verlängerung BA einen beliebigen Drehpunkt O. Dann sind die Drehmomente im Sinne des Uhrzeigers $-(OA + l) \cdot P$ und gegen den Sinn des Uhrzeigers $+ OA \cdot P$, also die Summe $(OA - l - OA) \cdot P$. Das Drehmoment des Kräftepaares ist also $-l \cdot P$, unabhängig von der Lage des Drehpunktes O. Es findet ein Hineindrehen von AB in die Kraftrichtung statt: z. B. bei einer auf Wasser schwimmenden Magnetnadel, die sich in Nord-Süd-Richtung einstellt.

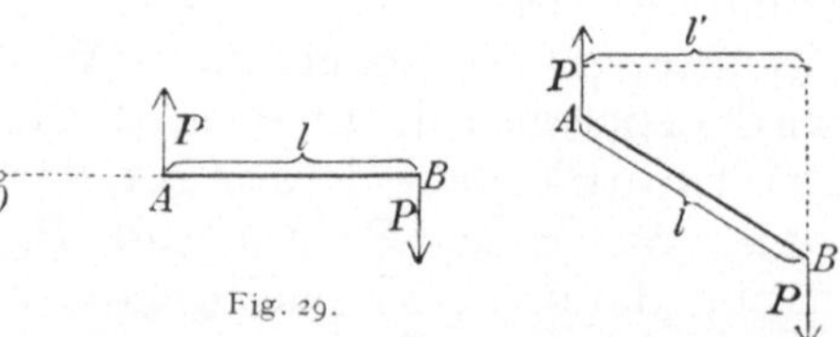

Fig. 29.

Dabei wird natürlich das Drehmoment immer kleiner. Ist AB in der Lage der Fig. 29 rechts, so ist das Drehmoment nur mehr $l' \cdot P$. Liegt AB einmal in der P-Richtung, so wird $l' = 0$, es hört jede weitere Bewegung auf, da sich die beiden P dann aufheben.

34. Drehmomente am Tierskelette. Die Knochen des tierischen Skelettes sind Hebel, welche durch die Muskeln bewegt werden, wobei sich der Muskel oft bis auf 50 und 60% seiner Länge unter gleichzeitiger Verdickung verkürzt. Die Muskeln wirken nicht direkt an den Knochen, sondern durch Vermittlung einer oder mehrerer Sehnen, die wie eine Schnur den Zug an entfernte Stellen führen.

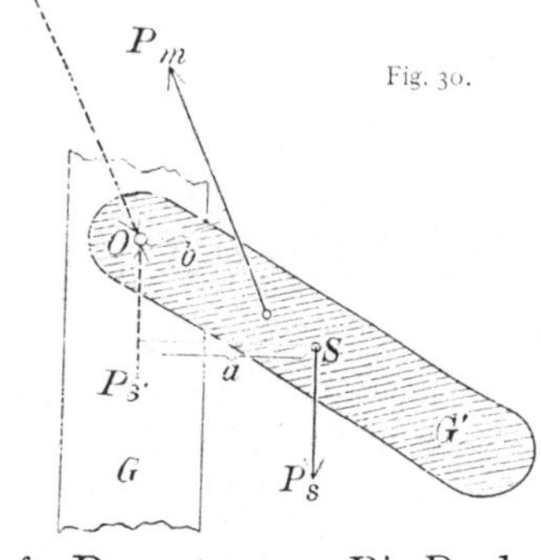
Fig. 30.

Fig. 30 gibt zunächst eine schematische Darstellung. Das vertikale Glied G sei fest und das schraffiert gezeichnete Gelenk G' um den Gelenkpunkt O drehbar. Das Gewicht dieses Seitengelenkes denken wir uns im Schwerpunkt S vereint, und die resultierende Schwerkraft sei P_s. Dieser wirkt die Muskelkraft P_m entgegen. Die Drehmomente dieser beiden Kräfte sind $a \cdot P_s$ und $b \cdot P_m$; sie sind, wenn Gleichgewicht herrscht, gleich.

Welche Beanspruchung erleidet aber der Gelenkdrehpunkt O? Wo immer S auch in G' liegt, immer würde G', wenn es frei beweglich, also nicht in O gestützt wäre, parallel mit sich selbst bleibend, fallen. Nun hemmt aber der Gelenksdrehungspunkt O den freien Fall; da s auch auf den Drehpunkt O wirkt, muß hier eine aufhaltende Gegenkraft $P_{s'}$ wirken (actio und reactio); also $P_{s'} = P_s$. Aber auch für m muß aus gleichen Gründen in O eine aufhaltende Gegenkraft $P_{m'}$ wirken. Die nicht gezeichnete Resultierende aus den Kräften $P_{m'}$ und $P_{s'}$ drückt O schief nach rechts unten und gibt die Beanspruchung des Drehpunktes O.

Derartige Betrachtungen spielen bei Konstruktionen künstlicher Ersatzgliedmaßen (Prothesen) eine große Rolle.

Einige Beispiele. In Fig. 31 sind die am rechten Unterarme wirkenden Hebelkräfte skizziert. Der am Schulterblatt entspringende Bizeps B inseriert an der Speiche des Unterarmes, Radius r, der um den Punkt d gedreht werden kann. Die rechtsstehende Zeichnung zeigt zunächst, daß das Drehmoment der Muskelkraft P (Kraft mal senkrechtem Abstand von der Drehachse d) hier $P \cdot a$ ist. Das Drehmoment der Last l ist $l \cdot b$. Sehen wir ab von der Eigenschwere des Unterarms, so muß bei Gleichgewicht sein $P \cdot a = l \cdot b$; oder da $\dfrac{a}{b}$ ca. $\dfrac{1}{12}$ ist, muß die Muskelkraft das zwölffache Gewicht heben. Diese Anordnung hat aber den Vorteil, daß der Hebel r bei kleinen

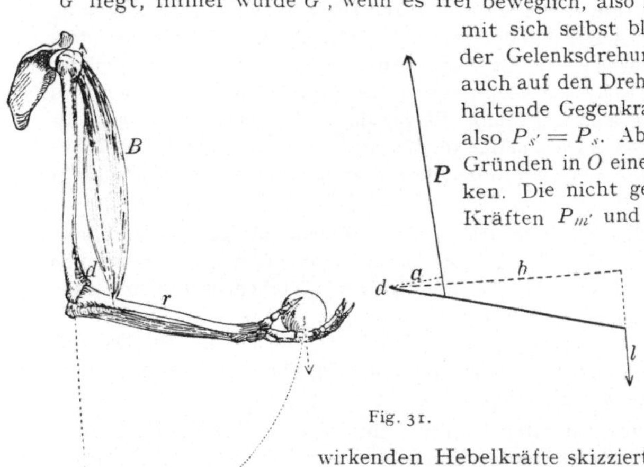
Fig. 31.

Verkürzungen des Bizeps große Bogen beschreibt, wodurch eine große Beweglichkeit des Unterarmes ermöglicht wird.

Damit die wirkende Kraft des Muskels möglichst senkrecht am Knochenhebel angreife, zieht die Sehne oft über einen Knochenvorsprung als einer Art Rolle hinweg.

Wenn die auszuübende Kraft groß sein soll, muß das Verhältnis der Hebellängen ein günstigeres sein als in Fig. 31. Das Kauen der Nahrung verlangt bei vielen Tieren, z. B. den Raubtieren, ganz besonders starke Kräfte. Der Oberkiefer O als Teil des Schädels sei unbeweglich (Fig. 32), indes der dunkel schraffierte Unterkiefer U, in seinem obersten

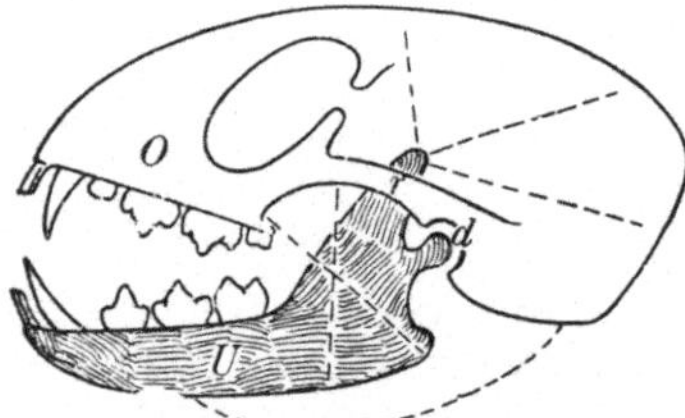
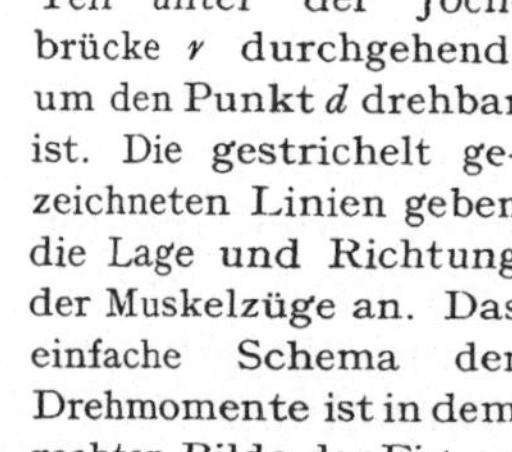

Teil unter der Jochbrücke r durchgehend, um den Punkt d drehbar ist. Die gestrichelt gezeichneten Linien geben die Lage und Richtung der Muskelzüge an. Das einfache Schema der Drehmomente ist in dem rechten Bilde der Fig. 32

Fig. 32.

dargestellt. (Der in der linken Figur angedeutete, unter dem Unterkiefer verlaufende Muskel besorgt im Verein mit der Schwerkraft das Öffnen.) Diese vielen und kräftigen Muskeln können einen gewaltigen Druck nach oben ausüben, der natürlich um so größer wird, je kürzer der Hebelarm, d. h. je mehr der zu kauende Gegenstand nach hinten liegt. Die zum Zermalmen der Nahrung bestimmten Backenzähne können die größte Gewalt ausüben, indes die schärferen Schneidezähne, wie ein Messer oder Meißel wirkend, nur mit viel geringerem Druck betätigt werden können.

35. Bei diesen Hebelwirkungen in tierischen Organismen ergeben sich noch folgende allgemeine Gesichtspunkte durch Betrachtung der verschiedenen **Freiheitsgrade.**

Um eine Achse sei eine Scheibe so drehbar, daß durch seitliche Anschlagstücke eine Verrückung der Scheibe längs der Achse unmöglich wird. Jeder Punkt der Scheibe kann sich nur längs eines Kreises drehen. Man spricht dann von einem Grade der Freiheit. Die Scheibe ist „zwangläufig", wie dies bei technischen Maschinen wohl immer der Fall ist. Auch in tierischen Organismen kommen solche Bewegungen mit nur einem Freiheitsgrade vor, z. B. beim Menschen das Speichenellengelenk usw., wobei natürlich das Festhalten an einer bestimmten Stellung der Drehungsachse in ganz anderer Weise geschieht als bei Maschinen.

Würden in unserem mechanischen Beispiele die Anschlagstellen auf der Achse fehlen, so daß sich die Scheibe nicht nur um die Achse drehen, sondern auch längs ihr verschieben könnte, so hätten wir zwei Freiheitsgrade. Die mechanischen Vorkehrungen, um zwei Freiheitsgrade zu ermöglichen, können sehr mannigfaltig sein; es lassen sich sehr verschiedene derartige Bewegungs-,,Führungen" von zwei Freiheitsgraden ersinnen. Das gilt natürlich für alle Freiheitsgrade. Beispiele für zwei Freiheitsgrade sind das Oberarmspeichengelenk, das Kniegelenk des Menschen usw.

Ein Körper, der sich um einen einzigen festen Punkt dreht, hat drei Freiheitsgrade, z. B. eine Kugel, die sich in einer kongruenten konkaven Kugelhöhle gleitend dreht; daher der Name Kugelgelenk. Hierher gehört das menschliche Hüftgelenk, Schultergelenk usw.

Kann sich die Kugelhöhle selbst auf einer Linie bewegen, so hat man vier, auf einer Ebene fünf, kann sich hingegen das Kugelgelenk beliebig bewegen, so hat man sechs Freiheitsgrade.

Bei einfachen Gelenken von Lebewesen ist ein höherer Freiheitsgrad als drei nicht bekannt.

Die Glieder des tierischen Organismus sind aber aus zwei oder mehr gelenkig verbundenen Abschnitten zusammengesetzt. Fig. 33 zeigt die Wirkung eines zwischen drei gelenkig verbundenen Gliedern gespannten Muskels m, der I und III mit der Kraft P_1, bzw. der gleich großen (actio oder reactio) Gegenkraft P_2 zusammenzieht. P_1 weckt die gleich große Gegenkraft P_3, diese P_4; so stark wird das Gelenk g_1 nach rechts gedrückt. P_2 weckt die Gegenkraft P_5, diese P_6; so stark wird das Gelenk g_2 nach links gedrückt. Alle P sind gleich groß (Kräftepaare § 33). Die wirkenden Kräftepaare sind hier für I. . . . $P \cdot a_1$, für II . . . $P \cdot a_2$, für III . . . $P \cdot a_3$. Ceteris paribus wird I am stärksten, II am schwächsten gedreht.

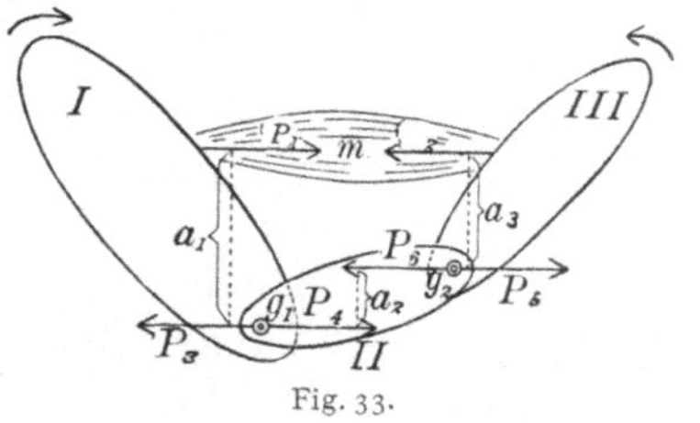

Betrachten wir das Zusammenwirken mehrerer Gelenksabschnitte beim tierischen Skelette, so kommen wir zu sechs Freiheitsgraden. Die Hand z. B. kann gegen den Rumpf alle beliebigen Bewegungen innerhalb eines durch die Länge und Lage der Knochen bestimmten Raumbezirkes ausführen, ebenso die Finger. Sie haben sechs Grade von Freiheit.

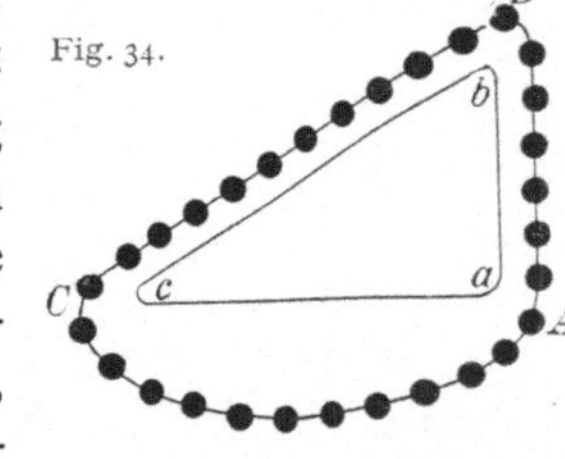

Fig. 33.

Bei Gelenken des tierischen Organismus ist der Raum zwischen den Gelenken, also z. B. zwischen Kugel und Kugelhöhle, ausgefüllt mit einer deformierbaren Knorpelschicht, und die Betrachtung der toten anatomischen Präparate stimmt nicht immer mit den am lebenden Wesen beobachteten Bewegungsmöglichkeiten überein.

36. Die **mechanische Funktion unserer Muskeln** und der mehr als 200 Knochenhebel unseres Körpers stellen den Anatomen und Physiologen vor oft sehr schwere physikalische Aufgaben. O. Fischer[1] hat in zahlreichen Untersuchungen Formeln gegeben, welche für die Gleichgewichtslehre, d. h. für die Drehmomente noch verhältnismäßig übersichtlich sind, die aber für die Dynamik der Lokomotion wegen Berechnung der Schwerpunktslage, Trägheitsmomente (§ 41), wegen der verschiedenen Bewegungsmöglichkeiten u. dgl. sehr kompliziert werden.

37. Schon Stevinus leitete (1600) die Gesetze der **schiefen Ebene** aus dem Gesetze der Erhaltung der Energie ab, das ihm und anderen Forschern damals schon als selbstverständlich galt. Diese elegante Ableitung Stevinus' war folgende:

Fig. 34.

Denken wir uns eine schiefe Ebene bc (Fig. 34); ab ist die Höhe und bc die Länge. Legen wir nun eine in sich geschlossene ganz gleichförmige Kette ABC um diese schiefe Ebene, so muß sie im Gleichgewichte sein; denn würde Bewegung eintreten, so hätten wir ein Perpetuum mobile, weil beim Abgleiten einiger Kugeln bei C ebenso viele Kugeln bei B wieder auf die schiefe Ebene kämen.

Da der unterste Teil der Kette AC nach beiden Seiten hin symmetrisch wirkt, also ohne Einfluß ist, muß der kurze Kettenteil AB dem viel längeren Teil BC das Gleichgewicht halten. Die Anzahl der Kettenglieder

---

1) Seine zahlreichen Untersuchungen sind im Auszuge zusammengefaßt in „Kinematik organischer Gelenke", Leipzig 1907.

ist im letzteren Stücke im Verhältnisse $\frac{bc}{ab}$ größer; also zieht ein Glied auf der schiefen Ebene längs dieser in dem Verhältnisse der Höhe zur Länge weniger stark.

Die Schwerkraft zieht also einen Körper längs einer schiefen Ebene mit einem Bruchteile seiner Gewichtskraft, der gleich ist dem Verhältnis von Höhe zur Länge der schiefen Ebene.

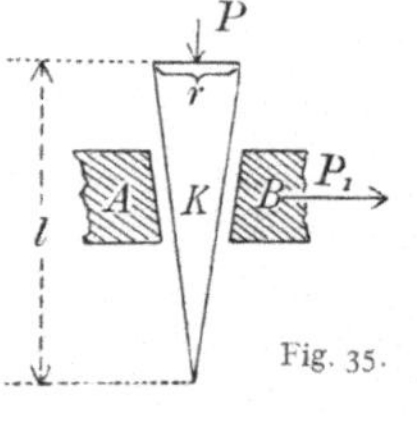
Fig. 35.

38. Ein harter prismatischer Keil (Fig. 35) wird mit einer Kraft P nach abwärts geschoben; A sei unbeweglich, B horizontal verschiebbar. Der **Keil** habe die Rückendicke r. Dann wird, wenn der Keil um seine ganze Länge l hinuntergeht, B mit einer Kraft P_1 nach rechts geschoben. Das Gesetz der Erhaltung der Energie verlangt, daß Kraft mal Weg in beiden Fällen gleich sein muß, oder $P \cdot l = P_1 \cdot r$. Die drückende Kraft verhält sich zur trennenden wie die Keilbreite zur Keillänge. Je spitzer der Keil oder je schärfer die Kante, desto größer die Wirkung.

Alle Schneiden unserer Werkzeuge, z. B. Messer, Mikrotome usw. oder die Schneiden unserer Schneidezähne oder unsere Fingernägel, die Krallen der Tiere usw. wirken in dieser Weise, wobei aber das allmähliche Eindringen fördernd hilft; es wird durch die Kraft des Messers z. B. nicht ein Stück auf einmal zerrissen, sondern eine Faser nach der anderen. Man drückt daher die Messerschneide nicht einfach an, sondern zieht sie hin und her.

39. Wenn a in Fig. 36 einmal um 360° um die Vertikalachse gedreht wird, geht die unterste Fläche F nur um eine Schraubenhöhe hin-

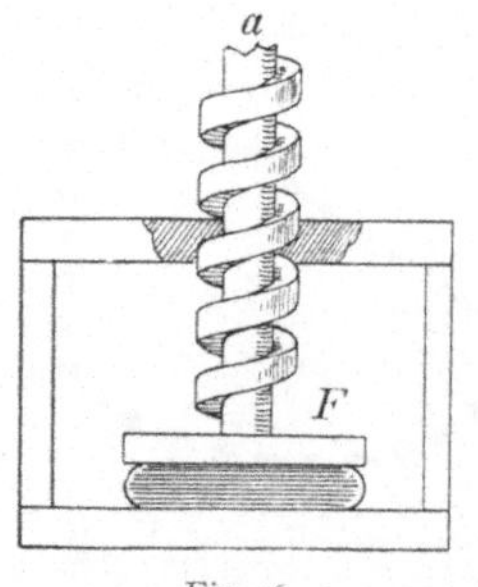
Fig. 36.

unter — die am Umfange der **Schraube** angreifende Kraft wird also im Verhältnis Schraubenumfang durch Schraubenhöhe kleiner sein als der auf F wirkende Druck.

40. Bei den bisher vorgebrachten Erscheinungen mußten wir stets betonen: ,,abgesehen von **Reibung**". Will man einen auf einer horizontalen ebenen Unterlage ruhenden Körper längs dieser Oberfläche horizontal bewegen, so findet man — abgesehen vom Trägheitswiderstand — einen Reibungswiderstand.

Dieser ist um so größer, je schwerer der Körper auf die Unterlage drückt. Diese Reibung ist natürlich sehr verschieden je nach der materiellen Natur der reibenden Körper (z. B. Holz auf Holz oder Holz auf Metall oder Metall auf Metall usw.). Die Größe der reibenden Fläche ist, wenn das Gewicht gleich bleibt, ohne Einfluß, weil der Druck sich über die ganze Fläche verteilt, pro cm² also kleiner wird. Bei dieser gleitenden Reibung müssen fortwährend kleine Erhöhungen der nie absolut glatten Unterlage überklettert werden (Ausfüllen der „Täler" durch Schmiermittel). Auch Adhäsionserscheinungen (§ 91) spielen hier eine große Rolle.

Legen wir ein Gewichtsstück auf ein horizontales Brett, so können wir dieses allmählich immer schiefer stellen und es wird das Gewicht erst bei einer bestimmten Neigung des Brettes ins Gleiten kommen (Reibungswinkel).

Ein rollender Körper, z. B. eine Kugel, hat eine viel geringere, wälzende oder rollende Reibung. Ein Wagenrad hat am Umfange rollende, an der Achse gleitende Reibung. Letztere wird auch zur rollenden, wenn man die Achse zwischen Kugeln laufen läßt (Kugellager).

Die Bedeutung der Reibung für das Stehen auf geneigten Flächen, das Gehen, die Fortbewegung von Lokomotiven, Automobilen (Streuen von Sand bei Glatteis) usw. sind allbekannt.

Kreisende Bewegung.

41. Bei einer rotierenden Bewegung haben die verschiedenen Punkte, z. B. die eines Karussells, je nach der Entfernung von der Drehungsachse verschiedene Geschwindigkeiten. Gleichwohl kann man von einer bestimmten Drehungsgeschwindigkeit sprechen, wenn man die Geschwindigkeit in der Entfernung Eins von der Achse, die sog. **Winkelgeschwindigkeit** ω in Betracht zieht. Die Änderung dieser Winkelgeschwindigkeit pro sec heißt **Winkelbeschleunigung** ψ. Selbstverständlich ist dann in einer Entfernung r von der Achse die Geschwindigkeit (resp. die Beschleunigung) r mal so groß, also $r \cdot \omega$ (resp. $r \cdot \psi$).

Wenn man ein Karussell in eine bestimmte Umdrehungsgeschwindigkeit bringen will, z. B. einmal rund herum in einer Minute, so ist es für die aufzuwendende Kraft von Einfluß, ob man außen oder innen dreht (Drehmoment), und ob die Passagiere mehr innen oder außen an der Peripherie des Karussells sitzen (Trägheitsmoment).

Wie bei einer Drehbewegung die Wirkung der Kraft je nach der Hebellänge des Angriffspunktes sehr verschieden ist, so ist auch die Entfernung r einer Masse m vom Drehpunkte von großer Bedeutung. Man nennt das Produkt $K = m r^2$ das **Trägheitsmoment.** Bei mehreren Massen ist das Gesamtträgheitsmoment gleich der Summe sämtlicher Massen mal den Quadraten der jeweiligen Entfernungen dieser Massen von der Drehungsachse.

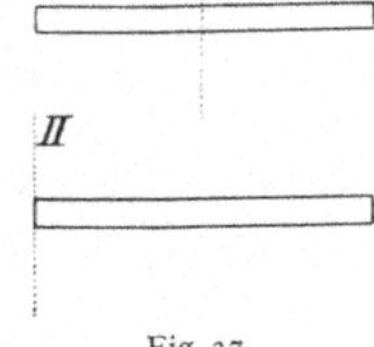

Beispiele. ($M =$ Masse, $R =$ Radius, $L =$ Länge)

Ring:	$K = M R^2$
Voll-Scheibe:	$K = \frac{1}{2} M R^2$
Kugel:	$K = \frac{2}{5} M R^2$
Stab rotierend um Achse I (Fig. 37):	$K = \frac{1}{12} M L^2$
Stab rotierend um Achse II (Fig. 37):	$K = \frac{1}{3} M L^2.$

Fig. 37.

Das Gesetz einer geradlinigen Bewegung (§ 19):

Kraft = Beschleunigung mal Masse

hat bei einem in einer Kreisbahn sich bewegenden Körper die Form

Drehmoment = Winkelbeschleunigung mal Trägheitsmoment.

Beweis. An einem um einen Punkt O (Fig. 38 links) drehbaren — masselos gedachten — Körper greift eine Kraft P an; das Drehmoment ist $l \cdot P$. Welche Winkelbeschleunigung

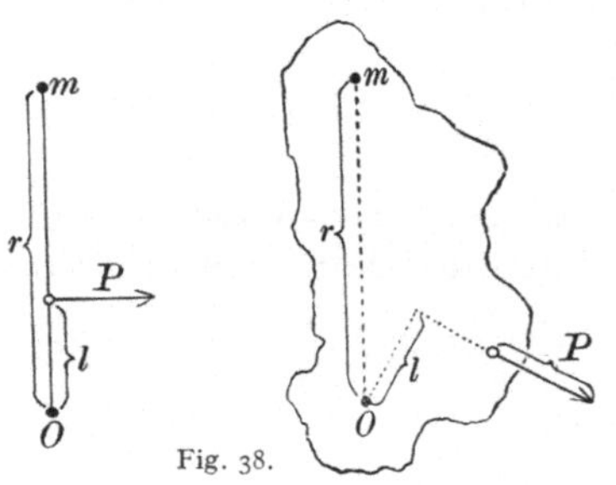

Fig. 38.

erteilt diese Kraft einer Masse m in der Entfernung r vom Drehpunkte? Wir können statt P eine parallele (nicht gezeichnete) Kraft P' in m angreifen lassen, ohne etwas zu ändern, wenn nur $P \cdot l = P' \cdot r$.

Denken wir uns nur eine ganz kleine Drehung ausgeführt, so können wir den von m beschriebenen Weg als gerade und in der Richtung von P' gehend annehmen; dann gilt hier, weil geradlinig, Kraft = Masse $\times$ Beschleunigung, d. h. P' oder $\dfrac{Pl}{r}$ = Beschleunigung $\times$ Masse. Die Beschleunigung von m ist aber $r\psi$, somit wird $\dfrac{Pl}{r} = r\psi m$ oder $Pl = (mr^2)\psi$.

Auch Fig. 38 rechts paßt für die eben gegebene Beschreibung und stellt einen allgemeinen Fall dar.

42. Für die fortschreitende und die drehende Bewegung ergeben sich die folgenden **Analogien:**

Weg . . . . s	Winkel . . . . $\varphi = \dfrac{s}{r}$
Geschwindigkeit . c	Winkelgeschwindigkeit $\omega = \dfrac{c}{r}$
Beschleunigung . b	Winkelbeschleunigung $\psi = \dfrac{b}{r}$
Masse . . . . . . m	Trägheitsmoment . . $K = mr^2$
Kraft . . . . . . $P = mb$	Drehmoment . . . . $D = K\psi$
kinetische Energie $E = \tfrac{1}{2}mc^2$	kinetische Energie . . $E = \tfrac{1}{2}K\omega^2$
Impuls . . . . . $I = mc$	Drehimpuls . . . . . $I' = K\omega.$

Zentralbewegung.

43. Wenn sich eine Masse m mit konstanter Geschwindigkeit c in einem Kreise vom Radius r bewegt, so ist ihre Beschleunigung in der Richtung der Bewegung Null, dagegen nach § 17 ihre **Zentripetalbeschleunigung** $b_c = \dfrac{c^2}{r}$ oder auch, wenn man die Umlaufsdauer T, die durch $T = \dfrac{2\pi r}{c}$ gegeben ist, einführt: $b_c = \dfrac{4\pi^2 r}{T^2}$.

Zufolge der Definition der Kraft als Produkt von Masse und Beschleunigung ist also in diesem Falle eine **Zentripetalkraft** $Z = \dfrac{mc^2}{r} = \dfrac{4\pi^2 mr}{T^2}$

wirksam. Nur durch eine stets gegen den Mittelpunkt hin gerichtete Kraft kann die Kreisbewegung der Masse m erzeugt werden.

Wird daher z. B. eine horizontale glatte Scheibe in Rotation versetzt, so muß man auf einen auf dieser Scheibe liegenden Körper eine solche Zentripetalkraft wirken lassen, um ihn zur Teilnahme an der Rotation, d. h. zur relativen Ruhe gegen die rotierende Scheibe, zu zwingen. Für einen mitrotierenden Beobachter, der also eine Zentripetalkraft braucht, um den Körper in Ruhe zu halten, wirkt daher während der Rotation scheinbar eine **Zentrifugalkraft** oder **Fliehkraft** von der Größe $\frac{mc^2}{r}$ auf alle mitrotierenden Massen.

Jede beliebige krummlinige Bahn kann man in einzelne Kreisstrecken zerlegen.

Infolge der Zentrifugalkraft wird ein Läufer, Reiter, Fahrzeug usw. beim Nehmen einer Kurve nach auswärts gedrückt, und zwar um so mehr, je größer das Geschwindigkeitsquadrat und je gekrümmter die Kurve ist. Infolge dieser Tatsache neigt sich ein Läufer, Reiter oder Radfahrer so nach innen, daß er in die Richtung einer Resultierenden kommt, welche die vertikale Schwerkraft und die horizontale Fliehkraft zu Komponenten hat. Eisenbahnschienen werden an der äußeren Kurvenseite überhöht, Rennbahnen nicht horizontal, sondern geneigt gebaut usw. Bei rasch rotierenden Maschinenteilen, Schwungrädern, Dynamoankern usw. muß die gewaltige Zentrifugalkraft stets in Rechnung gezogen werden.

44. Wenn in einer Flüssigkeit feste kleine Körperchen suspendiert sind, so fallen diese infolge der großen Flüssigkeitsreibung meist nur sehr langsam zu Boden. Rotiert man aber das Ganze rasch auf einer **Zentrifuge,** so wirkt die Zentrifugalkraft viel energischer als die Schwerkraft. Solche Zentrifugen werden in der Zucker- und Textilindustrie (zu chemischen Trennungen), im Molkereibetriebe (zur Trennung von Rahm und Vollmilch), in der Papier- und Stärkefabrikation

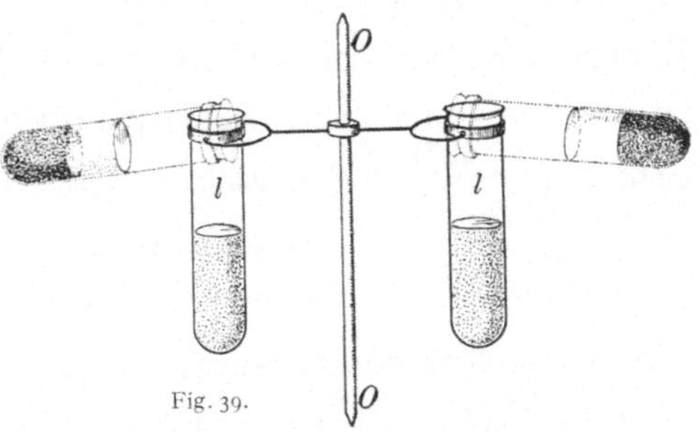

Fig. 39.

usw. häufig verwendet. Fig. 39 stellt das Modell einer Zentrifuge dar, wie sie in der physiologischen Chemie und experimentellen Pathologie usw. vielfach Anwendung findet, z. B. zur Trennung der Blutkörperchen vom Serum u. dgl. ll sind Eprouvetten für diese Flüssigkeiten, welche sich beim raschen Rotieren mittels elektrischen Antriebes um die Achse OO horizontal in die punktierte Lage stellen. Da die Zentrifugalkraft ceteris paribus dem Geschwindigkeitsquadrat proportional ist, muß bei Anwendung größerer Umdrehungszahlen besondere Vorsicht angewendet werden. (Platzen der Glasröhren und eventuell Infektion mit dem weggeschleuderten Inhalte!)

Aus der Formel $b_c = \frac{4\pi^2}{T^2} r$ folgt, daß bei $r = 10$ cm und 1 Umdrehung pro Sekunde die Zentrifugalbeschleunigung $b_c = 400$ cm/sec^2 ist; bei 10 Umdrehungen/sec bereits 40000, also rund 40 mal größer als die Schwerebeschleunigung.

45. Zu den großartigsten Beispielen der Zentralbewegung gehören die Planeten- und Mondbahnen um ihre Zentralkörper, deren richtige Deutung **Newtons** berühmtes **Gravitationsgesetz** (1688) lieferte. Jede Masse m besitzt nach Newton außer der Trägheit noch eine andere wichtige Fundamentaleigenschaft: sie zieht jede andere Masse m' mit der sog. Gravitationskraft an. Wenn G eine Konstante ist, so ist die Gravitationskraft $= \frac{G(m\,m')}{r^2}$, wobei r die Entfernung zwischen m und m' ist.

Die Gravitationskraft ist direkt proportional dem Produkte der Massen und umgekehrt dem Quadrate der Entfernung.

Daß die gegenseitige Beschleunigung zweier Massen umgekehrt proportional dem Entfernungsquadrat ist, zeigte Newton folgermaßen: Die kugelförmige Erdmasse wirkt nach außen, als ob ihre Masse im Erdmittelpunkte konzentriert wäre. Der Mondabstand beträgt 60 Erdhalbmesser; der Mondmittelpunkt ist also 60 mal weiter vom Erdmittelpunkt entfernt als ein Körper in unseren Laboratorien, der die Beschleunigung 981 cm hat. Es müßte also der Mond eine Zentripetalbeschleunigung $\frac{981}{60^2}$ besitzen. Da man den Radius der Mondbahn und seine Umlaufszeit kennt, kann man diese Zentripetalbeschleunigung berechnen nach der Formel $b_c = \frac{4\pi^2 r}{T^2}$ und findet sie wirklich genau gleich.

Ebenso ergeben sich die **Keplerschen Gesetze** der Planetenbewegungen als notwendige Folgerungen des Gravitationsgesetzes.

Diese **Keplerschen Gesetze** lauten:

1. Die Bahn ist eine Ellipse, in deren einem Brennpunkt die Sonne steht. (Tatsächlich sind die Bahnen der Planeten wenig exzentrisch, also fast kreisförmig.)

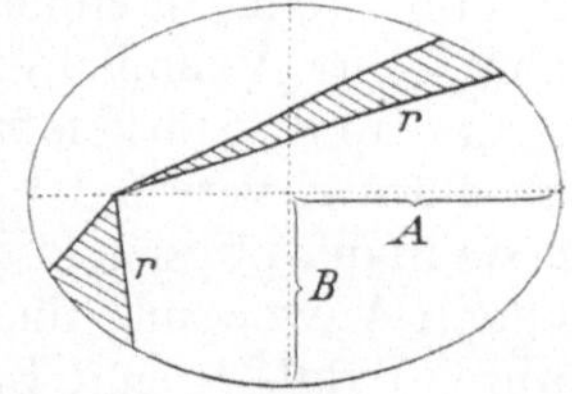
Fig. 40.

2. Die Flächengeschwindigkeit, d. h. die vom Radiusvektor in der Zeiteinheit überstrichene Fläche (siehe Fig. 40) ist konstant.

3. Zwischen den Umlaufsdauern T und der mittleren Entfernung R (Mittel der beiden Halbachsen A und B) besteht die Beziehung

$$\frac{R_1{}^3}{T_1{}^2} = \frac{R_2{}^3}{T_2{}^2} = \frac{R_3{}^3}{T_3{}^2} = \cdots = \text{konst.},$$

d. h. dieser Quotient hat für verschiedene Planeten (Merkur, Venus, Erde usw.) den gleichen Wert.

Auch die hyperbolischen oder parabolischen Bahnen der Kometen lassen sich durch das Newtonsche Gravitationsgesetz erklären.

Um die Wirkung der Gravitation zwischen zwei beliebigen Körpern (z. B. zwei Metallkugeln) zu zeigen, bedarf es sehr feiner Einrichtungen, da die Kraft hier trotz des kleinen r wegen der Kleinheit der Massen sehr klein ist. Solche Messungen ermöglichen die Bestimmung der Gravitationskonstante G, deren Kenntnis dann die Erdmasse und die Masse der anderen Planeten aus ihren Umlaufszeiten bestimmen läßt.

Der Wert von G ist $6{,}66 \cdot 10^{-8}\ \dfrac{\text{Dyn} \cdot \text{cm}^2}{g^2} = [C^3 G^{-1} S^{-2}]$.

46. Biologische Wirkung der Schwerkraft. Die Schwerkraft ist von größtem Einflusse auf das Wachstum von Organismen. Bei Pflanzen unterscheidet man positiv und negativ geotropische Organe, z. B. Wurzeln und Stengel: die Hauptwurzel wächst, wenn nicht besondere Störungen auftreten, in der Richtung der Schwerkraft, der Hauptstengel entgegengesetzt. Läßt man eine horizontale Scheibe, an deren Peripherie Keimpflanzen befestigt sind, um eine vertikale Achse rasch rotieren, so überwiegt die Zentrifugalkraft über die Schwerkraft. Die Wurzeln wachsen von der Achse weg, die Stengel aber gegen sie. Auch für die Entwicklung tierischer Organismen ist die Schwerkraft von Wichtigkeit; sie ergibt z.B. die Richtung der ersten Zellteilungen im befruchteten Froschei, im Forellenei usw.

Schwingende Bewegung.

47. Eine in der Natur häufig vorkommende Bewegung ist die einer Schwingung, auch Pendelbewegung, harmonische Bewegung oder Sinusbewegung genannt.

Fig. 41 stellt ein **mathematisches Pendel** dar: an einem gewichtslos gedachten Faden hängt ein möglichst kleiner, schwerer Körper. Bringt man diese Masse aus a nach b und läßt sie los, so fällt sie gegen ihre Gleichgewichtslage a zurück, sich bis a immer rascher bewegend, geht aber infolge der Trägheit weiter nach c (gleich hoch wie b) und würde so, von der Reibung abgesehen, dauernd hin und her pendeln. Die Energie ist in b nur potentiell, auf dem Wege ba verwandelt sie sich immer mehr in kinetische Energie, so daß in a alle Energie nur mehr kinetisch ist; beim Steigen nach c wird diese Energie wieder immer mehr potentiell, so daß in c alle Energie nur mehr potentiell ist. Die jeweilige Summe dieser

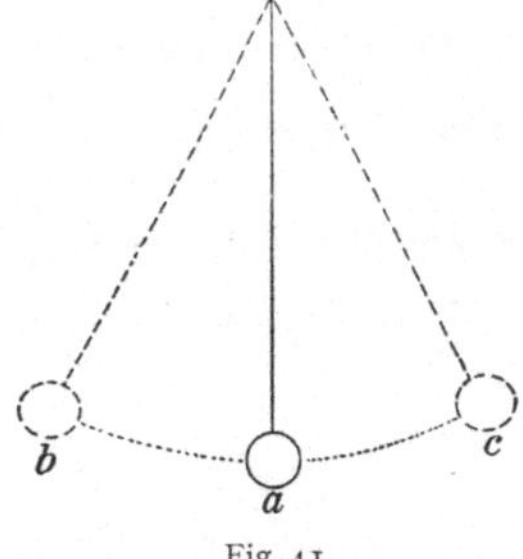

Fig. 41.

ineinander sich umsetzenden kinetischen und potentiellen Energien ist —
nach dem Gesetz der Erhaltung der Energie — konstant.

In Wirklichkeit wird die **Amplitude,** d. h. die Entfernung ab, wegen
verschiedener Reibungen (des Fadens in sich und an der Aufhängestelle,
der Reibung des Fadens und der Kugel gegen die Luft), hier **Dämpfung**
genannt, immer kleiner und kleiner. Die Zeit, die eine Masse zu einem
Hin- und Rückgang braucht, heißt **Schwingungsdauer** T.

Schwingungsgesetz. Man kann nun mathematisch zeigen: Die beschleunigende Kraft, welche die aus ihrer Ruhelage entfernte
Masse gegen diese Ruhelage zurückzieht, ist der Entfernung
der Masse von der Ruhelage, der „Elongation" oder „Exkursion",
proportional. Dies ist das Charakteristikum jeder Schwingungsbewegung.

Diese hin und her gehenden Schwingungsbewegungen lassen sich durch Projektion
einer kreisförmigen Bewegung und der bei dieser Kreisbewegung vorhandenen Beschleuni

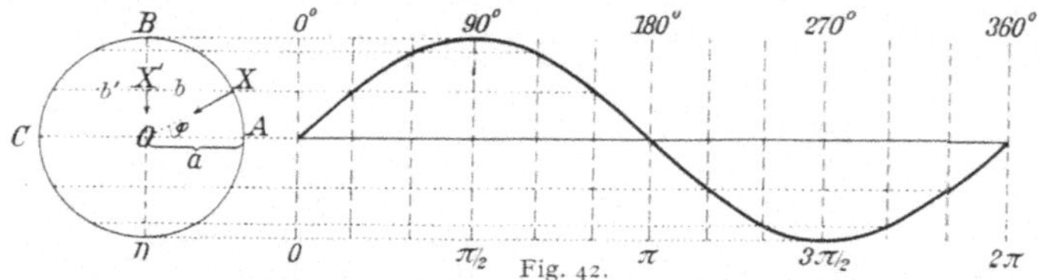

gung bestimmen. Es
sei (Fig. 42) $ABCD$
ein solcher Kreis, in
welchem ein Punkt um
O mit dem Radius a
sich gleichförmig bewegt. In irgendeinem
Momente ist dieser
Punkt z. B. in X und die bei dieser Zentralbewegung auftretende Zentripetalbeschleunigung
$\dfrac{4\,\pi^2 a}{T^2}$ sei z. B. dargestellt durch b. Geht also der Punkt X auf der Kreisbahn mit gleichförmiger Geschwindigkeit herum, so wird der Schatten, wenn paralleles Licht von rechts einfällt, oder die Projektion dieses Punktes auf den Durchmesser BD rasch von O nach aufwärts
gehen, immer langsamer werden, in B für einen Moment stillstehen, dann immer rascher
sich gegen O zurückbewegen, immer langsamer gegen D gehen, wieder umkehren usw., ganz
wie ein schwingendes Pendel. Auch die Zentripetalbeschleunigung b kann auf BD projiziert
werden (b'), und zwar ist $b' = b \cdot \sin\varphi$ (b und b' sind negativ zu rechnen, wenn sie in der
Darstellung der Fig. 42 abwärts wirken). $X'O$ ist die Entfernung des schwingenden
Körpers von der Ruhelage, die **Elongation** $x = a\sin\varphi$. Die Gleichung $b' = -\dfrac{4\pi^2}{T^2} \cdot a\sin\varphi$
$= -\dfrac{4\pi^2}{T^2}\,x$ sagt also, daß die gegen die Gleichgewichtslage O gerichtete Beschleunigung der jeweiligen Elongation x proportional ist.

Die Kraft, welche eine solche schwingende Bewegung hervorruft, ist dann gegeben
durch $P = mb' = -\dfrac{4\pi^2}{T^2}\,m\,x = -k\,x$. Es ist also k die rücktreibende Kraft, wenn $x = 1$
ist. Daraus folgt $T = 2\pi\sqrt{\dfrac{m\,x}{P}} = 2\pi\sqrt{\dfrac{m}{k}}$. Der Abstand des schwingenden Punktes von
der Mittellage wird für verschiedene Zeiten durch die Formel dargestellt

$$x = a\sin\frac{2\pi t}{T}$$

d. h.: so wie der Sinus zwischen $+1$ für $90°$ $\left(\text{oder } \dfrac{\pi}{2}\right)$ und -1 für $270°$

$\left(\text{oder } \dfrac{3\pi}{2}\right)$ hin und her pendelt, schwankt auch jede Elongation zwischen ihren beiden Amplituden sinusförmig hin und her. Man nennt daher eine solche Bewegung auch Sinusbewegung. In Fig. 42 stellen die Abszissen die Winkelwerte und die Ordinaten die dazu gehörigen Sinuswerte dar. Die Angabe des jeweiligen Schwingungszustandes durch eine Winkelfunktion mit z. B. $\dfrac{\pi}{2}$ oder $\dfrac{\pi}{3}$ usw. gibt die Schwingungsphase.

48. Beim mathematischen Pendel (Fig. 43) wirkt in der Stellung X auf die Masse m die Schwerkraft $XB = g \cdot m$ nach abwärts. Wir zerlegen sie in die Komponenten XZ und XY. Dann spannt XY den Faden und XZ zieht die Masse gegen A. Es verhält sich $XZ : XB = XA : OA$. Ist die Amplitude sehr klein, also OS sehr lang gegen XS, so wird fast $OS = OA = l$, der Pendellänge, und die Gerade XA wird fast gleich dem Bogen XS. Wir erhalten dann $XZ = \left(\dfrac{g\,m}{l}\right)(XS)$,

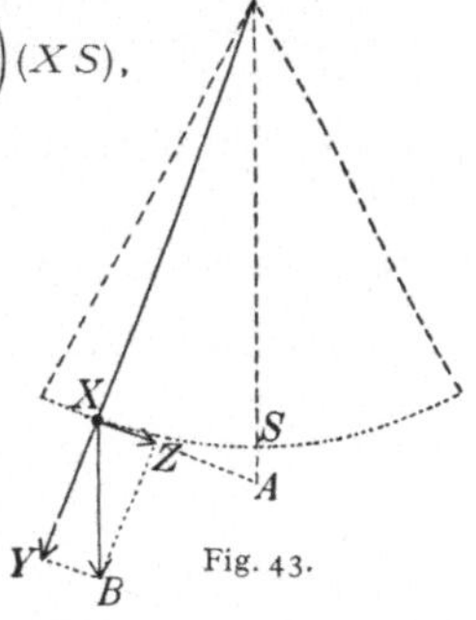

d. h. die wirkende Kraft XZ ist proportional der Elongation XS, ein Beweis, daß die Pendelschwingung eine Sinusschwingung ist. Setzen wir $XS = 1$, so sei $XZ = P$; dann wird $T = 2\pi\sqrt{\dfrac{l}{g}}$. Das gilt aber nur bei kleinen Amplituden, weil nur dann die eben gemachten Ungenauigkeiten verschwindend klein werden.

Bezeichnet man beim Pendel einen Hin- oder einen Rückgang als Schwingungsdauer mit T', so lautet für ein mathematisches Pendel bei kleiner Amplitude, wie oben im kleingedruckten Texte gezeigt ist, das **Pendelgesetz für ein mathematisches Pendel**

$$T' = \pi\sqrt{\frac{l}{g}},$$

worin l die Länge des Pendels und g die Erdbeschleunigung bedeutet. Daraus folgt:

1. Die Schwingungsdauer ist (innerhalb kleiner Elongationen) unabhängig von der Amplitude (Amplitude kommt in der Formel nicht vor); ob das Pendel etwas mehr oder weniger weit schwingt, ist für die Schwingungsdauer gleichgültig.

2. Die schwingende Masse ist ohne Einfluß auf T' (m kommt in der Formel nicht vor). Alle Körper fallen gleich schnell.

3. Die Quadratwurzeln aus den Pendellängen verhalten sich wie die Schwingungsdauern; da z. B. für ein ca. 1 m (genauer 99,4 cm) langes Pendel $T' = 1$ sec ist („Sekundenpendel"), so wird ein 4 (bzw. 9) m langes Pendel 2 (bzw. 3) sec schwingen.

Der 20jährige Galilei soll dieses Gesetz (etwa 1583) gefunden haben, indem er die Schwingungsdauer von an langen Ketten schwingenden Kirchenampeln mit seinen Pulsschlägen verglich.

4. T' **ist umgekehrt proportional der Wurzel aus** g. **Durch** genaue Ausmessung der Länge und Schwingungsdauer eines solchen Fadenpendels mit kleiner Amplitude wird g genauer als durch Fallversuche bestimmt.

Die beobachtete Schwere mg eines Körpers ist die Resultierende aus der gegen den Erdmittelpunkt hin gerichteten Newtonschen Gravitationskraft (vgl. § 45) und der von der Erdachse senkrecht nach außen gerichteten Zentrifugalkraft auf der rotierenden Erde. Infolgedessen ist zunächst wegen der Abplattung der Erde die Kraft am Pol (näher dem Mittelpunkt) größer als am Äquator (weiter entfernt vom Mittelpunkt). Außerdem wirkt die (zu subtrahierende) Zentrifugalkraft am Äquator am stärksten, während sie am Pol verschwindet. Im Meeresniveau ist unter 45^0 nördlicher oder südlicher Breite g = 980,62 cm/sec², an den Polen 983, am Äquator 978. Mit wachsender Seehöhe nimmt g auf je 1000 m Erhebung um 0,3 cm/sec² ab.

Aus der Abhängigkeit der Schwerebeschleunigung von der geographischen Lage eines Ortes folgt auch eine entsprechende örtliche Verschiedenheit der Krafteinheit ,,Grammgewicht''. Die Masseneinheit Gramm und die Krafteinheit Dyn sind dagegen überall dieselben.

49. Bei einer **gedämpften Schwingung** (Fig. 44) vermindert sich die Amplitude, und zwar nach jeder Schwingung um den gleichen Bruchteil, also: $a_1 = \dfrac{a_0}{\delta}$; $a_2 = \dfrac{a_1}{\delta}$

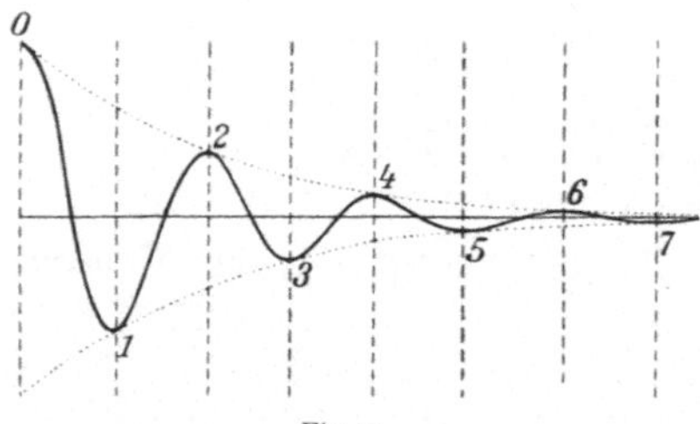

Fig. 44.

$= \dfrac{a_0}{\delta^2} \cdots$ (δ größer als 1). $\log \delta$ nennt man das **logarithmische Dekrement**. Die Schwingungsdauer (T) ändert sich bei geringer Dämpfung gegenüber der ungedämpften nicht merklich. Die Ruhelage bestimmt man daher z. B. durch Ablesung der Punkte (1), (2), (3), indem man das Mittel aus (1) und (3) mit (2) mittelt; oder durch Vergleich der Mittel aus (1), (3), (5) und (2), (4), allgemein bei Ablesung einer **ungeraden** Zahl von Umkehrpunkten.

Aperiodisch gedämpft nennt man eine Schwingung, die den Nullpunkt von der Elongation her überhaupt nicht mehr überschreitet. (Pendel in einer sehr zähen Flüssigkeit.)

50. Jeder in stabilem Gleichgewicht befindliche und um diese Lage bewegliche Körper, z. B. jeder aufgehängte Körper stellt, ein **physisches Pendel** dar. Auch ein solches würde, von Reibung abgesehen, dauernd um die Drehungsachse hin und her schwingen. Wir können zu jedem physischen Pendel ein mathematisches konstruieren, das die gleiche Schwingungsdauer hat. Die Länge dieses mathematischen Vergleichspendels heißt **reduzierte Pendellänge** des physischen Pendels. Für ein physisches Pendel, das die Masse M und das Trägheitsmoment K besitzt und dessen Schwerpunkt den Abstand h von der Achse hat, ist nach § 41 für einen Winkel φ die Winkelbeschleunigung ψ gegeben durch die Formel $\psi = \dfrac{\text{Drehmoment}}{\text{Trägheitsmoment}} = \dfrac{M g h \sin \varphi}{K}$. Bei einem mathematischen Pendel mit der Masse m und der Länge l ist dann in analoger Weise $\psi' = \dfrac{m g l \sin \varphi}{m l^2}$, indem man den Wert $m l^2$ für das Trägheitsmoment einsetzt. Sollen beide Pendel gleiche Winkelbeschleunigung und damit gleiche Schwingungsdauer haben, so muß $\psi = \psi'$ oder $\dfrac{Mh}{K} = \dfrac{\mathrm{I}}{l}$, bzw. $l = \dfrac{K}{Mh}$ sein. Die letzte Formel gibt also die Größe der „reduzierten Pendellänge".

Bei einem Stab, z. B. von der Länge L, der um eine durch sein oberes Ende gehende Achse schwingt, ist (nach § 41) $K = \frac{1}{3}ML^2$ und $h = \frac{1}{2}L$, daher die reduzierte Pendellänge $l = \frac{2}{3}L$. Es wäre falsch, den Abstand h des Schwerpunktes von der Achse als reduzierte Pendellänge anzunehmen auf Grund der — hier unzutreffenden — Überlegung: „Die Gesamtmasse des Stabes kann im Schwerpunkt konzentriert gedacht werden."

Ein (für die Schwingungen der Waage) interessantes Beispiel stellt das Pendel Fig. 45 dar. Hier ist eine massive Scheibe um ihren Mittelpunkt drehbar (indifferentes Gleichgewicht). Mit dieser Scheibe fest verbunden sei eine Stange, an der ein (schraffiert gezeichnetes) Gewicht befestigt ist. Das Drehmoment ist, wenn P die Schwerkraft dieses Ge-

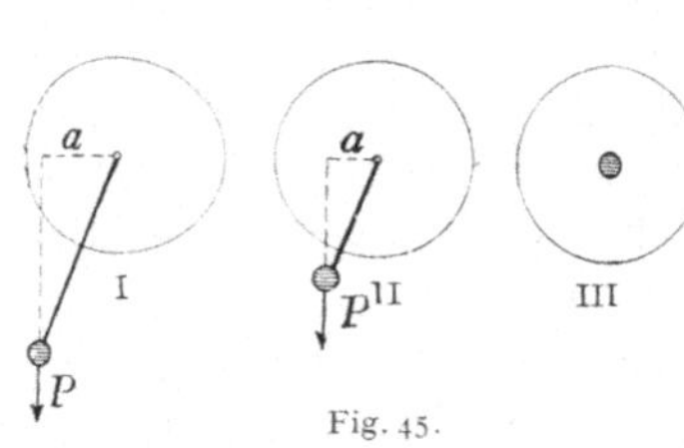
Fig. 45.

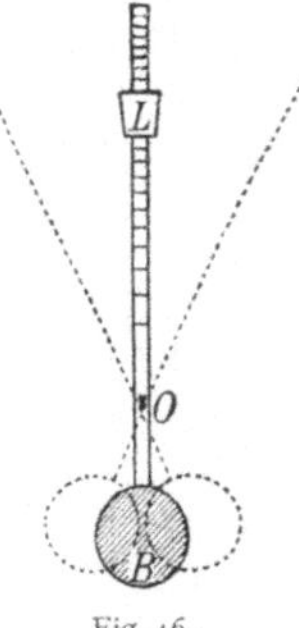
Fig. 46.

wichtes und a der Kraftarm ist, Pa. In I ist a am größten, in III gleich Null. Die in Bewegung (Schwingung) zu setzende Masse ist in erster Reihe die Masse der Scheibe, also in I, II und III gleich. I pendelt also rasch, II langsam und III gar nicht. Bei derartigen Fällen ergibt also eine Verkürzung des Pendels eine Verlangsamung der Schwingungsdauer.

Beim Metronom (Fig. 46) — O Drehpunkt, B schweres, festsitzendes Bleigewicht — wird, um die Schwingungsdauer zu vergrößern, das Laufgewicht L hinaufgeschoben. Dieses Pendel schlägt rechts und links an eine Glocke und dient — in der Musik — zum Markieren eines bestimmten Taktes; beim „Adagio" befindet sich L oben, bei „Presto" unten.

51. Eine wichtige Verwendung des physischen Pendels kennen wir in der **Pendeluhr,** vom alten und erblindeten Galilei erfunden. Ein aufgezogenes Gewicht oder eine aufgezogene Feder würde das Räderwerk einer Uhr durch ihre konstante Kraft in eine gleichförmig beschleunigte Bewegung versetzen; das hin und her gehende Pendel fällt aber mit einem kleinen hin und her gehenden Querarme in regelmäßigem Tempo in die einzelnen Lücken eines sich drehenden Zahnrades ein und bewerkstelligt so, regelmäßig hemmend, den gleichförmigen Gang.

52. Ein anderes wichtiges Beispiel für ein physisches Pendel ist die **Waage,** die dazu dient, zwei Gewichtskräfte gm und gm', also auch zwei Massen m und m' miteinander zu vergleichen. An einem horizontalen Waagebalken AC (Fig. 47) sind drei Schneiden angebracht. Die ganze Waage ruht auf der Mittelschneide B; am Ende der beiden gleichen Hebelarme hängen an den Schneiden A und C die beiden Waageschalen. Am Waagebalken ist ein vertikaler Zeiger befestigt, der vor einer Skala ss hin und her pendelt. In der Ruhelage zeigt er z. B. auf 10. Man wartet entweder die wirkliche Einstellung des Zeigers ab, oder aber man kann, was besser ist, auch aus den abgelesenen Amplituden die Ruhelage errechnen (vgl. § 49).

Die unbelastete Waage schwinge z. B. von 7,5 (links) nach 12 (rechts), zurück auf 8,5 usw.; die beiden Ausschläge links geben das Mittel $\frac{1}{2}$ (7,5 + 8,5) = 8 und dieses linke Mittel mit dem Ausschlage rechts, nämlich 12, gibt das weitere Mittel $\frac{1}{2}$ (8 + 12) = 10 als Ruhelage.

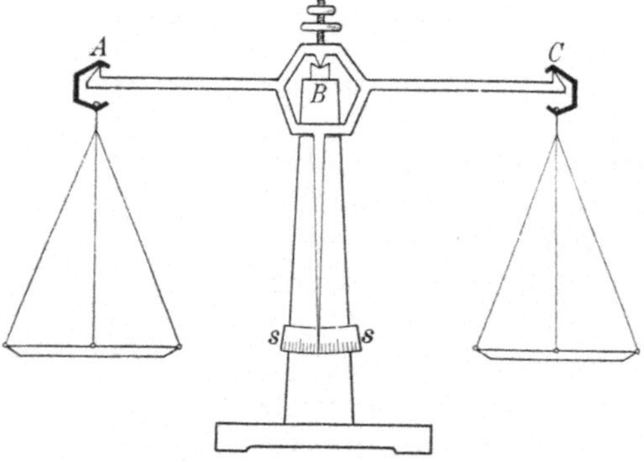

Fig. 47.

Genaues Wägen ist eine große Sorgfalt erfordernde Operation, deren vollständige Darstellung hier zu weit führte. Feine Waagen sind zur Schonung der Achsenlager stets mit Arretierung versehen, welche, wenn die Waage nicht schwingen soll, durch einfache Drehung einer Scheibe den Querbalken AC von der Mittelschneide B und meist auch die beiden Gehänge A und C etwas hebt, so daß die Schneiden entlastet werden.

Die **Richtigkeit** einer derartigen Waage verlangt, daß die Waagebalken möglichst gleich lang und gleich schwer sind und daß auch die Gehänge mit den Waagschalen auf beiden Seiten möglichst gleich gearbeitet sind; dann darf ein Vertauschen zweier gleicher Gewichte rechts und links keine Änderung der Einstellung ergeben. Absolut richtig ist eine Waage wohl nie. Man kann aber den zu wägenden Körper X auf der linken Waagschale durch beliebige Gewichtsstücke, Tara, auf der rechten Seite ins Gleichgewicht bringen und dann nach Wegnahme des Körpers X links so lange genaue Gewichte auflegen, bis wieder Gleichgewicht herrscht: Substitutionswägung.

Ein je kleineres Übergewicht auf einer Seite eine bestimmte Neigung einer Waage verursacht, desto empfindlicher ist sie. Die **Empfindlichkeit** ist direkt proportional der Waagebalkenlänge, umgekehrt dem Gewicht der Waagebalken und umgekehrt der Entfernung des Schwerpunktes von der Mittelschneide.

Beweis. Die ganze Masse der Waage selbst denken wir uns im Schwerpunkte S vereint; s sei die daraus resultierende Schwerkraft. Ein Übergewicht q auf der rechten Seite, wie in Fig. 48 angedeutet, bringt einen Ausschlag durch die Kraft q hervor. Die Drehmomente sind dann $q \cdot OR$ (wofür wir — nicht ganz genau, aber mit großer Annäherung — $q \cdot OB$ setzen können) und $s \cdot OT$. Wenn Gleichgewicht herrscht, so müssen diese gleich sein, daraus folgt $\dfrac{1}{q} = \dfrac{OB}{s \cdot OT}$. Je kleiner q oder je größer $\dfrac{1}{q}$ sein kann, um einen bestimmten Ausschlag zu erzeugen, desto empfindlicher ist die Waage.

Die Waage wird um so empfindlicher, je näher man den Schwerpunkt an O hinaufrückt, was mit Hilfe einer am Zeiger (oder in Fig. 47 oberhalb des Zeigers) verschiebbaren Schraubenmutter möglich ist. Rückt man aber S allzu nahe an O, so tritt der in Fig. 45 dargestellte Fall ein, die Waage schwingt zu langsam, die Wägung dauert zu lange. Um die Schwingungsdauer abzukürzen, nimmt man bei modernen Waagen die Waagebalken ziemlich kurz; man verliert an Empfindlichkeit wegen dieser Verkürzung der Waagebalken, gewinnt aber ebensoviel oder noch mehr durch Verkleinerung des Gewichtes, weil die kürzeren Waagebalken leichter werden.

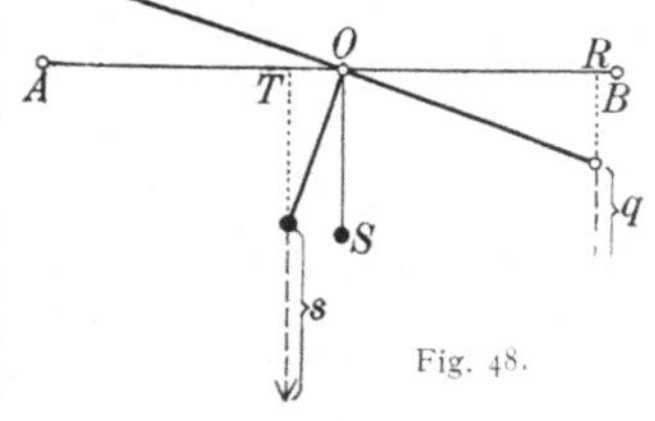

Fig. 48.

Liegen die drei Schneiden AOB in einer geraden Linie (Fig. 48), so ist die Empfindlichkeit unabhängig von den auf beiden Schalen liegenden gleichen Gewichten, der „Belastung", deren Resultierende ja im unterstützten Drehungspunkte (O in Fig. 48) angreift und darum zur Drehung nichts beitragen kann. Liegt die Schneide O höher als A und B, so wird die Empfindlichkeit mit steigender Belastung kleiner, liegt O aber tiefer, so ist es umgekehrt.

Die Empfindlichkeit der Waage wird natürlich je nach dem Zwecke verschieden gewählt werden. Für die feinsten chemischen und physikalischen Untersuchungen kann eine Waage kaum empfindlich genug sein, pharmazeutische Zwecke verlangen mittlere Empfindlichkeit, indessen z. B. für einen Kaufmann meist nur ungefähre Resultate vollständig genügen. Je empfindlicher die Waage, desto länger dauert das Abwägen, teils wegen der Schwingungsdauer, teils auch, weil die Gewichts-Abgleichung viel längere Zeit erfordert.

Bei normalen Laboratoriumswagen von rund 200 g Tragkraft ist die Empfindlichkeit etwa 0,5 bis 2 Skalenteile pro 1 mg.

53. Ein Gewichtssatz für kleinere Massen enthält z. B. in g:

50	20	10	10	} vergoldetes Messing
5	2	1	1	} (bisweilen Quarz),
0,5	0,2	0,1	0,1	} Platin oder Aluminiumblech.
0,05	0,02	0,01	0,01	

Man darf feine Gewichte nie mit dem Finger berühren, sondern nur mittels Metallpinzetten mit elfenbeinernen Spitzen heben. Beim Auflegen und Wechseln der Gewichte muß eine gute Waage immer arretiert und bei den letzten Schwingungsbeobachtungen das Waagengehäuse des störenden Luftzuges wegen geschlossen werden. (Achtung auf Quecksilber, Säuredämpfe usf.!)

Um noch Milligramme zu bestimmen, ist ein 1 cg schwerer Reiter, ein Platin- oder Aluminiumhäkchen auf dem in zehn Teile geteilten Waagebalken verschiebbar. Liegt er z. B. auf dem Teilstriche 5, d. h. in der Mitte des einen Waagebalkens, so wirkt er wie 5 mg auf der Waagschale.

Die Waage ist eines unserer genauesten Instrumente. 100 g kann man bis auf 0,1 mg, also bis auf ein Millionstel genau bestimmen.

Präzisionswaagen für den Vergleich von Normalgewichten wägen $1\,kg = 10^6$ mg auf etwa $\pm$ 0.001 mg genau, also auf 10^{-9} genau.

54. Verschiedene Waagen. Bei Waagen muß die Waagschale immer mit sich selbst parallel bleiben, damit Gewicht und zu wägende Masse, wo immer auf die betreffende Schale man sie hinlegt, stets gleiches Dreh-

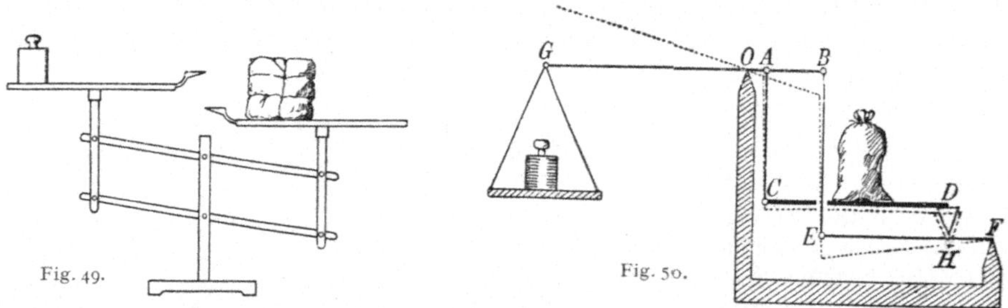

Fig. 49.   Fig. 50.

moment haben: ebenso hoch, als z. B. bei einer gewöhnlichen Waage rechts das Gewicht hinaufgeht, ebenso tief sinkt links die zu wägende Masse herunter.

Bei den **Tafelwaagen** erreicht man dies durch das sog. Robervalsche Parallelogramm. Die schematische Fig. 49 hat sechs Drehpunkte; die wirklichen Tafelwaagen haben — um die Reibung zu mindern — mehr.

Die **Brückenwaage** (Fig. 50) dient zum Wägen großer Lasten, Fuhrwagen u. dgl. durch kleine Gewichte. Der Hebelarm GB dreht sich um O, die ,,Brücke'' CD hängt an A und

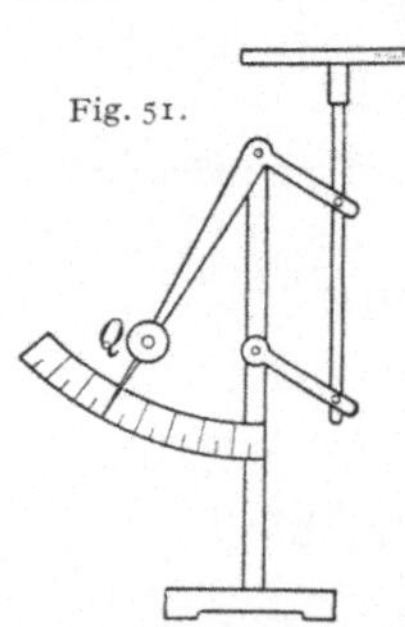

Fig. 51.

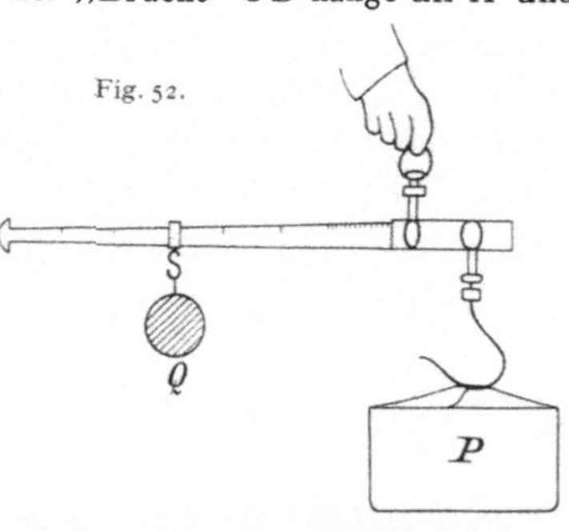

Fig. 52.

steht bei D auf einer unteren Brücke EF, die an B hängt und auf der festen Schneide F aufliegt.

Die Punkte G, A, B, C und E sind Aufhängeschneiden, O, D und F sind Auflageschneiden. Die Stange BE geht frei durch ein Loch in der oberen Brücke CD. Es sei z. B. $OA = \frac{1}{4}OB$ und ebenso auch $FD = \frac{1}{4}FE$. — Senkt sich nun z. B. A und

C um 1 mm, so senkt sich zunächst B und E um 4 mm, wie dies die punktierte Zeichnung darstellt. Dann aber senkt sich auch die Spitze unter D um 1 mm; es bleibt somit CD horizontal, d. h. immer parallel mit sich selbst. Ist $OA = \frac{1}{10}OG$, so muß auf der Waagschale links der zehnte Teil der Last auf der Brücke als Gegengewicht aufgelegt werden, Dezimalwaage.

Bei der **Zeigerwaage** oder **Neigungswaage** (Fig. 51) setzt sich die Last nicht mit verschiedenen Gewichtsstücken, sondern mit einem einzigen Gewicht Q, das aber an einem Winkelhebel mit variablem Drehmoment befestigt ist, ins Gleichgewicht.

Römer- oder **Schnellwaagen** sind Waagen mit ungleich langen Waagebalken und verschiebbarem Gewicht (Prinzip der Reiterverschiebung). (Fig. 52.)

Vgl. auch Personenwaagen mit Laufgewicht.

Molekularphysik fester Körper.

55. Festes Aggregat. Wir nennen einen Körper fest, bei welchem Gestaltsänderungen eine erhebliche Arbeit erfordern. Um hier die physikalisch kleinsten Teilchen, Molekeln, relativ gegeneinander zu verschieben, bedarf es einer Kraft. Bei Verkleinerung der Distanz zwischen den Molekeln tritt eine abstoßende, bei Vergrößerung dieser Distanz eine anziehende Kraft zwischen den Molekeln auf; in den normalen Distanzen herrscht zwischen diesen beiden Kräften Gleichgewicht.

56. Die Eigenschaft, daß einer deformierenden Kraft innere Kräfte entgegenwirken, welche den ursprünglichen Zustand nach Aufhören der äußeren Kraft wieder herstellen, nennt man **Elastizität.**

Neben den elastischen treten auch bleibende Formänderungen auf; das Verhältnis der rückgängig erfolgenden und der dauernden Formänderungen bedingt den Grad der Elastizität (z. B. Stahlband, Kautschuckschlauch, Gummiball relativ gut elastisch; Siegellack, Wachs, Blei, Lehm unelastisch).

Ein Kautschukschlauch oder eine Arterie wird durch Zug länger und dünner. Ein elastischer Stab wird durch Druck kürzer und dicker. Man kann einen festen Körper auch biegen oder tordieren (drillen), wodurch gleichfalls elastische Molekularkräfte in Erscheinung treten.

Ein durch längere Zeit deformierter elastischer Körper nimmt nach Aufhören der deformierenden Kraft meist erst nach einiger Zeit die ursprüngliche Gestalt wieder an: **elastische Nachwirkung.**

Nachwirkungen zeigen sich auch manchmal bei anderen physikalischen Vorgängen, z. B. Wärmeausdehnung, Magnetisierung usw.

Wird ein Körper so stark deformiert, daß er seine ursprüngliche Gestalt nicht wieder annimmt, so ist die **Elastizitätsgrenze** überschritten. Der gewöhnliche Sprachgebrauch nennt einen Körper sehr elastisch, wenn einer geringen Kraft eine große Veränderung entspricht, die nach Aufhören der Kraft wieder rückgängig wird (Kautschuk). Die physikalische Definition betrachtet dagegen einen Körper um so vollkommener elastisch je größer die Kraft für eine nichtrückgängig werdende Deformation sein muß. Es gibt keine absolut elastischen oder absolut unelastischen starren Körper. Steigert man die angewendete Kraft immer mehr und mehr, so findet schließlich vollständige Trennung statt, ein Zerreißen oder Brechen des Körpers. Die dazu nötige Kraft gilt als Maß der **Festigkeit.**

57. Zugelastizität. Ein Stab oder Draht hänge vertikal am oberen Ende festgeklemmt, indes das untere Ende verschieden belastet werden kann. Bestimmt man experimentell den dadurch eintretenden Längenzuwachs λ, so ergibt sich λ ziemlich genau proportional der wirkenden

Kraft (Hookes Gesetz), z. B. ausgedrückt durch die Gewichtskraft P. Selbstverständlich ist, daß λ der Länge l des Drahtes direkt und dem Querschnitt q umgekehrt proportional ist.

Beweis. Wenn ein Draht von 1 m Länge durch den Zug P eine bestimmte Verlängerung erfährt, so wird ein Draht von 2 m Länge, da jeder Meter unter derselben Zugwirkung steht, die doppelte Verlängerung erleiden müssen usw.; ein Draht mit zweifachem q kann als Vereinigung zweier paralleler Drähte von je ein q angesehen werden, so daß auf je einen dieser Drähte bei einer Gesamtzugkraft P nur $\dfrac{P}{2}$ wirkt, somit auch nur die Verlängerung $\dfrac{\lambda}{2}$ eintritt.

Somit ist $\lambda = \dfrac{lP}{Eq}$, wo E, der sog. **Elastizitätsmodul**, für verschiedene Körper verschieden ist. Man mißt hier P meist nicht in Dyn, sondern in kg-Gewichten und q nicht nach cm², sondern nach mm², so daß

$$E = \frac{lP}{\lambda q}\left(\frac{\text{kg-Gewicht}}{\text{mm}^2}\right).$$

Es ist also

Elastizitätsmodul = Länge : Verlängerung

für den Querschnitt 1 mm² und den Zug von 1 kg Gewicht.

Setzt man $l = \lambda$, so kann man auch sagen, der Elastizitätsmodul ist gleich der Anzahl der kg-Gewichte, welche auf jeden mm² des Stabquerschnittes wirken müßten, damit sich die Stablänge verdoppele (falls der Stab nicht schon vorher reißen würde).

Einige runde Werte von Elastizitätsmodul (E), Torsionsmodul (G) vgl. § 63, Elastizitätsgrenze, das ist die Streck- bzw. Quetschgrenze, bei der die bleibende Deformation 0,2% erreicht (Q), Zugfestigkeit (Z), alles in kg/mm² bei Zimmertemperatur, sind:

Material	E	G	Q	Z		Material	E
Wolframstahl	24200	8000	> 35	90—250		Ebonit	26
Flußeisen	20000	7700	20—30	34—50		Holz axial	400—1800
Platin	17000	6200	14—26	24—34		,, radial	100
Kupfer	12000	4600	12	20—50		,, tangential	50
Gold	8000	2800	—	10—27		Gips	360
Silber	8000	2900	3—11	16—29		Eis	1000
Aluminium	7000	2500	—	10—40		Elfenbein	900
Blei	1600	550	0,25	2		Quarz	6900

Diese Zahlen bedeuten kg-Gewicht bei 1 mm² Querschnitt. Im C. G. S.-System wird $q = 1$ cm² und die Zugeinheit 1 Dyn; wir hätten dann obige Zahlen mit $1000 \cdot 981 \cdot 100$ oder $981 \cdot 10^5$ zu multiplizieren.

Solche Zahlen, die sich, wie die oben angeführten, auf eine bestimmte Substanz beziehen, heißen Materialkonstanten. Sie sind aber für ein bestimmtes Material noch von der Temperatur abhängig.

Aus den angeführten Zahlenbeispielen ergibt sich, daß selbst der beste Stahl durch eine Zugkraft von 40 kg pro mm² eine dauernde Deformation erleidet. Blei ist viel weniger elastisch; eine kleine Kraft von $\frac{1}{4}$ kg pro mm² erzeugt schon dauernde Veränderungen; man nennt solche Substanzen dehnbar, biegsam usw.

58. Wird ein fester Körper von allen Seiten her gleichmäßig, z. B. durch eine Flüssigkeit, zusammengepreßt, so wird das Volumen kleiner, wobei die Gestalt geometrisch ähnlich bleibt.

$$\frac{\text{Volumverminderung}}{\text{Volumen}} = \varkappa \times \text{Druck.}$$

Dieser Proportionalfaktor $\varkappa$ heißt die **Kompressibilität.**

Die Kompressibilität ($\varkappa$) in $10^6\ cm^2/kg$ Gewicht ist z. B. für

Wolframstahl	Flußeisen	Platin	Kupfer	Gold	Silber	Aluminium	Blei
0,58	0,63	0,4	0,35	0,7	1,0	1,4	2,5.

59. Sprödigkeit. Wenn ein Körper beim Überschreiten der Festigkeitsgrenze in viele Stücke zerfällt oder „springt", z. B. Glas, nennt man ihn spröde. Besonders spröde wird Glas, das durch rasche Abkühlung nach starker Erhitzung erstarrte (Glastränen, Bologneser Fläschchen), weil dann das Äußere zuerst erstarrt und das Innere beim Abkühlen sich zusammenziehend unter dauerndem Zwange bleibt. Kühlt man bis zur Weißglut erhitzten Stahl rasch ab, so wird er hart und spröde. Auch hier spielen ähnliche Einflüsse mit, wozu noch der weitere Umstand kommt, daß Stahl je nach dem raschen oder langsamen Abkühlen in seiner chemisch molekularen Zusammensetzung sich ändert. Für Instrumente, Messer u. dgl. kann der gehärtete Stahl nicht direkt verwendet werden, er muß vorher noch auf einige hundert Grade erwärmt, „angelassen", werden.

60. Die bisher besprochenen Körper sind **isotrop,** d. h. nach allen Richtungen gleich beschaffen; ihre physikalischen Eigenschaften, z. B. Elastizität, Wärme- und Elektrizitätsleitung, Lichtgeschwindigkeit usw. sind unabhängig von der Richtung. Anisotrope Körper, z. B. Kristalle und Organe der Lebewesen haben je nach der Richtung verschiedene physikalische Eigenschaften. Die Elastizität und Festigkeit ist z. B. für Holz parallel den Fasern viel größer als senkrecht dazu.

61. Elastizität organischer Gewebe. Bei lebenden Organen sind einschlägige Messungen nur in Ausnahmefällen möglich; man muß sie im toten Zustande untersuchen, wo durch Temperaturänderung, Austrocknen und Wegfallen der Blutzirkulation die Zahlen meist ganz andere werden: Totenstarre. Sehr kompliziert werden die Versuche auch durch die Schwierigkeit der Befestigung der Probestücke und der angreifenden Gewichte. Ferner ist bei Geweben die elastische Nachwirkung oft sehr groß (eine wichtige Ausnahme bilden die Venen), so daß die eigentliche Verlängerung und das Zurückgehen auf die ursprüngliche Länge immer nur mit einiger Willkür zu bestimmen sind.

Dazu kommt noch eine andere Komplikation. Belastet man organische Gewebe, so dehnen sie sich wie ein Metalldraht momentan aus; dann aber kommt noch eine Nachdehnung. Umgekehrt nennen die Physiologen die physikalische elastische Nachwirkung (das zuerst rasche und dann langsame Zurückgehen auf die ursprüngliche Länge nach Wegnahme der Belastung) eine Nachschrumpfung. Die Elastizität organischer Gewebe ist verhältnismäßig gering. Nur das Muskelgewebe und das „elastische Gewebe", welches daher seinen Namen hat, können elastisch im gewöhnlichen Wortsinne genannt werden. Das Nackenband eines Rindes kann bis auf mehr als die doppelte ursprüngliche Länge elastisch gedehnt werden.[1])

---

1) Vgl. Triepel, Physikalische Anatomie. Wiesbaden 1902.

Unter Elastometrie versteht man Elastizitätsmessungen am Bindegewebe des Lebenden, die vielleicht für manche klinische und pathologische Fragen Bedeutung gewinnen könnten.

62. Auch für die **Biegungselastizität** gelten ähnliche Gesetze. Klemmt man einen horizontalen Stab an dem einen Ende fest und belastet das andere Ende, so senkt sich dieses proportional der angewendeten Kraft. Dabei ist klar, daß die oberste Schicht des sich abwärts biegenden Stabes länger und die unterste kürzer wird, indes die „neutrale" Mitte unverändert bleibt. Um mit einer gegebenen Materialmenge eine maximale Biegungsfestigkeit zu erlangen, wird man dem Querschnitt dieses Materials besondere Formen geben, z. B. jene T-Form, wie wir sie an den Eisentraversen unserer Bauten anwenden, oder aber Röhrenform (Halme vieler Gewächse, Federkiele der Vögel und die langen Röhrenknochen der Tiere).

Die Biegungsfestigkeit der Knochen ist im allgemeinen sehr groß und oft so, daß der Bruch an bestimmten Stellen erfolgt. Beim Oberarmknochen des Menschen treten Sprünge bei 120—300 kg Belastung auf, wobei die Bruchstelle am oberen oder unteren Ende liegt; bei der Elle ist die Bruchbelastung 70—140 kg, und es kann hier der Bruch an jeder Stelle eintreten.

Auch die Längsänderung von Spiralfedern gehört in das Gebiet der Biegungserscheinungen. Da auch hier die Verlängerung dem anziehenden Gewichte proportional ist, werden Spiralen zur Konstruktion der verschiedensten Federwaagen verwendet. Während gewöhnliche Waagen Massen vergleichen, mißt man mit einer Federwaage Kräfte. Ein Gewicht an einer Federwaage wird auf einem Berge oder einem Luftballon weniger ziehen als in der Ebene, weil die Gewichtskraft wegen größerer Entfernung vom Erdmittelpunkte schwächer geworden ist; in einem beschleunigt fallenden bzw. steigenden Lift oder Luftballon wird sich die Feder weniger bzw. mehr spannen (§ 19).

Bei gleichförmiger Bewegung (Steigen oder Fallen) tritt dagegen keine Änderung der Spannung ein (vgl. S. 17).

63. Die **Torsionselastizität** ist für physikalische Messungen von großer Bedeutung. Hängt man an einen vertikalen Draht oder Faden (z. B. aus Seidenkokon, Quarz, Platin, sogenannter Wollastondraht) eine Magnetnadel, Spule oder dgl. und dreht irgendeine, z. B. elektrische, Kraft den aufgehängten Körper aus der Ruhelage, so wird der Aufhängefaden tordiert, bis die Torsionskraft der ablenkenden Kraft das Gleichgewicht hält.

Das Drehungsmoment (D) des tordierten Drahtes ist direkt proportional der Winkelelongation und der vierten Potenz des Drahtradius (r), umgekehrt proportional der Länge (l), aber unabhängig vom aufgehängten Gewichte. $D = \dfrac{\pi G r^4}{2 l}$; G = Torsionsmodul (siehe S. 44).

Bei allen elastischen Deformationen tritt nach plötzlichem Aufhören der wirkenden Kraft nicht nur ein Zurückgehen in die Ruhelage ein, es erfolgt vielmehr infolge der bei diesem Zurückgehen erlangten Geschwindigkeit und der Trägheit eine Schwingung. Ist z. B. ein horizontaler Stab in seiner Mitte an einem dünnen vertikalen und elastischen Drahte aufgehängt, so stellt er ein Horizontalpendel dar, welches in einer Horizontalebene Schwingungen ausführt, da ja auch hier die gegen die Ruhelage zurückziehende Torsionskraft der Winkelelongation proportional ist. Die Schwingungsdauer ist groß, wenn die Torsionskraft des Fadens klein und das Trägheitsmoment des Stabes groß ist.

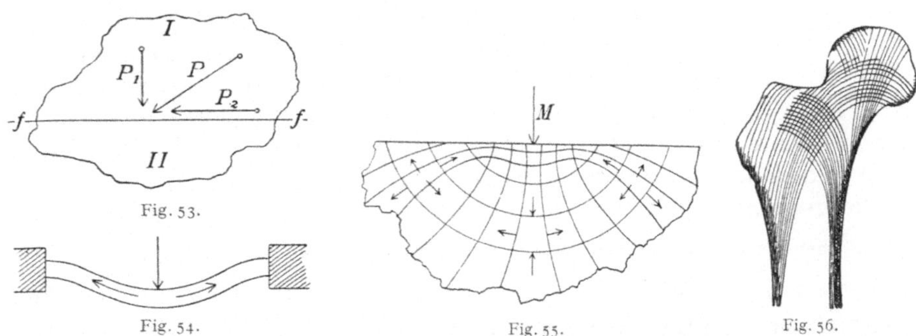

Fig. 53.   Fig. 54.   Fig. 55.   Fig. 56.

64. Eine allgemeine physikalische Theorie der Elastizität muß die Lage der gedrückten Fläche gegen die wirkende Kraft berücksichtigen. Drückt (Fig. 53) eine Kraft P gegen die Fläche f, so zerlegen wir P in die auf f senkrechte Komponente P_1 und die parallele P_2. Erstere wird ein Zusammendrücken im bereits erörterten Sinne der Druckelastizität ausüben, P_2 wird aber den oberen Teil I des Körpers an dem unteren II gleitend wegschieben; eine solche Kraft heißt **Scherkraft.**

Die durch die äußere Kraft geweckten elastischen Innenkräfte können als Zug- und Druckkräfte auftreten. Ein an beiden Enden befestigter und in der Mitte belasteter horizontaler Stab (Fig. 54 übertrieben gezeichnet) wird in der Mitte auf Druck, an den Enden aber auf Zug beansprucht. Denken wir uns einen ausgedehnten Block, auf den in der Mitte eine äußere Kraft M wirkt, so stellt Fig. 55 die Zug- und Druckkräfte im Inneren dar. Die Richtungen dieser Kräfte heißen Hauptdruckachsen, von denen es im allgemeinen an jedem Punkte des Körpers drei gibt, die zueinander normal stehen. Denkt man sich einen Körper in kleine Teile zerschnitten, deren Flächen je senkrecht stehen zu den jeweiligen Hauptdrucken, so gibt es keine Scherkraft, ein Gleiten der Teile aneinander ist unmöglich. Der Maschinen- oder Brückenbauer muß bei seinen Konstruktionen auf diese Hauptdrucke Rücksicht nehmen. Auch die langgestreckten Knochen sind dementsprechend gebildet. Fig. 56 stellt den Durchschnitt vom oberen Ende des Oberschenkelknochens dar; man sieht, wie hier die Knochenlamellen in den Zug- und Druckachsen liegen (Richtung des Muskelzuges und des Druckes der Last). Ebenso Fersenbein, Unterfuß oder die einzelnen Wirbel der Wirbelsäule. Analoge Verhältnisse finden sich im Pflanzenbau.

Die Zug- und Drucklinien des Auslegers eines mechanischen Hebekrans zeigen analoge Struktur.

Die elastischen Verschiebungen erfordern zu ihrer Herstellung Energie. Diese Energie ist dann in den Deformationen des elastischen Körpers aufgespeichert.

65. Die Beanspruchung eines elastischen Körpers bei Stoßwirkung (dynamische Elastizität) gehorcht eigenen Gesetzen. Solche plötzliche Beanspruchungen spielen in der Chirurgie bei Frakturen, Schußverletzungen usw. die Hauptrolle.

Während die Knochen für statische Beanspruchungen, besonders gegen Druck, sehr widerstandsfähig sind, ist der Widerstand gegen dynamische

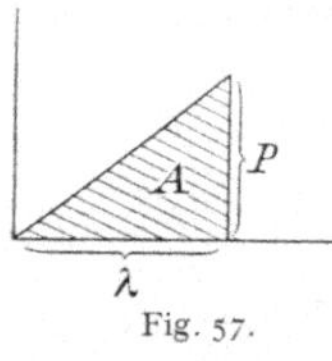

Fig. 57.

Beanspruchung, besonders bei sehr rascher Biegung, ziemlich gering, was natürlich chirurgisch von Bedeutung ist. Eine Glasscheibe wird durch ein schnell fliegendes Geschoß glatt durchbohrt, der Bruch erfolgt an der Aufschlagstelle so rasch, daß die weiteren Partien gar nicht mehr beansprucht werden. Dasselbe Geschoß würde langsamer fliegend die ganze Glastafel zersprengen. Die Schußwunden der rasch fliegenden kleinen modernen Geschosse sind ganz anders, als sie bei den langsamen Projektilen waren.

Um einen Draht von der Länge l um eine Strecke λ zu dehnen, bedarf es (§ 57) einer Kraft $P = E \dfrac{\lambda}{l} q$; die dabei zu leistende Arbeit ist $A = \dfrac{1}{2} \lambda P$ (vgl. Fig. 57, wo die schraffierte Fläche die geleistete Arbeit darstellt). Der Draht zerreißt, sobald die allmählich anwachsende Kraft P den Wert $P_1 = Zq$ erreicht hat ($Z =$ Zugfestigkeit); die dabei erreichte Verlängerung hat den Wert $\lambda_1 = \dfrac{Zq}{E} \cdot \dfrac{l}{q} = \dfrac{Z}{E} \, l$. Somit wird die zum Zerreißen erforderliche Arbeit $A_1 = \dfrac{1}{2} \lambda_1 P_1 = \dfrac{1}{2} \cdot \dfrac{Z}{E} \, l \cdot Zq = \dfrac{1}{2} \dfrac{Z^2}{E} \cdot lq$. Diese Zerreißarbeit ist also proportional dem Volumen lq und einer Materialkonstante $\dfrac{Z^2}{2E}$.

Denken wir uns am unteren Ende eines Fadens oder Drahtes eine Masse m befestigt und dieser durch einen Stoß eine Geschwindigkeit v vertikal abwärts erteilt, so wird der Faden reißen, wenn die kinetische Energie $\dfrac{mv^2}{2}$ den oben angegebenen Wert der Arbeit A_1 gerade erreicht oder überschreitet. (Kurze Fäden reißen bei einem Ruck leichter als lange.)

66. Stoß. Wenn eine Kugel an ein Hindernis stößt, so plattet sie sich ab. Ist die Kugel elastisch, so nimmt sie die alte Form wieder an und wird durch die Kraft der Elastizität zurückgedrückt.

Fliegt eine elastische Kugel senkrecht gegen eine elastische Wand, so prallt sie in entgegengesetzter Richtung mit gleicher Geschwindigkeit zurück. Trifft die elastische Kugel eine Wand schief in der Richtung AO, so fliegt sie in der Richtung OB weiter (Fig. 58, welche identisch ist mit Fig. 9). Es gelten dieselben Gesetze wie bei den Reflexionen § 9. Der Einfallswinkel

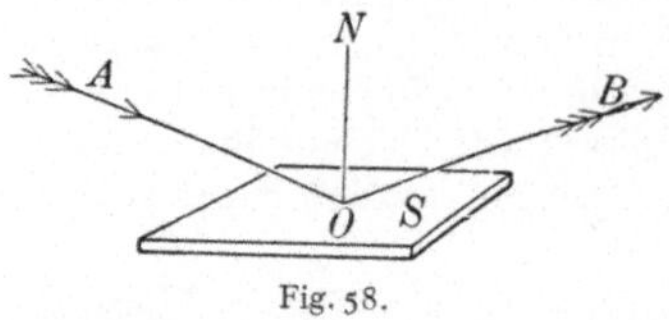

Fig. 58.

ist aber nur dann gleich dem Reflexionswinkel, wenn die anprallende Kugel nicht rotiert („Fälschung" beim Billard oder Tennis).

Wenn sich die Mittelpunkte zweier sich stoßenden Kugeln auf einer geraden Linie bewegen, so nennt man den Stoß zentral.

Bezeichnet man die Massen der beiden Kugeln mit m_1 und m_2, ihre Geschwindigkeiten vor dem Stoße mit u_1 und u_2, nach dem Stoße mit v_1 und v_2, so gilt allgemein (für unelastische und für elastische Kugeln) der Satz von der Erhaltung des Impulses (§ 42)

$$(\text{I}) \qquad m_1 u_1 + m_2 u_2 = m_1 v_1 + m_2 v_2.$$

Da zwei unbekannte Größen (v_1 und v_2) berechnet werden sollen, ist noch eine zweite Gleichung erforderlich; diese ist für unelastischen Stoß und für elastischen verschieden. Unelastische Kugeln üben beim Zusammenstoß, sich abplattend, so lange Kräfte aufeinander aus, bis ihre Geschwindigkeiten gleich geworden sind, und bewegen sich dann gemeinsam weiter. Hier lautet also die zweite Gleichung

$$(\text{2 a}) \qquad v_1 = v_2.$$

Aus den Gleichungen (I) und (2a) folgt

$$v_1 = v_2 = \frac{m_1\, u_1 + m_2\, u_2}{m_1 + m_2}.$$

Beim elastischen Stoße wird die Abplattung rückgängig und die zur Deformation verbrauchte Arbeit in kinetische Energie zurückverwandelt. Hier lautet die zweite Gleichung

$$(\text{2 b}) \qquad m_1 u_1^2 + m_2 u_2^2 = m_1 v_1^2 + m_2 v_2^2.$$

Aus (I) und (2 b) folgt

$$v_1 = u_2 + \frac{m_1 - m_2}{m_1 + m_2}\, u_1 \quad \text{und} \quad v_2 = u_1 - \frac{m_1 - m_2}{m_1 + m_2}\, u_2.$$

Ist speziell $m_1 = m_2$, so erfolgt ein Austausch der Geschwindigkeiten, $v_1 = u_2$ und $v_2 = u_1$.

2. Mechanik flüssiger Körper.

67. Flüssige Aggregatform. Wir können eine Flüssigkeit aus einem Gefäße in ein anderes gießen, wobei die Flüssigkeit, ohne ihr Volumen zu ändern, sich den Formen des Gefäßes anschmiegt und nach oben von einer horizontalen Fläche begrenzt ist. Die Möglichkeit dieses Umgießens aus einem Gefäß in ein anderes ohne Volumänderung ist wohl auch nach der landläufigen Auffassung das Wesentlichste im Begriffe „Flüssigkeit". (Dabei ist zunächst auf den Einfluß der Wärme, die Bildung von luftgefüllten Hohlräumen u. dgl. keine Rücksicht genommen.) Des ferneren kann ein fester Körper langsam in einer Flüssigkeit fast ohne Widerstand bewegt werden, z. B. die Hand im Wasser.

Um das zu verstehen, machen wir die Hypothese, daß die kleinsten Flüssigkeitsteilchen, die Molekeln, ohne Reibung sich gegeneinander verschieben lassen. Das gilt aber nur von einer vollkommenen oder idealen Flüssigkeit. In Wirklichkeit haben die einzelnen Teilchen doch eine, meistens kleine, Reibung gegeneinander: „innere Reibung" oder „Viskosität", auch „Zähigkeit" genannt. Wir sprechen darüber § 83.

Sobald man bei einer Flüssigkeit den Versuch macht, die molekularen Distanzen zu ändern, d. h. die Flüssigkeit auseinanderzureißen oder zusammenzupressen, so treten Gegenkräfte auf. Die Molekularkräfte, welche beim Auseinanderrücken der Teilchen sich zeigen, nennt man Kohäsionskräfte; wir werden darüber in dem Kapitel „Kapillarität" sprechen (§ 90 usw.). Die Molekularkräfte, welche einem Näherrücken der Flüssigkeitsmolekeln widerstreben, sind ganz enorme: die Zusammendrückbarkeit oder „Kompressibilität" ist sehr gering. Es bedarf ganz besonders großer Drucke, wenn man das Volumen einer Flüssigkeit auch nur wenig verkleinern will. Ein Druck, der z. B. ein Gas (von Atmosphärendruck) auf die Hälfte zusammenpreßt, erzeugt bei Wasser nur eine Volumsverminderung von ca. 0,005 %. Diese Volumsverminderung ist so klein, daß sie in den meisten Fällen vernachlässigt werden kann. Eine ideale Flüssigkeit besitzt also keine Viskosität und keine Kompressibilität.

Niveauflächen.

68. Aus der leichten Verschiebbarkeit der Flüssigkeitsteilchen gegeneinander folgt, daß für ruhende Flüssigkeiten alle **freien Oberflächen** in Gefäßen horizontal sein müssen. Hätte nämlich eine Flüssigkeit in einem Gefäße eine Oberfläche, welche Berge und Täler aufwiese, so würden dann die einzelnen Teilchen ohne jegliche Reibung längs den schiefen Ebenen der Erhöhungen möglichst tief in die Vertiefungen hinuntergleiten; dadurch wird die Oberfläche horizontal. Oder: alle Flüssigkeitsteilchen zusammen haben einen gemeinschaftlichen Schwerpunkt, der die tiefste mögliche Lage annimmt (§ 27). In kommunizierenden Röhren (Fig. 59) steht die Flüssigkeit aus letzterem Grunde überall gleich hoch.

Das Ablaufrohr eines Waschbeckens ist zweimal umgebogen (Fig. 60), damit das im U-förmig gebogenen Rohre stehenbleibende Wasser das Aufsteigen der Kanalgase verhindert.

Eine ruhende Flüssigkeitsoberfläche kann daher in der Weise definiert werden, daß sie in jedem Punkte senkrecht auf der Richtung der wirkenden Kraft steht; da diese Kraft meistens die vertikale Schwerkraft sein wird, ist die Oberfläche meistens horizontal. Wenn man eine Masse auf dieser Horizontalfläche, einer **Niveaufläche**, bewegt, so leistet man, abgesehen von der Reibung und abgesehen von der

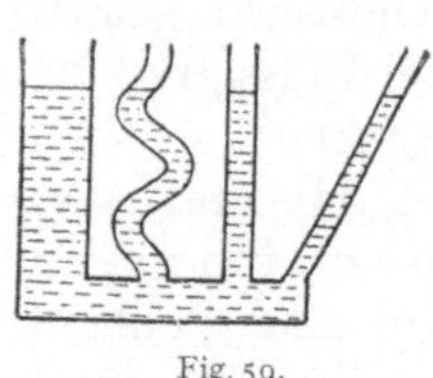

Fig. 59.

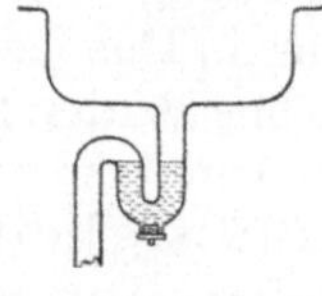

Fig. 60.

beim Einleiten der Bewegung nötigen Überwindung der Trägheit (Erzeugung von $\frac{1}{2}mv^2$), keine Arbeit, da die Bewegung stets senkrecht zur Richtung der Kraft geschieht.

Nun muß aber eine solche Niveaufläche keineswegs horizontal sein. Denken wir uns ein gewöhnliches, mit Wasser gefülltes Trinkglas (Fig. 61) um die Achse aa rotierend, so erfährt jedes Flüssigkeitsteilchen neben der Schwerebeschleunigung g auch noch die Zentrifugalbeschleunigung φ, und die Resultierende beider ist r. Jedes Flüssigkeitsteilchen wird so von der ursprünglich horizontalen Oberfläche nach der Seite gezerrt werden, und es kann erst wieder Gleichgewicht herrschen, bis die Flüssigkeitsoberfläche sich senkrecht auf die Richtung der Resultierenden r gestellt hat. Hier ist die Niveaufläche gekrümmt, d. h. wenn ich in diesem rotierenden Gefäße eine mitrotierende Masse längs dieser Fläche (Paraboloid) verschiebe, leiste ich keine Arbeit.

Solche Niveauflächen können oft komplizierte Formen annehmen, und wir wollen in folgendem eine Betrachtung durchführen, die wir später in der Elektrizitätslehre wiederfinden. Es sei Fig. 62 eine frei im leeren Weltenraume befindliche feste Kugel (schwarz gezeichnet); die anziehende Gravitationskraft wirkt so, als wäre die ganze Masse im Mittelpunkt konzentriert. Bringen wir eine entsprechende Wassermenge auf diese Kugel, so wird sich diese in Kugelform aa herumlegen. Auch die Meeresfläche der Erde bildet ja eine Kugelfläche. Bringen

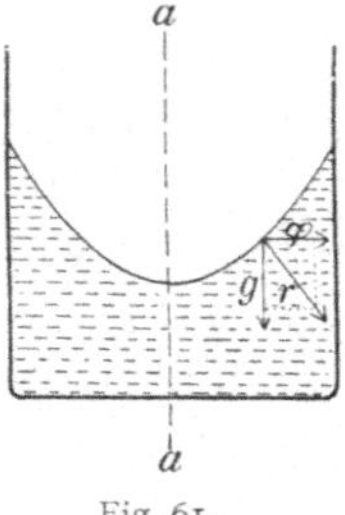

Fig. 61.

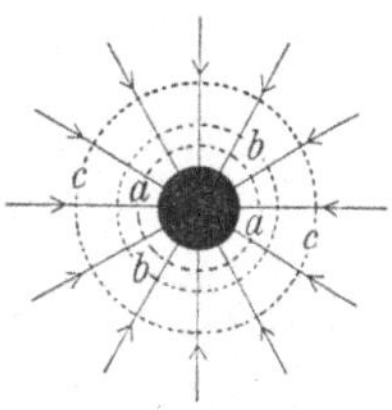

Fig. 62.

wir mehr Wasser auf die Kugel, so hätten wir vielleicht die Kugelfläche bb erhalten oder cc usw. Alle diese (punktiert gezeichneten) Kugelflächen sind Niveauflächen, und alle stehen sie senkrecht auf der (Pfeil-)Richtung der Gravitationslinien der anziehenden Kugel. Um eine Masse längs einer Niveaufläche zu verschieben, bedarf es keiner Energie, wohl aber verbrauche ich Energie, um von aa nach bb und nach cc zu gelangen, indes ich bei Bewegungen in umgekehrter Richtung Energie gewinne.

Dabei ist der Weg, auf dem eine Masse zwischen einem gegebenen Anfangspunkte und Endpunkte verschoben wird, für die gewonnene oder verwendete Energie gleichgültig.

Indirekter Beweis. Ein kürzester (radialer) Weg zwischen den Niveauflächen a und c verbrauche (bzw. zwischen c und a liefere) die Energie E. Gäbe es nun irgendeinen Umweg zwischen dem Anfangs- und Endpunkte dieser Bewegung, der mehr Energie lieferte, so erhielte man durch Benutzung dieses Umweges für die eine Richtung, bei Benutzung des direkten Weges für die Rückkehr zum Ausgangspunkt, Energie umsonst, was unmöglich ist.

Nun seien (Fig. 63) 2 Kugeln im leeren Weltenraume fixiert. Bringen wir zunächst auf jede dieser Kugeln eine gewisse Wassermenge, so erhalten wir sowohl um die Kugel links als auch um die Kugel rechts je eine kugelförmige Niveaufläche. Da aber jede dieser beiden Wassermassen auch von der Nachbarkugel angezogen wird, so werden sie, wie wir es in der Figur sehen, in der Verbindungslinie ein wenig genähert sein. Bringen wir jetzt auf beide Kugeln mehr Wasser, so wird diese Ausbauchung schon sichtbarer. Nehmen wir noch mehr Wasser, so tritt Vereinigung ein, und wir erhalten als Gleichgewichtsform der Flüssigkeitsoberfläche ungefähr die Form $\alpha\alpha\alpha$, mit wieder mehr Wasser $\beta\beta\beta\beta$ usw. Die Niveauflächen ent-

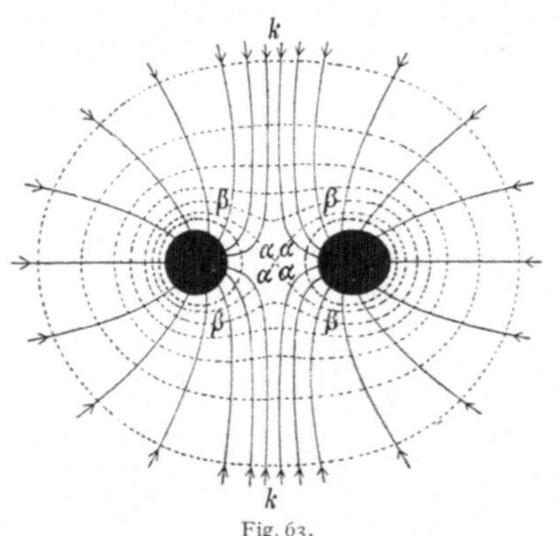

Fig. 63.

stehen aus den gezeichneten Kurven, wenn wir uns das Ganze um die Verbindungslinie der Kugelmittelpunkte rotiert denken. Die äußersten Niveauflächen werden sich immer mehr der Kugelform nähern. Die Richtung der Kraft (ausgezogene Pfeile) steht senkrecht auf den Niveauflächen: Gravitationskraftlinien.

Wenn also ein Körper von fernher gegen die zwei Kugeln in Fig. 63 fällt, so wird er z. B. längs der Linie k sich bewegen; in der Nähe der Kugeln aber wird er, je nachdem die Linie k auf die eine oder auf die andere Seite führt, auf die eine oder andere Kugel fallen. (Weiteres § 493 ff.)

Fortpflanzung des Druckes.

69. Flüssigkeitsmaschine. Denken wir uns ein Gefäß (Fig. 64) vollständig gefüllt mit einer inkompressiblen Flüssigkeit, wobei wir zunächst von der Wirkung der Schwere absehen wollen. Wir pressen den Kolben S d. i. eine kreisförmige, feste Scheibe, die sich mit geringer Reibung in der

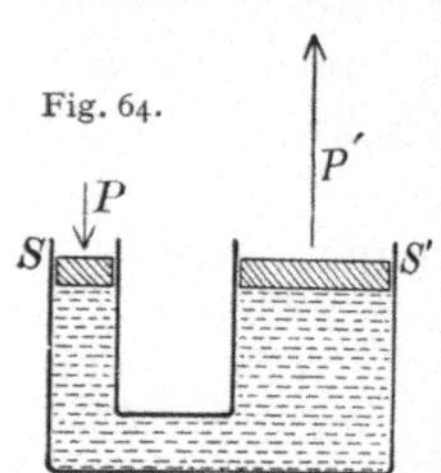

Fig. 64.

umschließenden Röhre bewegt, in die Flüssigkeit um die Strecke a hinein; die drückende Fläche von S sei f, dann muß für die im Zylinderraume af befindliche Flüssigkeit Platz gemacht werden. Da die Teilchen ohne Reibung gegeneinander verschiebbar sind, kann der Volumsersatz in der Flüssigkeit irgendwo stattfinden, d. h. der Druck pflanzt sich nach allen Richtungen in der Flüssigkeit gleichmäßig fort. Das Gefäß dehnt sich entweder aus oder es platzt. Wenn aber an einer anderen Stelle ein zweiter Kolben S' mit der Grundfläche f' vorhanden ist, so wird er, um der verdrängten Flüssigkeit Platz zu machen, hinausgeschoben, und zwar um die Strecke a', welche dadurch bestimmt ist, daß der so gewonnene Zylinderraum $a'f'$ ebenso groß ist wie der früher durch das Hineinrücken von S verloren gegangene Raum af. Selbstverständlich sind nicht jene Molekeln, die wir aus dem Raume af weggedrängt haben, nach $a'f'$ gelangt, sondern nur eine ihnen gleiche Anzahl. Nennen wir die Kraft, mit der S hineingedrückt wurde, P, und die, mit der S' herausgedrückt wird, P', so ist die aufgewendete Arbeit bei S, Kraft mal Weg, gleich Pa. Die bei S' gewonnene Arbeit muß ebenso groß sein, also $Pa = P'a'$. Nun war

$fa = f'a'$, also wird durch Division dieser zwei Gleichungen $P : P' = f : f'$, d. h. es verhalten sich die Kräfte wie die gedrückten Flächen. Was an Kraft gewonnen wird, geht an Weg verloren. Wenn wir somit f sehr klein und f' sehr groß nehmen, können wir eine kleine Kraft P in eine sehr große P' verwandeln.

Der Quotient $\dfrac{P}{f} = \dfrac{\text{Kraft}}{\text{Fläche}}$ wird **Druck** im engeren Sinne des Wortes genannt. Im absoluten C.G.S.-System ist ein Druck in Dyn/cm² anzugeben.

70. Die Tatsache, daß der Druck sich nach allen Richtungen gleichmäßig fortpflanzt, wird in der **hydraulischen Presse** (Fig. 65) zur Erzeugung sehr großer Drucke verwendet. S ist ein kleiner Kolben mit der Grundfläche f, S' ein ganz analoger Kolben, nur mit größerer Grundfläche f'. Wenn S hinuntergedrückt wird, wird das Ventil 1 nach links gepreßt und geschlossen, das Ventil 2 wird nach rechts gedrückt und geöffnet. Die durch das Einschieben von S verdrängte Flüssigkeit

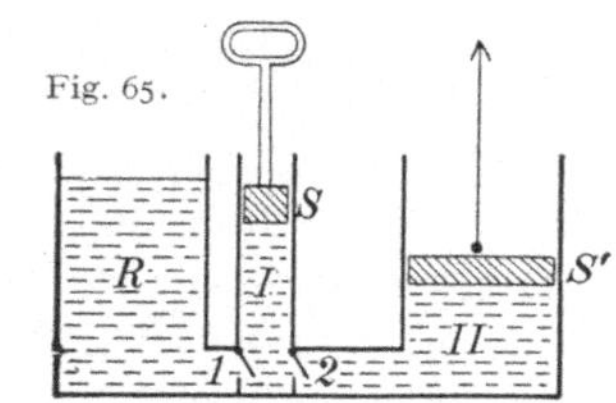
Fig. 65.

braucht Platz, und dieser kann nur in II geschaffen werden, wo S' um ein kleines Stück, aber mit großer Kraft gehoben wird. Zieht man nun S hinaus, so wird durch die zurückströmende Flüssigkeit das Ventil 2 geschlossen, und der durch das Heben von S geschaffene Raum wird aus dem äußeren Reservoir R mit frischer Flüssigkeit gefüllt, deren Einströmen das Ventil 1 hebt. So wird durch fortgesetztes Pumpen der Kolben S' allmählich in die Höhe gehoben, und man kann, wenn $\dfrac{f'}{f}$ sehr groß ist, ganz gewaltige Kräfte und Drucke erzeugen. Befindet sich z. B. über f' eine feste Wand, so kann ein Metallklotz auf diese Weise plattgedrückt werden. Man kann dicke Metallstäbe biegen, Öl auspressen, Aufzüge betreiben usw. (Selbstverständlich wird dann S nicht direkt hineingedrückt, sondern durch Vermittlung von Hebeln oder anderen Maschinen.)

71. Jede Flüssigkeit ist der Anziehungskraft der Erde unterworfen und muß darum auf den Boden des Gefäßes, in welchem sie ist, einen Druck ausüben, den sog. **Bodendruck** b (Fig. 66), und ebenso auf die Seitenwände, den sog. **Seitendruck** s. Die Druckrichtung ist stets senkrecht zu der gedrückten Fläche, und es kann dieselbe eventuell auch, s', nach oben gerichtet sein. Wenn also nebenstehendes Gefäß bei b ein Loch hätte, würde die Flüssigkeit nach unten durchspritzen, bei s nach der Seite, bei s' hingegen schief nach oben.

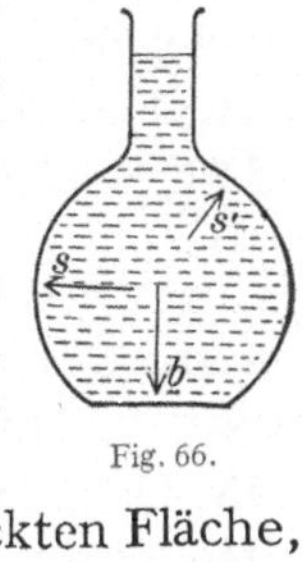

Fig. 66.

72. Hydrostatisches Paradoxon. Ein oben und unten offener Glaszylinder g (Fig. 67 rechts) ist an einem Stativ T unbeweglich befestigt.

$m o r$ ist ein zweiarmiger Hebel mit dem Drehpunkte o, so daß eine Metall-
scheibe m durch das Übergewicht r an die untere Fläche des Glaszylinders
angedrückt wird und seinen Boden bildet. Füllt man g mit Flüssigkeit,
so wird der Boden m immer mehr belastet, bis schließlich der Druck bei
einer bestimmten Flüssigkeitshöhe zu groß wird,
m sinkt und die Flüssigkeit ausfließt; der Bodendruck in g ist dann größer geworden als das entgegengesetzte Drehmoment der Gewichtskraft r.
Nehmen wir nun statt der zylindrischen
Form des Gefäßes g eine kegelförmige
Form, die nach oben sich erweitert, wie

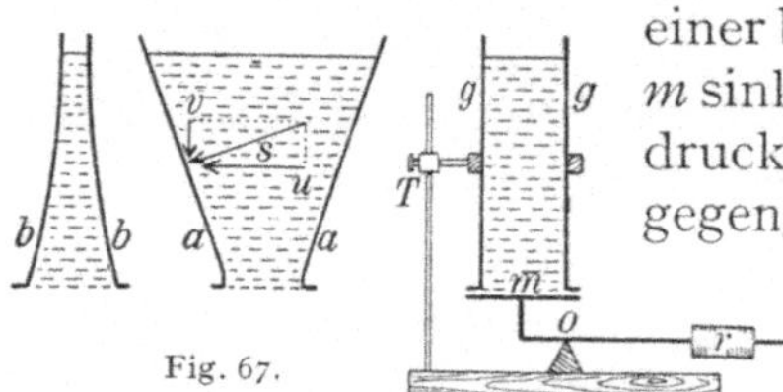

Fig. 67.

in $a a$, oder verjüngt, wie in $b b$, wobei aber die Grundfläche ungeändert
bleibt, so werden wir bei Wiederholung des Versuches ein Niedersinken
von m und Ausströmen wieder dann sehen, wenn Flüssigkeit bis zur selben
Höhe eingefüllt wurde, wie beim ersten Versuch. Der Bodendruck ist also
bei gleicher Grundfläche unabhängig von der Gefäßform und hängt nur
von der Flüssigkeitshöhe ab; die verschiedenen Flüssigkeitsmengen werden
scheinbar durch dasselbe Übergewicht r der Waage getragen, und darum
spricht man von einem hydrostatischen Paradoxon. Überlegen wir aber
die Rolle des Seitendruckes, so sehen wir, daß im ersten Falle das Stativ T
nur das Gewicht des Glaszylinders g zu tragen hat; in $a a$ können wir uns
den Seitendruck s, der immer senkrecht auf die feste Wand ist, in die
Komponenten u und v zerlegen; v drückt nach abwärts auf das Glas $a a$.
Es hat also das Stativ T im Falle $a a$ einen Druck nach abwärts zu tragen.
Das Umgekehrte tritt im Gefäße $b b$ ein.

Denken wir uns die Glaswand gewichtslos und statt des Trägers T eine
Hand, die die Gefäße hält, so hat diese in $g g$ nichts zu tragen, in $a a$ wird
sie hinuntergedrückt, in $b b$ hinauf. Was wir also scheinbar an der Waage
zu viel oder zu wenig an Gewicht vorfinden, kommt auf Rechnung des
Stativgewichtes.

Ist d die Dichte einer Flüssigkeit, so drückt diese auf
eine beliebige Fläche f im Inneren mit einer Kraft hfd Grammgewichten oder $hfdg$ Dyn, wobei h die Entfernung der Fläche
f von der Oberfläche ist, oder mit dem Druck hd Gramm-
gewicht/cm² oder hdg Dyn/cm².

73. Denken wir uns eine in Ruhe befindliche Flüssigkeit und in ihrer
Mitte einen Raum r abgegrenzt durch eine starre, gewichtslose Hülle,
wie sie in Fig. 68 angedeutet ist. Die Flüssigkeit innerhalb und außerhalb r sei dieselbe. Von allen Seiten wird
die Grenzfläche dieses Raumes r von der äußeren Flüssigkeit gedrückt. Das Schlußresultat der Gesamtwirkung
ergibt folgende einfache Überlegung. Die Flüssigkeitsmenge
im Inneren von r hat ein gewisses Gewicht und fällt

Fig. 68.

trotzdem nicht zu Boden; es muß also eine dieser Gewichtskraft entgegengesetzte und gleiche Kraft nach aufwärts wirken: der **Auftrieb**. Wir können uns nun in dem Innenraum von r an Stelle der Flüssigkeit irgendeinen anderen gleichgeformten Körper denken; dadurch wird an den von außen drückenden Kräften der Flüssigkeit nichts geändert; der Auftrieb wird derselbe bleiben. Jeder im Inneren einer ruhenden Flüssigkeit befindliche Körper erfährt also durch die drückende Flüssigkeit einen Auftrieb nach oben, der ebenso groß ist wie das Gewicht der verdrängten Flüssigkeit.

Man kommt zum gleichen Resultate durch folgende Überlegung: Der nach aufwärts wirkende Flüssigkeitsdruck p ist größer als der nach abwärts wirkende p', weil die unteren Flächen des eingetauchten Körpers tiefer unter der Flüssigkeitsoberfläche sind als die oberen.

Wenn wir somit einen Körper in eine Flüssigkeit tauchen, so wird er scheinbar an Gewicht verlieren (**Prinzip von Archimedes**). Man nehme ein mit Wasser gefülltes Trinkglas in die linke Hand und in die rechte einen an einem Faden befestigten Stein. Läßt man nun den Stein in die Flüssigkeit hineinhängen, so wird er für die rechte Hand leichter, hingegen wird dieses scheinbar ersparte Gewicht von der linken Hand getragen, weil das Wasser im Glase höher steht und der Bodendruck daher ein größerer geworden ist. Statt mit der rechten und linken Hand qualitativ, kann man mit zwei Waagen diesen Versuch quantitativ machen.

74. Zur **Bestimmung des spezifischen Gewichtes** (§ 20) müssen wir das Gewicht eines Körpers durch das eines gleich großen Wasserkörpers dividieren; diese Bestimmung geschieht meist mit Hilfe des Archimedischen Prinzips. Ein fester Körper, dessen spez. Gewicht s man finden will, hängt mittels

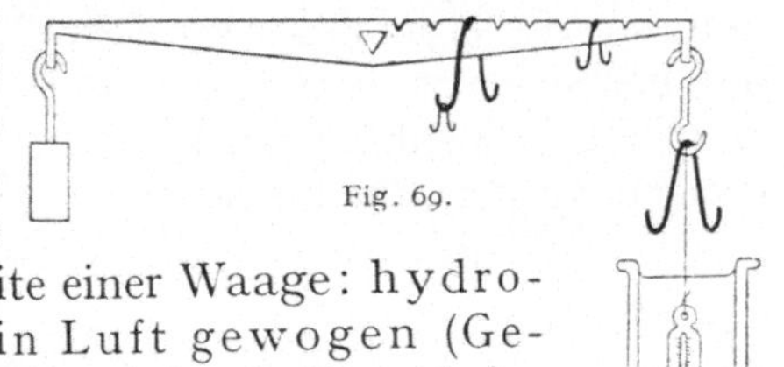

Fig. 69.

eines dünnen Fadens an der einen Seite einer Waage: hydrostatische Waage; er wird zuerst in Luft gewogen (Gewicht P) und dann unter Wasser (Gewicht p). Der scheinbare Gewichtsverlust oder Auftrieb $(P-p)$ ist gleich dem Gewicht des verdrängten Wassers, es ist also $s = P : (P-p)$.

$$\text{Spez. Gewicht des festen Körpers} = \frac{\text{Gewicht in Luft}}{\text{Auftrieb in Wasser}}$$

Um das spez. Gewicht einer Flüssigkeit zu bestimmen, mißt man mittels hydrostatischer Waage den Auftrieb eines und desselben (beliebigen) Körpers zuerst in Wasser und dann in der Flüssigkeit. Letztere Zahl gibt das Gewicht der verdrängten Flüssigkeit, erstere das eines gleich großen Wasserkörpers.

$$\text{Spez. Gewicht der Flüssigkeit} = \frac{\text{Auftrieb in Flüssigkeit}}{\text{Auftrieb in Wasser}}$$

Sehr bequem für rasche Bestimmungen des spez. Gewichts von Flüssigkeiten ist die Mohrsche Waage (Fig. 69). Ein Thermometer als Senkkörper ist zunächst in Luft durch das Gewicht links ausbalanciert. Ist der Senkkörper in Wasser eingetaucht, so wird der Auftrieb gerade durch einen großen Reiter am rechten Ende des dezimal geteilten Waagebalkens ausbalanciert. Es sind noch ein gleich schwerer, ein 10 mal und ein 100 mal leichterer Reiter dem Apparate beigegeben. In Fig. 69 ist der Senkkörper in einer Flüssigkeit äquilibriert, deren spez. Gewicht eine direkte Ablesung zu 1,373 ergibt, denn ein Reiter Eins hängt an 1 und 0,3 des Balkens, ein Zehntel-Reiter an 0,7 und ein kleiner Hundertstel-Reiter an 0,3.

Man kann das spez. Gewicht einer Flüssigkeit auch mittels eines kleinen Glasgefäßes mit sehr engem Halse, Pyknometer, bestimmen. Es wird zuerst mit Wasser gefüllt, und man bestimmt das Wassergewicht W. Sei dann F das Gewicht einer anderen Flüssigkeit, die dieses Pyknometer ebenfalls genau ausfüllt, so ist $\dfrac{F}{W} = s$ ihr spezifisches Gewicht.

Mit Hilfe des Pyknometers kann man s auch bei pulverförmigen Körpern finden. Das Gewicht des Pulvers sei P. Bringe ich das Pulver in das Pyknometer, das leer W Gramm Wasser faßte, und fülle ich dann Wasser zum Pulver, so ergibt z. B. diese neue Wasserfüllung nun w. Es ist dann $(W-w)$ das Gewicht des vom Pulver verdrängten Wassers, also $\dfrac{P}{(W-w)} = s$.

Für wasserlösliche Körper wählt man eine entsprechende andere Flüssigkeit, z. B. Benzol, oder verwendet das Volumenometer (vgl. S. 76).

Da die Dichte nach unserer Definition (§ 20) durch dieselbe Zahl wie s ausgedrückt wird, gelten alle diese Methoden auch für Dichtebestimmungen.

Bei diesen Bestimmungen von s ist vorausgesetzt, daß der untersuchte Körper homogen, d. h. in allen Teilen gleichartig ist.

75. Ist das spez. Gewicht eines festen Körpers gleich dem der Flüssigkeit, so wird er in dieser schweben. Ist es hingegen kleiner, so wird er von der Flüssigkeit so getragen, daß er nur so weit in diese eintaucht, bis das Gewicht der verdrängten Flüssigkeit ebenso groß ist wie das Gewicht des ganzen Körpers. Auch spez. schwerere Körper, z. B. Eisenschiffe, **schwimmen** auf Wasser, wenn sie nur infolge ihrer Konstruktion genügend Wasser verdrängen.

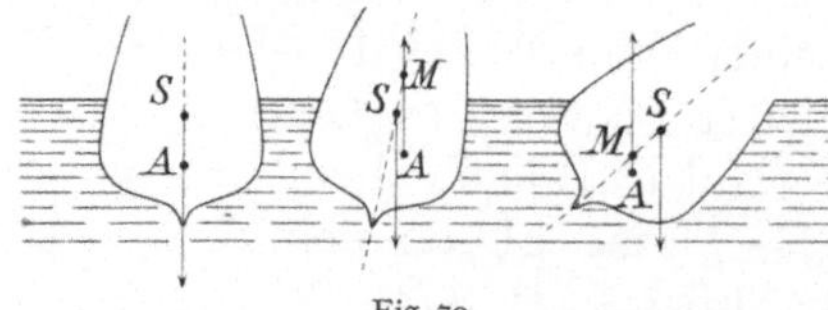

Fig. 70.

Für schwimmende Körper (z. B. Schiffe) führt man noch den Begriff des Metazentrums (M) ein. Ist S der Schwerpunkt des Körpers, A der Schwerpunkt des verdrängten Wassers (Auftriebsmittelpunkt), so findet man M (vgl. Fig. 70) als Schnittpunkt der Auftriebsrichtung mit der durch S gelegten Symmetrieachse. Liegt M oberhalb S, so bewirkt das auftretende Drehmoment, daß der Körper sich aufrichtet; liegt M unterhalb S, so kippt er um.

Die mittlere Dichte des menschlichen Körpers ist etwa 1. Ein menschlicher Schwimmer verdrängt um so mehr Wasser, je stärker die Lungen mit Luft gefüllt, je mehr der

Brustkörper gewölbt. Es ist daher möglich, mit stark rückwärts gekrümmtem Oberkörper rücklings auf dem Wasser zu ruhen. Bläst man hingegen die Luft aus, so sinkt man unter. Da die Knochen spez. schwerer, das Fett spez. leichter als Wasser, werden fette Personen leichter schwimmen als magere. Die Kunst des Schwimmens besteht darin, durch passenden Druck der Füße und der Handflächen abwärts und rückwärts ein Untersinken zu verhüten und gleichzeitig einen Antrieb nach vorn zu erhalten.

Die Fische benutzen eine **Luftblase**, welche sie willkürlich vergrößern und verkleinern können, wodurch der Auftrieb so reguliert wird, daß ein Hinaufsteigen oder Hinuntersinken stattfindet. In ähnlicher Weise wird das Steigen der Unterseeboote künstlich bewirkt. Auch Wasserinsekten können durch Regulierung des Luftinhaltes in ihren Tracheen die Lage ihres Schwerpunktes sowohl als auch den Auftrieb verschiedenartig ändern.

Viele Wasserpflanzen verdanken ihre vertikal aufwärts gestreckten Stellungen dem Auftriebe.

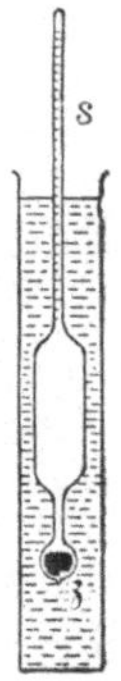

76. Die rascheste Methode zur Bestimmung des spez. Gewichtes von Flüssigkeiten bieten die sog. **Aräometer.** Ein beiderseits zugeschmolzenes und unten in s beschwertes Glasgefäß (Fig. 71) sinke in Wasser bis zu einer bestimmten Marke ein. In einer spez. schwereren oder dichteren Flüssigkeit wird es weniger, in einer spez. leichteren oder weniger dichten Flüssigkeit tiefer einsinken. Eine empirisch ermittelte Skala an der Aräometerspindel s gibt dann direkt durch die Tiefe des Eintauchens das spez. Gewicht der Flüssigkeit, oder auch statt s direkt den Gehalt in Prozenten.

Fig. 71.

Solche Aräometer werden für bestimmte Zwecke in verschiedenen Formen konstruiert, z. B. für Alkohol (Alkoholometer), Milch (Laktometer), Zucker im Harne (Urometer) usw.

Einige Dichteangaben:

Feste Körper				Flüssigkeiten	
Natrium	0,97	Kork	0,16—0,2	Äthyläther	0,717
Aluminium	2,7	Eis	0,917	Äthylalkohol	0,791
Eisen	7,8	Holz (Tannen-)	0,5	Benzol	0,881
Kupfer	8,9	,, (Eichen-)	0,7	Petroleum	0,8
Silber	10,5	,, (Eben-)	1,2	Terpentinöl	0,87
Blei	11,3	Glas	2,4—2,6	Quecksilber (0°)	13,596
Gold	19,2			flüssiger Wasserstoff	0,06
Platin	21,4			flüssiges Helium	0,15
				flüssiger Sauerstoff	1,13

Gase

Luft 0,001 2928. Gesättigter Wasserdampf bei 1 Atm. Druck und 100° C 0,000 6059.

Da alle Körper wegen ihrer Wärmeausdehnung (§§ 181, 184) bei verschiedenen Temperaturen ein verschiedenes Volumen haben, ist der **Temperatureinfluß** auf die Dichte immer zu berücksichtigen. Jeder diesbezügliche Wert gilt nur für eine bestimmte Temperatur.

Die bisherigen Betrachtungen bezogen sich auf **ruhende** Flüssigkeit (**Hydrostatik**); im folgenden sollen die **bewegten** Flüssigkeiten behandelt werden (**Hydrodynamik**).

Bewegte Flüssigkeiten.

77. Aus einem Gefäße (Fig. 72), das unten bei o ein kleines Loch besitzt, fließe Flüssigkeit aus. Die Flüssigkeit im Gefäße selbst erhält kaum eine nennenswerte Geschwindigkeit; der heraustretende Strahl aber besitzt eine größere Geschwindigkeit v. Nehmen wir an, es sei die oberste punktiert gezeichnete Masse m der Flüssigkeit abgeflossen, so gibt uns $\frac{1}{2}mv^2$ die kinetische Energie des ausgetretenen Strahles. Um diese Energie wiederzugewinnen, müßte man dieselbe Flüssigkeitsmasse m wieder an die alte Stelle bringen, also die Höhe h hinaufheben oder die Kraft gm längs des Weges h überwinden. Es muß also sein (**Theorem von Torricelli**)

$$\tfrac{1}{2}mv^2 = gmh \quad \text{oder} \quad v^2 = 2gh.$$

Fig. 72.

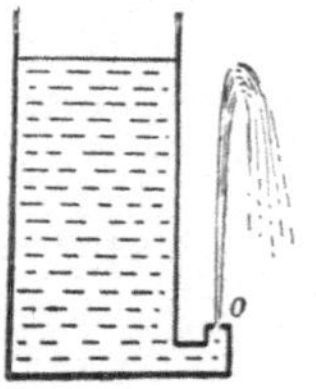

Fig. 73.

Diese Gleichung haben wir bereits beim Falle (§ 14) kennen gelernt; wir sehen, daß die Geschwindigkeit des austretenden Strahles ebenso groß ist, als ob die Flüssigkeit die Höhe h frei herabgefallen wäre. Das Ausflußvolumen pro sec erhalten wir durch Multiplikation der Geschwindigkeit mit dem Querschnitt des austretenden Strahles.

Das Loch o könnte auch an der Seite sein, da ja der Seitendruck in gleicher Tiefe genau so groß ist wie der Bodendruck. In Fig. 73 müßte, abgesehen von der Reibung, der Flüssigkeitsstrahl vertikal bis zur ursprünglichen Höhe emporspritzen.

Die Torricellische Gleichung enthält keinerlei Symbol einer Materialkonstante, welches Bezug nähme auf die Beschaffenheit der Flüssigkeit: Alle — idealen — Flüssigkeiten fließen gleich schnell aus, genau wie alle Körper gleich schnell fallen. Lassen wir aus einem der Gefäße (Fig. 72 oder 73) einmal Quecksilber, das andere Mal Wasser ausströmen, so wird die Ausflußzeit in beiden Fällen fast die gleiche sein.

Nach der gegebenen Gleichung muß das Quadrat der Ausströmungsgeschwindigkeit oder der Ausflußmenge proportional sein der Druckhöhe. Wenn wir daher ein Gefäß nehmen, welches in den Höhen 1, 4, 9 cm vom Boden je eine Marke besitzt, so wird die Zeit, die die Flüssigkeit braucht, um von 9 bis 4 oder von 4 bis 1 oder von 1 bis 0 zu sinken, die gleiche sein. Ein Flüssigkeitsstrahl fließt aus einem vollen Gefäß rascher aus als aus einem weniger gefüllten.

Von dieser einfachen Theorie Torricellis aber entstehen Abweichungen in der Ausflußmenge bis zu 38 % durch Zusammenziehung des ausfließenden Strahles, Contractio venae, welche entsteht einmal, weil Teilchen von allen Seiten her gegen den ausfließenden Strahl strömen, und weil ferner ein molekularer, zusammenschnürender Oberflächendruck herrscht (§ 90). Aus diesen beiden Gründen wird der ausfließende Flüssigkeitsstrahl konisch.

78. Flüssigkeitsstrom in einer Röhre. Wenn eine Flüssigkeit durch eine lange, dünne Röhre fließt, so erfährt sie einmal eine äußere oder gleitende Reibung an der festen Röhrenwand, dann aber auch eine innere Reibung, weil jedes Flüssigkeitsteilchen parallel der Röhrenachse, aber rascher im Inneren als am Rande strömt. Die gleitende Reibung ist so groß, daß man in den meisten Fällen die an die feste Wand grenzende Flüssigkeit als ruhend annehmen kann.

Etwas Ähnliches zeigt die Betrachtung eines Stromes oder Baches, wo auch das Wasser in der Mitte am schnellsten fließt. Dadurch reiben sich die Flüssigkeitsschichten aneinander: innere Reibung oder Viskosität. Beim Strömen einer Flüssigkeit durch Röhren kann man also nur von einer mittleren Strömungsgeschwindigkeit sprechen.

An der Oberfläche eines Baches oder Stromes bemerkt man überdies verschiedene Wirbelbewegungen. Solche Unregelmäßigkeiten, turbulente Bewegungen, kommen sowohl in weiten, als in engen Röhren vor. Im Röhrensystem des Blutkreislaufes fehlen sie fast ganz. Nur an Verzweigungs- und Knickungsstellen finden unregelmäßige Stauungen u. dgl. statt.

79. Druckgefälle in einer gleich weiten Röhre. Es fließe (Fig. 74) Flüssigkeit aus einem Gefäße G durch eine lange und dünne Röhre $abcd$ aus. Die Reibung in $abcd$ stellt einen Widerstand vor, und darum sinkt der Flüssigkeitsdruck nicht wie z. B. beim Ausfließen in Fig. 72 plötzlich auf Null. Wir haben in $abcd$ (Fig. 74) einen allmählich ab-

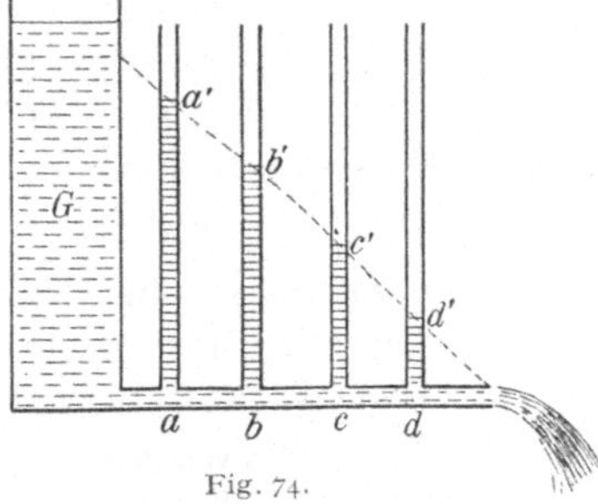

Fig. 74.

nehmenden Druck, wie solches die Flüssigkeitsdruckmesser aa', bb', ... dd' anzeigen. (Die Anbringung solcher Manometer ändert am Ausströmen nichts.) $a'b'c'd'$ ist eine gerade Linie, der Druck in einer überall gleich weiten Röhre nimmt linear ab. Das Druckgefälle, d. i. die Druckabnahme pro Längeneinheit ist konstant.

Füllt man das Gefäß G nur halb so hoch wie in Fig. 74, so ist $a'b'c'd'$ wieder linear, der Druck ist aber nur halb so groß und dementsprechend auch das Druckgefälle. Die Druckdifferenz zwischen zwei Punkten ist proportional dem herrschenden Überdrucke.

Mißt man die pro sec ausströmende Flüssigkeitsmenge, die Stromstärke, so ist diese für ein und dieselbe Röhre (bei nicht zu großer Viskosität) der Druckdifferenz zweier Punkte (z. B. von a und d) proportional.

Die Röhre setzt der durchströmenden Flüssigkeit einen Widerstand entgegen, der von der Länge, der Größe und Form des Querschnittes abhängt; der Widerstand wächst weiter auch mit der Stromgeschwindigkeit.

Diese Erscheinungen sind in manchen Beziehungen ähnlich wie die beim Strömen von Elektrizität.

80. Druckgefälle in ungleich weiten Röhren. In Fig. 75 ist der Durchmesser des mittleren Teiles der Röhre bc größer, der Widerstand also kleiner. Dann ist auch das Druckgefälle in bc kleiner, während es in ab und cd gleich groß bleibt. Wo also in einer Leitung **großer Widerstand** herrscht, ist das **Druckgefälle groß und umgekehrt**, während **die Stromstärke überall gleich bleibt**. Die pro sec durchströmende Flüssigkeitsmenge oder Stromstärke muß überall gleich sein, da ja alles, was in a einfließt, in d wieder ausfließen muß.

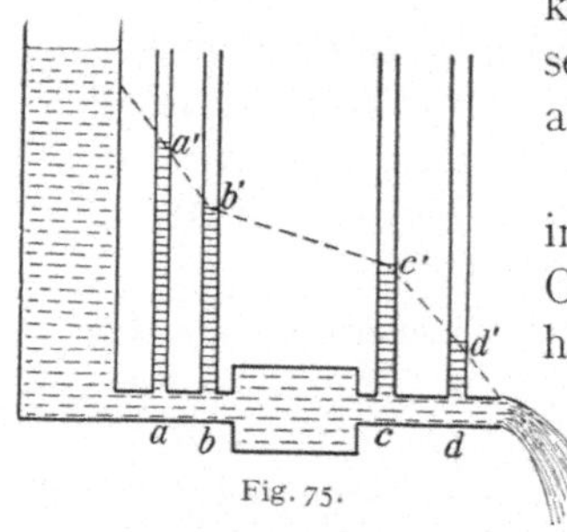

Fig. 75.

Ein Bach fließt rasch über ein großes Gefälle in einen Teich hinein, der eine fast horizontale Oberfläche und kaum sichtbare Wasserbewegung hat, und fließt aus dem Teich wieder in einen schmalen Wasserlauf ab, wo er wieder rascher mit großem Gefälle bergab eilt. Die **Stromstärke ist überall gleich**, aber die **Strömungsgeschwindigkeit** (Stromstärke pro cm² des Querschnittes oder **Stromdichte**) ist **verschieden**, in bc (im Teiche z. B.) kleiner als in ab oder cd.

81. Statt die Röhre zwischen bc weiter zu machen, kann man eine Querschnittsverbreiterung auch durch Verzweigungen erreichen. Es sei Fig. 76 (von oben gesehen) $abcd$ ein solches Röhrensystem oder ein Fluß, der sich zwischen b und c in verschiedene Kanäle teilt. Man spricht hier von parallelen Strömungen oder von **parallelen Röhren,** wenn letztere natürlich auch nicht geometrisch parallel sind. Hier gilt das früher Gesagte. Die Gesamtflüssigkeitsmenge pro sec oder Stromstärke ist vor und nach der Teilung gleich. Die Strömungsgeschwindigkeit ist groß in ab und cd, klein in den Zweigen bc; der Druck fällt stark von a nach b, wenig von b nach c und wieder stark von c nach d.

Fig. 76.

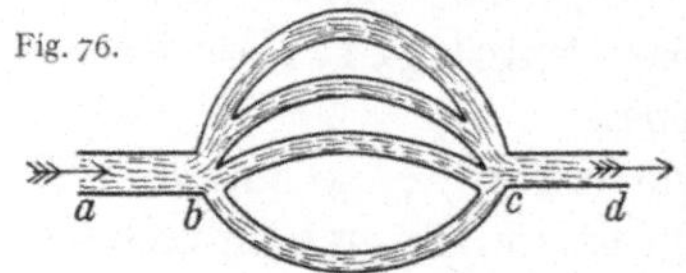

82. Ähnliche Verhältnisse finden wir im **Blutkreislauf.** Hier fließt das Blut, durch die Herzpumpe getrieben, durch die großen Schlagadern (analog wie ab in Fig. 76), dann durch die parallel geschalteten, immer zahlreicher werdenden Arterienverzweigungen, die Blutkapillaren und durch die Venenzweige, die sich wieder immer mehr vereinigen (analog bc) und schließlich durch die Endvenen (analog cd) zum Herzen zurück. Das Blutdruckgefälle ist also im Anfang der Arterien groß, in den Kapillaren klein und sollte in den Venen wieder groß werden. Die komplizierenden physikalischen Verhältnisse dieser Erscheinungen werden wir später besprechen (§ 88).

83. Läßt man aus dem Gefäße Fig. 74 eine stark viskose Flüssigkeit, z. B. Glyzerin, Öl, Schwefelsäure, ausfließen, so sind die Ausströmungsgeschwindigkeiten sehr klein. Das Ausfließen von Flüssigkeiten durch längere, enge Glaskapillaren ergibt ein Mittel, ihre **Viskosität** zu bestimmen. Solche Versuche wurden zuerst angestellt von dem französischen Arzte Poiseuille, der die hier gültige, nach ihm genannte Formel angab.

$$\frac{V}{t} = \frac{\pi}{8\,\eta} \cdot \frac{r^4}{l}\,;\ \eta = \text{Koeffizient der inneren Reibung},\ V = \text{Volumen},\ t = \text{Zeit},$$

$r = $ lichter Radius, $l = $ Länge der Kapillare. Das Verhältnis $\dfrac{\eta'}{\eta}$ einer Flüssigkeit zu Wasser bezeichnet man als spezifische Viskosität oder Zähigkeit.

Bei 18^0 sind die Werte für	η	$\dfrac{\eta'}{\eta}$
Wasser	0,010 56	1,000
Äthylalkohol	0,013 0	1,23
Äthyläther	0,002 56	0,24
Rizinusöl	9,4	890
reines Glyzerin	11,0	1042.

Zur Bestimmung der Viskosität kleiner Flüssigkeitsmengen dient z. B. ein Apparat, dessen Hauptbestandteil Fig. 77 schematisch gibt. Es wird hier Wasser und Blut verglichen. Von den beiden horizontalen Röhren hat I etwa den doppelten Durchmesser von II; die Kapillaren ab und $a'b'$ sind gleich (9 cm lang, 0,003 cm Durchmesser). I und II sind links mit einer gemeinsamen Ansaugevorrichtung S verbunden. Vor b kommt reines Wasser, vor b' Blut (nach entsprechenden Maßnahmen zur Vermeidung der Gerinnung). Man läßt nun beide Flüssigkeiten gleichzeitig während kurzer Zeit ansaugen. Da Wasser viel weniger viskos ist, ergibt sich der Anblick Fig. 77. Es sei V_1 das Volumen des angesaugten Wassers, V_2 das des angesaugten Blutes; das Volumenverhältnis $\dfrac{v_1}{v_2}$ liefert dann die Viskosität gegen Wasser (nach Anbringung einiger Korrekturen, die ein beiderseits mit Wasser gemachter Vorversuch liefert).

Die mittlere spezifische Viskosität des Blutes bei gesunden Menschen bei 20^0 C ist

im Alter von	0—10	10—20	20—35	35—50	50—81 Jahren	Gesamtmittel
für Männer	3,89	4,43	4,70	4,91	4,65	4,74
für Frauen	3,80	4,22	4,21	4,44	4,54	4,40

für Neugeborene oft größer als 6; dann rasch abnehmend.

Sie ist bei Hunger kleiner als nach der Nahrungsaufnahme, steigt im kalten Bade oder in heißer Luft, ist bei verschiedenen Krankheiten verschieden usw.; ihre Bestimmung ist somit von großem medizinischem Interesse. Im Volksmunde: dickflüssiges und dünnflüssiges Blut.

84. Es gibt auch feste Körper mit einer Art von Viskosität, z. B. Siegellack oder Schusterpech u. dgl. Letzteres ist spröde und läßt sich

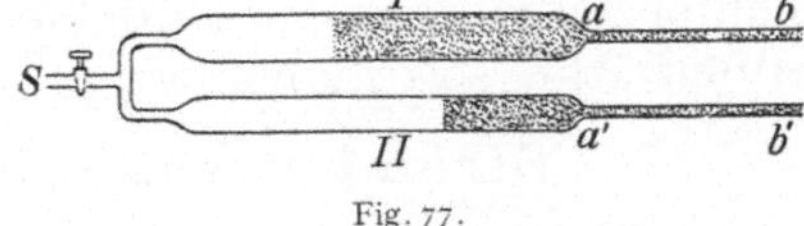

Fig. 77.

in Stücke schlagen; legt man aber diese in einen Trichter, so vereinigen sie sich allmählich, und das Ganze fließt langsam und allmählich — nach Wochen — aus dem Trichter wie eine Flüssigkeit. Eine scharfe Trennung zwischen wirklich festen und wirklich flüssigen Körpern läßt sich nicht aufstellen. Glas und analoge amorphe Körper — das sind solche ohne Spur von Kristallisation — können aufgefaßt werden als Flüssigkeiten mit sehr großer Viskosität. Das Schmelzen bedeutet hier nur eine Verringerung dieser Viskosität.

Andere feste Körper wieder, z. B. Metalle, können durch starken Druck eine gegenseitige Verschiebung ihrer Molekeln erleiden, Blechwalzen oder Drahtziehen. Man nennt diese Eigenschaft **Plastizität.**

85. Wir können mit einem Wasserstrome Mühlen oder Turbinen treiben. Das rasch fließende Wasser stößt infolge seiner lebendigen Kraft oder Wucht $\frac{1}{2}mv^2$ gegen die untere Fläche eines Mühlrades, unterschlächtiges Mühlrad, **dynamischer Druck,** oder aber es fließt von oben her gegen die Schaufeln eines oberschlächtigen Mühlrades und wirkt dann durch seine Gewichtskraft, **statischer Druck.** Doch tritt auch im ersteren Falle eine Stauung, also statischer Druck, im zweiten Falle geringe Stoßwirkung auf.

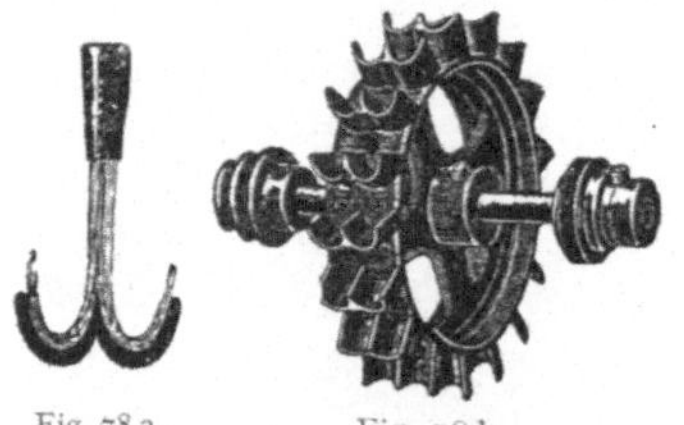

Fig. 78 a.   Fig. 78 b.

Als Beispiel einer Turbine sei das Peltonrad angeführt. Es stößt ein rascher Wasserstrahl (Fig. 78 a) gegen die Schneide zweier vereinter Schaufeln, von denen eine Reihe auf einem Rade (Fig. 78 b) aufsitzt. Dadurch erreicht das Rad eine solche Geschwindigkeit, daß das Wasser mit geringer Geschwindigkeit abfließt.

Die mechanische Stoßwirkung bewegten Wassers führte zu jenen eigentümlichen **Absperrvorrichtungen** unserer Wasserleitungen, die ganz verschieden sind von den Gashähnen. Würde man eine weite Wasserleitungsröhre mit einem einfachen Hahne plötzlich absperren, so wäre die Stoßkraft des in der Röhre in großer Menge fließenden Wassers so gewaltig, daß die Röhre zerspringen würde. Darum schraubt man die Wasserleitung allmählich zu. Bei Gas ist das wegen der viel geringeren Dichte nicht nötig.

86. Eine Flüssigkeitsmasse erhält **Stromenergie,** wenn sie aus einer erhöhten Lage abfließt. Sie kann aber auch eine bestimmte Geschwindigkeit v durch Pumpendruck oder dgl. erhalten.

Wir können (§ 77) immer aus der Formel $v^2 = 2gh$ den Wert $h = \dfrac{v^2}{2g}$ berechnen. Man bezeichnet dieses h als Geschwindigkeitshöhe. Beim Ausflusse aus einem Reservoir ist die wirkliche Höhe wegen Viskosität immer größer als dieses theoretische h.

Jeder Liter, der aus einem 1 m hoch gelegenen Wasserreservoir herunterfließt, ergibt die Energie eines Kilogrammeters oder $981 \cdot 10^5$ Erg. Wir erhalten im allgemeinen die Leistung des Wasserstromes in kg·m/sec, wenn wir die in kg gemessene Menge des pro sec abfließenden Wassers multiplizieren mit der Fallhöhe in m. Nennen wir den ersten Faktor Stromstärke, so erhalten wir

$$\text{Stromleistung} = \text{Stromstärke} \times \text{Fallhöhe}.$$

Wir werden eine ganz analoge Gleichung in der Elektrizitätslehre wiederfinden.

Das bisher Vorgebrachte gilt für Ströme in Röhren mit starren Wänden. Es gilt auch für konstante Flüssigkeitsströme in Röhren mit elastischen Wänden, da diese je nach dem Drucke sich dauernd erweitern. Ganz anders aber werden die Erscheinungen für **rhythmische** oder intermittierende **Ströme.**

87. Intermittierender Druck in einer starren Röhre. Denken wir uns eine horizontale, ringförmig in sich selbst geschlossene und mit Flüssigkeit gefüllte Röhre. Nur der mittlere Teil dieser Anordnung ist in Fig. 79 gezeichnet; es sind hier ein Kautschukballon K mit starken Wänden und zwei nach rechts sich öffnende Ventile a und b eingeschaltet. Diese Ventile seien Glasröhrchen, über die nach rechts ein dünner Kautschukschlauch gesteckt ist, dessen Ende rechts zusammengepreßt wurde. Ein von links kommender Flüssigkeitsstrom fließt, die Kautschuklippen auseinanderdrückend, durch, indes

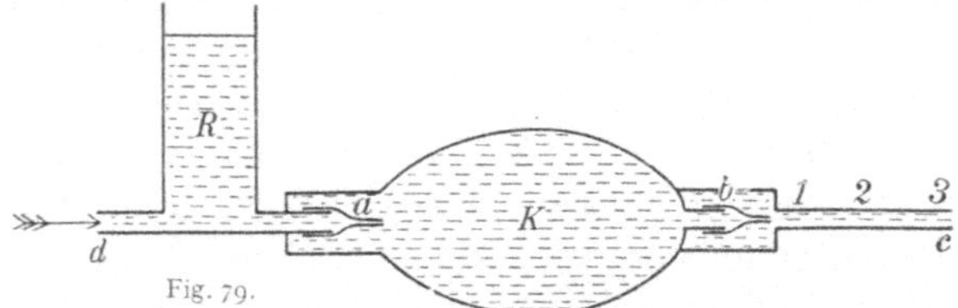

Fig. 79.

ein von rechts kommender Strom, diese Kautschuklippen zusammenpressend, sich selbst den Weg versperrt (analoge Schlauchventile in Fahrrad- und Automobilpneumatiks). Links vom Kautschukballon K ist überdies noch ein Flüssigkeitsreservoir R eingeschaltet. Von c führt eine (nicht gezeichnete) längere kreisförmig gebogene, horizontale Röhre wieder zu d zurück.

Nehmen wir zunächst an, daß die Röhre $bc \ldots dRa$ starr sei.

Ein rhythmisch sich wiederholender Druck auf K wird Flüssigkeit, natürlich mit wechselnder Geschwindigkeit, von K über bc nach dRa pumpen. Die Einschaltung des Reservoirs R ist nötig, weil, wenn alles geschlossen wäre, wegen der Inkompressibilität der Flüssigkeit und der Starrheit der Röhrenwände der Kautschukballon K kaum zusammengedrückt und darum überhaupt kein Kreislauf erzeugt werden könnte. Der rhythmisch sich wiederholende Druck wird erzeugen:

1. Ein rhythmisches Strömen durch die Röhre; dieses stoßweise Fortschieben der ganzen Flüssigkeitssäule geschieht sehr langsam und hängt natürlich von den Dimensionen des Apparates und dem Tempo des Zusammendrückens von K ab.

2. Eine Flüssigkeitswelle, weil die aus b austretende Flüssigkeit z. B. in 1 etwas verdichtet ist, somit auf 2 drückt, diese auf 3 usw.; es pflanzt sich also eine Verdichtungswelle längs der ganzen Röhre fort, genau so wie bei Schallwellen, so daß z. B. für Wasser die Fortpflanzungsgeschwindigkeit dieser Wellen etwa 1500 m/sec wäre (§ 154).

Diese Druckwelle ist aber selbst in diesem einfachen Falle schon sehr kompliziert. Sie wird, wenn die Röhre $bc \ldots dRa$ irgendwo enger oder weiter wird, wenn Verzweigungen auftreten, mehr oder weniger reflektiert. Ferner muß, sooft das Ventil b sich schließt (siehe das § 85 über Flüssigkeitshähne Gesagte), bei b eine Verdünnung eintreten. Letzteres ist wichtig für die Erklärung der dikrotischen Erhebung des Pulses in der Physiologie.

88. Intermittierender Druck in einer elastischen Röhre. Nun wollen wir annehmen, daß die Röhre $bc \ldots da$ elastische Wände habe.

1. Hier entsteht zunächst, wenn Flüssigkeit aus b in c einströmt, wegen der Elastizität der Röhre bc, die nachgibt, eine Flüssigkeitsanhäufung und eine andauernde Drucksteigerung, welche ein mehr kontinuierliches Strömen ermöglicht. Es wirkt die Röhrenausdehnung ähnlich wie der Windkessel in einer Feuerspritze (§ 105).

2. Dann pflanzt sich auch hier die Drucksteigerung (oder Druckerniedrigung) in Form einer Welle fort, die aber jetzt von einer Ausdehnung (oder Zusammenziehung) der elastischen Röhrenwand begleitet ist. In der Röhre bc entsteht zunächst eine Verdichtung und Dehnung der Röhrenwand in 1. Diese wirkt auf 2, so daß dann hier Verdichtung und Dehnung folgt, dann in 3 usw. Durch dieses Nachgeben der Röhrenwand tritt eine bedeutende Verzögerung ein. Wenn $bc \ldots da$ ein mit Wasser gefüllter, dünnwandiger Kautschukschlauch ist, so ist die Fortpflanzungsgeschwindigkeit der Verdichtungswelle, der „Pulswelle", etwa nur 10—18 m pro sec, was man unschwer experimentell bestimmen kann. Bei einer weniger dehnbaren Röhre geht die Pulswelle rascher.

Die Formel für die Fortpflanzungsgeschwindigkeit ist ziemlich verwickelt.[1]

Bei einer Knickung oder Biegung der Röhre sucht der Binnendruck der strömenden Flüssigkeit die Röhre zu strecken; ist letztere elastisch, so muß sie sich im Pulstempo strecken und biegen.

89. Unser Herz ist eine pulsierende Flüssigkeitspumpe, die durch den um sie geschlossenen Hohlmuskel des Herzens etwa 60—90 mal pro Minute betätigt wird. Das anschließende Röhrensystem des **Blutkreislaufes** besitzt elastische Wände. Bei jeder Herzkontraktion (Systole) geht das Blut in die verhältnismäßig weiten Arterien (innerer Durchmesser etwa 2—0,6 cm); von da immer mehr sich verzweigend in die zahlreichen Nebenwege der parallel geschalteten Blutkapillaren und schließlich durch die Venenzweige, die sich immer mehr und mehr zu den Schlußvenen vereinigen, zum Herzen zurück, das infolge seiner Erschlaffung (Diastole) die Flüssigkeit wieder aufnehmen kann. Der Querschnitt der Blutbahn ist am kleinsten am Anfang in den Arterien und am Ende in den Venen, indes der mittlere Teil, besonders die Summe der zahlreichen parallel geschalteten Kapillaren, trotz ihrer Enge, einen sehr großen Gesamtquerschnitt bilden. Darum ist der Druck in den größten Arterien am größten (Druckmittel etwa 10—12 cm Quecksilberdruck in der Aorta brachialis), sinkt rasch in den kleinen Arterien und ist in den Kapillaren nur mehr 2—5 cm. Ebendarum ist die (mittlere) Strömungsgeschwindigkeit in den Arterien groß (in der Karotis eines Pferdes z. B. etwa 50—70 cm pro sec), in den Kapillaren sehr klein (Bruchteil eines mm / sec) und in den Venen wieder größer.

---

1) „Die Pulskurve" von Isebree Moens. Die ersten grundlegenden Arbeiten dieses Gebietes wurden vom Physiker E. H. Weber (1850) geliefert.

Auch an ein und derselben Stelle der Arterien muß die Blutgeschwindigkeit, da ja der **Blutdruck** und somit auch das Blutdruckgefälle sich **pulsatorisch ändern**, periodisch schwanken. Die Fortpflanzungsgeschwindigkeit der Pulswelle beträgt beim gesunden Menschen etwa 10 m/sec, bei allgemeiner Sklerose (weniger dehnbare Röhre) 15—23 m/sec. Wenn diese Welle in die mehr verzweigten Arterien kommt, wo die Summe der Oberflächen aller Röhrenwände größer ist, wird der Arbeitsverbrauch beim Dehnen dieser Wände so groß, daß infolge dieser Dämpfung die Pulserscheinung von hier an verschwindet; darum zeigen im normalen Zustande die Venen **keinen** Puls mehr.

Kohäsion und Adhäsion.

90. Im Innern einer Flüssigkeit wirkt auf jedes Teilchen von allen Nachbarteilchen her ein Zug; umgekehrt — actio und reactio — zieht das Teilchen seine Nachbarteilchen an. Diese **Molekularkräfte** der **Kohäsion** sind sehr groß, wirken aber nur auf kleine Distanzen.

Diese gegenseitige Anziehung aller Teilchen ist für Wasser z. B. so groß, als stünde die Oberfläche unter einem Druck von etwa 10000 Atmosphären.

Man berechnet diese Größe, indem man sich ein Teilchen ganz aus der Flüssigkeit herausgeführt denkt, d. h. verdampfen läßt (§ 252).

Der **Kohäsionsdruck** einer Flüssigkeit, mit der sie sich wegen der gegenseitigen Anziehung der Molekeln gleichsam selbst zusammenpreßt, hängt von der Gestalt ihrer Oberfläche ab. Es sei a in Fig. 80 ein Flüssigkeitsteilchen knapp unterhalb einer konkaven (1) oder ebenen (2) oder konvexen (3) Oberfläche. Alle Flüssigkeitsteilchen unter der Linie mn ziehen das Teilchen a hinein in die Flüssigkeit, die über mn liegenden Flüssigkeitsschichten ziehen a hinauf; die Resultierende ergibt den

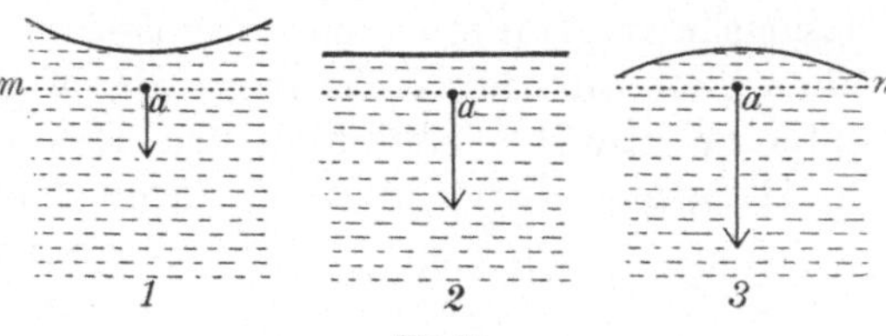

Fig. 80.

Kohäsionsdruck. Dieser ist somit bei **konkaver Oberfläche kleiner**, bei **konvexer größer als bei ebener Oberfläche**, weil die über mn liegende Masse in (1) am größten, in (3) am kleinsten ist.

Kohäsionskräfte wirken auch zwischen den Molekeln fester Körper (aber fast gar nicht bei Gasen, § 258), man kann ja die elastischen Erscheinungen der festen Körper als durch Kohäsionskräfte hervorgebracht denken. Selbst zwei getrennte Flächen, z. B. von zwei Spiegelglasplatten, die man stark — zu möglichst molekularer Distanz — gegeneinander preßt, haften infolge dieser Kohäsion aneinander. Oder: Bleispäne, mit 5000 Atm. Druck zusammengepreßt, werden eine feste, kompakte Masse. Oder: Wolfram ist so spröde wie Glas, ein leichter Hammerschlag zertrümmert es. Wird aber Wolframpulver in Hitze zusammengepreßt und unter Hammerschlägen in Hitze zusammengesintert, so kann man das Metall schließlich zu dünnen, biegsamen Fäden für Glühlampen ausziehen.

91. Analoge Anziehungen der Teilchen ungleichartiger Körper in molekularen Entfernungen, z. B. von gegeneinander gepreßten Glas- und Metallplatten, führt man auf die Molekularkräfte der **Adhäsion** zurück. Solche Adhäsionskräfte werden besonders auffällig bei Berührung von Flüssigkeiten und festen Körpern, weil hier die Distanzen viel kleiner, wirklich molekular werden.

Taucht man einen festen Körper, z. B. die Hand, in Wasser und zieht sie heraus, so bleibt sie benetzt; hier ist die Adhäsion zwischen Hand und Wasser größer als die Kohäsion der einzelnen Wasserteilchen untereinander. Beim Abreißen einer Metallplatte von einer Wasseroberfläche zerreißt also das Wasser; die hierzu nötige Kraft mißt die Kohäsion des Wassers.

Taucht man eine Hand oder einen Glasstab in Hg, so tritt keine Benetzung ein; beim Hg ist die Kohäsion der Teilchen untereinander größer als die Adhäsion zur Hand oder zum Glase. Beim Abreißen einer Glasplatte von einer Hg-Oberfläche mißt man die Adhäsion. Auf Adhäsion beruht das Leimen und Löten, Schreiben mit Tinte, Bleistift und Kreide usw.

92. In Fig. 81 und 82 ist ein Teil einer Gefäßwand und einer Flüssigkeit gezeichnet. Das Flüssigkeitsteilchen m auf der ursprünglich horizontalen Flüssigkeitsoberfläche wird von der vertikalen Wand mit der Adhäsionskraft A nach rechts gezogen, und gleichzeitig wird es von der Flüssigkeit mit der Kohäsionskraft K gegen die Flüssigkeit gezogen — unter 45° abwärts nach links. Die Resultierende dieser beiden Kräfte ist R. Da gegen diese in molekularen Distanzen sehr großen Kräfte die Schwerkraft zu vernachlässigen ist, stellt sich die Flüssigkeitsoberfläche in m senkrecht zu R.

Im Beispiele Fig. 81, z. B. Glas und Wasser, ist $K < A$; es tritt Benetzung und Konkavität der Flüssigkeit am Rande ein. Ist aber $K > A$, z. B. Glas und Hg, so tritt keine Benetzung ein (Fig. 82), die Oberfläche in m wird konvex. In

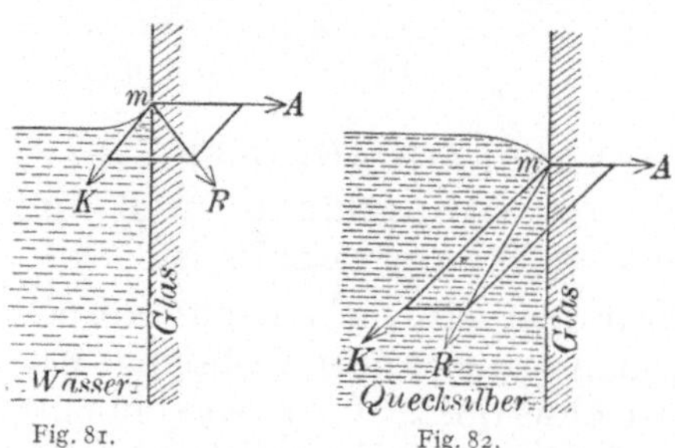

Fig. 81.   Fig. 82.

einiger Entfernung links von m wirken die Molekularkräfte der festen Wand nicht mehr, und die Oberfläche ist dann natürlich horizontal. Der Winkel zwischen der festen Wand und (der Tangente) der Flüssigkeitsoberfläche in m heißt **Randwinkel**. Er ist nur von der Beschaffenheit des festen Körpers und der Flüssigkeit abhängig. In unserem ersten Beispiele ist er spitz, im zweiten stumpf. Sooft Wasser und Glas zusammenkommen, ist er immer derselbe, ebenso bei Hg und Glas usw.: **Konstanz des Randwinkels.** In einer engen Röhre krümmt sich darum fast die ganze Oberfläche, es entsteht oben ein **Meniskus.**

93. In einem dünnen, mit einem weiten kommunizierenden Röhrchen, **Kapillarröhrchen,** steht Wasser (eine benetzende Flüssigkeit) höher, Hg (eine nicht benetzende Flüssigkeit) tiefer als das Niveau in der weiten Röhre (Fig. 83). Die Höhendifferenz ist um so größer, je enger die Kapillare ist.

Wir geben eine Erklärung für Hg. Zunächst wird die Oberfläche in der Kapillare konvex. Der Kohäsionsdruck einer Flüssigkeit mit konvexer Oberfläche ist größer, als wenn dieselbe Flüssigkeit eine horizontale Oberfläche hat. Dieser Kohäsionsdruck drückt das Hg in die Kapillare hinunter. Dieser **molekulare Überdruck,** welcher **um so größer ist,** je konvexer die Oberfläche, also **je enger die Kapillare ist,** kommt nach Erreichung einer bestimmten Höhendifferenz mit der durch die Schwerkraft erzeugten Druckdifferenz ins Gleichgewicht.

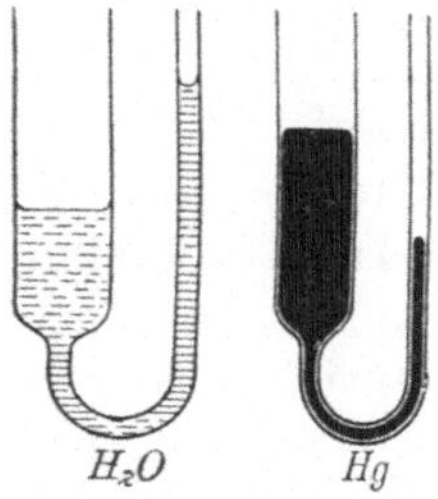

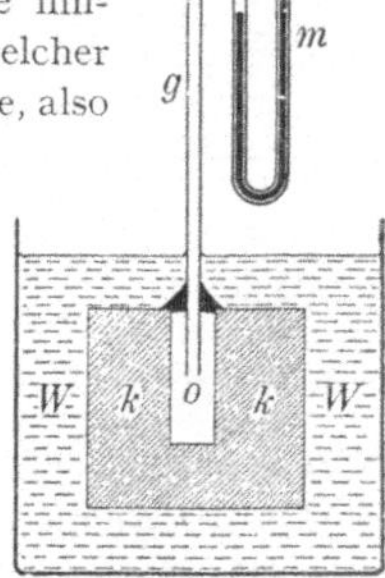
Fig. 84.

Auf Kapillarität beruhen verschiedene Erscheinungen, z. B. wenn in porösen Körpern, wie Schwamm, Zucker, Löschpapier, Docht usw. eine benetzende Flüssigkeit aufgesaugt wird.

H_2O Hg
Fig. 83.

Läßt man verschiedene Flüssigkeiten in Streifen von Filtrierpapier aufsteigen, so sind die Steighöhen sehr verschieden. So steigen z. B. verschiedene Tiermilcharten, hauptsächlich je nach ihrem Kaseingehalte, verschieden hoch usw.

Durch Kapillarität können gewaltige Drucksteigerungen erzielt werden. k in Fig. 84 ist ein Stück Kreide mit einem zentrischen Hohlraum o, welcher oben durch eine eingekittete Glasröhre g abgeschlossen ist. Durch Kapillarität dringt das Wasser W in die anfänglich trockene Kreide von allen Seiten und preßt die Luft in o so zusammen, daß ein Druck von einigen Atmosphären entsteht, der am Manometer m abzulesen ist.

94. Wir können uns um jedes Flüssigkeitsteilchen a als Mittelpunkt (Fig. 85) eine kleine Kugel denken (Radius einige hunderttausendstel mm). Nur jene Teilchen, welche in dieser „Wirkungssphäre" liegen, wirken molekular anziehend auf das mittlere Teilchen a; alles übrige ist zu weit entfernt.

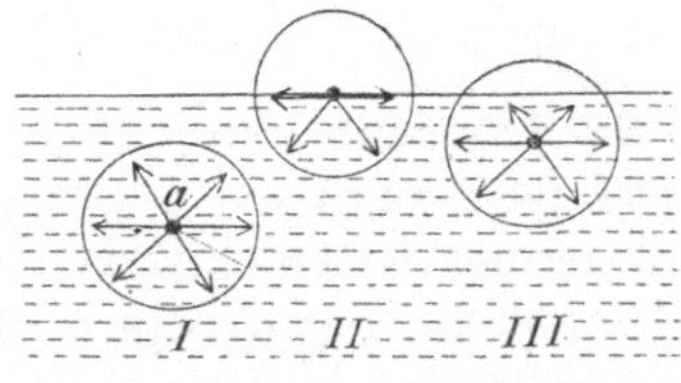
Fig. 85.

Im Inneren einer Flüssigkeit kann man — abgesehen von der Viskosität — ein Teilchen a (Fig. 85), ohne Arbeit leisten zu müssen, verschieben; anders aber wird es in unmittelbarer Nähe der Oberfläche. Ein Teilchen, das wir in die Nähe der Oberfläche nach III oder bis zur Oberfläche nach II bringen, legt den letzten Teil seines Weges zur Oberfläche, da jetzt ein einseitiger molekularer Kohäsionszug ins Innere zurückwirkt, gegen diesen Zug, also nur unter Energieaufwand, zurück. Ein Vergrößern der Oberfläche verlangt also Energie, und umgekehrt sucht jede Flüssigkeit, wenn sie kann, ihre Oberfläche möglichst zu verkleinern, weil dann die an der Oberfläche exponierten Teilchen mehr ins Innere der Flüssigkeit zurückgehen, also dem Kohäsionsdrucke nachgeben können.

Diese **Oberflächenspannung** würde natürlich eine andere, wenn wir über die Flüssigkeit in Fig. 85 statt Luft einen anderen Körper, z. B. Öl oder Glas, brächten, weil dann der Zug des Teilchens a in II nach oben geändert würde.

Die Oberflächenspannung ändert sich mit der Temperatur. — Bei der kritischen Temperatur (§ 260) wird sie gleich Null.

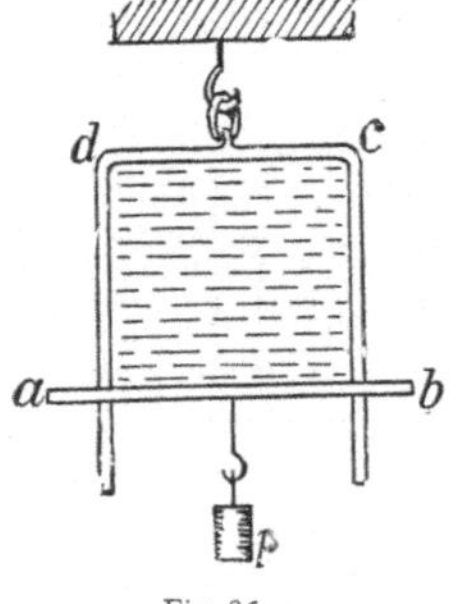

Fig. 86.

95. Seifenlamellen.

In Fig. 86 hängt ein Häutchen aus Seifenwasser durch Adhäsion oben, rechts und links an dem zweimal rechtwinklig gebogenen Drahte cd und unten an einem frei anliegenden Querdrahte ab. Diese Wasserlamelle trägt das Gewicht des Drahtes ab und überdies noch ein kleines Gewichtchen p. Der Querdraht ab und p zusammen haben das Gewicht P. Ist P zu klein, so zieht sich die Lamelle zusammen, in mancher Hinsicht wie eine Kautschukmembran, aber doch etwas anders: dehnt man die Lamelle, so ist die dazu nötige Kraft immer gleich groß, ob nun die Lamelle schon weit oder wenig weit ausgezogen ist. Ist P so gewählt, daß alles in Ruhe bleibt, also P gleich der Spannung der Lamelle ist, so ist P unabhängig von der Dicke der Lamelle. Nur die Oberflächen der Flüssigkeiten besitzen also eine Oberflächenspannung.

P läßt sich für eine bestimmte Flüssigkeitslamelle experimentell bestimmen. In Fig. 86 haben wir zwei Oberflächen, eine auf jeder Seite der Lamelle; auf eine Seite wirkt also $\frac{1}{2} P$. Es ist $\frac{1}{2} P = l a$, wenn l die Länge von ab ist. a ist die Oberflächenspannung pro cm Länge.

Man kann die Oberflächenspannung auch an dem Drucke messen, mit dem die Luft in einer Seifenblase zusammengedrückt wird.

96. Tropfenbildung.

Befindet sich eine kleine Flüssigkeitsmenge frei in der Luft, so wirkt die Oberflächenspannung im Sinne einer möglichsten Verkleinerung der Oberfläche; bei gegebener Masse hat die Kugel die kleinste Oberfläche: Regentropfen. Je kleiner eine Kugel, desto größer ist die Oberfläche im Vergleich zum Gewichte; darum nimmt ein Quecksilbertropfen auf einer Glasschale um so mehr Kugelgestalt an, je kleiner er ist. Wasser auf reinem Glas bildet keine Kugeltropfen, weil das Wasser adhäriert, wohl aber auf Staub oder Pflanzenblättern.

Man kann die Bildung des Tropfens auch formal anders erklären. Nehmen wir an, ein Tropfen hätte die Form von Fig. 87, so ist der Kohäsionsdruck im konvexen Teile größer, im konkaven kleiner: jede Auswulstung wird hineingedrückt. Diese Möglichkeit einer doppelten Erklärung ist dadurch gegeben, daß „Kohäsionsdruck" und „Oberflächenspannung" einer Flüssigkeit in einer einfachen Zahlenbeziehung stehen. Man kann auch die Erscheinungen in Fig. 83 durch Oberflächenspannungen allein erklären.

Fließt Flüssigkeit aus einem engen Rohr aus, so bilden sich (Fig. 88) Tropfen.

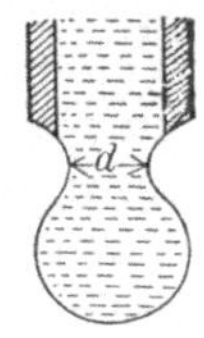
Fig. 88.

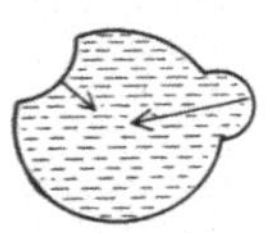
Fig. 87.

Der Tropfen fällt zunächst nicht, weil die Oberfläche wie eine an der runden Glasröhre befestigte Membran sich immer mehr und mehr aufbläht. Erreicht der Tropfen eine bestimmte Größe und somit ein bestimmtes Gewicht p, so fällt er, an der Stelle d reißend, weil jetzt gerade p ein wenig größer als die Oberflächenspannung längs der Kreislinie $d\pi$ geworden ist; also im Momente des Reißens ist $p = d\pi a$. d ist etwas kleiner als der äußere Durchmesser der Röhre und kann ebenso experimentell gemessen werden wie p. Das ist eine der vielen Bestimmungsmethoden der Oberflächenspannung a.

Für medizinische Zwecke wurden eigene Stalagmometer konstruiert, Glaskapillaren, aus denen einmal Wasser und dann ein gleich großes Volumen der zu untersuchenden Flüssigkeit, z. B. Blut, sehr langsam abtropft. Es gibt Apparate, durch die das Zählen der Tropfen auch automatisch besorgt wird. Man kann so rasch die Oberflächenspannung ganz kleiner Flüssigkeitsmengen finden aus der Tropfenzahl, in die ein bestimmtes Volumen der Flüssigkeit zerfällt. Diese Zahl ist bei verschiedenen Flüssigkeiten sehr verschieden. Aus einem Tropfgläschen mit 3 mm Durchmesser fließend, zerfällt z. B. 1 cm³ Wasser in 20 Tropfen, aber 1 cm³ Olivenöl in 47, Chloroform in 50 oder Äther in 80 Tropfen; solche Differenzen müssen bei Aufstellung von Rezepten berücksichtigt werden.

97. In Fig. 89 liegt auf Wasser eine andere Flüssigkeit in Tropfenform F. Auf den Punkt o (natürlich analog auf die rechte Seite des Tropfens) wirken dann die Oberflächenspannungen: Flüssigkeit-Luft ol, Wasser-Luft ol_1 und Flüssigkeit-Wasser ow. Diese drei Kräfte müßten sich in der Ruhe das Gleichgewicht halten. Im gegebenen Beispiele entsprechen die gezeichneten Kräfte jenem Falle, in dem F z. B. ein Tropfen Terpentinöl wäre. Man sieht hier,. daß ol so groß ist, daß der Punkt o des Öles gegen links gezogen wird. Natürlich geht ein analoger Zug nach allen Seiten. Legt man also einen Öltropfen auf Wasser, so

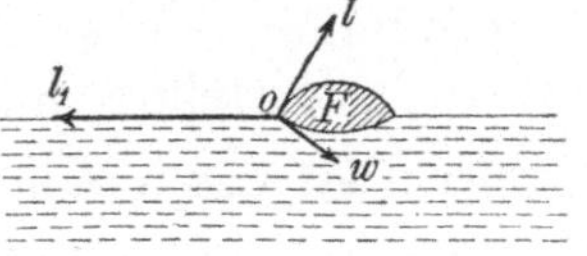

Fig. 89.

zieht die starke Oberflächenspannung des Wassers den Öltropfen nach allen Seiten sehr auseinander, das Öl wird auf dem Wasser ausgebreitet. Die Kohäsion des Wassers betätigt sich auf Kosten der kleineren Kohäsion des Öles. Darauf beruht das Ölen des Meeres zur Beruhigung des Wellenganges. Die Erscheinungen von §§ 92, 93 lassen sich auch durch solche Oberflächenspannungen erklären. Ist eine Glasplatte naß und bringt man in die Mitte ein Tröpfchen Alkohol, so zieht die große Wasserflächenoberspannung den Alkohol nach allen Seiten von der Mitte weg, die trocken wird. Bei Behandlung von Schnitten unter dem Mikroskop sieht man solche Erscheinungen oft.

3. Mechanik gasförmiger Körper.

98. Gasförmige Aggregatform. Ein fester Körper hat ein bestimmtes Volumen und bestimmte Gestalt; eine Flüssigkeit hat zwar ein bestimmtes Volumen, nimmt aber im allgemeinen nach unten die Gestalt des Gefäßes an und ist oben von einer horizontalen Oberfläche begrenzt. Ein Gas hingegen hat weder selbständige Gestalt noch selbständiges Volumen.

Um ein Gas aufzubewahren, müssen wir es von allen Seiten her durch feste Wände umschließen; nach unten geschieht diese Abgrenzung oft durch Flüssigkeit. Jeden Hohlraum — wie groß er auch sei — erfüllt eine darinnen befindliche Gasmenge — wie gering sie auch sei — immer vollständig und gleichmäßig (von äußeren Kräften, wie Schwere u. dgl., abgesehen).

Wir können uns aber im Weltenraume eine Gaskugel vorstellen, ohne eine einschließende Wand, indem die einzelnen Gasmolekeln nur durch ihre gegenseitige Gravitationsanziehung zusammengehalten werden.

Die Erscheinungen der Flüssigkeiten haben wir in der Weise studiert, daß wir am Anfang unserer Betrachtung eine Hypothese über die Eigenschaften der Flüssigkeitsmolekeln stellten. Hier wollen wir umgekehrt vorgehen; wir beschreiben zuerst die wichtigsten Eigenschaften der Gase und werden erst später (in der kinetischen Gastheorie § 212 usw.) zu einer Vorstellung über die Natur dieser Aggregatform gelangen.

Luftdruck.

99. An einer Waage hänge ein großer, ausgepumpter, somit luftleerer Glasballon im Gleichgewicht. Öffnen wir einen Hahn, so strömt Luft in den Ballon ein, er sinkt abwärts. Wir müssen, um das Gleichgewicht wieder herzustellen, auf die andere Waagschale ein bestimmtes Gewicht P bringen. Ist das Volumen des Glasballons v cm³, so gibt uns $\frac{P}{v}$ das Gewicht eines cm³ Luft, nämlich 0,001 293 g. Hätten wir statt Luft in den leeren Kolben Kohlensäure einströmen lassen, so wäre das spezifische Gewicht 0,001 977 gewesen, bei Wasserstoff 0,000 09, bei Leuchtgas 0,000 61 usw. Alle diese Zahlen beziehen sich auf 0° C und normalen Druck (§ 104). Um diese kleinen Zahlen zu vermeiden, bezieht man die **Gasdichte** statt auf Wasser gewöhnlich auf Luft, und man erhält, indem man obige Zahlen durch 0,001 293 dividiert, dann für

Luft	Kohlensäure	Leuchtgas	Wasserstoff
1	1,5	0,5	0,07.

Da die Volumänderungen der Gase bei Temperatur- und Druckänderungen fast proportional zu diesen verlaufen (§§ 106, 177), sind die relativen Gasdichten (als Verhältnis gleicher Volumina bei gleichem Drucke und gleicher Temperatur) von Druck und Temperatur fast unabhängig.

100. Luftdruck. Die einzelnen Teile eines Gases sind wie die einer Flüssigkeit leicht gegeneinander verschiebbar. Einem idealen Gase fehlt aber jegliche Kohäsion.

Aus ersterer Eigenschaft folgt, daß, da ja, wie wir oben erwähnten, jedes Gas auch Schwere besitzt, wir auch bei einem Gase von Bodendruck und Seitendruck sprechen müssen wie bei einer Flüssigkeit und daß dieser Druck auch stets senkrecht stehen muß auf der gedrückten Fläche.

Ebenso ist selbstverständlich, daß auch das Archimedische Gesetz gilt, daß somit jeder Körper, den wir in Luft abwägen, etwas zu leicht erscheinen wird und zwar um einen Betrag, der genau gleich ist dem Gewichte der verdrängten Luft.

Bei genauen Wägungen ist daher der Auftrieb sowohl des Körpers als der Gewichtsstücke zu berücksichtigen („Reduktion einer Wägung auf den leeren Raum").

Pro m³ ist der Auftrieb in gewöhnlicher Luft 1,293 kg Gewicht. Ein mit Wasserstoff gefüllter Luftballon von 1000 m³ enthält 1000 · 0,09 kg = 90 kg Wasserstoff; der Auftrieb ist 1293 kg. Es können somit die Hülle, Korb, Passagiere usw. ein Gewicht von 1293 — 90 = 1203 kg haben; dann wird der Ballon gerade schweben.

101. Versuch von Torricelli. Nachdem schon lange bekannt war, daß man beim Brunnen mittels einer Saugpumpe Wasser nicht höher als etwa 10 m hinaufsaugen kann, machte Torricelli (1643) zur Erklärung dieser Erscheinung den heute nach ihm benannten Versuch:

Füllt man eine einerseits verschlossene, etwa 1 m lange Glasröhre zunächst (mit dem offenen Ende nach oben) vollständig mit Hg, verschließt dann die obere Öffnung mit dem Finger und dreht die Röhre um, so würde Hg beim Wegnehmen des Fingers infolge seines Gewichtes ausfließen. Taucht man aber das Ende der Röhre mit dem verschließenden Finger unter Hg und zieht dann erst den Finger weg, so fließt Hg nur zum Teil aus, und es bleibt eine Hg-Säule, welche 76 cm höher ist als das Niveau des unteren Hg-Gefäßes (Fig. 90).

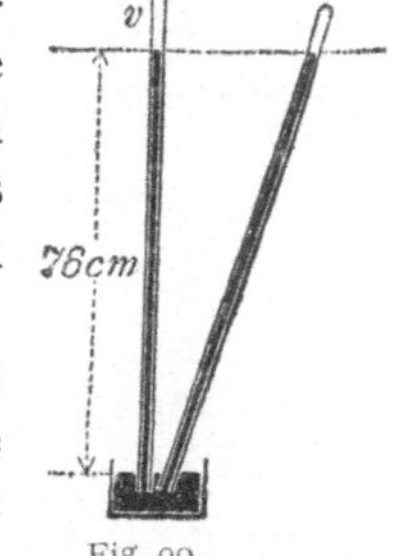

Fig. 90.

Auf den äußeren Spiegel des Hg wirkt der Bodendruck des Luftmeeres und diesem Drucke wird durch die 76 cm hohe Hg-Säule in der Torricellischen Röhre das Gleichgewicht gehalten. Im Raum v, oberhalb des Hg haben wir (außer einer Spur Hg-Dampf) keinerlei gewöhnliche Materie, wir nennen diesen Raum ein Vakuum. Neigen wir die Röhre nach der Seite, so bleibt die Höhendifferenz von 76 cm natürlich unverändert. Hätten wir am obersten Ende der Röhre einen Hahn, so würde beim Öffnen dieses Hahnes Luft in das Vakuum hineingedrückt werden, Hg müßte fallen und würde dann wie in einem gewöhnlichen kommunizierenden Gefäße außen und innen gleich hoch stehen.

In Fig. 91 I ist ein Kolben k unmittelbar auf einer Wasseroberfläche gezeichnet. Heben wir diesen Kolben (Fig. 91 II), so entsteht ein luftleerer Raum, in den der äußere Luftdruck das Wasser hinaufpreßt. Heben wir aber den Kolben über 10,3 m, so steigt das Wasser (Fig. 91 III) nicht mehr als ca. 10 m hoch, da 76 cm Hg · 13,6 = 1034 cm Wasserdruck entsprechen. 13,6 ist (§ 31) das spez. Gewicht von Hg. Über dem Wasser in III ist Vakuum (abgesehen vom Wasserdampf und eventuellen Gasgehalt des Wassers).

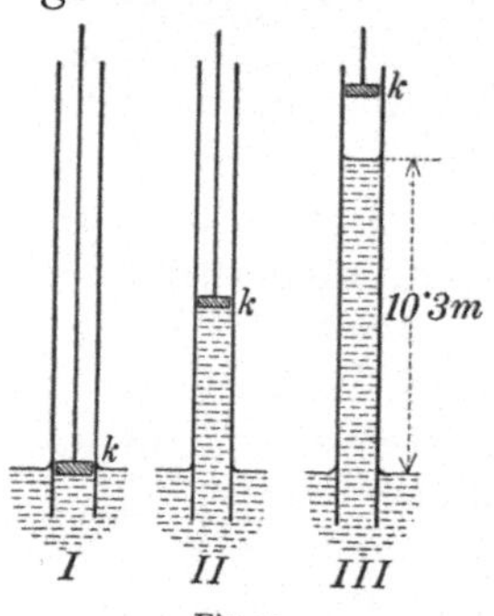

Fig. 91.

102. Die Frage, warum das Wasser in Bäumen bis zu manchmal 150 m Höhe in solchen Mengen, wie sie der Beobachtung entsprechen, steigt, ist ungelöst. Theoretisch steigt zwar das Wasser in genügend engen Kapillaren beliebig hoch; solche — unendlich kleine — Kapillaren haben aber einen so großen Reibungswiderstand, daß die hinaufbeförderten Mengen viel zu gering wären.

Man denke sich den Raum v in Fig. 90 mit ausgekochtem Wasser ganz ausgefüllt. Ganz oben aber sei das Glas der Röhre ersetzt durch eine poröse Substanz, z. B. sei die ursprüngliche auch oben offene Röhre oben durch einen gut eingekitteten porösen Stopfen geschlossen. Geht das Wasser (zufolge Kapillarität) durch diesen Stopfen, so verdunstet es außen; innen wird es verringert, und es gelingt so die Hg-Säule höher als 76 cm zu heben, weil die Kohäsions- und Adhäsionskraft des eingeschlossenen Wassers sehr groß ist.

In Anlehnung an diesen Versuch sieht die Kohäsionshypothese des **Saftsteigens in den Pflanzen** den Mechanismus des Wasserhebens nur im Saugvermögen der lebenden Zellen der Blätter; sobald diese durch die Transpiration Wasser in die Luft abgeben, saugen sie in das dadurch entstandene Vakuum die in den Gefäßträgern durch den ganzen Baum bis zu den Wurzelspitzen vorhandenen Wassersäulen nach. Daß hier Wasser höher als 10 m aufgesaugt werden kann, wird ermöglicht eben durch die große Kohäsion des Wassers, welche das Reißen so langer Wasserfäden verhindert.

Vielleicht wirken hier Erscheinungen analog Fig. 84, wobei, wenn es sich um das Hinaufdrücken des Wassers handelt, durch den Lebensprozeß entstehende Gasblasen diese Flüssigkeitssäule unterbrechen, wie in Fig. 115, wodurch die Flüssigkeitssäule, weil durch Gasblasen unterbrochen, gleichsam leichter wird.

103. In Fig. 92 muß, wenn der **Heber** einmal mit Wasser (oder einer anderen Flüssigkeit) gefüllt ist, das Wasser aus A nach B fließen, solange B tiefer liegt als A. Gäbe es keinen Luftdruck, also im luftleeren Raume, würde jeder der beiden Schenkel für sich allein nach seiner Seite ausfließen.

Hier hilft aber, wie bei den Versuchen im § 102, die Kohäsion des Wassers ganz bedeutend mit. Mit ausgekochtem Hg

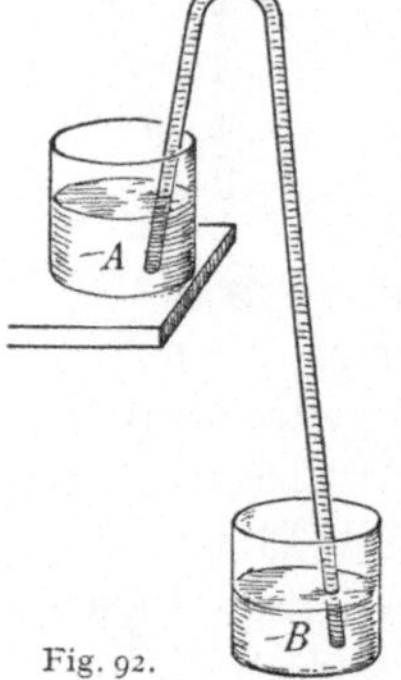

Fig. 92.

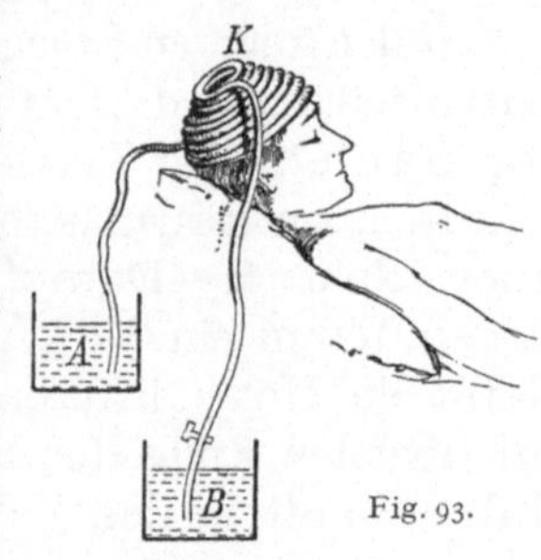

Fig. 93.

fließt ein solcher Heber auch in ausgepumptem Raume, solange die beiden Schenkel nicht allzu lang sind.

Es können auch Gase abgehebert werden. A in Fig. 92 kann z. B. CO_2 sein, welche nach B abfließt. Da CO_2 als Gas ohne Kohäsion ist, wirkt dabei nur der Luftdruck.

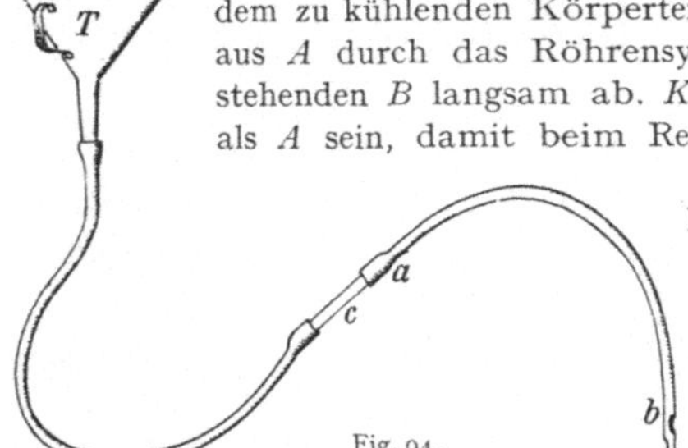

Der Saugheber wird vielfach in der Medizin verwendet, z. B. in den Leiterschen Kühlröhren (aus Aluminium oder Weichgummi), die sich in ihrer Form dem zu kühlenden Körperteile anschmiegen. In Fig. 93 fließt das Eiswasser aus A durch das Röhrensystem K (hier kappenförmig) nach dem tieferstehenden B langsam ab. K soll womöglich höher als A sein, damit beim Reißen der Leitung das kalte Wasser nicht ins Bett fließen kann.

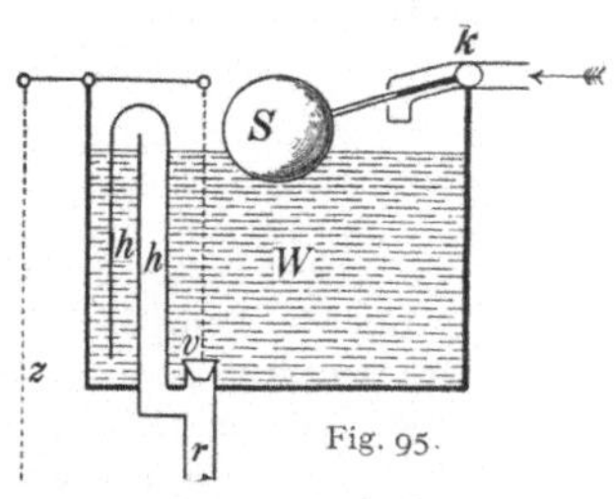

Es sei auch die Heberwirkung bei einer Magenausspülung schematisch gezeichnet (Fig. 94). Der Magenschlauch ab wird

Fig. 94.

Fig. 95.

durch die Speiseröhre so eingeführt, daß die Löcher am Ende von b im Magen sind. Der tiefgehaltene Trichter T wird mit Wasser oder einer medizinischen Lösung gefüllt und dann langsam gehoben, so daß die Flüssigkeit in den Magen einrinnt. Senkt man nun, bevor der Trichterinhalt ganz in den Magen ausgelaufen ist, den Trichter, so wird durch den Saugheber ba die Spülflüssigkeit wieder aus dem Magen nach T zurückfließen. Statt der Glasröhre c ist oft eine kleine Pumpe (wie der Kautschukballon in Fig. 79) angebracht, um dem hydrostatischen Flüssigkeitsdrucke nachzuhelfen.

Auf Heberwirkung beruht auch die Spülung unserer Aborte (Fig. 95). W ist ein Wasservorrat, etwa 10 l; durch kurzen Zug an der Schnur z wird das Ventil v etwas gehoben, und Wasser stürzt in die Röhre r. Schließt nun v, so reißt das in r abströmende Wasser alles Wasser aus W durch den Heber hh abwärts. Wenn dann W geleert ist, sinkt der Schwimmer (hohle Metallkugel), öffnet den Zuströmungshahn k gegen die Wasserleitung und schließt, durch Auftrieb im sich allmählich füllenden Gefäße W steigend, den Zufluß, wodurch wieder die Anfangsstellung erreicht ist.

104. Der in Fig. 90 gezeichnete Apparat kann zur Messung des Luftdruckes dienen. Dieser ist keineswegs konstant, sondern ändert sich fortwährend. Die früher gegebene Zahl von 76 cm gilt als Normaldruck (Mittelwert im Meeresniveau). Beim Gefäß-(Fortin-)**Barometer** (Fig. 96) besteht der Boden des Hg-Gefäßes aus einem Lederbeutel L, der mit einer Schraube R gehoben und gesenkt werden kann. Über dem äußeren Hg-Spiegel steht eine fixe Elfenbeinspitze e. Vor jeder Ablesung wird die Schraube R so reguliert, daß die Spitze e gerade das Hg berührt. Diese Spitze e bildet den Nullpunkt der Skala S, so daß man den Barometerstand dann direkt ablesen kann.

Am Heberbarometer (Fig. 97) ist der Nullpunkt der Skala an beliebiger Stelle, und die Bezifferung geht nach S_1 aufwärts und S_2 abwärts. Man liest dann bei S_1 und S_2 ab und addiert die beiden Zahlen.

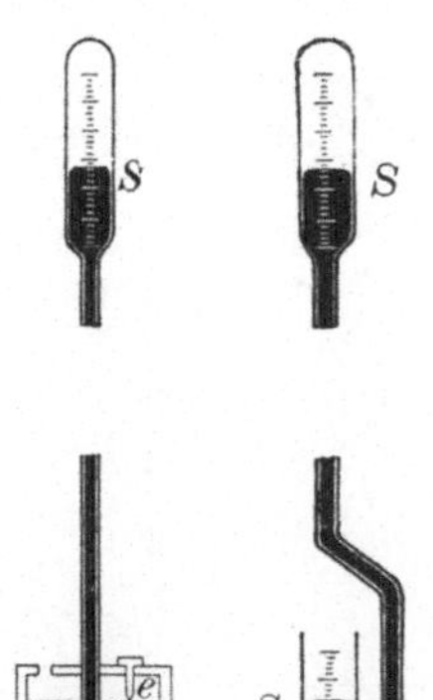

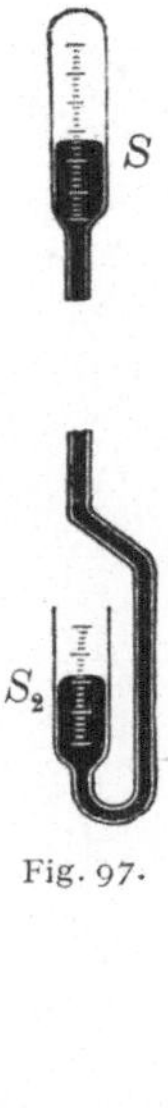

Fig. 96.

Fig. 97.

Ein Hg-Barometer wird selbstverständlich nur dann richtige Werte geben, wenn über der Hg-Säule ein vollständiges Vakuum herrscht. Neigt man ein solches Rohr, so wird das Hg an die obere Glaskuppe mit metallischem Klang anschlagen. Bei zu raschem Neigen kann dieser Stoß sogar das Glas zertrümmern. Ist hingegen Luft in das Vakuum gekommen, so wird beim Neigen des Barometers die Luft komprimiert, und dieses Luftkissen schwächt die Gewalt des Stoßes ab, es fehlt dann der metallische Klang des Anschlagens.

Schon unmittelbar nach der Entdeckung von Torricelli fand man, daß der Luftdruck abnimmt, wenn man ein Barometer auf die Spitze eines Berges bringt, weil man dann die Höhe und somit auch das Gewicht der drückenden Luftsäule vermindert.

Wäre die Temperatur der Luft in allen Höhen dieselbe, so müßte zufolge des Boyle-Mariotteschen Gesetzes (§ 106) die Dichte der Luft proportional abnehmen und der Druck selbst immer im gleichen Verhältnis sinken, wenn man um gleiche Strecken höher steigt, z. B. bei 0° C um je 1,25 Promille sinken, wenn man um je 10 m steigt. Daraus ergäbe sich folgende Verteilung des Luftdruckes in verschiedenen Höhen:

$$h = \quad 0; \quad 500; \quad 1000; \quad 1500; \quad 2000; \quad 3000; \quad 4000; \quad 8000 \text{ m}$$

$$p = 760; \quad 714; \quad 671; \quad 630; \quad 592; \quad 522; \quad 461; \quad 280 \text{ mm}.$$

Tatsächlich ist aber die Abnahme des Luftdruckes mit der Höhe je nach der Temperaturverteilung etwas verschieden.

Im Meeresniveau schwankt der Luftdruck um einen Mittelwert von etwa 760 mm (in mittleren Breiten genauer 762 mm), und zwar abwärts bis zu etwa 720 mm (im Zentrum tropischer Wirbelstürme sogar bis unter 690 mm), aufwärts bis zu 800 mm.

Als Normalwert wählt man den **Druck einer Atmosphäre** (1 Atm.) = 760 mm Hg. Aus dem spez. Gewichte des Quecksilbers ($s = 13,596$ bei 0° C) und der normalen Schwerebeschleunigung ($g = 980,6$) folgt

$$1 \text{ Atm.} = 1,033 \text{ kg-Gewicht/cm}^2 = 1,013 \cdot 10^6 \text{ Dyn/cm}^2,$$

also abgerundet 1 kg-Gewicht pro cm² oder 1 Million Dyn pro cm².

Fig. 98.

Fig. 99.

Im Organismus treten Störungen auf, wenn der äußere Luftdruck stark vermindert wird, z. B. bei Ballonfahrten, auf hohen Bergen, oder wenn er stark vergrößert wird, wie dies z. B. beim tiefen Untertauchen unter Wasser oder bei Brückenbauarbeiten in den mit verdichteter Luft gefüllten Kammern geschieht: Caissonkrankheit. Diese Wirkungen können mechanischer Natur sein (bei Verminderung des Luftdruckes platzen Blut- oder andere Gefäße) oder aber indirekter Art indem die Gasabsorption (§ 225) und damit der Stoffwechsel gestört wird.

105. Bei der **Saugpumpe** (Fig. 98) öffnet sich beim Heben des Kolbens K das Ventil 1, indes sich 2 schließt; umgekehrt beim Hinunterdrücken des Kolbens. Ist die Saugröhre ab länger als 10,3 m, so wird, selbst wenn beim Heben von K unter K ein Vakuum entsteht, das Wasser nicht mehr gehoben. Man verwendet darum bei größeren Höhen **Druckpumpen** (Fig. 99 ohne den obersten punktierten Teil). Beim Heben des Kolben K tritt Verdünnung in S ein, das Ventil 1 schließt und 2 öffnet sich. Beim Hinuntergehen von K schließt 2, indes 1 sich öffnet. Die Saugröhre ab darf nicht über 10,3 m lang sein, indes die Druckröhre ac beliebig lang sein kann.

Der Kautschukballon Fig. 79 und unser Herz stellen Druckpumpen dar.

Zwei abwechselnd arbeitende Druckpumpen ergeben die Feuerspritze, wobei noch (Fig. 99 punktierter Teil) ein Windkessel W eingeschaltet ist, von wo die komprimierte Luft in W den Strahl bei O nicht stoßweise, sondern kontinuierlich austreten läßt.

Gesetz von Boyle-Mariotte.

106. Wir sahen, daß jedes Gas wie eine Flüssigkeit durch seine Schwere abwärts drückt und also wie eine Flüssigkeit Boden- und Seitendruck ausübt. Dieser Druck ist bei der geringen Dichte der Gase und bei den kleinen Gefäßen, mit denen wir im Laboratorium arbeiten, sehr klein. Abgesehen von dieser Schwerewirkung aber übt jedes Gas auf die einschließenden Wände einen überall gleich starken Gasdruck nach außen hin aus; ein Gas verhält sich immer wie ein von allen Seiten zusammengepreßter elastischer Körper.

Wenn wir nun das Volumen eines Gas enthaltenden Gefäßes, ohne Gas heraus- oder hineinzulassen und ohne die Temperatur zu ändern, vergrößern oder verkleinern, so wird sich der Druck in proportionaler Weise verkleinern oder vergrößern.

Fig. 100 ist ein **U**-förmiges Glasrohr, dessen kurzer Schenkel links oben geschlossen, dessen langer rechts oben offen ist. Zunächst stand Hg in beiden Schenkeln bei Null. Links ist eine bestimmte Gasmenge abgesperrt, sie steht unter äußerem Luftdruck, der auf Hg rechts lastet. Dann gießen wir rechts in die Röhre Hg, bis der in der Fig. 100 punktiert gezeichnete Stand erreicht ist. Links ist das eingesperrte Gas genau auf die Hälfte komprimiert, und rechts drückt nun der äußere Luftdruck mehr (81—5) cm Hg Druck, also im ganzen zwei Atmosphären. Eine Verdreifachung des Druckes würde das Gas auf den dritten Teil zusammenpressen usw.

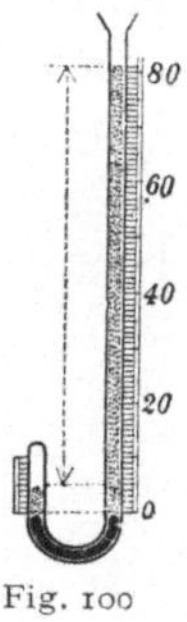

Es verhält sich also

$$v_1 : v_2 = p_2 : p_1 \quad \text{oder} \quad v_1 p_1 = v_2 p_2.$$

Fig. 100

Das Produkt aus Druck und Volumen bleibt konstant, wenn die Temperatur sich nicht ändert.

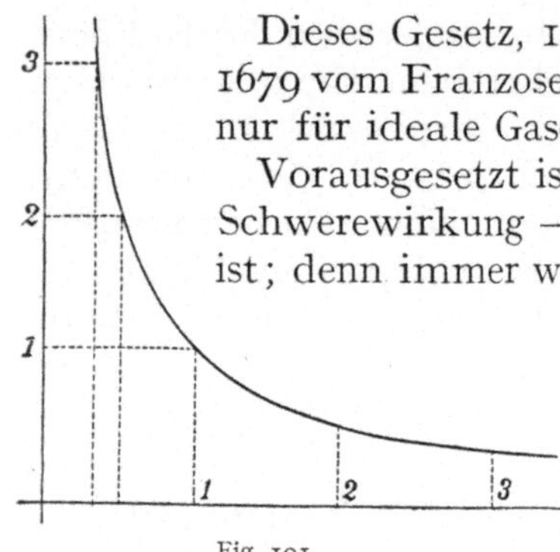

Fig. 101.

Dieses Gesetz, 1662 vom Engländer Boyle und unabhängig 1679 vom Franzosen Mariotte entdeckt, gilt vollständig streng nur für ideale Gase.

Vorausgesetzt ist dabei, daß das Gas — abgesehen von der Schwerewirkung — den Raum gleichmäßig erfüllt oder in Ruhe ist; denn immer wenn der Druck an verschiedenen Stellen verschieden ist, strömt das Gas von Orten höheren Druckes zu Orten tieferen Druckes ab.

Trägt man für eine bestimmte Temperatur die Volumina v einer bestimmten und gleichbleibenden Gasmenge als Abszissen und die entsprechenden Drucke p als Ordinaten auf, so erhält man die in Fig. 101 dargestellte Kurve, eine **Isotherme.** Es ist hier pv z. B.

$$3 \cdot \tfrac{1}{3} = 2 \cdot \tfrac{1}{2} = 1 \cdot 1 = \text{usw.,}$$

also immer konstant. Nach diesem Diagramm würde bei sehr großen Drucken das Volumen verschwinden, was in Wirklichkeit natürlich nicht der Fall ist; über die bei großen Verdichtungen meist eintretende Verflüssigung der Gase sprechen wir noch in der Wärmelehre (§ 259 usw.) und ebenso über die Einzeichnung der den verschiedenen Temperaturen entsprechenden verschiedenen Isothermen (§ 179).

Die Beziehung $p \cdot v =$ konst. für konstante Temperatur kann in den sogenannten **Volumenometern** auch für Dichtebestimmungen (z. B. an wasserlöslichen Pulvern) benützt werden. Das Volumen V vom Hahn H (Fig. 102) an, das das Gefäß G enthält, bis zur Marke a ist durch Hg abgesperrt. Dem entspricht ein Druck P. Läßt man das Hg links bis zur Marke b um das bekannte Volumen v sinken, so wird $(V + v) P_1 = V P$. Bringt man in G ein Pulver ein, vom Volumen V' und wiederholt die Messungen, so entspricht den Einstellungen bei a und b $(V - V') P' = (V + v - V') P_1'$. Da P, P_1, P', P_1' an der Skala S abgelesen werden können und v bekannt ist, so läßt sich V' daraus berechnen. Im Zusammenhang mit dem Gewicht des eingebrachten Pulvers ergibt sich dessen Dichte.

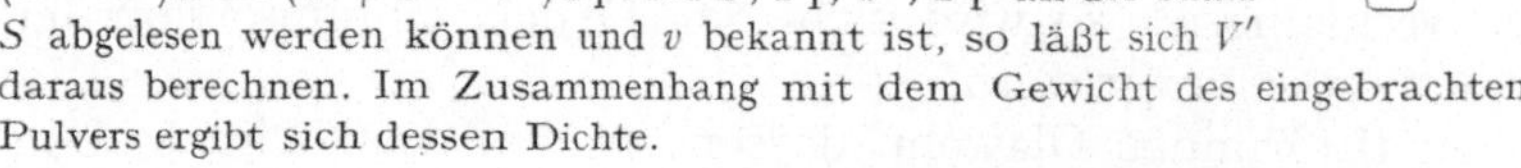

Fig. 102.

107. Fig. 103 stellt ein **Flüssigkeitsmanometer** für kleine Drucke dar. Ist die Flüssigkeit z. B. Quecksilber, so ist der Druck im Raume A gleich dem Atmosphärendruck 76 cm Hg mehr der Manometerdifferenz h cm Hg.

In Fig. 104, **Gasmanometer,** können wir, wenn z. B. die Flüssigkeit in beiden Schenkeln ursprünglich gleich hoch stand und nun das abgesperrte Luftvolumen in a auf $\tfrac{1}{3}$ komprimiert ist, drei Atmosphären Druck ablesen. Wenn die absperrende Flüssigkeit z. B. Öl ist, so können wir ihre statische Druckdifferenz vernachlässigen.

Fig. 105, ein **Metallmanometer,** zeigt, wie eine kreisförmige, hohle, meist flache Röhre z. B. mit einem Dampfkessel A in Verbindung ist. Steigt der Druck im Inneren dieser Röhre, so sucht sie sich zu strecken (punktiert gezeichnete Lage). Diese Streckung wird durch (nicht gezeichnete) Gelenke auf einen Hebelzeiger übertragen, dessen Spitze vor keiner Sala spielt.

Über die Art, wie solche Drucke auf Registriertrommeln aufgezeichnet werden, und über einige Beispiele von Druckmessungen soll später (§ 155) gesprochen werden.

108. Aneroidbarometer oder Metallbarometer sind meist kleine runde Metalldosen mit einem dünnen, gewellten und luftdicht angelöteten Metalldeckel. Da das Innere fast luftleer ist, wird der Deckel bei stärkerem äußeren Luftdruck mehr, bei kleinerem weniger nach innen gedrückt. Eine Hebelübersetzung vergrößert diese Bewegung und läßt sie registrieren. Diese Instrumente müssen durch Vergleichung mit einem Quecksilberbarometer empirisch geeicht werden.

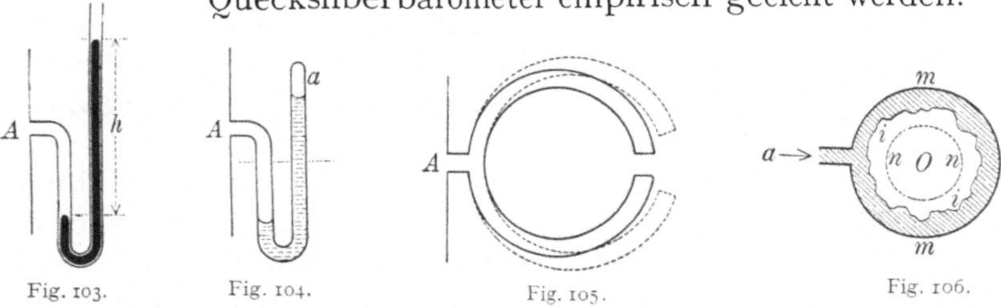

Fig. 103.   Fig. 104.   Fig. 105.   Fig. 106.

109. Bei physikalischen Versuchen wird das druckmessende Manometer direkt mit dem auf Druck zu untersuchenden Gas- oder Flüssigkeitsraum in Verbindung gebracht. Man kann in analoger Weise auch den **Blutdruck messen,** muß aber dann eine Röhre der Blutbahn öffnen und diese mit dem Manometer verbinden. Solche Tierversuche sind oftmals gemacht und die Druckhöhen und -schwankungen des Blutes genau bestimmt worden. Um aber an lebenden Menschen diesen Druck zu finden — unblutige Druckmessung —, übt man an der zu untersuchenden Stelle von außen her einen manometrisch zu messenden und langsam gesteigerten Druck aus, bis eine vollständige Schließung der betreffenden Blutbahn eintritt. Sieht man von der Gegenkraft der Elastizität der Arterien und umliegenden Organe ab, so gibt dieser komprimierende Außendruck, der den Innendruck gerade kompensiert, den mittleren Blutdruck an.

Eine solche Zusammenpressung der Blutbahn muß derart geschehen, daß diese dem Drucke nicht ausweichen kann. Man muß das Glied (Finger oder Arm), von allen Seite so lange zusammenpressen, bis durch die betreffenden Bahnen eben kein Blut mehr durch kann. Dies geschieht durch einen „pneumatischen" Ring (oder Manschette). Die äußere Begrenzung m dieses hohlen Ringes ist harter, unnachgiebiger Kautschuk (Fig. 106). Die Innenwand (i) aber ist sehr weicher dünner Kautschuk, welcher wenn man mit einem Blasebalg Luft in a einbläst, die punktiert gezeichnete Lage nn annimmt und ein in O befindliches Glied von allen Seiten her zusammenpreßt. Beim Gärtnerschen Tonometer kommt der Ring (Fig. 106) lose um einen Finger, zunächst ohne irgendeine Wirkung zu äußern, dann schiebt man einen sehr engen, kleinen Kautschukring streng über die Fingerbeere, die dadurch blutleer und blaß wird. Hierauf wird mittels eines Kautschukballons, der durch eine kleine Metallpresse langsam zusammengepreßt werden kann, Luft in den pneumatischen Ring eingepreßt, bis an einem gleichzeitig eingeschalteten Manometer ein

Druck von etwa 20 bis 22 cm Hg erreicht ist. Das ist mehr als der Blutdruck. Nimmt man nun den kleinen Kautschukring, mit dem man die Fingerbeere blutleer gemacht hatte, weg, so bleibt die Fingerspitze blaß, das Blut kann nicht hinein, weil es jetzt der pneumatische Ring absperrt. Lüften wir nun allmählich durch Nachlassen der Kompressionschraube den Druck, so geht nn in Fig. 106 immer mehr auseinander, bis das Blut eben durch kann und die Fingerspitze sich rötet. In diesem Moment liest man am Manometer ab, z. B. 11 cm Hg. Das ist ungefähr der normale Blutdruck für die letzten Phalange des Fingers.

Es sind sehr zahlreiche Apparate für diesen Zweck konstruiert worden.

110. Kolbenpumpe. Im Stiefel S (Fig. 107) bewegt sich luftdicht ein Kolben k. Zieht man denselben aufwärts, so wird der Raum S ver-

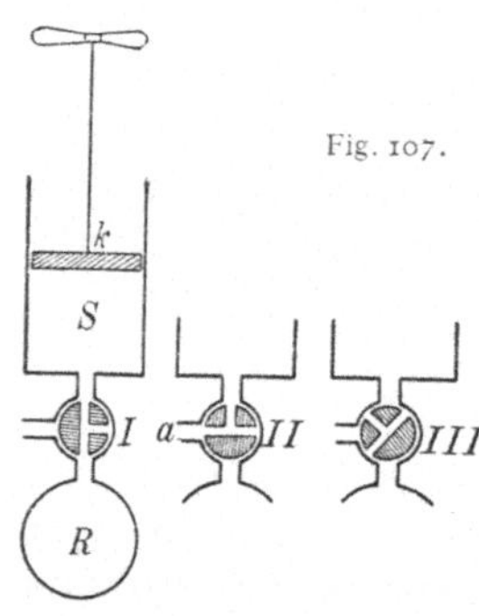

Fig. 107.

größert, der Druck sinkt. Zwischen S und dem Rezipienten R ist ein Dreiweghahn (schematisch und viel zu groß gezeichnet). Es ist also in der Stellung I auch R durch das Hinaufziehen von k verdünnt worden. Nun dreht man den Hahn in die Stellung II, und durch Hinunterbewegen von k schafft man die Luft aus S durch a ins Freie. Ist k ganz unten, kommt wieder die Hahnstellung I; der Kolben geht hinauf, schafft neuerlich Luft aus R nach S usw. Die Luft in R wird immer mehr und mehr verdünnt. Stellung III erlaubt ein vollständiges Abschließen von R und S.

Nehmen wir umgekehrt die Hahnstellung I beim Hinunterdrücken von k und die Hahnstellung II beim Hinaufziehen von k, so haben wir eine Kompressionspumpe. Die Luft in R wird immer mehr und mehr verdichtet.

Bequemer als die Hahnluftpumpen sind Ventilluftpumpen. Prinzipiell genau dieselbe Anordnung wie Fig. 98 (Saugpumpe für Wasser) ergibt eine Verdünnungsluftpumpe. Ventildruckpumpen sind im Prinzip genau so eingerichtet wie die Wasserdruckpumpe (Fig. 99). Auch der Kautschukballon (Fig. 79) wäre prinzipiell eine Luftventilpumpe, welche Luft von links her verdünnt und gegen rechts hin verdichten könnte.

Wenn man bei einer Kolbenverdünnungspumpe auch den Kolben ganz in den Stiefel hinunterpreßt, bleibt immer etwas Luft zwischen k und den Unebenheiten, den Ventilen oder Hahnröhren der unteren Stiefelfläche zurück: schädlicher Raum; beim Heben des Kolbens entsteht dann natürlich kein vollständiges Vakuum. Es wird allerdings die Luft des schädlichen Raumes expandiert, besitzt aber dann einen Druck von immerhin noch etwa 2 bis 3 mm. Dies bezeichnet somit die Verdünnungsgrenze für die betreffende Pumpe. Durch Verwendung von Öl und passenden Hahnschaltungen kann man diesen Fehler sehr vermindern.

Eine moderne Kolbenpumpe ist z. B. die (1913 konstruierte) Hoch-Vakuumpumpe von Gaede, welche ein Gefäß mit 300 cm³ in etwa 2 Minuten leicht bis auf 0,001 mm auspumpen läßt.

111. Einige biologisch-medizinische Saugwirkungen. Die Mundhöhle läßt sich allseitig so abschließen, daß eine gewisse Luftmasse in ihr eingesperrt ist. Vergrößern wir dann das Volumen der Mundhöhle durch Senkung des Unterkiefers, durch Herabziehung und Abplattung der Zunge, so entsteht ein luftverdünnter Raum; wir können durch eine zwischen den Lippen gehaltene Röhre Luft ansaugen. Die Größe des durch Saugen erzielten Manometerdruckes hängt vom Volumen des Manometers ab. Durch wiederholtes Ansaugen (Absperren des einmal angesaugten Raumes und Einnehmen der Mundanfangsstellung, neuerliches Saugen unter Öffnung des auszusaugenden Raumes usw.) kann man die Luft in einem Gefäße bis auf 6 cm Hg Druck statt des ursprünglichen von 76 cm aussaugen.

Viele Tiere haben Vorrichtungen, welche napfförmig an einen fremden Gegenstand angelegt und angesaugt werden, indem sie, sich vergrößernd, einen luftverdünnten Raum erzeugen, so daß der äußere Luftdruck das Tier an den Gegenstand anpreßt, z. B. Oktopoden, deren Arme mit zahlreichen Saugnäpfchen versehen sind, Tremadoren usw. Die — heute in der Medizin nur mehr selten verwendeten — Blutegel haben an der Mundhöhle einen solche Saugnapf, mit dem sie sich an der Haut eines Warmblütlers ansaugen. Im Napfe befinden sich noch gezähnte Kiefer, welche die Haut durchbohren, so daß Blut (bis zu 10 g) abgesaugt wird.

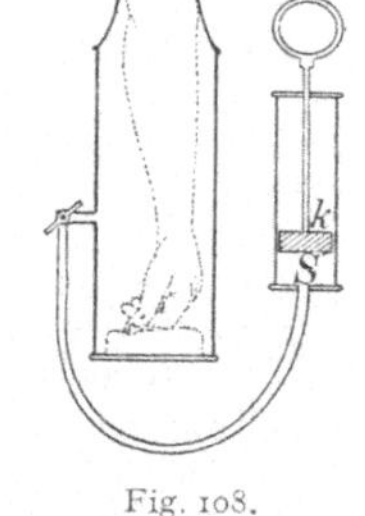
Fig. 108.

Kleine Kolbenpumpen (sog. Aspirationsspritzen) ermöglichen den Luftdruck an bestimmten Hautstellen oder Körperstellen für therapeutische Zwecke zu verkleinern. Fig. 108 zeigt, wie der Luftdruck längs größerer Gliedmaßen vermindert werden kann, um künstliche Hyperämien (Blutüberfüllungen) zu erzeugen.

112. Atmung. Die Einatmung (Inspiration) und Ausatmung (Exspiration) bringt Sauerstoff in die Lungen und entfernt die gasförmigen Zersetzungsprodukte, besonders Kohlensäure, besorgt also die Ventilation der Lunge. Die Lunge besteht aus einer sehr großen Anzahl hohler, zusammenhängender Säckchen, Alveolen, welche nur durch die Luftwege mit der äußeren Luft kommunizieren. Der Luftdruck dehnt diese Alveolen, trotz ihrer (kleinen) entgegenwirkenden Elastizität so weit aus, als es die umliegenden Organe, Herz, Oesophagus usw. und die äußere, luftdichte Begrenzung des Ganzen, nämlich Brustkasten und Zwerchfell, gestatten. Erweitert sich der Brustkasten dadurch, daß die an der Wirbelsäule gelenkig befestigten und nach vorn geneigten Rippen sich heben, und dadurch, daß das nach oben gewölbte Zwerchfell sich senkt, so wird zunächst entsprechend dem Mariotteschen Gesetz die dauernd in der Lunge verbleibende Luftmasse verdünnt und es strömt äußere Luft ein. Beim Ausatmen geschieht das Umgekehrte.

Man kann daher durch Aufsetzen einer Nase und Mund umschließenden Maske die Lunge mit einem Apparate verbinden, der verdichtete Luft zum Einatmen liefert, indes durch eine Hahndrehung beim Ausatmen die Lunge mit der äußeren Luft kommuniziert:

Nachhilfe beim Einatmen. Ein umgekehrtes Verfahren erleichtert das Ausatmen. Beides wird therapeutisch verwendet.

Der Atemapparat ist abwechselnd Saug- und Druckpumpe. Das Ein- und Ausströmen der Luft erzeugt durch Reibung Geräusche, die von großer diagnostischer Bedeutung sind.

Für Untersuchungen ist es oft notwendig, die ein- und ausgeatmete Luft zu trennen. Hierzu geeignete Ventile zeigt Fig. 109, oben ein Wasserventil, unten ein Klappenventil aus Aluminium. a ist z. B. mit der äußeren Luft verbunden, b mit einem Spirometer, Fig. 110, einem ausäquilibrierten Gasometer, welches die ausgeatmete Luft aufnimmt und ihr Volumen zu messen gestattet.

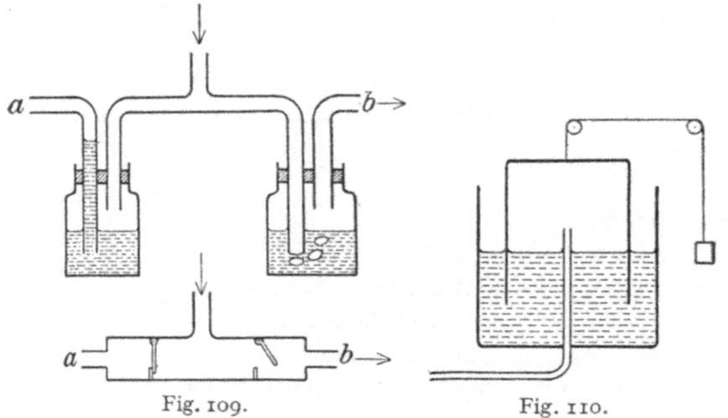

Fig. 109.   Fig. 110.

Eine Ausatmung liefert für einen gesunden erwachsenen Menschen etwa 500 cm³ „Atmungsluft". Bei sehr starker Exspiration gehen noch etwa weitere 1500 cm³ „Reserveluft" heraus. Dann bleiben aber immer noch ca. 1000 cm³ Luft dauernd in der Lunge zurück, „Residualluft". Wenn andrerseits bei einer normalen Einatmung 500 cm³ inspiriert worden sind, kann man bei großer Anstrengung noch weitere 1500 cm³ („Komplementärluft") einatmen, so daß Komplementär-, Atmungs- und Reserveluft ($= 1500 + 500 + 1500$ $= 3500$ cm³), die Vitalkapazität der Lunge, das Maximum des Luftwechsels bei einem Atemzuge darstellt. Bei großer Anstrengung fassen also die Lungen in Summe 4500 cm³.

Taucher, welche ohne besondere Vorrichtung unter Wasser gehen, sog. Nackttaucher, atmen vorher möglichst viel Luft ein; diese, 4500 cm³ $= v_1$ steht unter Luftdruck $p_1 = 1$ Atm. Unter Wasser wird dann diese Luft durch den Wasserdruck (1 Atm. pro 10 m Tiefe) zusammengepreßt, wobei das Minimum höchstens $v_0 = 1000$ cm³ werden kann (Residualluft); der Druck sei dann p_0. Nun ist nach Boyle-Mariotte $p_1 v_1 = p_0 v_0$,

also $v_0 = \dfrac{1.4500}{1000} = 4{,}5$ Atm. Davon kommen 3,5 Atm. auf den Wasserdruck, was einer Tiefe von etwa 35 m entspricht. Das ist auch die größte Tiefe, zu der geschickte Nackttaucher kommen.[1]

113. Rotationspumpe. Als Beispiel einer solchen sei die Gaedesche Kapselpumpe geschildert. Sie verdünnt trockenes Gas rasch bis auf 0,01 mm Hg und kann auch als Luftgebläse verwendet werden.

g in Fig. 111 ist ein hohler horizontaler Metallzylinder, vorne und hinten durch eine vertikale kreisförmige Metallwand (nicht gezeichnet) abgeschlossen. a und b sind Löcher in der Zylinderwand mit Schlauchansätzen. In diesem feststehenden Hohlzylinder rotiert (Pfeilrichtung in Fig. 111) ein kleinerer massiver Zylinder g, dessen Achse zu der des großen Zylinders exzentrisch steht. Dieser Zylinder stößt oben an die äußere Zylinderfläche; seine Vertikalwände stoßen an die vordere und

---

[1] R. Stigler, Fortschritte der naturwissenschaftlichen Forschung, 1913.

hintere Vertikalwand des äußeren Zylinders. In diesem kleinen Zylinder sind zwei Schieber s und s_1 — schwarz gezeichnet — durch eine Feder f fest gegen die Innenwand des Hohlzylinders gepreßt; die vorderen und hinteren Flächen dieser parallelepipedischen Schieber schleifen an der Vorder- und Hinterwand des feststehenden Hohlzylinders. Der in I horizontal schraffiert gezeichnete Raum bei a hat sich bei der Drehung nach II bedeutend vergrößert. Es

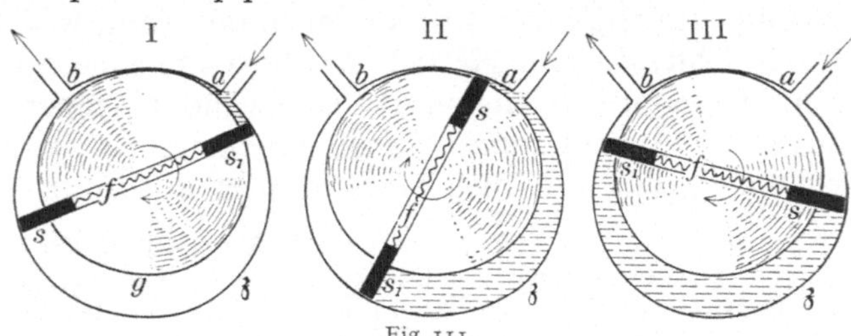

Fig. 111.

ist daher durch a hindurch Luft angesaugt worden. Bei einer weiteren Drehung nach III hat dann der Schieber s diesen Raum von a vollständig abgesperrt. Bei einer noch weiteren, nicht gezeichneten, Drehung wird dann dieser schraffiert gezeichnete Luftraum immer kleiner, und die Luft wird bei b hinausgeblasen. Die ganze Vorrichtung, meist elektrisch angetrieben, saugt also Luft bei a ein und bläst die Luft bei b wieder hinaus (kann daher auch als Gebläse verwendet werden).

114. Geißlersche Quecksilberpumpe. Der Bonner Glasbläser Geißler verwendete das Torricellische Vakuum über Hg (in Fig. 90) zur Gasverdünnung. Fig. 112 gibt das Schema einer solchen Pumpe. Zwei birnförmige (ca. 800 cm³) Glasgefäße A und B, durch Glasröhre und Schlauch verbunden, sind mit Hg gefüllt. Bei der in Fig. 112 gezeichneten Stellung des Hahnes h steht das Hg so hoch, daß A ganz angefüllt ist. Dreht man nun den Hahn um 90°, so stehen seine Bohrungen horizontal, A ist nach oben vollständig verschlossen. Nun senkt man B um ca. 1 m (punktiert und B' unten rechts); alles Hg fließt nach B', und es bildet sich in A ein Torricellisches Vakuum. Nun dreht man den Hahn h in eine Stellung, die in Fig. 112 unten links vergrößert gezeichnet ist. Das Vakuum ist dann in Verbindung mit dem auszupumpenden Raume X (z. B. Röntgenröhre), dessen Luft nun in das Vakuum strömt. Diese Luft wird dann durch Horizontalstellen des Hahnes in A abgesperrt, durch Heben von B' nach B komprimiert, dann der Hahn so gedreht, daß er dem

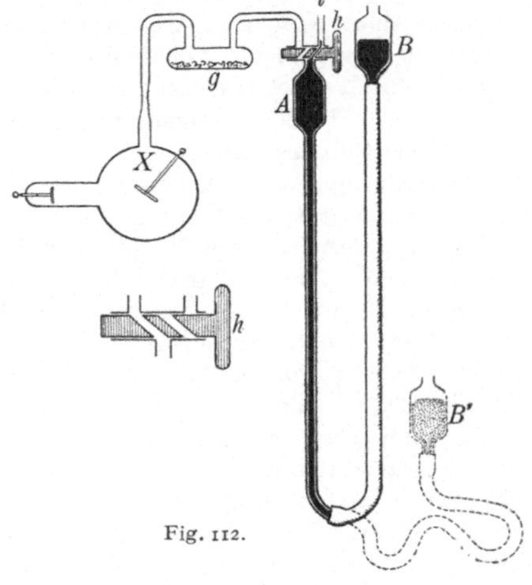

Fig. 112.

unten vergrößert gezeichneten h entgegengesetzt gerichtet ist, so daß die Luft aus A wieder, durch das aufströmende Hg verdrängt, ins Freie geht. Durch Wiederholung dieses Vorganges: Erzeugung eines Vakuums in A, Verbindung von A und X und Hinausdrängen der nach A gebrachten X-Luft erreicht man Drucke von 0,001 mm, weil hier jeder schädliche Raum fehlt, da das Hg sich an alle Unebenheiten anschmiegt. Um die Feuchtigkeitsreste, die an den Glaswänden immer absorbiert sind, wegzuschaffen, bringt man bei g ein Trockengefäß an, gefüllt mit Phosphorpentoxyd, welches allen Wasserdampf adsorbiert.

Das Heben und Senken der schweren Hg-Massen in A und B kann durch automatische Vorrichtungen besorgt werden. Eine Abänderung des geschilderten Prinzipes führte Gaede zur Konstruktion einer rotierenden Hg-Pumpe, die auch im technischen Betriebe (Glühlampen, Röntgenröhren) sich glänzend bewährte.

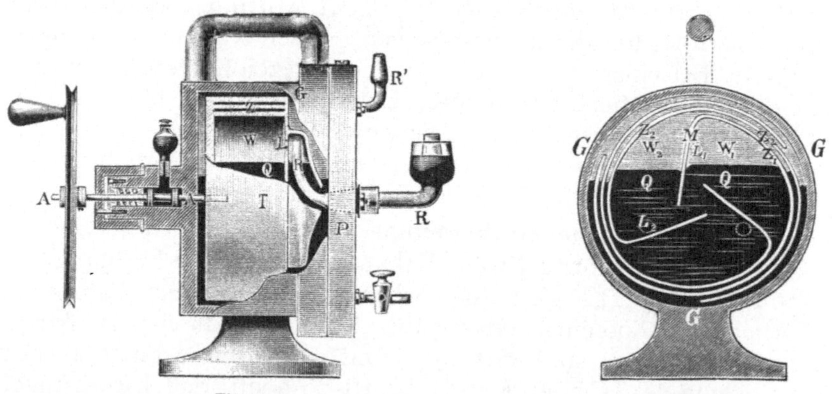

Fig. 113 a.Fig. 113 b.

Gaede Hg-Pumpe. Diese in Fig. 113 a und 113 b in Vorder- und Seitenansicht dargestellte Pumpe ist eine Art umgekehrter Gasuhr. Eine Gasuhr (zur Kontrolle des Gaskonsums) bewegt sich, von dem durchstreichenden Gase getrieben. Hier aber wird umgekehrt durch mechanisches Drehen die Luft bewegt. Ein runder, feststehender Metallzylinder GG, durch Vertikalwände P vorne und hinten geschlossen, enthält eine von außen das Gehäuse unter Quecksilberabschluß luftdicht durchsetzende Achse AA, an welcher ein eigentümlich gestalteter Porzellanapparat $Z_1 Z_2 Z_3$ befestigt ist. Die Drehung in der Fig. 113 b geschieht in einer dem Uhrzeiger entgegengesetzten Richtung. Bei beiden Figuren ist die Wand in der Zeichnung durchbrochen, damit man in das Innere sieht. Zwei Drittel des Gehäuses sind mit Quecksilber Q gefüllt, und das Ganze wird mittels einer Hilfspumpe durch R' auf etwa 20 mm ausgepumpt. Z_1 ist ein Hohlraum aus Porzellan — ebenso Z_2 und Z_3. Kurz vor der in Fig. 113 b gezeichneten Stellung von Z_1 war der Hohlraum W_1 ganz mit Hg gefüllt. Der Raum W_1 in Fig. 113 b wäre also zunächst ein Vakuum. Nun beträgt die Hg-Höhe gegen die anderen Pumpenteile, die ja durch die Vorpumpe ausgepumpt sind, nur 20 mm. In der gezeichneten Lage ist der Raum W_1 durch das Loch L_1 in der Porzellanwand (Fig. 113 a und b) und die Röhre R in Verbindung mit dem auszupumpenden Raum, der an einem Glasschliff (Fig. 113 a rechts) aufgesetzt ist. W_1 wird, wenn es sich in Fig. 113 b von rechts nach links dreht, immer größer und die Luft in W_1 immer

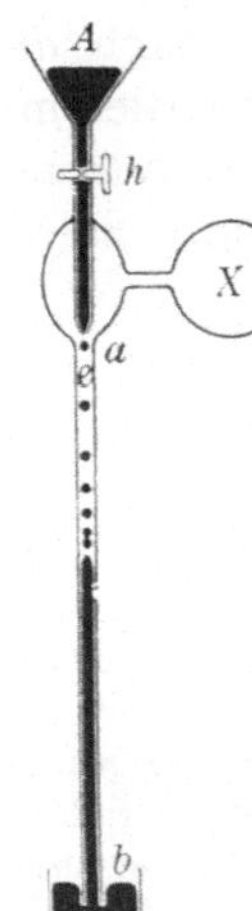

Fig. 114.

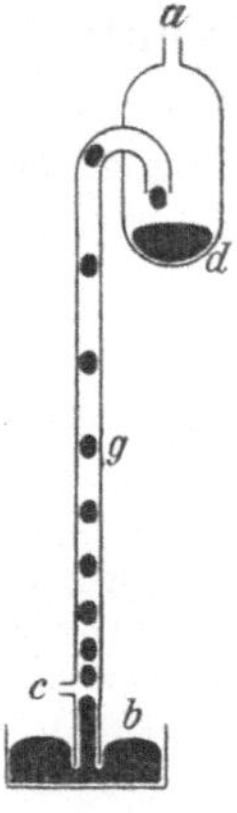

Fig. 115.

verdünnter. Bei weiterem Drehen (z. B. W_2) kommt L (z. B. L_2) unter das Quecksilber; dadurch wird W von dem auszupumpenden Raume getrennt. Dafür tritt aber die äußerste Zunge Z (z. B. Z_3) rechts oben aus dem Quecksilber heraus, so daß dann die Luft in dieser Kammer W (z. B. W_3) durch R' mit der Hilfspumpe kommuniziert. Ein Auffangen des ausgepumpten Gases ist hier nicht möglich.

Der Antrieb geschieht elektrisch.

115. Die Kenntnis der Menge und Art der im Blute absorbierten Gase ist von größtem theoretischen Interesse; diese Gase werden aus dem Blute entfernt durch Erwärmung und Verminderung des Druckes (§ 225) mittels einer **Blutgaspumpe,** deren Prinzip folgendes ist: Statt der Röntgenröhre X in Fig. 112 denke man sich einen mit dem zu untersuchenden Blut gefüllten Glaskolben, der auf etwa 40^0 C erwärmt wird. Die von X nach oben führende Röhre wird von außen mit kaltem Wasser gekühlt, um den innen aufsteigenden Wasserdampf zu kondensieren; trotzdem mitgerissener Wasserdampf wird in g absorbiert. Ein Glasschliff gestattet das Blut etwas zu schütteln. Bei Verminderung des Luftdruckes gehen die Blutgase aus dem Blute und gelangen über A durch i ins Freie, wo sie aufgefangen und untersucht werden können.

116. Tropfpumpe. Aus dem Hg-Gefäße A (Fig. 114) tropft (mit gewöhnlichem Hahn h regulierbar) Hg aus einer Spitze gegen eine dünne, vertikale Fallröhre a. Jeder dieser einzelnen fallenden Hg-Tropfen sperrt in diesem Rohre etwas Luft, z. B. e ab; dieser Luftraum e sinkt, zwischen Hg-Tropfen oben und unten eingeschlossen, abwärts; dies gilt für alle Tropfen, und so wird X immer luftleerer. Der Apparat muß so dimensioniert sein, daß die Summe der vertikalen Längen aller Hg-Tropfen und der weiter unten scheinbar zusammenhängenden Hg-Säule mehr als 76 cm beträgt; es ist ab etwa 1,4 m.

Man kann statt Hg auch Wasser nehmen (Bunsenwasserpumpe), braucht dann aber ein Fallrohr von vielen Metern und erreicht, da immer Wasserdampf zurückbleibt, nie ein vollständiges Vakuum wie bei Hg. Die eigentliche „Wasserstrahlpumpe" ist in § 121 dargestellt.

Man kann dasselbe Prinzip auch umgekehrt anwenden (Fig. 115). Bei a wird durch eine Pumpe Luft dauernd ausgesaugt, wodurch das Hg aus b in die Röhre g aus dem Gefäße b aufsteigt. Bei c ist ein Seitenröhrchen mit einer kleinen Öffnung angebracht, durch welche kleine Luftblasen eingesaugt werden. Es steigen somit abwechselnd Hg-

Tropfen und Luftblasen auf, und die Hg-Tropfen gelangen nach d, trotzdem z. B. d um 1 m höher liegt als b. Auch Wasser kann nach diesem Prinzip höher gehoben werden als 10 m (entgegen der Auseinandersetzung § 101). Vielleicht spielen ähnliche Erscheinungen beim Saftsteigen (§ 102) eine Rolle.

Bewegte Gase.

117. Der Ausfluß eines idealen Gases durch eine kleine Öffnung wird analog dem Torricellischen Probleme (§ 77) behandelt. Der Raum A in Fig. 116 habe oben ein kleines Loch o und enthalte ein Gas, welches unter dem Drucke der Wassersäule h stehe, so daß das Gas aus A bei o mit einer Geschwindigkeit v hinausgedrückt werde. Wenn aus dem Gefäße B die Wassermasse m nach A abgeflossen ist, so ist die dabei gewonnene Energie mgh gleich der kinetischen Energie des bewegten Gases m', nämlich $\frac{1}{2}m'v^2$; dabei sei die Wasserröhre so weit, daß man die Wassergeschwindigkeit selbst vernachlässigen kann. Es ist also $v^2 = \dfrac{2hgm}{m'}$. Hier ist $\dfrac{m'}{m}$ das Verhältnis einer Gasmenge zu einer gleich großen Wassermenge oder die Gasdichte δ; es ist also $v = \sqrt{\dfrac{2gh}{\delta}}$ oder das Quadrat der Ausströmungsgeschwindigkeit ist umgekehrt proportional der Gasdichte. $\dfrac{h}{\delta}$ wäre die Höhe der Gassäule, welche denselben Druck wie die Wassersäule h ausübt.

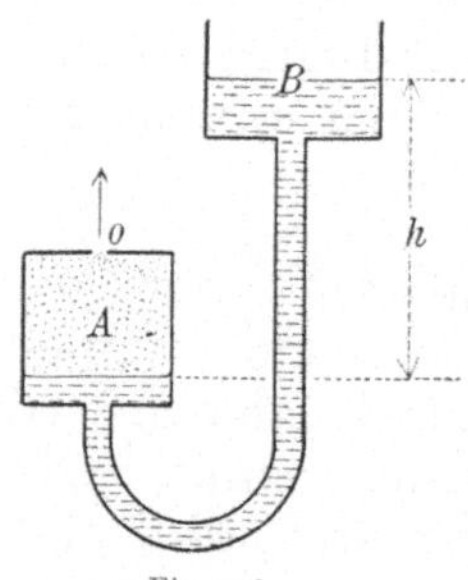
Fig. 116.

Läßt man aus einem Apparate ähnlich wie Fig. 116 einmal Luft ausströmen und dann ein anderes Gas, wobei in beiden Fällen die Flüssigkeit in B beim Beginn gleich hoch und am Ende des Versuches gleich tief stehen muß, so strömt die Luft und das Gas unter genau denselben Druckbedingungen aus, und es verhalten sich die Quadrate der Ausströmungszeiten wie die Gasdichten. Diese bequeme Methode (Bunsen) ergibt die Dichte von Gasen bezogen auf Luft und ist mit Vorteil verwendbar, wenn nur kleine Gasmengen zur Verfügung stehen.

118. Strömt ein **Gas** (oder eine Flüssigkeit) von Orten hohen Druckes zu Orten geringeren Druckes, so zeigen sich **äußere Reibung** und **innere Reibung** (wie in § 78).

Strömt ein Gas (oder eine Flüssigkeit) gegen einen festen Körper, so tritt ein großer Reibungswiderstand auf. Es müssen die im Wege behinderten Gasmassen (oder Flüssigkeitsmassen) ausweichen, wobei natürlich innere und äußere Reibung ins Spiel kommt; das gibt zu sehr komplizierten Druckdifferenzen und Strömungserscheinungen Anlaß, die als hauptsächlich von technischem Interesse (Luftfahrzeuge und Schiffbau) hier nicht erörtert werden sollen.

Ein Infanteriegeschoß mit $c = 620$ m/sec sollte 19 km hoch fliegen (§ 18), infolge der Luftreibung steigt es nur 2,5 km hoch. Der abfallende Ast der Wurfparabel ist — ballistische Kurve — viel steiler, als in Fig. 17 gezeichnet. Sie ist von der Dichte der Luft (je nach Barometerstand und Temperatur) abhängig. Moderne Geschosse kommen in Höhen mit so verringertem Luftwiderstand, daß die Schußweite besonders groß wird.

Ein Gasstrom besitzt wie ein Flüssigkeitsstrom Energie. Er übt auf entgegengestellte feste Flächen einen dynamischen Druck aus, so daß, wenn die Fläche schief gegen die Windrichtung festgehalten wird, eine senkrecht zur Windrichtung wirksame Kraftkomponente auftritt: Segelschiff, Drache, Windmühle usw. Bringt man umgekehrt ein Rad mit schiefen Flügeln durch mechanische Energie um eine feststehende Achse in Rotation, so erzeugt es einen Luftstrom: Ventilator; ist hingegen die Achse dieses rotierenden Rades beweglich, so schraubt es sich in der Luft weiter: Luftschraube der Flugfahrzeuge, die sich in die Luft wie ein Korkzieher in den Kork oder die Schraube eines Schraubendampfers in das Wasser einbohrt.

Ein Vogel schlägt mit seinen Flügeln rückwärts und abwärts. Bei der Aufwärtsbewegung der Flügel bewirkt die eigentümliche Anordnung der Federn die Möglichkeit eines leichten Luftdurchlasses. Physikalisch interessant ist der Wellenflug bei wechselnder Windstärke. Läßt sich bei schwächerem Winde ein Vogel aus einer bestimmten Höhe h (mit immer wachsender Geschwindigkeit) fallen und stellt er dann gegen einen eintretenden stärkeren Gegenwind die Flügel schief nach oben, so kann er ohne Flügelschlag, nur die Energie des Windes ausnützend, eine größere Höhe als h erreichen. Man hat diese Erscheinung mit automatisch sich einstellenden Flugmodellen nachgemacht.

119. Alle bisher (§§ 110, 113—116) geschilderten Gaspumpen haben eines gemeinsam: Nachdem das aus dem Rezipienten X in einen Vorraum ausgepumpte Gas in letzterem eingeschlossen ist, muß dieses komprimiert werden, denn nur so kann das Gas gegen die äußere Luft hin entweichen. Bei einer solchen starken Kompression aber wird der im Gasraum vorhandene Wasserdampf (oder ein anderer Flüssigkeitsdampf) zu Flüssigkeit komprimiert (§ 245), welcher nicht entweicht. Man braucht daher, wie wir ja gesehen, eigene Trockengefäße, um diesen Wasserdampf zu absorbieren.

Diesen Übelstand vermeidet die nach ganz anderen Prinzipien arbeitende **Molekularpumpe** von Gaede. A (Fig. 117) ist ein um eine horizontale Achse rotierender massiver Metallzylinder. Diesen umgibt möglichst knapp ein konzentrischer, feststehender Metallzylinder B, in welchen bei h eine kleine Nut eingelassen ist. Rotiert nun A sehr rasch in der Richtung des Pfeiles, so wird durch Reibung Luft von a nach b mitgerissen. Es ist also eine Luftreibungspumpe.

Es läßt sich theoretisch und experimentell leicht zeigen, daß die innere Reibung eines Gases bei größeren Drucken bis zu etwa 1 mm Hg größer ist als die äußere Reibung. Bei sehr kleinen Drucken aber wirkt nur mehr die äußere Reibung der Luft an A (in Fig. 117). Darum ist, während a in Verbindung mit dem auszupumpenden Rezipienten steht, bei b zunächst eine Kapselpumpe (§ 113) eingeschaltet, welche den Druck möglichst erniedrigt.

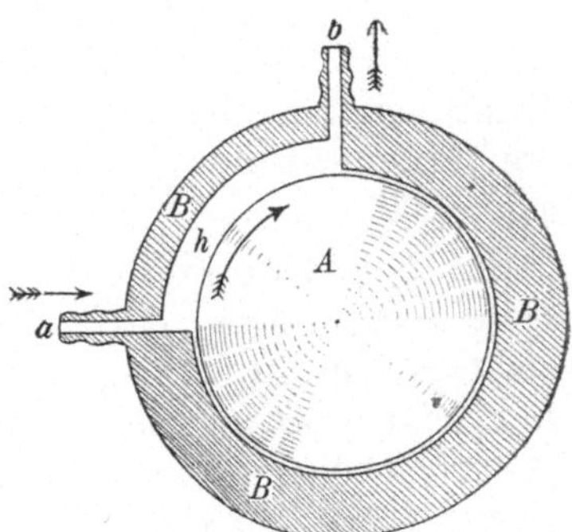

Fig. 117.

Rotiert nun auch A sehr rasch, so schleudert der bewegte Zylindermantel von A die in h noch vorhandenen Gasmolekeln (§ 211) mechanisch in der Richtung des Pfeiles. Daher der Name Molekularpumpe.

Fig. 117 gibt nur das Prinzip, die Pumpe selbst ist viel komplizierter. Da sich in ihr mehrere konzentrische Flächen in sehr geringer Entfernung (h = Bruchteile eines Millimeters) etwa 100 mal pro sec aneinander vorbeidrehen, bedarf der Apparat einer sorgfältigen Behandlung. Dann arbeitet die Pumpe viel rascher als alle anderen, und zwar nicht nur für Gase, sondern auch für Dämpfe.

120. Als einfaches Beispiel für die durch die Luftreibung verursachten komplizierten Bewegungen sei das **aerodynamische Paradoxon** angeführt.

Bläst man (Fig. 118) durch die vorne spitze Röhre B in horizontaler Richtung Luft, so reißt die bei der Spitze ausströmende Luft durch Rei-

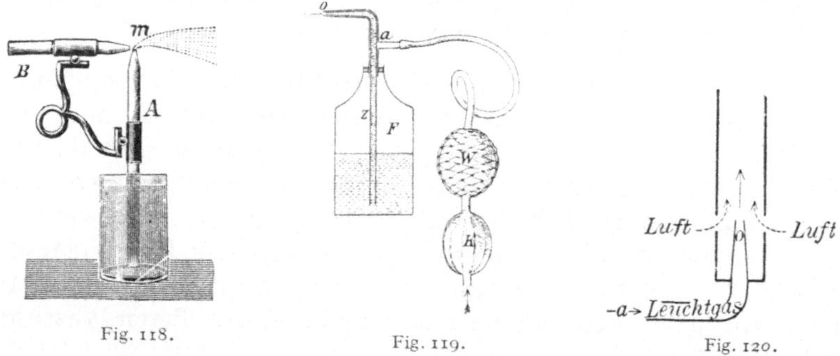

Fig. 118.   Fig. 119.   Fig. 120.

bung aus der Vertikalröhre A zuerst Luft und dann Flüssigkeit aus dem Gefäße mit, die in feinen Tropfen als „Spray" verteilt wegfliegt: **Blumenspritze.** Trotzdem wir also in B hineinblasen, erhalten wir keine Drucksteigerung in A, sondern eine Druckverminderung, daher der Name: aerodynamisches Paradoxon. Man kann auch Wasserdampf aus einem kleinen Dampfkesselchen durch B senden und aus dem Gefäß eine medizinisch wirksame Flüssigkeit mitreißen lassen; das ergibt den in der Laryngologie vielfach verwendeten **Inhalationsapparat.**

Ein mit Handgebläse versehener Inhalations- oder Sprayapparat sieht aber anders aus und hat mit dem aerodynamischen Paradoxon nichts zu tun. Fig. 119 gibt schematisch den hier wirkenden Mechanismus. K ist eine Luftpumpe, genau wie K in Fig. 79. Damit die Luft nicht bei jedem Drucke stoßweise austritt, ist W, ein dünner Kautschukballon eingeschaltet, der sich aufbläht und einen Vorrat an gepreßter Luft liefert (Windkessel § 105); er ist mit einem Netze umzogen, damit er nicht platzen kann. Die eingepreßte Luft teilt sich dann bei A in zwei Teile. Ein Teil strömt hinunter in die Flasche F und drückt die Flüssigkeit durch die Röhre z hinauf nach o, der andere Teil der Luft geht aber von a direkt nach o, sich hier mit der Flüssigkeit mischend und diese zerstäubend.

121. Ein anderes Beispiel für das aerodynamische Paradoxon ist **der Bunsenbrenner,** Fig. 120. Läßt man bei a Leuchtgas eintreten, so

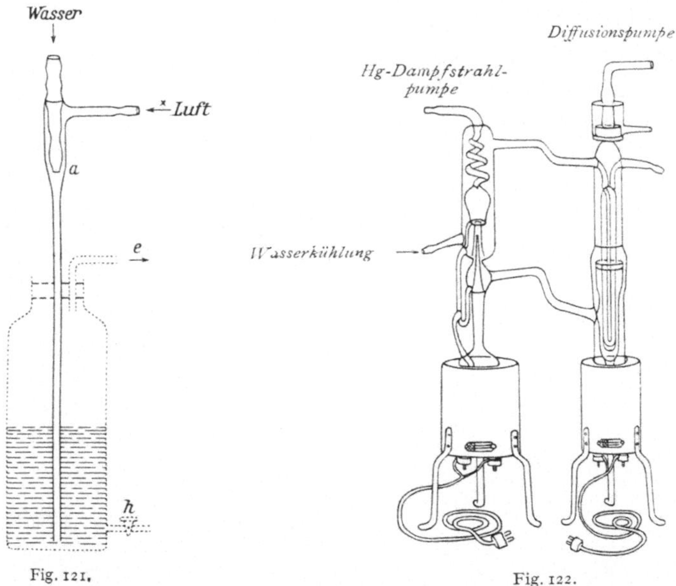

Fig. 121.Fig. 122.

strömt es in der (ausgezogenen) Pfeilrichtung aus der engen Öffnung o aus und saugt durch die zwei Seitenöffnungen des weiten Vertikalrohres in der (gestrichelten) Pfeilrichtung Luft ein, so daß dann oben ein Luft-Leuchtgasgemisch ausströmt. Durch passende Verkleinerung oder Vergrößerung der Seitenöffnungen kann man den Prozentgehalt Luft-Leuchtgas ändern. (Weiteres § 277.)

122. Unter **Wasserstrahlpumpe** versteht der Physiker eine billige und bequeme Luftpumpe Fig. 121 (nicht punktierter Teil). Sie ähnelt im oberen Teil der Fig. 114, das Fallrohr ab ist aber nur 10—30 cm lang; dafür braucht die Pumpe viel Wasser, das mit starkem Druck durch die Spitze bei a herausspritzt und durch Reibung Luft aus x mitreißt und einen hier angeschlossenen Raum bis zur Dampfspannung des Wassers (Sommer ca. 20, Winter ca. 10 mm Hg) auspumpt.

Läßt man x offen, so hat das mit Luft gemischte Wasser in ab ein ganz milchiges Aussehen. Fügt man nun den in Fig. 121 punktiert gezeichneten

Teil hinzu, so fließt Wasser durch den halbgeöffneten Hahn h ab, die in x angesaugte Luft steigt in Bläschen auf und entweicht bei e mit großer Gewalt: Wasserstrahlgebläse.

123. In neuerer Zeit wurden Hg-Dampfstrahl-Luftpumpen erzeugt, die ganz ausgezeichnet wirken. Aus einer engen Röhre strömender Hg-Dampf reißt nach dem Prinzipe des aerodynamischen Paradoxons Luft aus einem Rezipienten. Man muß natürlich für rechtzeitige Kondensation (§ 244) des Hg-Dampfes sorgen.

Sie bewähren sich insbesondere in Kombination mit „Diffusionspumpen" vgl. § 221 (Fig. 122).

III. Akustik.

Unter Akustik werden alle Vorgänge zusammengefaßt, die direkt oder indirekt in normaler Weise auf den Gehörssinn einwirken. [Sogenannte entotische (meist krankhafte) Gehörsempfindungen, wie Ohrensausen u. dgl., seien hier ausgeschlossen.]

Da die hierhergehörigen Erscheinungen im allgemeinen von Wellenbewegungen hervorgerufen werden, grenzt man aber in der Regel das Gebiet nicht scharf ab und umfaßt auch solche periodisch-elastische Vorgänge, die außerhalb der Hörbarkeitsgrenze liegen. Daher lassen sich auch Überschneidungen mit anderen Wissensgebieten nicht vermeiden.

Wir teilen die Gehörsempfindungen nach ihrer Qualität zunächst ein in Töne und Geräusche.

124. Töne (Klänge) sind durch eine bestimmte „Tonhöhe" definiert. Als weitere Merkmale treten hinzu die Tonstärke und die Klangfarbe.

Für die Angabe der Tonhöhe hatte man schon lange vor der Erkenntnis der physikalischen Grundlagen der Schallempfindung sprachliche und schriftliche Bezeichnungen [Ut = Do, Re, Mi, Fa, Sol, La, Si oder die moderne Buchstabenbezeichnung (c, d, e, f, g, a, h) bzw. die Notenschrift.] Rein subjektiv zeigt sich beim gleichzeitigen Erklingen von zwei oder mehreren Tönen die Eigenschaft der Konsonanz oder Dissonanz. Auch beim Nacheinander werden bestimmte Tonfolgen bevorzugt (Melodie). Auf diese Weise ergibt sich der Begriff des Intervalles (z. B. Oktave c-c′; Quint c-g; Quart c-f.)

Geräusche sind durch eine große Zahl nicht regelmäßig zusammenhängender oder zusammenklingender in Intensität und Tonhöhe wechselnder Töne gekennzeichnet.

Jede Sprache besitzt für die verschiedenen Formen von Geräuschen eine große Zahl onomatopoetischer Ausdrücke wie: Zischen, Knistern, Sausen, Murmeln, Plätschern, Scharren, Kratzen, Knattern, Rasseln, Knirschen, Kreischen, Tosen, Brausen, Klirren usw.

In Geräuschen ist häufig unter der Fülle von Tönen ein Ton vorherrschend; bei systematischer Änderung, z. B. Fallenlassen verschieden langer Holzstäbe, Einfließenlassen von Wasser in einen Krug oder ein Standglas usw., abstrahiert das Ohr von den Unregelmäßigkeiten und hört das gleichartige heraus.

Ein Knall entsteht durch plötzlichen Luftstoß; bei großer Intensität läßt sich seine „Höhe" meist schwer feststellen.

Wir haben die Empfindungen von Tönen oder Klängen immer dann, wenn die Erschütterungen unseres Gehörorgans in periodischer Weise erfolgen, wenn also eine von einem regelmäßig schwingenden Schallerreger ausgehende Luftwelle unser Gehörorgan trifft. Es können auch andere Medien ausnahmsweise an Stelle von Luft treten; wir hören z. B. auch unter Wasser.

125. Wenn wir gegen die Zähne eines rasch rotierenden Zahnrades z. B. eine Karte halten, so wird die Luft so oft pro sec erschüttert, als Zähne pro sec auf diese Karte aufschlagen. Diese regelmäßig aufeinanderfolgenden Luftstöße erzeugen die Empfindung eines Tones. Drehen wir das Zahnrad rascher, so ändert sich die Empfindung; wir nennen den Ton höher. Die **Tonhöhe** nimmt also mit der Schwingungszahl n zu. Von der Schwingungsamplitude hingegen hängt die Tonstärke ab.

Befinden sich zwei Zahnräder auf ein und derselben Achse, wobei das eine Rad doppelt soviel Zähne als das andere hat, so wird die Anzahl der Stöße, da ja beide Räder sich gleich schnell drehen, sich wie $1:2$ verhalten. Diese beiden Töne erklingen, hintereinander oder gleichzeitig gehört, angenehm; sie bilden eine Konsonanz. Wir nennen den höheren Ton die Oktave. Jeder beliebige Grundton hat seine eigene Oktave, also einen Ton, der zweimal soviel Schwingungen hat. Das **Tonintervall** der Oktave ist $1:2$.

Hätten wir zwei Räder gewählt, bei denen die Anzahl der Zähne sich verhält wie $2:3$, so hätten wir gleichfalls ein angenehmes musikalisches Gefühl bei der Aufeinanderfolge dieser Töne gehabt. Sie heißen Grundton und Quint. Das Tonintervall der Quint ist $2:3$.

Es zeigte sich, daß jene Töne, bei denen der Quotient $\frac{n_1}{n_2}$ der Schwingungszahlen durch einen Bruch darstellbar ist, in dem Zähler und Nenner ganze Zahlen zwischen 1 und 6 sind, musikalisch zueinander passen. Sie bilden eine Konsonanz, im Gegenfalle eine Dissonanz (§ 170).

126. Wenn die Zähne eines Zahnrades auf eine Karte aufschlagen, entstehen immer neben dem jedesmaligen Luftstoß sehr viele Nebengeräusche. Viel reinere Töne liefert die **Loch-Sirene,** in ihrer einfachsten Form eine am Rande durchbohrte und um ihre Achse drehbare Scheibe. Bläst man (in Fig. 123 von links her) Luft aus einer Röhre gegen diese Löcher, so erfährt dieser Luftstrom periodische Unterbrechungen; es tritt durch jedes vorübergehende Loch etwas komprimierte Luft aus (Pfeil in Fig. 123). So entsteht eine kugelförmig nach allen Seiten sich ausbreitende longitudinale Wellenbewegung.

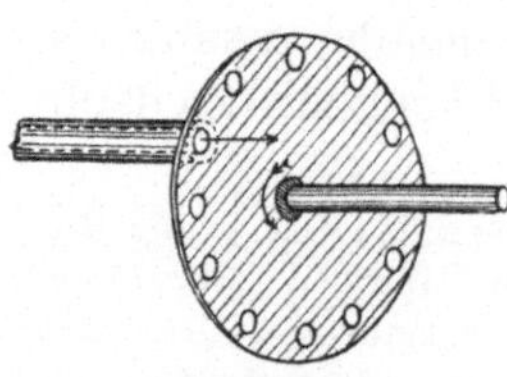
Fig. 123.

In der Sirene von Cagniard-Latour (Fig. 124) nach vorn offen gezeichnet, damit man hineinsehen kann) enthält der feste, kreisförmige, horizontale Deckel C eines kleinen Windkastens, in den Luft mit einem Blasebalg eingeblasen werden kann, eine Reihe äquidistanter Löcher längs der Peripherie; knapp darüber ist eine zweite gleich große, aber um ihre Achse A drehbare Scheibe D mit korrespondierenden Löchern angebracht, deren Lochachsen aber schräg gegen die der Löcher des festen Rades ziehen. Infolge dieser schiefen

Stellung dreht der aus der unteren festen Scheibe entweichende Luftstrom die obere, die immer rascher rotierend einen immer höheren Ton gibt; dieser ist, da alle Löcher gleichzeitig geöffnet und geschlossen werden, viel lauter als bei der einfachen Sirene (Fig. 123). Ein an die mit D sich drehende Achse A beliebig ein- und ausrückbares Zählwerk P (o Einer, o' Hunderter) gestattet jede einer bestimmten Tonhöhe entsprechende Umdrehungszahl und durch Multiplikation mit der Lochanzahl das entsprechende n zu finden.

Diese Sirene tönt auch unter Wasser.

Durch starkgespannten Dampf getrieben, gibt eine ähnliche Sirene in Fabriken, auf großen Schiffen usw. weithin hörbare Signale, die einen laut heulenden Ton haben. Bei verankerten „Heulbojen'' wirkt analog der auftreffende Wind; die Tonhöhe gestattet Rückschlüsse auf die Windstärke.

127. Die **Tonintervalle** geben das **relative Ver**hältnis der Töne, wir müssen aber auch für die **absolute Tonhöhe** eine Bestimmung treffen. Im Jahre 1885 setzte die internationale Stimmtonkonferenz in Wien willkürlich fest, daß das a', das sog. „eingestrichene'' a, auch **Kammerton** genannt, die Schwin-

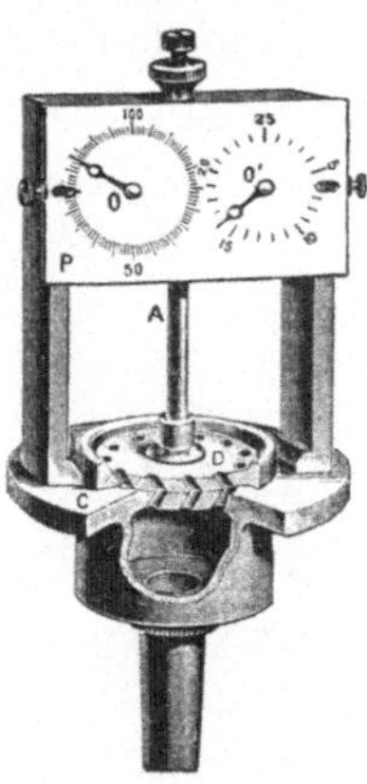
Fig. 124.

gungszahl 435 haben soll. Dieses Normal-a ist also ein Ton, bei dem der Schallerreger 435 mal pro sec hin und her schwingt. (Zählt man, wie in Frankreich, den Hin- und Hergang einzeln wie beim Pendel, so haben wir 870 Schwingungen pro sec.) Als Einheit gilt **1 Hertz** (Htz) $=$ 1 Schwingung pro sec. Das Normal-a hat also 435 Htz.

128. Gehörgrenze für Tonstärke. Bei gleicher äußerer Schallenergie ist die Empfindlichkeit des Ohres für verschieden hohe Töne sehr verschieden. Jede Empfindungsintensität ist ceteris paribus abhängig von der Reizgröße. Die kleinste noch wahrnehmbare Reizgröße heißt Reizschwelle. Das Minimum der noch wahrnehmbaren Tonintensität, der Schwellenwert, ist für Töne zwischen 1000 und 5000 Schwingungen am kleinsten; hier hören wir auch sehr schwache Töne. Bei sehr hohen und tiefen Tönen ist der Schwellenwert ein viel größerer.

Die Vergleichung der Schwellenwerte ist in der otiatrischen Diagnostik für die Bestimmung der Hörschärfe von größter Bedeutung. Von den vielen diesbezüglichen Methoden dürfte wohl ein knapp am Ohr anliegendes Telephon (§ 628) von einer Wechselstromsirene (§ 627) gespeist am besten sein, da sich hier die Energie in elektrischem Maße leicht und genau bestimmen läßt.

129. Gehörgrenze für Tonhöhe. Wenn wir immer tiefere Töne erregen, so gelangen wir an eine Grenze, wo unser Ohr die einzelnen Erschütterungen der Luft nicht mehr als Tonempfindung zusammenfassen kann, sondern als aufeinanderfolgende einzelne Stöße fühlt. Wenn man mit einem Hammer fünf- oder sechsmal pro sec auf einen Tisch aufschlägt, werden die einzelnen Knalle getrennt nebeneinander gehört.

Andererseits wird es auch, abgesehen von den mechanischen Schwierigkeiten, unmöglich sein, die Tonhöhe nach oben unbegrenzt zu steigern.

Am besten arbeitet man mit kleinen Pfeifchen (Galtonpfeife), bei denen man die Länge durch einen verschiebbaren Stempel beliebig verkürzen und so den Ton erhöhen kann (§ 146). Mit Hilfe von Staubfiguren (§ 150) kann man die von einer solchen Pfeife im umgebenden Raume erzeugten Luftschwingungen bis hinauf zu 340000 pro sec objektiv nachweisen; viel früher aber schon wird keine Spur eines Tones mehr gehört.

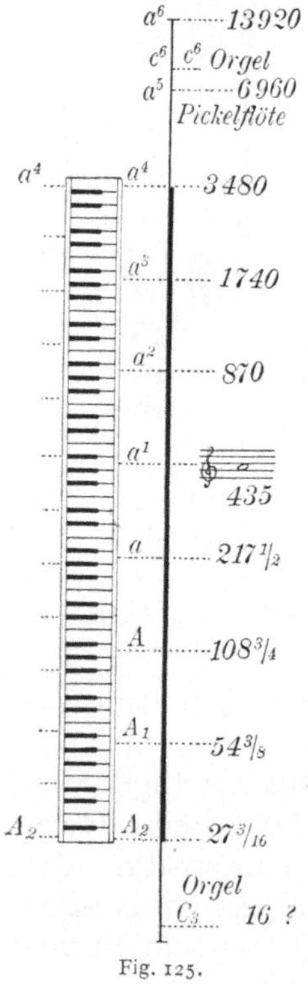

Die Bestimmung der unteren und oberen Gehörgrenze der Tonhöhe ist nur annähernd möglich. Es ist sehr schwer, einen reinen Ton ohne alle Nebentöne zu erzeugen, und es spielt bei solchen Versuchen auch der Schwellenwert der Tonstärke eine Rolle. Auch verhalten sich verschiedene Menschen besonders bei der oberen Gehörgrenze sehr verschieden. Als **untere Grenze** gelten ungefähr 16—20 **Schwingungen, als obere** etwa 20000 pro sec. Ältere Personen (von etwa 50 Jahren) hören nur bis 13000 Schwingungen pro sec.[1])

Bei solchen physiologisch-psychologischen Versuchen spielen viele Momente mit. Über die Frage, wie kurz ein Ton sein kann, um noch gehört zu werden, über die Tatsache, daß ein sehr leiser Ton erst nach einiger Zeit gehört wird, das sog. Anklingen und Abklingen, über Tonfarbe, über Nachempfindung, Ermüdung usw. findet man näheres z. B. in ,,Der Gehörsinn'' von K. M. Schäfer.[2])

130. Der Umfang der Schwingungszahlen für **musikalisch brauchbare Töne** reicht z. B. bei der Tastatur des Klaviers von etwa 27—3480 Schwingungen pro sec.

Fig. 125 (nach Höfler) gibt eine gute Übersicht dieser Verhältnisse. Die **sieben Oktaven** des Klaviers von A_2 bis a^4 stellen zugleich 12 Quinten dar (in Fig. 125 durch die punktierten Striche links angedeutet). Die 7. Oktave einer Schwingungszahl n ist $2^7 n$ oder $128 n$. Die 12. Quint dieser Schwingungszahl ist aber $(\frac{3}{2})^{12} n$ oder $129{,}742 n$. Unser Ohr ist nun gegen Ungenauigkeit bei Oktaven viel empfindlicher als bei Quinten, und deshalb legt man bei der sogenannten ,,temperierten Stimmung'' die Oktave zugrunde und wählt als Halbton das Intervall $\sqrt[12]{2} = 1{,}05946$. Dementsprechend gibt man statt wie bei der reinen Stimmung (auf c aufbauend) für ,,cis'' $= \dfrac{25}{24} = 1{,}04166$ und ,,des'' $= \dfrac{27}{25} = 1{,}08000$ den beiden Tönen ,,temperiert'' den gemeinsamen Wert $1{,}05946$. Die Quint (7 Halbtönen entsprechend) $\left(\sqrt[12]{2}\right)^7$ wird statt ,,rein'' $1{,}50000$ durch das Verhältnis $1{,}49831$,,temperiert'' erhalten.

Fig. 125.

a^6 13920
c^6 c^6 Orgel
a^5 6960
Pickelflöte
a^4 a^4 3480
a^3 1740
a^2 870
a^1 435
a 217 1/2
A 108 3/4
A_1 ....54 3/8
A_2 A_2 ....27 3/16
Orgel
C_3 ....16 ?

---

1) Gildemeister, Zs. f. Sinnesphysiologie 50 (1918). Physik. Berichte (1920).
2) Handbuch der Physiologie von Nagel, III. Braunschweig 1905.

Wellenmechanik.

131. Fortpflanzung einer Schwingung. Alle einzelnen Teile eines elastischen Körpers sind durch elastische Kräfte in ihrer Ruhelage festgehalten. Bringen wir einen Teil des elastischen Körpers aus seiner Ruhelage, so entsteht eine der Elongation proportionale Kraft der Elastizität gegen die Ruhelage zurück. Lassen wir den aus der Ruhelage gebrachten Teil frei, so muß daher (nach § 47) eine Schwingung entstehen.

Wenn aber ein schwingender Punkt mit allen Nachbarpunkten elastisch verbunden ist, so müssen auch diese Nachbarpunkte in Schwingung geraten, und es wird sich diese schwingende Bewegung eines Punktes nach allen Seiten in das elastische Medium wellenförmig fortpflanzen.

Das, was bei allen Wellenbewegungen weiterschreitet, ist nicht ponderable Masse, diese bleibt ja (abgesehen von den kleinen Elongationen) an ihrem Platze; es schreitet vielmehr Energie, und zwar hier die Energie der Schwingungsbewegung mit einer bestimmten Geschwindigkeit c vorwärts. Um die einfachsten Gesetze dieser Erscheinung kennen zu lernen, wollen wir uns den elastischen Körper in Form eines unendlich langen Zylinders vorstellen, z. B. in Form eines sehr langen Seiles, dessen entferntes Ende befestigt ist. Wenn wir gegen das freie Ende dieses Seiles einen kurzen Schlag führen, so pflanzt sich die Erschütterung mit einer gewissen Geschwindigkeit längs des Seiles fort. Bewegen wir hingegen den Anfang des Seiles in einer Pendelschwingung rhythmisch hin und her, so werden nach und nach alle Punkte dieses Seiles gleichfalls solche Sinusschwingungen ausführen; es wird aber die Schwingung an den verschiedenen Punkten um so später beginnen, je weiter diese Punkte von dem Anfangspunkte entfernt liegen.

Nehmen wir an, daß wir mit dem Anfangspunkte a eines gespannten Seiles $a\,x$ einmal hinauf-, hinunter- und zurückgegangen wären, daß wir also eine ganze Schwingung ausgeführt hätten, so wird Fig. 126 in schematischer Annäherung die Form des Seiles darstellen.

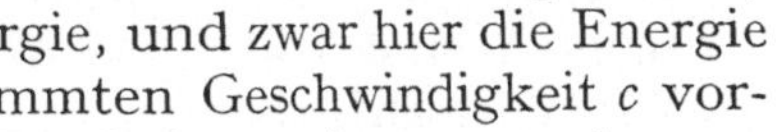

Fig. 126.

Jeder Punkt macht dieselbe Schwingung wie a, aber später. Wenn a seine ganze Schwingung eben vollendet hat, beginnt a' erst mit der Bewegung, d hat $\frac{1}{4}$ der Schwingung hinter sich, c die Hälfte und b schon $\frac{3}{4}$.

Bezeichnen wir die **Zeit** eines **Hin- und Herganges**, die **Schwingungsdauer**, mit τ und nennen wir die **Entfernung** $a\,a'$, die sich aus Wellental b und Wellenberg d zusammensetzt, eine **Wellenlänge** λ, so erhalten wir für die Fortpflanzungsgeschwindigkeit c der Schwingung im Seile, d. i. für $\frac{\text{Weg}}{\text{Zeit}}$ die Gleichung $c = \frac{\lambda}{\tau}$, da in der Zeit τ der

Weg λ zurückgelegt wurde. Bedeutet n die Zahl der Schwingungen pro sec (die **Schwingungszahl**), so ist $\frac{1}{\tau} = n$, also $c = \lambda n$ (z. B. n pro sec $= 100$, so ist $\frac{1}{n} = \frac{1}{100}$ sec die Dauer einer einzelnen Schwingung oder τ).

Wenn man den Anfangspunkt a dauernd hin und her schwingen läßt, so geht von hier ein Wellenzug aus, der längs des Seiles weiterläuft. Die Wellenberge und -täler schieben sich in der Richtung der Bewegung mit der Geschwindigkeit c weiter.

Durch die Reibung im Seile einerseits und durch die Energieabgabe an die Luft anderseits wird aber diese Bewegung immer schwächer, je weiter sie fortgeschritten ist, und hört bei einem sehr langen Seil auf, bevor die Welle das Seilende erreicht (vgl. gedämpfte Schwingungen S. 38).

132. Eine fortschreitende Welle ist dadurch charakterisiert, daß jeder Punkt eine vollständige Schwingung ausführt, aber um so später, je weiter er vom Anfange entfernt ist. In ein und demselben Zeitpunkte sind die Schwingungsphasen (§ 47) der verschiedenen Punkte verschieden.

In Fig. 126 schwingen die Teilchen senkrecht zur Fortpflanzungsrichtung. Wir haben hier eine fortschreitende **Transversalwelle.**

133. Fortschreitende Longitudinalwelle. Denken wir uns jetzt aber einen elastischen, langen Stab und verschieben wir den Anfangspunkt wieder pendelförmig hin und her, doch nun in der Richtung des Stabes, so daß wir den Stabanfang abwechselnd zusammendrücken und auseinanderziehen. Wir werden dann eine ähnliche Erscheinung bekommen wie früher, aber an Stelle des Wellenberges haben wir eine Verdichtung und an Stelle des Wellentales eine Verdünnung. Auch hier gilt alles in § 131 Gesagte, nur schwingt hier jeder Punkt longitudinal, nicht transversal; wir haben also eine fortschreitende Longitudinalwelle vor uns.

134. Die Wellenbewegung laufe bis an das Ende des Seiles, welches z. B. an einem viel dickeren Stricke befestigt sei. Die Wellenbewegung geht dann zum Teil in diesen dickeren Strick über. Gleichzeitig wird aber ein Teil der Bewegung an dieser Trennungsstelle zurückgeworfen. Eine solche **Reflexion einer Wellenbewegung** tritt immer auf, wenn die Welle aus einem Medium in ein zweites übergeht, in dem die Fortpflanzungsgeschwindigkeit eine andere ist. (Gilt auch in der Optik.)

Versetzen wir den Anfang eines Seiles in regelmäßige Schwingungen, so erhalten wir zunächst einen vom Anfang an fortschreitenden kontinuierlichen Wellenzug; infolge der Reflexion kommt dann ein zweiter Wellenzug in entgegengesetzter Richtung gegen den Anfang zurück. In Fig. 127, oberste Reihe, ist der eine Wellenzug, der nach rechts geht, a, punktiert gezeichnet, der entgegengesetzte, b, voll gezeichnet.

Wir wollen uns zunächst um Anfang und Ende dieses Wellenzuges nicht kümmern und nur die Seilmitte betrachten. Im Zeitmoment Null liegen die Wellenzüge z. B. so, daß sie sich gegenseitig aufheben (oberste Zeichnung in Fig. 127). Irgendein Teil des Seiles bekommt z. B. infolge des Wellenzuges a einen Impuls aufwärts, infolge des Wellenzuges b einen Impuls abwärts; die beiden Elongationen sind überall gleich, und die Resultierende wird für jeden Punkt gleich Null sein, d. h. in dem betrachtenden Momente wird das Seil gerade sein. Diese Resultierende ist dick gezeichnet.

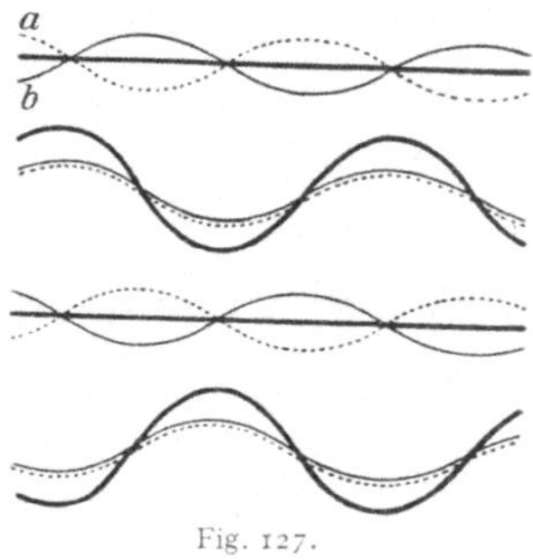

Fig. 127.

Wir wendeten hier das Prinzip der Übereinanderlagerung — Superposition — von Schwingungen an, das ganz allgemeine Gültigkeit hat. Treffen in einem Punkte mehrere Wellenzüge zusammen, so macht dieser Punkt eine resultierende Exkursion, welche durch geometrische Summierung der einzelnen Exkursionen gefunden wird. Ein in einen ruhigen See fallender Stein erzeugt fortschreitende Wellenringe auf der Wasseroberfläche; dasselbe geschieht aber auch, wenn der See, z. B. durch Wind oder einen Dampfer, wellenförmig bewegt ist; die kleinen, vom Steinwurf herrührenden Ringe werden von den großen Wellen auf und ab geschaukelt, die vertikale Erhebung bildet in jedem Punkte die Summe der Einzelerhebungen.

Unter **Interferenz** versteht man meist die Übereinanderlagerung von Wellen gleicher Schwingungsdauer.

135. Nun denke man sich die Welle a — oberste Linie in Fig. 127 — gegen rechts und die Welle b in unveränderter Form gegen links fortgeschoben, und zwar jede um eine viertel Wellenlänge. In der zweiten Reihe der Zeichnung ist dieser Zustand der Welle in einem solchen um $\frac{1}{4}$ Schwingungsdauer oder $\frac{1}{4}\tau$ späteren Zeitmomente gegeben. Wir müssen hier die beiden gleichgerichteten und überdies gleich großen Exkursionen von a und b addieren; die resultierende Schwingung ist wieder durch die dicke Linie charakterisiert.

Betrachten wir die Erscheinung nach einer weiteren $\frac{1}{4}$ Schwingungsdauer, also im Zeitmomente $\frac{2}{4}\tau$, so hat sich wieder a um $\frac{1}{4}$ Wellenlänge nach rechts und b um $\frac{1}{4}$ Wellenlänge nach links verschoben, und wir sehen in der dritten Reihe der Fig. 127, wie sich die Impulse wieder aufheben.

Schließlich nach einer Zeit $\frac{3}{4}\tau$ haben wieder beide Elongationen überall gleichen Sinn, sie müssen addiert werden, wie dies die unterste Reihe darstellt.

Fig. 128 gibt das Resultat. Bei dieser **stehenden Schwingung,** einer Interferenzerscheinung des direkten und reflektierten Wellenzuges, liegen die Punkte der Ruhe, die **Knoten,** stets an denselben Stellen; zwischen ihnen liegen **Schwingungsbäuche,** in welchen sich abwechselnd Wellenberg und Wellental ausbilden. Die Distanz von zwei benachbarten Knoten = Distanz von zwei benachbarten Bäuchen ist gleich einer halben Wellenlänge $\frac{\lambda}{2}$.

136. Die Fig. 128 gibt keinerlei Darstellung der Vorgänge an den Enden des Seiles oder der Saite. Wir ließen diesen **Einfluß der Reflexionsstellen** absichtlich unbestimmt. Bei einer Saite ist meist jedes Ende an einem starren Körper befestigt, also stets in Ruhe. An jedem Ende einer festgespannten Saite muß also immer ein Knoten sein.

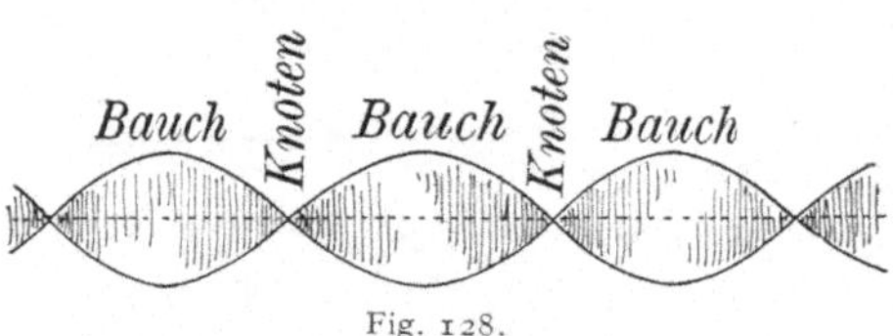

Fig. 128.

Ein kurzer Schlag auf ein gespanntes Seil von oben her erzeugt eine Art Wellental, nur eine Ausbiegung nach unten, keine Schwingung. Dieses Wellental läuft bis ans starr befestigte Ende des Seiles und wird hier als Wellenberg reflektiert. Am starren Anfange angekommen, wird es wieder als Wellental reflektiert usw. Wir haben also ein wegeilendes Wellental und einen rückkehrenden Wellenberg. Die Reflexion am unfreien Ende erfolgt mit ungleicher, entgegengesetzter Phase; der anschließende Körper hat hier mehr Masse als die Saite.

Wenn wir daher in Fig. 127 rechts und links die Seilenden einzeichnen wollen, dürfen wir dies nicht an beliebigen Stellen tun, sondern nur dort, wo die stehende Welle in Fig. 128 einen Knotenpunkt hat.

Anders aber verhält es sich, wenn wir das Ende eines Seiles mittels eines langen, dünnen Seidenfadens spannen. Das ans Seilende kommende Wellental wird dann als Wellental reflektiert. Hier hat nämlich die Längeneinheit des anschließenden Seidenfadens weniger Masse als die des Seiles, und die Reflexion findet hier an einem sog. freien Ende statt, sie erfolgt mit gleicher Phase; wir haben dann am Ende einer stehenden Schwingung keinen Knoten, sondern einen Bauch.

Denken wir uns einen längeren Stahlstab, der an passenden Punkten leicht aufliegt, und dessen Enden ganz frei beweglich sind, und erschüttern wir diesen transversal, so laufen hier genau wie beim Seile direkte und reflektierte Wellenzüge. Bei den sich ausbildenden stehenden Wellen haben wir aber hier im Auge zu behalten, daß nun die Enden des Stabes frei schwingen können. An diesen Stellen muß sich stets ein Schwingungsbauch ausbilden.

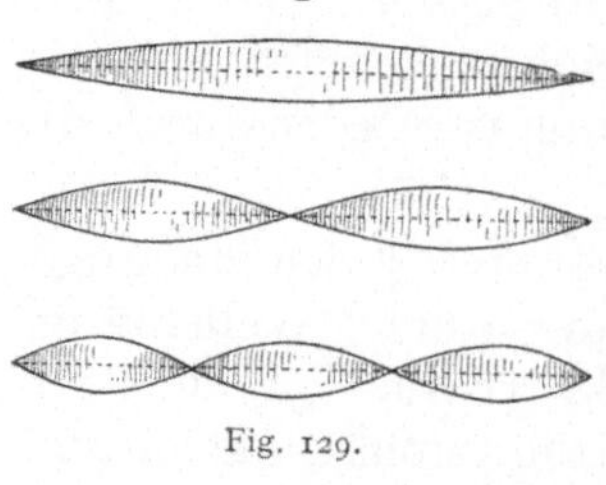

Fig. 129.

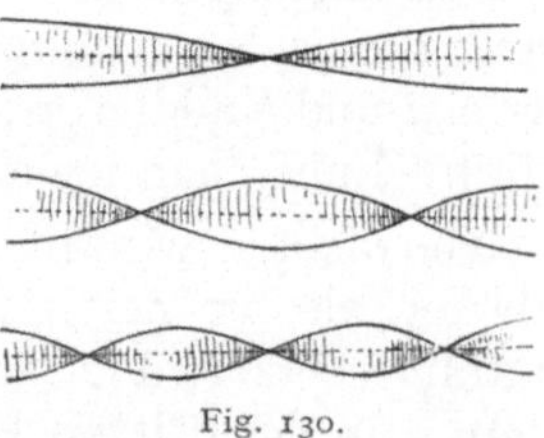

Fig. 130.

Anzahl der Halbwellen. Wie viele solcher Wellen in einer **transversal** schwingenden Saite oder einem transversal schwingenden

Stabe sich bilden, hängt ganz von der Schwingungsdauer und sonstigen physikalischen Bedingungen ab. Fig. 129 gibt einige Schwingungsmöglichkeiten einer gespannten Saite oder eines elastischen Stabes, dessen Enden fest sind. Fig. 130 liefert hingegen einige Schwingungsmöglichkeiten eines an beiden Enden freien Stabes.

137. Auch **stehende Longitudinalwellen** entstehen durch Interferenz des direkt fortschreitenden und des reflektiert zurückschreitenden Wellenzuges. Auch hier bleiben die Knoten und Schwingungsbäuche an derselben Stelle.

Wir können direkt die Fig. 127, 128, 129, 130, hier aber nur „symbolisch", verwenden. Die Knoten sind die Stellen, wo alles in Ruhe bleibt, und die Schwingungsbäuche die Stellen, wo die größten Bewegungen stattfinden. Diese sind symbolisch in solcher Weise aufzufassen, wie es Fig. 131 darstellt, wobei wir uns wieder zunächst um die beiden Enden rechts und links nicht kümmern. Die oberste Punktreihe sei z. B. eine longitudinale Schwingung einer Luftsäule oder eines Stahlstabes oder dgl. im Gleichgewichtszustande. Die Punkte stellen die einzelnen Partien des Stabes dar. Nach $\frac{1}{4}$ Schwingung, $\frac{1}{4}\tau$, ist der Zustand in der zweiten Horizontalreihe erreicht. Die Massen von b_1 und b_2 haben sich in der darüber stehenden Pfeilrichtung von links und rechts her gegen den Knoten k_1 bewegt, wo eine Verdichtung entsteht. Im Knoten k_2 entsteht aus analogen Gründen eine Verdünnung. Beim Zurückschwingen der Massen wird nach der Zeit $\frac{2}{4}\tau$ der Gleichgewichtszustand passiert (wie in Ruhe); die Schwingung geht aber weiter, und die Luft strömt dann von k_1 weg, wo Verdünnung entsteht, nach k_2, wo Verdichtung auftritt. Die Darstellung durch eine Punktreihe ist zeichnerisch unbequem und unübersichtlich; die unterste Reihe in Fig. 131 die Darstellung einer Transversalschwingung ergibt symbolisch alles, was für die longitudinale Welle wissenswert ist: die Lage der Knoten k und der

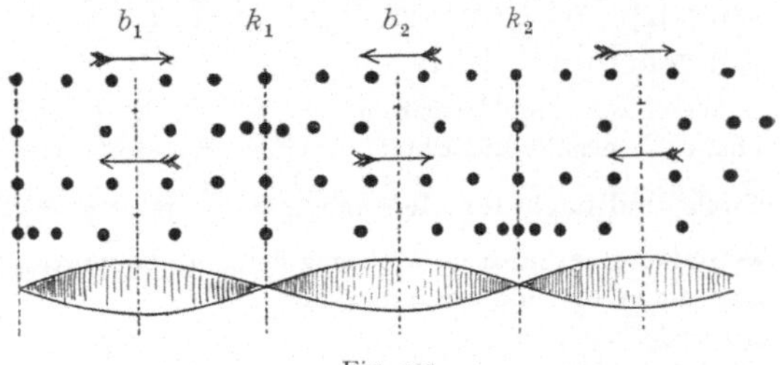

Fig. 131.

Schwingungsbäuche b. Bei der stehenden Longitudinalwelle bedeuten in der symbolisch zeichnerischen Darstellung durch Transversalwellen die Knoten Ruhelagen, wonach je $\frac{1}{4}$ Schwingung zeitlich abwechselnd Verdichtungen und Verdünnungen stattfinden, während die Wellenbäuche die normale Dichte, aber größte Bewegung darstellen.

Bei transversalen sowohl als auch bei longitudinalen fortschreitenden Wellen haben, wenn keine Dämpfung vorhanden ist, alle Punkte (zeitlich nacheinander) dieselbe Amplitude, aber ihre Phase ist (in demselben Zeitpunkte längs einer Wellenlänge) verschieden; bei stehenden Wellen hingegen haben alle Punkte einer halben Welle (im gleichen Zeitpunkte) dieselbe Phase, aber ihre gleichzeitigen Elongationen und daher auch ihre gleichzeitigen Amplituden sind verschieden.

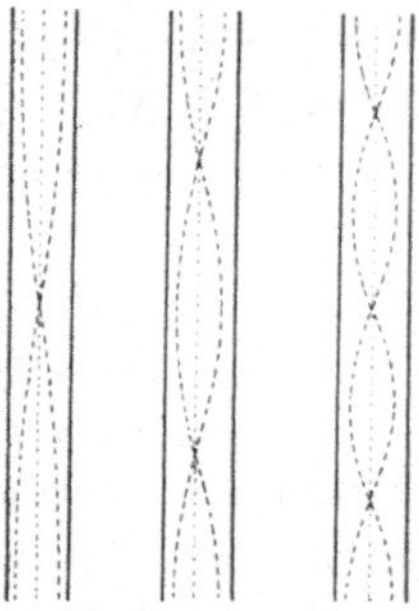

Anzahl der Halbwellen. Eine bestimmte Strecke, z. B. eine Luftsäule, kann analog § 136 in verschiedener Weise **longitudinal** schwingen, je nachdem das Ende festgehalten ist oder nicht. Fig. 132 stellt symbolisch eine schwingende Luftsäule in einer Röhre dar, die beiderseits offen ist (also

Fig. 132.

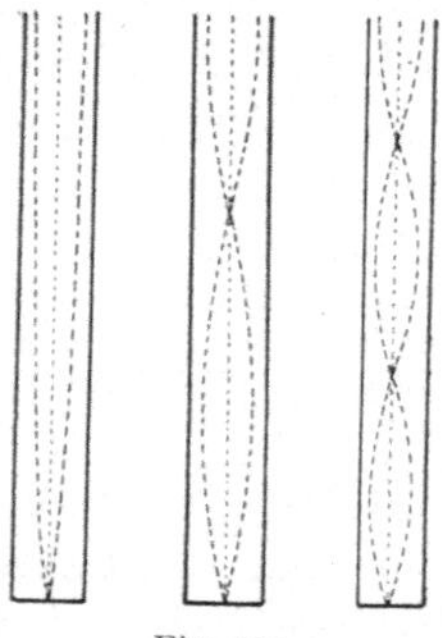

Fig. 133.

z. B. Luft in einer offenen Pfeife) und Fig. 133 eine Luftsäule in einer Röhre, die an einer Seite geschlossen ist (also z. B. Luft in einer einerseits geschlossenen, andererseits offenen Pfeife, § 146).

Schallerreger.

138. Von den transversal schwingenden Schallerregern ist zunächst die **Saite** zu besprechen.

Die Schwingungszahl steht zunächst im umgekehrten Verhältnis zur Saitenlänge; der Ton wird überdies, wenn man die Saite mehr spannt, höher; er wird tiefer, wenn die Saite mehr Masse pro Längeneinheit hat.

Wenn wir eine bestimmte Saite von bestimmter Spannung haben, so ist die Fortpflanzungsgeschwindigkeit c einer Erschütterung längs der Saite eine konstante Größe, und nach der Gleichung $c = \dfrac{\lambda}{\tau}$ ist τ direkt proportional der Wellenlänge. Wenn wir daher eine Saite halb so lang machen, so werden die Wellenlängen halb so groß, und es muß daher die Schwingungsdauer τ halb so groß oder die Schwingungszahl n doppelt so groß werden.

Aber auch bei gleichbleibender Saitenlänge kann man durch verschieden starke Spannung die Tonhöhe steigern, weil man dadurch die Elastizität der Saite und die Fortpflanzungsgeschwindigkeit c erhöht. Ebenso ist klar, daß bei gleichbleibender Elastizität (gleiche Spannung und gleiche Länge) eine Saite langsamer schwingen wird, wenn man sie beschwert, wenn man z. B. um eine Darmsaite der ganzen Länge nach einen dünnen Draht herumwickelt. Die Schwingungszahl n ist gleich $\dfrac{l}{2}\sqrt{\dfrac{g\,p}{d}}$, worin l die Länge, p die Spannung in Grammgewichten und d die Längendichte der Saite ist.

Darum nimmt man für hohe Töne kurze, leichte, für tiefe Töne lange, schwere Saiten.

139. Schwingungsform und Obertöne. Eine bestimmte Saite kann je nach der äußeren Erregung entweder so schwingen, daß sie an den beiden Enden allein einen Knoten hat oder aber auch einen in der Mitte, wie dies in Fig. 129 dargestellt wurde usw. Nennen wir den in Fig. 129 in der obersten Zeile dargestellten Ton den G r u n d t o n, so entspricht die zweite Schwingungsmöglichkeit (zweite Zeile) der O k t a v e, die dritte Schwingungsmöglichkeit der Q u i n t d e r O k t a v e, die vierte der z w e i t e n O k t a v e usw., da die Tonhöhe der Wellenlänge umgekehrt proportional ist.

Nun wird in Wirklichkeit, wenn wir eine Saite durch Streichen, Zupfen oder Schlagen zum Tönen bringen, n i e d e r G r u n d t o n a l l e i n ertönen, s o n d e r n a u c h alle die eben geschilderten Töne klingen gleichzeitig mehr oder weniger stark mit.

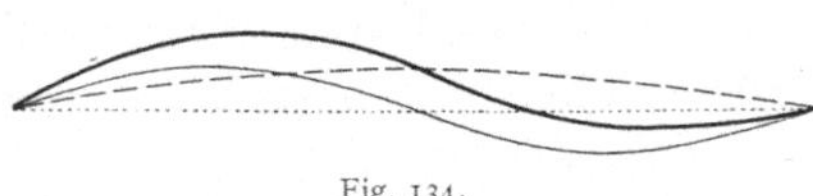

Fig. 134.

Man nennt diese Töne, welche zum Grundton in einem S c h w i n g u n g s v e r - h ä l t n i s s e 2, 3, 4 usw. stehen, har- monische Obertöne und ein solches T o n g e m i s c h (im G e g e n s a t z zum einfachen T o n e des reinen Grundtones) einen K l a n g. Wenn wir die wirkliche Schwingungsform der Saite in irgendeinem Momente kennen lernen wollen, so müssen wir die Einzelexkursionen, wie sie in einem gegebenen Momente dem Grundtone, der Oktave und Quint der Oktave usw., entsprechen, addieren (Superposition § 134). Das gibt eine ziemlich komplizierte Kurve. Fig. 134 zeigt einen einfachen Fall: die Addition von Grundton (gestrichelt gezeichnet) und Oktave (dünn gezeichnet), zur resultierenden Schwingungsform (dicker ausgezogen). (Siehe des ferneren § 160.)

Eine in $\frac{1}{7}$ der Länge angestrichene Saite gestattet das Auftreten aller harmonischen Obertöne der Verhältniszahlen 1 bis 6 und schließt den nächsten (unharmonischen) Oberton aus, weil dieser in $\frac{1}{7}$ einen Knoten haben müßte. (Anschlagstelle der Saiten beim Klavier.)

Eine in der Mitte angestrichene Saite schließt jeden zweiten Oberton aus, entspricht also den Verhältnissen der Fig. 133. (Klangfarbe der gedeckten Pfeife.)

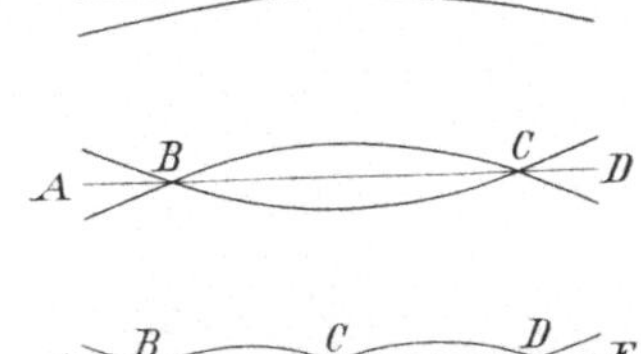

Fig. 135.

Umgekehrt zeigte F o u r i e r (1822), daß jede noch so zusammengesetzte periodische Bewegung mathematisch in eine Summe einzelner Sinusbewegungen sich zerlegen läßt.

140. Die Transversalschwingungen von ideal biegsamen Metallstäben gaben wir bereits in Fig. 130. Die steiferen Stäbe haben keine harmonischen Obertöne (Fig. 135) ($2AB < BC$). Frei liegend, in zwei Knoten unterstützt (B,C) (vgl. Fig. 135 zweite Zeile), werden solche Stäbe in den Xylophonen (Marimba), Glas-(Bronze-)stabharmonika usw. verwendet. Einseitig eingespannte querschwingende Stäbe finden Anwendung z. B. bei den Zungen der Pfeifen, Spieluhren u. dgl.

7*

Die Tonhöhe des Grundtones ist bei gleichem Material proportional der Dicke, unabhängig von der Breite und verkehrt proportional dem Quadrat der Länge.

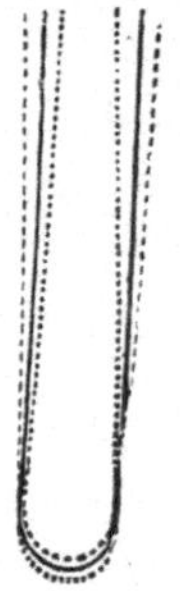

Gebogene Stäbe führen zu den Formen der Stimmgabeln, Triangeln, Spiralen in Schlagwerken usw. Denken wir uns einen Metallstab hufeisenförmig gebogen, so erhalten wir eine **Stimmgabel.** Die Art, wie eine Stimmgabel schwingt, ist charakterisiert in Fig. 136. Wir sehen, daß die beiden Seiten oben pendelförmig gegeneinander schwingen, ferner haben wir zwei Knoten tief unten an der Gabel, so daß der Stiel der Gabel ein klein wenig auf und ab geht.

Die Obertöne der Stimmgabel stehen nach obigem nicht in ganzzahligen Zahlenverhältnissen, sind also unharmonisch. Im allgemeinen gibt aber die richtig angeregte Stimmgabel nur schwache, rasch gedämpfte Obertöne.

Fig. 136.

141. Tönende Platten. So wie ein Stahlstab können auch Platten aus Metall, Glas oder anderen elastischen Substanzen in Schwingungen versetzt werden, und an diesen bilden sich dann Knotenlinien aus: die Gesamtheit der Punkte, die in vollkommener Ruhe bleiben. Wenn wir eine in der Mitte befestigte, quadratische Metallplatte oben mit Streusand bestreuen und in passender Weise anstreichen (Fig. 137), so ordnet sich der Streusand längs der Diagonalen des Quadrates. Diese Linien sind also in Ruhe, während zwei einander gegenüberliegende Dreiecke hinauf und hinunter, die anderen zwei hinunter und hinauf schwingen.

Durch verschiedene Modifikationen erhält man oft sehr komplizierte Figuren: Chladnische Klangfiguren.

Anwendungen.: von Metallplatten z. B. im Gong, in den Tschinellen; von gespannten Membranen: Trommel, Pauke usw. Gebogene Platten führen zu den Formen der Glocken.

142. Wenn wir eine Stimmgabel zum kräftigen Tönen bringen, so geht von ihr ein longitudinal fortschreitender Wellenzug in den Luftraum

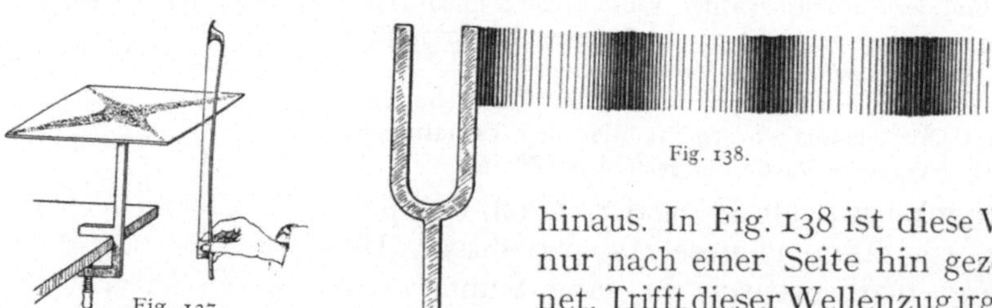

Fig. 138.

Fig. 137.

hinaus. In Fig. 138 ist diese Welle nur nach einer Seite hin gezeichnet. Trifft dieser Wellenzug irgendwo einen ruhenden, aber schwingungsfähigen Körper (z. B. eine zweite Stimmgabel), so wird dieser in Schwingungen versetzt, jedoch nur dann, wenn sein Eigenton dem Ton der auffallenden Welle gleich ist. Man kann so eine Stimmgabel, ohne sie zu berühren, zum kräftigen Tönen bringen. Singen wir in ein Klavier — bei abgehobenem Pedal —, so antwortet jene Saite durch Resonanz, welche mit dem gesungenen Tone gleiche Höhe hat. Das erzwungene Anklingen des Resonators erfolgt um so stärker (vgl. Fig. 139), je genauer die Schwingungszahl der erregenden Schwingung mit derjenigen der Eigenschwingung desselben übereinstimmt (**Resonanz**).

Die mechanische Erklärung dieses Phänomens liegt nahe. Selbst ein kleiner Knabe wird eine große Kirchenglocke oder eine schwere Schaukel in pendelnde Bewegung versetzen, wenn er immer im richtigen Momente am Strange zieht. Der erste Antrieb verursacht eine kaum merkliche Schwingung, der zweite, der im richtigen Tempo erfolgt, vergrößert diese Schwingung usf. Würde hingegen selbst ein kräftiger Mann in ganz unregelmäßigem Tempo an der Glocke ziehen, so würde sie vielleicht durch den ersten Impuls etwas zum Schwanken gebracht, die nächsten Impulse würden aber diese Wirkung wieder zerstören. Nur bei genauem Synchronismus der sich wiederholenden Impulse können sich die einzelnen Energien mechanisch addieren, sich „aufschaukeln".

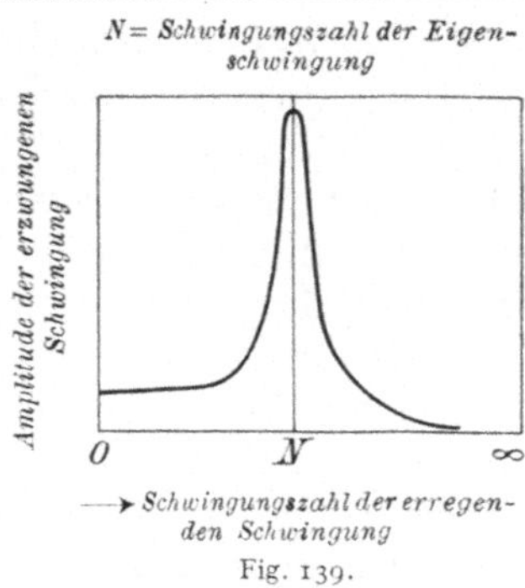

Fig. 139.

Eine beiderseits offene Glasröhre g von etwa 4 cm Durchmesser wird mit ihrem unteren Ende in eine größeres Wassergefäß gebracht (Fig. 140). Hält man über das obere Ende der Röhre eine tönende Stimmgabel S, so wird die Tonstärke zunächst nicht geändert. Durch Heben und Senken der Glasröhre gg (und der Stimmgabel) kann man die Länge der mitschwingenden Luftsäule L 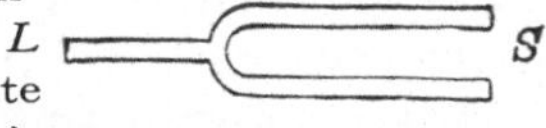 leicht verändern, und es zeigt sich, daß eine ganz bestimmte Länge ein kräftiges Anschwellen des Tones gibt. Nehmen wir z. B. eine a^1-Stimmgabel — 435 Schwingungen pro sec —, so wird dieses Optimum der Resonanz bei der Länge der Luftsäule von ca. 19,1 cm eintreten. Wir haben nun, nach Fig. 133 links, in L **unten einen Knoten** und **oben einen Schwingungsbauch.** Es hat die Luftsäule genau $\frac{1}{4}\lambda$. Die ganze Wellenlänge λ ist somit 76,3 cm. Das ist also die Wellenlänge der longitudinalen Luftschwingung für die Schwingungszahl 435. Nach § 131 ist $c = \lambda n$, also 76,3 · 435 cm/sec oder 332 m/sec. Das ist somit die Schallgeschwindigkeit in Luft, welche für alle Töne gleich ist. (Eine höhere Stimmgabel hätte bei diesem Versuche eine kürzere Luftsäule L zur Resonanz gebracht.)

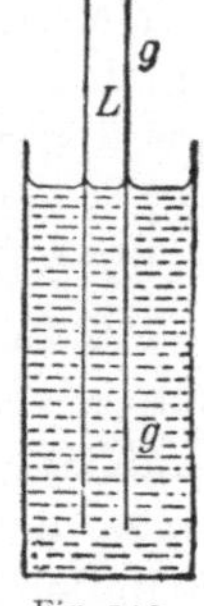
Fig. 140.

Zieht man die Röhre gg langsam aus dem Wasser heraus, so verschwindet die Resonanz, erreicht aber bei einer Länge von $\frac{3}{4}\lambda$ (unten Knoten, darüber $\frac{1}{2}\lambda$, dann Knoten und darüber noch $\frac{1}{4}\lambda$, also oben Schwingungsbauch) wieder ein Maximum. L ist dann 3 · 19,1 cm.

Eine beiderseits offene Glasröhre wird für den Ton a^1 am besten bei einer Länge von 2 · 19,1 cm resonieren. Dann liegt ein Knoten in der Mitte und je ein Bauch an jedem Ende (Fig. 132 links).

Die Wellenlänge der tiefsten hörbaren Töne in Luft ist etwa 17 m, die der höchsten etwa 1,5 cm.

143. Außer dieser „auswählenden" Resonanz gibt es noch ein **erzwungenes Mittönen,** wenn der mittönende Körper nicht mit seiner Eigenperiode schwingen kann, sondern mit einer durch fremde Kraft erzwungenen Schwingungsdauer. Befestigen wir an das Ende einer Stimmgabelzinke eine Saite, so wird das Ende der Saite so schwingen müssen wie die Stimmgabel; ebenso schwingt die Membran des Telephons oder des Trommelfelles im Ohr; diese Membranen reagieren auf jede Tonhöhe innerhalb eines sehr großen Tonbereiches. Um erzwungene Schwingungen zu erzeugen, muß der Erreger auf den mitklingenden Körper kräftig einwirken können; die Verbindung beider Systeme oder die sog. Koppelung muß eine enge sein.

Bei den in der Musik verwendeten Resonanzböden, z. B. von Klavier oder Geige, ist besonders darauf zu achten, daß der Resonanzboden keine störende Eigenschwingung besitzt, sondern alle Töne ziemlich gleichmäßig verstärkt.

Der Ton einer angeschlagenen und in der Hand gehaltenen Stimmgabel wird stärker, wenn man den Stiel auf einen Tisch oder Hohlraum aufsetzt, auch wenn dieser Hohlraum nicht in der Tonhöhe korrespondiert. Dieses Mittönen wird um so kräftiger, je besser sich die Dimensionen des resonierenden Körpers den Schwingungen der Gabel anpassen, d. h. je mehr das erzwungene Mittönen in wirkliche Resonanz übergeht.

Es folgt unmittelbar aus dem Energieprinzip, daß die vermehrte Stärke des Tones dadurch gewonnen wird, daß die angeschlagene Stimmgabel weniger lange tönt, wenn sie größere fremde Massen in Mitschwingung versetzen muß.

Das ganze umfangreiche Gebiet von Mitschwingen, Resonanz, Koppelung usw. konnte besonders bei den elektrischen Schwingungen (§ 652) quantitativ genau untersucht werden.

144. Der **Perkussionsschall** (in der „physikalischen" Diagnostik) entsteht beim Beklopfen von Körperoberflächen mit dem Finger oder Perkussionshammer, eventuell mit Zwischenschaltung eines Plättchens (Plessimeters) und ist eine Resonanzerscheinung in einzelnen Körperhöhlen, daher abhängig von Größe und Gestalt des Hohlraumes.

145. Schwingungen in Luftsäulen können durch sehr verschiedene Mittel erzeugt werden; wenn man z. B. über den Lochrand eines Hausschlüssels kräftig hinwegbläst, entsteht ein lauter Pfiff, eine Blechkanne unter einer Wasserleitung gibt bei allmählicher Füllung einen unverkennbaren und immer höher werdenden Ton (wegen Verkürzung der Röhre), ein kleines Gasflämmchen in einer beiderseits offenen Röhre erzeugt einen oft kräftigen Ton: chemische Harmonika (ganz analog manchmal ein zurückgeschraubter Auerbrenner in seinem Glaszylinder).

146. In der **Lippenpfeife** (Fig. 141) wird die Luftsäule R dauernd in sehr regelmäßige Longitudinalschwingungen versetzt. Die Luft strömt zunächst in einen Hohlraum K, den Windkasten, und aus diesem durch eine schmale Spalte S gegen eine Schneide, die sog. Lippe L; dadurch gerät die Luft in der Pfeife R in kräftige Schwingungen. Je kürzer die Pfeife, desto kürzer die Wellenlänge und desto höher der Ton; je länger die Pfeife, desto tiefer.

Die Röhre sei zunächst oben offen; dann müssen oben und unten Stellen normaler Luftdichte, d. h. Schwingungsbäuche, sein. Diesen Bedingungen entspricht Fig. 132, in all den gezeichneten drei Fällen ist ja oben und unten ein Schwingungsbauch. — Da sich hier die Wellenlängen (in der Luft) im Verhältnisse $1:2:3$ verkleinern, so verhalten sich auch die Tonhöhen wie $1:2:3$ usw.; je nach gewissen Modifikationen erklingt der Grundton oder der erste Oberton oder der zweite Oberton usw., eventuell auch als Klang mehrere gleichzeitig. Der Grundton entspricht (nach Fig. 132, links) $\frac{\lambda}{2}$, daher die große Länge der tiefsten Orgelpfeifen.

Schließt man die Pfeife oben, gedeckte Pfeife, so muß unten ein Schwingungsbauch, oben aber alles in Ruhe, also ein Knoten sein; dem entspricht Fig. 133 (wenn man jede der drei Röhren umkehrt). Da hier die Wellenlängen (in der Luft) im Verhältnis $1:3:5$ abnehmen, so verhalten sich auch die Tonhöhen wie $1:3:5$.

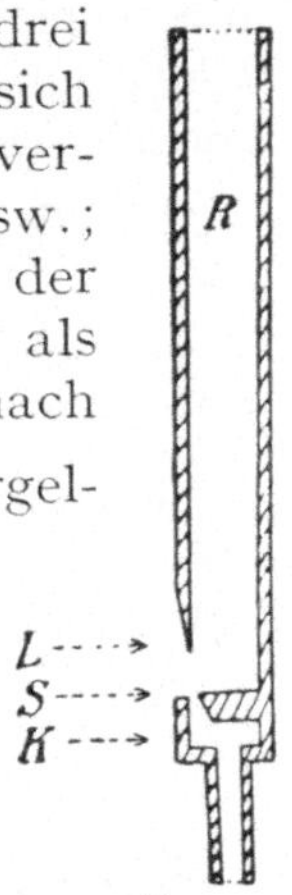

Fig. 141.

Die offene Pfeife kann alle Obertöne, die gedeckte nur die ungeraden geben.

Wenn man eine offene Pfeife am Ende zuhält, so ist in ihr statt des Grundtones mit $\lambda = 2l$ nur ein solcher mit $\lambda' = 4l$ möglich (Fig. 132 links und Fig. 133 links); n sinkt auf die Hälfte. **Die gedeckte Pfeife ertönt eine Oktave tiefer als eine gleich lange offene.**

Die Tonhöhe schwingender Luftsäulen ist von der Dichte des Gases abhängig; in warmer Luft wird der Ton höher als in kalter, desgleichen bei Ersatz von Luft durch Leuchtgas (daher z. B. Änderung der Stimmung von Orgeln usw. in geheiztem Saal). Die Tonhöhe ist annähernd unabhängig von Form und Größe des Querschnittes, solange das Verhältnis Durchmesser zu Länge klein bleibt („Mensur" mindestens $\frac{1}{12}$).

In Wirklichkeit sind die Pfeifentöne tiefer, als es die Theorie verlangt. Einmal ist die Pfeife zwischen L und S nicht ganz offen, und dann herrscht am oberen Ende der Pfeife nicht der normale Luftdruck, sondern abwechselnd etwas mehr oder weniger, sonst könnte sich ja kein Wellenzug in den Luftraum hinaus fortpflanzen. Es ist so, wie wenn die Reflexion nicht genau am Ende, sondern etwas weiter draußen stattfände.

Dann treten in Luft (§ 210) im Knoten abwechselnd Erwärmungen und Abkühlungen auf, welche Temperaturschwankungen die Seitenwände der engen Röhren ein wenig nach außen ableiten. Dadurch werden die Wellenlinien um so kürzer, je enger die Röhren sind.

Durch „Stopfen" der Pfeifen, Verengern oder Erweitern der oberen Öffnung, ändert man ein wenig die Länge der schwingenden Luftsäule und ist derart imstande, die Pfeifen zu stimmen.

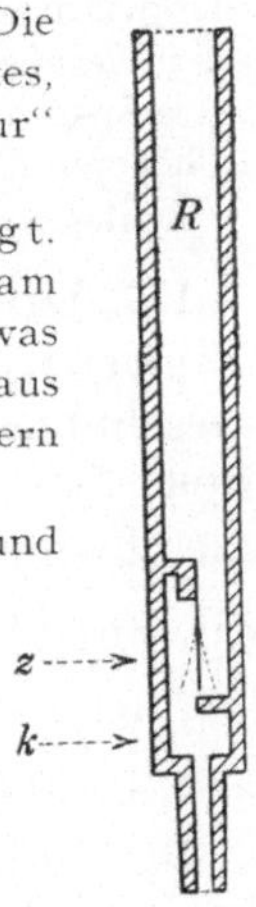

Fig. 142.

147. Bei Zungenpfeifen, Fig. 142, ist die Verbindung zwischen Windkessel k und Röhre R durch eine federnde Türe, die sog. Zunge z, geschlossen. Durch Anblasen wird diese Verschlußmembran in Transversalschwingungen versetzt und öffnet dadurch periodisch dem Luftstrom den Weg aus dem Windkessel in die Röhre, deren Luft so in Schwingungen gerät. Hier entspricht die Tonhöhe in erster Reihe der Schwingungszahl der Zunge, und je nach der Röhrenlänge wird diese Tonhöhe ein wenig nach oben oder unten geändert.

Je nach der Anordnung unterscheidet man auch „durchschlagende" und „aufschlagende" Zungen.

Beim Fagott ist eine dünne Holz- oder Rohrplatte die Zunge. Trompete und Waldhorn sind Zungenpfeifen, bei welchen die Lippen des Bläsers die Zunge bilden. Während die Trompete durch Öffnen seitlicher Löcher verschiedene Längen und Tonhöhen erhält, werden im Horne bei unveränderter Lage nur die harmonischen Obertöne durch die verschiedene Art des Anblasens erzeugt.

Analog den Schwingungsgesetzen für Luftsäulen sind die für longitudinal schwingende Stäbe.

Schallfortpflanzung.

148. Kugelförmige Ausbreitung. Jeder Schallerreger erzeugt im umliegenden Medium Wellen, z. B. in Luft abwechselnd Verdichtungen und Verdünnungen, die kugelförmig nach allen Seiten gleichmäßig bis zum Gehörorgan des Hörenden fortschreiten. Da die Energie der Schwingung im Fortschreiten sich über Kugelflächen verteilt, die mit dem Quadrate des Radius wachsen, so muß die Schallintensität, welche eine gleichbleibende Fläche, z. B. das Ohr des Hörenden erhält, umgekehrt proportional dem Quadrat der Entfernung sein. M. Wien hat dies Gesetz durch direkte Versuche im Freien bestätigt.

Bei der Ausbreitung sehr kräftiger Schallwellen, z. B. von Explosionen, zeigen sich merkwürdige Anomalien. Man kann oft den Schall in größeren Distanzen stärker hören als in geringeren Entfernungen, in der sog. „Zone des Schweigens". Verursacht wird diese Erscheinung wahrscheinlich durch Reflexionen bzw. Krümmungen der Schallstrahlen in höheren Schichten der Atmosphäre.

Analog wie beim Licht (vgl. § 437) können auch Beugungserscheinungen auftreten.

149. Die Zeitdifferenz zwischen der Wahrnehmung des Lichtblitzes und Knalles eines in s km Entfernung abgefeuerten Geschützes gestattet eine **direkte Bestimmung der Schallgeschwindigkeit.** Es sei diese Differenz z. B. t sec. Da das Licht bei seiner großen Geschwindigkeit fast momentan in unsere Augen gelangt, ergibt sich die Schallgeschwindigkeit in Luft, Weg durch Zeit oder $\frac{s}{t}$; bei 0^0 C ist $c = \underline{331,6 \text{ m/sec}}$, nimmt zu mit der Temperatur nach der Formel $c = 331,6 \sqrt{1 + 0,00367\, t}$, ist aber vom Luftdrucke unabhängig.

Die Schallgeschwindigkeit erweist sich auch als unabhängig von der Tonhöhe. Das Musikstück eines vielstimmigen Orchesters erklingt in großer Entfernung nur schwächer, aber in der richtigen Harmonie. Würden sich z. B. die höheren Töne schneller fortpflanzen als die tieferen, so müßte in einiger Entfernung jeder Zusammenklang verschwunden sein.

Nur ganz scharfe, explosionsartige Erschütterungen pflanzen sich bedeutend schneller fort. In solchen Fällen kann die Geschwindigkeit bis zu 700 m/sec ansteigen.

Die Schallgeschwindigkeit läßt sich auch theoretisch berechnen, § 210.

150. Eine sehr bequeme Art der Geschwindigkeitsbestimmung des Schalles in Luft und anderen Gasen liefert die **Röhre von Kundt.** Ein dünner, in seiner Mitte festgeklemmter Glasstab g (Fig. 143 rechts) trägt an seinem linken Ende ein kleines, leichtes, vertikales Korkscheibchen s, das in eine weitere Glasröhre R, ohne zu berühren, hineinragt.

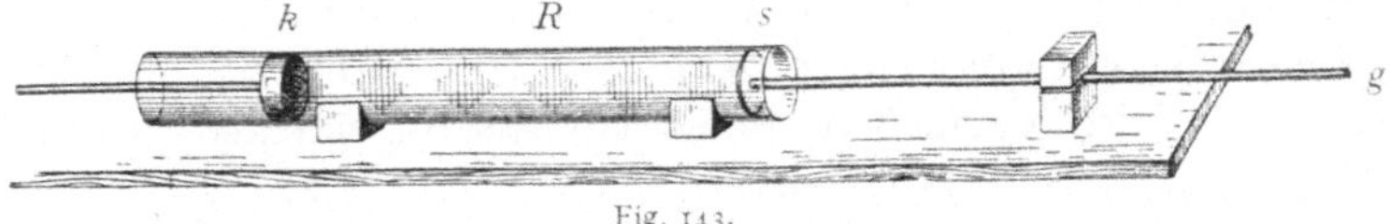

Fig. 143.

Das Ende dieser weiten Glasröhre ist links durch einen Kork k, den man etwas verschieben kann, verschlossen. Streicht man nun die nach rechts herausragende Hälfte des Glasstabes g mit einem nassen Tuchlappen, so gerät er in kräftige Longitudinalschwingungen. Der Ton ist ein sehr hoher. Das leichte Korkscheibchen s am linken Ende des Glasstabes schwingt dann energisch in der Längsrichtung des Stabes hin und her und erzeugt in der Luftsäule eine Schwingung. Befindet sich in dieser ein leichtes Pulver, z. B. ein wenig Korkfeilicht, so wird dieses durch die Luftschwingungen gegen die Knoten hin geblasen. Hier bilden sich Rippen aus, die besonders deutlich werden, wenn man durch Regulierung der Röhrenlänge mittels des Korkes k dafür sorgt, daß scharfe Resonanz eintritt. Das Pulver zeigt dann die in Fig. 143 angedeuteten Staubfiguren, und die scharf ausgeprägten Knoten ermöglichen eine genaue Ausmessung ihrer Entfernung, welche gleich ist der halben Wellenlänge λ.

Daraus ergibt sich zunächst die Schwingungszahl des Glasstabes $n = \dfrac{c}{\lambda}$. Aus diesem n und der Länge L des Glasstabes, der in der Mitte einen Knoten und an den Enden je einen Bauch hat, erhält man die Schallgeschwindigkeit im Glasstabe $C = n\,2\,L$.

Wichtig ist die Vergleichung der Schallgeschwindigkeit in verschiedenen Gasen. Durch nicht gezeichnete kleine Röhrchen kann man z. B. Kohlensäure einleiten; man findet in diesem Gase eine andere Wellenlänge λ_1, welche kleiner ist als die Wellenlänge in Luft λ.

Die Schallgeschwindigkeit in Luft c und die in Kohlensäure c_1 verhalten sich $\left(\text{da } c = \dfrac{\lambda}{\tau}\right.$ und $c_1 = \dfrac{\lambda_1}{\tau}\right)$ genau wie diese Wellenlängen. Die Schallgeschwindigkeit in Kohlensäure ergibt sich bei 0^0 C zu 258 m/sec. Analog ist sie bei 0^0 C für Methan 430; für Wasserstoff 1261 m/sec.

$$c = \sqrt{k\frac{p}{\varrho}},$$ wobei k = Verhältnis der spezifischen Wärmen (siehe § 210) p = Druck; ϱ = Dichte.

151. Wenn eine in der Luft fortschreitende Schallwelle an die Grenzfläche eines anderen Mediums kommt, so tritt **Reflexion** ein. Die Richtung des reflektierten Strahles findet man aus der Richtung des einfallenden Strahles genau nach den (§ 9) für Licht aufgestellten Regeln. Man kann analog, wie man von einem Lichtstrahle spricht, auch von einem Schallstrahle als jener Richtung sprechen, in der sich der Schall bewegt. Fällt also ein Schallstrahl senkrecht auf eine Wand auf, so wird er senkrecht zurückgeworfen.

Unser Gehörorgan ist imstande, pro sec etwa 10 Schalleindrücke getrennt zu empfinden. Wenn man daher ein einsilbiges Wort gegen eine reflektierende Wand — Mauer, Felsen oder Waldrand — ruft, so muß, damit dieses Wort vom Rufer nach der Reflexion wieder gehört wird, mindestens 0,1 sec verfließen, sonst vermischt sich das direkt Gehörte mit dem durch Reflexion Gehörten. Da der Schall hin und zurück gehen muß, berechnet man die

Schallgeschwindigkeit = Weg : Zeit = doppelte Wandentfernung : 0,1 oder die Wandentfernung = $\frac{1}{20}$ 332 m für ein einsilbiges **Echo,** für ein zweisilbiges $\frac{2}{20}$ 332 m usw. Spricht man einen langen Satz, so hört man im ersten Fall die letzte Silbe, im zweiten Fall die zwei letzten Silben usw.

152. „Akustik" von Sälen. Es ist klar, daß diese später kommenden Schalleindrücke den unmittelbaren Schalleindruck beeinflussen müssen. Das geschieht nun in jedem Saale oder Zimmer, denn da gibt es unzählige Echos, deren gemeinsame Wirkung man als Nachhall bezeichnet. Der Nachhall verstärkt zunächst die Schallenergie an irgendeiner Stelle. Im Freien klingt ein Ton schwächer als im Zimmer, weil gar kein Nachhall auftritt. Dauert der Nachhall aber zu lange, so vermindert er die Verständlichkeit, da die neu entstehenden Töne durch den Nachhall der früher gesprochenen oder früher gesungenen Töne gestört werden. Stärke und Dauer des Nachhalles hängt ab von der Größe des Raumes, dem Reflexionsvermögen der Wände und von ihrer Form.

In einer Arena elliptischer Form hört man den in einem Brennpunkt erregten Schall am stärksten im anderen Brennpunkt.

Schallwellen, die im Brennpunkt eines parabolisch gestalteten Hintergrundes erzeugt werden, werden von der Rückwand praktisch parallel nach vorne ausgesendet.

Der Klavierdeckel wird so aufgestellt, daß die reflektierten Schallstrahlen dem Publikum zugerichtet sind.

Flüstergalerien (Sprachgewölbe) lassen wegen der eigenartigen Reflexionen, wie in Röhren, die Worte usw. in relativ weit entfernten Stellen deutlich vernehmen.

Störende Mitschwingungsmöglichkeiten der Raumumschließungen oder enthaltener Gegenstände sind zu vermeiden. Andererseits kann das Mitschwingen von Holzunterlagen (Resonanzböden, Podium) oder auch von Holz-Wandbekleidungen als tonverstärkend herangezogen werden.

Diffuser Schall entsteht bei vielfachen unregelmäßigen Reflexionen. Ein angeschlagener Glaskelch, leer oder mit reiner Flüssigkeit gefüllt, klingt wie eine Glocke. Sind Blasen enthalten (Bier, Syphon, Champagner) so „scheppert" es. Gefüllte Champagnergläser kann man nur in Gedichten „erklingen" lassen.

Bei Regen oder Schnee hört man schlecht.

Glatte Wände sind in Vortrags- oder Konzertsälen wegen der vielfältigen Reflexionen (Nachhall) zu vermeiden. Man bekleidet daher die Wandstellen, von denen der Nachhall vermieden werden soll, mit rauhen Geweben oder wählt reiche Gliederung. Akustisch zu isolierende Räume trennt man durch mit lockerem Material (Sand, Sägespäne, Matratzen usw.) erfüllte Doppelwände.

153. Dopplers Prinzip (1841). Wenn sich die Entfernung zwischen Schallquelle und Ohr verändert, ändert sich auch die Tonhöhe. Entfernt sich die Schallquelle, so wird das Ohr pro sec weniger Schallwellen empfangen, der Ton erscheint uns tiefer, und zwar um so mehr, je rascher die Entfernung zwischen Ohr und Schallquelle wächst. Umgekehrt wird bei Annäherung der Schallquelle der Ton höher. Wenn wir knapp am Geleise einer Bahn stehen und einen Eilzug an uns vorübersausen lassen, so erscheint der Ton des Gesamtgetöses der Eisenbahn oder der Pfiff der Lokomotive beim Herannahen des Zuges zu hoch und beim Fortfahren zu tief. Wir hören die richtige Tonhöhe nur, wenn der Zug unmittelbar an uns vorbeisaust.

Dieses Prinzip werden wir in der Optik noch einmal wiedertreffen (§ 441).

154. Die **Geschwindigkeit** longitudinaler Wellen hat **in festen** und **flüssigen Substanzen** bedeutend höhere Werte als in Luft (so würde z. B. der Versuch § 150 für Glas ca. 5000 m pro sec ergeben). Die Fortpflanzungsgeschwindigkeit im Wasser maß Colladon (1826) im Genfer See analog dem Versuch § 149. Eine unter Wasser hängende Glocke wurde vom Schiffe aus angeschlagen, wo man am Deck gleichzeitig einen Lichtblitz aufleuchten ließ. In 14 km Entfernung bestimmte man von einem zweiten Schiffe aus mittels eines mit einer Metallplatte verschlossenen Hörtrichters, dessen Hörrohr aus dem Wasser herausragte, die Zeitdifferenz zwischen dem (momentanen) optischen Signale und der Schallverspätung durch das Wasser. Die Schallgeschwindigkeit ergab sich zu 1435 m pro sec.

Die Fortpflanzungsgeschwindigkeit des Schalles in einem festen Medium ist $c = \sqrt{\dfrac{E}{\varrho}}$, worin E der (im C. G. S.-System gemessene) Elastizitätsmodul, ϱ die Dichte bedeuten.

Für Flüssigkeiten gilt analog $c = \sqrt{\dfrac{C}{\varrho}}$ ($C =$ Kompressionsmodul).

Unterseeische, elektrisch in Schwingungen versetzte Platten erwiesen sich in neuerer Zeit als gut brauchbare Seesignale.

Wenn ein Schallstrahl z. B. aus Luft in Wasser tritt, ändert sich die Tonhöhe nicht, wohl aber die Geschwindigkeit; sie wird in Wasser etwa 4 mal größer, also muß (wegen $\lambda = c\tau$) auch die Wellenlänge 4 mal größer werden.

Auf Schalleitung in festen Körpern beruht das Stethoskop, welches zur diagnostischen Auskultation, zur Wahrnehmung „natürlicher" Geräusche im Körper, besonders in der Brustgegend, verwendet wird, zusammen mit dem Beklopfen (Perkussion § 144) die in früheren Zeiten wichstigste Methode der physikalischen Diagnostik.

Zu beachten ist auch die Knochenleitung in den Schädelknochen, die z. B. der Ohrenarzt für diagnostische Zwecke benützt. (Stimmgabel zwischen die Zähne gepreßt oder auf das Schädeldach aufgedrückt.)

Schwingungsformen und ihre Erkennung.

155. Fig. 144 stellt einen **Vibrographen** dar, der zur Bestimmung der Schwingungszahl einer Stimmgabel oder zur Messung sehr kleiner Zeiträume — Bruchteile von Sekunden — dient. Die zylinderförmige und mit berußtem Glanzpapier überzogene Trommel T dreht sich, durch einen entsprechenden Motor gleichmäßig angetrieben, wobei sie gleichzeitig längs der Achse sich seitlich verschiebt, weil die Achse eine Schraube in einer festsitzenden Schraubenmutter S bildet. Eine kleine

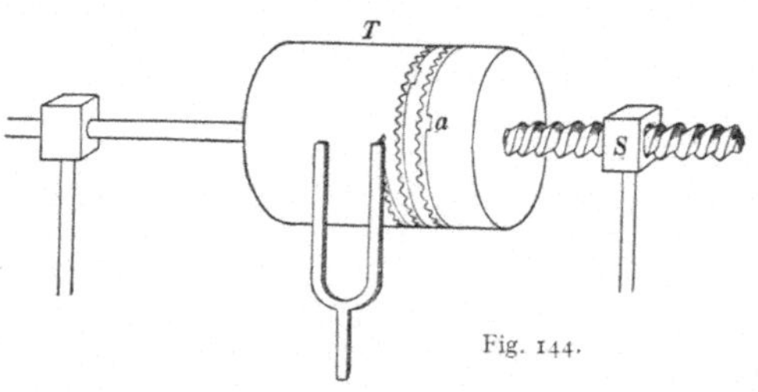

Fig. 144.

Spitze, gegen diese registrierende Trommel T gehalten, würde auf der Zylinderfläche eine Schraubenlinie beschreiben.

Ist diese Spitze aber an der Zinke einer schwingenden Stimmgabel befestigt, so wird sie eine wellenförmige Schraubenlinie aufzeichnen. Neben diesem Stifte befindet sich (in Fig. 144 nicht gezeichnet) ein zweiter Stift, der an dem Ende eines kleinen zweiarmigen Hebels sitzt; das andere Ende dieses Hebels bildet einen kleinen Eisenanker eines Elektromagnets. Wenn ein Sekundenpendel alle Sekunden einen durch diesen Elektromagnet gehenden Strom schließt, so bekommt man durch diesen zweiten Stift auf der rotierenden Trommel alle Sekunden ein kleines Zeichen. Ist gleichzeitig die Stimmgabel angeschlagen oder, noch besser, elektromagnetisch betrieben (§ 608), so wird sie ihre Wellenlinie aufschreiben, und wir brauchen dann einfach abzuzählen, wie viele Wellenberge und Wellentäler zwischen zwei Sekundenmarken fallen, um die Schwingungsdauer der Stimmgabel zu finden. In Fig. 144 ist ein Teil der Wellenlinie und bei a eine Sekundenmarke aufgeschrieben.

Umgekehrt kann man, wenn die Schwingungsdauer der Stimmgabel bekannt ist, die Zeitdifferenz zwischen zwei elektrisch zu markierenden Zeitintervallen finden. Eine klassische Anwendung dieser Methode machte Helmholtz (1852), indem er so die Zeitdifferenz zwischen dem Momente der elektrischen Muskelreizung und dem Beginn der Kontraktion, die Latenzzeit, die einige tausendstel Sekunden beträgt, bestimmte.

Ebenso kann man die Fortpflanzungsgeschwindigkeit der Erregung im Nerven (beim Menschen 30—120 m/sec) und die Fortpflanzungsgeschwindigkeit der Erregung im Muskel (beim Menschen etwa 10—13 m/sec) bestimmen.

Der Astronom beobachtet im Gesichtsfeld eines Fernrohres den Durchgang eines Sternes durch das Fadenkreuz (§ 371) und drückt möglichst genau in diesem Momente einen Taster nieder, der an einer Uhr diesen Zeitpunkt markiert. Es ist selbstverständlich, daß zwischen dem Sterneintritt und der Muskelbetätigung des Beobachters eine gewisse

Zeit (z. B. 0,01 sec) vergeht. Diese **persönliche Gleichung** ist bei verschiedenen Beobachtern je nach Temperament und Übung verschieden, sie muß daher bei genauen Messungen — mittels eines Vibrographen — bestimmt werden.

Die Psychologen haben in ähnlicher Weise Reaktionszeiten gemessen, so beträgt z. B. nach W u n d t die „Erkennungszeit" einer Farbe etwa 0,03, eines kurzen Wortes 0,05 sec; die Zeit zur Wahl zwischen 2 Bewegungen 0,08, zwischen 10 Bewegungen 0,4 sec usw.

Während die Verwendung graphischer Methoden auf dem Gebiete der Physik mehr zeichnerisch in Theorie und Rechnung sich ausgestaltet, hat die Physiologie eine Unzahl von diesbezüglichen praktischen Apparaten geschaffen, deren Hauptbestandteil stets die (zuerst von L u d w i g verwendete) Registriertrommel oder das **Kymographion** (Wellenschreiber) ist. Diese Trommeln werden gedreht durch ein Uhrwerk oder einen kleinen elektrischen Motor, dessen Geschwindigkeit zu variieren ist.

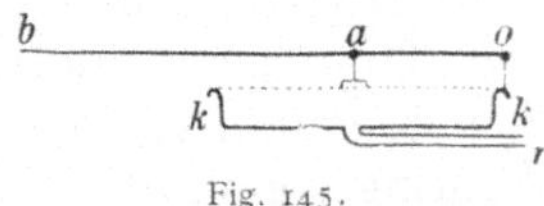

Fig. 145.

In Verbindung mit einer Registriertrommel wird viel gebraucht die **Mareysche Kapsel** (auch bei akustischen Messungen). Die Schreibkapsel besteht aus einer zylindrischen, kurzen und flachen Metalldose kk — etwa in Taschenuhrform und -größe —, oben mit einer Kautschukmembran, in Fig. 145 punktiert gezeichnet, geschlossen. Der Hebelstift oab, um o drehbar, wird bei Luftverdichtung in der Kapsel mit der Spitze hinauf-, bei Verdünnung hinuntergehen und dabei auf einer rotierenden Registriertrommel schreiben. Um nur eine der vielen Verwendungen zu zeigen, sei Fig. 146, der Plethysmograph, (Volumschreiber) besprochen. Ein Körperglied, hier ein Arm, liegt wasserdicht in der Röhre R. Vergrößert sich das Volumen, so wird das Wasser emporgedrückt, die Luft in der Mareyschen Kapsel M verdichtet. Diese Druckschreibung vermittelt die Kenntnis der Änderung der einem Organ zufließenden Blutmenge. Die aufgezeichnete, auf der Trommel T registrierte plethysmographische Kurve läßt die einzelnen Herzschläge deutlich hervortreten.

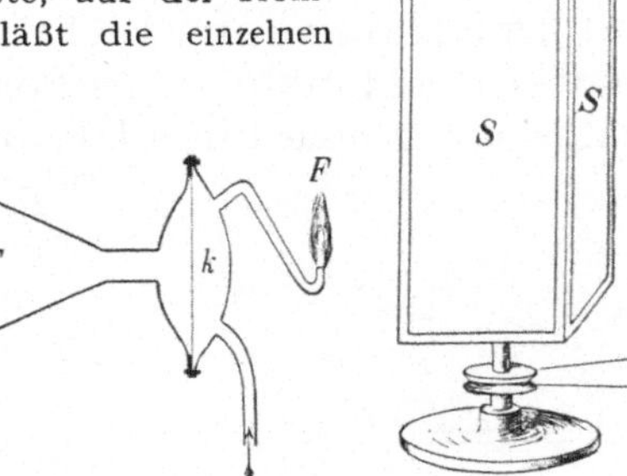

Fig. 146.   Fig. 147.

Statt der Mareyschen Kapsel verwendete man in vielen Fällen früher, so z. B. zur Untersuchung der Schwingungsform von Sprach- oder Gesangstönen, die manometrische **Flammenkapsel von König**. In Fig. 147 ist eine kleine Gaskammer k von Leuchtgas durchströmt, das oben in einer kleinen Flamme F brennt. Links ist die Gaskammer durch eine Membran verschlossen, gegen die man von links her durch einen vorgesetzten Trichter T spricht oder singt. Die dadurch in Schwingung versetzte Membran ändert der Schwingungsform entsprechend die Ausströmungsgeschwindigkeit des Gases, und die Flamme ergibt, in einem Drehspiegel D beobachtet, ganz bestimmte Flammenkurven. D besteht aus einem um die Vertikalachse rotierenden vierseitigen Prisma, dessen Seitenflächen mit vier Spiegeln S belegt sind. Solange die Flamme ruhig steht, erscheint beim Drehen des Spiegels ein kontinuierliches Lichtband; sowie aber in den Trichter hineingesprochen oder -gesungen wird, verwandelt sich dieses in eine wellenförmige Kurve, welche für den betreffenden Ton charakteristisch ist.

156. Eine Anwendung der Registriertrommel bildet auch der **Phonograph.** Beim Phonographen schwingt eine kleine Membran. In der Mitte dieser Membran ist ein kleiner Stift befestigt, der gegen eine mit einer Wachsmischung überzogene und rotierende Trommel (ähnlich wie T Fig. 144, aber senkrecht gegen die Fläche schwingend) drückt. Spricht oder singt man gegen diese Membran, so gräbt sich die ganze Schwingungsform als Berg und Tal ins Wachs ein. Läßt man dann nach der Aufnahme den Stift nochmals, natürlich bei gleicher Richtung und Geschwindigkeit, über diese Erhöhungen und Vertiefungen durch Drehen der Trommel schleifen, so schwingt die Membran identisch wie bei der Schallaufnahme und reproduziert akustisch das bei der Aufnahme Hineingesprochene.

Nach der jetzt üblichen Terminologie nennt man im Gegensatz zum Phonographen „Grammophone" Instrumente, bei denen der Stift auf der Wachsplatte parallel zur Plattenebene schwingt, also wellenartige Kurven einritzt.

Alle die Instrumente, bei denen die Schallwelle größere Massen in Bewegung setzen muß, leiden an einer gewissen Trägheit und werden sehr gestört durch die Resonanz einzelner Teile des schwingenden Systems. Auch stört die Reibung; die Stimmgabel in Fig. 144 schwingt dadurch langsamer; der Schreibhebel in Fig. 145 wird oft durch seine Trägheit über die Endlage hinausgeschnellt usw. All das fällt bei den photographischen Methoden fast weg (§ 166).

157. Die Untersuchung einer schwingenden Bewegung in rasch intermittierendem Licht heißt **Stroboskopie.** Zu diesem Zweck wird ein Lichtstrahl — der Sonne oder einer elektrischen Lampe — zunächst durch eine Linse L konzentriert und durch eine gelochte Scheibe

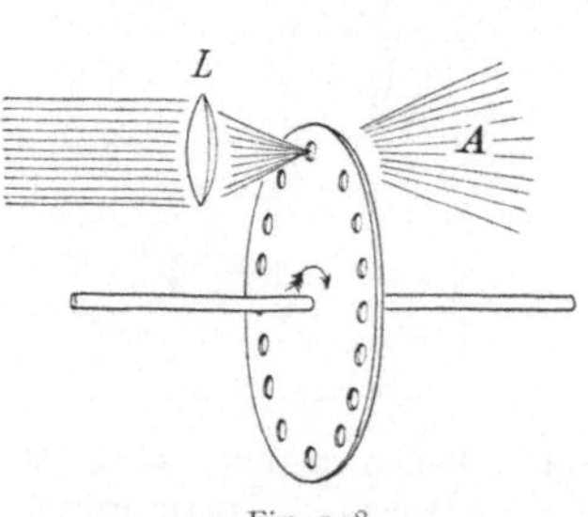

Fig. 148.

(Fig. 148) gesendet; es ist eine Art „Lichtsirene". Wird die Scheibe mit z. B. 16 Löchern 10 mal pro sec rotiert, so wird das Licht 160 mal pro sec abgeblendet. Denken wir uns nun in A eine tönende Stimmgabel mit genau 160 Schwingungen. Sie werde in einem gewissen Momente beleuchtet, z. B. gerade, wenn die beiden Stimmgabelzacken auseinanderstehen. Es fällt immer nur Licht ein, wenn diese Stimmgabelenden auseinander sind, und es wird daher den Anschein haben, als ob die beleuchtete Stimmgabel vollständig in Ruhe wäre. Wenn aber das Tempo der Intermittenz ein wenig von dem der Gabel verschieden ist, so bekommen wir vielleicht die erste Beleuchtung, während die Gabelenden auseinander sind, eine zweite, wenn sie sich ein wenig genähert haben, eine dritte, wenn sie noch näher sind usw. Diese aufeinanderfolgenden Lichtbilder addieren sich auf der Netzhaut des Auges, und wir haben die Erscheinung einer langsam schwingenden Stimmgabel. Wir sehen also die natürliche Schwingung, aber in einem um so mehr verlangsamten Tempo, je weniger die Zahl der pro sec vorübergehenden Löcher und die Schwingungszahl der Gabel verschieden sind.

Leitet man solches intermittierendes Licht mittels passenden Hohlspiegels z. B. in die Mundhöhle, so wird man die Schwingung der Stimmbänder in beliebiger Weise scheinbar verlangsamen und bequem studieren können. Das Gebiet der Anwendung stroboskopischer Methoden ist ein sehr großes.

Alle diese Methoden beruhen auf der Tatsache, daß unser Auge zeitlich rasch aufeinanderfolgende Bildeindrücke zu einer kontinuierlichen Bewegung zusammenfaßt (Kinematograph).

158. Das Zusammenklingen zweier einfacher, gleich starker Töne mit benachbarter Schwingungszahl, z. B. 300 und 301, veranlaßt sog. **Schwebungen.** Man hat die Empfindung, als würde hier der Ge-

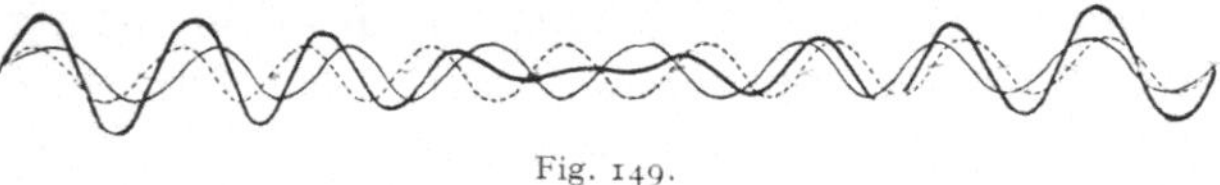
Fig. 149.

samtton einmal in der Sekunde in seiner Stärke zu- und abnehmen. Die Anzahl dieser Schwebungen pro sec ist gleich der Differenz der Schwingungszahlen.

Fig. 149 ist ein Wellenzug, punktiert gezeichnet, der z. B. in $\frac{1}{10}$ sec 9 Schwingungen ausführt, indes der schwach gezeichnete Wellenzug in derselben Zeit 8 Schwingungen macht. Die Superposition der jeweiligen Amplituden gibt den stark ausgezogenen Wellenzug, der an beiden Enden ein Maximum und in der Mitte ein Minimum zeigt. Um die Zeichnung auf eine Sekunde auszudehnen, müssen wir die Länge verzehnfachen. Wir hätten dann einen Wellenzug mit 80 und einen mit 90 Schwingungen, und wir würden dann 10 Maxima und Minima pro sec hören.

Beim Stimmen von Instrumenten trachtet man die Schwebungen mit dem Vergleichston zu verlangsamen bis zum völligen Verschwinden. (Anzeichen für den Gleichklang.)

159. Erhöht man bei zwei gleichen Tönen den einen allmählich und stetig, so hat man zuerst eine Schwebung, die immer rascher wird und schließlich in einen rauhen, tiefen **Differenzton** übergeht, der dann verhältnismäßig schnell in die Höhe steigt. Solche Erscheinungen treten am besten bei hohen Tönen auf.

Hat der eine Ton n, der andere n' Schwingungen, so hat der durch Schwebungen erzeugte Differenzton $(n - n')$ Schwingungen. Man nennt einen solchen Schwebungston, sowie den Summationston für $(n + n')$ Schwingungen auch Kombinationston.

160. Unter **Klangfarbe** versteht man die Verschiedenheit des akustischen Eindruckes, welchen verschiedene Klänge trotz gleicher Höhe und Stärke je nach ihrem Erreger ausüben; es ist z. B. die Klangfarbe einer Violine oder Trompete oder der menschlichen Stimme usw. eine ganz charakteristische. Physikalisch wird die Klangfarbe bedingt durch die Zahl, Art und Stärke der Obertöne (§ 139).

Um aus einem zusammengesetzten Klange die einzelnen Obertöne zu hören — K l a n g a n a l y s e —, verwendete H e l m h o l t z die R e s o n a t o r e n (Fig. 150). Diese sind kugelförmige (auch zylindrische oder konische) Hohlräume; eine kleine Öffnung b ist so ausgestaltet, daß sie ins Ohr paßt, indes die große Öffnung a den Schall aufnimmt.

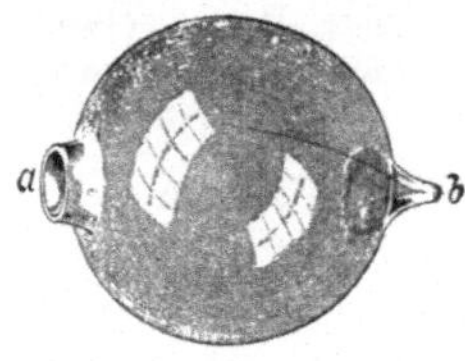
Fig. 150.

Steckt man einen Resonator in das eine Ohr, indes das andere geschlossen wird, so hört man von den eindringenden Tönen nur dann etwas, wenn die auf einen bestimmten Ton abgestimmte Luft im Resonator in Schwingungen gerät. Ein ganzer Satz von verschieden großen, also verschieden gestimmten Resonatoren gestattet die von einem Schallerreger ausgehenden Obertöne einzeln herauszufinden, d. h. den Klang zu analysieren. Aber auch ohne Resonator unterscheidet das Ohr einzelne Töne eines Klanges; es bedarf hierzu nur einiger Übung.

Die Analyse der beim Grammophon erhaltenen (durch ein Hebelwerk entsprechend vergrößerten) Kurven gestattet in moderner Weise die Feststellung von Grund- und Obertönen.

Klänge mit sehr schwachen Obertönen — Stimmgabel, Flöte oder weiche, gedeckte Orgelpfeifen — klingen weich, aber unkräftig und in der Tiefe dumpf. Sind hingegen die höheren Obertöne bis etwa zum fünften einschließlich stark, so wird der Klang sehr kräftig durchdringend, „metallisch" z. B. bei Blechinstrumenten. Sind noch höhere Obertöne relativ stark vorhanden, so wird der Klang „scharf, schrill, klimpernd". Sind nur ungeradzahlige Obertöne vorhanden, so wird der Klang „hohl" (gedeckte Pfeife, in der Mitte angestrichene Saite).

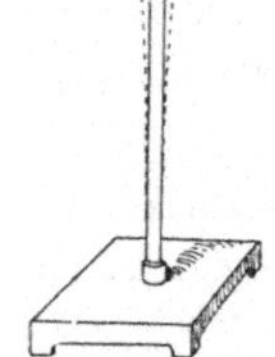
Fig. 151.

161. Eigentümliche physikalische, aber nicht akustische Erscheinungen entstehen durch **Interferenz von senkrecht aufeinanderstehenden Transversalschwingungen.**

Wir wollen nur jenen Fall untersuchen, wo diese zwei Schwingungen unisono sind. Ein kleiner glänzender Metallknopf sitzt (Fig. 151) auf einem genau zylindrischen, unten befestigten Stäbchen. Wenn wir diesen Knopf von rechts nach links schwingen lassen, gibt er eine regelmäßige Sinusschwingung; wir können ihn ebenso (mit gleicher Dauer) von vorn nach hinten schwingen lassen. Es entsteht nun die Frage: Was geschieht, wenn wir diesem Knopf gleichzeitig zwei Impulse, einen von links nach rechts und einen von vorn nach hinten geben? Welches ist von oben gesehen die resultierende Schwingungsform? Die vertikale Draufsicht auf dieses, Kaleidophon genannte Instrument (Fig. 151) ergibt, je nach der Phasendifferenz der beiden gleich großen rechtwinkligen Komponenten, Figuren, welche in einigen charakteristischen Typen in

Fig. 152 dargestellt sind; also schiefe geradlinige, elliptische oder kreisförmige Schwingungen.

Andere Intervalle geben kompliziertere Kurven, die man in verschiedener Weise objektiv und subjektiv darstellen kann; man nennt diese Anordnung zur Kombination senkrechter Schwingungen die Lissajous'sche Methode.

Fig. 152.

162. Helmholtz' Vibrationsmikroskop. Macht man bei einem horizontal gestellten Mikroskope (§ 370) das Objektiv frei beweglich und befestigt es auf einer vertikal auf und ab schwingenden Zinke einer Stimmgabel, und blickt man dann durch dieses Mikroskop hindurch auf einen hellen Punkt einer schwingenden, vertikal gespannten Saite, so sieht man diesen horizontal hin und her schwingenden Punkt im Mikroskop auch noch auf- und abwärts oszillieren. Wir haben also eine ähnliche Art der Kombination von Schwingungen wie gerade früher. Man erblickt eine Art Lissajoussche Figur, welche entsteht durch Kombination der sinusförmigen, vertikalen (optischen) Schwingung des Punktes und der wirklichen horizontalen Saitenschwingung. Diese Figur, d. h. also die Schwingungsform der Saite ist abhängig von der Art des Anstreichens oder allgemeiner der Anregung; sie ist sehr komplizierter Natur.

Stimme.

163. Der **Stimmapparat** des Menschen ist dem höherer Säugetiere in vielen Einzelheiten sehr ähnlich.

Der Kehlkopf bildet eine kurze Röhre (Fig. 153 u. 154), die unten durch die Luftröhre Tr mit der Lunge, oben mit der Mundhöhle H (Gaumen G, Zunge Zu, Lippen $\mathfrak{L}$, Zähne z) und der Nasenhöhle in Verbindung steht. Der wichtigste Teil des Kehlkopfes besteht aus zwei

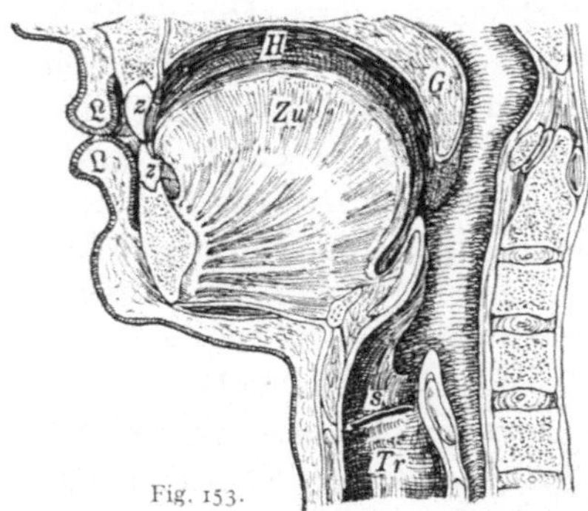

Fig. 153.

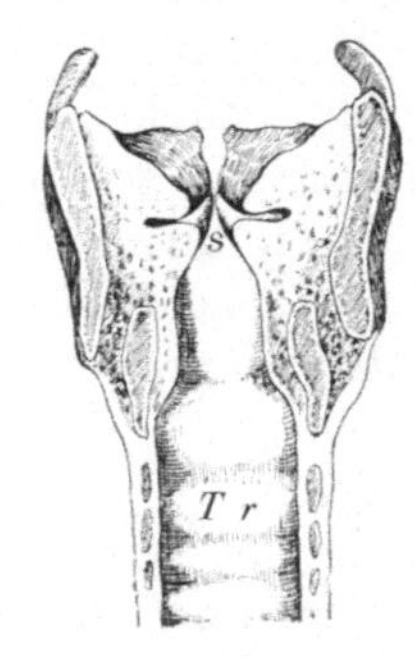

Fig. 154.

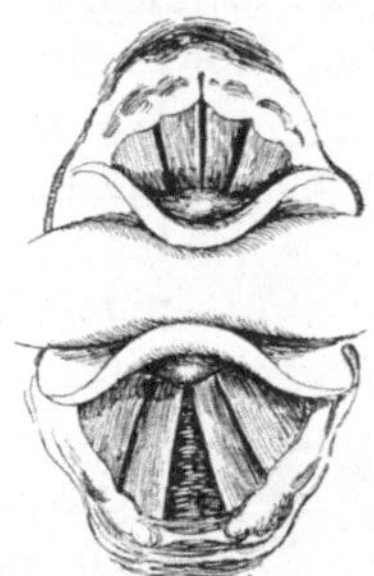

Fig. 155.

„Stimmbändern", der Lage nach so von vorne nach hinten angeordnet, daß sie eine Spalte, die „Stimmritze" s freilassen. Über den Stimmbändern befinden sich die sog. „falschen Stimmbänder", welche beim Menschen nur schützend durch Schaffung einer schleimbereitenden Höhlung wirken. In Fig. 155 oben ist der Kehlkopf, von oben mit einem Kehlkopfspiegel (§ 379) gesehen, dargestellt, bei engen Stimmritzen, wenn ein Ton hervorgebracht wird, und unten bei ruhiger Atmung ohne Ton. Der Kehlkopf ist im ganzen und in seinen Teilen beweglich. Unter ihm wird in der Luftröhre die Exspirationsluft komprimiert. Der Luftdruck hinter den Stimmbändern kann beträchtlich, bis zu 1 cm Hg, bei sehr starken Tönen bis zu 3 cm Hg über den äußeren Luftdruck ansteigen.

Man kann in verschiedenen sog. „**Stimmregistern**" sprechen und singen. Neben der Bruststimme gibt es auch eine Kopf- und eine Fistelstimme (und das Strohbaßregister). Das Kopfregister ist ärmer an Obertönen als das Brustregister. Die Verschiedenheit der Stimmregister wird sowohl von den Singenden als den Hörenden scharf empfunden.

Beim Brustregister resoniert mehr die Luft im Thorax, bei der Kopfstimme schwingt die Luft der oberen Luftwege in stärkerem Maße, daher der Unterschied in der Klangfarbe.

Ein prinzipieller Unterschied zwischen Sprach- und Singstimme existiert nicht.

164. Die **Tonhöhe unserer Stimme** ist abhängig von der gegebenen Länge, Masse und Elastizität und Spannung der Stimmbänder sowie von der Stärke des Anblasens.

Die Tonhöhen reichen für

Baß	Tenor	Alt	Sopran
80—341	128—512	170—683	256—1024 Htz.

Bei lautem Lesen eines Mannes liegt die Tonhöhe zwischen 100 und 200, in öffentlicher Rede fast immer höher.

Das nicht gedehnte Stimmband des Mannes, 18,2 mm, verhält sich zu dem des Weibes, 12,6 mm, wie etwa 3 : 2. Das Mutieren des Jünglings wird durch rasches Wachstum des Kehlkopfes bedingt.

165. Das **Stimmorgan** ähnelt in manchen Beziehungen einer **Pfeife** („**Polsterpfeife**"). Man kann (Fig. 156) über das passend geformte Ende einer Röhre ein Kautschukstück K so spannen, das durch den elastischen

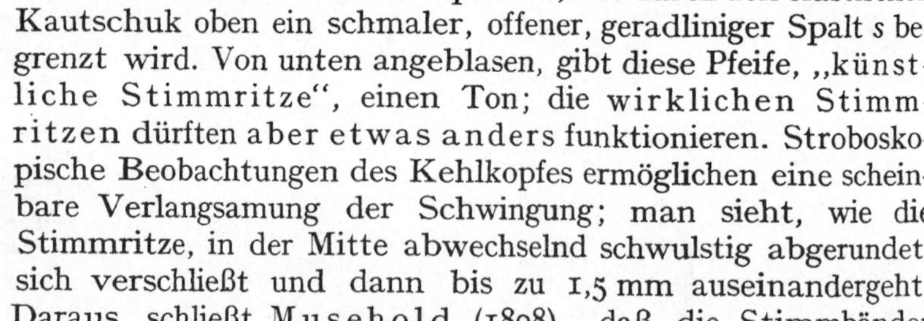

Fig. 156.

Kautschuk oben ein schmaler, offener, geradliniger Spalt s begrenzt wird. Von unten angeblasen, gibt diese Pfeife, „künstliche Stimmritze", einen Ton; die wirklichen Stimmritzen dürften aber etwas anders funktionieren. Stroboskopische Beobachtungen des Kehlkopfes ermöglichen eine scheinbare Verlangsamung der Schwingung; man sieht, wie die Stimmritze, in der Mitte abwechselnd schwulstig abgerundet, sich verschließt und dann bis zu 1,5 mm auseinandergeht. Daraus schließt Musehold (1898), daß die Stimmbänder nicht oder fast nicht aufwärts und abwärts, sondern hauptsächlich von der Spalte weg nach rechts und links schwingen. Die Stimmbänder rücken gegeneinander und schließen sich für einige Zeit in jeder Periode vollständig; das geschieht sicher bei den sog. Brusttönen. Dadurch erklärt sich auch der verhältnismäßig geringe Atembedarf bei diesen Tönen. In ähnlicher Weise funktionieren die Lippen bei einem Trompetenmundstück.

Wir sahen bei den Zungenpfeifen, daß die Zungenschwingung durch das Mitschwingen der Luft des Ansatzrohres in ihrer Tonhöhe geändert werden kann. Beim Stimmorgan bringt aber das Ansatzrohr, die Mundhöhle mit ihren Nebenräumen, nur eine kleine Änderung der Tonhöhe mit sich; sie beeinflußt aber die Klangfarbe und vor allem die Möglichkeit der Vokalisation und Lautbildung.

166. In Fig. 157 ist die Mundstellung für die Aussprache der Vokale *A*, *U* und *I* dargestellt, wobei die Zunge, die Lippe und das Gaumensegel die akustische Ansatzröhre sehr ändern.

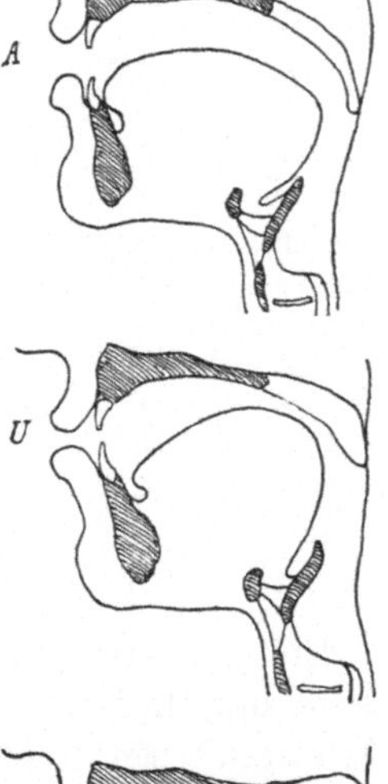

Nach der Helmholtzschen **Vokaltheorie** (1863) — teilweise schon vorher Graßmann (1853), Donders (1857) und andere — wird der Vokalcharakter nicht durch die Klangfarbe, d. h. nicht durch die Obertöne des gesprochenen oder gesungenen Grundtones bestimmt, sondern ist vielmehr gegeben durch das Mittönen von einem oder mehreren ganz bestimmten höheren Tönen, die zum Grundtone in keiner Beziehung stehen. Sie entstehen durch Resonanz der Mundhöhle und ihrer Teile.

Nach Exstirpation des Kehlkopfes kann durch willkürliches Auspressen der Luft und passende Mundhöhlenstellung eine zwar unschön klingende, aber doch deutliche Vokalisierung und eine verständliche Sprache erlernt werden.

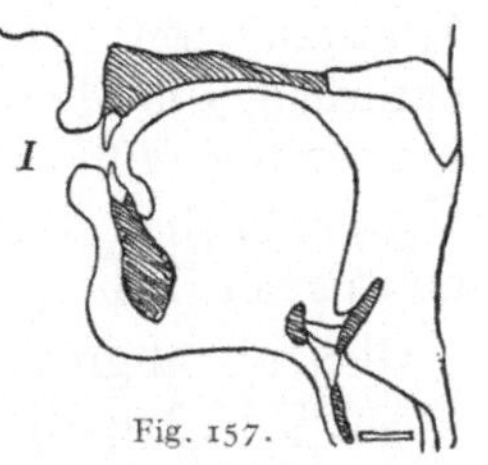

Dieser Hauptanschauung der Helmholtzschen Theorie tritt auch L. Hermann bei (seit 1890), der für jeden Vokal charakteristische höhere Töne, sog. **Formanten,** annimmt, die unabhängig vom Grundtone sind, wenn sie auch manchmal zufällig mit einem Oberton zusammenfallen können. Diese Formanten werden aber nach Hermann durch den in der gesprochenen oder gesungenen Tonhöhe erfolgenden periodischen Verschluß der Stimmritze periodisch beeinflußt. Da dieser zum Grundton meist unharmonische Formantenton bei jeder einzelnen Schwingung des Grundtones immer wieder frisch einsetzt, bleibt die Klang- oder Schwingungskurve immer in derselben Art gestört, also identisch.

Um **Stimmkurven** von Vokalen oder Konsonanten zu erhalten, kann man die Eindrücke einer besprochenen oder besungenen Phonographenwalze mikroskopisch untersuchen oder mittels eines Hebelapparates in Vergrößerung aufzeichnen; besser aber läßt man eine zur Vermeidung von Eigenschwingungen stark gedämpfte Membran, z. B. aus Glimmer oder einer dünnen Korkscheibe, die mit einem kleinen

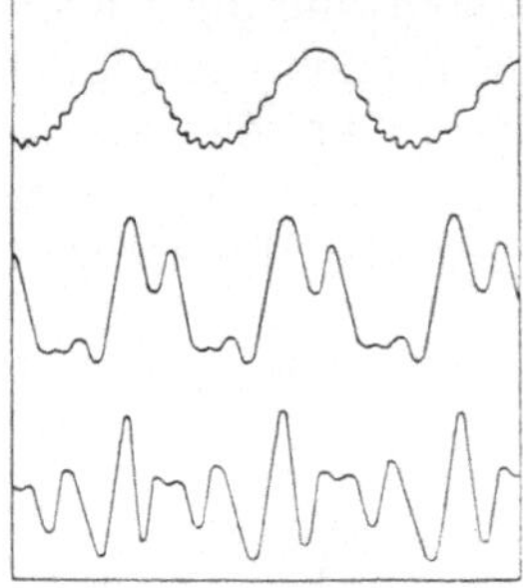

Fig. 158.

Spiegelchen verbunden ist, frei schwingen. Das Spiegelchen reflektiert einen Lichtstrahl auf eine bewegte photographische Platte. Man erhält dann z. B. bei dem Tone g (196 Schwingungen) für die Vokale A, U und I die Kurven in Fig. 158.

Löst man diese komplizierten Schwingungen nach der Fourierschen Methode (§ 139) in die einzelnen Partialtöne auf, so sind jene ganz außergewöhnlich stärker, in deren Nähe die Formanten schwingen. Das ist eine der Methoden, um Formanten zu finden.

Die für verschiedene Vokale charakteristischen Formanten sind nach verschiedenen Autoren etwas verschieden, was wohl zum Teil durch die verschiedene Aussprache desselben Vokals bei verschiedenen Personen bedingt ist. Die wichtigsten Formanten sind für den

Vokal	nach Helmholtz	nach Hermann
A	b^2	Mitte der 2. Oktave
E	$f^1 b^3$	Übergang 2. in 3. Oktave
I	$f d^4$	1. Teil der 4. Oktave
O	b^1	1. Teil der 2. Oktave
U	f	1. Teil der 1. u. der 2. Oktave.

Einen wichtigen Beweis für die Richtigkeit der eben gegebenen Anschauung liefert der Phonograph. Dreht man einen solchen bei der Reproduktion rascher oder langsamer als bei der Aufnahme, so wird natürlich die Tonlage höher oder tiefer, es müssen also auch die Formanten höher oder tiefer werden, was nach der Helmholtz-Hermannschen Vokaltheorie den Vokalcharakter ändert; das geschieht nun in der Tat.

Gleichwohl gibt es noch manche Schwierigkeiten. Man kann z. B. den Vokal U in Lagen deutlich singen, die über den angegebenen Formanten liegen. Vielleicht ist neben den Formanten auch noch ihr gegenseitiges Intensitätsverhältnis von Einfluß.

167. Viel komplizierter ist die Entstehung der mehr Geräuschen gleichenden **Konsonanten.**

Bei den ,,Verschlußlauten'' wird an verschiedenen Stellen der Mundhöhle durch Lippen, Zungenspitze und Zungengrund ein vollständiger Verschluß hergestellt, der durch den Exspirationsluftstrom unter besonderem Geräusche durchbrochen wird; z. B. P und B durch die Lippen, T und D durch die Zunge, K und G durch den Gaumen. Die ,,Reibungslaute'' entstehen durch teilweisen Verschluß und durch die beim Luftdurchströmen erzeugten Geräusche, z. B. V und W in den Lippen, S in der Zunge, Ch und J im Gaumen. Beim ,,Zitterlaut'' R schwingt die Zunge langsam hin und her usw.

Das Gesamtgebiet der Lautbildung wird von einer eigenen Wissenschaft, der **Phonetik**, behandelt.

Gehör.

168. Die oft als **Gehörorgane** bezeichneten Apparate **niederer Tiere** sind nur Gleichgewichtsorgane. Bei Insekten sind die Gehörorgane saitenartig an der Körperdecke ausgespannte, mit Nerven und Sinneszellen versehene Organe. Aus dem einfachen Hörbläschen der Wirbellosen wird im Gehörorgane der Wirbeltiere und Säugetiere ein komplizierteres Gebilde.

Wir wollen hier nur das **Gehörorgan des Menschen** näher betrachten. Dieses (Fig. 159) besteht aus äußerem Ohre, Mittelohre oder Paukenhöhle und innerem Ohre oder Labyrinth.

Das äußere Ohr zerfällt in die Ohrmuschel *O* und den Gehörgang *G*, welcher in der äußeren Hälfte knorpelig und in der inneren knöchern ist. Der Gehörgang dient zum

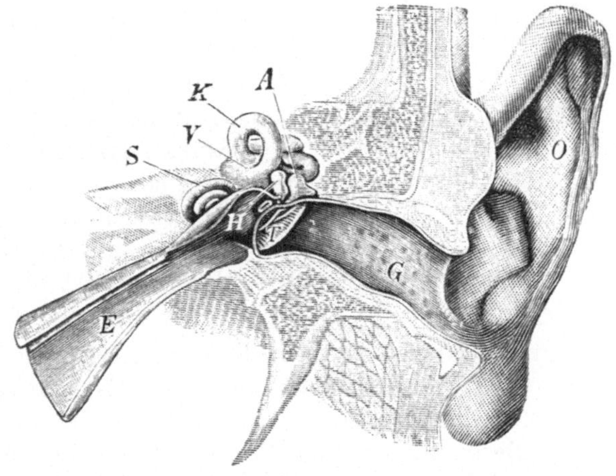

Fig. 159.

Schutze des Trommelfells *T*, einer runden, dünnen Membran, die, am Ende des Gehörganges ausgespannt, das äußere Ohr gegen das Mittelohr abgrenzt. Bei Reptilien und Vögeln liegt das Trommelfell oft noch im Niveau der Körperoberfläche.

Das Mittelohr besteht aus der verhältnismäßig kleinen, mit Luft gefüllten Pauken- oder Trommelhöhle, rings von Knochen umgeben, welche außer der mit dem Trommelfell geschlossenen Öffnung noch einige Kommunikationen freiläßt: unmittelbar aus dem Vorderteile der Paukenhöhle vermittelt die „eustachische Röhre" *E*, die in dem Nasen-Rachenraum endet, die Verbindung mit der Außenluft, wodurch der Luftdruck auf beiden Seiten von *T* gleich stark wirkt und schädliche Druckdifferenzen vermieden werden.

Daher muß man bei heftigen Lufterschütterungen, z. B. beim Schießen schwerer Geschütze, den Mund öffnen, damit das Trommelfell von beiden Seiten den gleichen Druck erfahre und nicht plötzlich von außen eingedrückt werde. Bei rascher Druckänderung (Bergbahnen) erfolgt der Druckausgleich nicht momentan, was subjektiv gefühlt wird.

Gegen das innere Ohr sind an der Wand der Paukenhöhle zwei mit Membranen verschlossene kleine Öffnungen, das runde und ovale Fensterchen. Das Trommelfell ist mit dem ovalen Fensterchen durch eine Kette von drei Gehörknöchelchen in Verbindung, welche in Fig. 160

in ca. dreifacher Vergrößerung dargestellt sind; H ist der Hammer, dessen Stiel h an das Trommelfell T angewachsen ist, A der Amboß und St der Steigbügel, der im ovalen Fensterchen des Labyrinthes durch ein Band beweglich befestigt ist. h zieht das durch Muskel gespannte Trommelfell T nach innen. Dies und die Tatsache, daß das Trommelfell im Verhältnis zu seiner Fläche verhältnismäßig wenig Masse hat, läßt das

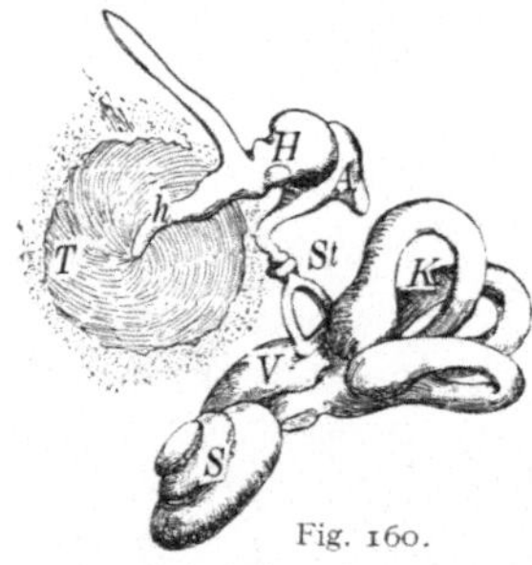

Fig. 160.

Trommelfell auf Schwingungen verschiedenster Tonhöhe fast mit gleicher Intensität reagieren. Ebenso bewirkt die Kleinheit der Paukenhöhle und des Gehörganges, daß eine Resonanz dieser Hohlräume, also eine Verstärkung bestimmter Töne, nur bei sehr hohen Tönen eintreten kann. Die Schwingungen des Trommelfells werden durch die Hebelwirkungen der Gehörknöchelchen auf das ovale Fensterchen so übertragen, daß die Amplituden des Steigbügels nur $\frac{2}{3}$ der Amplituden des Trommelfells betragen; darum wird die Druckkraft entsprechend größer. Das runde Fenster erhält weniger Energie als das ovale.

Der mit dem Trommelfell erfolgende Hin- und Hergang der Gehörknöchelchen bringt die Membran des ovalen Fensterchens und damit den Inhalt des inneren Ohres zum Schwingen. Das äußere und mittlere Ohr besorgen also nur die Schallzuleitung, die aber auch, z. B. bei fehlendem Trommelfell, durch die Knochenmasse des Schädels erfolgen kann.

Nach P. B r o e m s e r ist das System Trommelfell-Gehörknöchelchen-Schnecke im ganzen ein schwingungsfähiges System mehrerer Freiheitsgrade, dessen tiefste Schwingungszahl etwa in der Höhe von 1000 Htz liegt. Die höheren Schwingungszahlen des Systems treten gegenüber den tiefsten stark in den Hintergrund. Sämtliche Eigenschwingungen des Ohrs sind stark, aber nicht aperiodisch gedämpft; angestoßen führt das Gesamtsystem 2—3 Schwingungen um die Gleichgewichtslage aus. Unter dem Einfluß von Schallwellen, die in den äußeren Gehörgang eintreten, gerät das ganze System in Mitschwingungen, die ebenso, wie die durch einmaligen Anstoß ausgelösten Eigenschwingungen mittels auf die Gehörknöchelchen oder auf das Trommelfell aufgeklebter Spiegelchen beobachtet und registriert werden können.

Der eigentliche Gehörapparat liegt im Labyrinth, dessen kompliziertes Knochengerüst S, V, K, das sog. knöcherne Labyrinth, erfüllt ist vom Labyrinthwasser (Perilymphe). In dieser Flüssigkeit befindet sich ein System membranöser, gleichfalls mit Flüssigkeit (Endolymphe) gefüllter, kommunizierender Räume, in denen sich die Sinnesapparate befinden. Zu diesen ziehen die Nervenfasern des Gehörsnerven. Das Knochengehäuse des Labyrinthes hat gegen das Mittelohr zwei mit Membranen verschlossene Öffnungen: das ovale Fensterchen im Vorhofe V und das unterhalb liegende, runde Fensterchen in der Schnecke S. Wäre nur ersteres vorhanden, könnte es wegen

Inkompressibilität der Flüssigkeit im Labyrinth nicht zu Schwingungen kommen; so aber schwingt bei jedem Hineingang der Membran des ovalen Fensterchens die des runden hinaus und umgekehrt. Die Bogengänge K sind drei halbzirkelförmige Kanäle, in drei aufeinander ungefähr senkrechten Richtungen angeordnet.

Der Klanganalysator unseres Ohres liegt in der Schnecke S. Es ist dies die Basilarmembran mit dem aufsitzenden Cortischen Organ, welches Tausende von Nervenenden enthält. Die Basilarmembran ist in der Querrichtung stärker gespannt als in der Längsrichtung, gleicht also einer Reihe von parallel gespannten Saiten.

169. Diese Saiten der Basilarmembran faßt die **Helmholtzsche Resonanztheorie** als eine Reihe von Resonatoren auf, von welchen immer ein Teil, also einige Radiärfasern auf von außen kommende Schwingungen resonieren. So erklärt sich die Fähigkeit unseres Ohres zu einer Klanganalyse, d. i. die Fähigkeit, aus jedem Klanggemisch jeden einzelnen bestimmten Teilton heraushören zu können.

In der Tat wächst die Breite der Basilarmembran; bei Neugeborenen von 0,04 mm in der Nähe des Steigbügels, bis 0,49 mm in der Schneckenkuppe, also im ganzen um das Zwölffache. Es dürften etwa bis 24000 solcher Radiärfasern in der Basilarmembran vorhanden sein, was (da die Unterscheidbarkeit sehr hoher Töne im menschlichen Ohre schlecht ist) vollständig ausreicht. Störungen in der Struktur der Basilarmembran bedingen das Auftreten von „Tonlücken" in der kontinuierlichen Reihe der normalerweise hörbaren Töne.

Eine Schwierigkeit dieser Erklärungsart ergibt sich aus der Kürze dieser Resonatoren, die allerdings in einer Flüssigkeit schwingen, wodurch der Ton erniedrigt wird.

Nach Helmholtz schwingt bei jedem Ton eine Zone von gewisser Breite. Beim Zusammenklingen einander naher Töne gerät eine gemeinschaftliche Mittelzone in Schwingung, welche nach § 158 abwechselnd stärker und schwächer mitschwingt, wodurch die Empfindung der Schwebung entsteht.

Eine andere Schwierigkeit für die Helmholtzsche Resonanztheorie bildet die Tatsache, daß das Ohr fast gleich hohe Töne auch noch unterscheiden kann, wenn sie — z. B. in einem Triller — zeitlich rasch aufeinander folgen. Ersteres verlangt scharfe Resonanz, also geringe, letzteres starke Dämpfung (M. Wien, 1908).

Eine Abänderung der Helmholtzschen Theorie ist die **Ewald**sche „Schallbildertheorie". In dieser werden nicht die einzelnen Fasern als selbständige Resonatoren aufgefaßt, sondern es wird angenommen, daß in der Basilarmembran als ganzer sich bei verschiedenen erzwungenen Schwingungen durch verschieden angeordnete Knotenlinien getrennte Abteilungen ausbilden, ähnlich, wie dies bereits (§ 141) bei den schwingenden Platten (Chladnische Figuren) erörtert wurde.

Schwerhörigkeit ist in zwei Hauptformen durch Störung des Mittelohres (Otosklerose) oder des Labyrinthes bedingt. Im ersteren Falle fehlen zumeist die tiefen, im letzteren die hohen Schwingungszahlen.

Die einfachsten Apparate für Schwerhörige sind Schalltrichter. Über die Verwendung von Mikrophonen (Otophone) und modernen Lautverstärkern vgl. § 368.

170. Die **Dissonanz** zweier Töne beruht nach Helmholtz auf einer intermittierenden Tonempfindung. **Konsonanz** empfinden wir dann, wenn nirgends Grundton und Obertöne, eventuell auch Kombinationstöne durch gegenseitige Schwebungen den glatten Fluß des Klangeindruckes stören. Bei Grundton und Oktave, bei Grundton und Quint fallen die Obertöne sehr genau zusammen; diese Töne bilden die besten Konsonanzen. In folgender Tabelle sind für diese Intervalle die Obertöne aufgeschrieben; die gemeinsamen Obertöne sind fett gedruckt:

$$
\begin{array}{ll}
\text{Mit Grundton}\ 1n \\
\text{Mit Oktave}\ \ \ \ 2n
\end{array}\ \text{ertönen}\
\begin{cases}
1 \cdot \mathbf{2} \cdot 3 \cdot \mathbf{4} \cdot 5 \cdot \mathbf{6} \cdot 7 \cdot \mathbf{8} \cdot 9 \cdot \mathbf{10} \\
\ \ \ \ \mathbf{2}\ \ \ \ \ \ \ \mathbf{4}\ \ \ \ \ \ \ \mathbf{6}\ \ \ \ \ \ \ \mathbf{8}\ \ \ \ \ \ \mathbf{10}
\end{cases} \times n
$$

$$
\begin{array}{ll}
\text{Mit Grundton}\ 2n \\
\text{Mit Quint}\ \ \ \ \ 3n
\end{array}\ \text{ertönen}\
\begin{cases}
2 \cdot 4 \cdot \mathbf{6} \cdot 8 \cdot 10 \cdot \mathbf{12} \cdot 14 \cdot 16 \cdot \mathbf{18} \cdot 20 \\
\ \ \ 3\ \ \ \ \ \mathbf{6}\ \ \ \ \ 9\ \ \ \ \ \ \mathbf{12}\ \ \ \ \ 15\ \ \ \ \ \mathbf{18}
\end{cases} \times n\ \text{usw.}
$$

Stellt man solche Tabellen für verschiedene Intervalle zusammen, so ergibt sich, daß die Konsonanz um so reiner ist, je zahlreicher die gemeinsamen Obertöne sind. In höheren Tönen werden gleichsam die Elemente des tieferen wiederholt. Nach dieser Theorie von Helmholtz ist die Konsonanz von der Stärke der Obertöne, also von der Klangfarbe abhängig, was aber musikalischen Erfahrungen widerspricht. Aus diesen und den schon erwähnten Gründen wurden an der Helmholtzschen Resonanztheorie vielfach Änderungen vorgenommen.

IV. Wärme.

Wärmezustand, Temperatur.

171. Unter den Empfindungen, welche die Körper der Außenwelt in uns erregen, bilden die **Wärme-** und **Kälteempfindungen** eine eigene Klasse. Entsprechende Nerven enden an bestimmten Wärme- und Kältepunkten unserer Haut. Diese Empfindung, die meist durch Berührung warmer oder kalter Gegenstände verursacht wird, ist großen subjektiven Schwankungen unterworfen. Im Winter erscheint z. B. der Stiegenraum eines Hauses warm, wenn wir von der Straße kommen, kalt, wenn wir aus der warmen Stube treten. Die Stärke der Wärmeempfindung ist darum kein Maß für den Wärmezustand oder die Temperatur des berührten Körpers (§ 267).

172. Willkürlichkeit einer Temperaturzahl. Nun ist aber jeder bestimmte Wärmezustand eines Körpers mit ganz bestimmten physikalischen Eigenschaften des Körpers verbunden, und wir können daher die verschiedenen Grade des Wärmezustandes mittels solcher physikalischer Veränderungen definieren. Welche dieser Veränderungen — z. B. Änderung der Dichte oder des elektrischen Widerstandes oder der Ausstrahlung usw. — wir wählen, ist ganz willkürlich und nur Sache der Übereinkunft. Wir wollen für unseren Zweck die Ausdehnung heranziehen. Ebenso willkürlich ist dann die Wahl der sich ausdehnenden oder thermometrischen Substanz — Quecksilber oder Alkohol oder Luft usw. Ein drittes willkürliches Übereinkommen liegt schließlich in der Art der Einteilung, in der Bezifferung und der Länge der Grade.

Sind aber diese drei willkürlichen Bestimmungen einmal getroffen, so können wir jeden Wärmezustand durch eine solche Temperaturzahl genau definieren.

173. Temperaturausgleich. Eigentlich sind Temperaturmessungen nur darum möglich, weil erfahrungsgemäß zwei Körper bei hinlänglich langer und inniger Berührung dieselbe Temperatur annehmen; ein Thermometer in heißem Wasser wird nach einiger Zeit denselben Wärmezustand besitzen wie das Wasser. Zwei Körper haben somit dieselbe Temperatur, wenn sie (abgesehen von elastischen, elektrischen Kräften u. dgl.) bei inniger und langer Berührung ihr Volumen gegenseitig nicht ändern. (Auch hier sind Ausnahmen möglich, z. B. Wasser von 3^0 und 5^0 C, § 182.)

174. Wann immer wir eine Veränderung, z. B. eine Volumzunahme, messen wollen, müssen wir einen Ausgangs- und einen Endpunkt haben, zwischen denen die Änderung stattfindet. Es hat sich nun herausgestellt, daß alle Körper — wenn keine chemischen Einflüsse eintreten — in reinem schmelzendem Eise und ebenso in reinem siedendem Wasser bei normalem Luftdruck immer den gleichen Wärmezustand haben. Wir erhalten so zwei **Temperaturfixpunkte,** den Eis- und den Siede-punkt. Die Wahl dieser Punkte und ihre Bezifferung ist willkürliches Übereinkommen. Wir beziffern den Eispunkt mit der Temperaturzahl 0^0 (Null Grad Celsius) und den Siedepunkt von reinem Wasser bei 76 cm Hg Luftdruck mit 100^0 (hundert Grad Celsius).

Wärmeausdehnung.

175. Der **Ausdehnungskoeffizient** α ist die Volumzunahme, welche die Volumeinheit eines Körpers von 0^0 C bei Erwärmung um 1^0 C erfährt. Die Volumzunahme bei Erwärmung um t Grade wird dann $t$mal so groß, also αt. Ist ferner nicht die Volumseinheit, sondern ein Volumen v in Rechnung zu ziehen, so ist die Zunahme $v\alpha t$. Bezeichnen wir das Volumen eines bestimmten Körpers bei 0^0 mit v_0, das bei t^0 mit v_t, so ist also
$$v_t = v_0 + v_0\alpha t = v_0(1 + \alpha t).$$

176. Noch erübrigt uns die Wahl jener Substanz, deren Ausdehnung wir zur Charakterisierung des Wärmezustandes heranziehen wollen. Wir wählen ein Gas **als thermometrische Substanz,** zunächst nur, weil hier die Ausdehnung durch Wärme sehr groß ist.

Wir werden aber sehen, daß die durch Gasausdehnung (bes. Wasserstoff) definierte Temperatur auch mit einem aus dem zweiten Hauptsatze (§ 285) gewonnenen theoretischen Temperaturbegriffe genau übereinstimmt.

Da die Wärmeausdehnung der Gase im Vergleiche zu der der festen Körper sehr groß ist, wollen wir zunächst die Ausdehnung des das Gas einschließenden Gefäßes vernachlässigen.

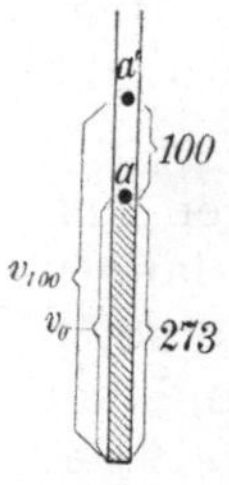

Bei Wärmeausdehnung der Gase tritt im allgemeinen auch Druckänderung auf. Am einfachsten ist es daher, wenn wir das Gas untersuchen entweder bei konstantem Druck oder aber bei konstantem Volumen.

177. Konstanter Druck. Fig. 161 stellt eine unten geschlossene Glasröhre dar, welche trockene Luft, oben durch einen Hg-Tropfen a abgesperrt, enthält. Bringen wir diese Vorrichtung in schmelzendes Eis, also auf 0^0 C, so stehe dieser Hg-Tropfen in a.

Fig. 161.

Bringen wir dann dieselbe Röhre in reines, siedendes Wasser, also auf 100^0 C, so dehnt sich das eingeschlossene Gas bis a' aus, aus dem ursprünglichen Volumen v_0 wurde v_{100}. Der äußere Druck, d. i. Barometerdruck

+ kleiner Druck des Hg-Tröpfchens, bleibt unverändert. Ein derartiger Versuch ergibt dann, daß sich der Zuwachs $(v_{100} - v_0)$ zum ursprünglichen Volumen v_0 verhält wie 100:273. Es ist also

$$v_{100} = v_0 + \text{Zuwachs} = v_0 + v_0 \tfrac{100}{273} = v_0 \left(1 + 100 \cdot \tfrac{1}{273}\right).$$

Somit ist $\tfrac{1}{273}$ der **Ausdehnungskoeffizient der Luft.**

Dieses α ist für alle idealen Gase fast gleich, und zwar $\tfrac{1}{273}$ oder 0,003 66; nur bei starken Kompressionen oder Abkühlungen treten bedeutende Abweichungen auf (§ 258, 259). Die allgemeine Formel lautet also bei konstantem Druck ist für Gase $v_t = v_0 \left(1 + t \cdot \tfrac{1}{273}\right)$.

178. Setzt man hier $t = -273^0$C, so wird $v_{-273} = 0$. Man nennt darum -273^0 den **absoluten Nullpunkt** (genauer 273,2). Kühlt man die Volumeinheit eines Gases bei konstantem Drucke immer mehr ab, so wird das Volumen bei jedem Grad abwärts um α oder $\tfrac{1}{273}$ kleiner. Bei -273^0 C wäre die Volumsabnahme $273 \cdot \tfrac{1}{273} \cdot 1 = 1$, d. h. das Gasvolumen würde bei -273^0 C verschwinden, wenn unser Gasgesetz bei dieser Temperatur noch Gültigkeit hätte. Das ist aber nicht der Fall, die Gase werden vorher flüssig.

Multiplizieren wir die Gleichung $v_t = v_0 (1 + \alpha t)$ rechts und links mit 273, so wird $v_t \cdot 273 = v_0 (273 + t)$. Hier wird alles übersichtlicher, wenn wir die **absolute Temperatur** einführen. Wir behalten zwar die Größe der Celsiusgrade bei, zählen aber nicht vom Eispunkte an, sondern von der Temperatur -273^0. Wir haben also, um Celsiusgrade in absolute Temperaturgrade (mit T bezeichnet) zu verwandeln, zu den Celsiusgraden 273 zu addieren. Bezeichnen wir mit T_0 die absolute Temperatur des normal schmelzenden Eises, mit v_0, wie früher, das entsprechende Volumen, so lautet die letzte Gleichung $v_T T_0 = v_0 T$ oder $v_0 : v_T = T_0 : T$.

Wir können das oben gefundene Gesetz bequemer so stilisieren: Wenn der Druck konstant bleibt, verhalten sich die Gasvolumina bei verschiedenen absoluten Temperaturen wie diese absoluten Temperaturen (Gasausdehnungsgesetz Nr. 1).

Dies Gesetz läßt sich graphisch so darstellen, daß wir, Fig. 162, die zwei Versuchsergebnisse Fig. 161 nebeneinander auf einer Horizontalen aufzeichnen, welche Celsiusgrade gibt. Verbinden wir aa' durch eine (gestrichelt gezeichnete) Gerade, so sind die Ordinaten Volumina, die entsprechenden Abszissen Temperaturen, wobei der Temperaturdefinition zufolge die Volumzunahme der Temperatur proportional ist. Diese gestrichelte Gerade schneidet links bei -273^0 die Grundlinie. Je mehr wir mit der Temperatur herabgehen, desto tiefer sinkt a, die Ordinaten V in Fig. 162 werden kleiner und verschwinden beim absoluten Nullpunkt -273^0. Messen wir aber die

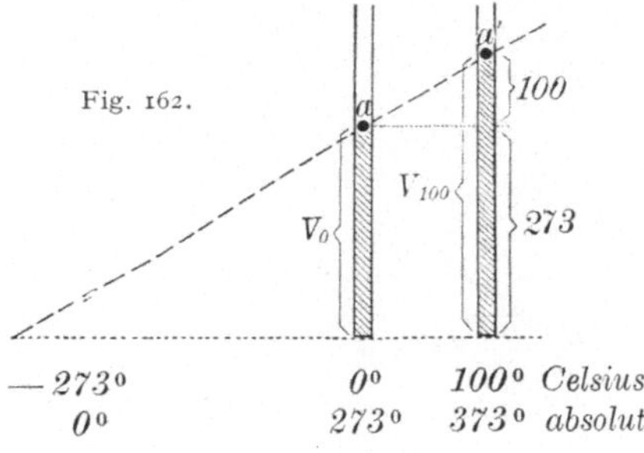

Temperatur nach absoluten Graden (unterste Horizontalzeile der Fig. 162), so zeigt sich, daß die Ordinaten V den Abszissen T direkt proportional sind.

179. Konstantes Volumen. Wir können aber beim Erwärmen des Gases auch das Volumen konstant halten und die Druckänderung messen. Es sei (Fig. 163) in dem Glasgefäße A trockenes Gas. k ist eine

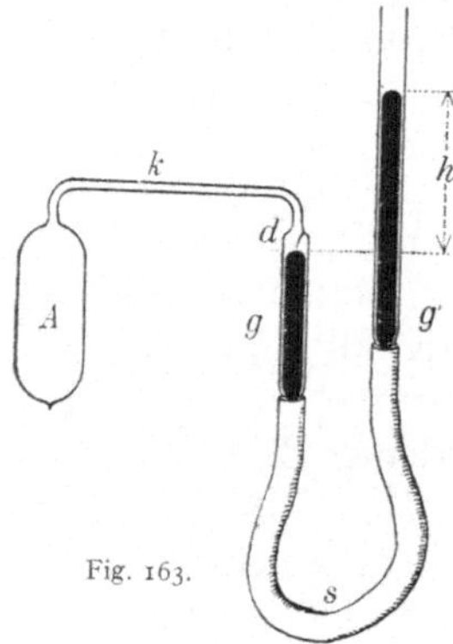

Fig. 163.

enge, g und g' sind zwei weitere, gleiche und durch einen Kautschukschlauch s kommunizierende, mit Hg gefüllte Glasröhren. Zunächst bringen wir A in schmelzendes Eis und stellen den rechten in vertikaler Richtung verschiebbaren Hg-Schenkel g' so, daß das Hg links in g gerade eine Glasspitze d berührt. Es ist dann ein bestimmtes Gasvolumen bei der Temperatur 0^0 C abgesperrt. Der Druck ist gleich dem äußeren Barometerstand B und der Hg-Differenz in den beiden Schenkeln g und g', z. B. $(B + h) = p_0$. Hierauf bringen wir A in reines, siedendes Wasser; das eingeschlossene Gas dehnt sich aus. Wir heben nun die rechte Röhre g' so hoch, daß das Hg in g wieder bei der Spitze d steht. Der Druck des eingesperrten Gases ist jetzt, wenn die Höhendifferenz der Hg-Säule in g und g' nun h' wäre, $(B + h') = p_{100}$. Wir haben also bei verschiedenen Temperaturen dasselbe Volumen und haben nur den Druck verändert. Diese Versuche ergeben, daß der Druck bei Erhitzung vom Eispunkt auf den Siedepunkt um $(p_{100} - p_0)$ steigt. Wir teilen diese Druckzunahme in 100 gleiche Teile, deren Größe $\alpha' p_0$ sei. Dann können wir für jede Druckzunahme von $\alpha' p_0$ eine Temperaturzunahme um 1^0 annehmen. Der Druck bei der Temperatur t ist dann $p_t = p_0 + p_0 \alpha' t$. Dieses α' (man nennt es Spannungskoeffizient) ist fast identisch mit α (besonders bei größerer Verdünnung); wir setzen $\alpha = \alpha'$. Die hier gewonnene Gleichung $p_t = p_0 (1 + t \cdot \frac{1}{273})$ gestattet alle Überlegungen, die wir § 178 gemacht haben, wenn wir „Druck" statt „Volumen" sagen.

Fig. 164 ist analog der Fig. 162. Die Horizontale bedeutet wieder Temperaturen, die vertikalen Abstände aber Drucke; das Volumen bleibt konstant. p_{100} und p_0 sind die wirklich beobachteten Werte.

Fig. 164.

Wenn das Volumen konstant bleibt, verhalten sich die Gasdrucke bei verschiedenen absoluten Temperaturen wie diese Temperaturen oder $p_T : p_{T}' = T : T'$ (Gasausdehnungsgesetz Nr. 2).

Diese Gesetze Nr. 1 und Nr. 2 werden das Gay-Lussacsche, auch Charlessche Gesetz (1802) genannt.

$p_0 \qquad p_{100}$

| -273^0 | 0^0 | 100^0 Celsius |
| 0^0 | 273^0 | 373^0 absolut |

Wenn einmal α bekannt ist, können Einrichtungen sowohl nach Fig. 161 als ganz besonders nach Fig. 163 direkt als Gasthermometer verwendet werden.

Das Gay-Lussacsche Gesetz gilt ebenso wie das Boylesche nur für ideale Gase.

In Fig. 101 hatten wir eine **Isotherme** eingezeichnet; nun aber wissen wir, wie Druck und Volumen bei steigender Temperatur sich ändern. Fig. 165 liefert eine ganze Isothermenschar für die rechts seitwärts angeschriebenen absoluten Temperaturen. Für jede beliebige Horizontallinie gilt Gesetz Nr. 1, für jede Vertikallinie Nr. 2.

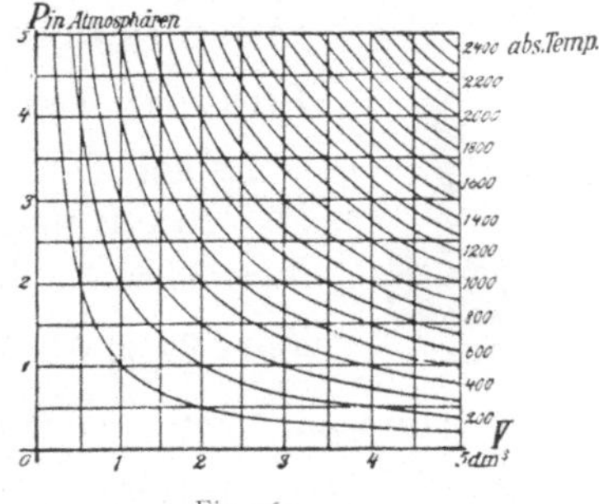

Fig. 165.

180. Es sei für ein bestimmtes Gasquantum Volumen, Druck und absolute Temperatur gegeben durch v, p, T. Was geschieht nun, wenn wir alle drei Größen gleichzeitig ändern?

Wenn bei konstantem T der Druck p in p_0 sich verwandelt, so haben wir zunächst nach dem Boyleschen Gesetze für das neue Volumen v_x aus $p_0 v_x = p v$ die Größe $v_x = \dfrac{p v}{p_0}$. Halten wir nun den Druck p_0 konstant und ändern wir nur die Temperatur von T in T_0, so erhalten wir für das neue Volumen v_0 nach dem Gay-Lussacschen Gesetze $v_x : v_0 = T : T_0$ oder $\dfrac{p v}{p_0} : v_0 = T : T_0$ und schließlich das **vereinte Boyle-Gay-Lussacsche Gesetz** oder die **Zustandsgleichung**: $\dfrac{p v}{T} = \dfrac{p_0 v_0}{T_0} = R$, wo R eine Konstante ist.

Der Chemiker rechnet mit „Mol", Atmosphären und Litern.

Gramm-Molekel oder Mol ist eine von Stoff zu Stoff variierende Masseneinheit, die jeweils so viele Gramme enthält, als das Molekulargewicht beträgt. Die Molekulargewichte sind (ebenso wie die Atomgewichte) Verhältniszahlen, keine wirklichen Gewichte.

Wählt man, wie dies in der Chemie üblich ist, nicht $H = 1$, sondern $O = 16,000$ Gewichtseinheiten als Basis, so erhält man für das Atom $H = 1,008$, für die Molekel $H_2 = 2,016$, für $C = 12,00$, für $H_2O = 18,016$, für $CO_2 = 44,0$ usw.; allgemein, jedes Mol enthält unabhängig von Druck und Temperatur dieselbe Molekelanzahl. Das ist eine logische Konsequenz der Definition des Mol.

Es ist $\dfrac{\text{Gewicht}}{\text{spez. Gewicht}} = $ Volumen; spez. Gew. für Sauerstoff $= 0,001\,429$, es gilt also für 1 Mol die Gleichung $\dfrac{32}{0,001\,429} = 22\,400$ cm³. Diese Zahl ist für alle idealen Gase gleich.

Die Chemiker rechnen nun in der Formel $\dfrac{p_0 v_0}{T_0} = R$ das p_0 in Atmosphären und nehmen für v_0 22,4 Liter. Für $T_0 = 273$ hat dann das R pro „Literatmosphäre" und „Mol" für alle Gase (Regel von Avogadro § 212) den Wert 0,082 (in absoluten Einheiten umgerechnet: $8,32 \cdot 10^7$ Erg Grad^{-1} Mol^{-1}).

Wenn man bei einer chemischen Analyse ein Gas über einer Absperr-flüssigkeit, z. B. Hg, auffängt, Fig. 166, so steht das wirklich abgelesene Gasvolumen v unter einem Drucke p und hat eine Temperatur t^0. Unter auf Normalzustand reduziertem Gasvolumen versteht man jenes Volumen v_0, welches dieses Gas beim Normaldrucke p^0 —Atmosphärendruck —und bei 0^0 C hätte. [(N. P. T.) Normal, Pressure, Temperature.] Obiges Gesetz ergibt $v_0 = v \left(\dfrac{p}{p_0}\right)\left(\dfrac{T_0}{T}\right)$.

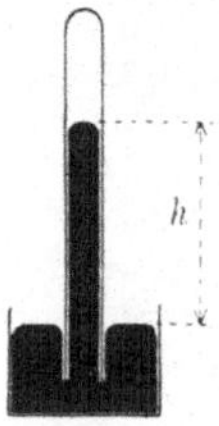

Es sei z. B. $v = 30$ cm³, der Barometerstand $B = 74$ cm Hg, $h = 20$ cm und $t = 27^0$ C, p ist dann $(74-20)$, $T = (273 + 27)$; das ergeben die Versuchsablesungen. Hingegen ist $p_0 = 76$, $T_0 = 273$; somit wird das reduzierte Volumen $v_0 = 30 \left(\dfrac{54}{76}\right)\left(\dfrac{273}{300}\right)$.

Fig. 166.

Hätten wir statt Hg Wasser als absperrende Flüssigkeit, so wäre der Druck $B - \left(\dfrac{h}{13,9}\right) - e$. Dieses e ist der Partialdruck des Wasserdampfes (§ 255).

181. Bisher haben wir bei Beobachtung der großen Wärmeausdehnung der Gase die kleine Ausdehnung des einschließenden Gefäßes vernach-lässigt. Der dadurch begangene Fehler ist nicht von Bedeutung. Bei der viel kleineren **Flüssigkeitsausdehnung durch Wärme** muß man aber — für genauere Messungen natürlich auch bei Gasen — die Gefäß-ausdehnung berücksichtigen. Wir unterscheiden dann bei Flüssigkeiten (und Gasen) zwischen der scheinbaren und der wirklichen Aus-dehnung. Wenn wir eine Flüssigkeit in einem thermometrischen Gefäße, meistens aus Glas — „Dilatometer" —, erwärmen, so wird sowohl das Gefäß als auch die Flüssigkeit sich ausdehnen, und es ist die beobachtete scheinbare Ausdehnung die Differenz dieser beiden. Würde sich z. B. ein Gefäß und die eingeschlossene Flüssigkeit gleich stark aus-dehnen, so bemerkte man überhaupt keine Änderung des Flüssigkeits-standes. Da im allgemeinen aber bei einer Erwärmung die Flüssigkeit im Dilatometer ansteigt, so ist dies ein Beweis dafür, daß sie sich stärker ausdehnt als die feste Gefäßsubstanz. Kennt man beim Dilatometer die Ausdehnung des Gefäßes und die scheinbare Ausdehnung zwischen t und t_0 — bestimmt mit Luftthermometer —, so ist die Berechnung der wirklichen Ausdehnung sehr einfach.

Der Ausdehnungskoeffizient α ist (bei etwa 18^0) z. B. für

Alkohol	Äther	Glyzerin	Petroleum	Quecksilber
0,0011	0,0016	0,0005	0,00099	0,00018.

182. Eine wichtige **Ausnahmestellung** nimmt hier **Wasser** ein, das sich beim Erwärmen von 0^0 auf 4^0C zusammenzieht und bei weiterem Erwärmen wieder ausdehnt; bei 4^0C hat Wasser also ein Dichtemaxi-mum. Hieraus ersieht man, daß α von der Temperatur abhängt und zwi-schen 0^0 und 4^0 sogar negativ ist. Bei anderen Flüssigkeiten ist α ebenfalls mit der Temperatur ein wenig veränderlich. Die oben gegebenen α beziehen sich auf 18^0 C.

183. Der bisher für Gase und Flüssigkeiten bestimmte Ausdehnungskoeffizient war ein Raumausdehnungskoeffizient; er heißt darum auch **kubischer Ausdehnungskoeffizient.** Auch bei festen Körpern könnte man ein solches α, die Volumvermehrung der Volumseinheit pro Grad, bestimmen. Zur Beobachtung aber eignet sich meist besser die Längsausdehnung.

Der **lineare Ausdehnungskoeffizient** β ist die Längenzunahme, welche die Längeneinheit eines festen Körpers von 0^0 C bei Erwärmung um 1^0 C erfährt. Unter der — nur angenähert richtigen — Annahme, daß die Verlängerung der Temperaturzunahme proportional sei, wird also aus der Länge 1 bei 0^0 die Länge $1 + \beta t$ bei t^0. Dementsprechend wird aus der Länge l_0 bei 0^0 die Länge $l_t = l_0 + l_0 \beta t$ bei t^0.

Für einen isotropen (§ 60) Körper ist der lineare gleich dem dritten Teil des kubischen Ausdehnungskoeffizienten oder $\beta = \frac{1}{3} \cdot \alpha$.

Denken wir uns einen Würfel, so wird die Kantenlänge l_t bei t^0 mit der Kantenlänge l_0 bei 0^0 durch die Gleichung zusammenhängen: $l_t = l_0 + l_0 \beta t$. Das neue Volumen des Würfels wird dann sein

$$l_t^3 = (l_0 + l_0 \beta t)^3 = l_0^3 (1 + \beta t)^3 = l_0^3 [1 + 3\beta t + 3(\beta t)^2 + (\beta t)^3].$$

Setzen wir für β einen der später angegebenen wirklichen Werte ein, so sehen wir, daß sowohl $3(\beta t)^2$ als auch $(\beta t)^3$ gegen $(1 + 3\beta t)$ so klein wird, daß diese Größen weit unterhalb der Beobachtungsfehler liegen und darum vernachlässigt werden können. Es wird daher $l^3 = l_0^3 (1 + 3\beta t)$ oder, wenn wir l^3 gleich dem Volumen v und $3\beta = \alpha$ setzen,

$$v_t = v_0 (1 + \alpha t).$$

184. Die **Wärmeausdehnung fester Körper** ist im allgemeinen viel kleiner als die der Flüssigkeiten.

Genaue Längenmessungen eines Stabes bei t_1^0 und t_2^0 — gemessen mit dem Luftthermometer — ergeben für diese β (bei etwa 18^0 C) z. B. bei

	Eisen	Kupfer	Platin	Glas	Nickelstahl (Invar)	Quarzglas
10^5 — mal	1,2	1,7	0,88	0,78	0,09	0,05

Nietet man zwei flache Metallstäbe, z. B. einen Eisen- und Kupferstab, der Länge nach fest aneinander, so dehnt sich beim Erwärmen Kupfer stärker aus als Eisen, und der Doppelstab krümmt sich; das Eisen liegt an der Konkavseite. Dieses Prinzip wird vielfach verwendet, z. B. bei Konstruktion von Metallthermometern, Feuermeldern (Stromschluß bei höherer Temperatur) und besonders bei Vorrichtungen, welche den Einfluß der Temperaturänderungen auf den Gang unserer Taschenuhren ausschalten (Kompensationsunruhe).

Die Wärmeausdehnung der festen Körper ist bei genauen Längenmessungen zu berücksichtigen; darum verwendet man am besten Maßstäbe mit kleinem β, wo solche Korrekturen nur klein sind, z. B. Nickelstahl („Invar": 36% Nickel und 64% Stahl). Dieser ist besonders wichtig für Pendeluhren.

Die Pendellänge (und Schwingungsdauer) soll von der Temperatur unabhängig bleiben. Kompensationspendel werden durch Kombination verschieden langer Stäbe mit verschiedenem β hergestellt.

Glasgefäße müssen ganz gleichmäßig erwärmt werden, weil einseitige Erwärmungen einseitige Dehnung und Springen bewirkt. Die kleine Wärmeausdehnung hingegen der aus geschmolzenem Quarz hergestellten Röhren und Gefäße ermöglicht es, solche glühende Gefäße direkt ohne Bruchgefahr unter einen kalten Wasserstrahl zu bringen.

Wichtig ist die angenäherte Gleichheit des β für Glas und Platin. Wenn wir mittels einer metallischen Leitung elektrischen Strom in eine ausgepumpte Glasröhre einführen (Glühlampen, Röntgenröhren usw.), so müssen wir in das Glas einen Platindraht einschmelzen, bei anderen Metallen würde beim Auskühlen wegen der ungleichen Zusammenziehung von Glas und Metall das Glasgefäß springen. In neuerer Zeit werden mit Platin überzogene Drähte aus Nickeleisenlegierung, ,,Platinersatzdrähte'', verwendet. Auch andere Drähte, z. B. Wolfram, lassen sich in bestimmte Glassorten mit gleichem β einschmelzen.

Auch Eisenbeton und Eisen haben denselben Ausdehnungskoeffizienten.

Es gibt auch einige wenige feste Körper, welchen sich beim Erwärmen zusammenziehen, z. B. deformierter Kautschuk oder manche Kristalle, bei welchen β in verschiedenen Achsenrichtungen verschieden sein kann.

185. Dichte bei verschiedenen Temperaturen. Bei jeder Ausdehnung eines Körpers tritt Verkleinerung der Dichte ein. Man kann daher alle Methoden, die zur Bestimmung der Dichte — bzw. des spezifischen Gewichtes — dienen, auch zur Untersuchung der Wärmeausdehnung heranziehen. Aus eben dem Grunde gilt auch die Zahl, welche die Dichte eines Körpers angibt, z. B. die Dichtebezifferung eines Aräometers, nur für eine bestimmte Temperatur.

In Gasen und Flüssigkeit finden infolge solcher Dichteänderungen fortwährend Strömungen statt (§§ 271 u. 273).

Thermometrie.

Die von uns gewählte Substanz, durch deren Volumzunahme wir die Temperatur definierten, war ein ideales Gas. Wiewohl nun infolge der starken Wärmeausdehnung der Gase die historisch ersten Thermometer rohe Gasthermometer waren, machte zunächst doch eine Reihe von technischen Schwierigkeiten eine dauernde Verwendung solcher Instrumente unmöglich. Man hat daher fast allgemein Flüssigkeitsthermometer eingeführt. Als Flüssigkeit wird meistens Quecksilber verwendet (hingegen § 190).

186. Derzeit sind drei **Thermometerskalen** im Gebrauch: Fahrenheit (in England und U.S.A.), Réaumur und Celsius (auf dem europäischen Kontinent). Aus Fig. 167 ist die Einteilung ersichtlich. Fahrenheit wählte einen willkürlichen Nullpunkt, so daß der Eispunkt bei $+32^{\circ}$ F und der Siedepunkt bei $+ 212^0$ F zu liegen kommt. Réaumur beziffert den Eispunkt mit o und den Siedepunkt mit 80, Celsius mit o und mit 100. Die Umwandlung einzelner Temperaturangaben ineinander ist aus Fig. 167 leicht zu entnehmen.

$$t^0\,C = \tfrac{4}{5}t^0\,R = (\tfrac{9}{5}t^0 + 32^0)\,F$$

$$t^0\,R = \tfrac{5}{4}t^0\,C = (\tfrac{9}{4}t^0 + 32^0_.)\,F$$

$$t^0\,F = \tfrac{5}{9}(t^0 - 32^0)\,C = \tfrac{4}{9}(t^0 - 32^0)\,R$$

Für wissenschaftliche Zwecke verwendet man nur die Celsiusskala oder die absolute Temperaturskala (vgl. § 285). Es ist ganz sinnlos, Körpertemperaturen nach C und Badetemperaturen nach R zu messen!

187. Es gibt eine Reihe von Versuchen, durch die man leicht die **Richtigkeit eines Thermometers** prüfen kann. Ein Teil dieser Messungen bezieht sich auf eine Kontrolle, ob das Kapillarrohr überall gleichen Radius besitzt: Kalibrierung des Rohres; eine andere auf die Nachprüfung der Fixpunkte.

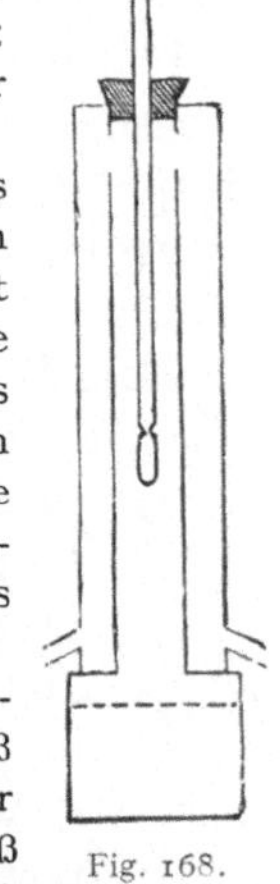
Fig. 168.

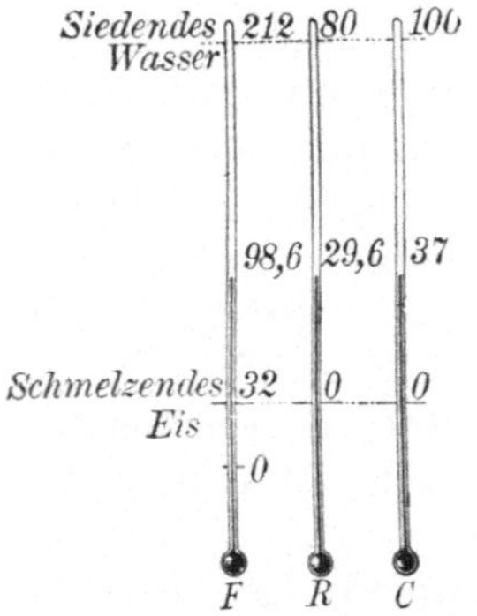

Zu letzterem Zwecke bringt man zuerst das Thermometer so tief in schmelzenden reinen Schnee oder Eis, daß noch gerade der Nullpunkt zu sehen ist. Nach etwa 15 Min. soll die Hg-Kuppe genau bei Null stehen. Vor der Ablesung eines jeden Thermometers empfiehlt es sich, durch sanftes Klopfen des Rohres für regelmäßige Kuppenbildung zu sorgen. Quecksilberthermometer haben beim Sinken die Tendenz, etwas zu hoch zu zeigen: toter Gang.

Hierauf bringt man das Quecksilberthermometer in ein allseitig geschlossenes Siedegefäß (Fig. 168), in dem Dampf von siedendem Wasser aufsteigt. Zeigt das Barometer 76 cm Hg, so muß dann das Thermometer nach einiger Zeit (15 Min.) genau 100° zeigen. Für andere Barometerstände geben dann eigene Tabellen den richtigen Siedepunkt (§ 249).

Fig. 167.

Zu beachten ist, daß sich die ganze Hg-Masse in dem auf 100° C befindlichen Raume befinden soll; sonst ist eine Korrektur für den herausragenden Faden anzubringen.

188. Amtliche Prüfungen. Es gibt in allen Ländern eigene staatliche Anstalten, z. B. die physikalisch-technische Reichsanstalt in Charlottenburg oder die sächsische Prüfungsanstalt in Ilmenau oder das Normal-Eichamt in Wien usw., welche die Vergleichung von Thermometern (auch Fieberthermometern) mit einem Luftthermometer oder mit einem nach diesem geeichten Normalthermometer gegen eine billige Taxe besorgen. Man verwende nur solche Thermometer und lasse überdies nach längeren wissenschaftlichen Untersuchungen die verwendeten Thermometer neuerlich nachprüfen, da jedes Thermometer sowohl säkulare Veränderungen (zeitliche Verschiebung des Nullpunktes) als auch thermische Nachwirkung (Verschiebung des Nullpunktes nach starken Erhitzungen) zeigt. Moderne Thermometer aus Jenaer Normalglas sind von solchen Veränderungen fast frei.

189. Wir haben bereits in Fig. 163 ein **Gasthermometer** gezeichnet. Ist der Ausdehnungskoeffizient des Gases einmal festgestellt, so gibt der Druck eines konstanten Volumens bei t^0, nämlich $p_t = p_0 (1 + \alpha t)$ das t, wenn p_t und p_0 gemessen werden, wobei aber eine Reihe von Korrekturen, besonders wegen Ausdehnung des Glases und des Hg vorzunehmen ist. Wasserstoff oder Helium eignen sich am besten für Gasthermometer.

Stimmt ein Hg-Thermometer bei 0^0 C und 100^0 C mit dem Gasthermometer überein, so sind die Temperaturen bei 50^0 C beim Hg-Thermometer bis zu $0,1^0$ C zu hoch. Der Ausdehnungskoeffizient des Hg ist von der Temperatur abhängig (vgl. § 182). Aus dem gleichen Grund ergibt die empirische Teilung von Alkohol- oder Pentanthermometern ungleiche Gradlängen.

Von größter Wichtigkeit ist die Wahl einer diesbezüglich richtigen Glassorte für die Hg-Thermometer, am besten sind bestimmte Sorten von Jenenser Glas.

190. Hohe und tiefe Temperaturen. Bei einem gewöhnlichen Hg-Thermometer ist der über dem Quecksilber befindliche Raum in der Kapillare ein Vakuum. Im Vakuum siedet das Hg bei etwa 270^0 C. Da aber (§ 249) der Druck den Siedepunkt erhöht, so kann man, wenn man in den Raum über dem Hg ein das Hg chemisch nicht angreifendes Gas, z. B. Stickstoff (bis zu 25 Atm.), einpreßt, Hg-Thermometer (aus Borosilikatglas) herstellen, die bis 550^0 C verwendbar sind. In neuester Zeit nimmt man Quarz statt Glas und kommt mit Hg bis 750^0 C. (Aber Explosionsgefahr wegen hohen Dampfdrucks.) Bei hohen Temperaturen benutzt man auch Luftthermometer, deren Gefäße aus Porzellan bestehen (oder Thermoelemente oder Wärmestrahlungsmesser u. dgl.).

Weil Hg bei $-38,89^0$ C erstarrt, nimmt man für tiefere Temperaturen Alkohol oder, da Alkohol bei -100^0 C zähflüssig wird, besser „technisches Pentan", bis -200^0 C. Noch tiefere Temperaturen mißt man thermoelektrisch oder mittels eines mit Helium gefüllten Gasthermometers; Helium verflüssigt sich erst bei $-268,8^0$ C. Messungen tiefster Temperaturen erfolgen mit Gasthermometern, bei denen p unterhalb des kritischen Wertes bleiben muß (vgl. § 260).

191. Handelt es sich darum, Temperaturdifferenzen, z. B. Gefrierpunkterniedrigung (§ 241) oder dgl., zu messen, so nimmt man ein Thermometer, dessen Füllung durch Veränderung der Hg-Menge variiert werden kann (**Metastatisches Thermometer** von Beckmann). Die Thermometerröhre in Fig. 169 ist nur in fünf Grade geteilt, jeder dieser Grade aber in 10 Teile und diese Teile wieder (in Fig. 169 nicht gezeichnet) in 10. Man kann also $\frac{1}{100}^0$ direkt ablesen. Es sei z. B. der Skalen-Nullpunkt zufälligerweise der Eispunkt; man will aber zwischen 100^0 C und 105^0 C messen. Zu diesem Zwecke erwärmt man auf etwa 106^0 C, gemessen mit einem Hilfsthermometer, es fließt Hg oben nach dem Reservoir r ab. Nun bewirkt man durch einen schwachen Stoß, daß der Hg-Faden reißt, und daß bei Abkühlen das nach r geflossene Hg in r zurückbleibt. Dann stellt sich das Thermometer in siedendem Wasser z. B. auf $0,13$. Das bedeutet also 100^0 C. Bei einem Stande von $4,13$ weiß man dann, daß die Temperatur 104^0 C ist usw. So kann man durch Überführen des Hg nach r oder

Fig. 169.

Zurückholen des Hg aus r in die Meßkapillare beliebige Temperaturdifferenzen bis etwa 5^0 auf $\frac{1}{100}^0$ genau messen. Ohne diesen Kunstgriff
müßte ein solches Thermometer viele Meter lang sein, oder wir brauchten
sehr viele kurze Thermometer, je ein anderes für jedes kleine Temperaturintervall.

192. Um für meteorologische Zwecke die maximale und
minimale Temperatur während eines bestimmten Zeitraums,
z. B. eines Tages, zu bestimmen, bedient man sich des
Maximum- und Minimumthermometers von S i x (Fig. 170).
Das eigentliche (verkehrt stehende) Thermometergefäß T ist
mit Alkohol gefüllt, die Kapillare ist umgebogen, und der
Alkohol reicht in der Zeichnung links z. B. bis zum Skalenteil 10; dann kommt ein Hg-Faden, der herunter- und auf
der anderen Seite rechts hinaufgeht; er reicht auf der rechten
Seite der Figur bis zum Punkte 10. Über dem Hg steht dann
rechts wieder Alkohol, der ein wenig in das obere Gefäß rechts hineinreicht, das luftleer gemacht wurde. Der Dampfdruck des Alkohols
rechts wirkt zwar der Flüssigkeitsausdehnung links entgegen, ist aber
gegenüber den Wärmeausdehnungskräften verhältnismäßig so klein, daß
er keine Rolle spielt.

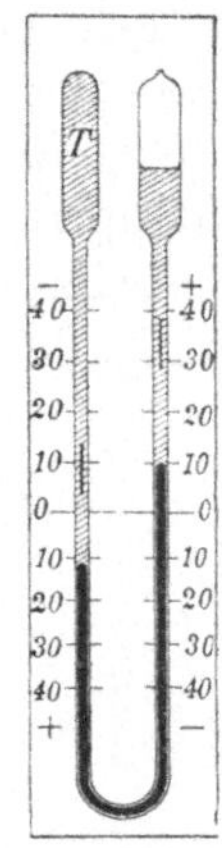

Fig. 170.

Der Hg-Faden hat keine thermische, sondern nur eine mechanische
Aufgabe. Im Alkohol links sowohl wie rechts befindet sich je ein kleiner
Glasstift mit eingeschmolzenem Eisendraht,welcher mit leichter Reibung
in der Kapillare verschiebbar ist. Wenn die Flüssigkeit im Thermometergefäß T sich ausdehnt, so muß das Hg rechts in die Höhe steigen, wobei es den Stift rechts (Kohäsion des Hg sehr groß!) in die Höhe bis
zur Maximaltemperatur schiebt. Kühlt sich dann das Thermometer ab,
so wird das Hg rechts wieder sinken, aber der rechts in die Höhe geschobene
Stift bleibt an der erreichten höchsten Stelle liegen, da der Alkohol leicht um
ihn herumfließt. Bei sinkender Temperatur wird umgekehrt durch das
links steigende Hg·der linke Eisenstift emporgeschoben, um an der
höchsten Stelle links, der Minimaltemperatur, liegen zu bleiben. Es wird
also bei Temperaturschwankungen der Stift rechts das Maximum (in
Figur z. B. $+ 28^0$) und der Stift links das Minimum (in Figur z. B. $- 4^0$)
anzeigen. Man bringt nun zu bestimmter Zeit, z. B. gegen Morgen,
durch einen kleinen Magnet von außen die beiden Stifte bis zur Berührung mit dem Quecksilber und kann dann am nächsten Morgen vor
einer neuerlichen Einstellung die Maximal- und Minimaltemperatur
während der letzten 24 Stunden ablesen. Dieses Thermometer leistet auch
gute Dienste — eventuell in einem Schrank versperrt — zur nachträglichen Kontrolle der Wärmeverhältnisse eines Krankenzimmers.

Die Maximal- und Minimalthermometer für physikalische Zwecke
sind den jeweiligen Zwecken entsprechend verschieden konstruiert.

9*

193. Die **Körpertemperatur** von Säugetieren und Vögeln ist im allgemeinen konstant. Vögel sind wärmer (39,4—43,9°C) als Säugetiere (35,5—40,5°C). Auch Fische, die in kaltem Wasser leben, haben eine höhere Temperatur als dieses Wasser (z. B. Forellen).

Beim Menschen ist die Temperatur am frühen Morgen niedriger und einige Stunden nach Mittag am höchsten. Man mißt diese Temperatur in irgendeinem geschlossenen Körperraum: im Rektum, in der geschlossenen Achselhöhle oder unter der Zunge im geschlossenen Munde. Die Mitteltemperatur beträgt in der Achselhöhle nahezu 37,0°C (oder 98,6 F, siehe Fig. 167), in der Mundhöhle 37,2° C, im Rektum 37,5° C. Die Körpertemperatur steigt während starker Muskelanstrengungen, indes die oberflächliche Hauttemperatur durch Wasserverdunstung sogar sinken kann. In Krankheitszuständen können die Temperaturen bis 42°C und höher ansteigen — Fieber — und bis 35° C sinken. In außergewöhnlichen Fällen wurden noch höhere und tiefere Temperaturen beobachtet.

194. Ein **medizinisches Maximalthermometer** muß somit von etwa 35 bis 42°C reichen; jeder einzelne Grad ist noch in Zehntel geteilt. Am unteren Ende der Kapillaren (also oberhalb des Hg-Gefäßes) ist diese verengt. Von den verschiedenen Konstruktionen (Figg. 171, 172) hat sich das Stiftthermometer am besten bewährt. Hier (Fig. 171) ragt vom Boden des Gefäßes ein dünnes Glasstielchen bis knapp in die Kapillare (bis *a*) hinein. Dehnt sich das Hg infolge einer Erwärmung aus, so ist die Kraft der Ausdehnung eine sehr große, und das Hg wird durch diesen Engpaß in der Kapillare hindurchgepreßt.

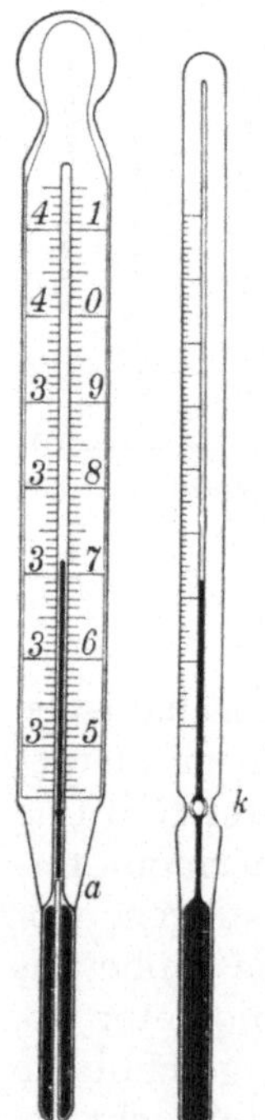

Fig. 171. Fig. 172.

Anders beim Abkühlen; hier reißt der Hg-Faden an diesem Engpaß, das unten befindliche Hg zieht sich zusammen, indes der abgetrennte Faden oben stecken bleibt. In Fig. 171 und 172 sieht man das untere Fadenende bei *a* resp. *k*.

Es dauert nun immer einige Minuten — etwa 10 —, bis z. B. die Luft in der geschlossenen Achselhöhle und das Thermometer genau die Temperatur der umliegenden Gewebe angenommen haben. Das Thermometer steigt während dieser Zeit und bleibt dann auch nach Entnahme aus der Körperhöhle auf dem höchsten Stande, so daß es bequem abgelesen werden kann. Vor einem neuerlichen Gebrauch ist der abgerissene Faden durch entsprechendes Schütteln oder Schleudern des Thermometers wieder in das Quecksilbergefäß zurückzubringen.

Ist dieser abgerissene Faden zu lang, so ergeben sich bei der nachträglichen Abkühlung auf Zimmertemperatur Fehlerquellen: bei der durch eine Einschnürung gekennzeichneten

Hicks'schen Type (Fig. 172) bis 0,02, bei der Stifttype 0,07°, weil in letzterem Falle der Faden mehr unten reißt.

Die Ableseskala soll (Parallaxe § 6) möglichst nahe der Hg-Kapillare sein. Man unterscheidet diesbezüglich Einschluß- und Stabthermometer. Man kann einmal die auf Milchglas geätzte Skala in das äußere Rohr hineinstecken und oben zuschmelzen (Messingkappen sind zu vermeiden, weil beim Reinigen Flüssigkeit ins Innere eindringen kann). Die Befestigung sei so, daß eine Verschiebung der Skala unmöglich wird; man macht überdies auf der äußeren Röhre einen Kontrollstrich bei 37°, der jede Skalaverschiebung gleich sichtbar macht. Fig. 171 gibt ein solches Einschlußthermometer. Fig. 172 ist ein Stabthermometer; hier ist die Skala außen am Rohre eingeätzt. Das hat zwar den Vorzug einer Unverschiebbarkeit der Bezifferung, überdies wird das Ganze dünner und das Hg-Gefäß kleiner, so daß die Temperaturanzeigen rascher erfolgen. Die Reinigung der Strichätzungen ist aber sehr schwer; den verschiedenen Krankheitskeimen gegenüber ist eine einheitliche Reinigungsvorschrift kaum möglich.

Als s. Z. die amtliche Prüfung der Fieberthermometer in fast allen deutschen Bundesstaaten vorgeschrieben wurde, erwiesen sich z. B. von 2419 Thermometern 1551 als falsch! Solche Thermometerfehler können in vielen Fällen, z. B. bei Typhus- und Kindbettfieber, die unangenehmsten Folgen haben. Am besten erscheint ein Stabthermometer, in eine dünne Glasröhre eingeschmolzen. Das oft vorkommende fehlerhafte Zerreißen des Hg-Fadens in mehrere Teile erfolgt meist dadurch, daß man das Herabschleudern dieses Fadens unmittelbar nach der Messung vornimmt; man lasse darum das Thermometer erst erkalten und bringe dann das Hg vorsichtig auf wenigstens 36° C, bevor das Instrument in die Sammeldesinfektionsgläser kommt. Eine Vereinigung der einzelnen Hg-Partien gelingt meistens durch langsames Erwärmen.

195. Thermostaten. Bei vielen physikalischen, chemischen oder biologischen Versuchen ist es oft notwendig, die Temperatur eines Raumes, z. B. eines Brutschrankes, Wärmekastens oder Flüssigkeitsbades, durch längere Zeit konstant zu erhalten.

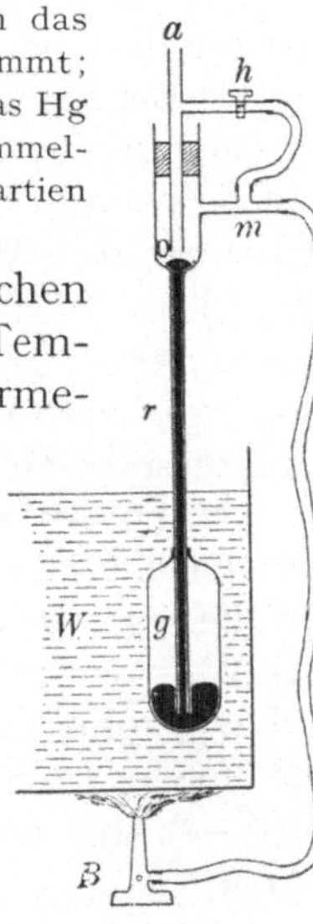

Der Wärmeregulator ist eine Art Thermometer, das nach Erreichung einer bestimmten Temperatur t die Wärmequelle, z. B. Gasflamme oder elektrischen Heizstrom, absperrt und beim Sinken der Temperatur unter t wieder einschaltet. Solche Thermostaten gibt es sehr viele; Fig. 173 mag als einfaches schematisches Beispiel dienen. Das Gefäß g enthält Luft oder eine Flüssigkeit, z. B. Toluol unten durch Hg abgesperrt, in das eine Röhre r hineinreicht. Ein Leuchtgasstrom geht von a über

Fig. 173.

o durch m zum Heizbrenner B. Der Hahn h sei fast geschlossen. Dehnt sich die Luft oder das Toluol in g aus, so steigt das Hg in r und sperrt den Gasstrom bei o ab. Die Flamme verlischt fast, denn nur der kleine

Leuchtgasnebenstrom durch den kaum geöffneten Hahn h verhindert ein vollständiges Verlöschen. Sinkt die Temperatur der Badeflüssigkeit in W (oder der Luft in einem Wärmekasten), so macht das nun wieder sinkende Hg die Hauptzuströmung bei o frei, die Flamme wird wieder groß usw. Dadurch, daß man die mittlere Röhre ao höher oder tiefer stellt, erfolgt dieser Abschluß bei höherer oder tieferer Temperatur. Man kann so auf eine bestimmte Temperatur des Bades einstellen, welche trotz veränderlicher Gaszufuhr dauernd (bis auf etwa $0,1^0$) konstant bleibt.

196. Wir werden § 285 eine thermodynamische Skala kennen lernen. Nachdem eine solche möglichst genaue Skala ausgebildet war, wurden danach Normalthermometer geschaffen (Quecksilberthermometer, Widerstandsthermometer § 578); auch ist für eine Reihe von Substanzen die Temperatur bei den Schmelzpunkten endgültig fixiert worden. Wie man also beim Meter (oder bei den elektrischen Größen) **internationale Maßeinheiten** — im möglichst genauen Anschluß an die theoretischen Definitionen — geschaffen hat, so auch für **Temperaturen**. Seit 1. April 1916 eicht die Physikalisch-Technische Reichsanstalt nach dieser Skala[1]).

Wärmemenge.

197. 1 kg Wasser und 50 kg Wasser von 100^0 zeigen dieselbe Temperatur. Trotzdem mußte man z. B. zur Erwärmung dieser Wassermengen im zweiten Falle 50 mal mehr Gas verbrennen. Dafür enthalten aber die 50 kg Wasser auch viel mehr Wärme; durch Überschütten dieser 50 kg in eine Badewanne mit kaltem Wasser wird dieses viel mehr erwärmt als durch Überschütten von 1 kg Wasser.

Der Begriff der Temperatur allein genügt also nicht, um die Wärmeerscheinungen quantitativ beschreiben zu können. Wir müssen noch einen zweiten Begriff, den der Wärmemenge, betrachten. Unter Einheit der Wärme, einer **Kilogrammkalorie** · — kcal — versteht man jene Wärmemenge, welche notwendig ist, um 1 kg Wasser von $14,5^0$ C auf $15,5^0$ C zu erwärmen. Handelt es sich um die Erwärmung einer größeren Wassermenge von z. B. 5 kg, so wird man 5 kcal benötigen. Soll dieselbe Menge nicht um 1^0 C, sondern z. B. um 10^0 C erwärmt werden, so werden wir wieder die zehnfache Menge, das sind $5 \cdot 10$ kcal in toto brauchen. Neben dieser sogenannten großen Kalorie verwendet man auch oft die sog. **Grammkalorie** — cal —, das ist jene Wärmemenge, welche 1 g Wasser von $14,5^0$ C auf $15,5^0$ C (vgl. § 200) erwärmt.

Umgekehrt werden sich m Kilogramm Wasser von der Temperatur t' auf die niedere Temperatur t abkühlen, wenn wir dieser Wassermenge $m(t'-t)$ kcal entziehen.

198. Denken wir uns 1 kg Wasser auf einem Herde. Der beobachtete Temperaturanstieg sei 1^0 C pro min; dann wissen wir, daß die Wärme, welche dieser Herd an das Wasser pro min hergibt, 1 kcal ist. Bringen wir

---

1) Einen Abdruck der neuesten Bestimmungen für die gesetzliche Temperaturskala bringen F. Henning und J. Otto, Zeitschrift für Physik, **49**, 742, 1928.

nun statt des Wassers 1 kg eines anderen Körpers an dieselbe Stelle, so bemerken wir im allgemeinen einen rascheren Temperaturanstieg; die Erwärmbarkeit fast aller Körper ist eine leichtere als die von Wasser. Hätten wir z. B. einen Temperaturanstieg von 1^0 C pro $\frac{1}{2}$ min zu verzeichnen, so könnten wir daraus den rohen Schluß ziehen, daß 1 kg dieser Substanz schon durch $\frac{1}{2}$ kcal um 1^0 C erwärmt wird.

Man nennt jene Anzahl kcal (bzw. cal), welche 1 kg (bzw. 1 g) einer Substanz um 1^0 C erwärmt, die **spezifische Wärme** dieser Substanz.

Wenn wir einen Komplex von mehreren Körpern, z. B. einen Topf mit einer darin befindlichen Flüssigkeit, erwärmen, so können wir in bezug auf die Erwärmbarkeit dieses Systems uns immer eine so große Wassermasse denken, daß diese die gleiche Erwärmbarkeit besitzt. Man nennt dann diese Wassermenge die Wärmekapazität oder den Wasserwert des Systems (Wasserwert = Masse mal spez. Wärme).

199. Mischungsmethode. Wollen wir die spez. Wärme c eines Körpers (z. B. von Kupfer) bestimmen, so werden wir eine bestimmte Menge, n g (z. B. 80 g Kupfer) auf die Temperatur t' (z. B. 100^0 C) erhitzen. In einem dünnwandigen Gefäße, einem Wasserkalorimeter, befinde sich eine Wassermenge von N g (z. B. 300 g) von der Temperatur t (z. B. 15^0 C). Werfen wir nun den erhitzten Körper ins Wasser, so wird der warme Körper Wärme abgeben und das kältere Wasser diese Wärme aufnehmen; es tritt die Ausgleichstemperatur τ (z. B. 17^0 C) ein. Die vom warmen Körper abgegebene Wärmemenge ist dann $cn(t' - \tau)$ cal [in unserem Beispiel $c\,80\,(100-17)$ cal]. Dieselbe Anzahl Kalorien muß aber, da nichts verloren geht, im Wasser zum Vorschein kommen. Beobachtet wurden $N(\tau - t)$ cal [in unserem Beispiele $300\,(17-15)$ cal]. Aus der Gleichung

$$cn(t' - \tau) = N(\tau - t) \quad \text{resp.} \quad c\,80\,(100-17) = 300\,(17-15)$$

läßt sich, da alle Größen bis auf c bekannt sind, c bestimmen. Für Kupfer ist $c = 0{,}09$.

Die Kalorimeter sind gewöhnlich zylinderförmig und aus sehr dünnem Messingblech. Um Wärmeverluste oder Erwärmungen von außen her möglichst einzuschränken, steht das Kalorimetergefäß auf drei Korkspitzen in einem zweiten, größeren einschließenden Gefäß. In dem Kalorimetergefäß befindet sich ein in zehntel Grade eingeteiltes Thermometer und ein Rührer, der durch ein Uhrwerk fortwährend auf und ab bewegt wird. Der zu untersuchende, aus kleinen Stücken bestehende, Körper befindet sich vorher in einer allseitig von siedendem Wasser umgebenen Metalleprouvette und wird dann möglichst rasch aus der Eprouvette heraus ins Kalorimeter geworfen. Bei einer genauen Bestimmung sind Korrekturen wegen des Wasserwertes des Kalorimetergefäßes, des Rührers und Thermometers anzubringen, da ja auch diese, nicht nur das Wasser allein im Kalorimeter erwärmt werden. Ebenso muß auf die Wärmeverluste durch Leitung und Strahlung Rücksicht genommen werden.

Wir können dieselbe Methode auch zur Bestimmung der spez. Wärme von Flüssigkeiten anwenden, indem wir die betreffenden Flüssigkeiten in

Glaskugeln einschmelzen und den Wasserwert der Glaskugeln in Abrechnung bringen. Andere Methoden der Bestimmung der spez. Wärme werden wir später kennen lernen.

200. In dem früheren Beispiele fanden wir die spez. Wärme des Kupfers zu 0,09; das gilt für das Temperaturintervall 15^0—100^0 C. Hätten wir das Kupfer auf 300^0C erhitzt, so würden wir einen etwas größeren Wert gefunden haben, weil nämlich die spez. Wärme der Körper sich mit der Temperatur ändert. Die **Änderung der spez. Wärme mit der Temperatur** muß auch bei genauen Versuchen in Rechnung gezogen werden. Darum bei Definition der Kalorie (§ 197) die Angabe 14,5 bis $15,5^0$ C praktisch gleich $\frac{1}{100}$ der zur Erwärmung von Wasser von 0^0 auf 100^0C erforderlichen Wärmemenge.

201. Das Gesetz von Dulong und Petit (1818) lautet: das Produkt aus spez. Wärme und Atomgewicht, die sog. Atomwärme, ist für die meisten festen chemischen Elemente ungefähr gleich 6,4; z. B.:

Element	Atomgewicht	Dichte	Spez. Wärme bei 18^0 C	Atomwärme
Natrium	23,00	0,97	0,295	6,79
Aluminium	26,97	2,70	0,21	5,66
Eisen	55,84	7,86	0,105	5,86
Kupfer.	63,57	8,93	0,091	5,78
Platin	195,2	21,4	0,032	6,25
Quecksilber	200,6	13,69	0,0333	6,68
Blei	207,2	11,34	0,0305	6,32

Bei einigen Elementen, besonders bei kleinem Atomvolumen (d. i. Atomgewicht durch Dichte), z. B. Bor, Kohlenstoff, Silicium sind die Atomwärmen wesentlich kleiner (2,6; 2,2; 4,6). Gleichwohl bildete das Gesetz früher einen der vielen Anhaltspunkte bei der ersten Bestimmung mancher Atomgewichte.

„Molekularwärmen" (spezifische Wärme mal Molekulargewicht) lassen sich in erster Annäherung additiv aus den Atomwärmen der Komponenten berechnen.

Genau kann das Gesetz nicht sein, da die spez. Wärme mit der Temperatur sich ändert. Bei tiefen Temperaturen wird die spez. Wärme kleiner, bei Annäherung an den absoluten Nullpunkt verschwindend klein (Nernst).

202. Die beim Abkühlen oder Erwärmen eines festen oder flüssigen Körpers eintretenden Volumänderungen sind verhältnismäßig klein. Ganz anders aber bei den Gasen. Darum müssen wir **bei** den **Gasen zwei verschiedene spez. Wärmen** unterscheiden: nämlich c_v, die spez. Wärme bei konstantem Volumen, und c_p, die spez. Wärme bei konstantem Druck. c_v bestimmt man meistens indirekt aus c_p und der Schallgeschwindigkeit (vgl. §§ 150 u. 210).

Die direkte Bestimmung von c_p geschieht in folgender Weise. Man leitet einen Gasstrom zuerst durch eine Metallschlangenröhre, die in einem heißen Ölbade liegt. Das im Ölbade erhitzte Gas strömt unter konstantem Druck durch eine zweite in einem Wasserkalorimeter befindliche Schlangenröhre und gibt seine Wärme ab. Aus der durchgeströmten Gasmenge, dem Wasserwert und Temperaturanstieg des Kalorimeters und aus dem Temperaturabstieg des Gases — d. h. Gastemperatur vor dem Eintritt minus Gastemperatur nach dem Austritt aus dem Kalorimeterschlangenrohre ins Freie — läßt sich wie bei einer Mischungsmethode c_p finden, z. B. für Luft 0,241, für Wasserstoff 3,41 usw.

Mechanische Wärmetheorie. — I. Hauptsatz.

203. Wir sahen bereits in der Mechanik, daß Energie nie verloren gehen kann. Dieser Grundsatz war seit langem bekannt, wie die Betrachtung des Stevinus (§ 37) zeigte. Bei solchen rein mechanischen Überlegungen mußten aber stets Einschränkungen gemacht werden wegen des störenden Einflusses der Reibung. Eine Verallgemeinerung des zunächst nur für die Mechanik als gültig erkannten Energieprinzipes war erst möglich, als man einsah, daß ein Ersatz, ein Äquivalent für die durch Reibung verlorengegangene mechanische Energie in der erzeugten **Reibungswärme** zu suchen sei. Bis zu Beginn des vorigen Jahrhunderts faßte man ziemlich allgemein die Wärme als einen unwägbaren Stoff („Imponderabile") auf, der in heißen Körpern in größerer Menge vorhanden sei als in kalten, und der von einem Körper in einen anderen bei Berührung überfließen könne.

204. Graf **Rumford** zeigte (1798), daß diese Vorstellung unhaltbar sei. Er brachte ein Kanonenrohr, die Öffnung nach oben, vertikal in ein Faß mit Wasser. In das Kanonenrohr kam ein großer, stumpfer Bohrer, der mittels Querstangen durch Pferde um seine Vertikalachse gedreht wurde. Die dabei entstehende große Reibung brachte das Wasser im Fasse zum Sieden und Verdampfen. Nun konnte dieser Versuch beliebig lang fortgesetzt werden. Es hätte also der Wärmestoff, der nach der damaligen Auffassung durch die Reibung aus dem Bohrer oder Kanonenrohre herausgequetscht werden sollte, unerschöpflich sein müssen, was natürlich physikalisch unmöglich ist. Rumford sprach damals schon klar die Meinung aus, daß die Wärme nichts anderes sei als die bei der Reibung scheinbar verlorengegangene Energie der mechanischen Bewegung.

205. Diese Versuche wurden später von **Joule** (1840—1850) in verschiedener Weise variiert. Einer dieser vielen Versuche ist schematisch in Fig. 174 dargestellt. In der Mitte eines kleinen Wasserkalorimeters drehen sich mehrere Schaufeln s um eine Vertikalachse, wobei sie an feststehenden Scheiben r knapp vorüber müssen. Die Drehung dieser Schaufeln wird durch um die Achse a gewickelte Schnüre verursacht, welche um Rollen laufen, an deren Enden je ein Gewicht G hängt.

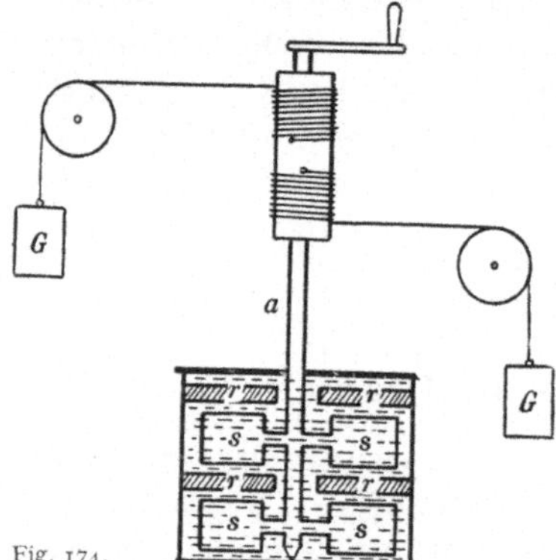

Fig. 174.

Indem diese Gewichte (infolge der Reibung im Kalorimeter) ganz langsam zu Boden sinken, leisten sie Arbeit, und diese Arbeit erwärmt (durch die Reibung der Schaufeln s) das Wasser. Da die fallenden Gewichte fast ohne Geschwindigkeit und daher ohne kinetische Energie an der tiefsten Stelle ankommen, so berechnet sich die beim Fallen verschwundene Energie einfach als Fallhöhe mal Gewicht. Diese verschwindende Energie ist in die Kalorimeterwärme, d. i. Temperaturanstieg mal Wasserwert, verwandelt worden.

206. Als bestes Ergebnis solcher und ähnlicher moderner Versuche fand man, daß die Arbeit von 4,2 Joule (genau 4,184) äquivalent ist mit 1 cal oder 426,9 Meterkilogramm äquivalent sind mit 1 kcal.

Auf theoretischem Wege (§ 208) hatte der Arzt **Robert Mayer** schon im Jahre 1842 diese Zahl der Größenordnung nach richtig bestimmt. Die allgemeinste Darstellung des Gesetzes der Erhaltung der Energie lieferte Helmholtz 1847, welcher zeigte, daß nicht nur die Wärme, sondern auch alle anderen uns bekannten Energieformen, z. B. elektrischer und magnetischer Natur, durch das Energiegesetz umfaßt werden. Die Gleichung $1\,\mathrm{cal} = 4{,}2\,\mathrm{Joule} = 4{,}2 \cdot 10^7\,\mathrm{Erg}$ ist der erste Hauptsatz der mechanischen Wärmetheorie (siehe § 284). Er sagt aus, daß sich Wärme in Arbeit und umgekehrt sich Arbeit in Wärme verwandeln läßt, wobei stets die Umwandlung quantitativ durch obige Zahl bestimmt ist. 4,2 heißt das **mechanische Wärmeäquivalent J**, weil, wenn irgendeine Wärmemenge in cal gegeben ist, wir diese cal-Zahl mit 4,2 multiplizieren müssen, um Joule zu bekommen, z. B. 10 cal bedeutet dieselbe Energie wie 42 Joule.

207. Kompressionswärme bei Gasen. Komprimieren wir ein Gas, so ist dazu Arbeit, Energie, nötig. Das Gas wird, wie ein Versuch zeigt, genau der geleisteten Arbeit entsprechend wärmer. Lassen wir ein komprimiertes Gas unter äußerer Arbeitsleistung, d. i. unter Energieverlust sich ausdehnen, so wird, wie Versuche zeigen, das Gas dieser äußeren Arbeitsleistung entsprechend sich abkühlen. Eine solche Abkühlung findet aber nicht statt, wenn ein ideales Gas in einen luftleeren Raum hineinströmend sich ausdehnt; hier ist ja kein äußerer Gegendruck zu überwinden, also keine Arbeit zu leisten. (Siehe dagegen § 262.)

Anders ist es z. B. beim Zusammendrücken einer ideal elastischen Feder, wo die Kompressionsenergie der geleisteten Arbeit verschwindet und sich ganz in potentielle Energie der Spannung umsetzt, um beim Entspannen wieder als äußere Arbeit zu erscheinen. Drückt man aber ein Gas zusammen, so wird die ganze Kompressionsenergie in Wärme verwandelt, das Gas wird erwärmt, und wenn diese erzeugte Wärme in die Umgebung abgeflossen ist, ist die ganze Kompressionsenergie verschwunden. Der Energieinhalt einer Gasmasse ist somit (bei gleicher Temperatur) unabhängig vom Volumen.

Die bei einer Kompression geleistete Arbeit bekommen wir nur dann genau wieder, wenn die Expansion unter denselben Druckverhältnissen vor sich geht, wie die Kompression.

208. Mit Hilfe des bekannten mechanischen Wärmeäquivalentes J und der bekannten spez. Wärme bei konstantem Drucke c_p läßt sich für die Gase die **Berechnung von** c_v, der spez. Wärme bei konstantem Volumen aus c_p und J durchführen.

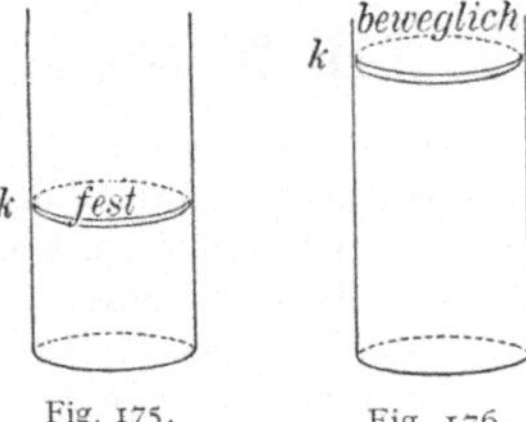

Fig. 175.   Fig. 176.

Wir haben 1 cm³ Luft in einem Zylinder, dessen Grundfläche 1 cm², dessen Höhe also 1 cm ist; Gastemperatur 0° C; gewöhnlicher Atmosphärendruck, d. i. ca. 10^6 Dynen pro cm². (Nach § 104.) Wir wollen diese 0,00129 g Luft (§ 99) in zwei verschiedenen Weisen auf 273° C erwärmen.

1. Der Kolben k sei fest (Fig. 175), das Volumen also konstant. Die zur Erwärmung von 0° C auf 273° C nötigen cal sind $0{,}00129 \cdot 273 \cdot c_v$.

2. Der als gewichtslos gedachte Kolben des Gefäßes kann diesmal beim Erwärmen so in die Höhe gehen, daß der Druck konstant bleibt (Fig. 176). Bei der Erwärmung von 0° C auf 273° C oder von der absoluten Temperatur 273 auf 2 · 273, verdoppelt sich aber bei konstantem Druck das Luftvolumen, der Kolben geht also um 1 cm hinauf, so daß aus dem ursprünglichen 1 cm³ jetzt 2 cm³ Volumen werden. Die diesmal gebrauchte Kalorienanzahl ist $0{,}00129 \cdot 273 \cdot c_p$.

Letztere Wärmemenge muß größer sein, weil das Gas Arbeit geleistet hat; $(0{,}00129 \cdot 273 c_p - 0{,}00129 \cdot 273 c_v)$ ist äquivalent mit der äußeren Arbeit oder mit Kraft mal Weg oder mit 10^6 Dyn · 1 cm = 0,1 Joule. Wenn J das mechanische Wärmeäquivalent ist, so haben wir also

$$J\left[0{,}00129 \cdot 273\,(c_p - c_v)\right] = 0{,}1.$$

Nun ist c_p bekannt, 0,241 (§ 202); ebenso ist J bekannt, 4,2. Daraus ergibt sich $\qquad c_v = 0{,}172.$

R. Mayer verfuhr umgekehrt. Er kannte c_p und c_v (§ 206) und berechnete daraus das mechanische Wärmeäquivalent J. Die Zahl, die er fand, war wegen Ungenauigkeit seiner Werte von c_p und c_v nur angenähert richtig; sein genialer Gedankengang war aber ganz korrekt.

Die erste rohe Bestimmung von J gelang schon Rumford durch seinen Versuch (§ 204).

209. Wenn wir ein Gas isothermisch komprimieren, müssen wir die bei der Zusammenpressung entstandene Wärme immer ableiten; nur so kann die Temperatur konstant erhalten werden. Es ist aber auch möglich, ein Gas adiabatisch, d. h. so, daß Wärme weder aus- noch eintreten kann, zu komprimieren. Dann wird der Gesamtdruck wegen dieser auftretenden Erwärmung beim Komprimieren rascher ansteigen als bei isothermer Zusammendrückung. Solche **Adiabaten** laufen also steiler als die Isothermen.

In der Gleichung für eine Isotherme ist pv gleich einer Konstanten (§ 180); in der Gleichung einer Adiabate aber bildet pv^k einen konstanten Wert, wo $k = \dfrac{c_p}{c_v}$. Da c_p bekannt ist (§ 202), läßt sich aus k das c_v berechnen.

210. Newton setzte die **Schallgeschwindigkeit** $c = \sqrt{\dfrac{p}{\varrho}}$, wo p der Druck und ϱ die Dichte in absolutem Maße sind. Das ergibt für Luft aber nur 280 m/sec. Laplace zeigte nun, daß $c = \sqrt{\dfrac{k\,p}{\varrho}}$, weil die Verdichtungen und Verdünnungen in einer Schallwelle nicht isothermisch, sondern adiabatisch vor sich gehen, d. h. die Erwärmungen und Abkühlungen (hervorgerufen durch die Verdichtungen und Verdünnungen) in den Knoten folgen so rasch aufeinander, daß ein Wärmeausgleich durch Wärmeleitung oder Strahlung nicht erfolgt. Es kann also k aus der Schallgeschwindigkeit in Kundtschen Röhren (vgl. § 150) bestimmt werden.

Am größten ist k für einatomige Edelgase, Metalldämpfe usw. $= 1{,}66$; zweiatomige haben meist $k = 1{,}4$; komplizierter gebaute, wie CO_2, $k = 1{,}3$ und je komplizierter der Aufbau ist, desto mehr nimmt k ab.

Bewegungshypothese der Wärme.

211. Weil beim Erzeugen einer bestimmten Wärmemenge immer eine bestimmte Menge einer anderen Energieart verschwindet, die Wärme also an Stelle irgendeiner scheinbar verschwundenen Energie auftritt, ist auch die Wärme eine Form der Energie. Noch aber wissen wir nicht, ob diese Wärmeenergie kinetischer oder potentieller Natur ist. Die Annahme ist ziemlich wahrscheinlich, daß die **Wärme eine Bewegungsform** sei. Da aber ein Körper bei erhöhter Temperatur keinerlei sichtbare Bewegung aufweist, so müssen wir die Wärme als Bewegung der kleinsten Teilchen auffassen.

Bei einem festen Körper denken wir uns jede Molekel an ihrem Platze fixiert. Sie kann um diesen Platz herum begrenzte Schwingungen ausführen. Im flüssigen Körper ist dann dieselbe Molekel nicht mehr an ihrem Platz gebunden, sondern wandert fortwährend, an ihren Nachbarn knapp vorbeigleitend. Im gasförmigen Zustande sind die einzelnen Molekeln weit voneinander entfernt und bewegen sich in geradlinigen Bahnen so lange, bis sie an die Wand oder an eine andere Molekel anstoßen.

212. Zunächst entwickelte sich aus solchen Vorstellungen die **kinetische Gastheorie,** deren Resultate dann auch im übertragenen Sinne für unsere Auffassung des Wesens fester und flüssiger Körper gute Dienste leisteten.

Der Druck, den ein Gas auf die einschließenden Wände ausübt, erklärt sich unmittelbar durch den Anprall der elastisch gedachten Molekeln. Verkleinert man einen Gasraum auf die Hälfte oder ein Drittel usw., so werden die Teilchen zweimal, dreimal usw. öfter an die Wand stoßen, und es wird der Druck ein zweifacher, dreifacher usw. werden. Diese Vorstellung ergibt also ungezwungen das Boyle-Mariottesche Gesetz.

Bezeichnet N die Zahl der in der Volumseinheit (1 cm³) enthaltenen Gasmolekeln, m die Masse und $\frac{m\,u^2}{2}$ die mittlere kinetische Energie einer einzelnen Molekel, so läßt sich aus allgemeinen Gesetzen der Mechanik (Impulssatz) die Formel für den Druck p ableiten: $p = \frac{N\,m\,u^2}{3}$ oder (da $Nm = \varrho$ = Dichte des Gases ist) $p = \frac{\varrho\,u^2}{3}$. Hieraus können die folgenden Werte der Geschwindigkeit u für verschiedene Gase (bei der Temperatur $0°$ C) zahlenmäßig berechnet werden:

O_2	N_2	H_2	CO_2
$u = 425$	492	1844	392 m/sec.

Bezieht man die Zustandsgleichung des idealen Gases (vgl. § 180) auf die Masseneinheit (1 g) eines Gases, setzt also $v = \frac{1}{\varrho}$, so wird nach obiger Formel $pv = \frac{p}{\varrho} = \frac{u^2}{3} = RT$. Es ist also das Quadrat der Molekulargeschwindigkeit (u^2) und somit auch die kinetische Energie $\left(\frac{m\,u^2}{2}\right)$ einer einzelnen Molekel proportional der absoluten Temperatur.

Aus der Tatsache, daß die Dichten verschiedener Gase sich wie ihre Molekulargewichte verhalten, folgt der von Avogadro (1811) aufgestellte Satz: Bei gleicher Temperatur und gleichem Druck enthalten gleiche Volumina verschiedener Gase die gleiche Zahl von Molekeln. Es ist also unter diesen Bedingungen $p_1 = \frac{N_1\,m_1\,u_1^2}{3} = p_2 = \frac{N_2\,m_2\,u_2^2}{3}$ und daher, da $N_1 = N_2$ ist, auch $m_1\,u_1^2 = m_2\,u_2^2$, d. h.: bei gegebener Temperatur sind die mittleren kinetischen Energien der Molekeln in verschiedenen Gasen gleich groß.

213. Nehmen wir den Durchschnitt der Molekelgeschwindigkeit des Stickstoffes, des Hauptbestandteiles der Luft, mit rund 500 m/sec an, so würde eine Luftmolekel, die senkrecht nach oben fliegt, so hoch steigen wie ein mit 500 m/sec nach aufwärts geschossenes Projektil, d. h. $12\,500$ m hoch (§ 18). Nun ist aber unsere **Atmosphärenhöhe** viel größer: höchste bemannte Ballonfahrt ca. $10\,000$ m, höchste unbemannte fast $40\,000$ m; Beobachtung von Wolken bis 28 km, von Meteoren, die erst durch Reibung in unserer Atmosphäre erglühen können, bis zu 200 km und mehr. Die höchsten Nordlichterscheinungen dürften bis zur Höhe von mehr als 500 km reichen. In solchen Höhen müssen also noch Gasspuren vorhanden sein.

214. Das **Maxwellsche Verteilungsgesetz** betont, daß die früher von uns angegebenen Geschwindigkeiten gewonnen seien aus dem Mittel der kinetischen Energien aller einzelnen Molekeln; in Wirklichkeit ist aber bei dem fortwährenden Aneinanderprallen der Molekeln keineswegs überall gleiche Geschwindigkeit möglich. Manche Molekeln werden sich viel rascher und andere viel langsamer bewegen, und wenn wir die Geschwindigkeiten der einzelnen Molekeln eines Gases einzeln messen könnten, so würden sich sehr verschiedene Geschwindigkeiten (nach einer Wahrscheinlichkeitskurve, ähnlich der Fig. 177) ergeben. Daraus folgt, daß auch in Luft Geschwindigkeiten vorkommen

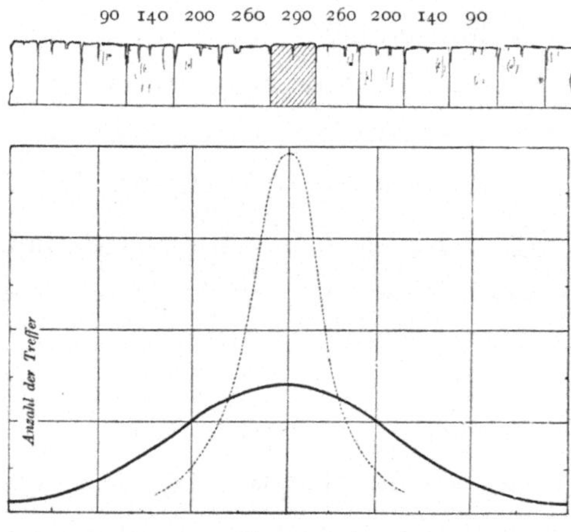

Fig. 177.

werden, die den Wert 500 m/sec weit übersteigen. Auf diese Weise ist die Höhe unserer Atmosphäre keineswegs in Widerspruch mit den Ideen der kinetischen Gastheorie.

Aus solchen Überlegungen folgt auch, daß die sich rascher bewegenden Molekeln eines weniger dichten Gases mehr an die Grenze der Atmosphäre gelangen werden. Am Erdboden besteht die Luft der Hauptsache nach ungefähr aus 78 % Stickstoff, 21 % Sauerstoff, 1 % Argon und Spuren von anderen Gasen, darunter auch Wasserstoff. Diese Verteilung ändert sich mit der Höhe, so daß im idealen Gleichgewicht in Höhen über 100 km nur mehr Wasserstoff vorhanden wäre.

215. **Wahrscheinlichkeitsrechnungen** spielen in der Physik eine große Rolle und werden wohl in Zukunft immer mehr an Bedeutung gewinnen.

Wir können das Eintreten eines Naturereignisses bestimmt voraussagen, wenn wir alle bedingenden Faktoren genau kennen. Wir können z. B. die Temperatur, die in einem Wasserkalorimeter durch das Hineinwerfen eines warmen Körpers entsteht, genau vorausrechnen. Hingegen ist es unmöglich, die Temperatur anzugeben, die z. B. irgendein bestimmtes Thermometer im Freien zur nächsten Silvestermitternacht in Wien zeigen wird. Wette ich hier z. B. + 20 ° C oder — 30 ° C, so wird wohl jedermann die Wette gegen mich halten; die Wahrscheinlichkeit ist gegen mich. Der Mittelwert aus einer Reihe von Jahren ergab z. B. — 2 ° C, und die Wahrscheinlichkeit spricht dafür, daß die Temperatur auch diesmal eine ähnliche sein wird.

Wenn ich den Sterbeprozentsatz bei einer bestimmten Krankheit, z. B. Tuberkulose, und den Einfluß der Lebensstellung, ob arm oder reich, auf den günstigen oder ungünstigen Verlauf erfahren will, werde ich eine Statistik aus einer möglichst großen Zahl von Fällen zusammentragen, und die Wahrscheinlichkeitsrechnung erlaubt mir dann den Grad der

Wahrscheinlichkeit vorauszurechnen, der meinen Prophezeiungen innewohnen wird. Auch dann kann meine Prognose im Einzelfall versagen. Sie wird aber im Mittel um so richtiger werden, je größer die Zahl der Prognosen ist.

Wahrscheinlichkeitsrechnung ist überall da am Platze, wo eine sehr große Zahl von beobachteten, statistisch bearbeiteten Fällen vorliegt und auch die Prognosen auf viele Zukunftsfälle bezogen werden.

Nehmen wir an, ein Schütze schieße nach einem bestimmten vertikalen Brett in einem Bretterzaun (Fig. 177 oben schraffiert gezeichnet). Der Einfachheit wegen wollen wir uns um Abweichungen nach oben und unten nicht kümmern, sondern nur darum, wie oft das Ziel (schraffiertes Brett) und wie oft durch Fehlschüsse die Nachbarbretter getroffen werden.

Die bezüglichen Zahlen stehen längs einer horizontalen Linie, Fig. 177 oben, an Punkten, welche den Mittellinien der Bretter entsprechen. Treffer waren z. B. 290, Fehlschüsse auf das Nachbarbrett links oder rechts je 260 usw. Zieht man an den Orten dieser Zahlen entsprechend lange Vertikallinien als Ordinaten, so ergibt, Fig. 177 unten, die Verbindungslinie der oberen Enden die sog. Wahrscheinlichkeitskurve. Wir ersehen da mit einem Blick, wie oft der Schütze in das Ziel geschossen und wie oft und wie weit rechts oder links vorbei. Die Kurve ergibt, daß Abweichungen nach rechts oder links um so seltener vorkommen, je größer sie sind. Die Form der Kurve wird bei einem guten Schützen, der

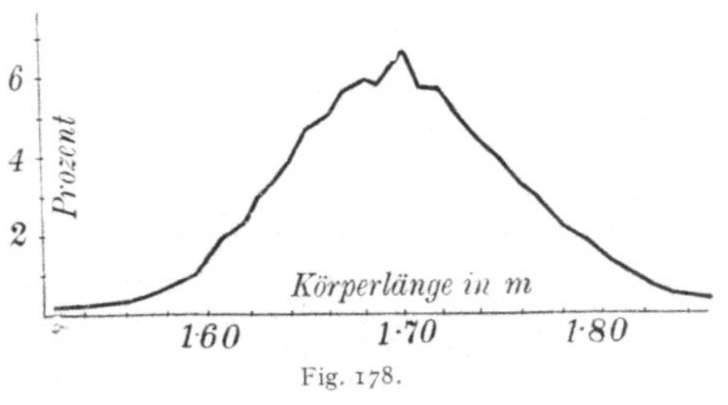

Fig. 178.

mehr Treffer und weniger Fehler macht, steiler sein, in Fig. 177 unten punktiert gezeichnet.

Ein anderes Beispiel für eine Wahrscheinlichkeitskurve ist folgendes: Wenn wir die Körperlänge einer bestimmten Menschenrasse, z. B. der schwedischen Wehrpflichtigen, mit 1,7 m festsetzen, so heißt das nicht, daß jeder schwedische Soldat 1,7 m groß ist. Es werden sich Variationen ergeben; die Ordinaten (Fig. 178) geben den Prozentsatz der Individuen, bei denen die in den Abszissen angegebenen Körperlängen gemessen wurden, also 7 % haben die Normallänge 1,7 m, 6 % etwa 1,68, 1 % etwa 1,58 usw. und analog für übernormale Längen.

Analog erhält man die sog. Maxwellsche Wahrscheinlichkeitskurve des vorhergehenden Paragraphen, wenn man alle Gasmolekelgeschwindigkeiten von Null bis Unendlich als Abszissen und als Ordinaten die Prozente der Häufigkeit des Vorkommens dieser Geschwindigkeiten in einer größeren Gasmasse einzeichnet.

216. Denken wir uns zwei Gase von gleichem Drucke und gleicher Temperatur in einem Behälter übereinander durch eine Scheidewand getrennt, z. B. unten schwere Kohlensäure und oben leichten Wasserstoff. Entfernen wir dann die Scheidewand noch so behutsam, so tritt doch eine Mischung, eine Diffusion, ein. Nach kurzer Zeit ist ein Teil des Wasserstoffes der Schwere entgegen in die Kohlensäure eingedrungen und umgekehrt. Diese **Diffusion** ist eine Folge der Eigenbewegung der Molekeln, so daß z. B. die schnelleren Wasserstoffmolekeln (im Vergleich zur Kohlensäure) sehr rasch diffundieren. Eine Leuchtgasmolekel hat die Geschwindigkeit von etwa 700 m/sec. Wenn irgendwo in einem größeren Saale Gas ausströmt, so würde man darum zunächst glauben, man müsse das ausströmende Gas gleich im ganzen Saale riechen. Das geschieht aber nicht (wenn keine Luftströmungen und Gravitationswirkungen mitspielen), wie aus dem Folgenden ersichtlich wird.

217. Mißt man die absoluten Wegstrecken, längs welcher die Gasteilchen gegenseitig in die Nachbargebiete hineindiffundieren, so ergeben sich trotz der großen Geschwindigkeiten sehr kleine Werte. Das kommt daher, daß jede Gasmolekel fortwährend an andere anstößt. Das arithmetische Mittel aus sehr vielen, zwischen je zwei Zusammenstößen wirklich zurückgelegten Wegen oder die **mittlere molekulare Weglänge** berechnet die kinetische Gastheorie für Luft von 0 °C und 76 cm Hg zu ca. 0,00001 cm. Die Gasmolekel bewegt sich also mit großer Geschwindigkeit, aber infolge des fortwährenden Anpralles in Zickzackbahnen, so daß ein Wegrücken vom Ausgangspunkt, und das ist ja für die Diffusion maßgebend, sehr langsam erfolgt.

218. Wir werden später sehen, daß ein Gas, wenn man es stark komprimiert, flüssig werden kann. Nimmt man der Einfachheit wegen die Molekeln als kugelförmig an, und denkt man sich das Gas bei einer Verflüssigung bis zur wirklichen Berührung dieser Kugeln zusammengepreßt, so gibt das Volumen dieser Flüssigkeit ungefähr der Größenordnung nach das wirklich von der Masse des Gases erfüllte Volumen. Mit Hilfe dieser Zahl und der molekularen Weglänge kann man den **Durchmesser der Molekeln** und ihre Anzahl pro cm³ berechnen, was zuerst Loschmidt (1865) ausführte.

So kommen wir zu einer Schätzung der Größenordnung der Molekeln. Man hat auch durch ganz andere, elektrische oder optische, Methoden analoge Werte von ungefähr gleicher Größe gefunden.

Es ergibt sich als Molekeldurchmesser für

H_2	N_2	O_2	CO_2
2,4	3,1	3,0	$3,4 \cdot 10^{-8}$ cm.

219. Die Anzahl der Gasteilchen pro cm³ ist für 0°C und Atmosphärendruck nach dem Avogadroschen Gesetz für alle Gase gleich, und zwar ungefähr 27 Trillionen, d. h. 27 mit 18 angehängten Nullen oder $27 \cdot 10^{18}$. Diese Zahl heißt die **Loschmidtsche Zahl.**

Pro Mol (§ 180) ist — unabhängig von Druck und Temperatur — die Molekelanzahl ungefähr $6 \cdot 10^{23}$, und zwar für Gase, Flüssigkeiten und feste Körper.

Wenn man die Molekeln eines cm³ Luft rosenkranzartig aneinanderreihte, so gingen sie ca. 200 mal um den Äquator. Flächenförmig nebeneinander auf einen Tisch ausgebreitet, würden sie eine Fläche von etwa 2,4 m² bedecken.

Trotz dieser riesigen Zahl ist der zum Hin- und Herfliegen zur Verfügung stehende freie Raum infolge der Kleinheit der Molekeln ein ganz beträchtlicher. Beim Auspumpen mit unseren besten Luftpumpen verkleinern wir die Zahl auf etwa 10^{10} bis 10^9 Molekeln pro cm³. Wir sehen, daß die Zahl der Molekeln, der in einem sogenannten Vakuum, Röntgenröhren u. dgl. übrig bleibt, immer noch sehr beträchtlich ist.

Die Größe einer Molekel ist im Gaszustande wahrscheinlich dieselbe wie im flüssigen oder festen Zustand.

Es gibt viele, voneinander ganz verschiedene Methoden der Physik, um die Molekelgröße und Anzahl zu bestimmen. Die Resultate stimmen recht gut überein.

Aus der Loschmidtschen Zahl und der Dichte des Wasserstoffs läßt sich die absolute Masse eines Wasserstoffatomes berechnen.

$$m_H = 1{,}66 \cdot 10^{-24}\,\text{g}; \quad m \text{ von } \frac{O}{16} = 1{,}65 \cdot 10^{-24}\,\text{g} \quad (\text{als Basiswert}).$$

Daraus lassen sich aus den Atom- und Molekulargewichten die absoluten Werte für beliebige Elemente und Verbindungen bestimmen.

220. Die **kleinsten Bakterien,** die wir kennen, haben einen Durchmesser von etwa 0,0005 mm. Der Influenzabazillus z. B. hat $1{,}2\,\mu$ Länge und $0{,}4\,\mu$ Dicke. Nehmen wir an, daß sie zum Teil aus Wasser und zum Teil aus großen, eiweißartigen Molekeln, die Molekulargewichte von $10^4 - 10^5$ besitzen, bestehen, so enthalten die kleinsten Bazillen immer noch etwa 10^6 bis 10^7 große organische Molekeln. Ein rotes Blutkörperchen enthält unter analogen Annahmen etwa 10^9 und das Spermatozoon eines Menschen etwa 10^8 solcher Molekeln, mehr als genug, um durch Verschiedenheit der Anordnung die allergrößten Verschiedenheiten in der Gesamtstruktur zu ermöglichen.

Gegenseitige molekulare Mischung von Körpern.

221. Wenn zwei Körper in sehr enge gegenseitige Berührung gebracht werden, so können die Molekeln des einen unabhängig von äußeren Kräften in den anderen eindringen. Dieses Hineindringen, **Diffusion,** geschieht infolge der Eigenbewegung der Teilchen. Eine so entstandene Mischung zweier oder mehrerer Substanzen zu einem physikalisch vollkommen homogenen Komplexe heißt **Lösung.** Man nennt einen Körper physikalisch homogen, wenn durch mechanische Mittel keine Trennung der physikalischen Einzelbestandteile möglich ist. In diesem allgemeinen Sinne können Gase, Flüssigkeiten und feste Körper sich gegenseitig lösen.

Diffusion: Gas — Gas. Die Diffusionsphänomene erscheinen am reinsten bei Gasen, und wir haben das Wichtigste davon schon § 216 u. 217 mitgeteilt.

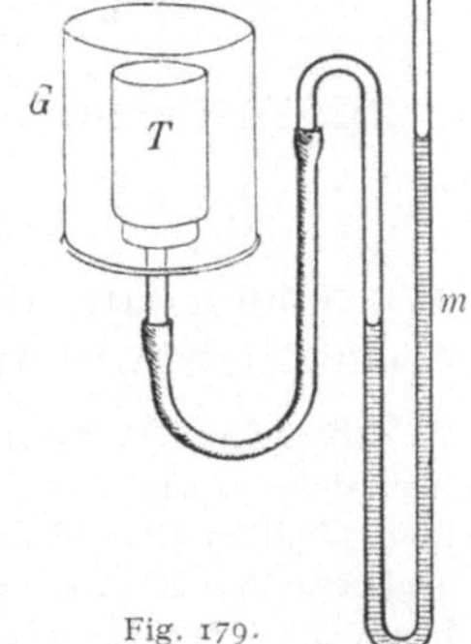

Fig. 179.

Hier soll nur eine diesbezügliche interessante Tatsache nachgetragen werden. Eine Gasdiffussion findet auch durch poröse Wände hindurch statt. T in Fig. 179 sei ein Tondiaphragma, ein hohles Gefäß aus porösem Tone, unten mit einem Korke verschlossen und mit einem Manometer m verbunden. Stülpt man einen mit Leuchtgas gefüllten Glaszylinder G über T, so dringen die rascher beweglichen Leuchtgasmolekeln rascher nach T hinein als die schwereren und darum langsameren Luftmolekeln heraus; in T entsteht ein Überschuß von Leuchtgas und ein Überdruck. Nimmt man bei diesen Versuchen statt

Leuchtgas Kohlensäure, wobei T und G umgekehrt gehalten werden müssen, so sinkt der Druck in T.

Nach diesem Prinzipe hat G a e d e eine Diffusionsluftpumpe konstruiert, welche noch wirksamer ist als die im § 119 geschilderte Molekularluftpumpe.

Diffusionsluftpumpen werden derzeit entweder ganz aus Glas oder ganz aus Stahl hergestellt (Fig. 180). Das Quecksilber Q wird durch eine Flamme erhitzt. m und n sind Zu- und Abfluß des Kühlwassers. f ist mit dem Rezipienten, g mit der Vorpumpe verbunden. Der Quecksilberdampf steigt im Rohr A in der Pfeilrichtung auf und spült die Luft, die aus dem zu evakuierenden Raum bei e in den Dampfstrom hineindiffundiert, zu dem Kühler c in das Vorvakuum. Die Trennungswand D zwischen dem Dampfstrom und Hochvakuum grenzt mit dem erweiterten Teil E des Kühlers den ringförmigen engen Spalt e ab, der den Rücktritt des Dampfes in die Zuleitung — d. i. von oben nach unten durch e — sperrt. Da die Pumpe mit einem Vorvakuum von 0,1 mm betrieben wird, ist die freie Weglänge bei e so groß, daß die Weite des Spaltes die freie Weglänge der Gasmolekeln größenordnungsmäßig nicht überschreitet.

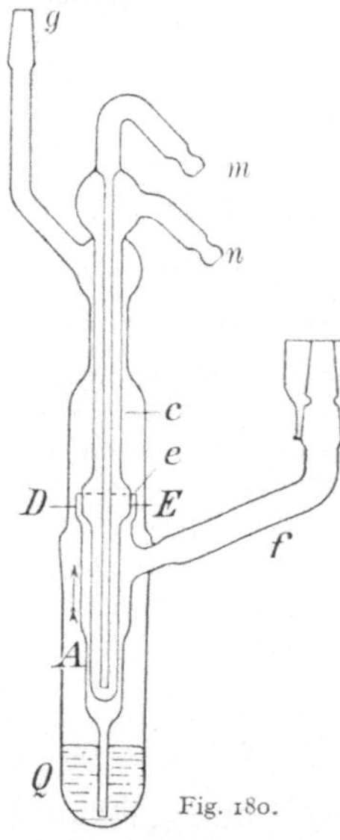
Fig. 180.

In einem Gasgemisch drückt jedes Gas, als ob es allein vorhanden wäre (D a l t o n 1806); der Gesamtdruck ist die Summe der Partialdrucke der einzelnen Gase. Der Partialdruck beträgt genau so viel Prozente des Gesamtdruckes, als das betreffende Gas Volumprozente des Gesamtvolumens hat.

Trockene atmosphärische Luft besteht ungefähr aus 21 % Sauerstoff (O_2), 78 % Stickstoff (N_2) und 1 % Argon (Ar), neben Spuren von Kohlensäure. Ist der Gesamtdruck der Luft p (z. B. 76 cm Hg), so ist der Partialdruck dieser Gase bei 0^0

$$\text{für } O_2 \ldots p\,\frac{21}{100}, \text{ für } N_2 \ldots p\,\frac{78}{100}, \text{ für Ar} \ldots p\,\frac{1}{100}.$$

222. Diffusion: Flüssigkeit — Flüssigkeit. Ähnlich wie Gase, aber nur viel langsamer, mischen sich auch Flüssigkeiten. Hier hat man aber meist nicht nur kinetische Diffusion, es treten auch molekularchemische Wirkungen auf, die sich in Volumsverkleinerung, Wärmewirkung oder chemischen Änderungen äußern.

223. Diffusion: fester Körper — fester Körper. Es gibt auch eine Diffusion fester Körper ineinander. Preßt man solche, z. B. Gold und Blei, durch lange Zeit zusammen, so diffundiert Gold in Blei hinein. Solche Erscheinungen werden besonders auffallend bei höherer Temperatur, die aber natürlich nicht so hoch sein darf, daß die festen Körper schmelzen; bei höherer Temperatur ist die Beweglichkeit eben größer. Das Resultat beim Zusammenpressen ähnelt in vielen Fällen dem beim Zusammenschmelzen. Man bezeichnet das Endprodukt als feste Lösung.

Bei Diffusion von Körpern verschiedener Aggregatformen spielen immer molekulare Kräfte eine Rolle.

224. Diffusion: Gas — fester Körper. Gase werden von festen Körpern absorbiert, so kann z. B. reines, vorher ausgeglühtes Palladium das 860fache seines Volumens an Wasserstoff absorbieren.

Insoferne die Gase hauptsächlich an der Oberfläche der festen Körper absorbiert werden, spricht man dann von Adsorption. Diese hängt von der Beschaffenheit und besonders von der Größe der Oberfläche ab, welche bei Pulverform des Körpers besonders groß ist. Frisch ausgeglühte Holzkohle adsorbiert von Ammoniak das 90fache, von Kohlensäure das 35fache ihres Volumens.

Bei tiefen Temperaturen nimmt die Adsorption und Absorption sehr stark zu. Bringt man an irgendeine Stelle einer zu evakuierenden Röhre ausgeglühte Kokosnußkohle und pumpt dann mit einer gewöhnlichen Luftpumpe teilweise aus, so genügt ein Eintauchen jenes Glasteiles, welcher die Kohle enthält, in flüssige Luft (— 186°C), um fast alle Spuren von Luft durch Adsorption zu entfernen.

Solche von der Beschaffenheit der Oberfläche abhängige Adsorptionen dürften in der Biochemie noch zu großer Bedeutung gelangen.

Adsorptions-Therapie beruht auf Verwendung von Mitteln mit sehr großer Oberfläche, so die Anwendung von Bolus (Aluminiumsilikat), von Blutkohle bei Ruhr, Cholera, vielen Vergiftungen usw. Wasser mit Blutkohle geschüttelt und filtriert hat z. B. alle eventuellen Choleravibrionen und Typhusbazillen in der Kohle gelassen, es ist sterilisiert. Auch das bei Magenerkrankungen oft gebrauchte Wismutpulver wirkt als Adsorbens; die schädlichen Stoffe werden gleichzeitig mit den in den Magen und Darm gebrachten adsorbierenden Mitteln ausgeschieden

225. Diffusion: Gas — Flüssigkeit. Gase diffundieren oft mit großer Kraft in Flüssigkeiten hinein. Man spricht dann von Gasabsorption oder auch von einer Lösung des Gases in der Flüssigkeit.

Eine Volumseinheit Wasser z. B. absorbiert (bei 15°C) Volumseinheiten von

Stickstoff	Wasserstoff	Sauerstoff	Argon	Kohlensäure	Ammoniak
0,0168	0,0188	0,034	0,04	1,02	802.

Besonders auffallend ist die Absorption von Ammoniak; eine solche Absorption des 800fachen Volumens kann wohl kaum als einfache Diffusionserscheinung aufgefaßt werden. Hier spielen chemische Kräfte mit. Die absorbierte Gasmenge ist ziemlich genau dem Gasdruck proportional (Henrys Gesetz); da aber obige Zahlen auf Volumseinheiten sich beziehen, sind sie unabhängig vom Drucke (bei z. B. zweifachem Druck wird zweimal so viel absorbiert, aber diese zweifache Menge hat jetzt wegen des zweifachen Druckes wieder dasselbe Volumen).

Preßt man Kohlensäure durch Druckpumpen in Wasser hinein, so werden beträchtliche Mengen absorbiert; bei Druckverminderung erfolgt Gasentwicklung (Sodawasser). Bei Flaschenbier, Champagner erzeugt die sich durch Gärung entwickelnde Kohlensäure selbst den großen Druck.

Die Absorption fällt mit steigender Temperatur.

Wird ein Gasgemisch von einer Flüssigkeit absorbiert, so gilt das Henry-Daltonsche Gesetz. Es werden die Gasbestandteile entsprechend ihrem Partialdrucke absorbiert. Von Luft von Atmosphärendruck wird in einem Liter Wasser absorbiert bei 15^0 C

$$0,0072 \text{ l } O_2 \qquad 0,0147 \text{ l } N_2 \qquad 0,0004 \text{ l Ar.}$$

Im Wasser ist also nur ein Teil der Luft absorbiert, dieser Teil ist aber prozentual sauerstoffreicher als die normale Luft. Die Wassertiere atmen also gleichsam in einer verdünnten, aber relativ sauerstoffreicheren Luft.

Im Blut sind immer Gase absorbiert (§ 115), deren Menge sich entsprechend den Veränderungen des Luftdruckes ändert, was von medizinischer Wichtigkeit ist. War der menschliche Organismus, z. B. bei einem Taucher, unter großem Drucke (bis 8 Atm), so wurde viel Gas absorbiert. Läßt der Druck zu rasch nach, so ruft der im Blutkreislauf zu rasch ausgeschiedene N_2 schwerste Störungen hervor. Darum langsames ,,Ausschleußen'' bei Caissonarbeiten.

Wir sahen früher (§ 221), daß Gase durch poröse Wände nach bestimmten Gesetzen diffundieren, wobei molekulare Wirkungen nicht auftreten. Gase können auch durch Flüssigkeitsschichten durchdiffundieren; hier aber findet auf der einen Seite eine Absorption und auf der anderen Seite eine Wiederabgabe des Gases statt, und die Erscheinungen werden dadurch viel komplizierter. Auch feste Körper können ähnlich wirken; durch die Wand eines Hühnereies diffundiert z. B. Kohlensäure schneller als Stickstoff. Da solche meist schwer übersehbare Absorptionserscheinungen der nassen Scheidewände bei allen Diffusionsvorgängen der Gase und Flüssigkeiten in lebenden Organismen eine große Rolle spielen, bietet diese physikalische Seite des Stoffwechsels der Biologie oft derzeit noch nicht lösbare Aufgaben.

226. Diffusion: Fester Körper — Flüssigkeit. Schichten wir über festes Kupfersulfat behutsam Wasser, so tritt eine Diffusion ein; die $CuSO_4$-Molekeln gehen der Schwere entgegen hinauf, leisten also Arbeit, bis nach einer gewissen Zeit alles homogen geworden ist. Wäre in unserem Beispiel die Wasserschicht etwa 1 m hoch, so würde ein Ausgleich erst nach einigen Jahren geschehen sein. Erschütterungen beschleunigen die Diffusion, und es ist darum bei Löslichkeitsversuchen ein kräftiges Bewegen mittels eigener Schüttelapparate notwendig. Aber auch hier kann man oft erst nach mehreren Tagen zu einem endgültigen Lösungsgleichgewicht kommen.

Solche Lösungen sind genauestens untersucht und bieten eine Reihe von interessanten Erscheinungen, auf die wir des näheren eingehen wollen. — Meist verwendet man als Lösungsmittel Wasser.

227. Wässerige Lösungen. Es ist jeder feste Körper in Wasser löslich, nur ist der Grad sehr verschieden: Bariumsulfat, Jodsilber und alle anderen in der analytischen Chemie verwendeten Niederschläge sind in Wasser so wenig löslich, daß man sie als unlöslich bezeichnet. Die meisten kristallisationsfähigen Körper, sog. Kristalloide, sind nur in einer bestimmten — von der Temperatur und dem Drucke abhängigen — Menge löslich, hingegen die sog. Kolloide, Leim, Eiweiß usw., in beliebiger Menge.

Salze haben also in Wasser eine begrenzte Löslichkeit. Fig. 181 stellt einige Lösungskurven dar. Die Abszisse bedeutet Temperaturen, die dazu gehörigen Ordinaten geben jene Salzmenge in g, welche in 100 g Wasser löslich ist. Bei 0^0 C lösen sich von Kochsalz etwa 35 g; ein eventueller Salzüberschuß bleibt ungelöst. Eine solche Lösung heißt gesättigt. Enthält das Wasser weniger NaCl, so ist die Lösung ungesättigt. Die Löslichkeit von NaCl ist fast unabhängig von der Temperatur; bei Kalisalpeter (KNO_3) steigt sie mit der Temperatur rasch an, ebenso bei Natriumsulfat (Na_2SO_4), hier aber nur bis 33^0 C, denn bei höheren Temperaturen fällt die Kurve nach rechts ab. (Letzteres Beispiel ist nicht ganz rein, denn der steigende Ast bezieht sich auf $Na_2SO_4 \cdot 10\,H_2O$, der fallende auf Na_2SO_4.)

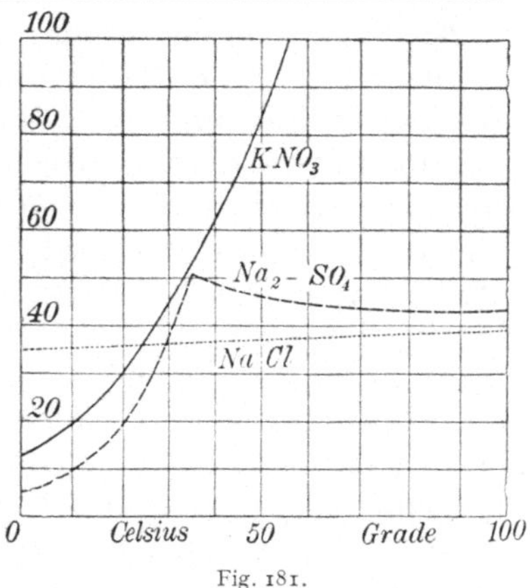

Fig. 181.

Haben wir KNO_3 im Überschuß, so wird ein bestimmter Teil bei einer bestimmten Temperatur gelöst. Das System (Salz $+$ gesättigte Lösung) ist im beweglichen Gleichgewicht. Verschiebt man dieses Gleichgewicht, indem man die Temperatur erhöht, so geht etwas mehr von dem festen Salze in Lösung; bei Abkühlung hingegen kristallisiert etwas Salz aus. Das Auflösen verlangt in diesem Falle Wärme, die sog. Lösungswärme, die man beim Auskristallisieren wieder zurückerhält. Der steile Anstieg der Kurve von KNO_3 in Fig. 181 zeigt an, daß beim Auflösen dieses Salzes in Wasser eine beträchtliche Abkühlung stattfindet.

Beim Auflösen von NaCl in Wasser verläuft die Löslichkeitskurve fast horizontal; es ist fast keine kalorische Wirkung vorhanden. Gerade umgekehrt sind die Erscheinungen, wenn die Kurve nach rechts abfällt. Löst man Na_2SO_4 in Wasser von etwa 35^0 C, so tritt Erwärmung ein. Bei solchen Auflösungen sind aber oft kompliziertere chemische Vorgänge mit im Spiele, so z. B. bei Auflösung von Alkalihydroxyden, die starke Erwärmung erzeugt usw.

Der Einfluß des Druckes auf die Löslichkeit ist sehr klein. Löst sich ein Salz, z. B. Chlorammonium, unter Ausdehnung, so wird eine Drucksteigerung die Löslichkeit zum Teil verhindern, also herabsetzen. Löst sich hingegen ein Körper, z. B. Kupfersulfat, unter Zusammenziehung, so wird eine Drucksteigerung die Löslichkeit zum Teil begünstigen, also vermehren.

228. Eine bei etwa 30^0 C gesättigte $Na_2SO_4 \cdot 10\,H_2O$-Lösung (Glaubersalz) sollte beim Abkühlen auf Zimmertemperatur einiges Salz in Form von Kristallen ausscheiden, weil ja die Löslichkeit gesunken ist. Bei vorsichtiger Abkühlung aber bleibt alles flüssig: **übersättigte Lösung.** Das Hineinwerfen eines kleinen Glaubersalzkristalles oder das Einführen eines Glasröhrchens, auf welchem Spuren dieses Salzes sind — sog. „Impfstift" —, zerstört diese Übersättigung und bewirkt Kristallisation unter Erwärmung, weil jene Wärme, welche zum Lösen nötig war, bei Kristallisieren plötzlich frei wird. Es sind von vielen Salzen übersättigte Lösungen bekannt.

Das ganze Gebiet der Lösungen bildet ein Hauptkapitel der sog. „physikalischen Chemie".

229. Schon lange ist die Tatsache bekannt, daß durch Pergamentpapier oder durch tierische Membranen, welche Wasser von einer wässerigen Lösung von Kolloiden und Kristalloiden trennen, die Kristalloidsubstanzen hindurchdiffundieren, die Kolloide aber nicht. Gibt man in einen Sack von Pergamentpapier — Dialysator — das Untersuchungsmaterial und hängt das Ganze in reines Wasser, so trennen sich durch **Dialyse** nach einiger Zeit (eventuell nach einigen Tagen) die zurückbleibenden Eiweißkörper, Schleim, Gummi usw. von den durchdiffundierenden Salzen, Zucker usw.

Die quantitativen Verhältnisse solcher Erscheinungen lernte man aber erst verstehen, als die halbdurchlässigen oder semipermeablen Membranen entdeckt wurden (Pfeffer, 1877).

230. Taucht man ein gewöhnliches poröses Tongefäß zuerst in eine wässerige Lösung von Kupfersulfat und dann in eine von Ferrozyankalium, so werden alle Poren des Gefäßes von einer solchen semipermeablen Membran verschlossen, welche für Wasser vollständig durchlässig ist, hingegen undurchlässig für die gelösten Substanzen. Man kennt verschiedene Rezepte zur Herstellung solcher Membranen je nach der zu beobachtenden Substanz.

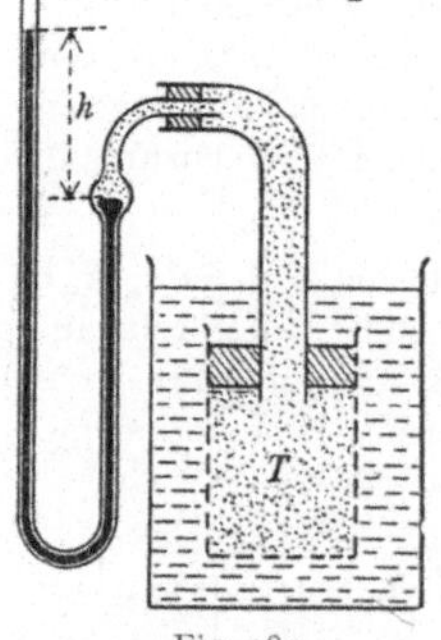
Fig. 182.

T in Fig. 182 sei ein mit einer semipermeablen Membran überzogenes und z. B. mit einer wässerigen Zuckerlösung gefülltes Tondiaphragma, oben mit einem Kork verschlossen, in dessen Durchbohrung ein Manometer eingeführt ist. Stellt man T in Wasser, so dringt dieses in das Gefäß hinein; der Druck in T steigt bis zu einer bestimmten Höhe h, dem **osmotischen Drucke,** der einige Atmosphären betragen kann. Es ist so, als ob die gelösten Zuckermolekeln auf die Wände von T und auf das Quecksilber mit genau demselben Drucke drückten, als wäre diese Anzahl Zuckermolekeln in Gasform als Gasmolekeln vorhanden. Es gelten auch hier bei verdünnten Lösungen Gesetze, die den Gasgesetzen ganz analog sind (Van't Hoff, 1887).

1. Der osmotische Druck ist (bei gleicher Temperatur) proportional der Konzentration — Boylesches Gesetz.

2. Der osmotische Druck ist (bei gleicher Konzentration) proportional der absoluten Temperatur — Gay-Lussacsches Gesetz.

3. Bei gleicher Temperatur herrscht in ein und demselben Lösungsmittel dann gleicher osmotischer Druck, wenn dieselbe Anzahl Molekeln gelöst sind — Avogadrosche Regel. Mit anderen Worten: isosmotische (oder isotonische) Lösungen sind bei gleichem Lösungsmittel auch isomolekular (oder äquimolekular).

Der Chemiker nennt eine „normale" Lösung die, die 1 Mol des gelösten Stoffes in 1 Liter Lösungsmittel enthält. Verhält sich das Gelöste nach van't Hoff wie ein Gas, so muß (nach § 180) bei 0° C der osmotische Druck 22,4 Atm. sein.

Die direkte Bestimmung des osmotischen Druckes wie in Fig. 182 ist sehr schwierig; wir werden später andere bequemere Methoden kennenlernen.

231. Plasmolyse. Lebende Zellen enthalten verschiedene wässerige Lösungen, die aufeinander osmotische Kräfte ausüben. Da der osmotische Druck der verschiedenen Körperflüssigkeiten meist nur angenähert, aber nicht vollkommen gleich ist, so ist der ganze Organismus von osmotischen Strömen und Gegenströmen durchsetzt.

Ein besonders einfaches experimentelles Beispiel bietet die sog. Plasmolyse, d. i. das Abheben der Plasmahaut von der Zellhaut durch Wasser entziehende Mittel. Die Plasmahaut der lebenden Zelle ist semipermeabel. Fig. 183 zeigt in 350 facher Vergrößerung die Zelle eines lebenden Moosblattes in 10%ige KNO_3-Lösung getaucht. Der größere osmotische Druck der hypertonischen KNO_3-Lösung bewirkt ein Schrumpfen der Zelle, welche sich von der Zellwand ablöst, die Fig. 183 zeigt verschiedene Stadien dieses Schrumpfens.

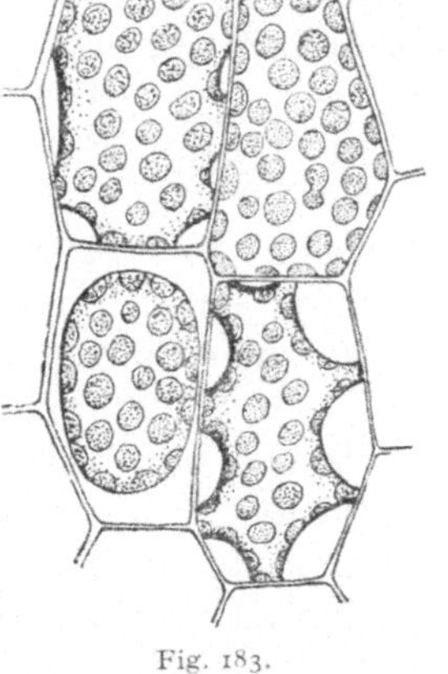

Fig. 183.

Bringt man dann die geschrumpfte Zelle wieder in eine Lösung von kleinerem osmotischen Druck — hypotonische Lösung —, so erfolgt Ausdehnung, soweit als es die Zellwand erlaubt. Auf diese Weise kann man eine Reihe von Lösungen herstellen, welche keine Volumsänderungen hervorbringen, welche „gleiche Spannung" besitzen, d. h. isotonisch sind. Durch solche Versuche fand de Vries 1884, daß äquimolekulare Lösungen isotonisch sind.

Bohnen oder Erbsen in Wasser quellen, der osmotische Druck der gelösten Salze im Inneren drängt die Zellhäute auseinander; in konzentrierter Salzlösung schrumpfen sie ein.

232. Durch **Osmose** kann auch eine Volumsvermehrung **roter Blutkörperchen** in hypotonischen und Volumsverminderung in hypertonischen Lösungen erzeugt werden. Das rote Blutkörperchen hat keine Membran im gewöhnlichen Sinne des Wortes, sondern eine etwas dichtere peripherische Schicht, welche in ihrer osmotischen Wirkung der Plasmahaut der Pflanzenzelle entspricht.

Füllt man Blut in eine kleine geteilte Glaskapillare, deren Innenwand zur Verhütung der Blutgerinnung mit etwas Zedernöl überzogen wurde, und zentrifugiert (§ 44) man diese Glaskapillare, so gehen die Blutkörperchen nach außen, indes die Blutflüssigkeit, das Plasma, nach innen geht. So kann man den Anteil der Blutkörperchen am Gesamtvolumen des Blutes an einer Teilung der Kapillare bestimmen. Man kann aber auch eine 2,5%ige wässerige Lösung von Kaliumbichromat, welche dem Blute isotonisch ist, beimischen, ohne daß das Volumen der Blutkörperchen geändert würde. Nimmt man aber eine hypertonische Lösung, so schrumpfen die roten Blutkörperchen; beim Zentrifugieren wird ihr

Endvolumen kleiner. Umgekehrt würde eine Beimischung einer weniger konzentrierten Flüssigkeit ein Quellen der Blutkörperchen, eine Volumsvergrößerung hervorrufen; das Volumen der Blutkörperchen würde nach dem Zentrifugieren einen größeren Raum beanspruchen. Ein für solche Untersuchungen konstruierter Apparat, das Hämatokrit, dient so zur Aufsuchung isotonischer Lösungen mit Hilfe des osmotischen Druckes der roten Blutkörperchen.

233. Eine biologisch sehr wichtige Erscheinung zeigt die mit Volumsvermehrung verbundene Wasseraufnahme mancher festen Substanz, die sog. **Quellung;** der entgegengesetzte Prozeß heißt Schrumpfung. Gelatine z. B. verschluckt eine bestimmte Menge Wasser und wird dicker. Oft, z. B. bei Leim (oder auch bei Gelatine in höherer Temperatur), geht die Quellung allmählich in flüssige Lösung über. Die pflanzliche Zellwand zeigt ebenfalls Quellung, bleibt aber auch nach Sättigung mit Wasser fest. Trotz eingehender Erklärungsversuche, besonders durch Nägeli[1]) und Bütschli[2]), ist die Rolle. welche hier der kapillaren und osmotischen Kraft zufällt, noch wenig geklärt. Wichtig ist auch, daß die Quellbarkeit der Zelle oft in verschiedenen Richtungen verschieden ist, dadurch entstehen in den Pflanzen bei Wasseraufnahme die sog. „hydroskopischen Bewegungen", nämlich Verlängerung oder Krümmung, Drehung und Windung.

Physik und Chemie, welche die allereinfachsten Erscheinungen der Diffusion, Lösung und Osmose untersuchen, sind erst in den letzten Jahren zu einem halbwegs befriedigenden Verständnis dieser Vorgänge gelangt. Die Biologie hat aber mit einem komplizierten Nebeneinander der verschiedensten physikalischen und chemischen Probleme zu tun; hier sind trotz großer Erfolge viele schwierige Fragen noch ungelöst.

234. Neben die eigentlichen Lösungen treten die Pseudolösungen oder sog. **kolloidalen Lösungen,** auch „Sole" genannt. Bei diesen kann man oft durch Abfiltrieren, manchmal durch besonders feine Filter, Ultrafilter, eine Trennung der Mischungsbestandteile erreichen. Mikroskopisch, und zwar besonders mit dem Ultramikroskop (§ 446), lassen sich die suspendierten Teilchen meist direkt sehen bis herunter zu einem Durchmesser von 10^{-6} mm, d. i. dem zehnfachen Molekulardurchmesser. Diese Teilchen sind in Lösungen in fortwährender zitternder Bewegung, Brownscher Bewegung, weil die bewegten unsichtbaren Molekeln des Lösungsmittels unregelmäßig von allen Seiten her stoßen. Durch diese Zickzackbewegung ist eine, wenn auch nur sehr langsame, Verschiebung möglich.

Auch kleinste Rauchteilchen oder andere Suspensionen in Gasen

---

1) Nägeli u. Schwendener „Das Mikroskop", 2. Aufl., Leipzig, 1877 S. 414.

2) Bütschli „Mikroskopische Schäume und Protoplasma", Leipzig, 1892 und zahlreiche spätere Untersuchungen. Eingehende Literaturzusammenstellung in Jost „Pflanzenphysiologie", 1913.

zeigen Brownsche Bewegung, wohl eine der wichtigsten Bestätigungen für die Richtigkeit der kinetischen Auffassungen.

Feine feste Teilchen in einer Flüssigkeit nennt man „Suspension", feine flüssige Teilchen in einer anderen Flüssigkeit „Emulsion". Manche kolloidale Lösungen gehen beim Eindunsten, andere bei Temperaturerniedrigung in halbstarre elastische Form über, welche „Gallerte" heißt.

Eiweißstoffe, Fermente, Toxine usw. sind Kolloide.

Gewisse Metallsalze, besonders von Hg und Ag wirken außerordentlich zellschädigend, aber nicht nur auf krankheitserregende Mikroorganismen, sondern auch auf höhere Organismen, Pflanzen und Tiere, sind also wegen dieser Giftwirkung therapeutisch unbrauchbar. Metallisches Hg und Ag ist unlöslich, wirkt darum kaum desinfektorisch. Die Kolloidchemie erreichte hier im Kollargol und Hyrgal (kolloides Ag und Hg) eine so abstufbare feine Verteilung des Metalles, daß deren therapeutischer Nutzen („Adsorption", § 224) außer allem Zweifel steht. Diesem Beispiel praktischer Verwendung der Kolloidchemie lassen sich viele andere anfügen.

235. Aggregatzustandsänderungen. Man unterscheidet die Übergänge:

$$1.\ \text{Fest} \rightleftarrows \text{Flüssig},$$
$$2.\ \text{Flüssig} \rightleftarrows \text{Gasförmig},$$
$$3.\ \text{Fest} \rightleftarrows \text{Gasförmig}.$$

Für den ersten Fall: Schmelzen bzw. Erstarren, ist der Schmelzpunkt (Erstarrungspunkt) eine für verschiedenes Material charakteristische Temperatur; für den zweiten Fall: Verdampfen bzw. Kondensieren dient als Kennzeichen analog der Siedepunkt (Kondensationspunkt); im dritten Fall: Verflüchtigen und Sublimieren, der Sublimationspunkt.

Den Aggregatzustand bezeichnet man auch als „Phase". (Der Begriff ist nicht zu verwechseln mit dem durch das gleiche Wort in der Wellenlehre bezeichneten.) Dieses Wort wird aber weitergehend für verschiedene charakteristische Zustände auch desselben Aggregatzustandes verwendet. So spricht man außer von gasförmiger, flüssiger, fester Phase auch von einer amorphen oder von einer kristallinen Phase des festen Zustandes usw.

Schmelzen.

236. Schmelzpunkt ist jene Temperatur, bei welcher ein fester Körper flüssig wird. Erwärmt man einen festen Körper, so steigt seine Temperatur bis zu einem gewissen Punkte, dem Schmelzpunkte; hier wird bei einer (trotz Wärmezufuhr) konstanten Temperatur eine der Masse des Körpers proportionale Anzahl Kalorien scheinbar verschwinden; diese Energie der „latenten Schmelzwärme" dient zur Lockerung des Molekelzusammenhanges; sie verwandelt den festen Körper in einen flüssigen. Erst wenn alles verflüssigt ist, tritt eine weitere Temperatursteigerung ein. Umgekehrt wird die sich wieder abkühlende Flüssigkeit bei demselben Temperaturpunkte erstarren, wobei die latente Schmelzwärme wieder zum Vorschein kommt.

Amorphe Stoffe (im Gegensatz zu kristallinischen) zeigen überhaupt keinen Schmelzpunkt, sondern werden bei steigender Temperatur allmählich zuerst weich und dann flüssig.

Man kann solche feste Körper als Flüssigkeiten mit sehr großer Viskosität ansprechen. Schmelzpunkte in C^0 sind z. B. von

Helium	Wasserstoff	Stickstoff	Sauerstoff	Quecksilber	Wasser	Zinn
— 272,1	— 257,1	— 210,5	— 219	— 38,87	0	+ 231,8

Blei	Silber	Platin	Tantal	Wolfram
327,4	+ 960,5	+ 1770	+ 2800	+ 3400.

Die zwei letzten Zahlen sind unsicher, weil die genaue Bestimmung so hoher Temperaturen sehr schwierig ist.

Bei genügend tiefer Temperatur werden alle Stoffe fest.

Über den Schmelzpunkt kann man keinen festen Körper erhitzen, jedoch umgekehrt manche Flüssigkeit bei langsamer Abkühlung ohne Erstarrung unter ihren Schmelzpunkt abkühlen. Bei Wasser beobachtet man leicht eine **Unterkühlung** bis zu — 10°C und mehr.

Volumsveränderung. Beim Schmelzen dehnen sich die meisten Körper aus. Einige, z. B. **Wasser, Gußeisen** und **Wismut,** haben in flüssigem Zustande ein kleineres Volumen als im festen. Eis schwimmt wegen seiner um 9 % kleineren Dichte auf Wasser. Wenn Wasser ein geschlossenes Gefäß vollständig ausfüllt oder wenn es in die Spalten eines Felsens eingedrungen ist, zersprengt es beim Gefrieren die Wände.

Druckeinfluß. Sind diese Wände so fest, daß sie nicht nachgeben, so kann das Wasser nicht gefrieren. **Äußerer Druck erniedrigt den Schmelzpunkt bei Wasser,** pro Atm. um 0,0075°. Umgekehrt wird **Druck bei jenen Körpern, die beim Erstarren sich zusammenziehen, den Schmelzpunkt erhöhen.** Diese theoretisch zu begründenden Schlüsse bestätigt das Experiment.

Drückt man Eisstücke, deren Temperatur etwas unter 0°C liegt, kräftig gegeneinander, so wird das Eis an den Druckstellen zu Wasser unter 0°C, so daß nach Aufhören des Druckes ein neuerliches Erstarren eintritt, wodurch die Stücke zu einem einzigen vereint werden. Diese „Regelation" des Eises bewirkt ein **Fließen der starren Gletscher** nach abwärts, weil die Gletschermassen durch den großen Druck von oben her an jedem Felshindernis zu Wasser werden, als Wasser um das Hindernis fließen und dann außerhalb des Druckbereiches wieder erstarren.

237. Die Anzahl cal, welche ohne Temperaturanstieg 1 g eines Körpers aus dem festen in den flüssigen Zustand bringt, heißt „latente **Schmelzwärme".** Sie ist für Wasser 80 cal. Wird umgekehrt einer Wassermasse von 0° C Wärme entzogen, so erstarren für je 80 entzogene cal je 1 g Wasser zu Eis von 0°C.

Einige Werte für Schmelzwärmen sind

Hg 2,8;   Pb 7;   Au 15;   Ag 20;   Pt 24;   Al 80.

238. Die Schmelzwärme des Eises kann in sog. Eiskalorimetern, die auch zur Bestimmung der spezifischen Wärme zu verwenden sind, gemessen werden, z. B. im **Eiskalorimeter von Lavoisier und Laplace** (Fig. 184). Ein unten mit einem Abflußhahn f versehenes Metallgefäß von etwa fünf Liter Inhalt ist mit reinem Eise gefüllt. Durch einen den Apparat umgebenden Eismantel ist jeder Wärmeaustausch nach außen hin verhindert. Schmelzwasser dieses Mantels strömt durch g ab. Zunächst ist f offen; wenn kein Wasser mehr heraustropft, ist das ein Beweis, daß ein stationärer Zustand eingetreten ist; dann wird f geschlossen. Schüttet man z. B. in das innere Gefäß 1 kg Wasser von 80^0 C, so hat man 80 kcal hineingebracht, da sich ja das Wasser im Innern des Kalorimeters auf 0^0 C abkühlt. Öffnet man

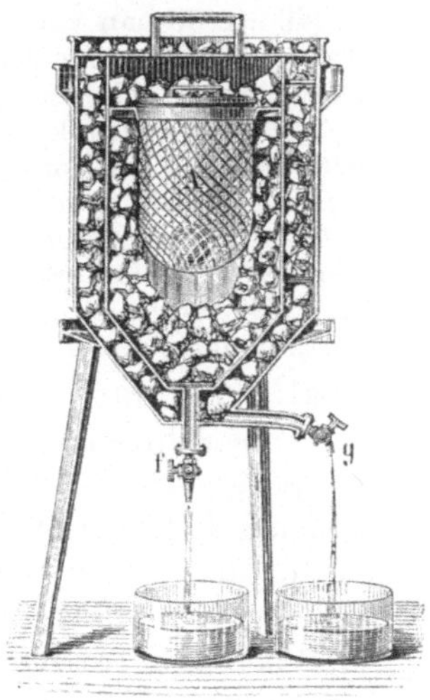

Fig. 184.

dann f, so fließt nicht nur das hineingeschüttete Wasser mit 0^0 C ab, sondern auch noch genau 1 kg mehr, das durch 80 kcal geschmolzen wurde.

Hätte man statt des warmen Wassers irgendeinen Körper, Gewicht in kg $= m$, spez. Wärme $= c$, Temperatur $= t$, ins Innere gebracht (in den Korb A) und wären nach Öffnen von f unten w kg Wasser abgeflossen, so wäre aus der Gleichung $mc(t-0) = 80w$ die spez. Wärme c leicht zu berechnen.

239. Die spez. Wärme verschiedener Substanzen bestimmt sehr genau das **Bunsensche Eiskalorimeter.** Ein Glasgefäß a (Fig. 185) ist der Versuchsraum; der äußere Raum R ist oben mit Wasser, unten mit Hg gefüllt, welches mit einer Glaskapillare k in Verbindung steht. Zuerst kommt nach a eine Kältemischung, die eventuell mehrere Male zu erneuern ist, bis um den unteren Teil von a außen ein Eismantel (in Fig. 185 dick schraffiert) anfriert. Nach Entfernung der Kältemischung wird das Ganze mit Schnee umgeben, um jeden Wärmeaustausch nach außen unmöglich zu machen. Ist der Zustand stationär geworden, so wird das Ende des Hg-Fadens in k konstant stehen. Bringt man aber einen warmen Körper nach a, so kühlt sich dieser auf 0^0 C ab, wobei er eine bestimmte Anzahl cal abgibt. Es läßt sich leicht ausrechnen, wieviel Eis per cal zu Wasser wird, wie groß die entsprechende Volumsverminderung des Wassers in R ist, und wieviel das Ende des Hg-Fadens in k gegen links gezogen wird. Diese Methode eignet sich besonders zur Messung der spez. Wärme bei kleinen Versuchsmengen.

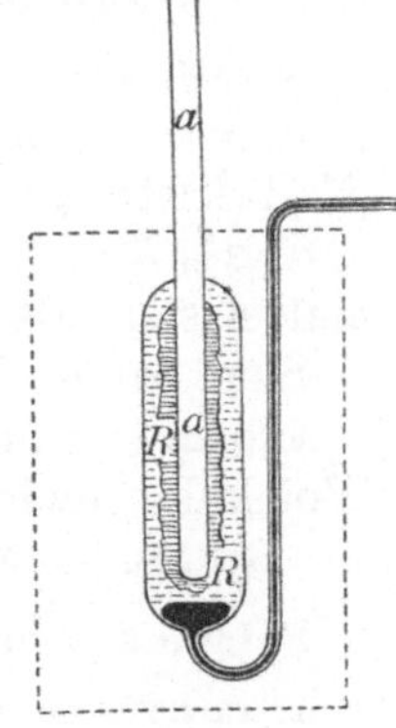

Fig. 185.

240. Kühlt man eine verdünnte Lösung z. B. von Kochsalz in Wasser ab, so friert das Wasser allein aus, und der Lösungsrest wird etwas konzentrierter. Kühlt man noch weiter ab, so erstarrt weiteres Wasser und der Rest wird noch konzentrierter. Der Erstarrungspunkt der Lösung sinkt aber immer mehr und mehr. Schließlich wird bei — 22° C der Rest eine für diese Temperatur genau gesättigte Kochsalzlösung. Von dieser scheidet sich nun aber bei weiterer Wärmeentziehung gleichzeitig Eis und festes Salz in dem Gewichtsverhältnisse, in dem sie in der Flüssigkeit gelöst sind (33 NaCl zu 100 H_2O) als mechanisches Gemenge, ,,Kryohydrat", ab, wobei die Temperatur des Gefrierpunktes, **eutektischer Punkt**, konstant bleibt.

Ganz analog verhalten sich andere Lösungen.

241. Weil das Lösen eines festen Körpers in einer Flüssigkeit eine Art von Schmelzen darstellt, wird dabei Schmelzwärme, hier Lösungswärme genannt, verbraucht. Rührt man 33 g Kochsalz und 100 g gestoßenes Eis von 0° C durcheinander, so lösen sich diese gegenseitig, und die für das Verflüssigen des Eises und das Verflüssigen des Salzes notwendige Schmelzwärme kühlt die resultierende flüssige Lösung auf — 22° C ab. Noch tiefere Temperaturen, bis — 50°, erreicht man durch Mischen von Schnee und Chlorkalzium, weil letzteres eine große Schmelzwärme, 41 cal, hat. Es gibt sehr viele solcher **Kältemischungen.**

Kryoskopie. Eine Lösung wird durch Wegnahme des Lösungsmittels — sei es durch Ausfrieren oder durch Verdampfen — konzentrierter. Dadurch steigt der osmotische Druck, und dies hat Einfluß auf Gefrierpunkt, Dampfspannung und Siedepunkt (§ 251). Jede Lösung hat einen tieferen Schmelzpunkt als das Lösungsmittel. Die Gesetze, welche hier bei verdünnten Lösungen gelten, faßte Raoult (1882) zusammen, indes van't Hoff (1887) die Theorie lieferte.

1. Für eine bestimmte Lösung ist die Gefrierpunkterniedrigung (τ) proportional der Konzentration. Berechnet man aus einem Versuche die Erniedrigung für eine einprozentige Gewichtskonzentration, so heißt diese die reduzierte Gefrierpunkterniedrigung ϑ.

Beispiel. Eine 3,3 %ige Wasserstoffsuperoxydlösung ergibt einen Schmelzpunkt — 2,03° C. Eine einprozentige Lösung würde erniedrigen um $\frac{2,03}{3,3} = 0{,}615$ °C, welche die gesuchte reduzierte Gefrierpunkterniedrigung ist.

2. Für ein und dasselbe Lösungsmittel ist dieses ϑ dem Molekulargewicht M der gelösten Substanz umgekehrt proportional, $\vartheta \cdot M = G$, wo G, wenn man ϑ und M kennt, für jedes Lösungsmittel sich als konstant ergibt.

Sind solche Werte von G ein für allemal bekannt, so ergibt die Beobachtung einer Gefrierpunkterniedrigung auch ein noch unbekanntes Molekulargewicht einer gelösten Substanz.

G ist z. B. für Wasser 19, Essigsäure 39, Benzol 50 usw.

Beispiel. ϑ für Wasserstoffsuperoxyd war 0,615, also $M = \frac{19}{0{,}615} = 30{,}9$; der wirkliche Wert wäre $2 + 2 \cdot 16 = 34$. Die gewöhnlichen quantitativen chemischen Analysen liefern hier ja nur ein Gewichtsverhältnis von 1 Wasserstoff und 16 Sauerstoff. Diesem entsprächen die Formeln HO oder H_2O_2 oder H_3O_3 usw. Obiges Resultat der Kryoskopie, so ungenau es ist, zeigt, daß 30,9 weder mit $1 \cdot 17$ noch mit $3 \cdot 17$, wohl aber mit $2 \cdot 17$ in Einklang gebracht werden kann.

Solche kryoskopische Methoden der Molekulargewichtsbestimmung sind besonders für organische Stoffe, z. B. Zucker, Kohlehydrate usw. sehr wichtig, weil keinerlei Zersetzungen veranlassende Erwärmung — wie z. B. bei der Dampfdichtebestimmung (§ 253) — nötig ist.

Obige Resultate kann man zusammenfassend auch so ausdrücken: Die Gefrierpunkterniedrigung τ ist bei ein und demselben Lösungsmittel proportional der in 100 Teilen gelösten Menge m und umgekehrt proportional dem Molekulargewichte M der gelösten Substanz: $\tau = \dfrac{G}{m}$, weil ja $\vartheta = \dfrac{\tau}{m}$ ist. Der Proportionalitätsfaktor G ist mit irgendeinem bekannten M für jedes Lösungsmittel zu bestimmen.

Die Kryoskopie ist besonders von Beckmann ausgebildet worden. Das innerste Gefäß, in Form einer Eprouvette (Fig. 186), ist knapp von einem zweiten umgeben, zwischen beiden ist Luft; das Ganze steht in einem großen Gefäße. Das gewogene Lösungsmittel, z. B. Wasser, kommt in das innerste Gefäß, in dem ein kleiner Rührer und ein metastatisches Thermometer (§ 191) angebracht sind. In das äußere Gefäß kommt eine Kältemischung. Unter langsamem Rühren läßt man ein wenig, um etwa 1^0 C, unterkühlen. Durch heftiges Rühren wird dann die Unterkühlung aufgehoben, das Thermometer steigt rasch und bleibt konstant beim Schmelzpunkte des Lösungsmittels. Dann wird aufgetaut und die zu lösende und gewogene Salzmenge durch das (Fig. 186 rechts) aufwärtsgehende Röhrchen in das innerste Versuchsgefäß gebracht. Man unterkühlt neuerlich und hebt wieder durch rasches Rühren oder Einbringen einer minimalen Salzspur (mittels eines Impfstiftes) die Unterkühlung auf. Das Thermometer steigt rasch, fällt aber bald wieder, da nach § 240 eigentliche Lösungen keinen konstanten Gefrierpunkt haben. Dieser höchste Stand des Thermometers gilt für die Bestimmung der Gefrierpunkterniedrigung.

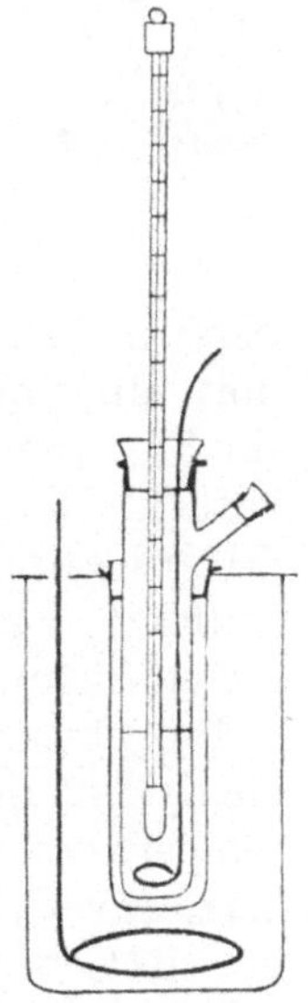

242. Flüssigkeiten, welche den elektrischen Strom unter Zersetzung leiten, sog. Elektrolyte, z. B. wässerige Kochsalzlösungen, zeigen eigentümliche osmotische Erscheinungen, die sich mittels Kryoskopie besonders scharf beobachten lassen. Bei solchen verdünnten Lösungen ist der osmotische Druck oder die Gefrierpunkterniedrigung größer, als der Anzahl der gelösten Molekeln entspricht. Arrhenius (1887) nahm deswegen an, daß bei Lösung in Wasser eine Spaltung, **elektrolytische Dissoziation,** der Molekeln der gelösten Substanz eintrete (§ 535).

Fig. 186.

243. **Legierungen von Metallen,** z. B. das Lötmetall, 47 % Blei, und 53 % Zinn, haben einen tieferen Schmelzpunkt, 197^0 C, als die Bestandteile; die sogenannte Woodsche Legierung (1 Cadmium, 1 Zinn, 2 Blei, 4 Wismut) schmilzt bei 70^0 C. Wir haben hier feste Lösungen, und es erscheint dieser abnormal tiefe Schmelzpunkt als eine Gefrierpunkterniedrigung, der Schmelzpunkt ist der eutektische Punkt (§ 240).

Verdampfen.

244. In Fig. 187 ist die linke Röhre eine Torricellische Vakuumröhre
(wie Fig. 90). Die anderen Röhren waren zunächst gleich gefüllt, dann
aber ließ man von unten her etwas Flüssigkeit ins Vakuum aufsteigen,
und zwar in die zweite Röhre Wasser, in die dritte Alkohol und in die

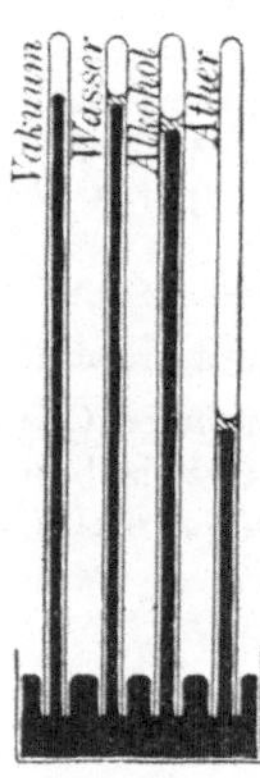

Fig. 187.

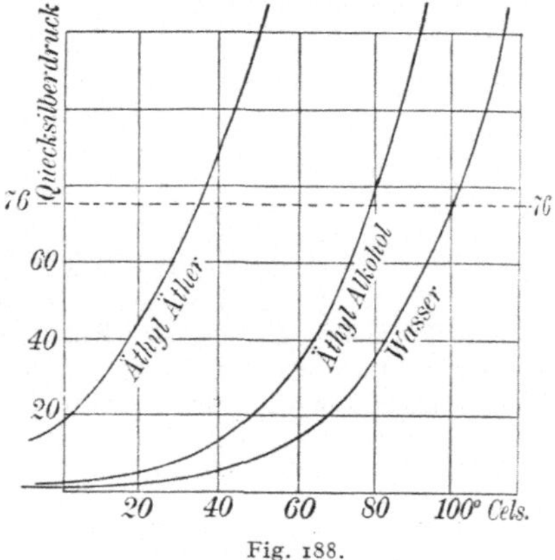

Fig. 188.

letzte Äther. Jede dieser
Flüssigkeiten verwandelt sich
zum Teil in ein unsichtbares
Gas, sie verdampft, d. h.
einige der rascher bewegten
Flüssigkeitsmolekeln gehen
über die Anziehungssphäre
der obersten Flüssigkeits-
schicht hinaus und fliegen
dann im Vakuum wie Gas-
molekeln hin und her und
üben eine Art Gasdruck,
hier **Dampfdruck**, auch
Spannkraft genannt, aus.

Hat dieser Druck eine gewisse, für jede Flüssigkeit und Temperatur charakteristische Größe, den Sättigungsdruck erreicht, so
hört ein weiteres Verdampfen auf, und der Rest bleibt als Flüssigkeit
(in Fig. 187 über den Quecksilberkuppen schief schraffiert gezeichnet)
zurück. Dieser Dampf, der mit seiner Mutterflüssigkeit ins
Gleichgewicht gekommen ist, heißt **gesättigter Dampf**; der betreffende Raum enthält das Maximum der Dampfmenge, den er bei
dieser Temperatur enthalten kann, die sog. Sättigungsmenge.

Die Quecksilbersäule in Versuch Fig. 187 sinkt um eine Größe, welche
gleich ist dem Drucke des gesättigten Dampfes; für eine Versuchs-
temperatur von z. B. 20°C ist dieser Druck für H_2O 1,75, für C_2H_6O
4,41, für $C_4H_{10}O$ 43,3 cm Hg-Druck. Der Dampfdruck des Hg selbst,
bei 20°C nur 0,00015 cm, ist zu vernachlässigen.

Macht man solche Versuche bei höheren Temperaturen, so zeigt
sich ein höherer Sättigungsdruck. Um die Temperaturabhängig-
keit dieses Dampfdruckes für verschiedene Substanzen zu überblicken,
zeichnen wir die Temperaturen als Abszissen, die Drucke des gesättigten
Dampfes als Ordinaten in ein Diagramm (Fig. 188). Bei steigender Temperatur und damit steigender Bewegung der Flüssigkeitsteilchen ent-
fliehen immer mehr Molekeln der Anziehung der Flüssigkeit und fliegen
als Gasmolekeln in dem Raum oberhalb der Flüssigkeit umher.

Ist eine zu kleine Flüssigkeitsmenge als Reservoir für neue Dampf-
bildung vorhanden, so wird besonders bei höherer Temperatur eventuell

alles verdampfen. Haben wir dann nur mehr Dampf ohne Mutterflüssigkeit, so heißt der Dampf **„ungesättigt"** oder **„überhitzt"**. Dieser Fall wäre z. B. eingetreten, wenn wir in die Röhren Fig. 187 zu wenig Flüssigkeit gebracht hätten.

Einen solchen ungesättigten oder überhitzten Dampf kann man in gesättigten verwandeln:

1. durch Abkühlung; die Bewegung der gasförmigen Molekeln wird langsamer und einige vereinigen sich: **kondensieren** zu Flüssigkeitströpfchen,

2. ohne Temperaturänderung durch bloße Volumsverkleinerung; die gasförmigen Molekeln kommen einander so nahe, daß auch so teilweise Kondensation eintritt. (Siehe aber § 260).

245. Diese zweite Erscheinung läßt sich auch so charakterisieren: Verkleinert man das Volumen eines gesättigten Dampfes bei konstanter Temperatur, so kann der Druck nicht steigen, weil sich fortwährend Dampf kondensiert. Umgekehrt wird bei Volumsvergrößerung immer neuer Dampf aus der Flüssigkeit nachsteigen und wieder den Druck konstant halten. Der **Druck gesättigten Dampfes** bleibt bei Volumsänderungen **konstant.**

Eine oben geschlossene und eine beiderseits offene Glasröhre a und b (Fig. 189) kommunizieren miteinander durch einen mit Quecksilber gefüllten Kautschukschlauch k. Links befindet sich über dem Quecksilber nur Äther (keine Luft), von dem ein Teil flüssig, ein Teil dampfförmig ist. Die Höhendifferenz h des Quecksilbers links und rechts wird bei 20° C wieder 33 cm sein. Hebt man die Röhre b rechts, so steigt auch das Hg links in a um ebensoviel, wobei die Flüssigkeitsmenge des Äthers sich vermehrt. Umgekehrt wird, wenn b gesenkt wird, in a Äther verdampfen. Die Höhendifferenz der Quecksilberkuppen bleibt ungeändert konstant, solange der Dampf gesättigt bleibt (siehe Isotherme der Kohlensäure § 259).

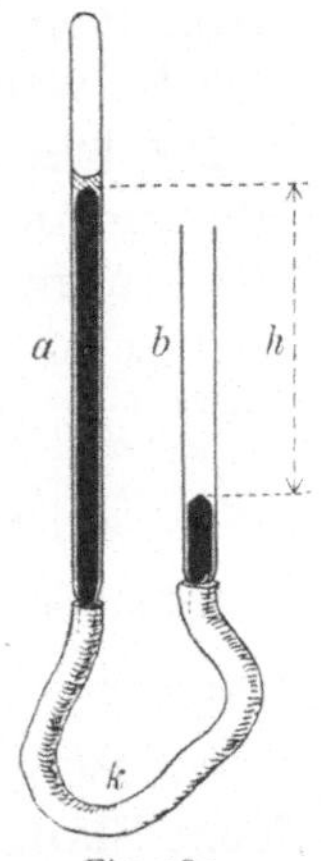

Fig. 189.

246. Genau so wie im Vakuum, tritt auch Verdampfung einer Flüssigkeit in Luft oder einem anderen Gase ein. Es gelten dieselben Gesetze und Zahlen, nur muß man zum Dampfdrucke noch den Druck des betreffenden Gases addieren; der Gesamtdruck ist gleich dem **Partialdruck** des Gases mehr dem **des Dampfes** (Dalton 1801).

Unmittelbar über einer freien, in Luft stehenden Flüssigkeitsoberfläche bildet sich gesättigter Dampf; dessen Diffusion in Luft ist eine sehr langsame; Luftströmungen, Wind u. dgl. beschleunigen darum durch mechanische Fortführung die Verdunstung.

247. Im Innern jeder Flüssigkeit befinden sich kleine Gasblasen; Wasser z. B. hat immer Luft absorbiert (§ 225). Es findet nun bei jeder Temperatur auch ein Verdampfen in diese zuerst unsichtbar kleinen Gasblasen hinein statt, der Dampfdruck vergrößert sie, sie setzen sich an die Gefäßwand an und steigen vielleicht auch langsam in die Höhe. Das gilt aber nur, wenn der Dampfdruck bei der betreffenden Temperatur kleiner ist als der äußere Luftdruck. Aus Fig. 188 ersehen wir, daß Wasser bei 100⁰ C den Dampfsättigungsdruck 76 cm erreicht. Dann kommen die kleinen, mit Dampfdruck von etwas über 76 cm gespannten Luftbläschen im Innern der Flüssigkeit zum Platzen, es findet auch ein Verdampfen im Innern statt, welches wir **Sieden** nennen. Der normale Siedepunkt einer Flüssigkeit ist also genau diejenige Temperatur, bei welcher der Dampfsättigungsdruck gleich dem äußeren Luftdrucke ist. Aus Fig. 188 ergibt sich, daß dieser Siedepunkt für Alkohol 78,3⁰ C, für Äther 34,5⁰ C sein muß.

248. Sind im Innern der Flüssigkeit und besonders an den Gefäßwänden keine Luftbläschen vorhanden, so tritt **Siedeverzug** ein; die Flüssigkeit erwärmt sich einige Grade über den Siedepunkt, und der den äußeren Gegendruck der Luft übersteigende Dampfdruck zerreißt dann plötzlich im Innern die Flüssigkeit; es findet ein explosionsartiges Sieden statt, wobei die Temperatur plötzlich auf die Siedetemperatur sinkt (Ursache des Zerreißens von Dampfkesseln, plötzlicher Zertrümmerung von Siedekolben usw.). Erzeugung von Gasbläschen durch Eintauchen eines rauhen Körpers, eines Holzstäbchens oder Strohhalmes, schwache elektrolytische Zersetzung macht den Siedeverzug unmöglich; hingegen besteht immer Gefahr eines Siedeverzuges, wenn dieselbe Flüssigkeit in demselben Gefäße mehrere Male hintereinander zum Sieden gebracht wurde, weil dann schon alle Luft ausgetrieben ist.

249. Einfluß des Luftdruckes. Da der Siedepunkt vom äußeren Druck abhängt, nennt man den Siedepunkt für 76 cm Quecksilberdruck den normalen.

Wäre Fig. 188 größer und genauer gezeichnet, so fände man für den Siedepunkt von Wasser

t^0	0	20	40	60	80	100	120
cm Hg	0,46	1,7	5,5	14,9	35,5	76	150

Druck in Atmosph.	0,5	1	2	5	10	20	100
Siedepunkt t^0 C	80,9	100	119,6	151,1	179,0	211,4	313,0.

Auf Bergen siedet Wasser bei niedrigerer Temperatur (z. B. auf dem Mont Blanc — 4810 m Höhe, Luftdruck 42 cm Hg — bei 84⁰ C). Man kann aus der Veränderung des Siedepunktes den Luftdruck bestimmen. Ebenso muß bei Bestimmung des Siedepunktes der jeweilige Barometerstand berücksichtigt werden.

Unter einer guten Luftpumpe gelingt es, Wasser bei beliebiger Temperatur zum Sieden zu bringen.

In einem geschlossenen Dampfkessel von z. B. 120⁰ C erzeugt Wasser einen Selbstdruck von 2 Atm. Um Wasser auf Temperaturen über 100⁰ C zu bringen, muß man es in einem geschlossenen „Papinschen" Topf erhitzen; hier, wie auch beim Dampfkessel sorgt ein bei einem bestimmten Dampfdruck sich öffnendes Sicherheitsventil dafür, daß der Druck nicht allzu groß wird.

Auf Kliniken werden Wäschegegenstände, Tupfer, Kompressen, Watte oder infizierte Kleider, Monturen verwundeter Soldaten u. dgl. in einem sog. Autoklav sterilisiert. Sie kommen zunächst in einen durchlochten Blechkasten und werden dann in einem Dampf-sterilisationsapparat eingeschlossen, der von heißem Wasserdampf von 100 bis 130° C durchströmt wird.

Sehr heißer Wasserdampf, z. B. von 150 bis 200° C, dient z. B. in neuester Zeit zum Entnikotinisieren von Tabak.

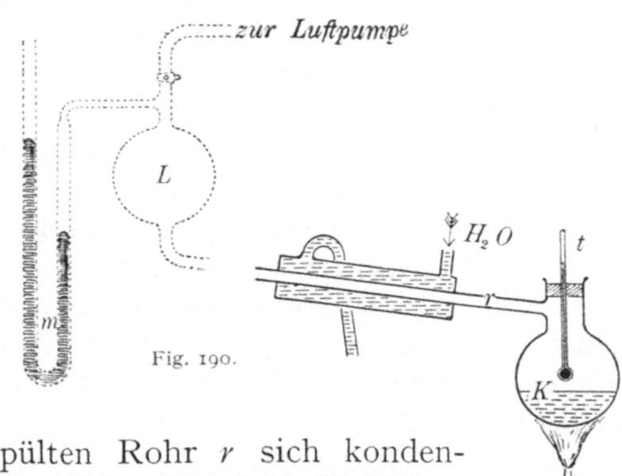

Fig. 190.

Den normalen Siedepunkt bestimmt man (Fig. 190 ohne punktierten Teil), indem man in einem Kolben K die Flüssigkeit sieden und die entweichenden Dämpfe, die in einem von fließendem kalten Wasser umspülten Rohr r sich kondensieren, wieder nach K zurückfließen läßt: Rückflußkühler. Das Thermometer t taucht nicht in die Flüssigkeit wegen der möglichen Überhitzung in der Flüssigkeit (vgl. § 248), sondern nur in den Dampfraum.

Der normale Siedepunkt ist z. B. für

He	H₂	N₂	O₂	Wasser	Naphthalin	Hg
— 268,9	— 252,8	— 195,8	— 183,0	100	217,96	357

	S	Au	Sn	W	
	444,6	1063	2270	4800° C.	

Um den Einfluß des Druckes zu messen, brachte Regnault vor diesen Kühler (in Fig. 190 punktiert und verhältnismäßig zu klein gezeichnet) eine Art künstliche Luftatmosphäre L von 70 Liter, die mit einer Pumpe verdünnt oder komprimiert werden konnte; das Manometer m mißt diesen Druck. Diese Einrichtung gestattet den Siedepunkt bei verschiedenen Drucken oder, was identisch ist, die Dampfspannung bei beliebigen Temperaturen zu messen. Die Werte in Fig. 188 werden so am genauesten bestimmt.

Wird in Fig. 190 (nicht punktierter Teil) der Kühler r links abwärts geneigt, so kann der kondensierte Dampf in eine Vorlage abtropfen; eine solche Destillation gestattet eine Flüssigkeit, z. B. Wasser, zu erhalten, die frei von aller Verunreinigung ist. Eine gleichzeitige Luftverdünnung beschleunigt diese Destillation.

Erwärmt man eine Flüssigkeit, so steigt ihre Temperatur entsprechend den aufgenommenen Kalorien. Ist der Siedepunkt erreicht, so bleibt dann trotz weiterer Wärmezufuhr die Temperatur so lange konstant, bis alle Flüssigkeit in Dampf verwandelt ist. — Es wird hier die zugeführte Wärme latent (ganz analog wie beim Schmelzpunkte).

Wenn aber eine rasche Molekel beim Verdampfen die Flüssigkeit verläßt, wird die Durchschnittsgeschwindigkeit der zurückbleibenden Flüssigkeitsmolekeln kleiner; auch ist zur Ausdehnung, weil der äußere Luftdruck überwunden werden muß (§ 207), Energie nötig. Beim Verdampfen wird also wie beim Schmelzen Energie verbraucht. Jene Anzahl cal, welche bei Verwandlung von $1\,g$ einer Flüssigkeit in Dampf von derselben Temperatur (scheinbar) verschwinden, heißt **latente Verdampfungswärme.** Diese hängt ab von der Natur der Flüssigkeit und ihrer Temperatur. Für Wasser von 100^0 C beträgt sie 539 cal; davon wird nur ein kleiner Prozentsatz, etwa $\frac{1}{13}$, als äußere Arbeit zur Volumsvergrößerung (das Dampfvolumen ist 1670mal größer als das Flüssigkeitsvolumen) verwendet. Bei Kondensation wird diese latente Verdampfungswärme wieder frei. Man nennt diese negative Verdampfungswärme auch Kondensationswärme.

Die latente Verdampfungswärme wird bestimmt, indem man den aus einer siedenden Flüssigkeit entströmenden Dampf durch ein in einem Kalorimeter befindliches Schlangenrohr leitet. Man wägt die kondensierte Flüssigkeit und mißt die dabei abgegebenen Kalorien.

Die Verdampfungswärmen beim normalen Siedepunkt sind z. B. für

Äther 86, Alkohol 202, Quecksilber 68, Wasser 539 cal.

Da Flüssigkeit auch unterhalb der Siedetemperatur verdampft (verdunstet), ist auch dazu Wärme nötig, die die Flüssigkeit aus sich selbst nimmt, indem sie sich abkühlt.

250. Eiserzeugung. Die Flasche A (Fig. 191) enthält Wasser von Zimmertemperatur. Bei a pumpt eine gute Luftpumpe die in A entstehenden Wasserdämpfe rasch weg. Um diese Wirkung der Pumpe zu unterstützen, befindet sich in der Vorlage BB konzentrierte Schwefelsäure mit großer Oberfläche, welche den Wasserdampf begierig absorbiert. So sinkt durch die vereinte Wirkung von Pumpe und Schwefelsäure der Druck in A sehr rasch, und das Wasser siedet zunächst bei Zimmertemperatur, und die dabei verbrauchte Verdampfungswärme, welche sich das Wasser gleichsam selbst entzieht, kühlt A bis auf 0^0 C ab, so daß Erstarren zu Eis eintritt. Es findet hier gleichzeitig Eisbildung und Sieden bei 0^0 C statt. Diese Methode wurde früher im großen technisch zur Eisgewinnung verwendet.

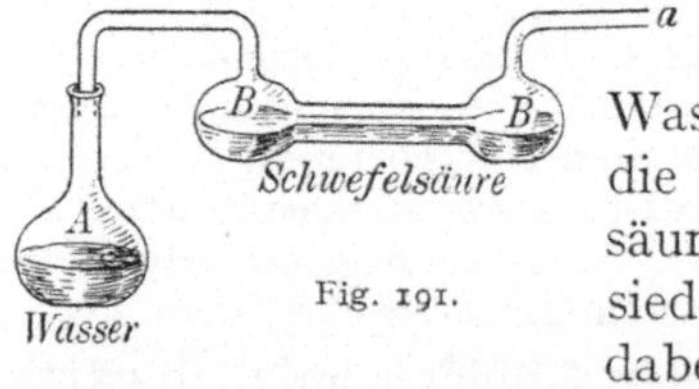

Fig. 191.

Mit den modernen Gaedepumpen, z. B. der Molekularpumpe (§ 119), gelingt der Versuch auch ohne Schwefelsäure.

251. Dampfdruck und Siedepunkt von Lösungen. Ganz analog den Betrachtungen über Gefrierpunkterniedrigung (§ 241) ergeben theoretische Überlegungen, daß Lösungen (von nichtflüchtigen Stoffen) eine kleinere Dampfspannung haben als das Lösungsmittel. Daraus folgt (Fig. 188), daß der Siedepunkt höher wird, weil der zum normalen Sieden nötige Dampfdruck 76 cm Hg erst bei höherer Temperatur erreicht wird.

Auch hier gelten die Gesetze: Die Erniedrigung der Dampf-spannung und die Erhöhung des Siedepunktes sind 1. bei ein und derselben Lösung proportional der Konzentration, 2. bei ein und demselben Lösungsmittel umgekehrt propor-tional dem Molekulargewichte der gelösten Substanz. Es sind natürlich auch diese Beziehungen zur Bestimmung des Molekular-gewichtes ausgearbeitet worden; auch hier macht sich die Dissoziation der Elektrolyte bemerkbar (vgl. § 242).

Wir können zusammenfassend sagen: Äquimolekulare Lösungen mit demselben Lösungsmittel (gleichviel Molekeln pro cm^3) sind isotonisch (oder isosmotisch) und erfahren die gleiche Erniedri-gung des Gefrierpunktes und Dampfdruckes und die gleiche Erhöhung des Siedepunktes.

Statt „Äquimolekulare Lösungen mit demselben Lösungsmittel ...‟ kann man hier auch sagen: „Jedes Mol im gleichen Volumen desselben Lösungsmittels ... usw.‟

252. Dampfdruck in Kapillaren. Zur Betrachtung der Erscheinungen in kapillaren Röhren, § 93 ff, können wir hier folgendes nachholen:

Kommt ein Teilchen a mit seiner in Fig. 85 gezeichneten Wirkungssphäre aus dem Inneren der Flüssigkeit bis an die Oberfläche, so hat es den letzten Teil des Weges gegen die rückziehende Kraft der unteren Flüssigkeit unter Energieverbrauch zurückgelegt. Es ist klar, daß die doppelte Energie das Teilchen auch noch aus der zweiten Hälfte der Wirkungssphäre herausbringt, also verdampft. So hängt der Kohäsionsdruck mit der Verdampfungswärme zusammen.

Ist der Raum über einer Flüssigkeit mit Dampf gesättigt, so müssen wir uns vorstellen, daß fortwährend etwas Flüssigkeit verdampft und ebenso viel sich dafür kondensiert; Molekeln fliegen aus der Flüssigkeit heraus und ebenso viele in sie hinein. Denken wir uns nun die Anordnung Fig. 192, wo Wasser in der Kapillare k um h höher steht als in A. Das Ganze befindet sich in einer luftleeren Glas-glocke, die durch adiabatische Einhüllung gegen Wärmeaustausch nach außen gesichert ist. Es verdampft Wasser in k und in A, der ganze Raum füllt sich mit gesättigtem Dampfe. Dieser Dampf drückt durch sein Gewicht auf beide Wasserflächen, und zwar um den Druck der Dampfsäule h stärker auf das weite Gefäß. Es müßte also fortwährend mehr Wasser von k verdampfen und in A kondensieren, es müßte eine Art Dampfheber wirken, was ein unmögliches Per-petuum mobile darstellen würde. Daraus folgt, daß aus einer konkaven Flüssigkeits-oberfläche weniger verdampft, oder daß der Dampfdruck kleiner ist als bei einer ebenen Oberfläche; über einer konvexen Oberfläche ist der Dampfdruck aus gleichen Gründen größer.

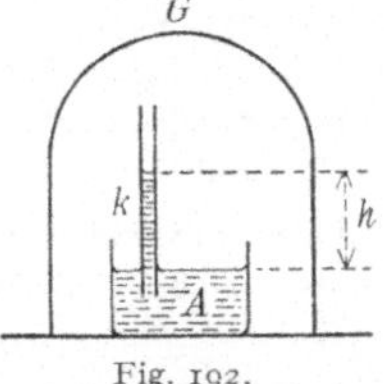

Fig. 192.

Wassertropfen verdampfen um so leichter, je kleiner sie sind; ganz kleine Wassertropfen können daher nicht existieren, außer sie hätten einen Kondensationskern; sie bilden sich nur, wenn solche vorhanden sind, z. B. Staub, Ruß (darum der starke Nebel in rauchigen Groß-städten). Auch Gasionen (vgl. § 661) wirken als Kondensationskerne.

253. Unter „**Dampfdichte**" versteht man die Dichte eines stark überhitzten Dampfes, theoretisch auf 0° C und den Normaldruck 76 cm Hg so reduziert, als wäre er ein ideales Gas. Bestimmungsmethoden sind:

a) Wägung eines bestimmten Dampfvolumens, Dumas (1827). Ein Glaskolben von etwa $\frac{1}{3}$ Liter mit ausgezogener Spitze wird mit ein wenig von der zu untersuchenden Substanz, z. B. Chloroform, gefüllt und mit herausragender Spitze in einem Wasser- oder Ölbade auf mindestens 10° über den Siedepunkt der Substanz erhitzt, bis alles sich in Dampf verwandelt hat. Der Überschuß ist durch die Spitze entwichen, sämtliche Flüssigkeit ist verdampft, und der Kolben enthält nur mehr überhitzten Dampf von Barometerdruck und der Temperatur des Wasser- (oder Öl-) Bades. Dann wird die Spitze zugeschmolzen, das Ganze aus dem Bade herausgenommen, auf Zimmertemperatur abgekühlt und gewogen. War vorher das Gewicht des Glaskolbens bestimmt, so erhalten wir so das Dampfgewicht und finden, indem wir diese Zahl durch das Volumen des Kolbens dividieren, das Gewicht von 1 cm³ Dampf, das wir noch nach der Zustandsgleichung auf 0° C und Normaldruck reduzieren müssen. Diese Methode ist ganz analog der Bestimmung von Gasdichten (§ 99).

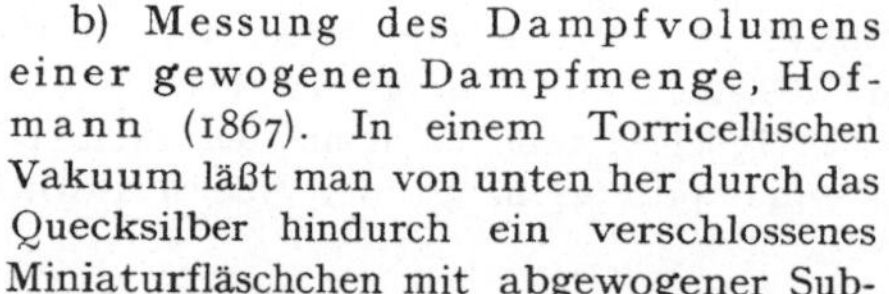

Fig. 193.

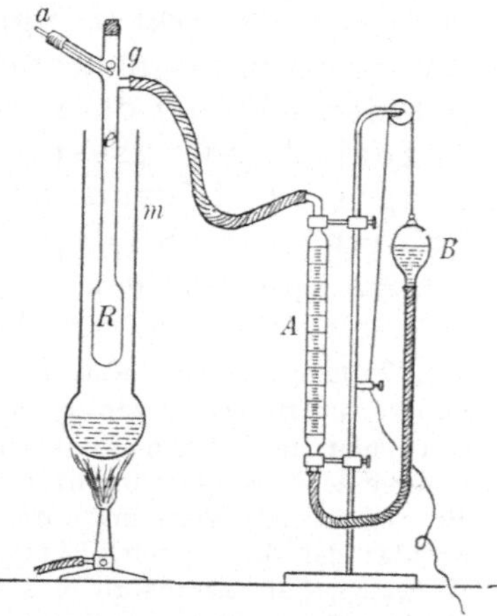

Fig. 194.

b) Messung des Dampfvolumens einer gewogenen Dampfmenge, Hofmann (1867). In einem Torricellischen Vakuum läßt man von unten her durch das Quecksilber hindurch ein verschlossenes Miniaturfläschchen mit abgewogener Substanz, z. B. Äther, aufsteigen. Die Torricellische Röhre ist umgeben von einer weiteren Glasröhre; in diese wird Dampf von siedendem Wasser geleitet (Fig. 193). Der Ätherdampf sprengt das Fläschchen und erfüllt vollständig das Vakuum, die Quecksilberkuppe sinkt. Statt des Vakuums haben wir nun überhitzten Ätherdampf, dessen Volumen wir an der in cm³ geteilten Torricellischen Röhre ablesen. Da die Masse des Äthers vorher gewogen wurde, ergibt sich so die Masse eines cm³ Ätherdampfes bei 100° C und dem betreffenden Drucke (Barometerstand weniger Quecksilbersäule).

c) Luftverdrängung, V. Meyer (1876). R in Fig. 194 ist ein Glaskolben mit angesetzter gerader Röhre e und einer engen Röhre bei g rechts oben, welche mittels eines starkwandigen Kautschukschlauches von geringem Volumen mit dem vollständig mit Wasser gefüllten und in cm³ geteilten Gasmeßzylinder A verbunden ist. R ist von einem Glasmantel m umgeben, in dem eine Flüssigkeit siedet, deren — im übrigen gleichgültiger — Siedepunkt mindestens 10° höher liegen muß als der Siedepunkt der zu untersuchenden Substanz, die wir ja in überhitzten Dampf verwandeln müssen. Die Substanz kann, wenn fest, in massiven Stücken, sonst in kleinen Glaskügelchen eingeschmolzen, verwendet werden. Wenn R die richtige Temperatur erreicht hat, kommt die genau gewogene Substanz, z. B. Äther in einem Glaskügelchen eingeschmolzen, nach g, wo es auf einem Glasstab a aufliegt. Man schließt e oben mit einem guten Kautschukpfropfen und zieht den Glasstab a, der durch einen Kautschukschlauch abgedichtet bleibt, ein wenig zurück. Die Substanz fällt nach R, ihr Dampf zersprengt das Glaskügelchen und verdrängt durch sein Volumen ein gleich großes Volumen Luft, welche durch e weiterdrückend, ein gleich großes Luftvolumen nach A überströmen macht. Diese Luft kühlt sich auf die Zimmertemperatur ab. Indem wir die Birne B so tief stellen, daß das Wasser in B und A gleich hoch steht, haben wir diese Luft auch unter gewöhnlichem Atmosphärendruck. Der Vorteil der Methode liegt darin, daß die Reduktion dieses Luftvolumens von Zimmertemperatur und jeweiligem Barometerstande auf 0^0 C und 76 Hg cm nach der Zustandsgleichung nur eine kleine Korrektur ergibt.

Wenn wir das Gesamtgewicht durch das reduzierte Volumen dividieren, erhalten wir das Gewicht eines cm³ oder die Dampfdichte bezogen auf Wasser. Durch Division mit 0,001 29 — Dichte der Luft — erhält man dann die Dampfdichte bezogen auf Luft.

254. Da nach der Avogadroschen Regel gleiche Volumina verschiedener Gase bei gleicher Temperatur und gleichem Drucke gleichviel Molekeln enthalten, verhalten sich die Dampfdichten wie die **Molekulargewichte.** Ist D die Dichte, M das bekannte Molekulargewicht eines Gases und ist μ ein unbekanntes Molekulargewicht einer Substanz, deren Dampfdichte mit δ bestimmt wurde, so ist

$$M : \mu = D : \delta.$$

Die Dichte von Sauerstoff auf Luft bezogen ist 1,1053, das Molekulargewicht 32, so daß

$$32 : \mu = 1,1053 : \delta \quad \text{oder} \quad \mu = \left(\frac{32}{1,1053}\right)\delta = 28,95\,\delta.$$

Für Äther findet sich z. B. das Gewicht eines in besprochener Weise reduzierten Kubikzentimeters idealen Dampfes zu 0,0035, durch Division mit 0,00129 erhalten wir die Dampfdichte δ, bezogen auf Luft zu 2,7. Als Molekulargewicht des Äthers erhalten wir dann

$$\mu = 28,95 \cdot 2,7 = 78.$$

Den Ergebnissen jeder quantitativ-chemischen Analyse würde die Formel $C_4H_{10}O$ oder $C_8H_{20}O_2$ oder $C_{12}H_{30}O_3$ usw. entsprechen mit den Molekulargewichten (Summe der Kohlenstoffatome zu 12, Wasserstoffatome zu 1, Sauerstoffatome zu 16), von 74 oder $2 \cdot 74$ oder $3 \cdot 74$ usw. Das aus der Dampfdichte gefundene Molekulargewicht 78 entspricht also der Formel $C_4H_{10}O$.

255. Die atmosphärische Luft enthält wechselnde Mengen von unsichtbarem, in Gasform vorhandenem Wasserdampf, welchen die ununterbrochene Verdampfung der Wasseroberfläche der Erde liefert. Jede Barometermessung gibt den Luftdruck mehr dem Partialdruck dieses Dampfes.

Absolute Feuchtigkeit bedeutet jene Menge Wasser in g, welche in 1 m³ Luft als Dampf vorhanden ist. Um diese zu bestimmen, saugt man ein bekanntes Luftvolumen V durch abgewogene Röhrchen mit Phosphorpentoxyd oder mit einer anderen Substanz, welche allen Wasserdampf absorbiert, und bestimmt die Gewichtszunahme (m) dieser Röhrchen. $s = \dfrac{m}{V}$ ist dann die absolute Feuchtigkeit.

Es sei S die Dampfmenge pro m³ bei Sättigung, dann gibt $100\,\frac{s}{S}$ die **relative Feuchtigkeit,** d. h. die wirklich vorhandene Dampfmenge in Prozenten der maximal möglichen. Nach dem Mariotteschen Gesetze sind die Dampfdrucke p und P diesen Mengen proportional, also $\frac{s}{S} = \frac{p}{P}$. (Gilt, weil Dampf den Gasgesetzen nicht genau folgt, nur angenähert.)

Man kann auch P, die Spannung des gesättigten Dampfes für die betreffende Temperatur, aus Fig. 188 entnehmen, und p direkt leicht dadurch bestimmen, daß man den Luftraum bis zum „Taupunkt" abkühlt, bei dem der Dampf sich eben kondensiert, also gerade gesättigt wird.

Sei z. B. die Lufttemperatur 20° C, dann ergibt sich der Sättigungsdruck P (aus einer genaueren Zeichnung nach Fig. 188) mit 1,7 cm. Um den Taupunkt zu bestimmen, benutzt man ein sog. Kondensationshygrometer. Durch ein mit Äther gefülltes Metallgefäß läßt sich Luft durchblasen, welche den Äther zu raschem Verdampfen bringt, dessen allmählich sinkende Temperatur ein im Äther befindliches und von außen abzulesendes Thermometer zu bestimmen gestattet. Eine ebene Seitenfläche des Gefäßes ist aus Kupfer und außen versilbert, und man sieht bei Abkühlung des Ganzen plötzlich einen Wasserhauch über diesen Silberspiegel sich ausbreiten. Im selben Moment zeige das Thermometer im Innern z. B. 10° C, den Taupunkt. Aus Fig. 188 ersehen wir, das bei 10° C der Dampfdruck nur 0,9 cm beträgt. Der in der Luft vorhandene und bei 20° C ungesättigte Dampf ist also bei 10° C gesättigt, darum der Niederschlag; $\left(\frac{0{,}9}{1{,}7}\right) \cdot 100$ ist die relative Feuchtigkeit, d. h. 53 %; es fehlt in unserem Falle fast die Hälfte zur vollen Sättigung.

Die relative Feuchtigkeit bei gesättigtem Dampf (z. B. in einem Dampfbade) ist 100 %, bei ganz trockener Luft 0 %, Es ist klar, daß der Taupunkt um so tiefer unter der Lufttemperatur liegt, je trockener die Luft ist.

Ein anderer Apparat, um rasch die relative Feuchtigkeit zu messen, ist das Augustsche Psychrometer. Zwei ganz gleiche, in $\frac{1}{10}$° geteilte Thermometer stehen nebeneinander. Das eine gibt die Lufttemperatur, das andere hingegen ist mit einem Musselinläppchen umwickelt, dessen unterer Zipfel in Wasser taucht. Dadurch wird Wasser aufgesaugt, welches verdampft und so das Thermometer abkühlt. Je trockener die Luft, desto mehr wird verdunsten, desto größer wird die Differenz zwischen nassem und trockenem Thermometer sein. Die Eichung geschieht empirisch.

Da Wind die Verdampfung beschleunigt, bringt man bei neueren Konstruktionen dieser Psychrometer (Aspirationspsychrometer) einen von einem Uhrwerk betriebenen Ventilator an, welcher einen konstanten Luftzug erzeugt. Bisweilen verwendet man auch Schleuder-psychrometer, bei welchen die beiden Thermometer an einem Faden im Kreise etwa 80 mal pro Min. herumgeschleudert werden.

Schließlich haben wir eine Reihe sog. hygroskopischer Substan-zen aus tierischen und pflanzlichen Körpern, welche die Eigenschaft haben, Wasserdampf zu adsorbieren und sich dabei zu verlängern, z. B. Haare, Darmsaiten, Fischbein usw., indes viele andere sich krümmen, z. B. geschälte Fichtenzweige, die schraubenförmig ge-wundenen Grannen mancher Geranienarten usw. (§ 233). Das Haarhygrometer besteht aus einem Bündel entfetteter Menschenhaare, welche oben befestigt und unten an einem drehbaren Hebel angebracht sind, so daß sie einen Zeiger bei ihrer Längenänderung längs einer Skala verschieben. Diese Hygrometer sind eben-falls empirisch geeicht und geben direkt die relative Feuchtigkeit an. (Fig. 195.)

256. Die relative Feuchtigkeit ist von **größtem hygienischen Einflusse** auf den Menschen. Trockene Luft entzieht dem Körper wegen der starken Ver-dampfung der Körperfeuchtigkeit Wärme; die Schleim-häute trocknen aus, es entsteht Durstgefühl, Heiser-keit usw. In feuchter Luft hingegen verdampft zu wenig, die richtige Regulierung der Körpertemperatur durch die Verdampfungswärme des Schweißes versagt, wir empfinden drückende Schwüle.[1]) Zur Erhaltung einer normalen Haut- und Lungentätigkeit soll die relative Feuchtigkeit zwischen 40 und 75 % betragen. Liegt der Taupunkt über 19° C, so wird die Dampf-abgabe der Lunge schon gestört.

Fig. 195.
(Mit Genehmigung der Firma Wilh. Lambrecht Akt.-Ges., Göttingen.)

Es ist ganz paradox, daß in allen besseren Gemäldegalerien, in den Lokalen der Textilindustrie usw. Hygrometer aufgestellt sind, in den Schulen und Spitälern aber nicht.

Auch an Pflanzen — mit Ausnahme der im Wasser lebenden — findet fortwährend eine Wasserverdampfung, Transpiration, statt, welche natürlich mit steigender relativer Feuch-tigkeit der Umgebung abnimmt. Bei zu trockener Luft, besonders an heißen Sommer-tagen, ist die Verdampfung so groß, daß die Wasserzufuhr durch die Wurzel zu gering wird; bei fallender Temperatur — z. B. nachts — steigt die relative Feuchtigkeit eventuell bis 100, die Verdampfung hört auf. Da die hygrometrischen Variationen bei den Pflanzen auch Einfluß auf die Atmung haben, so ergibt sich hier bei jeder Pflanzenart für ihr Ge-deihen ein Optimum, ein Maximum und ein Minimum der relativen Feuchtigkeit. Die Luftfeuchtigkeit ist einer der wichtigsten klimatischen Wachstumsfaktoren der Pflanzen (besonders bei Futter-, Gemüse- und Blattpflanzen).

---

1) Neben dieser „physikalischen" gibt es auch eine „innere" chemische Wärmeregula-tion. H. H. Meyer, Naturwissenschaften. 1920.

Die ungemeine Empfindlichkeit pflanzlicher Organe gegen Luftfeuchtigkeit zeigt die Erscheinung, daß Wurzelspitzen, in Luft wachsend, nach jener Richtung sich biegen, wo die Luftfeuchtigkeit größer ist. (Hydrotropismus.)

257. Verflüchtigen, Sublimieren. Wenn ein fester Körper verdampft, ohne vorher in flüssigen Zustand übergegangen zu sein, so nennt man dies „Verflüchtigung"; umgekehrt bezeichnet man als „Sublimation" die Kondensation eines Dampfes zu einem festen Körper, ohne daß dabei die flüssige Phase durchschritten wird.

Im allgemeinen ist die Verdampfung eines festen Körpers gering (der mit dem festen Körper im Gleichgewicht stehende Dampf hat einen kleinen Partialdruck), in manchen Fällen ist das Auftreten von Dampf schon durch den Geruch erkenntlich (Kampfer, Naphthalin).

Sublimationspunkte: Kohlensäure — 78,5°; Salmiak 335° C.

Unter Sublimationswärme versteht man diejenige Wärmemenge, die benötigt wird um die Gewichtseinheit eines Körpers unter Umgehung der flüssigen Phase aus dem festen Zustand in den gasförmigen zu überführen.

Tiefe Temperaturen.

258. Abweichung von den Gasgesetzen. Nach dem bisher Gesagten müßte jedes Gas flüssig werden 1. durch Abkühlung, 2. durch Drucksteigerung. Ersteres ist richtig, letzteres bedarf einer Einschränkung. Ein ideales Gas gehorcht dem einfachen Gasgesetze $pv = RT$; die Gleichung lautet genauer für alle Gase

$$\left(p + \frac{a}{v^2}\right)(v - b) = RT$$

(van der Waals 1887). Hier sind a und b Materialkonstanten. Die Zusatzglieder $\frac{a}{v^2}$ und b sind unter normalen Verhältnissen kleine Größen, die Werte von a und b verschieden für verschiedene Gase. Für Verdünnungen, wenn also v sehr groß ist, ist die Korrektur belanglos, denn dann wird $\frac{a}{v^2}$ fast Null und b verschwindet gegen das große v. Wird aber das v bei Kompression des Gases sehr klein, so wird $\frac{a}{v^2}$ groß gegen p; es kommt neben dem Drucke p auch noch die Kohäsionskraft der Molekeln in Betracht. Die nahe nebeneinander befindlichen Molekeln ziehen einander an; diese Kraft wird bei sehr großer Annäherung der Molekeln zum Kohäsionsdruck. Außerdem gewinnt auch in $(v - b)$ das b immer mehr Einfluß; es wird der von den Molekeln tatsächlich erfüllte Raum im Vergleiche mit den Zwischenräumen immer wachsen und weitere Volumsverminderungen erschweren.

259. Als Beispiel für eine Abweichung von den idealen Gasgesetzen wollen wir die **Isothermen der Kohlensäure** besprechen. Die van der Waalsche Gleichung, deren Kurvenverlauf in Fig. 196 für einzelne Isothermen der Kohlensäure dargestellt ist, ist bezüglich v vom dritten Grade, d. h. einem bestimmten Drucke können drei Werte von v (z. B. in A, B, C) zuzuordnen sein. Komprimiert man, ausgehend von großem Volumen, CO_2 z. B. bei 20° C ($T = 293°$), so wird der Verlauf der Zustände zunächst bis zum Punkte C der Kurve entsprechen, sodann jedoch tatsächlich, statt über E, B, D der theoretischen Kurve zu folgen, horizontal von C nach A stattfinden.

Bei dem durch den Punkt C charakterisierten Volumen beginnt nämlich der Dampf sich zu verflüssigen. Auf dem Wege von C bis A wächst der flüssige Anteil immer mehr, bis in A aller Dampf verflüssigt ist. (Koexistenz zweier Phasen — der gasförmigen und flüssigen.)

Die Höhenlage der Geraden ABC ist dadurch bestimmt, daß die berechnete Arbeit bei einer theoretisch gedachten Zustandsänderung entlang $CEBDA$ gleich sein muß der Arbeit, die bei Zustandsänderung längs der Geraden von C über B nach A geleistet wird; d. h. die Lage ist so zu wählen, daß die (schraffierten) Flächen ADB und BEC gleich groß werden.

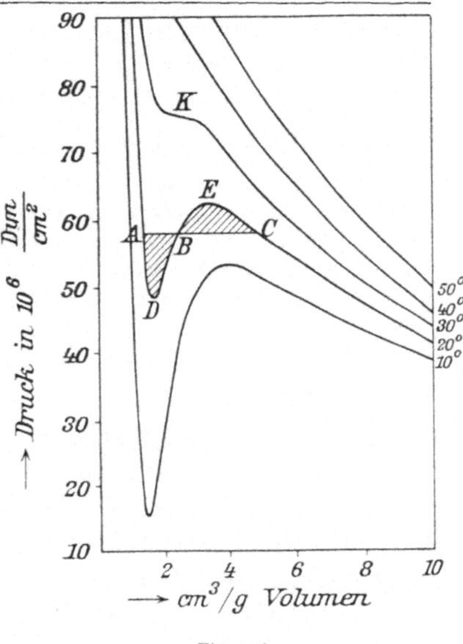

Fig. 196.

Unter besonderen Umständen können die Zustände entlang der ersten Teile der Kurvenstücke CE bzw. AD verwirklicht werden: bei Überhitzung (Siedeverzug) bzw. Unterkühlung; doch sind solche Zustände nicht stabil und ein geringer Anlaß bewirkt einen sprungweisen Übergang auf Zustände, die durch die „Zweiphasengerade" CBA gekennzeichnet sind.

Bei weiterer Kompression, von A an, erfolgt die Drucksteigerung sehr rasch, da Flüssigkeiten sich nur sehr wenig zusammendrücken lassen.

Für verschiedene Isothermen nimmt die Länge von CA mit steigender Temperatur ab (vgl. Fig. 196), d. h. die Verflüssigung ist nur mehr in einem kleineren Bereich der Volumina möglich und bei einer bestimmten Temperatur (von 31^0C für CO_2) fallen C und A zusammen in den Punkt K. Oberhalb dieser Temperatur erhält man selbst bei größten Drucksteigerungen keine Verflüssigung mehr. Bei noch höheren Temperaturen nähert sich die Gestalt der Isothermen immer mehr den Isothermen der idealen Gase ($pv = RT$).

260. Jene Temperatur, oberhalb welcher auch der stärkste Druck ein Gas nicht verflüssigt, heißt **kritische Temperatur**. Die Dampfspannung bei dieser kritischen Temperatur heißt kritischer Druck.

Die kritischen Daten sind z. B.

	He	H_2	O_2	N_2
krit. Temp. in Celsiusgraden	— 267,9	— 240	— 118,8	— 147,1
krit. Druck in Atmosphären	2,25	12,8	49,3	33,6
	CO_2	Äther	H_2O	Hg
krit. Temp. in Celsiusgraden	31,1	193,6	374	1450
krit. Druck in Atmosphären	73,0	36,3	217,5	1042

Bei der Temperatur von 375⁰ C z. B. würde auch der allergrößte Druck Wasserdampf nicht zu Wasser kondensieren, und andererseits müssen wir, wenn wir z. B. Stickstoff durch Druck verflüssigen wollen, das Gas zuerst unter die kritische Temperatur — 147⁰C abkühlen.

Eine kleine Röhre enthalte zur Hälfte z. B. Äther und darüber nur Ätherdampf, gar keine Luft. Bei Erwärmung dehnt sich die Flüssigkeit zuerst aus, der Meniskus wird flach und verschwindet bei etwa 194⁰C, der kritischen Temperatur des Äthers, vollständig; es ist alles homogen. Beim Abkühlen bildet sich plötzlich in der ganzen Röhre ein Flüssigkeitsnebel, der rasch nach unten fließend wieder eine Flüssigkeit mit Meniskus bildet.

Das Verschwinden des Meniskus kommt daher, daß dann die Oberflächenspannung gleich Null wird (§ 94).

Fig. 197 kennzeichnet übersichtlich das Verhalten bei verschiedenen Temperaturen. Die Punkte oberhalb der durch den kritischen Punkt (K) gelegten Isotherme können nur gasförmigem Zustand zugeordnet werden; innerhalb des „Zweiphasenraumes" sind Gas und Flüssigkeit gleichzeitig vorhanden. Zwischen der Begrenzungskurve des Zweiphasenraumes und der kritischen Isotherme liegt der Dampfraum; alle seine Punkte entsprechen verflüssigbaren Gasen. Auf der Seite kleiner Volumina kennzeichnen die Punkte zwischen Zweiphasenkurve und kritischer Isotherme flüssigen (bzw. festen) Zustand.

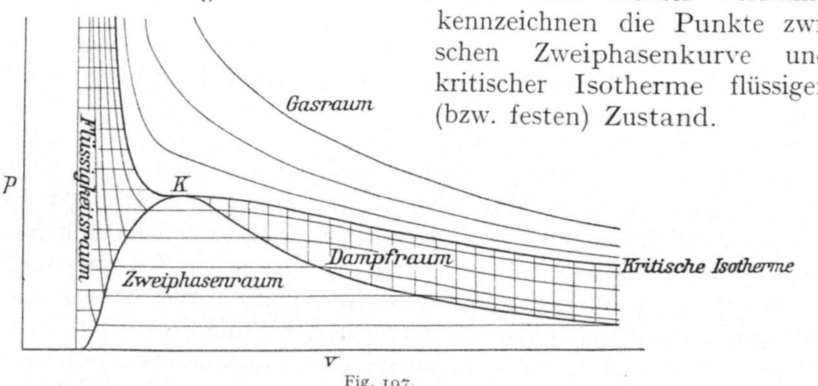

Fig. 197.

261. Um tiefe Temperaturen zu erhalten, benutzt man die Verdampfungswärme verflüssigter Gase, z. B. von Kohlensäure, die für industrielle Zwecke zur Flüssigkeit komprimiert, in röhrenförmigen Stahlbehältern zum Verkauf gebracht wird. Der Druck in diesen **Kohlensäurebomben** bei 20⁰C ist 60 Atm. Solche Flaschen werden für verschiedene Zwecke gebraucht, z. B. beim Bierausschanke, um Bier aus einem tiefgelegenen Faß an höhere Orte zu pressen, ohne daß das Bier mit atmosphärischer Luft in Berührung kommt. Dabei soll gasförmige Kohlensäure ausströmen, das öffnende Ventil ist oben an der Bombe.

Dreht man die Bombe aber so, daß das Ventil unten steht, so strömt flüssige Kohlensäure aus; diese, die zunächst natürlich die Zimmertemperatur hat, verdampft so rasch (§ 249), daß sie sich zunächst bis

— 57° C abkühlt und daher bei dieser Temperatur erstarrt, wobei sich eine schneeartige Masse bildet. Bei der Verflüchtigung des Kohlensäureschnees kühlt er sich weiter bis zum Sublimationspunkt von — 78,5° C ab. Durch Zusatz geeigneter Stoffe kann diese Temperatur infolge der Lösungskälte weiter herabgedrückt werden. Eine solche **Kältemischung** ist z. B. feste CO_2 und schweflige Säure, die bei Atmosphärendruck — 82° C liefert; eine andere ist festes Azetylen in Azeton die rund — 100° C ergibt.

Durch Abkühlung mit solchen Kältemischungen kann man dann ein anderes Gas unter seine kritische Temperatur bringen, durch Druck verflüssigen und durch Verdampfen dieser Flüssigkeit in freier Luft noch weitere Abkühlungen erreichen. Durch solche **stufenweise Verflüssigung** gelang es sogar Luft (zuerst C a i l l e t e t und P i c t e t 1877) und später auch Wasserstoff und Helium zu verflüssigen und sogar in festem Zustand zu erhalten.

262. Bei einem idealen Gase nahmen wir an (§ 211), daß die Energie, die in einem Gase steckt, nur Bewegung, also nur kinetischer Art sei. Lassen wir ein solches Gas von einem konstant gehaltenen Drucke p_1 durch eine kleine Öffnung in einen Raum mit konstant gehaltenem Drucke p_2 strömen, wobei aus einem Volumen v_1 vor der Öffnung ein Volumen v_2 nach der Öffnung wird, so würde, weil $p_1 v_1 - p_2 v_2 = 0$, keine Arbeit geleistet. Reale Gase verhalten sich aber anders.

Drückt man die Luft durch einen porösen Pfropfen aus gepreßter Seide oder dgl., so stehen die Luftmolekeln auf der einen Seite dieses Pfropfens unter großem Drucke und sind einander sehr nahe. Nach dem Durchgang durch diesen Pfropfen ist der Druck kleiner, die Molekeln sind gegen die Kraft ihrer gegenseitigen molekularen Anziehung auseinandergerückt, was Energie erfordert. Diese Energie nimmt die Luft aus sich selbst, sie kühlt sich ab. Eine solche durch molekulare Kräfte bewirkte Abkühlung hat mit äußerer Arbeitsleistung nichts zu tun. Ein ideales Gas, das genau dem Boyleschen Gesetze folgte, würde einen solchen **Thomson-Joule-Effekt** nicht zeigen.

263. Im **Gegenstromapparat** von **Linde** (1895) wird Luft bei a (schemat. Fig. 198) mit 200 Atm. eingepreßt und strömt bei c aus einer kleinen Öffnung aus, wobei der Druck plötzlich fällt; die aus c ausströmende Luft kühlt sich infolge des Thomson-Joule-Effektes ab. Diese kalte Luft strömt um die mittlere Röhre b durch e zurück, kühlt also die neu einströmende Luft noch mehr ab, so

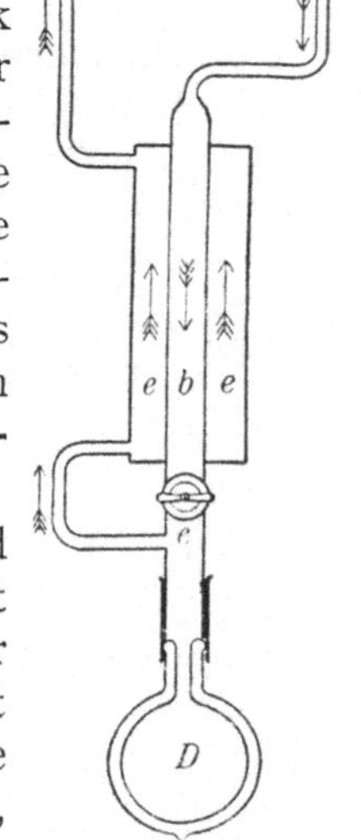

Fig. 198.

daß bei der fortwährenden Expansion in c immer tiefere Temperaturen entstehen, bis schließlich die aus c ausströmende Luft bei — 193° C flüssig wird und den Raum D (der nach Fig. 198 gestaltet ist) zu füllen beginnt.

In Wirklichkeit ist die mittlere (*b*) und die äußere (*e*) Röhre sehr dünn und lang und hat wegen Raumersparnis und Verhinderung von äußerer Wärmezufuhr die Form eines Schlangenrohres, wobei natürlich dieses Gegenstromprinzip längs großer Wandflächen seine abkühlende Wirkung viel stärker äußern kann, als es nach der schematischen Darstellung Fig. 198 möglich wäre.

Zunächst verdampft aus der flüssigen Luft der Stickstoff (Siedepunkt — 195,8°C) und erst, wenn das Ganze wärmer geworden ist, der Sauerstoff (Siedepunkt — 183°C); der Sauerstoffgehalt steigt bis 94%; so kann man aus flüssiger Luft Sauerstoff gewinnen.

264. Wasserstoffverflüssigung. Für Wasserstoff ist der Thomson-Joule-Effekt bei 0°C negativ, d. h. dieses Gas erwärmt sich beim Durchpressen durch eine kleine Öffnung. Erst unter — 80°C bewirkt der Thomson-Joule-Effekt Abkühlung (Olszewsky 1895). Man muß also Wasserstoff zuerst mit flüssiger Luft kühlen und kann ihn erst dann im Lindeschen Gegenstromapparat verflüssigen (— 252,8°C). Unter der Luftpumpe erstarrt H_2 bei — 257°C (analog dem Versuch § 250). Tiefste Temperaturen erhielt Kamerlingh Onnes (1908) mit im Freien siedendem (— 268,9°C) und unter der Luftpumpe siedendem (— 271,5°C) Helium. Das ist in absoluter Temperatur 1,7°. W. H. Keesom gelang es (1926) Helium auch zum Erstarren zu bringen. Bei einem Schmelzpunktsdruck von 150, 86, 50, 26 Atmosphären sind die Erstarrungspunkte beziehungsweise 4,2, 3,2, 2,2 und 1,1 in absoluten Temperaturgraden.

265. Die **therapeutische Wirkung** tiefer Kältegrade scheint bei dermatologischen Prozessen — Muttermalen und sonstigen kosmetischen Störungen, Psoriasis usw. — immer mehr an Bedeutung zu gewinnen. Man preßt aus festem Kohlensäureschnee kleine Stäbchen, welche unter sanftem Drucke an die Hautoberfläche, eventuell auch in Körperhöhlen an die zu behandelnden Stellen kürzere oder längere Zeit mehr oder weniger stark angedrückt werden. Auch bei oberflächlichem Hautkrebs und Hauttuberkulose glaubt man günstige Einwirkungen beobachtet zu haben.

Die anästhesierende, d. h. schmerzstillende Wirkung tiefer Kältegrade wird in der Chirurgie bisweilen verwendet, z. B. bei kleinen oberflächlichen Eingriffen vielfach Chloräthyl, eine Flüssigkeit (Siedepunkt + 11°C), die, aus einer kleinen Glastube herausspritzend, durch ihre Verdampfung an der Haut Abkühlungen bis zu — 35°C erzielt.

Wärmefortpflanzung.

266. Hält man einen langen Draht mit dem einen Ende in eine heiße Flamme, so „kriecht" die Wärme von der heißen Stelle durch den Draht gegen die kalten Stellen. Es werde (Fig. 199) ein horizontaler Metallstab rechts mit einer Flamme erwärmt. Die Wärme fließt hier von rechts nach links durch den Stab, dessen Oberfläche an jeder Stelle Wärme an die umgebende Luft verliert. Die schließliche Temperatur an irgendeinem Punkte (durch die gezeichneten fünf Thermometer gemessen) ist dann konstant geworden, wenn längs des Stabes im Innern — durch **innere Wärmeleitung** — in jedem Zeitmomente von rechts her so viel Wärme zuströmt, als er 1. gegen links hin durch innere Leitung und 2. nach außen hin — durch **äußere Wärmeleitung** — verliert.

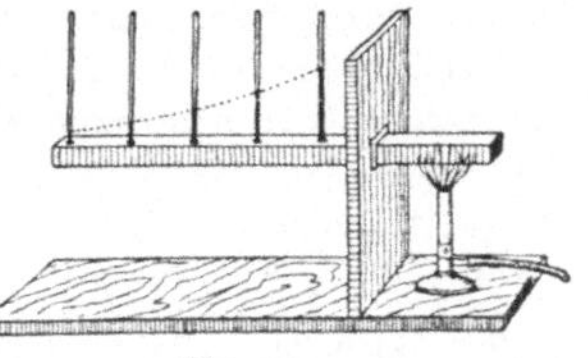

Fig. 199.

Nehmen die Distanzen nach links in Fig. 199 in arithmetischer Reihe zu, so nimmt die Temperatur in geometrischer Reihe ab. Es sinkt z. B. der Temperaturüberschuß über die Zimmertemperatur in Fig. 199 beim zweiten Thermometer von links auf $\frac{1}{2}$ (oder allgemeiner $\frac{1}{n}$), beim dritten auf $\frac{1}{2} \cdot \frac{1}{2}$ $\left(\text{oder } \frac{1}{n} \cdot \frac{1}{n}\right)$, beim vierten auf $\frac{1}{2} \cdot \frac{1}{2} \cdot \frac{1}{2}$ $\left(\text{oder } \frac{1}{n} \cdot \frac{1}{n} \cdot \frac{1}{n}\right)$ usw. Diese Kurve, in Fig. 199 punktiert, schmiegt sich immer mehr, asymptotisch, der horizontalen Linie an.

Absolutes Wärmeleitvermögen ist jene Anzahl cal, welche pro sec durch den Querschnitt von 1 cm² durchgehen, wenn zwei um 1 cm abstehende Querschnitte die Temperaturdifferenz von 1°C haben.

Denken wir uns einen dicken Stab an den Seitenflächen adiabatisch eingehüllt, so daß die Ableitung der Wärme nach außen gleich Null ist; Wärme kann hier weder hinein noch heraus. Der Querschnitt am rechten Ende habe die Temperatur T_2, der linke T_1, wobei $T_2 > T_1$; dann sinkt die Temperatur von T_2 linear nach T_1. In der Mitte z. B. ist die Temperatur genau $\frac{1}{2}(T_2 + T_1)$. Die pro sec durchgehenden cal, der sog. Wärmefluß Q, ist $\dfrac{k\,q\,(T_2 - T_1)}{l}$, wo k eine Materialkonstante, q den Querschnitt und l die Entfernung der beiden Endflächen bedeutet.

Setzen wir $q = 1$ cm², $l = 1$ cm, $T_2 - T_1 = 1°$C, so wird $Q = k$. Es ist k das **absolute Wärmeleitungsvermögen**.

k ist z. B. für

Ag	Cu	Al	Fe	Pb	Hg	H₂O	Luft
1,01	0,90	0,48	0,10	0,08	0,102	0,0014	0,00006 (cal/sec·cm·Grad.)

Die Wärmeleitfähigkeit der Metalle ist annähernd proportional der elektrischen Leitfähigkeit (Wiedemann-Franz).

Bei gleicher Wärmeableitung nach außen werden Stäbe mit größerer innerer Wärmeleitfähigkeit, z. B. Kupfer und Silber, auf viel weitere Strecken hinaus warm, als z. B. Eisen oder gar Glas oder Holz.

Unter **Temperaturleitvermögen** versteht man den **Quotienten** $\dfrac{k}{c \cdot \varrho}$, worin c die spezifische Wärme, ϱ die Dichte bedeuten. Diese Größe ist maßgebend für die Geschwindigkeit, mit der sich Temperaturdifferenzen innerhalb eines Körpers ausgleichen. Sie ist für Gase trotz geringer Werte von k relativ groß, z. B. für Luft ca. 0,27.

Einige Angaben für Temperaturleitvermögen sind:

Au	Al	Pb	Fe	Eis
1,17	0,83	0,24	0,15	0,011

Da ein offenes Licht explosive Luftgasgemische, z. B. aus Grubengas in Bergwerken, aus Leuchtgas in geschlossenen Räumen, zur Entzündung bringt, umgibt man in der **Davyschen Sicherheitslampe** die Flamme mit einem Metallnetze. Es explodiert dann, falls explosive Gase vorhanden sind, das Gas nur im Inneren der Lampe. Die Wärmeleitfähigkeit des einschließenden Netzes kühlt so stark, daß die Entzündungstemperatur außerhalb des Netzes nicht erreicht wird.

267. Bei der Berührung eines heißen oder kalten Körpers empfinden wir zunächst nur jene Temperatur, welche das berührende Organ annimmt. Ein Stück kaltes Metall scheint dem Wärmegefühle kälter als ein Stück Holz gleicher Temperatur. Das Metall fühlt sich darum viel kälter an, weil infolge seiner größeren Leitfähigkeit die Hand wirklich kälter wird als beim Holz. Ein nackter Fuß empfindet auf Steinboden eine tiefere Temperatur als auf einem gleich warmen Fußteppich, weil er in ersterem Falle wirklich kälter wird. Das Umgekehrte tritt bei erhöhter Temperatur ein. Im heißen Dampfbade fühlt sich jedes Metall viel wärmer an als Holz.

Bei arktischen Expeditionen müssen alle Metallteile, die im Freien berührt werden, sorgfältig mit schlechten Leitern umgeben werden, Holzgegenstände aber nicht. Dasselbe gilt für heiße Dampfbäder.

268. Unter dem „Leidenfrostschen Phänomen" oder dem „sphäroidalen Zustand" einer Flüssigkeit versteht man die Erscheinung, daß ein Flüssigkeitstropfen, der auf eine Unterlage viel höherer Temperatur gebracht wird, auf dieser nicht sofort verdampft, sondern in Kugelform sich lebhaft hin und her bewegt. Dies wird auf die Ausbildung einer Dampfhülle rings um den Tropfen zurückgeführt, die die unmittelbare Berührung mit der Unterlage verhindert und wegen ihrer geringen Wärmeleitfähigkeit die Zufuhr der zur Verdampfung der Flüssigkeit erforderlichen Wärme verlangsamt. Man kann derart auch z. B. feste CO_2 in einen glühenden Platintiegel bringen und eine Weile in festem Zustand erhalten. Die gleiche Erscheinung gestattet es ohne Schädigung, eine befeuchtete Hand in flüssiges Blei oder anderes Metall zu stecken und mag als Erklärung für gelungene „Hexenproben", Betreten glühenden Eisens mit bloßen Füßen ohne Verbrennungserscheinungen, herangezogen werden.

269. Wir empfinden aber auch **Temperaturänderungen** unserer Wärmeempfindungs-Organe. Bringt man zunächst für längere Zeit die eine Hand in warmes, die andere in kaltes Wasser und dann beide gemeinsam in ein laues Bad, so empfindet die erste Hand (weil Wärmeabgabe) Kälte, die andere (weil Wärmeaufnahme) Wärme (vgl. auch § 171).

270. Erwärmt man durch eine untergestellte Flamme Flüssigkeit, z. B. Wasser, in einem Gefäße, so steigt sie — weil weniger dicht geworden — in der Gefäßmitte in die Höhe und sinkt, am Rande sich abkühlend, herunter, wodurch ein fortwährendes Mischen warmer und kalter Teile und rascheres Erwärmen eintritt. Auch hier erfolgt die Fortpflanzung der Wärme durch Leitung, die aber sehr gering ist und durch die **Wärmekonvektion** (Transport erwärmter Massen) gefördert wird. Solche Wärmeströmungen müssen bei Bestimmung der Wärmeleitung von Flüssigkeiten und Gasen behutsam vermieden werden.

Wenn die Temperatur im Winter abnimmt, so geschieht in einem größerem Teich mit stehendem Wasser folgendes. Das Wasser von 4^0 C hat die größte Dichte, ist am schwersten und sinkt daher zu Boden. Es wird also bei einer Außentemperatur von 0^0 C am Grunde des Teiches das Wasser die Temperatur 4^0 C haben, und diese wird immer kleiner, je mehr man sich der Oberfläche des Wassers nähert. Dort ist sie 0^0 C; die Oberfläche gefriert. Die Ausbreitung der Kälte geschieht nun nur ganz allmählich durch die Leitung des Eises, die sehr gering ist. Es dauert daher lange Zeit, bis die ganze Wassermenge sich in Eis verwandelt hat; das Gefrieren an der Oberfläche tritt aber natürlich schon bei 0^0 C ein.

Ist aber die Flüssigkeitsmasse, wie z. B. in einem Flusse, in fortwährender Bewegung, so mischt sich alles in Wirbeln durcheinander, und darum dauert es viel länger, bis eine bewegte Wassermasse gefriert. Während an einem Teiche nur eine Abkühlung der Oberfläche auf 0^0 C eintreten muß, muß in einem starkem Strome die ganze Menge die Gefriertemperatur annehmen.

271. In den **Warmwasserheizungsanlagen** der Zentralheizungen (Fig. 200) wird Wasser im Keller H eines Gebäudes auf 80^0 C und mehr erwärmt, steigt durch S zu einem Verteilungsreservoir F am Dachboden auf und fließt dann über R und Z durch in den einzelnen Wohnräumen verteilte Schlangenröhren — Heizkörper — wieder zum Heizkessel zurück. Die Heizkörper sind parallel (§ 81) geschaltet, d. h. das heiße Wasser geht gleichzeitig durch alle von R nach Z. Man kann so einzelne Heizkörper absperren, ohne den Wärmestrom in den anderen zu unterbrechen. Die Wasserzirkulation durch das ganze Gebäude geschieht infolge der Dichteverschiedenheit des warmen und kalten Wassers.

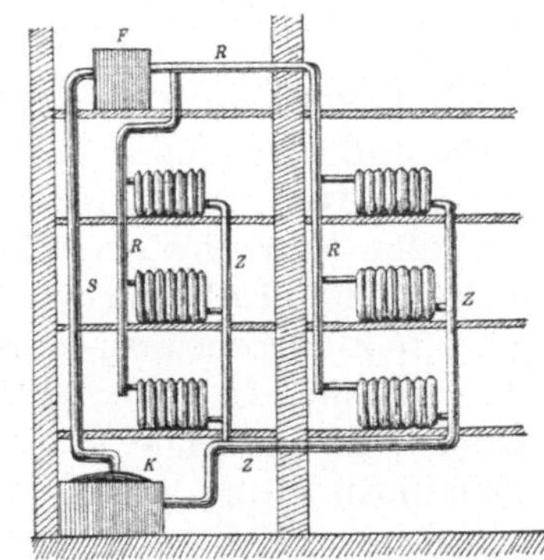

Fig. 200.

272. Die Leitfähigkeit der Luft ist sehr klein (vgl. § 266). Der als Wärmeschutz wirksame Bestandteil in den Federn der Vögel, im Pelze der Tiere, in unserer Kleidung besteht nur aus Luft, welche zwischen den Haaren der Tiere und den Fasern unserer Kleidung (der großen Reibung wegen) fast unbeweglich eingeschlossen ist, wodurch Konvektion vermieden wird. Die Substanz der Haare oder der Fasern selbst leitet verhältnismäßig gut. Die Federn, Pelze oder Gewebe stellen eine Art Luftnetz vor, in welchem Luftströmungen nur sehr langsam möglich sind. Ein völliges Verhindern jeglicher Luftströmung würde wegen der Unmöglichkeit von Wasserdampfabgabe hygienisch schädlich wirken. Unterstützt wird dieser Wärmeschutz der Tiere durch das subkutane Fett, das ein schlechter Wärmeleiter ist.

Die wärmeisolierende Eigenschaft unbewegter Luft verwendet man ferner in den Glasdoppelfenstern unserer Wohnungen, in der Ausfüllung adiabatischer Doppelwände amerikanischer Eiskeller mit Sägespänen, Asche u. dgl., dann in den Kochkisten. Thermosflaschen welche Speisen lange warm oder kalt erhalten, sind „Dewarsche Gefäße", Doppelgefäße aus Glas, deren Luftmantel möglichst ausgepumpt (Fig. 201) ist. In solchen Gefäßen, besonders wenn sie wegen Verminderung der Ausstrahlung (vgl. § 395) versilbert sind, hält sich selbst flüssige Luft tagelang.

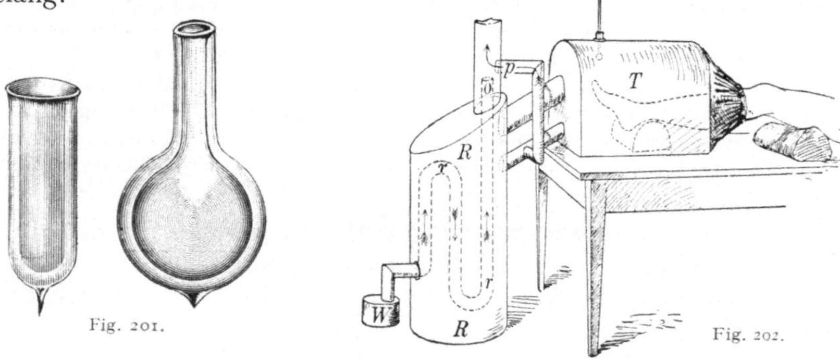

Fig. 201.   Fig. 202.

273. Luftströmungen. In der Erdatmosphäre steigt erwärmte Luft in die Höhe und fließt oben nach allen Seiten hin ab. Der Luftdruck fällt an solchen Orten, und darum strömt kalte Luft unten an der Erdoberfläche von allen Seiten her ein. Ein solches Aufsteigen am Äquator und Abfließen in den oberen Luftschichten nach Norden und Süden hin und das entgegengesetzte Zuströmen der kalten Schichten an der Erdoberfläche erzeugt die Passatwinde. In ähnlicher Weise entstehen im kleinen die Berg- und Tal-, Land- und Seewinde. Ebenso steigt die Zimmerluft im warmen Schornstein in die Höhe, während dafür kalte Luft durch die Poren der Wände und durch die Fensterritzen eindringt. Jeder Ofen mit Abzug ventiliert.

Für klinische Zwecke ist es oft nötig, einzelne Gliedmaßen mit heißer und trockener Luft zu umspülen. Fig. 202 stellt einen solchen Trockenheißluftofen dar. Das kleine Wasserkesselchen W wird durch eine untergestellte (nicht gezeichnete) Flamme erhitzt. Der heiße Wasserdampf geht durch das Rohr r ins Freie, die Luft in R erwärmend, welche den Trockenkasten T durchströmt. Der aus o ausströmende Wasserdampf zieht nun überdies nach dem Prinzip des ärodynamischen Paradoxons (§ 120), entsprechend der Pfeilrichtung p die durch den Schweiß in T gebildete Feuchtigkeit mit sich ins Freie.

Die wichtigste Art der Wärmefortpflanzung, z. B. die der Sonnenenergie zur Erde, durch S t r a h l u n g, werden wir später kennen lernen.

Wärmequellen.

274. Wir sahen bereits, daß mechanische Energie sich in Wärme verwandeln kann; ebenso kann man andere Energien, z. B. elektrische Energie, in Wärme umsetzen. Man kann aber auch die (potentielle) **chemische Energie** in Wärme verwandeln, die auftritt, wenn zwei Körper sich chemisch verbinden.

Jede chemische Reaktion geht unter gleichzeitiger Entwicklung oder Verbrauch von Wärmeenergie vor sich, was man **Wärmetönung** nennt. Je nach Art des chemischen Vorganges unterscheidet man Neutralisations-, Verbrennungswärme usw. Die Thermochemie mißt diese Größen. Im übertragenen Sinne spricht man auch von Wärmetönung bei Lösungswärme, Verdampfungswärme usw.

Verbinden sich z. B. 2 Volumen Wasserstoff mit 1 Volumen Sauerstoff zu Wasser, so entsteht eine sehr große Verbindungswärme; die plötzliche Verbrennung größerer Massen dieses Gasgemisches (Knallgas) ist explosiv. Hier ist die Wärmetönung positiv (Erwärmung), die chemische Reaktion heißt exothermisch. Manche Verbindungen aber liefern beim Zerfall Energie, z. B. die Zersetzung von Mangandioxyd in Manganoxyd und Sauerstoff; die Verbindung geht hier unter negativer Wärmetönung vor sich, die chemische Reaktion ist endothermisch (Abkühlung).

275. Einer der wichtigsten chemischen Prozesse ist die Oxydation, d. i. die Vereinigung eines Stoffes, z. B. Kohle, Schwefel, Wasserstoff usw. mit Sauerstoff, die sog. **Verbrennung.** Brennt z. B. innerhalb eines Eiskalorimeters ein kleines Wasserstoffflämmchen in einer Sauerstoffatmosphäre, so läßt sich die erzeugte Anzahl Kalorien bestimmen. Man rechnet hier mit Mol als Masseneinheit (§ 180).

2,02 g Wasserstoff und 16 g Sauerstoff (0°C und 76 cm Hg) geben 18,02 g Wasser, wobei 68900 cal frei werden. Man kann das übersichtlich in einer Wärmetönungsgleichung schreiben:

$$2\,H\,(\text{Gas}) + O\,(\text{Gas}) = H_2O\,(\text{flüssig}) + 68\,900 - K.$$

K ist eine Korrektur, 880 cal, weil H_2O flüssig ist; die Gase haben sich nicht nur verbunden, es ist auch für die H_2O-Kondensation von den molekularen Kräften und vom äußeren Luftdrucke Kompressionsarbeit, also Erwärmung geleistet worden (§ 249), die im Kalorimeter mitgemessen wurde. Die Wärmetönung mißt also die Summe der chemischen und physikalischen Energieänderungen. In einer Wärmegleichung muß man darum genau angeben, in welcher Aggregatform die Körper sind, denn dies ist für das Endergebnis von Bedeutung.

Die Wärmetönung der Explosivstoffe ist nicht außergewöhnlich groß, ihre Wirkung aber besteht in der Plötzlichkeit der Verbrennung. 3,2 g Schießpulver, die Ladung eines deutschen Infanteriegeschosses, Modell 98, entwickeln 2762 cal, aber so plötzlich, daß das Geschoß den Lauf in $\frac{1}{2000}$ sec durcheilt. Nur $\frac{1}{3}$ dieser Energiemengen erteilt dem Geschosse seine Geschwindigkeit (820 m pro sec); $\frac{1}{4}$ aber erwärmt Lauf und Projektil und etwa 45 % der Verbrennungsenergie steckt in den heißen Ausströmungsgasen, im Knall usw.

276. Der Weg, auf dem man von einem Zustande zu einem anderen gelangt, ist für die Wärmetönung gleichgültig, z. B.:

$$C\,(\text{fest}) + O\,(\text{Gas}) = CO\,(\text{Gas}) + 29\,000\ \text{cal}$$
$$CO\,(\text{Gas}) + O\,(\text{Gas}) = CO_2\,(\text{Gas}) + 68\,000\ \text{cal}$$

oder
$$C\,(\text{fest}) + O_2\,(\text{Gas}) = CO_2\,(\text{Gas}) + 97\,000\ \text{cal}.$$

Hier ist der Weg (C + O + O) genau gleichwertig mit (C + 2O). Die Wärmetönung 68000 + 29000 ist gleich 97000. Sie hängt also nur ab vom Anfangs- und vom Endprodukte. Die Wärmesumme beliebiger Zwischenreaktionen ist bei gleichen Ausgangs- und Endprodukten immer konstant. Dieses **Gesetz** von **Heß** (1840) ist heute als Teil des Energiegesetzes selbstverständlich.

Man kann, um ein anderes Beispiel zu geben, Zucker in heller Flamme direkt zu Kohlensäure und Wasser verbrennen oder aber den Zucker zuerst gären lassen und dann den gebildeten Alkohol verbrennen. Da in beiden Fällen vom gleichen Anfangsprodukt dasselbe Endprodukt erhalten wird, muß die Wärmetönung im ersten Falle gleich sein der Summe der Wärmetönungen im zweiten Falle.

277. Bei Oxydationen bildet sich oft eine **Flamme,** aber nur wenn Gase (oder vergaste feste bzw. flüssige Körper) verbrennen. Wasserstoff oder Leuchtgas — eine Mischung von Kohlenwasserstoffen und Wasserstoff — verbinden sich bei gewöhnlicher Temperatur ungemein langsam mit Sauerstoff, sehr rasch bei erhöhter. Darum muß man ausströmendes Leuchtgas anzünden. Sind feste Teilchen in einer Flamme, so leuchten sie. Eine Leuchtgas- oder Kerzenflamme leuchtet infolge glühender Kohlenteilchen, die an einem kalten Körper über der Flamme sich als Ruß ansetzen. Bei einem Bunsenbrenner (Fig.114) ist das Leuchtgas so mit Luft gemengt, daß eine vollständige Verbrennung eintritt. Diese Flamme ist weit heißer, leuchtet aber nicht.

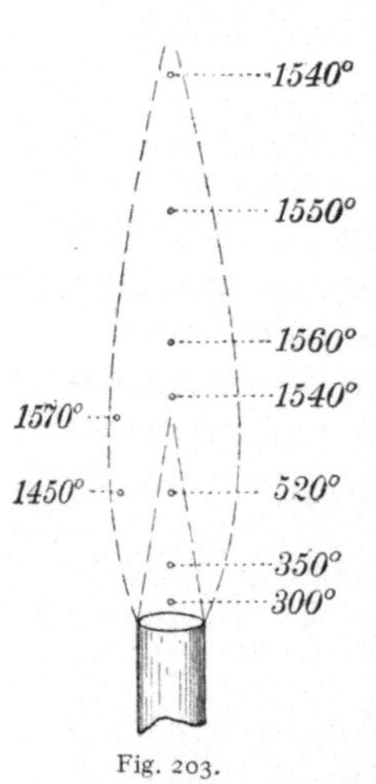

Fig. 203.

Bringt man an das obere Ausströmungsloch eines Bunsenbrenners einen aus kurzen Metallröhrchen bestehenden siebartigen Einsatz, Mékerbrenner, so erhält man noch höhere Temperaturen. Fig. 203 gibt einen Bunsenbrenner mit Temperaturangaben für verschiedene Teile der Flamme, Fig. 204 einen Mékerbrenner. Dort, wo in der Flamme das Luft-Gasgemisch die richtige Zusammensetzung hat, ist die Temperatur am größten. Beim Mékerbrenner ist dieses Verhältnis unmittelbar über dem Gitter besonders günstig. Neuere Versuche ergaben für sorgfältig eingestellte Bunsen- und Mékerbrenner bedeutend höhere Temperaturen, für die Bunsenflamme z. B. 1785°C. Die Zahlen in Fig. 203 und 204 sind wahrscheinlich zu niedrig! Um höhere Temperaturen zu erzielen, muß die Anwesenheit von Stickstoff im Verbrennungsgas vermieden werden (Leuchtgas-Sauerstoffgebläse).

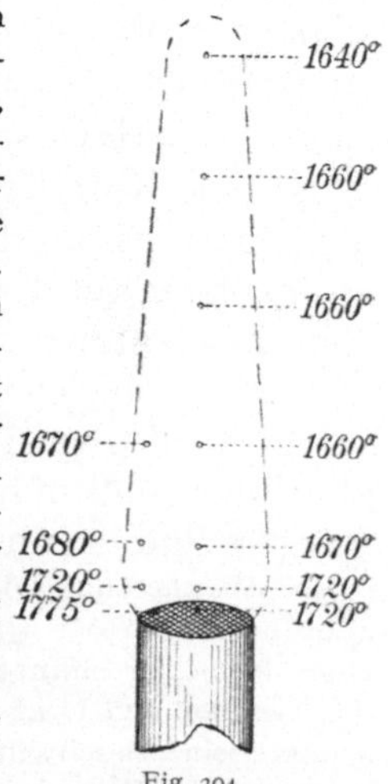

Fig. 204.

Im Knallgasgebläse Fig. 205 (autogene Schweißbrenner) wird dem durch bb aus c her ausströmenden Wasserstoff mittels des konzentrischen Rohres a Sauerstoff an der Mündung zugeführt. Die mögliche Erhitzung beträgt ca. 2000° C. Bei Verwendung von Benzol- oder Benzindampf statt H_2 erzielt man ca. 2700° C; benützt man statt dessen Azetylen, so erreicht man über 3000° C und mit verdichtetem gelöstem Azetylen (Dissousgas) bis ca. 4000° C.

278. Es gibt auch **Verbrennung ohne Flamme.** Ein glühendes Platinblech bleibt in einem kalten Leuchtgasstrom, ohne daß dieser sich entzündet, glühend.

Ein für Mediziner interessantes Phänomen ist das dauernde Glühen eines einmal glühend gemachten Platins in einem Benzindampfstrome

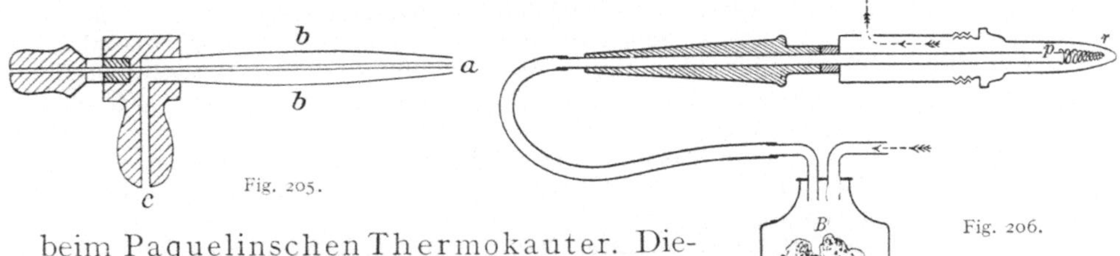

Fig. 205.

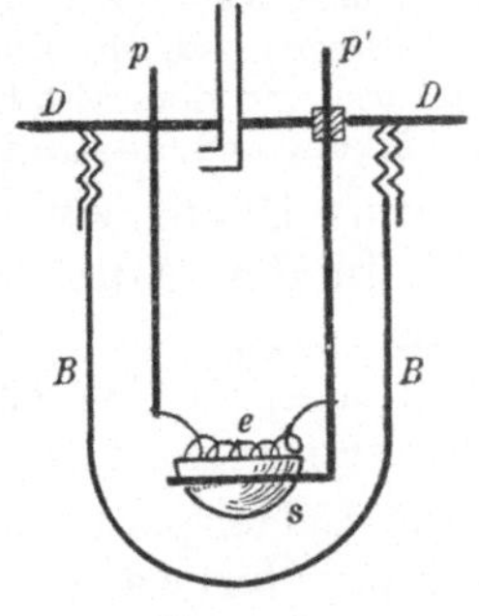

Fig. 206.

beim Paquelinschen Thermokauter. Dieses vielseitig verwendete Instrument besteht aus einem Metallhohlkörper r (Fig. 206), der je nach dem Zwecke verschiedene Formen hat (spitz, kugelförmig, spatelförmig usw.) und mittels einer geeigneten Handhabe (links, schraffiert gezeichnet) gehalten wird. Im Innern befindet sich eine kleine Platinspirale p, um welche herum man aus B (Schwamm mit Benzin getränkt) mittels eines Handgebläses (wie in Fig. 119) benzindampfgeschwängerte Luft bläst, die in der Pfeilrichtung abströmt. Zuerst bringt man die Spitze r in einer Flamme zum Glühen, und die Glut der Spitze bleibt dann auch außerhalb der Flamme, je nach der Stärke des Anblasens verschieden stark, bestehen, so daß man die Hitze verschieden dosieren kann. Diese Paquelinisierung wird besonders zur Blutstillung oder zur Zerstörung von kleinen lupösen Infiltraten und vielen anderen kleinen Neugebilden der Haut benutzt.

279. Zur Messung von Verbindungswärmen wurden verschiedene Verbrennungskalorimeter konstruiert. Fig. 207 stellt die **Verbrennungsbombe** von Berthelot dar. Im Innern des mit Platin (oder Email — viel billiger) ausgekleideten Metallgefäßes B mit abschraubbarem Deckel D kommt die zu verbrennende Substanz auf ein Platinschälchen s.

Durch die Röhre o wird Sauerstoff bis zu 25 Atm. Druck eingepreßt; das Ganze wird gasdicht verschraubt und in ein größeres Wasserkalorimeter eingehängt. Nach vollständigem Temperaturausgleiche wird die Substanz in s dadurch entzündet, daß durch p und p' ein elektrischer Strom eingeleitet wird, der die dünne Eisenspirale e entzündet. Die Substanz verbrennt dann im Überschusse von Sauerstoff. Ist der Wasserwert des Kalorimeters und der Bombe bekannt, so lassen sich die erzeugten Kalorien nach Anbringen einiger Korrekturen — wegen

Fig. 207.

Verbrennung des Eisendrahtes, Bildung von Salpetersäure aus Stickstoffverunreinigungen des Sauerstoffes usw. — berechnen.

Als anderes Beispiel soll die Bestimmung der Wärmetönung der **Oxydation des Hämoglobins** besprochen werden. Eine bestimmte Menge defibrinierten Blutes B (Fig. 208) ist in eine Art Waschflasche F gefüllt, welche ein Thermometer t enthält. Bei o eingeleiteter Sauerstoff verbindet sich mit dem Hämoglobin; die tiefdunkelrote Lösung wird hellrot und man beobachtet Gewichtsvermehrung und Temperatursteigerung. Erstere gibt die Sauerstoffmenge, welche im Hämoglobin zur Oxydation verbraucht wurde, letztere gestattet, wenn der Wasserwert des Gefäßes und die spezifische Wärme des Blutes bekannt sind, die Wärmetönung zu messen. Diese Kalorienanzahl muß noch korrigiert werden, weil das Durchleiten des Gasstromes Wasserdampf und Kohlensäure aus der Lösung wegführt, was natürlich bei der Gewichtsund Wärmebestimmung in Rechnung zu ziehen ist. Ein Versuch mit durchgeleitetem Stickstoff läßt diese Korrektur bestimmen.

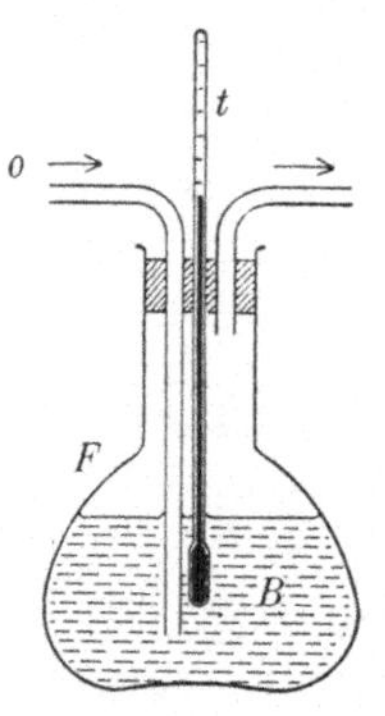

Fig. 208.

Die bisher beschriebenen Wärmetönungskalorimeter sind Beispiele für physikalisch-chemische und biologische Untersuchungen mit nicht lebender Materie.

280. Energiesumme der Nahrungsmittel. Ein Tier nimmt fortwährend Stoffe in Form von organischen Nahrungsmitteln zu sich, oxydiert diese mit dem eingeatmeten Sauerstoff und gibt dann die Verbrennungsprodukte in verschiedener Form als Kohlensäure, Wasser, Salze u. dgl. wieder ab. Fette oder Kohlehydrate verbrennen vollständig zu Kohlensäure und Wasser. Die stickstoffhaltigen Zersetzungsprozesse des Eiweißes oxydieren nicht zu Endprodukten, sondern verlassen den Körper als Spaltprodukte, die immer noch eine beträchtliche potentielle Energie enthalten (Harnstoff, Harnsäure usw).

Manche Tiere, z. B. Frösche, leben auch lange Zeit in O_2-freier Atmosphäre, manche Lebewesen, z. B. die anaeroben Bakterien, können andauernd in einem Medium ohne freien O_2 leben und doch CO_2 bilden. Sie entnehmen O_2 den O enthaltenden Verbindungen ihrer Umgebung und die Energie wird durch Spaltungsprozesse nicht oxydabler Stoffe geliefert.

Eine Bilanz zwischen der Summe der aufgenommenen Kalorien und den in den Ausscheidungen des Körpers abgegebenen Kalorien ergibt jene Energiemenge, die dem Körper aus der Nahrung zur Verfügung gestanden ist. Dieser Betrag kann verwertet werden: 1. als **Heizmaterial**, 2. als **Energieäquivalent geleisteter Arbeit**, 3. in **Reservestoffen**.

ad 1. Heizmaterial analog dem Brennstoffe eines Ofens. Trotzdem der Körper fortwährend Wärme durch Leitung, Strahlung, Ausatmung, Schweißabsonderung u. dgl. nach außen abgibt, erhält er hierdurch seine Temperatur konstant.

Darum braucht ein Tier ceteris paribus bei großer Kälte mehr Nahrungskalorien.

ad 2. Energieäquivalent für alle vom Tiere geleistete Arbeit.

Darum braucht das Tier ceteris paribus bei großer Arbeitsleistung mehr Nahrungskalorien.

ad 3. Baumaterial. Bei jedem Ansatze, besonders bei Fettansatz bleibt potentielle Energie im Körper zurück als Vorrat für spätere Zeiten oder im Baumaterial werdender oder sich vergrößernder Organe.

Darum braucht das wachsende Tier ceteris paribus mehr Nahrungskalorien.

Die durch Osmose, Diffusion u. dgl. erfolgende Nahrungsaufnahme im Innern, die auch bei den niedersten Organismen vorkommt, führt zu einer Zerlegung von komplizierten Molekeln in einfache (z. B. Bildung von Kohlensäure aus komplizierten kohlenstoffhaltigen Molekeln und Sauerstoff). Der biochemische Vorgang des Abbaues und Zerfalles von Substanz im Körper heißt Dissimilation. Hierbei wird Energie frei. Auch Umbau von Substanzen im Körper geht mit Wärmetönungen einher.

Im Gegensatz zur Dissimilation versteht die Biochemie unter Assimilation den chemischen Aufbau oder die Synthese organischer Substanzen aus den einfacheren Bestandteilen. Bei diesem Aufbau organischer Substanzen, die für jede Spezies und jedes Organ besondere Verbindungen schafft, wird Energie verzehrt, welche aus dem Abbau anderer organischer Materien gewonnen wird.

Eine genaue Berechnung aller dieser Summanden 1., 2. (Dissimilation) und 3. (Assimilation) ergibt ein bestimmtes Schlußresultat, z. B. für den erwachsenen Menschen in Ruhe etwa 1 kcal pro kg Körpergewicht und Stunde, also z. B. bei 70 kg Gewicht 1680 kcal für 24 Stunden; bei Arbeitsleistung entsprechend mehr (bis zu 8000 kcal pro Tag im Maximum).

281. Biokalorimetrie. Gegenüber den Verbrennungskalorimetern bezeichnet man als ,,Biokalorimeter'' solche, durch welche die gesamte Energieabgabe eines Menschen oder Tieres unmittelbar bestimmt wird (,,direkte Kalorimetrie''), und unterscheidet: Strahlungs-, adiabatische, Absorptionskalorimeter. Im Gegensatz dazu spricht man von ,,indirekter'' Kalorimetrie, wenn der kalorische Umsatz aus dem Gaswechsel, der Menge des aufgenommenen O_2 und der produzierten CO_2, bestimmt wird. Man kann so Menge und Art der verbrauchten Nahrungsmittel feststellen und bei bekanntem Brennwert dieser den kalorischen Umsatz berechnen.

Das Respirationskalorimeter vereinigt die direkte mit der indirekten Kalorimetrie. Die gleichzeitig nach beiden Methoden gefundenen Werte für den kalorischen Umsatz während Tagen und Wochen stimmen auf Dezimalen überein.

Zur Erklärung der Prinzipien der Biokalorimetrie sei ein einfaches Strahlungskalorimeter (Fig. 209) in ganz schematischer Form beschrieben.

Das Versuchstier befindet sich in einer Kammer R, ohne aber die Metallwände K zu berühren. Diesen Raum R, der vorne durch ein Doppelfenster F geschlossen ist, umgibt eine zweite Metallhülle M. Der

Zwischenraum *L* zwischen den Metallhüllen *K* und *M* ist luftdicht geschlossen und mit einem Druckmanometer *m* verbunden. Das Ganze ist also ein **Luftthermometer, dessen Luftraum das Versuchs-tier umgibt.** Da der Luftraum *L* von innen Wärme empfängt und nach außen Wärme abgibt, stellt sich rasch ein bestimmter Gleichgewichtszustand ein. Je mehr Wärme das Tier abgibt, desto größer wird die Druckdifferenz in *m*. Eine Eichung des Instrumentes erfolgt dadurch, daß man statt des Versuchstieres eine vom elektrischen Strom durchflossene Drahtspirale nach *R* bringt, die eine leicht zu berechnende Wärme-

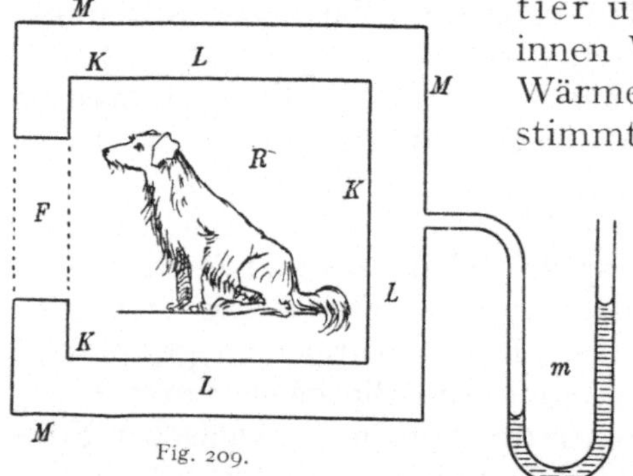

Fig. 209.

menge erzeugt, oder eine gewogene Menge von Alkohol verbrennt.

Dieses Prinzip ist, in Deutschland besonders von **Rubner**, ausgearbeitet worden. Die in *R* eingeführte und aus *R* austretende Luft (Vorrichtung nicht gezeichnet) wird quantitativ und qualitativ gemessen; Thermostaten sorgen für Aufrechterhaltung bestimmter Temperaturen Man hat solche Kalorimeter so groß gebaut, daß in der Versuchskammer ein erwachsener Mensch tagelang ohne weitere Unannehmlichkeiten sich aufhalten und z. B. mittels eines stationären Fahrrades mechanische Arbeit verrichten kann, die sich durch Reibung in Wärme umsetzt usw ; diese Energie wird mitgemessen. Würde ein Mensch im Kalorimeter hingegen schwere Gewichte höher hinaufheben und oben liegen lassen, so müßte diese Energie zur kalorimetrisch beobachteten hinzugezählt werden, da sie eine potentielle Energie darstellt, welche später nach Aufhören des Versuches erst in Wärme verwandelt werden könnte, die doch auf Kosten der vorher eingenommenen Nahrungsmittel zu rechnen wäre.

Eine Besprechung all der vielen weiteren Korrekturen physiologischer Natur dürfte hier zu weit führen.

Die Nahrungsstoffe entwickeln also bei Verbrennung im tierischen Körper dieselbe Energie wie bei der Verbrennung außerhalb des Körpers. Das Gesetz der Erhaltung der Energie gilt auch für Lebewesen.

282. Geht man dem Ursprung der tierischen Energie, d. h. dem Ursprung der Nahrungsenergie des Tieres nach, so kommt man **zur Assimilation der lebenden Pflanzenzellen,** wenn diese Chlorophyll oder Chromophylle enthalten und, von Sonnenlicht bestrahlt, gewisse Teile dieser Strahlung absorbieren. Der sich hier abspielende „photochemische" Vorgang wird durch die Gleichung

Kohlensäure + Wasser + absorbierte Energie = Stärke + Sauerstoff ausgedrückt. In den bestrahlten Pflanzenzellen wird also Sonnenenergie absorbiert und dazu verwendet, Kohlensäure und Wasser in Stärke (Amylum) und frei werdenden Sauerstoff zu verwandeln. Die im Chlorophyllkörper sich ablagernde Stärke bildet, unter Hinzunahme von stickstoff-, schwefel- und phosphorhaltigen Salzen aus dem Boden, den Ausgangspunkt aller weiteren synthetischen Prozesse in der Pflanze. Die Assimilation verwandelt also hier die Strahlungsenergie der Sonne in die potentielle Energie der Pflanzenbestandteile. Im Dunkeln unterbleibt die Assimilation. Das Tier erhält somit in der Pflanzenkost eigentlich aufgespeicherte Sonnenenergie; es ist daher auch die Energiequelle aller menschlichen Tätigkeit, ob wir nun tierische oder Pflanzenkost zu uns nehmen, in der Sonnenstrahlung gegeben.

283. Die Sonne als unsere Energiequelle. Da die Kohlenlager aus langsamer Vermoderung fossiler Pflanzenreste unter Luftabschluß entstanden sind, heizen wir auch unsere Öfen und Maschinen mit durch Jahrtausende aufgespeicherter Sonnenenergie; auch Wind, und Wasserenergie sind entstanden aus Sonnenenergie (§ 273). Somit lebt alles auf Erden direkt oder indirekt auf Kosten der Sonnenstrahlung, von der aber nur ein minimaler Teil auf unsere Erde fällt. Und von diesem Teil wird derzeit vielleicht nur der dreimillionste Teil für den menschlichen Energiebedarf ausgenützt!

Hauptsätze der mechanischen Wärmetheorie.

284. Der I. **Hauptsatz** der mechanischen Wärmetheorie sagt aus, daß man sowohl Wärme in Arbeit als auch umgekehrt Arbeit in Wärme verwandeln kann, wobei man für je 1 cal Wärme 4,2 Joule Arbeit erhält (§ 206) und umgekehrt für je 1 Joule Arbeit $\frac{1}{4,2} = 0{,}24$ cal.

Während aber die Umwandlung von Arbeit in Wärme beliebig und restlos vor sich gehen kann, ist die umgekehrte Verwandlung von Wärme in Arbeit durch Nebenbedingungen eingeengt, die der II. Hauptsatz mathematisch ausspricht.

Nehmen wir an, man will N Joule Arbeit in $N \cdot 0{,}24$ cal Wärme verwandeln. Dies ist einwandslos möglich.

Nehmen wir aber an, man will Q_2 cal Wärme entsprechend dem I. Hauptsatz in $Q_2 \cdot 4{,}2$ Joule Arbeit umwandeln, so ist dies nur teilweise möglich, weil der II. Hauptsatz zwei Einschränkungen vorschreibt.

285. Einschränkung 1. Die vorhandenen Q_2 cal stecken in einem heißen Körper von z. B. $T_2{}^0$ absoluter Temperatur. Um den Umtausch zu bewerkstelligen, muß man aus diesem heißen Körper Wärme herausnehmen, z. B. q cal; dadurch sinkt die Temperatur dieses Körpers auf

$T_1{}^0$. Diese dem heißen Körper entzogenen q cal Wärme kann man unmittelbar in $q \cdot 4{,}2$ Joule Arbeit verwandeln. Damit hat man aber die beabsichtigte Umwandlung nur teilweise ausgeführt; noch sind $(Q_2 - q)$ cal im Körper von der Temperatur T_1 enthalten. Wollte man von dieser Wärme noch Arbeit gewinnen, müßte man noch weiter abkühlen; das hat aber natürlich eine praktische Grenze. Die Umwandelbarkeit oder Ausnützbarkeit der Wärme für mechanische Arbeit wird also bestimmt einerseits durch die Temperatur des heißen Körpers T_2, der die Wärme enthält, und andererseits durch die Temperatur T_1 desselben abgekühlten Körpers. Nur bei Abkühlung bis auf den absoluten Nullpunkt, d. h. -273^0 C könnte man alle Wärme Q_2 in Arbeit verwandeln, nur dann wäre $q = Q_2$.

Nun ist die Überlegung theoretisch sehr interessant, ob man den eben geschilderten teilweisen Umtausch auch wieder rückgängig machen könnte. Daß man die gewonnene Arbeit wieder in Wärme zurückverwandeln kann, ist ja selbstverständlich; man bekommt sicher wieder Q_2 cal; kann man aber dieses Q_2 auch so zurückgewinnen, daß genau die alte Ausgangstemperatur T_2 wieder erreicht wird? Ist der Prozeß genau umkehrbar, ein **reversibler Kreisprozeß?** Man kann solche umkehrbare Kreisprozesse sich ausdenken, und die Theorie ergibt dann das wichtige Resultat, daß innerhalb der gegebenen Temperaturgrenzen dann ein Optimum der Ausnützbarkeit erreicht ist, wenn die Art der Umwandlung der Wärme in Arbeit auf reversiblem Wege vorgenommen wurde. Aber selbst in diesem Fall eines reversiblen Prozesses gilt Einschränkung 1, es ist die Wärme nur teilweise in Arbeit zu verwandeln, weil wir nie bis auf -273^0 C abkühlen können. Das ist die erste Einschränkung durch den II. Hauptsatz.

Hier ist die Differenz zwischen vorhandener und übrigbleibender Wärme $Q_2 - Q_1$. Nun ergeben theoretische Überlegungen, welche hier zu weit führen würden, das Resultat $\dfrac{Q_2}{T_2} = \dfrac{Q_1}{T_1}$, und daraus folgt, daß die ausnützbare (d. h. die in Arbeit verwandelbare) Wärme bei einem reversiblen Kreisprozeß $Q_2 - Q_1 = \dfrac{Q_2(T_2 - T_1)}{T_2}$.

Wir haben hier einen wichtigen Lehrsatz, in dem die „absolute Temperatur" vorkommt, und darin fand W. Thomson die Möglichkeit, diesen Begriff aus dem II. Hauptsatz zu definieren. Während wir § 178 die absolute Temperatur aus der Gasausdehnung ableiteten, kann man hier eine thermodynamische Temperaturdefinition gewinnen, ohne Rücksicht auf eine bestimmte Materie. Diese thermodynamische Skala stimmt mit der Gasausdehnungsskala überein.

286. Einschränkung 2. Bei der praktischen Ausführung ist folgendes zu berücksichtigen: Die im obigen Beispiel zur Umwandlung bestimmte Wärmeenergie Q_2 mit der Temperatur T_2 wird zum Teil in die Umhüllung des heißen Körpers oder in die Instrumente, mit welchen er in Berührung kommt usw., überströmen; das läßt sich nicht vermeiden. Man hat zwar immer noch dieselben Q_2 cal, aber nicht mehr auf der Temperatur T_2, sondern auf einer niedrigeren Temperatur. Natürlich hat man dann auch beim Umtausch in mechanische Arbeit nicht mehr die alte Temperaturdifferenz wie bei „Einschränkung 1", sondern eine kleinere; die Umwandlung der Wärme in Arbeit wird noch geringer. Es ist also diese Einschränkung 2 noch weitergehend als die Einschränkung 1.

Nun sind die Vorgänge in der Natur im allgemeinen **irreversibel.** (Die wirklich umkehrbaren Prozesse sind oft nur ideelle Gedankenprozesse). Darin liegt die große Bedeutung des II. Hauptsatzes.

Dieser II. Hauptsatz wurde 1824 von Sadi Carnot in noch nicht ganz richtiger Darstellung ausgesprochen, dann von Clausius und W. Thomson (1850) in endgültige Formen gebracht.

287. Die **Ausnützbarkeit der Wärme** (oder die Möglichkeit der Wärmeumwandlung in Arbeit) sinkt also stets; oder die Unausnützbarkeit steigt. Die Thermodynamik führt hier den Begriff der **Entropie** ein, der mit dem, was wir Unausnützbarkeit nannten, im Zusammenhange steht.

Es werde einem Körper eine bestimmte Wärmemenge zugeführt und dadurch seine Temperatur T erhöht. Denkt man sich diese Erwärmung in kleinen Stufen ausgeführt und jedesmal die zugeführte Wärmemenge ΔQ (in cal) durch die mittlere absolute Temperatur T dieser Stufe dividiert, so setzt man den Quotienten $\dfrac{\Delta Q}{T} = \Delta S$. Die Größe S, die Entropie des Körpers, bleibt zunächst in ihrem absoluten Betrage unbestimmt, d. h. wird von einem willkürlichen Nullpunkt aus gerechnet. Ihre Änderung ΔS ist durch den obigen Ausdruck gegeben. Die Entropie steigt also, wenn einem Körper Wärme zugeführt wird, und sinkt, wenn ihm Wärme entzogen wird. Z. B. wenn 1 g Wasser von 0^0 C auf 1^0 C (273^0 absolut auf 274^0) erwärmt wird, so steigt seine Entropie um $\dfrac{1}{273,5}\,\dfrac{\text{cal}}{\text{Grad}}$; sie sinkt um denselben Betrag, wenn eine Abkühlung von 1^0 C auf 0^0 C vorgenommen wird. Bei einer Erwärmung von 1 g Wasser von 283^0 absolut auf 284^0 ist die Entropiezunahme

$$\Delta S = \frac{1}{283,5}\,\frac{\text{cal}}{\text{Grad}}.$$

Denkt man sich 1 g Wasser von 273^0 (absolut) mit 1 Wasser von 275^0 (absolut) gemischt (irreversibler Prozeß), so nehmen beide die Ausgleichstemperatur 274^0 an. Die Entropieänderungen sind in diesem Falle $+\dfrac{1}{273,5}\,\dfrac{\text{cal}}{\text{Grad}}$ und $-\dfrac{1}{274,5}\,\dfrac{\text{cal}}{\text{Grad}}$, die Gesamtentropie steigt, und zwar um den Betrag $\left(\dfrac{1}{273,5} - \dfrac{1}{274,5}\right) = \dfrac{(274,5 - 273,5)}{(273,5 \cdot 274,5)}$

$$= 0{,}00001332\,\frac{\text{cal}}{\text{Grad}}.$$

Bei einem reversiblen Prozeß, wie er in § 285 erwähnt wurde, wird einem wärmeren Körper (T_2) eine Wärmemenge Q_2 entzogen und einem kälteren Körper (T_1) eine Wärmemenge Q_1 zugeführt, wobei $\dfrac{Q_2}{T_2} = \dfrac{Q_1}{T_1}$. In diesem Falle ist also für den wärmeren Körper $\Delta S_2 = -\dfrac{Q_2}{T_2}$, für den kälteren $\Delta S_1 = \dfrac{Q_1}{T_1}$ und die Änderung der Gesamtentropie $\Delta S = \Delta S_1 + \Delta S_2 = 0$.

Allgemein gilt also (**II. Hauptsatz**): Bei reversiblen Prozessen bleibt die Gesamtentropie aller beteiligten Körper unverändert; bei irreversiblen Prozessen wird sie **vermehrt**. Prozesse, bei denen die Gesamtentropie der beteiligten Körper sinkt, existieren überhaupt nicht. In einer mathematischen Formel wird dieser Satz ausgedrückt durch

$$\sum (\Delta S) = \sum \left(\frac{\Delta Q}{T}\right) \geqq 0.$$

Dieses **Steigen der Entropie** ist ein ebenso wichtiges Naturgesetz wie das Gesetz von der Erhaltung der Energie. Von all den Energien, die auf der Welt vorhanden sind, kann auch nicht der allerkleinste Teil jemals verschwinden; die einzelnen Erscheinungsformen aber der Energie, als da sind: Wärme, mechanische Bewegung, elektrische Energie, Licht usw. verwandeln sich fortwährend ineinander. Dabei wird jedoch die Wärmeform bevorzugt. Immer mehr und mehr werden sich die einzelnen Energieformen so in Wärme verwandelt haben, daß eine Rückwandlung unmöglich ist.

In minder präziser Weise hat man den Inhalt des II. Hauptsatzes in mannigfacher Weise zusammenzufassen getrachtet, z. B.:

Nie kann von selbst Wärme von einem kälteren auf einen heißeren Körper übergehen.

Nie ist in einem periodischen Prozeß Arbeit aus einem gleichmäßig temperierten Wärmespeicher leistbar. Es muß immer ein zweiter Behälter, der eine Temperaturdifferenz aufweist, vorhanden sein. (Unmöglichkeit eines Perpetuum mobile zweiter Art.)

Die Energie strebt nach Entartung; die Materie nach Entwertung.

Die Energie trachtet sich zu zerstreuen.

Es kann nie ein ungeordneter Zustand von selbst in einen geordneten übergehen.

Die Welt geht dem Wärmetod entgegen.

288. Nach dem **Boltzmann-Theorem** (1895) ist der II. Hauptsatz ein **Wahrscheinlichkeitsergebnis**. Da alle Körper, auch die kleinsten, mit welchen wir physikalisch (d. h. wirklich) operieren, immer noch eine Unzahl von Molekeln enthalten, kann man auf einen solchen Komplex die Gesetze der Wahrscheinlichkeitsrechnung anwenden. Die gegenseitigen Beziehungen solcher Molekeln werden immer in solcher Richtung ablaufen, daß der wahrscheinlichste Endzustand resultiert, und das ist der ungeordnetste. **Jede Ordnung ist unwahrscheinlich.** Ganz gewiß ist es absolut unwahrscheinlich, daß bei einer molekularen Bewegung ohne äußeren Grund eine einzige Richtung bevorzugt wird, ebenso unwahrscheinlich wie, daß alle Bewohner der Erde — deren Zahl ja verschwindend klein ist gegen die der Molekeln eines Wassertropfens — ohne äußeren Grund an einem bestimmten Zeitpunkte plötzlich alle nach Norden oder Süden blicken würden.

Was wir also soeben Vorliebe des Naturgeschehens für die Wärmeform der Energie nannten, ist nur ein **Ablaufen der Erscheinungen nach dem wahrscheinlichsten Zustande hin.**

Wenn es uns nun freistünde, den Beginn der derzeit herrschenden einseitig gerichteten Entwicklung unserer Erde oder des Sonnensystems beliebig früh anzusetzen, so müssen wir uns fragen, wie es kommt, daß wir nicht schon dem Wärmetod verfallen sind. Dies verlangt die Annahme, daß in längst vergangenen Zeiten (sagen wir vor 10^{10} Jahren oder mehr) einmal ein gegenläufiger Prozeß stattfand, eine Anhäufung von Energievorräten, eine Zeit abnehmender Entropie, also ein Schöpfungsakt, bei dem etwa durch kosmische Ereignisse (z. B. Zusammenstoß zweier Himmelskörper) wie beim in der Astronomie bekannten Aufleuchten eines neuen Sternes, einer ,,Nova", eine Konzentration von Energie in unserem Sonnensystem sich ergab.

Auch dafür geben die Wahrscheinlichkeitsbetrachtungen ein Bild. So wie der ,,unwahrscheinliche" Zustand, daß ein überaus großer Teil der Bevölkerung einer Stadt sich in der gleichen Richtung bewegt, wie dies durch feierliche Anlässe bewirkt wird, von Zeit zu Zeit sich wiederholt, so werden auch regellos verteilte Teilchen in bestimmten Wiederkehrzeiten derartig ,,unwahrscheinliche", ,,gerichtete" Anordnungen erhalten; je unwahrscheinlicher die Verteilungen sind, desto länger werden die Wiederkehrzeiten, aber auch die unwahrscheinlichsten Konfigurationen müssen sich einmal wiederholen. Nur die freilich sehr lange Epoche, von der wir Kenntnis haben, befindet sich in dem Übergang von unwahrscheinlichen zu wahrscheinlicheren Zuständen.

289. Der zweite Hauptsatz bestimmt auch den Nutzeffekt aller **Wärmemaschinen.** In einer Dampfmaschine wird der Dampfdruck von in einem Kessel stark erhitzten Wasser, der einen Kolben in einem Zylinder bewegt, zur Arbeitsleistung verwendet; ist dieser Kolben an seiner äußersten Stelle angelangt, so wird der Dampf hinter ihm kondensiert, so daß der Druck plötzlich verschwindet und der Kolben wieder an seine Anfangsstelle zurückkehrt. Diese abwechselnde Verbindung des Zylinderinhaltes unter dem Kolben mit dem Dampfkessel oder mit einem Kondensator (d. i. einem Raum, in den möglichst kaltes Wasser eingespritzt wird) besorgen sog. Steuerungen. Selbst wenn eine derartige Dampfmaschine ideal reversibel arbeiten könnte, wäre der theoretische Nutzeffekt nur etwa $\frac{1}{4}$, d. h. es würde nur etwa $\frac{1}{4}$ der Wärme in Arbeit verwandelt werden, $\frac{3}{4}$ aber als minder ausnutzbare Wärme, weil von tieferer (Kondensator-)Temperatur, übrigbleiben.

Eine Dampfmaschine z. B., die mit 8 Atm. Spannung arbeitet, hat im Kessel eine Temperatur von 170⁰ C oder 443 absolute Temperatur. Nimmt man als Temperatur des Kondensators, bis zu welcher der Dampf abgekühlt wird, 50⁰ C oder 323 absolut, so würde hier der höchste theoretische Nutzeffekt für einen reversiblen Kreisprozeß $\frac{443 - 323}{443}$, also ungefähr 27% sein.

Der zweite Hauptsatz zeigt auch, daß die Verwendung eines anderen Stoffes an Stelle des Wasserdampfes nichts an dieser Sachlage ändern könnte. Nun ist aber der Prozeß in einer Wärmekraftmaschine kein reversibler; es findet durch Wärmeleitung und -strahlung u. dgl. ein arbeitsloses Abströmen der Wärme auf tiefere Temperaturen, somit ein Steigen der Unausnützbarkeit oder Entropie statt, wodurch der Wirkungsgrad noch kleiner wird. Dazu kommt noch, daß die Verbrennungstemperatur des Heizmaterials nicht ausgenützt wird, da diese ja weit höher ist als die Temperatur des Kesselwassers. Darum kann man in den besten Dampfmaschinen nur 14—16% der Wärme in Arbeit verwandeln. Günstiger als die Kolbendampfmaschinen sind die Dampfturbinen, welche — ungefähr — analog den Fig. 78 a und 78 b wirken, weil sie mit größeren Temperaturdifferenzen arbeiten.

Gasmaschinen, welche als arbeitende Substanz ein explodierendes Gemisch von Gasen oder Dämpfen von hoher Temperatur haben, sind theoretisch noch günstiger, ihr Wirkungsgrad ist höher (beim Dieselmotor bis 35 %).

290. Nach physiologischen Versuchen ist der Wirkungsgrad der **tierischen Muskelmaschine** $\frac{1}{3}$ bis $\frac{1}{2}$, d. h. die Umsetzung der chemischen potentiellen Energie der Nahrungsmittel im lebenden Organismus übertrifft an Güte weit den analogen Prozeß in den besten Dampf- und Gasmaschinen. Darum wird man wohl kaum annehmen können, daß ein Organismus aus der Nahrungsenergie zuerst Wärme und dann erst aus dieser Arbeit erzeugt. Um bei einem umkehrbaren Kreisprozeß, dem Optimum der Wärme-Arbeitsumwandlung, auf einen Wirkungsgrad $\frac{1}{2}$ zu kommen, müßte z. B. die höhere Temperatur 600 absolut oder 327 °C, die tiefste Temperatur 300 absolut oder 27 °C sein. Daß in einzelnen Muskelstellen Temperaturen von 327 °C vorkommen, ist unmöglich. Der Muskel ist keine Wärmemaschine im thermodynamischen Sinne. Die potentielle Energie chemischer Reaktionen kann sich auch direkt oder durch Vermittlung von elektrischer Energie in Arbeit umsetzen. Der Muskel ist wohl eine derartige Vorrichtung, wobei die tierische Wärme zum Teil nur als letztes Endprodukt der mechanischen Reibung und der Jouleschen Wärme (§ 585) erscheint.

291. Der III. Hauptsatz (Nernst-Theorem). Alle temperaturabhängigen Eigenschaften der Stoffe (oder ihre Reziproken) erreichen bei Annäherung an den absoluten Nullpunkt einen bestimmten endlichen Wert und werden schließlich unabhängig von der Temperatur; so der Ausdehnungs- oder Spannungskoeffizient, thermoelektrische Kräfte, Wärmeleitfähigkeit und elektrische Leitfähigkeit usf. Das Gebiet dieser Temperaturunabhängigkeit ist für verschiedene Eigenschaften und verschiedene Körper sehr ungleich, aber immer gibt es ein kleines Gebiet, in dem sämtliche Eigenschaften von der Temperatur unabhängig werden. Die spezifische Wärme verschwindet, die Gase „entarten" und das Verhältnis $\frac{c_p}{c_v}$ wird eins, d. h. der Unterschied zwischen Isothermen und Adiabaten hört auf. In unmittelbarer Nähe des absoluten Nullpunktes verliert der Temperaturbegriff jede Bedeutung.

Der dritte Hauptsatz läßt sich dahin formulieren: „Es ist unmöglich, eine Vorrichtung zu ersinnen, durch die ein Körper völlig seiner Wärme beraubt, d. h. bis zum absoluten Nullpunkt abgekühlt werden kann."

Die Erreichung des absoluten Nullpunktes ist daher dem Experiment verschlossen.

V. Strahlungs-Energie.

Einleitung.

292. Vorläufige Umgrenzung. In den folgenden Abschnitten werden zwar hauptsächlich jene Erscheinungen beschrieben, die man früher in dem Kapitel Optik zusammenfaßte, doch würde dieser Titel nicht dem vollen Inhalte entsprechen. Unser Einteilungsprinzip soll ein viel größeres Gebiet umfassen.

Die Physik beschäftigt sich mit der Umwandlung der verschiedenen Energieformen ineinander. Es gibt nun Energieformen, welche an einem Orte a, dem Strahlungszentrum, verschwinden und erst an einem anderen Orte b als absorbierte Energie wieder in Erscheinung treten. Den Weg, den die Energie zurückgelegt hat, meist die Gerade ab, nennt man einen „Strahl".

Die Bezeichnung „Strahl" wird oft auch in anderem Sinne angewendet für Konvektionsstrahlen. Man spricht z. B. von einem Wasser- oder Luftstrahl; in diesem Falle wird die Energie übertragen durch gleichzeitige Ortsveränderung der Energieträger. Hierher gehören auch Kathodenstrahlen oder gewisse Strahlen radioaktiver Körper, sogenannte „Korpuskularstrahlen".

Eine akustische Wellenbewegung in Luft, bei der die Strahlen von dem Schallerreger nach allen Seiten hin durch die Luft sich ausbreiten, gibt ein Beispiel für Wellenstrahlen. In diesem Falle schreitet die Energie durch den Raum, der Energieträger aber, hier die Luft, bleibt, abgesehen von den Schwingungsbewegungen, an seinem Platze. Wenn man also den Ton einer fernen Schallquelle hört, geschieht dies durch gestrahlte Energie.

Im Gegensatze zu dieser gestrahlten Energie, welche akustisch wirkt, wollen wir in folgenden Abschnitten von einer ganz anderen Wellenstrahlung bestimmter Art sprechen, welche aus **transversalen periodisch** sich ändernden **Störungen** eines besonderen Mediums, **des Lichtäthers,** besteht. Dieses hypothetische Medium, dessen gesamte Eigenschaften eindeutig zu erfassen bisher nicht gelang, erfüllt das ganze uns bekannte Universum, den von gewöhnlicher Materie freien Weltenraum zwischen den Fixsternen sowohl als auch die Zwischenräume zwischen den kleinsten Teilchen jeglicher gewöhnlichen Materie. Dieser Lichtäther besitzt also eine Art Allgegenwart.

So verschwindet z. B. in der Sonne Energie (Wärme), und wir erhalten auf der Erde durch Absorption eine bestimmte Wärmemenge.

Wir werden sehen, daß jeder warme Körper (jeder Körper, der nicht auf dem absoluten Nullpunkte — 273^0 C ist) immer eine solche **Temperaturstrahlung** aussendet, wenn auch von sehr verschiedener Art.

Die Wärme ist eine Bewegung der Molekeln und ihrer Bestandteile, der Atome. Die Atome sind (vgl. § 697) aus noch kleineren elektrisch geladenen Bestandteilen aufgebaut. Sehr rasche Schwingungen dieser allerkleinsten Teilchen, welche im Äther eingebettet sind, erzeugen in demselben periodische Störungen (Wellen). Alle diese Ätherwellen schreiten, wie wir sehen werden, im Vakuum mit einer Geschwindigkeit von $3 \cdot 10^{10}$ cm/sec (Lichtgeschwindigkeit) fort. Die Wellenlängen der Temperaturstrahlung erstrecken sich von 0,04 bis 0,0000014 cm. Wir können diese Strahlung, wenn sie in einem Körper absorbiert wird, immer kalorimetrisch messen.

293. Wie wir später zeigen werden, ist diese von den warmen Körpern ausgehende Strahlung nur ein bestimmtes Teilgebiet eines viel umfassenderen Gebietes, der sog. **elektromagnetischen Strahlung** (§ 639ff.). Die Wellenlängen dieser Strahlen gehen (wenigstens theoretisch) von fast Null bis Unendlich (vgl. § 440).

294. Optische Strahlung. Anderseits haben wir aber auch innerhalb der Temperaturstrahlung ein ganz kleines Unterteilgebiet besonders auszuzeichnen, weil die Wellenlängen von 0,00004 bis 0,00008 cm auch auf unser Auge wirken und von uns als Licht von verschiedenen Farben (sog. Regenbogenfarben) zwischen Rot und Violett empfunden werden.

Wir besitzen also im Auge einen Apparat, der das Vorhandensein eines kleinen Teiles dieser Wellen rasch und bequem ermittelt. Darum wollen wir vornehmlich dieses Teilgebiet der gestrahlten Energie, die sog. Optik, eingehender studieren. Die Gesetze aber, die wir finden, gelten mit wenigen Ausnahmen auch für das viel größere Gebiet der unsichtbaren Strahlen. Sofern diese Gesetze nicht bloß auf physiologischen Eigenschaften des Auges beruhen, können wir sie aus mechanischen, thermischen, elektrischen oder chemischen Wirkungen der Strahlung nachweisen.

Es hat sich gezeigt, daß auch die Röntgenstrahlen Ätherschwingungen (also auch elektromagnetische Schwingungen). von bestimmter, sehr kleiner Wellenlänge, etwa von der Größenordnung 10^{-8} cm. sind (§ 679). Noch kürzere Wellenlängen, etwa 10^{-9} bis 10^{-10} haben die γ-Strahlen radioaktiver Körper (§ 700).

Geradlinige Ausbreitung.

295. Von jedem strahlenden Punkte eines erhitzten Körpers gehen die **Strahlen** (vgl. dazu § 431) **geradlinig** nach allen Seiten in den umgebenden Raum. Die geradlinige Fortpflanzung ist die Ursache aller Schattenbildung.

Ebenso folgen aus ihr die Vorgänge in einer Lochkamera. Es sei (Fig. 210) acb ein leuchtender Gegenstand; dann wird durch das Loch o auf einen Schirm S von jedem leuchtenden Punkte Licht gestrahlt, es wird der Punkt a die Stelle a', der Punkt c die Stelle c', der Punkt b die Stelle b' erhellen; wir bekommen an der Stelle $a'\,b'$ ein verkehrtes Bild, dessen Größe von dem Verhältnis des Abstandes der Lichtquelle und des Schirmes vom Loche, da

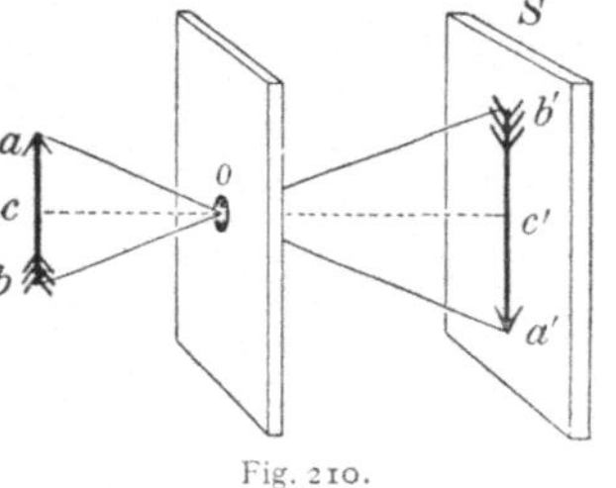

Fig. 210.

$$\frac{a\,b}{a'\,b'} = \frac{o\,c}{o\,c'},$$ abhängt.

Daß nicht nur die Lichtstrahlen, sondern der gesamte, viel umfassendere Komplex der Strahlung denselben Weg geht, zeigt ein empfindliches Thermometer oder Thermoelement, das man an die Stelle $a'b'$ bringt.

Dieses Gesetz läßt sich also für die gesamte elektromagnetische Strahlung nachweisen.

Reflexion.

296. Wenn eine Strahlung auf die Grenzfläche zweier verschiedener Medien [in denen, wie wir später sehen werden (vgl. § 304) die Fortpflanzungsgeschwindigkeit c verschieden ist] auffällt, so tritt im allgemeinen eine Teilung in reflektierte und in gebrochene Strahlung ein. Wir wollen uns zunächst mit der reflektierten Strahlung befassen. Die einfachen Reflexionsgesetze besprachen wir schon § 9.

Daß diese Gesetze genau identisch mit denen des Stoßes elastischer Kugeln gegen eine feste Wand sind, veranlaßte wohl in erster Reihe Newton (1704) zu seiner ,,Emissionstheorie", wonach ein Lichtstrahl aus kleinen fliegenden Körperchen bestehen sollte.

In der Fig. 211 werden nach diesem Reflexionsgesetze alle vom Lichtpunkte L kommenden Strahlen in ein Auge gespiegelt, welches diese Strahlen als scheinbar aus L' kommend empfindet. Dieser Punkt L' ist, wie aus der Konstruktion unmittelbar hervorgeht, genau so weit hinter dem Spiegel, als L vor diesem. Wenn sich ein strahlendes Objekt vor einem Spiegel befindet, so wird jeder einzelne Punkt desselben ein scheinbares (virtuelles oder imaginäres) Bild hinter dem Spiegel haben.

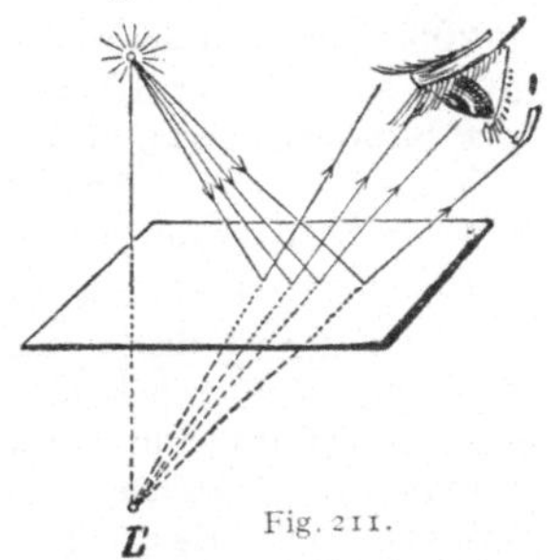

Fig. 211.

Genau wie hier die optisch wirksamen Strahlen, pflanzt sich auch die unsichtbare Strahlung fort, was sich experimentell leicht zeigen läßt.

297. Die Verwendung der Reflexion zur **Winkelmessung** bei kleinen Drehungen, Spiegelablesung, besprachen wir schon § 9.

Man verwendet die Reflexion auch zur Messung von Flächenwinkeln an Prismen und Kristallen. In Fig. 212 ist schematisch ein feststehender Teilkreis angedeutet, in dessen Zentrum ein Tischchen mit dem Zeiger z drehbar ist. Auf diesem, möglichst zentriert, ist das auszumessende Prisma P befestigt. Ein durch einen Spalt einfallender Lichtstrahl L wird auf einen Schirm (oder in ein Fernrohr) nach A reflektiert. Dreht man nun

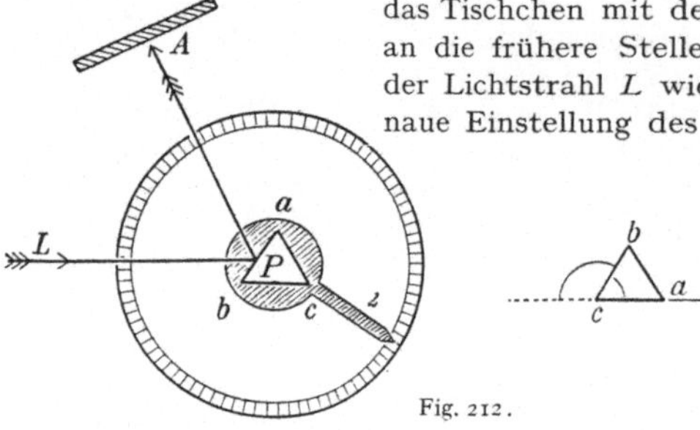

Fig. 212.

das Tischchen mit dem Prisma so weit, daß die Fläche bc genau an die frühere Stelle von ab kommt (Fig. 212 rechts), so fällt der Lichtstrahl L wieder genau auf den Punkt A. Ist diese genaue Einstellung des Lichtsstrahles erfolgt, so beträgt die Prismendrehung, welche mittels des Zeigers z an der Kreistellung abgelesen wird, $180^0 - \sphericalangle abc$, weil erst eine vollständige Drehung um 180^0 die Fläche ab wieder in die alte Richtung gebracht (d. h. parallel mit sich selbst gemacht) hätte. Apparate, welche solche Winkelmessungen gestatten, heißen Reflexionsgoniometer.

298. Neben dieser regelmäßigen Reflexion, deren Intensität nicht nur von dem Materiale und der Beschaffenheit (Glätte) der spiegelnden Fläche, sondern auch vom Einfallswinkel abhängt, gibt es auch eine **diffuse Reflexion.** Ist nämlich die Oberfläche rauh, so besteht sie gleichsam aus sehr vielen kleinen Spiegelchen, die nach allen möglichen Richtungen orientiert sind; auffallendes Licht wird daher auch nach allen möglichen Richtungen reflektiert.

Fast alle Körper werfen das Licht diffus zurück und werden dadurch sichtbar. Eine Lampe, die in einem dunkeln Zimmer steht, wirft ihr Licht auf die einzelnen Gegenstände, und diese werden nur durch das diffus reflektierte Licht sichtbar. Ein Körper, der Licht regelmäßig reflektiert, ist selbst unsichtbar, z. B. eine glatte, gut gereinigte Spiegelscheibe. Wir sehen nur die virtuellen Bilder hinter dem Spiegel oder eventuell Staubteilchen auf dem Spiegel.

Unser Auge kann Körper nur infolge ihrer Eigenstrahlung oder infolge des diffus zerstreuten fremden Lichtes sehen.

299. Von besonderem Interesse sind die sphärischen Spiegel. Hier geschieht die Spiegelung an einer Kugelfläche; ist diese gegen den Lichtstrahl konkav, so hat man Konkav- oder Sammelspiegel, im entgegengesetzten Fall Konvex- oder Zerstreuungsspiegel. Es sei (Fig. 213) nSn ein **Konkavspiegel.** Der mittlere Punkt dieser Kugelfläche S heißt der Scheitel. M ist der Krümmungsmittelpunkt, MS die Hauptachse.

Um die Reflexionsrichtung eines achsenparallelen Strahles an zu finden, müssen wir, da Mn das Einfallslot darstellt, den $\sphericalangle anM$ gleich $\sphericalangle MnF$ machen; nF ist dann die Richtung des reflektierten Strahles. Die Konstruktion zeigt nun, daß alle der Hauptachse parallelen Strahlen in dem (reellen) Brennpunkte F, der in der Mitte zwischen Scheitelpunkt S und Krümmungsmittelpunkt M liegt, sich wirklich vereinen. Wenn wir die parallelen Strahlen der Sonne auf einen Konkavspiegel auffallen lassen, so haben wir im Brennpunkte, wo alle die Strahlen sich vereinigen, kräftige Licht- und Wärmewirkung: daher der Name Brennpunkt (Fokus).

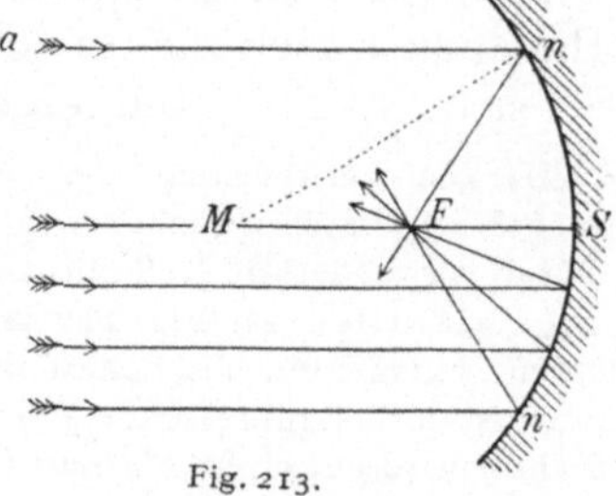

Fig. 213.

Diese Wärmewirkung ergibt sich aber auch, wenn wir in den Gang der Strahlung einen Körper einfügen, welcher alle sichtbaren Strahlen absorbiert, z. B. eine Lösung von Jod in Schwefelkohlenstoff. Die Hitze im Brennpunkt kann auch dann, trotzdem keine Spur von Licht vorhanden ist, durch ein Thermometer nachgewiesen werden. Es gelten also die Reflexionsgesetze, die wir der Bequemlichkeit wegen am leichtesten mit sichtbaren Strahlen untersuchen, nicht nur für das optische Gebiet, sondern auch für die gesamte Temperaturstrahlung und, wie wir später zeigen werden, noch allgemeiner für alle elektromagnetische Strahlung.

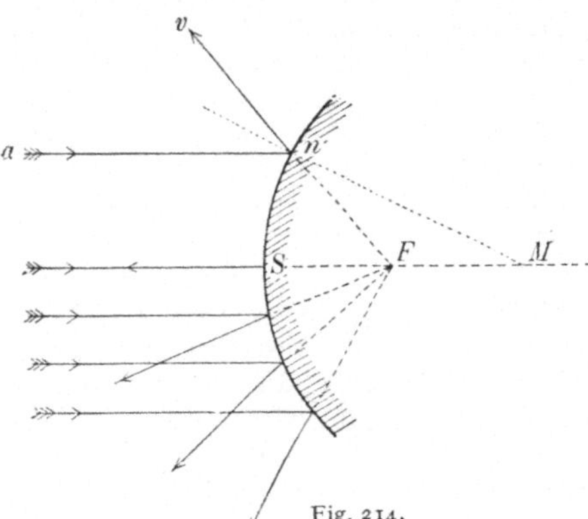

Fig. 214.

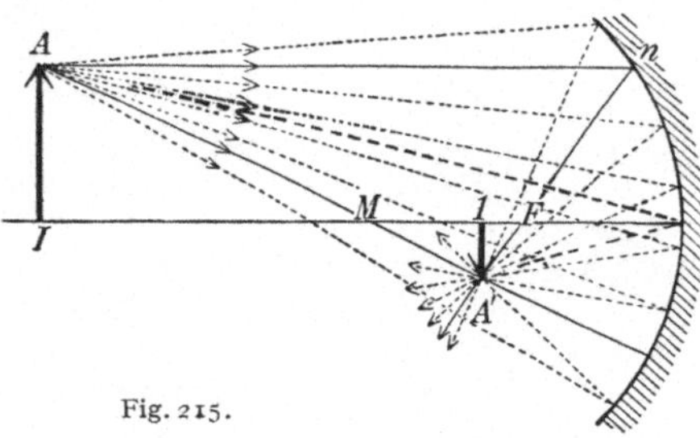

Fig. 215.

Ist umgekehrt F in Fig. 213 eine Lichtquelle, so gehen deren vom Hohlspiegel reflektierte Strahlen achsenparallel nach links.

Fällt ein achsenparalleler Strahl an auf einen **Konvexspiegel** (Fig. 214), so ist Mn das Einfallslot und der reflektierte Strahl nv; er kommt also scheinbar von F her. Das gilt für sämtliche achsenparallelen Strahlen. Ein Konvexspiegel reflektiert also die achsenparallelen Strahlen so, als ob sie von einem scheinbaren, virtuellen Brennpunkte F kämen, der in der Mitte zwischen M und S liegt. Da die Strahlen in Wirklichkeit nie nach F gelangen, kann dort also auch keinerlei Wärme- oder sonstige Wirkung entstehen.

300. Bildkonstruktion für Konkavspiegel. Haben wir einen strahlenaussendenden Körper in I (Fig. 215), so wird z. B. der oberste Punkt A (die Spitze eines leuchtenden Pfeiles) Strahlen nach allen Richtungen gegen den Spiegel aussenden. Von zweien wissen wir, wie sie nach der Reflexion gehen. Der Strahl AM fällt (als Kugelradius) senkrecht auf den Spiegel auf und wird in genau entgegengesetzter Richtung reflektiert. Der Strahl An wird (als achsenparallel) nach der Reflexion durch F gehen. Diese beiden Strahlen vereinigen sich in A'. Ebenso läßt sich zeigen, daß auch alle anderen (nur punktiert gezeichneten) Strahlen, die von der Spitze des Pfeiles gegen den Spiegel gehen, in diesem Punkte A' sich vereinigen.

In ganz analoger Weise kann man andere Punkte des leuchtenden Pfeiles, z. B. seine Mitte usw., abbilden.

Wir erhalten so das in Fig. 215 oder 216 von

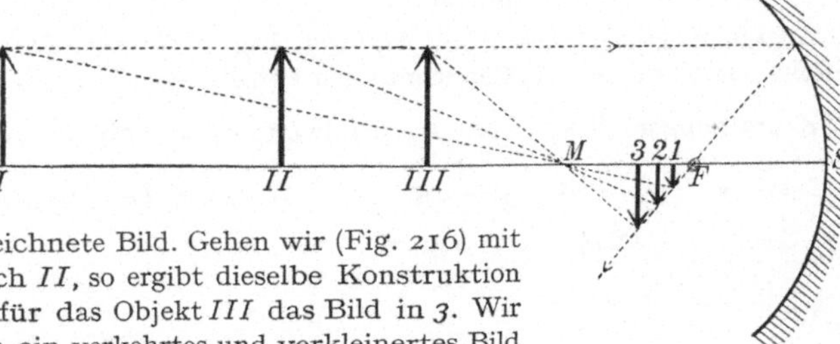

dem Objekte I unter 1 gezeichnete Bild. Gehen wir (Fig. 216) mit dem Objekt näher, z. B. nach II, so ergibt dieselbe Konstruktion das Bild 2 und schließlich für das Objekt III das Bild in 3. Wir haben in allen diesen Fällen ein verkehrtes und verkleinertes Bild und, da die Strahlen sich wirklich wieder vereinigen, ein reelles

Fig. 216.

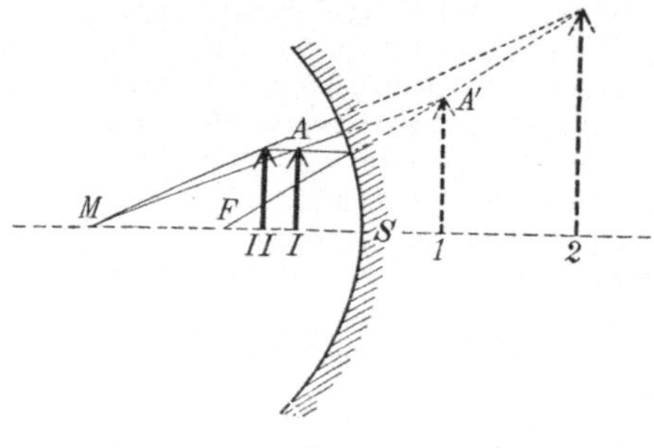

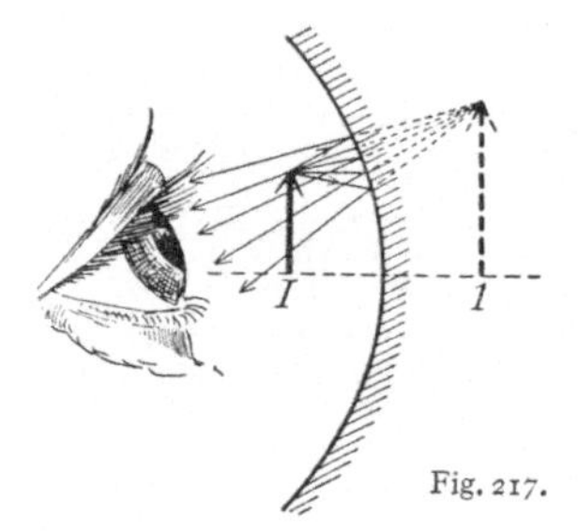

Fig. 217.

Bild. Befindet sich das Objekt in M, im Krümmungsmittelpunkt, so ist das verkehrte reelle Bild gleich groß wie das Objekt.

Dieselbe Art der Konstruktion könnten wir nun festsetzen, wenn wir mit dem Objekte von M bis F wandern; doch erspart uns eine einfache Überlegung diese Arbeit. Wenn die Strahlen von I zu 1 gehen und dort ein Bild entsteht, so muß umgekehrt, wenn in 1 ein leuchtendes Objekt ist, I das Bild davon sein. Wir sehen somit, daß, wenn ein leuchtender Gegenstand (3 oder 2 oder 1) zwischen M und F sich befindet, wir wieder ein verkehrtes, reelles, aber vergrößertes Bild (III oder II oder I) erhalten.

Wenn aber das Objekt über F hinaus nach S rückt. so ergibt die Strahlenkonstruktion für A (Fig. 217 oben), daß die Strahlen nach der Reflexion auseinandergehen und sich nicht mehr schneiden. Ein Auge, das in der Richtung der Strahlen sieht (Fig. 217 unten), wird daher den Eindruck haben, als ob diese aus dem Punkte A' kämen. Wir erhalten hier ein aufrechtes, vergrößertes und virtuelles Bild.

Zusammenfassend können wir also sagen: ist das Objekt weit entfernt, so erhalten wir ein verkehrtes, verkleinertes und reelles Bild im Brennpunkte. Rückt der Gegenstand bis zum Krümmungsmittelpunkt, so wächst das Bild bis zur Gegenstandsgröße und rückt von F bis M dem Objekte entgegen. Geht nun der leuchtende Gegenstand auf der Strecke MF weiter, so rückt das nun sich vergrößernde Bild immer mehr in die Ferne und wird, wenn der Gegenstand sich im Brennpunkte befindet, unendlich groß in unendlicher Entfernung sein. In dem Momente aber, in dem wir mit dem leuchtenden Objekte über den Brennpunkt hinaus gegen den Spiegel gehen, springt das Bild aus der positiven Unendlichkeit in die negative Unendlichkeit, wird aufrecht und virtuell, bleibt aber unendlich groß. Wenn wir nun mit dem Gegenstand von F gegen S rücken, rückt das Bild aus dieser virtuellen Unendlichkeit immer näher und näher an den

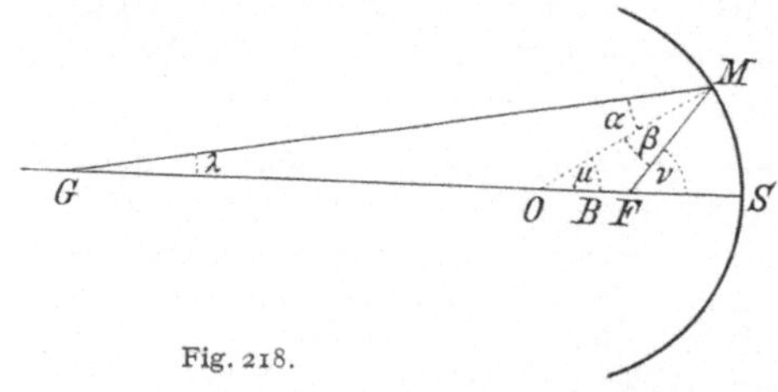

Fig. 218.

Spiegel und wird schließlich, wenn der Gegenstand an den Spiegel anstößt, genau ebenso groß sein wie das Objekt, aufrecht und virtuell, d. h. ein Hohlspiegel wirkt in unmittelbarer Nähe wie ein Planspiegel.

Allgemein gilt für einen Kugelspiegel (Fig. 218), wenn alle Winkel $\lambda, \alpha, \beta, \mu, \nu$ kleine Größen sind und wir die Bezeichnungen einführen: $GS = a =$ Gegenstandsweite; $OS = r$ $=$ Krümmungsradius; $BS = b =$ Bildweite; $FS = f =$ Brennweite $= \dfrac{r}{2}$; $\alpha = \mu - \lambda$;

$$\beta = \alpha = \nu - \mu; \qquad \lambda + \nu = 2\mu. \qquad SM = a\,\mathrm{tg}\,\lambda = r\,\mathrm{tg}\,\mu = b\,\mathrm{tg}\,\nu = a\lambda = r\mu = b\nu.$$

$$\lambda = \frac{SM}{a}; \quad \mu = \frac{SM}{r}; \quad \nu = \frac{SM}{b},$$

$$\frac{1}{a} + \frac{1}{b} = \frac{2}{r} \quad \text{oder} \quad \frac{1}{a} + \frac{1}{b} = \frac{1}{f}.$$

Führen wir weiter ein: $GF = a'$ und $FB = b'$ als Brennpunktsweiten, so wird

$$a' \cdot b' = - f^2$$

(Newtons Abbildungsgleichung für Brennpunktsweiten).

301. Anwendung von Hohlspiegeln. Von sehr weit entfernten Objekten im Brennpunkt erzeugte reelle Bilder liefern die Hohlspiegel der sogenannten Spiegelteleskope („Reflektoren"); doch ist hier die spiegelnde Fläche keine Kugelfläche, sondern ein Rotationsparaboloid (vgl. unten bei sphärischer Aberration). Von nahen Lichtquellen ausgehende Strahlen werden vom Hohlspiegel in konvergierende Strahlenbündel verwandelt und dienen zur Erhöhung der Beleuchtungsintensität auf untersuchten Objekten (Beleuchtungsspiegel beim Mikroskop, beim Augenspiegel, bei laryngoskopischen Untersuchungen). Befindet sich die Lichtquelle im Brennpunkt, so entsteht durch Reflexion ein paralleles Strahlenbündel (bei manchen Scheinwerfer-Typen). Die aufrechten, vergrößerten virtuellen Bilder von Objekten innerhalb der Brennweite werden beobachtet in den kleinen Hohlspiegeln der Zahnärzte, Laryngologen usw.

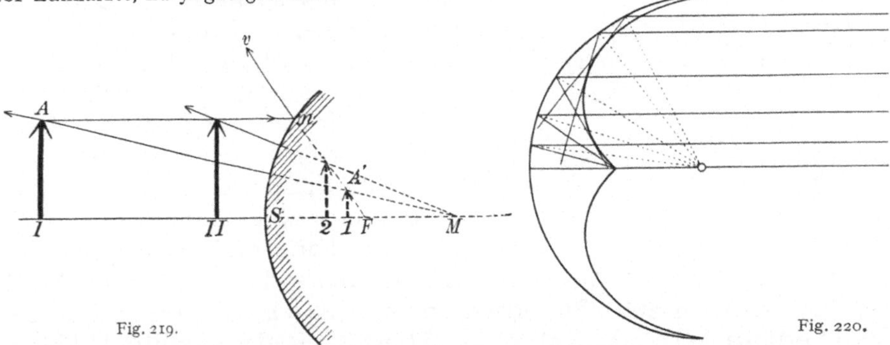

Fig. 219.   Fig. 220.

302. Die **Bildkonstruktion für einen Konvexspiegel** erfolgt in ganz analoger Weise (Fig. 219). Der leuchtende Gegenstand I sendet von der Spitze A zwei Strahlen aus, deren Reflexionsrichtung wir unmittelbar ersehen. Der achsenparallele Strahl An wird so nach v reflektiert, als ob er vom virtuellen Brennpunkte F käme, und der Strahl AM in sich selbst. Die scheinbare Vereinigung der Strahlen ergibt sich in A'. Rückt man mit dem Gegenstande näher, nach II, so ist die scheinbare Vereinigung der Strahlen in 2 zu suchen. Wir ersehen aus dieser Konstruktion, daß das Bild stets kleiner, aufrecht und virtuell ist. Während der Gegenstand aus dem Unendlichen bis zum Spiegel rückt, bewegt sich das Bild nur von F bis S und wächst von unendlich klein bis zur Objektgröße, unmittelbar an der spiegelnden Fläche. Es wirkt also der Konvexspiegel ebenfalls in unmittelbarer Nähe wie ein ebener Spiegel. Auch beim Konvexspiegel gilt die Formel

$$\frac{1}{a} + \frac{1}{b} = - \frac{1}{f},$$

wobei die Brennweite $f = \dfrac{r}{2}$ negativ zu rechnen ist.

303. Sphärische Aberration. Die eben gegebenen Konstruktionen ergeben aber, wenn sie genau durchgeführt werden, daß für achsenparallele Strahlen, die weit von der Hauptachse entfernt sind — Randstrahlen —, der Brennpunkt näher am Spiegel liegt. Für ein breiteres Strahlenbündel erhalten wir gleichsam mehrere ineinander übergehende Brennpunkte, eine Brennfläche. Die Form einer solchen Brennfläche (Katakaustik) zeigt Fig. 220. Nur wenn nS in Fig. 213, 214 klein gegen MS ist, hat man einen einzigen

13*

Brennpunkt. Eine Verbesserung dieses Fehlers, der „sphärischen Aberration", erhält man durch eine Blende, welche die Randstrahlen abhält.

Nimmt man statt der bisher geschilderten sphärischen Hohlspiegel parabolische, so erfolgt geometrisch genaue Vereinigung aller achsenparallelen Strahlen im Brennpunkt.

Brechung.

304. Brechungsgesetz. Wenn gestrahlte Energie auf ihrem Wege an die Grenzfläche eines zweiten Mediums kommt, so wird, wie wir gesehen haben, ein Teil reflektiert, ein anderer Teil aber dringt in das zweite Medium ein. Von diesem eindringenden Teile wird im allgemeinen ein Teil absorbiert, und zwar um so mehr, je länger der Weg in diesem Medium ist. Gleichzeitig aber wird die Richtung des Strahles im Eintrittspunkte geändert. Die Knickung ist um so stärker, je schiefer der Strahl auffällt; bei senkrechter Inzidenz findet keine statt.

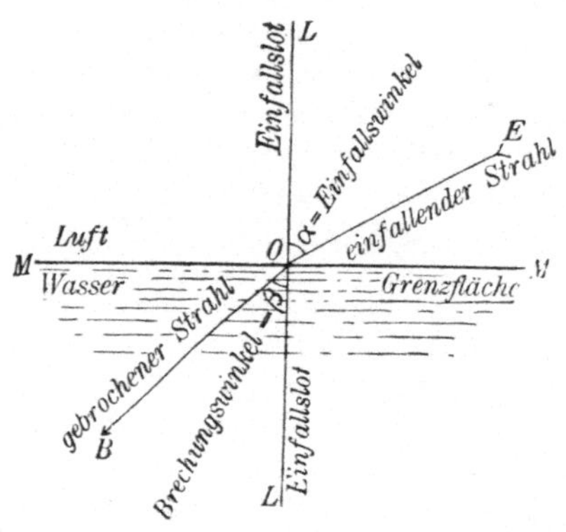

Fig. 221.

Es seien zwei Medien I und II durch eine horizontale Ebene MM getrennt, z. B. Luft und Wasser (Fig. 221), und es falle ein Strahl EO in der Pfeilrichtung auf. Wir errichten in O das Einfallslot LL. Der Strahl erfährt bei O eine Knickung; OB ist der in das Medium II hineingebrochene Teil. Einfallender, gebrochener Strahl und Lot liegen in einer Ebene (hier Zeichenebene). Eine derartige Brechung zum Einfallslot findet immer statt, wenn die gestrahlte Energie, z. B. das Licht, in II sich langsamer bewegt als in I. Man nennt α den Einfallswinkel, β den Brechungswinkel. Man findet experimentell, daß $\frac{\sin \alpha}{\sin \beta}$ für den Übergang aus einem bestimmten Medium I in ein Medium II für alle Einfallswinkel konstant bleibt, und nennt diese Konstante das Brechungsverhältnis (auch B.-Koeffizient, B.-Exponent oder B.-Index) zwischen I und II. Fast immer mißt man aber so, daß Luft als Medium I verwendet wird, und versteht unter Brechungsverhältnis $\frac{\sin \alpha}{\sin \beta} = n$ fast immer jenes für den Übergang aus Luft in z. B. Glas (n etwa $\frac{3}{2}$) oder in Wasser (n etwa $\frac{4}{3}$) usw. (Snellius 1637). Ferner zeigt sich, daß (vgl. § 432)

$$n = \frac{\text{Lichtgeschwindigkeit in Luft}}{\text{Lichtgeschwindigkeit im Medium}} = \frac{\text{Wellenlänge in Luft}}{\text{Wellenlänge im Medium}}.$$

Eigentlich bedeutet n jenes Brechungsverhältnis, das man beim Übergange des Lichtes aus dem Vakuum in dieses Medium findet, also z. B. für Glas das

Verhältnis $\dfrac{\text{Lichtgeschwindigkeit im Vakuum}}{\text{Lichtgeschwindigkeit im Glas}}$. Da nun die Lichtgeschwindigkeit in Luft fast genau (bis auf 0,3 Promille) so groß ist wie im Vakuum, ist obige Definition von n für die meisten praktischen Fälle ausreichend.

Geht ein Strahl aus einem Medium mit dem Brechungsverhältnis n_1 in ein solches mit n_2, so ist in diesem Falle das Brechungsverhältnis $N = \dfrac{c_1}{c_2}$, wo c_1, bzw. c_2 die Lichtgeschwindigkeit in diesen Medien bedeute. Sei c die Lichtgeschwindigkeit im Vakuum, so ist

$$n_1 = \frac{c}{c_1} \text{ und } n_2 = \frac{c}{c_2}, \text{ also } N = \frac{n_2}{n_1}.$$

305. Konstruktion des gebrochenen Strahles für Wasser. AB sei in Fig. 222 der einfallende Strahl; um B zieht man einen Kreis, wobei wir AB als beliebige Längeneinheit annehmen wollen. Zieht man nun AE senkrecht auf das Lot BD, so ist $AE = \sin\alpha$. Machen wir nun BF gleich $\frac{3}{4}AE$ und ziehen FC senkrecht auf BF, so ist BC der gebrochene Strahl. Da BF nach der Konstruktion gleich $\sin\beta$, so ist

$$\frac{\sin\alpha}{\sin\beta} = \frac{4}{3} = \text{Brechungsverhältnis}$$

für Wasser.

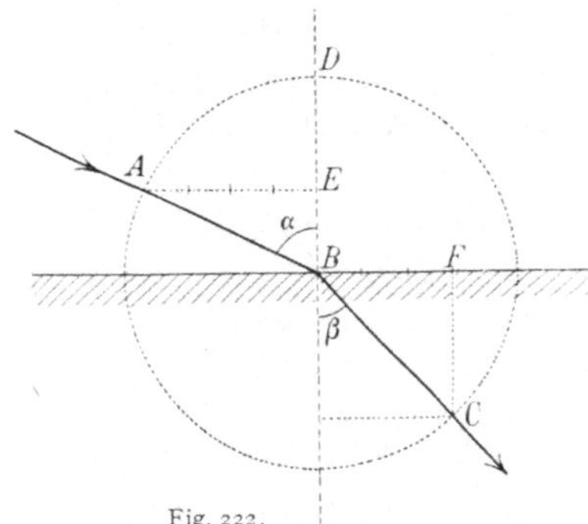

Fig. 222.

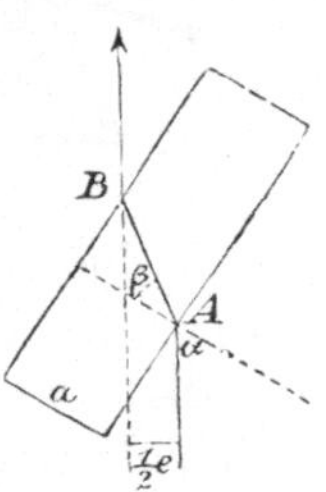

Fig. 223.

306. Brechung in planparalleler Platte. Bringen wir in den Gang eines Strahles schief eine planparallele Glasplatte (Fig. 223), so wird der von unten kommende Strahl beim Eintritt A in das Glas zunächst zum Lote gebrochen und beim Austritte B wieder vom Lote weg. Wie man sieht, ändert er seine Richtung nicht, er wird nur parallel nach der Seite verschoben. Diese Verschiebung $\dfrac{e}{2}$ hängt, wie die Konstruktion zeigt, ab von der Dicke a, dem Brechungsverhältnis $\dfrac{\sin\alpha}{\sin\beta}$ und der Neigung der Platte.

307. Ophthalmometer von Helmholtz (1853). Denken wir uns zwei planparallele gleiche Glasplatten a und b nebeneinander. In Fig. 224 ist die hintere Platte b punktiert gezeichnet. Die Strahlen 1 und 2 werden nun so gebrochen, daß sie genau in gleicher Höhe, der eine aus der vorderen, der andere aus der hinteren Platte austreten. Diese Platten sind gleichzeitig um dieselbe Achse, aber in entgegengesetzter Richtung um gleiche Winkel drehbar (Pfeile in Fig. 224). Sieht man durch dieses System auf zwei entfernte Striche, die in gegenseitiger Entfernung e (z. B. einige mm) sind, so können die Bilder dieser Striche

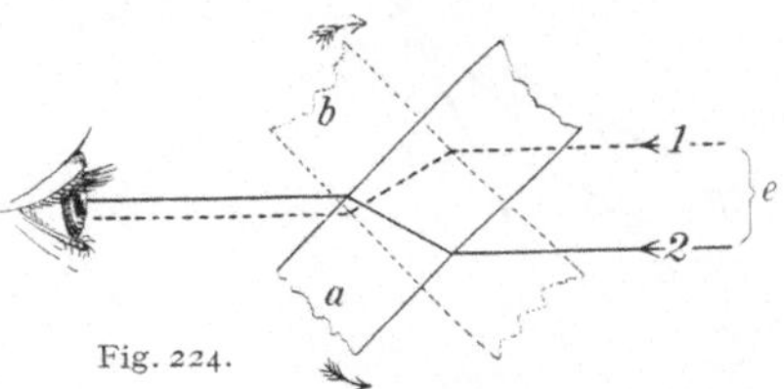

Fig. 224.

durch entsprechende Drehung der Platten horizontal in gleiche Höhe und zur Deckung gebracht werden. Je weiter die Striche voneinander entfernt sind, desto größer muß die gegenseitige Neigung der Platten sein. Hat man einige solcher Messungen (z. B. an einem Maßstabe) einmal durchgeführt, so kann man umgekehrt aus der Neigung der planparallelen Platten die Distanz zweier Marken, Striche, Lichtbilder oder dgl.

bestimmen. Wichtig bei dieser Methode ist, daß die Neigung der Platten für eine bestimmte Strichdistanz (von z. B. 1 mm) unabhängig ist von der Entfernung zwischen Platte und Maßstab. Helmholtz verwendete dieses Prinzip zur Bestimmung der Krümmungsradien des Auges (§ 335, 338).

308. Prisma. Sind zwei ebene Begrenzungsflächen an einem Medium (z. B. Glas) gegeneinander geneigt, so wird der Strahl AB (Fig. 225) zunächst zum Einfallslot (punktiert gezeichnet) nach BD gebrochen, beim Austritt in D aber vom Einfallslot nach DE. Die ursprüngliche Richtung ABC verwandelt sich in DE. Es sei diese Ablenkung des Strahles oder der Deviationswinkel δ und der brechende Winkel des Prismas φ.

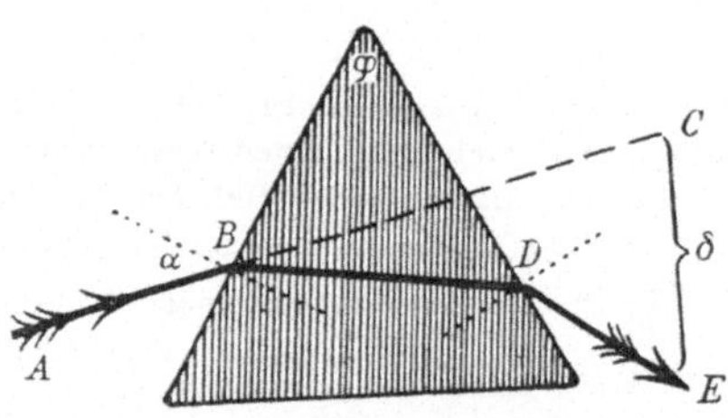

Fig. 225.

Es ist unmittelbar ersichtlich, daß diese Ablenkung δ, die immer von der brechenden Kante weg gerichtet ist, um so größer sein wird, je mehr die beiden Flächen gegeneinander geneigt sind und je größer das Brechungsverhältnis der Prismensubstanz ist. Ebenso läßt sich unmittelbar einsehen, daß man, wenn das Brechungsverhältnis n zwischen Luft und Glas und der Prismenwinkel φ bekannt ist, die Deviation δ leicht durch Konstruktion wie in Fig. 225 finden und berechnen kann (vgl. § 311).

309. Wenn ein Strahl aus einem Medium in ein zweites übergeht, in welchem die Fortpflanzungsgeschwindigkeit größer ist — Brechung vom Lot —, so kann bei schiefer Inzidenz **totale Reflexion** eintreten. Der Strahl I, der z. B. aus Glas in Luft übertritt (Fig. 226), wird nach 1 gebrochen, der Strahl II nach 2. Fällt der Strahl noch schiefer auf, z. B. in der Richtung III, so wäre der berechnete Wert $\sin \beta > 1$, und das ist unmöglich. Es tritt hier gar keine Brechung mehr auf, und es wird der gesamte Strahl als 3 in dasselbe Medium zurückreflektiert.

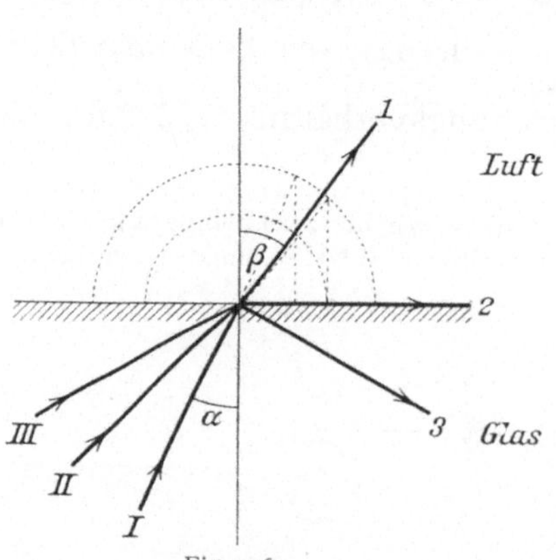

Fig. 226.

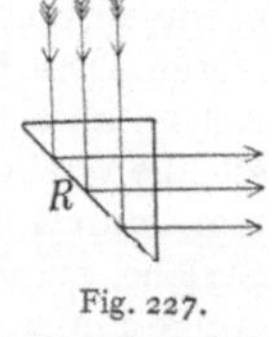

Fig. 227.

Für den Strahl II, der gerade noch gebrochen wird, ist $\beta = 90^\circ$, also $n = \dfrac{\sin \alpha}{\sin 90}$ $= \sin \alpha$. Dieses α, in unserem Fall (bei $n = 1,5$) etwa 41°, heißt der Grenzwinkel für Glas gegen Luft. In Fig. 226 werden alle Strahlen, für welche der Einfallswinkel größer als 41° ist, total reflektiert.

Eine solche totale Reflexion zeigt sich bei gewissen, z. B. rechtwinkligen, Prismen (Fig. 227). Hier wird (mit Ausnahme der absorbierten) die ganze Energie an der Fläche R reflektiert.

Wenn wir zwei solche gleiche Prismen mit den Hypotenusenflächen gegeneinanderstellen (Fig. 228) und zwischen die Mitten dieser Prismenflächen ein Tröpfchen Öl (schraffiert gezeichnet) bringen, so wird ein

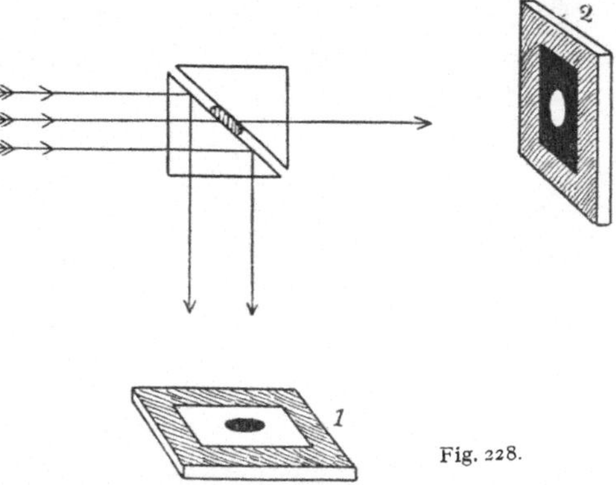

Fig. 228.

Lichtbündel, das von links eintritt, an jenen Stellen total reflektiert, wo sich kein Öl befindet. In der Mitte aber, wo der Öltropfen ist, in welchem sich die Strahlen fast gleichschnell bewegen wie im Glas, wo also beim Austritt aus dem ersten Prisma keine Brechung vom Lote stattfindet, gehen die Strahlen durch. Wir sehen also auf dem Schirm 1 (im Spiegelbild der Hypotenusenfläche) den Öltropfen dunkel, auf 2 (im durchgehenden Lichte) hell.

Statt Öl könnte in der Mitte der Prismen auch Glas sein, z. B. dadurch, daß die Hypotenusenflächen gegeneinander gewölbt sind, wodurch in der Mitte Berührung stattfindet. Dieses Prinzip wird in der Photometrie verwendet (Lummer-Brodhun, § 420).

Während Glas oder Wasser durchsichtig sind, ist Glasstaub oder Wasserstaub, wobei die einzelnen Glas- oder Wasserpartikelchen mit Luft vermischt sind, undurchsichtig. In den festen Partikeln finden überall totale Reflexionen statt, so daß die eindringenden Strahlen nach allen Richtungen hin reflektiert werden. Aus demselben Grund ist z. B. Milch, deren einzelne Bestandteile durchsichtig sind, undurchsichtig.

Die Lebhaftigkeit mancher Blütenfarben wird durch eine lichtreflektierende Schicht (Tapetum) erzeugt, welche unter den gefärbten Epithelzellen sich befindet; dieses Tapetum besteht meist aus luftgefüllten Spalträumen zwischen den organischen Geweben (S. Exner).

Lichtröhren. Läßt man Licht in einen durchsichtigen Glasstab (Fig. 229) in der Achsenrichtung eintreten, so kann dieser Stab in seinem weiteren Verlaufe beliebig — bis zu einer bestimmten Grenze — gebogen sein, ohne daß das Licht wieder aus dem Glase heraus kann. Das ganze bei a eintretende Lichtbündel wird durch totale Reflexionen so zusammengehalten, daß am anderen Ende wieder alles Licht austritt. Auch ein Wasserstrahl (in den

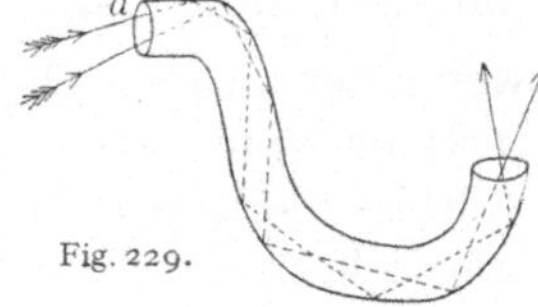

Fig. 229.

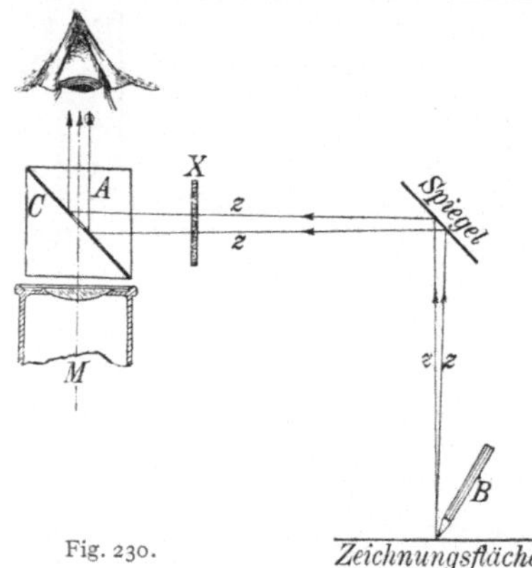

Fig. 230. *Zeichnungsfläche*

Leuchtbrunnen) kann derart das Licht zusammenhalten. In den Augen der Krustazeen finden sich analoge Lichtröhren.

310. Eine Reihe von **Zeichenapparaten** (Camera lucida) bedient sich der totalen Reflexion, z. B. um die im Mikroskope beobachteten Gegenstände gleichzeitig nachzeichnen zu können. Das Abbesche Zeichenwürfelchen (Fig. 230) liegt unmittelbar auf dem vertikal abwärts gerichteten Mikroskop M. Von den zwei rechtwinkligen Glasprismen A und C ist die Hypotenusenfläche des oberen bis auf einen kleinen Kreis in der Mitte versilbert. Die strichliert punktierte Linie von M aufwärts charakterisiert die Strahlung aus dem Mikroskope, z die Strahlung der (meist schief gegen den Horizont geneigten) Zeichnungsfläche; dieses z gelangt nach zweimaliger Reflexion gleichzeitig mit den aus dem Mikroskop kommenden Strahlen ins Auge. Bei X kann man Rauchgläser einschalten, damit das helle Weiß des Papiers das mikroskopische · Bild nicht allzu sehr deckt. Man glaubt dann das mikroskopische Bild auf dem Papier zu sehen und kann es mit dem Bleistift B nachzeichnen.

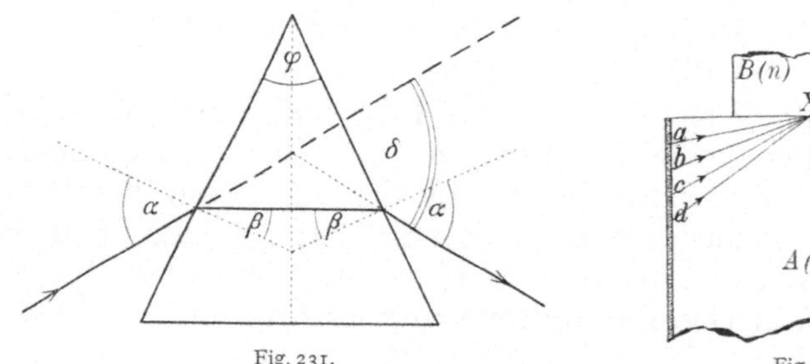

Fig. 231.

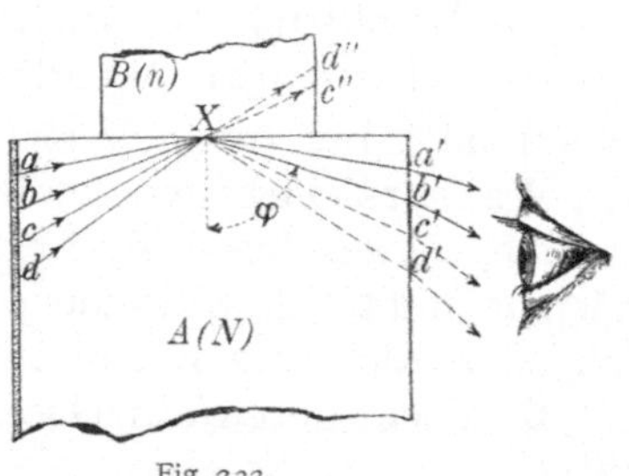

Fig. 232.

311. Bestimmung des Brechungsverhältnisses n. Festen durchsichtigen Körpern gibt man die Form eines Prismas; dieses wird derart aufgestellt, daß der Strahlengang vor Eintritt und nach Austritt des Lichtes symmetrisch zur Symmetrieebene des Prismas ist; in diesem Falle erreicht zugleich der Ablenkungswinkel δ seinen kleinstmöglichen Wert („Minimum der Ablenkung"). Eine einfache Rechnung ergibt dann die Beziehung: $\sin \dfrac{(\delta + \varphi)}{2} = n \cdot \sin \dfrac{\varphi}{2}$, so daß n berechnet werden kann, wenn der brechende Winkel φ und die Ablenkung δ mittels eines Reflexionsgoniometers (vgl. § 297) gemessen werden (vgl. Fig. 225 und 231).

Flüssigkeiten untersucht man in einem Hohlprisma, dessen zwei in Betracht kommende Flächen durch planparallele Glasplatten gebildet sind.

Eine rasche und bequeme Bestimmung des Brechungsverhältnisses ermöglichen auch die Totalreflektometer, welche alle den Grenzwinkel der Totalreflexion (§ 309) zu finden gestatten. Solche Instrumente sind in verschiedensten Typen für verschiedene technische und wissenschaftliche Zwecke konstruiert worden. In Fig. 232 ist A ein Glaszylinder von bekanntem, sehr großem Brechungsindex N, die linke Seitenfläche ist rauh. Auf die obere ebene Fläche ist der zu untersuchende Körper B (Brechungsverhältnis n) mit einer ebenen Fläche aufgekittet; n muß kleiner sein als N. Links steht eine Lichtquelle, und die linke matte Seitenfläche von A strahlt so nach allen Seiten diffuses Licht aus. Auf den Punkt X fallen z. B. die Strahlen von a, b, c und d. Hier werden nur die schiefen Strahlen aX und bX nach Xa' und Xb' total reflektiert; cX und dX aber nur teilweise, weil von ihnen ein Teil nach oben, nach Xc'' und Xd'' gebrochen wird. Ein Auge rechts sieht also eine Grenzlinie (oben hell; unten dunkel), besonders durch ein in entsprechender Richtung eingestelltes Fernrohr. Diese scharfe Grenzlinie rückt um so tiefer, je kleiner n gegen N wird.

Statt B kann auch ein Flüssigkeitstropfen auf A gebracht und dessen n gemessen werden.

Nach § 304 ist $\frac{n}{N}$ das Brechungsverhältnis zwischen A und B in Fig. 232, und nach § 309 ist dieser Quotient $\frac{n}{N} = \sin \varphi$, wenn φ der durch die geschilderte Vorrichtung gemessene Grenzwinkel der Totalreflexion ist. Aus dieser Gleichung, N bekannt, φ gemessen, findet man n.

Die besprochene Grenzlinie der Totalreflexion erscheint, wegen der Dispersion (vgl. § 312) als farbiger Saum. Man arbeitet darum mit monochromatischem (einfarbigem) Lichte.

Bei biologischen Untersuchungen handelt es sich meist um flüssige Körper. Beim Eintauch-Refraktometer von Pulfrich (Fig. 233) taucht ein Glasprisma P ($n = 1,5$) in die zu untersuchende Flüssigkeit F. Eine von unten beleuchtete Mattglasplatte mm entsendet diffuses Licht, das unter allen möglichen Einfallswinkeln (von $\alpha = 0^0$ bis $\alpha = 90^0$) auf die Endfläche des Prismas auftrifft. Den streifend auffallenden Strahlen ($\alpha = 90^0$) entspricht der eingezeichnete gebrochene Strahl; den Strahlen, für die $\alpha < 90^0$ ist, entsprechen weiter nach links abgelenkte gebrochene Strahlen.

In einem mit P fest verbundenen Fernrohr sieht man daher eine Grenzlinie zwischen hell und dunkel gleichzeitig mit einer (im Okular angebrachten) Skala, welche direkt den Brechungsexponenten

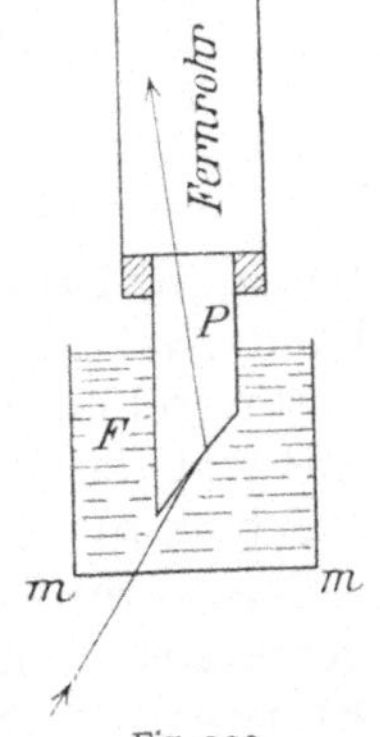

Fig. 233.

von F angibt. Andere Vorrichtungen erlauben die Messung von n, wenn auch nur einige Tropfen von F zur Verfügung stehen.

Werte des Brechungsverhältnisses. Für den Brechungsindex n bei Licht der Wellenlänge 589 $m\mu$ (D- bzw. Na-Linie) gelten die folgenden Werte bei Zimmertemperatur (20° C):

Wasser	Äthyl-alkohol	Chloro-form	Benzol	Zedern-öl	Canada-balsam	Schwefel-kohlenstoff
1,333	1,362	1,446	1,504	1,51	1,54	1,628

ferner:

Eis	Flußspat	Steinsalz	Kronglas leicht	Kronglas schwer	Flintglas leicht	Flintglas schwer	Diamant
1,309	1,434	1,544	1,515	1,615	1,609	1,752	2,417

	Quarz	Kalkspat
ordentlicher Strahl (vgl. § 458)	1,544	1,658
außerordentlicher Strahl	1,554	1,486

Unter Atomrefraktion bzw. Molekularrefraktion versteht man den Ausdruck $\frac{n^2 - 1}{n^2 + 2} \cdot \frac{M}{\varrho}$, worin M das Atom-(bzw. Molekular-)gewicht, ϱ die Dichte bedeuten. Sie hat für einen bestimmten Stoff, z. B. Wasser, in verschiedenen Aggregatzuständen (flüssiges Wasser, Wasserdampf) einen konstanten Wert.

Farbenzerstreuung (oder Dispersion).

312. Die bisher besprochenen Brechungsgesetze bedürfen einer Ergänzung. Es sei ein Zimmer vollständig verdunkelt, und in einem Fensterladen befinde sich ein vertikaler Spalt. Ein beweglicher Spiegel — Heliostat — außerhalb des Fensters wirft Sonnenlicht horizontal durch diesen Spalt ins dunkle Zimmer. Stellen wir nun in die Richtung dieses Lichtstreifens ST — schematische Fig. 234 von oben gesehen — ein vertikales Glasprisma, so zeigt sich eine Ablenkung des Strahles durch Brechung, wobei aber 'auf einem weißen Schirm, der diesen abgelenkten Strahl auffängt, nicht mehr weißes Licht, sondern ein ganzes Farbenband erscheint. Dieses beginnt auf der einen Seite, die am wenigsten abgelenkt ist,

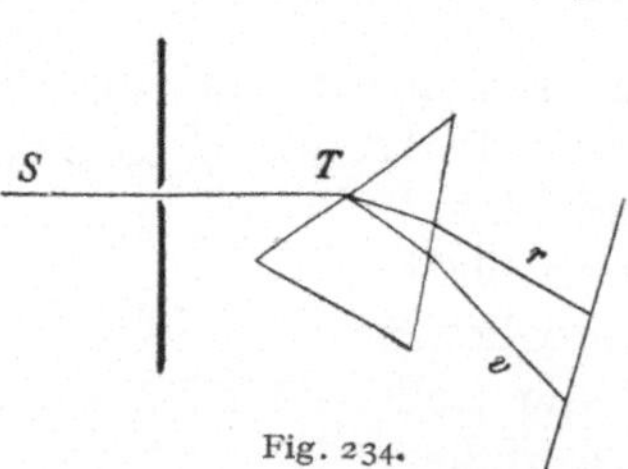

Fig. 234.

mit Rot r und geht allmählich durch Gelb, Grün und Blau in Violett v über. Man nennt dieses Farbenband, welches die im weißen Licht vereinigten Farben nebeneinander ausbreitet, ein **Spektrum.** Jeder dieser Farben entspricht in Luft (oder was fast dasselbe ist, im Vakuum) eine bestimmte Wellenlänge: von Rot (ca. 0,76 μ) bis Violett (ca. 0,4 μ) abnehmend. Rotes Licht verlangsamt sich also im Glas oder Wasser usw. weniger als violettes, welches stärker gebrochen wird. Die Wellenlängen im Glas oder Wasser sind kleiner als in Luft.

Um dieses Spektrum aber scharf zu erhalten, ist die Einschaltung einer Linse nötig, die auf dem Schirm ein reelles Spaltbild erzeugt.

313. Ultrarot, Ultraviolett. Mit Hilfe der schon erwähnten Methoden zum objektiven Nachweis einer Strahlung (durch Wärme-, chemische Wirkung, photoelektrischen Effekt u. dgl.) kann man zeigen, daß zu beiden Seiten des sichtbaren Spektrums unsichtbare Strahlen auf den Schirm auffallen. Den Teil jenseits des roten Endes nennt man ultrarotes (oder infrarotes) Spektrum, den Teil jenseits des violetten Endes ultraviolettes Spektrum. Näheres über die Eigenschaften dieser Strahlen enthalten die § 387, 407f., 440.

314. Wir können somit von einem Brechungsverhältnis schlechthin nicht sprechen, denn die Brechung ist ja für die verschiedenen Farben verschieden. Man muß daher das Brechungsverhältnis für die einzelnen Farben bestimmen, und auch das ist nicht ohne weiteres möglich, da ja selbst jede einzelne Farbe schon ein Farbenband bildet.

Nun zeigt sich in einem scharfen Sonnenspektrum eine Reihe von dunkeln, feinen Linien (Wollaston 1802). Diese heißen allgemein nach ihrem zweiten Entdecker (1814) **Fraunhofersche Linien.** Fig. 235 gibt die stärksten; die Buchstaben über den Linien bezeichnen sie; für die Hauptlinien sind große, für schwächere Linien kleine lateinische Buchstaben gewählt. Über die unter den Linien stehenden Buchstaben werden wir später sprechen. Die oberste Zeile gibt die Farbe an. Über die Größe der Wellenlänge siehe § 436.

Man bestimmt nun die Brechungsverhältnisse jener Wellen, die diesen Linien entsprechen. Dadurch sind bestimmte Stellen des Spektrums ge-

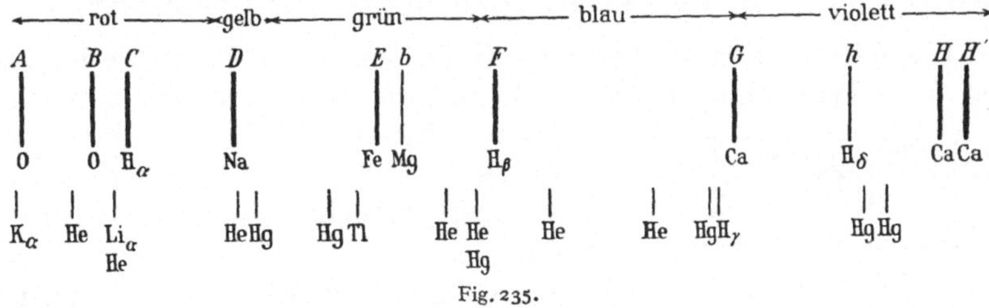

Fig. 235.

messen, und es ist so das diesbezügliche optische Verhalten der Prismensubstanzen genau charakterisiert. Jeder Wellenlänge entspricht ein eigenes Brechungsverhältnis.

Unter mittlerem Brechungsverhältnis versteht man n_D, das ist das Brechungsverhältnis für die D-Linie, die im Gelb liegt, oder, was dasselbe ist, für die Wellenlänge $\lambda = 0{,}589\,\mu$ (vgl. die Werte S. 202).

315. Wenn wir mit zwei geometrisch gleichen Prismen aus verschiedenem Material zwei Spektren entwerfen, so zeigt sich im allgemeinen nicht nur eine verschiedene Ablenkung der Strahlen infolge der verschiedenen Brechbarkeit, sondern auch eine verschiedene Länge des Spektrums, und diese Länge hängt ab von dem Unterschiede des Brechungsverhältnisses für Violett und des Brechungsverhältnisses für Rot.

In der folgenden Tabelle sind für einige Stoffe die Brechungsverhältnisse für einige Fraunhofersche Linien und in der letzten Kolonne die Differenzen $n_F - n_C$, die sog. mittlere Dispersion (ϑ), angegeben.

	Brechungsverhältnisse				Mittlere Dispersion
	C	D	F	H	$n_F - n_C$
Wasser	1,331	1,333	1,337	1,343	0,006
Kronglas	1,516	1,519	1,525	1,535	0,009
Flintglas	1,614	1,619	1,631	1,653	0,017
Schwefel-kohlenstoff	1,618	1,628	1,653	1,700	0,035

316. Achromatische Prismen. Wählen wir die brechenden Winkel zweier Prismen aus Flint- und Kronglas wie etwa 1 zu 2, so wird

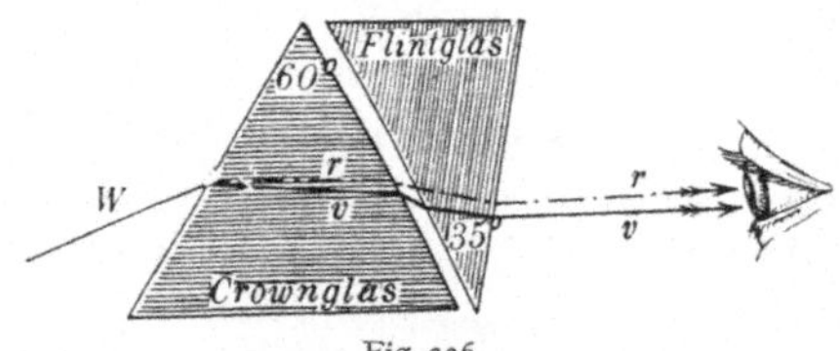

Fig. 236.

die Ablenkung eine verschiedene sein, die Länge aber der beiden Spektren ist gleich. Lassen wir dann einen weißen Lichtstrahl durch die beiden entgegengesetzt gestellten Prismen (Fig. 236) hindurchgehen, so wird sich zwar die Farbenzerstreuung aufheben, nicht aber die Ablenkung. Die verschiedenen Farben werden vom Auge fast vollständig zu Weiß vereinigt.

317. Umgekehrt können wir eine Reihe von Prismen so verbinden wie in Fig. 237. Hier sind die Winkel und die Sorten so gewählt, daß die

Fig. 237.

Ablenkungen sich aufheben, nicht aber die Farbenzerstreuung. Wir haben hier ein **geradsichtiges Prisma**. Ein Lichtstrahl, der durchgeht, gibt ein Spektrum ohne Ablenkung, d. h. genauer ausgedrückt, ohne Ablenkung z. B. für Grün, während das Violett ein wenig nach der einen und das Rot nach der anderen Seite geht. Blicken wir durch ein solches Prisma gegen einen glühenden Platindraht oder gegen einen hellbeleuchteten Spalt, so sehen wir diesen Lichtstrich nach rechts und links zu einem Spektrum verbreitert.

318. Wir nahmen bisher an, daß die einzelnen Spaltbilder in einem Prismaspektrum so nebeneinander liegen, daß eine allmähliche Zunahme der Ablenkung vom äußersten Ultrarot durch das sichtbare Spektrum hindurch bis zum äußersten Ultraviolett stattfinde. Es gibt aber Substanzen, welche **anomale Dispersion** zeigen. Ein Prisma aus festem Fuchsin z. B. bricht die roten Strahlen stärker als die violetten.

319. Regenbogen. Wir betrachten den in Fig. 238 schematisch dargestellten Fall, daß Sonnenstrahlen auf Regentropfen fallen. Bei ABC treten sowohl Reflexionen als Brechungen auf, doch berücksichtigen wir bloß den Gang der rückwärts zum (unterhalb des Strahles befindlichen) Beobachter

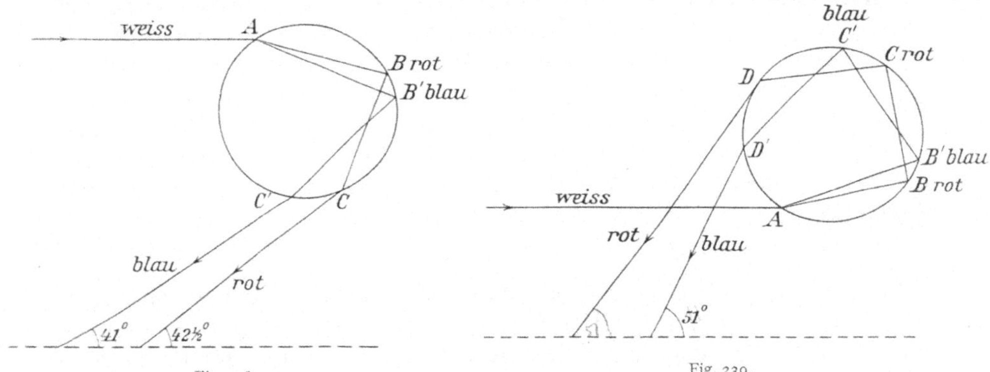

Fig. 238.   Fig. 239.

gelangenden Strahlen. Wegen der verschiedenen Brechbarkeit des Lichtes verschiedener Wellenlänge werden die weißen Strahlen in A in Farben aufgelöst. Das bei A eintretende Strahlenbündel erleidet eine vom Einfallswinkel abhängige Ablenkung, deren Maximum für rotes Licht $(180 - 42\frac{1}{2})°$ beträgt. Für blaues Licht beträgt dieser Winkel $(180 - 41)°$. So entsteht der **Hauptregenbogen**, indem das Auge des Beobachters von allen unter $42\frac{1}{2}°$ gesehenen Tropfen rotes, unter $41°$ blaues Licht empfängt. Die Farbenfolge dieses Regenbogens, von innen nach außen, verläuft also von Violett nach Rot (Fig. 240, BC).

Fällt Licht gleicher Richtung auf der Unterseite der Wasserkugel ein (Fig. 239), so wird nach einer zweiten Reflexion im Tropfen auch ein Strahlengang rückwärts möglich und für rotes Licht erscheint der Strahl beim (halben) Öffnungswinkel von $51°$, für kürzere Wellenlängen wird der Winkel größer. Man erblickt einen **Nebenregenbogen**, dessen Farbenfolge (innen Rot, außen Violett) umgekehrt ist der des Hauptregenbogens (Fig. 240, DE).

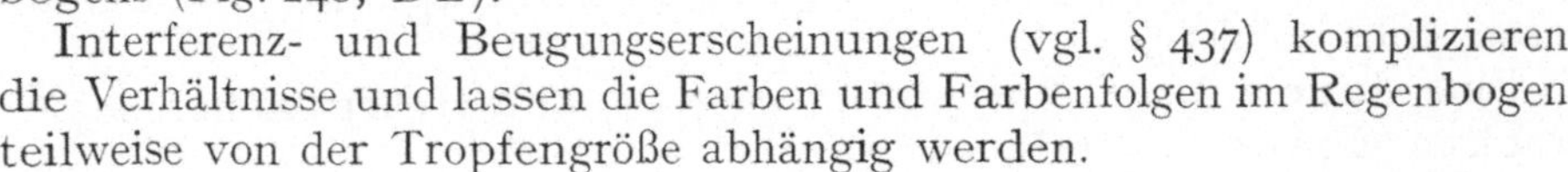

Fig. 240.

Interferenz- und Beugungserscheinungen (vgl. § 437) komplizieren die Verhältnisse und lassen die Farben und Farbenfolgen im Regenbogen teilweise von der Tropfengröße abhängig werden.

Linsen.

320. Eine **optische Linse** ist ein von zwei krummen Flächen begrenztes durchsichtiges Medium, z. B. Glas, das sich in einem durchsichtigen Medium mit anderem Brechungsexponenten, z. B. Luft, befindet. Es kann aber auch das Medium vor und hinter der Linse verschieden sein. In den meisten Fällen sind die Linsenflächen kugelförmig. Beistehende Fig. 241 gibt die Haupttypen der Linsenformen

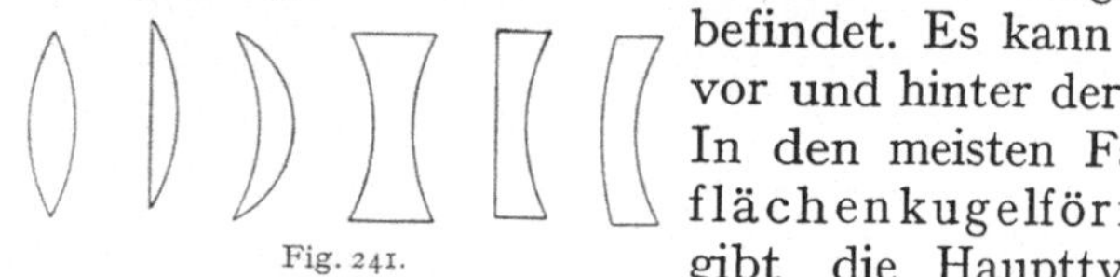

Fig. 241.

(bikonvex, plankonvex, konkavkonvex; analog bikonkav, plankonkav, konvexkonkav).

321. Ist eine solche Linse in der Mitte dicker als am Rande, so heißt sie **Sammel-** oder **Konvexlinse,** auch positive Linse. In Fig. 242 ist M_1 der Krümmungsmittelpunkt der hinteren, M_2 der Krümmungsmittelpunkt der vorderen Linsenfläche. Die Gerade $M_1 M_2$ heißt die Hauptachse; r_1 und r_2 sind die Krümmungsradien. Durch Konstruktion oder Rechnung (§ 323) findet man:

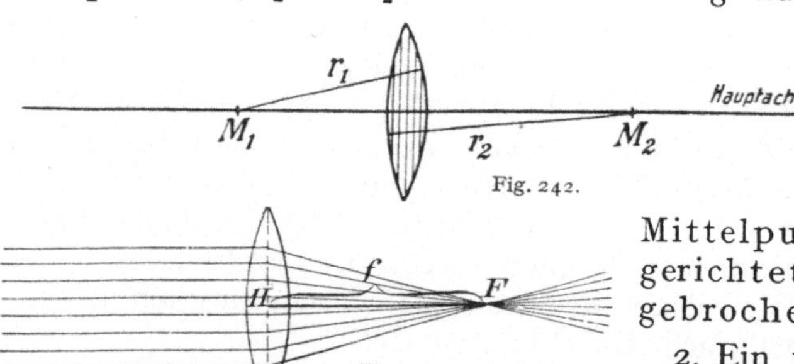

1. Ein nach dem „optischen Mittelpunkt" H der Linse gerichteter Strahl geht ungebrochen hindurch (Fig. 244).

2. Ein in Fig. 243 von links kommendes achsenparalleles Lichtbündel wird durch die Brechung im Brennpunkt F vereint; die Entfernung f des Brennpunktes oder Fokus von der Linsenmitte heißt Brennweite oder Fokaldistanz. Die achsenparallelen Strahlen können natürlich auch von der anderen Seite (in Fig. 243 von rechts) her einfallen (nicht gezeichnet); das ergibt den zweiten Brennpunkt. Die vordere und hintere Brennweite ist gleich groß, aber nur, wenn vor und hinter der Linse dasselbe brechende Medium, z. B. Luft, ist.

Umgekehrt wird ein vom Brennpunkt ausgehendes Strahlenbündel auf der anderen Seite der Linsenachse achsenparallel weitergehen. (Man denke sich in Fig. 243 F als Lichtpunkt, der Strahlen nach links sendet.)

Eine durch den Brennpunkt gehende, zur Hauptachse senkrechte Ebene heißt Brennebene.

322. Bildkonstruktion. Der oberste Punkt A_1 eines leuchtenden Objektes I (Fig. 244) sendet Strahlen gegen die Linse; von dreien kennen wir den Weg. Der achsenparallele Strahl A_1n geht nach der Brechung durch den hinteren Brennpunkt F_2; der Strahl AH geht unabgelenkt weiter; der durch den vorderen Brennpunkt F_1 gehende Strahl A_1F_1n′

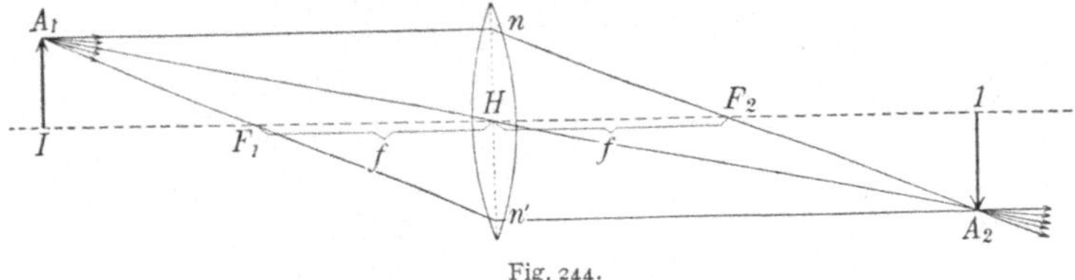

Fig. 244.

wird nach der Brechung achsenparallel, $n′A_2$. Die drei Strahlen schneiden sich in A_2; alle anderen zwischen A_1n und A_1n′ liegenden Strahlen werden ebenfalls so gebrochen, daß sie sich in A_2 wieder schneiden. A_2 hat also alle Eigenschaften eines wirklichen Lichtpunktes. Man nennt die beiden Punkte A_1 und A_2, von welchen der eine das Bild des anderen ist, zwei konjugierte Punkte. (Siehe genauere Betrachtungsweise in § 328.)

Zur Konstruktion kann man beliebige zwei der drei Strahlen A_1n, A_1F_1 oder A_1H verwenden.

Konstruiert man ebenso alle anderen Punkte des leuchtenden Pfeiles A_1I, so ergibt sich in Fig. 244 das Bild unter A_2I; es ist verkehrt und reell.

Solche Konstruktionen (oder Rechnungen) werden aber nur unter gewissen Bedingungen im angegebenen Sinne ausfallen (§ 329 und 330).

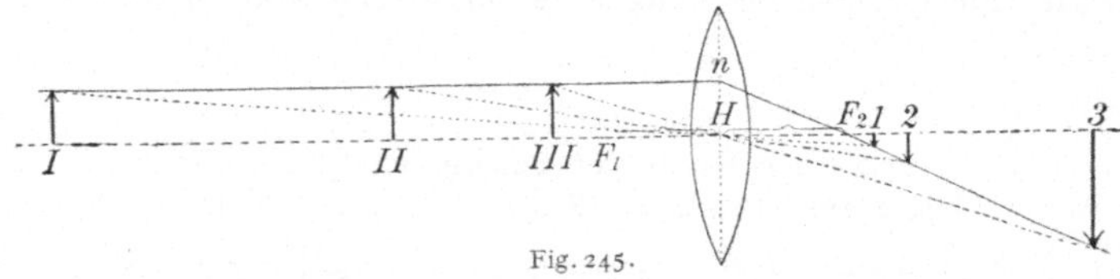

Fig. 245.

Für verschiedene Entfernungen des Objektes gibt Fig. 245 die entsprechenden Konstruktionen, analog den eben aufgestellten Regeln.

Objekt weit entfernt (in Fig. 245 sehr weit links) erzeugt verkleinertes Bild in Brennebene oder knapp hinter ihr; $I \ldots 1$.

Objekt in II; fast gleich großes Bild in 2.

Objekt in der Nähe der vorderen Brennebene, aber außerhalb der Brennweite; sehr großes Bild weit hinter der Linse; $III \ldots 3$.

Umgekehrt sind auch I, II, III die Bilder der Objekte 1, 2, 3 (analog § 300).

Wenn sich das Objekt von I nach II, also eine große Strecke hindurch verschiebt, wird sich das Bild von 1 nach 2 nur sehr wenig verschieben; hingegen wird eine kleine Verschiebung des Objektes von II über III nach F_1 das Bild von 2 bis rechts in die Unendlichkeit hinausbringen.

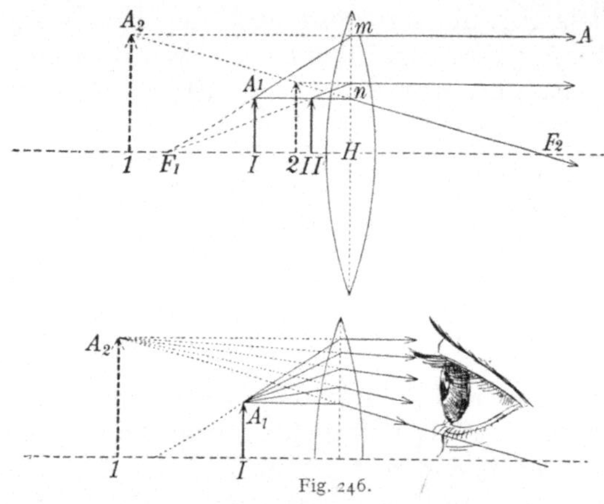

Fig. 246.

Liegt das Objekt zwischen Brennpunkt und Linse, so vereinen sich die Strahlen überhaupt nicht mehr. In Fig. 246 ist dieser Strahlengang schematisch angedeutet. Der achsenparallele Strahl $A_1 n$ geht nach der Brechung durch F_2. Der aus der Richtung F_1 kommende Strahl $A_1 m$ geht nach der Brechung als mA achsenparallel weiter. Einem Auge rechts scheint es, als ob dieses Strahlenbüschel zwischen mA und nF_2 aus A_2 käme (Fig. 246 unten). Es entsteht also ein **vergrößertes aufrechtes und virtuelles** Bild in 1. Je näher das Objekt II an der Linse, desto kleiner ist das Bild (2).

Man hätte zur Konstruktion z. B. auch den nicht gezeichneten Strahl $A_1 H$ verwenden können, der gleichfalls aus A_2 zu kommen scheint.

Fig. 245 und 246 ergeben, daß sich die **Bild- zur Objektgröße verhält wie die Bild- zur Objektentfernung.** Das gilt für alle Linsen. Diese **Bildvergrößerung** ist die objektive; über subjektive Vergrößerung später § 368.

323. Die **Linsenfundamentalgleichung** lautet, wie sich unschwer zeigen läßt,

$$\frac{1}{a} + \frac{1}{b} = \frac{1}{f},$$

worin a die **Objekt-** und b die **Bildentfernung,** und f die **Brennweite** ist. Eine Diskussion dieser Linsenformel führt zu all den in § 322 geschilderten Ergebnissen. Für $a = \infty$ wird $\frac{1}{a}$ Null und $b = f$, d. h. achsenparallele Strahlen werden zum Brennpunkt gebrochen. Für $a = 2f$ wird $b = 2f$: Objekt und Bild werden gleich groß sein, wenn sie beiderseits in doppelter Brennweite stehen. Für $a < f$ wird b negativ, also liegt das Bild vor der Linse.

Der reziproke Wert der Brennweite ist dabei durch die Formel: $\frac{1}{f} = (n-1)\left(\frac{1}{r_1} + \frac{1}{r_2}\right)$ gegeben; r ist dabei positiv für konvexe und negativ für konkave Kugelflächen zu zählen.

324. Eine **Zerstreuungs-** oder **Konkavlinse,** auch negative Linse, ist in der Mitte dünner als am Rande. Konstruktion und Rechnung ergeben:

1. Alle Strahlen, die gegen die Linsenmitte zielen, gehen unabgelenkt durch, und 2. alle achsenparallelen Strahlen (in Fig. 247 von links kommend) werden hinter der Linse (in Fig. 247 rechts) so auseinandergebrochen, als ob sie aus dem virtuellen Brennpunkte F kämen. Dieser Brennpunkt heißt virtuell, weil die Strahlen

sich ja nicht wirklich in ihm vereinigen. Genau dasselbe Gesetz gilt auch natürlich für Strahlen, die von der anderen Seite (von rechts) auf die Linse fallen. Wir haben daher auch noch einen zweiten Brennpunkt, und wieder sind die beiden Brennweiten gleich, wenn vor und hinter der Linse dasselbe Medium ist.

Man ersieht auch, daß gegen den hinteren Brennpunkt der Linse zielende konvergente Strahlen (in Fig. 247 von rechts her kommend) nach der Brechung achsenparallel weitergehen.

Auch hier gilt $\dfrac{1}{a} + \dfrac{1}{b} = \dfrac{1}{f}$; f hat nach obiger Formel einen negativen Wert.

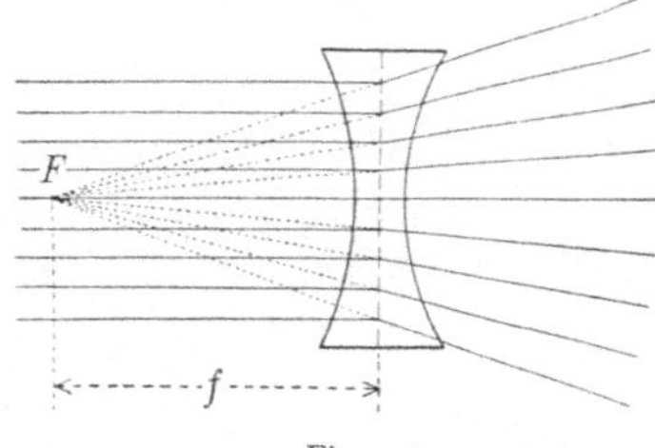

Fig. 247.

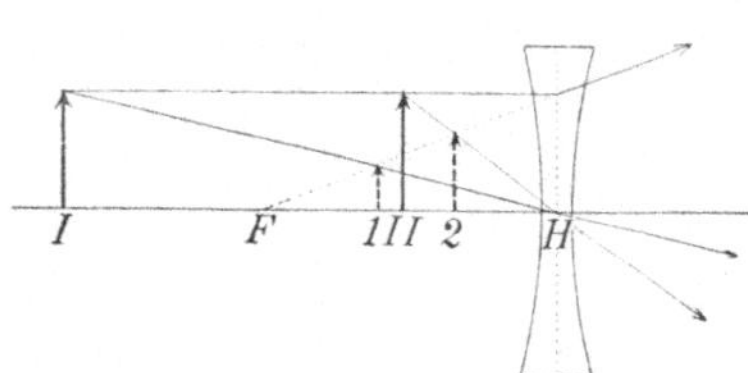

Fig. 248.

325. Fig. 248 gibt die **Bildkonstruktion** (mittels achsenparallelem Strahl und dem durch H gehenden Strahl) bei einer Zerstreuungslinse. Es kommt hier nie zu einem reellen Bilde. Die Bilder sind immer virtuell aufrecht und verkleinert. Die Strahlen von I gehen nach der Brechung so auseinander, als ob das kleine Bildchen 1 knapp hinter dem Brennpunkte wäre. Das Objekt II hat sein virtuelles Bild in 2 usw. Wir sehen also, daß, während der Gegenstand von der Unendlichkeit bis an die Linse rückt, das Bild nur einen kleinen Weg von F bis H macht, wobei es von unendlicher Kleinheit bis zur natürlichen Größe wächst.

326. Besteht eine **Linse aus** einem **schwächer brechenden Medium** als die Umgebung, so ist die Beziehung zwischen geometrischer Form (konvex, konkav) und optischem Charakter (Sammel-, Zerstreuungslinse) die umgekehrte: Konvexlinsen = Zerstreuungslinsen, Konkavlinsen = Sammellinsen. Bilden wir z. B. eine Luftlinse dadurch, daß wir zwei Uhrgläser zusammenkitten und diese Luftlinse in Wasser tauchen, oder nehmen wir eine Wasserlinse in Schwefelkohlenstoff, dessen $n = 1{,}63$ ist, so wirken sie als Zerstreuungslinsen.

327. Unter **Brechkraft** oder Stärke einer Linse versteht man den reziproken Wert der Brennweite der Linse, gemessen in Metern. Die Einheit der Brechkraft heißt „**Dioptrie**" (Dptr.). Eine Linse von f m Brennweite besitzt eine Brechkraft $D = \dfrac{1}{f}$ Dptr.

D ist bei Sammellinsen $+$, bei Zerstreuungslinsen $-$.

Die früheren Brillennummern bezeichneten den Radius der beiderseits gleichen Kugelflächen in rheinischen Zollen. Daraus ergibt sich (als Brechungsexponent der Linse $1{,}53$ vorausgesetzt) eine mnemotechnische Regel, daß man die Dioptrienzahl erhält, wenn man

40 durch die alte Brillennummer dividiert, z. B. ein konvexes Brillenglas Nr. 20 hat 2, ein Brillenglas Nr. 10 hat 4 Dioptrien usw.

Sind mehrere Linsen so hintereinander geschaltet, daß die Krümmungsmittelpunkte auf einer Geraden liegen, so hat man ein **zentriertes Linsensystem.** Mehrere solcher Linsen mit den Brechkräften D_1, D_2 usw., ganz knapp hintereinander geschaltet, haben — wie sich konstruktiv oder rechnerisch unschwer zeigen läßt — eine Brechkraft

$$D = D_1 + D_2 + \cdots ;$$

z. B. eine Sammellinse von 2 und eine von 3 Dioptrien ergeben zusammen 5 D; oder eine Sammellinse von 3 D und eine Zerstreuungslinse von $-2\,D$ ergeben zusammen 1 D usw.

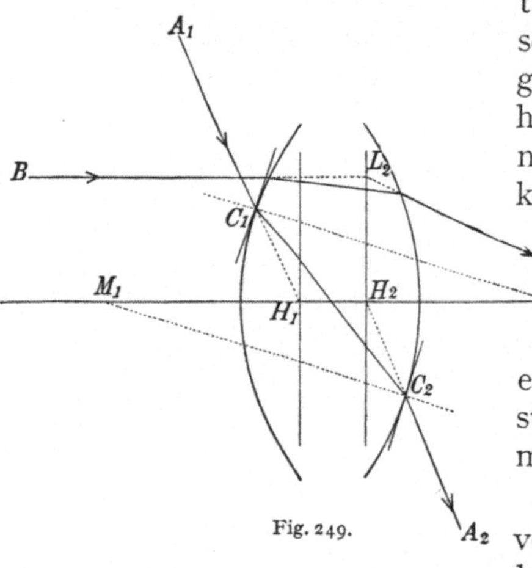

Fig. 249.

328. Dicke Linsen. Da der Linsenkörper von einer merklichen Dicke ist, darf dies bei genauer Konstruktion nicht vernachlässigt werden. Wir betrachten zunächst wieder eine Glassammellinse in Luft.

M_1 in Fig. 249 ist Krümmungsmittelpunkt der hinteren, M_2 der vorderen Fläche. Die Linsenflächen werden an irgend zwei Stellen, z. B. an den Tangentenflächen bei C_1 und C_2 parallel sein. Ein Lichtstrahl, der in der Linse selbst den Weg $C_1 C_2$ macht, hat vor der Linse die Richtung $A_1 C_1$, welche in der Linse zum Lote und beim Austritt aus derselben vom Lote gebrochen wird. Da die beiden Tangentialflächen bei C_1 und bei C_2 parallel sind, so wird $C_2 A_2$ dieselbe Richtung haben wie $A_1 C_1$, nur wird $C_2 A_2$ ein wenig parallel nach rechts verschoben sein. Wir haben hier denselben Fall wie beim Durchgang des Lichtes durch eine planparallele Platte (§ 306). Der Strahl $A_1 C_1$ würde, zur Achse verlängert (punktiert), den Punkt H_1 treffen, während der Strahl $C_2 A_2$ aus dem Punkte H_2 zu kommen scheint. Man nennt diese zwei Punkte H_1 und H_2 die **Hauptpunkte** der Linse.

Eine genaue Konstruktion (oder Berechnung), welche die Linsendicke berücksichtigt, ergibt für jede Linse zwei wichtige Punkte auf der Hauptachse, die Hauptpunkte H_1 und H_2 (Fig. 250). Jeder Strahl, der vor der Linse nach H_1 hinzielt, geht hinter der Linse parallel so weiter, als ob er von H_2 käme.

In Fig. 250 sind einige Strahlen I, II, III vor der Linse und die entsprechenden parallelen Fortsetzungen 1, 2, 3 hinter der Linse gezeichnet. Hier ist der Gang des Strahles in der Linse selbst, der ja gleichgültig ist, nicht angegeben, nur die Konstruktion der Strahlen vor- und nachher.

Errichten wir in diesen **Hauptpunkten** H_1 und H_2 **senkrecht zur Achse** zwei Ebenen, **Hauptebenen,** so haben diese (Fig. 251) folgende Bedeutung. Die Rechnung ergibt, daß ein achsenparalleler Strahl BL_2

so zu konstruieren ist, daß seine Knickung zum Brennpunkte F_2 in der zweiten Hauptebene erfolgt BL_2F_2. Umgekehrt wird ein vom Brennpunkt F_1 (unterer Teil der Fig. 251) ausgehender Strahl konstruktiv in der zugekehrten Hauptebene achsenparallel. Der wirkliche Weg des Strahles in der Linse ist ein anderer, was für die Bildkonstruktion (punktiert gezeichnet) gleichgültig ist, wir brauchen ja praktisch nur den Strahl vor und hinter der Linse.

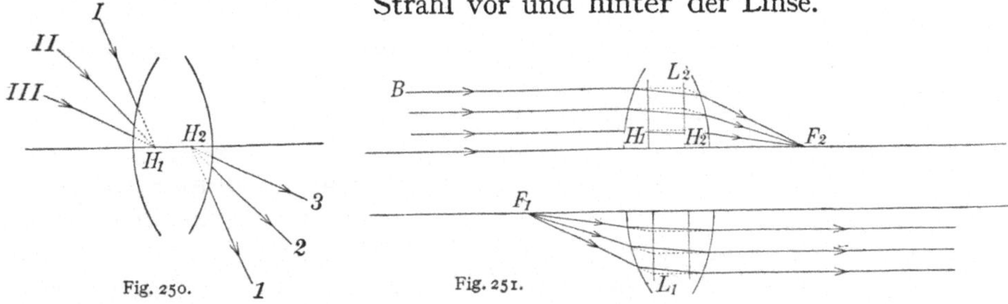

Fig. 250.   Fig. 251.

Vernachlässigt man die Linsendicke, so fallen die beiden Hauptebenen zusammen, und wir erhalten die einfachen Konstruktionen des § 322. Die punktierten vertikalen Mittellinien in unseren verschiedenen Linsenfiguren bedeuten also die zusammenfallenden Hauptebenen.

Die analogen Erscheinungen in dicken Zerstreuungslinsen ergeben sich aus folgenden zwei allgemeinen Konstruktionsregeln für dicke Linsen:

1. Hauptpunkte. Statt geradem Strahlendurchgang durch die Linsenmitte H tritt Parallelverschiebung vom vorderen zum hinteren Hauptpunkte ein. (Gilt für Konvex- und Konkavlinsen.)

2. Hauptebenen. Achsenparallele Strahlen erhalten statt Knickung in der Mittelebene H Knickung in der zweiten Hauptebene, a) bei Sammellinsen zum hinteren Brennpunkt, b) bei Zerstreuungslinsen vom vorderen Brennpunkt. Fig. 252 erläutert die letztere Erscheinung.

Die Distanz H_1H_2 ist bei Linsen aus Glas vom Brechungsindex $n = 1{,}5$ ein Drittel der Linsendicke (längs der optischen Achse gemessen).

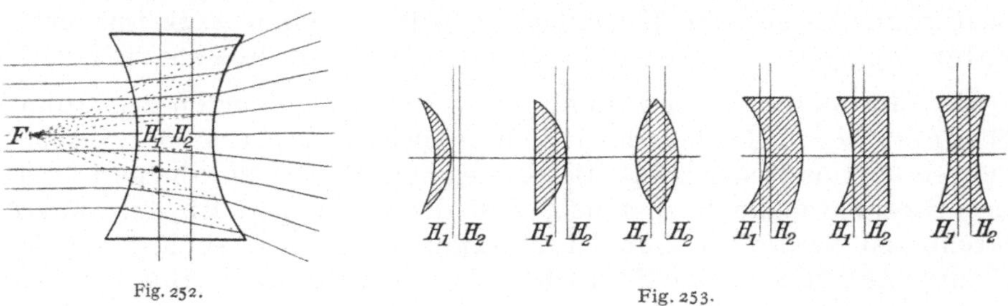

Fig. 252.   Fig. 253.

Fig. 253 gibt je drei Typen Sammel- und Zerstreuungslinsen mit ihren Hauptebenen. Die Brennweite ist die Entfernung des **Brennpunktes** von seiner Hauptebene. Auch ein zentriertes Linsensystem aus vielen Linsen hat nur zwei Brennpunkte und zwei Hauptpunkte.

329. Sphärische Aberration. Die bei der bisherigen Konstruktion verwendete Regel, daß achsenparallele Strahlen zu einem gemeinsamen Brennpunkte gebrochen werden, ist aus verschiedenen Gründen nur annähernd richtig.

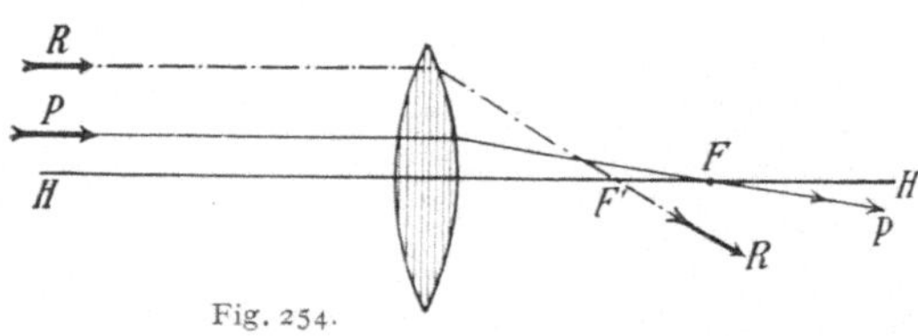

Fig. 254.

Zunächst zeigt sich genau so wie bei dem Kugelspiegel eine sphärische Aberration. Es liegt der **Brennpunkt der Randstrahlen näher an der Linse** als jener der Strahlen, die mehr in der Nähe der Achse durchgehen. In Fig. 254 hat der achsenparallele Strahl P seinen Brennpunkt in F, der Randstrahl R in F'. Infolge dieser sphärischen Aberration werden die Bilder undeutlich. Man vermeidet diesen Fehler durch Anwendung asphärischer Flächen, d. s. Umdrehungsflächen, deren Krümmungsmaß sich ändert (man macht z. B. die Linse Fig. 254 am Rande weniger gekrümmt), oder durch Kombination von Linsen. Ein **sphärisch möglichst korrigiertes System** heißt **aplanatisch**. Des weiteren kann man die Bildschärfe dadurch steigern, daß man durch Blenden die Randstrahlen abhält, oder daß man Krümmungsradien anwendet, welche groß sind gegen den Durchmesser des einfallenden Bündels.

330. Astigmatismus. Ein **außerhalb der Achse liegender Punkt**, der Strahlen schief gegen die Achse zur Linse sendet (z. B. schon bei genauen Berechnungen A_1 in Fig. 244), erzeugt **nicht ein punktförmiges Bild, sondern zwei kurze Lichtstriche**, welche, ohne sich zu berühren, aufeinander senkrecht stehen. Dies ist Astigmatismus bei **schiefer Inzidenz**. Linsensysteme, die diesen Fehler möglichst vermeiden, heißen **orthoskopische Systeme**.

Es gibt auch einen Astigmatismus bei senkrechter Inzidenz (der bei manchen Augen vorkommt), wenn die Linsenflächen (oder Hornhaut beim Auge) keine Kugelflächen bilden, sondern z. B. im vertikalen Meridian anders gekrümmt sind als im horizontalen.

331. Chromatische Aberration. Die bis jetzt geschilderten sog. monochromatischen Fehler finden sich in analoger Weise auch bei Abbildungen mittels Hohlspiegels. Bei Linsen kommt aber eine weitere wichtige Störung dadurch zustande, daß der **Brennpunkt der stärker brechbaren violetten Strahlen näher an der Linse liegt als der Brennpunkt der roten Strahlen.** Darum wird jedes Bild, das mit einer einfachen Linse entworfen ist, farbige Ränder besitzen. Man vermeidet diese chromatische Aberration durch Kombination zweier Linsen, z. B. einer bikonvexen Kronglas- und einer bikonkaven Flintglaslinse. Das Prinzip dieser Wirkung haben wir schon früher, § 316, auseinandergesetzt. Diese Zerstreuungslinse ist in ihren Brechungs- und Dispersionsverhältnissen so gewählt, daß sie zwar die Farbenzerstreuung zwischen zwei Farben, z. B. Grün und Rot aufhebt, nicht aber die Strahlenablenkung: Achromate. Man wählt die zwei Farben Grün und Rot für optische Beobachtungen; für photographische Zwecke bringt man die blauen und violetten Strahlen im Brennpunkte zur Deckung. Die genaue Berechnung der einschlägigen Verhältnisse und die Herstellung entsprechender Glassorten ist eine der schwierigsten, aber dankbarsten Aufgaben der optischen Technik.

Die Achromate werden noch übertroffen durch die Apochromate, welche für drei Farben des Spektrums denselben Brennpunkt haben, so daß jede unrichtige Färbung des Objektes praktisch ganz wegfällt. Überdies kann ein solches (natürlich sehr kompliziertes) Linsensystem auch noch die sphärische Aberration für zwei Farben aufheben, während sie bei gewöhnlichen Objektiven nur für eine Farbe beseitigt werden kann.

Es ist ein Verdienst der deutschen Glasindustrie in Jena, durch planmäßiges Studium verschiedenster Glaszusammensetzungen dies Gebiet der „Optotechnik" auf besondere Höhe gebracht zu haben.[1]) Die Biologie verdankt diesen Arbeiten ihr modernes Mikroskop.

332. Blenden. Die Linse L in Fig. 255 entwirft vom Objektpunkte A_1 ein reelles Bild in A_2. Es sei $B_1 B_1$ eine Blende, auch Diaphragma oder Pupille genannt, welche alles von A_2 ausgehende Licht bis auf einen bestimmten Strahlenkegel abblendet. Das Loch in B_1 heißt Eintrittspupille, „EP".

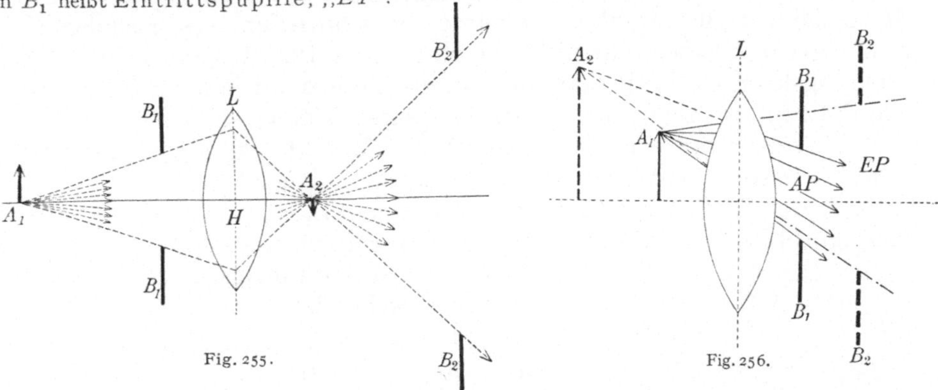

Das (in unserem Falle reelle) Bild der Eintrittspupille $B_1 B_1$ ist $B_2 B_2$ und heißt Austrittspupille, „AP". Es ist aus Fig. 255 unmittelbar klar, daß sowohl $B_1 B_1$ als auch

---

[1]) Theoretiker Abbe, 1840—1905, Begründer der „Zeisswerke" in Jena, und Glasindustrieller Schott, geb. 1851.

$B_2 B_2$ die Begrenzung des durch L gehenden Strahlenkegels darstellen; es ist für das Schlußresultat gleichgültig, ob wir nur in $B_1 B_1$ oder nur in $B_2 B_2$ oder in $B_1 B_1$ und $B_2 B_2$ gleichzeitig eine Blende einschalten. (Auch die Linsenfassung wirkt bei der in Fig. 255 durch $B_1 B_1$ gegebenen Linsengröße als Strahlenbegrenzung.)

Fig. 256 stellt ein weiteres Beispiel für „$A\ P$" und „$E\ P$" dar. Vor der Linse (rechts) befindet sich eine Blende $B_1 B_1$ und hinter der Linse (links) ein Objekt A_1 —. Nach § 322 konstruiert, wird das virtuelle Bild des Objektes A_1 (zwischen Brennpunkt und Linse gelegen) nach A_2 fallen, ebenso das virtuelle Bild der Blende $B_1 B_1$ nach $B_2 B_2$. Hier ist $B_2 B_2$ die Eintrittspupille „$E\ P$"; die von A_1 kommenden, in die Linse eintretenden Strahlen werden geometrisch durch $B_2 B_2$ begrenzt. Das austretende Strahlenbüschel wird durch die von A_2 gegen den Blendenrand $B_1 B_1$ zielenden Linien begrenzt. $B_1 B_1$ ist die Austrittspupille, „$A\ P$"

Die Berechnung solcher Strahlenbegrenzungen spielt bei den optischen Apparaten eine wichtige Rolle.

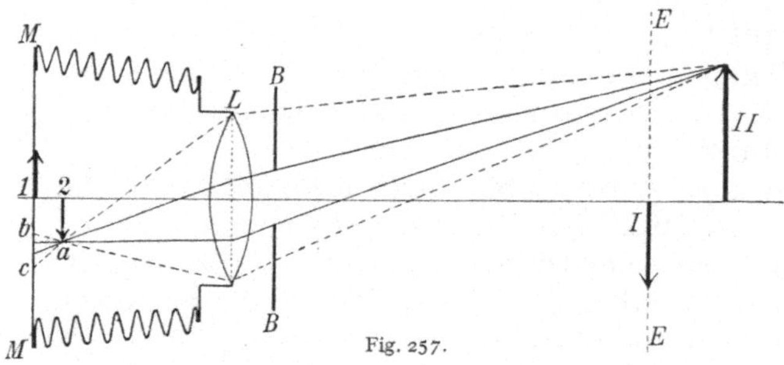

Fig. 257.

333. Fig. 257 stelle schematisch einen photographischen Apparat, **Camera obscura,** dar. Die Linse L entwirft von I auf der Mattscheibe MM ein reelles Bild 1. Die scharfe Einstellung erfolgt mittels einer Schraubenführung durch Ausziehen des bespannten Kastens — Balgcamera —, der alles seitlich einfallende Licht abzuhalten hat.

Die Blende $B\,B$ sei zunächst nicht vorhanden. Ist nun ein ausgedehntes körperliches Objekt zu photographieren, so steht ein Teil, z. B. II, hinter der Einstellebene $E\,E$, und das Bild fällt dann nach 2. Auf der Mattscheibe M erscheinen alle Strahlen, welche gegen a hinzielen, erst nachdem sie sich vereinigt haben; ihr Bild ist statt eines Punktes ein lichter Zerstreuungskreis bc. Stellt man nun vor die Linse eine Blende $B\,B$, so wird, wie die Fig. 257 zeigt, der Zerstreuungskreis kleiner, das Bild schärfer. Die Tiefenschärfe einer Linse ist also bei stark abgeblendeter Linse größer. Leider verliert man dabei an Helligkeit.

Statt der in Fig. 257 einfach gezeichneten Linse L besteht ein gutes photographisches Objektiv immer aus einem zentrierten Linsensystem. Die Blende ist dann meist in der Mitte des Systems angebracht.

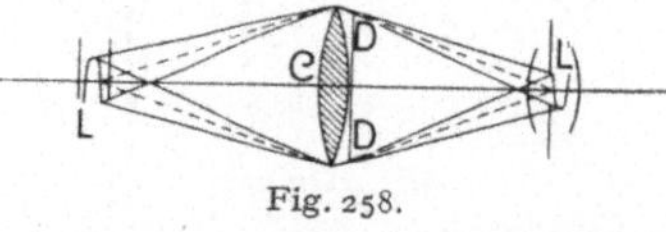

Fig. 258.

334. Ein **Projektionsapparat** bildet das Gegenstück zur photographischen Camera: wenn I in Fig. 257 sehr hell ist, entsteht auf der Wand in $E\,E$ das Bild I.

Zur Projektion von Diapositiven (Glasbildern) muß vor allem das Diapositiv richtig beleuchtet sein, wie dies Fig. 258 schematisch zeigt. L ist die Kohle eines elektrischen Lichtbogens — oder ein Nernststift, Auersches Gaslicht, hochkerzige Glühlampe oder dgl. — C ist die Kondensorlinse zur hellen Beleuchtung des Diapositives $D\,D$; L' ist die Projektionslinse. Rechts und links ist alles symmetrisch. Genau wie jeder Punkt in DD von links her beleuchtet wird, strahlt er nach rechts zur Projektionslinse L' (in der ein Bild des Lichtbogens entsteht). Bringt man noch C möglichst nahe an L, so werden möglichst viel Lichtstrahlen ausgenützt.

Fig. 259 stellt einen modernen Kondensor dar: links befindet sich die Lichtquelle. ZwT und ET sind die Kondensorlinsen (ZwT der Zweilinsenteil, ET der Einlinsenteil), WK ist ein planparalleles Glasgefäß mit Wasser gefüllt, welches die ultrarote Strahlung abschwächt und eine unnötige Erwärmung des Diapositives D vermeidet. PS ist das Projektionssystem, irgendein photographisches Objektiv, dessen Rückseite gegen die Lichtrichtung zu stehen hat.

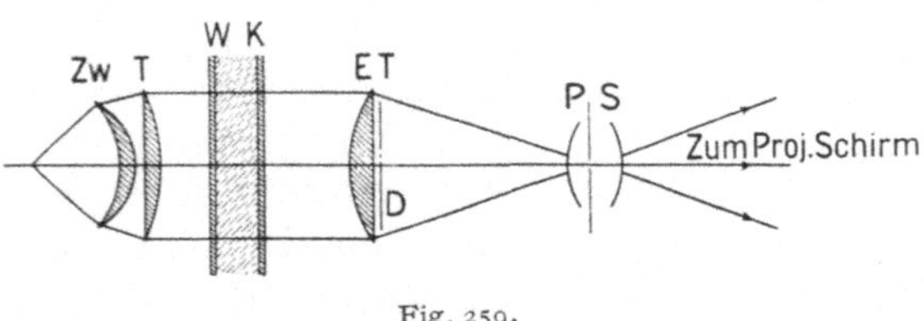

Fig. 259.

Fig. 260.

Fig. 260 stellt schematisch eine episkopische Projektion mit auffallendem Licht dar. Sch ist ein Hohlspiegel, in dessen Brennpunkt ein nicht gezeichnetes Bogenlicht steht, WK die Wasserkammer, Sp ein Spiegel, der das auf OE liegende undurchsichtige Objekt beleuchtet, PS das Projektionssystem, das obere Sp ein zweiter Spiegel, der die Strahlen gegen den vertikalen Projektionsschirm leitet.

Dioptrik des Auges.

335. Zur Anatomie des menschlichen Auges. Der Augapfel liegt beim Menschen in der Augenhöhle des Schädels. Fig. 261 gibt einen Horizontaldurchschnitt durch das rechte Auge von oben her gesehen. — Der Augapfel wird von außen her eingeschlossen von einer harten Haut (Sclerotica) Sc und unmittelbar darunter von der Aderhaut (Choroidea) Ch, welche nach innen, zur Verhinderung der diffusen Reflexion im Auginnern, mit dunkeln Pigmentzellen besetzt ist. Sc und Ch sind in engem Kontakt. Sie werden hinten durch die Eintrittsstelle des Sehnerven (Opticus) O durchbrochen. In dem gegen die Lichtrichtung vorderen Teil des Auges ist die Sclerotica zu einer durchsichtigen Wölbung, der Hornhaut (Cornea) C, ausgebildet, während die Aderhaut in die Regenbogenhaut (Iris) J übergeht, welche das kreisförmige Sehloch (Pupilla) P offen läßt. Die Iris zeigt bei verschiedenen

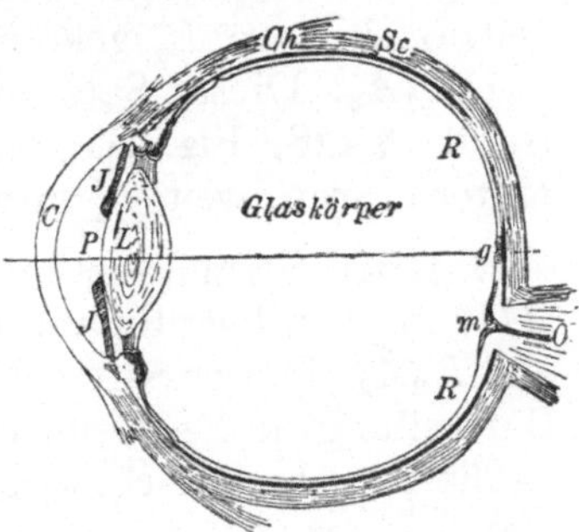

Fig. 261.

Personen verschiedene Farbe. L ist die Kristallinse. Der Raum zwischen Cornea und Linse, die vordere Kammer, ist mit einer Flüssigkeit, dem Kammerwasser, angefüllt, welches fast reines Wasser ist. Hinter der Linse befindet sich eine gleichfalls durchsichtige, gallertartige Substanz, der sog. Glaskörper, der bis an den Hintergrund des Auges reicht. Die eigentliche Sehfläche mit dem optischen Nervenapparat breitet sich als innerste Schicht des Augapfels, Netzhaut (Retina) R, hinter dem Glaskörper aus.

Die optische Wirkung des Auges geht dahin, von einem Gegenstand ein verkehrtes, reelles Bild genau auf der Netzhaut zu entwerfen.

Während bei einer photographischen Camera sich vor oder hinter dem Linsensystem dasselbe Medium, nämlich Luft befindet, haben wir beim Auge hinter dem Linsensystem nicht Luft, sondern den Glaskörper; dadurch wird die vordere und hintere Brennweite ungleich.

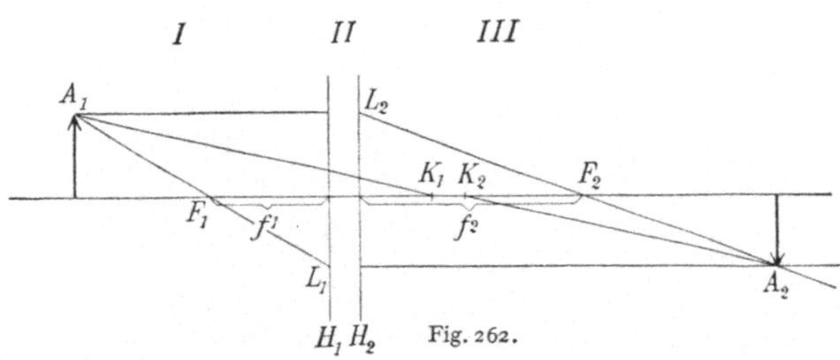

Überdies unterscheidet sich das Auge von der photographischen Camera meist auch durch die Art der Einstellung.

336. Wenn wir vor und hinter einer Linse verschiedene Medien haben, so wird die in § 328 dargestellte Konstruktion etwas komplizierter. Die Theorie ergibt, daß man dann auf der optischen Achse noch zwei weitere charakteristische Punkte hat: die **„Knotenpunkte"** K_1 und K_2, Fig. 262. Die früher gegebenen Regeln lauten dann so:

1. Achsenparallele Strahlen, welche im vorderen Medium (I) gegen L_2 zielen, z. B. A_1L_2, gehen im Medium (III) so durch den Brennpunkt F_2, als ob sie von L_2 gekommen wären, z. B. $A_1L_2F_2$ und analog, z. B. $A_1F_1L_1A_2$. Dieser Satz enthält nichts Neues; er ist identisch mit dem früher § 328, Fig. 251, ausgesprochenen, nur ist hier die vordere und hintere Brennweite f_1 und f_2 nicht mehr gleich.

2. Jeder Strahl, der im Medium (I) gegen K_1 zielt, geht im Medium (III) in paralleler Richtung so weiter, als ob er aus K_2 käme, z. B. A_1K_1 und K_2A_2. Dieser Satz enthält das Neue. Er ist zwar teilweise analog der Darstellung in § 328, nur **treten** in diesem Falle die **Knotenpunkte** K **an die Stelle der Hauptpunkte.**

Brenn-, Haupt- und Knotenpunkte nennt man **Kardinalpunkte** des betreffenden Linsensystems.

Die Distanz der Hauptebenen H_1H_2 **und der Knotenpunkte** K_1K_2 **ist gleich.**

337. Im **Auge** haben wir ein Linsensystem, das der Hauptsache nach aus **drei brechenden Flächen** besteht.

a) **Die gegen den einfallenden Strahl konvexe Krümmung der Cornea** — Trennungsfläche zwischen Luft und Kammerwasser. Die kleine Dicke der Cornea selbst vernachlässigen wir. •

b) **Die vordere konvexe Fläche der Linse** — Trennungsfläche zwischen Kammerwasser und Linse.

c) **Die konkave Hinterfläche der Linse** — Trennungsfläche zwischen Linse und Glaskörper.

Die Mittelpunkte dieser drei fast kugelförmigen Flächen liegen ziemlich genau auf einer Geraden, der optischen Achse; wir haben also ein annäherungsweise zentriertes Linsensystem.

Das Brechungsverhältnis des Kammerwassers und Glaskörpers sind fast gleich, 1,336; hingegen besteht die Linse aus Stellen mit verschiedenen Brechungsverhältnissen. Alle diese Bestandteile der Linse wirken wie eine gleiche homogene Linse mit $n = 1,437$. Kennt man nun auch den Abstand der Flächen — Dicke der vorderen Kammer, Dicke der Linse —, so läßt sich der Strahlengang leicht konstruieren oder die Lage der Kardinalpunkte des Auges berechnen.

Dieses zusammengesetzte Linsensystem hat nun die in Fig. 263 abgebildeten Hauptebenen $H_1 H_2$ und Knotenpunkte $K_1 K_2$. (Diese Zeichnung gilt für ein in die Nähe sehendes Auge. Da, wie gleich gezeigt werden wird, die Linse beim Sehen in die Ferne sich ändert, ist dann die Lage der Knotenpunkte eine andere, sie rücken in die Linse hinein.)

Es empfiehlt sich hier der Übersichtlichkeit wegen die beiden knapp nebeneinander liegenden Hauptebenen zusammenfallen zu lassen und ebenso die beiden Knotenpunkte. Dadurch wird die Konstruktion einfacher, wie verschiedene spätere •Beispiele zeigen werden.

338. Man kann die Wirkungen der drei Brechungen an den drei Flächen des Auges ersetzen durch eine einzige Brechung an einer einzigen Fläche; dann müßte der ganze von den punktierten Linien in Fig. 263 eingeschlossene Raum das Brechungsverhältnis von Wasser, $\frac{4}{3}$, haben. Man erhält so den Körper, der in Fig. 264 gezeichnet ist, das „reduzierte Auge". Es verhält sich Objektgröße zur Größe des Netzhautbildes wie Objektabstand von K zum Netzhautabstand von K.

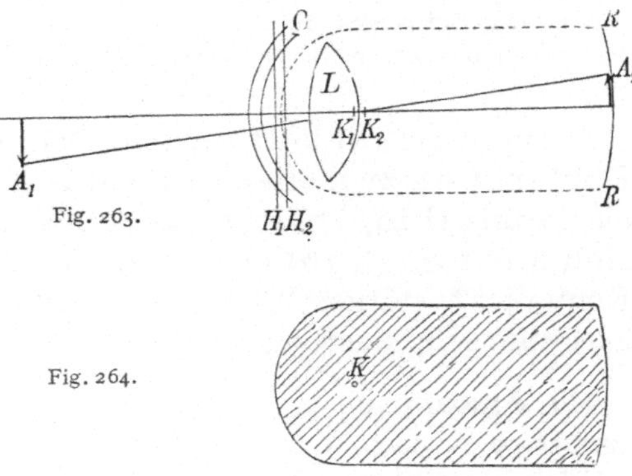

Fig. 263.

Fig. 264.

Nach **Gullstrand** gelten für die numerischen Werte des durchschnittlichen Auges:

1. Hauptbrennweite $F_1 H_1 = F_2 K_2 = 17{,}06\,\text{mm}$
2. Hauptbrennweite $F_1 K_1 = F_2 H_2 = 22{,}78\,\text{mm}$

$$\Delta = H_1 H_2 = K_1 K_2 \qquad\qquad = 0{,}26\,\text{mm}$$
$$\text{also } F_1 F_2 \qquad\qquad\qquad = 40{,}10\,\text{mm}.$$

Für die **absolute Größe des Netzhautbildes** B eines Objektes, dessen Größe A und dessen Entfernung a sei, gilt $B = A\dfrac{f_1}{a} = A\,\dfrac{17}{a}$ (mm). Es wird z. B. bei

$A = 180\,\text{cm}; \quad a = 17\,\text{m}; \qquad B = 1{,}8\,\text{mm}$ (Mensch aus 17 m Entfernung gesehen).

$A = 100\,\text{m}; \quad a = 1{,}7\,\text{km}; B = 1{,}0\,\text{mm}$ (Turm aus 1,7 km Entfernung gesehen).

Dem Gesichtswinkel von $1' = \dfrac{1}{3438}$ im Bogenmaß entspricht ein Netzhautbild von rund $5\,\mu$ Länge (vgl. „normale Sehschärfe" in § 352).

339. Akkommodation bei Tieren.

Beim Sehen muß auf der Retina ein scharfes Bild des Objektes entstehen, genau wie auf der lichtempfindlichen Platte eines photographischen Apparates. Bei einer photographischen Camera wird die Einstellung auf verschiedene Objektdistanzen durch Veränderung der Entfernung zwischen Linse und lichtempfindlicher Platte bewirkt.

Analoges geschieht bei vielen Tieren. Die im Wasser lebenden Tiere — Kephalopoden, Fische usw. — sehen für gewöhnlich in die Nähe, und es wird beim Fernsehen die Linse gegen die Retina verschoben. Fig. 265 stellt schematisch den medianen Schnitt durch das Auge eines Hechtes dar. Die Bedeutung der Buchstaben ist dieselbe wie in Fig. 261. Die Linse ist hier kugelförmig; diese starke Krümmung ist notwendig, weil vor der Cornea nicht Luft, sondern Wasser ist. Die Linse hängt an dem Aufhängeband z, das durch den Ziliarmuskel und seine Sehnen beim Akkommodieren in die Ferne der Netzhaut genähert wird (punktiert gezeichnet). Das Tier sieht für gewöhnlich seine Beute als nahes Objekt.

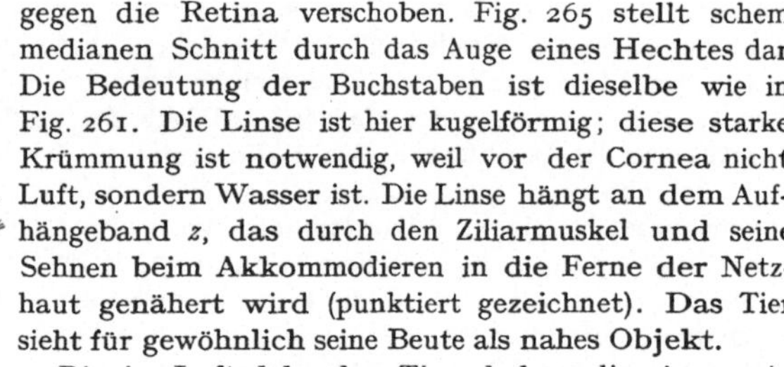

Fig. 265.   Fig. 266.

Die in Luft lebenden Tiere haben die Augen in Ruhe auf weite Distanzen — auf unendlich — eingestellt; um in die Nähe sehen zu können, rücken z. B. Amphibien, Schlangen die Linse von der Netzhaut weg, wobei der Mechanismus solcher Verrückungen oft, z. B. bei Kephalopoden, durch intraokulare Druckänderungen bewirkt wird.

Bei den meisten Wirbeltieren aber und auch beim Menschen ist die Entfernung zwischen Linse und Netzhaut unveränderlich, und die Einstellung erfolgt dadurch, daß die vordere Fläche der Linse sich mehr nach außen (gegen vorne) wölbt, also infolge der größeren Konvexität stärker bricht; die hintere Fläche wölbt sich zwar auch, aber nur sehr wenig nach hinten.

340. Akkommodation des menschlichen Auges.

Wenn wir vom Schlafe erwachen oder ruhig in die Luft sehen, so ist das normale Auge auf unendlich eingestellt. Der Brennpunkt des Systems fällt in die Netzhaut. Rückt nun der Gegenstand näher, so würde das Bild hinter die Netzhaut fallen und undeutlich werden. Die richtige Einstellung für Objekte in der Nähe erfolgt durch stärkere Konvexität der elastischen Linse infolge Entspannung der Aufhängevorrichtung.

Fig. 266 (links Cornea, rechts Linse) zeigt in der unteren Hälfte die auf unendlich eingestellte Linse, welche durch den Zug ihres straff gespannten Aufhängebandes (Zonula zinii) in radialer Richtung gedehnt, also nicht in ihrer Gleichgewichtslage ist. Durch akkommodative Entspannung dieser im Ruhezustande gespannten Zonulafaser nimmt die

Linse ihre Gleichgewichtsfigur an, wie in der oberen Hälfte der Fig. 266 schematisch angedeutet ist.

Die Schichtung der Linse erleichtert diese Akkommodation, allerdings auf Kosten der Sehschärfe.

Bei schnellfliegenden Vögeln, z. B. bei Mauerseglern, besitzt die Linse (nach R a b l) einen besonders stark ausgebildeten R i n g w u l s t, an dem die Akkommodationsmuskeln angreifen. Diese Tiere müssen ja im schnellsten Fluge (Geschwindigkeit bis 80 m/sec) s e h r r a s c h auf kleine Insekten a k k o m m o d i e r e n.

Das n o r m a l e e m m e t r o p i s c h e menschliche Auge kann auf sehr weite Distanzen — auf unendlich — sehen; der sog. F e r n p u n k t liegt im U n e n d l i c h e n. Ebenso aber kann das normale Auge auch auf nähere Distanzen, bis herunter zu etwa 10 cm, dem sog. N a h e p u n k t sehen (in der Jugend noch näher).

341. Beweise für Linsenakkommodation. Beobachtet man ein normales Auge von der Seite und ein wenig von hinten, so gibt Fig. 267 links die

Fig. 267.   Fig. 268.

Erscheinung, wenn das beobachtete Auge in die Ferne blickt; rechts akkommodiert das beobachtete Auge in die Nähe. Das schwarze Oval der etwas verkleinerten Pupille wird vor der Sehnenhaut sichtbar. Man sieht also direkt von außen ein Vorrücken des vorderen Linsenscheitels.

P u r k i n j e (1823) untersuchte als erster die Reflexion an den diversen Spiegelflächen des Auges bei Akkommodation. Wir wollen die d r e i S p i e g e l b i l d e r einer Kerze i m A u g e betrachten. Ist das beobachtete Auge auf unendlich eingestellt, so sieht man die in Fig. 268 links dargestellte Erscheinung; das helle Bild ist das an der Hornhaut (Konvexspiegel) erzeugte Spiegelbild, das zweite Bild in der Mitte wird durch die Spiegelung an der vorderen Linsenfläche (Konvexspiegel) erzeugt, diese beiden Bilder sind aufrecht und virtuell; das Bild rechts hingegen wird durch die hintere Fläche der Linse (Konkavspiegel) erzeugt, es ist verkehrt und reell. Bei Einstellung in die Nähe ändert sich das Bild zu dem in Fig. 268 rechts dargestellten. Es wird das mittlere Bild kleiner. Das ist ein Beweis, daß die Vorderfläche der Linse jetzt stärker gekrümmt ist, denn das Bild in einem Konvexspiegel ist um so kleiner, je mehr er gekrümmt ist.

Mißt man die wirkliche Flammengröße und die Größe der Flammenbilder, so läßt sich die Krümmung der drei Kugelspiegel leicht berechnen. H e l m h o l t z (1853) benutzte zwei Lichtpunkte, deren wirkliche gegenseitige Entfernung er direkt maß, und deren Bildentfernung in den drei Spiegelbildern er mittels des (in § 307 geschilderten) Ophthalmometers bestimmte. So erhielt man die Krümmungsradien von Cornea und den beiden Linsenflächen auch bei lebenden Menschen; Brechungsverhältnisse des Auges sind nur an Leichen zu bestimmen.

342. Brechkraft des menschlichen Auges. Jedes Auge besitzt im Ruhezustande eine gewisse in Dioptrien (§ 327) ausdrückbare Brechkraft; für das normale Auge ist diese ca. 60 D.

Die Hornhaut allein hat eine Brechkraft von ca. 43 D, so daß also der Hauptanteil der Brechung hier stattfindet. Bei aphakischen Augen, bei denen die Linse entfernt wurde,

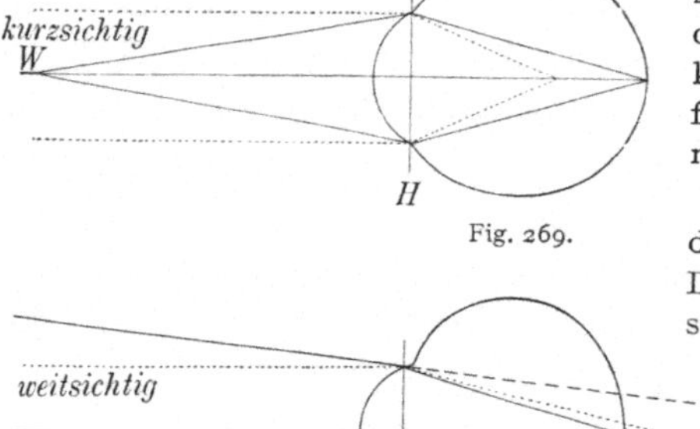

Fig. 269.

Fig. 270.

müßte also die Brechkraft der Hornhaut 43 D auf 60 D ergänzt werden; das geschähe durch eine Sammellinse mit 17 D. Da diese korrigierende Linse aber in ca. 13 mm Entfernung von der Hornhaut getragen werden muß, genügen hier bereits etwa 11 D.

Diese normalen 60 D des Auges können durch Akkommodation gesteigert werden. Die Differenz der Brechkraft des Auges bei Einstellung auf den Nah- und auf den Fernpunkt heißt Akkommodationsbreite. Diese beträgt im jugendlichen Alter ca. 14 D und sinkt allmählich, bis sie im Greisenalter Null geworden ist.

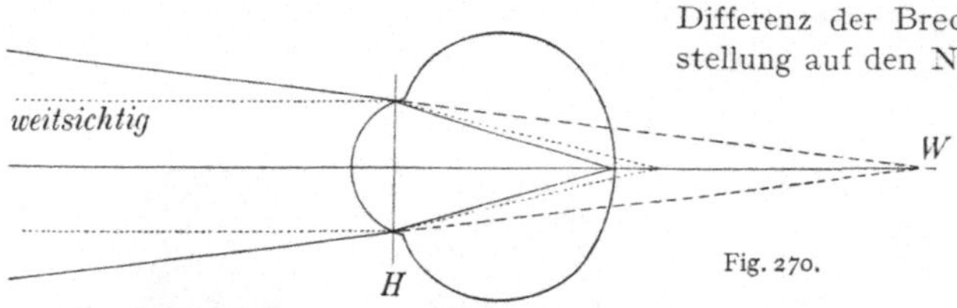

343. Presbyopie. Im Greisenalter hört jede Akkommodationsmöglichkeit auf, weil dann die Linse verhärtet und ihre Elastizität verliert. Um dann bei nahen Objekten, beim Lesen, Nähen u. dgl. zu sehen, bedarf es einer Konvexbrille, welche den Mangel der veränderlichen Augenlinsenkrümmung zu ersetzen hat.

344. Ametropie ist dann vorhanden, wenn ein Auge achsenparallele Strahlen im akkommodationslosen Zustande nicht in der Retina vereint, wie dies das normale oder emmetropische Auge tut, dessen Fernpunkt im Unendlichen vor dem Auge liegt.

Im akkommodationslosen Zustand vereint das kurzsichtige oder myopische Auge (Fig. 269) achsenparallele Strahlen (punktiert gezeichnet) vor der Netzhaut (H stellt schematisch die vereinten Hauptebenen dar). Der Augapfel ist in der Richtung von vorn nach hinten zu lang; der fernste Punkt, den dieses Auge sieht, der Fernpunkt, liegt z. B. in W. Es ist aus der Zeichnung ersichtlich, daß die von W kommenden Strahlen in der Retina vereint werden.

Im akkommodationslosen Zustand vereinigt ein weitsichtiges oder hypermetropisches Auge (Fig. 270) achsenparallele Strahlen (punktiert gezeichnet) hinter der Netzhaut; der Augapfel ist in der Richtung von vorne nach hinten zu kurz. Damit Strahlen in der Retina vereinigt werden, müssen die Strahlen konvergent in der Richtung gegen W hin auf das Auge auffallen (ausgezogene und gestrichelte

Linie). Ein wirklicher Fernpunkt existiert also nicht; man kann nur von einem virtuellen Fernpunkte W hinter der Netzhaut sprechen.

Der Grad dieser Augenfehler kann sehr verschieden sein. Er ist um so größer, je näher der Fernpunkt dem Auge ist. Diese Distanz kann von irgendeinem anatomisch oder optisch wichtigen Punkte des

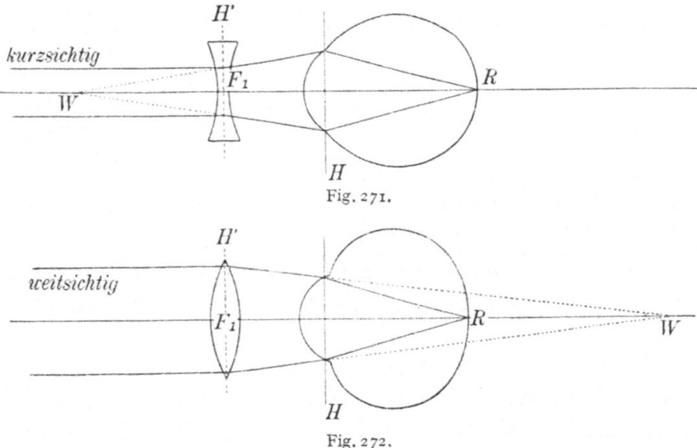

Fig. 271.

Fig. 272.

Auges aus gemessen werden; wir wählen zu diesem Zwecke den vorderen Brennpunkt des Auges, F_1, der etwa 13 mm vor dem Scheitel der Cornea liegt. Eine Brille soll auch immer an dieser Stelle getragen werden.

345. Korrekturbrillen. Damit ein kurzsichtiges Auge achsenparallele Strahlen wie ein normalsichtiges in R vereine, geben wir (Fig. 271) eine entsprechende Zerstreuungslinse in den vorderen Augenbrennpunkt F_1. (Die Linie H' stellt die vereinten Hauptebenen dieser dünnen Linse dar.) Damit aber ein weitsichtiges Auge achsenparallele Strahlen wie ein normalsichtiges in R vereine, nehmen wir (Fig. 272) eine entsprechende Sammellinse.

In beiden Fällen muß $F_1 W$ die Brennweite f des Brillenglases sein.

Bei der Zerstreuungslinse gehen achsenparallele Strahlen nach der Brechung so, als ob sie aus dem Brillenbrennpunkte W kämen (§ 324), und bei Sammellinsen werden achsenparallele Strahlen zum Brillenbrennpunkte W hin gebrochen (§ 321).

Es ist also die Strecke $F_1 W$ einmal die Brillenbrennweite (z. B. f) und dann ebenso der Fernpunktsabstand vom vorderen Augenbrennpunkte (z. B. a). Es sind f und a gleich groß. $\frac{1}{a}$, der reziproke Fernpunktabstand vom vorderen Augenbrennpunkte, heißt die statische Refraktion des Auges und ist also auch gleich $\frac{1}{f}$, der Dioptrienzahl der Korrekturbrille. $\frac{1}{f}$ ist für Myope negativ, für Hypermetrope positiv.

Die bisherigen Angaben bezogen sich nur auf den Fernpunkt (nichtakkommodiertes Auge). Für kurzsichtige Augen liegt der Nahepunkt näher und für weitsichtige weiter als für normale Augen.

Besondere Wichtigkeit ist der Tatsache beizumessen (A. Gullstrand 1901), daß das Brillen benützende Auge in fortwährenden Drehbewegungen ist, also nicht allein in der Brillenachsenrichtung durchsieht, und daß daher auch schiefe Strahlenbüschel berücksichtigt werden müssen. Punktuell richtig abbildende Brillengläser, welche auch schief durchgehende Strahlenbüschel ohne astigmatischen Fehler richtig zur Vereinigung bringen, wurden berechnet und kommen unter verschiedenen Namen, z. B. „Punktalgläser", in den Handel.[1]

Astigmatismus der Augen schließlich (§ 330) erfordert entsprechend (entgegengesetzt) astigmatische Korrekturbrillen, also Linsen, welche im vertikalen und horizontalen Schnitte verschieden gekrümmt sind.

346. Wenn das menschliche **Auge** auch **kein vollkommenes** optisches **Instrument** ist, so sind die Fehler eines normalen Auges doch nicht störend.

Die Abweichung der Zentrierung ist gering.

Infolge der sphärischen Aberration bildet sich zwar ein Objektpunkt auf der Netzhaut als Aberrationskreis ab, die Pupille wirkt aber als Blende und beseitigt die Randstrahlen um so mehr, je enger das Sehloch wird; der Pupillendurchmesser sinkt nun bei starker Beleuchtung reflektorisch von 12 auf 2 mm. Das mildert auch allzu kräftiges Licht.

Ferner ist unser Auge für chromatische Aberration nicht korrigiert. Da es aber für die gelben und grünen Strahlen besonders empfindlich ist, kommen die roten und blauen Bildränder in der Regel nicht zum Bewußtsein.[2]

347. Beleuchtung der Netzhaut durch Augenspiegel. Man kann bei allen Bildkonstruktionen immer das reelle Bild und das Objekt gegenseitig vertauschen (§ 322). Wäre also die Netzhaut leuchtend, so müßte ein reelles Bild dieser Netzhaut an jener

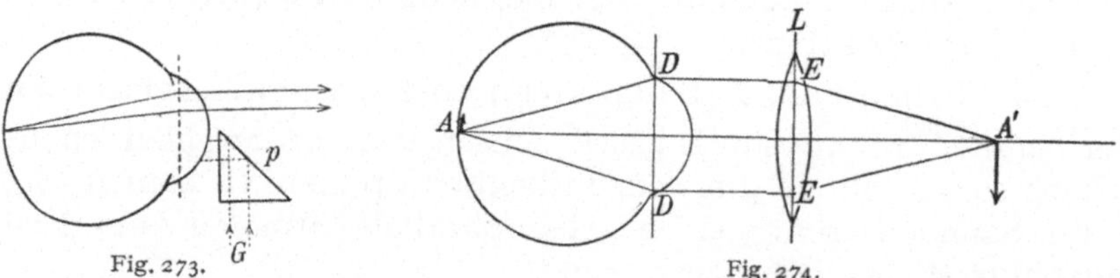

Fig. 273.Fig. 274.

Stelle außerhalb des Auges entstehen, für welche das Auge gerade eingestellt ist, also an einer Stelle zwischen Fern- und Nahpunkt. Um aber die Retina, die von einer dunkeln Pigmentschicht umgeben ist, künstlich von außen zu beleuchten, bedarf es be-

---

1) Eine eingehende Darstellung aller Fehlerquellen in M. v. Rohr: „Die Brille als optisches Instrument", 1911.

2) Das klassische Werk dieses Gebietes ist „Handbuch der physiologischen Optik" von Helmholtz. (Erste Auflage 1867, letzte 1909.)

sonderer Mittel. Man stellt seitwärts von dem zu beobachtenden Auge eine Lampe, deren Strahlen durch einen schief gehaltenen Hohlspiegel in das Augeninnere gelenkt werden (Helmholtz 1851). In der Mitte dieses Hohlspiegels ist ein kleines Loch, durch welches der Beobachter blickt (Fig. 275).

Eine andere Art, den Augenhintergrund zu beleuchten, wird ermöglicht durch Reflexion des Lichtes einer kleinen, leicht beweglichen Glühlampe. Dabei fallen die besonders den Anfänger störenden Reflexe an der Cornea weg. Ein kleines Spiegelchen oder total reflektierendes Prisma p, in Fig. 273 schematisch gezeichnet, verdeckt die eine Hälfte der Pupille, so daß von einer kleinen Glühlampe G die beleuchtenden Strahlen — punktiert gezeichnet — ins Auge gelangen

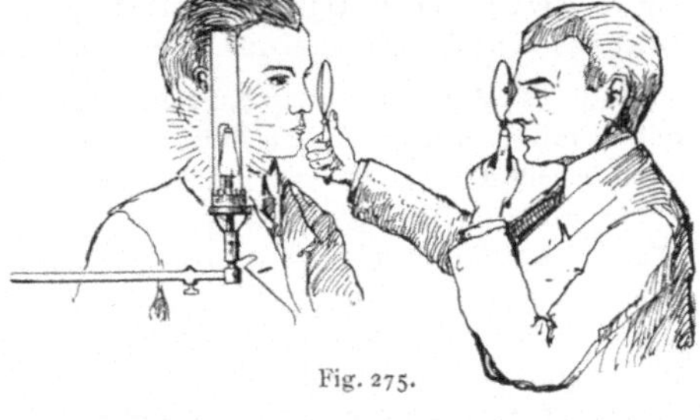

Fig. 275.

können, indes die von der Retina kommenden Strahlen — voll gezeichnet — nach den zu schildernden Prinzipien zur Abbildung verwendet werden.

Augenspiegeln im verkehrten Bilde. In Fig. 274 werden die von einem Netzhautpunkt A eines normalen Auges ausgehenden Strahlen AD nach der Brechung achsenparallel als DE weitergehen. L ist eine Konvexlinse von etwa 10 Dioptrien. Durch diese werden die achsenparallelen Strahlen im Brennpunkt dieser Linse in A' vereint. Hier entsteht ein reelles Bild der Netzhautfläche um A. Das beobachtende Auge steht um seine Nahepunktentfernung vor A' (in Fig. 274 rechts von A').

Fig. 275 zeigt in der rechten Hand des Beobachters die Linse, in der linken den Beleuchtungsspiegel. Die

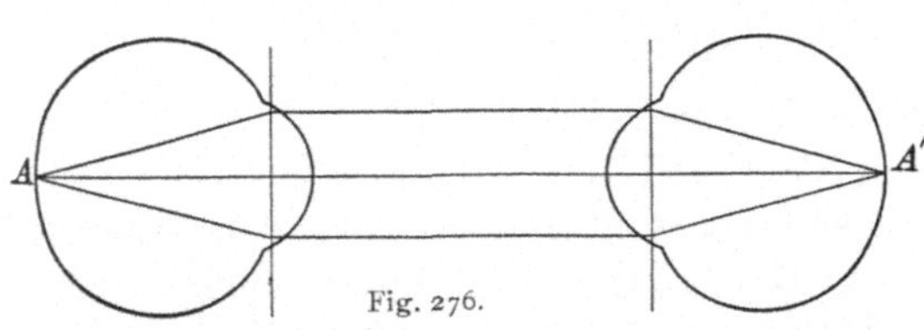

Fig. 276.

Linse L verkleinert das ursprünglich unendlich große Bild; je stärker diese Linse, desto schwächer ist die Vergrößerung. In unserem Falle — 10 Dioptrien — wäre die Vergrößerung 6—7 fach und daher die Lichtstärke ziemlich groß. Bei myopischen Augen liegt das Bild näher an L, bei weitsichtigen ferner.

Augenspiegeln im aufrechten Bilde. In Fig. 276 sei links das beobachtete Auge und rechts das Auge des Beobachters; beide normalsichtig. Alles ist symmetrisch. Die Netzhautstelle um A wird durch die vereinigende brechende Wirkung beider Augen reell auf A' abgebildet. Die Richtung des Bildes um A' ist dieselbe, als ob die beobachtete Netzhaut ein betrachteter Gegenstand wäre, den wir aufrecht sehen.

Objekt und Bild sind hier gleich groß; die Distanz beider Augen ist etwa 20 cm (in Fig. 276 zu kurz gezeichnet). Die durch die Optik des beobachteten Auges links bewirkte Vergrößerung der beobachteten Netzhaut A ist etwa 13. Das Bild ist darum weniger hell und das Gesichtsfeld kleiner als beim Spiegeln im verkehrten Bilde. Bei kurz- oder weitsichtigen Augen muß man durch Einschalten einer entsprechenden Korrektionslinse das Bild deutlich machen und kann so auch gleichzeitig die statische Refraktion des beobachteten Auges bestimmen.

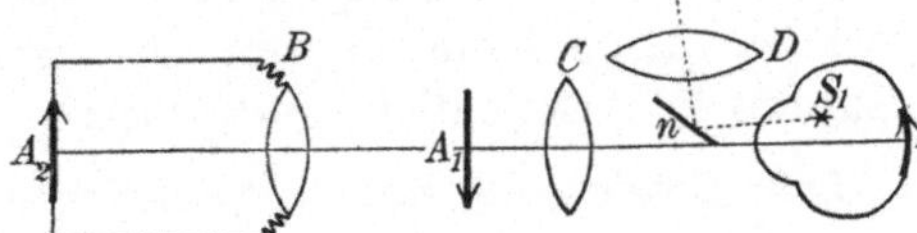

Fig. 277.

Moderne Augenspiegel sind so eingerichtet, daß man zuerst im verkehrten Bilde eine allgemeine Übersicht gewinnt und dann rasch die Details im mehr vergrößerten aufrechten Bilde untersuchen kann, wobei Korrektionslinsen leicht eingeschaltet werden können.

Die bisher geschilderten Methoden bedürfen großer Übung. Es wurden aber, besonders von Gullstrand, **Ophthalmoskope** konstruiert, welche die störenden Lichtreflexe der Hornhaut- und Linsenflächen ausschalten, was die Beobachtung sehr erleichtert.

348. Es ist sogar gelungen, **Photographien der Netzhaut** (im lebenden Auge) herzustellen, in besonders vollkommener Weise von Dimmer (1906). In S — schematische Fig. 277 von oben gesehen — steht eine elektrische Bogenlampe, deren reelles Bild durch die Linse L in der Blendenöffnung b erzeugt wird. Von diesem Bild gehen die Strahlen durch die Linse D auf das Spiegelchen n, so daß ein reelles Bild der Lampe im Auge in S_1 entsteht, welches den ganzen Augenhintergrund beleuchtet. Von diesem (z. B. Stelle A) entwirft die Linse C ein reelles Bild in A_1 und davon die Linse B ein reelles Bild auf der photographischen Platte in A_2. In b befindet sich zunächst bei der Einstellung ein graues Glas, so daß diese schwache Beleuchtung vom Patienten leicht vertragen werden kann und trotzdem eine scharfe Einstellung auf der photographischen Platte ermöglicht wird. Bei der Aufnahme wird dann gleichzeitig mit dem Öffnen des Verschlusses der photographischen Camera elektrisch die durch das graue Glas getrübte Blende b durch eine freie Blende für ganz kurze Zeit ersetzt, so daß ein momentaner Lichtblitz das beobachtete Auge für die Aufnahme beleuchtet. Die richtige Durchführung dieses einfachen Prinzipes erfordert natürlich eine Reihe von komplizierten Einrichtungen.

Physikalische Grundlagen der wichtigsten Gesichtsempfindungen.

349. In der hinteren Wand des Augapfels ist — nicht genau in der Mitte, sondern etwas gegen die Nase hin verschoben — ein Loch, welches die Eintrittsstelle des Sehnerven O (Fig. 261) bildet. Dieser breitet sich an der Rückwand der hinteren Halbkugel als zarte innerste Schicht der **Netzhaut, Retina,** bis nahe zum Rande der Kristallinse aus. Von den nervösen Gebilden der Netzhaut seien hier nur (Fig. 278 in ca. 200facher Vergrößerung) erwähnt die Stäbchen St und Zapfen Z, welche den äußersten Teil der Retina bilden, also an jener Stelle der etwa 0,1 bis 0,3 mm dicken Netzhaut liegen, welche dem Lichte abgewendet ist. In dieser Schicht Sch liegen die eigentlichen Endapparate des Sehnerven, auf welche das in der Pfeilrichtung einfallende Licht wirkt.

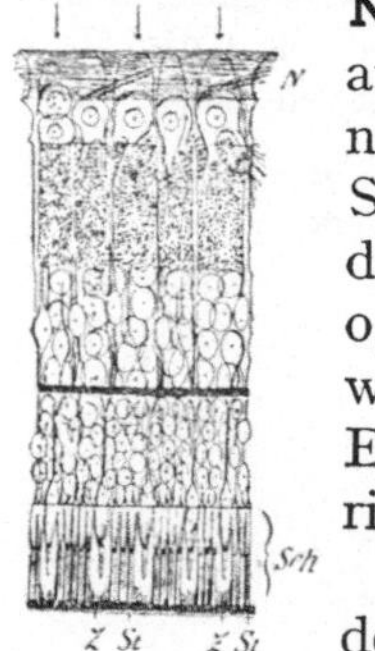

Fig. 278.

An der Eintrittsstelle des Sehnerven (Fig. 261) ist der für Licht ganz unempfindliche blinde Fleck m (Mariottescher Fleck), in der Mitte der Retina hingegen ist der lichtempfindlichste, der gelbe Fleck mit seinem zentralen Teile, der Netzhautgrube — fovea centralis g. In m sind zwar Sehnerven, aber keine Zapfen und Stäbchen vorhanden, hingegen sind die Zapfen in g sehr dicht gedrängt.

350. Bewegung des Auges. Sechs Muskeln können durch ihr oft recht kompliziertes Zusammenwirken den Augapfel um einen fast festen

Punkt verschiedentlich drehen; beim **Fixieren** eines Punktes stellt sich das **Auge so, daß das Bild auf den gelben Fleck** fällt. Diesen Punkt sieht man deutlich. Jener Teil eines ausgedehnten Bildes aber, welcher bei Betrachtung mit einem Auge auf den blinden Fleck fällt, ist unsichtbar. Die Gesichtslinie fällt nicht genau mit der Augenachse zusammen.

351. **Mariottescher Versuch.** Fixiert man bei geschlossenem linken Auge mit dem rechten Auge das Kreuz in Fig. 279 aus größerer Entfernung, so fällt dessen Bild auf g in Fig. 261, das Bild des schwarzen Punktes fällt auf eine andere Stelle der Netzhaut, mehr gegen die Nase hin. Bringt man Fig. 279 immer näher ans Auge heran, so rückt das Bild des

Fig. 279.

Punktes auf der Netzhaut von g weg, und bei einer Objektentfernung von etwa 20 cm wird dieser schwarze Punkt plötzlich unsichtbar, weil dann sein Bild genau auf den blinden Fleck fällt; in näherer Distanz wird er aber wieder sichtbar.

352. Die Objekte OD und O_1D_1 (Fig. 280) erzeugen im Auge P dasselbe Bild od, welches unter dem Gesichtswinkel w erscheint. Es ist

$$\frac{OD}{OP} = \frac{O_1D_1}{O_1P} = \frac{\text{Objektgröße}}{\text{Entfernung}} = \operatorname{tg} w.$$

Die scheinbare Größe eines Objektes ist der Tangente des **Gesichtswinkels** proportional.

Daraus entsteht eine Reihe von psychologischen Täuschungen. Jedem Beobachter erscheinen Sonne und Mond wegen des nahezu gleichen Gesichtswinkels gleich groß, trotzdem der wirkliche Sonnendurchmesser 400 mal größer ist als der wirkliche Monddurchmesser.

Denken wir uns ein Objekt in einer Entfernung, welche 3438 mal so groß ist als die Vertikalausdehnung des Objektes, so beträgt der Winkel w nur mehr eine **Bogenminute**, dann ist das anguläre Maß der **normalen Sehschärfe** erreicht. Man kann dann aus Fig. 280 und aus den Augendimensionen die Strecke od mit 0,0049 mm berechnen, was mit dem mittleren Abstand zweier Zapfen übereinstimmt. Wir sehen also zwei Punkte nur dann als getrennt, wenn sie verschiedene Zapfen erregen.

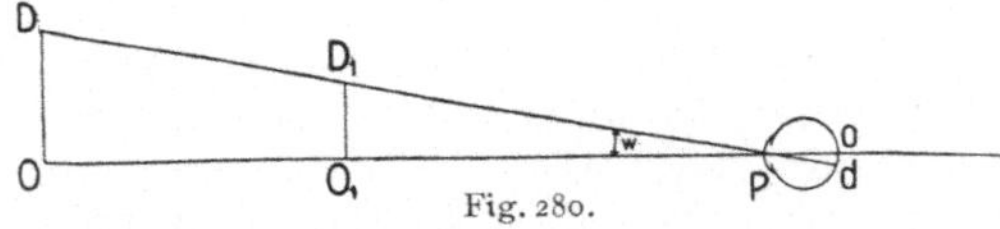

Fig. 280.

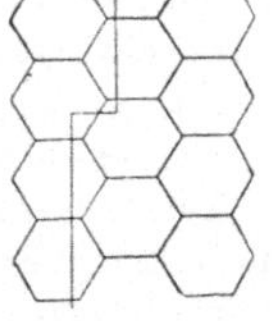

Fig. 281.

E. Hering zeigte aber, daß im Falle einer maschenartigen Anordnung der Zapfen — was später anatomisch bestätigt wurde — viel kleinere Verschiebungen gerader Linien gegeneinander diskret gesehen werden können. In Fig. 281 ist die Verschiebung der Vertikallinien seitwärts kleiner als der mittlere Abstand der Sechsecke. So kann man bei feinen Messungen Breitenverschiebungen paralleler Linien bis zu einem Gesichtswinkel von 10 Bogensekunden herunter erkennen.

Bei Bewegungen werden Verschiebungen des Netzhautbildes, welche nur 20 Bogensekunden der Gesichtswinkel betragen, noch wahrgenommen.

353. Erfahrungen spielen eine große Rolle beim **Plastischsehen mit einem einzigen Auge,** welches natürlich nur ein einziges ebenes Bild sieht. Eine Schätzung der Entfernung, der Tiefe der Objekte, gewinnen wir hier aus der Größe des Gesichtswinkels, wenn wir bekannte Objekte, z. B. Menschen oder bekannte Tiere, betrachten; überdies spielt die Schattenbildung eine große Rolle. Weiterhin helfen Helligkeit und Farbendifferenzen mit; ferne Objekte erscheinen durch den Dunst der Luft hindurch getrübter: Luftperspektive. Auch hier ergibt die Bewegung des Auges und des Beobachters ein wichtiges Hilfsmittel für Tiefenbeurteilung, hingegen spielt die Akkommodation nur bei kleinen Entfernungen eine Rolle.

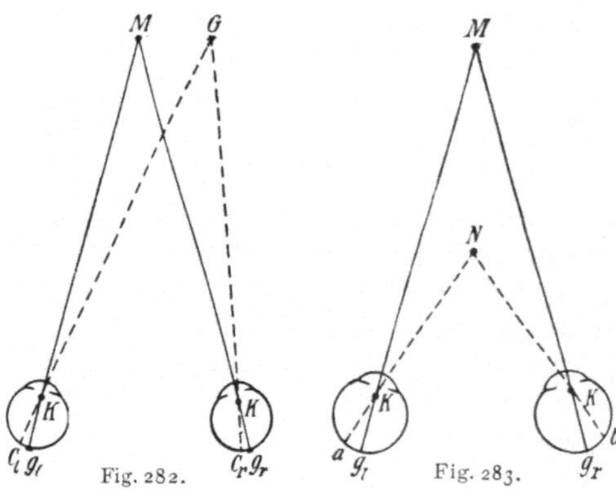

Fig. 282.   Fig. 283.

354. Eine genaue Wahrnehmung der Entfernung und dadurch der körperlichen Gestaltung der Objekte ermöglicht aber besonders das **Sehen mit zwei Augen.** Bei der Wirkung beider Augen ist zu berücksichtigen, daß ,,beide Augen, was ihre Bewegung im Dienste des Gesichtssinnes betrifft, wie ein einziges Organ gehandhabt werden'' (Hering).

Blicken beide Augen auf einen Punkt M (Fig. 282), so liegt sein Bild im linken Auge auf der Netzhautgrube g_l, im rechten Auge analog auf g_r. Ein zweiter nicht fixierter Punkt G hat in den beiden Augen die Bilder c_l und c_r, korrespondierende Netzhautpunkte; wir sehen mit beiden Augen den Punkt M einfach. Solche Paare von Deckpunkten gibt es natürlich sehr viele. Auch beide Foveae gehören dazu.

Der nicht fixierte Punkt G kann weit entfernt liegen, so daß eventuell sein Bild ganz an den Rand der Netzhaut — bis 40° — gelangt, wo sehr wenige Zapfen und fast nur mehr Stäbchen vorhanden sind; man spricht dann von einem peripheren Sehen. (Siehe § 367.)

Wollen wir aber (Fig. 283) die Punkte M und N sehen, so treten beim Fixieren des entfernteren Punktes M die Bilder a und b nach verschiedenen Seiten der Netzhaut auseinander, a und b sind disparate Netzhautpunkte; wir sehen N doppelt. Und umgekehrt: beim Fixieren von N sieht man M doppelt.

Die Erregung disparater Netzhautpunkte erzeugt aber nicht immer Doppelbilder; meist erhalten wir den Eindruck eines einzigen Punktes, den wir aber dann vor oder hinter dem fixierten Punkte sehen. Durch Sehen mit disparaten Netzhautpunkten können wir geringe Unterschiede der Entfernung, z. B. MN in Fig. 283, noch erkennen.

355. Stereoskopisches Sehen. Ein körperlicher Gegenstand, der nicht allzu weit entfernt ist, erzeugt im rechten und im linken Auge verschiedene Bilder. Betrachten wir z. B. von oben eine auf dem Tische stehende vierseitige Pyramide, so ist das Bild im linken bzw. im rechten Auge in Fig. 284 links bzw. rechts dargestellt; das linke Auge sieht die Pyramide von links und umgekehrt das rechte Auge von rechts. Beiden Augen zusammen aber erscheint, trotz der vielen disparaten Punkte in den zwei Netzhautbildern, die Pyramide einheitlich und körperlich. Wir sehen stereoskopisch.

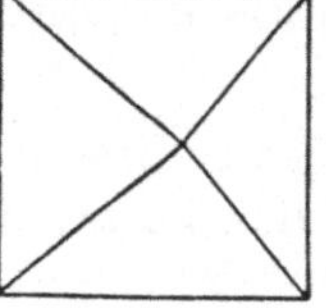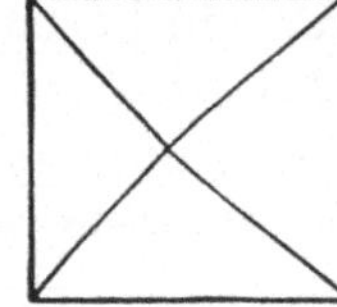

Fig. 284.

Die Standlinie für unser normales stereoskopisches Sehen ist der Augenabstand, welcher bei verschiedenen Personen verschieden ist (58 bis 72 mm).

356. Wenn wir eine ebene Zeichnung, z. B. von einer Landschaft, betrachten, so ist die Tiefenempfindung durch eine Reihe von unbewußten Erfahrungen und Schlüssen bedingt. Diese sind zum größten Teil analog der unbewußten Interpretation des Netzhautbildes beim Sehen mit einem Auge. Um einen körperlichen Gegenstand für unser Sehvermögen durch Zeichnung wirklich körperlich zu reproduzieren, stellt man zwei Zeichnungen oder Photographien von zwei verschiedenen, horizontal voneinander entfernten Standpunkten her, wie z. B. in Fig. 284. Diese Stereoskopbilder bringt man durch ein **Stereoskop** (Fig. 285) zur Deckung.

Die Aufnahmen links L und rechts R werden durch zwei Halblinsen P_1 und P_2 betrachtet, welche die Strahlen so brechen, daß die virtuellen Bilder von L und R in D sich decken. Die Retina eines jeden Auges, sowohl A_l als auch A_r, empfängt daher Strahlen genau wie beim Betrachten des körperlichen Objektes; man sieht plastisch.

Ein Objekt kann infolge der Reflexion des Lichtes für das eine Auge anders erscheinen als für das andere; diese Verschiedenheit in ihrem stereoskopischen Effekte trägt bei zur Wahrnehmung des Glanzes des Objektes.

357. Stereomessungen. Man denke sich eine Reihe von Stangen als Entfernungsmarken vom Auge weg in je 100 m Distanz stereoskopisch photographiert; alles außer diesen Stangenmarken sei aus den zwei Bildern weggenommen. In einem entsprechenden Stereoskop betrachtet, ergeben diese zwei Photographien eine Reihe von Marken, welche scheinbar in je 100 m Tiefendistanz vor dem Auge schweben.

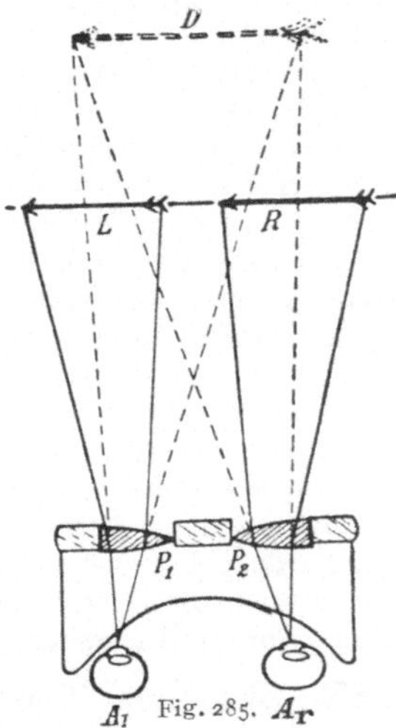

Fig. 285.

Befindet sich nun eine derartige Stereoaufnahme in einem Stereoskop und legt man gleichzeitig in dieselbe Bildebene eine stereoskopische Landschaftsaufnahme, so sieht man die Landschaftsaufnahme plastisch und in ihr die Entfernungsmarken. Man kann mit einem Blicke angeben, wie weit ein bestimmtes Objekt in dieser Landschaft vom Beobachter entfernt ist.

Es gibt (§ 378) nach diesem Prinzip konstruierte Feldstecher, in welchen die stereoskopischen Distanzmarkenbilder an passender Stelle eingefügt sind. Man sieht bei der (binokularen) Benutzung dieser Instrumente über der jeweilig betrachteten wirklichen Landschaft die Entfernungsmarken schweben.

Diese Entfernungsmarken werden aber nicht, wie vorher angegeben, durch Photographie, sondern durch Rechnung gewonnen. Für unendlich weit entfernte Distanzen liegt der entsprechende Markenpunkt für das linke und der für das rechte Stereoskopbild in einem gegenseitigen Abstande, welcher gleich ist der stereoskopischen Standlinie, also z. B. der Augendistanz. Je kleiner dieser gegenseitige Abstand der zusammengehörigen Markenpunkte in den Stereoskopbildern wird, desto näher scheint bei stereoskopischer Betrachtung die Marke dem Beobachter.

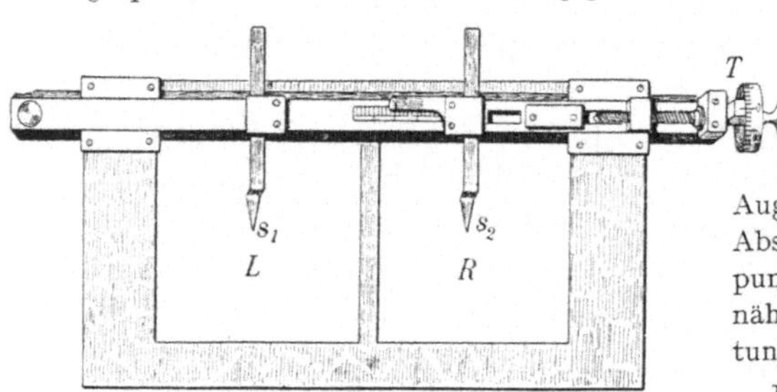

Fig. 286.

Das Stereomikrometer (Fig. 286) ermöglicht, aus zwei stereoskopischen Photographien L und R nachträglich solche Tiefenmessungen vorzunehmen. Die Spitzen s_1 und s_2 sind einzeln und gemeinsam beweglich. Man bringt zuerst monokular s_1 über oder neben den zu messenden Punkt (z. B. Kirchturm) von L, ebenso s_2 monokular über denselben Punkt in R. Dann sieht man mit beiden Augen ins Stereoskop und verschiebt s_2 durch die Mikrometerschraube T, bis das stereoskopische Bild von s_1 und s_2 (natürlich als einfaches Bild) in gleicher scheinbarer Tiefendistanz ist wie der Kirchturm. Aus dieser Verschiebung von s_2 ergibt sich unschwer die Entfernung des Kirchturmes vom Beobachter.

Nach diesem eben geschilderten Prinzipe sind große Apparate, Stereokomparatoren[1]), gebaut, welche wissenschaftlich und technisch verwendet wurden.

So wird es möglich, aus zwei gleichzeitigen photographischen Aufnahmen, z. B. einer Küste, von beiden Enden eines vorbeifahrenden Schiffes oder einer Landschaft von einem Luftballon aus die nachträgliche genaue Zeichnung einer Landkarte auszuführen. Eine solche stereoskopische Photogrammetrie tritt oft mit Vorteil an Stelle der alten trigonometrischen Aufnahmen.

Auch für Ausmessung anatomischer Präparate oder lebender Organismen bietet die Stereoskopie große Vorteile.

Je weiter die Objekte entfernt sind, desto größer wählt man die Standlinie bei stereoskopischen Bildern. Photographiert man den Saturn an zwei aufeinanderfolgenden Nächten, so wird diese Standlinie 1,73 Millionen Kilometer, da die Erde in 24 Stunden diesen Weg zurückgelegt hat. Man sieht dann von zwei weit verschiedenen Stellen nach dem Saturn und dieser erscheint im Stereoskop mit zweien seiner Monde freischwebend im Raume vor der Unendlichkeitsebene der Fixsterne.

358. Zwischen **Tonanalyse** und **Farbenanalyse** besteht ein **grundlegender Unterschied.** Das Ohr enthält eine Reihe von verschieden gestalteten Organen (in der Basilarmembran, § 168) mit ihren separaten Nervenleitungsbahnen, welche jede objektive Schallschwingung für sich allein zur

1) Siehe Literatur in C. Pulfrich „Stereoskopisches Sehen und Messen", 1911.

Empfindung bringen. Im Auge aber soll die Farbenunterscheidbarkeit in einem einzigen Zapfen (oder vielleicht in einer allerkleinsten Gruppe von Nachbarzapfen) ermöglicht sein, da wir ja farbige Bildchen mit einem einzigen Zapfen (oder einer ganz engen Zapfengruppe) sehen. In einem solchen winzigen Raume so viele differenzierte noch winzigere Organe anzunehmen, daß auf jede objektive Lichtwelle (für jede einzelne Farbe) eine eigene Aufnahmsstelle mit eigener Ableitung käme, ist räumlich unmöglich.

359. Farbenmischungen. Blicken wir durch ein rotes Glas gegen ein weißes Licht, so erscheint es rot, weil das Glas alle Spektralfarben, das Rot ausgenommen, absorbiert. Durch eine ähnliche auswählende oder selektive Absorption wirken die Pigmentfarben, z. B. alle Farben der Maler und Anstreicher. Die diffuse Reflexion findet hier zum größten Teile nicht genau an der Oberfläche statt, sondern erst, nachdem ein Teil der auf der Oberfläche sitzenden Farbstoffe vom Lichte durchstrahlt wurde. Ein rotes Papier wirft von dem auffallenden weißen Lichte nur die rote Farbe diffus zurück, alles andere wird absorbiert. Darum erscheint rotes Papier in grünem oder blauem Lichte vollständig schwarz.

Rote Flecken auf menschlicher Haut sind bei rotem Lichte kaum zu unterscheiden; im Lichte einer Quecksilberlampe, welche keine roten Strahlen enthält, werden sie ganz dunkel und sehr deutlich. Darum sieht man Hautverfärbungen deutlicher bei monochromatischer Beleuchtung, wobei allerdings der Nachteil entsteht, daß verschiedene Farbennuancen identisch schwarz erscheinen.

Im Mikroskop erscheinen mit Teerfarben gefärbte Gewebselemente und Bazillen bei Beleuchtung mit komplementärem Lichte (Lichtfilter) oft deutlicher.

Ein blaues Glas absorbiert meist Rot, Gelb (und etwas Grün), gelbes Glas meist Blau und Violett. Geht ein weißer Lichtstrahl zuerst durch dieses blaue und dann durch das gelbe Glas, so ist nur Grün übriggeblieben. Sieht man durch diese beiden Gläser hindurch gegen ein weißes Licht, so erscheint es also grün. Man nennt die von den gesamten Farben des Spektrums übriggebliebene Mischung die Subtraktionsfarbe. Aus ganz gleichen Gründen gibt die mechanische Mischung von blauen und gelben Pigmentfarben der Maler meist Grün.

Es gibt aber auch Additionsfarben. Die wichtigste, aber experimentell komplizierteste Methode läßt zwei oder mehrere Spektralfarben gleichzeitig ins Auge treten. Man kann so beliebige Spektralfarben mischen. Weiß ist die Additionsfarbe aller Spektralfarben.

360. Die bequemste, wenn auch ungenauere Methode zur Herstellung von Additionsfarben gibt der **Farbenkreisel.** Bei Tageslicht erscheine das Papier R in Fig. 287 z. B. rot, das Papier V violett. Legt man V und R, wie dies in Fig. 287 rechts dargestellt ist, durch

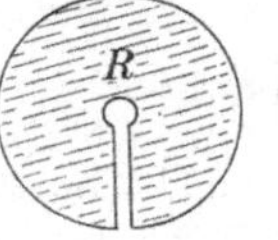
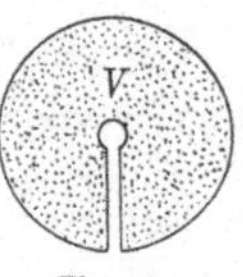
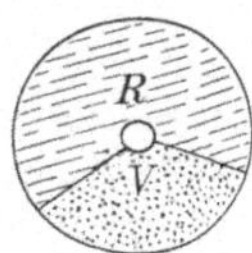

Fig. 287.

ihren Schnitt hindurch übereinander und schiebt das Ganze auf die Achse einer Schwungmaschine oder auf einen Kreisel, so erhält man beim raschen Rotieren eine einheitliche Farbenempfindung. Man sieht eine Additionsfarbe, in unserem Beispiele eine Purpurfarbe. Das gegenseitige Verhältnis der Sektoren kann man beliebig ändern, z. B. rot ebenso groß wie violett oder zweimal, dreimal größer usw. In Fig. 287 (rechts) wäre das Verhältnis z. B. $\frac{R}{V} = 2$.

Um solche verschiedene Versuchsresultate zu registrieren, malen wir an die zwei Enden einer geraden Linie rv Rot bzw. Violett. Denken wir uns dann in r ein Gewicht m_r, gleich der jeweiligen roten Sektorgröße und in v ein Gewicht m_v, gleich der entsprechenden violetten Sektorgröße, so müssen wir die entsprechende Mischfarbe (Additionsempfindung) an jenen Punkt der Linie malen, welcher dem Schwerpunkt (oder Massenmittelpunkt, § 26) von m_r und m_v (mit dem Gewichte $m_r + m_v$) entspricht. Auf solche Weise bekommen wir längs unserer geraden Linie rv eine Reihe von Purpurnuancen, welche in r mit Rot beginnt und allmählich gegen v in Violett übergeht. Das Prinzip eines derartigen **Farbenschwerpunktes** werden wir im folgenden bei Mischungen von Farbenempfindungen immer anwenden.

361. Handelt es sich nur um die Empfindung eines **Farbentones,** so kann man jedmögliche Farbenempfindung durch eine solche additive **Mischung von zwei** anderen Farbenempfindungen zusammensetzen.

Mischt man aber zu irgendeiner Farbenempfindung eine Weißempfindung, so tritt eine neue Erscheinung auf. Der Farbenton, ob rot oder gelb oder grün usw., bleibt, aber seine Sättigung ändert sich. Wir können z. B. dem roten Sektor in Fig. 287 statt des violetten einen weißen Sektor beigeben; es wird dann aus dem gesättigten Rot, je mehr wir Weiß zugeben, d. h. je mehr der weiße Sektor überwiegt, ein immer weniger gesättigtes Rot. Jede Farbenempfindung wird also bei abnehmender **Sättigung** (bei allmählichem Abblassen des Farbentones) zur **Weißempfindung.** Es genügt nicht die Mischung zweier Farbenempfindungen, wir brauchen eine **Mischung von drei** Farbenempfindungen, um eine beliebige verlangte Farbenempfindung zu bekommen.

Welche drei Empfindungen wir wählen, ist im Prinzip gleichgültig.

Der Farbenkreisel gestattet Beziehungen zwischen den verschiedensten Farbenempfindungen aufzustellen, die man in Form von sog. Farbengleichungen anschreibt, z. B.

$$100^0 \text{ Weiß} + 260^0 \text{ Schwarz} = 165^0 \text{ Rot} + 122^0 \text{ Grün} + 73^0 \text{ Blau,}$$

d. h. Sektorengrößen von 100 Bogengraden Weiß und 260 Schwarz geben dieselbe Empfindung (eines bestimmten Grau) wie ein anderer Versuch mit den rechts angeschriebenen Sektorengrößen Rot, Grün und Blau. Solche Kombinationen sind in Unzahl untersucht worden und veranlaßten die Wahl von drei Elementarempfindungen: Rot, Grün und Blau.

362. Nach der **Young-** (1807) **Helmholtz**schen **Farbentheorie** sind in jedem einzelnen farbenempfindlichen Teil der Netzhaut drei getrennte Nervenelemente („Komponenten" des Sehorgans) vorhanden, deren Reizung durch irgendwelche Lichtquellen immer gleichzeitig die Empfindung des Rot und die des Grün und die des Blau auslöst. Jede beliebige Farbenempfindung, sei es nun die durch homogenes Licht einer einzigen physikalischen Lichtquelle erregte Empfindung einer reinen Spektralfarbe oder sei es eine noch so komplizierte Mischfarbe, geschieht immer durch Superponierung dieser drei Elementarempfindungen. Die resultierende einheitliche Empfindung

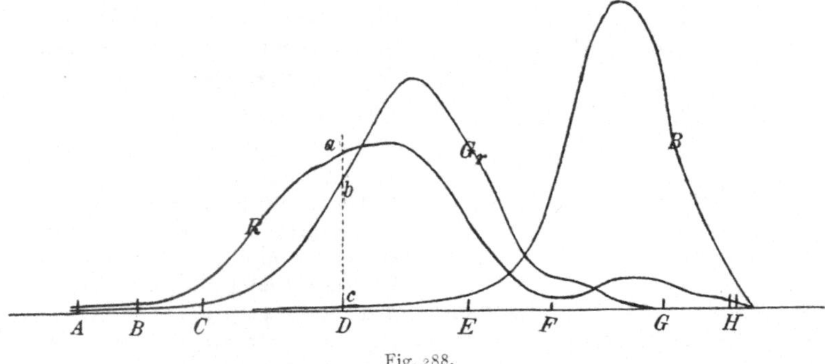

Fig. 288.

läßt sich vom normalen Auge nicht in die drei Elementarempfindungen auflösen.

Trotzdem gelang es auf Umwegen, deren Schilderung hier zu weit führen würde, durch physiologisch-psychologische Versuche experimentell zu bestimmen, in welcher Stärke jede dieser Elementarempfindungen durch die verschiedenen Stellen eines Sonnenspektrums ausgelöst wird.

In Fig. 288 sind als Abszissen Wellenlängen (mit Fraunhoferschen Linien) und als Ordinaten die ausgelösten Empfindungen dargestellt; R gibt die Elementarempfindungskurve für Rot, Gr für Grün und B für Blau.

Die scheinbar einheitliche Empfindung der gelben Farbe der D-Linie z. B. entsteht durch Superponierung der Elementarempfindung Rot Da, Grün Db (etwas kleiner) und Blau Dc (ganz klein) usw.

363. So sehen nach Helmholtz alle normal sehenden Menschen; ihr Auge ist trichromatisch. Mangel einer Elementarempfindung erzeugt **Farbenblindheit** oder **Farbenverwechslung**. Monochromaten (nur sehr selten) haben nur die Grundempfindung B; sie sehen alles, auch das Spektrum, einfarbig, sie sehen die größte Helligkeit im Spektrum bei Blaugrün (zwischen F und G in Fig. 288), und das Spektrum endet ihnen schon im Gelbgrün. Ein **Rotblinder**, dem die **Elementarempfindung** R fehlt, sieht den langwelligen Teil des Spektrums, etwa von C an, nicht; er verwechselt rote und grüne Farben. Letzteres tut auch ein **Grünblinder**, dem die **Elementarempfindung** Gr fehlt, doch reicht diesem das Spektrum in Rot bis ans normale Ende. R-Blinde sowohl als auch Gr-Blinde sind **dichromatisch**.

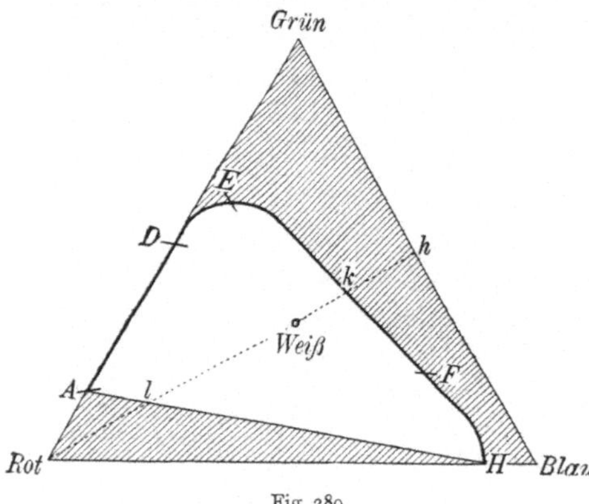

Fig. 289.

Auch Tiere sind farbenblind, das Huhn z. B. vollkommen blaublind.

364. Um die verschiedensten Farbenempfindungen nach Farbenton und Farbensättigung übersichtlich darzustellen, bedient man sich der sog. **Farbentafel.**

An die drei Eckpunkte eines gleichseitigen Dreiecks (Fig. 289) sollten die Farben gesättigtes Rot, gesättigtes Grün und gesättigtes Blau kommen, d. h. eine Farbe, die nur die Elementarempfindung Rot auslöst oder nur die Elementarempfindung Grün oder nur die Elementarempfindung Blau. Solche gesättigte reine Empfindungen sind bei einem normalen Auge — wenigstens fast immer — unmöglich, weil sich überall und immer die drei Elementarempfindungen übereinanderlagern. Wir geben — willkürlich — diesen drei gesättigten Elementarempfindungen das gleiche Gewicht m (darum auch die willkürliche Kurvenflächengleichheit in Fig. 288); dann entspricht dem mechanischen Schwerpunkte des Dreiecks das Weiß. Die Dreieckslinien entsprechen gesättigten Mischfarben zwischen den Empfindungen der Endpunkte; so entspricht z. B. der Punkt h einer Mischung von gleichviel gesättigtem Grün und Blau usw. Mischen wir diesen Empfindungskomplex Grün-Blau von h längs der gestrichelten Linie mit der gesättigten Empfindung Rot, wobei letzterer Anteil auf Kosten des ersteren immer mehr steigen soll, so wird zunächst das vom normalen Auge nicht zu sehende gesättigte Grünblau h immer weniger gesättigt, weißlicher, bis zu k, einer durch die betreffende Welle des Sonnenspektrums wirklich zu erregenden Empfindung, dann zu Weiß, dann immer mehr purpurfarben zu l, dann weiter wieder unsehbar zum gesättigten Rot.

Durch solche Maßnahmen können wir die **Spektralfarbenempfindungen** einzeichnen und finden hierfür die Linie $A\,D\,E\,F\,H$. Bei A liegt Spektralrot, bei D Spektralgelb, bei E Spektralgrün, bei H Violett (Buchstabenbezeichnung nach dem Orte der Fraunhoferschen Linien). — Alle wirklich möglichen Farbenempfindungen eines Normalauges liegen dann auf dieser Linie und in dem mittleren (unstrichliert gelassenen) dreiecksähnlichen Raume. Man sieht, daß nur die Spektralfarben von Rot bis Grün als Mischfarben des gesättigten Rot und des gesättigten Grün wirklich gesättigt sind; jeder andere Teil des Spektrums, z. B. das spektrale Grünblau — weil in Fig. 289 von der äußeren Dreiecksseite entfernt gegen Weiß liegend — ist ungesättigt.

Wir bezeichnen die dreiecksartige Kurve, wie Fig. 290 mit den angeschriebenen Spektralfarben, vom Rot durch Orange, Gelb, Grün, Blau zum Violett allmählich übergehend. Denken wir uns nun längs ebendieser Linie kontinuierliche Massen verteilt, welche diesen physiologisch-spektralen Reizen proportional sind, so haben alle diese Massen zusammen einen Massenmittelpunkt in Weiß.

Wir erhalten auch Weiß, wenn wir Rot mit dem Grün-Blau in d in entsprechenden Mengen mischen oder Gelb-Grün in c mit Violett usw. Solche Farben, die zusammen Weiß geben, heißen komplementär.

Längs aller Geraden, die von verschiedenen Punkten dieser Kurve gegen Weiß gehen, bleibt der Farbenton derselbe, wird aber immer weniger gesättigt, um schließlich ganz weiß zu werden (z. B. Orange-Weiß).

Zwei beliebige Farbenpunkte, z. B. Orange-Blau gemischt, ergeben Farben, die längs der Linie zwischen Orange und Blau liegen, welche also durch zwei entsprechende Reize, Orange und Blau (m_c und m_b) gegeben sind. So finden sich für alle Punkte der Farbentafel bestimmte Farben, wir haben in ihr alle überhaupt möglichen Farbenempfindungen eines normalen Auges gegeben.

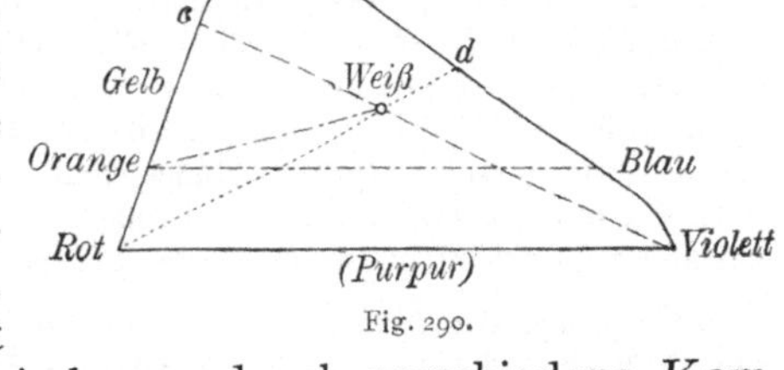

Fig. 290.

Die Möglichkeit, irgendeinen Punkt der Tafel, d. h. irgendeine Farbenmischung, durch verschiedene Komponenten darzustellen, ermöglicht eine Kontrolle.

365. Nachbilder. Positive Nachbilder entsprechen der Nachwirkung des Lichtreizes in der Netzhaut. Sie bewirken, daß intermittierende Lichtreize bei hinreichend rascher Aufeinanderfolge (15—20 in der Sekunde) als kontinuierliches Licht empfunden werden. (Anwendung in der Kinematographie.)

Negative Nachbilder entstehen durch Ermüdung der lichtempfindlichen Netzhautelemente.

Fixieren wir z. B. ein rotes Objekt auf einem größeren weißen Grunde durch einige Sekunden, so wird in der Netzhautgrube die Elementarempfindung Rot besonders stark erregt, die entsprechenden Zapfen ermüden. Blickt dann das Auge rasch auf eine ganz weiße Fläche, so sieht man auf dieser das nicht mehr vorhandene Objekt als Nachbild in Grünblau, der Komplementärfarbe von Rot. Umgekehrt würde für Grünblau ein rotes Nachbild entstehen. An der ermüdeten Stelle überwiegen die ursprünglich nicht beanspruchten Elementarempfindungen.

Zu jedem Farbenton des Spektrums findet sich so ein Nachbild, dessen Farbe aus Fig. 290 erschlossen werden kann.

Ein weißes Objekt auf schwarzem Grunde hat ein schwarzes Nachbild und umgekehrt.

Da längeres Ansehen einer kräftigen Farbe die betreffenden Elementarempfindungen durch Ermüdung ausschaltet, muß, wenn man z. B. zuerst längere Zeit eine rote Fläche und dann rasch eine komplementär gefärbte grünblaue Fläche ansieht, letztere mehr gesättigt erscheinen, als der spektralen Farbe entspricht. So kann man auch Farben empfinden, die innerhalb der strichlierten Dreiecksfläche in Fig. 289 liegen.

366. Hauptsächlich solche Versuche ließen **Hering** (seit 1874) eine andere **Farbentheorie, die der Gegenfarben** aufstellen. Während für Helmholtz Weiß nur die Resultierende der drei Elementarempfindungen ist (und Grau nur ein lichtschwaches Weiß), sind Weiß-Schwarz für Hering Grundempfindungen. Er nimmt an, daß es drei nervöse Sehkomponenten (Sehsubstanzen) gebe. In diesen den Lichtempfindungen dienenden nervösen Gebilden finden fortwährend photochemische Vorgänge entgegengesetzter Richtung statt, eine Zerlegung komplizierter Substanzen und ihr Wiederaufbau. Diese Dissimilation und Assimilation empfinden wir als Licht. Die drei Sehsubstanzen sind: Weiß-Schwarz, dann die Gegenfarben Rot-Grün und Gelb-Blau. Alle Lichtstrahlen wirken auf die Sehsubstanz Weiß-Schwarz dissimilierend, und eben diese Dissimilation empfinden wir als Weiß. Den Wiederaufbau, Assimilation, bei Lichtabschluß empfinden wir als Schwarz. Auf die Gegenfarben Rot-Grün und Gelb-Blau wirken hingegen nur gewisse Strahlen assimilierend, andere dissimilierend oder gar nicht; durch Bestrahlung ändert sich dann das Verhältnis des Aufbaues und Zerfalls der betreffenden Sehsubstanz. Bei der Rot-Grün-Substanz empfinden wir ein Überwiegen der Dissimilation als Rot, ein Überwiegen der Assimilation als Grün. Sind Assimilation und Dissimilation im Gleichgewicht, so haben wir keine Farbenempfindung. Ganz Analoges gilt für die Gegenfarben Gelb-Blau.

367. Steigt die Intensität einer Farbe, bedingt durch immer steigende Energie des physikalischen Reizes, so nimmt infolge Ermüdung der **Zapfen** jede Farbenempfindung immer mehr den Farbenton Weiß an, wahrscheinlich weil dann die keine Farben empfindenden **Stäbchen** immer mehr zur Wirkung kommen.

Wird die Intensität umgekehrt immer kleiner, so versagen die Zapfen gleichfalls, und es wirken wieder nur die Stäbchen: es wird wieder jeder Farbton weißlich. Beim Fixieren sehr schwacher Lichter verlöscht das Licht scheinbar; blickt nun das Auge nach der Seite (peripheres Sehen), so rückt das Bild von der Fovea (wo Zapfen überwiegen) auf die seitliche Stelle der Retina, wo Stäbchen überwiegen, und wir empfinden farbloses Grau, das aber bei genauem Fixieren wieder verschwindet.

In der Dämmerung und im Dunkeln sind wir Stäbchenseher; manche Nachttiere, z. B. die Eule oder der im Dunkeln lebende Maulwurf, haben darum auch auf der Fovea Stäbchen.

Optische Vergrößerungsinstrumente
für subjektiven Gebrauch.

368. Unser Auge kann zwei Punkte unterscheiden (§ 352), wenn die von diesen Punkten gegen das Auge ausgehenden Strahlen noch einen Winkel von etwa einer Minute einschließen. Dieser Winkel könnte nun dadurch vergrößert werden, daß man das Objekt näher an das Auge, das sich natürlich akkommodieren muß, heranbringt. Sind wir aber mit dem Objekt bis gegen den in der sog. „Sehweite" gelegenen Nahpunkt gerückt, so ist, wenn wir noch näher gehen, die Akkommodation ermüdend und schließlich unmöglich. Diesem Mangel helfen wir ab, indem wir dem Auge eine künstliche Linse, eine Lupe, vorsetzen.

Durch die Lupe und ebenso durch die später zu schildernden Mikroskope, Fernrohre usw. wird also der Gesichtswinkel vergrößert, und gleichzeitig wird das Bild auf die Netzhaut gebracht. Diesen Zweck, Vergrößerung des Gesichtswinkels oder, was dasselbe ist, Vergrößerung der scheinbaren Größe des Objektes, haben alle optischen Instrumente, die im folgenden geschildert werden sollen, gemein. Es ist dann

$$\textbf{Vergrößerung} = \frac{\text{scheinbare Größe mit Instrument}}{\text{scheinbare Größe ohne Instrument}} = \frac{\operatorname{tg}\psi}{\operatorname{tg}\varphi},$$

da die scheinbare Größe (§ 352) proportional der Tangente des Gesichtswinkels ist.

369. Die **Lupe,** auch einfaches Mikroskop genannt, bringt, wenn das Objekt DCB in der Brennebene der Linse liegt (Fig. 291), das virtuelle Bild in die Unendlichkeit, wo es ein normales Auge ohne Akkommodation, also ohne Anstrengung sehen kann (s. Fig. 246).

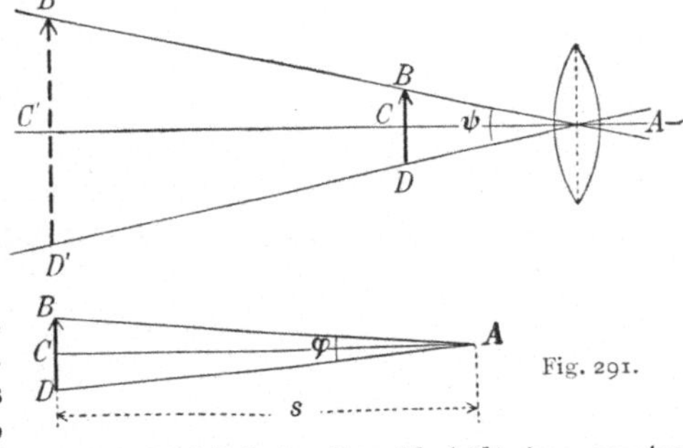

Fig. 291.

Der Fernpunkt W (in Fig. 269) liegt für ein myopisches Auge näher, also muß der Kurzsichtige das Objekt vom Brennpunkte etwas gegen die Linse rücken, damit das virtuelle Bild nach W kommt. Hingegen muß ein hypermetropisches Auge (Fig. 270) das Objekt außerhalb der Brennweite (vom Auge weg) haben. Genauen Einblick in diese Verhältnisse gewinnt man, wenn Lupe und Auge als ein einziges optisches System behandelt werden.

Der obere Teil der Fig. 291 gibt den Gesichtswinkel, den wir mit der Lupe erreichen, der untere Teil zeigt das Objekt in der Entfernung des deutlichen Sehens s, ca. 20—25 cm; hier ist der Gesichtswinkel φ kleiner. Es ist aus dem Vergleich beider Figuren unmittelbar ersichtlich, daß

$$\operatorname{tg}\left(\frac{\varphi}{2}\right) = \frac{BC}{s} \quad \text{und} \quad \operatorname{tg}\left(\frac{\psi}{2}\right) = \frac{BC}{f},$$

wobei f die Brennweite der Lupe ist. Die Vergrößerung ist also

$$\frac{\operatorname{tg}\psi}{\operatorname{tg}\varphi} = \frac{s}{f} = \frac{\text{Sehweite}}{\text{Brennweite}}.$$

Diese Formel gilt für den Fall, daß eine Linse mit kurzer Brennweite unmittelbar vor dem normalen Auge steht.

Zur Vermeidung der Linsenfehler und zur Vergrößerung des Gesichtsfeldes verwendet man statt einfacher Linsen meist zentrierte Systeme, die sich durch einen großen freien Objektabstand auszeichnen, z. B. die Brückesche Lupe.

370. Das zusammengesetzte **Mikroskop** (Fig. 292) besteht aus zwei optischen Teilen: der Objektivlinse Ob (Brennpunkt F) und der Okularlinse Ok (Brennpunkt Φ). Über der Okularlinse denke man sich oben das Auge A, welches vertikal abwärts sieht. Ein kleines Objekt BCD kommt unten, außerhalb der sehr kleinen Brennweite unter die Objektivlinse, welche ein reelles, verkehrtes und vergrößertes Bild in $B'C'D'$ entwirft. Dieses reelle Bild wird Objekt für das Okular, eine Lupe Ok, es muß also für ein normales Auge in der Brennweite der Okularlinse (§ 369) liegen. Das Schlußbild ist virtuell im Unendlichen, weil das normale Auge beim Menschen ohne Akkommodation auf

Unendlich einstellt. Kurzsichtige Augen schieben Ok etwas hinunter, damit dies virtuelle Bild näher ans Auge in den Fernpunkt kommt, weitsichtige etwas hinauf. Immer aber ist das gesehene Bild umgekehrt gegen das wirkliche Objekt.

Fig. 292 gibt die Konstruktion der Bilder, gemäß den Regeln der früheren Fig. 244 und 246. Die Zeichnung ist der Übersichtlichkeit wegen viel zu breit und viel zu wenig hoch gehalten.

Fig. 293 gibt den wirklichen Gang des von B ausgehenden Lichtbündels (schraffiert angelegt) und den wirklichen Gang des von C ausgehenden Bündels. Ebenso denke man sich das von D ausgehende Lichtbündel oder von einem anderen Punkte des Objektes durch das Mikroskop ziehende Lichtstrahlen.

Die Vergrößerung berechnet sich als proportional der deutlichen Sehweite des Beobachters, multipliziert mit dem Abstande der inneren Linsenbrennpunkte, dividiert durch das Produkt der Brennweiten.

371. Statt einfacher Linsen verwendet man immer zentrierte Linsensysteme. Da das

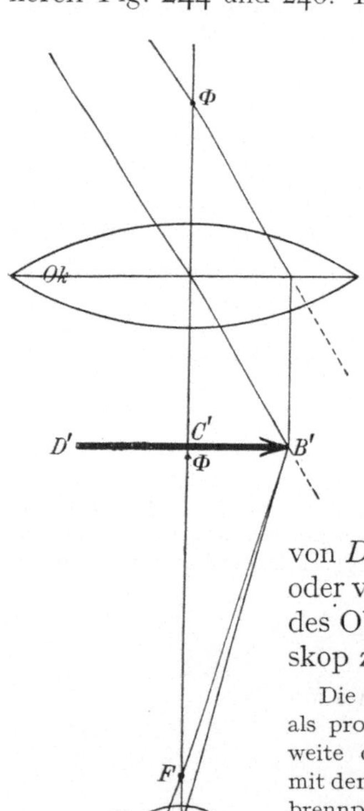

Fig. 292.

Fig. 293.

Okularsystem (Fig. 293) von einem nur dünnen Strahlenbündel durchsetzt wird, kann hier die sphärische und chromatische Korrektur minder genau ausgeführt werden. Für Mikroskope nimmt man meist das Huygenssche Okular (Fig. 294).

Bevor das erste reelle Bild $B'D'$ zustande kommt, durchsetzt das Licht das Kollektiv $\varkappa$, welches in $B_1 D_1$ ein reelles Bild erzeugt, das durch das Augenglas a wie mit einer Lupe betrachtet wird. (Die Linsenwölbungen sind in Wirklichkeit schwächer wie in der Zeichnung.)

Die Vorteile sind:

1. Der Punkt B' wird näher an die Achse nach B_1 gebracht. Ein von der Achse weit abstehender Punkt kann eventuell noch gesehen werden. Man übersieht eine größere Fläche am Objekte: Vergrößerung des Gesichtsfeldes.

2. Der Strahl aa' durchsetzt $\varkappa$ am Rande und a näher an der Achse; bei bb' ist es gerade umgekehrt: **Vermeidung der sphärischen Aberration.**

3. Vom weißen Strahle w (Fig. 295) wird durch $\varkappa$ der rote Strahl r schwächer gebrochen als der violette v. Aus a treten r und v parallel aus und geben im nichtakkommodierten Auge A Weiß: **Vermeidung der chromatischen Aberration.**

Bei sehr starker Vergrößerung ist das Bild immer etwas gefärbt. Durch Konstruktionen der von Abbe berechneten Kompensationsokulare läßt sich aber auch dieser Fehler im Schlußbilde beseitigen.

An die Stelle $D'B'$ in Fig. 293 (oder D_1B_1 in Fig. 294) kann man ein Fadenkreuz anbringen oder eine durchsichtige feine Skala, welche durch die Okularlupe gleichzeitig mit dem Objekte gesehen wird und Ausmessungen ermöglicht, entweder dadurch, daß das auf einem Schlitten liegende Objekt oder aber der Maßstab in $D'B'$ mittels einer feinen Mikrometerschraube verschiebbar ist.

Um die Stelle $D'B'$ in Fig. 293 bringt man auch eine Sehfeldblende (wie BB in Fig. 257). Faßt man diese Hauptblende als Objekt auf, so liegt ihr Bild in DB (Fig. 292). Rücken wir den Punkt B etwas gegen links, so würde ohne Blende B' etwas gegen rechts rücken, und es könnte

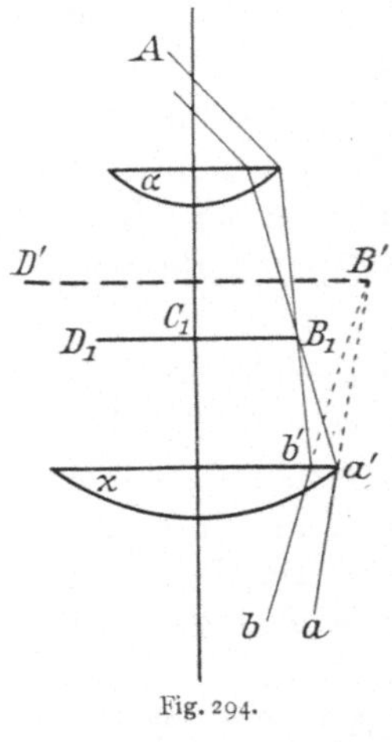

Fig. 294.

dann nur mehr ein Teil des weiteren Strahlenbündels durch Ok gehen, das Gesichtsfeld würde gegen den Rand zu lichtschwächer. Die Sehfeldblende bewirkt also ein gleichmäßig helles, scharf begrenztes Gesichtsfeld. (Siehe auch Fig. 300.)

Fällt von unten her helles Licht auf Ob, so erscheint ein reelles Bild dieser Objektivlinse jenseits von Ok. Bringt man das Auge nach A, so geht nur ein Teil dieser Strahlen durch die Pupille. Man muß kleine Kopf- und Augenbewegungen machen, um seitliche Teile des Gesichtsfeldes zu sehen: ,,Schlüssellochbeobachtung''[1]) (weil man auch beim Durchsehen durch ein Schlüsselloch analoge Bewegungen macht).

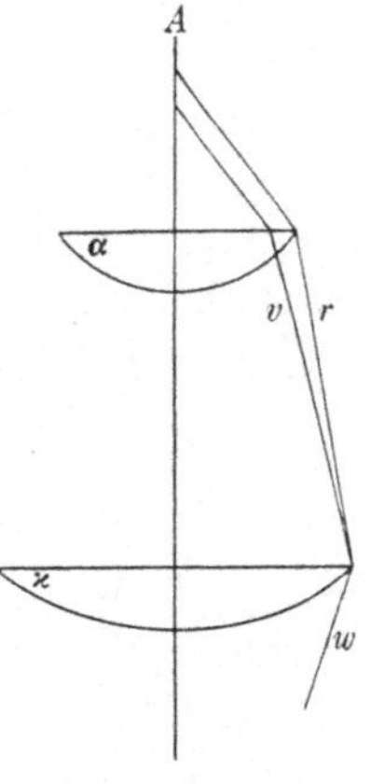

Fig. 295.

372. Objektivsystem. Während das Okular (Fig. 293) nur von einem dünnen Strahlenbündel durchsetzt wird und darum in bezug auf sphärische und chromatische Aberration weniger sorgfältig behandelt werden muß, wirkt das Objektiv (Fig. 293) mit seiner ganzen Öffnung. Hier führt die Vermeidung aller Linsenfehler zu sehr komplizierten Konstruktionen aus verschiedenen Glassorten, von welchen z. B. Fig. 296 ein Apochromatsystem (etwa in Normalgröße) darstellt, dessen Brennweite nur 2 mm ist.

1) Siehe v. Rohr, ,,Die optischen Instrumente'', 1911.

Das Objekt befindet sich meist unter einem dünnen, von unten her hellbeleuchteten Glasblättchen (Deckgläschen). In der schematischen Fig. 297 ist C ein Objektpunkt und d das Deckgläschen, F ist die unterste, halbkugelförmige „Frontlinse" des Mikroskopobjektives. Alle

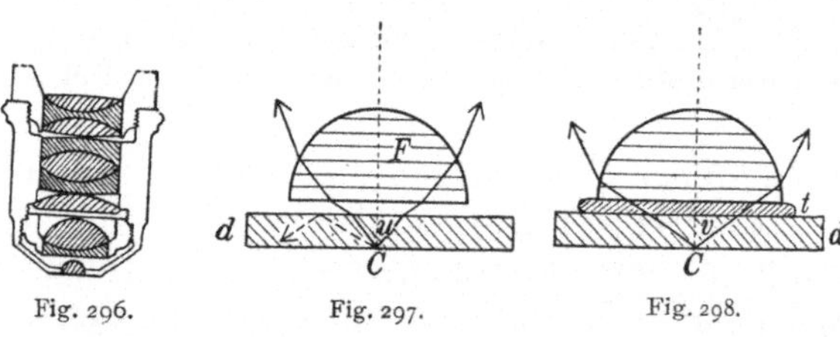

Fig. 296.   Fig. 297.   Fig. 298.

von C ausgehenden Strahlen, die unter einem etwas größeren Winkel als u schief auf die obere Fläche des Deckgläschens fallen, werden total reflektiert und gehen für die Abbildung im Mikroskop verloren (gestrichelt gezeichnet). Verschieden von diesem Trockensysteme ist das homogene Immersionssystem (Fig. 298). Hier befindet sich zwischen der untersten Fläche der Frontlinse und der obersten Fläche des Deckgläschens, das manchmal auch entfallen kann, ein Flüssigkeitströpfchen t mit möglichst gleichem Brechungsverhältnis wie die anstoßenden Glassorten, z. B. Zedernholzöl. Fig. 298 zeigt, daß hier der Öffnungswinkel v viel größer ist als der frühere u. So kommt viel mehr Licht von dem Objektpunkte C ins Mikroskop und es wird dadurch das Bild lichtstärker. Überdies bringt diese Immersion noch einen anderen Vorteil, welchen wir erst nach Besprechung der Beugung werden kennen lernen (§ 432). Es wird die Schärfe der Abbildung und die Größe der kleinsten unterscheidbaren Objekte, die sog. Auflösekraft des Mikroskopes, bedeutend erhöht.

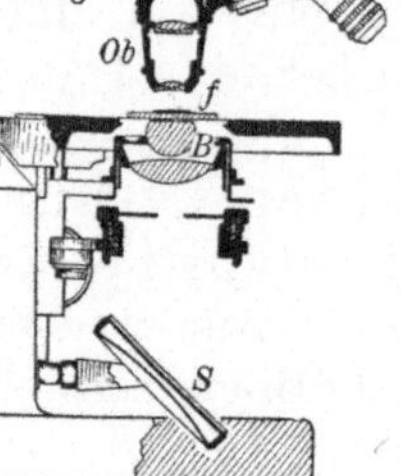

Fig. 299.

Maßgebend für die Lichtstärke des Bildes und die Auflösungskraft des Objektives ist die Größe $A = n \sin u$, wobei n den Brechungsquotienten des Mediums zwischen Objekt und Objektiv ($n = 1$ für Luft, also für Trockensysteme; $n = 1,5$ für Zedernholzöl, also für Immersionssysteme) und u den Winkel zwischen optischer Achse und äußerstem Randstrahl bezeichnet. Man nennt A die **numerische Apertur** des Objektives (vgl. auch § 443).

Es sei hier noch bemerkt, daß die schief durch das Deckgläschen gehenden Strahlen eines Trockensystems durch ihre Brechung im Gläschen eine Art sphärische Aberration erleiden, die mit der Dicke des Gläschens zunimmt. Auch dagegen gibt es eigene Korrektionssysteme.

373. Mikroskopstative. Fig. 299 zeigt eine moderne Form: oben bei Ok das Huygenssche Okular, am unteren Ende des Tubus T ein nur aus zwei Linsen mittlerer Stärke bestehendes Objektiv Ob. Mittels einer revolverartigen Einrichtung R kann man dieses Objektivsystem gegen ein anderes mit anderer Vergrößerung rasch auswechseln. Das Objekt selbst liegt in der Mitte des Tisches f.

Der Schraubenkopf a gestattet ein grobes, die Mikrometerschraube b ein feines Heben und Senken des ganzen Tubus, dessen Länge (bei Zeiss 160 mm) für gewöhnlich nicht geändert wird. g ist ein Gelenk zum Neigen des ganzen Mikroskopes und H eine Handhabe zum Heben. Das Objekt wird durch einen Spiegel S, der die von einer seitlich stehenden Lichtquelle kommenden Beleuchtungsstrahlen durch den Beleuchtungskondensor B auf das Objekt konzentriert, beleuchtet. Man hat dann **Hellfeldbeleuchtung: dunkle oder durchscheinende Objekte auf hellem Hintergrunde.**

Man kann das Objekt auch von oben her beleuchten; dann aber muß das Mikroskop weiter vom Objekt entfernt sein, d. h. das Objektiv muß eine größere Brennweite haben: man kann **im auffallenden Lichte nur kleine Vergrößerungen** anwenden.

Über andere Beleuchtungsarten siehe § 445 und 446.

374. Ein **astronomisches Fernrohr** (Kepler 1660) besteht aus einem Objektiv (bzw. Objektivsystem) mit **langer Brennweite**, welches von einem weit entfernten Gegenstand ein **Bild** in seiner **Brennebene** entwirft. Dies reelle Bild wird durch das **Okular** wie mit einer **Lupe** betrachtet und erscheint somit verkehrt. Fig. 300 ist ganz analog der Fig. 293, nur sind die von den sehr weit abstehenden Punkten B und C (nicht ge-

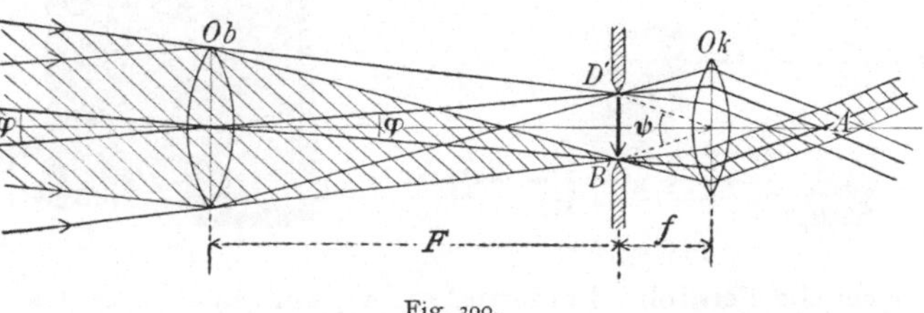

Fig. 300.

zeichnet) ausgehenden Strahlen fast parallel. Das eine Strahlenbündel ist schraffiert gezeichnet. Über B' und unter D' ist eine Sehfeldblende (§ 371) angedeutet.

Die Fernrohrvergrößerung ist $\dfrac{\operatorname{tg}\psi}{\operatorname{tg}\varphi} = \dfrac{B'D'}{F} : \dfrac{B'D'}{f} = \dfrac{f}{F}$, d. i. Objektivbrennweite: Okularbrennweite.

375. Durch Anwendung eines großen Fernrohrobjektives gelangen zwar mehr Strahlen ins Auge, aber in demselben Maße wird auch die zu beleuchtende Fläche der Netzhaut größer. Die Lichtmenge pro Flächeneinheit oder die **Flächenhelligkeit** bleibt dieselbe. (Dabei ist abgesehen von Verlusten durch Reflexion oder Absorption und gewissen Ausnahmefällen.) Nur wenn das Objekt punktförmig ist, z. B. ein Fixstern in sehr weiter Entfernung, so daß die beleuchtete Netzhautstelle mit und ohne Fernrohr immer auch nur ein Punkt ist, wächst die Helligkeit mit dem

Quadrate des Objektivdurchmessers. Um bei so großen Linsen auch große Brennweiten zu erhalten, baut man die Riesenteleskope unserer großen Sternwarten.

376. Nimmt man als Fernrohrokular statt einer Lupe oder eines nach Art der Lupe wirkenden Systems ein nach Art eines Mikroskopes wirkendes System, so sieht man wegen der neuerlichen Umkehr in diesem Okularmikroskop aufrechte Gegenstände auch aufrecht: **terrestrisches Fernrohr.**

377. Aufrechte Bilder liefern auch das **Galileische** oder hol-

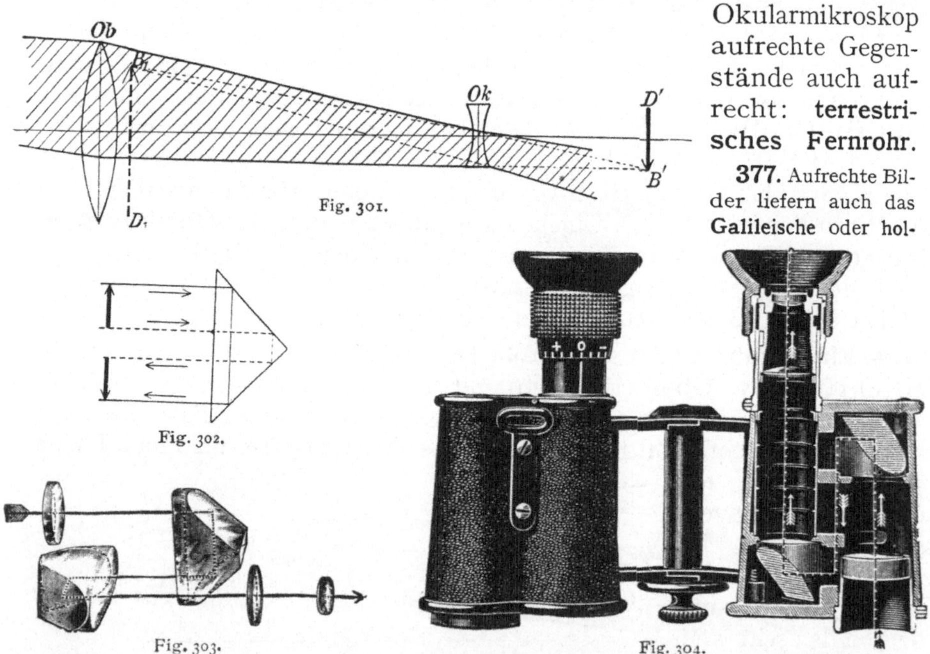

Fig. 301.

Fig. 302.

Fig. 303.

Fig. 304.

ländische **Fernrohr**, Feldstecher, Opernglas. Bevor das durch die Objektivlinse Ob in Fig. 301 entworfene reelle Bild $B'D'$ entsteht, werden durch eine Zerstreuungslinse Ok diese Strahlen divergent gemacht, so daß ein virtuelles und aufrechtes Bild in $B_1 D_1$ entsteht.

378. Aus Fig. 302 geht unmittelbar die strahlenumkehrende Wirkung eines total reflektierenden Prismas hervor. Das Bild ist aus dem Objekte gleichsam durch Drehung um 180° um die Prismakante entstanden.

Fig. 303 stellt ein **Prismenfernrohr** dar. Der von links kommende Strahl trifft die Objektivlinse, das erste Prisma dreht das Bild von oben nach unten, das zweite Prisma links dreht das Bild von links nach rechts. Beide Prismen zusammen wirken also wie eine Umkehrlinse. Die zwei Linsen rechts bedeuten das Okularsystem. Das Ganze ist also ein astronomisches Fernrohr mit aufrechtem und seitenrichtigem Bilde, wobei der Lichtstrahl in dem Rohre dreimal hin und her geht. Dies ermöglicht Kürze des Tubus bei gegebener Brennweite des Objektives.

Das Zeisssche binokulare Prismenfernrohr (Fig. 304) hat noch den weiteren Vorteil einer großen stereoskopischen Plastik, analog der Fig. 285.

379. Endoskopische Apparate dienen zur Besichtigung von Körperhöhlen. Die Beleuchtung erfolgt dabei von außen her, wie beim

Augenspiegel (§ 347). Man sieht durch einen in der Mitte durchbohrten Hohlspiegel, der die Strahlen einer Lampe in den Hohlraum (Mund- und Rachenhöhle, äußerer Gehörgang usw.) wirft. Bei gekrümmten Kanälen (Kehlkopf oder Naseninneres) muß an der Knickungsstelle die Beleuchtungsstrahlung sowohl als auch die vom Objekte rückkehrende Strahlung mittels Planspiegels oder total reflektierenden Prismas um die Ecke geführt werden. Hier sind die Aufgaben für die Optik verhältnismäßig einfach.

Man hat zu diesem Zwecke auch stereoskopische Apparate konstruiert.

An Stelle der Beleuchtung von außen tritt aber oft **innere Beleuchtung,** indem gleichzeitig mit den optischen Apparaten ein kleines Glühlämpchen zur Beleuchtung des betreffenden Innenraumes eingeführt wird. Hier ist die Berechnung des optischen Teiles der Apparate meist sehr schwer und die Konstruktion ist natürlich dem jeweiligen Zwecke entsprechend, z. B. für Laryngoskopie oder Rhinoskopie der hinteren Nasenhöhle, für Gastroskopie usw., verschieden. Wir wollen an einem Typus solcher Instrumente, dem Kystoskope, zeigen, worauf es hier optisch ankommt.

380. Durch das in der Harnröhre steckende **Kystoskop** wird das Blaseninnere betrachtet. Die optische Eigenheit dieses Instrumentes besteht darin, 1. daß die Röhre einen sehr kleinen Querschnitt und eine sehr große Länge haben muß, 2. daß man um die Ecke zu sehen hat.

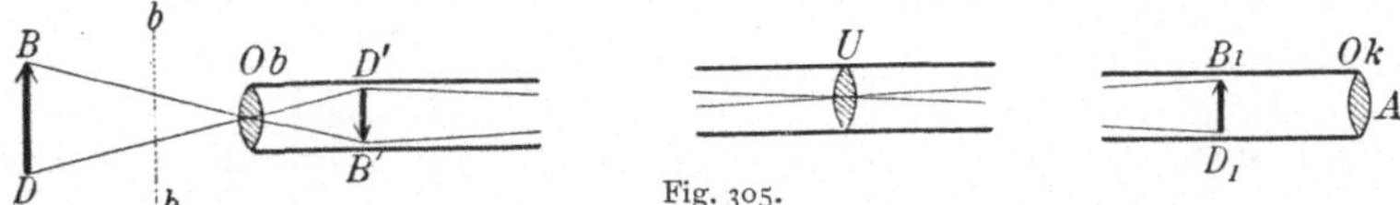

Fig. 305.

ad 1. Nitze gebrauchte hier zuerst eine Art Keplersches Fernrohr (Fig. 305). Die Objektivlinse Ob liefert vom Objekt BD (Blasenwand) ein verkehrtes, verkleinertes, reelles Bild $D'B'$, eine Umkehrlinse U kehrt das Bild nach $B_1 D_1$ (reell) um, welches dann innerhalb der Fokalebene der Beobachtungslupe Ok liegt. Schon der oberflächliche Anblick dieser langen Röhre (in Fig. 305 zweimal unterbrochen gezeichnet, weil sie zu lang ist) ergibt, daß hier nur ein sehr schmales Lichtbündel ausnützbar ist.

Bei modernen Instrumenten (Fig. 309) nimmt man mehrere Umkehrlinsen, wodurch die divergierenden Lichtbündel gleichsam immer wieder zusammengehalten werden; so erreicht man trotz der Schmalheit des Instrumentes verhältnismäßig helle Bilder.

ad 2. Vor dem Objektiv Ob (Fig. 309) ist ein kleines total reflektierendes Prisma angebracht, um den Blasengrund oder (bei Drehung des ganzen Instrumentes um die Längsachse) die seitlichen und oberen Blasenwände sehen zu können. Ein gewöhnliches Prisma wirkt aber wie ein Spiegel umkehrend oder seitenverkehrend. Sieht man durch einen um 45° geneigten

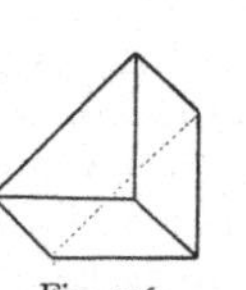

Fig. 306.

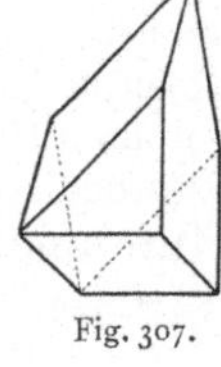

Fig. 307.

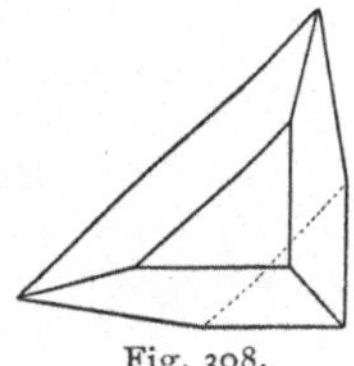

Fig. 308.

Spiegel nach einem Buche, so kann man dieses Buch beliebig drehen, es bleibt immer Spiegelschrift; was man sieht, ist seitenverkehrt. Zwei unter 90° geneigte Spiegel (Winkelspiegel), deren Kante man unter 45° gegen das Buch neigt, geben ein seitenrichtiges Bild.

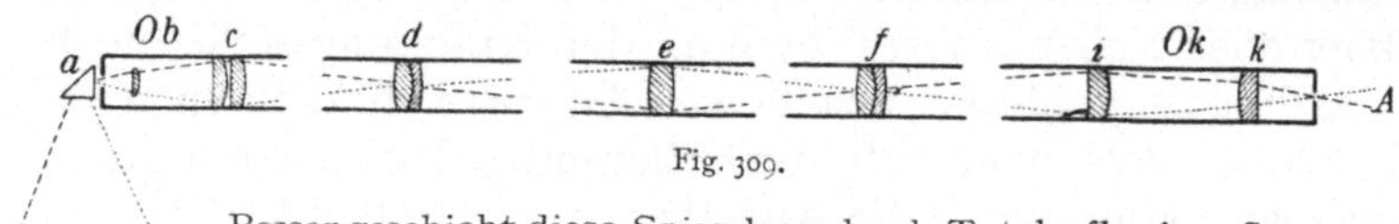

Fig. 309.

Besser geschieht diese Spiegelung durch Totalreflexion. Setzt man über der Hypotenusenfläche eines total reflektierenden Prismas (Fig. 306) ein rechtwinkliges Dach auf (Fig. 307), das bis zur Horizontalfläche (Fig. 308) verlängert wird, so erhält man ein Amicisches Prisma, das erstens wie ein total reflektierendes Prisma den Strahlengang um 90° ablenkt zweitens aber auch wie ein rechtwinkliger Winkelspiegel das Bild umkehrt (wie auch eine Sammellinse).

Fig. 309 zeigt das optische Schema eines modernen Kystoskops in einzelne Stücke zerschnitten. BD ist das zu beobachtende Blasenobjekt. Zur Charakterisierung des Strahlenganges ist der von B ausgehende Hauptstrahl gestrichelt, der von D ausgehende punktiert gezeichnet. Es ist a ein Amicisches Prisma; das Objektiv Ob entwirft von BD ein Bild in der Gegend der Kollektivlinse c, die Linse d kehrt dieses Bild um nach e, f kehrt noch einmal um nach dem Okular ik. Diese zweimalige Umkehr durch die zwei Linsen und die einmalige durch das Amicische Prisma liefert aufrechte und seitenrichtige Bilder und verhältnismäßig große Eintritts- und Austrittspupillen.

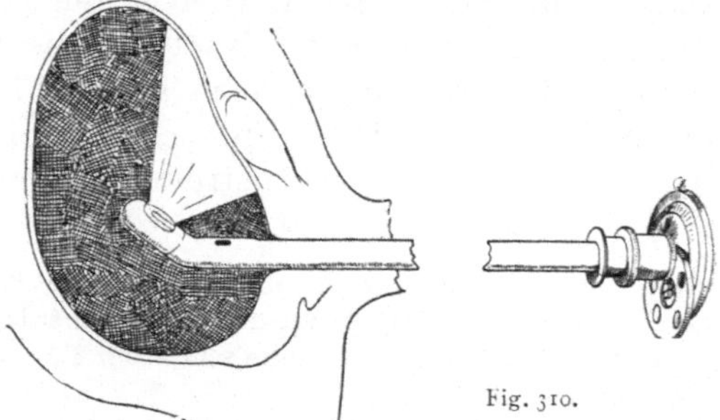

Fig. 310.

Fig. 310 zeigt das Kystoskop in Tätigkeit. Am Ende ist ein Schnabel, der (natürlich allseitig geschlossen) im Inneren eine kleine Glühlampe enthält, die das Beobachtungsfeld beleuchtet; auch die Strom zuführenden Drähte liegen im Inneren des Rohres. Am (linken) Ende des geraden Rohres ist das — in dieser Stellung nach aufwärts gerichtete — Beobachtungsfenster mit dem Amicischen Prisma. Am äußeren (rechten) Ende ist eine Brillenglasscheibe (Rekoßscheibe) angebracht, welche Zerstreuungs- oder Sammellinsen rasch vorzuschalten gestattet, so daß eine Verschiebung des Instrumentes bei verschieden tiefen Beobachtungen kaum nötig ist. Bei solchen Apparaten ist z. B. der äußere Durchmesser 7 mm, die Länge (Prisma bis Okular) 24 cm, der Gesichtsfelddurchmesser 26 mm, wenn der Abstand des Objektes der kanonische, d. h. 2,5 cm ist. Diese Entfernung ist nicht allzu ängstlich einzuhalten, da die schmale Optik des Instrumentes analog einer engen Blende beim Photographieren günstig auf die Tiefenschärfe einwirkt (Fig. 257). Das Lumen der optischen Einrichtungen muß bei manchen Kystoskopen noch viel kleiner werden, wenn auch noch Spülröhren, Operationsinstrumente usw. durch die Kystoskopröhre eingeführt werden sollen.

Das Objektiv eines Kystoskops befindet sich im (meist mit 3% Borsäurelösung) gefüllten Blaseninneren, so daß all die Vorteile eines Immersionssystems (große Helligkeit und Bildschärfe) hier zur Geltung kommen.

Mit Hilfe solcher Kystoskope ist es sogar gelungen, Blasenphotographien herzustellen.[1]

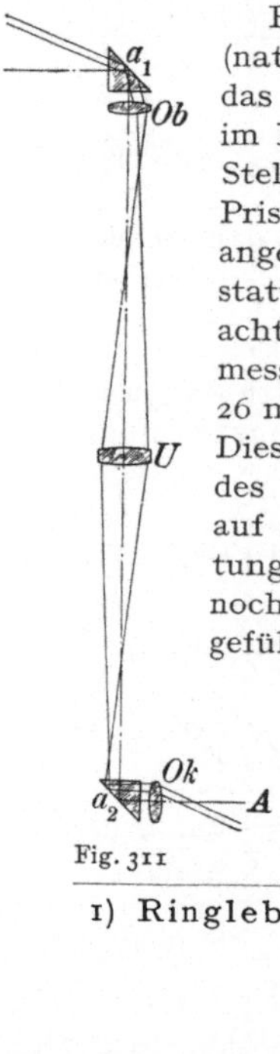

Fig. 311.

1) Ringleb, Das Kystoskop, Leipzig 1910.

381. Fig. 311 zeigt ein nach analogem Prinzipe gebautes **Sehrohr für Unterseeboote** (Periskop). *Ob* und *Ok* sind Objektiv- und Okularsysteme eines Fernrohrs, *U* die Umkehrlinse, a_1 und a_2 zwei total reflektierende Prismen; *A* ist das beobachtende Auge. Länge bis 10 m, Außendurchmesser 10—20 cm. Das oberste Ende ragt über den Wasserspiegel, das untere Ende liegt in dem unter Wasser befindlichen Boote. Weitere optische und mechanische Einrichtungen können in unserer schematischen Darstellung nicht gegeben werden.

Spektralanalyse.

382. Wir wollen nun die § 312 bereits erwähnte **objektive Darstellung des Spektrums** genauer besprechen. Fig. 312 zeigt diese Anordnung von oben gesehen; *S* ist ein von links her mit Sonnen- oder elektrischem Licht beleuchteter Spalt, von dem zunächst die Linse *L* ein Bild auf dem Schirme *A* entwirft. Stellen wir ein Prisma *P* in den Gang der Strahlen, so entsteht auf dem seitlich aufgestellten Schirme *A* ein Spektrum, welches somit aus einer unmittelbar nach der Brechbarkeit aneinander gereihten Folge von farbigen Bildern des Spaltes besteht.

Je schmäler der Spalt ist, desto reiner (aber auch lichtschwächer) erscheint das Spektrum.

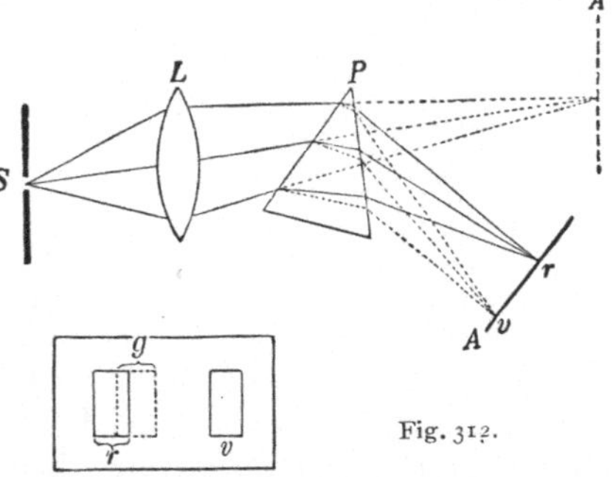

Fig. 312.

Beweis. Macht man den Spalt zuerst recht breit und beleuchtet ihn von links her statt mit weißem mit rotem Lichte, so entsteht nur ein rotes Bild des Spaltes in *r*. In der Fig. 312 unten ist die Ansicht des Projektionsschirmes *A* von vorn gesehen gezeichnet; wir sehen nur das (ausgezogene) rote Spaltbild *r*. Nehmen wir aber violettes Licht, so entsteht rechts ein weiter abgelenktes violettes Bild des breiten Spaltes in *v*. Gelbes Licht gibt das gelbe (punktierte) Bild in *g*, zum Teil über *r* (der rechte Rand von *r* und der linke von *g* decken sich). Bei weißem Licht, das eine ungezählte Reihe verschiedener Farben enthält, überdecken sich alle diese verschieden gefärbten Spaltbilder zum Teile, wie *g* und *r* in Fig. 312; nur das äußere Ende wird links rein rot und rechts rein violett erscheinen. Diese Überdeckungsstörungen werden um so kleiner, je schmäler der Spalt.

Weißes Licht wird so in die Spektralfarben zerlegt. Genaue Versuche ergaben hier, daß ein normales Auge 165 verschiedene Farbentöne unterscheiden kann. Weitere Farben erhält man dann (nach § 361 und 364) durch Änderung der Sättigung und durch Mischung: geübte Mosaikarbeiter unterscheiden 30 000 verschiedene Farben.

383. Bei subjektiver Beobachtung genügen natürlich viel geringere Lichtstärken. Fig. 313 gibt schematisch ein eigens für vorliegende Zwecke gebautes Instrument, das Bunsensche **Spektrometer.**

Der Kollimator *K* besteht aus dem von *Q* beleuchteten Spalt *S*, der in der Brennebene der Linse *L* steht. Das Prisma *P* (bei großen Instrumenten sind es mehrere) bricht diese parallelen Strahlen. *F* ist ein auf Unendlich eingestelltes Fernrohr, durch das man die gebrochenen und scheinbar aus Unendlich kommenden Strahlen als scharfes Spektrum sieht.

Der Spalt ist mittels einer Schraube enger oder weiter einstellbar. Ferner ist die untere Hälfte des Spaltes durch ein rechtwinkliges Prisma p verdeckt, das die Strahlen einer seitlich stehenden Lichtquelle Q' in die untere Hälfte des Kollimatorrohres hinein-reflektiert. Wir sehen dann im Fernrohr zwei Spektra übereinander, das direkt von Q stammende und darüber (das Fernrohr dreht ja die Bilder um) das Spektrum von Q'. Man kann auf diese Weise bequem zwei verschiedene Spektra miteinander vergleichen. Um aber die gegenseitige Lage der einzelnen Farben auszumessen, haben wir an dem Ende einer Röhre R einen kleinen

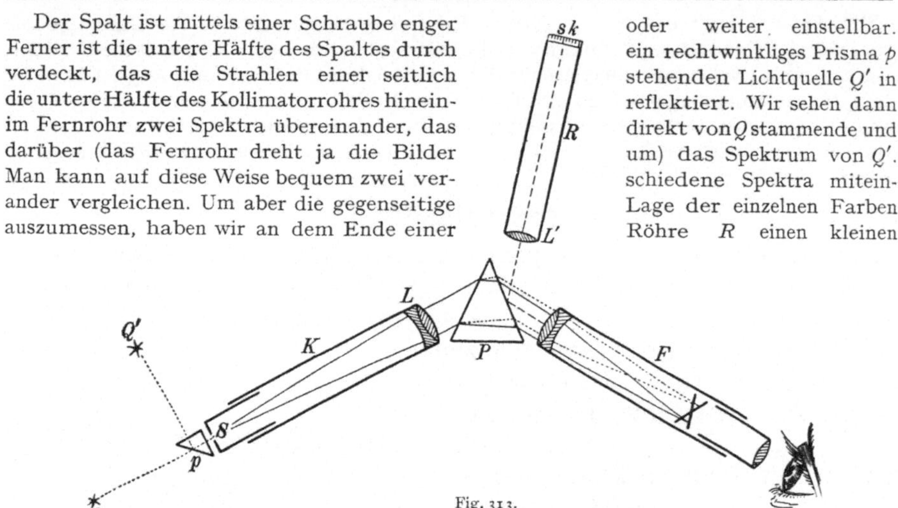

Fig. 313.

durchsichtigen und von hinten beleuchteten Maßstab sk in der Brennebene der Linse L'. Das Bild von sk wird durch Reflexion an der vorderen Prismenfläche gleichfalls in das Fernrohr gebracht, so daß wir also hier gleichzeitig zwei Spektra und eine Skala sehen. (Das diagonale Kreuz im Fernrohr ist das Fadenkreuz § 371.)

Sehr bequem für rasche Untersuchungen sind die geradsichtigen Spektroskope. Man hat dann ein einziges Rohr, welches Spalt, Prisma (§ 317) und Fernrohr enthält. Die Bequemlichkeit dieses Apparates liegt darin, daß man ihn direkt nach jeder beliebigen Lichtquelle richten kann.

384. Als Nachtrag zu § 311, **Bestimmung des Brechungsverhältnisses**, sei hier darauf hingewiesen, daß ein symmetrisch unter P horizontal liegender Teilkreis den Winkel zwischen Kollimator und Fernrohr, d. i. die Deviation δ, bestimmen läßt.

385. Glühende feste oder flüssige Körper, z. B. die glühenden Kohlen des Bogenlichtes, die leuchtenden Rußteilchen einer Kerzen- oder Gasflamme usw., emittieren **kontinuierliche Spektra** mit allen Farben, in welchen zwar die Helligkeitsverteilung der einzelnen Farben etwas verschieden (§ 400), eine einfache Unterscheidung der Spektra verschiedener Körper aber fast immer unmöglich ist.

Gasförmige Lichtquellen hingegen haben **diskontinuierliche Spektra**. Diese zeigen einige helle scharfe Farbenlinien: Linienspektra, oder einige breite, am Rande meist verwaschene farbige Banden: Bandenspektra.

Über die moderne Theorie der Entstehung von Spektren vgl. § 698.

386. Für spektralanalytische Untersuchungen ist die **Erzeugung von Linienspektren** besonders wichtig.

Die Spektra von Metalldämpfen gewinnt man, wenn man zwischen zwei Elektroden des betreffenden Metalles einen kräftigen elektrischen Funken überspringen läßt (Funkenspektra) oder wenn man zwischen Metallelektroden bzw. mit Metallsalzen getränkten Kohlenstiften einen elektrischen Lichtbogen erzeugt (Bogenspektra).

Eine dritte Methode, besonders für die leichten Metalle, besteht darin, daß man in eine nichtleuchtende heiße Flamme, z. B. in die des Bunsenbrenners (der eigens zu diesem Zweck konstruiert wurde), Salze, meistens Chloride, auf einer Asbestplatte oder einem Platindraht bringt. Dadurch bekommt die ursprünglich kaum sichtbare Bunsenflamme eine charakteristische Färbung, z. B. bei Natrium gelb, bei Lithium rot usw., und es erscheint ein ganz bestimmtes, das betreffende Metall charakterisierendes Spektrum: Flammenspektra.

Gase bringt man in Glasröhren und pumpt bis auf etwa 3 mm Hg aus. Durch zwei Metalldrähte, welche die Glaswand durchsetzen, schickt man einen hochgespannten elektrischen Strom. Dann leuchtet diese Geißlerröhre, und zwar am meisten im kapillaren Teil. Man stellt eine Röhre von der Form Fig. 314 so, daß der mittlere enge Teil vertikal vor dem vertikalen Spalte steht. Die Röhre Fig. 315 stellt man so, daß die horizontale Achse der engen Röhre in die Achsenrichtung des Kollimators zu liegen kommt.

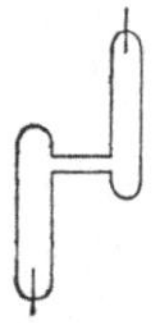

Fig. 314.   Fig. 315.

Jedes Element hat ein eigenes charakteristisches **Emissionsspektrum.** In Fig. 235 stehen unter einigen Fraunhoferschen Linien die Buchstabensymbole einiger Elemente. Das Natriumspektrum z. B. zeigt eine gelbe Linie bei D, die sich in starken Apparaten als Doppellinie erweist. Das Spektrum des rot leuchtenden Wasserstoffs ist hauptsächlich charakterisiert durch eine rote Linie bei C, eine grünblaue bei F, eine violette in G und eine in h und andere minder helle Linien usw. Diese zwei einfachen Beispiele mögen genügen. (Vergleiche § 396.)

387. Neben dem sichtbaren Spektrum breitet sich aber auch (§ 313) das unsichtbare **ultrarote** und **ultraviolette Spektrum** aus. Besteht der sichtbare Teil aus Linien, so zeigt eine kalorimetrische Untersuchung auch im Ultrarot und Ultraviolett ein Linienspektrum.

Ein großer Teil der Strahlung sowohl im sichtbaren Spektrum als auch im Ultraviolett (ein wenig auch im Ultrarot) kann photographiert werden. Man hat darum die Spektra aller Elemente meist durch Photographie bestimmt.

Solche Spektralphotographien zeigen oft eine sehr große Anzahl von Linien, beim Eisen z. B. über 2000.

Die Spektra sind, je nachdem man verschiedene Temperaturen oder bei Gasen verschiedene Drucke anwendet, auch für ein und dieselbe Substanz etwas veränderlich, wie aus dem Unterschied der Funken-, Bogen-, Flammenspektren hervorgeht.

Immer aber ist eine Reihe von typischen Hauptlinien trotz der Änderung von Druck und Temperatur identisch, so daß man mit Bestimmtheit sagen kann, es müssen immer, wenn solche Linien erscheinen, die betreffenden Substanzen vorhanden sein. Hat man einmal die Spektra für alle Elemente festgestellt, so ist es meist leicht, die Analyse eines Körpers mittels seines Emissionsspektrums zu gewinnen. Das Auftreten neuer unbekannter Linien ergibt ein bequemes und sicheres Hilfsmittel zur Entdeckung von neuen Elementen. Diese Methode, von Kirchhoff und Bunsen (1860) entdeckt, heißt **Emissions-Spektralanalyse.**

Schon Spuren eines Elementes lassen sich auch im Gemisch mit anderen herausfinden. So färben z. B. bereits 10^{-6} mg Natrium die Flamme gelb.

388. Spektrale (selektive) Absorption. Bringt man in den Gang einer Strahlung, die ein kontinuierliches Spektrum liefert, einen Körper, so wird ein Teil dieser Strahlung in dem sich dadurch erwärmenden Körper absorbiert und zwar fast in allen Fällen verschieden stark in den verschiedenen Spektralgebieten.

Eine Lösung von Jod in Schwefelkohlenstoff z. B. absorbiert die optisch wirksamen Strahlen, indes ein sehr großer Betrag der ultraroten, unsichtbaren Strahlung durchgeht. Glas läßt umgekehrt die optisch wirksamen Strahlen durch, absorbiert hingegen teilweise die ultraroten und ultravioletten.

Ähnlich verhält sich Wasser. Man schaltet daher, wenn man das Licht einer kräftigen Projektionslampe bei Projektionen von mikroskopischen Objekten und Diapositiven sehr stark konzentrieren muß, eine größere Wasserschicht (Fig. 259 und 260) ein, welche das Licht kaum schwächt, hingegen den größten Teil der dunkeln ultraroten Strahlung absorbiert, die das zu projizierende Objekt durch Erhitzung gefährden würde.

Im Gegensatz zu Glas lassen Steinsalz und Sylvin nicht nur die optisch wirksamen Strahlen, sondern auch sehr viel von der ultraroten Strahlung durch; Quarz und Flußspat hingegen lassen außer den optisch wirksamen Strahlen auch die ultravioletten passieren; letzterer absorbiert auch Ultrarot nur wenig. Darum sind bei Spektralapparaten, welche zum Photographieren des ultravioletten Spektralbezirkes bestimmt sind, alle Linsen und Prismen statt aus Glas aus Quarz oder Flußspat; recht gute Dienste leistet hier auch das viel billigere Uviolglas, welches einen großen Teil des Ultraviolett durchläßt (daher der Name).

Die Absorption ist bei vielen Körpern auch innerhalb des optisch wirksamen Gebietes sehr verschieden. Bringen wir z. B. in den Gang der

Lichtstrahlen bei einem Spektralapparat rotes Glas, so reduziert sich das Spektrum auf einen roten Streifen, alle anderen Wellenlängen sind im Glase absorbiert; es ist also das so gewonnene Rot sehr homogen. Analoge „Farbenfilter" für andere Farben des Spektrums erreichen minder scharfe Farbenhomogenität.

Die durch Dämpfe erzeugte Absorption gehorcht einem sehr einfachen Gesetze, das wir später (§ 395, 396) besprechen werden.

389. Man nennt ein Spektrum, bei dem aus weißem Lichte durch einen Körper in der angedeuteten Weise ein Teil absorbiert wurde, ein **Absorptionsspektrum.** Eine Reihe von Körpern, besonders Lösungen haben nun ganz charakteristische Absorptionsspektra. Um die Beschaffenheit eines solchen Spektrums zu sehen, bringt man bei einem Spektralapparat zwischen Auge (bzw. photographischer Platte) und Lichtquelle den zu untersuchenden Körper, eventuell ein Gefäß mit planparallelen Gläsern, welches die betreffende Lösung enthält. Mit steigendem Prozentgehalt der Lösung ändert sich zwar die Absorption, das Charakteristische aber der Absorptionsbanden bleibt, solange die Konzentration nicht allzusehr steigt, meist erhalten.

Denselben Effekt auf die Absorption wie eine stärkere Konzentration hat auch eine Vergrößerung der durchstrahlten Schichtdicke. Man kann so durch **Absorptions-Spektralanalyse** sowohl qualitative wie quantitative Untersuchungen durchführen. Diese Analyse hat speziell für physiologische Zwecke große Vorteile, da man hier nicht wie bei der Emissionsspektralanalyse die Körper hohen Temperaturen aussetzen muß, was ja bei organischen Verbindungen unmöglich ist.

390. Von besonderem Interesse ist die **Blut-Absorptions-Spektralanalyse.** Die Blutkörperchen verdanken ihre rote Farbe einem Farbstoffe: Hämoglobin. Dieser wird im arteriellen Blute durch Aufnahme von Sauerstoff zu Oxyhämoglobin oxydiert, indes das venöse Blut teilweise aus Hämoglobin, teilweise aus Oxyhämoglobin besteht. Eine Hämoglobinlösung ist in dünneren Schichten grünlich, in dicken rot, während die Oxyhämoglobinlösung immer hochrot ist.

Ein kleines keilförmiges Glasgefäß habe am oberen, dickeren Ende des Keiles eine Dicke von 2,5 mm. Dieses Gefäß wird mit reinem, unverdünntem Blute von 14 % Oxyhämoglobin gefüllt und so vor den Spalt eines Spektroskops gestellt, daß die dünne Schicht des Keiles unten, die dicke oben ist. Im Spektroskop ist das Bild natürlich durch das Fernrohr umgekehrt. Fig. 316 ergibt den Anblick im Spektroskop. Die vertikale Zahlenreihe links bedeutet die Schichtdicke, oben 0 und nach unten ansteigend bis 2,5 mm. Die Vertikallinien bedeuten Fraunhofersche Linien oder die durch diese Linien charakterisierten Farbenbezirke. Horizontal ist das bei der betreffenden Keildicke jeweilig sichtbare Spektrum gezeichnet.

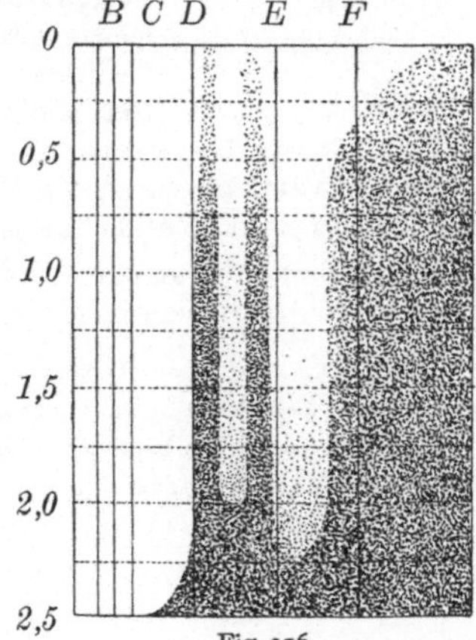

Fig. 316.

Bei 0,25 mm Dicke sehen wir zwei schwache Absorptionsstriche, violettwärts von der gelben Farbe. Diese haben bei 0,75 mm Dicke eine ganz bestimmte Breite; bei 2 mm Dicke beginnt das Grün vollständig zu verschwinden.

Im normalen Zustande schwankt der Oxyhämoglobingehalt je nach Alter, Geschlecht, Lebensgewohnheiten um einen Mittelwert von etwa 13 %; in pathologischen Zuständen kann er bis 4 % fallen. Die fortlaufende Bestimmung dieses Prozentgehaltes ist bei vielen Krankheiten geboten und hierzu liefert die Spektroskopie ein ungemein bequemes Mittel. Hat man eine weniger konzentrierte Lösung, z. B. nur mit halb so viel Oxyhämoglobingehalt wie in Fig. 316, so wird statt bei einer Schichtdicke von 0,75 erst bei einer solchen von 1,5 die bestimmte Breite der beiden Streifen zu erreichen sein usw. Für solche Bestimmungen genügen einige Tropfen Blut: Hämatoskop.

Durch passende chemische Behandlung wird Oxyhämoglobin zu Hämoglobin reduziert oder Hämatin isoliert usw.; alle diese Blutderivate können an ihrem charakteristischen Spektrum momentan erkannt werden. Einige einfache Vormanipulationen ermöglichen spektroskopisch den Nachweis von Kohlenoxyd im Blut (Erstickung durch CO). Man konnte sogar an lebenden Organen durch passende Unterbindungen spektroskopisch verfolgen, wie Oxyhämoglobin reduziert wird und wie nach Aufhören der Ligatur wieder das Spektrum des Oxyhämoglobins erscheint.

Auch andere organische Lösungen ergeben scharfe Absorptionsspektra; so zeigt das Chlorophyll charakteristische Streifen, ebenso alle anderen Pflanzenfarbstoffe. Großes Interesse beansprucht die Tatsache, daß man durch den Abbau des Chlorophylls und durch Abbau des Hämoglobins zu zwei Körpern kommt, Phyloporphyrin und Hämatoporphyrin, mit fast identischen Absorptionsspektren.

391. Statt die einzelnen Absorptionsbezirke in spektraler Zerlegung kann man auch die Gesamtabsorption vergleichen. Man sieht z. B. durch den früher geschilderten schmalen Keil des Hämotoskops gegen eine bestimmte Schriftprobe, die bei einer bestimmten Keildicke unleserlich wird. Das gibt natürlich nur eine rohe Schätzung des Oxyhämoglobingehaltes.

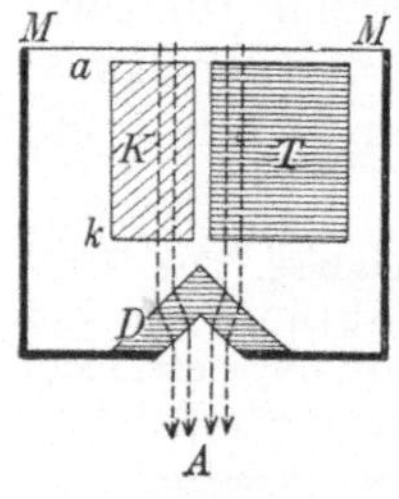

Fig. 317.

Viel genauer sind direkte Farbenvergleichungen in **Kolorimetern.** Fig. 317 stellt von oben gesehen den optischen Teil eines solchen Kolorimeters (Autenrieth-Königsberger) dar. Die von einem weißen, von hinten beleuchteten Milchglas M kommenden Lichtstrahlen (strichliert gezeichnet) durchsetzen einen parallelepipedischen Trog T, einen Keil K und werden dann durch ein Glasstück D so gebrochen, daß ein Auge A die beiden Flächen T und K knapp nebeneinander sieht. T wird mit der zu untersuchenden, nach bestimmten Rezepten zu verdünnenden Blutlösung gefüllt, indes der Keil K ein für allemal mit einer ganz bestimmten Hämoglobinlösung gefüllt bleibt. Die Strecke ak wird dadurch verändert, daß der geeichte Keil K längs einer seitwärts angebrachten Vertikalskala sich aufwärts oder abwärts verschieben läßt, bis das Auge in A beide Lichtfelder gleich hell sieht.

Entsprechende andere Keilfüllungen, welche ein für allemal gemacht werden, ermöglichen Gehaltsbestimmungen von Zucker, Jod, Eisen, Chrom usw.

392. Die **anomale Dispersion** (§ 318) steht mit der selektiven Absorption bestimmter Wellengebiete in innigem theoretischem Zusammenhang. Kennt man die Dispersion einer Substanz, so kann man ihre Absorptionsbanden oder Absorptionslinien bestimmen (Sellmeier 1871).

Temperaturstrahlung und Lumineszenz.

393. Jeder warme Körper sendet fortwährend Strahlen — Wärmestrahlen — aus. Wollen wir daher die Ausstrahlung einer heißen Fläche messen, so müssen wir nicht nur dafür sorgen, daß das messende Instrument, Thermosäule, Bolometer u. dgl. diese Strahlung wirklich absorbiert, wir müssen auch in Rechnung ziehen, daß dieses Meßinstrument selbst mehr oder weniger Wärme zurückstrahlt.

In einem gegen Wärmeverlust und -gewinn geschützten (adiabatischen) Raum muß nach dem zweiten Hauptsatze der mechanischen Wärmetheorie Temperaturgleichheit, **Strahlungsgleichgewicht**, eintreten, weil alle Temperaturdifferenzen sich ausgleichen. Dann ist für jede Fläche die pro sec absorbierte und ausgestrahlte Wärme gleich. Das gilt für alle Temperaturen.

394. Ein Körper, der ohne Ausnahme alle auffallende Strahlung absorbiert und in Wärme verwandelt, heißt ein **absolut schwarzer Körper.**

Eine dicke Schicht von Ruß, Platinmohr oder dgl. absorbiert so ziemlich alle auffallenden Strahlen im sichtbaren Spektrum. Einen Gegensatz hierzu bildet blank poliertes Silber, welches fast gar nichts absorbiert und fast alles reflektiert. Solches Silber sendet auch fast keine Strahlung aus.

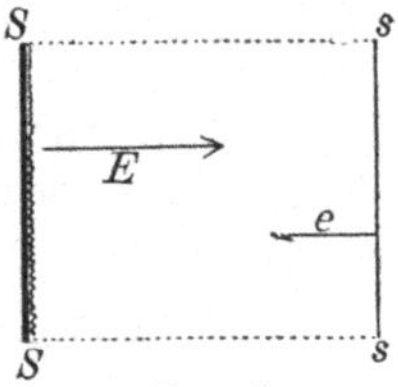

Fig. 318.

395. Es sei SS (Fig. 318) eine solche schwarze Fläche, welche in der Richtung des Pfeiles das Emissionsvermögen E hat. Emissionsvermögen ist die pro sec und cm² ausgesendete Strahlung. Dieser Fläche SS gegenüber stehe eine andere Fläche ss eines beliebigen Körpers von genau gleicher Temperatur, dessen Emissionsvermögen wir e und dessen Absorptionsvermögen wir a nennen. Letztere Zahl bedeutet jenen echten Bruch, mit welchem man die einfallende Strahlung multiplizieren muß, um die absorbierte Strahlung zu erhalten. Wäre a z. B. $= \frac{1}{4}$, so heißt das, von der auffallenden Strahlung wird $\frac{1}{4}$ absorbiert und $\frac{3}{4}$ reflektiert; wir nehmen an, daß durch ss keine Strahlung unabsorbiert hindurchgeht. Denken wir uns die beiden Flächen SS und ss seitwärts durch ein Wärme nicht leitendes Rohr (punktiert gezeichnet) verbunden, welches sämtliche Strahlen ideal reflektiert, und dann das Ganze adiabatisch eingehüllt, so muß jede der Flächen S und s (denn keine kann sich auf Kosten der anderen erwärmen) genau so viel Wärme absorbieren, als sie aussendet, und das bedeutet für die Fläche s, daß die pro cm² und sec ausgestrahlte Wärme e ebenso groß sein muß wie die absorbierte Wärme $E\,a$. Aus $E\,a = e$ folgt $E = \dfrac{e}{a}$.

Dieses **Kirchhoffsche Strahlungsgesetz** (1860) gilt für jede Wellenlänge und jede Temperatur und lautet: Das Verhältnis zwischen Emissions- und Absorptionsvermögen ist für jeden Körper gleich dem Emissionsvermögen eines schwarzen Körpers von derselben Temperatur für dieselbe Wellenlänge, somit konstant.

396. Ist also das Emissionsvermögen eines Körpers für ein bestimmtes Wellengebiet besonders groß, so muß für ebendasselbe Wellengebiet auch sein Absorptionsvermögen ein sehr großes sein. Wenn z. B. Natriumdampf zwei scharfe Spektrallinien bei D aussendet, so muß auch das Absorptionsvermögen gerade für diese Wellen ein besonders großes sein. Blicken wir mit einem Spektralapparat nach einem glühenden festen Körper und bringen dann zwischen Spektralapparat und Lichtquelle glühenden Natriumdampf, so tritt in dem bisher kontinuierlichen Spektrum bei D eine dunkle Linie (oder bei genauerer Betrachtung zwei) auf: **Umkehrung des Spektrums.**

Diese Linie ist nicht wirklich dunkel, sie erscheint nur dunkel durch Kontrastwirkung; blenden wir nämlich den heißen Körper ab, so sehen wir, daß der Natriumdampf selbst gelbes Licht aussendet, und wir bemerken eine ganz schwache, gelbe Linie an derselben Stelle.

397. Die **Erklärung** der scharfen dunkeln Linien im Sonnenspektrum, **der Fraunhoferschen Linien,** ist in ganz analoger Weise zu erbringen. Wir ersehen aus Fig. 235, daß die Lage dieser Linien genau identisch ist mit Emissionslinien irdischer Elemente. Darum muß die Strahlung der Sonne, die ursprünglich ein kontinuierliches Spektrum lieferte, irgendwo durch die betreffenden Dämpfe hindurchgegangen sein.

Fast alle diese Linien entstehen an der Sonne selbst. Die Strahlung des weißglühenden Innern — der Photosphäre — geht durch eine Metalldampfatmosphäre —Chromosphäre —, die eine bedeutend tiefere Temperatur besitzt, hindurch. Bei einer Sonnenfinsternis, bei der der Mond uns nur die äußere Umhüllung der Sonne sehen läßt, werden dann diese Linien der Chromosphäre hell, so wie bei dem früher geschilderten Natriumexperimente.

Ein kleiner Teil der Fraunhoferschen Linien entsteht aber durch Absorption der Sonnenstrahlung im Wasserdampf der Erdatmosphäre. Dies erhellt daraus, daß diese Linien bei tieferem Stand der Sonne, wenn naturgemäß die Länge der durchstrahlen Erdatmosphäre größer ist, dunkler werden.

398. Da in der Gleichung $E = \dfrac{e}{a}$ das a im Maximum gleich 1 sein kann, so sehen wir, daß auch e im Maximum gleich E werden muß, d. h. daß kein Körper bei irgendeiner Temperatur und von irgendeiner Wellenlänge mehr Strahlen aussenden kann als ein schwarzer. Es ist daher die Bestimmung der Abhängigkeit der Strahlung eines schwarzen Körpers von der Temperatur ungemein wichtig.

Denken wir uns einen allseitig geschlossenen Hohlraum, innen mit Platinmohr oder dgl. bekleidet; in der Wand dieses Hohlraumes sei ein kleines Loch. Ein Strahl, der von außen her durch dieses Loch auf die gegenüberliegende Innenwand auffällt, wird zum allergrößten Teile absorbiert. Der nicht absorbierte kleine Rest wird teils regelmäßig, teils diffus nach allen Seiten reflektiert, und von ihm wird beim zweiten Auftreffen an der Innenwand wieder der größte Teil absorbiert. So bleibt bald — nach einigen Reflexionen — nichts mehr übrig: eine solche Vorrichtung, welche **alle einfallenden Strahlen absorbiert**, ist also ein **absolut schwarzer Körper**. Ein solcher muß aber auch nach dem Kirchhoffschen Gesetz das Maximum der bei dieser Temperatur möglichen Strahlung E geben.

Man erhitzt nun diese Vorrichtung eines schwarzen Körpers auf verschiedene Temperaturen und mißt die aus der Öffnung tretende Strahlung kalorimetrisch.

399. Die **Gesamtstrahlung eines schwarzen Körpers** ist proportional mit T^4, d. h. **mit der vierten Potenz der absoluten Temperatur** (Stefan 1878 — Boltzmann 1884).

Bezogen auf sec, cm^2 und cal, ist

$$E = 1,37 \cdot 10^{-12}\, T^4.$$

Bei blankem Platin ist die Gesamtstrahlung ziemlich genau proportional mit T^5.

Die Strahlung der Sonne läßt sich an der Erdoberfläche leicht messen. Bezogen auf cm^2, Minute und cal ist die einfallende Strahlungsmenge, die Solarkonstante, ungefähr 2. Man mußte dabei natürlich jenen Betrag, der in der Erdatmosphäre absorbiert wird, in Rechnung bringen. Aus dieser Solarkonstante berechnet sich unter der Annahme, daß die Sonne ein schwarzer Körper sei, die Temperatur derselben zu etwa 5800° absolut = rund 5500° C. Das bezieht sich auf die strahlende Fläche, das Sonneninnere hat eine viel höhere Temperatur. Würde ihre Strahlung aber, was wahrscheinlich ist, mehr einer Platinstrahlung gleichen, so müßte die Temperatur eine größere sein.

Zu den höchsten der irdischen Temperaturen gehört die des elektrischen Kohlenbogens, ca. 4000° C. Lummer hat mit solchen unter hohem Drucke brennenden Kohlen noch höhere Temperaturen erreicht.

400. Außer der Gesamtstrahlung kann man auch die **Temperatur-Abhängigkeit** der **Strahlung einzelner Wellenbezirke** experimentell bestimmen (Langley in Amerika und besonders die Arbeiten der Charlottenburger Reichsanstalt). In Fig. 319 sind als Abszissen Wellenlängen (Violett links, Rot rechts) und als Ordinaten die ausgestrahlte Energie eines schwarzen Körpers für verschiedene Temperaturen eingezeichnet. Die Kurve für 727° C = 1000° abs. liegt noch fast ganz im Ultrarot, das **Maximum rückt bei steigender Temperatur immer mehr gegen das stärker brechbare Ende des Spektrums** (gegen links in Fig. 319).

Genauer lautet die Beschreibung so:

1. Das Produkt von T und jener Wellenlänge, welche dem Maximum entspricht, ist konstant:

$$T \cdot \lambda_{\max} = 0,288 \text{ cm} \cdot \text{Grad} = 2880\, \mu \cdot \text{Grad}$$
$$\text{(Wiensches Verschiebungsgesetz)}.$$

2. Die maximale Energie ist proportional T^5.

3. Zusammenfassend wird die Energieverteilung im Spektrum durch das **Plancksche Strahlungsgesetz** dargestellt. Der Kurvenverlauf der Fig. 319 ist danach durch die Gleichung gegeben

$$E = \frac{C_1 \lambda^{-5}}{e^{\frac{c_2}{\lambda T}} - 1},$$

wobei E die Ordinate der Figur, C_1 und c_2 in ihrem Zahlenwert bekannte Konstanten sind.

Bezüglich der Quantentheorie, die auf diese Formel führt, vgl. § 697, 698.

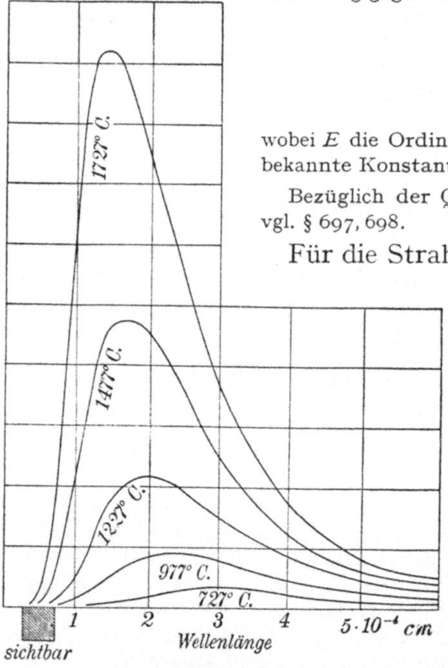

Für die Strahlung des Platins ergeben sich etwas andere, aber doch analoge Kurven und Gesetze. Immer aber müssen die Kurven für nicht schwarze Körper tiefer liegen.

Bei langsamer Temperatursteigerung, z. B. eines elektrisch geglühten Platindrahtes, bemerken wir zunächst ein unstetes Grau, weil die ausgestrahlte Energie zwar auf die farbenunempfindlichen Stäbchen, nicht aber auf die Zapfen wirkt. Fixieren wir nun den strahlenden Körper, so tritt jenes eigentümliche physiologische Phänomen

Fig. 319.

ein, das wir § 367 schilderten. Bei weiterem Erhitzen, zwischen 500°C und 600°C (bei verschiedenen Körpern verschieden), erscheint dann Rotglut, die bei Temperatursteigerung immer mehr zur Weißglut wird.

401. Bei der **Sonnenstrahlung** (5500° C = rund 5800° abs.) liegt das **Energiemaximum**, berechnet nach der Wienschen Formel (vgl. § 400), im Blaugrün. Beim Durchgang durch die Erdatmosphäre wird die Strahlung geschwächt und zwar die kurzwellige mehr als die langwellige. Infolgedessen rückt das Maximum in das Grüngelb. Interessant ist nun, daß an eben derselben Stelle auch unsere optische Empfindung am stärksten ist.

Die Summe der die drei Elementarempfindungen darstellenden Ordinaten in Grüngelb der Fig. 288 zeigen letzteres.

Die Empfindlickeit des Auges für Strahlen verschiedener Wellenlänge wird durch die folgende Tabelle wiedergegeben, wobei willkürlich die Empfindlichkeit für Grüngelb mit 100 angesetzt ist:

λ (in μ)	= 0,40	0,45	0,50	0,55	0,60	0,65	0,70	0,75
Empfindl.	= 0,01	3,6	32,8	100	60,0	9,4	0,3	0,01

402. Aus Fig. 319 ergeben sich einige interessante Schlüsse für die **Leuchttechnik.**

Einige Beispiele gibt die folgende Zusammenstellung:

	λ_{max}	T_{max}
Bogenlampe	0,7	4200⁰ absolut
Wolframlampe	0,87	3400⁰
Auerlampe	1,2	2450⁰
Kohlenfadenglühlampe .	1,4	2100⁰
Kerze	1,5	1960⁰

Es zeigt sich, daß für eine verhältnismäßig geringe Temperaturerhöhung, besonders durch das Vorrücken der Kurve gegen Violett hin, der optisch wirksame Teil sehr bedeutend zunimmt. Wenn wir die Temperatur z. B. von 1800⁰C auf 1875⁰C steigern, so verdoppelt sich die Lichtstärke der Strahlung eines schwarzen Körpers. Daraus sind die großen Anstrengungen zu erklären, für elektrische Glühlampenfäden möglichst schwer schmelzbares Material (wegen der Möglichkeit der Erhitzung auf möglichst hohe Temperaturen) zu gewinnen.

Es ist überraschend, daß bei Weißglut nur ein so auffallend kleiner Teil als Licht empfunden wird. Die ultrarote Strahlungsenergie (der ganze rechte Teil der Fig. 319) von über 90 % und die geringe ultraviolette Strahlung geht optisch verloren. Dieser unnütze Energieaufwand verteuert natürlich die Beleuchtungskosten. Es wird sich daher empfehlen, für Leuchtzwecke nicht glühende schwarze Körper zu verwenden, sondern solche, von deren Strahlung nur möglichst wenig außerhalb des optischen Wellengebietes 0,4 und 0,8 μ liegt. Dies verwirklicht zum Teil der Auerbrenner, in welchem mittels einer Bunsenflamme hauptsächlich Thoriumoxyd und etwas Ceriumoxyd glühend gemacht werden. Dadurch, daß die Ausstrahlung des Thor im Ultrarot eine sehr geringe ist, wird die Temperatur des Strumpfes eine sehr hohe. Die Ausstrahlung des Cer ist hingegen im optischen Teil eine ganz besonders große.

Das Verhältnis der optisch wirksamen Strahlung zur Gesamtausstrahlung ist besonders groß bei elektrischen Entladungen in luftverdünnten Räumen, doch ist dies keine Temperaturstrahlung mehr, sondern sog. Lumineszenz.

403. Lumineszenz — im Gegensatz zur Temperaturstrahlung — bezeichnet alle Leuchtprozesse, bei denen die Ausstrahlung nicht im Sinne des früher erwähnten Strahlungsgesetzes durch die Temperatur des Körpers bestimmt ist. Die Erregung der Lumineszenz kann in verschiedener Weise erfolgen: durch chemische, mechanische, thermische oder elektrische Vorgänge oder durch auffallendes Licht.

Das Leuchten des Phosphors wird durch Oxydationsvorgänge bewirkt, sog. Chemilumineszenz; hierher gehört auch das Leuchten des Johanniswürmchens, der Leuchtbazillen faulen Fleisches, des Holzes u. dgl.

Tribolumineszenz nennt man die Leuchterscheinungen beim Zerbrechen von Kreide, Zerstoßen von Zucker usw. Flußspat, Kunzit und andere Mineralien leuchten bei mäßiger Erwärmung auf (**Thermolumineszenz**). Dann gibt es noch eine **Kathodolumineszenz**, wobei die Lichterregung durch Kathodenstrahlen erfolgt; auch Röntgen- und Radiumstrahlen können Lumineszenz bewirken.

404. Photolumineszenz ist eine selbständige Strahlung mancher Körper, erregt durch auffallende Lichtstrahlung. **Strahlt der erregte Körper auch, nachdem die erregende Strahlung aufgehört hat,** so spricht man von (physikalischer) **Phosphoreszenz, leuchtet er aber nur, solange die erregende Strahlung wirkt,** so bezeichnet man dies als **Fluoreszenz.**

405. Phosphoreszenz. Glüht man **Schwefelblumen mit Kalk, Baryt oder Strontian unter Zusatz von Spuren eines Metalles** (Kupfer, Mangan, Wismut usw.), so erhält man nach Abkühlung ein Pulver, das nach Bestrahlung mit kräftigem Lichte noch stunden-, ja selbst tagelang mit schwachem, allmählich verschwindendem Lichte leuchtet. Ohne Metallzusatz leuchten diese Schwefelverbindungen der alkalischen Erdmetalle nicht. Besonders dauerhaft ist das blaue Licht der **Balmainschen Leuchtfarbe** (Schwefelkalzium und Wismutzusatz).

Diese Phosphoreszenzerscheinungen, besonders die Temperatureinflüsse auf sie, sind recht kompliziert. Einen Überblick gewinnen wir wohl am besten an der Hand der Auffassung von Lenard, der in zahlreichen Arbeiten (seit 1889) dies Gebiet erforschte.

Aus den drei Bestandteilen: Erdalkalisulfid und Metall und noch einem Zusatz als Flußmittel, z. B. einem Natriumsalze, entstehen „Zentren" bestimmter Art. Bei Erregung durch einstrahlendes Licht (oder Kathodenstrahlen u. dgl.) werden Elektronen, d. s. elektrisch geladene kleinste Teilchen, aus diesen Zentren weggerissen. Einzelne fliegen ganz aus dem Körper heraus, **photoelektrischer Effekt (lichtelektrische Leitfähigkeit)** (§ 673), andere gelangen, vorübergehend, in den Bereich neutraler Molekeln. Die spätere Rückkehr dieser Elektronen in ihre Zentren erfolgt durch die Anziehungskraft der Zentren, die dadurch erzeugte Schwingung ergibt die Lumineszenz, welche spektral untersucht eine bestimmte Phosphoreszenzbande emittiert. Manche phosphoreszierende Substanzen enthalten zwei (oder mehrere) verschiedene Arten von Zentren und senden daher zwei (oder mehrere) verschiedene Banden aus. Die mit Lumineszenz verbundene Rückkehr der Elektronen in ihre Zentren erfolgt bei tieferen Temperaturen kaum, bei hohen Temperaturen sehr bald. Wir können daher für jede Zentrenart drei Zustände unterscheiden.

a) Den **Kältezustand.** Hier werden die Elektronen abgespalten und kehren nicht zurück. Die Phosphoreszenz ist gleichsam potentiell aufgespeichert.

b) **Normaler Dauerzustand.** Die abgespaltenen Elektronen kehren allmählich zurück und verursachen dauernde Phosphoreszenz.

c) **Hitzezustand.** Die abgespaltenen Elektronen kehren rasch zurück und bewirken momentanes starkes Aufleuchten.

Bestrahlt man z. B. auf — 80° C abgekühlte phosphoreszierende Substanzen (z. B. Kalzium — Nickel — Fluor), so sieht man nur sehr schwache Phosphoreszenz auftreten. Erwärmt man dann diese Substanzen im Dunkeln auf Zimmertemperatur, so leuchten sie hell auf. Bei 100° C ist — selbst durch neuerliche Beleuchtung — kaum mehr eine Phosphoreszenz zu erzeugen. Macht man denselben Versuch mit einem Phosphor, der zwei Zentren (zwei Banden) hat (z. B. Kalzium — Kupfer — Lithium), so bemerkt man beim Erwärmen auf Zimmertemperatur ein Aufleuchten: Bande Nr. 1, und ein neuerliches Aufleuchten bei höherer Temperatur: Bande Nr. 2. So erklären sich die früher ganz unverständlichen Farbenwechsel eines im kalten Zustand beleuchteten und langsam erhitzten phosphoreszierenden Körpers. Die Temperaturen für diese drei Zustände sind für verschiedene Substanzen sehr verschieden. Es gibt organische Körper, die erst bei tiefen Temperaturen Phosphoreszenz zeigen; für diese ist die Temperatur des normalen Zustandes sehr tief.

Das die Photolumineszenz erregende Licht muß stets eine bestimmte (nicht scharf abgegrenzte) Farbe haben und ist meist brechbarer als das emittierte Phosphoreszenzlicht (Regel von Stokes).

Ultrarote und rote Strahlen haben die Eigenschaft, bereits vorhandene Phosphoreszenz momentan zu verstärken und dann auszulöschen. Ein zuerst mit weißem Licht stark bestrahlter und dadurch stark phosphoreszierender Sidotblendeschirm wird in ein Sonnenspektrum gebracht; dann erlischt nach schwachem Aufleuchten im ultraroten Teil alle Phosphoreszenz und es bleiben nur die Fraunhoferschen Linien dieses Gebietes (weil nicht ultrarot bestrahlt) phosphoreszierend zurück.

Nach Lenard erklärt sich dies ungezwungen dadurch, daß die Phosphorzentren das rote Licht absorbieren und für sich allein den Hitzezustand erreichen, ohne ihre hohe Temperatur der umgebenden Substanz mitzuteilen.

Oft ist die Phosphoreszenz von sehr kleiner Dauer. Um sie zu bemerken, muß man eigene Apparate — Phosphoroskope — anwenden, welche die untersuchte Substanz abwechselnd beleuchten und nach sehr kurzer Zeit (bis 0,00016 sec) die Beleuchtung abblenden und gleichzeitig die Substanz dem Auge zur Beobachtung darbieten. So untersucht zeigen fast alle Körper Phosphoreszenz.

406. Nach dem Vorhergehenden kann aber manchmal auch schon während der Belichtung selbst eine Lumineszenz stattfinden; diese zeigt sich besonders schön am Flußspat, so daß man dieser Art der Photolumineszenz den Namen **Fluoreszenz** gegeben hat. Sie kann also als ein Grenzfall der Phosphoreszenz aufgefaßt werden.

Es gilt auch hier die Regel (Stokes), daß die Wellenlänge des Fluoreszenzlichtes meist größer ist als die des erregenden Lichtes. Erzeugen wir ein Spektrum von Bogenlicht (Quarzlinse und Quarzprisma), so reicht, da Quarz die ultraviolette Strahlung durchläßt, das Spektralgebiet sehr weit ins unsichtbare Ultraviolett hinein. Bringen wir nun in dieses Ultraviolett einen fluoreszierenden Körper, z. B. Uranglas oder einen mit Bariumplatinzyanür bestrichenen Schirm, so leuchtet er. Die fluoreszierende Substanz hat also die unsichtbaren ultravioletten Strahlen in weniger brechbare, dem Auge sichtbare verwandelt.

Sehr schön gelingen alle Fluoreszenzversuche, wenn man in den Strahlengang weißen Lichtes ein Ultraviolettfilter (§ 388) einschaltet, so daß nur ultraviolette Strahlung durchgeht.

Ersetzt man an einem Spektralapparat alle Glasteile durch Quarz und bringt man in der Ebene des Fadenkreuzes eine Quarzplatte an, die mit fluoreszierender Substanz bestrichen ist — fluoreszierendes Okular —, so kann man auf dieser einen großen Teil der sonst unsichtbaren ultravioletten Strahlung studieren.

Besonders häufig zeigt sich Fluoreszenz bei Flüssigkeiten: alkoholische Chlorophyllösung, schwefelsaure Chininlösung, Fluorescein, Eosin, Petroleum usw. Die Photolumineszenz wird ausgelöst durch absorbierte Strahlung. Läßt man einen Sonnenstrahl in eine große, mit Petroleum gefüllte Flasche einfallen, so sieht man von der Seite hellbläuliches Fluoreszenzlicht, aber um so schwächer, je länger die schon durchleuchtete Petroleumschicht wird; die Energie der die Fluoreszenz erregenden Wellen der Sonnenstrahlung wird durch Absorption immer schwächer.

Es scheint, als ob alle Körper in geeigneten Lösungsmitteln die Eigenschaft hätten, zu fluoreszieren und ebenso, daß fluoreszierende Lösungen im Momente der Fluoreszenz die Elektrizität besser leiten. Das spricht für die Auffassung, daß durch das einfallende Licht ein Zerfall der Molekeln in elektrisch geladene, d. h. mit Elektronen verbundene Teile, in sog. Ionen (§ 661) erfolgt.

E. Pringsheim entdeckte die merkwürdige Tatsache, daß **bloßes Erhitzen Gase im allgemeinen nicht zum Leuchten** bringen kann. Es scheint, daß die zur Ausstrahlung nötige Schwingung der Atombestandteile (Elektronen) nur durch besondere chemische oder elektrische Beeinflussung des Atoms bewirkt werden kann. Man müßte dann auch überall, wo Bandenspektren auftreten, eine Lumineszenz für diese Strahlung verantwortlich machen.

Die Grenze zwischen Temperatur- und Lumineszenz-Strahlung ist oft sehr schwer (und vielleicht überhaupt nicht) anzugeben.

Chemische Strahlungswirkungen.

407. Eindringende Strahlen verursachen bei ihrer Absorption in manchen Körpern chemische Umsetzungen, wobei sie je nach der Wellenlänge in verschiedenen Körpern verschieden wirken. Im allgemeinen aber sind die ultravioletten Strahlen am wirksamsten. Solche **photochemische Effekte** kennt man sehr viele, und wir können daher hier nur einige Beispiele anführen.

Gewöhnlicher farbloser Phosphor wird im Sonnenlichte an der Oberfläche gelb, rötlich und endlich rein rot. Sauerstoff O_2 verwandelt sich durch ultraviolette Bestrahlung in Ozon O_3, eine allotrope Form des Sauerstoffes. Infolgedessen werden viele Metalle durch Bestrahlung oxydiert, Farben gebleicht usw. Umgekehrt zerfällt eine Lösung von Wasserstoffsuperoxyd H_2O_2 bei Belichtung in H_2O und O (daher Flaschen aus dunklem Glase).

Elektrische Funken entsenden viel ultraviolette Strahlung, besonders die unzähligen kleinen Fünkchen der stillen elektrischen Entladungen. In den Ozonröhren (§ 668) bildet sich darum aus durchgeleitetem Sauerstoff das Ozon. Es stellt sich nach Warburg und Hegener (1904) zwischen dem sich bildenden Ozon und der Rückbildung zu Sauerstoff ein Gleichgewichtszustand her. Rasches Wegführen des gebildeten O_3 aus den bestrahlten und heißen Stellen oder starkes Abkühlen (bis $-190°C$) begünstigt die Ausbeute.

Zwei gleiche Gasvolumina Wasserstoff und Chlor (Chlorknallgas) in Gegenwart einer Spur von Wasserdampf vereinigen sich durch Bestrahlung, eventuell explosionsartig, zu Chlorwasserstoffgas. Wahrscheinlich wirkt das Licht auch hier zersetzend, indem zuerst die Molekeln H_2 und Cl_2 gespalten werden.

Belichtetes Selen zeigt (§ 577) eine Abnahme seines elektrischen Widerstandes. Hier scheint während der Bestrahlung vorübergehend eine allotrope Modifikation zu entstehen.

Nach Konstruktion der Quecksilberlampe (§ 665), welche besonders stark brechbare Strahlen aussendet, wurde eine große Zahl photochemischer Wirkungen entdeckt. HCl wird z. B. durch intensive Bestrahlung zerlegt; ebenso wird die Gärung im Ultraviolett wesentlich beeinflußt; ultraviolette Strahlung zerstäubt Metall, besonders im Vakuum, aber auch in Flüssigkeiten. Auch Röntgenbestrahlung, als Strahlung allerkleinster Wellenlänge, wirkt sehr stark photochemisch.

408. Photochemischer Natur ist jedenfalls auch die **bakterientötende Wirkung** von ultravioletten Strahlen, wie sie z. B. von Quecksilberlichtbogen in Quarzröhren ausgesendet werden. Emulsionen von Typhus-, Cholera- und anderen Bazillen werden in einem Abstande von 60 cm nach etwa 30 sec (bei verschiedenen Bazillen natürlich verschieden) abgetötet. Besonders wirksam sind die Wellen unter 270 mμ. Strömendes Wasser, das Bazillen enthält, kann auf diese Weise vollkommen sterilisiert werden; dies wird auch für die Trinkwasserreinigung bereits technisch angewendet. Die sterilisierende Wirkung der Sonnenstrahlung ist schwächer als die einer Quecksilberlampe, weil unsere Luftatmosphäre die brechbarste Strahlung geschwächt hat. Auf hohen Bergen oder im Luftballon ist die ultraviolette Strahlung der Sonne und des Himmels stärker.

Die von der Höhenlage abhängige und mit den Jahreszeiten veränderliche Intensität der Ultraviolett-Strahlung ist ein wichtiger klimatischer Faktor besonders für Höhenkurorte. Meßverfahren zur Ermittelung der Intensität wurden von Dorno und anderen ausgebildet.

Die Behandlung von tuberkulösen Erkrankungen durch Sonnenstrahlung (Heliotherapie) gewinnt immer mehr an Bedeutung. Eventuell Ersatz der Sonnenstrahlung durch die Strahlung von Quecksilberlampen in der Form der sog. „künstlichen Höhensonne". (§ 665.)

409. Ultraviolette Strahlung ruft auf der menschlichen **Haut Entzündung** hervor, die gewöhnlich 24 Stunden nach der Bestrahlung ihren Höhepunkt erreicht: Sonnenbrand im Hochsommer, besonders über

Wasserflächen, welche die Intensität der Strahlung durch Reflexion vermehren, oder Gletscherbrand, wenn zur Reflexion am Eise auch noch die Wirkung der wegen geringerer Absorption in der Atmosphäre intensiveren ultravioletten Strahlung hinzukommt. Das ultraviolette Ende des Sonnenspektrums liegt bei 289,6 $m\mu$ sowohl in 100 als auch in 9000 m Höhe. Nur die Intensität der Strahlung nimmt mit der Höhe zu, nicht die Länge des Spektrums.

Pigmentierend wirken auf unsere Haut die Wellenlängen zwischen 250 und 315 mμ, am meisten zwischen 295 und 305 $m\mu$. So bietet die Hautfarbe (Hautpigment) vieler Tiere einen Schutz gegen allzu tiefes Eindringen der ultravioletten Strahlen; oft sind nur empfindliche Stellen besonders gefärbt. Daher auch die Färbung menschlicher Rassen, welche in Gegenden mit starker ultravioletter Strahlung wohnen, Neger, Äthiopier usw.

Es gibt Substanzen, z. B. Zoozon- oder Äskulinpräparate, welche, in Salbenform auf die menschliche Haut verrieben, Ultraviolett absorbieren.

410. Auf der entzündungbildenden Wirkung ultravioletter Strahlen beruht die **Finsensche Behandlung des Lupus** (1895) und anderer Hautkrankheiten, indem die durch die Strahlung bewirkte Entzündung in der Umgebung der lupösen Gebilde zur Resorption dieser Infiltrate führt.

Finsen nahm als Lichtquelle zuerst elektrische Lichtbogen zwischen Eisenstäben, die sehr viel ultraviolette Strahlung aussenden; auch Quecksilber hat die gleiche Eigenschaft. Diese stark ultraviolette Strahlung dringt aber nicht in die Tiefe, eignet sich also nur zur Behandlung oberflächlicher Hauterkrankungen. Die weniger brechbaren Strahlen einer Kohlenbogenlampe hingegen wirken auch noch in die Tiefe.

Alle optischen Vorrichtungen, Konzentratoren, um diese Strahlen bis zur Behandlungsstelle zu bringen, bestehen aus Quarz. Vor der äußersten Linse in der Nähe des Lichtbogens L (Fig. 320) befindet sich, um sie vor dem Zerspringen zu schützen, eine kleine Kühlkammer k mit destilliertem Wasser, welche überdies außen von gewöhnlichem Leitungswasser umströmt wird. Die zwei oberen Linsen werden nun dem L so nahe gebracht, daß die Strahlen in der geneigten Röhre parallel werden; die zwei untersten Linsen vereinigen sie wieder zu einem Brennpunkt F. (Es ist zu beachten, daß der ultraviolette Brennpunkt viel näher der Linse liegt als der sichtbare.) Auch der Raum K ist mit destilliertem Wasser gefüllt. Man hat gewöhnlich vier solche Konzentratoren an einer Lampe, in Fig. 320 links ist noch die Lagerung eines zweiten angedeutet. Um die starke Wärmewirkung dieser konzentrierten Strahlen möglichst zu schwächen, werden separate eigene Druckapparate, Kompressorien, verwendet, z. B. zwei knapp aneinanderliegende Bergkristallinsen, zwischen denen fortwährend Leitungswasser (in so dünnen Schichten wenig Ultraviolett absorbierend) fließt. Mit diesen bequem an einen Stiel befestigten Doppellinsen drückt man dann auf die zu bestrahlende Stelle, um Kontaktkühlung durch Wärmeableitung zu erzeugen. Der mechanische Druck steigert überdies durch Anämisierung der Haut die Tiefenwirkung. Alle anderen Hautstellen sind sorgfältig vor Bestrahlung zu schützen.

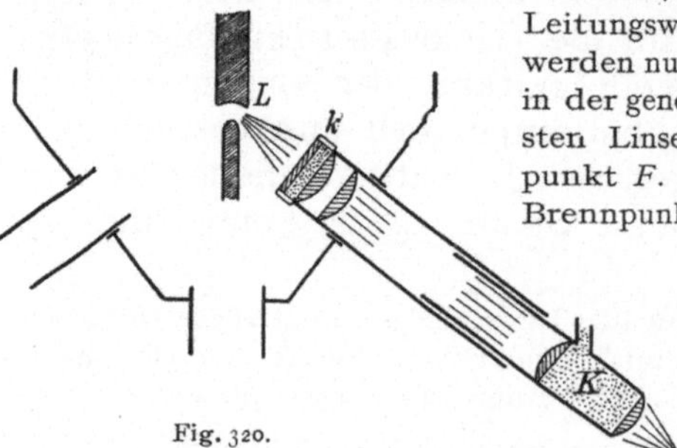

Fig. 320.

411. Zuviel Licht ist **für** jedes **Auge störend**: Schneeblindheit; ganz besonders aber **ultraviolette Strahlung,** welche schon in geringen Mengen sehr schädlich wirkt (schmerzhafte Konjunktivitis). Zum Teil schützen auch gewöhnliche Glasbrillen, viel weniger aber als meistens angenommen wird. Einen besseren Schutz gewähren Brillen aus besonderen Glassorten, z. B. Euphosglas, welches etwas Violett und das ganze Ultraviolett absorbiert. Brillen aus derartigen gelbrötlichen Gläsern sind überall notwendig, wo starke ultraviolette Strahlung auftritt, vor allem bei Arbeiten mit dem Lichtbogen und besonders mit dem Quecksilberlichtbogen, für Bergsteiger, Luftschiffer usw.

412. Die **Photographie** basiert auf der Zersetzung des Chlorsilbers (AgCl) oder Bromsilbers (AgBr) durch kurzwellige Strahlung. Man bringt auf Glasplatten eine dünne, durchsichtige Bromsilber-Gelatineemulsion, in welcher kleine Partikelchen AgBr sehr fein verteilt sind. Oft auch verwendet man Zelluloidhäutchen (Films) ohne Glas. Bringt man eine solche Platte (oder einen Film) im Dunkeln oder bei sehr schwachem rotem Lichte an Stelle der Mattscheibe in eine photographische Kamera (§ 333) und entwirft ein Bild auf dieser photographischen Platte, so entsteht zunächst ein chemisch latentes (unsichtbares) Bild. Im Dunkeln bleibt dieses latente Bild monatelang unverändert; im Lichte aber würde die Zersetzung auch auf die bildfreien Stellen einwirken und dadurch das erste Bild verschleiern.

Die Expositionszeit ist so groß zu wählen, daß eine hinreichende Anzahl von Silberpartikeln entwicklungsfähig wird und nicht zu groß, damit nicht auch an schwächer belichteten Stellen bereits zuviel affizierte Punkte entstehen. Bei übermäßiger Belichtung entsteht eine Modifikation des Silbersalzes, das wiederum nicht entwicklungsfähig (vgl. das Folgende) ist, und man erhält dann nach der Entwicklung statt Schwärzung (Negativ) lichte Stellen (Positiv). Diese Erscheinung wird als „Solarisation" bezeichnet.

Als Schwärzungsgesetz gilt im allgemeinen die Beziehung $S = J \cdot t$ (S = Schwärzung; J = Lichtintensität; t = Zeit).

Man entwickelt das Bild im Dunkeln mit einer reduzierenden Substanz, z. B. Hydrochinon. Es werden allmählich alle belichteten Stellen durch ausgeschiedenes Ag schwarz. Wenn dann das Bild entwickelt oder hervorgerufen ist, wird die Entwicklung abgebrochen, aber noch muß das Bild vor Belichtung geschützt werden; diese würde sonst die nicht zersetzten (nicht belichteten) AgBr-Stellen zersetzen. Darum muß nun das Bild lichtbeständig gemacht oder fixiert werden. Dies geschieht z. B. durch eine Lösung von unterschwefligsaurem Natron, welche das an den belichteten Stellen haftende, abgeschiedene Ag nicht angreift, hingegen das an den nicht belichteten Stellen gebliebene AgBr unter Doppelsalzbildung weglöst. Nach gutem Auswaschen hat man so ein lichtbeständiges Negativ erhalten, in dem alle hellen Partien des Kamerabildes dunkel sind und umgekehrt. Um ein Positiv zu bekommen, wird das Negativ auf ein mit Chlorsilber und Gelatine überzogenes lichtempfindliches Papier gepreßt, das durch das Negativ hindurch so lange belichtet wird, bis an den belichteten (also im Negativ durchsichtigen) Stellen durch Ausscheidung von metallischem Silber auf dem Papier Schwärzung eintritt. Natürlich muß auch dieses Papierbild fixiert werden.

Auf gewöhnliche photographische Platten wirken nur die blauen und violetten Strahlen. Setzt man aber der AgBr-Emulsion Farbstoffe zu, welche die weniger brechbaren Strahlen absorbieren, Sensibilatoren, so kommt das ganze Lichtspektrum zur Wirkung, orthochromatische Platten. Als Sensibilisatoren für gelb, gelbgrün, grün dient z. B. Erythrosin; für rot Chinolinrot.

Durch Verwendung von „Gelbscheiben" erzielt man häufig bessere Kontrastwirkungen, z. B. bei Aufnahmen von Wolken, Landschaften usw., indem die relative Wirkung der blauen und violetten Strahlen herabgesetzt wird. Die Empfindlichkeit guter Platten ist sehr groß. Eine Momentbelichtung von 0,01 sec und weniger (bei starker Beleuchtung) erzeugt schon kräftige Bilder.

Bei kinematographischen Geschoßaufnahmen (durch Cranz) genügten schon $\frac{1}{100\,000}$ sec!

413. Farbige Photographien kann man nach verschiedenen Methoden herstellen; am besten mittels des Autochromverfahrens von Lumière.

Unmittelbar auf einer Glasplatte befinden sich Stärkekörnchen, etwa 11 000 pro mm², teils gelbrot, teils grün, teils blau gefärbt, ein sog. Farbenraster; darüber liegt erst die für alle Farben empfindliche Schicht. Die Platte ist derart gegen die einfallende Strahlung zu stellen, daß diese zuerst die Stärkekörnchen durchsetzt und dann erst die gewöhnliche photographische Schwärzung ausüben kann. Hinter den gelbroten Körnern wirkt nur gelbrotes Licht, hinter den grünen nur grünes, hinter den blauen nur blaues. Würde die Platte nun in gewohnter Wiese entwickelt und fixiert, so müßte in der Durchsicht gegen weißes Licht ein komplementäres farbiges Bild des ursprünglichen Objektes sich zeigen, und zwar aus folgenden Gründen. Ein z. B. von einem grünen Blatte kommender Strahl hat überall, wo grüne Körner waren, dunkle Zersetzungspunkte in der photographischen Platte erzeugt. Die roten und blauen Körner aber haben die auffallende grüne Strahlung vollständig aufgehalten, hinter ihnen ist die Platte hell geblieben. Bei Durchsicht gegen weißes Licht gehen dann die roten und blauen Strahlen durch, und gerade die grünen fehlen. Man erhielt von dem grünen Blatte ein Farbennegativ. Dieses läßt sich aber durch einige Bäder, welche die lichten Stellen in dunkle verwandeln und umgekehrt, so ändern, daß man bei Durchsicht die richtigen Farben erhält. Solche Farbenphotographien sind nur im durchscheinenden Lichte zu erkennen.

414. Einer der großartigsten photochemischen Prozesse spielt sich ab bei der **Assimilation der Pflanzen,** die wir schon § 282 besprachen. Hier wirken die sichtbaren Strahlen des Spektrums, besonders die roten in der Nähe der Fraunhoferschen *B*-Linie. Das Chlorophyll wirkt vielleicht als eine Art Sensibilisator, der das Licht absorbiert und diese Energie auf andere Substanzen überträgt (Molisch 1906). Es ist auch gelungen, diesen Naturprozeß künstlich nachzuahmen und durch intensive Bestrahlung mit einer Quecksilberlampe CO_2 und H_2O unter gleichzeitiger Bildung von Kohlehydraten zu zersetzen.

415. Unter **Phototropismus** oder, da es sich ja meist um Sonnenstrahlen handelt, unter **Heliotropismus** versteht man die Eigenschaft, daß manche pflanzliche Organe sich einer beleuchtenden Strahlung zuwenden (positiv) oder sich von ihr wegwenden (negativ). Frei bewegliche Pflanzenorgane, z. B. die Schwärmsporen von Algen, schwimmen direkt zur Lichtquelle hin, ebenso niedere tierische Arten. Wasserflöhe z. B. sammeln sich im gelben und grünen Teil des Spektrums usw.

Manche Pflanzenblätter, z. B. die der Rotbuchen, die in Strauchform das Unterholz eines schattigen Waldes bilden, sind genau normal zum Lichteinfall orientiert.

416. **Photochloride** (O. Wiener 1895) nehmen die Farbe des einfallenden Lichtes an (z. B. einige Chinolinderivate). Dies geschieht so, daß eine rote Modifikation des Photochlorides, welche also nur rotes Licht reflektiert, von diesem Lichte nicht beeinflußt, von dem anderen absorbierten Lichte aber modifiziert wird. So können im roten oder grünen oder blauen Lichte nur die roten oder grünen oder blauen Modifikationen bestehen. Die Ausnützung dieser Eigenschaft ermöglichte eine Methode der farbigen Photographie. Die Pigmente mancher Raupen zeigen eine solche chromatische Adaption. Sie nehmen also die Farbe des einfallenden Lichtes an, absorbieren es daher weniger, wehren sich also gleichsam gegen die Erwärmung.

Es gibt aber auch umgekehrt eine komplementäre chromatische Adaption. Die Zellen gewisser Algen enthalten Chromophylle, welche die komplementäre Farbe des auffallenden Lichtes annehmen (nach Wochen oder Monaten). Darum sind auch manche Algen an der Wasseroberfläche grün, in größerer Tiefe aber, wo nur mehr grüne oder blaue Sonnenstrahlen hingelangen, rot und braun gefärbt. Diese Lebewesen passen sich der Strahlung so an, daß sie möglichst viel von ihr absorbieren.

Photometrie.

417. Lichtstärke, Beleuchtung. Einen strahlenden Körper kann man objektiv charakterisieren durch den von ihm ausgesandten „Energiestrom" S, d. i. die pro Zeiteinheit ausgesandte Energie, z. B. in cal/sec gemessen. Analog läßt sich die Intensität der Bestrahlung an einer Stelle in der Umgebung dieses Körpers charakterisieren durch die „Energiestromdichte" i, d. i. die Energie, die in der Zeiteinheit auf eine an der betreffenden Stelle befindliche Fläche von der Größe 1 auffällt, z. B. in cal/(cm² · sec) gemessen. Bei einer Strahlungsquelle, die nach allen Seiten

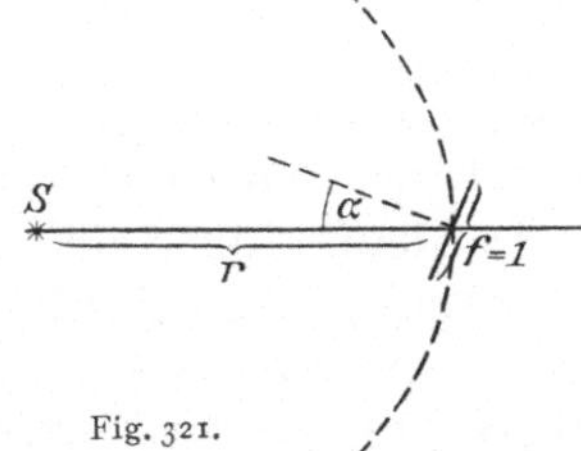

Fig. 321.

hin gleichmäßig strahlt, sei S der gesamte Energiestrom; auf die Flächeneinheit einer konzentrischen Kugel vom Radius r entfällt der Betrag $\dfrac{S}{4\pi r^2} =$ Energiestromdichte i. Auf einer schief gestellten Fläche von der Größe 1, die (vgl. Fig. 321) die Distanz r von der Strahlungsquelle hat und deren Normale den Winkel α mit den einfallenden Strahlen bildet, ist dann die Bestrahlungsintensität gegeben durch $i = \dfrac{S\cos\alpha}{4\pi r^2}$. Aus dem Kirchhoffschen Gesetze von der Proportionalität zwischen Absorption und Emission (vgl. § 395) folgt, daß auch die Ausstrahlung in derselben Weise von der Richtung abhängt, d. h. ein Flächenstück eines strahlenden Körpers strahlt am stärksten in der Richtung der Flächennormale, dagegen im Verhältnis $\cos\alpha : 1$ schwächer in einer Richtung, die den Winkel α mit der Normale bildet.

Die Formel für die Bestrahlungsintensität vereinfacht· sich für die numerische Berechnung, wenn man statt der Größe S (Gesamtenergiestrom = Energiestrom in den Raumwinkel 4π) die Größe $J = \dfrac{S}{4\pi}$ (Energiestrom in den Raumwinkel 1) als Strahlungsstärke zur Charakterisierung des Körpers einführt; man erhält dann allgemein $i = \dfrac{J\cos\alpha}{r^2}$ und im Spezialfall bei senkrecht einfallender Strahlung $i = \dfrac{J}{r^2}$.

Für die optische Wirkung einer Lichtquelle und für die Helligkeit, in der eine beleuchtete weiße Fläche dem Auge erscheint, ist aber nicht die objektiv gemessene Energie maßgebend; denn die ultraroten und die ultravioletten Strahlen sind ja physiologisch unwirksam, die dem sichtbaren Spektrum angehörigen Strahlen sind je nach der Wellenlänge sehr verschieden wirksam (vgl. § 440).

Die der Strahlungsstärke J entsprechende „**Lichtstärke**" einer Lichtquelle und die der Bestrahlungsintensität i entsprechende „**Beleuchtung**" einer Fläche sind daher in einem dem **subjektiven** Lichteindruck proportionalen Maße anzugeben.

Als **Einheit der Lichtstärke** wählt man willkürlich eine annähernd weiße künstliche Lichtquelle, die sich in bestimmter Beschaffenheit immer wieder herstellen läßt („reproduzierbar" ist).

Früher wählte man dazu Kerzen von bestimmter Dicke, Dochtstärke und Flammenhöhe als „Normalkerzen". Dieser Ausdruck wurde beibehalten, als man später wegen der mangelhaften Reproduzierbarkeit solcher Kerzen zu anderen Lichtquellen (Dochtlampen, elektrischen Glühlampen) als Normallichtquellen überging. Es besteht aber bisher noch keine international einheitliche Festsetzung der Lichtstärkeneinheit.

In Deutschland und Österreich (auch in einigen anderen europäischen Staaten) gilt als **Einheit der Lichtstärke die Hefnerkerze** (1 HK), d. i. die Lichtstärke einer Dochtlampe, die mit reinem Amylazetat ($C_7H_{14}O_2$) gespeist wird und bei einem Dochtdurchmesser von 8 mm auf 40 mm Flammenhöhe reguliert wird (v. Hefner-Alteneck, 1884).

Die in Amerika, England und Frankreich übliche, sogenannte „internationale Kerze („candle", „bougie décimale") entspricht $\frac{10}{9}$ HK. Versuche, auf Grund der Strahlungsgesetze (vgl. § 400) die Lichtstärke eines weiß glühenden absolut schwarzen Körpers von bestimmten Dimensionen und bestimmter Temperatur als rationelle, für allgemein internationalen Gebrauch geeignete Einheit festzulegen, sind noch nicht abgeschlossen.

Als Einheit der Beleuchtung gilt 1 Lux (Lɪ x), früher auch 1 Meterkerze genannt; es ist dies diejenige Beleuchtung, die von 1 Hefnerkerze auf einer zu den Lichtstrahlen senkrecht stehenden Fläche in 1 m (Meter!, nicht cm) Entfernung hervorgebracht wird. Die Beleuchtung in Lux wird also berechnet aus der Formel $i = \frac{J\cos a}{r^2}$, wobei J in HK und r in m auszudrücken ist.

Die dem Gesamtenergiestrom $S = 4\pi J$ entsprechende optische Größe wird „Lichtstrom" genannt; ihre Einheit heißt „1 Lumen" (1 Lm). Eine Lichtquelle von der Lichtstärke 1 HK sendet daher im ganzen einen Lichtstrom von 4π Lumen aus. Eine Fläche, deren Beleuchtung 1 Lux ist, empfängt pro Flächeneinheit (Quadratmeter) einen Lichtstrom von 1 Lumen; also $1 \mathrm{Lx} = \frac{1\,\mathrm{Lm}}{m^2}$.

Die Bezeichnungen „Lux" und „Lumen" sind auch in den Ländern üblich, die statt der Hefnerkerze die internationale Kerze (siehe oben) als Lichtstärkeneinheit verwenden, und sind daher dort Einheiten, die das $\frac{10}{9}$ fache der bei uns gleich benannten Größen betragen.

418. Vergleich von Lichtstärken (Photometrie von Lichtquellen).

Zwei nebeneinander liegende Flächenstücke eines weißen Körpers (z. B. eines weißen Papierblattes) erscheinen dem Auge gleich hell, wenn sie gleich stark beleuchtet sind. Unter Photometer versteht man eine Vorrichtung, welche gestattet, zwei solche benachbarte Flächen I und II derart zu beleuchten, daß I nur von einer Lichtquelle J_1 und II nur von einer Lichtquelle J_2 beleuchtet wird, und die Beleuchtungsstärken meßbar zu verändern, z. B. durch Variation der Distanz der Lichtquellen. Die Beleuchtungen (in Lux gemessen) sind dann: $i_1 = \frac{J_1\cos a_1}{r_1^2}$ und $i_2 = \frac{J_2\cos a_2}{r_2^2}$. Werden r_1 und r_2 solange verändert, bis $i_1 = i_2$ ist und daher die Flächen I und II gleich hell erscheinen, so ist dann $\frac{J_2}{J_1} = \frac{r_2^2\cos a_1}{r_1^2\cos a_2}$. Es wird so zunächst das Verhältnis zweier Lichtstärken experimentell bestimmt. Wählt man als Lichtquelle J_1 eine Hefnerlampe, so wird der Absolutwert der Lichtstärke J_2 in HK bestimmbar.

Sind die beiden zu vergleichenden Lichtquellen gleichfarbig, so läßt sich die Einstellung auf gleiche Beleuchtung etwa auf 1% genau ausführen. Wenn aber die Lichtquellen mehr oder weniger verschiedenen Farbenton besitzen, wie z. B. eine Kerzenflamme (rötlich) und ein Auerbrenner (grünlich), so wird die Einstellungsgenauigkeit geringer. Man kann in diesem Falle Farbenfilter (z. B. rote, grüne, blaue Gläser) vor das Auge halten und drei (verschiedene) Werte des Quotienten $\frac{J_1}{J_2}$ im roten, bzw. grünen und blauen Lichte bestimmen. Noch exakter ist die Anwendung des Spektralphotometers (siehe § 422).

419. Photometer Rumford.

Zwei Lichtquellen L_1 und L_2 in Fig. 322 entwerfen von einem vertikalen Stabe Schatten auf einer weißen Wand. Die weiße Wand wird dann überall von zwei Flammen beleuchtet; auf die Schattenstelle von L_1 aber fällt nur Licht von L_2 und umgekehrt. Entfernen wir nun die stärkere Lichtquelle L_2 so weit, bis die Dunkelheit der beiden Schatten dem Auge gleich erscheint, so verhalten sich die Lichtstärken wie $\left(\dfrac{r_1}{r_2}\right)^2$, wenn r_1 und r_2 die Entfernung des L_1 und L_2 vom Schirme sind. Ein Spazierstock kann auf diese Weise mit den Schatten einer Bogen- und einer Gaslampe gegen das Straßenpflaster hin leicht zu einer ungefähren Abschätzung der Lichtstärken benützt werden.

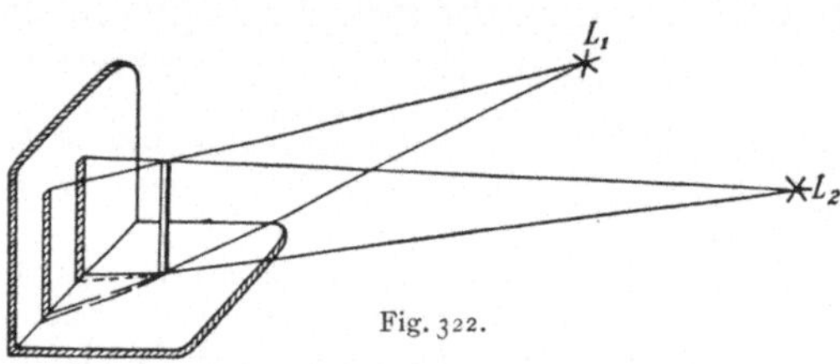

Fig. 322.

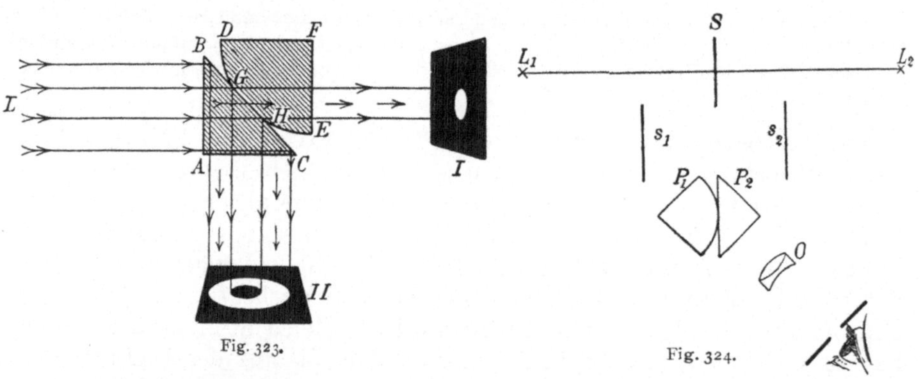

Fig. 323.

Fig. 324.

420. Photometer Lummer-Brodhun. In Fig. 324 stellen L_1 und L_2 die zu vergleichenden Lichtquellen dar. Diese sind auf einem mit Teilung versehenen Stahlschlitten, einer **optischen Bank**, längs der Linie $L_1 L_2$ verschiebbar. Senkrecht dazu steht ein weißer, undurchsichtiger Schirm S. Die diffuse Strahlung der beiden von L_1 bzw. L_2 beleuchteten Schirmseiten fällt auf die Spiegel s_1 bzw. s_2, und wird nach P_1 und P_2 (Krümmung übertrieben gezeichnet) den Seitenflächen des „Photometerwürfels" reflektiert. Ein durch die Lupe O blickendes Auge sieht dann eine Erscheinung, die in Fig. 323 (vgl. § 309), erklärt und dargestellt ist. Ist L_2 zu nahe am Schirme, so sieht man einen dunkeln Fleck im hellen Kreise und umgekehrt, wenn L_1 zu nahe ist. Durch Verschieben von L längs der optischen Bank bringt man also den mittleren Fleck zum Verschwinden. Es ist dann das Verhältnis der Lichtintensitäten L_1 und L_2 genau gleich dem Quadrate des Verhältnisses der Entfernungen $S L_1 : S L_2$.

Das ältere Bunsen- oder Fettfleck-Photometer arbeitet ähnlich, aber in einfacherer Weise. Hier ist statt des undurchsichtigen Schirmes S ein durchscheinendes, in der Mitte mit einem Ölfleck versehenes dünnes Papier verwendet. Im auffallenden Lichte erscheint der Fleck dunkel, A in Fig. 325, im durchscheinenden Lichte hell, C; von beiden Seiten gleich beleuchtet, verschwindet er, B. Hinter diesem Schirm in Fig. 326 befindet sich ein Winkelspiegel, so daß man das Bild des Flecks von beiden Seiten gleichzeitig sehen kann. Es wird nun so lange verstellt, bis der Fleck in beiden Spiegeln verschwindet.

Fig. 325.

Fig. 326.

Die technische Ausführung dieses Prinzipes wird in Gasanstalten für Lichtkontrolle vielfach verwendet.

421. Milchglasphotometer von Weber. Das in Fig. 327 rechts befindliche horizontale Rohr enthält eine „Vergleichslichtquelle" (als Kerze gezeichnet, in Wirklichkeit ein Benzinlämpchen oder eine elektrische Glühlampe) und eine verschiebbare durchscheinende Milchglasplatte m', deren Entfernung r vom Vergleichslicht an einer mm-Skala abgelesen werden kann. Das Rohr AA (links in der Figur) kann um die Achse des ersten Rohres gedreht werden (in der Figur gerade in vertikaler Stellung gezeichnet). Am unteren Ende befindet sich das Okular, in der Mitte ein Photometerwürfel derselben Art, wie in § 420 beschrieben, am oberen Ende eine Milchglasplatte m. Diese wird zuerst in einem sonst dunklen Raume mit einer Normallichtquelle von bekannter Lichtstärke J_0 (z. B. einer Hefnerlampe) aus der gemessenen Entfernung R_0 beleuchtet; durch passende Einstellung von m' (in die Entfernung r_0) wird der Fleck im Gesichtsfeld des Photometerwürfels

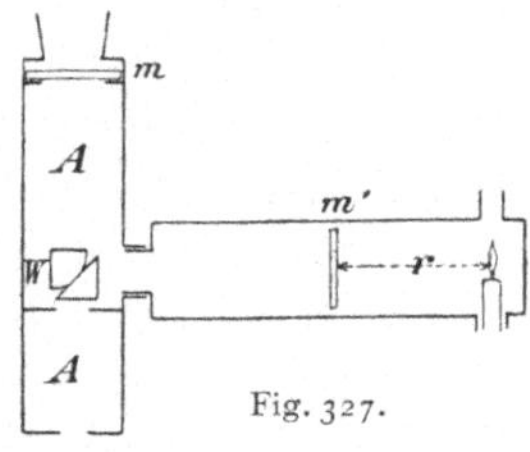

Fig. 327.

zum Verschwinden gebracht. Bei einem zweiten Versuche wird die zu messende Lichtquelle (Lichtstärke J_1) in die Entfernung R_1 von der Platte m gebracht und wieder durch Verschieben von m' auf Verschwinden des Fleckes eingestellt; die erforderliche Entfernung sei r_1. Dann gilt die Proportion $\dfrac{J_1}{R_1^2} : \dfrac{J_0}{R_0^2} = \dfrac{J'}{r_1^2} : \dfrac{J'}{r_0^2}$ und daher weiter $J_1 = \dfrac{R_1^2}{r_1^2} \cdot \dfrac{J_0 r_0^2}{R_0^2}$.

Die Konstante $C = \dfrac{J_0 r_0^2}{R_0^2}$ kann ein für allemal bestimmt werden. Die Lichtstärke J' des Vergleichslichtes muß immer dieselbe sein, braucht aber nicht bekannt zu sein.

422. Spektralphotometer. Richtige Resultate für verschiedenfarbige Lichtquellen gibt nur eine Vergleichung des spektral zerlegten Lichtes.

Man macht z. B. den Kollimatorspalt eines Spektrometers aus zwei Teilen, von denen jeder für sich enger oder weiter gestellt werden kann. Die zu vergleichenden Lichtquellen stehen in Q und Q' (Fig. 313). Man sieht dann zwei verschieden helle Spektra übereinander und kann, indem man die eine Spalthälfte immer enger macht, diese beiden Spektra einander in einer bestimmten Farbe (aber nur für diese) vollständig gleich hell machen. (Um diese Farbe allein für sich betrachten zu können, befindet sich ein Schirm mit einem Schlitz an der Stelle des Fadenkreuzes im Fernrohr F, und man kann, indem man so einen spektralen Bezirk nach dem anderen auswählt, für jeden durch Veränderung der Spaltbreite am Kollimator die photometrische Vergleichung durchführen.)

Statt durch Änderung der Spaltbreite kann man auch durch Nicols (§ 463) die Schwächung der stärkeren Strahlung bewirken.

Bei der Vergleichung der Helligkeit verschiedener Spektralfarben, ist zu beachten, daß die gleiche Helligkeit nicht erhalten bleibt, wenn die Intensität objektiv in gleicher Weise, z. B. durch Verengung des Spaltes herabgesetzt wird. Es zeigt sich (Purkinjes Phänomen), daß jeweils das längerwellige Licht in seiner Helligkeit stärker herabgesetzt erscheint als das kürzerwellige. Deshalb verschwinden mit eintretender Dämmerung zuerst die roten Farben. Hierbei spielt die verschiedene Adaptionsfähigkeit von Netzhautzentrum und -peripherie eine wesentliche Rolle, da letztere für dunkel adaptiert ist.

Angabe einiger Lichtstärken:

	Lichtstärke in HK
Hg-Lampe aus Quarz	2500—3000
Flammenbogenlampe	500—1800
Metallfadenglühlampen	10—1000
Gasglühlicht	60—150
Nernstlampe	20—200
Azetylenlicht	8—180
Leuchtgas-Schnittbrenner	etwa 10

423. Messung der Beleuchtung. Die Beleuchtung einer Fläche kann nach der Formel $i = \dfrac{J \cos a}{r^2}$ berechnet werden, wenn die Lichtstärke der Lichtquelle, ihre Entfernung und der Einfallswinkel a bekannt sind. Bei Anwesenheit mehrerer Lichtquellen sind die entsprechenden Ausdrücke zu addieren. Diese Berechnungsmethode versagt aber bei diffuser Beleuchtung einer Fläche, z. B. durch das Licht des hellen Himmels oder durch das von der Decke und den Wänden eines Zimmers diffus reflektierte Licht (bei Tageslicht oder bei künstlicher Beleuchtung).

Gerade die unter solchen Bedingungen hervorgebrachte Beleuchtung, z. B. an Arbeitsplätzen in Schulen, Zeichensälen, Werkstätten usw., ist aber von besonderer praktischer Bedeutung und aus hygienischen Gründen zwischen bestimmten Grenzen zu halten. Als unbedingt erforderliches Minimum gilt eine Beleuchtung von 10 Lux, als Optimum eine solche von 50 Lux (also z. B. bei senkrechtem Einfall des Lichtes eine Beleuchtung mittels einer Lichtquelle von 50 HK aus 1 m Entfernung oder von 25 HK aus 0,7 m). Das Optimum wesentlich überschreitende Beleuchtung wirkt wieder schädlich; bis zu einem gewissen Grade kann sich das Auge starken Beleuchtungen durch die bekannte, reflektorisch erfolgende Verengerung der Pupille anpassen; dies wird aber unmöglich bei sehr großen Werten, wie sie z. B. im Sonnenlicht auftreten (vgl. die Zahlenangaben am Ende dieses Abschnittes). Zur Messung der Beleuchtung bei diffusem Lichte dienen verschiedene Photometerformen. Unter anderen ist dazu besonders das bereits in § 421 besprochene **Webersche Milchglasphotometer** geeignet.

Ein mattweißer „Auffangschirm" wird auf den Platz gelegt, an dem die Beleuchtung bestimmt werden soll. Die Platte m wird aus dem drehbaren Tubus AA (vgl. Fig. 327) entfernt und der Tubus aus einiger Entfernung so gegen den Auffangschirm gerichtet, daß dieser das ganze Gesichtsfeld ausfüllt. Durch Verschieben der Platte m' (Einstellung r) wird wieder auf Verschwinden des Fleckes eingestellt. Bei einer vorherigen einmaligen „Eichung" des Schirmes bestimmte man im dunklen Photometerzimmer die Einstellung r_0 der Platte m', die zur Abgleichung gegen die — mittels Hefnerlampe aus 1 m Entfernung hergestellte — Beleuchtung von 1 Lux auf dem Schirme erforderlich ist. Dann gilt für die zu messende Beleuchtung $i = \dfrac{r^2}{r_0^2}$ Lux. Die Entfernung des Auffangschirmes und der Winkel zwischen Schirmnormale und Visurrichtung braucht nicht bestimmt zu werden.

Für die theoretische Begründung des Meßverfahrens spielt das sogenannte „Lambertsche Gesetz" und der Begriff der „Flächenhelligkeit" eine Rolle. Unter Flächenhelligkeit eines lichtaussendenden (selbstleuchtenden oder beleuchteten) Körpers versteht man die Lichtstärke pro Flächeneinheit seiner Oberfläche: $e = \dfrac{J}{f}$, in HK/cm² gemessen. Das Lambertsche Gesetz sagt aus (entsprechend der in § 417 erwähnten Konsequenz des Kirchhoffschen Gesetzes), daß die Ausstrahlung von einer leuchtenden Fläche nach verschiedenen Richtungen hin jeweils dem cos des Winkels zwischen Flächennormale und Strahlrichtung proportional ist.

Derartige Beleuchtungsmessungen haben z. B. ergeben, daß im Sonnenlichte unter günstigen Umständen (hochstehende Sonne, sehr klare Luft) Beleuchtungen von mehr als 50000 Lux auftreten können; außerhalb der Atmosphäre wäre die Beleuchtung durch die ungeschwächte Sonnenstrahlung bei senkrechtem Einfall der Strahlen etwa 100000 Lux. Gleich starke Beleuchtungen lassen sich auch mit künstlichen Lichtquellen leicht erzielen, z. B. in 10 cm Entfernung von einer Bogenlampe, deren Lichtstärke (vgl. S. 266) 1000 HK ist. Vollmondbeleuchtung liefert etwa 0,2 Lux.

Nicht optische Photometer beruhen auf einem nicht optischen, also nicht subjektiven Vergleiche irgendwelcher Strahlungswirkungen, z. B. photochemischer Natur, Schwärzung photographischer Platten, Widerstandsänderung des Selens, lichtelektrischem Effekt usw.

Lichtgeschwindigkeit.

424. Diese wurde zuerst auf astronomischem Weg gemessen, von Olaf Römer (1673), welcher fand, daß die Zeit zwischen zwei Verfinsterungen eines Jupitermondes — verursacht durch sein Eintreten in den Jupiterschatten — nicht konstant ist. In Fig. 328 ist der kleine Kreis um J die Mondbahn, der große Kreis um die Sonne S die Erdbahn. Steht die Erde in I, so findet man etwa 42,5 Stunden als Umlaufzeit des Mondes. Erwartet man nun aber auch nach einer genauen Uhr eine vorausberechnete Verfinsterung in III, so tritt eine Verspätung von ungefähr 1000 sec ein.

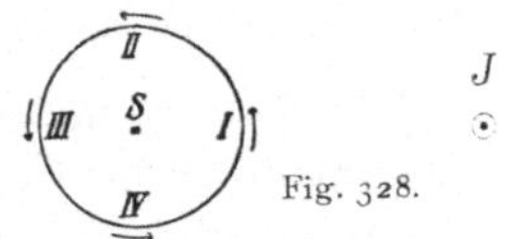
Fig. 328.

Die Entfernung I—III (Durchmesser der Erdbahn) ist ungefähr 300 Millionen km. Das Licht braucht also zur Durcheilung dieser Strecke 1000 sec: darum die Verspätung in III. Die Geschwindigkeit (Weg durch Zeit) ergibt sich daraus zu 300000 km/sec.

Eine zweite astronomische Methode zur Bestimmung der Lichtgeschwindigkeit gründet sich auf die „Aberration des Fixsternlichtes" (Bradley, 1727). Diese Erscheinung (nicht zu verwechseln mit der „sphärischen Aberration in Linsen", vgl. § 329) besteht darin, daß alle Fixsterne am Himmelsgewölbe eine scheinbare jährliche Bewegung ausführen in der Form einer pendelartigen Schwingung um eine Mittellage oder einer Bewegung in einer elliptischen oder kreisförmigen Bahn. Die größte Abweichung vom Mittelpunkt der Bahn beträgt bei allen Sternen im Winkelmaß 20,4 Bogensekunden. Theoretisch läßt sich zeigen, daß tg $a = \dfrac{u}{c}$ ist, wenn a der Aberrationswinkel, c die Lichtgeschwindigkeit und u die Geschwindigkeit der Erde in ihrer Bahn um die Sonne sind. Da u bekannt ist (aus der Entfernung Sonne — Erde und der Dauer des Jahres), läßt sich c berechnen. Man erhält so ebenfalls rund 300000 km/sec.

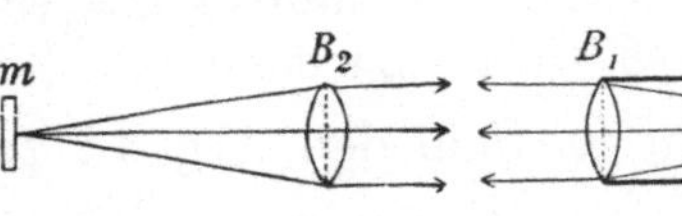

425. Die erste Bestimmung der Lichtgeschwindigkeit auf nicht astronomischem Wege lieferte **Fizeau** (1849). L in Fig. 329 ist eine Lichtquelle, deren Strahlen durch die Linse A nach Reflexion auf einer durchsichtigen Glasplatte G in F ein reelles Bild liefern. F ist der

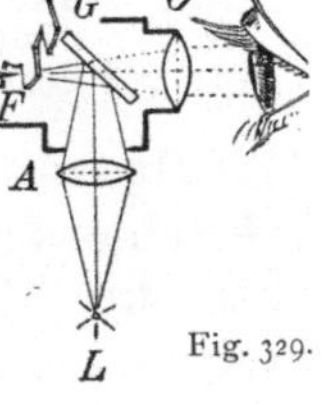
Fig. 329.

Brennpunkt der Linse B_1, welche die Strahlen parallel macht, so daß sie nach Durchstrahlung einer etwa 8,6 km langen Strecke auf die Linse B_2 fallen, welche sie in ihrem Brennpunkt konzentriert. Hier reflektiert sie ein Metallspiegel m, und nun gehen die Strahlen den ganzen 8,6 km langen Weg wieder zurück. Sie vereinen sich neuerlich in F und gehen teilweise nach neuerlicher Reflexion in G nach L zurück, teilweise durch die Glasplatte G zur Okularlinse O, welche sie parallel macht. Das Auge sieht also in weiter Entfernung den Lichtpunkt L mittels der Strahlen, welche die 8,6 km lange Strecke hin und her zurückgelegt haben. Z ist ein Zahnrad. Befindet sich an der Stelle F eine Lücke, so kann der

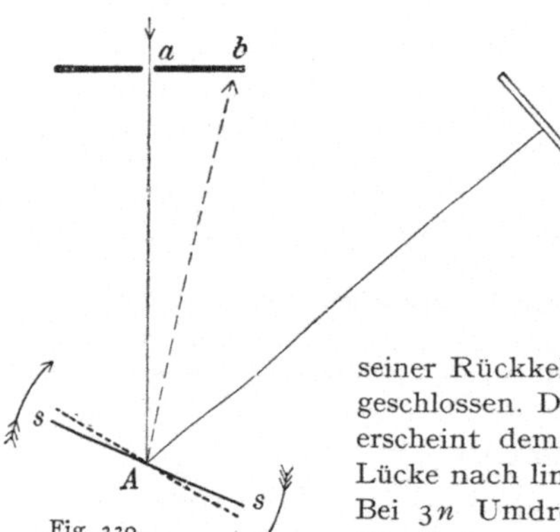

Fig. 330.

Strahl hin und zurück gelangen, das Auge empfängt Licht. Dreht man das Rad langsam, so sieht man zunächst abwechselnd hell und dunkel, ein Flackern, das aber bei rascher Drehung in ein scheinbar konstantes (nur halb so helles) Licht übergeht. Dreht man nun rascher, so verschwindet bei einer bestimmten Tourenzahl, z. B. n Umdrehungen pro sec, das Licht: der Lichtstrahl ist jetzt durch eine Zahnlücke nach links in die Ferne gegangen und findet dann bei seiner Rückkehr den Weg durch den der Lücke benachbarten Zahn geschlossen. Dreht man noch rascher, und zwar $2n$ mal pro sec, so erscheint dem Auge das Licht wieder: der Strahl ist durch eine Lücke nach links gegangen und kommt durch die nächste zurück. Bei $3n$ Umdrehungen verschwindet das Licht wieder, erscheint aber bei $4n$ Umdrehungen usw. Kennt man n und die Anzahl der Zähne, so ergibt das die Zeit, welche der Lichtstrahl für den zweimal 8,6 km langen Weg brauchte. Das Resultat dieser Methoden ist ebenfalls angenähert 300000 km/sec.

426. Die genauesten Resultate dürfte wohl die Methode von **Foucault** (1854) liefern. Fig. 330 gibt diese Anordnung ganz schematisch (vcn oben gesehen). Ein Lichtstrahl geht durch einen schmalen Spalt a auf den Spiegel ss (ausgezogene Linie), wird von da nach dem Spiegel S und von da wieder denselben Weg zurück nach A und a reflektiert; der Weg hin und her ist identisch. Dreht sich nun aber der Spiegel ss sehr rasch um eine vertikale Achse, so wird er in der Lage ss einen von a nach A kommenden Strahl, wie früher, nach S reflektieren; von hier geht der Strahl, wie früher, zurück nach A. Hier aber hat sich inzwischen, während das Licht den Weg von A nach S hin und her zurücklegte, der Spiegel ss in die punktierte Lage gedreht und reflektiert darum den von S zurückkehrenden Strahl nicht mehr längs des alten Weges, sondern nach b (gestrichelt gezeichnet). Die Länge ab ergibt, wenn Aa bekannt ist, die Drehung von ss, den Winkel α. Dreht sich der Spiegel z. B. 800 mal pro sec, so dauert eine ganze Umdrehung $\frac{1}{800}$ sec. Die Zeit τ für die Drehung α ist (weil $\alpha : 360 = \tau : \frac{1}{800}$) dann $\frac{1}{800} \cdot \frac{\alpha}{360}$. Während dieser kleinen Zeit τ legte das Licht zweimal den Weg AS zurück, somit $c = \dfrac{2AS}{\tau}$.

Schaltet man zwischen A und S eine an den Enden mit Glasplatten verschlossene Wasserröhre ein, so erhalten wir dann die Geschwindigkeit im Wasser (entsprechend dem Brechungsverhältnis 1,33) auch 1,33 mal kleiner als die Geschwindigkeit in Luft (§ 304).

Versuche dieser Art wurden von Michelson angestellt und ergaben das Resultat für Luft (oder Vakuum):

Lichtgeschwindigkeit = 299800 km/sec mit einem möglichen Fehler von höchstens 10 km/sec.

Die Lichtgeschwindigkeit ist also angenähert $3 \cdot 10^{10}$ cm/sec oder 300000 km/sec.

Wellennatur des Lichtes.

427. Lichtstrahlen zeigen **Interferenz** (§ 134), und dies ist ein Beweis für ihre Wellennatur. Nur bei einer Wellenbewegung kann Verstärkung (Wellenberg auf Wellenberg) oder Aufhebung (Wellental auf Wellenberg) eintreten. Zwei Strahlen können sich gegenseitig vernichten. Auch hier ist das experimentelle Studium mit den sichtbaren Strahlen am leichtesten durchzuführen.

428. Da das Licht von den fernsten Fixsternen her zur Erde gelangt, also durch Räume, wo keine Spur von ponderabler Materie vorhanden ist, hat man einen hypothetischen Stoff, den **Lichtäther**, zum Vermittler dieser Schwingungen gemacht. Weil aber Strahlung auch mehr oder weniger durch alle Körper hindurchgeht (selbst Metalle, wenn genügend dünn, sind durchscheinend), so müssen auch die Zwischenräume zwischen den Atomen der Körper und eventuelle Zwischenräume in den Atomen durch Äther erfüllt sein.

429. Man kann die Schwingungen zweier verschiedener, gleich hoher Stimmgabeln unschwer zur Interferenz bringen, so daß an bestimmten Stellen des Raumes Verstärkung oder aber Aufhebung des Tones eintritt. Nie aber können zwei verschiedene, wenn auch technisch noch so gleiche Lichtquellen interferieren, weil ja jede noch so kleine Lichtquelle aus einer sehr großen Zahl von leuchtenden Strahlungszentren mit verschiedenen Schwingungsrichtungen und Schwingungsamplituden besteht. Die von zwei gleichen Lichtquellen kommenden Strahlen werden sich durch Interferenz allerdings teilweise aufheben, teilweise aber verstärken, und zwar auf die vierfache Intensität, da die Amplitude der Schwingungen verdoppelt wird, die Energie der Strahlung aber dem Quadrat der Amplitude proportional ist. Das Gesamtresultat ist dann im Mittel eine Verdoppelung der Intensität. Allgemeiner: es werden sich die Beleuchtungen aus zwei oder mehreren Lichtquellen gegenseitig addieren. Eine optische Interferenz bei zwei verschiedenen Lichtquellen könnte nur eintreten, wenn man all die unzähligen einzelnen Schwingungen der beiden verschiedenen Lichtquellen absolut identisch (kohärent) machen könnte, und das ist unmöglich. Man nimmt daher bei Interferenzversuchen immer nur **kohärentes** Licht, das von einer einzigen Lichtquelle herstammt.

430. Huygenssches Prinzip. In einem isotropen Medium (ohne physikalisch ausgezeichnete Richtung, wie z. B. Luft, Glas, Wasser) pflanzt

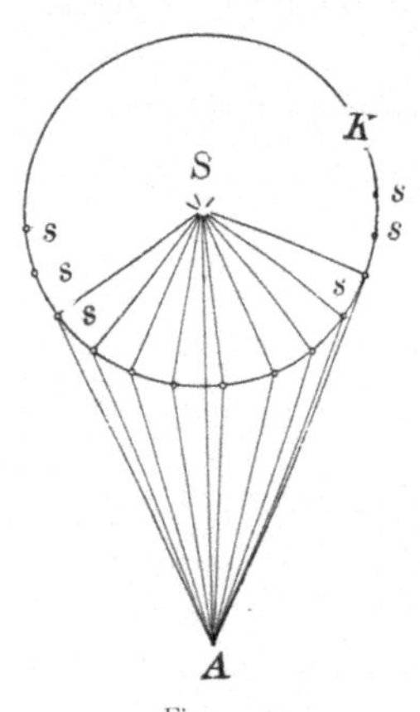

Fig. 331.

sich das Licht nach allen Richtungen gleich schnell fort. Nehmen wir an, daß der Punkt S in Fig. 331, der zunächst dunkel war, plötzlich und nur für einen Moment Strahlen aussende, und daß wir nach einer ganz kurzen Zeit schon dem Ablauf der Erscheinung plötzlich Halt gebieten könnten. Dann wird die Erregung des Äthers bis zu einer gewissen Kugelfläche K, der „Wellenfläche", fortgeschritten sein. Sämtliche Ätherteilchen s in dieser Wellenfläche K befinden sich in der gleichen Schwingungsphase, sie sind kohärent. (Um Fig. 331 nicht mit Buchstaben zu überlasten, sind nur für einige dieser — als kleine Kreise gezeichneten — Punkte s die Buchstaben eingeschrieben.) Lassen wir nun (der physikalische Vorgang soll ja für einen Moment stillgestanden sein) die Erscheinung plötzlich weitergehen, so haben wir jetzt statt des ursprünglichen Lichtpunktes S eine Reihe von kleinen kohärenten Lichtpunkten s; alle diese senden ihre Strahlen nach allen Seiten, also auch z. B. nach A, und gelangen dort zur Interferenz. Es läßt sich nun mathematisch zeigen, daß die Beleuchtung des Punktes A durch das Zusammenwirken aller s genau dieselbe ist, wie wenn sich ein direkter Lichtstrahl SA fortgepflanzt hätte.

431. Die beobachtete **geradlinige Fortpflanzung** des Lichtes ist also eine Interferenzerscheinung, das Resultat eines sehr komplizierten Vorganges. Früher sagten wir, der Strahl sei geradlinig, SA; jetzt haben wir aber in A das Zusammenwirken vieler geknickter Strahlen: $Ss_1 A$, $Ss_2 A$ usw.

432. In ähnlicher Weise wird nach Huygens die Reflexion und Brechung des Lichtes vom Standpunkt der Wellentheorie aus erklärt.

In Fig. 332 sei FF eine ebene Grenzfläche zwischen zwei Medien, z. B Luft (oben) und Glas (unten). Von einer sehr weit entfernten Lichtquelle falle ein Bündel paralleler Strahlen unter dem Winkel α ein. Zu den einfallenden Strahlen EA und $E'A'$ sind dann unter Voraussetzung des Reflexions- und des Brechungsgesetzes (vgl. § 304) die reflektier-

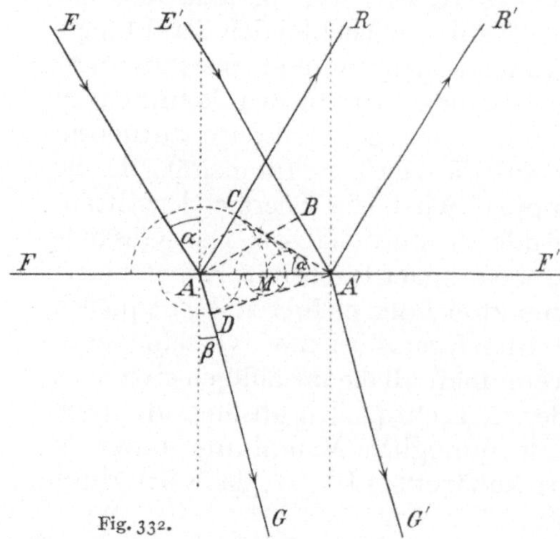

Fig. 332.

ten Strahlen AR und $A'R'$ sowie die gebrochenen Strahlen AG und $A'G'$ konstruiert. Dieselbe Lage der Strahlen ergibt sich aus der Wellentheorie in der folgenden Weise: Die zu EA und $E'A'$ senkrechte Gerade AB stellt wieder eine Wellenfläche dar, in der alle Punkte gleiche Phase besitzen, analog wie in der Kugelfläche K der Fig. 331. Das einfallende Licht trifft zuerst in A ein, später in M, zuletzt in A'. In der Zwischenzeit haben sich um alle Punkte der Strecke AA' „Elementarwellen" ausgebreitet und zwar in Form von Halbkugeln (in der Zeichnung Halbkreise). Die von A ausgegangene Elementarwelle besitzt den Radius $AC = A'B$, da ja für diese Ausbreitung eben die Zeit zur Verfügung stand, die das Licht brauchte, um von B nach A' zu gelangen. Für die Elementarwelle um den Punkt M als Zentrum stand nur die halbe Zeit zur Verfügung, daher ist der Radius dieser Elementarwellenfläche nur halb so groß. Denkt man sich für alle Punkte zwischen A und A' solche Elementarwellen eingezeichnet (in der Figur nur teilweise angedeutet), so erhält man eine Schar von Halbkreisen, die eine gemeinsame Tangente $A'C$ (im Raume eine gemeinsame Tangentialebene), die sogenannte „Einhüllende" besitzen. Diese Einhüllende ist nach Huygens die Wellenfläche des reflektierten Strahlenbündels. Die Richtung der Strahlen erhält man, indem man auf der Wellenfläche $A'C$ Senkrechte konstruiert. Dies führt aber zu den bereits anfänglich eingezeichneten Strahlen AR und $A'R'$.

In analoger Weise erhält man halbkugelförmige Elementarwellen im 2. Medium (Glas); nur sind hier wegen der geringeren Geschwindigkeit des Lichtes in Glas (z. B. $c' = \tfrac{2}{3} c$, c' in Glas, c in Luft) die Radien im Verhältnis $\dfrac{c'}{c} = \dfrac{2}{3}$ kleiner als in Luft. Man erhält wieder eine gemeinsame Tangente $A'D$ als „Einhüllende" und daraus die auf $A'D$ senkrechten Geraden AG und $A'G'$ als Richtungen der gebrochenen Strahlen. Da nun $AC = AA' \cdot \sin \alpha$ und $AD = AA' \cdot \sin \beta$ ist, folgt weiter $\dfrac{AC}{AD} = \dfrac{\sin \alpha}{\sin \beta} = \dfrac{c}{c'} = n$. Der Brechungsquotient ist also durch das Verhältnis der Lichtgeschwindigkeiten in den beiden Medien gegeben.

Die geradlinige Fortpflanzung stören wir (Beugung), wenn wir die gemeinsame Wirkung aller von den verschiedenen s ausgehenden Strahlen durch passende Abschirmung eines bestimmten Teiles dieser s unmöglich machen.

433. Eine leicht verständliche Beugungserscheinung wäre folgende **Beugung im Doppelspalt.**

Wir bringen zwischen S und A in Fig. 331 dort, wo die Wellenfläche gezeichnet ist, einen undurchsichtigen Schirm, in dem zwei enge Spalte L_1 und L_2 eingeschnitten sind, wie dies Fig. 333 darstellt; nur sind die Spalte in Wirklichkeit viel enger nebeneinander und schmäler. Unter diesen Annahmen stellen diese Spalte (entsprechend dem Prinzip von Huygens) zwei kohärente Lichtquellen dar.

Wie wirken nun zwei solche kohärente Lichtquellen L_1 und L_2 auf einen Schirm SS (in Fig. 334)?

Fig. 333.

Da $L_1 H = L_2 H$ ist, für H also kein Gangunterschied stattfindet, decken sich stets Wellenberg mit Wellenberg und Wellental mit Wellental, H ist also ein heller Streifen parallel den Spalten. Für D kann dies anders sein; wenn hier $L_2 D - L_1 D = A L_2 = \dfrac{\lambda}{2}$ ist, so haben wir hier

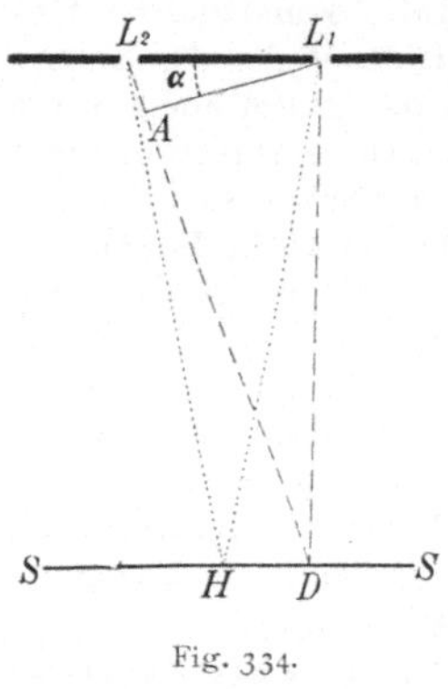

Fig. 334.

einen Gangunterschied von einer halben Wellenlänge; Wellenberg und Wellental heben sich auf; es ist in D dunkel. Geht von L_2 und L_1 die Strahlung noch schiefer nach rechts, so wird an einer bestimmten Stelle die Gangdifferenz $\frac{2\lambda}{2}$, also wieder Helligkeit auftreten usw. Dasselbe gilt natürlich auch für alle symmetrischen Stellen, die auf dem Schirm SS links von H liegen.

Beim Zusammentreffen solcher Strahlungen geht keine Strahlungsenergie verloren; wohl sind einige Raumstellen energielos, dunkel, dafür sind aber andere doppelt so hell.

Aus der Betrachtung der Fig. 334 ergibt sich, daß, wenn $L_2 A$ größer wäre, der Punkt D weiter nach rechts fällt. Rotes Licht gibt darum weiter abstehende Streifen als blaues. Fig. 335 zeigt dies Ergebnis für die rote und blaue Farbe; die unterste Reihe gibt die Erscheinung in weißem Lichte. Wir sehen in der Mitte den weißen Streifen und dann rechts und links Spektra, das Rot an den Außenseiten. Das erste Spektrum (rechts und links) ist rein, beim zweiten Spektrum fällt dessen rotes Ende teilweise in das blaue Ende des dritten Spektrums usw.

Ebenso ergibt die Konstruktion der Fig. 334, daß für eine bestimmte Wellenlänge und gegebenen Schirmabstand der Streifenabstand HD dem Spaltabstand L_1L_2 umgekehrt proportional sein muß. Je enger die beiden Spalte nebeneinander liegen, desto weiter auseinander liegen die Lichtstreifen am Schirme, desto ausgedehnter werden die Beugungsspektra.

Die hier gegebenen Erklärungen liefern nur das ungefähre Wesen der Beugungserscheinungen.

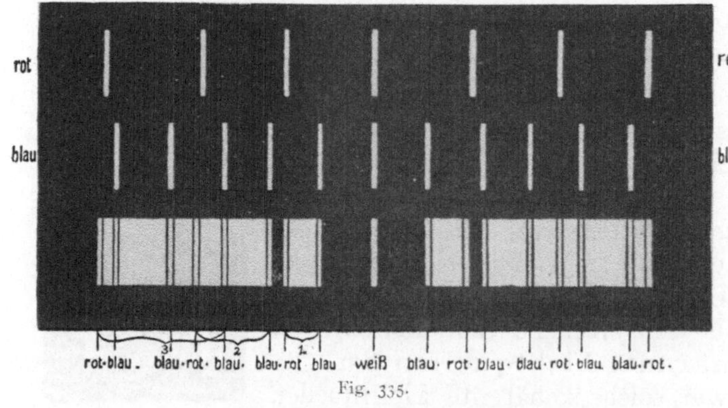

Fig. 335.

Eine eingehendere Theorie ergibt Weiterungen, die hier nicht berührt werden sollen; denn deren Besprechung würde das erste Verständnis der Erscheinungen erschweren.

Bringt man in den Raum $L_2 L_1$ und SS in Fig. 334 Öl, so wird die Lichtgeschwindigkeit und somit λ kleiner, die Spektra rücken näher zusammen. (§ 443.)

434. Linsen bewirken keinen Gangunterschied. Die Darstellung (Fig. 334) ist mangelhaft; um ein Interferenzbild auf SS zu erzeugen, müssen die abgebeugten (d. h. die von den Spalten nach unten gehenden) Strahlen durch eine Linse auf den Schirm oder durch ein auf unendlich akkommodiertes Auge auf der Netzhaut vereint werden. Wir wollen zuerst die Wirkung einer solchen Linse auf einen Strahl (Fig. 336) untersuchen.

Ein weit entferntes (in der Zeichnungsebene der Fig. 336 liegendes, horizontales, aber nicht gezeichnetes) Objekt BA sende Strahlen gegen die Linse R. Der auf der Hauptachse liegende ferne Punkt A sendet ein paralleles Strahlenbündel aaa (voll gezeichnet) und ebenso der seitlich (links) liegende ferne Punkt B ein paralleles Strahlenbündel bbb (gestrichelt gezeichnet) gegen R. Die Linsenbrechung von R vereinigt, wie schon bekannt, beide Bündel in der Brennebene, ersteres in A', letzteres in B'; es entsteht ein reelles, verkehrtes Bild $A'B'$. Wir wollen uns nun um die Änderungen der Wellenflächen beim Durchgang durch die Linse R kümmern. Das ausgezogene Strahlenbündel aaa habe vor der Linse die (ausgezogen gezeichnete) Wellenfläche w_1. Nach der Brechung wird diese ebene Wellenfläche zur Kugelfläche w_2 und w_3. Die Mitte ist auf dem Weg durch die dicke Linsenmitte etwas mehr zurückgeblieben als die Randstrahlen. War in der ursprünglichen Strahlung von w_1 kein Gangunterschied, so existiert ein solcher

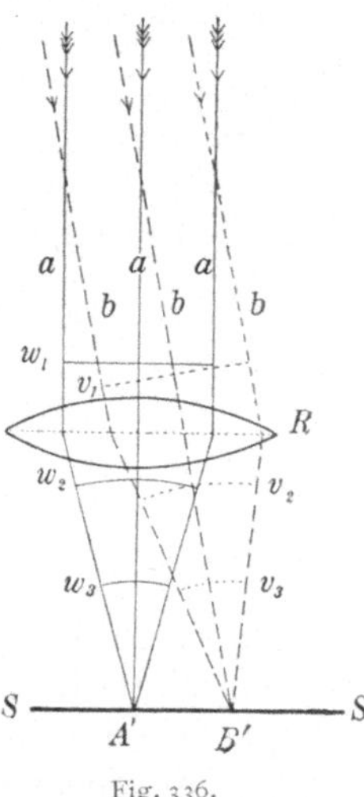

Fig. 336.

auch nicht nach dem Linsendurchgang. Genau dasselbe geschieht auch mit dem schiefen Strahl. Hier geht die (punktiert gezeichnete) Wellenfläche v_1 nach der Brechung über in v_2, v_3 usw.; auch hier bewirkt die Linse keine Gangunterschiede.

Die Zeichnung Fig. 334 ist also eigentlich nicht richtig, da man jedes Bündel als parallele Strahlen auffassen und durch eine Sammellinse vereinen muß. Richtiger ist Fig. 337.

435. Zwei sehr eng aneinanderliegende schmale Spalte geben sehr breite, aber lichtschwache Beugungsspektra. Die Theorie und Erfahrung zeigt nun, daß, wenn man sehr viele eng aneinanderliegende Spalte nimmt, das Wesen der Erscheinung, was den Streifenabstand HD (Fig. 334) anlangt, ungeändert bleibt. Die Erscheinung entspricht dann genau der Fig. 335, und die Lichtstärke ist eine viel größere. Ritzt man mit Diamant auf Glas eine Reihe knapp nebeneinander liegender regelmäßiger Striche, so erhält man ein **Beugungsgitter,** welches breite und lichtstarke Spektra liefert (das durchsichtige Glas zwischen den Ritzen tritt an Stelle der Spalte).

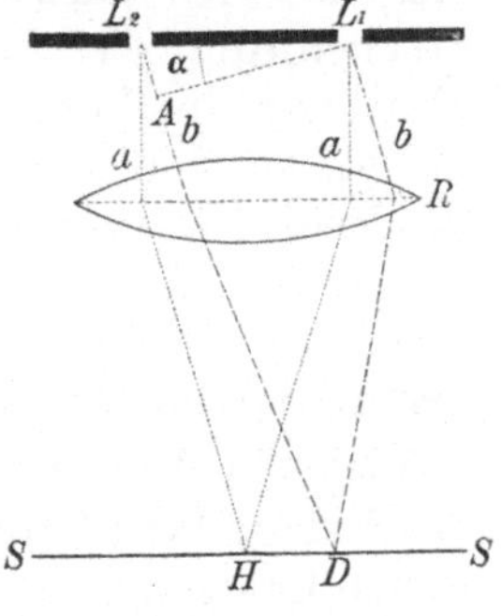

Fig. 337.

436. Beugungsgitter benutzt man auch mit Vorteil statt der Prismen **zur Erzeugung von Spektren.** Stellt man einen zylinderförmigen Metallhohlspiegel (achsenvertikal) einem vertikalen Spalt gegenüber, so entwirft er (ohne daß, wie bei Linsen in Glas oder dgl., eine Absorption stattgefunden hätte) ein reelles Bild dieses Spaltes. Sind aber auf diesem Spiegel eine Reihe von feinen vertikalen Ritzen gemacht (bei Rowland-Gittern bis ca. 10000 pro cm), so erhält man rechts und links vom Spaltbild die Beugungsspektra. Ganz rein ist nur das erste (rechte und linke) Spektrum erster Ordnung, während die

Spektra höherer Ordnung schon ineinander übergreifen. (Ähnlich wie in Fig. 335.)

Man nennt solche Gitterspektra, im Gegensatze zu den durch Brechung erzeugten, Normalspektra (auch typische Spektra). Trägt man unter einem Gitterspektrum die Wellenlängen auf eine Skala auf,

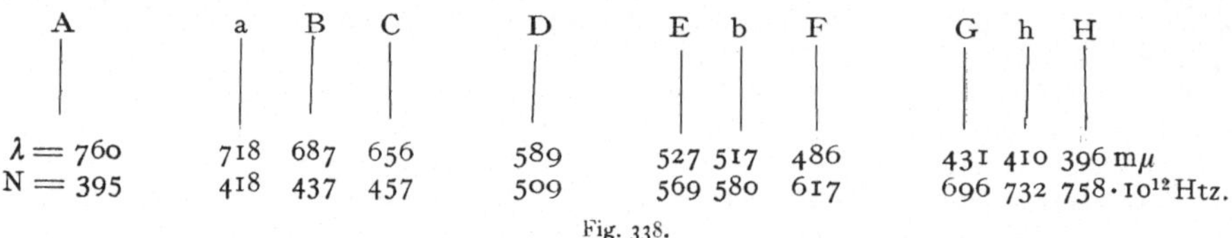

Fig. 338.

so entsprechen gleiche Differenzen der Wellenlängen gleichen Skalenteildifferenzen, während beim Prismenspektrum die Dispersion im violetten Ende größer ist als im roten. Fig. 338 gibt ein normales Spektrum; man vgl. Fig. 235, welche ein Prismenspektrum gibt. (In Fig. 235 liegt z. B. die Linie F in der Mitte, im Normalspektrum Fig. 338 aber gegen das violette Ende.) Im Prismenspektrum ist das Licht am roten Ende gleichsam konzentrierter, dieser Teil zeigt eine im Vergleich mit dem blauen Ende zu große Helligkeit und auch objektiv gemessen zu große kalorimetrische Wirkung. (Die Fig. 319 über spektrale Energieverteilung bezieht sich auf ein Normalspektrum.)

437. Beugungserscheinungen treten auch ein, wenn man z. B. das Licht einer fernen Kerze beim Blinzeln durch die Augenwimpern betrachtet, oder wenn man durch ein feines Gewebe, z. B. einen trockenen Regenschirm, nach fernen Laternen blickt. Ebenso sind eine Beugungserscheinung die Farbenringe, die man durch ein behauchtes Fenster hindurch von fernen Lichtquellen sieht. Sind die Fenster beeist, so werden die Phänomene durch Brechung und Reflexion komplizierter; ähnlich entstehen die Mond- und Sonnenhöfe, zu unterscheiden von den durch Brechung in Eiskristallen entstehenden „Ringen" oder „Halos". Beugungserscheinungen beeinflussen auch die Farbenverteilung im Regenbogen (vgl. § 319).

Viele Farben an Schmetterlingsflügeln und anderen Insektenflügeln, an Perlen, Perlmutter usw. entstehen durch Beugung des Lichtes an dem feinen Oberflächenstaub oder den feinen, gitterartigen Oberflächenstrukturen.

438. Man benützt Beugungsgitter zur genauen **Bestimmung der Wellenlänge.** Ist bekannt (durch Messung): Spaltbreite $L_1 L_2$, Abstand des Schirmes vom Gitter und gegenseitige Entfernung der einzelnen Streifen auf dem Schirm, so kann man Fig. 334 konstruieren oder berechnen und so die unbekannte Wellenlänge finden.

Sieht man mit einem auf unendlich eingestellten Fernrohr in gerader Richtung in einen Kollimator (Fig. 313), dessen Spalt z. B. mit einer Natriumflamme beleuchtet sei, so erblickt man, wenn beide Röhren in gleicher Richtung stehen, ein scharfes gelbes Spaltbild. Bringt man nun zwischen Kollimator und Fernrohr, senkrecht zur Sehrichtung ein Beugungsgitter, dessen Striche dem Spalt parallel sind, so sieht man rechts und links neben dem gelben Spaltbild eine Reihe von gelben Strichen, analog den oberen Beugungsbildern von Fig. 335. Ist nun die Drehung des Fernrohrs an einem Teilkreis meßbar, so kann man z. B. das erste Bild rechts in das Fadenkreuz bringen und den Drehungswinkel messen. Dieser ist 2α nach Fig. 334, weil wir vom mittleren H (nicht nur bis zum dunklen D, sondern doppelt so weit) zum ersten hellen Bilde H rechts gedreht haben.

Im Dreiecke $L_2\,L_1\,A$ ist $\dfrac{\lambda}{2} = L_2 L_1 \sin a$; drehen wir aber doppelt so weit bis zum ersten hellen Seitenbild, so gilt ebenso $\lambda = L_2 L_1 \sin 2a$. Setzen wir $L_2 L_1 = d$ und $2a = u$, so wird

$$\lambda = d \sin u.$$

So ergibt sich aus dem Beugungswinkel u für das erste helle Seitenbild des Spaltes und aus der Gitterbreite d (der Gitterkonstante) die Wellenlänge. Nimmt man statt Natriumlicht eine mit Wasserstoff gefüllte Geißlerröhre oder sonst eine Lichtquelle mit Linienspektrum, so kann man die Wellenlängen der betreffenden Farben bestimmen.

Die Wellenlängen λ bestimmter Spektralstellen (Fraunhofersche Linien) in Luft oder (was fast identisch ist) im Vakuum, sind in Fig. 338 angegeben. In Körpern, in denen sich Licht langsamer fortpflanzt — Glas, Wasser oder dgl. —, ist die Wellenlänge n mal kürzer, wenn n das betreffende Brechungsverhältnis (gegen Luft) bedeutet.

Die Schwingungszahl N (unterste Zeile in Fig. 338) ist hier wie in der Akustik (§ 131) gleich Geschwindigkeit durch Wellenlänge oder $\dfrac{3 \cdot 10^{10}}{\lambda}$; das wäre für Rot etwa 400 Billionen Hertz (vgl. S. 276).

439. Die Untersuchung des **Spektralgebietes im Ultrarot** wurde hauptsächlich durch Rubens gefördert, der hierzu die sogenannten „Reststrahlen" verwendete. Viele Kristalle, wie Quarz, Flußspat, Steinsalz, Sylvin usw. besitzen im Ultrarot selektive Reflexion wie Metalle. Beispielsweise reflektiert Sylvin, das die übrigen Strahlen durchläßt, solche der Wellenlänge $63{,}4\,\mu$. Bei mehrfachen Reflexionen bleiben dann praktisch nur die Strahlen der Wellenlänge $63{,}4\,\mu$ als **„Reststrahlen"** übrig. Bei Thalliumjodür kommt man derart auf $152\,\mu$; der äußerste Wert von Rubens und Baeyer (1911) war $320\,\mu$. Nichols und Tear haben dann (1923 und 1925) die Überbrückung zwischen längstwelligen Wärmestrahlen und kürzesten elektrischen Wellen durchführen können.

440. Die Erforschung des **Spektralgebietes** in der Richtung kürzerer Wellenlängen von Seite **des Ultraviolett** her erfolgte zunächst durch Verwendung einer Quarz-Flußspat-Optik; man gelangte bis etwa $185\,m\mu$. V. Schumann vermochte dann (1893) mit einem Vakuumspektrographen bis zu $100\,m\mu$ vorzudringen (Schumann-Strahlen). Lyman und Millikan haben (1920) diesen Erfolg überboten und stellten Wellenlängen bis herab zu $20{,}2\,m\mu = 202$ Å. E. fest; schließlich gelangten Millikan und

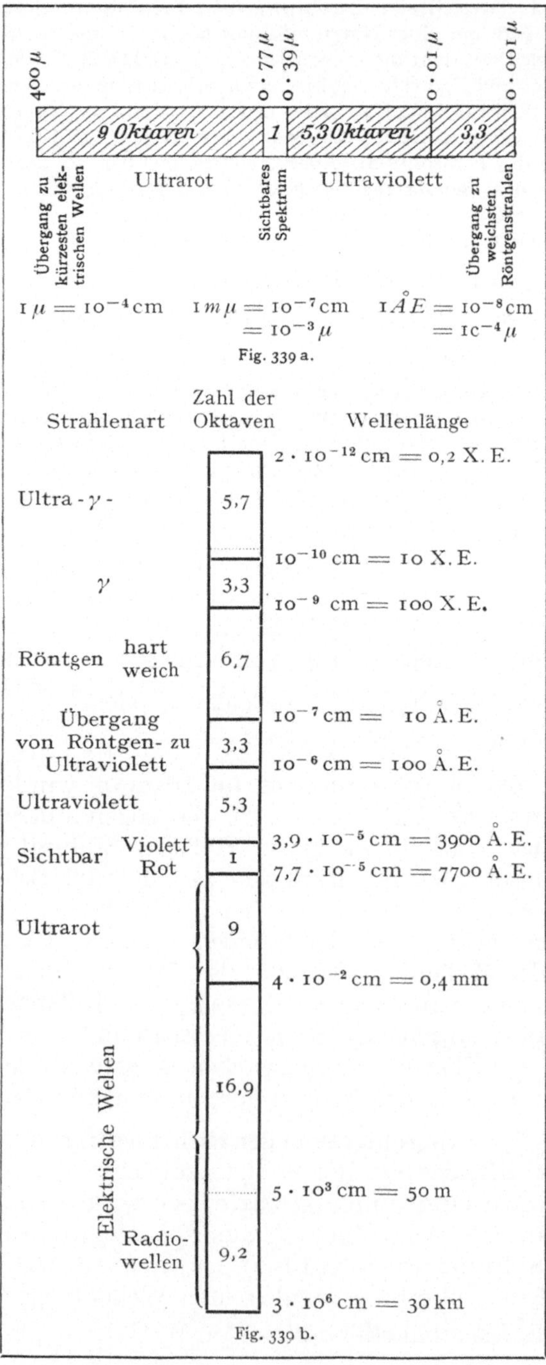

Fig. 339 a.

Fig. 339 b.

Bowen (1924) bis 136. Å.E. Schon 1921 hatte Holweck die Überbrückung der Lücke zwischen Ultraviolett und Röntgenstrahlen durch Erzeugung sehr weicher Röntgenstrahlen (12 bis 493 Å.E.) durchgeführt.

Eine Übersicht mit einer der Akustik analogen Teilung in Oktaven gibt die Fig. 339a für das optische Gebiet im engeren Sinn, Fig. 339b für das Gesamtgebiet aller Wellenlängen.

Das Gesamtgebiet umfaßt zusammen 60,4 Oktaven, davon eine im sichtbaren Gebiet.

Über elektrische Wellen vgl. § 639, Röntgenstrahlen § 678, γ-Strahlen § 700. Die Ultra-γ-Strahlung (Höhenstrahlen, Hesssche Strahlen) von Hess 1912 entdeckt und besonders von Kolhörster, Millikan u. a. studiert, scheint außerterrestrischen (kosmischen) Ursprungs und ist die härteste (kürzestwellige) Strahlung.

Das Übergangsgebiet zwischen γ- und Ultra-γ-Strahlen ist noch nicht sichergestellt. Den Übergang von Ultraviolett zu weichsten Röntgenstrahlen erforschten Holweck (1921), Millikan und Bowen (1924) und Thibaud (1927, 1928).

Die kürzesten elektrischen Wellen erhielt Glagolewa-Arkadiewa (1924) mit 0,08 mm; das Übergangsgebiet von Ultrarot zu elektrischen Wellen erforschten Nichols und Tear (1923, 1925).

441. Bewegt sich eine Strahlungsquelle rasch gegen uns, so werden die Wellenlängen kürzer, bei entgegengesetzter Bewegung länger. Dieses **Dopplersche Prinzip** (§ 153 der Akustik) sagt aus, daß die Spektrallinien eines Sternes sich bei Entfernung des Sternes gegen Rot, bei Annäherung des Sternes gegen Violett verschieben müssen. Diese Verschiebung der Spektrallinien ist gering, gleichwohl hat so die Astrophysik Bewegungen von Fixsternen in der Blickrichtung (im Visionsradius) bestimmt.

Da nach der kinetischen Gastheorie die Molekeln eines Gases in fortwährender Bewegung sind (§ 211), sich also dem Beobachter mit bekannter Geschwindigkeit nähern (oder von ihm entfernen), ergibt sich daraus die beobachtete Breite der Spektrallinien (Michelson).

442 Beugung bei optischen Vergrößerungsinstrumenten. Die bisher von uns in §§ 322, 325 usw. durchgeführten Bildkonstruktionen bei Linsen basierten alle auf der Annahme geradliniger Fortpflanzung des Lichtes. Das bleibt richtig, auch wenn wir das Problem vom Standpunkt der Interferenztheorie betrachten; wir sahen ja in Fig. 331, daß die Interferenzen meist sich gegenseitig so fördern und aufheben, als ob das Licht geradlinig weiterginge.

Im Mikroskop aber werden sehr kleine Objekte abgebildet, und hier kann die auftretende Beugung oft sehr stören. Gegenstände, die kleiner sind als etwa die halbe Wellenlänge des Lichtes, können wir darum mit dem Mikroskope nicht mehr sehen. Alles, was also die Wellenlänge verkleinert, steigert die auflösende Kraft des Mikroskopes. In Öl ($n = 1,5$) ist die Wellenlänge kleiner als in Luft, darin besteht der Hauptvorteil der Immersionssysteme, dessen anderen Vorteil, Aufhebung der Totalreflexion, wir ja bereits § 372 besprachen.

443. Immersions-Mikroskop. Wir wollen uns ein sehr feines Objekt, z. B. einen feinen Doppelspalt im Mikroskop ansehen. In Fig. 340 sei G dieser feine Doppelspalt von unten her mit parallelem Lichte beleuchtet und Ob die Objektivlinse eines Mikroskopes. Diese erzeugt ein reelles Bild G' (zwecks Platzersparnis zu tief gezeichnet). Dieses Bild ist nach der gewöhnlichen Linsenkonstruktion (§ 322) gezeichnet, indem wir annehmen, daß die Strahlen geradlinig gehen. Fragen wir nun, wie kommt dieses Bild in Wirklichkeit mit Rücksicht auf die Interferenz zustande? (entsprechend Erklärungen von Fig. 331).

Zunächst wirkt Ob wie die Linse R in Fig. 337 und erzeugt ein Beugungsbild in ihrer Brennebene BB. In Fig. 340 sind diese Beugungsmaxima für eine Farbe eingezeichnet. Wir erhalten in der Mitte das gewöhnliche Maximum o, recht und links die Maxima 1, 2 usw.

Wir müssen nun fragen, wie wirken die verschiedenen Lichtpunkte o, 1, 2 usw. so gemeinsam zusammen, daß das reelle, vergrößerte und verkehrte Bild G' von dem Objekte G entsteht? Daß dies bei größeren Objekten wirklich geschieht,

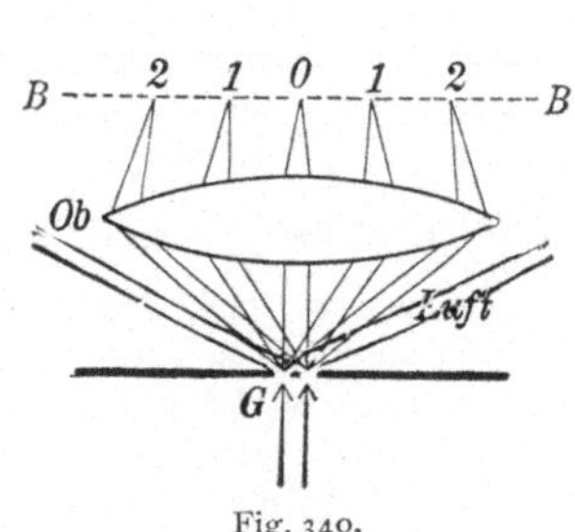

Fig. 340.

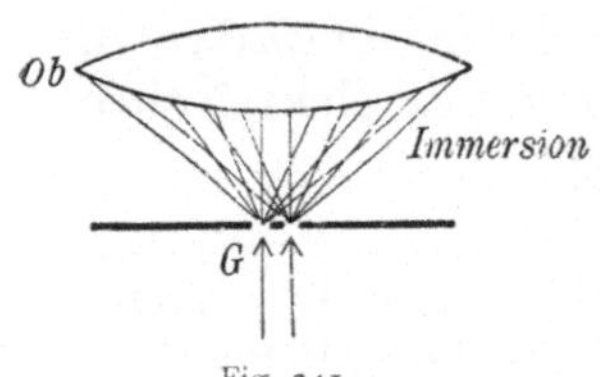

zeigt ja jede einfache Linsenbeobachtung. Durch Rechnung findet man, daß alle Interferenzen wirklich in dem angegebenen Sinne zusammenwirken. Wir haben also eine ganz ähnliche, wenn auch etwas kompliziertere Erscheinung wie in Fig. 336. Das Huygenssche Prinzip und die geradlinige Konstruktion gibt dasselbe. Nun ist aber klar, daß, wenn wir von den diversen Maximis _o_, _1_, _2_ usw. oder bei weißem Lichte von _o_ und den Beugungsspektren _1_, _2_ usw. einen großen Teil wegnehmen, wir dieses Gesamtergebnis aller Interferenzen stören, und daß dann das Bild in _G'_ geändert werden muß. Eingehende Berechnungen von Abbe ergaben nun, daß zum allermindesten neben dem Maximum in der Mitte _o_ auch noch die beiden ersten Seitenspektra _1_ links und _1_ rechts vorhanden sein müssen, damit das Bild entsteht. In Fig. 340 kommen noch die Spektra 2. Ordnung wirklich auf die Linse _Ob_, die Spektra 3. Ordnung würden durch so schief von _G_ ausgehende Strahlen erzeugt, daß diese an der Linse _Ob_ vorbeigehen und daher nicht mehr für die Bildentstehung mitwirken können. Wird nun die Gitterbreite in Fig. 340 immer kleiner, so rücken _o_, _1_ und _2_ immer mehr auseinander und, wenn die Lichtbündel für _1_ von unten her nicht mehr auf _Ob_ fallen, so wird das Gitter nicht mehr als Gitter gesehen; die Grenze der Auflösung ist erreicht, man sieht statt des Objektes eine Beugungserscheinung.

Bringt man aber zwischen Gegenstand _G_ und Linse _Ob_ eine Immersionsflüssigkeit, so gehen die Beugungsbündel von _G_ (Fig. 340) unter viel geringerer Neigung gegen die Linse. Wir hatten nämlich § 340 die Gleichung $\lambda = d \sin u$ für das erste abgebeugte Helligkeitsmaximum. Ist nun z. B. unmittelbar über dem Gitter in Fig. 341 eine Flüssigkeit (z. B. Öl) mit einem Brechungsverhältnis _n_, so ist die Wellenlänge _n_ mal kleiner, also der Beugungswinkel _u'_ für die einzelnen Maxima auch kleiner. Es ist dann $\dfrac{\lambda}{n} = d \sin u'$.

Daraus folgt dann ganz allgemein, wenn _u_ den Beugungswinkel für das erste Helligkeitsmaximum bedeutet, $d = \dfrac{\lambda}{n \sin u}$.

Abbe, der Begründer der modernen Theorie des Mikroskopes, nannte die für das Mikroskop so wichtige Größe _n_ sin _u_ die **numerische Apertur**. Je größer _n_ sin _u_, um so kleiner wird _d_, die eben noch erkennbare Gitterbreite oder der Abstand zweier Punkte in einer mikroskopisch anzusehenden Struktur, welche noch das erste Beugungsbündel ins Objektiv gelangen läßt und daher gerade noch zu sehen ist. _d_ heißt darum hier die **Grenze der Auflösung**. _n_ ist das Brechungsverhältnis des Mediums, in dem die Beugung entsteht. Für ein Trockensystem (_n_ für Luft = 1) kann die numerische Apertur _n_ sin _u_ (mathematisch) höchstens 1 werden, für Immersion mit Zedernholzöl, _n_ = 1,515, also größer als 1; die Grenze der Auflösung wird somit günstiger. Bei einem guten Immersionsmikroskop kann man mit geeigneten Flüssigkeiten _n_ sin _u_ bis auf 1,6 bringen. Für grünes Licht, $\lambda = 0{,}52\,\mu$, ist dann $d = \dfrac{0{,}52}{1{,}6}\,\mu$.

444. Ultraviolett-Mikroskop. Wir sagten § 442, daß alles, was die Wellenlänge verkleinert, die auflösende Kraft eines Mikroskopes steigert. Das erreicht man auch dadurch, daß man von vornherein mit sehr kurzwelligem Lichte beleuchtet und so mit ultravioletten Strahlen Mikrophotographien herstellt. Bei gleicher Apertur ist $d = \dfrac{\lambda}{n \sin u}$, die Auflösungsgrenze, dem λ direkt proportional. Köhler hat nun ein Mikroskop mit ultraviolettdurchlässigen Linsen (Quarz und Uviolglas) zur Photographie mit ultravioletten Strahlen gebaut. Hier ist λ (erzeugt durch Funkenentladung zwischen Kadmiumspitzen) etwa halb so groß als im sichtbaren Teile, _d_ ist also auch halb so groß. Man erkennt daher halb so kleine Details in der Photographie.

445. Dunkelfeldbeleuchtung. Neben dem an den mikroskopischen Objektpunkten abgebeugten Licht, das wir bisher allein berücksichtigt haben, geht auch direktes Licht durch die größeren Zwischenräume zwischen den einzelnen Strukturdetails direkt hindurch und erhellt das ganze Gesichtsfeld: Hellfeldbeleuchtung. Man kann dieses zur Abbildung nicht beitragende Licht in verschiedener Weise abblenden. Fig. 342 stellt den Beleuchtungs-Paraboloidkondensor der Firma Zeiß dar. Das von unten kommende

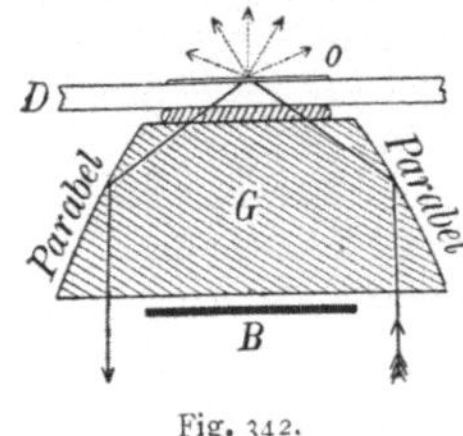

Fig. 342.

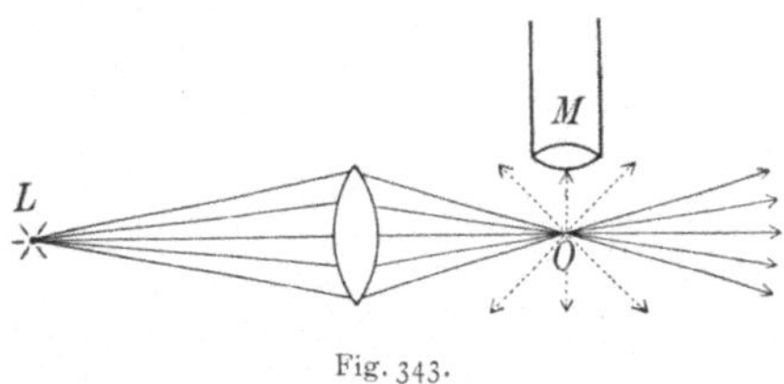

Fig. 343.

Licht, durch B abgeblendet, beleuchtet eine kreisförmige Fläche; ein Strahl ist als Pfeil gezeichnet. Er wird an den Paraboloidflächen des Glaskörpers G total reflektiert, ebenso an dem Objektträger D. Es tritt keine Brechung ein und darum fehlen chromatische Erscheinungen. Der Brennpunkt aller Beleuchtungsstrahlen ist in der Mitte von o. Liegt auf o ein Objekt, so wird hier keine Totalreflexion stattfinden, das Licht wird ins Objektiv hineingebeugt. (Gebeugte Strahlen in Fig. 342 punktiert.) Man sieht dann das Bild hell auf dunkel. Ohne Steigerung der auflösenden Kraft gelingt es so oft, durch Kontrastwirkung mehr Details deutlich zu sehen als bei Hellfeldbeleuchtung.

446. Im **Ultramikroskop** von Siedentopf und R. Zsigmondy (Fig. 343) wird ein sehr intensives Lichtbündel (ausgezogene Linien) einer elektrischen Lampe L von der Seite her auf das kleine Objekt O gebracht. Das beleuchtete Teilchen sendet gebeugtes Licht (punktiert gezeichnet) nach allen Seiten, einige auch ins Mikroskop M. Man sieht so die Anwesenheit von Teilchen bis herunter zu $4 m\mu$ (etwa 10facher Molekeldurchmesser) in hellen Beugungslichtscheibchen, ohne die Formen der Teilchen zu erkennen. Man kann die Teilchen aber zählen, eventuell Ortsveränderung (Brownsche Bewegung) konstatieren usw.

447. Geht ein Strahl durch ein durchsichtiges Medium, in dem kleine Teilchen mit anderem Brechungsverhältnis suspendiert sind, so sieht man den Gang der Lichtstrahlen z. B. in nicht absolut gereinigtem Wasser oder in gewöhnlicher (d. h. Stäubchen enthaltender) Luft usw.; man nennt das oft „innere" Diffussion des Lichtes.

Sind diese Teilchen aber kleiner als die Wellenlänge des Lichtes, so ist die Summe aller Beugungserscheinungen, deren jede einzelne nur mit dem Ultramikroskop gesehen werden kann, auch mit bloßem Auge sichtbar. Die Bahn eines weißen Lichtbündels erscheint aber in einem solchen **trüben Medium** gefärbt, und zwar im allgemeinen um so bläulicher, je kleiner die Teilchen sind. Hierdurch erklärt sich z. B. die rote Farbe kolloidaler Goldlösungen, wo kleine Goldteilchen im Wasser (oder im sog. Rubinglase) die Beugung erzeugen, oder das Himmelsblau, wo Gasmolekeln und eventuell gröbere Teilchen als die Beugung erzeugenden Kerne anzunehmen sind.

Von biologischen Beispielen seien erwähnt: die blaue Farbe der Venen, die der Regenbogenhaut, der Farbenwechsel bei vielen Tieren usw.

448. Es gibt außer der Beugung noch viele andere Methoden, Interferenz zu erzeugen. Hier sollen zunächst zwei Beispiele herausgegriffen werden, welche genau den Vorgängen in Fig. 334 entsprechen. Schneidet man eine Sammellinse auseinander und entfernt die beiden **Halblinsen** ein wenig voneinander, Fig. 344, so wirkt jede Linsenhälfte allein für sich, und es entstehen von einem Lichtpunkte L zwei reelle und kohärente Lichtpunkte L_1 und L_2, welche genau so wie L_1 und L_2 in Fig. 334 Interferenzen geben.

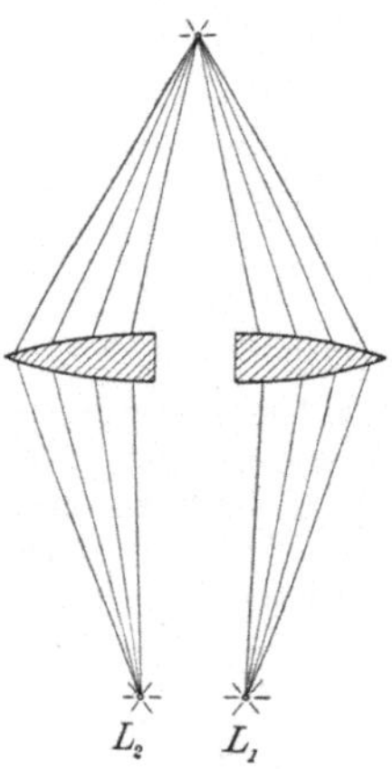

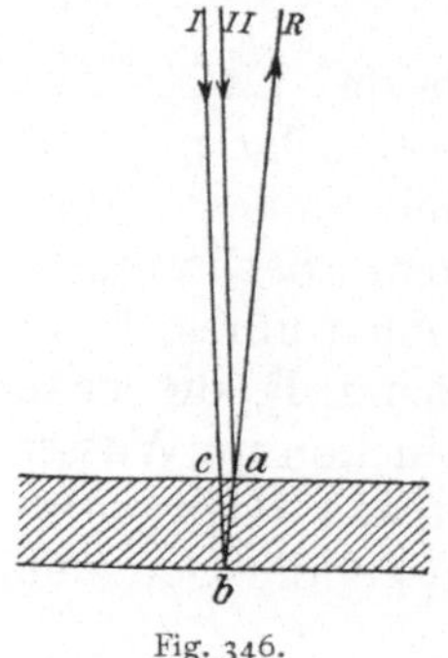
Fig. 344.

Der historisch berühmte **Spiegelversuch von Fresnel** (1816) benützt zwei durch Reflexion erzeugte virtuelle Lichtpunkte. S_1 und S_2 in Fig. 345 sind zwei schwach gegeneinander geneigte Spiegel, die mit vertikaler Kante k aneinanderstoßen. Ein vertikaler hell erleuchteter Spalt L (in Fig. 345 senkrecht zur Papierebene) bildet die Lichtquelle (es kann auch der gerade Faden einer Glühlampe sein). Von L wird z. B. ein Strahl r vom Spiegel S_1, ein Strahl 2 vom Spiegel S_2

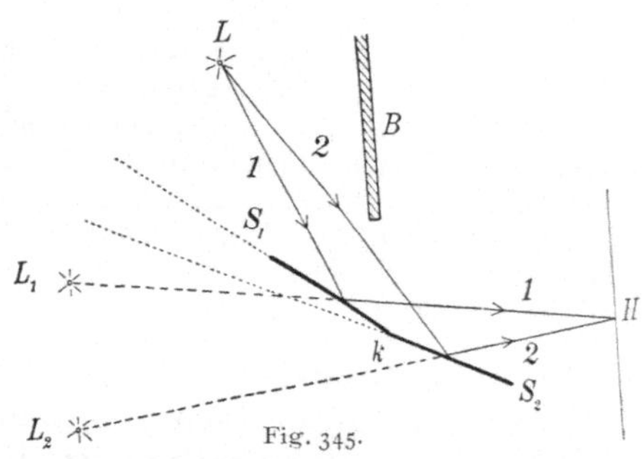
Fig. 345.

gegen H so reflektiert, als käme ersterer Strahl vom virtuellen Spalt L_1 und der zweite von L_2. (Zur Konstruktion: L_1 liegt so weit hinter der punktiert gezeichneten Spiegelfläche S_1 als L vor dieser, ebenso L_2 und S_2.) Blenden wir durch B die direkte Strahlung von L gegen H ab, so wirkt gegen H nur die kohärente Strahlung der zwei Spiegelbilder L_2 und L_1. In Wirklichkeit sind die S_2 und S_1 fast in einer Ebene, also die Entfernung $L_2 L_1$ sehr klein. Wie zwei solche Lichtquellen L_2 und L_1 wirken, sahen wir zu wiederholten Malen. Wir finden genau dieselben Interferenzerscheinungen wie in Fig. 334.

F r e s n e l (1788—1827) hat wohl das größte Verdienst um die Ausarbeitung der Wellentheorie des Lichtes.

449. Farben dünner Blättchen. Bringt man eine Spur von Terpentinöl auf Wasser, so zeigen sich in dieser Ölschichte glänzende Farbenerscheinungen. Man sieht solche oft auf den Pfützen der Straße, wenn über dem Wasser eine dünne Schichte fetten Schmutzes liegt. Dieselben Erscheinungen zeigen auch Seifenblasen, Sprünge in Kristallen usw.

Es sei Fig. 346 ein solches dünnes Häutchen, z. B. Wasser, oben und unten von Luft begrenzt. Zwei von einer fernen einfarbigen Lichtquelle kommende kohärente Strahlen I und II fallen auf die obere Fläche fast senkrecht auf. (In der Figur der Deutlichkeit wegen etwas schief gezeichnet.)

Vom einfallenden Strahl wird ein Teil an der oberen Fläche bei a, ein Teil an der unteren Fläche bei b

Fig. 346.

reflektiert; beide Strahlen ziehen nach ihren Reflexionen gemeinsam gegen R. Der Strahl IIaR hat aber einen um cba kürzeren Weg zurückgelegt als der Strahl I$cbaR$. Ist cba oder die doppelte Dicke des Plättchens $= \frac{\lambda}{2}$ oder $\frac{3\lambda}{2}$ usw., so müßten wir in R eine Gangdifferenz von $\frac{\lambda}{2}$ oder $\frac{3\lambda}{2}$ usw., also Wellenberg auf Wellental oder Dunkelheit erwarten.

Es tritt aber gerade in diesem Falle Helligkeit auf, weil nämlich (analog wie in der Akustik, §136) bei Reflexion an einem dichteren Medium in a eine Phasendifferenz $\frac{\lambda}{2}$ (Verlust einer halben Wellenlänge) entsteht.

Vom einfallenden Strahl geht aber auch ein Teil hindurch, und zwar direkt, ein anderer bis b, von dort nach a und erst von da wieder nach unten. Die Gangdifferenz zwischen letzterem und dem direkt durchgehenden Strahl sei z. B. zweimal die halbe Wellenlänge (statt dreimal, wie bei der Reflexion). Wir haben also auch im durchgehenden Lichte Interferenzerscheinungen, die aber denen des reflektierten Lichtes komplementär sind: wo im letzteren Falle Helligkeit herrscht, findet man Dunkelheit und umgekehrt.

Aus der Dicke des Blättchens (und der Neigung des Strahles) kann man die Gangdifferenz für bestimmtes Licht berechnen, daher aus den Interferenzerscheinungen die Wellenlänge.

Nimmt man weißes Licht, so fehle z. B. im reflektierten Lichte das Gelb; Gesamtresultat Mischfarbe aus allen Spektralfarben weniger gelb. Die Farben sind also hier nicht wie im früher betrachteten Falle reine Spektralfarben, sondern Subtraktions- und Mischfarben. Durchgehende und reflektierte Strahlung ist komplementär.

Wenn man eine sehr schwach gekrümmte Linse gegen ein Planglas preßt, so bildet die Luftschicht zwischen diesen beiden Glasflächen einen dünnen Luftkeil, dessen Dicke von der Mitte aus nach allen Seiten gleichmäßig gegen den Rand zunimmt. Wir erblicken bei einfarbiger Beleuchtung helle und dunkle konzentrische Ringe, bei Beleuchtung mit weißem Licht mischfarbige Ringe. Die Mitte, wo geometrisch kein Gangunterschied, aber Reflexion an dichterem Medium stattfindet, ist für alle Farben dunkel. An diesem Farbenglase hat Newton (1675) zuerst diese Erscheinungen beobachtet, aber nicht im Sinne der Wellentheorie gedeutet.

450. Von großem Interesse ist die Frage, ob **Interferenz** auch **bei großen Gangunterschieden** eintritt. Es stellte sich nun experimentell heraus, daß bei Gangunterschieden von 2,6 Millionen Wellenlängen (Lummer 1900) Interferenzen noch nachzuweisen sind. Da dann der Strahl I, der ja gleichzeitig mit II ins Auge gelangt, viel früher die Lichtquelle L verlassen haben muß, so ergibt sich daraus, daß jedes der unzähligen lichtausstrahlenden Teilchen (Elektronen) während dieser ganzen Zeit (10^{-8} sec) seine Schwingung in bezug auf Richtung und Größe ganz genau beibehalten muß, da ja sonst eine Interferenz nicht mehr möglich wäre. Bei $2{,}6 \cdot 10^6$ Schwingungen ist auch eine Dämpfung noch nicht zu bemerken. Diese $2{,}6 \cdot 10^6$ Wellenlängen (einer bestimmten Hg-Linie) entsprechen in Luft einer Strecke von etwa 144 cm.

Jede Wellenlänge des Lichtes im Vakuum ist eine universelle Konstante; sie bleibt gleich soweit der Äther reicht, also bis in die Räume der fernsten Fixsterne hinaus. Man hat daher (Michelson 1895) eine Zurückführung des Längenmaßes oder Meters auf

Wellenlängen des Lichtes durchgeführt. λ der roten Cadmiumlinie (in trockener Luft von 15^0 C und 760 mm Druck) $= 0,64384696\,\mu$ (vgl. S. 3).

451. Stehende Lichtwellen. Wir haben in der Akustik gesehen, daß durch Interferenz eines direkten und eines reflektierten Wellenzuges stehende Wellen zustande kommen. Genau dasselbe geschieht bei Licht (O. Wiener 1889). Homogenes Licht strahle gegen eine photographische Emulsion auf einer Glasplatte, welche das auffallende Licht wieder durch dieselbe photographische Schicht zurückwirft. Die Interferenz des senkrecht durch die photographische Schicht gehenden und zurückgeworfenen Lichtes erzeugt innerhalb dieser Schicht stehende Lichtwellen. Bei Entwicklung der photographischen Platte entstehen in Abständen von je $\frac{\lambda}{2}$ in den Schwingungsbäuchen geschwärzte Schichten, welche durch passende Kunstgriffe erkannt werden können.

452. Schließlich seien hier noch die **Interferometer** erwähnt, deren Konstruktion sehr mannigfaltig sein kann. Blickt man mit einem auf Unendlich gestellten Fernrohre gegen zwei durch einen Kollimator beleuchtete parallele Spalte, so erhält man die von uns oft besprochenen Beugungserscheinungen (Fig. 335) dieses Doppelspaltes. Bringt man nun vor den einen Spalt einen durchsichtigen Körper, in dem sich das Licht langsamer fortpflanzt als in Luft, so tritt im Interferenzbilde eine Streifenverschiebung ein. Nach diesem Grundprinzipe wurden Apparate gebaut, Gas- und Wasserinterferometer, welche wissenschaftlich und technisch von großer Bedeutung sind.

Transversalität der Lichtstrahlen.

453. Aus einem **Turmalin**kristall seien zwei gleiche Platten P und A geschnitten. Stehen sie parallel, wie Fig. 347 oben, so daß ab parallel $a'b'$ ist, dann geht alles auf A auffallende Licht durch. Dreht man aber die zweite Kristallplatte in ihrer Ebene, so geht immer weniger Licht hindurch, bis schließlich, Fig. 347 unten, wenn ab senkrecht auf $a'b'$ steht, gar kein Licht mehr hindurch kann. Der erste Turmalin P, der Polarisator, verändert das Licht so, daß es eine Seitlichkeit erhält und nur dann vollständig durch den zweiten Turmalin A, den Analysator, geht, wenn er dem ersten parallel steht. Durch gekreuzte Turmalinkristalle geht kein Licht mehr durch.

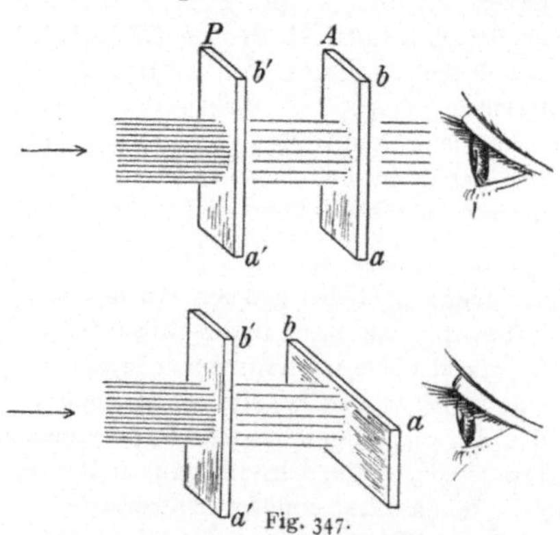

Fig. 347.

454. Diese Erscheinungen der **Polarisation** des Lichtes sind ein Beweis für dessen Transversalität.

Wenn eine longitudinale Schallwelle in Luft direkt auf uns zukommt, kann man ein Oben oder Unten, ein Rechts oder Links, also eine

Seitlichkeit dieses Schallstrahles nicht erkennen. Ein Lichtstrahl aber kann durch verschiedene Mittel so verändert werden, daß man seine Transversalität leicht erkennt.

Von einer beliebigen Lichtquelle (z. B. der Sonne oder einem glühenden Körper) ausgehendes Licht (sogenanntes „natürliches Licht") zeigt allerdings keine solche Polarisation, es ist „unpolarisiert". Dies beruht darauf, daß in jedem, auch noch so schmalen Strahlenbündel sich die Wirkung sehr vieler, voneinander unabhängiger Emissionszentren (lichtaussendender Atome) übereinander lagert. Die Schwingungen an verschiedenen Punkten eines Querschnittes durch das Strahlenbündel erfolgen daher zwar alle in einer zum Strahl senk

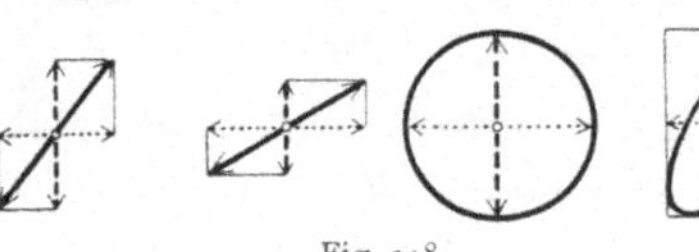

Fig. 348.

rechten Ebene, aber in dieser Ebene in regelloser zufälliger Verteilung nach allen Richtungen hin.

Ein Polarisator, z. B. die Turmalinplatte P in Fig. 347 läßt nur eine bestimmte Schwingungsrichtung hindurch. Turmalin zerlegt also jeden auffallenden Lichtstrahl in eine Komponente parallel $a'b'$ (Fig. 347), die hindurchgeht und in eine darauf senkrechte, welche vollständig absorbiert wird. Fig. 348 gibt den Querschnitt des Strahles nach Durchgang durch den Polarisator, den sog. polarisierten Strahl. Er enthält, wenn $a'b'$ vertikal ist, nur die vertikalen Komponenten des ankommenden Lichtes; wäre aber $a'b'$ horizontal, so könnten nur die horizontalen Komponenten durchgehen. Daraus ist unmittelbar ersichtlich, daß, wenn der erste Turmalin z. B. wie in Fig. 347 nur vertikal schwingendes Licht, der zweite nur horizontal schwingendes Licht hindurchläßt, eine vollständige Auslöschung erfolgen muß.

Jeder Polarisator kann auch als Analysator dienen und umgekehrt.

Steht aber $a'b'$ vertikal und ab nur etwas geneigt gegen $a'b'$, so wird vom Analysator die vertikale Schwingung wieder in zwei senkrechte zerlegt und man sieht leicht ein, daß jetzt nur ein Teil des Lichtes hindurchgehen kann, der um so kleiner wird, je mehr sich die Lage von ab gegen $a'b'$ neigt; bei senkrechter Stellung, bei Kreuzung kann dann gar nichts mehr hindurchgehen. Eine einfache Überlegung ergibt, daß, wenn die Richtungen $a'b'$ und ab den Winkel φ einschließen, die durchgehende Komponente proportional dem $\cos \varphi$ sein muß.

455. Wir wollen des leichteren Verständnisses wegen stets von „Schwingungsrichtung" oder „Schwingungsebenen" des polarisierten Strahles sprechen. Wir nehmen (Fig. 347) diese Schwingungsebenen als parallel mit ab (bzw. $a'b'$) an. Der Versuch § 453 hätte aber auch erlaubt, uns die Schwingungsebene senkrecht zu ab (bzw. $a'b'$) zu denken. Auch das würde den Versuch mit dem Turmalin erklären.

Es war lange strittig, welche dieser Ansichten die richtige ist. Man sprach daher von einer **Polarisationsebene**, welche man willkürlich senkrecht zu ab annahm. Der Streitpunkt konnte dann so formuliert werden: Steht die Schwingungsebene senkrecht zur Polarisationsebene (wie auch wir annahmen), oder aber steht sie zu ihr parallel?

Die Entscheidung über diese Frage brachten die § 451 geschilderten Versuche von O. Wiener und ihre Deutung durch die elektromagnetische Lichttheorie (§ 654).

456. Die homogenen **Körper,** d. h. solche, bei denen alle Teile physikalisch gleich sind, kann man in **isotrope** (molekular richtungslose) und **anisotrope** (molekular gerichtete) teilen. Unkristallisierte oder amorphe Körper, z. B. Glas, Luft usw., ebenso die tesseralen Kristalle sind

Fig. 349.

isotrop; Licht pflanzt sich in ihnen nach allen Richtungen gleich schnell fort. In allen anderen Kristallformen und auch in amorphen Körpern, die unter besonderen Druckverhältnissen stehen, pflanzt sich das Licht nach verschiedenen Richtungen verschieden rasch fort; es sind bestimmte Richtungen im Innern des anisotropen Körpers physikalisch gekennzeichnet (auch für Wärmeleitung, Wärmeausdehnung, Spaltbarkeit usw.). In solchen Körpern wird, wie wir sehen werden, ein durchgehender Lichtstrahl meist in zwei zerlegt: Doppelbrechung.

Man teilt die anisotropen Kristalle ein in optisch einachsige (quadratisches und hexagonales System) und optisch zweiachsige. Wir wollen uns hauptsächlich mit ersteren beschäftigen.

457. Der **Kalkspat** oder Doppelspat ist ein (vollkommen durchsichtiger) optisch einachsiger Kristall (hexagonales System); er besteht aus Kalziumkarbonat. Legt man einen solchen Doppelspat auf ein beschriebenes Stück Papier (Fig. 349), so sieht man doppelt (Erasmus Bartholinus 1669). Die gewöhnliche Kristallform des Kalkspates zeigt Fig. 350, aus welcher man leicht ein Rhomboeder (dick eingezeichnet) abspalten kann. Die vertikale, gestrichelte Linie ist die kristallographische oder optische Hauptachse. Ein natürliches Bruchstück hat meist die Form Fig. 351. Hier findet sich die Achsenrichtung, indem man eine Ecke *E* aussucht, wo drei stumpfe Kantenwinkel aneinanderstoßen, und symmetrisch zu diesen drei Flächen eine Linie zieht. Alle

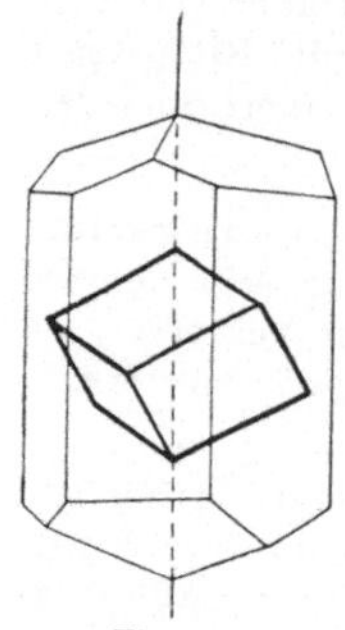

Fig. 350.

zu dieser Linie parallelen Richtungen im Kristalle, ob sie nun durch Ecken gehen oder nicht, sind Hauptachsen. Die Hauptachse ist keine bestimmte Linie, sondern eine bestimmte Richtung.

458. Läßt man einen Lichtstrahl durch ein aus einem Kalkspate geschnittenes Prisma gehen, so treten im allgemeinen zwei Strahlen auf der anderen Seite aus, man findet zwei Spektra. Mißt man das Brechungsverhältnis für den stärker abgelenkten Strahl, so findet man immer, wie auch das

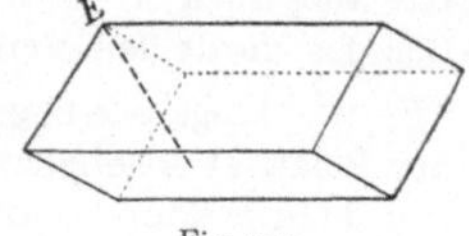

Fig. 351.

Prisma aus dem Kalkspat herausgeschnitten ist, denselben Wert $n_D = 1{,}66$. Nicht so bei dem weniger abgelenkten Strahl. Hier schwankt n_D von $1{,}49$, wenn das Prisma so aus dem Kalkspat geschnitten ist, daß der Strahl im Prisma senkrecht zur optischen Achse geht, bis zu $1{,}66$, wenn der Strahl im Prisma parallel der optischen Achse verläuft. Weil der erstere Strahl den gewöhnlichen Brechungsgesetzen gehorcht, heißt er **ordentlicher Strahl,** der zweite hingegen der **außerordentliche.** Fig. 352 stellt ein Kalkspatprisma dar, dessen Achse senkrecht zur Papierebene liegt. Man erhält Doppelbrechung. Ist aber die optische Achse parallel der Strahlenrichtung im Kristall, Fig. 353, so haben wir keine Doppelbrechung, das Kristallprisma verhält sich wie Glas.

Bei jeder Doppelbrechung sind der außerordentliche und der ordentliche Strahl senkrecht aufeinander polarisiert. In Fig. 352 schwingt der ordentliche Strahl, o, in der Zeichnungsebene, der außerordentliche, a, senkrecht dazu (in der Zeichnung durch Striche und Punkte angedeutet).

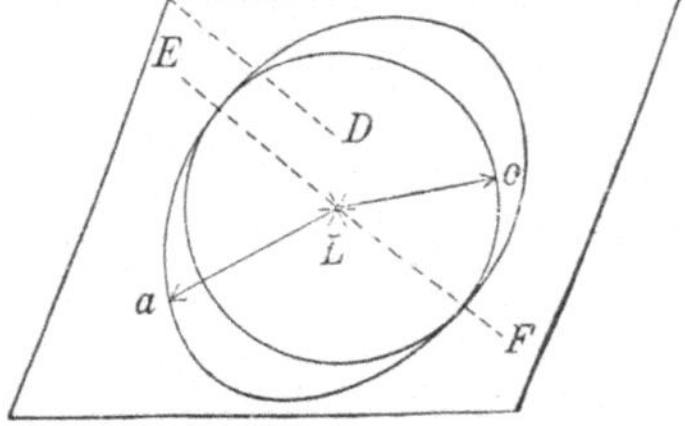

Fig. 352. Fig. 353. Fig. 354.

Kalkspat gehört zu den negativ einachsigen Kristallen, weil er den außerordentlichen Strahl schwächer bricht als den ordentlichen, ebenso z. B. Turmalin. Hingegen brechen die positiv einachsigen Kristalle, z. B. Eis oder Bergkristall, a stärker als o.

459. In dem Kalkspatkristall Fig. 354 ist CD die zu einer stumpfen Ecke symmetrische Linie. Jede Parallele, also auch EF ist eine optische Achse. Denken wir uns in L eine Lichtquelle und fragen wir nach der Wellenfläche (analog der Betrachtung in Fig. 331). Alle experimentellen Ergebnisse am **Kalkspat** führen dann zu der Vorstellung, daß wir hier **zwei Wellenflächen** annehmen müssen, eine Kugel und ein Rotationsellipsoid. Die Hälfte aller Lichtstrahlen pflanzt sich nach allen Seiten gleich schnell fort (wie bei gewöhnlicher Brechung), z. B. Lo: ordentliche Strahlen; die andere Hälfte aller von L ausgehenden Strahlen, z. B. La, pflanzt sich um so rascher fort, je mehr ihre Richtung senkrecht steht auf der optischen Hauptachse: außerordentliche Strahlen. In der Richtung der Hauptachse EF ist die Geschwindigkeit von o und a gleich. Man erhält die Wellenfläche aus Fig. 354, indem man sich Kreis und Ellipse um die Achse EF rotiert denkt. (Die Ellipse in der Zeichnung übertrieben gezeichnet.) Es ist Fig. 354 ein Symbol für die Wellenfläche im negativ einachsigen Kristalle.

Bei positiv einachsigen Kristallen liegt das Rotationsellipsoid von a innerhalb der Kugelfläche von o. Bei optisch zweiachsigen Kristallen ist die Wellenfläche viel komplizierter. Man findet hier zwei Richtungen, zwei optische Achsen, in welchen a und o sich gleich rasch fortpflanzen (Gips, Salpeter usw.).

460. Ein von einem fernen Punkte kommendes Licht falle als paralleles Lichtbündel LLL auf eine **natürliche Kalkspatplatte** (Fig. 355 und 356) lotrecht auf.

Nach dem Huygensschen Prinzip sind dann alle Punkte LLL (in Fig. 355) Lichtquellen (im Kalkspat). Die Wellenflächen sind gemäß Fig. 354 konstruiert. o pflanzt sich von jedem Punkte L kugelförmig fort (nur für drei Punkte L gezeichnet). Die neue Wellenfläche für die ordentlichen Strahlen von jedem L ist eine Kugel, und daraus ergibt sich die gemeinsame ebene Wellenfläche ooo (horizontal gestrichelt gezeichnet). Diese Strahlen gehen also regelmäßig wie bei einer gewöhnlichen isotropen Glasplatte ungebrochen durch. Die Konstruktion der außerordentlichen Strahlen für die drei gewählten Punkte L liefert die drei gezeichneten Ellipsenwellenflächen, und daraus ergibt sich die gemeinsame ebene Wellenfront aaa (ausgezogen gezeichnet). Diese Strahlen gehen schief nach links und werden dann beim Austritt in Luft analog wie beim Eintritt, aber entgegengesetzt gebrochen, treten also parallel mit den einfallenden Strahlen aus.

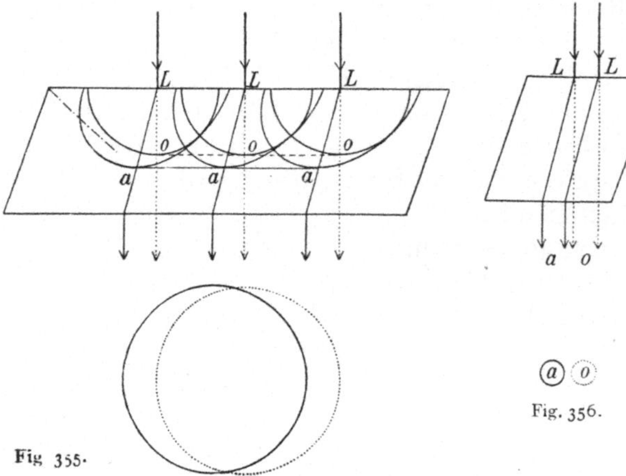

Fig. 355.

Fig. 356.

461. Wir erhalten dann die in Figg. 355 und 356 unten gezeichnete Erscheinung. Das auffallende Strahlenbündel hat sich nach dem Austritt in zwei geteilt, den ungebrochen durchgehenden ordentlichen Strahl o und den parallel zu diesem seitwärts gehenden außerordentlichen a. Diese parallele Verschiebung des a (vollgezeichnete Kreisfläche, indes o punktiert) erfolgt durch schiefe Ablenkung im Kristalle; diese geschieht im Hauptschnitt, d. h. bei einachsigen Kristallen in einer durch Einfallslot und Hauptachse gelegten Ebene. Der außerordentliche Strahl schwingt im Hauptschnitte, der ordentlich senkrecht zum Hauptschnitt. Es sind also ordentlicher und außerordentlicher Strahl senkrecht aufeinander polarisiert.

Wenn wir in Fig. 355 oder 356 den Kalkspat um eine Vertikale als Achse drehen, so drehen wir auch den Hauptschnitt. Der ordentliche Strahl bleibt bei so einer Drehung auf seinem zentralen Platze, der Drehungsachse, a hingegen wandert um ihn in einer Kreislinie herum.

462. Polarisatoren und **Analysatoren.** Turmalin ist doppelbrechend wie Kalkspat, hat aber, wie schon erwähnt, die Eigenschaft, den ordentlichen Strahl zu absorbieren, und darum ist das austretende Licht vollständig polarisiert. Daneben aber hat Turmalin die Eigenschaft, das durchgehende Licht braun oder grün zu färben und daher das Licht zu schwächen.

Da Kalkspat fast kein Licht absorbiert, ist das austretende Licht fast ungeschwächt. Wir sehen aber in Fig. 355 unten, daß das Gebiet, welches gleichzeitig vom außerordentlichen und ordentlichen Strahl bestrichen wird, ein sehr großes ist. Das von *a* beleuchtete Gebiet (ausgezogener Kreis) liegt fast ganz auf dem von *o* beleuchteten (punktierten Kreis). In der ganzen gemeinsamen Mittelpartie überdecken sich *a* und *o*; wir erhalten dort also unpolarisiertes Licht. Nimmt man hingegen die Kalkspatdicke sehr groß im Verhältnis zur Breite des einfallenden Lichtbündels, so hat man zwar zwei vollständig getrennte polarisierte Lichtbündel (*a* und *o* in Fig. 356 unten), dieselben sind aber sehr schmal. Man muß daher, wenn man breitere vollständig polarisierte Lichtbündel mit nicht allzu großen Kristallen erhalten will, optische Hilfsmittel anwenden, welche den einen der beiden polarisierten Strahlen aus dem Gesichtsfelde entfernen.

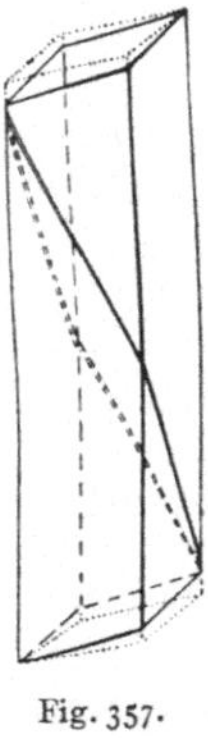

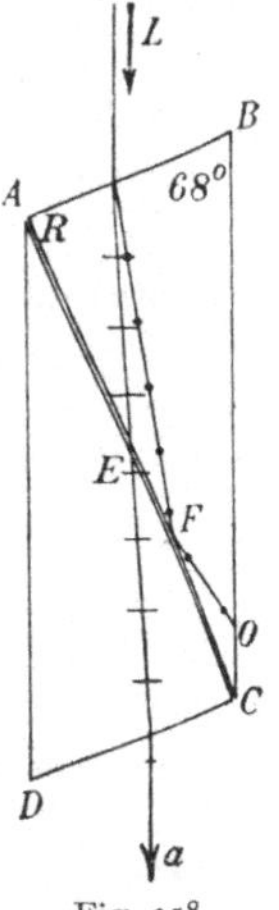

Fig. 358.

463. Nicol (1841) erreichte dies in folgender Weise: Ein passend langes Kalkspatstück wird zunächst an beiden Endflächen etwas abgeschliffen, so daß der Winkel bei *B* in dem Diagonaldurchschnitt statt 71° (in Fig. 357 punktiert gezeichnet) nur 68° beträgt (Fig. 358). Senkrecht zu dieser neuen Fläche wird

Fig. 357.

nun ein Schnitt *A C* hindurchgeführt und dann werden die beiden Hälften wieder mit Kanadabalsam zusammengekittet (**Nicolsches Prisma**).

Dieser Schnitt in Fig. 358 müßte nicht genau durch die Ecke *C* hindurchgehen, wenn man auf gut Glück irgendein Kalkspatstück in der angegebenen Weise behandelt. Man wählt dieses Stück absichtlich in einem solchen Längen- und Breitenverhältnis, daß *A C* die beiden stumpfen Ecken verbindet.

Der auf die Fläche *A B* schief auffallende natürliche Lichtstrahl *L* wird doppelt gebrochen. 1. Der außerordentliche Strahl wird beim Eintritt (Fig. 358) ein wenig nach rechts gebrochen, geht geradlinig über *E* zur Austrittsstelle, wo er wieder ein wenig nach links gebrochen wird, und tritt (in Fig. 358 als *a* bezeichnet) in der ursprünglichen Richtung, parallel etwas nach rechts verschoben, aus. 2. Der ordentliche Strahl wird beim Eintritt stärker nach rechts gebrochen und fällt bei *F* so schief auf die Kanadabalsamschicht, in der seine Geschwindigkeit größer ist als im Kalkspat, daß er total reflektiert und durch Absorption in der dunkeln Seitenfassung in *o* unwirksam gemacht wird.

Das aus einem Nicolschen Prisma oder „Nicol" austretende Licht ist natürlich nur halb so stark als das eintretende, weil es nur die eine Komponente enthält; es ist aber vollständig polarisiert. Der austretende außerordentliche Strahl schwingt im Hauptschnitt, parallel zur

Papierebene (Fig. 358 durch Striche angedeutet); der seitlich absorbierte ordentliche Strahl hingegen senkrecht zur Papierebene (durch Punkte angedeutet).

Jedes Nicol kann als Polarisator oder Analysator dienen: um Licht zu polarisieren oder um polarisiertes Licht zu erkennen. Es hat also die Bezeichnung Polarisator und Analysator nur einen Sinn in bezug auf die Stellung in der betreffenden Anordnung.

Man kann aber auch durch passende Kombination von Kalkspat- und Glasprismen den einen der beiden Strahlen aus dem Gesichtsfelde bringen. Es sind sehr viele derartiger Polarisatoren konstruiert worden.

464. Es tritt auch **Polarisation bei Reflexion und regelmäßiger Brechung in isotropen Körpern** auf (Malus 1808).

Fällt ein natürlicher Lichtstrahl L auf einen Spiegel S, so ist der reflektierte Strahl R mehr weniger polarisiert. Er schwingt senkrecht zur Einfallsebene (Fig. 359 in der Ebene x). Die Polarisation ist fast vollständig, wenn der reflektierte Strahl senkrecht auf dem gebrochenen Strahl steht (Brewsters Gesetz). Für Glas ist dieser Polarisationswinkel 57°. Man erkennt das daraus, daß der reflektierte Strahl R in Fig. 359 durch ein Nicol gehend, wenn dieses um R als Achse gedreht wird, bei vier aufeinander senkrechten Stellungen dieses Nicolanalysators fast verschwindet.

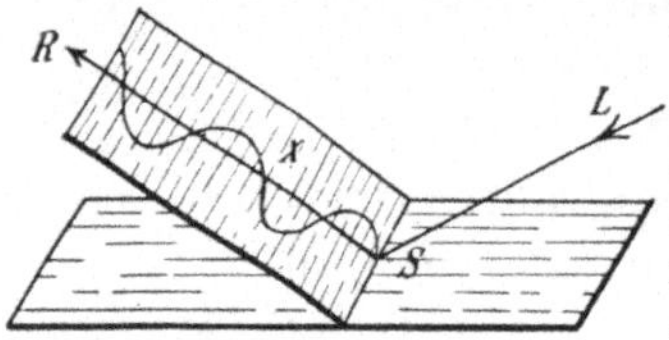

Fig. 359.

Aber auch der gebrochene Strahl ist teilweise (und zwar senkrecht zu dem reflektierten) polarisiert; er enthält die eine Komponente der Schwingungsrichtung, während die andere den reflektierten Strahl bildet. Um bei Glas fast vollständig polarisiertes Licht zu erhalten, wählt man zunächst den richtigen Einfallswinkel (Polarisationswinkel) und nimmt etwa zwanzig dünne Glasplatten parallel übereinander gelegt (Glasplattensatz). In Fig. 360 sind drei solche Glasplattensätze (der Übersichtlichkeit wegen nur aus je 4 Platten bestehend) gezeichnet. Der Lichtstrahl L wird an P so polarisiert, daß der reflektierte Strahl M senkrecht zur Einfalls-(Papier-)Ebene, der durchgehende Strahl N aber in dieser schwingt. A_1 und A_2 sind zwei Glasplattenanalysatoren. In dem dargestellten Falle wird der Strahl M als R reflektiert, der Strahl N geht als B durch. Würde man aber A_1 um M als Achse drehen, wobei natürlich auch die Richtung des Strahles R sich immer ändert, so würde, wenn A_1 um 90° gegen die Zeichnung verdreht ist, fast keine Reflexion eintreten. Analoges wird geschehen, wenn wir A_2 um N als Achse drehen. Auch hier wird B bei einer Drehung um 90° fast verschwinden, wobei, da B parallel N ist, die Richtung des Strahles sich nicht ändert.

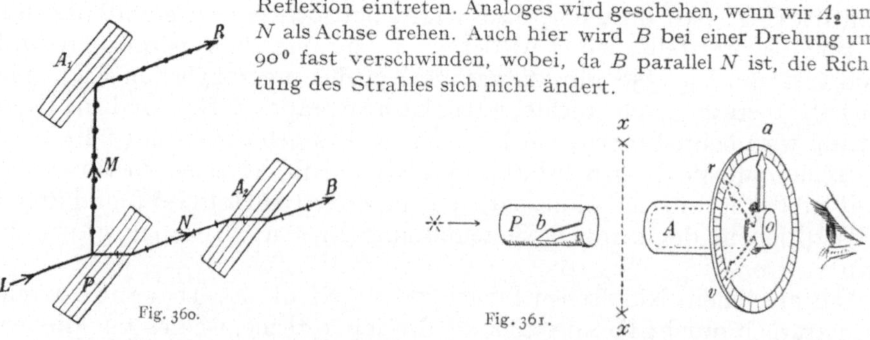

Fig. 360.

Fig. 361.

465. Drehung der Polarisationsebene durch Quarz. Die in Fig. 361 von L ausgehenden Lichtstrahlen werden durch das Nicol P polarisiert.

Sie schwingen z. B. horizontal (in der Pfeilrichtung *b*) und werden, wenn der Analysator *A* dazu senkrecht steht (Pfeilrichtung *a*), in diesem vollständig absorbiert: das Gesichtsfeld ist dunkel. Allgemein können wir immer schließen, daß bei dunklem Gesichtsfelde die Schwingungsebene des von *P* ankommenden Lichtes senkrecht steht zur Schwingungsrichtung von *A* (Pfeilrichtung *a*, wo immer auch dieser Pfeil *a* steht, der sich gemeinsam mit *A* dreht. Die Kreisteilung bleibt fest).

Der Einfachheit wegen wollen wir zunächst mit homogenem, z. B. mit rotem Lichte arbeiten. Bringen wir nun eine senkrecht zur Achse geschliffene Quarzplatte zwischen die gekreuzten Nicols nach *x x*, so wird das Gesichtsfeld im roten Lichte hell, und wir müssen *A*, um wieder vollständige Dunkelheit zu erlangen, um einen bestimmten Winkel so weit drehen, daß der Pfeil von *A* in der punktiert gezeichneten Lage *r* steht. Senkrecht dazu schwingt das aus dem Quarz austretende Licht. Die Quarzplatte hat also die Schwingungsebene des roten Lichtes um den Winkel *aor* gedreht. Machen wir nun denselben Versuch mit violettem Lichte, so müssen wir, um wieder Dunkelheit zu erlangen, den ursprünglich mit *P* gekreuzten Nicol *A* um den Winkel *aov* verdrehen, der Pfeil in *A* steht dann in *v*. Quarz dreht also die Schwingungsebene des Violett stärker als die des Rot. Man nennt diese Erscheinung Rotationsdispersion des Quarzes.

Durch derartige Versuche findet man experimentell, daß Quarz die Schwingungsebene [oder mit anderen Worten die (darauf senkrechte) Polarisationsebene] um so stärker dreht, 1. je kleiner die Wellenlänge des Lichtes, 2. je dicker die durchstrahlte Quarzplatte ist.

Arbeiten wir nun mit weißem Lichte, so treffen die z. B. horizontalen Schwingungen des weißen Lichtes auf die Quarzplatte *x x*, welche die roten Schwingungen nach *r*, die violetten nach *v* usw. dreht. Steht nun der Zeiger von *A* in *r*, so wird alles rote Licht ausgelöscht; es gehen vom weißen Licht nur die anderen Farben durch und zwar um so mehr, je mehr die Schwingungsebenen dieser Farben von der des roten Lichtes abweichen. Man sieht eine Mischfarbe, da aus dem Weiß ein bestimmter Wellenbezirk fehlt, z. B. in der Stellung *r* das Rot und die benachbarten Wellen, in der Stellung *v* das Violett und die benachbarten Wellen usw. Beim Drehen des Analysators *A* ändern sich somit diese Mischfarben.

Bringen wir zwischen Auge und *A* noch ein geradsichtiges Spektroskop, so sehen wir ein vollständiges Spektrum, in dem aber z. B. in der Zeigerstellung *r* im Rot und den Nachbarbezirken ein dunkler Balken sich befindet. Drehen wir nun den Zeiger langsam gegen *v*, so wird dann die gelbe Farbe fehlen, dann die grüne usw. Man sieht also beim Drehen des Nicols *A* im Spektrum des austretenden Lichtes einen dunkeln Balken von Rot gegen Violett wandern, bei umgekehrter Drehung von Violett gegen Rot.

Es gibt zwei Arten von Quarz, einen linksdrehenden (wie in Fig. 361) und einen, im Sinne des Uhrzeigers drehenden, rechtsdrehenden. Bei gleicher Dicke drehen beide gleich stark, aber in entgegengesetztem Sinne.

466. Die **Doppelquarzplatte** besteht zur einen Hälfte aus rechts-, zur anderen aus linksdrehendem Quarz, der genau 3,75 mm dick ist. Bringt

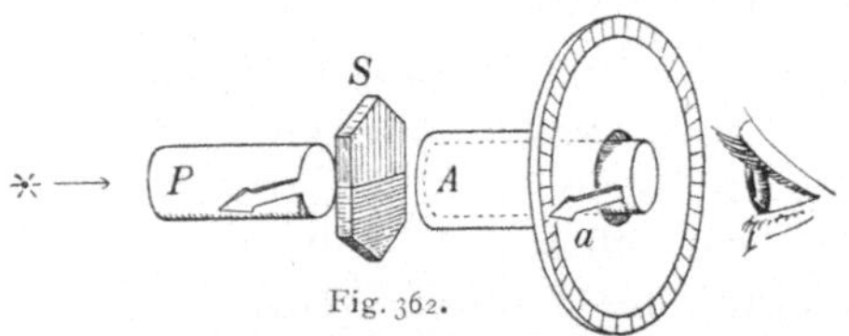

Fig. 362.

man (Fig. 362) eine solche Platte S zwischen zwei parallele Nicols, so wird dasjenige Grüngelb, welches dem Empfindlichkeitsmaximum des Auges entspricht (vgl. § 401) gerade um 90° gedreht (aber oben z. B. nach rechts und unten nach links) und daher durch den Analysator A, ausgelöscht. Wir sehen daher im Gesichtsfelde oben und unten dieselbe violette Mischfarbe, die sog. empfindliche Farbe. Eine ganz kleine Verschiebung des Analysators A (Zeiger a in Fig. 362) läßt die eine Gesichtshälfte rötlich, die andere bläulich erscheinen, und wir haben in einer solchen Doppelquarzplatte ein vorzügliches Mittel, um zwei Nicols oder andere Polarisatoren und Analysatoren genau parallel zu stellen.

Bei spektraler Zerlegung und richtiger Einstellung sieht man in beiden Gesichtsfeldhälften ein Spektrum mit genau demselben dunkeln Balken im gelben Teile des Spektrums; bei Drehung von A wandert dann der Balken in der einen Plattenhälfte gegen Violett, in der anderen gegen Rot.

467. Außer Quarz gibt es nur wenige feste Körper, welche die Polarisationsebene drehen. Meist machen sich diese schon durch ihre Kristallisationsform (Enantiomorphie) kenntlich. Hingegen gibt es sehr viele sog. **optisch aktive** Flüssigkeiten, die neben optischem Drehvermögen auch Rotationsdispersion zeigen. In Flüssigkeiten hat man dann auch immer eine Asymmetrie der Anordnung der Atome in der Molekel. Besonders die Vierwertigkeit des Kohlenstoffatoms ermöglicht eine solche räumliche Anordnung der mit ihm verbundenen Atome und Atomgruppen in Tetraederform, welche für die Rechts- oder Linksdrehung maßgebend wird (van't Hoff und gleichzeitig Le Bel 1874). Auch für Stickstoff-, Schwefel- und Zinnverbindungen liefert die Stereochemie (Raumchemie) ähnliche Gesichtspunkte wie für das asymmetrische Kohlenstoffatom.

Die aus dem Safte unreifer Trauben gewonnene Traubensäure ist inaktiv; Pasteur (1860) aber spaltete diese in zwei optische Isomere, d. h. in zwei Körper mit gleicher chemischer Formel, aber verschiedenen Kristallformen, die gegenseitige Spiegelbilder darstellen, in die Links- und Rechts-Weinsäure, welche links bzw. rechts drehen. Inaktive Substanzen, welche (durch verschiedene Methoden) in zwei optisch aktive Isomere zerlegt werden können, heißen Racemkörper. (Läßt man z. B. einen Racemkörper durch Einwirkung von bestimmten Mikroorganismen in Gärung übergehen, so wird oft die eine der isomeren Verbindungen zersetzt, die andere nicht.)

Flüssigkeiten drehen die Polarisationsebene schwach. Man verwendet darum lange Schichten, bis zu 20 cm Länge. Apparate, welche diese Drehung bestimmen lassen, heißen Polarimeter, Saccharimeter, auch Polaristrobometer. Sie finden vielfache Anwendung in der physiologischen und pathologischen Chemie zur Erkennung einer Reihe von medizinisch wichtigen Stoffen, welche stark aktiv sind, z. B. von Glykogen, Glykuronsäure, Maltose, Milchzucker, Serumalbumin, Eialbumin usw.

Unter spezifischem Drehungsvermögen versteht man die Winkeldrehung, welche eine 10 cm lange Schicht einer 100prozentigen Lösung, d. h. in 1 cm³ Lösung 1 g aktive Substanz (was natürlich unmöglich ist) zeigen würde. Man beobachtet z. B. die Drehung α einer 4%igen Lösung in einer 20 cm langen Röhre, dann ist das spezifische Drehungsvermögen $25 \cdot \dfrac{\alpha}{2}$.

Ventzkesche Skala. Diese international (mit Ausnahme Frankreichs) angenommene 100teilige Skala legt für den Hundertpunkt der Saccharimeter eine Normalzuckerlösung zugrunde, welche bei 20⁰ C in 100 cm³ 26,000 g Zucker enthält. Verwendet wird ein 20 cm langes Rohr. Eine Quarzplatte von 100⁰ Ventzke (V) dreht Natriumlicht (Strahl D) bei 20⁰ C um 34,66 Kreisgrade (1⁰ V = 0,3466 Kreisgrade).

In Frankreich wird die Soleilsche Skala benützt. 1⁰ Soleil = 0,2167 Kreisgrade für den Strahl D bei 20⁰ C.

468. Es sei hier auch die **magnetische Drehung der Polarisationsebene** (Faraday 1845) erwähnt. Schwefelkohlenstoff z. B. dreht die Polarisationsebene kaum; läßt man aber gleichzeitig und parallel mit dem polarisierten Lichtstrahl magnetische Kraftlinien (§ 695) durchgehen, so erfolgt eine starke Drehung. Es zeigen nun alle Körper (soweit sie einfach brechend sind) solche Drehungen im magnetischen Felde, aber in sehr verschiedener Größe und nach verschiedener Richtung.

469. Zur Messung der Drehung der Polarisationsebene sind die verschiedensten Apparate konstruiert worden, einer der einfachsten ist das **Polarimeter** von **Mitscherlich.**

P in Fig. 363 ist das polarisierende Nicol, A das auf einem Teilkreise K meßbar zu verdrehende analysierende Nicol. Man stellt zuerst auf Dunkel ein, liest die Stellung des Zeigers am Teilkreise K ab, gibt dann die zu untersuchende Flüssigkeit, die sich in einer an beiden Enden mit planparallelen Glasplatten verschlossenen Röhre R befindet, zwischen die Nicols und verdreht dann den Analysator so weit, bis das Gesichtsfeld wieder dunkel wird. Die Drehung des Zeigers an K gibt

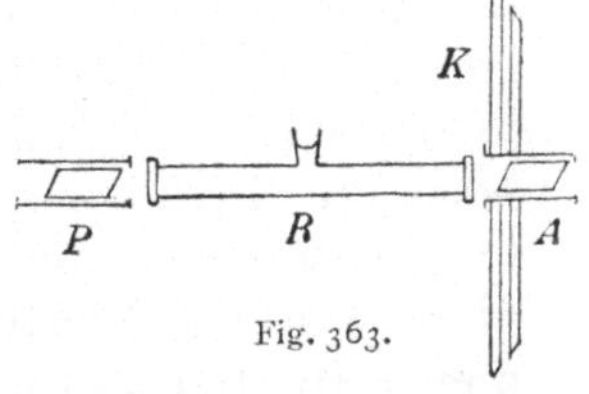

dann die Drehung in der Flüssigkeitsröhre. Scharfe Einstellungen erhält man aber wegen der Rotationsdispersion nur mit einfarbigem Lichte.

470. Saccharimeter Soleil. In Fig. 364 ist P der Polarisator, A der Analysator, R die Röhre mit der aktiven Flüssigkeit, D eine Doppel-

19*

quarzplatte (§ 466). Beleuchtet wird von links her mit weißem Licht. Man könnte nun hier schon eine scharfe Einstellung auf die empfindliche Farbe durch Drehen von A ermöglichen. Oft aber sind die beiden Nicols dauernd parallel gestellt, und die Einstellung auf die empfindliche Farbe

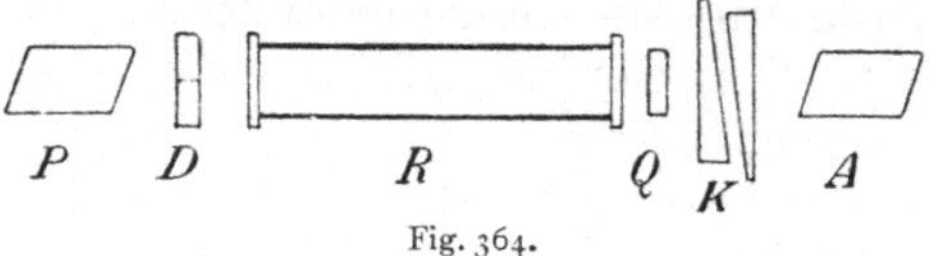

Fig. 364.

erfolgt mittels eines Kompensators Q und K. Es ist Q ein Rechtsquarz, hingegen bestehen die beiden entgegengesetzt gestellten Keile K aus Linksquarz. Indem man die beiden Keile K gegeneinander meßbar verschiebt, wird die Dicke des durch dieselben gebildeten Linksquarzes geändert. Ist diese Dickensumme z. B. gleich der Dicke von Q, so hebt sich die Rechtsdrehung von Q und die Linksdrehung von K gerade auf. Es ist so, als wäre der Kompensator gar nicht vorhanden. Kommt nun R mit einer aktiven Flüssigkeit, z. B. Zuckerlösung, zwischen die Nicols, so tritt Drehung der Schwingungsebene nach rechts ein, die ursprünglich gleiche (empfindliche) Farbe der beiden Hälften des Gesichtsfeldes ist geändert. Macht man nun die linksdrehende Quarzstrecke in K (dadurch, daß man den linken Keil K in Fig. 364 hinauf- und den rechten hinunterschiebt) dicker, so kann man die rechtsdrehende Wirkung der Flüssigkeit in R durch die linksdrehende Wirkung in K derart kompensieren, daß wieder die empfindliche Farbe erscheint. Die dazu nötige Verschiebung der Keile gegeneinander wird an einer Längsskala abgelesen und ergibt nach empirischer Eichung des Apparates die Drehung. Würde die zu untersuchende Flüssigkeit in R linksdrehen, so müßte die Keilverschiebung in dem Sinne erfolgen, daß die Wegstrecke des Lichtes in K kleiner wird als in Q; der dann verbleibende rechtsdrehende Überschuß von Q über K würde dann die Linksdrehung der Flüssigkeit kompensieren.

Nicht gezeichnet ist am äußersten Ende rechts (gegen das beobachtende Auge hin) ein kleines Galileisches Fernrohr, das auf die Doppelquarzplatte eingestellt ist.

Solche Apparate heißen Saccharimeter, weil sie meist zur Bestimmung des Zuckergehaltes einer Lösung gebraucht werden, z. B. in der Industrie zur Messung des Zuckergehaltes der Zuckerrüben oder in der medizinischen Diagnose zur Bestimmung des Traubenzuckers (Glukose oder Dextrose im Harn der Diabetiker [Zuckerkranken]). Aber auch die Feststellung anderer optisch aktiver Flüssigkeiten ist von großem diagnostischen Werte, z. B. zur Sicherstellung spezifischer Abwehrfermente im Blutkreislauf. (Abderhalden).

471. Sehr verbreitet sind die sog. **Halbschattenapparate.** Man arbeitet mit homogenem Lichte und betrachtet eine Kreisscheibe, deren zwei Hälften verschieden hell sind. Man stellt durch Drehen des Analysators zuerst ohne Zuckerlösung, dann mit dieser auf gleiche Helligkeit der beiden Flächen ein. Eine Schilderung der optischen Einrichtung würde zu weit führen.

472. Chromatische Polarisation im parallelen Lichte. Bringt man zwischen zwei gekreuzte Nicols (Fig. 361) an die Stelle xx einen doppelbrechenden Körper, z. B. ein Gipsblättchen, so tritt im homogenen Lichte Aufhellung, im weißen Lichte farbige Aufhellung ein.

Den Grund dieser allgemeinen Erscheinung wollen wir an einem einfachen Beispiele zeigen. Es stellt in Fig. 365 das Schraffierte ein dünnes Gipsblättchen dar zwischen Polarisator (Schwingungsrichtung PP) und Analysator (Schwingungsrichtung AA). Wir denken uns hier einen homogenen Strahl in senkrechter Richtung durch die Zeichnungsebene auf unser Auge kommend. Das Gipsblättchen läßt infolge seiner optisch-kristallographischen

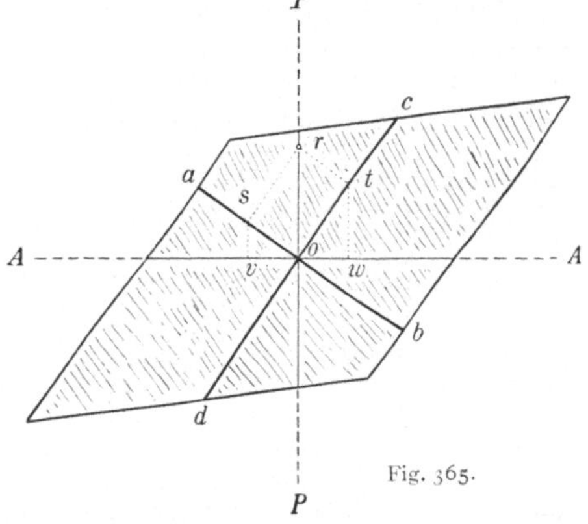

Fig. 365.

Struktur nur zwei Schwingungen in aufeinander senkrechten Ebenen ab und cd durch. Es komme in Fig. 365 von hinten (vom Polarisator) her Licht mit der Schwingungsrichtung PP auf das Gipsblättchen, von welchem dieses nur die Komponenten längs ab und cd weiterläßt. Es sei die Amplitude (in Richtung und Größe) der am Gipse anlangenden Strahlung or, dann zerlegt das Gipsblättchen diese in die Komponenten os und ot. Diese zwei Strahlungen kommen aus dem Gips und gehen zum Analysator, der nur die Komponenten ov (von os) und ow (von ot) weiterläßt.

1. Dreht man das Gipsblättchen um den Lichtstrahl als Achse (um o in der Zeichenebene) um 360°, wobei PP und AA fest bleiben, während die Kristallrichtungen ab und cd sich mitdrehen, so ist klar, daß für vier Stellungen, cd (und ab) mit den Richtungen AA, bzw. PP zusammenfällt; dann ist immer die aus AA austretende Strahlung gleich Null. In diesen vier um 90° auseinanderliegenden Stellungen hat das Gipsblättchen zwischen den Nicols gar keine Wirkung. Die aus AA ins Auge gelangenden wirksamen Komponenten ov und ow werden aber am größten in den vier Stellungen, bei denen die Kristallrichtungen ab und cd die rechten Winkel zwischen AA und PP halbieren.

2. Tritt letzterer Fall, wenn auch nur ungefähr, ein, so sind die wirksamen Amplituden ov und ow am größten. In dem in der Fig. 365 dargestellten Falle würden sich ov und ow aufheben. In Wirklichkeit ist die Sache aber dadurch komplizierter, daß die Schwingung im Gipse sich in der Schwingungsrichtung ab langsamer fortpflanzt als in der Schwingungsrichtung cd. Es kann ov (oder ow) aufgefaßt werden als Entfernung eines Ätherteilchens von der Gleichgewichtslage o im Momente größter Elongation. Wir haben uns also v und w um o in der Ebene AA hin und her pendelnd vorzustellen. Hat sich nun die Schwingung os gegen ot wegen ihrer kleineren Geschwindigkeit verspätet, so ist auch ov gegen ow verspätet, es ist eine Gangdifferenz eingetreten, die um so größer sein wird, je dicker das Gipsblättchen ist. Diese Gangdifferenz wird je nach ihrer Größe zu einer Verstärkung oder Auslöschung des Strahles führen. In homogenem Lichte wird also ein Gipsblättchen je nach seiner Dicke aufhellen oder nicht. Bei weißem Lichte werden dann gewisse Farben im Spektrum schwächer sein oder fehlen, und man erhält Mischfarben.

Weitere Überlegungen würden zeigen, daß diese Mischfarbe bei Drehung von AA um 90° in die komplementäre Farbe übergeht.

473. Zirkulare Schwingung. Ein interessanter Fall tritt ein, wenn die Wegdifferenz für den Strahl os und ot ein Viertel Wellenlänge ist. Wir können dann entweder sagen, daß nach Austritt des Strahles aus dem Gipse bis zum Nicol AA zwei senkrecht aufeinander schwingende Strahlen mit einem Phasenunterschied $\frac{\pi}{2}$ vorhanden sind, oder wir können uns diese Schwingung auch zusammengesetzt denken (analog der Lissajous-Fig. 152) als kreisförmige Schwingung.

Geht ein solcher zirkularpolarisierter Strahl dann durch AA, so wird, wie man auch den Analysator dreht, das Licht immer gleich bleiben, weil die Komponente längs AA (die Projektion eines Kreises auf eine Linie durch den Mittelpunkt in gleicher Ebene) stets dieselbe Länge hat.

Elliptisch polarisiertes Licht entsteht, wenn die Wegdifferenz zweier senkrecht aufeinander stehenden Schwingungen weniger oder mehr als $\frac{1}{4}$ λ ist. Beim Drehen des Analysators tritt Schwächung des Lichtes, nie aber ein vollständiges Verschwinden ein.

474. Drehung im Quarz als zirkulare Doppelbrechung. Die Resultierende zweier in entgegengesetzter Schraubenrichtung gehender zirkularpolarisierter Strahlen ist eine ebene Schwingung. (Denken wir uns ein Modell, eine Uhr, in der ein Zeiger wie gewöhnlich in 12 Stunden einmal herumgeht, indes ein zweiter Zeiger in 12 Stunden in genau entgegengesetzter Richtung ginge, so wird der Halbierungspunkt der Strecke zwischen den beiden Zeigerspitzen vertikal auf und ab gehen.) Wenn wir nun annehmen, daß auf den Quarz nicht ebene Schwingungen, sondern zwei in entgegengesetzter Richtung zirkularpolarisierte Strahlen auftreffen, und daß einer dieser Strahlen im Quarz langsamer geht, ergibt sich die bereits § 465 beschriebene Drehung. (Es müßte im obigen Uhrenmodell der eine Zeiger rascher gehen.)

475. Chromatische Polarisation in konvergentem Lichte. Läßt man polarisiertes Licht konvergent auf einen doppelbrechenden Körper auffallen, so sind die früher (§ 472) gegebenen Gesichtspunkte für die Interferenzerscheinungen auch hier gültig. Es sind aber sowohl die Weglängen der verschieden geneigten Strahlen im Kristall voneinander verschieden als auch ihre Neigung gegen die optischen Achsen. Darum werden die Resultate komplizierter, so daß wir hier auf dieselben nicht eingehen können.

Fig. 366 gibt die Erscheinung in einer zur Achse senkrecht geschliffenen einachsigen Kristallplatte (Beispiele vgl. S. 285) zwischen gekreuzten Nicols: dunkles Kreuz und farbige Kreise, welche beim Drehen des Analysators in die komplementären Farben übergehen, indes das dunkle Kreuz hell wird.

Fig. 367 gibt die Erscheinung in einer zweiachsigen Kristallplatte senkrecht zur Mittellinie

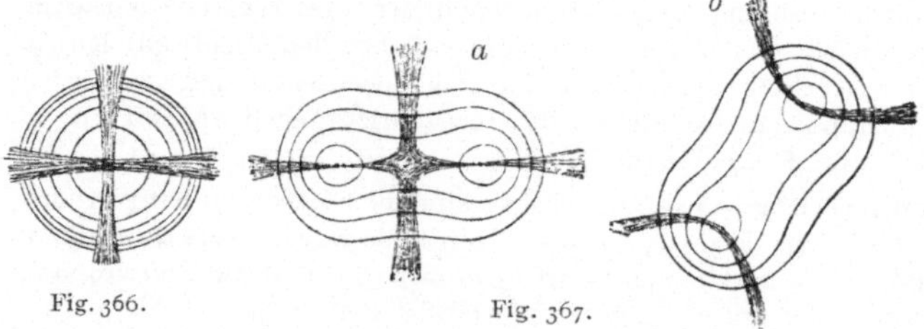

beider Achsen geschliffen. Dieses Bild verändert sich hier nicht nur beim Drehen des Nicols, sondern auch beim Drehen der Kristallplatte. Fig. 367a unterscheidet sich z. B. von Fig. 367b dadurch, daß die Kristallplatte um 45° gedreht wurde.

Beispiele für zweiachsige Kristalle sind: kohlensaures Blei, Kalisalpeter, Aragonit, Baryt, Glimmer, Gips, Blutlaugensalz.

476. Polarisationsmikroskope für kristallographische Messungen sind oft sehr komplizierter Natur. Für viele biologische Messungen haben manche Mikroskope einfachere Einrichtungen, indem man unter den Kondensor und andererseits vor das Auge je einen Nicol bringen kann. Da fast alle pflanzlichen und tierischen Organe mehr weniger doppelbrechend sind, kann man hier, besonders beim Drehen der Nicols oft Einzelheiten der Struktur erkennen, die im gewöhnlichen Lichte unerkennbar bleiben.

VI. Elektrizität.

1. Elektrostatik.

Fundamentalbegriffe.

477. Ponderomotorische Wirkungen elektrisierter Körper. Viele Körper erlangen durch Reibung die Eigenschaft, andere Körper anzuziehen. Schon im Altertume bemerkte man diese Erscheinung an einem fossilen Harze aus der ältesten Tertiärzeit (Bernstein, „Elektron", daher der Name „Elektrizität"). Hat man Bernstein, Siegellack oder dgl. mit einem trockenen Tuche gerieben, so zieht der geriebene Körper leichte Papierschnitzel und ähnliches an. Diese Anziehung ist eigentlich schon eine komplizierte Erscheinung (§ 504).

Die geriebenen Körper erfahren sonst keine physikalischen Änderungen; Gewicht, Farbe usw. sind ungeändert geblieben. Die geriebenen Körper erhalten nur die merkwürdige Eigenschaft, Bewegungen anderer Körper hervorzubringen, sie zeigen „ponderomotorische" Wirkungen, welche wir der sog. Elektrizität (einem Fluidum nach der ursprünglichen Anschauung) zuschreiben, die durch Reiben auf dem Stabe entstanden ist. Den Stab selbst nennt man elektrisiert oder elektrisch geladen.

478. Wir reiben einen Harzstab H mit einem Felle und hängen ihn an zwei Fäden so auf, wie Fig. 368 zeigt. Nähern wir dem geriebenen Ende dieses Stabes einen zweiten geriebenen Harzstab, so dreht er sich weg, er wird abgestoßen; nähern wir ihm aber einen mit Seide geriebenen Glasstab, so wird er von diesem angezogen.

Sämtliche Körper zeigen nun, nachdem sie in passender Weise und unter gewissen Vorsichtsmaßregeln gerieben wurden, entweder ein

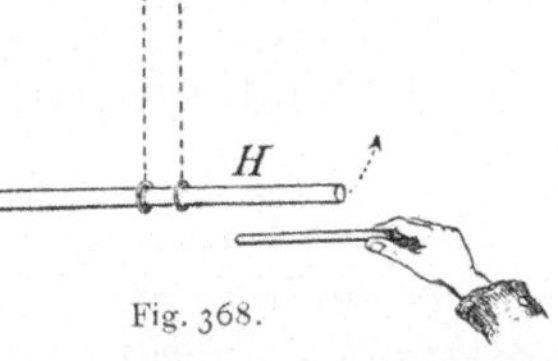

Fig. 368.

Verhalten wie der Harzstab oder aber ein solches wie der Glasstab.

Wir finden also zwei Arten von Elektrizitäten, eine **Harzelektrizität** und eine **Glaselektrizität,** wobei der Versuch zeigt, daß gleichnamig geladene Körper (Harz und Harz, Glas und Glas) einander abstoßen, hingegen ungleichnamige (Glas und Harz) einander anziehen.

479. Reibungselektrizität bei Tieren. Daß die Haare des Menschen beim Kämmen oft elektrisch werden, ist bekannt. Auch die Haare und Federn der Tiere werden sowohl durch gegenseitige Reibung als auch durch Reibung am Schnabel oder beim Fluge durch Reibung an der Luft elektrisch, wodurch wahrscheinlich eine für Wärmeschutz und Trockenhaltung zweckmäßige Ausrichtung der Pelzhaare und des Federkleides erfolgt.

480. Ein vertikaler Metallstab a trägt oben einen Metallknopf k, und nach unten hängen an ihm zwei kleine, sehr leicht bewegliche Aluminiumblättchen b (Fig. 369). Wenn man k mit einer Bürste reibt, so wird es elektrisiert; die beiden Aluminiumblättchen b gehen auseinander, wie dies in der Zeichnung angedeutet ist. Wir ersehen daraus, daß die durch die Reibung erzeugte Elektrizität durch den Stab a von k bis in die Aluminiumblättchen b gelangt sein muß, die, gleichnamig elektrisiert, einander abstoßen. Eine passende Anordnung vorausgesetzt, bleiben diese Blättchen dauernd auseinander gespreizt. Man nennt eine solche Vorrichtung ein **Elektroskop.** (Näheres § 508.)

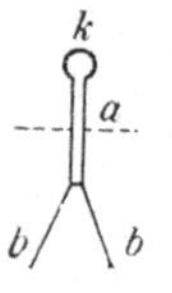

Fig. 369.

481. Wird der geladene Knopf k mit einem ungeriebenen und trockenen Siegellack- oder Glasstabe berührt, so übt das keinen Einfluß auf die Blättchen aus. Berührt man hingegen k mit einem von der Hand gehaltenen Metallstabe oder feuchten Glasstabe, so fallen die Blättchen rasch zusammen, ein Zeichen dafür, daß sie wieder unelektrisch geworden sind. Die Ladung von k ist auf dem Wege Stab-Hand-menschlicher Körper zur Erde abgeflossen. Wir können diesbezüglich alle Substanzen in zwei Gruppen einteilen, in solche, welche Elektrizität nicht weiterleiten: Nichtleiter oder **Isolatoren,** z. B. Harz, Glas usw., und in solche, welche Elektrizität durchlassen: **Leiter,** z. B. alle Metalle, viele Flüssigkeiten und auch alle Isolatoren, welche an der Oberfläche oder im Innern Wasser enthalten, z. B. feuchtes Glas.

Lebendes Gewebe, der menschliche Körper, auch die festen Stützsubstanzen, wie Knochen, Knorpel, enthalten Wasser und leiten.

Unsere Vorrichtung in Fig. 369 muß isoliert befestigt sein, damit die Elektrizität, welche durch das Reiben mit der Bürste entstanden ist, darauf bleibt. Die punktierte Linie stelle (auch in den folgenden Figuren) diese Isolation vor.

482. Die **Luft** ist gewöhnlich ein vorzüglicher Isolator; Feuchtigkeit ändert nichts daran. Der Irrtum, daß feuchte Luft die Elektrizität leite, entstand dadurch, daß bei großer Feuchtigkeit sich auf vielen Gegenständen, z. B. Glas, Wasserdampf niederschlägt und daß diese längs der Oberfläche der Isolatoren hinführende Wasserhaut die Elektrizität ableitet. Um dies zu vermeiden, überzieht man solche Isolatoren mit nicht hygroskopischen Substanzen (Schellack, Paraffin) oder hält sie wenn möglich einige Grade wärmer als die Lufttemperatur, wodurch jede Kondensation unmöglich wird.

Luft kann aber in verschiedener Weise leitend gemacht werden, so z. B. durch die Nähe einer Flamme, durch ultraviolette, Röntgen-Strahlen usw. Es genügt, unserer Kugel k eine Bunsenflamme auf einige Zentimeter zu nähern, um das geladene Elektroskop ziemlich rasch zu entladen. Über diese Leitfähigkeit der Luft werden wir später noch einige Male zu sprechen haben (§ 659 ff.).

483. Will man Elektrizität von einer großen Metallkugel A auf einen anderen entfernten Leiter bringen, so kann dies in doppelter Weise geschehen.

Man berührt die große Kugel A mit einer kleinen „Probekugel" r, die man mittels eines isolierenden Stieles s hält (Fig. 370 I). Es geht durch Leitung etwas Elektrizität aus A nach r, und man kann dann die Kugel r samt ihrer Ladung wegtragen und letztere durch Berührung mit dem Elektroskopknopf k in das Elektroskop überführen (Fig. 370 II). Diese Operation kann man mehrere Male wiederholen, indem man abwechselnd die

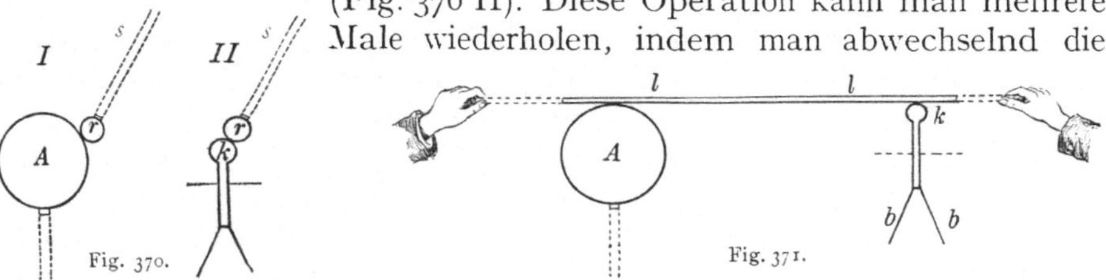

Fig. 370.   Fig. 371.

große Kugel A und das Elektroskop k mit der Probekugel r berührt. Jedesmal wird etwas Elektrizität von der großen Kugel weggenommen und in das Elektroskop gebracht.

Man nennt einen derartigen Vorgang, bei dem die Elektrizität gleichzeitig mit dem geladenen Körper bewegt wird, **Konvektion der Elektrizität** (vgl. § 270).

484. Man kann aber oft bequemer in anderer Weise Elektrizität von der großen Kugel A auf das Elektroskop überführen, indem man einen isolierten (Isolation an beiden Enden punktiert gezeichnet) Leitungsdraht ll (Fig. 371) gleichzeitig mit diesen beiden in Berührung bringt. In diesem Falle ist der Transport der Elektrizität von A nach k durch elektrische **Leitung** erfolgt. Die Elektrizität ist durch den Draht ll von A nach k geflossen.

485. Wir haben es immer dann mit elektrostatischen Erscheinungen, mit **Elektrostatik,** zu tun, wenn die Elektrizität im Gleichgewichte und in Ruhe ist, wenn also kein Strömen stattfindet. Selbstverständlich ist jede Veränderung einer elektrostatischen Verteilung immer mit einer Bewegung oder einem Strömen der Elektrizität verbunden.

486. Nehmen wir zwei große isolierte Metallkugeln A und B; die eine sei mit Glas-, die andere mit Harzelektrizität geladen.

Zuerst laden wir mit unserer kleinen Probekugel r das Elektroskop durch Konvektion von A her mit Glaselektrizität. Bei jeder neuen

Ladungszufuhr wird die Divergenz der Aluminiumblättchen größer. Auf dieses mit Glaselektrizität geladene Elektroskop bringen wir dann mittels der kleinen Probekugel r aus der mit Harzelektrizität geladenen Kugel B Harzelektrizität. Da bemerken wir, daß jetzt bei jeder neuen Berührung die durch die Glaselektrizität entstandene Divergenz der Blättchen immer kleiner wird und schließlich auf Null gebracht werden kann.

Diese Tatsache lehrt uns: **Glas- und Harzelektrizität,** in entsprechender Menge zusammengebracht, **heben sich** gegenseitig **auf;** man hat daher für diese beiden Elektrizitäten das Zeichen $+$ und $-$ eingeführt, wobei die Zuordnung eine ganz willkürliche war. Man nannte die Glaselektrizität positiv und die Harzelektrizität negativ.

Dabei war es von vornherein wahrscheinlich, daß es sich beim Reiben nicht um Neuerschaffung von Elektrizität, sondern nur um eine Störung eines Gleichgewichtes handeln dürfte. Hat man nämlich beim Reiben des Harzstabes den reibenden Pelz (der ein Leiter ist) sorgfältig isoliert, so läßt sich zeigen, daß mit der negativen Elektrisierung des Harzes gleichzeitig der Pelz positiv geworden ist. Diese Versuche mit den feinsten Methoden in verschiedener Weise durchgeführt, ergaben, daß stets, und zwar nicht nur beim Reiben, sondern überall, wo Elektrizität entsteht, gleich große positive und negative Elektrizitätsmengen auftreten. Man kann somit von einem Gesetz der Erhaltung der Elektrizität in der Weise sprechen, daß die im Weltall vorhandene Elektrizitätsmenge unverändert bleibt, und daß immer einer Anhäufung der Elektrizität an einer Stelle eine Verminderung an einem anderen Orte entsprechen muß.

487. Sitz der elektrischen Ladung. Wenn wir mit unserer Probekugel r die Elektrizität von einer größeren geladenen Kugel wegnehmen und an das Elektroskop bringen, so erhalten wir stets denselben Elektroskopausschlag, wo immer auch wir an die große Kugel die Probekugel r anlegen. Daraus ergibt sich, daß die Elektrizität auf einer geladenen Kugel nach allen Seiten hin ganz gleichmäßig verteilt ist.

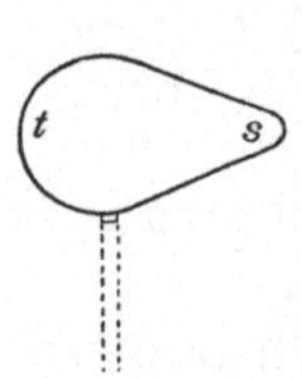

Fig. 372.

Nehmen wir hingegen statt der Kugel einen Körper, der nach einer Seite hin eine stärkere Krümmung, eine spitzere Form hat (Fig. 372), so wird durch einmaliges Berühren mit der Probekugel von der spitzen Stelle s viel mehr Elektrizität weggehen als vom Punkte t. An der Spitze sitzt also mehr elektrische Ladung als an den übrigen Stellen.

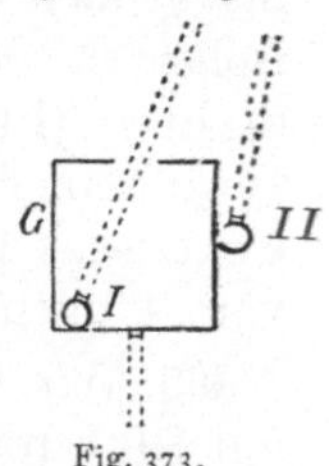

Fig. 373.

Bei einem hohlen Metallgefäß G (Fig. 373) läßt sich mit der Probekugel leicht zeigen, daß sich im Innern I keine Spur einer Ladung findet, wenn auch das Gefäß stark geladen ist, man muß also außen in II große Ladungen finden.

Steht eine Person im Innern eines noch so stark elektrisch geladenen Drahtkäfigs, so wirkt auf sie keine wie immer geartete äußere elektrische Kraft ein.

Ruhende elektrische Ladung sitzt nur an der Oberfläche der Leiter, nie in ihrem Innern. Die Verteilung an der Oberfläche ist bei einer Kugel eine gleichmäßige, bei allen anderen Körpern drängt sich die Ladung immer an jenen Stellen stärker zusammen, die hervorragen.

Wäre die Elektrizität ein Fluidum, dessen einzelne Teilchen einander abstoßen, so wäre das alles selbstverständlich. Diese Teilchen fliehen einander so weit als möglich, können aber aus dem Körper nicht heraus, drängen sich also an die Oberfläche, möglichst weit weg von allen anderen Teilchen. Ragt daher eine Spitze über die Kugeloberfläche in den Raum hinaus, so werden viele Teilchen, von der Gesamtmasse abgestoßen, sich an dieser Spitze zusammendrängen.

Quantitative Grundlagen.

488. Gesetz von Coulomb. Quantitativ wurde die ponderomotorische Wirkung elektrischer Mengen von Coulomb (1785) untersucht.

Bringt man zwei kleine, gleichgroße, an isolierenden Stielen befestigte geladene Metallkügelchen zur Berührung, so wird sich die Ladung auf die zwei Kugeln ganz gleichmäßig verteilen. Entfernt man nun die Kugeln voneinander, so enthält jede dieselbe Elektrizitätsmenge, z. B. e. Man kann mit einer empfindlichen Drehwaage die gegenseitige Abstoßung der je mit e geladenen Kugeln im absoluten Maße (Dyn) messen. Indem man die Entfernung der beiden Kugeln ändert, kann man den Einfluß dieser Entfernung finden.

Um aber auch den Einfluß wechselnder Elektrizitätsmengen der Beobachtung zu unterziehen, muß man imstande sein, die beiden Kugeln beliebig, aber in bekannter Weise laden zu können. Dazu bedient man sich folgenden einfachen Kunstgriffes. Von den beiden Kugeln war jede mit $+ e$ geladen. Leitet man jetzt die eine zur Erde ab, wodurch ihre Ladung Null wird, und bringt die beiden Kugeln wieder zusammen, so wird sich jetzt das $+ e$ der einen auf beide Kugeln verteilen müssen, und jede wird nach Aufhebung der Berührung mit $+ \dfrac{e}{2}$ geladen sein. Eine Wiederholung dieses Prozesses gibt uns die Ladung $+ \dfrac{e}{4}$ usw.

Man findet, daß diese ponderomotorische Kraft, z. B. in Dyn, gleich ist $\gamma \dfrac{e_1 e_2}{r^2}$. Hier bedeuten e_1 und e_2 die aufeinander wirkenden Elektrizitätsmengen, r ihre Entfernung, z. B. in Zentimeter, γ aber einen Proportionalitätsfaktor. Wenn wir für e_1 und e_2 auch noch das entsprechende Zeichen der Ladung $+$ oder $-$ einführen, so lautet dies Gesetz:

Die anziehende oder abstoßende Kraft ist direkt proportional dem Produkte der beiden Elektrizitätsmengen und umgekehrt proportional dem Quadrate der Entfernung.

Diese Reziprozität des Entfernungsquadrates finden wir überall, wo eine Wirkung nach allen Seiten des Raumes sich gleichmäßig ausbreitet (siehe Gravitation oder Magnetismus oder Schall oder Licht).

489. Noch haben wir nichts darüber gesagt, in welchen Einheiten wir die Elektrizitätsmengen messen. Unser e_1 und e_2 ist ganz unbestimmt, d. h. wir können größere oder kleinere Elektrizitätsmengen als Einheit annehmen. Nun erscheint es als das einfachste, diese Wahl so zu treffen, daß $\gamma = 1$ wird; dann lautet das Coulombsche Gesetz: Kraft (in Dyn) $= \dfrac{e_1 e_2}{r^2}$.

Setzen wir hier sowohl die einander gleichen Elektrizitätsmengen als auch die Entfernung gleich 1, so können wir folgende Definition aussprechen: Die Einheit der Elektrizitätsmenge ist jene, auf welche eine gleichgroße Einheit in der Entfernung 1 cm mit der Kraft von 1 Dyn wirkt. Indem wir γ gleich 1 setzen, haben wir eine folgenschwere Wahl getroffen. Da aus der Elektrizitätsmenge späterhin andere Elektrizitätsgrößen (Potential, Stromstärke, magnetische Kraft usw.) sich ableiten, haben wir für das weitere Gebiet gebundene Marschroute; wir messen dann alles in dem **elektrostatischen Maßsystem**. Diese elektrostatische Elektrizitätsmengeneinheit ist sehr klein.

Wie man (§ 21) statt mit Erg mit 10^7 Erg oder 1 Joule usw. in den meisten Fällen bequemer rechnet, so mißt man im „**praktischen**" Maßsystem mit einer Elektrizitätsmenge von $3 \cdot 10^9$ elektrostatischen Einheiten oder einem **Coulomb.**

490. Wir sahen, daß die Verteilung einer bestimmten Elektrizitätsmenge auf einer Leiteroberfläche sehr ungleich sein kann. Nennen wir die Elektrizitätsmenge pro Flächeneinheit oder besser das Verhältnis der Elektrizitätsmenge auf einer sehr kleinen Fläche zu dieser Fläche die **Oberflächendichte** der elektrischen Ladung, so können wir die Ergebnisse des § 487 auch dahin formulieren, daß diese Dichte auf einer Kugel überall gleich ist, auf Spitzen aber gewaltig ansteigt. Wird diese elektrische Ladungsdichte zu groß, so tritt Entladung in die isolierende Umgebung unter Lichterscheinungen, Glimmlicht, Funken usw. ein.

491. Bisher haben wir stillschweigend angenommen, daß die beiden aufeinander wirkenden Kügelchen beim Coulombschen Versuche sich in Luft befinden (oder im Vakuum, was die Resultate nur in minimaler Weise ändert).

Befinden sich die Kügelchen aber in einem anderen Isolator, so ist die Kraftwirkung eine schwächere, z. B. in Terpentinöl nur halb so groß.

Das Coulombsche Gesetz lautet vollständig so, daß die ponderomotorische Kraft gleich ist $\left(\dfrac{1}{\varepsilon}\right)\left(\dfrac{e_1 e_2}{r^2}\right)$.

Die Größe ε heißt die **Dielektrizitätskonstante** des betreffenden Isolators, weil man einen Isolator auch ein Dielektrikum nennt. Diese Konstante ist bei Luft gleich 1, für Terpentinöl 2 usw. (Weiteres über die Dielektrizitätskonstante § 506.)

492. Da bei einer elektrostatischen Anziehung oder Abstoßung das umgebende isolierende Medium, wie wir eben sahen, von Einfluß ist, so muß diese ponderomotorische Wirkung auf einer physikalischen Veränderung des isolierenden Zwischenmediums beruhen (Faraday 1854). Man nennt den Raum, in welchem elektrostatische Kräfte auftreten, **elektrostatisches** oder elektrisches **Feld**. Dieses elektrische Feld im umgebenden Isolator ist eine unzertrennliche Begleiterscheinung der Ladung des Leiters und sie ist vorhanden, ob nun ein zweiter anzuziehender oder abzustoßender Körper anwesend ist oder nicht.

Intensität eines elektrischen Feldes oder **Feldstärke** in einem bestimmten Punkte ist gleich der Kraft in Dyn, die an diesem Punkte auf die elektrostatische Einheit der Elektrizitätsmenge ausgeübt wird.

493. Zur Charakterisierung dieses Feldes eignen sich die „**Kraftlinien**". Wir nennen „elektrische Kraftlinie" eine (im allgemeinen krumme) Linie, die an jeder Stelle durch die Richtung ihrer Tangente die Richtung der elektrischen Kraft anzeigt. Im Innern des elektrostatisch geladenen Leiters wirkt keine Kraft, oder anders gesagt, alle Kräfte heben sich auf; dort sind auch keine Kraftlinien vorhanden.

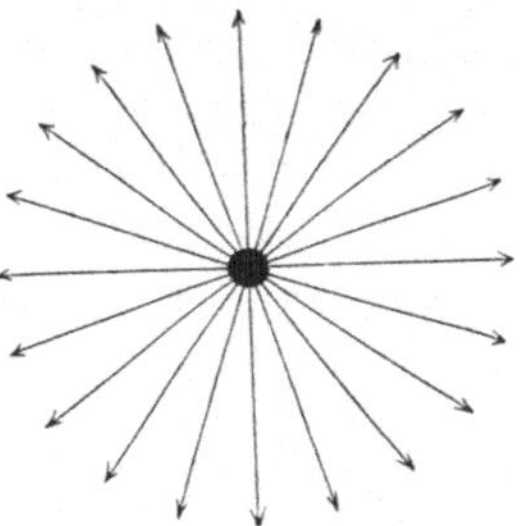

Fig. 374.

Für den Außenraum ist das Kraftlinienbild, wenn wir eine einzige geladene Kugel haben, sehr einfach. Die Kraftlinien Fig. 374 gehen von dieser (schwarz gezeichneten) Kugel nach allen Seiten in gleicher Weise, also radial weg. Fig. 374 stellt nur ein schematisches Bild dar, da ja die Linien auch nach vorne und hinten gehen. Wäre die Kugel statt positiv negativ geladen, so wäre nur die (Pfeil-) Richtung zu ändern. Wo elektrostatische Kraftlinien anfangen, soll immer positive Ladung, wo sie enden, negative Ladung angenommen werden.

Haben wir hingegen zwei Kugeln, welche gleichnamig geladen sind, so zeichnet man die Kraftlinien für jede einzelne dieser Kugeln für sich und findet dann in jedem Punkte des Außenraums die resultierende Kraftrichtung nach dem Satze vom Kräfteparallelogramm.

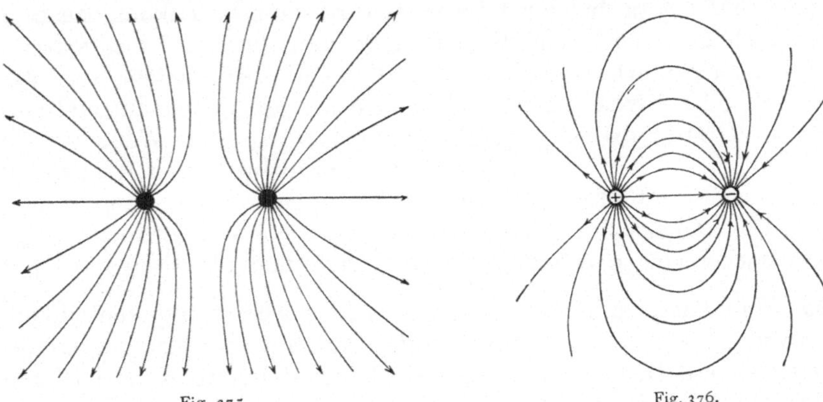

Fig. 375.   Fig. 376.

Diese Kraftlinienstruktur hat die Form von Fig. 375. Sind die zwei Kugeln hingegen ungleichnamig geladen, so gibt Fig. 376 das betreffende elektrische Feld. Der Verlauf der Kraftlinien im Raume wird erhalten, wenn man die Fig. 375, 376 um die Verbindungslinie der Ladungen rotiert denkt.

In Fig. 376 ziehen die beiden Kugeln einander an. Wenn wir dies auf die Wirkung des Feldes zurückführen, so können wir es auch so auffassen, als ob die einzelnen Kraftlinien die Tendenz hätten, sich zu verkürzen. Es besteht ein Zug längs der Kraftlinien. In Fig. 375 stoßen sich die beiden Kugeln ab. Denken wir uns auch hier die Wirkung als gegenseitige Beeinflussung der Kraftlinien, so müssen wir sagen, daß parallel verlaufende Kraftlinien einander abstoßen. Es besteht ein Querdruck senkrecht zu den Kraftlinien. (Die Kraftlinien gleichen gespannten Kautschukschnüren, die sich gegenseitig abstoßen.) Solche Zug- und Druckkräfte im Äther gleichen den in Fig. 55 besprochenen Zug- und Druckkräften in einem gespannten (oder gedrückten) elastischen Körper.

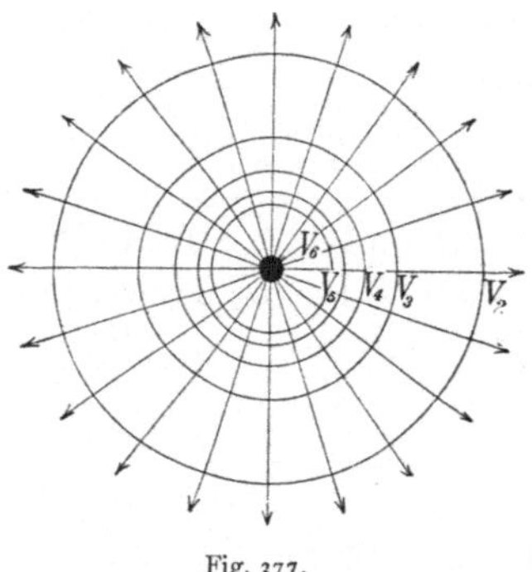
Fig. 377.

Eine wichtige Eigenschaft der elektrischen Kraftlinien ersehen wir besonders aus Fig. 374. In der Nähe der wirkenden Kugel ist die Kraftwirkung sehr groß, und dort sind die Kraftlinien am dichtesten. Je weiter wir uns von der Kugel entfernen, desto schwächer wird die Kraft und desto weniger dicht sind die Kraftlinien.

494. Wenn wir einen elektrisierten Körper in einem elektrostatischen Felde, d. h. in einem von elektrischen Kraftlinien durchsetzten Raume bewegen, so werden wir im allgemeinen entweder Arbeit leisten müssen oder Arbeit gewinnen. Wir finden den mathematischen Ausdruck dieser Energie, indem wir den Weg mit der in die Wegrichtung fallenden Kraftkomponente multiplizieren. Bewegen wir daher einen elektrisierten Körper immer senkrecht zu den Kraftlinien, so wird diese Kraftkomponente und daher auch die Arbeit gleich Null sein. Denken wir uns dementsprechend Flächen, die senkrecht auf den Kraftlinien stehen, sog. **Äquipotential-** oder **Niveauflächen**, so können wir auf diesen einen elektrisierten Körper ohne jegliche Arbeit bewegen. Wenn wir diese Niveauflächen in den früher dargestellten Kraftbildern, z. B. in Fig. 374, einzeichnen, so erhalten wir Fig. 377. Man sieht, daß diese ganz analog den in Fig. 62 gegebenen Niveauflächen ist. Zeichnen wir in Fig. 375 die Niveauflächen ein, so erhalten wir eine Zeichnung identisch mit Fig. 63.

495. Man kann natürlich beliebig viele solche Äquipotentialflächen konstruieren. Um aber ein bestimmtes Einteilungsprinzip zu erhalten, wählen wir die Distanz der einzelnen Niveauflächen nach einer genau bestimmten Definition. Der elektrisierte Körper, den wir bewegen, sei geladen mit der Einheit der Elektrizität (in beliebigem Maße gemessen), und es sei, um diesen Versuchskörper von einer Äquipotentialfläche zur andern zu bringen, stets eine Arbeitseinheit (in demselben Maße gemessen) notwendig. Die Kurven V_6, V_5 usw. in Fig. 377 seien nach dieser

Definition gezeichnet. Wenn wir also einen Körper z. B. von der Potentialfläche V_5 auf die Potentialfläche V_6 bringen wollen, brauchen (oder gewinnen) wir eine Arbeitseinheit. Ebenso von V_4 auf V_5 usw.

In unendlicher Distanz wirkt keine Kraft.

Um die Elektrizitätseinheit aus unendlicher Distanz bis zur Potentialfläche V_6 zu bringen, haben wir daher die Arbeit von sechs Arbeitseinheiten zu leisten, falls der Körper mit dem Zentralkörper gleichnamig elektrisiert ist; im entgegengesetzten Falle würden wir diese Arbeit gewinnen, da ja dann Anziehung an Stelle der Abstoßung herrschte. Diese sechs Arbeitseinheiten heißen dann das **Potential** des Punktes V_6.

Wir verstehen also unter Potential eines Punktes im Raume jene Arbeit (potentielle Energie), welche wir gewinnen (oder verlieren), wenn wir die Einheit der Elektrizität aus unendlich großer Entfernung bis an diesen Punkt heranbringen.

Dabei ist (analog den Betrachtungen in § 68) der Weg gleichgültig. Es kommt immer nur der Anfangs- und der Endpunkt in Betracht. Ebenso ist es gleichgültig, ob die betreffende Elektrizitätsmenge durch Konvektion oder durch Leitung an den betreffenden Platz geschafft wird.

Im „elektrostatischen" Maßsystem mißt man die Arbeit in Erg; um also die elektrostatische Elektrizitätsmengen-Einheit von V_5 auf V_6 zu bringen oder von V_4 auf V_5 usw., ist je ein Erg nötig. Will man die elektrostatische Elektrizitätsmengen-Einheit aus der Unendlichkeit nach V_6 bringen, so braucht man 6 Erg. Das elektrostatische Potential von V_6 ist 6.

Aus dem Coulombschen Kraftgesetze $P = \dfrac{e\,e'}{r^2}$ kann man berechnen, daß die Arbeit A, welche erforderlich ist, um die Ladung e' aus der Entfernung R in die kleinere Entfernung r zu bringen, gegeben ist durch die Formel $A = e\,e'\left(\dfrac{1}{r} - \dfrac{1}{R}\right)$; setzt man $e' = 1$ und $R = \infty$, so wird $A = \dfrac{e}{r}$; dies ist aber nach obiger Definition zugleich das Potential im Punkte, der von e den Abstand r hat. In einem elektrischen Felde, das von beliebig vielen geladenen Punkten e_1, e_2, e_3 ... erzeugt wird, berechnet sich dann in gleicher Weise das Potential V eines Punktes, der die Abstände r_1, r_2, r_3 ... von diesen Ladungen besitzt, nach der Formel $V = \dfrac{e_1}{r_1} + \dfrac{e_2}{r_2} + \dfrac{e_3}{r_3} + \cdots$; in Worten: Potential eines Punktes = Summe aller Quotienten, gebildet aus Ladungen, dividiert durch ihre Entfernungen vom betreffenden Punkte.

Im praktischen Maßsystem mißt man die Arbeit in Joule; um die praktische Elektrizitätseinheit 1 Coulomb von V_5 auf V_6 zu bringen oder von V_4 auf V_5 usw., ist je 1 Joule nötig. Will man 1 Coulomb aus der Unendlichkeit nach V_6 bringen, braucht man 6 Joule; das Potential von V_6 heißt dann 6 Volt, wobei **Volt** (abgekürzt bezeichnet als V oder V) der Name für die Potentialeinheit des „praktischen" Maßsystems ist.

Um eine elektrostatische Elektrizitätsmengen-Einheit aus der Unendlichkeit auf einen Punkt vom elektrostatischen Potential Eins zu bringen, ist eine Arbeit von ein Erg nötig. Nehmen wir statt einer solchen Elektrizitätsmengen-Einheit deren $3 \cdot 10^9$ oder (nach

§ 489) 1 Coulomb, so sind $3 \cdot 10^9$ Erg oder $3 \cdot 10^2$ Joule Arbeit nötig. 300 Volt bezeichnen also dasselbe Potential wie 1 elektrostatische Potential-Einheit.

Statt Potentialdifferenz gebraucht man oft den Ausdruck elektromotorische Kraft oder Spannung.

Um einen jederzeit rasch faßbaren Begriff mit dem Zeichen V quantitativ zu verbinden, wollen wir uns merken, daß ein Volt ungefähr gleich ist der Potentialdifferenz oder Spannung an den Polen eines Daniellelementes (§ 554).

496. Potential eines Leiters. Aus den oben angestellten Überlegungen ergibt sich, daß die Äquipotentialflächen desto näher aneinander rücken, je näher wir an den Zentralkörper herankommen. (Sie werden in der Nähe der Kugel so dicht, daß sie in Fig. 377 nicht mehr gezeichnet werden konnten.) Das folgt aus dem Coulombschen Gesetz, wonach auch die Kraft hier immer größer wird. Es ergibt sich ferner, daß die letzte Niveaufläche die Oberfläche der leitenden Zentralkugel sein muß; wenn man die geladene Versuchskugel längs der Oberfläche bewegt, so ist keine Kraft zu überwinden und es wird keine Arbeit geleistet.

Dieser Satz läßt sich verallgemeinern und lautet dann so: Die Oberfläche eines statisch geladenen Körpers ist stets eine Äquipotentialfläche.

Wenn man von einem geladenen Körper einen Draht zu einem Meßapparat, z. B. Elektroskop, führt, so fließt Elektrizität z. B. nach k, Fig. 371, und es wird rasch, wenn nur alles gut isoliert ist, elektrisches Gleichgewicht eintreten. Der geladene Körper A und das Elektroskop k haben dann dasselbe Potential.

497. Ist ein Körper zur Erde abgeleitet, so besitzt er das Erdpotential, welches wir gewöhnlich, trotzdem die Erde selbst auch eine Ladung und ein Potential hat, als Nullpotential bezeichnen, da ja bei unseren Laboratoriumsversuchen die in die große Erdkugel abgestoßenen Ladungen in praktisch unendliche Entfernungen rücken. Es ist das **Erdpotential** also ein willkürlicher Nullpunkt.

498. Falls auf einem Leiter Potentialdifferenzen existieren, kann kein andauerndes Elektrizitätsgleichgewicht bestehen; die Elektrizität fließt von Orten höheren Potentials zu Orten niederen Potentials. Dieses Fließen der Elektrizität heißt **elektrischer Strom.** Solche Erscheinungen gehören nicht mehr in das Gebiet der Elektrostatik.

Analogien sind: Wasserströmungen oder Gasströmungen oder Wärmeströmungen infolge von Druck- bzw. Temperaturdifferenzen.

499. Die elektrische Feldstärke, d. i. die Potentialdifferenz pro cm, kann in der Nähe eines geladenen Körpers sehr groß werden, wenn die Potentialflächen dort knapp nebeneinander liegen; das geschieht ganz besonders in der Nähe von Spitzen. Übersteigt diese Feldstärke im Isolator eine gewisse Größe, so findet Entladung des geladenen Körpers durch Funken usw. statt (§ 662).

Elektrostatische Influenz.

500. Kraftlinienmodell. Eine Messingkugel von etwa 3 cm Durchmesser sei an einem langen isolierenden Glasstabe befestigt. An dieser Kugel

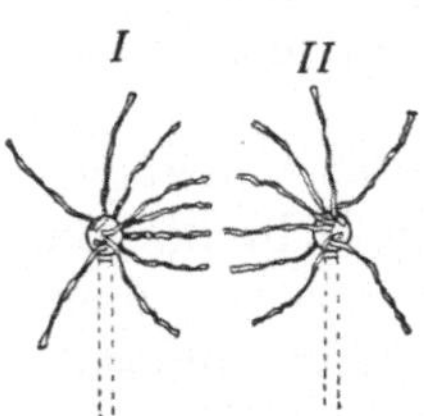

Fig. 378.

seien Streifen aus leichtem Papier (sog. Seidenpapier) von etwa 40 cm Länge und 1 cm Breite mit dem einen Ende so angeklebt, daß sie lose, als Büschel, herabhängen. Wenn nun die Kugel stark

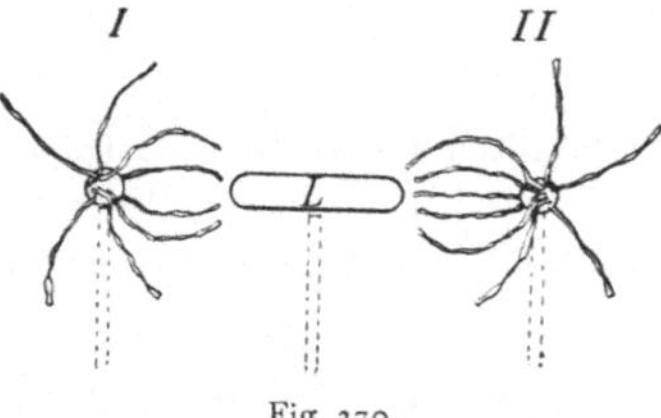

Fig. 379.

elektrisiert wird, so geht Elektrizität zum Teil auf die schwach leitenden Papierstreifen, welche dann ungefähr in der radialen Richtung der Kraftlinien nach allen Seiten hin sich sträuben.

Nähert man zwei solche gleichnamig elektrisierte Papierbüschel einander, so sieht man ganz deutlich, wie bei Annäherung die Streifen voneinander zurückweichen. Die Papierstreifen ahmen Fig. 375 nach.

Umgekehrt werden, wenn die beiden Büschel ungleichnamig elektrisiert sind, die Papierstreifen sich einander zuwenden, so wie dies Fig. 378 darstellt; die Papierstreifen ahmen Fig. 376 nach.

501. Influenzmodell. Wir wollen nun die beiden ungleichnamig elektrisierten Büschel I und II so weit auseinanderschieben, daß sie sich kaum beeinflussen, daß also in jedem Papierbüschel die Streifen in fast radialer Richtung auseinandergehen. Bringt man nun (Fig. 379) einen isolierten, länglichen Metallkörper L zwischen I und II, so sehen wir, wie er von beiden Seiten her die Papierstreifen anzieht.

Die Kraftlinien, die also ohne Anwesenheit von L in weitem Bogen von der $+$-Kugel I auf die $-$-Kugel II übergegangen sind, drängen

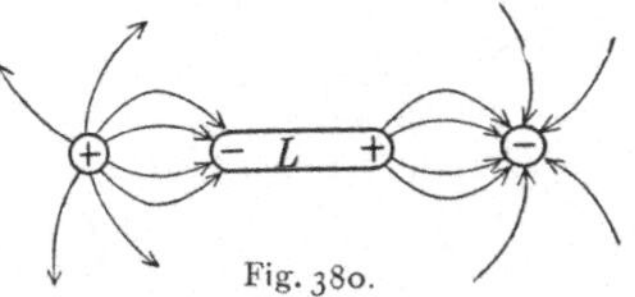

Fig. 380.

sich jetzt in der dargestellten Weise gegen den Metallkörper L hin. Eine große Anzahl der von der positiv geladenen Kugel ausgegangenen Kraftlinien mündet jetzt an dem einen Ende von L, und es muß (Fig. 380), da an dieser Fläche Kraftlinien verschwinden, hier negative Elektrizität sich befinden. Dafür erscheinen am anderen Ende von L Kraftlinien, die daselbst austreten; es muß also an dieser Fläche positive Elektrizität vorhanden sein.

502. Wenn wir in ein elektrostatisches Feld einen isolierten Leiter bringen, so treten an seinen beiden Enden elektrische Ladungen auf, d. h. es ist das Gleichgewicht der Elektrizität in dem ursprünglich unelektrischen Leiter durch bloße Wirkung von außen, durch elektrostatische **Influenz,** verändert worden. Die gleichnamige Elektrizität wird soweit als möglich abgestoßen und die ungleichnamige angezogen.

Die Kraftlinien einer einzigen positiv geladenen Kugel (Fig. 374) enden an den Wänden des Experimentierraumes. Dort tritt die influenzierte negative Elektrizität auf, in ihrem Betrage gleich der influenzierenden positiven.

Sobald man die influenzierende Kugel entlädt, wird durch Vereinigung der influenzierten Elektrizitätsmengen das alte Gleichgewicht im Körper hergestellt werden. Wenn man daher dauernde Elektrisierung durch Influenz erzeugen will, muß man diese Wiedervereinigung unmöglich machen, was in der verschiedensten Weise geschehen kann. Wir wollen zwei typische Fälle herausgreifen:

1. Es sei eine Kugel A positiv geladen und wir hätten einen isolierten Leiter L im elektrischen Felde dieser Kugel. Die negative Elektrizität wird angezogen und die positive soweit als möglich abgestoßen. Wenn nun irgendwo an L (Fig. 381) ein zur Erde führender Leiter (eine Hand oder ein mit der Erde verbundener oder „geerdeter‘‘ Draht) angelegt wird, so wird die positive Elektrizität in die Erde abgestoßen. Es ist also durch diese Influenzierung ein fast momentaner, in die Erde gehender, elektrischer Strom entstanden. Würde man nun A entladen oder entfernen, so würde dieser Strom durch den Draht wieder auf L zurückfließen. Wenn man aber die Erdleitung unterbricht, bevor man die Kugel A entfernt oder bevor man sie entlädt, so kann dieses Rückströmen nicht mehr stattfinden und L bleibt dauernd negativ geladen. Das ist Elektrisierung durch Influenz und Ableitung.

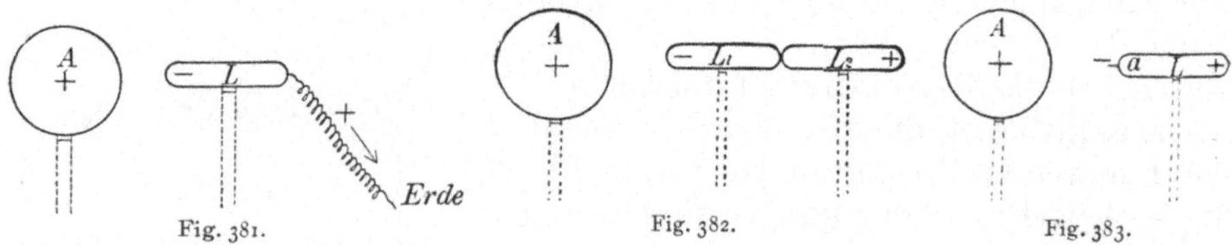

Fig. 381.　　　　　　Fig. 382.　　　　　　Fig. 383.

2. Wenn A wieder positiv elektrisiert ist, und wir zwei isolierte Leiter L_1 und L_2, die im Kontakt miteinander sind (Fig. 382), in das elektrische Feld bringen, so wird die negative Elektrizität nach L_1 gezogen und die positive nach L_2 abgestoßen. Entfernen wir nun L_1 und L_2 voneinander, so bleibt, auch wenn wir L_1 und L_2, die ja jetzt getrennt sind, aus dem elektrischen Felde wegbringen, L_1 negativ und L_2 positiv geladen. Das

ist Elektrisierung mittels Trennung der influenzierten Körper im elektrischen Felde.

503. Spitzenwirkung. Es sei (Fig. 383) der Körper L durch die positive Kugel A elektrostatisch influenziert, wobei aber an dem Punkt a eine spitze Metallnadel gegen den influenzierenden Körper hin befestigt ist. Dann wird sich die negative Elektrizität auf diese Spitze zusammendrängen, und es werden infolge der erreichten großen Spannung von dieser Spitze negativ elektrisierte Teilchen in der Richtung gegen A wegfliegen. Mit diesen Teilchen geht aber auch negative Elektrizität weg, die die große Kugel teilweise entlädt. Der Körper L wird sehr bald nur mehr positive Elektrizität enthalten. Es sieht also aus, als ob die Spitze positive Elektrizität aus der Kugel ansaugte entsprechend der Spannung, die in a herrscht.

Dieses Abströmen der Elektrizität von Spitzen ist zuweilen mit Lichterscheinungen verbunden; an der Spitze zeigt sich ein Lichtpunkt (Glimmlicht). Von dieser Spitze wird auch Luft weggeblasen: elektrischer Wind (vgl. § 663).

504. Wir sagten § 477, daß die **Anziehung unelektrischer Körper** eigentlich eine komplizierte Erscheinung sei. Wenn nämlich ein Leiter sich in einem elektrischen Felde befindet, so wird er durch Influenz an jenem Teile, der dem elektrisierten Körper zugekehrt ist, die entgegengesetzte Elektrizität haben wie dieser, und diese influenzierenden und influenzierten Elektrizitäten ziehen sich nun an.

Ebenso findet eine, wenn auch im allgemeinen viel schwächere, **Anziehung von Isolatoren** statt. Wären in einem Isolator die elektrischen Ladungen absolut unbeweglich, so könnte auch keine Influenzierung in ihm eintreten, und der Isolator würde daher keine Wirkung im elektrischen Felde erfahren. Nun tritt aber durch elektrische Einwirkung auch im Isolator eine Veränderung ein. Die Elektrizität ist innerhalb sehr kurzer Strecken verschiebbar (vgl. die Anschauungen über den Aufbau der Molekeln aus elektrischen Elementarbestandteilen § 697). Durch Influenzierung tritt ein kurzdauernder „Verschiebungsstrom" in der Richtung der elektrischen Kraftlinien auf. Die Kraftlinien gehen durch den Isolator hindurch (daher der Name „Dielektrikum", vgl. § 491) und verschieben die positive Elektrizität an das eine und die negative an das andere Ende einer jeden Molekel, aber nicht weiter. Machen wir aus einem Isolator ein längliches Stäbchen, das wir an seinem Schwerpunkt an einem Faden horizontal drehbar aufhängen, so wird dieser Isolator infolge der Influenzierung sich in die Richtung der elektrischen Kraftlinien einstellen.

505. Das Verhältnis $\left(\dfrac{\text{Elektrizitätsmenge}}{\text{erreichtes Potential}}\right)$ nennt man die **Kapazität** des betreffenden Körpers.

Die Kapazität ist bei Kugeln direkt proportional dem Radius.

Nach § 495 ist das Potential in einem Punkte gegeben durch die Summe $\left(\dfrac{e_1}{r_1} + \dfrac{e_2}{r_2} + \cdots\right)$. Bei einer geladenen Kugel befindet sich die gesamte Ladung auf ihrer Oberfläche, das Potential im Mittelpunkt ist also $V = \dfrac{e}{R}$, wenn R den Kugelradius bezeichnet.

Die Kapazität wird also im elektrostatischen Maßsysteme durch den Kugelradius gemessen, so daß eine Kugel, die z. B. 15 cm Halbmesser hat, auch eine Kapazität von 15 cm besitzt.

Im praktischen Maßsystem ist die Kapazitätseinheit ein „Farad" (1 F), und es ist

$$\text{Elektrizitätsmenge (in C)} = \text{Potential (in V) mal Kapazität (in F).}$$

Da 1 Coulomb $(C) = 3 \cdot 10^9$ elektrostatische Einheiten der Ladung, 1 Volt $= \frac{1}{300}$ elektrostatische Einheit des Potentiales ist (vgl. § 304), so wird 1 Farad $= \dfrac{1\,C}{1\,V} = 3 \cdot 10^9 : \frac{1}{300} = 9 \cdot 10^{11}$ cm. Häufig rechnet man mit der Einheit 1 Mikrofarad $(1\,\mu F) = 10^{-6}\,F = 9 \cdot 10^5$ cm.

Die Berechnung der Kapazität nicht kugelförmiger Leiter ist meist kompliziert; sie ist bei geometrisch ähnlichen Körpern proportional den Linear-Dimensionen und liegt z. B. bei einem Zylinder zwischen den Werten von halber Länge und Radius.

Die Kapazität hängt aber nicht nur ab von der Form und Größe des Körpers, sondern auch von seiner Umgebung. Diese Umgebung kommt in zweierlei Weise in Betracht:

506. Einfluß des umgebenden Dielektrikums. Wenn ein geladener Leiter sich nicht in Luft, sondern z. B. in Terpentinöl befindet, so ist seine ponderomotorische Wirkung (§ 491) nur halb so groß. Es ist also · auch die Arbeit, die man beim Nähern der gleichnamigen Elektrizitätseinheit zu leisten hat, halb so groß, oder das Potential des Körpers ist ohne Ladungsänderung auf die Hälfte gesunken. Oder allgemein: Dieselbe Elektrizitätsmenge erzeugt auf einem Leiter in einem Medium, dessen Dielektrizitätskonstante ε ist, ein Potential, das ε mal kleiner ist als in Luft, d. h. die **Kapazität eines Leiters ist direkt proportional der Dielektrizitätskonstante des umgebenden Isolators.**

Die Zahlen, die angeben, um wieviel die Kapazität durch Ersatz des isolierenden Mediums Luft durch Hartgummi oder Öl u. dgl. verstärkt wird, sind gleich der **Dielektrizitätskonstante** dieses Hartgummis oder dieses Öles usw. (§ 491).

Die Dielektrizitätskonstante ist von Vakuum 1, Luft 1,0006, Paraffin (fest) 2,0; Paraffinöl 2,2; Hartgummi sowie von Bernstein 2,8; Glas 4—10; Schwefel 3,5—4,6; Glimmer 6—8; Wasser 81.

Die Dielektrizitätskonstante ist bei verschiedenen Glassorten verschieden; bei manchen Kristallen (z. B. Schwefel) hängt sie von der Richtung im Kristalle ab.

507. Wenn man in die Nähe eines geladenen Leiters A einen zweiten geerdeten Leiter B bringt, so wird auf B influenzierte ungleichnamige Elektrizität sitzen. Die ponderomotorische Wirkung von A auf einen fernen Körper wird durch die entgegengesetzte Wirkung von B geschwächt; die Arbeit beim Nähern der Einheitsmenge oder das Potential wird kleiner. Oder allgemein: Die **Kapazität** eines Leiters wird durch die **Nachbarschaft von** anderen, **geerdeten Leitern** größer.

508. Elektrometer. Wenn eine Vorrichtung, wie sie in Fig. 369 auf S. 296 schematisch dargestellt ist, als Elektroskop verwendet werden soll, so ist es zweckmäßig, sie in eine leitende, zur Erde abgeleitete Hülle (mit durchsichtigen Verschlußplatten) einzubauen; dadurch werden sowohl mechanische Störungen durch Luftströmungen als auch elektrostatische Störungen durch die Influenzwirkung benachbarter geladener Körper vermieden. Bei dieser Form besitzt der im Innern liegende isolierte Teil des Elektroskopes eine bestimmte (von seinen Dimensionen und von der Größe und Gestalt des Hohlraumes abhängige) Kapazität. Es entspricht dann verschieden großen Ladungen dieses Teiles auch immer ein dazu proportionaler (durch den Quotienten $\frac{\text{Ladung}}{\text{Kapazität}}$ gegebener) Wert des Potentiales. Zeigt daher das Elektroskop bei zwei Versuchen denselben Ausschlag (Spreizung der Blättchen), so sind auch die Potentiale des Elektroskopes in beiden Fällen gleich. Das Elektroskop wird so zu einem **Elektrometer**, das nicht nur qualitativ das Vorhandensein von Ladungen anzeigt, sondern auch zur **Messung von Potentialen** geeignet ist.

Das in Fig. 384 dargestellte **Exnersche Elektroskop** mißt Spannungen (gegen Erde) von etwa 60 bis 500 V. Der Ausschlag wird an der Skala s abgelesen, welche sich vor den Blättchen b befindet; die zwei Platten p werden bei Nichtgebrauch zusammengeschoben, um $b\,b$ zu schützen.

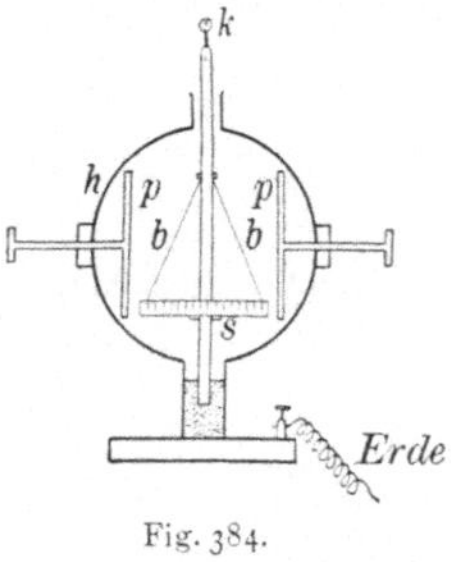

Das **Braunsche Elektrometer** (Fig. 385) besteht aus nur einem beweglichen Arm a, der von einer feststehenden Platte b abgestoßen wird. Meßbereich 200 bis 5000 V.

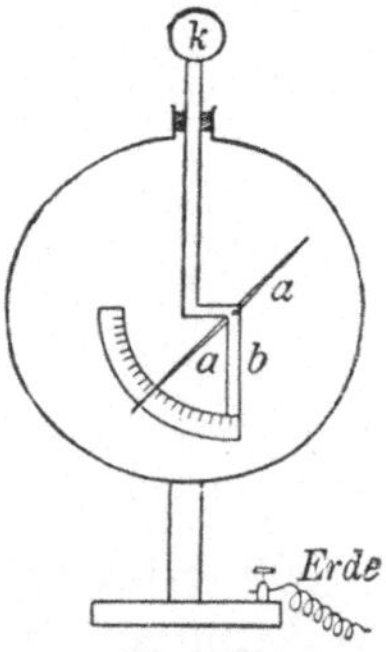

Empfindlicher und genauer als das Exnersche ist das **Fadenelektrometer von Wulf**. Zwei knapp nebeneinander hängende und mit Metall

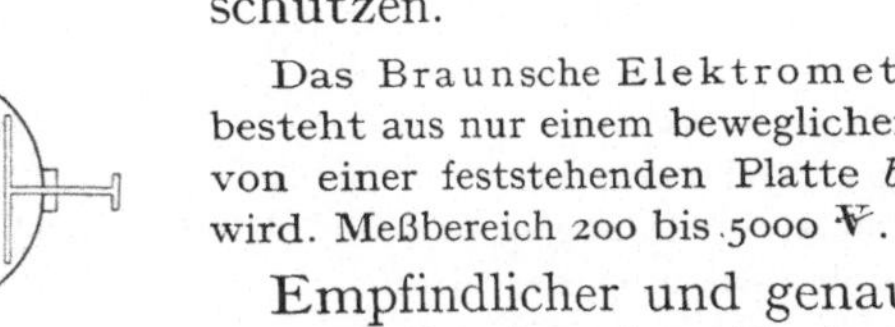

Fig. 384.

Fig. 385.

bestäubte Quarzfäden oder dünne Metalldrähte (Wollastonfäden) g_1 und g_2 von einigen Zentimeter Länge sind durch einen halbkreisförmigen, elastischen isolierenden Quarzbügel gespannt. Werden diese Fäden geladen, so spreizen sie sich, was mit einem Mikroskop gemessen wird (Stellung in Fig. 386). Sind diese Fäden z. B. + geladen, so wird eine negative Ladung der beiden Schneiden D_1 und D_2 den Ausschlag vergrößern. Gesamtmeßbereich von 10 bis 1000 V̄.

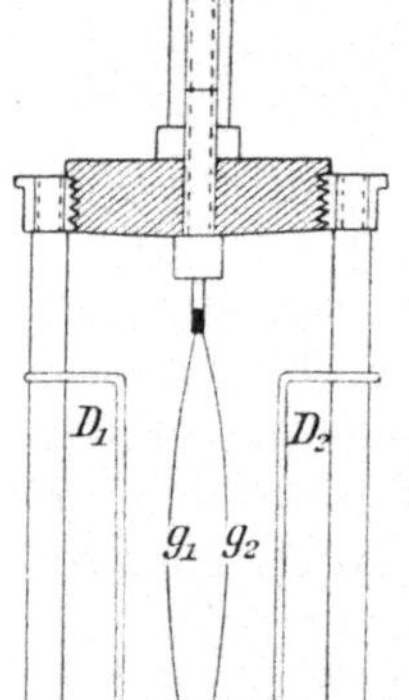

Fig. 386.

Für kleinere Potentiale sind die verschiedensten Formen konstruiert worden.

Thomsons Quadrantenelektrometer ermöglicht Messungen kleiner Spannungen bis zu 0,01 V und weniger. Fig. 387 gibt ein Schema dieses vielfach verwendeten Apparates; h ist der obere Hartgummideckel eines (nicht gezeichneten) viereckigen Glasgefäßes. Vier Metallsäulen 1, 2, 3 und 4 durchsetzen diesen Isolator und tragen im Innern des Kastens je eine horizontale Metallplatte I, II, III und IV, die in Fig. 388 (von oben gesehen und gegen Fig. 387 vergrößert) separat gezeichnet sind. Über diesen „Quadranten", die durch schmale Luftspalten voneinander getrennt sind, hängt in etwa 1 mm Höhe eine sehr leichte, in Fig. 388 hell gezeichnete Aluminium-Lemniskate (gewöhnlich „Nadel" genannt) a an einem dünnen Metalldrähtchen e,

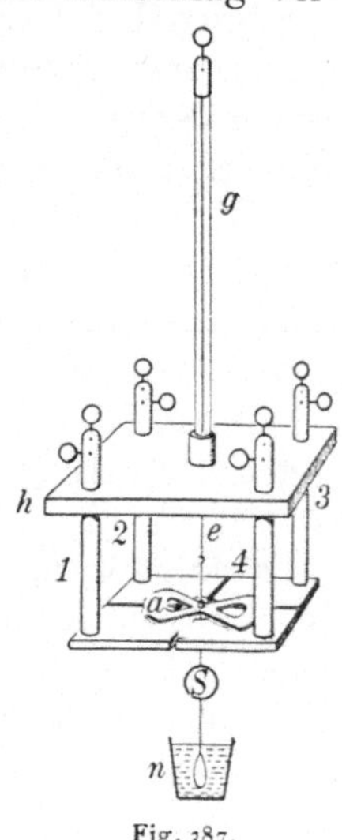

Fig. 387.

dessen oberstes Ende in der Glasröhre g befestigt ist. An demselben Drahte hängt der Ablesespiegel S. Die Nadel kann also horizontale Torsionsschwingungen ausführen, wobei ein in Paraffinöl eintauchender Glaskörper n die Dämpfung besorgt.

Man verbindet e mit einer z. B. positiven Elektrizitätsquelle von 50—150 V̄, so daß also auch die Nadel a dauernd positiv geladen wird. Dann verbindet man durch einen (nicht gezeichneten) Draht die gegenüberliegenden Quadranten I und III untereinander und dauernd mit der Erde; des ferneren verbindet man auch II und IV und leitet sie zunächst zur Erde ab; dann ist alles symmetrisch, die Nadel bleibt in Ruhe. Nimmt man aber für II und IV statt dieser Erdverbindungen eine Verbindung mit einem z. B. positiv geladenen Körper, so wird die durch das starke Hilfspotential geladene Nadel a sowohl

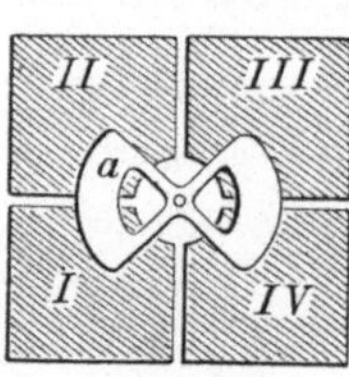

Fig. 388.

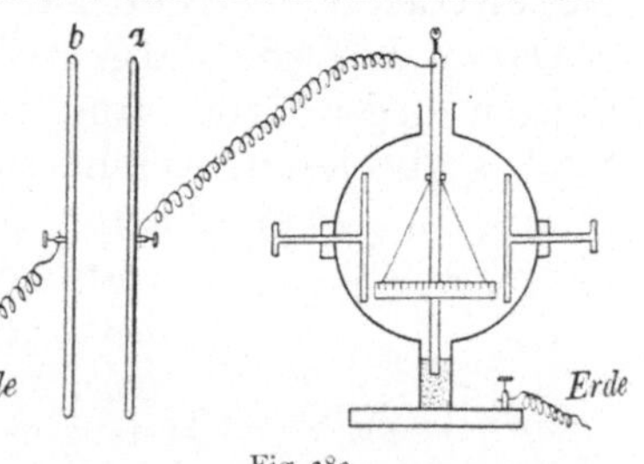

Fig. 389.

vom positiven II als auch vom positiven IV abgestoßen und dreht sich. Die Ausschläge sind dem in II, IV angelegten Potential proportional.

509. Plattenkondensator.

Wenn man z. B. eine mit einem Elektroskop verbundene Platte a (Fig. 389) positiv ladet, so sitzt an der Platte a und am Elektroskop eine bestimmte Elektrizitätsmenge, und der Winkel des Elektroskopausschlages gibt ein Maß des erreichten Potentials. Nähert man nun der Metallplatte a die geerdete Platte b, so verringert sich der Abstand der Blättchen, ein Beweis, daß das Potential gesunken ist. Da aber wegen der Isolierung von a keine Elektrizität abströmen kann, so muß durch die Annäherung von b die Kapazität von a vergrößert worden sein. Je mehr man b an a annähert, desto mehr steigt die Kapazität, desto kleiner wird der Ausschlag des Elektroskopes. Entfernt man b wieder, so tritt der alte Zustand ein.

Die Kraftlinien, die von a, solange es allein ist, nach allen Seiten des Raumes gehen, rücken bei allmählicher Annäherung von b immer mehr in den Raum zwischen a und b. Die Elektrizität drängt sich auf der b gegenüberliegenden Fläche zusammen, wodurch gleichsam Platz für neue Elektrizität geschaffen und so eine Kapazitätsvergrößerung erreicht wird. Dies „Zusammenrücken" der elektrischen Ladungen veranlaßte den Namen Kondensator. Bringt man b immer näher an a, so wird die Kapazität immer größer, und zwar fast genau umgekehrt proportional der Plattendistanz, außerdem proportional der Plattengröße. Würde die Distanz Null, so müßte die Kapazität unendlich werden; lange vorher aber würde die Dichte der positiven Elektrizität auf a und die der influenzierten negativen auf b so groß, daß Funkenentladungen einträten. Um solche Entladungen zu verhüten, schiebt man zwischen diese Platten feste Dielektrika, bringt sie eventuell auch in Öl oder in verdichtete Luft, wodurch der Funkenübergang erschwert wird.

Dabei ergibt sich ein weiterer Vorteil. Wenn die beiden Platten sich in einem Medium mit großer Dielektrizitätskonstante befinden, so steigt nach § 507 die kondensierende Wirkung. Da das elektrische Feld fast nur im Raum zwischen a und b vorhanden ist, bringt man das Dielektrikum nur an diese Stelle; man schiebt zwischen a und b eine Platte aus Glas oder Hartgummi oder dgl.

Will man bei kleiner Ausdehnung eine große Kapazität herstellen, so werden eine Reihe von Metallplatten durch Glimmer oder paraffiniertes Papier oder aber auch durch Öl getrennt, abwechselnd so wie in Fig. 390 angeordnet, wobei die positiven Schichten unter sich und ebenso die negativen Schichten unter sich verbunden sind. Man erhält dann ein Kästchen mit zwei Anschlußstellen, und die Kapazität solcher kann leicht die Größe $1\mu F$ erreichen (vgl. § 505),

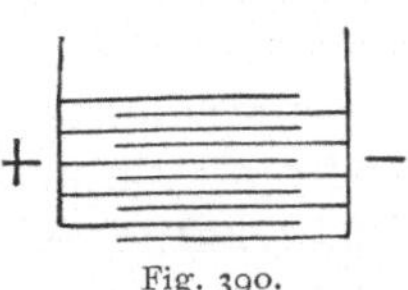
Fig. 390.

d. i. die Kapazität einer Kugel von 9000 m Radius. Oft sind mehrere Kapazitätsgrößen zur beliebigen Auswahl in einem einzigen Kasten vereinigt.

Um Kapazitäten in weitem Bereich in einfacher Weise verändern zu können, benutzt man häufig „Drehkondensatoren", (z. B. in der Radiotechnik). Hierzu werden zwei Platten- oder Zylindersysteme (z. B. analog der Fig. 390), verwendet, von denen das eine fest, das andere drehbar und mit einem Zeiger verbunden ist, der über einer Kreisteilung bewegt wird, so daß der Anteil der sich überdeckenden Plattenteile variiert und bestimmt werden kann.

510. Legt man an einen gewöhnlichen Plattenkondensator größere Spannungsdifferenzen, 1000 V und mehr, an, so erfolgt ein Durchschlagen der isolierenden Platten durch einen Funken. Für solche große Spannungen benützt man **Leidnerflaschen** (Fig. 391), dicke Glasbecher g, innen und außen mit Stanniol $s_1 s_2$ überzogen. Solche Flaschen werden bis zu

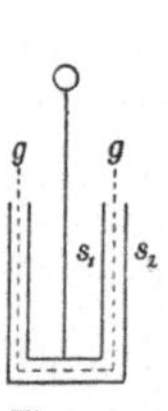
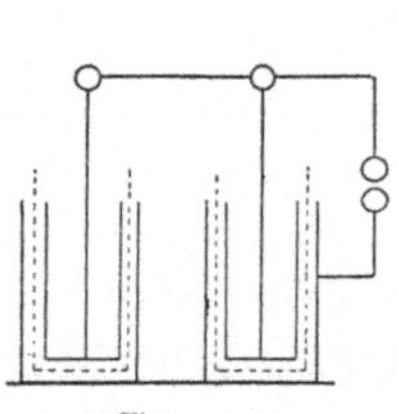
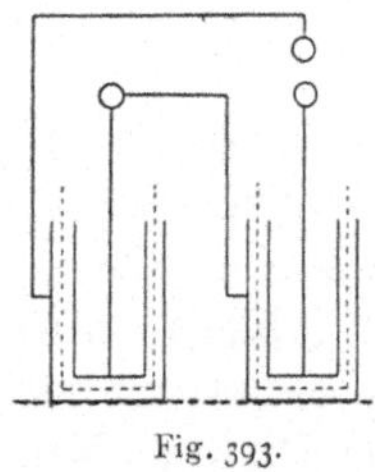

Fig. 391.   Fig. 392.   Fig. 393.

Spannungen von 20 000 V und mehr verwendet. Ihre Kapazität ist natürlich kleiner als die eines Glimmerkondensators.

Man nennt die Zusammenschaltung mehrerer Flaschen eine Flaschenbatterie. Man kann Flaschen parallel (Fig. 392) oder hintereinander (in Serie) (Fig. 393) schalten. Fig. 392 wirkt wie eine Leidnerflasche mit doppelt so großen Belegungsflächen, während in Fig. 393 sich die Spannung auf beide Flaschen verteilt; wenn die einzelne Flasche also z. B. 20 000 V Spannung, ohne durchgeschlagen zu werden, aushält, kann man die Anordnung Fig. 393 bis auf 40 000 V aufladen.

511. Elektrophor. Wenn man eine Harzplatte reibt oder mit einem Fuchsschwanze peitscht, so wird diese negativ elektrisch. Eine dann daraufgelegte isolierte Metallplatte (Fig. 394) wird die Harzplatte nur an einigen hervorragenden Stellen berühren, an denen dann direkt negative Elektrizität in die Metallplatte überströmt. Dies ist aber nur ein nebensächlicher Effekt. An allen anderen Stellen der Fläche, wo keine Berührung eintritt, bleibt die negative Elektrizität an der Harzplatte sitzen und zieht in der Metallplatte influenzierte positive Elektrizität an. Da die Metallfläche und die Harzfläche einander sehr nahe sind, ist diese Anziehung eine sehr kräftige. Die influenzierte gleichnamige Elektrizität wird abgestoßen. Berührt man nun die Metallplatte, während sie aufliegt, mit dem Finger, so wird die negative, abgestoßene Elektrizität zur Erde fließen; nach Entfernung des Fingers haben wir

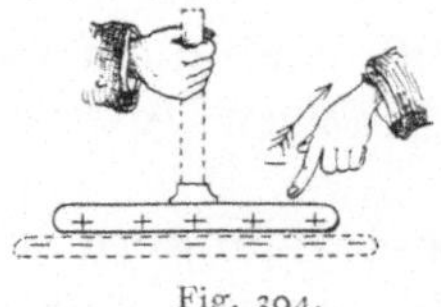

Fig. 394.

dann nur mehr an der unteren Fläche der Metallplatte die durch Influenz angezogene positive Elektrizität, welche durch die an der gegenüberstehenden oberen Fläche des Harzkuchens sitzende negative Ladung gebunden ist. Hebt man jetzt die Metallplatte vom Harzkuchen weg, so wird diese gebundene Elektrizität im Metall frei, da die Kapazität sehr verkleinert und die Spannung hierdurch erhöht wird. Aus dem abgehobenen Deckel kann man mit dem Fingerknöchel kräftige Funken ziehen.

512. Diesen Vorgang: Auflegen, Ableiten, Aufheben, kann man beliebig oft wiederholen und erhält so ganz beträchtliche Elektrizitätsmengen, die wir z. B. in Leidnerflaschen aufspeichern können. Dabei bleibt theoretisch die Ladung der Harzplatte ganz ungeändert, und es entsteht die Frage, woher die Energie der elektrischen Ladungen, die sich ja in kräftigen Funken oder sonst irgendwie äußert, herstammt. Wird die Metallplatte auf eine unelektrisierte Harzplatte zuerst aufgelegt und dann entfernt, so wird beim Herunterbewegen Arbeit gewonnen werden, und ebendieselbe Arbeit wird man wieder aufwenden müssen, um die Platte in die alte Entfernung zu bringen. Anders ist es aber beim Elektrophor. Man wird dann beim Abheben, beim Wegziehen der positiv geladenen Platte von der negativen Harzplatte eine größere Arbeit leisten müssen, als man beim Herunterbewegen gewinnt, und diese Arbeitsdifferenz ist das **Energieäquivalent der Elektrophorladung.**

513. Dieselbe Wirkung erhalten wir auch, wenn wir die Metallplatte von der Seite her auf die Harzplatte schieben, ohne diese zu berühren; wenn wir nur im Momente, in dem sie genau über der Harzplatte steht, für die Ableitung der abgestoßenen Elektrizität sorgen, werden wir stets nach Entfernung der Metallplatte die gewünschte Ladung auf ihr erhalten. Solche Maschinen, die aus einer Reihe von Elektrophoren auf einer rotierenden Glasscheibe zusammengesetzt sind, nennt man **Influenzmaschinen.**

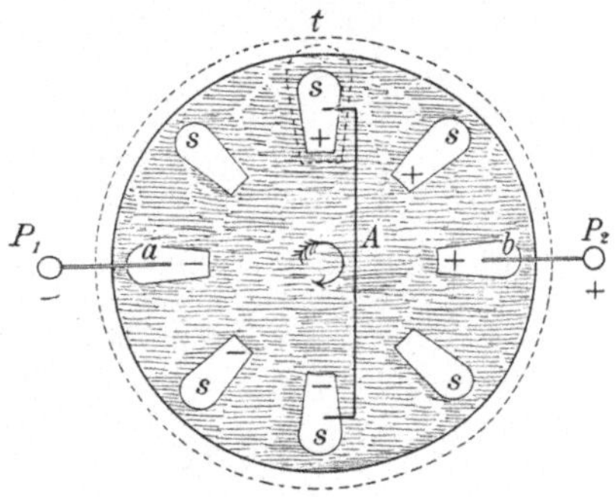

Fig. 395.

Das vereinfachte Prinzip einer solchen Maschine, der Wimshurst-Maschine, gibt Fig. 395. Auf eine rotierende Glasscheibe sind Stanniolstreifen s geklebt (in der Zeichnung sind statt etwa 30 nur 8 gezeichnet). Ein feststehender, vertikaler, metallischer Ausgleicher A verbindet zwei gegenüberliegende dieser Stanniolsektoren, weil er, in Spitzen endigend, nach § 503 die Elektrizität aufsäugt. Hinter dieser Glasscheibe befindet sich eine zweite, feststehende Glasscheibe mit gleich vielen Sektoren. Betrachten wir nun einen, den obersten Stanniolsektor t dieser hinteren Scheibe (der wie die hintere Scheibe selbst etwas zu groß und punktiert gezeichnet ist). Es sei dieser hintere Sektor t (zunächst von außen her) negativ elektrisiert, wie der Harzkuchen im Elektrophor. In dem oberen Sektor s, der t gerade gegenübersteht, wird die positive Elektrizität angezogen und die negative durch A nach dem diametral gegenüberstehenden untersten Sektor s abgestoßen.

Beim Drehen der vorderen Scheibe in der gezeichneten Pfeilrichtung, wobei A ruhig bleibt, verläßt also der oberste Sektor s die höchste Stelle positiv geladen, der unterste Sektor s die tiefste Stelle aber negativ geladen. Diese $+$ bzw. $-$ Elektrizität wird mittels schleifender, horizontal feststehender Metallpinsel b und a (oder mittels senkrecht gegen die Fläche stehender Spitzen) abgenommen und fließt zu P_2 und P_1, den Polen der Influenzmaschine.

Das gezeichnete System besteht also gleichsam aus 8 Elektrophordeckeln *s* und einem Harzkuchen *t*.

Um das Modell zu vervollständigen, müßte die hintere Scheibe auch acht Sektoren *t* haben und in entgegengesetzter Richtung rotieren. Es wirken dann, wenn noch einige Hilfsverbindungen angebracht werden, auch die vorderen Sektoren *s* auf die hinteren *t*.

Wenn eine Influenzmaschine Elektrizität liefert, muß man immer Arbeit aufwenden, um die positiv geladenen Sektoren von den negativ geladenen wegzuziehen; es verwandelt sich also hier mechanische Energie in elektrische.

Die Potentialdifferenz der beiden Pole einer Influenzmaschine kann bis 100000 $\dot{\mathrm{V}}$ und mehr betragen, so daß selbst bei einer gegenseitigen Polentfernung von 20 cm und mehr kräftige Funken überspringen.

Diese Influenzmaschinen, die in den mannigfachsten Typen gebaut werden, haben die alten Reibungselektrisiermaschinen, in denen die Elektrizität durch Reiben einer Glasscheibe an Lederbacken erzeugt wurde, ganz verdrängt; letztere besitzen wohl nur mehr historischen Wert.

514. Wenn wir die Influenzmaschine in einem bestimmten Tempo drehen und die Pole P_1 und P_2 einander nahebringen, springt z. B. jede Sekunde je ein Funke über. Schaltet man nun **parallel zur Funkenstrecke** $P_1 P_2$ (Fig. 396) einen **Kondensator** K, so muß die aus der Maschine zu P_1 hinfließende Elektrizität nicht nur den Pol P_1, sondern auch den Kondensator laden. Darum werden nun die Funken seltener, aber heller und kräftiger. Es geht jetzt in jedem einzelnen Funken viel mehr Elektrizität über, weil sich der Kondensator mitentlädt. Das Funkenpotential, die Spannungsdifferenz von P_2 und P_1 beim Funkenüberschlagen, ist aber in beiden Fällen gleich.

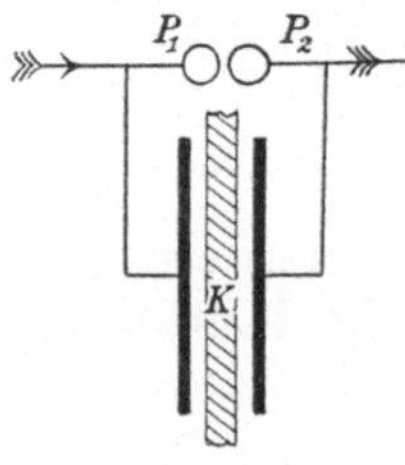

Fig. 396.

515. Unter **Franklinisation** versteht man die — immer seltener werdende — medizinische Verwendung solcher Influenzmaschinen. „Elektrische Duschen oder Brausen" sind zahlreiche Spitzen, von welchen hochgespannte Elektrizität gegen den Patienten ausströmt. Im „elektrostatischen Luftbad" hingegen steht der elektrisierte Patient auf einer isolierenden Unterlage (Sträuben der Haare, Hautspannung usw.). Viele der hier medizinisch angegebenen Verfahren sind physikalisch unverständlich und beruhen wohl nur auf Suggestivwirkungen.

2. Magnetismus.

516. Der natürliche Magneteisenstein (Fe_3O_4) hat die Eigenschaft, weiches Eisen anzuziehen und festzuhalten; dies war schon im Altertum bekannt.

Eisen kann in unmittelbarer Nähe dieses Magneteisensteines vorübergehend oder temporär magnetisch werden, während gehärteter Stahl, besonders wenn er in passender Weise mit diesem Material gestrichen wird (§ 526), dauernden oder permanenten Magnetismus erhält. Noch stärkere Magnete, sog. Elektromagnete, gewinnt man dadurch, daß man um weiches Eisen eine Spule Drahtes, der gut isoliert ist, legt und durch diesen einen kräftigen elektrischen Strom schickt. Solche starke Elektromagnete ziehen, wie wir später hören werden, nicht nur Eisen, sondern auch noch andere Körper an.

Wenn wir einen stabförmigen Magnet in Eisenfeilspänen wälzen und dann emporheben, so haftet das Eisen nur an den Enden des Stabes; die Anziehungskraft ist also besonders an diesen Stellen bemerkbar, und wir nennen sie die Pole des Magnets. Man kann diese Pole dadurch, daß man einen Stahlstab in die Form eines Hufeisens biegt, viel näher aneinander bringen: Hufeisenmagnet.

Hängt man einen Stabmagnet um eine vertikale Achse in horizontaler Ebene drehbar auf, so stellt er sich (ungefähr) in die Nord-Süd-Richtung ein. Man nennt dann jenen Pol, der nach dem geographischen Norden weist, den Nordpol und den entgegengesetzten den Südpol.

Nähert man einander zwei N-Pole oder zwei S-Pole, so findet man Abstoßung, während ein N- und ein S-Pol einander anziehen.

517. Die Wirkung zweier Pole aufeinander wurde von **Coulomb** untersucht, und er fand das nach ihm benannte **Gesetz,** daß die Kraft (z. B. in Dyn) gleich ist $\frac{\eta\,(m_1 m_2)}{r^2}$. Hier bedeuten m_1 und m_2 die wirkenden Magnetismusmengen oder Polstärken, r ihre Entfernung in cm und η einen Proportionalitätsfaktor. Das Gesetz ist also ganz analog dem für elektrostatische Wirkungen (§ 488).

Nun haben wir über die Einheit des Magnetismus noch keinerlei Bestimmung getroffen, und wir können, genau so wie früher in § 489 den Faktor γ, hier den Faktor $\eta = 1$ setzen. Die Definition der magnetischen Einheit erfolgt dann in ganz analoger Weise. Die Einheit der magnetischen Menge ist jene, welche auf eine gleich große Menge in 1 cm Entfernung mit der Krafteinheit (ein Dyn) wirkt.

Die Wirkung eines Stabmagnets nach außen läßt sich annähernd ersetzen durch die Wirkung zweier fingierter punktförmiger gleichstarker Pole (je ein N- und S-Pol), die nahe den Enden des Stabes, etwa im Abstand $l = \tfrac{5}{6}$ der Stablänge, gelegen sind. Das Produkt $M = m\,l = $ Polstärke mal Polabstand nennt man das Magnetische Moment des Stabes.

518. Bis jetzt haben wir stillschweigend angenommen, daß die beiden aufeinander wirkenden Pole sich in Luft befinden oder im Vakuum (was die Resultate nur in minimaler Weise ändert). Sind die Magnete aber in einem anderen Medium, z. B. in einer Eisenchloridlösung, so wird die Kraftwirkung eine schwächere, das Coulombsche Gesetz lautet dann:

$$\text{Kraft (in Dyn)} = \left(\frac{1}{\mu}\right) \eta \left(\frac{m_1 m_2}{r^2}\right).$$

Es heißt μ die **Permeabilitätskonstante** (Magnetisierungszahl) des betreffenden Mediums und ist der Dielektrizitätskonstante (§ 491) analog.

519. Die mathematisch-geometrische Analogie der elektrostatischen und magnetischen Anziehung oder die für beide Fälle gleiche Form des Coulombschen Gesetzes ergibt, daß wir auch hier von „magnetischen Kraftlinien" Gebrauch machen können. Geometrisch verhält sich alles wie in § 493. Wir müßten hier diesen ganzen Paragraphen wiederholen, aber immer statt „elektrostatisch" das Wort „magnetisch" setzen. Folgende „magnetische" Kraftlinienbilder sind von größter Wichtigkeit. Fig. 374 zeigt die Kraftlinien eines Poles. Sie gehen strahlenförmig nach allen Seiten des Raumes. Die Fig. 375 gibt die Kraftlinien zweier gleichnamiger Pole und Fig. 376 die zweier entgegengesetzter Pole. Auch hier kann man die Anziehung bzw. Abstoßung durch einen Zug längs der Kraftlinien bzw. durch einen Querdruck paralleler Kraftlinien erklären. Auch hier gibt die Dichte der Kraftlinien ein Maß für die Intensität des magnetischen Feldes (oder der „Feldstärke"), welche gleich ist der Anzahl der Dyn, mit denen an dieser Stelle eine Einheitsmenge des Magnetismus ponderomotorisch bewegt wird. Die Einheit der magnetischen Feldstärke wird 1 **Gauß** (1 Γ) genannt.

Es kann nicht ausdrücklich genug betont werden, daß die Gleichheit dieser elektrostatischen und magnetischen Kraftlinienbilder nur aus der mathematischen Analogie des Coulombschen Gesetzes für beide Fälle folgt. Es ist eine geometrische, aber keine physikalische Identität.

Für das Verständnis des Folgenden ist eine genaue Vertrautheit mit dem Begriffe der magnetischen Kraftlinien sehr wichtig, es seien darum hier noch einige magnetische Kraftlinienbilder dargestellt. Man erhält solche, indem man Eisenfeilspäne auf einen Papierkarton in einem magnetischen Felde streut; durch leises Beklopfen des Kartons ordnen sich die Eisenteilchen in der Richtung der magnetischen Kraftlinien aus.

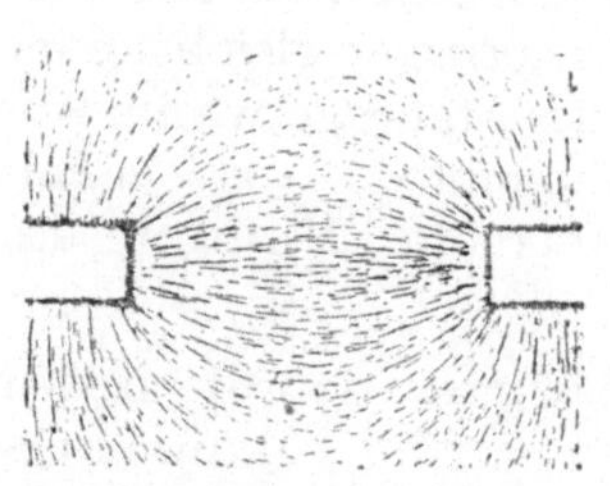

Fig. 398.

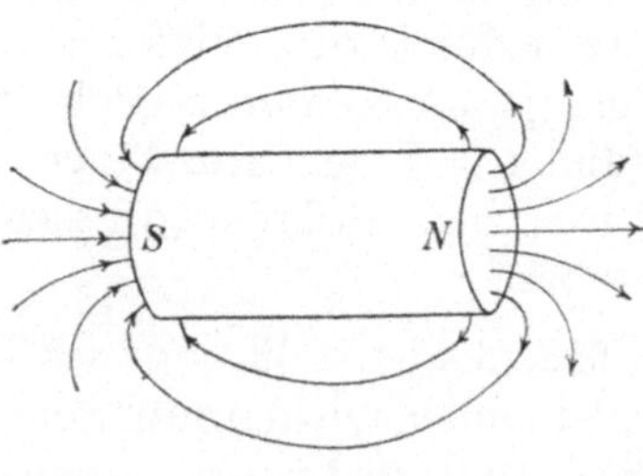

Fig. 399.

Fig. 397 gibt so die Kraftlinien zweier entgegengesetzter Pole, Fig. 398 die Kraftlinien eines Hufeisenmagnets.

Wir wollen — willkürlich — die Richtung der Kraftlinien im äußeren Magnetfelde von N gegen S hin annehmen; im Inneren des Magnetes verlaufen die Linien von S nach N. Die Fig. 399 zeigt diesen

Verlauf der Kraftlinien. Es sind aber nur die in der Papierebene liegenden gezeichnet, während der Verlauf im Raume erfolgt; man hat sich die Figur um die Achse $S\,N$ rotiert zu denken.

Ebenso gibt es auch ein magnetisches Potential; seine Größe ist wiedergegeben durch Summe aller $\frac{m}{r}$ (vgl. § 495).

520. Magnetische Kraftlinien durchziehen Eisen in größerer Dichte als Luft. Am besten sieht man das in einem homogenen Felde, d. i. ein Feld, in dem die gleich dichten Kraftlinien parallel laufen (z. B. horizontal), in dem also die Kraft überall die gleiche ist. Bringt man in ein solches Feld eine Eisenscheibe, so zieht diese die Kraftlinien auf der einen Seite hinein und läßt sie auf der anderen Seite wieder austreten. Fig. 400 zeigt diese Ausrichtung von Eisenfeilspänen in einem homogenen Felde. Die weiße Kreisfläche in der Mitte stellt das Eisen dar. Die durch dieses gehenden Kraftlinien sind nicht gezeichnet.

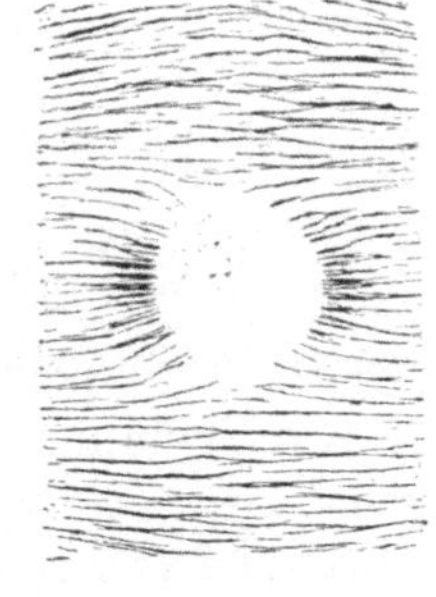

Fig. 400.

In einem Hohlzylinder wäre die Dichte der Kraftlinien im Eisen vergrößert, im Lufthohlraum verkleinert (magnetische Schirmwirkung).

Da wo die Kraftlinien eintreten, haben wir S-Magnetismus, dort, wo sie austreten, N-Magnetismus; wir können also von einer **magnetischen Induktion** sprechen. Ein in ein magnetisches Feld gebrachtes weiches Eisen wird so selbst zum Magnet, solange es im Felde ist.

Der Anziehung von weichem Eisen geht also eine magnetische Induktion voraus. (Es sind diese Erscheinungen ganz analog den elektrostatischen, Fig. 379 und Fig. 380.)

Dieses Hineinziehen der magnetischen Kraftlinien ist um so stärker, je größer die Permeabilität ist. Bei Körpern, in denen $\mu < 1$ ist, weichen umgekehrt die Kraftlinien aus.

521. Die Permeabilitätskonstante μ ist für das Vakuum 1; jene Körper, für welche $\mu > 1$, heißen **paramagnetisch**, und solche, für die $\mu < 1$, heißen **diamagnetisch**.

Je größer das μ eines Körpers, desto stärker wird dieser Körper vom Magnet angezogen; für die Mehrzahl der paramagnetischen Körper ist μ kaum größer als 1, also die Anziehung unmerklich. Hohe Werte (also starke magnetische Anziehung) hat μ nur bei sogenannten **ferromagnetischen** Stoffen, bei Eisen, Kobalt, Nickel und einigen (von Heusler entdeckten) Legierungen aus Kupfer, Mangan und Aluminium. μ ist für ferromagnetische Substanzen nicht konstant, sondern abhängig von der Stärke der magnetischen Kraft; bei verschiedenen Eisensorten ist μ für schwächere Feldstärken rund 15000 und sinkt für stärkere bis herab zu 5.

Bei vielen Körpern ändert sich μ stark mit der Temperatur: μ wird fast gleich 1 für Eisen bei 700°C, für Kobalt bei 1100°C, für Nickel bei 310°C. Bei diesen Temperaturen werden die genannten Körper (scheinbar) unmagnetisch.

Diamagnetische Körper ($\mu < 1$) werden vom Magnet abgestoßen, z. B. Wasser, Wismut, Gold usw.

Da die Werte von μ sich für die meisten Substanzen nur wenig von 1 unterscheiden, gibt man oft auch die sogenannte „magnetische Suszeptibilität" ($\varkappa$) an, wobei $\mu = 1 + 4\pi\varkappa$. $\varkappa$ ist von der Größenordnung 10^{-6}, z. B. für

diamagnetisch:	H_2O	S	Zn	Hg	Au	Bi
$10^6\,\varkappa =$	$-0{,}72$	$-0{,}8$	$-1{,}00$	$-2{,}1$	$-3{,}1$	$-14{,}0$

paramagnetisch:	Al	Cr	Mn	O_2 (760 mm, 15°C)
	$+2$	$+26$	$+80$	$+0{,}15$

$\chi = \dfrac{\varkappa}{\varrho}$ ($\varrho =$ Dichte) heißt „spezifische Suszeptibilität". $k = \chi \cdot A$ ($A =$ Atomgewicht) heißt „Atommagnetismus".

522 Verlaufen magnetische Kraftlinien in einem Medium mit der Permeabilität μ, so nennt man das Produkt $\mathfrak{B} = \mu\mathfrak{H}$ aus der Feldstärke $\mathfrak{H}$ und der Permeabilität μ die „**magnetische Induktion**". Diese Größe $\mathfrak{B}$ ist von besonderer Bedeutung für die Erscheinungen des Elektromagnetismus (vgl. § 606). In ferromagnetischen Stoffen, bei denen (vgl. § 521) μ nicht konstant ist, nimmt $\mathfrak{B}$ langsamer zu als $\mathfrak{H}$ und erreicht einen Sattwert.

523. Unterschiede zwischen elektrischer Ladung und Magnetismus. Es gibt Leiter für Elektrizität, aber nicht für Magnetismus. Infolge der kleinsten Potentialdifferenz verläßt Elektrizität im Leiter ihren Sitz und strömt an andere Stellen ab. Der Magnetismus aber haftet fest an der Materie, z. B. an ganz bestimmten Stellen des Stahles.

Durch elektrische Influenz kann man positive und negative Elektrizitäten wirklich trennen. Analogien der elektrischen Versuche in § 502 sind mit magnetischer Influenz unmöglich. Ebenso ist es unmöglich, durch Zerbrechen eines Stabmagneten die eine Hälfte N- und die andere Hälfte S-magnetisch zu erhalten. Bricht man einen Eisenstab im magnetischen Felde oder eine magnetisierte Stricknadel in zwei Hälften, so ist jeder Teil für sich ein vollständiger Magnet, jede Hälfte hat einen N- und einen S-Pol. Jeder mechanisch getrennte Teil eines Magnets wird, wenn er auch noch so klein ist, immer wieder ein vollständiger Magnet. Es muß auch die Molekel ein Magnet sein; ein Stahlmagnet ist nichts anderes als eine Reihenfolge von gleichgerichteten Molekularmagneten.

Darum geht auch die Kraftlinie, die vom N-Pol aus außerhalb des Magnets zum S-Pol zieht, im Innern des Magnets weiter (von Molekel zu Molekel) vom S-Pol zum N-Pole. Die magnetische Kraftlinie ist also in diesem Sinne immer eine geschlossene Kurve.

524. Denken wir uns **jede Molekel als** kleinen **Magnet.** Ein weicher Eisenstab besteht zunächst aus solchen nach allen möglichen Richtungen orientierten Elementarmagneten, die sich in ihrer Wirkung nach außen aufheben. Wenn man nun diesen Stab in ein magnetisches Feld bringt, so daß die magnetischen Kraftlinien parallel der Stabachse verlaufen, so werden diese Elementarmagnete alle gedreht, ausgerichtet, sie zeigen mehr oder weniger alle nach einer Seite. Der S-Pol des einen wendet sich immer gegen den N-Pol des nächsten Elementarmagnets. In der Stabmitte heben sie sich in ihrer Wirkung auf, an den Polen aber kommen auf der einen Seite die N-Pole, auf der anderen Seite die S-Pole zur Geltung.

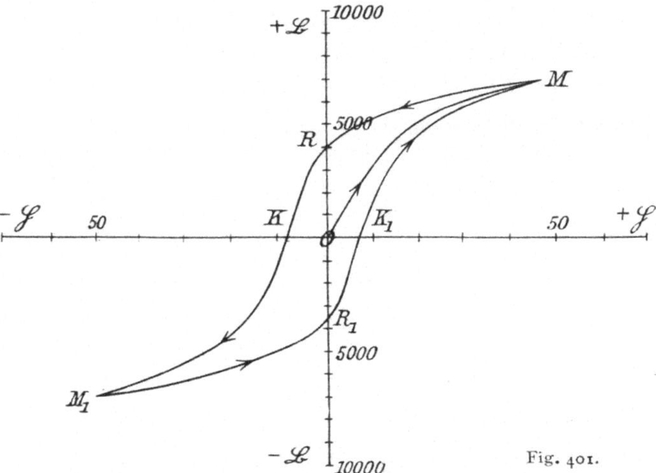

Fig. 401.

Je stärker das richtende Kraftfeld ist, desto vollständiger orientieren sich die Teilchen, desto stärker wird der Magnetismus im weichen Eisen. Sind aber alle Teilchen ausgerichtet, so ist eine weitere Steigerung des Magnetismus unmöglich, es ist „Sättigung" eingetreten.

Wird ein ursprünglich unmagnetisches Eisenstück bei wachsender Feldstärke $\mathfrak{H}$ magnetisiert, so wächst die magnetische Induktion $\mathfrak{B}$ (vgl. Fig. 401) entlang der Kurve von O nach M (z. B. für $\mathfrak{H} = 50\,\Gamma$). Läßt man dann die Feldstärke wieder abnehmen, so ändert sich der Zustand nicht entsprechend der ersten Kurve, sondern verläuft von M nach R. Es verbleibt für $\mathfrak{H} = 0$ ein „**remanenter Magnetismus**", dessen Ausmaß durch die Abmessung OR gekennzeichnet ist. Man muß $\mathfrak{H}$ negativ werden lassen, damit (z. B. bei K für $\mathfrak{H} = -8\,\Gamma$) $\mathfrak{B}$ verschwindet. OK charakterisiert die sogenannte „Koerzitivkraft" des Eisens. Läßt man $\mathfrak{H}$ negativ weiter ansteigen, so wird (z. B. bei $-50\,\Gamma$) M_1 erreicht, welcher Punkt zu M symmetrisch liegt. Bei nunmehr wieder von $\mathfrak{H} = -50\,\Gamma$ bis $+50\,\Gamma$ ansteigender Feldstärke sind die Zustände durch die Kurve $M_1R_1K_1M$ gekennzeichnet.

Die Eigenschaft des Zurückbleibens des Magnetismus heißt „**magnetische Hysteresis**"; die erhaltene Kurve MRM_1R_1M die „Hysteresisschleife". Das von letzterer umgrenzte Flächenstück ist ein Maß für die Energie, die beim wechselnden Ummagnetisieren des Eisens verlorengeht (sich in Wärme verwandelt). Bei elektromagnetischen Maschinen (vgl. § 618) muß man trachten, die Eisensorten so zu wählen, daß diese Fläche möglichst klein wird (was durch lamellare Unterteilung begünstigt wird).

Stahl besitzt eine sehr große Koerzitivkraft und Remanenz. (Verwendung zu „permanenten" Magneten.)

525. Magnetostriktion. Eisenstäbe verlängern sich in longitudinalen Magnetfeldern bei niedrigen Feldstärken (100 Γ), bei höheren verkürzen sie sich. (Joule 1847; Bidwell 1888.) Kobalt verhält sich umgekehrt, während Nickel stets eine Verkürzung erleidet.

526. Magnetisierung durch Streichen. Um einen unmagnetischen geraden Stahlstab n-s mit einem geraden Stahlmagnet N-S zu magnetisieren, setzt man (Fig. 402) S in der Mitte von n-s an und führt N-S parallel mit sich selbst bis ans Ende n, hebt N-S in die Höhe und wiederholt diese Prozedur (längs des punktierten Pfeilweges) mehrere Male.

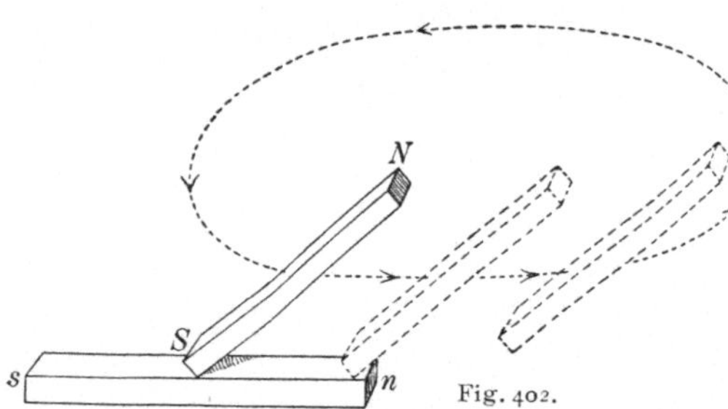

Fig. 402.

527. Erdmagnetismus. Die Erde ist ein Magnet. Die Kraftlinien der Erde treten vom magnetischen N-Pol (ungefähr geographischer S-Pol) vertikal heraus und gehen am magnetischen S-Pole (ungefähr geographischer N-Pol, genauer 70° nördl. Breite, 96° westl. Länge von Greenwich,) wieder vertikal in die Erde zurück. Am magnetischen Äquator (ungefähr geographischer Äquator) verlaufen sie horizontal.

Eine freibewegliche Magnetnadel stellt sich in die Richtung dieser Erdkraftlinien. In unseren Breiten z. B. mit dem Nordende gegen den geographischen Nordpol und schief geneigt gegen den Horizont.

Hält man einen Eisenstab in der Richtung des Erdfeldes und erschüttert ihn (durch Klopfen, Anregung zu longitudinalen Schwingungen usw.), so wird er durch Induktion zum Magnet.

Man beobachtet getrennt: Deklination und Inklination.

1. **Deklinationsnadel** ist eine um eine vertikale Achse drehbare Magnetnadel. Hat sie sich durch die Wirkung des Erdmagnetismus eingestellt, so nennt man eine durch sie gelegte vertikale Ebene den **magnetischen Meridian.** (Anwendung für Taschenbussolen und Kompaß.)

2. **Inklinationsnadel** ist eine im magnetischen Meridiane um eine darauf senkrechte, horizontale Achse drehbare Nadel.

ad 1. Der Winkel zwischen dem magnetischen und dem astronomischen Meridian, zwischen der N-S-Richtung des Magnetismus und der geographischen NS-Richtung heißt **Deklination.** Diese ist an verschiedenen Orten der Erde eine verschiedene und ändert sich innerhalb von Jahrhunderten: **säkulare Änderung.** Seitdem sie beobachtet wurde, änderte sich die Dekliniation z. B. für London von östlich 11,25° im Jahre 1580 bis 24,01° westlich im Jahre 1798. Derzeit nimmt sie wieder ab und beträgt etwa 12° westlich. In

Deutschland ist die Deklination heute etwa $4\text{—}7^0$ (westlich), zunehmend von Osten nach Westen.

Überdies zeigt die Deklination jährliche und tägliche Schwankungen und auch plötzliche Störungen (magnetische Gewitter), häufig im Zusammenhang mit Nordlichterscheinungen und Auftreten von Sonnenflecken.

ad 2. Der Winkel zwischen Horizont und Inklinationsrichtung heißt Inklination. Auch diese ist an verschiedenen Orten der Erde sehr verschieden. In der Nähe des geographischen Nordpoles zeigt die Magnetnadel mit dem Nordpol vertikal abwärts, in der Nähe des (sehr unregelmäßig verlaufenden) magnetischen Äquators steht die Magnetnadel horizontal, am geographischen Südpole zeigt der Südpol vertikal abwärts.

Auch die Inklination unterliegt analogen zeitlichen Änderungen wie die Deklination. Die Inklination beträgt derzeit in Berlin ca. 66^0, in Wien ca. 63^0.

Deklination und Inklination ergeben die Richtung des magnetischen Feldes. Von ebenso großer Wichtigkeit wie die Bestimmung dieser Größen ist auch die Messung der Intensität des Erdfeldes an verschiedenen Orten.

In kartographischen Darstellungen verwendet man die sogenannten „Isogonen", „Isoklinen" und „Isodynamen", das sind die Linien, welche Orte gleicher Deklination, Inklination oder Intensität verbinden.

Die Intensität des in der Inklinationsrichtung wirkenden Feldes (Totalintensität) T ist rund $0{,}45\ \Gamma$ bis $0{,}5\ \Gamma$, die Horizontalintensität H, die für viele Instrumente zur Messung elektrischer Ströme (Tangentenbussole, Galvanometer usw., vgl. §§ 600, 603) von besonderer Bedeutung ist, beträgt rund $0{,}2\ \Gamma$.

3. Elektrochemie.

Chemische Wirkungen elektrischer Vorgänge.

528. Die **Elektrochemie** behandelt alle chemischen, d. h. stofflichen Veränderungen, die mit elektrischen Prozessen vereint auftreten, also alle elektrischen Vorgänge, welche chemische Veränderungen, und alle chemischen Vorgänge, welche elektrische Veränderungen bewirken, z. B. Stromzersetzung, elektrische Elemente[1]) usw.

Bei vielen elektrochemischen Prozessen treten kleine Potentialdifferenzen (1 bis 2 V), aber verhältnismäßig sehr große Elektrizitätsmengen auf (umgekehrt wie in der Elektrostatik).

529. Elektrolyse. Verbindet man die beiden Pole einer Influenzmaschine (oder einer anderen Elektrizitätsquelle) durch einen Leiter, so durchfließt diesen ein „elektrischer Strom". Dieser Leiter wird erwärmt und erhält magnetische Eigenschaften. Ist der durchströmte Leiter aber eine Flüssigkeit, so zeigt sich meist auch noch eine chemische Zersetzung; Flüssigkeiten, welche nur unter solchen chemischen

---

1) Gewöhnlich spricht man von „galvanischen" Elementen, und auch der Titel dieses ganzen Abschnittes könnte „Galvanismus" lauten, da die Entwickelung diesse Gebietes auf eine Entdeckung Galvanis (1799) zurückgeht, die er selbst allerdings nicht richtig zu deuten vermochte; erst Volta erkannte das Wesentliche dieser Erscheinung; die Engländer gebrauchen hier oft den Ausdruck „Voltaismus".

Zersetzungen den Strom leiten können, heißen Elektrolyte. Fig. 403
zeigt die beiden Enden der metallischen Zuleitung, A und K, die „Elektroden", und zwar heißt die Eintrittsstelle A des Stromes in die
Flüssigkeit die „Anode" und die Austrittsstelle K die „Kathode".
Wir werden dieselben Bezeichnungen beim Durchgang der Elektrizität
durch Gase wieder treffen. Die Elektroden können
Drähte oder Platten von den verschiedensten Formen
sein.

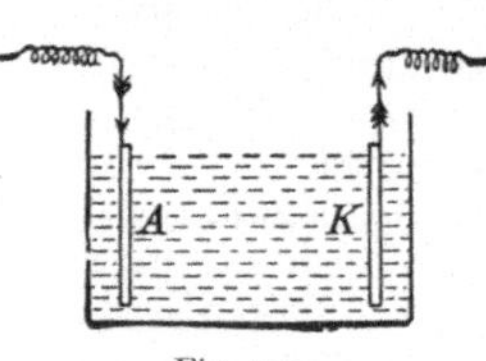

Fig. 403.

Die elektrolytischen Zersetzungen finden immer
nur an den Elektroden statt. Es sei z. B. in Fig. 403
als Elektrolyt eine wässerige Lösung von Kupferchlorid
$CuCl_2$ verwendet, und die Elektroden bestehen aus Kohlestäben. Dann finden wir an der Anode Chlor, das in Gasform entweicht,
und an der Kathode Kupfer, das diese Elektrode allmählich mit metallischem Kupfer überzieht. Aus wässerigen Lösungen von Metallsalzen
führt der Strom das Metall immer zur Kathode (in der Stromrichtung). Man kann so die verschiedensten Metalle aus den Lösungen
ihrer Salze durch Elektrolyse abscheiden.

Auch viele geschmolzene Salze sind Elektrolyten. Geschmolzene Metallchloride liefern Chlor an der Anode und das Metall an der Kathode.
So entdeckte H. Davy (1807) die „Alkalimetalle" Li, Na, K.

530. Die **technische Verwendung** dieser Tatsachen ist mannigfaltig,
z. B.: a) Gewinnung von Metallen aus Lösungen oder Schmelzen (Magnesium und besonders Aluminium, Kupferraffination usw.). b) Überziehen von festen Leitern mit beliebigen Metallen, „Galvanostegie"
(Vergolden, Versilbern usw.) Hier wäre besonders die Vernickelung von
vielen physikalischen und medizinischen Instrumenten zu nennen.
c) Solche metallische Überzüge können auch derart hergestellt werden,
daß man sie nachher ablösen kann. Die „Galvanoplastik" liefert so
plastische Abdrücke leitender oder oberflächlich leitend gemachter Formen.

531. In vielen Fällen werden aber die Bestandteile der gelösten Substanz nicht direkt ausgeschieden, sondern es kommt **zu sekundären chemischen Prozessen.** Nehmen wir z. B. eine sehr verdünnte wässerige Lösung von Kaliumsulfat K_2SO_4, so wird das Metall $2K$ an der Kathode
frei werden und SO_4 an der Anode. Beide können aber für sich in Wasser
nicht bestehen, und sobald das Kalium an der Kathode frei wird, bildet es
nach der Formel

$$2K + 2H_2O = 2KOH + H_2,$$

Kaliumhydroxyd und freien Wasserstoff. Ersteres geht in Lösung,
letzterer entweicht. SO_4 kann an der Anode gleichfalls nicht bestehen
und wird nach der Formel

$$2H_2O + 2SO_4 = 2H_2SO_4 + O_2$$

Schwefelsäure bilden, die in Lösung geht, und Sauerstoff, der aufsteigt.

532. Wenn wir also durch eine Kaliumsulfatlösung Strom leiten, so bemerkt man nur das Endresultat der Wasserzerlegung und beobachtet die Zwischenprozesse nicht. Es steigt ein bestimmtes Gasvolumen Sauerstoff an der Anode und ein doppelt so großes Gasvolumen Wasserstoff an der Kathode in die Höhe. Ähnliches geschieht, wenn wir den Strom durch eine Lösung von Schwefelsäure H_2SO_4 leiten; von $2\,H_2SO_4$ gehen $2\,H_2$ zur Kathode und entweichen dort als Wasserstoff, indes das $2\,SO_4$ an der Anode als $2\,H_2SO_4$ in Lösung geht und O_2 als Sauerstoff frei wird. Die **Zersetzung des** angesäuerten **Wassers** durch den Strom ist also keine unmittelbare, sondern folgt aus der Zersetzung der im Wasser gelösten Schwefelsäure. Durch absolut reines Wasser ginge nur ein äußerst schwacher Strom.

533. Wir werden alle diese elektrolytischen Erscheinungen qualitativ und quantitativ am besten überblicken, wenn wir zuerst ein theoretisches Bild dieses Gebietes gewinnen; dann erst wollen wir weitere Folgerungen dieser Theorie an vorhandenem Tatsachenmaterial prüfen.

Löst man eine Säure, eine Base oder ein Salz, z. B. Kochsalz, NaCl in Wasser, so wird nach der **Dissoziationstheorie** von Arrhenius (1887) ein von der Konzentration abhängiger Teil zerfallen. Bei geringer Konzentration dissoziiert eventuell auch alles. Es sind dann in der Flüssigkeit nicht NaCl-Molekeln, sondern Na-Atome und Cl-Atome vorhanden; diese Na- und Cl-Atome sind aber keine gewöhnlichen chemischen Atome, jedes Na-Atom ist vielmehr mit einer ganz bestimmten Menge positiver Elektrizität verbunden und jedes Cl-Atom mit ebensoviel negativer Elektrizität.

Nehmen wir nun an, daß auch die Elektrizität aus Elementarquanten besteht, und zwar aus positiven und negativen. Erstere bezeichnen wir mit $\oplus$, letztere mit $\ominus$. Dann können wir die Dissoziationshypothese dahin ausdrücken, daß eine NaCl-Molekel in Wasser sich in Na $\oplus$ und Cl $\ominus$ spaltet. Diese Verbindung von elektrischen mit chemischen Atomen (oder Atomgruppen) nennt man **Ionen.** Das Ion Na $\oplus$ ist ohne Wirkung auf das H_2O, während das Atom Na die heftigsten Zersetzungen hervorrufen würde. Eine Suppe, die wir salzen, riecht darum nicht nach Chlor, weil das Chlorion Cl $\ominus$ ganz anders wirkt als das Atom Cl oder die Molekel Cl_2. Solche Dissoziationen finden auch beim Lösen von Säuren und Basen in Wasser statt. Schwefelsäure H_2SO_4 z. B. wird in wässerigen Lösungen sich zersetzen in positive Wasserstoffionen H $\oplus$ und in negative Ionen HSO_4 $\ominus$. Nur in sehr verdünnten Lösungen tritt auch ein Zerfall in H $\oplus$ $+$ H $\oplus$ $+$ SO_4 $\ominus$ $\ominus$ ein.

Andere Beispiele wären: Chlorwasserstoff (Salzsäure) HCl dissoziiert in positive Wasserstoffionen H $\oplus$ und negative Chlorionen Cl$\ominus$, Natriumhydroxyd NaOH dissoziiert in positive Natriumionen Na $\oplus$ und negative

Hydroxylionen OH $\ominus$; Silbernitrat $AgNO_3$ in Ag $\oplus$ und $NO_3 \ominus$, $CuSO_4$ in Cu $\oplus\oplus$ und $SO_4 \ominus\ominus$ usw.

Statt der Symbole $\oplus$ und $\ominus$ werden meist $+$ und $-$ über den Atomzeichen gebraucht, z. B. statt Na $\oplus$ ... $\overset{+}{Na}$, statt Cl $\ominus$ ... $\overline{Cl}$, statt Zn $\oplus\oplus$ ... $\overset{++}{Zn}$, statt $SO_4 \ominus\ominus$ ... $\overset{--}{SO_4}$ usw., häufig auch $\dot{H}$, $\ddot{Zn}$ ... für positive, Cl', OH', SO_4'' für negative Ionen. Wir wollen aber der größeren Übersichtlichkeit wegen erstere Symbole beibehalten.

534. Ionenwanderung. Alle diese Dissoziationén finden statt, ohne daß ein elektrischer Strom durch die Flüssigkeit geht. Taucht man aber in eine solche Flüssigkeit zwei Elektroden, von denen die eine mit dem positiven, die andere mit dem negativen Pole einer Stromquelle (Influenzmaschine oder elektrische Elemente) verbunden ist, so muß eine Ionenwanderung eintreten; die negativ geladenen Ionen, z. B. Cl $\ominus$ oder $SO_4 \ominus\ominus$ oder OH $\ominus$ oder $NO_3 \ominus$ usw., die sog. „Anionen" gehen zur Anode; die positiv geladenen Ionen, meistens Metall- oder Wasserstoffionen, die sog. „Kationen" gehen zur Kathode. An diese Elektroden gibt jedes seine elektrische Ladung $\oplus$ oder $\ominus$, ab und wird dadurch wieder zum chemisch wirksamen Atom (oder Atomgruppe).

An der Anode werden also immer negative Elektrizitätsquanten $\ominus$ frei und an der Kathode positive $\oplus$. Wie die Elektrizität im Metalle weiterwandert, oder mit anderen Worten, über das Wesen der metallischen Leitung werden wir § 691 sprechen. Für das Verständnis der elektrolytischen Leitung sei nur folgendes vorweggenommen. Man faßt das elektrisch neutrale Atom auf als zusammengesetzt aus einem positiv geladenen „Kern" und einer Anzahl negativer „Elektronen" (vgl. § 697). Abtrennung von 1, 2 oder mehreren Elektronen führt zur Bildung von 1-, 2- oder mehrwertigen positiven Kationen. Umgekehrt entsteht ein negatives Anion aus einem Atom oder einer Atomgruppe durch Aufnahme von 1 oder mehreren überzähligen Elektronen.

Die Dissoziation z. B. des Silbernitrates $AgNO_3$ in $NO_3 \ominus$ und Ag $\oplus$ wäre danach vorzustellen durch Bildung: (NO_3 mehr einem Elektron), d. i. $NO_3 \ominus$, und (Ag weniger einem Elektron), d. i. (Ag $- \ominus$) oder Ag $\oplus$.

Wir haben also im Elektrolyten bei Stromdurchgang zwei entgegengesetzte, wegen der großen Reibung der Ionen gegen das Wasser sehr langsam ziehende Ionenprozessionen.

Wasser selbst könnte, wenn es keine Ionen enthielte, Elektrizität nicht leiten, denn in einem Elektrolyten erfolgt das Strömen der Elektrizität nur durch Konvektion der an Ionen gebundenen Ladungen.

535. Die Dissoziationstheorie findet eine wichtige Stütze in der schon § 242 erwähnten Tatsache, daß der **osmotische Druck in wässerigen Lösungen** stets größer ist, als man nach der Anzahl der

Salzmolekeln erwarten sollte. Bei sehr wenig konzentrierter NaCl-Lösung z. B. ist der osmotische Druck doppelt so groß als der aus der Molekelanzahl berechnete, weil ja jede Molekel in zwei Ionen Na $\oplus$ und Cl $\ominus$ zerfallen ist. Bei sehr stark verdünnter K_2SO_4-Lösung ist der osmotische Druck dreimal so groß, weil hier ein Zerfall in $K \oplus + K \oplus + SO_4 \ominus\ominus$ eintritt. Nach Arrhenius gibt es nur dann elektrolytische Leitfähigkeit, wenn osmotischer Druck, daher auch Gefrierpunktserniedrigung und Siedepunktserhöhung experimentell größer gefunden werden, als sich nach der Avogadroschen Regel und nach der Theorie von van't Hoff ergibt.

Aber nicht nur Wasser hat ein derartiges Dissoziationsvermögen, auch eine Reihe von anderen Flüssigkeiten, z. B. Alkohol oder verflüssigtes Ammoniak usw.

Diese Dissoziationskraft ist sehr verschieden, je nach dem Lösungsmittel und dem gelösten Körper, und steigt mit der Dielektrizitätskonstante (vgl. § 491) des Lösungsmittels. Die Anzahl der ionisierten Molekeln ergibt sich entweder aus Beobachtung des osmotischen Druckes oder besser aus der Leitfähigkeit. Die dissoziierende Kraft des Wassers als Lösungsmittel steht unter allen Flüssigkeiten weit obenan wegen der hohen Dielektrizitätskonstante ($\varepsilon = 81$). Weniger dissoziierend wirksam sind z. B. Ameisensäure ($\varepsilon = 58$), Glyzerin (56), Methylalkohol (32), Äthylalkohol (26), Essigsäure (10).

536. Durch Wasser gehen nur kleine Elektrizitätsmengen; immerhin so viel, daß uns Wasser für elektrostatische Experimente (§ 481) als Leiter erscheint. Im Vergleich jedoch mit Salzlösungen leitet reines Wasser sehr wenig. Aber selbst die geringe Leitung verlangt die Anwesenheit von Ionen; es sind immer einige wenige Wassermolekeln in positive **Wasserstoffionen** H $\oplus$ und in negative **Hydroxylionen** OH $\ominus$ dissoziiert.

537. Ionentheorie in Chemie und Physiologie. Starke Säuren und starke Basen dissoziieren besonders stark (Ostwald). Die anorganische Chemie wässeriger Lösungen ist im wesentlichen eine Chemie der darin enthaltenen Ionen. In der analytischen Chemie werden dadurch viele Erscheinungen leichter verständlich.

Säuren färben Lackmustinktur rot, Basen blau. Nimmt man aber andere Farbstoffe als Reagens, so kann eine nach der Lackmusprobe schwache Säure oft neutral reagieren. Hier hat nun in neuerer Zeit die Einführung des Ionenbegriffes Klarheit geschaffen:

Wasser dissoziiert in OH $\ominus$ und H $\oplus$, die sich aber auch gelegentlich wieder vereinigen, so daß dann ein Gleichgewichtszustand herrscht, wenn in gleicher Zeit ebensoviel H_2O-Molekeln dissoziieren, als Rückvereinigungen stattfinden. Man schreibt dies: $H_2O \rightleftarrows H \oplus + OH \ominus$. In reinem Wasser sind nun (bei Zimmertemperatur $22^0 C$) pro Liter 10^{-7} mol Hydroxylionen und die äquivalente Menge Wasserstoffionen vorhanden.

Würde man diesem Wasser nun entweder einige H-Ionen (oder aber einige OH-Ionen) zusetzen, so würde die Vereinigungsmöglichkeit oder Vereinigungsgeschwindigkeit, d. h. die Rückbildung der OH-Ionen und der H-Ionen zu H_2O-Molekeln gefördert. Diese Idee, theoretisch ausgewertet, führt zu dem Satz, daß (für jede Temperatur) das Produkt aus der H $\oplus$-Menge und OH $\ominus$-Menge konstant sein muß.

Diese Tatsache bewirkt, daß wir die eine dieser Ionenarten auf Kosten der anderen vermehren können, wenn wir dem Wasser a) eine Base, b) eine Säure zusetzen.

a) Lösen wir z. B. im Wasser etwas Ätznatron, so bilden sich aus diesem die Ionen Na $\oplus$ und OH $\ominus$. — Die neuen Hydroxylionen kommen zu den schon vorhandenen Hydroxylionen des Wassers hinzu, das Produkt der gesamten H $\oplus$-Konzentration und

OH$\ominus$-Konzentration wäre zu groß, und es vereinigt sich ein Teil dieser beiden Ionen so lange zu H_2O, bis ihr Produkt wieder das alte geworden ist (d. h. es ändert sich in der Natronlauge das Verhältnis der Dissoziierungs- und Wiedervereinigungsgeschwindigkeit). Dadurch ist auch die Konzentration der H-Ionen gesunken.

b) Lösen wir aber im Wasser z. B. etwas Salzsäure, so bilden sich aus dieser die Ionen H$\oplus$ und Cl$\ominus$. Die neuen Wasserstoffionen kommen zu den schon vorhandenen H-Ionen des H_2O hinzu, das Produkt der gesamten H$\oplus$-Konzentration und OH$\ominus$-Konzentration wäre zu groß, und es vereinigt sich ein Teil dieser Ionen so lange zu H_2O, bis ihr Produkt wieder das alte geworden ist. Dadurch ist aber die Konzentration der H-Ionen gestiegen.

Eine neutrale Lösung (bei $22^0 C$) ist also eine solche, bei der die H$\oplus$-Konzentration (mol pro Liter) $= 10^{-7}$. Je kleiner diese H$\oplus$-Konzentration wird, desto mehr tritt der alkalische, je größer sie wird, desto mehr tritt der saure Charakter der Lösung hervor.[1]

Ein neutrales Salz, z. B. NaCl, welches weder H- noch OH-Ionen enthält, ändert die schon vorhandene H$\oplus$-Konzentration des lösenden Wassers nicht.

Die Stärke des sauren Geschmacks bei Wein hängt von der Konzentration der freien H-Ionen ab.

Die kornblumenblaue Farbe ist allen verdünnten Kupfersalzlösungen gemeinsam, weil in diesen Lösungen positive Kupferionen enthalten sind. Ferner sind nach dieser Theorie alle Sulfatlösungen mit Bariumsalz zu $BaSO_4$ fällbar, weil überall dieselben negativen SO_4-Ionen vorhanden sind. Ebenso sollen alle Chininsalze bitter schmecken, weil das positive Chininion so schmeckt usw.

538. An der Kathode wird bei Durchgang eines schwachen Stromes zunächst nur H$\oplus$ entladen. In der Umgebung dieser **Kathode** bleiben nur mehr die OH-Ionen übrig; das Wasser wird hier **alkalisch**. Umgekehrt erfolgt an der Anode Säurebildung.

Dieser Vorgang zusammen mit Färbungserscheinungen geeigneter Stoffe wird für sogenannte „Polsucher" verwendet; z. B. mit Phenolphtalein getränktes feuchtes Filtrierpapier, das an der Berührungsstelle des negativen Poles rot wird.

539. Das elektrolytische Auftreten von Säuren an der Anode und Alkali an der Kathode in wässerigen Lösungen wird in der „chirurgischen Elektrolyse" verwendet, um Haare oder Muttermale, Nasenpolypen, Strikturen usw. zu entfernen, indem man entsprechend geformte Elektroden an die Haut legt oder in die Nase, Harnröhre usw. einführt. Die an der Anodensonde entstandene saure Flüssigkeit wirkt koagulierend und blutstillend, indes das an der Kathodensonde auftretende Alkali die Gewebe zum Quellen bringt und verflüssigt. Macht man eine dieser Elektroden (an beliebiger Körperstelle) groß, so ist ihre Wirkung gegen die der Sonde verschwindend.

540. Lange vor Aufstellung der Dissoziationshypothese hatte **Faraday** (1833) schon experimentell seine **Fundamentalgesetze** der Elektrolyse endeckt:

1. Die an den Elektroden ausgeschiedenen Stoffmengen ein und desselben Elektrolyten sind den durchgegangenen Elektrizitätsmengen proportional.

---

[1] Die Wichtigkeit dieser Vorstellungsweise spielt in der Physiologie eine hervorragende Rolle; eine Reihe von biologischen Beispielen findet man in „Die Wasserstoffionen-Konzentration" von Michaelis (Berlin 1914).

2. Die durch gleiche Elektrizitätsmengen abgeschiedenen Stoffmengen verhalten sich bei verschiedenen Elektrolyten wie die Äquivalent gewichte der abgeschiedenen Stoffe. „Äquivalentgewicht" ist jene Gewichtsmenge, welche sich mit 1 Gramm-Atom H zu verbinden oder 1 Gramm-Atom H in einer Verbindung zu ersetzen vermag. Diese Zahl ist gleich Atomgewicht dividiert durch Wertigkeit; es ist also eine Verhältniszahl wie das Atomgewicht. Für Sauerstoff ist diese Zahl z. B. 8, weil in H_2O auf 1 Gewichtsteil H gerade 8 Gewichtsteile O kommen.

Unter „Grammäquivalent" hingegen versteht man eine dem Äquivalentgewicht gleiche Zahl von g. Für Sauerstoff wäre dies also 8 g.

Beide Gesetze von Faraday sind, wie wir sehen werden, nach Arrhenius unmittelbar selbstverständlich.

541. Zunächst ist klar, daß, sobald die gleiche Anzahl positiver und negativer Ionen an den Elektroden abgeschieden werden, dieselben Elektrizitätsmengen durch den Elektrolyten gegangen sind.

Wenn wir z. B. durch eine wässerige Silbernitratlösung ($AgNO_3$) verschieden starke Ströme hindurchgehen lassen, so wird, so oft ein Ion Ag $\oplus$ an die Kathode kommt, gleichzeitig mit der Elektrizitätsmenge $\oplus$ auch ein Atom Ag abgeschieden. Wie viele Atome Ag auch an der Kathode landen, es muß immer die Anzahl der auftretenden positiven Elektrizitätsatome gleich sein der Anzahl der niedergeschlagenen Ag-Atome. Das entspricht dem ersten Gesetz.

Darum können wir auch durch die Abscheidung eines Metalls, z. B. Silber, die hindurchgegangene Elektrizitätsmenge messen z. B. mit dem **Silber-Coulometer** oder **-Voltameter.** Man nimmt einen dünnwandigen Platintiegel, gefüllt mit wässeriger Silbernitratlösung, als Kathode; die Anode ist ein eintauchendes Silberröhrchen, unten mit reiner, gut ausgewaschener Seide umwickelt, um ein Abfallen von Metall zu verhindern. Die Gewichtszunahme des Platintiegels ist dem durchgegangenen Strom proportional.

542. Wir wollen die pro sec durch einen Querschnitt des Leiters fließende Elektrizitätsmenge als **Stromstärke** (oder „Stromintensität") bezeichnen.

Man nennt im „praktischen Maßsystem" die Stromstärke von 1 Coulomb (vgl. § 489) pro Sekunde **1 Ampere** (1 A). In einer Sekunde scheidet dieser Strom 0,001118 g Ag aus bzw. in 1 Stunde 4,025 g. Diese Zahl, zuerst von F. und W. Kohlrausch und Lord Rayleigh auf das genaueste bestimmt, liefert also die praktische und gesetzliche Definition der gebräuchlichen Stromeinheit, des Ampere. Über die theoretische Definition des Ampere bzw. Coulomb vgl. §§ 566, 602 u. 489.

Fließt ein konstanter Strom von J A während t sec, so ist eine Elektrizitätsmenge von Jt Coul. oder Jt Ampere-Sekunden durch jeden Querschnitt des Leiters gegangen.

543. Nach der Definition des A sind, um 107,88 g Silber (Atomgewicht 107,88) abzuscheiden, $\dfrac{107,88}{0,001118}$ A-sec nötig, d. h. 96 500 Coulomb.

Elektrolysiert man, um ein anderes Beispiel anzugeben, eine wässerige Kupfersulfatlösung ($CuSO_4$), so sind die Kationen hier Cu $\oplus\oplus$, weil das Kupfer zweiwertig ist, d. h. je 2 $\oplus$ liefern an der Kathode ein Kupferatom (Atomgewicht 63,6) ab; ein $\oplus$ liefert also gleichsam nur ein halbes Atom, während beim einwertigen Silber jedes $\oplus$ ein ganzes Atom liefert. Geht also dieselbe Elektrizitätsmenge zuerst durch eine $AgNO_3$- und dann durch eine $CuSO_4$-Lösung, so langen in beiden Fällen gleich viele $\oplus$ an ihren Kathoden an. Diese liefern aber pro 96 500 Coulomb im ersteren Falle 107,88 Ag, im zweiten Falle $\dfrac{63,6}{2}$ g Cu als Abscheidung. Das entspricht dem zweiten Gesetze Faradays.

Darum kann man die beiden Faradaygesetze auch zusammen so aussprechen: 96 500 Amperesekunden (oder Coulomb) liefern an jeder Elektrode je ein Grammäquivalent. 96 500 Coul heißt die **Valenzladung**.

Je 96 500 Amperesekunden oder Coulomb scheiden z. B. ab in g:

an der Kathode 1,008 Wasserstoff oder 107,88 Silber oder $\dfrac{63,6}{2}$ Kupfer usw.

an der Anode 35,46 Chlor oder 126,92 Jod oder $\dfrac{16,00}{2}$ Sauerstoff usw.

544. Faraday beobachtete nur die an den Elektroden erfolgten elektrolytischen Ausscheidungen. Erst später (1853—1859) bemerkte Hittorf, daß bei Stromdurchgang durch Elektrolyte überdies in der Nähe der Elektroden **Konzentrationsänderungen** stattfinden.

Kationen und Anionen sind nicht gleich groß und bei gleicher Triebkraft ist daher die Reibung im Wasser verschieden. Die im Elektrolyten gegeneinander gerichteten Ionenwanderungen finden also ungleich rasch statt, während die Ausscheidung an den Elektroden nach Faraday gleich sein muß. Daraus folgt unmittelbar eine Anstauung der leicht beweglichen Ionen auf der einen Seite, während auf der anderen Seite die schwerer beweglichen Ionen im Überschusse zurückbleiben.

Man kann aus diesen Konzentrationsänderungen auf die Wanderungsgeschwindigkeit der Ionen schließen, die nur nach Bruchteilen von cm/sec (je nach Stromstärke und Elektrolyt verschieden) zählt.

545. Physiologische Reizung. Durch Erzeugung von solchen Ionenverschiebungen und Konzentrationsänderungen wirkt nach Nernst der elektrische Strom auf bestimmte Stellen des Organismus. Überschreitet hier die elektrolytisch bewirkte Konzentrationsänderung eine bestimmte Größe, so wird die Reizschwelle erreicht, es tritt physiologische Wirkung ein (§§ 647, 649).

546. Elektrische Kataphorese darf mit Elektrolyse nicht verwechselt werden, wenn auch einige Ähnlichkeit vorhanden ist.

Fig. 404 zeigt eine enge, mit Wasser gefüllte Glasröhre t. (Der Übersichtlichkeit wegen ist diese Röhre viel zu weit gezeichnet.) Leitet man hier einen Strom durch, so hebt sich die Flüssigkeit bei K in die Höhe (Quincke). Das geschieht besonders bei Wasser und bei schlecht leitenden Flüssigkeiten. Zur Erklärung dieser Erscheinung stellte Helmholtz die Hypothese auf, daß die Glasröhre durch die Berührung mit Wasser, welches positiv wird, sich negativ ladet. Ein Strom muß dann die positiv geladenen Wasserteilchen in der Stromrichtung weiterschieben, wie dies der Versuch ergibt.

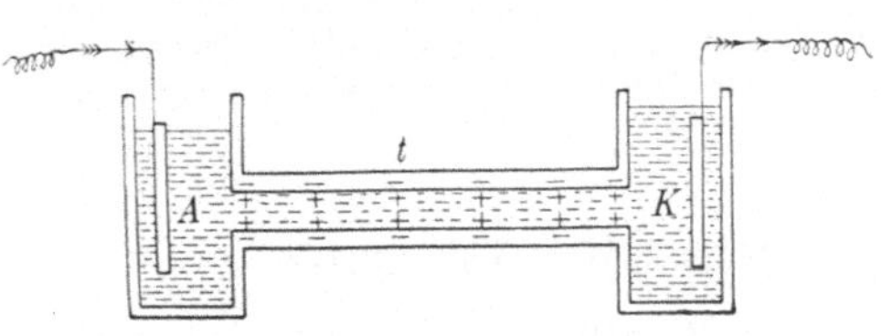

Fig. 404.

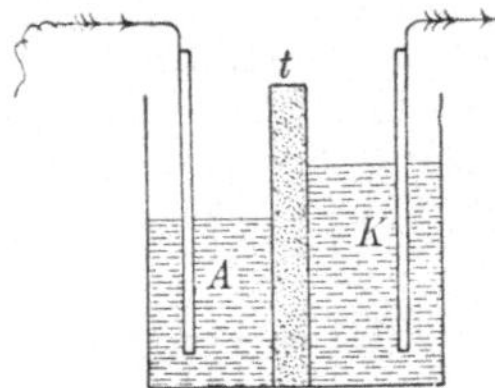

Fig. 405.

Viel auffallender wird die Erscheinung (Fig. 405), wenn wir durch eine poröse Tonplatte t, die gleichsam sehr viele enge, horizontale Kapillarröhrchen darstellt, ein mit einer Lösung gefülltes Gefäß in zwei Teile trennen. Hier wird das ganze Lösungsmittel gleichzeitig mit dem Gelösten durch das Diaphragma gepreßt, die Flüssigkeit steht nach kurzer Zeit im rechten Teile höher. Wir haben hier **nicht wie bei der Elektrolyse eine gegenseitige Ionenwanderung, sondern eine einseitige Wanderung der gesamten Flüssigkeit.**

547. Eine besondere Anwendung der Kataphorese in der Elektrotherapie ergeben die **elektrischen Bäder.** In Fig. 406 sind z. B. A und B Porzellanwannen, gefüllt mit einer Lösung. Der Strom tritt durch die Kohlenplatte K_1 nach A, geht aus der Lösung in den Körper, tritt aus diesem nach B und geht durch die Kohlenplatte K_2 wieder weiter. Bei leitenden Flüssigkeiten überwiegt wohl die elektrolytische Ionenwanderung durch die Haut, bei schlecht leitenden Bädern aber tritt Kataphorese ein, d. h. es geht die ganze Lösung durch die Haut. Man kann so Jod, Quecksilber, Kokain usw. elektrisch dem Organismus

Fig. 406.

zuführen. Die Applikation solcher Bäder ist natürlich auch durch die Beine und in verschiedenen Modifikationen möglich. Man kann aber auch mit aufgesetzten Elektroden arbeiten, die mit in Lösung getränkten Flanellstreifen umwickelt sind.

548. Auch **Kolloide** laden sich in den suspendierenden Flüssigkeiten elektrisch. Der Strom schiebt sie also in bestimmter Richtung, d. h. sie **zeigen elektrische Kataphorese.** Das verschiedene Vorzeichen der Ladung ist durch diesen Vorgang selbst leicht zu bestimmen.

Solche Kataphoresen dürften bei verschiedenen physiologischen Vorgängen mitspielen. Rote und weiße Blutkörperchen des Menschen wandern je nach der Flüssigkeit, in der sie in Suspension sind, zur Kathode oder Anode; auch der Galvanotropismus, das Einstellen mancher organischer Gebilde in die Stromrichtung, gehört vielleicht in dieses Kapitel.

Beim Vermischen kolloidaler, sog. ,,Pseudolösungen'', fällen sich naturgemäß jene Kolloide gegenseitig aus, welche entgegengesetzt geladen sind. Man kann Ausfällungen oder Ausflockungen von Kolloiden auch durch Zusatz von entgegengesetzt geladenen Ionen bewirken. Kolloidales Eisenhydroxyd wird z. B. durch geringen Zusatz von gut leitender Salzsäure ausgefällt.

Das Gebiet der Kolloidchemie ist physiologisch von größter Wichtigkeit. Auch in Bakteriensuspensionen, in eiweißhaltigen Flüssigkeiten usw. finden durch andere Kolloide oder durch Elektrolyte Ausflockungen oder Koagulierungen statt. Bei Nerven- und Muskelreizung, bei Wirkung von Immunserum, von Toxin und Antitoxin usw. sind wohl überall ähnliche Vorgänge im Spiel.

Elektrische Wirkungen chemischer Vorgänge.

549. Konzentrationsströme. Wir denken uns eine konzentrierte Salzsäurelösung (HCl) und darüber eine verdünnte (Fig. 407). Es findet dann eine Diffusion von HCl aufwärts durch das Lösungsmittel H_2O statt. Nun diffundieren aber, wie wir jetzt wissen, die Ionen. Es gehen hier die rascheren positiven H-Ionen schneller von B nach A als die langsameren negativen Cl-Ionen. A wird so positiv und B, in dem ein Überschuß von negativen Cl-Ionen zurückbleibt, wird negativ.

Wenn wir zwei Elektroden, z. B. Kohle oder Platin, a und b, einführen, die außen durch einen Leiter L verbunden sind, so fließt dann die positive Ladung der in A überschüssigen H-Ionen durch aLb nach B (die negative Ladung der in B überschüssigen Cl-Ionen durch bLa nach

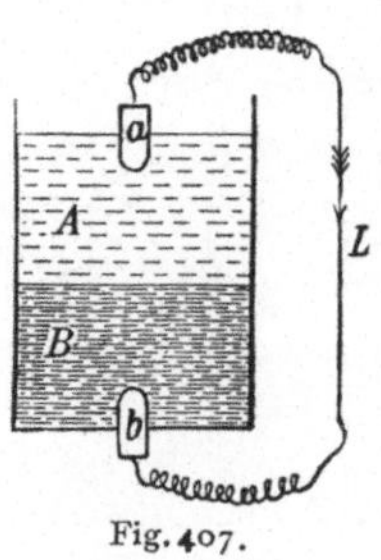

Fig. 407.

A); dadurch werden die entsprechenden Ionen entladen und gehen in elementares H_2 und elementares Cl_2 über, die entweichen. Ein Strom von zunächst konstanter Stärke entsteht durch diesen Vorgang deshalb, weil zunächst in der Zeiteinheit die gleiche Zahl überschüssiger Cl-Ionen in B zurückbleibt. Der Strom dauert so lange in immer abnehmender Stärke, bis der Konzentrationsunterschied sich ausgeglichen hat. Das Potential von A und B sei P_a und P_b. Es muß $P_a > P_b$ sein, weil ja der Strom immer von Orten höheren Potentiales zu Orten niederen Potentiales fließt mit Ausnahme jener Trennungsfläche, wo eben die elektromotorische Kraft wirkt, welche die Potentialdifferenz $P_a - P_b$ immer wieder herstellt. So fließt auch

Wasser in einer Leitung stets von höheren Punkten zu tieferen; an einem Punkte aber muß eine Pumpe oder dgl. stehen, welche Wasser wieder in das hochgelegene Reservoir hinaufpumpt. Dieses „Hinaufpumpen" der Elektrizität auf ein höheres Potential besorgt in unserem Falle der Konzentrationsketten die Diffusion zwischen A und B.

In Fig. 407 hätten wir auch die festen Leiter a, L, b durch flüssige Leiter ersetzen können, und man hat in der Tat allein aus Flüssigkeiten Ketten hergestellt, in denen die elektromotorische Kraft nur durch die verschiedenen Diffusionsgeschwindigkeiten erzeugt wird. Die betreffende mathematische Theorie ist besonders von Nernst gegeben worden, und ihre Resultate stimmen mit den Tatsachen überein. Da im Organismus nirgends metallische Leiter vorhanden sind, haben solche Konzentrationsströme für die Physiologie die allergrößte Bedeutung. Die elektrischen Ströme, die im Organismus entstehen, müssen durch solche ungleiche Ionenwanderungen veranlaßt sein.

550. Aber auch überall, wo Metalle Flüssigkeiten berühren, entstehen elektrische Kräfte, welche nach Nernst sich so erklären lassen:

Wenn ein Metall in eine Flüssigkeit gebracht wird, so treten von der Oberfläche des Metalls positive Ionen in die Flüssigkeit; befindet sich z. B. ein Zinkstab in verdünnter Schwefelsäure, so besteht eine **elektrolytische Lösungstension**, d. h. es treten positive Zinkionen in die Schwefelsäurelösung über, welche dadurch positiv elektrisch wird, indes der Zinkstab infolge des Abganges der positiven Elektrizität negativ elektrisch werden muß. Diese Potentialdifferenz zwischen dem negativen Metall und der positiven Flüssigkeit ergibt eine der Lösungstension entgegengesetzte Anziehung; ebenso drückt auch der osmotische Druck diese Ionen zurück. Es wird sich aber bald ein ganz bestimmter Gleichgewichtszustand, eine bestimmte Potentialdifferenz zwischen Metall und Flüssigkeit herstellen.

Das Metall ist an der Oberfläche negativ geladen; ihm gegenüber sitzt in der Flüssigkeit positive Ladung (Fig. 408). Das Ganze ist eine Art Leidner Flasche, die innen negativ und außen positiv geladen ist. Man nennt eine derartige Ladungsverteilung eine elektrische Doppelschicht (ähnlich Fig. 404).

Schon beim Eintauchen verschiedener Metallplatten in Wasser zeigen diese eine elektrische Potentialdifferenz, die für das Material der Platten charakteristisch ist. Ordnet man die Metalle in eine Reihe, derart, daß jedes gegen jedes folgende ein positives, gegen die voranstehenden ein negatives Potential zeigt, so erhält man die „Spannungsreihe"

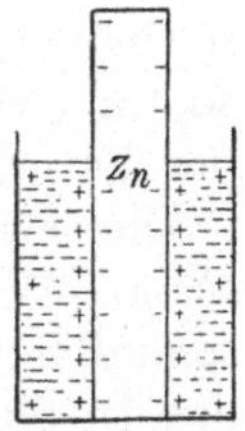

+ C, **Pt,** Ag, Cu, Fe, Sn, Pb, Zn, Al, Mg, Na —.

Fig. 408.

Man nennt die jeweils positiveren Elemente auch die chemisch „edleren". Dementsprechend beschlägt sich z. B. Eisen, das in eine Kupfersalzlösung getaucht wird, spontan mit Kupfer.

551. Wenn wir in verdünnte Schwefelsäure einen Zinkstab und einen Kohlenstab tauchen, so wird der Kohlenstab nicht angegriffen, er hat keine Lösungstension, wir haben daher nur eine Potentialdifferenz an der Stelle, wo der Zinkstab mit der Flüssigkeit in Berührung ist. Es wird daher der Zinkstab negativ, indes die positiven Ionen in der Flüssigkeit gegen die Kohle getrieben werden und dort, die Kohle positiv machend, sich entladen. Verbinden wir Zink und Kohle außen mit einem Draht, so fließt positive Elektrizität dauernd durch diesen äußeren Verbindungsdraht von der Kohle zum Zink. Von zwei in eine elektrolytische Flüssigkeit getauchten verschiedenen Metallen liefert jedes gegen die Flüssigkeit eine verschiedene Potentialdifferenz an den herausragenden Enden, den Polen, die also auch gegeneinander eine Potentialdifferenz oder elektromotorische Kraft (oder Spannung) haben müssen. Eine solche Vorrichtung heißt **galvanisches Element.**

552. Wenn wir durch eine wässerige Zinksulfat($ZnSO_4$)-Lösung mittels zweier Platinelektroden einen Strom leiten, wird die Kathode nach und nach mit Zink überzogen, indes an der Anode Sauerstoff aufsteigt. An diesem Zn-Überzug tritt aber eine Lösungstension ein; es wird eine elektromotorische Kraft in entgegengesetzter Richtung entstehen, die den durchgehenden Strom schwächt, und die auch bestehen bleibt, wenn der „polarisierende" Strom ausgeschaltet wird. **Elektrolytische Polarisation** ist also die durch den Strom selbst bewirkte chemische Veränderung der Elektrodenoberflächen, welche eine elektromotorische Kraft in der Gegenrichtung erzeugt.

Ein anderes Beispiel liefern uns zwei Platinelektroden in verdünnter Schwefelsäure. Geht hier ein Strom einige Minuten durch, so überzieht sich die Kathode mit Wasserstoff, die Anode mit Sauerstoff. Der Strom hat auch hier ein in entgegengesetzter Richtung wirkendes Element erzeugt, Sauerstoff — Flüssigkeit — Wasserstoff. Der Wasserstoffüberzug des Platins wirkt analog wie früher der metallische Zn-Überzug.

Daß die Polarisation den ursprünglichen Strom schwächt, ist ganz natürlich; denn, würde sie ihn verstärken, so ginge dies immer weiter so fort, der Strom würde von selbst unendlich groß, was dem Gesetz der Erhaltung der Energie widerspräche.

Die Polarisation spielt bei galvanischen Elementen eine hindernde Rolle. Wenn wir ein Element $Zn - H_2SO_4 - C$ durch einen Draht schließen, so zersetzt der entstehende Strom den Elektrolyten. Dadurch, daß in diesem Element durch die Lösungstension immer neue Zn-Ionen in Lösung übergehen, werden die H-Ionen gegen die Kohle hingedrängt, geben hier ihre positive Ladung ab, Wasserstoff wird zum Teil frei, zum Teil aber wird er von der Kohle absorbiert und schwächt durch die so entstandene elektromotorische Gegenkraft seiner Lösungstension den

Strom. Das **Element** wird infolge dieser inneren Polarisation immer schwächer, es ist **inkonstant**.

Bei Konstruktion eines galvanischen Elementes ist diese **Polarisation**, welche meistens durch **Auftreten von** H_2 entsteht, womöglich zu verhindern.

553. Schaltet man elektrische **Elemente so hintereinander**, daß immer der positive **Pol** des einen Elementes mit dem negativen des nächsten verbunden ist, so addieren sich die elektromotorischen Kräfte (siehe Weiteres darüber §§ 562, 583). Man nennt eine solche Zusammenstellung elektrische oder **galvanische Batterie**, auch galvanische Säule.

Die **Zambonisäule** besteht aus etwa 1000 bis 2000 Elementen. Man nimmt sog. Gold- und Silberpapier, d. h. Papier mit dünnem Überzug von Kupferbronze, resp. Zinn. Diese zwei Bogen werden mit der Papierseite aneinander geklebt und Scheiben mit ca. 3 cm Durchmesser herausgestanzt. Dann legt man diese Scheibchen so aufeinander, daß immer eine Sn-Seite auf der Cu-Seite des vorhergehenden aufliegt. Da jedes Papier hygroskopisch ist, haben wir viele Elemente (Cu — Feuchtigkeit — Sn) hintereinander geschaltet. Das äußerste Sn ist der negative Pol.

Eine solche **Trockensäule** (Länge etwa 20 cm) kann leicht 400 bis 500 V Potentialdifferenz (oder „Klemmspannung") liefern. Würde man hier die beiden Endklemmen durch einen Draht verbinden, so würde der auftretende Strom bald durch die so verursachte Polarisation die Säule unbrauchbar machen. Darum darf man solche Trockensäulen nur für die Abgabe kleiner Elektrizitätsmengen, z. B. nur für Ladungen kleiner Kapazitäten verwenden. Wenn man das eine Sn-Ende einer solchen Säule mit der Gasleitung oder noch besser mit der Wasserleitung verbindet, so ist dieser Pol geerdet; er hat das Potential Null. Verbindet man nun den anderen Pol mit dem Knopf k eines Elektroskops, so ladet sich dieses bis zur vollen positiven Spannung der Säule. Erdet man hingegen den positiven Pol, so gibt der negative Pol dieselbe Spannung, aber negativ. (Siehe Näheres § 563.)

Auch die Nadel des Quadrantenelektrometers (§ 508) wird bisweilen mit einer Zambonisäule geladen. Die therapeutische Wirksamkeit solcher kleiner Trockenelemente in Form von „elektrischen Gürteln" u. dgl. beruht auf Täuschung.

554. Will man ein Element nicht nur als Spannungsquelle, sondern für längere Zeit als Stromquelle benützen, so muß man für Beseitigung der Polarisation sorgen. Solche **konstante Elemente** sind in den verschiedensten Typen konstruiert worden. Uns mögen einige Beispiele genügen.

Chromsäureelemente (Fig. 409): Zn und C in verdünnter H_2SO_4 ist das uns bereits bekannte Element; es sind hier zwei miteinander verbundene C-Platten und in der Mitte eine Zn-Platte, die bei Nichtgebrauch des Elementes bei a aus der Flüssigkeit heraus- und hinaufgezogen wird. Dieses Element ist inkonstant, weil der die Kohle gar bald bedeckende Wasserstoff elektromotorisch entgegenwirkt. Löst man aber in H_2SO_4 Kaliumbichromat, welches sehr leicht Sauerstoff abgibt, so wird der entstehende Wasserstoff immer wieder rasch oxydiert. Für längeren Gebrauch (über zwei Minuten) ungeeignet. Die elektromotorische Kraft (oder „Klemmspannung") ist rund 1,9 Volt.

Leclanché (Fig. 410): Zink und Kohle, welch letztere in einem größeren porösen Tongefäß mit einer Mischung von C und MnO_2 (Braunstein)

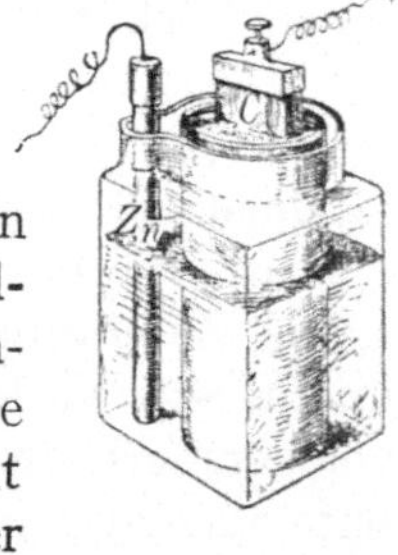

umgeben ist; alles in konzentrierter Salmiaklösung (NH_4Cl). MnO_2 gibt sehr leicht Sauerstoff ab und oxydiert den auftretenden Wasserstoff. Dieses Element wird meistens für elektrische Klingeln verwendet. In neuerer Zeit werden unter dem Namen Beutelelement (das Tongefäß ist durch einen Leinwandbeutel ersetzt) ganz vorzügliche Elemente dieser Type verkauft; die lange konstant bleibende Klemmspannung ist 1,5 V. In der chemischen Zusammensetzung analog sind die

Fig. 409.

Fig. 410.

z. B. für Taschenlampen, Radioapparate usw. häufig verwendeten Trockenelemente, die eine mit dem Elektrolyten (Salmiak) getränkte poröse Masse (Gips, Sand und dgl.) enthalten.

Daniell (§ 495): Zn in verdünnter H_2SO_4 und durch ein Tondiaphragma geschieden Cu in $CuSO_4$-Lösung. Zn sendet durch seine Lösungstension positive Zn-Ionen in die H_2SO_4-Lösung; die positiven H-Ionen werden durch das Diaphragma hindurchgetrieben, drängen die positiven Cu-Ionen zur Cu-Elektrode, welche (wegen der zu kleinen Lösungstension des Cu) diese Ionen entladend, immer dicker wird, indes die Zn-Elektrode entsprechend abnimmt. Die $CuSO_4$-Lösung wird immer weniger konzentriert, und die H_2SO_4-Lösung verwandelt sich in $ZnSO_4$-Lösung. Die sehr konstante Klemmspannung ist ca. 1 V (genauer 1,09).

In allen bisher geschilderten Elementen geht der Strom im äußeren Leiterkreise immer zum Zn-Pole hin. Zn ist also der negative Pol.

555. Der **Ursprung der Stromenergie** liegt meist in der potentiellen chemischen Energie. In einem „Daniell", das einige Zeit Strom geliefert hat, ist Zn zu $ZnSO_4$ geworden; die dabei entstandene Verbindungswärme ist aber nur zum Teile als Stromenergie aufgetreten. Es ist nämlich auch $CuSO_4$ zerlegt worden, da ja Cu ausgeschieden wurde; die Leistung im Stromkreis ist um diesen Energieverbrauch vermindert. Schließlich werden auch alle verschiedenen Lösungswärmen, die übrigens hier klein sind, in Rechnung zu setzen sein: die Energie des gelieferten Stromes wird also hauptsächlich durch die Sulfatierung von Zn geliefert, wobei wir jedoch einen Teil zur Zerlegung des $CuSO_4$, d. h. zur Vermeidung der Polarisation wieder abgeben müssen.

Ein „Daniell" stellt einen bes. einfachen Typus der galvanischen Elemente dar, einen abweichenden bietet eine Konzentrationskette (§ 549).

Beim Daniell kann man mit alleiniger Anwendung des 1. Hauptsatzes der Wärmetheorie sagen, daß im wesentlichen die Wärmetönungen:

$$(Zn + CuSO_4) \qquad minus \qquad (Cu + ZnSO_4)$$
vor Stromdurchgang   nach Stromdurchgang

die Stromenergie liefern.

Bei der Konzentrationskette aber kommt die elektrische Energie aus der osmotischen Arbeit (physikalische Änderungen). Die sich ausbreitenden H-Ionen gleichen einem sich ausbreitenden Gase. Die so gewonnene Energie nimmt das Element aus sich selbst, es leistet Stromarbeit auf Kosten der eigenen Wärme.

Solche osmotische Vorgänge finden aber mehr weniger bei allen Elementen statt. Daß damit eine Abhängigkeit der elektromotorischen Kraft von der Temperatur verbunden sein muß, ergibt eine sinngemäße Anwendung des II. Hauptsatzes (Helmholtz).

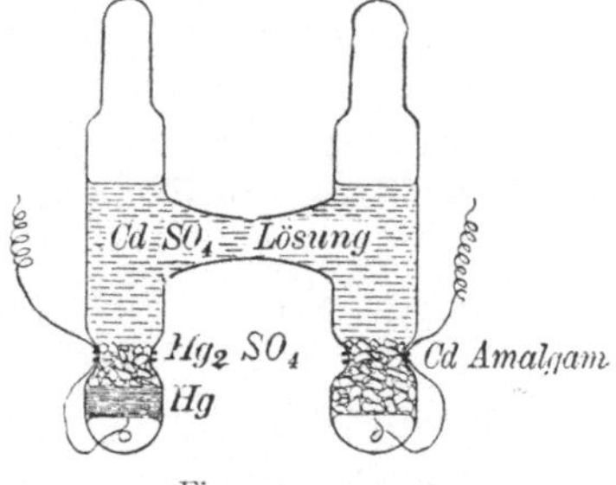

Fig. 411.

556. Zur genauen Eichung von Elektrometern oder anderen Spannungsmeßapparaten bedarf man einer sicher reproduzierbaren, genauen Potentialdifferenz. Früher verwendete man zu diesem Zwecke sorgfältig hergestellte Daniellelemente, jetzt aber sog. **Normalelemente.** Das gebräuchlichste Normalelement ist das **Westonelement.** Für letzteres ist (bei gesättigter Lösung) die Klemmspannung $1{,}0183$ V fast unabhängig von der Temperatur. Diese Potentialdifferenz ist seit 1911 international als Bestimmungsmittel für Volt angenommen.

Die eine Elektrode (Fig. 411) besteht aus Hg, bedeckt mit einem Gemisch von festem Merkurosulfat Hg_2SO_4 und Kadmiumsulfat $CdSO_4$, der andere, negative Pol ist reines Kadmiumamalgam. Als Flüssigkeit dient konzentrierte $CdSO_4$-Lösung. Die Form dieser Elemente ist sehr verschieden; am besten für den Versand sind die von der Westongesellschaft selbst fertiggestellten Elemente, die man noch von der physikalisch-technischen Reichsanstalt in Charlottenburg kontrollieren lassen kann. Das Element wird, wenn es für stärkeren Strom beansprucht wird, inkonstant und verdirbt. Es darf also nur zu Ladungen (oder in kompensierten Schaltungen § 581) verwendet werden.

Einige wichtige Polarisationserscheinungen.

557. Wenn wir reines **Zn** in verdünnte H_2SO_4 bringen, so gehen einige Zn-Ionen in Lösung, der Prozeß müßte bald (§ 550) stillstehen, d. h. reines Zn ist in verdünnter H_2SO_4 so gut wie unlöslich. Nun enthält aber käufliches Zn immer Stellen, an denen leitende Verunreinigungen mit geringerer Lösungstension vorhanden ist. Dann wird ein Strom von einer reinen Stelle des Zinks durch die Flüssigkeit zu dieser Verunreinigung gehen und durch das Zink wieder zurück. Dadurch werden die in der Flüssigkeit befindlichen Zn-Ionen nach den Punkten der Verunreinigung gebracht, und es kann eine neue Lösung des Zinks stattfinden.

Nun würden sich die inhomogenen Stellen sehr bald verzinken und der Prozeß müßte aufhören, wenn nicht durch das Dünnerwerden des Zinkkörpers immer wieder neue solche Unreinigkeiten freigelegt würden, wodurch immer wieder neue Lokalströme entstehen. Somit ist reines Zink in verdünnter Schwefelsäure nicht löslich, wohl aber käufliches, und die Chemiker setzten darum absichlich ein anderes Metall mit geringerer Lösungstension zu, wenn sie Zink in Schwefelsäure rasch lösen wollen.

Man kann nun diese Lokalströme dadurch vermeiden, daß man das Zink amalgamiert. Das Zink wird zunächst ein wenig in Salzsäure getaucht; dann verreibt man an ihm Quecksilber, das nun an der ganzen Oberfläche in Form von Zinkamalgam haften bleibt. Wir haben dadurch die Zinkoberfläche ganz homogen gemacht, und ein derartiger Zinkkörper wird in Schwefelsäure unlöslich sein. Es steigen auch keinerlei Gasblasen auf. Natürlich geht auch dann Zn in Lösung, wenn Strom durchgeht, aber nur der durchgegangenen Stromintensität entsprechend, nämlich $\frac{65,37}{2}$ g pro 96500 A sec (Atomgewicht des Zn ist 65,37 und Wertigkeit 2.) Zinkstäbe und Zinkplatten in galvanischen Elementen werden daher immer amalgamiert.

558. Ein **Akkumulator** besteht aus zwei Bleielektroden in verdünnter Schwefelsäure. Um die Oberfläche des Bleis möglichst groß zu machen, nimmt man gewöhnlich mehrere parallele Bleielektroden für die Kathode und ebenso für die Anode. Jede dieser Bleielektroden besteht überdies aus passend geformten Bleigittern, in deren Zwischenräume mittels starken hydraulischen Druckes ein speziell zu diesem Zwecke bereiteter Bleibrei hineingedrückt wird. Diese Bleipaste ist in den verschiedenen Akkumulatoren je nach dem Patente verschieden. Die chemischen Vorgänge in einem solchen Akkumulator sind ziemlich kompliziert. Im allgemeinen aber wird beim Laden der frei werdende Sauerstoff, der in alle die Poren des im Bleigitter befindlichen schwammartigen Bleisalzes ($PbSO_4$) eindringt, an der Anode eine starke Oxydation zu PbO_2 bewirken, der Wasserstoff an der Kathode aber eine kräftige Reduktion zu metallischem Pb. Wenn wir einen guten Akkumulator laden, so findet zunächst keine Gasentwicklung statt. Der ganze Wasserstoff wird an der Kathode und der ganze Sauerstoff an der Anode chemisch verbraucht. Erst nach stundenlangem Durchgehen des Stromes ist dieser Ladeprozeß beendet, was sich dadurch anzeigt, daß jetzt Sauerstoff und Wasserstoff wirklich frei werden und in Form von Gasblasen aufsteigen.

Man hat also durch die Energie des hindurchgeleiteten Ladestromes solche chemische Veränderungen vorgenommen, daß der Akkumulator zu einem kräftigen galvanischen Elemente, einem Sekundärelemente, wurde. Der „geladene" Akkumulator wird dann vom Ladestrome getrennt, und man kann nun auf Kosten der aufgenommenen Energie einen entgegengesetzt gerichteten Strom in eine beliebige Drahtleitung senden. Die Energie, die wir beim Entladen zurückbekommen, beträgt bis zu 90 % der ursprünglich durch den Ladestrom hineingesteckten Energie. Die Potentialdifferenz (Klemmspannung) eines vollständig geladenen Akkumulators beträgt 2,6 $\overset{\circ}{V}$. Wenn man ihn dann entladet, sinkt diese Potentialdifferenz verhältnismäßig rasch auf 2 $\overset{\circ}{V}$ und bleibt dann lange konstant. Sinkt sie unter 1,8 $\overset{\circ}{V}$, so ist dies ein Zeichen, daß der Akkumulator wieder von neuem geladen werden muß. Ein geladener Akkumulator hält die Ladung viele Wochen lang und kann naturgemäß starken Strom für kürzere oder schwachen Strom für längere Zeit liefern.

Akkumulatoren dienen also dazu, elektrische Energie aufzuspeichern.

Beim Laden tritt auch eine Vermehrung des spezifischen Gewichtes der Flüssigkeit (H_2SO_4 statt H_2O) ein, so daß man den Fortschritt der Ladung oder Entladung mit einem eingesenkten Aräometer kontrollieren kann. Beim Entladen erfolgen die chemischen Umwandlungen in umgekehrter Richtung. Bei starker Ladung, wenn obiger Prozeß vollendet ist, wird an der Kathode Wasserstoff überdies noch physikalisch absorbiert, was den anfänglichen Potentialüberschuß eines frisch geladenen Akkumulators um 0,6 $\overset{\circ}{V}$ über den Normalwert 2 $\overset{\circ}{V}$ verursacht.

Ein Akkumulator ist ein (nahezu) umkehrbares Element. Die Stromenergie, die entnommen wird, stellt, in umgekehrter Richtung wieder eingeleitet, den alten Zustand her. Ähnlich liegen die Verhältnisse bei einem Daniell- oder Westonelement; eine Konzentrationskette aber ist irreversibel (§ 549).

559. Während wir soeben eine Vorrichtung besprachen, die möglichst stark polarisiert, braucht man für Anwendungen in der Physiologie Vorrichtungen, welche die Polarisation möglichst vermeiden.

An einem lebenden Gebilde darf die äußere Stromleitung bei Messungen nie in Metallelektroden enden, da die Polarisationserscheinungen grobe Meßfehler verursachen können. Ob man bei physiologischen Messungen einen Strom von außen dem menschlichen oder tierischen Organismus zuführt,

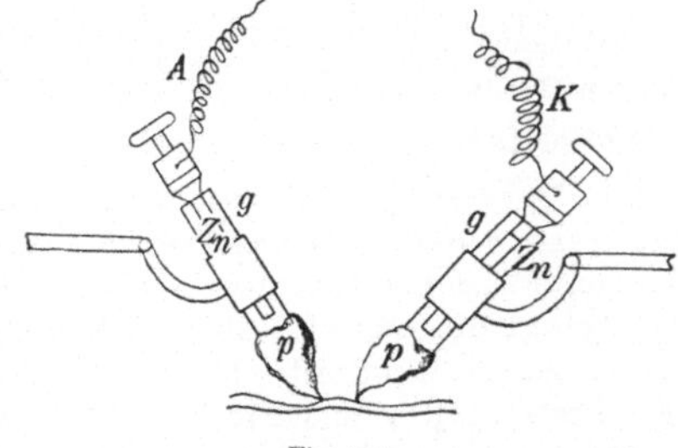

Fig. 412.

oder ob man den im Organismus entstehenden Strom nach außen ableitet, immer verwendet man **unpolarisierbare Elektroden,** die in einer vielgebrauchten Type in Fig. 412 dargestellt sind.

Sie bestehen aus zwei beiderseits offenen Glasröhrchen g, deren unterer Teil geschlossen ist durch einen feinen Ton (oder Pinsel) p, der mit physiologischer Kochsalzlösung getränkt ist. In jedem Röhrchen befindet sich konzentrierte $ZnSO_4$-Lösung, in welche je ein amalgamierter Zinkstab Zn taucht, der dann mit der äußeren Drahtleitung verbunden wird. Bei Besprechung dieser Vorrichtung wollen wir zwei verschiedene Punkte ins Auge fassen, von denen der eine rein physikalischer, der zweite mehr physiologischer Natur ist.

1. Wenn der Strom aus der Zn-Anode A in die $ZnSO_4$-Lösung übertritt, so führt er Zn-Ionen in die Lösung, indes andere Zn-Ionen in den Ton eindringen. Der Zinkstab selbst wird dadurch nur physikalisch verändert, er wird hier etwas dünner. Eine chemische Veränderung findet aber nicht statt; es kann also auch keine Polarisation eintreten. Umgekehrt werden an den Zinkstab K, der als Kathode dient, Zn-Ionen sich ansetzen und einen Zn-Überzug bilden, dafür treten einige Na-Ionen aus der Kochsalzlösung. Auch hier wird der Zn-Stab nicht chemisch, sondern nur physikalisch verändert. Es wird etwas dicker. (Auch Elektroden aus Cu in $CuSO_4$-Lösung (Daniell) oder aus Ag in $AgNO_3$-Lösung usw. sind unpolarisierbar.)

2. Hätten wir die Weiterleitung in das organische Gebilde durch Ton bewerkstelligt, der mit $ZnSO_4$-Lösung geknetet ist, so würde im organischen Gebilde eine Reihe von chemischen Veränderungen vor sich gehen, die physiologisch und elektrisch stören würden. Darum ist der Ton mit NaCl-Lösung durchsetzt, welche möglichst genau denselben osmotischen Druck hat wie das organische Gebilde, also mit diesem isotonisch (§ 230) ist. So bleibt das physiologische Organ beim Ansetzen der Tonspitzen oder eines mit derselben Lösung getränkten Haarpinsels möglichst unverändert.

Bei Fröschen ist die isotonische Konzentration der physiologischen NaCl-Lösung 0,7 %, bei Organen von Warmblütlern 0,9 %, bei Seetieren nimmt man Seewasser, in dem der betreffende Organismus lebt.

Da solche Tonelektroden nicht haltbar sind, verwendet man auch andere unpolarisierbare Elektroden, z. B. die tagelang wirksamen Hg-Kalomel-Elektroden.

Die Verwendung isotonischer Konzentrationen spielt auch sonst eine physiologisch interessante Rolle. Statt mit reinem Wasser, reinigt man die Wunden oft besser mit 2 % Borsäurelösung, die mit der — stärker dissoziierten — NaCl-Lösung isotonisch ist; reines H_2O bringt die semipermeablen Zellwände zum Platzen. Oder: Nasenspülungen mit 0,7 % NaCl-Lösung, nicht mit reinem H_2O, das unangenehm wirkt. Oder: Trinken von vielem destillierten H_2O verursacht Magenbeschwerden.

560. Kapillarelektrische Erscheinungen. Die Oberflächenspannung (§ 94) von Quecksilber in verdünnter Schwefelsäure wird, wie ein Versuch zeigt, durch Zusatz von Hg-Salz verkleinert. Wenn man Hg als Elektroden in verdünnter H_2SO_4 verwendet, so ist in deren Umgebung immer Hg-Salz in Lösung. An der Hg-Kathode wird Hg ausgeschieden und die Konzentration des gelösten Hg-Salzes vermindert; die Oberflächenspannung steigt. An der Hg-Anode hingegen wird Hg-Salz in Lösung gehen, wodurch die Oberflächenspannung sinkt.

Ein zu messender Strom fließe (Fig. 413) durch das Quecksilber a, durch verdünnte mit Merkurosulfat gesättigte Schwefelsäurelösung b, zur Quecksilberoberfläche c in der mittleren Glaskapillare und nach d. Dadurch ändert sich die Oberflächenspannung des Quecksilbers in c, so daß diese Kuppe sich verschiebt. Die Endstellung des Hg tritt fast momentan ein, weil durch die auftretende Polarisation die elektromotorische Kraft aufgehoben wird; es wird also die an a und d angelegte Potentialdifferenz direkt und rasch gemessen, wobei fast gar kein Strom abfließt. Der Meßbereich eines solchen Kapillarelektrometers geht von etwa 0,001 V (1 Millivolt) bis etwa 1 V; bei größeren Spannungen tritt störende Gasentwicklung ein. Da die Einstellung von c durch ein einfaches Mikroskop gemessen werden kann, so ist der billige und bequeme Apparat für Spannungen unter 1 V, wie sie in der Physiologie meistens vorkommen, sehr geeignet, besonders weil er selbst raschen Potentialänderungen mit nur sehr kurzer Verzögerung folgt. Noch viel prompter arbeitet hier das allerdings viel kompliziertere und teuere Saiten-Galvanometer (§ 612).

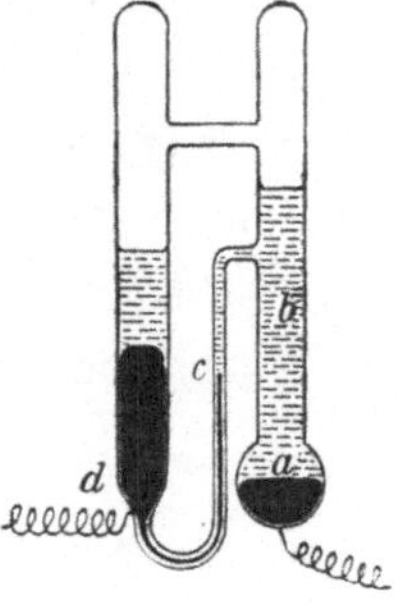

Fig. 413.

Pulsierende chemische Reaktionen wurden zu wiederholten Malen beobachtet. Übergießt man Hg mit Wasserstoffsuperoxyd H_2O_2, so zerfällt letzteres viel rascher in Wasser und Sauerstoff als ohne Anwesenheit des Hg. Dieses wirkt nur durch seine Anwesenheit als Katalysator. Unter gewissen Umständen erfolgt nun dieser Zerfall mit rhythmisch sich ändernder Geschwindigkeit. Bredig hat so stundenlang regelmäßige Pulskurven dieser katalytischen O_2-Entwickelung registriert. Geringer Zusatz von Säuren oder Alkalien oder kleine Temperaturänderungen verändern stark die Pulsdauer; nicht pulsierende Systeme können durch elektrische Reizung zum Pulsieren gebracht werden usw.

4. Ohmsches Gesetz.

Einfacher Leiter.

561. Wenn wir die beiden Pole einer Influenzmaschine oder einer elektrischen Batterie durch einen Leiter verbinden, so entsteht ein **elektrischer Strom,** d. h. es wird fortwährend Elektrizität durch diesen Leiter strömen.

Wir nehmen an, daß Elektrizität nur vom positiven Pole zum negativen Pole strömt, wo das geringere Potential (niedrigere Spannung) herrscht; ein negativer Strom in entgegengesetzter Richtung, wie wir ihn im Elektrolyten hatten, existiere nicht. Diese Vereinfachung ändert an den in diesem Kapitel zu schildernden Erscheinungen nichts. Es würde dasselbe herauskommen, wenn wir zwei in entgegengesetzter Richtung den Leiter durchfließende Ströme annähmen oder bloß Strömung negativer Elektrizität in der umgekehrten Richtung. Es sind nicht physikalische, sondern formale Gründe (Vereinfachung der mathematischen Ableitungen), welche dieses Vorgehen empfehlen. (Nach der Elektronentheorie der Metalle (§ 691) gäbe es eigentlich umgekehrt die Stromrichtung von minus nach plus.)

Betrachten wir einen gut isolierten gleichförmigen Stromleiter (ohne Verzweigung) zwischen zwei Punkten a und b, so sinkt längs der ganzen Leiterstrecke ab das Potential von V_a bis V_b, wenn V_a das Potential in a und V_b das Potential in b ist. Die Potentialdifferenz $V_a - V_b$ (durch eine Batterie oder dgl. immer wieder von neuem erzeugt) ist das Treibende, die Ursache des Strömens. Es ist klar, daß jene Elektrizi-

22* .

tätsmenge, die von der Batterie abfließt, auch wieder zu ihr zurückkommen muß. Ein anderes Ab- oder Zufließen von Elektrizität zwischen Draht und Umgebung ist auf dem ganzen gut isolierten Wege ausgeschlossen. Dieselbe Elektrizitätsmenge, die durch den Draht fließt, muß auch, wenn wir in dem unverzweigten Stromkreis irgendwo ein Strommeßinstrument einschalten, durch dieses gehen; letzteres mißt also die Coulomb pro sec oder die Ampere.

562. Ohmsches Gesetz für eine Drahtstrecke. Wir betrachten nun einen stromdurchflossenen, überall gleich dicken Leiter. Die Stromstärke hängt ab:

1. von der Potentialdifferenz der beiden Endpunkte,

2. von den Dimensionen des durchflossenen Drahtes,

3. von seinem Materiale.

ad 1. Wir legen an die beliebigen Punkte $abcd$ je ein Elektrometer (Fig. 414). Dann werden alle Elektrometer einen Ausschlag zeigen, welcher von a nach d immer kleiner wird. Genaue Messungen ergeben, daß die Potentialwerte linear abnehmen. Zwischen d und dem Pole der Batterie sei ein strommessendes Instrument eingeschaltet. Wir können so das Potentialgefälle und die pro sec durchfließende Elektrizitätsmenge, d. i. die Stromstärke (J), messen.

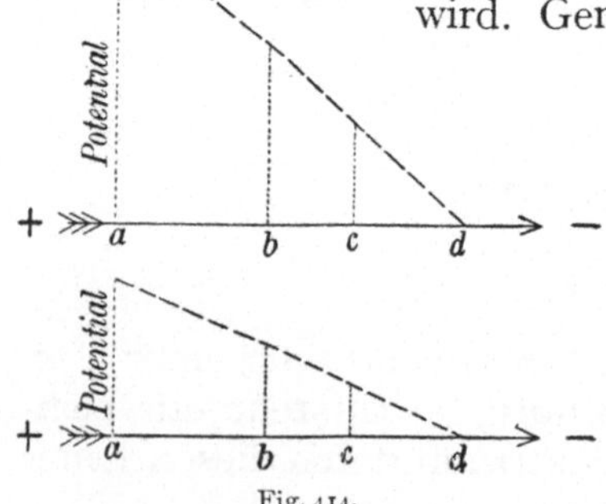

Fig. 414.

Machen wir nun die Spannung in der Batterie kleiner, so werden sämtliche Potentiale fallen, z. B. auf die Hälfte. Wieder ist der Potentialabfall (Fig. 414, unterer Teil) ein linearer, aber die vier Elektrometer zeigen jedes nur halb so viel wie früher. Das Potentialgefälle ist das halbe geworden, und das Strommeßinstrument zeigt uns auch nur die halbe Stromstärke an $\left(\frac{J}{2}\right)$.

Wenn wir einen bestimmten Leiter haben, so ist die Stromstärke der Potentialdifferenz an seinen Enden proportional. J ist proportional $(V_a - V_d)$.

ad 2. Wir wollen jetzt den Einfluß der Drahtlänge und -dicke bestimmen. Einen Einfluß der Länge können wir schon aus den bisher gemachten Versuchen ableiten. Der ganze Draht $abcd$ sei überall von der Stromstärke J durchflossen. Betrachtet man nun nur die Strecke ab, welche der $n$te Teil der Strecke ad ist, so sehen wir, daß schon der $n$te Teil der Potentialdifferenz, da ja $V_a - V_b = \frac{(V_a - V_d)}{n}$ ist, hinreicht, um dieselbe Stromstärke zu erzeugen; es ist also, wenn l die Länge von ad bezeichnet, J proportional $\frac{(V_a - V_d)}{l}$.

Um den Querschnittseinfluß des Leiters zu finden, wollen wir den Draht ad in Fig. 414 durch einen Draht aus gleichem Materiale ersetzen, welcher aber nur den halben Querschnitt hat. Wenn wir jetzt dieselbe Potentialdifferenz wie früher nehmen, bekommen wir nur die halbe Stromstärke. Unter sonst gleichen Umständen ist also J dem Querschnitte proportional.

Nach den bisher gefundenen Resultaten gilt, wenn q der Drahtquerschnitt ist, J proportional $\frac{(V_a - V_d)q}{l}$.

ad. 3. Nun ergibt sich aber, daß sich der Strom auch noch ändert, wenn man statt des verwendeten Drahtes einen aus anderem Materiale nimmt. Wir haben also in der abgeleiteten Formel noch einen Faktor hinzuzufügen, welcher vom Materiale abhängt. Derselbe sei λ.

Somit erhalten wir als Schlußresultat $J = (V_a - V_a)\left(\frac{\lambda q}{l}\right)$. Hier nennt man $\frac{\lambda q}{l}$ den **Leitwert** der angegebenen Drahtstrecke ad. Der reziproke Wert $\frac{l}{(\lambda q)}$ heißt Widerstand des Drahtes ad oder R_{ad}; dann ist:

$$J = \frac{(V_a - V_d)}{R_{ad}},$$ d. h. in jeder Drahtstrecke ist

$$\text{Stromstärke} = \frac{\text{Potentialdifferenz der Drahtenden}}{\text{Drahtwiderstand}}.$$

$(V_a - V_d)$ ist das Treibende für den elektrischen Strom. Darum heißt es auch die **elektromotorische Kraft** E, also allgemein

$$J = \frac{E}{R}.$$

In Fig. 414 ist $J = \frac{(V_a - V_b)}{R_{ab}} = \frac{(V_b - V_c)}{R_{bc}} = \cdots \frac{(V_c - V_d)}{R_{cd}}$; daraus folgt, weil $V_a - V_d = (V_a - V_b) + (V_b - V_c) + (V_c - V_d)$ und $R_{ad} = R_{ab} + R_{bc} + R_{cd}$ ist,

$$J = \frac{\Sigma E}{\Sigma R},$$

d. h. bei direkter Hintereinanderschaltung von verschiedenen elektromotorischen Kräften E und Widerständen R ist die Stromstärke gleich der Summe aller elektromotorischen Kräfte, gebrochen durch die Summe aller Widerstände.

563. Was geschieht, wenn wir an einer Stelle der sonst gut isolierten Drahtleitung ad eine **Erdleitung** anbringen? Elektrizität kann an dieser Stelle d a u e r n d weder zu- noch abfließen, da sonst das ganze System immer mehr $+$ oder $-$ werden müßte; eine solche Selbstladung ist unmöglich. Es wird allerdings an dieser Stelle i m M o m e n t e der

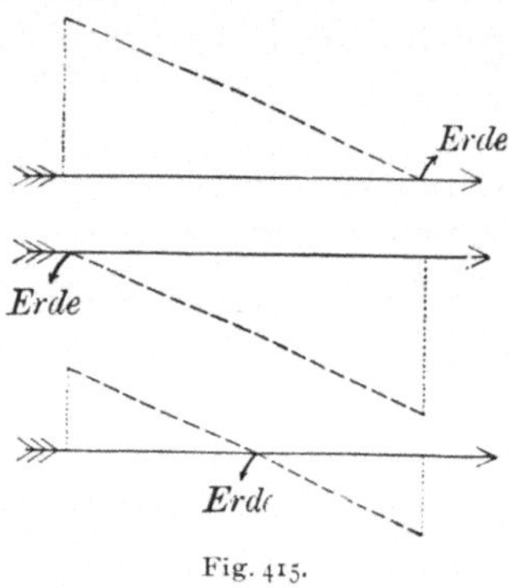

Fig. 415.

Anlegung der Erdleitung etwas (sehr wenig) Elektrizität zu- oder abfließen, bis das Potential an dieser Stelle gleich dem Erdpotential, also Null geworden ist. Dann aber fließt der Strom genau so stark wie früher in der geschlossenen Drahtleitung weiter: das Potentialgefälle hat sich nicht geändert, wohl aber die absoluten Potentialwerte (gegen Erde).

Erdleitung an dem Drahtende gegen den negativen Batteriepol hin macht den ganzen Draht positiv; Erdleitung an dem Drahtende gegen den positiven Batteriepol hin macht den ganzen Draht negativ. Erdleitung in der Drahtmitte macht die eine Hälfte des Drahtes positiv, die zweite Hälfte negativ. In Fig. 415 sind diese drei Fälle übereinander gezeichnet.

564. Um die Einheit der Elektrizität von einer Potentialfläche zur nächsten zu bringen, brauchen oder gewinnen wir eine Arbeitseinheit — alles in beliebigem, aber identischem Maßsystem gemessen (§ 495). Im „praktischen Maßsystem" messen wir Potentiale nach „Volt", Elektrizitätsmengen nach „Coulomb" und Arbeitseinheiten nach „Joule".

Haben wir also zwei Punkte a und b, deren Potentialdifferenz $(V_a - V_b)$ in V ist, so brauchen wir, um 1 Coulomb von V_b nach V_a zu bringen, eine Arbeit, welche in „Joule" gemessen gleich 1 $(V_a - V_b)$ ist. In Fig. 414 fließt Elektrizität von V_a nach V_b, z. B. 1 Coulomb pro sec oder 1 Ampere; wir gewinnen also hier pro sec in Watt ausgedrückt, eine Leistung (§ 21) von 1 $(V_a - V_b)$. Fließen aber nicht 1 A, sondern J A, so ist die **Stromleistung** in Watt gleich $J(V_a - V_b)$. Es ist

$$(\text{Stromstärke in } A) \cdot (\text{Pot.-Differenz in } V) = (\text{Stromleistung in Watt}).$$

Man mißt die Stromleistung in Voltampere oder Watt.

Beispiel. $(V_a - V_b)$ sei 100 V und es fließen 20 A durch ab; dann ist die Stromleistung gleich 2000 Watt. Die Stromenergie elektrischer Zentralen wird nach Kilowattstunden (1000 Watt · 60 · 60 Sekunden) verkauft.

565. Das für ein bestimmtes Drahtstück abgeleitete Ohmsche Gesetz ergibt uns unmittelbar eine Definition der **Widerstandseinheit**, des **Ohm, (Θ)**. Setzen wir in $J = \dfrac{(V_a - V_b)}{R_{ab}}$ sowohl $J = 1$ als auch $(V_a - V_b) = 1$, so wird auch R_{ab} zur Einheit. Oder, mit anderen Worten, wir haben den Widerstand 1 Ohm dann, wenn bei 1 V Potentialdifferenz einer beliebig langen Strecke die Stromstärke 1 A hindurchgeht. Wenn also von den Größen A, V, Θ zwei definiert sind, wird die dritte immer durch das Ohmsche Gesetz bestimmt:

$$A = \frac{V}{\Theta}.$$

Beispiel: Eine Glühlampe mit dem Widerstande 440 Θ kommt an eine Starkstromleitung mit 220 V. Wie groß ist die Stromstärke? $\frac{220}{440} = 0{,}5$ A.

Man verwendet statt der Symbole A̶, V̶, θ̶ auch die einfacheren A, V, Ω. Doch wollen wir zur Erleichterung des ersten Studiums die erstere Bezeichnung beibehalten.

566. Alle diese ,,praktischen" Maßeinheiten können aus elektrostatischen (oder elektromagnetischen, § 602) Maßeinheiten abgeleitet werden; es sind bestimmte Vielfache dieser Größen. Darum kann auch jede der drei Größen A̶, V̶, θ̶ für sich allein definiert und auch durch absolute Messungen für sich allein bestimmt werden. Da aber solche absolute Messungen sehr schwierig sind, so hat man provisorisch bei den jetzt gewonnenen Meßresultaten Halt gemacht. Wie ein Meter nicht genau der 10^7te Teil eines Erdquadranten ist, sondern als die durch eventuelle fernere genauere Messungen nicht mehr zu ändernde Länge eines bestimmten Stabes in Paris definiert wurde, so hat man auch hier **internationale Einheiten** eingeführt, und zwar:

1. Die Stärke 1 A̶ hat ein Strom, der pro sec 1,118 mg Ag ausscheidet (§ 542).

2. Den Widerstand von 1 θ̶ hat eine Quecksilbersäule von 1,063 m Länge und 1 mm² Querschnitt bei 0°C.

3. Ein V̶ ist die Potendialdifferenz, welche in einem Widerstande von 1 θ̶ einen Strom von 1 A̶ erzeugt.

Diese Einheiten entsprechen den derzeit besten Meßresultaten und sollen einstweilen als internationale Einheiten nicht mehr geändert werden.

Um für diese Größen ungefähr eine Vorstellung bei der Hand zu haben, merke man als **mnemotechnische Hilfe:**

1 θ̶ ungefähr gleich dem Widerstande des Quecksilberfadens von 1 mm² Querschnitt und 1 m Länge.

Vor der Einführung des ,,Ohm" wurde der Widerstand eines Hg-Fadens von exakt 1 m Länge und 1 mm² Querschnitt als provisorische willkürliche Widerstandseinheit (,,Siemens-Einheit") gewählt.

1 V̶ ungefähr gleich der Spannung eines Daniellelementes.

1 A̶ dann, wenn an den Enden eines stromdurchflossenen Widerstandes 1 θ̶ eine Potentialdifferenz von 1 V̶ herrscht.

Die Ströme in gewöhnlichen Glühlampen für Zimmerbeleuchtung sind von der Größenordnung einiger Zehntel Ampere; Ströme in Bogenlampen oder Motoren eines Straßenbahnwagens etwa 10—20 Ampere.

567. Widerstände hintereinander geschaltet. Die Drähte ab und cd seien dick, bc dünn (Fig. 416). Die gestrichelte Linie gibt

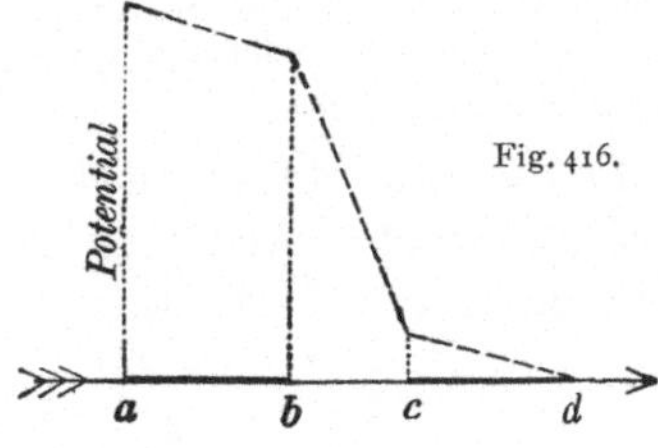

wieder den Verlauf des Potentialgefälles. Die Stromstärke ist in allen drei Teilen gleich.

$$J = \frac{V_a - V_b}{R_{ab}} = \frac{V_b - V_c}{R_{bc}} = \frac{V_c - V_d}{R_{cd}}.$$

Aus diesen drei Gleichungen ergibt sich, daß, da zu einem kleinen Nenner ein kleiner Zähler gehört und umgekehrt, überall, wo der Widerstand klein ist, auch das Potentialgefälle klein ist; wo der Widerstand groß ist, ist auch das Potentialgefälle groß. Auch hier gilt

$$J = \frac{\Sigma E}{\Sigma R}.$$

Verzweigte Leiter.

568. Kirchhoffs Verzweigungsgesetze (1847). Ein Strom J (Fig. 417) teilt sich bei a in zwei Wege, den Weg 1 oben und den Weg 2 unten, die sich dann bei b wieder vereinigen. Man nennt diese Schaltung von 1 und 2 eine Parallelschaltung oder Nebeneinanderschaltung (§ 510). Der Widerstand in den Nebenzweigen sei R_1 bzw. R_2 und die Stromstärke J_1 bzw. J_2.

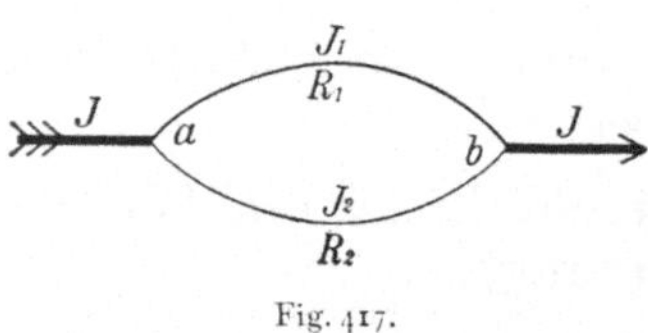

Fig. 417.

1. Es ist $J = J_1 + J_2$, da nirgends in einem gut isolierten Leitungssystem Strom verloren gehen kann; was in a zufließt, muß in b wieder abfließen.

2. Das Potential in a und b sei V_a bzw. V_b, dann ist:

für den Strom 1 ... $V_a - V_b = J_1 R_1$,

für den Strom 2 ... $V_a - V_b = J_2 R_2$.

Also ist $J_1 R_1 = J_2 R_2$ oder $J_1 : J_2 = R_2 : R_1$, d. h. die Stromstärken der beiden Zweige verhalten sich umgekehrt wie die Widerstände. Der Strom teilt sich so, daß durch den dickeren Draht mit kleinerem Widerstande mehr Strom fließt.

Bei komplizierteren Stromverzweigungen werden die Kirchhoffschen Gesetze die folgenden: 1. In jedem Verzweigungspunkte ist die Summe aller positiven und negativen (ankommenden und abgehenden) Stromstärken gleich Null, da sonst die Elektrizität an einzelnen Punkten sich immer mehr anhäufen oder verschwinden müßte. 2. Jede komplizierte Verzweigung kann man immer in einzelne einfache Stromkreise zerlegen; z. B. in Fig. 424 acd oder cbd. In jedem solchen einfach in sich geschlossenen Kreis, der kein Element oder sonstige Stromquelle enthält, ist dann $\Sigma J R = \Sigma E = 0$.

Diese beiden Gesetze genügen für alle Fälle. Sie sind der allgemeine Ausdruck des Ohmschen Gesetzes.

Der Gesamtleitwert der Doppelleitung 1 und 2 in Fig. 417 oder auch noch mehrerer weiterer Parallelleitungen ist gleich der Summe der einzelnen Leitwerte, oder

$$\frac{1}{R_{ab}} = \frac{1}{R_1} + \frac{1}{R_2} + \cdots = \Sigma \frac{1}{R}.$$

Diese Gesetze finden in zahlreichen Schaltungen Anwendung.

569. Oft ist ein zu messender Strom für einen Meßapparat zu stark; man leitet dann nur einen Teil dieses Stromes durch den Apparat und den Rest im Nebenschlusse vorbei. Solch ein schwächender Neben- schluß heißt auch **Shunt.**

Es gehe ein Strom durch einen Meßapparat A (Fig. 418); entsprechend der Zeichnung (punktierten Teil weggedacht), fließt also der ganze Strom J durch aAb. Der Widerstand dieser Leitung (mit A) sei R. Eine Kurbel Os läßt sich nun drehen, z. B. in die punktiert gezeichnete Lage, wodurch der Strom J von O aus gleichzeitig zwei Wege zur Verfügung hat, den alten OAb und einen Nebenweg, Shunt, etwa OR_3b. Es sei z. B. $R = 999\,\Omega$ und der Widerstand des Shunt gleich $1\,\Omega$, dann fließen vom Hauptstrome durch den Shunt 999 Teile und nur 1 Teil durch den Meßapparat. Die Empfindlichkeit sinkt bis auf $\frac{1}{1000}$ der normalen. Durch Einschaltung anderer Shunts (andere Kurbeldrehung) erhält man beliebige Empfindlichkeitsverminderungen.

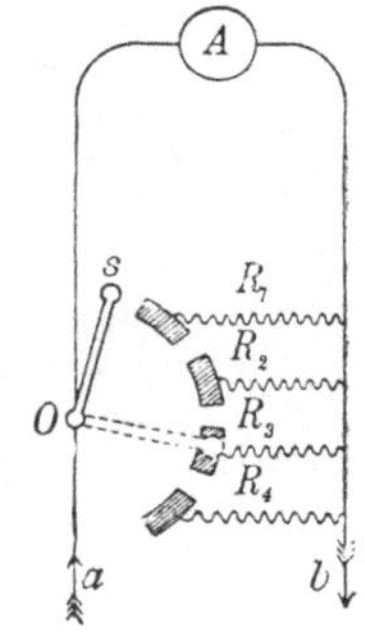

Fig. 418.

Im allgemeinen wird, wenn der Meßinstrumentwiderstand R ist und der Widerstand der Shunts: $\frac{1}{9}R$, $\frac{1}{99}R$, $\frac{1}{999}R$ usw., die Empfindlichkeit $\frac{1}{10}$, $\frac{1}{100}$, $\frac{1}{1000}$ usw. der normalen sein.

Man kann also den Meßbereich eines Instrumentes beliebig vergrößern und mit einem empfindlichen Instrument auch sehr starke Ströme messen. In Fig. 418 haben wir fünf Meßbereiche. Je nach der Kurbel- stellung haben dann entweder die Ablesungen an einer einzigen Skala verschiedene Bedeutung, oder es sind auch manchmal verschiedene Skalen übereinander angebracht, und je nach der Kurbelstellung gilt die eine oder die andere.

Der Mediziner verwendet Ströme von einigen Milliampere (1 Milliampere $= 0{,}001\,A$) bis hinauf zu 20 A und mehr. Mit Hilfe solcher Shunts findet er aber mit einem einzigen Milliampermeter, (z. B. § 614) das beim direkten Durchleiten von 20 A momentan zerstört würde, sein Auslangen.

570. Stromdichte in ausgedehnten Leitern. Bisher betrachteten wir Drähte, das sind zylinderförmige Leiter, und nahmen stillschweigend an, daß der Strom ganz gleichmäßig durch alle Teile des Querschnittes fließe, daß die Stromdichte, d. h. die Zahl der A pro cm² Querschnitt, konstant sei. Das war (für Gleichströme) auch vollständig richtig.

Anders verhält es sich, wenn wir einen Gleichstrom z. B. in eine Metallplatte eintreten und an einem beliebigen anderen Punkte wieder austreten lassen; dann wird die Platte in recht komplizierten Strom- linien durchflossen, wie etwa ein Teich, in dem ein schmaler Wasserstrom an einer Seite einmündet und irgendwo an einer anderen Seite austritt.

Einen solchen Fall haben wir immer, wenn ein elektrischer Strom durch den menschlichen Körper geht. Hier schlägt er oft sehr verwickelte Wege ein, wie bei elektrischen Bädern oder ganz besonders, wenn ein Strom durch kleine Elektroden eingeleitet wird. Legen wir zwei Metallelektroden an den menschlichen Körper so an, wie dies Fig. 419 zeigt, so sind die Strombahnen ungefähr die dargestellten. Die Stromfäden liegen an der kleinen Elektrode enger, hier ist die Stromdichte größer. Durch Anwendung einer kleinen „Reizelektrode" und einer großen „neutralen" Elektrode kann man infolge dieser Verdichtung der Stromlinien die Stromwirkung für physiologische, diagnostische und therapeutische Anwendung einigermaßen lokalisieren.

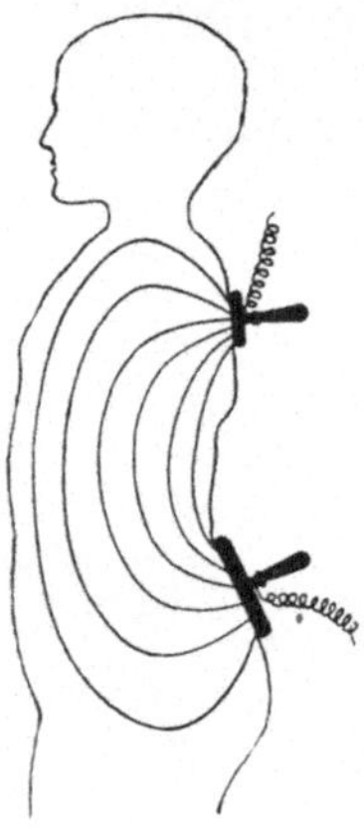

Aber selbst unter der Annahme, daß der menschliche Körper ein physikalisch vollstandig homogener Leiter wäre, ist eine Berechnung oder geometrische Konstruktion der Stromlinien, wie sie manchmal in physiologischen Werken gegeben wird, unmöglich. Nun ist der menschliche Körper überdies zusammengesetzt aus Teilen verschiedener Leitfähigkeit und aus Grenzflächen im Inneren, wo durch Ionenkonzentration Gegenkräfte auftreten. Es können die Stromlinien hier nur mit Hilfe physiologischer Wirkungen gefunden werden oder durch Einführung von Hilfssonden und Ableitung eines Zweigstromes in einen Meßapparat mit sehr großem Widerstand.

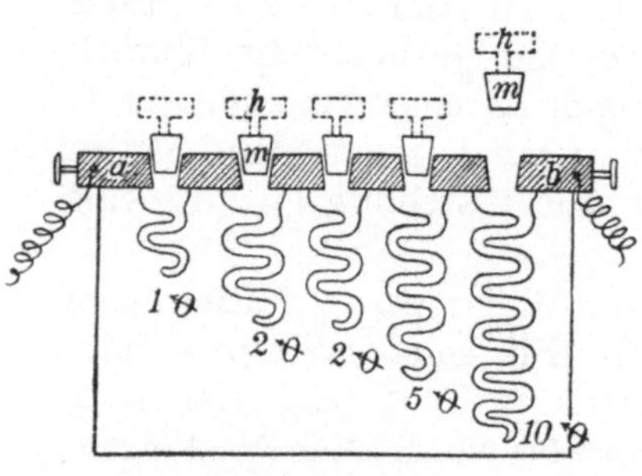
Fig. 419.

571. Um beliebig viel und genau bestimmten Widerstand einschalten zu können, verwendet man den sog. „**Stöpselrheostaten**" oder „**Widerstandskasten**". Der Strom geht durch eine dicke Messingleiste ab, welche in einzelne Stücke geteilt ist, in (der nur schematischen) Fig. 420 z. B. in sechs. Die Lücken sind durch Drahtspiralen von bestimmtem Widerstande, z. B. 1, 2, 2, 5 und 10 Θ, überbrückt, welche aus verschieden langen und verschieden dicken Drähten bestehen, die durch schellackierte Wollumhüllung oder Seide gegeneinander isoliert sind. Die Lücken in der Messingleiste ab haben einander gegenüberstehende halbkreisförmige Ausschnitte, in welche konische Metallstöpsel m mit einem Hartgummigriff h hineinpassen. Wären in unserem Beispiel alle fünf Stöpsel fest eingesteckt, so ginge die Gesamtheit des Stromes durch die Messingleiste ab, deren Widerstand so klein ist, daß er vernachlässigt werden kann. Nimmt man aber einen, z. B. den letzten Stöpsel, heraus, wie in Fig. 420, so muß der Strom durch die Spule 10 Θ gehen; es sind jetzt 10 Θ in den Stromkreis eingeschaltet; zieht man alle fünf Stöpsel auf einmal heraus, so sind 20 Θ eingeschaltet usw. Man kann in unserer Zeichnung alle ganzzahligen Werte zwischen Null und 20 Θ einschalten.

Fig. 420.

Der Meßbereich solcher Präzisionsrheostate kann natürlich viel weiter reichen als in unserer Zeichnung, z. B. von 0,1 bis 100000 Θ, wobei man, bis auf 0,1 genau, alle Widerstände dieses Bereiches und ihre Summen zur Verfügung hat.

Solche für Schwachströme bestimmte Präzisionswiderstände vertragen nur wenig Strom; ein stärkerer Strom würde die Widerstandsdrähte schmelzen oder die isolierende Hülle verbrennen. Selbstredend kann man auch für Starkströme, wenn man nur den Draht dick genug nimmt, genaue Widerstandseinheiten gewinnen. Darum ist vor Gebrauch jedes Widerstandsapparates stets darauf zu achten, für welche Maximalstromstärke er gebaut wurde.

In Fig. 420 sind statt einfacher Spiralen Doppelspiralen angedeutet. Man wickelt den gut isolierten Draht **bifilar**, so daß der Strom schraubenförmig einmal nach der einen Richtung hinunter und dann in der entgegengesetzten Richtung hinauf geht. Dadurch werden **magnetische Wirkungen nach außen** (§ 606) und **vor allem Selbstinduktion** („scheinbarer Widerstand", § 629) **vermieden**.

Als Drahtmaterial verwendet man häufig eine Kupfer-Nickel-Manganlegierung, **Manganin**, weil diese Substanz **ihren Widerstand bei höheren Temperaturen kaum ändert**. (Vgl. § 577).

572. In vielen Fällen wird ein Widerstand in eine Leitung nur zur ungefähren Regulierung der Stromstärke eingeschaltet. Von solchen **technischen Rheostaten** wollen wir zwei der gebräuchlichsten herausgreifen.

Der **Schieberrheostat** (Fig. 421) besteht aus einem auf Speckstein oder Marmor schraubenförmig gewickelten Widerstandsdrahte ab. Für Schwachströme ist dieser Draht dünn, für Starkströme dick. Die Einschaltung in die Stromleitung erfolgt bei a und c. Durch Verschieben des Gleitkontaktes s kann man größere oder kleinere Teile von ab einschalten.

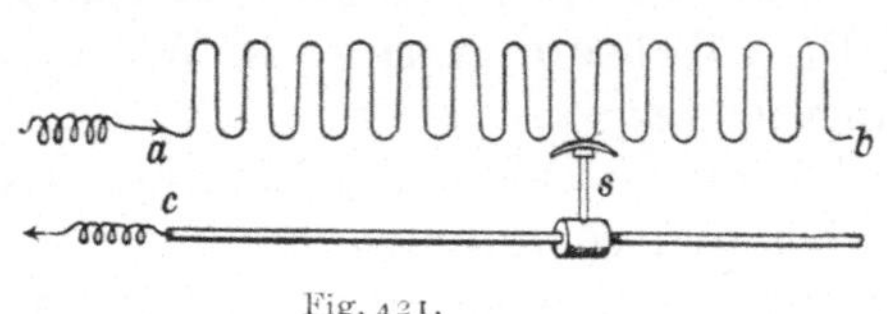
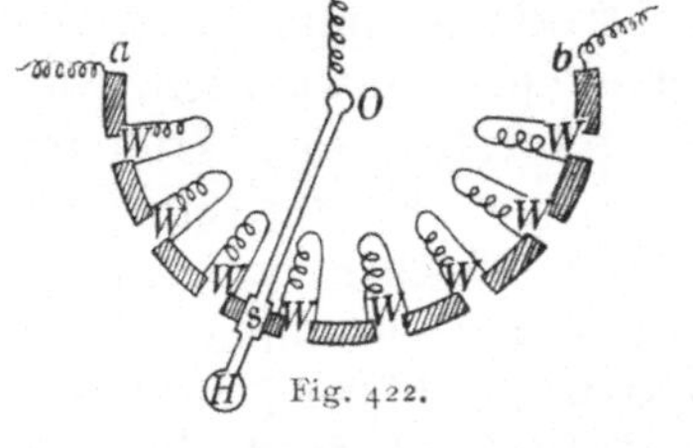

Fig. 421.

Fig. 422.

Fig. 422 stellt schematisch einen **Kurbelrheostaten** dar, der im Prinzip dem vorigen gleicht. Der Strom tritt in a ein, durchfließt bei der gezeichneten Kurbelstellung z. B. drei Widerstandsspiralen W und geht durch die Kurbel sO über O zurück. Die Kurbel OsH ist mit dem Handgriff H versehen und kann um den Mittelpunkt O gedreht werden, wodurch der Schleifkontakt s eine beliebige Stelle zwischen a und b einnehmen kann; der von b abgehende Draht hat in dieser Schaltung keine Bedeutung.

In neuerer Zeit ist dieses Prinzip auch mit Erfolg auf Präzisionsrheostate ausgedehnt worden.

573. Anschaltung von Apparaten an den Straßenstrom. Der Straßenstrom, der für Beleuchtung usw. in Gebäude eingeleitet wird, habe z. B.
eine Spannung von 100 V, die für manche Verwendungszwecke viel zu
groß wäre. Direkt in eine kleine Drahtspule von etwa 3 Θ eingeleitet,
ergibt das eine Stromstärke von $\frac{100\,V}{3\,\Theta}$, d. i. zirka 33 A. Ein solcher
Strom würde die kleine Spule bis zum Verbrennen erhitzen. Man kann
vor oder hinter der Spule einen sog. Vorschaltwiderstand einschalten,
welcher die Stromstärke bis auf das gewünschte Maß dadurch herunter-
bringt, daß er einen Teil der erzeugten Energie in sich aufnimmt.

Dieses Vorschalten eines Widerstandes hat aber oft Nachteile.

Es sei z. B. für eine medizinische Anwendung eines Gleichstromes
(„Galvanisation") eine Maximalspannung von 30 V vorgeschrieben, die
aber von Null ansteigend nur allmählich erreicht werden soll, sog. „Ein-
schleichen des Stromes". Wollte man hier mit Vorschaltwiderstand
arbeiten, so müßte zunächst ein sehr großer Widerstand genommen
werden, der allmählich so verkleinert wird, bis an den Elektroden am
menschlichen Körper die Potentialdifferenz von 30 V herrschte. Dieser
Schlußwiderstand berechnet sich, wenn z. B. der Widerstand des menschlichen Körpers 1000 Θ und die Straßenstromspannung 240 V wäre, zu
7000 Θ, dann wäre der gesamte Widerstand 8000 Θ; die 240 V Anfangs-
spannung des Straßenstromes sinken in je 1000 Θ um 30 V herunter. Es
ist also auch der Spannungsabfall im menschlichen Körper 30 V. Wenn
aber hier eine Elektrode am Patienten schlecht aufsitzt oder gar von dem
Körper nur wenig wegrückt, so würde der Widerstand sehr groß. Die
Elektrodenspannung am menschlichen Körper würde bis zum Anfangswerte 240 V anwachsen, was — besonders wegen der Funkenbildung —
sehr schädlich wäre. Hier ist eine Parallelschaltung von Widerstand
neben dem Körper, ein Shunt, angezeigter.

Einen solchen braucht man nicht nur für all die zahlreichen medizinischen Anordnungen diagnostischer und therapeutischer Natur (z. B.
elektrische Bäder), sondern auch für viele physikalische Instrumente
(z. B. kleine Induktorien) bedarf man größerer oder kleinerer, rasch zu
ändernder Spannungen, die durch Anschluß an das städtische Zentral-
netz erreicht werden sollen.

Man nimmt dafür sog. „Anschlußapparate". Wir verwenden z. B.
den bereits bekannten Schieberrheostat in etwas anderer Schaltung
(Fig. 423). Der Straßenstrom von z. B. 240 V Spannung durchfließt
den ganzen Rheostaten von a bis b, und es sinkt längs dieser ganzen
Strecke $a\,b$ das Potential ganz regelmäßig ab (ähnlich wie im Drahte $a\,b\,c\,d$
in Fig. 414). Die Potentialdifferenz zwischen a und b in Fig. 423 ist z. B.

230 $\mathring{V}$, da ja ein Teil des Potentialabfalles schon in den Zuleitungsdrähten stattfindet. Zwischen s und a herrscht also in der Zeichnung eine Potentialdifferenz von etwa $\frac{1}{2} \cdot 230$ $\mathring{V}$. Schiebt man s ganz gegen a, so wird diese Potentialdifferenz Null. Schalten wir nun zwischen α und β einen Induktionsapparat oder einen Teil eines tierischen Körpers ein, so durchfließt diesen kein Strom. Schiebt man dann s allmählich gegen b, so wird $\alpha\beta$ von einem immer stärkeren Strom durchflossen. Dieser Nebenstrom beeinflußt den Hauptstrom um so

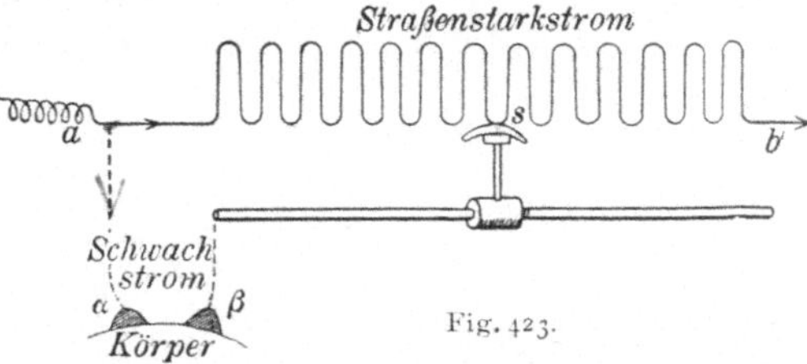

weniger, je größer der Widerstand $\alpha\beta$ gegen den Rheostatenwiderstand $a\,s$ ist. (Ein besonderer Vorteil dieser Nebenschaltung ist die Vermeidung eines Extrastromes (§ 629) im Nebenkreis $a\,\alpha\beta\,s$, weil dieser kein Eisen enthält. Man kann den Nebenkreis ohne große Funkenbildung öffnen.)

Auch der Kurbelrheostat (Fig. 422) kann bei passender Schaltung als Shunt benützt werden. Der Hauptstrom fließt dann von a bis b durch alle Spulen, und der Zweigstrom wird abgenommen von a und O.

Messung von Widerständen und elektromotorischen Kräften.

Wir sagten schon, daß es möglich ist, den Widerstand oder die elektromotorische Kraft direkt, d. h. absolut nur mittels Länge, Masse und Zeit zu bestimmen. Diese schwierigen Messungen sind aber bereits alle mit solcher Genauigkeit ausgeführt, daß wir es nun immer nur mehr mit Vergleichen zu tun haben, wie wir ja auch das Gewicht eines Körpers durch Vergleich mit einem als richtig angenommenen Gewichtssatze bestimmen.

Die folgenden Methoden zur Messung von Widerständen gelten zunächst für feste und flüssige Körper, bei letzteren mit Einschränkungen, die später (§ 579) gesondert besprochen werden. Ein ganz eigenartiges Verhalten zeigen die Gase; man kann bei diesen im allgemeinen nicht von Ohmschem Widerstand sprechen (§ 660).

574. Direkte Anwendung des Ohmschen Gesetzes. Wenn man die Potentialdifferenz zwischen den zwei Endpunkten eines Widerstandes in $\mathring{V}$, z. B. mit Elektrometer (oder bequemer mit Voltmeter, § 582) mißt und die Stromstärke in $\mathring{A}$, (z. B. durch Voltameter vgl. § 541, oder Ampermeter vgl. z. B. §§ 603, 607, 614), so ergibt der Quotient dieser beiden Zahlen den Widerstand in Θ.

575. Substitutionsmethode. Man schaltet hintereinander eine Batterie, den zu messenden Widerstand x und ein beliebiges strommessendes Instrument; der Ausschlag des letzteren sei α. Dann entfernt man den gesuchten Widerstand x aus dem Stromkreise und setzt an dessen Stelle einen Widerstandskasten, dessen Stöpselung man so reguliert, daß wieder der gleiche Ausschlag α sich einstellt; dieser ausgestöpselte Widerstand ist gleich x (analog wie § 52).

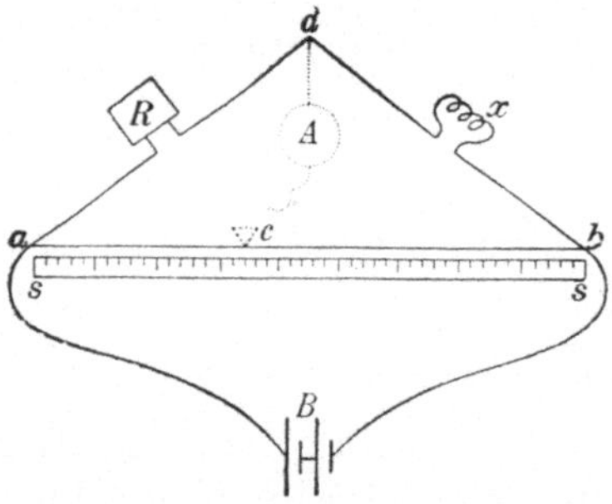

576. Viel genauer als diese Methoden ist die Brückenmethode von S. H. Christie (meist **Wheatstonesche Brücke** genannt).[1]) Der Strom von zwei bis drei beliebigen, eventuell auch inkonstanten Elementen B fließt zunächst durch einen gerade ausgespannten, dünnen und blanken Draht ab von 1 m Länge, Fig. 424 (ohne punktierte Linien). Von a führt überdies eine Zweigleitung durch den teilweise ausgestöpselten Widerstandskasten mit einem Widerstande R über d und durch den gesuchten Widerstand x nach b. Die Stromspannung sinkt sowohl in adb als in acb vom gemeinschaftlichen Anfangswerte V_a auf die gemeinschaftliche Endspannung V_b. Dann ist die Stromstärke

im oberen Teile:
$$J_1 = \frac{V_a - V_d}{R} = \frac{V_d - V_b}{x},$$

im unteren Teile:
$$J_2 = \frac{V_a - V_c}{R_{ac}} = \frac{V_c - V_b}{R_{cb}}$$

Nun muß an einem mittleren Punkte oben dieselbe Spannung herrschen wie an einem analogen Punkte unten; z. B. bei c und d, so daß $V_c = V_d$. Dann ergibt sich durch Division der obigen Gleichungen

$$R : x = R_{ac} : R_{cb}.$$

Um diesen Punkt c, der die gleiche Spannung mit dem Punkte d hat, experimentell zu finden (punktierte Linie in Fig. 424), legen wir von d aus eine Leitung über ein stromempfindliches Instrument A (Galvanometer §§ 603, 614) zum Schleifkontakte c, den wir auf ab so lange verschieben, bis das Galvanometer stromlos ist; dann ist $V_c = V_d$. Weil die Leitung dAc stromlos ist, war unsere Ableitung, die ohne Rücksicht auf diesen Stromweg dAc gemacht wurde, erlaubt. Da $\dfrac{R_{ac}}{R_{cb}}$ bei gut zylindrischen Drähten gleich dem Längenverhältnis $\dfrac{ac}{cb}$ ist, erhalten wir $\dfrac{R}{x} = \dfrac{\text{Länge } ac}{\text{Länge } cb}$. Diese Längen werden an einem unter ab befindlichen Längenmaßstabe ss abgelesen. Die Einstellung ist am genauesten, wenn ac ungefähr gleich cb ist, wenn man also die Stöpselung vor der Messung so vornimmt, daß zunächst ungefähr $R = x$ ist. Der genaue Wert folgt dann aus obiger Gleichung.

Diese klassische Methode der Widerstandsmessung ist darum so großer Genauigkeit fähig, weil sie, wie z. B. auch die Waage, eine **Nullmethode** ermöglicht; es wird nicht ein Ausschlag, sondern das Verschwinden eines Ausschlages gemessen.

---

[1]) Diese Methode wurde 1833 von S. H. Christie Phil. Trans. Roy. Soc. publiziert, von W. Weber 1842 ebenfalls benützt; Wheatstone beschrieb sie 1843 unter Nennung Christies.

577. Widerstand metallischer Leiter. Man versteht unter spezifischem elektrischem Widerstand den Widerstand eines Prismas von 1 cm Länge und 1 cm² Querschnitt in Θ. Das Reziproke des spezifischen Widerstandes nennt man „spezifisches Leitvermögen". Für praktische Zwecke nimmt man eine 10000 mal so große Zahl; also den Widerstand einer Länge von 1 m und eines Querschnittes von 1 mm² in Θ.

Der praktische spezifische Widerstand ist bei 18° C

für	Silber	Kupfer	Platin	Eisen
	0,016	0,017	0,105	0,10

für	Konstantan	Manganin	Quecksilber
	0,50	0,43	0,958

Die metallischen Leiter (mit Ausnahme von Kohle) vergrößern ihren elektrischen Widerstand R bei Erwärmung, so z. B. Silber, Kupfer und andere pro 1° C um etwa 0,004 R, hingegen Konstantan, Manganin (§ 571) und ähnliche Legierungen fast gar nicht. Diese Zahlen 0,004 usw. nennt man die Temperaturkoeffizienten des Widerstandes. In der Nähe des absoluten Nullpunktes nimmt der Widerstand sprungweise auf unmeßbar kleine Werte ab. („Supraleitfähigkeit" z. B. für Hg bei 4,2°; Sn 3,74°; Pb 7,2° absolut.)

Die metallische Modifikation des Selens leitet sehr schwach, doch sinkt der Widerstand bei starker Bestrahlung auf ein Hundertstel und weniger. Diese Eigenschaft wird bei der Fernphotographie und Ferntelephonie benützt.

Viele Metalle ändern ihren Widerstand, wenn man sie zwischen Magnetpole bringt. Bei Wismut kann er über das Doppelte ansteigen. Diese Widerstandsänderung wird zur Messung magnetischer Felder benützt.

Interessant ist die Analogie zwischen Elektrizitäts- und Wärmeleitfähigkeit; das Verhältnis $\left(\frac{\text{Elektrizitätsleitfähigkeit}}{\text{Wärmeleitfähigkeit}}\right)$ ist für viele Körper eine konstante Zahl (Gesetz von Wiedemann-Franz, vgl. (§ 266). Die besten Elektrizitätsleiter sind auch die besten Wärmeleiter Bei tiefen Temperaturen gilt dieser Satz nicht mehr.

578. Die Wheatstonesche Brücke ergibt auch ein sehr empfindliches Mittel zur **Temperaturmessung.** Wenn in Fig. 424 das Galvanometer auf Null steht, so erzeugt eine kleine Erwärmung von x infolge der Widerstandserhöhung einen Ausschlag, aus dem sich unmittelbar die Temperatur von x ergibt. Es sei z. B. x eine kleine Platinspirale, die in einer Körperhöhle eines Patienten (After, Achselhöhle) dauernd eingefügt wird; dann kann das Galvanometer so eingerichtet werden, daß es auf einem durch ein Uhrwerk gezogenen Papierstreifen die Temperatur des Patienten fortwährend registriert, was mit einem gewöhnlichen Quecksilberthermometer nicht möglich wäre. Bei Überschreiten einer bestimmten Temperatur kann ein Glockensignal ausgelöst werden.

Eine im Prinzip analoge Einrichtung kann im Zentralpunkte eines großen Gebäudes die Temperaturen verschiedener Wohnräume registrieren (Fernthermometer).

Solche sogenannte „Widerstandsthermometer" sind auch geeignet zur Messung sehr hoher oder sehr tiefer Temperaturen.

Es kann auch x in Fig. 424 als flaches, berußtes Metallstreifchen ausgebildet statt einer Thermosäule (§ 595) zur Messung einer Strahlung dienen — Bolometer.

579. Widerstandsmessung von Elektrolyten. Da bei jeder Widerstandsmessung ein Strom durch den zu messenden Widerstand geht, wird die bei Flüssigkeiten fast immer auftretende Polarisation große Störungen veranlassen. Wenn man aber durch geeignete Maßnahmen die Stromrichtung fortwährend ändert, Wechselstrom (§ 617), und sehr große Elektroden verwendet, so werden die Polarisationswirkungen unmerklich werden, besonders wenn der Wechselstrom schwach ist. Die große Oberfläche der Elektroden erreicht man dadurch, daß man Platin mit Platinschwamm überzieht. Selbstverständlich sind aber dann alle Instrumente so zu wählen, daß sie auf Wechselstrom reagieren. Mit dieser Modifikation können alle drei im vorhergehenden geschilderten Methoden in Anwendung kommen.

Auch hier ist die Methode mit der Wheatstoneschen Brücke die genaueste und die fast ausschließlich gebrauchte.

Man erzeugt dabei die Wechselströme mittels eines kleinen Induktoriums (§ 625), das an Stelle von B in Fig. 424 kommt, und ersetzt den Gleichstrommesser A durch ein Telephon (§ 637). Der Schieber c wird so lange verschoben, bis man im Telephon einen möglichst schwachen Ton hört.

Von Wichtigkeit ist hier die Form der Widerstandsgefäße, d. s. die die Flüssigkeit samt den Elektroden enthaltenden Gefäße. Die Elektroden sind je nach den kleineren oder

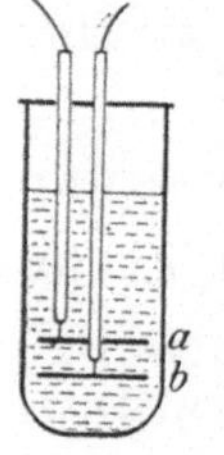
Fig. 425.

größeren Widerständen der zu messenden Flüssigkeiten größere oder kleinere mit feinverteiltem Platinmohr überzogene Platinelektroden, deren Zuleitungsdrähte durch Glasröhren gegen die Flüssigkeit isoliert sind; das Ganze kommt in ein Flüssigkeitsbad mit konstanter Temperatur. Sehr bequem ist es oft, wenn man den Widerstand meßbar ändern kann, wie z. B. in Fig. 425 durch Änderung der Elektrodendistanz ab.

Dieses Gebiet ist besonders durch die klassischen Arbeiten von F. Kohlrausch ausgebaut worden. Man bestimmt hier den reziproken Wert des spezifischen Widerstandes (§ 577) das spezifische elektrische Leitvermögen λ, d. h. den Leitwert von 1 cm³ Würfel der Flüssigkeit zwischen zwei gegenüberliegenden Flächen.

Für die ersten Messungen auf diesem Gebiete mußten die Länge und der Querschnitt des Elektrolyten sehr genau bestimmt werden. Jetzt aber ist das Meßverfahren vereinfacht, indem man in ein beliebiges Widerstandsgefäß erst „Widerstandsnormalflüssigkeiten" mit bekanntem λ_1 einbringt, z. B. gesättigte NaCl-Lösung, und den Widerstand R_1 bestimmt. Nach dem Reinigen des Gefäßes kommt der zu messende Elektrolyt mit dem unbekannten λ_2 hinein, der gemessene Widerstand sei jetzt R_2. Da $R_1 : R_2 = \dfrac{1}{\lambda_1} : \dfrac{1}{\lambda_2}$, so ist

$\lambda_2 = \dfrac{\lambda_1 R_1}{R_2}$. Diese Größe $\lambda_1 R_1$ heißt die Widerstandskapazität des Gefäßes und hängt von dessen geometrischer Form ab. Ist sie einmal für ein bestimmtes Gefäß bekannt, so läßt sich jedes λ rasch finden.

λ hängt natürlich von der Konzentration ab.

Aus praktischen und theoretischen Gründen, deren Schilderung hier zu weit führen würde, multipliziert man darum die spez. Leitfähigkeit mit der Zahl, die angibt, in wie vielen Litern eine Grammolekel des Stoffes aufgelöst ist. Diese so erhaltene **molekulare Leitfähigkeit** λ_μ steigt mit größerer Verdünnung, weil dann immer mehr Molekeln dissoziieren (also die Zahl der Transportträger der Elektrizität steigt) bis zu einem Maximum λ_∞.

Das Verhältnis $\dfrac{\lambda_\mu}{\lambda_x}$ gibt das Verhältnis der dissoziierten zur Gesamtzahl der Molekeln, den **Dissoziationsgrad**.

Man kann diesen im Prinzip auch aus dem osmotischen Druck, der Gefrierpunktserniedrigung usw. ableiten, doch ist die Messung des elektrischen Leitvermögens bei verdünnten Lösungen viel genauer ausführbar.

580. Widerstand von Flüssigkeiten. Elektrolytische Flüssigkeiten leiten viel schlechter als Metalle. Einer der bestleitenden Elektrolyten ist z. B. die Lösung 100 g HO_2 + 30 g H_2SO_4, und selbst diese leitet etwa $4 \cdot 10^5$ mal schlechter als Kupfer. Nichtelektrolyte (z. B. Kohlenwasserstoffe, Öle, Benzol u. dgl. organische Stoffe) sind praktisch nichtleitend.

Der Einfluß der Temperatur ist umgekehrt wie bei den Metallen, Flüssigkeiten leiten bei höherer Temperatur besser.

Der Widerstand des menschlichen Körpers ist sehr variabel. Muskeln leiten besser als Nerven; am besten die Blutgefäße, am schlechtesten die Knochen. Der Hauptwiderstand liegt in der Epidermis, besonders wenn sie trocken ist, darum befeuchtet man die aufliegenden Elektroden (in Fig. 419). Mit der Elektrodengröße sinkt der Widerstand. Bestimmte Zahlen anzugeben ist unmöglich, da sich der Widerstand überdies bei manchen pathologischen Zuständen ändert. Der Gesamtwiderstand des Patienten in Fig. 419 beträgt einige Hundert Θ.

581. Messung elektromotorischer Kräfte. Die Potentialdifferenz zweier Punkte einer Leitung (oder elektromotorische Kraft oder Spannung zwischen diesen Punkten) mißt zunächst sehr einfach ein Elektrometer (§ 508). Kleinere Werte mißt ein Quadrantelektrometer, größere auch ein geeichtes Elektroskop.

Die klassische Methode aber zur Bestimmung elektromotorischer Kräfte, z. B. von Elementen, ist die Kompensationsmethode von Poggendorff.

In Fig. 426 ist ab ein dünner, gerader und blanker Draht, durch den ein Strom einer Hilfsbatterie B fließt. Dann sinkt das Potential in diesem Drahte regelmäßig, z. B. von links nach rechts.

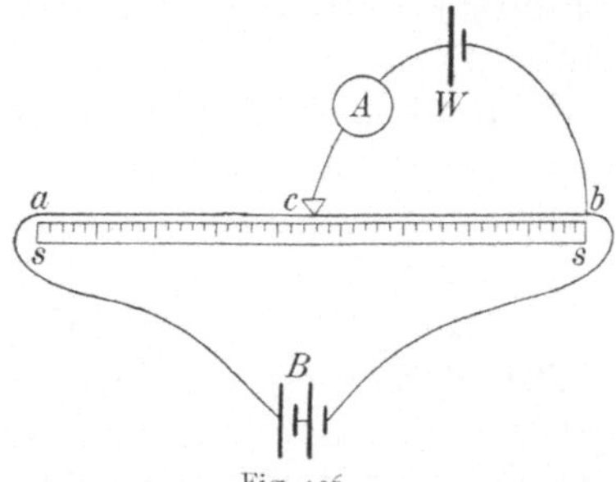

Fig. 426.

$V_a - V_b$ sei ungefähr 2 V; genau bekannt sei diese Zahl noch nicht. An einer bestimmten Stelle aber im Drahte ab, z. B. für c, ist der Spannungsabfall $V_c - V_b$ genau gleich 1,018 V, also gleich der Spannung eines Weston-Normalelementes. Bringe ich die Enden der Leitung eines solchen Normalelementes W in entgegengesetzter Stromrichtung an c und b, so kann kein Strom fließen; die Potentialdifferenz des Drahtes ($V_c - V_b$) hält der Spannung des Normalelementes genau das Gleichgewicht. Das Strommeßinstrument

A bleibt stromlos. Man verschiebt also den Schleifkontakt c so lange, bis dieser Fall eintritt. Das Potential $(V_c - V_b)$ ist dann genau 1,018 V.

Bringt man nun an Stelle von W ein Element mit der zu messenden Spannung x und verschiebt wieder den Schleifkontakt so lange, bis A stromlos ist, bis zu einer Stelle d, so ist

$$\frac{V_d - V_b}{V_c - V_b} = \frac{\text{Länge } db}{\text{Länge } cb}. \quad \text{Daraus folgt } x = 1{,}018 \left(\frac{db}{cb}\right) \text{V}.$$

Diese Methode — als Nullmethode — ist sehr genau.

582. Für praktische Zwecke verwendet man zur Messung von Potentialdifferenzen **Voltmeter,** das sind strommessende Apparate mit großem bekannten Widerstande. Es sei z. B. an einer stromdurchflossenen Drahtleitung die Potentialdifferenz $(V_a - V_b)$ der Punkte a und b zu bestimmen. Führen wir von a eine Nebenleitung zu einem strommessenden Apparat A (Galvanometer oder dgl.) und weiter zu b zurück, so geht durch diese Parallelleitung ein Zweigstrom. Wenn nun der Widerstand dieser Zweigleitung gegen den Hauptstrom sehr groß ist, so fließt nach dem Kirchhoffschen Verzweigungsgesetze nur ein kleiner Zweigstrom durch die Nebenleitung, der den Hauptstrom praktisch nicht merklich schwächt. Gleichwohl zeigt ein sehr empfindlicher Strommeßapparat diesen Zweigstrom an, dessen Stärke dann der gesuchten Potentialdifferenz $(V_a - V_l)$ proportional ist. Man liest dann $(V_a - V_b)$ direkt an der Skala ab.

Hat man ein genaues Ampermeter und einen guten Widerstandskasten, so läßt sich ein Voltmeter leicht eichen. Man sendet einen in A gemessenen Strom durch einen in Ω bestimmten (nicht zu großen) Widerstand. An den Enden des Widerstandes schaltet man das Voltmeter an, dessen Ausschlag so viele V bedeutet, als das Produkt Stromstärke mal Widerstand beträgt.

Auch hier kann man Voltmeter mit verschiedenen Meßbereichen dadurch gewinnen, daß man verschiedene Vorschaltwiderstände (keine Shunts!) mittels Kurbel- oder Stöpseleinschaltung in das Instrument einbaut.

Man kann dann rasch und bequem durch direkte Anschaltung des Voltmeters an ein Element oder an zwei Punkte einer Leitung die dort herrschende Spannung ablesen.

Einige Schaltungsbehelfe.

583. Schaltung von Elementen. Das Zinkende eines Elementes sei geerdet, das andere isoliert. Wo das Zn die Flüssigkeit berührt, entsteht die elektromotorische Kraft E. In diesem „offenen" Zustande des Elementes ist dann die „Klemmspannung" k, d. i. die Potentialdifferenz der Elementpole, genau so groß wie E.

Bei Stromschluß aber sinkt die Klemmspannung um so mehr, je kleiner der äußere Widerstand im Verhältnis zum Batteriewiderstand wird.

Hat man also einem bestimmten Objekte möglichst viel elektrische Energie (i. e. Stromstärke mal Spannung) zuzuführen und steht uns nur eine bestimmte Zahl von Elementen, jedes mit der elektromotorischen Kraft E zur Verfügung, so werden wir durch passende Schaltung für möglichst hohe Klemmspannung zu sorgen haben.

Schaltet man Elemente hintereinander, z. B. 4 Stück, so ist die elektromotorische Kraft dieser Batterie im offenen Zustande $4\,E$, aber es wird auch der innere Widerstand gleich $4\,R_i$, wenn R_i der innere Widerstand eines Elementes ist. Es nützt also ein solches Hintereinanderschalten vieler Elemente oft nicht. Wenn ein kleiner dicker Platindraht mit zehn hintereinander (in Serie) geschalteten Daniell nicht glüht, glüht er auch mit 100 nicht. Was man an elektromotorischer Kraft gewinnt, geht durch den großen Widerstand der Elemente verloren.

Darum muß man Elemente verschieden schalten. Will man z. B. durch den großen Widerstand des menschlichen Körpers einen Batteriestrom senden, so schaltet man hintereinander. Will man hingegen einen kleinen dicken Draht glühen, so macht man den inneren Widerstand dadurch klein, daß man mehrere Elemente nebeneinander schaltet. In Fig. 427 sind drei verschiedene Schaltungsmethoden von vier Elementen gezeichnet. Wir erhalten für die gezeichneten Kombinationen die Spannung $4\,E$, bzw. $2\,E$, bzw. E und den inneren Widerstand $4\,R_i$, bzw. R_i,

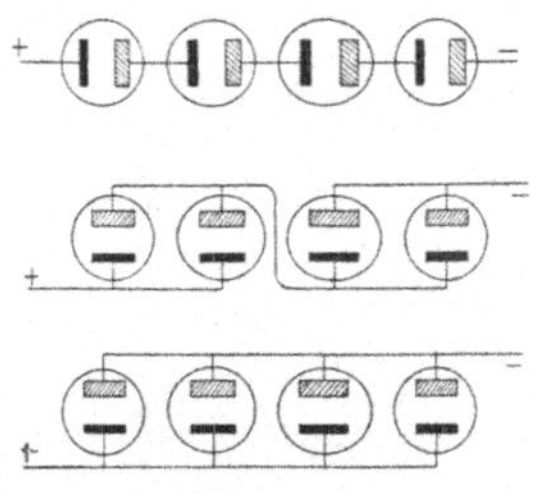

Fig. 427.

bzw. $\tfrac{1}{4}\,R_i$. Ein Apparat, der durch Kurbeldrehung bzw. Umstöpselung solche Umschaltungen von Elementen rasch ermöglicht, heißt Pachytrop. Im allgemeinen gilt ungefähr die Schaltungsregel: für großen äußeren Widerstand hintereinander, für kleinen äußeren Widerstand parallel. Ein Pachytrop gestattet rasches Ausprobieren.

Beispiel. Man hat 30 Elemente, jedes 1 V und 0,5 Θ. Was ist günstiger:

$$\text{Serienschaltung } s \quad \text{oder} \quad \text{Parallelschaltung } p\,?$$

1) $R_a = 10000\ \Theta$
$$J_s = \frac{30\ \mathrm{V}}{(30\cdot 0{,}5 + 10000)\ \Theta} \qquad J_p = \frac{1\ \mathrm{V}}{\left(\dfrac{0{,}5}{30} + 10000\right)\Theta}.$$

Hier ist J_s etwa 30 mal größer als J_p.

2) $R'_a = 0{,}003\ \Theta$
$$J'_s = \frac{30\ \mathrm{V}}{(30\cdot 0{,}5 + 0{,}003)\ \Theta} \qquad J'_p = \frac{1\ \mathrm{V}}{\left(\dfrac{0{,}5}{30} + 0{,}003\right)\Theta}.$$

Hier ist J'_p etwa 30 mal größer als J'_s.

584. Schalthilfsmittel. Die fest an den Wänden verlegten Kupferleitungen müssen mit isolierenden Hüllen umwickelt und besonders in feuchten Räumen an Porzellanisolatoren befestigt sein. Bei guter Isolation ist ein Einschluß in Metallröhren (Kabel) und direktes

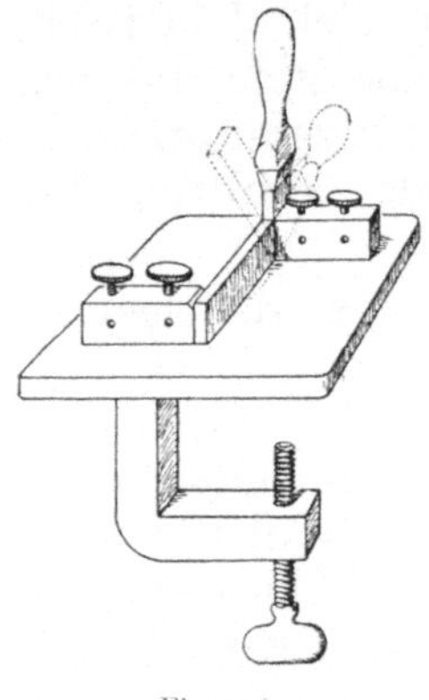

Fig. 428.

Einmauern möglich. Für Versuchszwecke verwendet man biegsame Kupferseile mit Wolle oder Seide umsponnen.

Die Enden dieser Drähte müssen blank sein und werden mittels blanker Metallklemmen an die Apparate leitend angeklemmt. Auch die Verbindung der blanken Enden zweier oder mehrerer Drähte wird durch eigene Klemmschrauben bewerkstelligt.

Fig. 428 ist ein Stromschlüssel, mit welchem eine Leitung geschlossen oder unterbrochen werden kann.

Fig. 429 stellt, von oben gesehen, einen Stromwender oder Kommutator dar; in einer runden Hartgummischeibe H_2 sind 4 voneinander isolierte Metallzapfen 1, 2, 3 und 4 angebracht. Der Batteriestrom geht zu 1 und 3. Die Versuchsleitung mit A ist in 2 und 4 eingeschaltet. Verbindet man 1 mit 4 und 2 mit 3 (ausgezogene Pfeile), so fließt der Strom durch A von links nach rechts. Verbindet man aber 1 mit 2 und 4 mit 3 (gestrichelte Pfeile), so fließt der Strom in umgekehrter Richtung durch A. Um diese Verbindung rasch machen zu können, legt man auf die Hartgummischeibe H_2 zentrisch eine zweite H_1 (in Fig. 429 rechts, von unten gesehen), die zwei

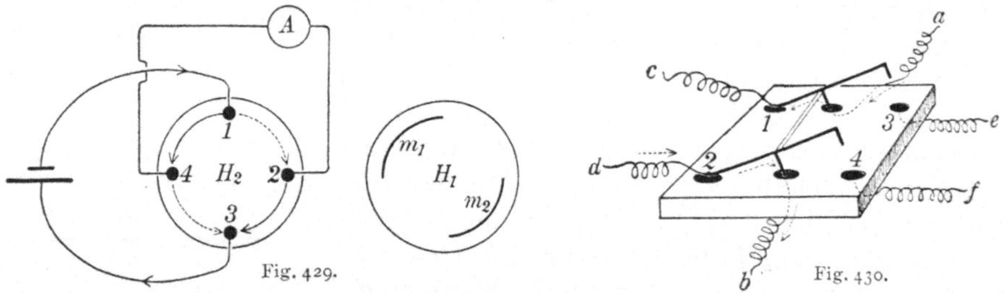

Fig. 429.

Fig. 430.

Metallstreifen m_1 und m_2 hat. Dann bewirkt eine Achsendrehung dieser oberen Scheibe um 90^0 die gewünschte Umschaltung. In der gezeichneten Stellung wäre die Verbindung 1 mit 4 und 2 mit 3 hergestellt.

Fig. 430 stellt eine Pohlsche Wippe dar, welche einen raschen Umtausch zweier Leitungen ermöglicht. Ein Brett enthält 6 (schwarz gezeichnete) Hg-Näpfchen. In a und b ist z. B. eine Zersetzungszelle angeschaltet, in c und d eine Batterie, in e und f ein Strommesser. In der gezeichneten Lage wird die Zersetzungszelle polarisiert, beim Umlegen der Wippe werden die linken Drähte aus den Quecksilbernäpfchen 1 und 2 gehoben, dafür tauchen nun die rechten in 3 und 4. Die Zersetzungszelle wirkt dann durch e und f auf den Strommesser, welcher den Polarisationsstrom anzeigt. Durch Einlegen gekreuzter Bügel längs der Diagonalen 1,4 und 2, 3 läßt sich die Wippe in einen Kommutator verwandeln.

5. Elektrizität und Wärme.

Stromwärme.

585. Das Produkt aus Stromstärke J (in A) und elektromotorischer Kraft E (in V) gab uns (§ 564) die Stromleistung. Diese Größe $E = V_a - V_b$ bezieht sich nur auf die Leiterstrecke a bis b, ebenso auch EJ. Die Leistung EJ (in Voltampere oder Watt) kann sich umsetzen in chemische Energie (Elektrolyse) oder in mechanische Arbeit (z. B. Dynamo) oder in Induktion von Nachbarleitern usw. Die späteren Kapitel werden das behandeln.

Immer aber setzt sich ein mehrweniger großer Teil der Stromleistung auch in Wärme um, welche bei Überwindung des Widerstandes R zwischen a und b entsteht. Da nach Ohm (§ 562) $E = JR$, so ist auch $EJ = J^2R$. Die Größe J^2R gibt die durch den Strom J im Widerstande R zwischen a und b erzeugte Wärme pro sec an. Der Ausdruck J^2R wurde zuerst von Joule (1841) experimentell und theoretisch abgeleitet, darum nennt man alle durch den Strom im eigenen Leiter erzeugte Wärme **Joulesche Wärme.**

Erinnern wir uns (§ 284), daß ein Watt äquivalent ist mit 0,24 cal/sec (genauer 0,2389), so erhalten wir für die in einem Leiter durch den Strom pro sec erzeugte

Wärme in cal/sec = (Stromstärke in A)² (Widerstand in Θ) · 0,24.

Ein Strom J A erzeugt also in R Θ während t sec die Wärme $0,24\, t\, J^2 R$ cal. Beispiel: eine Glühlampe von 440 Θ Widerstand brauche 0,5 A Strom. Dieser erzeugt dann pro sec in der Glühlampe $0,24 \cdot 0,5^2 \cdot 440 = 26,4$ cal.

Wenn in einem ungleichmäßig dicken Leiterkreise die Stromstärke überall konstant ist, so ist die in den einzelnen Strecken erzeugte Wärme dem Widerstand proportional. Wollen wir also die Wärme an bestimmten Stellen der Stromleitung konzentrieren, so muß dort der Widerstand im Vergleich zu den anderen Stellen sehr groß sein. Erwärmt wird natürlich jeder stromdurchflossene Leiter und es tritt dadurch in der ganzen Leitung eine meist unerwünschte Erwärmung als Energieverlust auf. Darum darf die Dimensionierung der Zuleitung unter ein gewisses Maß nicht herabgehen. Ein blanker und frei gespannter Draht, der viel Wärme an die Luft abgeben kann, verträgt eine stärkere Belastung als ein in dicker Isolierung eingehüllter. Man rechnet im ersteren Falle bei Kupfer für 5 A mindestens 1 mm² Querschnitt.

586. Unter **Kurzschluß** versteht man die Einschaltung eines Widerstandes, der im Verhältnisse zum Widerstande der Zuleitung sehr klein ist. Wenn man z. B. an den Enden einer Starkstromleitung einen kurzen und dicken Kupferdraht einschaltete, würde ein viel zu starker Strom fließen und alle Zuleitungen längs der Wände des Gebäudes würden, falls sie nicht außerordentlich stark dimensioniert wären, ins Glühen kommen und unter größter Feuersgefahr schmelzen. Man schaltet darum in die Leitungen Sicherungen ein, kurze, einige Zentimeter lange Drähte oder Bleche aus leicht schmelzbarem Material wie Silber, Blei usw., deren Querschnitt je nach dem Zwecke so gewählt ist, daß ihr Schmelzen lange vor Eintritt einer katastrophalen Stromstärke die Leitung unterbricht.

587. Die Joulesche Wärme wird vielfach zur **elektrischen Heizung** verwendet.

Für Kochapparate, Wasserbäder für chemische Zwecke u. dgl. nimmt man Drähte aus Nickel oder Nickellegierungen mit Glasperlen, Ton oder Schamotte u. dgl. überzogen, oder Platindraht zwischen Asbest oder Glimmerstreifen, auf denen eine dünne Silberschicht aufgetragen ist usw. Das ganze Heizdrahtsystem befindet sich am Boden des Kochgefäßes oder in einer Herdplatte oder in einem Inhalationsapparate usw. Herausragende Metallstifte ermöglichen den Anschluß an eine Starkstromleitung. Die Schaltung der Heizdrähte erfolgt so, daß man durch einfaches Umlegen eines Anschlußstöpsels mehrere Heizdrähte parallel oder aber in Serie legen kann. Erstere Schaltung, durch die viel Strom geht, dient zum raschen Anheizen, letztere, um dauernd mäßige Wärme zu erzeugen.

Zum Heizen von Räumen eignen sich Drahtwiderstände, z. B. Flachgitter aus Asbestschnur, in welche Drähte aus Nickellegierungen eingeflochten sind. Da hier keine so hohen Temperaturen wie beim Kochen angewendet werden, so ist die Gefahr der Oxydation sehr gering.

Stromdurchflossene dünne und passend isolierte Drähte können auch in Gewebe eingeflochten werden („elektrische Thermophore"): Geheizte Teppiche, elektrische Wärmekissen für medizinische Zwecke, letztere mit Signalen wegen Überheizung usw.

Für wissenschaftliche Versuche sind zu rascher und reinlicher Erhitzung kleinerer Gegenstände sehr geeignet die Widerstandsöfen von Heraeus. Auf der Mitte der äußeren Oberfläche eines zylinderförmigen Porzellanrohres (sog. Marquardtsche Masse) ist eine Spirale aus Platinfolie eingebrannt, deren Enden unter Vorschaltung eines Rheostaten direkt an eine Starkstromleitung angeschlossen werden können. Die erhitzten Teile liegen in einer starken Asbestpackung (Fig. 431). Der in der Mitte des Ofens befindliche zylinderförmige Hohlraum kann durch Regulierung des Vorschaltrheostaten bequem

Fig. 431.

auf jede Temperatur zwischen 100° und 1500° C gebracht werden. Man kann sich solche Öfen, die Temperaturen bis etwa 1000° C aushalten, leicht selbst aus Nickeldraht (besser Chromnickel) und Porzellanröhren herstellen.

588. In der Heilkunde nimmt man, um Verätzungen zu erzeugen, Schlingen von dünnem Platiniridiumdraht, die durch Stromzufuhr glühend gemacht werden. Diese **Galvanokaustik** ist der Behandlung mit dem Paquelin (§ 278) oft überlegen, besonders wenn es sich um das Abbrennen gestielter Tumoren u. dgl. handelt. Auch ist die Stärke des

Glühens leichter regulierbar. Die Methode braucht aber wegen der Stromquelle ein viel komplizierteres Instrumentarium. (Über „Kaltkauter" § 651.)

589. Die wichtigste Verwendung der Stromwärme ergeben die **Glühlampen**. Ein dünner Draht, der durch Stromzufuhr bis zur Weißglut erhitzt wird, ist, um Oxydation zu vermeiden, in einer luftleeren Glasbirne eingeschmolzen. Dieser glühende Faden hat einen gegen die übrige Leitung sehr hohen Widerstand. Zuerst verwendete man Kohlenfäden, dann aber Fäden aus schwer schmelzbarem Metall: früher Osmium und Tantal, jetzt Wolfram. Die Kohlenfadenlampen brauchen etwa 3,5 Watt pro Normalkerze; die neueren Metallfadenlampen sind viel ökonomischer, sie beanspruchen nur etwas über 1 Watt pro HK. Das hängt mit den hohen Schmelzpunkten dieser Metalle zusammen, die eine höhere Temperatur des Drahtes ermöglichen, so daß nach den Strahlungsgesetzen (vgl. § 400—402) ein relativ größerer Teil der emittierten Strahlung in das Gebiet des sichtbaren Spektrums fällt.

In neuerer Zeit erzeugt man hochkerzige Glühlampen, die nur $\frac{1}{2}$ Watt pro Kerze brauchen. Der bis 2500° C erhitzte Wolframdraht befindet sich hier in einem indifferenten Gase (Argon mit einer Spur Stickstoff) von verhältnismäßig hohem Drucke ($\frac{1}{3}$ Atm.), ersteres um Oxydation, letzteres um das Wegschleudern (Verdampfen) von W-Molekeln zu vermeiden. Damit auch Gaswirbel, welche durch Leitung (Konvektion) den glühenden Draht abkühlen, möglichst vermieden werden, ist der Draht in ganz enge Spiralen gewickelt.

Bei der ökonomischen Beurteilung von Glühlampen spielt auch die Lebensdauer (bis 1000 und mehr Brennstunden) eine wichtige Rolle.

Die Lichtstärke der Glühlampen kann bis zu 3000 HK gesteigert werden; die gebräuchlichsten Glühlampen haben eine Helligkeit zwischen 10 und 50 HK.

Die ganz kleinen Lämpchen, wie sie vom Physiker bei Ablesungen von feinen Skalen oder vom Mediziner (Zahnarzt, Laryngologen, Ophthalmologen usw.) in der sog. Endoskopie gebraucht werden, haben bei 2—4 V eine Lichtstärke von etwa 1 HK und weniger; Lebensdauer sehr gering.

Sind mehrere Glühlampen zugleich in Verwendung, so werden sie (fast ausnahmslos) parallel geschaltet; wenn dann auch einige verlöschen, brennt der Rest weiter.

590. Bringt man zwei Kohlenstäbe, die mit den Polen einer mindestens 50 voltigen Batterie in Verbindung stehen, zuerst in Berührung und entfernt sie dann bis auf einige Millimeter, so entsteht eine glänzende Lichterscheinung (Davy 1821). Die rascher abbrennende positive Kohlenelektrode (ungefähr 4000° C) leuchtet in starker Weißglut. Weniger hell ist die langsamer abbrennende negative Kohle (etwa 2500° C). Der Zwischenraum wird durch einen bläulichen, nur wenig leuchtenden

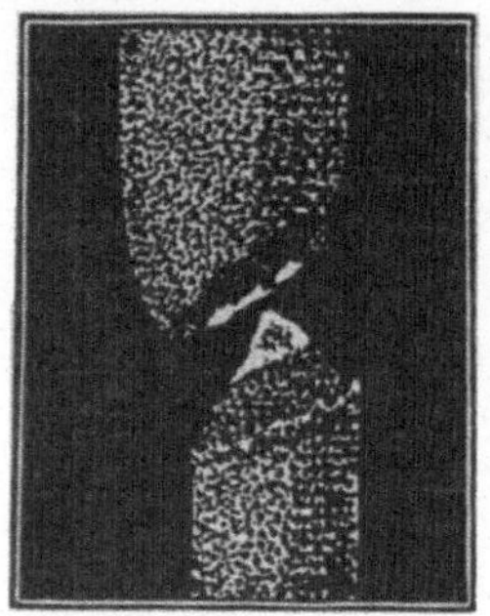
Fig. 432.

Lichtbogen überbrückt. Das Licht einer Projektionslampe z. B. kommt in erster Reihe von einer kraterförmigen Vertiefung, die sich an der positiven Kohle ausbildet, und geht in Fig. 432 (positive Kohle oben) schief abwärts. Man nimmt darum bei Projektionslampen die positive Kohle gewöhnlich etwas dicker als die negative und stellt sie etwas geneigt (oder horizontal), damit möglichst viel horizontal gerichtete Strahlung aus dem Krater austreten kann.

Tränkt man die Kohlen mit gewissen Salzen, z. B. Fluorsalzen des Kalziums, Bariums, Strontiums usw., so leuchtet auch der Lichtbogen selbst (meist gelb oder rot); diese „Effektkohlen" geben eine viel bessere Energieausbeute.

Die technischen Konstruktionen der Bogenlampe verlangen also zuerst ein Aneinanderschieben der Kohlenstäbe, dann ein plötzliches Auseinanderrücken beim Stromdurchgang und schließlich ein allmähliches Nachschieben wegen des Abbrennens. Während in den früheren Konstruktionen die Kohlen rasch, in etwa acht Stunden abbrannten, schließt man jetzt in den Dauerbrandbogenlampen die Kohlen in eine enge Glasglocke möglichst luftdicht ein, wodurch man eine Brenndauer bis zu 150 Stunden erhält.

Eine gewöhnliche Bogenlampe braucht etwa 50 V und 10 A, also 500 Watt bei einer mittleren (räumlichen) Helligkeit von 500 HK; eine Hefnerkerze verlangt also etwa 1 Watt. Die Energiekosten beim Bogenlichte sind bei gleicher Helligkeit ungefähr ebenso groß wie beim Auerlicht oder bei gewöhnlichen Metallfadenlampen. Die § 589 erwähnten gasgefüllten großen Halbwattlampen, besonders für Lichtstärken von 200 HK aufwärts, sind ökonomischer.

Man hat Bogenlicht, besonders bei Scheinwerfern, bis zu 70000 HK hergestellt.

Die hohe Temperatur des Lichtbogens findet für chemische Zwecke, z. B. in den elektrischen Öfen von Moissan, vielfache Verwendung. Ein Kohlentiegel bildet die Kathode und ein vertikal in die Mitte dieses Tiegels tauchender Kohlenstab die Anode. Der Lichtbogen entsteht zwischen Stab und Tiegel. Man arbeitet hier mit Stromstärken von einigen tausend A. Die im Tiegel befindlichen Substanzen werden so der größten Hitze ausgesetzt, die man überhaupt herstellen kann, etwa 2500—3000° C. In dieser Weise werden besonders die Carbide erzeugt, z. B. das Calciumcarbid für die Acetylenbeleuchtung, das Siliciumcarbid oder Karborundum, ein fast die Härte des Diamanten erreichendes Schleifmittel usw.

591. Die Erhitzung eines stromdurchflossenen Drahtes ist von einer Verlängerung begleitet, deren Messung die Stromstärke bestimmen läßt.

Zwischen den fixen Punkten A und B (Fig. 433) ist der dünne zu erwärmende Draht d, meist Platiniridium, 0,03 mm dick, gespannt. Von der Mitte dieses Drahtes ist nach dem fixen Punkte unten ein anderer

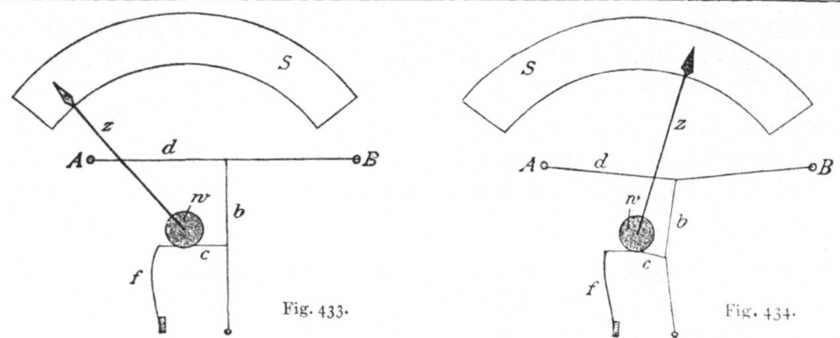

Fig. 433.　　　　Fig. 434.

Draht b gespannt. In der Mitte dieses Vertikaldrahtes ist ein Kokonfaden c befestigt, der durch eine Feder f nach links gespannt wird. c ist in passender Weise über eine fixe Rolle w geführt, welche den Zeiger z trägt. Wenn d durch einen (nur durch AB gehenden) Strom (bis gegen 300^0 C) erwärmt und verlängert wird, stellt sich der Zustand Fig. 434 her; der Zeiger z (vor dem ganzen Apparat zu denken) zeigt auf einer Skala S nach rechts. Die Rolle w ist etwas exzentrisch, so daß bei einer schwachen Erwärmung, am Anfang der Skala, der Zeiger sich stärker bewegt; es wäre sonst, da ja die Erwärmung dem Stromquadrate proportional ist, die Skala sehr ungleichmäßig.

Ein solches **Hitzdrahtinstrument** muß empirisch geeicht werden. Als Ampermeter braucht es, sehr schwache Ströme ausgenommen, einen Shunt, als Voltmeter Vorschaltwiderstände. Ein Hauptvorteil besteht darin, daß es in gleicher Weise für Gleichstrom und Wechselstrom gebraucht werden kann, ein Nachteil, daß sich der Nullpunkt ein wenig ändert.

Thermoelektrizität.

592. Zwei verschiedene Drähte seien wie in Fig. 435 an zwei Stellen a und b aneinandergelötet; (es genügt aber auch inniger Kontakt). Wenn diese zwei Lötstellen ungleich warm sind, fließt ein dauernder Strom, Thermostrom, durch das System. In Fig. 435 seien die zwei Metalle z. B. Eisen und Konstantan; dann fließt, wenn b wärmer ist, ein Strom in der Richtung $Fe - a - $ Konst $- b - Fe$. Eine Temperaturdifferenz von 1^0 C zwi

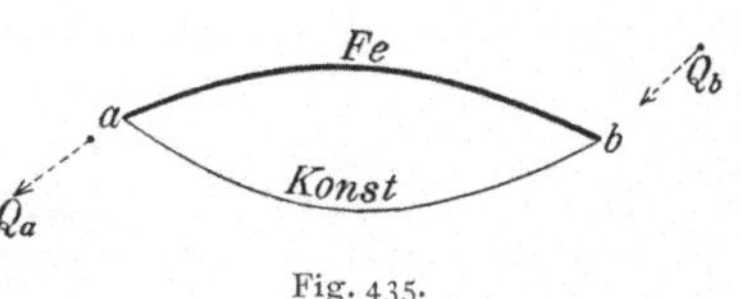

Fig. 435.

schen a und b entspricht einer elektromotorischen Kraft von $0{,}000053$ V. Es ist also die **thermoelektrische Kraft** im Vergleich zu den Wirkungen der Lösungstension eine sehr kleine.

Nimmt man andere Metallkombinationen, so erhält man meist noch weniger. Nur die Kombination von Antimon und Wismut ergibt einen fast doppelt so großen Wert.

In der Regel wächst der Strom bei wachsender Temperaturdifferenz der Lötstellen, nimmt aber manchmal bei weiterer Steigerung wieder ab und fließt dann sogar in entgegengesetzter Richtung.

Um den Strom aus der Leitung der Fig. 435 weiterzuführen, unterbricht man den Stromkreis an einer nicht erwärmten Stelle und schaltet hier mittels beliebiger Leitungsdrähte ein Strommeßinstrument oder dergleichen ein.

593. Woher kommt diese Stromenergie? Die Lötstelle b muß dauernd auf einer gewissen hohen Temperatur gehalten sein, verschluckt also dauernd Wärme. Das Umgekehrte gilt für die Lötstelle a; diese muß dauernd kalt gehalten werden, wir müssen fortwährend Wärme ableiten, weil sie sich sonst erwärmen würde.

Umgekehrt tritt beim Durchsenden eines fremden Stromes durch ein (kaltes) Thermoelement in jeder Berührungsstelle der beiden Metalle je nach der Stromrichtung Erwärmung oder Abkühlung auf. Diese **Peltierwirkung** ist der Stromstärke proportional und addiert oder subtrahiert sich zum Jouleeffekt.

Das Thermoelement (Fig. 435) mit der heißen Stelle b und der kalten a gibt uns ein Beispiel für eine Anwendung des zweiten Hauptsatzes. So lange der Thermostrom fließt, wird infolge des Peltiereffektes b abgekühlt und a erwärmt, wir müssen also in b dauernd Q_b cal pro sec zugeben und in a dauernd Q_a cal pro sec wegnehmen. (Bei dieser Überlegung kümmern wir uns um den Jouleeffekt und um die Wärmeleitung in den Drähten nicht.) Die bei hoher Temperatur zufließende Wärme Q_b vermindert sich zu Q_a bei tieferer Temperatur; $(Q_b - Q_a)$ hat sich in elektrische Energie verwandelt. Könnten wir ein Thermoelement ohne jede Wärmeleitung, Ausstrahlung und Jouleeffekt konstruieren, so hätten wir ein Beispiel eines reversiblen Prozesses. In Wirklichkeit ist der Prozeß natürlich irreversibel.

594. Thermoelemente eignen sich sehr für **thermometrische Zwecke**.

Wenn wir in Fig. 435 die Punkte a und b weit auseinander bringen, z. B. b an die Decke des Zimmers, so werden wir, da b wärmer sein wird, einen Strom erhalten. Wenn wir nun a, das unten im Zimmer leicht zugänglich ist, so lange erwärmen, bis der Strom im Galvanometer verschwindet, so haben beide Lötstellen die gleiche Temperatur und wir haben so die Temperatur an der Zimmerdecke bestimmt. b könnte auch in irgendeinem anderen unzugänglichen Raume sein.

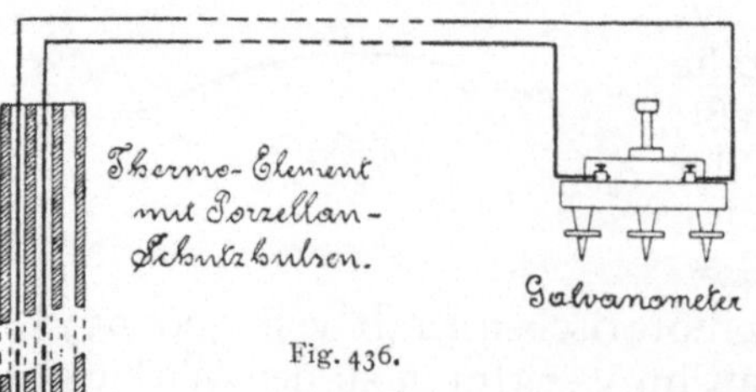

Fig. 436.

Bei sehr großer Temperaturdifferenz ist nur die Temperatur der einen sehr heißen (oder sehr kalten) Lötstelle ausschlaggebend; die Temperatur der zweiten Lötstelle kommt nicht allzu sehr in Betracht. So mißt man sehr tiefe und sehr hohe Temperaturen mit Thermoelementen verschiedenster Konstruktion. Ein Thermoelement aus Platin einerseits und aus einer Legierung von Platin und Rhodium anderseits (Fig. 436) ergibt ein thermoelektrisches Pyrometer, welches Temperaturen bis hinauf zu 1500° C zu messen gestattet. Die Lötstelle kommt in einen Ofen, durch Porzellanröhrchen gut isoliert. Die freien Enden werden durch gewöhnliche Leitungen mit einem Galvanometer hohen Widerstandes verbunden, an welchem man die Temperatur direkt ablesen kann; die Eichung wird durch Vergleichung mit einem Luftthermometer gewonnen. Als Thermoelemente für tiefe Temperaturen (bis — 200° C) eignet sich die Kombination Kupfer-Konstantan.

595. Man kann die thermoelektrischen Wirkungen steigern, wenn man mehrere Elemente hintereinander schaltet. In Fig. 437 haben wir eine solche **Thermosäule** von fünf Elementen, welche abwechselnd aus zwei verschiedenen Metallen besteht. Erhitzt man die Lötstellen 1, 3, 5 usw., so summiert sich die Wirkung der einzelnen Elemente. Es werden verschiedene solche Batterien für wissenschaftliche und technische Zwecke benützt. Für Messung kleiner Temperaturdifferenzen dienen solche Thermosäulen, aus Wismut und Antimon bestehend, mit 20 bis 40 Elementen. In Verbindung mit einem Galvanometer sind noch sehr kleine Wärmemengen z. B. aus auffallender Strahlung meßbar.

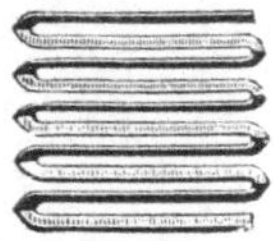

Fig. 437.

596. Es werden auch — in Ausnahmefällen — **Thermobatterien für Stromlieferung** hergestellt.

Die Thermosäule von Gülcher besteht z. B. aus einer Kombination von Nickel und einer Legierung Antimon-Zink. Die geradzahligen Lötstellen werden durch kleine Bunsenflammen erhitzt, während die ungeradzahligen mit großen, Wärme ausstrahlenden Kupferstreifen als Kühlvorrichtung versehen sind; eine solche Batterie besteht z. B. aus 66 Elementen, hat bei einem inneren Widerstand von 0,65 Ω eine elektromotorische Kraft von 4 V, leistet somit bei einem Gasverbrauch, der etwa dem eines Bunsenbrenners gleich ist, ungefähr dasselbe wie zwei Akkumulatoren und kann mit Vorteil überall dort zum Laden parallel geschalteter Akkumulatoren verwendet werden, wo kein Starkstrom zur Verfügung steht. Wiewohl hier Wärmeenergie direkt in elektrische Energie übergeht, ist die ökonomische Ausbeute der Thermosäulen recht gering.

6. Ponderomotorische Wirkung von Strömen.

597. Magnetische Kraftlinien des elektrischen Stromes. Wenn man einen Kupferdraht mit Eisenfeilspänen bestreut, so bleiben diese nicht an ihm haften, da ja Kupfer unmagnetisch (genauer: schwach diamagnetisch) ist. Sobald aber ein kräftiger Strom den Draht durchfließt, zieht er die Eisenteilchen an; ein strom durchflossener Draht wird magnetisch. Auch hier werden wir die Verhältnisse am besten überblicken, wenn wir das magnetische Feld, das ein stromdurchflossener Leiter erzeugt, uns in Form von Kraftlinienbildern darstellen.

Zu dem Zwecke führen wir durch ein kleines Loch s eines horizontalliegenden Kartons einen vertikalen, stromdurchflossenen Leitungsdraht. Bestreuen wir nun die Papierfläche mit feinem Eisenpulver, so entsteht die Fig. 438 gezeichnete Figur. Die magnetischen Kraftlinien bilden Kreise, die konzentrisch um den Leiter in einer auf diesem Leiter senkrechten Ebene liegen. Jede Kraftlinie ist also in sich selbst geschlossen. An einem geraden stromdurchflossenen Drahte z. B. hat man sich die Zeichnung Fig. 438 immer wieder an beliebigen Stellen des

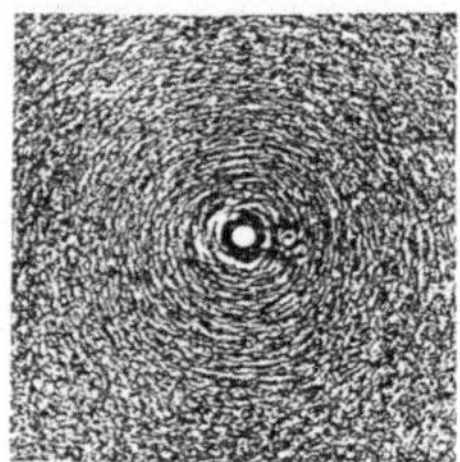

Drahtes erneut zu denken, wie dies schematisch das (von unten gesehene) Modell Fig. 439 darzustellen sucht. Kehrt sich die Stromrichtung um, so ist auch die (Pfeil-)Richtung der Kraftlinien umzukehren.

Wenn man längs des Leiters in der Stromrichtung blickt, so verläuft die Richtung der Kraftlinien im Sinne des Uhrzeigers.

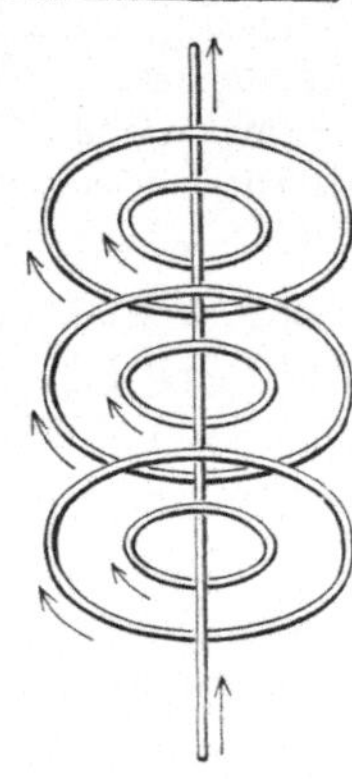

Fig. 439.

Nehmen wir zwei parallele Leiter, so haben wir zwei Fälle zu unterscheiden, je nachdem die Stromrichtung in beiden gleich oder entgegengesetzt ist. In ersterem Falle erhalten wir das in Fig. 440 dargestellte Ergebnis. Im zweiten Falle, wenn die parallelen Leiter von entgegengesetzt gerichteten Strömen durchflossen sind, stellt Fig. 441 das

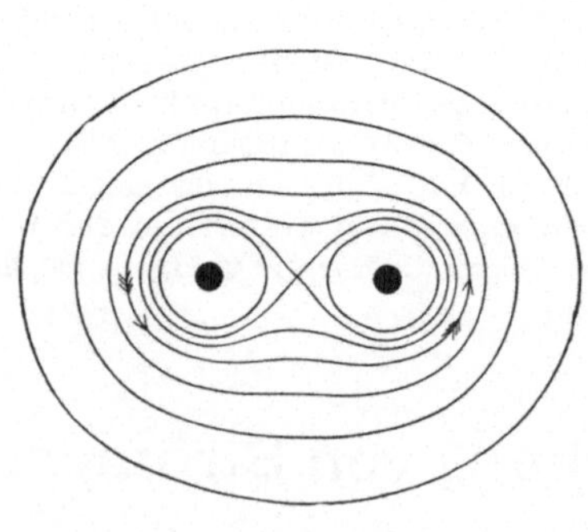

Fig. 440.

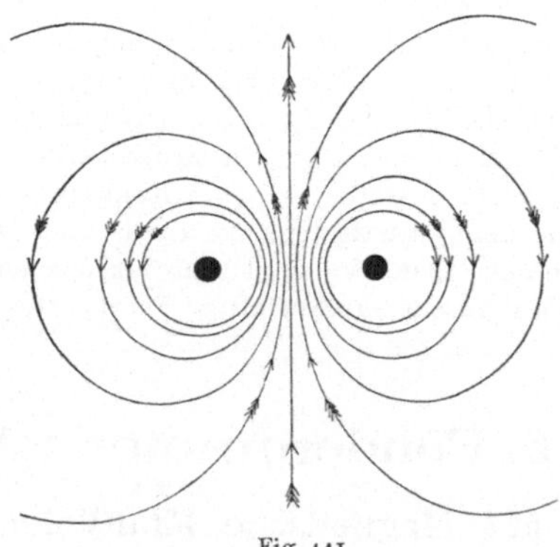

Fig. 441.

Kraftlinienbild vor. Die kleinen schwarzen Kreisflächen sind die Stromleiter in Daraufsicht.

598. Erinnern wir uns daran, daß magnetische Kraftlinien sich zu verkürzen streben, so ergibt der unmittelbare Anblick der Fig. 440, daß zwei parallele Leiter, die in derselben Richtung von Strömen durchflossen werden, einander anziehen. Erinnern wir uns hingegen daran, daß Kraftlinien, die nebeneinander in gleicher Richtung laufen, einander abzustoßen trachten, so ergibt der unmittelbare Anblick von Fig. 441, daß zwei parallele Leiter, die in entgegengesetzter Richtung von Elektrizität durchströmt werden, einander abstoßen; die Kraftlinien sind hier zwischen den Drähten zusammengepreßt und drücken auseinander.

Diese **ponderomotorische Wirkung elektrischer Ströme aufeinander** läßt sich, wenn man die Stromleiter leicht beweglich macht, unschwer direkt zeigen. Zwei schlaff in etwa 3 cm Entfernung nebeneinander hängende 4 bis 5 m lange Drähte in gleicher Richtung von Strom durchflossen, ziehen einander an, biegen sich aber, in entgegengesetzter Richtung durchströmt, voneinander weg.

Zwei übereinanderliegende gekreuzte Leiter drehen sich, wenn möglich so, daß die Ströme parallel in gleicher Richtung fließen.

599. Erinnern wir uns daran, daß die Kraftlinie (genauer deren Tangente) die Richtung darstellt, in der eine Magnetnadel sich einstellt, so ist unmittelbar klar, daß eine freibewegliche **Magnetnadel** neben einem Strome sich **senkrecht zur Stromrichtung** zu stellen sucht.

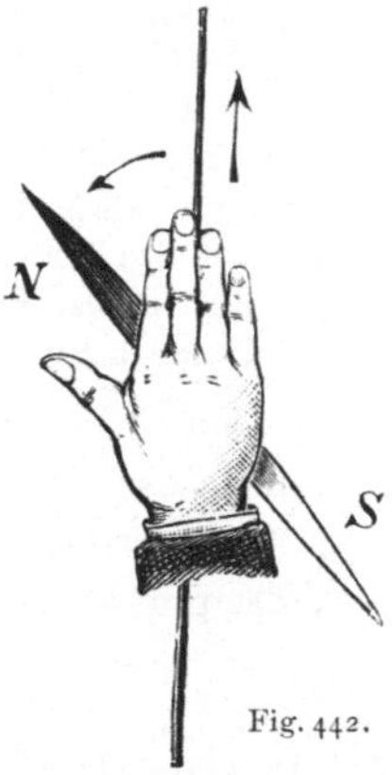

Führen wir über eine von N nach S zeigende Deklinationsnadel parallel zu ihr einen Strom, so würde die Magnetnadel durch die Wirkung des Stromes allein sich in die Richtung der Kraftlinien einstellen, also senkrecht zum Strome. Wir haben aber zwei Kräfte: die Wirkung des Stromes und die Wirkung des Erdmagnetismus; die schließliche Nadelstellung wird der Resultierenden dieser beiden Kräfte entsprechen (Oersted 1820).

Die Magnetnadel wird um so stärker aus der ursprünglichen Lage abgelenkt, je stärker der Strom ist. Der Ablenkungssinn wird durch die Ampèresche Regel bestimmt, welche in Fig. 442 (in moderner Form) dargestellt ist. Denkt man sich die rechte Hand, Fingerrichtung in Stromrichtung und Handfläche gegen die Nadel, knapp an dem Drahte, so zeigt der Daumen den Ablenkungssinn des N-Poles. In Fig. 442 von oben gesehen, liegt also die Hand über dem Drahte und unter dem Drahte befindet sich die durch den Strom abgelenkte Nadel. (Vgl. Fig. 445, wo die Handfläche nach verschiedenen Seiten gedreht werden muß.)

Fig. 442.

600. Tangentenbussole. Führt man eine Leitung im magnetischen Meridian kreisförmig (Radius etwa 20 cm) um eine kleine Deklinationsnadel, so wird bei Stromschluß die Nadel je nach der Stromrichtung nach der einen oder anderen Seite der Draht- und Meridianebene abgelenkt. Es ergibt sich, daß die Tangente des Ablenkungswinkels proportional der Stromstärke ist, wobei die Stärke des Nadelmagnetismus keinen Einfluß hat. Nimmt man nämlich eine sehr kräftige Magnetnadel, so ist zwar die Stromablenkung stärker, aber ebenso auch die rückrichtende Kraft des Erdmagnetismus. Eine solche Tangentenbussole mißt Ströme von einigen A. Man kann aus den Dimensionen des Drahtkreises und aus der Stärke des magnetischen Kraftfeldes jedes derartige Instrument leicht rechnerisch eichen.

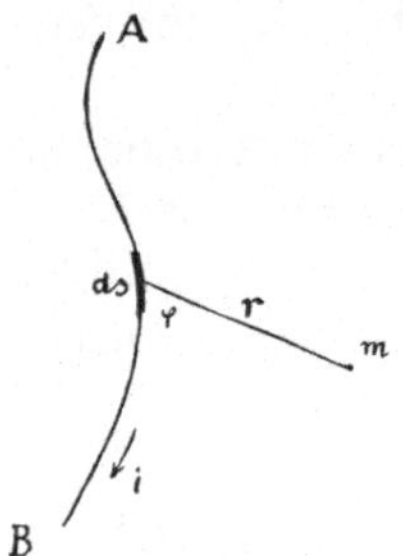

Fig. 443.

601. Das Gesetz von Biot und Savart bestimmt die Stärke der Ablenkung. Es sei AB in Fig. 443 ein stromdurchflossener Leiter, Stromstärke i; m sei ein Magnetpol mit der Polstärke m. Ein kleines Stück des Leiters ds übt dann eine Kraft aus, welche gegeben ist durch $\dfrac{C\,i\,ds\,m\,\sin\varphi}{r^2}$, wo C eine vom angewendeten Maßsystem abhängige Konstante ist. Diese Kraft steht senkrecht auf ds und r (senkrecht auf Papierebene). m wird von ds weder angezogen noch abgestoßen, sondern umkreist den Leiter.

602. Wir haben, als wir das elektrostatische Maßsystem besprachen und als wir die Einheit der Elektrizitätsmenge definierten, gesagt, daß wir mit dieser Definition für das ganze Gebiet der Elektrizität und des Magnetismus gebundene Marschroute hätten. Wenn wir uns daher entschlossen hätten, alles nach elektrostatischem Maßsystem zu messen, so dürften wir hier beim Coulombschen Gesetz für den Magnetismus den Faktor η nicht gleich Eins ansetzen. Er würde einen anderen, ganz bestimmten Wert erhalten.

Wir haben also die Wahl, ob wir den Faktor γ in der Coulombschen Formel für elektrostatische Wirkungen gleich Eins annehmen, dann haben wir das elektrostatische Maßsystem, oder ob wir den Faktor C im Biot-Savartschen Gesetz für magnetische Wirkungen gleich Eins annehmen, dann haben wir das **elektromagnetische Maßsystem**. In letzterem Falle wäre die Einheit von e (§ 489) mit $3\cdot 10^{10}$ zu multiplizieren. Es sei ganz besonders betont, und wir werden darauf noch zurückkommen (§ 654), daß diese Zahl gleich der Größe der Lichtgeschwindigkeit ist.

Wir haben also in der Elektrizität drei Maßsysteme kennengelernt:

1. das elektrostatische,

2. das elektromagnetische,

3. das praktische Maßsystem mit internationalen Einheiten.

	Elektrostatische Einheiten		Elektromagnetische Einheiten		Praktische Einheiten
Elektrizitätsmenge	$3\cdot 10^9$	$=$	$0{,}1$	$=$	1 Coulomb
Elektrischer Strom	$3\cdot 10^9$	$=$	$0{,}1$	$=$	1 Ampere
Potential	$\frac{1}{300}$	$=$	10^8	$=$	1 Volt
Kapazität	$9\cdot 10^{11}$	$=$	10^{-9}	$=$	1 Farad
Widerstand	$\frac{1}{9}\cdot 10^{11}$	$=$	10^9	$=$	1 Ohm
Energie	10^7	$=$	10^7	$=$	1 Joule $=$ 1 Voltcoulomb
Leistung	10^7	$=$	10^7	$=$	1 Watt $=$ 1 Voltampere

603. Zur Messung schwächerer Ströme dienen **Galvanometer**. Führt man einen Strom mehrmals um eine an einem Faden hängende kleine Magnetnadel in einer der Nadel parallelen Vertikalebene herum, wobei die einzelnen Stromwindungen voneinander sehr gut isoliert sein müssen, so addieren sich die Wirkungen der Stromschleifen. Man kann durch solche Multiplikatoren sehr geringe Stromstärken messen. Speziell für physiologische Zwecke hat man sehr empfindliche Galvanometer mit vielen Tausenden von Windungen dünnsten Drahtes konstruiert. Es wird dadurch der Widerstand eines solchen Instrumentes sehr groß, was aber nicht schadet, da ja auch die verwendeten physiologischen Präparate einen sehr großen Widerstand besitzen. Mit solchen

Instrumenten machte Du Bois-Reymond seine berühmten bio-elektrischen Versuche.

Um den Ausschlag weiter zu verstärken, verwendet man Astasierung. Man befestigt unter oder über dem Galvanometer einen fixen starken Magnet, so daß er dem Erdmagnetismus entgegenwirkt und das magnetische Feld an der Stelle, wo die Galvanometernadel hängt, schwächt oder eventuell nahezu aufhebt. Dann wirkt nur der Strom auf die Nadel; die Wirkung des Erd-magnetismus ist fast verschwunden; der Ausschlag wird jetzt sehr groß. Man nennt diese Einrichtung die äußere Astasierung zum Unterschiede von der inneren Astasierung, welche Fig. 444 in einer modernen Form schematisch darstellt.

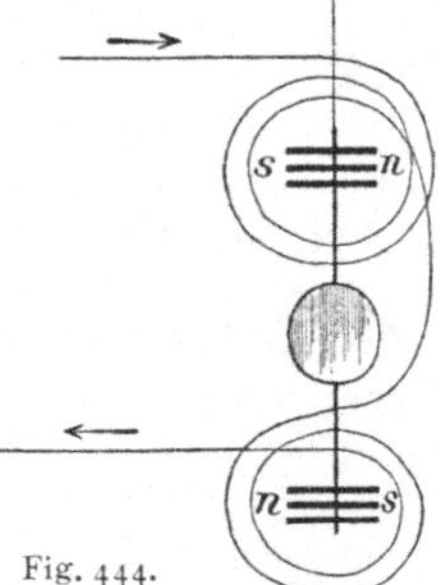
Fig. 444.

Drei kleine, etwa $\frac{1}{2}$ cm lange Magnetchen sn oben und drei ebensolche ns unten sind derart miteinander verbunden, daß alle oberen nach entgegengesetzter Richtung zeigen wie die unteren. Dieses leichte, asta-tische Nadelsystem hängt nun an einem möglichst dünnen Quarzfaden, dessen Torsionskraft sehr gering ist. Das obere Magnetsystem befindet sich in der Mitte der oberen Spule und das untere in der Mitte der unteren Spule; der Strom durchfließt diese beiden Spulen in entgegengesetzter Richtung. Sind die zwei starr miteinander verbundenen magnetischen Systeme oben und unten möglichst gleich, so ist die Kraft des Erdmagne-tismus auf dies System fast gleich Null, während die Stromwirkungen nach der Ampèreschen Regel sich summieren. In der Mitte zwischen den Spulen ist ein kleiner Spiegel zur Spiegelablesung angebracht. Allen-falls befindet sich über dem Ganzen ein nicht gezeichneter fixer Magnet, der auch noch durch äußere Astasierung mitwirkt, besonders aber zu einer beliebigen Orientierung des Nadelsystems dient. Derartige Instrumente, von denen Fig. 444 das Prinzip des Thomson-Galvanometers dar-stellt, vermögen Ströme bis zu 10^{-10} A und weniger zu messen.

Je besser solche Instrumente astasiert sind, desto empfindlicher werden sie auch leider gegen magnetische Störungen. In großen Städ-ten mit elektrischen Straßenströmen werden sie daher immer unbrauchbarer; an ihre Stelle treten immer mehr die fast ebenso empfindlichen Dreh-spulengalvanometer (§ 614).

604. Ein kreisförmiger Stromleiter erzeugt Kraftlinien, die in Fig. 445 dargestellt sind. Dieses Kraftfeld ergibt sich unmittelbar aus Erweiterung

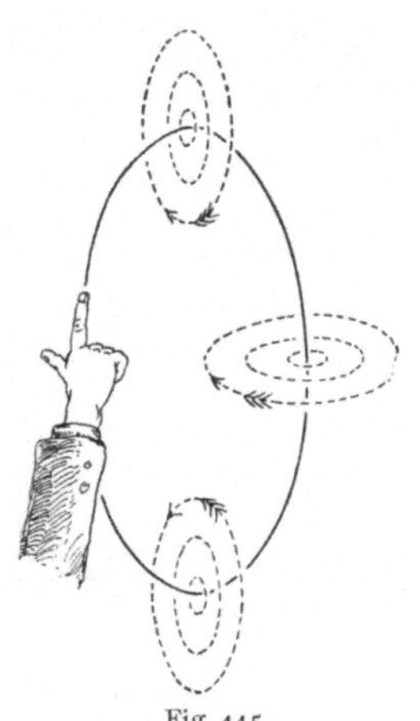
Fig. 445.

der Betrachtungen von Fig. 439. Wir sehen, wie die Kraftlinien auf der einen Seite der Kreisfläche austreten, um den Leiter gehen und auf der anderen Seite in die Kreisfläche wieder eintreten. Die Daumenrichtung in Fig. 445 gibt die Kraftlinienrichtung im Innern, weil die Hand fläche gegen das Innere des Ringes gerichtet ist. Das Ganze gleicht also einem Magnet (Fig. 399), der sehr kurz ist (die Länge dieses Magnets wäre nur gleich der Drahtdicke), und der anderseits sehr dick ist (die Dicke wäre gleich dem Durchmesser des Drahtkreises). Wir können hier von einer **magnetischen Doppelfläche** sprechen; das Ganze gleicht einer dünnen Scheibe, deren ganze Vorderfläche S-Magnetismus, und deren Hinterfläche N-Magnetismus enthält.

605. Man kann auch die fiktiven Elementarmagnete (§ 524) ersetzen durch lauter kleine in sich geschlossene **Elementarströme.** Nach

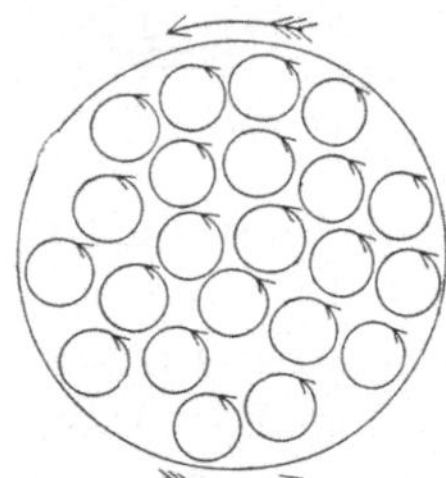

dieser Ampèreschen Vorstellung wird jede Eisenmolekel (auch Kobalt, Nickel usw.) dauernd von einem kleinen Kreisstrom umflossen. Weil kein Widerstand vorhanden ist, bleibt ein solcher Molekularstrom dauernd erhalten. Die Magnetisierung erfolgt durch Parallelstellung dieser elektrischen Molekularströme, und es gilt im übrigen das in § 524 Gesagte. Die Vorderfläche eines N-Poles eines Stahlstabes sieht schematisch so aus, wie es Fig. 446 zeigt, wobei die Molekeln natürlich viel zu groß und in

Fig. 446.

viel zu geringer Anzahl gezeichnet sind. Hier heben sich im Innern die aneinander grenzenden Ströme, die an der Berührungsstelle immer gegeneinander fließen, in ihrer Wirkung nach außen auf, und es wirkt das Ganze so, wie wenn die gezeichneten Ströme nur am Rande fließen würden.

Der große Vorteil dieser Anschauung liegt in der Einheitlichkeit; die magnetischen Erscheinungen werden auf elektrische zurückgeführt. Die Anziehung eines N- und S-Poles beruht auf Anziehung paralleler gleichgerichteter Ströme, die Abstoßung gleicher Pole auf Abstoßung paralleler entgegengesetzt gerichteter Ströme.

606. Um aus stromdurchflossenen Drähten eine Form zu bekommen, welche gewöhnlichen länglichen Magneten ähnlich ist, müssen wir eine längere Drahtspule, ein sog. **Solenoid,** nehmen. Hier gibt die Rechnung

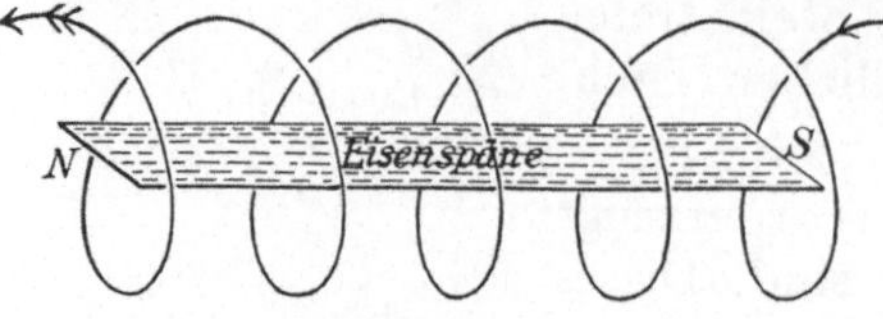

sowohl als auch der direkte Versuch mit Eisenfeilspänen oder Orientierung einer kleinen Magnetnadel den Verlauf der Kraftlinien. Im Innern verlaufen die Kraftlinien parallel der Längsachse der Drahtspule (siehe die

Fig. 447.

Eisenspäne in Fig. 447), kommen auf der einen Seite bei N heraus und (in der Zeichnung nicht dargestellt) gehen in gekrümmten Linien zur anderen Seite S, wo sie wieder in das Innere eintreten. Wir haben hier einen analogen Verlauf der Kraftlinien wie beim Stahlmagnet, dem ein solches Solenoid in seinen Wirkungen gleicht.

Da entsprechend der Gleichung $\mathfrak{B} = \mu \mathfrak{H}$ (vgl. § 522) die Induktion in Eisen sehr groß ist, so wird die Wirkung bedeutend verstärkt, wenn man in das Innere einer solchen Spule einen Eisenkern bringt. Die Anwendung der Ampèreschen Regel ergibt die Lage der Pole.

Die magnetischen Wirkungen können bei passender Anordnung sehr groß werden. Einen besonders starken **Elektromagnet** zeigt uns Fig. 448. Das eigentliche Kraftfeld entsteht hier in dem Luftzwischenraum zwischen N und S. Zwischen kegelförmigen Eisenaufsätzen erzeugt der Magnet ein Kraftfeld, dessen Intensität mehrere 100000 Male stärker sein kann als die des Erdmagnetismus.

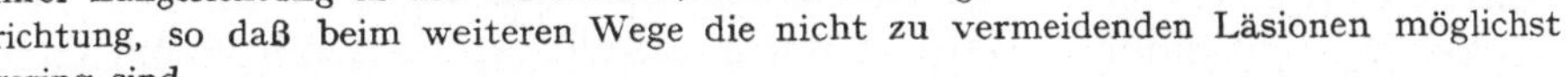

Fig. 448.

Unter Siderostat versteht man in der Augenheilkunde einen starken Elektromagnet, dessen spitzer Pol, dem Auge nahegebracht, Eisensplitter aus diesem ohne Operation zu extrahieren gestattet. Ebenso hat man Elektromagnete verwendet, um Granatsplitter aus Hirnwunden zu entfernen. Die Eisensplitter stellen sich mit ihrer Längsrichtung in die Kraftlinien, also in die Zugrichtung, so daß beim weiteren Wege die nicht zu vermeidenden Läsionen möglichst gering sind.

Eigens gebaute starke Elektromagnete verwendete Payr zu diagnostischen und therapeutischen Zwecken. Man bringt Fe_2O_3-Pulver in den Magen oder Dünndarm. Der Magnet zieht dann von außen her diese mit ferromagnetischer Substanz gefüllten Hohlräume an; bei gleichzeitiger Röntgenoskopie (§ 683) lassen sich z. B. Verwachsungen konstatieren, oder es ist ermöglicht, durch Stromunterbrechung eine elektromagnetische Darmmassage von innen heraus einzuleiten.

607. Hängt man (Fig. 449) ein Stück weiches Eisen F (geschlitzte Eisenröhre) an einer elastischen Metallfeder f derart auf, daß das untere Ende des Eisens F ein wenig in das Innere einer vertikalen Spule eintaucht, so wird ein durch diese Spule gesendeter Strom das Eisen in die Spule um so tiefer hineinziehen, je stärker er ist. An einer feststehenden Skala S kann man dann die durch die Spule hindurchgehende Stromstärke ablesen.

Man konstruiert so durch passende Wahl der Drahtstärke und Windungsanzahl und durch passende Wahl der Elastizität der Aufhängefeder **Feder-Ampermeter**, welche (ohne Shunt) Ströme bis hinauf zu 50 A und herunter bis zu 0,5 A zu messen gestatten. Durch Verwendung einer Spule mit vielen Windungen dünnen Drahts erhält man (§ 582) sehr

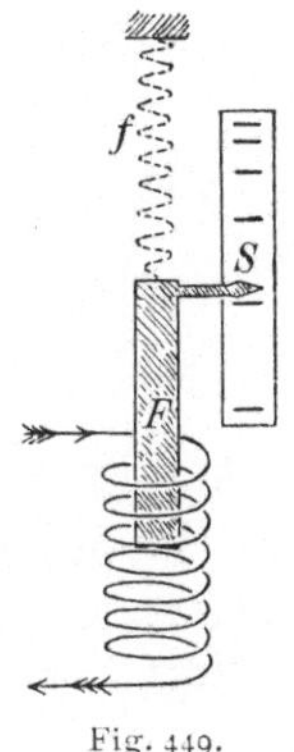

Fig. 449.

praktische Voltmeter. Die Instrumente werden empirisch geeicht. Sie sind billig und auch für Wechselstrom brauchbar.

Dieses Prinzip des Hineinziehens von Eisen in ein Solenoid wird in den verschiedensten Konstruktionen auch in Verbindung mit Hebelzeigern und kreisförmigen Skalen zur Strommessung verwendet.

608. Elektrische Stimmgabeln. M_1 und M_2 (Fig. 450) sind zwei Stahlstimmgabeln, s_1 und s_2 zwei kleine Elektromagnete. An dem einen Ende von M_1 ist eine Spitze r befestigt, welche in das feststehende Quecksilbernäpfchen q eintaucht. Der Strom der Batterie B geht durch den unteren Schenkel von M_1, die Spitze r, das

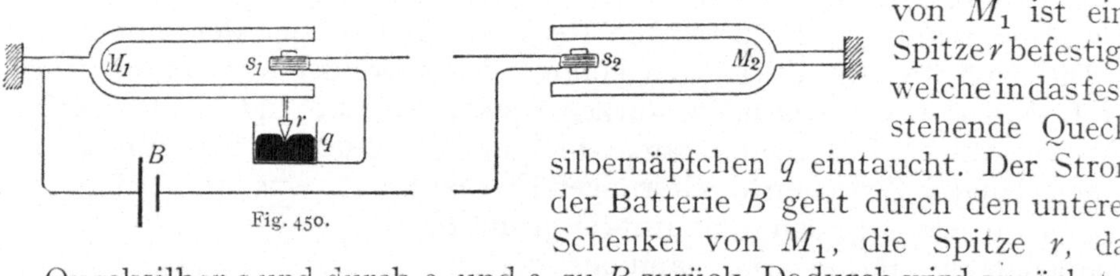

Fig. 450.

Quecksilber q und durch s_1 und s_2 zu B zurück. Dadurch wird zunächst s_1 magnetisch und zieht beide Zinken von M_1 an, hebt also r aus q heraus und öffnet den Strom; der Magnetismus von s_1 verschwindet, die Zinken schwingen in die alte Lage zurück und noch etwas darüber hinaus, der Strom schließt sich wieder usf. Dieser (durch regelmäßig und automatisch wiederkehrende Stromöffnung bewirkte) magnetische Antrieb bringt M_1 in kräftiges Schwingen. Ebenso muß auch, da ja s_2 genau mit s_1 in regelmäßigen Intervallen magnetisch wird, M_2 zu schwingen anfangen; diese Gabel M_2 steht dann, z. B. als zeitschreibender Apparat mit einem Vibrographen (§ 155) oder Saitengalvanometer (§ 612) usw. in Verbindung.

Ein ähnliches Prinzip verwenden wir bei unserer **elektrischen Hausklingel** (Fig. 451). Sowie man durch einen Druck auf den Taster T den Strom schließt. ertönt die Glocke. Ein Elektromagnet S zieht das in der Mitte einer Feder F befestigte Eisenstückchen E an, öffnet dadurch den Strom bei der Spitze r, die feststeht; der Magnetismus verschwindet, und so schwingt die Feder hin und her, wodurch der Klöppel K gegen die Glocke G schlägt.

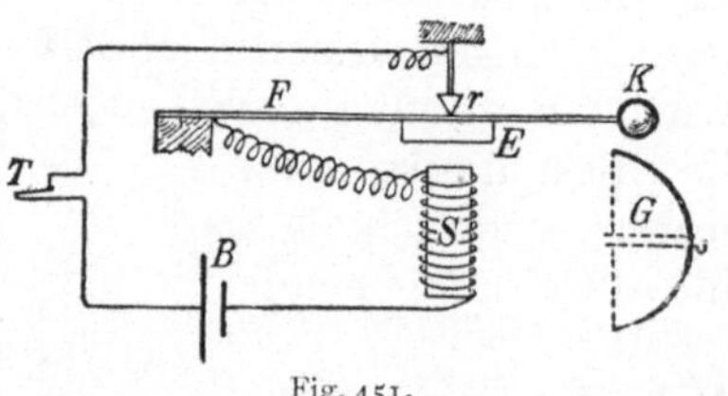

Fig. 451.

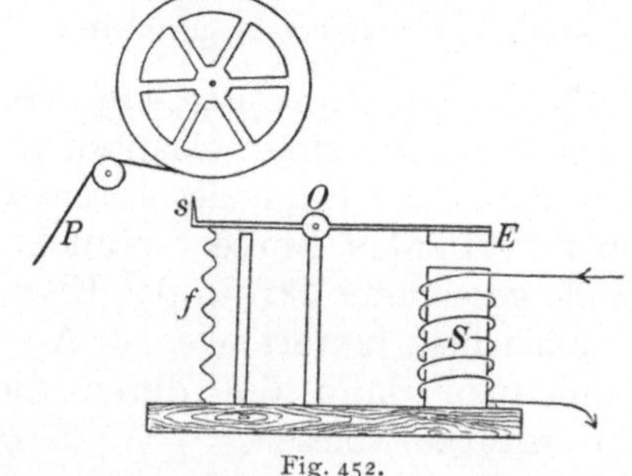

Fig. 452.

609. Telegraphenapparat von **Morse.** Wenn durch den Magnet S ein Strom geschickt wird (Fig. 452), so wird der weiche Eisenanker E angezogen, welcher an einem um den Punkt O drehbaren Hebel EOs befestigt ist. Die (durch eine Spiralfeder f für gewöhnlich nach unten gezogene) Spitze s bewegt sich dann hinauf, drückt gegen einen durch ein

Uhrwerk getriebenen Papierstreifen P und macht auf diesem je nach der Zeitdauer des Stromes einen Punkt oder Strich. Aus der Kombination von solchen Punkten und Strichen ist ein Alphabet zusammengestellt, und man kann, wenn man an der Aufgabestation in passender Weise durch einen Taster den Strom schließt und öffnet, Buchstaben und Worte telegraphieren.

Wesentlich verbilligt werden die Telegraphenleitungen dadurch, daß man von der Batterie nur einen Draht zwischen den beiden Stationen zu ziehen hat, während die Rückleitung durch die Erde erfolgen kann.

Der Morseapparat ist einer der bequemsten und verbreitetsten Telegraphenapparate, wird aber durch rascher arbeitende immer mehr verdrängt.

Die praktische Ausführung und Anwendung der eben geschilderten Vorrichtungen ist viel komplizierter. Vor allem wäre es schwer, einen Strom auf weite Strecken zu senden, der stark genug wäre, den gewünschten magnetischen Effekt hervorzubringen. Man setzt daher von der Aufgabestation aus durch die Aufgabebatterie zunächst in der entfernten Empfangsstation nur einen Hilfselektromagnet mit einem sehr leicht beweglichen Hebelarm (Relais) in Tätigkeit. Dieser schließt dadurch eine Batterie, welche dann den schwerer beweglichen eigentlichen Schreibapparat betätigt.

Ebenso werden besondere Einrichtungen getroffen, um gleichzeitig auf derselben Linie nach beiden Richtungen telegraphieren zu können, ja man ist durch eine Reihe von sinnreichen Vorrichtungen dahin gekommen, daß derselbe Draht sogar gleichzeitig zur Sendung mehrerer telegraphischer Nachrichten verwendet werden kann.

610. Elektrodynamische Rotation. Ein (fiktiver) Pol bewegt sich in der Richtung der Kraftlinien, müßte also nach § 597 dauernd kreisförmig um einen stromdurchflossenen Leiter rotieren. Nun gibt es aber keinen einzelnen Pol, wir müssen daher einen Kunstgriff anwenden.

Ein Glasgefäß (Fig. 453) ist bis an den Rand mit einer Lösung von $CuSO_4$ gefüllt. Der vertikale fixe Draht ab taucht in die Lösung ein. Am oberen Ende des Glases, aber noch in der Flüssigkeit, ist ein Drahtring c angebracht, der vom Draht d gehalten wird. Verbindet man a und d mit einer Batterie, so fließt ein Strom vertikal durch den Draht ab, von b horizontal durch die oberste Flüssigkeitspartie radial gegen c und über d wieder zur Batterie zurück. Läßt man nun mittels eines Korkes eine magnetisierte Stricknadel vertikal so schwimmen, daß der Nordpol in n und der Südpol in s ist, so liegt s außerhalb der Wirkung des elektrischen Stromes, n hingegen liegt neben ab, dessen Kraftlinien konzentrische, in horizontalen Ebenen liegende Kreise sind. Dieser N-Pol wird daher und mit ihm der ganze Magnet, sowie ein Strom fließt, dauernd in der Richtung der Kraftlinien um ab herumgeführt. Die vertikal schwimmende magnetisierte

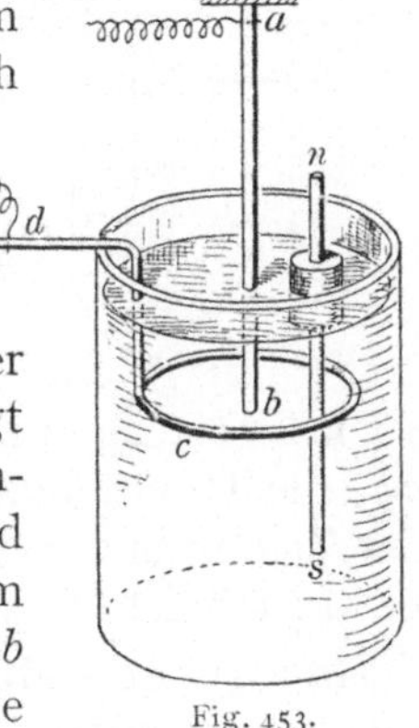

Fig. 453.

24*

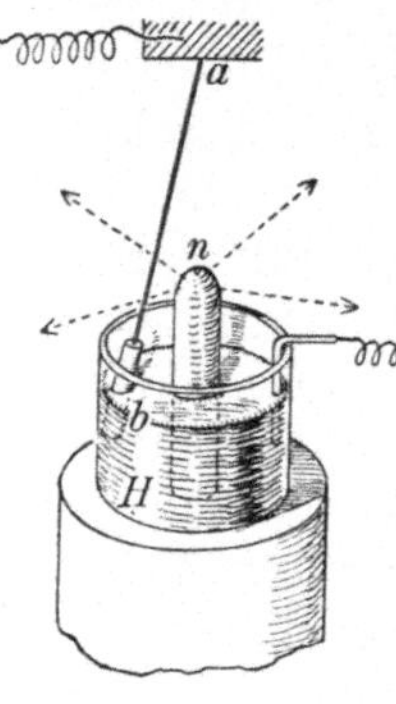

Fig. 454.

Stricknadel rotiert also, immer vertikal bleibend, um ab. Geht der Strom von a nach b, so rotiert n, von oben gesehen, im Sinne des Uhrzeigers. Kehrt man die Stromrichtung um, so verlaufen die elektromagnetischen Kraftlinien in entgegengesetzter Richtung, es kehrt sich der Sinn der Rotation um.

Auch bei einer derartigen Rotation muß actio und reactio gleich sein. Wenn man daher die Magnetnadel festhält und den Draht ab beweglich macht, so muß der Draht um den Magnet rotieren.

Diesen Versuch zeigt das **Faradaysche Pendel** (Fig. 454). ab ist ein leicht beweglicher Draht, dessen oberes Ende a fest ist, und dessen unteres Ende b wie an einer Angelschnur in das im zylinderförmigen Gefäß H befindliche Quecksilber hängt. Der Boden dieses Gefäßes hat in der Mitte ein Loch, in welches n, das Polende eines starken Elektromagnets, eingekittet ist. Schließt man den Stromkreis so, daß von a durch b ein Strom fließt, so sucht der Draht ab entsprechend dem vorigen Versuch den Magnetpol n um sich herumzudrehen. Da sich dieser jetzt, weil er fest ist, nicht bewegen kann, wohl aber das leicht bewegliche Drahtstück ab, so wird letzteres um den Pol kreisen. Kehrt man die Stromrichtung um, so ändert sich auch der Sinn der Rotation.

611. Wirkung magnetischer Kraftlinien auf einen stromdurchflossenen Leiter. In Fig. 454 sind auch einige von n nach allen Seiten des Raumes gehende Kraftlinien des magnetischen Poles n punktiert gezeichnet. Wir können nun diese Bewegung des Faradayschen Pendels auch in einer anderen Weise, die für das Folgende von größter Wichtigkeit ist, charakterisieren: Der stromdurchflossene Leiter ab bewegt sich so, daß er die magnetischen Kraftlinien schneidet.

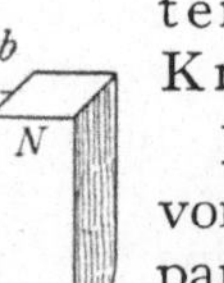

Fig. 455.

In Fig. 455 gehen die magnetischen Kraftlinien vom N-Pol rechts zum S-Pol links (punktierte parallele Pfeile). Wird nun in den Leiter ab von vorne nach hinten in der Richtung des dicken Pfeiles ein Strom gesendet, so erfolgt Abstoßung dieses Leiters ab nach oben. Die Amperesche Regel gilt auch hier. Legt man den Zeigefinger der rechten Hand in die Richtung ab, die Handfläche gegen N, so wird N in der Daumenrichtung, also in der Zeichnung nach unten getrieben. Wenn aber der Magnet fest und ab beweglich ist, so wird ab hinaufgedrückt.

Handregel: Man hält die drei ersten Finger der linken Hand senkrecht gegeneinander gespreizt, und zwar den Zeigefinger in der Kraft-

linienrichtung und den Mittelfinger in der Stromrichtung, dann gibt der Daumen die Bewegungsrichtung des Leiters an (Fig. 456).

Der Stromträger ab steht in Fig. 455 senkrecht zu den
Kraftlinien. Ein zu den Kraftlinien senkrechter Stromträger wird parallel mit sich selbst senkrecht zu den
Kraftlinien bewegt. Die ponderomotorische Kraft ist proportional der Länge des geraden Leiterstückes, der Stärke
des durchfließenden Stromes und der Stärke des magnetischen Feldes.

Im allgemeinen steht die Richtung der Kraftlinien und
die des Leiters nicht senkrecht aufeinander. Man zerlegt
dann die Kraftlinien in zwei Komponenten, von denen
die eine parallel zum Leiter, die zweite aber senkrecht auf
diesem steht. Kraftlinien, die dem stromdurchflossenen
Leiter parallel sind, haben keine Wirkung. Man könnte auch umgekehrt sich den Leiter
in zwei Komponenten zerlegt denken.

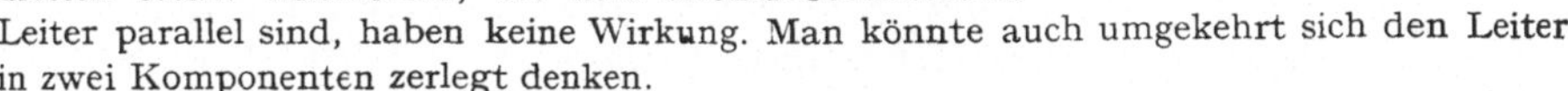

Fig. 456.

612. Für Messungen rascher Stromänderungen ist ein gewöhnliches
Galvanometer viel zu träge; solche ermöglicht das **Saiten-Galvanometer**
(Einthoven 1903).

Ein dünner gespannter Draht ab ist vertikal durch ein starkes magnetisches Feld geführt, dessen Kraftlinien in der Fig. 457 von vorne nach
hinten gehen. Fließt durch diese Saite ab (aus Platin oder Silber) ein elektrischer Strom, so wird die Mitte des Drahtes je nach der Stromrichtung
nach links oder nach rechts ausgebogen. Der Magnet ist von vorne nach
hinten so durchbohrt, daß man diese Saitenausbiegung durch ein Mikroskop mit Okularskala sehen oder aber projizieren kann. Der Vorteil
des Instrumentes besteht darin, daß der gespannte
Draht sich fast momentan ausbiegt, daß er also
sehr rasch sich ändernden Stromimpulsen ohne merkliche Verzögerung folgt, weil er nur sehr geringe
Masse besitzt. Besondere Empfindlichkeit, bis zu
10^{-12} A, erreicht man mit starken Elektromagneten
und einem versilberten Quarzfaden von $3\ \mu$ Dicke,
der mäßig gespannt ist. Starke Spannung verhindert
die Empfindlichkeit, steigert aber die Einstellungs-
Schnelligkeit bis unter $\frac{1}{100}$ sec.

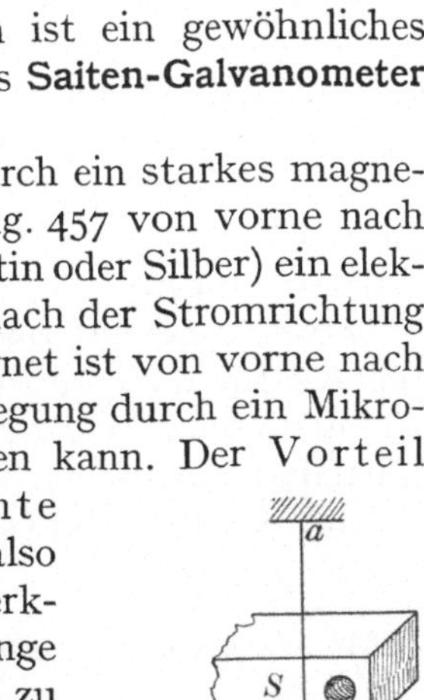

Fig. 457.

Das Instrument arbeitet viel rascher und ge-
nauer als das (§ 560) für ähnliche Zwecke gebrauchte Kapillar-
Elektrometer. Da bei raschem Hin- und Hergehen des Drahtfadens
ein direktes Beobachten mit dem Auge nicht möglich ist, wird der
Faden ab projiziert, wobei ein undurchsichtiger Schirm mit horizontalem
Spalt alles bis auf die Fadenmitte abblendet. Das projizierte Bild der
Fadenmitte erscheint nun als dunkler Punkt in dem kleinen, horizon-
talen Lichtstreifen des Spaltes. Dieses Bild entwirft man auf einen

photographischen Filmstreifen, der auf einer rotierenden Trommel aufgespannt ist, oder auf einer Platte, die (durch Reibung oder sonstige Kunstgriffe je nach dem beabsichtigten Meßzwecke mehr weniger verzögert) abwärts fällt. Man erhält so die nach rechts oder links erfolgenden Ausschläge als nach rechts oder nach links ausgebogene Kurven. Photographiert man gleichzeitig eine vertikal stehende, schwingende Stimmgabel von bekannter Tonhöhe, so erhält man im Bilde auch eine Sinuslinie für die Zeitmarkierung. Natürlich kann man auch andere Zeitmomente, Beginn und Schluß einer elektrophysiologischen Reizung usw. markieren.

613. Um ein Beispiel zu liefern, sei der Aktionsstrom des normalen menschlichen Herzens angegeben. Dieses liegt schräg im Körper, rechts oben die Basis und links unten die Spitze. Die durch die Herztätigkeit erzeugten elektrischen Ströme fließen darum unsymmetrisch durch den Körper. Es ergeben sich verschiedene Ableitungsmöglichkeiten dieses Stromes, z. B. linker Fuß und rechte Hand oder beide Hände usw. Die Extremitäten werden einfach in wannenartige Gefäße mit

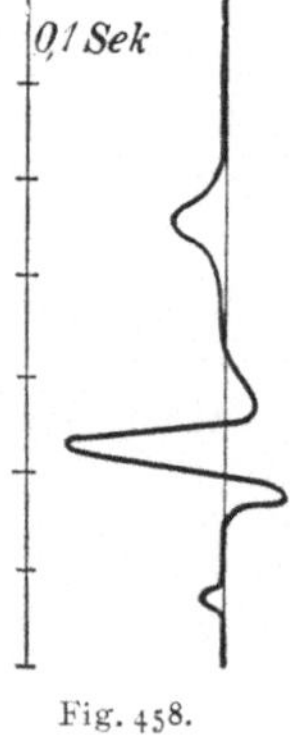

Fig. 458.

leitender Flüssigkeit gehalten, welche leitend mit einem Saitengalvanometer verbunden sind. Ein solches **Elektrokardiogramm** nach Einthoven gibt Fig. 458.

Dieses einfache Beispiel genüge, um die Wichtigkeit des Instrumentes für das ganze Gebiet der Elektrophysiologie zu zeigen, ebenso ist auch seine Bedeutung für die Diagnostik bei Herzkrankheiten unmittelbar einzusehen.

Aber auch für physikalische Probleme findet der Apparat vielfache Verwendung.

614. Drehspuleninstrumente. Ein stromdurchflossenes Solenoid wirkt wie ein Magnet. Bei entsprechender Anordnung kann es so beweglich gemacht werden, daß es sich wie eine Magnetnadel einstellt. Dieses Einstellungsbestreben wird besonders stark sein, wenn wir statt des schwachen Erdfeldes das eines kräftigen Hufeisenmagnets nehmen.

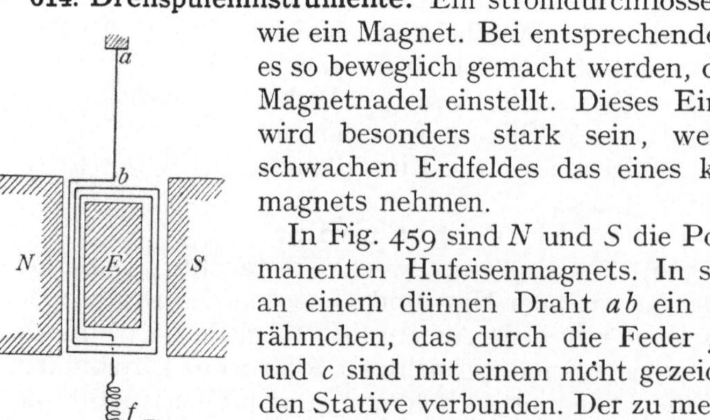

Fig. 459.

In Fig. 459 sind N und S die Pole eines guten permanenten Hufeisenmagnets. In seinem Felde hängt an einem dünnen Draht ab ein viereckiges Drahträhmchen, das durch die Feder f gespannt wird. a und c sind mit einem nicht gezeichneten feststehenden Stative verbunden. Der zu messende Strom fließt von a nach b, dann einige Male durch das viereckige Drahträhmchen (Solenoid) und über fc wieder aus dem

Apparat. Dieses leicht bewegliche Solenoid erhält einen Nordpol gegen vorne und einen Südpol gegen hinten. Dadurch sucht sich die Ebene des Rähmchens senkrecht zu der Richtung der Kraftlinien NS so weit einzustellen, als es die Torsion von ab und fc gestattet. Umkehr des Stromes ändert den Drehungssinn des Rähmchens. Die Wirkung wird sehr verstärkt, wenn man ins Innere der Spule, aber vollständig isoliert von ihr, von hinten her gehalten, einen fixen Eisenkörper E einschiebt, der das magnetische Feld NS verstärkt.

Auch die Anwendung des in § 611 geschilderten Prinzipes ergibt dieselbe Ablenkung, da die vertikalen Stromleiter des Solenoides senkrecht zu den Kraftlinien gedrückt werden.

Man kann das Ganze auch ein umgekehrtes gewöhnliches Galvanometer nennen. In jenem ist die Spule feststehend und der Magnet beweglich, hier aber ist der Magnet feststehend und die Spule beweglich.

Da das Feld ziemlich homogen ist, ist die Ablenkung der Stromstärke proportional. Sie wird bei feinen Instrumenten mittels Spiegels gemessen. Man macht diese Drehspulengalvanometer schon fast so empfindlich wie die gewöhnlichen Magnetgalvanometer, sie haben aber den großen Vorteil, daß äußere magnetische Kräfte auf die Spule nicht störend einwirken. Einen weiteren Vorteil werden wir § 622 besprechen.

Bei minder empfindlichen Instrumenten macht man das Solenoidrähmchen zwischen zwei fixen Zapfen drehbar. Eine seitliche Feder sucht das Rähmchen parallel den Kraftlinien einzustellen, und der zu messende Strom dreht es dieser elastischen Kraft entgegen aus dieser Lage heraus. Die Drehung wird durch einen über einer kreisförmigen Skala spielenden Zeiger abgelesen. Solche Konstruktionen sind sowohl für Amperemeter als für Voltmeter in immer steigenderem Gebrauche.

Fig. 460.

Fig. 460 ist die Abbildung eines sogenannten **Weston-Volt- und Ampermeters.**

7. Elektromagnetische Induktion.

615. Gegen magnetische Kraftlinien bewegte Leiter. Sendet man durch das Faradaysche Pendel (Fig. 454) einen elektrischen Strom, so entsteht trotz der Reibung Bewegung. Es muß also, da hier mechanische Energie verbraucht wird, irgendwo eine gleich große Energiemenge erzeugt werden.

Wer leistet diese fortgesetzte Arbeit?

Der Magnet, z. B. ein permanenter Magnet, bleibt ungeändert; somit müssen wir die Energiequelle im Strome des Leiters ab suchen. Es muß also, solange der Leiter ab rotiert, der treibende Strom geändert werden, und zwar durch eine Art elektromotorische Gegenkraft geschwächt werden, sonst würde ja das Pendel sich immer rascher drehen, was gegen das Gesetz der Erhaltung der Energie verstößt. Es muß somit, wenn ein stromloser Leiter mechanisch so bewegt wird, daß er Kraftlinien schneidet, in ihm eine elektromotorische Kraft erzeugt oder „induziert" werden. Der induzierte Strom hat eine solche Richtung, daß er der Bewegung, durch die er entsteht, entgegenwirkt (Lenzsche Regel, 1834).

Schaltet man beim Faradayschen Pendel (Fig. 454) statt der Batterie ein Galvanometer ein, und dreht man nur das Pendel ab mechanisch mit der Hand um den magnetischen Pol, so gibt das Galvanometer einen Ausschlag. Ebenso wird, wenn man in Fig. 455 den Leiter statt mit einer Batterie mit einem Galvanometer verbindet, eine mechanische Bewegung dieses Leiters nach unten einen Strom von a nach b hervorrufen.

Die hier zwischen den Leiterenden erzeugte elektromotorische Kraft ist der pro sec geschnittenen Kraftlinienzahl proportional, also der Stärke des magnetischen Feldes und der Schnelligkeit der Leiterbewegung.

Auch hier müßte, wenn der Leiter die Kraftlinien schief schneidet, wie in § 611, die Geschwindigkeit oder die Feldstärke in Komponenten zerlegt werden.

Handregel: Man hält die drei ersten Finger der rechten Hand senkrecht gegeneinander gespreizt, und zwar den Zeigefinger in der Kraftlinienrichtung, den Daumen in der Bewegungsrichtung, dann zeigt der Mittelfinger die Richtung der elektromotorischen Kraft im Drahte an (Fig. 461).

Die Stromenergie von Induktionsströmen ist ein Äquivalent der zu ihrer Erzeugung aufgewendeten mechanischen Energie.

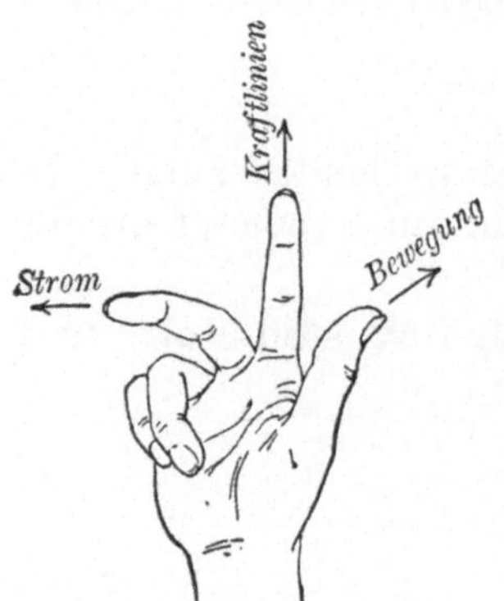

Fig. 461.

616. Elektromagnetische Induktion. Es sei eine runde Drahtspule mit einem Galvanometer verbunden. Schiebt man einen Stabmagnet bis zu seiner Mitte in die Spule ein, so entsteht ein Stromstoß im Galvanometer, da die Kraftlinien des Magnets die Windungen der Spule schneiden. Beim Herausziehen erfolgt dieser Stromstoß in entgegengesetzter Richtung. Schiebt man den Magnet sehr langsam ein, so erfolgt scheinbar kein Ausschlag; die durchfließende Elektrizitätsmenge ist zwar genau so groß wie beim raschen Einschieben, verteilt sich aber auf längere Zeit. In diesem Falle ist z. B. der Ausschlag 0,1 Skalenteile während 30 Sekunden, die das Einschieben dauert, in jenem 30 Skalenteile während 0,1 Sekunde.

Es werden natürlich schon beim bloßen Annähern eines Magnets an eine Spule Kraftlinien geschnitten, es genügt also, wenn wir von außen einen Magnet annähern und entfernen. Wir erhalten dann zwei Stromstöße in entgegengesetzter Richtung. Auch dieser elektrische Strom entsteht aus der mechanischen Energie.

Das Hineinschieben des Magnets in eine geschlossene Spule erfordert mechanische Energie, welche sich in elektrische Energie des Induktionsstromes verwandelt.

Der in der Spule einmal induzierte Strom hört nur darum zu fließen auf, weil er Wärme im Spulenwiderstande erzeugt. Wäre der Widerstand des Spulendrahtes gleich Null (und alles in der Umgebung ruhig), so würde er ewig fließen. In auf -266^0 C abgekühltem Bleidrahte ($\S$ 577) konnte Kamerlingh Onnes den einmal erzeugten Induktionsstrom noch nach einer Stunde nachweisen.

Erdinduktor. Wenn man die Windungsebene einer großen Spule vertikal in die Deklinationsrichtung bringt und dann die Spule um eine vertikale Achse um 180⁰ dreht, so erhält man einen Strom durch das Schneiden der Horizontalkomponenten des Erdkraftfeldes, dessen Stärke man aus der Stärke des hier induzierten Stromes bestimmen kann.

Dreht man um weitere 180⁰, so tritt, wie im folgenden Paragraph auseinandergesetzt werden soll, ein entgegengesetzter Strom auf.

617. Wenn wir ein Drahtsystem in einem magnetischen Felde rotieren lassen, so werden im allgemeinen bei einer vollständigen Umdrehung des Systems um 360⁰ alle Kraftlinien zweimal geschnitten, einmal beim Hin- und einmal beim Zurückgange des Systems. Es ist bei einer halben Drehung, von 0⁰—180⁰ ein Strom in der einen Richtung, bei der zweiten halben Drehung, von 180⁰—360⁰ ein Strom in entgegengesetzter Richtung erzeugt worden. Man nennt einen solchen Strom einen **Wechselstrom.**

In Fig. 462 sei N ein Nord- und S ein Südpol. Die Kraftlinien verlaufen hier ziemlich parallel von N nach S. In dem Zwischenraum zwischen den Polen sei ein viereckiger Drahtrahmen $suvt$ um eine vertikale Achse or drehbar. Eine kleine Drehung aus der in Fig. 462 angedeuteten Lage wird nur einen ganz schwachen Strom erzeugen, da su sowohl als auch vt so ziemlich parallel den Kraftlinien sich bewegen. Wird die Drehung aber fortgesetzt, so werden immer mehr Kraftlinien geschnitten, und wenn eine Drehung um 90° erfolgt ist und wir die in der Fig. 463 dar-

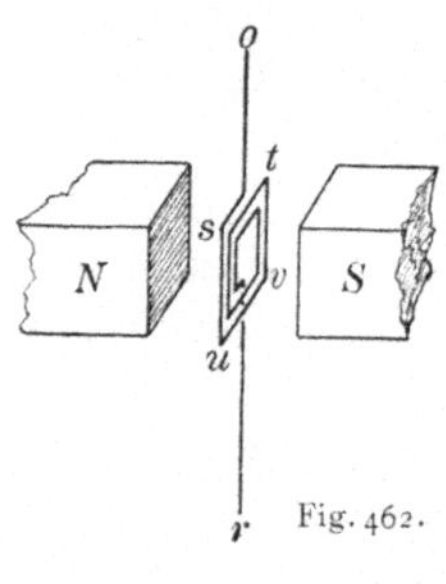

Fig. 462.

gestellte Lage erreicht haben, so wird bei der geringsten Drehung von su und vt um die Achse or, da jetzt die Bewegung senkrecht zu den Kraftlinien geschieht, ein kräftiger Strom erzeugt werden. Die horizontalen Drahtlagen st und uv schneiden nie Kraftlinien, sie dienen nur zur Leitung. Setzen wir die Drehung noch um weitere 90°, also bis 180° fort,

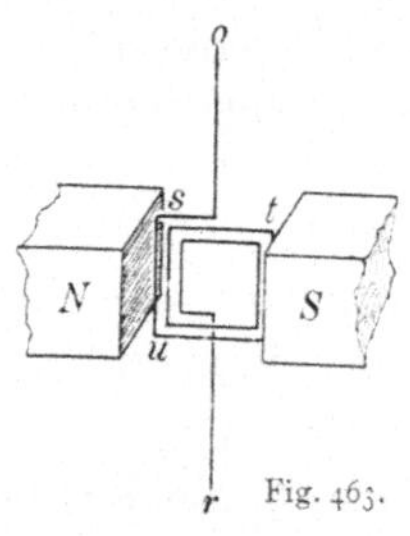

Fig. 463.

so kommen wir wieder in die gleiche Lage wie in Fig. 462; der Strom wird verschwunden sein. Bei einer noch weiteren Drehung werden die vertikalen Drähte die Kraftlinien in entgegengesetzter Richtung schneiden wie früher, es wird ein Strom in entgegengesetzter Richtung entstehen. Nach einer vollständigen Drehung um 360° fängt der Vorgang von vorne an, es beginnt eine neue Periode.

Den Verlauf dieses Wechselstromes zeigt die Kurve in Fig. 42, die Ordinaten bedeuten Stromstärken, die Abszissen Umdrehungswinkel. Beim Beginn der Drehung, 0°, ist die Stromstärke gleich Null. Bei 90° oder $\dfrac{\pi}{2}$ wird die Stromstärke ein Maximum erreichen, dann wird sie immer kleiner und verschwindet bei 180° oder π; dann fließt der Strom in entgegengesetzter Richtung, wird immer stärker, bis er dann bei 270° oder $\dfrac{3\pi}{2}$ ein Minimum (Maximum in entgegengesetzter Richtung) erreicht hat, um dann bei 360° oder 2π wieder zu verschwinden. Dann ist eine ganze Umdrehung vollendet und die Periode beginnt von neuem.

Eine reine **Wechselstromkurve ist** eine **Sinuslinie.**

618. Will man solche Wechselströme in **Gleichstrom** verwandeln, so muß man passende Kommutatoren anbringen, welche nach je einer halben Umdrehung die Stromrichtung umkehren.

In Fig. 464 ist N ein Nordpol, S ein Südpol. Es sind wieder nur die zylindrisch ausgehöhlten Pole, nicht aber der ganze Magnet gezeichnet. Zwischen ihnen dreht sich um die horizontale Achse oo ein Zylinder F aus Eisen (unterteilt! § 524), auf welchem isoliert der Drahtrahmen $suvt$ aufgewickelt ist. Das Ganze ist iden-

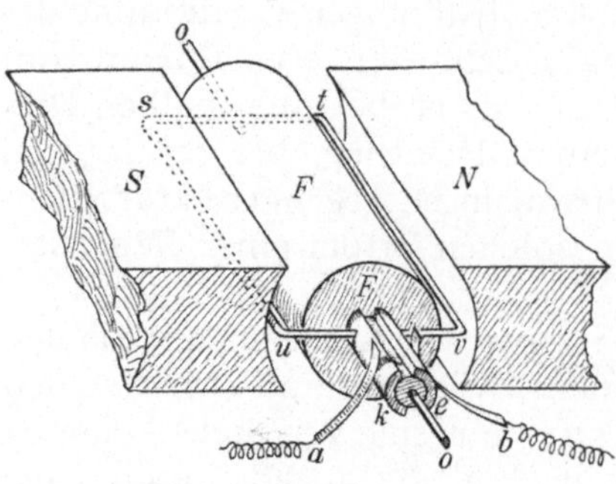

Fig. 464.

tisch mit Fig. 462, nur ist die Achse hier horizontal, das magnetische Feld sehr ausgedehnt und durch die Anwesenheit von F (große Permeabilität) sehr stark. Vorne in der Achse sitzt der Kommutator, zwei isolierte Halbzylinder aus Kupfer, k und l. Es ist k mit u, l mit v verbunden. Die fixen Metallbürsten a und b schleifen auf den rotierenden Metallhalbzylindern l und k. Sooft uv vertikal steht, wechselt die induzierte Stromrichtung, aber auch der Bürstenkontakt: der Wechselstrom ist in einen Gleichstrom verwandelt. Der induzierte Strom erhält eine höhere Spannung, wenn man statt des einfachen Drahtes $suvt$ im gleichen Sinne einen langen Draht viele Male herumwickelt und dessen Enden zu k und l führt.

Der im magnetischen Felde rotierende Teil einer solchen Maschine heißt „Anker". Die in der Technik wirklich verwendeten **magnetelektrischen Maschinen** beruhen alle auf dem Prinzip des Schneidens der Kraftlinien, sind aber natürlich viel komplizierter.

Ein Gleichstrom, wie ihn die schematische Darstellung Fig. 464 lieferte, wäre ein in gleicher Richtung (sinusförmig) auf und ab schwankender Strom. Die Verwandlung in einen praktisch konstanten Gleichstrom erfordert kompliziertere Anordnungen.

Statt der zwei wirksamen Leiter us und tv in Fig. 464 sind ihrer viele längs der Zylinderfläche des aus unterteiltem Eisen bestehenden Zylinders F gespannt. In der vereinfachten Fig. 465 (Anker von vorne gesehen) sind es ihrer 8, die alle hintereinander geschaltet sind. Die gleichzeitig mit dieser Trommel rotierenden und so die Kraftlinien schneidenden Drähte stehen senkrecht zur Papierebene, sie liegen in der gezeichneten Daraufsicht senkrecht zur Zeichenebene hinter u bzw. v (links bzw. rechts von der vertikalen Mittelebene der Zeichnung). In u fließt (nach der rechten Handregel) der Strom nach hinten, in v nach vorne. Der oberste und der unterste Draht ist ohne Wirkung, weil er sich (nahezu) parallel den Kraftlinien bewegt. In den an der vorderen und hinteren vertikalen Grundfläche des Zylinders liegenden Drähten (das sind die in der Zeichnung ihrer ganzen Länge nach sichtbaren) wird nichts induziert.

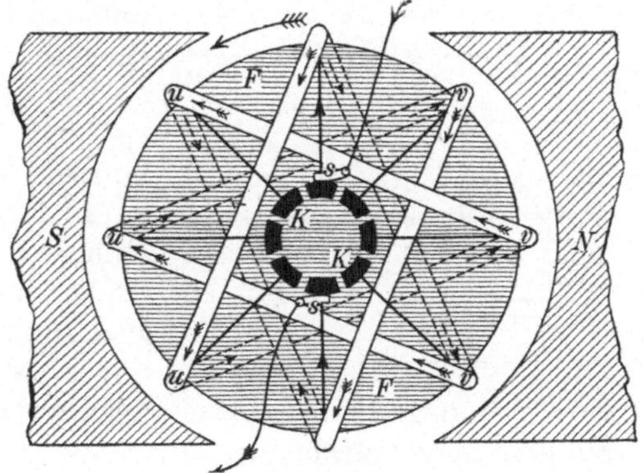

Fig. 465.

Geht man von irgendeinem Punkte aus dieses Schaltungsschema durch, so kann man leicht bemerken, daß alle induzierten Ströme u links, ebenso, aber umgekehrt, alle Ströme v rechts von der Mittelebene sich addieren. (Siehe die Pfeile in Fig. 465.) Es ist genau wie in zwei gegeneinander geschalteten Elementen B_1 und B_2 (Fig. 466). Verbindet man hier die Punkte a und b durch eine äußere (nicht gezeichnete) Leitung in der Richtung der dicken Pfeile, so fließt ein Strom in dieser äußeren Leitung von a nach b, weil so B_1 und B_2 parallel geschaltet sind. Beim Anker (Fig. 465) besorgt dies der in der Mitte gezeichnete Bürstenkommutator K, hier „Kollektor" genannt, welcher sich auf der Achse vor dem rotierenden Zylinder mitrotierend befindet, ganz wie $k\,l$ in Fig. 464. An diesem K sind oben und unten in Fig. 465 die feststehenden, den Strom abnehmenden Schleifbürsten s schematisch angedeutet. Da die gezeichnete Konstellation in Fig. 465 nach jeder $\frac{1}{8}$-Drehung

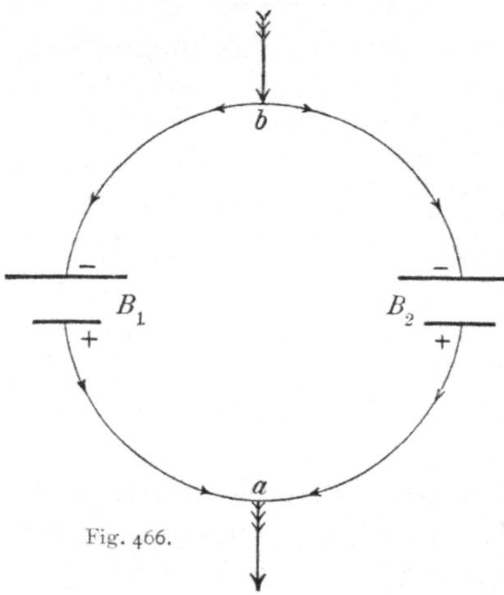

Fig. 466.

wiederkehrt, wirkt diese **Hefner-Alteneck**sche oder **Siemenssche Trommelwicklung** kontinuierlich, besonders, wenn man statt der 8 Querdrähte (u und v) deren 32 nimmt. Selbstverständlich ist dann auch der von uns einzeln gezeichnete Draht u oder v als Spule ausgebildet, wodurch die Spannung steigt.

Außer dieser Wicklung gibt es noch einen anderen Anker, den **Pacinottischen** oder **Grammeschen** Ring, dessen Beschreibung wir nicht bringen, da er im technischen Gebrauch immer seltener wird.

619. Das magnetische Feld der eben besprochenen Maschinen muß möglichst kräftig sein; es lag daher die Idee nahe, die permanenten Stahlmagnete durch Elektromagnete zu ersetzen. Nun zeigte **Siemens** (1862), daß man den Strom für die Feldmagnete der Maschine selbst entnehmen kann. Man führt z. B. von der positiven Bürste des Ankers (Fig. 467) den Strom mittels isolierten Drahtes um die weichen Eisenschenkel des Feldmagnets NS zum

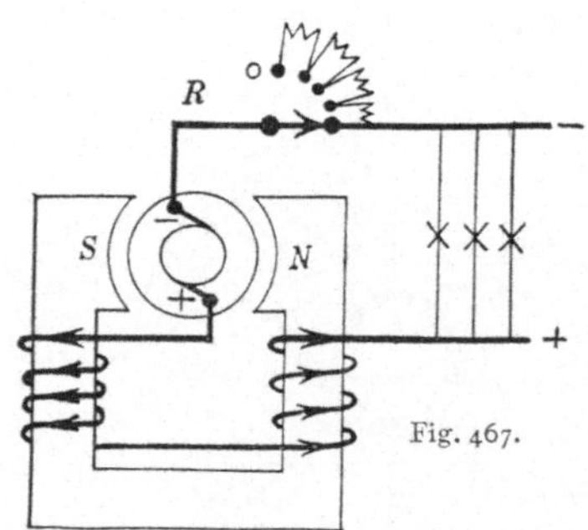

Fig. 467.

äußeren positiven Leitungsdraht; von der anderen Bürste führt die Leitung (eventuell über den Rheostaten R) zum äußeren negativen Leitungsdrahte. Zwischen diesem $+$- und $-$-Draht ist eine Reihe von Glühlampen (durch schiefe Kreuze dargestellt) parallel geschaltet. Wenn die Maschine in Ruhe ist, so ist nur ein schwaches magnetisches Feld infolge des remanenten Magnetismus der Eisenschenkel vorhanden. Sowie der Anker aber zu laufen beginnt, wird, wenn dadurch, daß genügend viele Glühlampen eingeschaltet sind, ein genügend starker Strom von $+$ zu $-$ fließen kann, auch um die Feldmagnete ein kräftiger Strom gehen, und das magnetische Feld wird dadurch immer stärker bis zu einem gewissen Maximum. Eine derartige Maschine heißt **Dynamomaschine.** Sie verwandelt mechanische Energie in .elektrische. Eine Dynamo, die keinen Strom liefert, bedarf zur Rotation, abgesehen von der Reibung, keine Arbeit. Je mehr Strom aber man der Maschine entnimmt, desto größer wird die zur Rotation nötige mechanische Energie.

620. Dynamoschaltungen. In dem eben geschilderten Beispiele ist der Anker und die Bewicklung der Feldmagnete hintereinander geschaltet: **Serienschaltung.** Diese Einrichtung leidet an einem gewissen Übelstand. Nehmen wir z. B. an, daß der $+$- und $-$-Draht

(Fig. 467) nur durch eine oder wenige Glühlampen überbrückt sei, so findet der Strom im äußeren Stromkreise einen großen Widerstand. Er bleibt daher schwach und es bleibt auch die Magnetisierung des Elektromagnets schwach. Eine solche Serienmaschine, die z. B. für 100 Glühlampen gebaut ist, ist nicht imstande, den Strom für nur zwei Glühlampen zu liefern.

Zur Erzielung starker Ströme muß man andere Schaltungen vornehmen. Fig. 468 stellt eine Nebenschlußschaltung vor. Bei den Bürsten teilt sich der Strom; ein Teil (dick gezeichnet) geht zur äußeren Leitung, ein anderer (dünn gezeichnet) geht durch die Magnetwicklung. Magnet und Anker liegen nicht mehr hintereinander, in Serie, sondern nebeneinander, parallel. In der Magnetleitung ist ein (rechts gezeichneter) Rheostat eingeschaltet; man kann

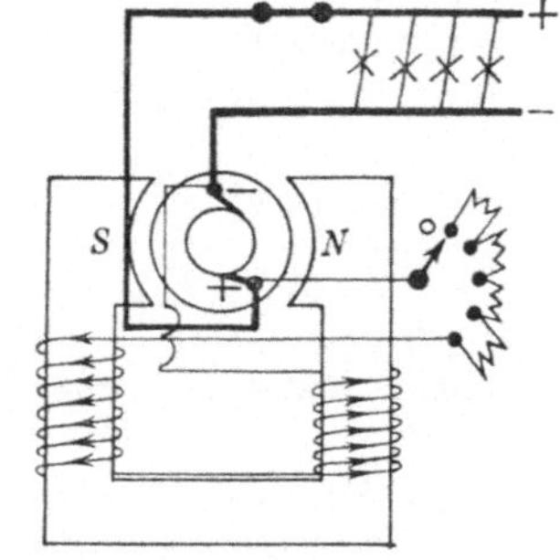

Fig. 468.

daher den Magnetzweigstrom ändern und die Maschine (in gewissen Grenzen) so einrichten, daß sie auch bei wechselndem äußeren Widerstande dieselbe Spannung (gleiche Anzahl V) liefert.

Für physikalische Versuche eignet sich diese Maschine besonders darum, weil man durch den Rheostaten im Magnetbewicklungszweige die Klemmspannung nach Belieben ändern kann.

Noch besser ist aber die Compoundschaltung, eine Kombination der eben geschilderten zwei Schaltungen. Fig. 469 gleicht zunächst Fig. 467. Der dicke Draht stellt eine Serienschaltung vor. Zugleich ist aber eine zweite Wicklung (parallel, wie Fig. 468) von den Bürsten aus um den Magnet geführt (dünn gezeichnet) und diese Windungen aus dünnem Drahte sind viel zahlreicher als die aus dickem Drahte. Nehmen wir an, der Widerstand im äußeren Stromkreise sei zunächst kleiner; es seien z. B. zur Abendzeit eine große Anzahl Glühlampen parallel geschaltet. Dann fließt auch durch die dicke Magnetwicklung viel Strom, aber (nach dem Kirchhoffschen Verzweigungsgesetz) nur ein sehr schwacher durch den dünnen langen Bewicklungsdraht. Wenn aber nun der größte Teil der Lampen ausgelöscht wird, und dadurch der äußere Widerstand sehr groß wird, so wird der durch die dicke Magnetwicklung fließende Strom für die Magnetisierung zu schwach. Jetzt fließt (nach dem Kirchhoffschen Verzweigungsgesetz) der größte Teil des Stromes durch die dünne Bewicklung, die den Magnetismus auf die alte Höhe bringt. Dynamomaschinen mit derartigen Compound- oder Verbundschaltungen liefern dieselbe Voltzahl, ob man ihnen nun einen starken oder einen schwachen (oder gar keinen) Strom entnimmt.

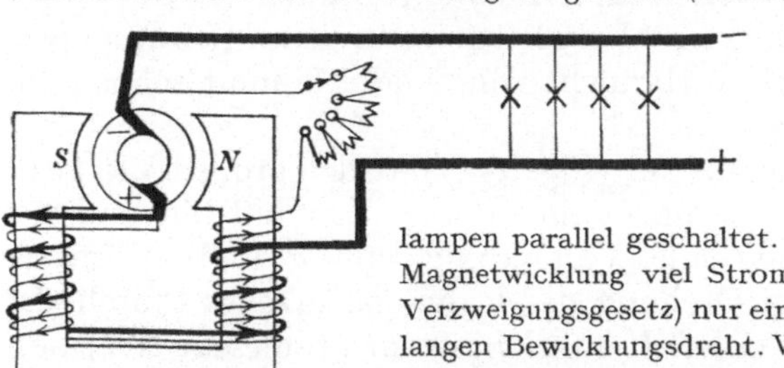

Fig. 469.

621. Bei den Dynamos wird der Strom dadurch erzeugt, daß die passend konstruierten Leiter magnetische Kraftlinien schneiden. Es wird daher umgekehrt (nach § 615), wenn man durch eine solche Dynamomaschine einen Strom schickt, diese Maschine zu rotieren anfangen.

Während also bei einer Dynamomaschine mechanische Energie in elektrische verwandelt wird, wird beim **Elektromotor** umgekehrt die Energie des elektrischen Stromes in mechanische Arbeit verwandelt.

Eine der verbreitetsten Anwendungen des Elektromotors finden wir in der elektrischen Traktion, speziell in den elektrischen Straßenbahnen. Unter den Sitzen eines solchen Wagens befinden sich gewöhnlich zwei Elektromotoren, welche durch Zahnräder mit den Wagenachsen verbunden sind. Der Strom wird von einem über dem Geleise gespannten Draht, Oberleitung, mittels eines federnden Bügels diesen Elektromotoren zugeführt und fließt unten durch die Schienen und Erde zurück. Die Betriebsspannung beträgt gewöhnlich 500 V. Bei Großbahnen wird Wechselstrom mit Spannungen von mehr als 10 000 Volt verwendet.

622. Wenn sich ein massiver Leiter durch ein magnetisches Feld bewegt, können in seinem Innern in sich selbst kurz geschlossene Lokalströme induziert werden. Diese sog. Foucaultschen Ströme erwärmen den Leiter, verbrauchen Energie und hemmen darum die Bewegung.

In vielen Instrumenten, z. B. Hitzdrahtinstrumenten, verwendet man solche für eine **magnetische Dämpfung.** Am unteren Ende des Zeigers z ist eine dünne Aluminiumplatte, in Fig. 433 nicht gezeichnet, befestigt, die bei jeder Zeigerbewegung durch einen dünnen Spalt eines Hufeisenmagnets bewegt wird und hier die Kraftlinien schneidet. Das Aluminium blättchen wird infolge der in ihm induzierten Lokalströme vom Magnet in einer der Bewegung entgegengesetzten Richtung gedrückt. Die Zeigerbewegung ist dann vollständig gedämpft, aperiodisch.

Bringt man knapp in die Nähe einer schwingenden Magnetnadel (z. B. eines Galvanometers) große Kupfermassen, so induziert die Nadelbewegung in diesen Kupfermassen Lokalströme, und die Schwingungsenergie der Nadel wird rasch verbraucht; die Nadel kommt schnell zur Ruhe.

Das Drehspulengalvanometer (Fig. 459) hat den großen Vorteil, sich selbst zu dämpfen. Wenn es im offenen Zustand hin und her pendelt, so genügt eine leitende Verbindung von a und c, um es momentan aufzuhalten. Die Drehung des Rahmens erzeugt (durch das Schneiden der Kraftlinien) einen Induktionsstrom (Joulesche Wärme); die mechanische Schwingungsenergie wird rasch verbraucht. Ist daher ein solches Instrument an eine Leitung von einem bestimmten Widerstande angeschlossen, so bewegt es sich vollständig aperiodisch.

623. Die Gesetze der elektrischen Induktion, die in der bisherigen Darstellung auf das ,,Schneiden der Kraftlinien'' durch einen zu ihnen relativ bewegten Leiter zurückgeführt wurden, lassen sich auch noch in einer anderen und zur zahlenmäßigen Berechnung der Effekte geeigneteren Weise mit Hilfe der Begriffe ,,Kraftfluß'' und ,,Induktionsfluß" darstellen. Man denke sich die von einer in sich geschlossenen Leitung umfaßte Fläche F in zahlreiche kleine Flächenelemente f zerlegt, ferner die im Mittelpunkte der einzelnen Flächenelemente herrschende magnetische Feldstärke $\mathfrak{H}$ jeweils in eine zur Fläche parallele Komponente $\mathfrak{H}_p$ und in eine zu ihr senkrecht stehende Komponente $\mathfrak{H}_s$ zerlegt. Bildet man nun für jedes Flächenelement das Produkt $f \cdot \mathfrak{H}_s$ und summiert diese Produkte über die ganze Fläche, so erhält man als Summe dieser Produkte [geschrieben: $\Sigma(f \cdot \mathfrak{H}_s)$] den „Kraftfluß" durch die von der Leitung umschlossene Fläche F. Bei einer symbolischen Darstellung des magnetischen Feldes durch einzelne Kraftlinien (vgl. § 519) entspricht dem Kraftfluß die Zahl der durch F hindurchgehenden Kraftlinien.

Für den Fall, daß die Fläche F Medien durchsetzt, deren Magnetisierungszahl $\mu > 1$ (vgl. § 521), wie dies z. B. bei Eisen und anderen ferromagnetischen Stoffen gilt, bildet man in analoger Weise die Summe $\Sigma(f \cdot \mathfrak{B}_s) = \Sigma(f \cdot \mu \mathfrak{H}_s)$ und nennt dann diese Größe den „Induktionsfluß" durch F, da $\mathfrak{B}$ „magnetische Induktion" genannt wird (vgl. § 522). In Luft oder in schwach para- oder diamagnetischen Stoffen, in denen praktisch $\mu = 1$ gesetzt werden kann, sind daher auch Kraft- und Induktionsfluß praktisch gleich.

Ändert sich nun der Induktionsfluß durch die Fläche F — sei es deshalb, weil der Leitungskreis relativ zu dem das magnetische Feld erzeugenden Körper (z. B. Stahlmagnet, stromdurchflossene Spule) bewegt wird, sei es, weil die Stärke des ruhenden Magnetfeldes sich ändert (z. B. Zu- oder Abnahme der Stromstärke in der felderzeugenden Leitung) —, so wird in der die Fläche F umschließenden Leitung ein Strom induziert. Die wirksame elektromotorische Kraft (in elektromagnetischen Einheiten ausgedrückt) ist gegeben durch die Änderung des Induktionsflusses innerhalb einer Sekunde. Durch Multiplikation mit dem Faktor 10^{-8} (vgl. § 602) erhält man den Wert der elektromotorischen Kraft in Volt.

624. Transformatoren. Wenn wir einen Strom durch ein Drahtsolenoid senden, so dauert es, wie man auch experimentell zeigen kann, eine (meist nach Tausendsteln von Sekunden zählende) Zeit, bis der Strom seinen gleichförmigen Endzustand erreicht.

Legt man daher um die Spule I, die Primärspule (Fig. 470), eine zweite Spule II, die Sekundärspule, strichliert gezeichnet, wobei I und II vollständig elektrisch isoliert sind,

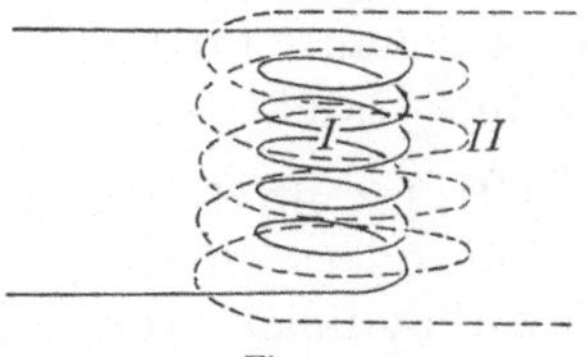

Fig. 470.

so wird bei Stromschluß in Spule I der Induktionsfluß durch die Spule II anwachsen, bei Stromöffnung aber abnehmen. Wir erhalten also einen Induktionsstrom, einen Stromstoß in II, wenn wir I schließen, und einen entgegengesetzt gerichteten, wenn wir I

unterbrechen. Fortgesetztes Schließen und Unterbrechen eines Gleichstromes oder Einleitung von Wechselstrom in die primäre Spule erzeugt also hin und her gehende Ströme in der Sekundärspule.

Die Anwendung der „rechten-Handregel" ergibt hier folgendes: Sind primäre und sekundäre Spule in gleicher Richtung gewickelt, so ist die Stromrichtung in II beim Schließen der von I entgegengesetzt, beim Öffnen gleichgerichtet.

Nimmt man z. B. für I einen dicken Draht mit wenig Windungen, für II einen dünnen Draht mit vielen Windungen, so erfolgt eine Umwandlung oder Transformation der Stromenergie, d. i. des Produktes Stromstärke mal Spannung. In I herrsche große Stromstärke und geringe Spannung, z. B. 3 A · 10 V oder 30 Watt; in II entstehen z. B. 0,03 A · 1000 V = 30 Watt. Die Spannung wurde 100 mal so groß auf Kosten der Stromstärke, die 100 mal kleiner wurde. Energie wurde theoretisch weder gewonnen noch verloren; praktisch tritt natürlich immer durch die Joulesche Wärme ein Verlust ein. Indem man hier für die sekundäre Spule möglichst viele Windungen nimmt, von denen ja jede einzelne von Kraftlinien durchsetzt wird, erhält man sehr hohe Spannungen, da jede Windung für sich wirkt und alle hintereinander geschaltet sind. Diese Transformation verwandelt einen starken Strom mit niedrigerer Spannung in einen schwachen Strom hoher Spannung.

Umgekehrt kann man die dünne Spule zur primären und die dicke zur sekundären machen, dann tritt eine solche Transformation ein, daß ein schwacher, aber hochgespannter Strom sich in einen starken Strom mit geringer Spannung verwandelt.

Es ist also der Transformator eine Vorrichtung, die für Wechselstrom in dem Produkte $J \cdot E$ den einen Faktor auf Kosten des anderen vergrößert.

I und II sind hier vollständig, was elektrische Leitung anlangt, voneinander isoliert. Durch die gegenseitige Induktion besteht aber doch ein magnetischer Zusammenhang, I und II sind durch Magnetismus miteinander gekoppelt. Je enger diese magnetische Koppelung ist, desto mehr Kraftlinien kommen zur Wirkung, desto stärker ist die gegenseitige Induktion.

625. Ist im Innern einer Spule, welche von unterbrochenem Gleichstrom oder von Wechselstrom durchflossen wird, ein isolierter, massiver Metallzylinder vorhanden, so stellt dieser innere Metallkern gleichsam eine sekundäre Spule dar. Die von der Spule erzeugten Kraftlinien durchsetzen den Metallkern, und es werden in ihm starke (kurzgeschlossene) Kreisströme induziert. Solche Foucaultsche Ströme, (vgl. § 622) hier auch **Wirbelströme** genannt, bedeuten eine große Energievergeudung. Der Kern wird stark und unnütz erwärmt.

Andererseits verwendet man in den Induktionsöfen solche Wirbelströme zur Erreichung hoher Temperaturen.

Da die magnetische Induktion $\mathfrak{B}$ im Eisen groß ist, müssen die Spulen in Transformatoren viel besser wirken, wenn wir in sie einen Eisenzylinder stecken. Um aber die Wirbelströme in diesem Eisenkern zu vermeiden, nimmt man keinen massiven Eisenzylinder, sondern Bündel von Eisendrähten oder Eisenblechen, die durch Oxydation oder Lackanstrich voneinander isoliert sind: unterteiltes oder lamelliertes Eisen. Dadurch werden Wirbelströme verhindert.

Aus diesen Gründen muß man auch überall, wo im Eisen starke magnetische Felder rasch wechseln, z. B. bei Dynamoankern, unterteiltes Eisen, Eisenlamellen oder dgl. verwenden. Die Eisensorte ist auch mit möglichst kleiner Hysteresis zu wählen (§ 524).

626. Wechselstrommaschinen. Wir sahen, daß alle rotierenden Maschinen ursprünglich Wechselstrom liefern, der bei den Gleichstromtypen durch Kommutatoren oder Kollektoren gleichgerichtet wird. Immer mehr aber, besonders bei Fernleitungen, wird Wechselstrom selbst in Verwendung gezogen.

Wir haben in Fig. 471 einen großen feststehenden Eisenring E (aus Lamellen mit kleiner Hysteresis) mit einer Reihe von nach innen gerichteten Zapfen b; der Übersichtlichkeit wegen sind in der Figur nur vier gezeichnet. In Wirklichkeit sind es viel mehr, aber immer eine gerade Anzahl. Diese Zapfen sind mit dünnem Draht in vielen Windungen, wobei von Zapfen zu Zapfen die Richtung wechselt, bewickelt. (In Fig. 471 der besseren Übersichtlichkeit wegen nur einige wenige Windungen.) Innerhalb des äußeren festen Magnetkranzes dreht sich konzentrisch ein zweiter Eisenring F, dessen nach außen gerichtete Zapfen a mit wenigen Windungen dicken Drahtes, wieder in abwechselnder Richtung, umwickelt sind. Mittels der zwei Schleifringe s_1 und s_2 wird von einer Gleichstromhilfsdynamo ein Strom eingeleitet, welcher die vorstehenden rotierenden Zapfen a abwechselnd zu dauernden N- oder S-Magneten macht. So oft nun abwechselnd ein Nord- bzw. Südpol des inneren Rades an einem äußeren Zapfen b mit seinen Kraftlinien vorübergeht, wird in diesem ein Strom von wechselnder Richtung erzeugt, dessen Verlauf ungefähr durch eine Sinuskurve dargestellt wird; nur

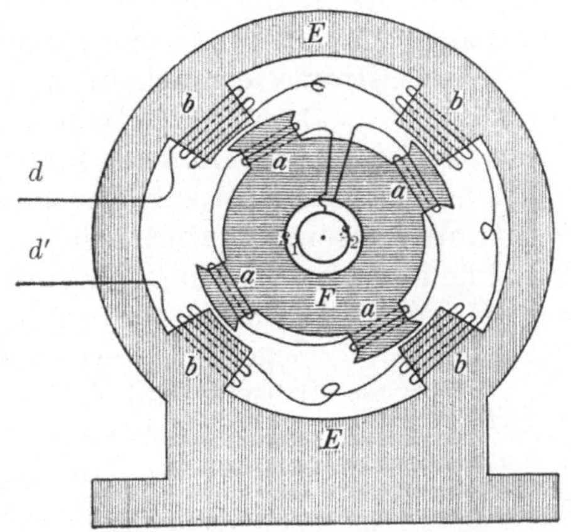

Fig. 471.

ungefähr, weil die Hysteresis des Eisens die reine Sinusform ein wenig stört. Da aber die Spulen um b, in denen der Strom induziert wird, mit dünnen und zahlreichen Windungen umwickelt sind, so kann man die Spannung des induzierten Wechselstromes hoch hinauftreiben; in der Technik der elektrischen Kraftübertragung arbeitet man mit einer Fernleitungsspannung von 3000—100000 V. Nun ist die elektrische Energie gleich dem Produkte $J \cdot E$. Wir können daher bei diesen hohen Spannungen mit verhältnismäßig schwachen Strömen große elektrische Energie erzeugen. Diese schwachen Ströme können mittels dünner Drähte weitergeleitet werden. Wir können so mit dünnen Fernleitungen gewaltige elektrische Energiemengen über Hunderte von Kilometern fortführen.

An der Verbrauchsstelle aber darf die Spannung keine zu hohe sein, nicht nur, weil Glühlampen diese hohe Spannung nicht vertragen, sondern ganz besonders, weil diese hohe Spannung größte Lebensgefahr für alle brächte, welche mit einer solchen Leitung in Berührung kämen. Der Wechselstrom ist nun darin dem Gleichstrom überlegen, daß er direkt transformiert werden kann. Die beiden dünnen Drähte $d\,d'$ werden an den betreffenden Verbrauchsstellen an einen Transformator angeschaltet, in dem die ursprüngliche Spannung von z. B. 10000 V auf 100 V herunter und dafür die ursprüngliche Stromstärke von z. B. 50 A auf 5000 A hinauftransformiert wird. Diese leichte Transformierbarkeit des Wechselstromes ermöglicht ohne allzu hohe Kosten eine Fernleitung mit dünnen Drähten; man baut die Zentrale außerhalb der Stadt, wo der Grund billig, die Kohlenzufuhr bequem bzw. eine Wasserkraft zum Betriebe vorhanden ist. Selbstverständlich muß die Führung des hochgespannten Stromes so geschehen, daß die Berührung der Drähte Unberufenen unmöglich wird. Diese Drähte dürfen daher nur außerhalb der Stadt in oberirdischen Leitungen geführt werden, in stark bewohnten

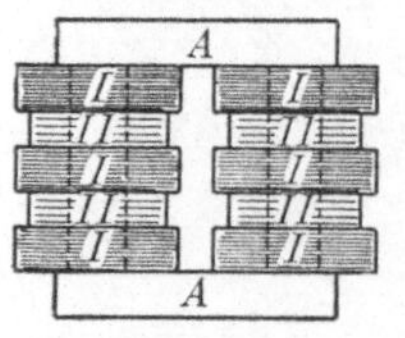

Fig. 472.

Gegenden verlegt man sie in wohl isolierte, unterirdische Kabel.

An einzelnen Zentralpunkten des Leitungsnetzes stehen die Transformatoren. Die technischen Transformatoren haben (Fig. 472) einen geschlossenen Eisenkern A, so daß die magnetischen Kraftlinien nur in Eisen verlaufen. Die primäre Rolle ist z. B. in sechs Rollen dünnen Drahtes I geteilt, die sekundäre Rolle in vier Rollen dicken Drahtes II. Es ist eine besonders sorgfältige Isolierung nötig, damit nicht Übergang der hohen Spannung in die dicke Leitung erfolgen kann. Das Eisen ist unterteilt und sehr weich.

Die Periodenzahl des Wechselstromes pro sec, Frequenz, beträgt meistens 30—50. Eine mit Wechselstrom gespeiste Lampe leuchtet etwa 60—100 mal in der Sekunde stärker auf. Dieser rasche Lichtwechsel wird an ruhenden Gegenständen nicht bemerkt, da die Retina unseres Auges zu langsam arbeitet.

627. Leitet man Wechselstrom in dd' (Fig. 471) ein, so werden die Spulen b zeitlich abwechselnd zu N- und S-Polen. Solange dann die Spulen a (mit gleichbleibendem Magnetismus) in zeitlich richtigem Tempo (synchron) rotieren, wirkt die Maschine auch als **Elektromotor für Wechselstrom.** Wenn dieser Motor aber nur etwas zu stark belastet wird, kommt die Maschine aus dem Takte und bleibt stehen.

Man verwendet darum meist eine andere Schaltung, den sogenannten **Drehstrom.**

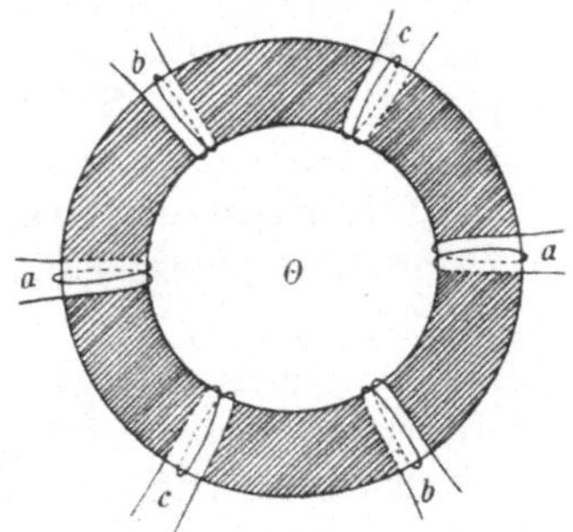

Fig. 473.

Wir können hier nur eine Andeutung geben. Drei verschiedene Wechselströme von gleicher Frequenz, aber verschiedener Phase (um $\tfrac{1}{3}$ gegeneinander verschoben) magnetisieren, durch die Spulen aa bzw. bb bzw. cc fließend, einen feststehenden Eisenring (Fig. 473 dunkel schraffiert) so, daß in ihm ein N-Pol und ihm genau diametral gegenüberliegend ein S-Pol im gleichen Sinne rotieren. Im Innern entsteht um O ein „magnetisches Drehfeld". Eine Magnetnadel z. B. rotiert um die Achse O (die senkrecht zur Zeichnungsebene zu nehmen ist) im Tempo der Wechselstromfrequenz; aber auch in einem Cu-Zylinder oder entsprechenden Cu-Rahmen werden Ströme induziert, welche einen solchen „Kurzschlußanker" um die Achse O rotieren lassen.

Solche Drehstrommotoren laufen (im „Dreileitersystem") von selbst an und sind, weil ohne Schleifkontakte, als geradezu ideale Motoren immer mehr in Gebrauch. Ihre Umdrehungszahl pro sec ist gleich der Frequenz des treibenden Wechselstromes.

628. Es seien hier auch noch die **Wechselstromsirenen** erwähnt, welche für physikalische und physiologische Zwecke einen nahezu sinusförmigen Strom von leicht zu variierender Frequenz und Stärke liefern.

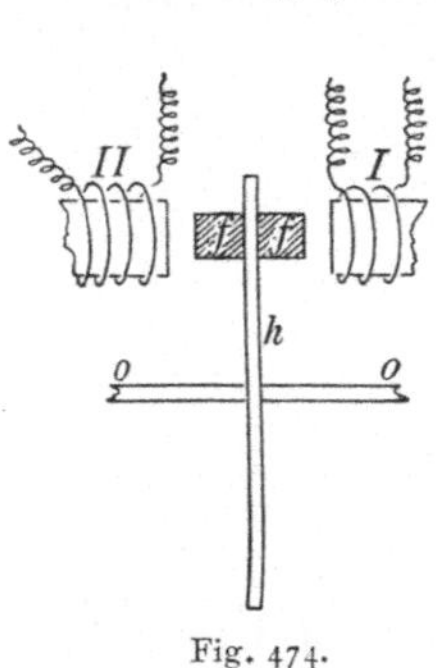

Fig. 474.

Eine vertikale Holzscheibe h (Fig. 474 u. 475) wird um die Achse oo gedreht; an ihrem Rande sind kleine Eisenzylinder f eingelassen. In der Fig. 474 ist nur einer gezeichnet, in der Fig. 475 sind es sechs; in Wirklichkeit sind es aber mehr. Rechts stehen fixe gleichstromdurchflossene Spulen I; links ebenso fix die zu induzierenden Spulen II (in den Figuren der Übersichtlichkeit wegen nur je einmal gezeichnet). Sooft nun ein rotierender kleiner Eisenzylinder f zwischen die Spulen I und II kommt, gehen die Kraftlinien von I nach II und es tritt Induktion ein.

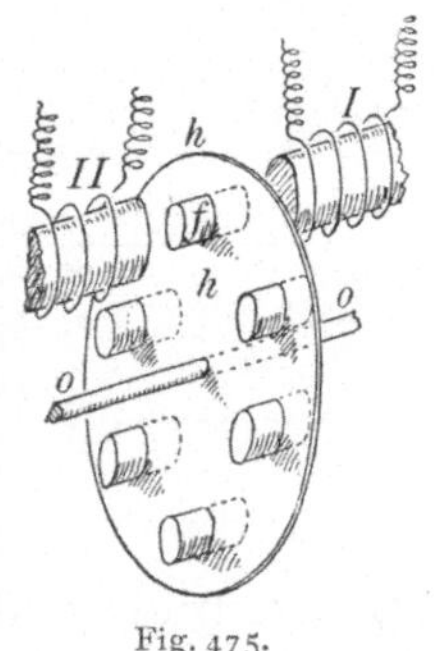

Fig. 475.

Indem man derart sehr viele Eisenzylinder zwischen sehr vielen Spulen I und II rotieren läßt, kann man sehr hohe Frequenzen erreichen.

629. Beim Transformator induziert ein Strom in der Spule I einen solchen in II, man spricht hier von **gegenseitiger Induktion.** Nehmen

25*

wir aber eine Spule allein, z. B. einen Elektromagnet, so muß im Momente, in dem wir einen Strom einschalten, jede einzelne Windung in ihren eigenen Nachbarwindungen einen entgegengesetzt gerichteten Induktionsstrom erzeugen, der den Gesamtstrom schwächt und ihn nur allmählich seinen vollen Wert gewinnen läßt; umgekehrt wird bei Stromöffnung jede Windung in den Nachbarwindungen einen gleichgerichteten Strom induzieren, der den Gesamtstrom verstärkt. Da der Hauptstrom diese Induktionsströme in seiner eigenen Bahn erzeugt, spricht man von **Selbstinduktion**. Diese in der eigenen Leitung induzierten Ströme heißen auch Extraströme (Schließungsextrastrom und Öffnungsextrastrom).

Man kann diese Erscheinung auch so auffassen: Wenn ein Strom zu fließen beginnt, muß er ein magnetisches Feld im umliegenden Raume erzeugen, was Energie erfordert. Diese beim Beginn des Strömens erforderliche Arbeit läßt den Strom nur allmählich seinen vollen Wert, den das Ohmsche Gesetz verlangt, erreichen. Je stärker das magnetische Feld, desto mehr Arbeit leistet der Strom, desto langsamer steigt er an.

Die potentielle Energie des magnetischen Feldes bleibt konstant, solange der Strom konstant ist. Öffnet oder schwächt man den Strom, so verschwindet die magnetische Energie ganz oder teilweise, und man erhält dann beim Öffnungsextrastrom genau jene elektrische Energie zurück, welche beim Schließen scheinbar verloren ging. Der Öffnungsextrastrom kann bei großen Magneten, Dynamomaschinen u. dgl. eine sehr hohe Spannung erreichen.

Einen kräftigen Öffnungsextrastrom zeigt folgende oft verwendete Versuchsanordnung Fig. 476. Der Batteriestrom B geht, wenn der Schlüssel S geschlossen ist, zu a und b. Dort teilt er sich, einmal die dünndrähtige

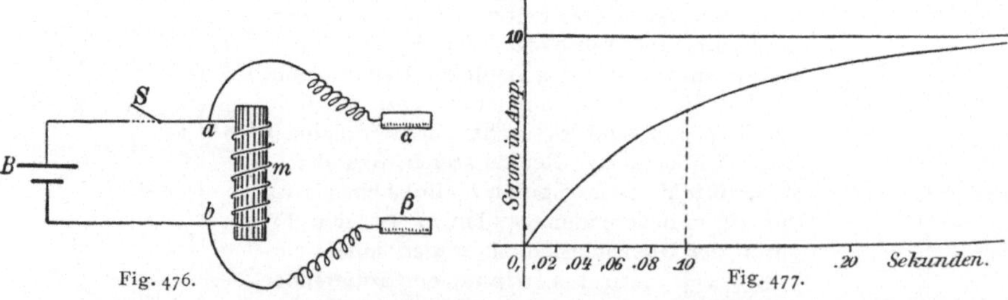

Fig. 476.   Fig. 477.

Spule m und parallel eine zwischen α und β eingeschaltete Versuchsperson durchfließend. Sobald man S öffnet, verschwindet das magnetische Feld von m und erzeugt in den Drahtspiralen (in der alten Stromrichtung) einen hochgespannten Strom, der über $\alpha\beta$ abfließt. Die physiologische Reizung der Versuchsperson ist, besonders mit Eisen im Innern der Spule, unerträglich stark, selbst wenn nur ein Element angewendet wird. Man kann auch zwischen α und β Funken erzeugen (Anwendung bei technischen Feuerzeugen). Weitere Beispiele für die Wirkung der Selbstinduktion werden wir noch kennen lernen.

Das allmähliche Ansteigen der Stromstärke bei Stromschluß zeigt für eine bestimmte große Spule Fig. 477. Die Ordinaten geben die Stromstärken, die Abszissen die Zeit in 0,01 sec; erst nach 0,3 sec etwa ist die volle Intensität des konstant fließenden Gleichstromes erreicht. Bei großen Elektromagneten, bei denen die Energie zur Erzeugung der Kraftlinien sehr groß ist, kann dieses Ansteigen beim Schließen bis zu Minuten dauern; es ist hier die Geschwindigkeit der Intensitätsänderung des Gesamtstromes klein.

Es wirkt also der elektromotorischen Kraft der Batterie beim Stromschließen die elektromotorische Kraft des Extrastromes entgegen, die im ersten Momente groß ist und nach einiger Zeit verschwindet.

Nennen wir die in Fig. 477 punktiert gezeichnete Stromstärke J und eine knapp weiter rechts liegende (nicht gezeichnete) J', ihre horizontale gegenseitige Entfernung im Diagramm, die kleine Zeit τ, so ist $\dfrac{J'-J}{\tau}$ oder das Verhältnis (Stromänderung: Zeit) ein Maß für die Schnelligkeit des Anwachsens der Kraftlinien. Dieser Schnelligkeit proportional ist die elektromotorische Kraft des Extrastroms. Nennen wir diesen Proportionalitätsfaktor L und den Ohmschen Widerstand des Kreises R, so ist die gesamte elektromotorische Kraft in einem beliebigen Momente $E = JR - \dfrac{L\,(J'-J)}{\tau}$. Das zweite Glied rechts verschwindet, wenn $J' = J$ oder wenn der Strom konstant geworden ist, dann erübrigt das Ohmsche Gesetz $E = JR$. Die Größe L heißt **Koeffizient der Selbstinduktion** oder auch nur **Selbstinduktion**. Mißt man alles im praktischen Maßsysteme, also in V, A und Θ, so erhält man L in „Henry". L ist z. B. für die primäre Rolle eines kleinen Schlittenapparates etwa 0,0002 Henry, für die Sekundärspule eines großen Ruhmkorffs etwa 1000 Henry.

Die Selbstinduktion ist groß bei großen Elektromagneten, großen dünndrähtigen Ruhmkorffspulen (§ 634), klein bei geraden Leitern und gleich Null bei genau bifilar gewickelten Spulen (z. B. § 571 Stöpselrheostaten).

630. Man kann das durch die Selbstinduktion bewirkte allmähliche Ansteigen des Stromes bei Stromschluß auch als Wirkung einer Art von Widerstand auffassen.

Ein Wechselstrom findet so infolge der Selbstinduktion, überall wo er wechselnde magnetische Felder zu erzeugen hat, einen **scheinbaren Widerstand** oder eine „Impedanz". Während für den Gleichstrom die Stromstärke nach dem Ohmschen Gesetze berechnet wird und man darum in diesem Falle nur den gewöhnlichen oder Ohmschen Widerstand einführen muß, kommt hier noch ein Summand hinzu. Es ist klar, daß dieser Unterschied zwischen Wechselstrom und Gleichstrom um so auffallender sein wird, je öfter der Wechselstrom seine Richtung ändert, und ebenso ist klar, daß ein scheinbarer Widerstand auch für Gleichstrom auftreten wird, wenn dieser nur Bruchteile einer Sekunde strömt.

Man nennt eine Spule mit kleinem Ohmschen und großem scheinbaren Widerstand eine **Drosselspule**, weil sie gleichsam den Wechselstrom ohne Energieverbrauch abdrosselt.

Ist im Transformator die Spule *I* mit einer Wechselstromquelle verbunden und die Sekundärspule *II* ungeschlossen, so ist der scheinbare Widerstand sehr groß, es geht fast kein Strom durch *I*. Sobald man nun der Spule *II* Strom entnimmt, sinkt der scheinbare Widerstand von *I* und es geht durch *I* um so mehr Strom (und Stromenergie), je mehr Energie man aus *II* entnimmt. Diese rechnerisch und experimentell leicht zu beweisende Tatsache ist für die Wechselstromtechnik von allergrößter Bedeutung, weil die Spule *I* eines Transformators so lange an der Wechselstromleitung ohne Wattverbrauch eingeschaltet werden kann, als man dem sekundären Stromkreis keine Arbeit zumutet.

631. Was bedeutet der Ausdruck **Stromstärke und Spannung eines Wechselstromes**? Der Strom und die Spannung sind ja abwechselnd positiv und negativ, ein einfacher Mittelwert wäre Null!

Ein Wechselstrom liefert aber elektrische Energie oder Joulesche Wärme. Die „effektive Stromstärke" eines Wechselstromes setzt man daher gleich der Stärke eines Gleichstromes, der die gleiche Stromwärme erzeugt wie der Wechselstrom.

Die durch einen Gleichstrom erzeugte Stromwärme ist dem jeweiligen Quadrat der Stromstärke proportional, wobei die Stromrichtung gleichgültig ist. Man berechnet dann die effektive Stromstärke eines Wechselstromes: Wurzel aus dem Zahlenmittel der Quadrate möglichst vieler Stromstärkenwerte, die gleichmäßig über eine ganze Periode zu verteilen sind. Ebenso ist die effektive Spannung die Wurzel aus dem Zahlenmittel der Quadrate möglichst vieler Spannungen, die gleichmäßig über eine ganze Periode zu verteilen sind.

Es sind bei Wechselströmen die folgenden Beziehungen gültig:

Spannung $E = E_0 \sin 2\pi\nu t$.

Stromstärke $J = J_0 \sin 2\pi\nu t$.

E_0 und J_0 heißen „Scheitelwerte" von Spannung bzw. Stromstärke, ν ist die „Frequenz", d. i. Zahl der Perioden in 1 sec.

$$\text{Effektivspannung} \qquad E_e = \frac{E_0}{\sqrt{2}} = 0{,}707\,E_0.$$

$$\text{Effektive Stromstärke} \quad J_0 = \frac{J_e}{\sqrt{2}}.$$

$$\text{Dabei ist} \qquad J_e = \frac{E_e}{R_1}.$$

$R_1 = \sqrt{R^2 + 4\pi^2\nu^2 L} =$ Impedanz (Scheinwiderstand).

$R =$ Ohmscher (Wirk-)Widerstand.

$2\pi\nu L =$ induktiver Blindwiderstand.

Hitzdrahtinstrumente (§ 591) können sowohl für Gleichstrom als auch für Wechselstrom gebraucht werden, wenn nur die eingebauten Nebenschlüsse bei Amperemetern oder die Vorschaltwiderstände bei Voltmetern vollständig ohne Selbstinduktion sind. Für diese Instrumente ist die Anzahl der Wechsel ohne Belang.

Federgalvanometer (§ 607) reagieren auch auf Wechselströme. In allen Apparaten mit weichem Eisen ist aber die Hysteresis von Einfluß. Es müssen daher Federgalvanometer für verschiedene Periodenzahl des Wechselstromes eigens geeicht werden. Durch passende Wahl der Eisensorte und -form gelingt es aber, bis zu einer Frequenz von 50, Instrumente zu bauen, die bis auf etwa 2 % Genauigkeit sowohl für Gleichströme als auch für beliebige Wechselströme verwendet werden können.

632. Ein gewöhnliches Nadel-Galvanometer oder ein gewöhnliches Drehspulen-Galvanometer reagiert natürlich nicht auf Wechselströme, die fortwährend nach entgegengesetzten Seiten wirken. Wenn wir aber beim Drehspulen-Galvanometer (§ 614) statt des permanenten Magnets ein Solenoid verwenden, und wenn wir sowohl die Drehspule als auch die fix stehenden Windungen von den zu messenden Wechselströmen durchfließen lassen, so wird sich die Stromrichtung gleichzeitig in der abgelenkten Drehspule und in dem fixen ablenkenden Solenoid umkehren. Die Drehung erfolgt immer in e i n e r Richtung und ist dem Quadrat der Stromstärke proportional. Solche Apparate heißen **Dynamometer.**

Nimmt man bei einem solchen Dynamometer eine dünndrahtige Drehspule mit großem Widerstand und das fixe ablenkende Solenoid mit dickem Draht und kleinem Widerstand und schaltet man die fixe Rolle direkt wie ein Amperemeter in die Leitung ein, indes die drehbare Rolle wie ein Voltmeter an zwei Punkten der Leitung angeschlossen wird, so erhält man ein **Wattmeter.** Die Wirkung der fixen Spule ist der Anzahl der A proportional, die Wirkung der dünnen Spule der angelegten Potentialdifferenz E; der Ausschlag wird daher proportional sein dem Produkt $J \cdot E$; dieser Ausschlag liefert also bei einem mit passender Skala versehenen Apparat direkt den Stromeffekt für die eingeschaltete Stromstrecke in Watt. Das Prinzip gilt für Gleich- und (mit einigen Einschränkungen) Wechselströme.

633. Medizinisches Induktorium. Induzierte Stromstöße nennen die Mediziner F a r a d i s c h e S t r ö m e. Sie werden für physiologische, diagnostische und therapeutische Zwecke verwendet.

I in der schematischen Fig. 478 ist eine Spule aus 3—4 Lagen dicken Drahtes, II eine Spule mit 5000—20000 Windungen dünnen Drahtes. Ein Strom von einigen Elementen der Batterie B geht durch I; er wird regelmäßig in a mit nach dem Prinzip der elektrischen Stimmgabel (§ 608) konstruierten Einrichtungen (W a g n e r s c h e r oder N e e f s c h e r Hammer) etwa 20—200 mal pro sec unterbrochen und geschlossen. Dadurch werden in II hochgespannte Öffnungs- und Schließungsinduktionsströme erzeugt. Man kann durch ein solches Induktorium mit einer Batterie von 2—3 V eine Spannung von einigen 100 bis 1000 V erhalten. Es erfolgt eine Hinauftransformation der Spannung. Wenn wir II auf einer schlittenartigen Vorrichtung, die oft über 1 m lang ist, ganz weit von I wegschieben, so schwächen wir die

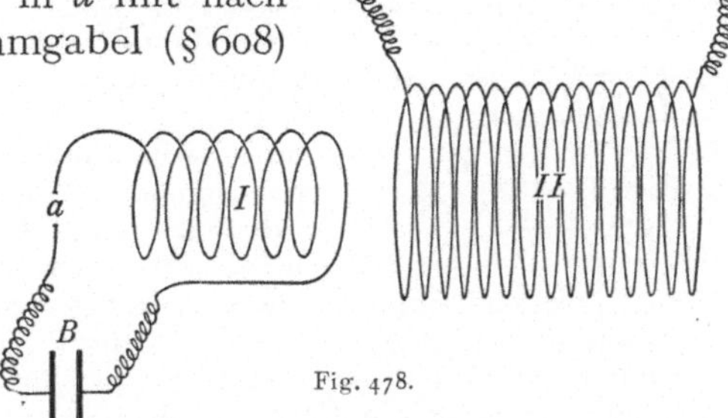

Fig. 478.

Wirkung, indes wir beim Überschieben von *II* über *I* die stärkste Wirkung erzielen, besonders wenn ein Eisendrahtbündel im Innern von *I* vorhanden ist. Eine Skala auf der Schiene ermöglicht ungefähre Dosierung dieser Koppelung: Schlittenapparat von Du Bois-Reymond.

Man hat die Spule II auch drehbar eingerichtet. Stehen die Achsen von *I* und *II* senkrecht aufeinander, so ist die Wirkung gleich Null; allgemein ist sie umgekehrt proportional dem Sinus des Winkels zwischen den Achsen.

Eine andere Schwächung der Induktion erzielt man durch einen Kupferzylinder, der bei übereinander geschobenen *I* und *II* zwischen *I* und II sich einschieben läßt. Die Induktionsströme, welche in diesem mehr oder weniger tief eingeschobenen Kupfermantel entstehen, verkleinern die Wirkung von *I* auf *II*.

Die beim Öffnen und Schließen des induzierenden Stromes *I* in *II* induzierten Ströme liefern immer dieselbe Elektrizitätsmenge, da ja die Zahl der geschnittenen, d. h. der wachsenden und der zusammenschrumpfenden Kraftlinien immer dieselbe ist. Je nach der Schnelligkeit aber, mit der diese Kraftlinien aus *I* herauswachsen oder nach *I* zurückschrumpfen, wird dieselbe induzierte Elektrizitätsmenge innerhalb kürzerer oder längerer Zeit abfließen, d. h. ihre Spannung wird größer oder kleiner sein. Da im allgemeinen, nicht aus mechanischen, sondern aus elektrischen Gründen, das Unterbrechen des Primärstromes rascher erfolgt als das Schließen, ist der sog. „Öffnungsstrom" in *II* höher gespannt und physiologisch wirksamer.

Die gewöhnliche Schaltung des Unterbrechungshammers ist unmittelbar verständlich. Der Strom der Batterie *B* (Fig. 479) geht durch die nicht gezeichnete primäre Spule *I* (Spule *II* sei dauernd über *I*) und den Elektromagnet *S*; dieser zieht das Eisenblättchen *E* an, wodurch der Platinkontakt bei *r* unterbrochen wird; die Feder *EF* springt wieder in die Höhe usw. Der Strom in *I* wird so vollständig unterbrochen, daß ein Stromverlauf entsprechend dem Diagramm Fig. 480 (ausgezogene Linie) resultiert. *O* ist der Moment des Stromschlusses, *B* der Moment der Stromöffnung. Von *O* bis *A* haben wir relativ lang-

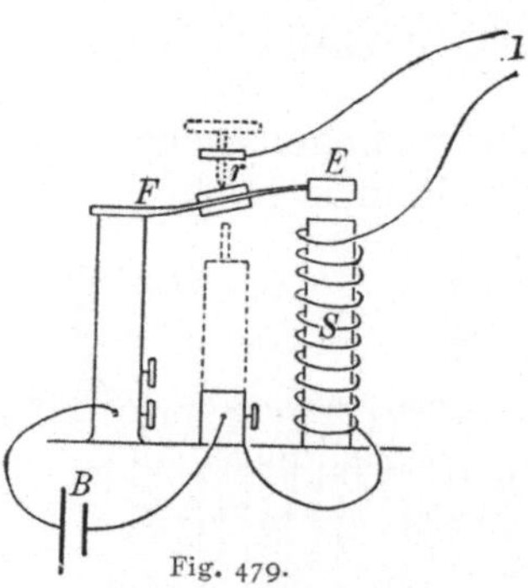

Fig. 479.

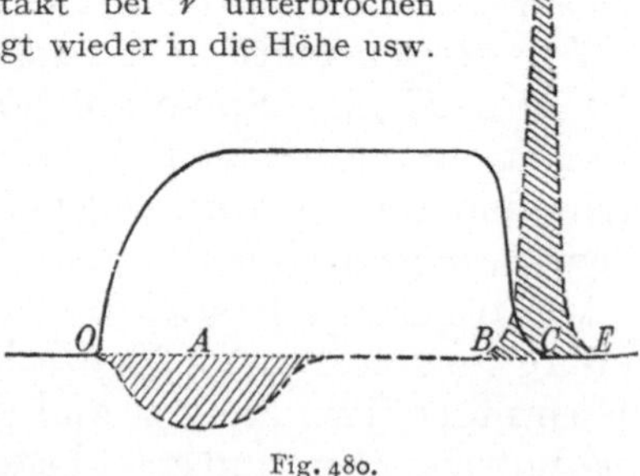

Fig. 480.

samen Stromanstieg wegen des entgegengesetzten Schließungsextrastromes, von *A* bis *B* konstanten Gleichstrom, von *B* bis *C* fließt Öffnungsextrastrom durch den Funken bei *r* hindurch. Die gestrichelte Linie in Fig. 480 gibt den Verlauf des induzierten Stromes in *II*. Wir haben von *O* bis *A* Induktion durch den wachsenden Schließungsstrom von *I*, dann noch den Extrastrom in *II*. Dann aber bleibt *II* stromlos, weil der Strom in *I* konstant bleibt. (*B* bis *C* Induktionsstoß infolge des Abfallens des primären Stromes, *C* bis *E* Induktionsstoß durch Verschwinden des starken Extrastromes von *II*.) Dieser letztere induzierte Strom fließt noch, eine Art sekundärer Öffnungsstrom, wenn der primäre Strom schon ganz verschwunden ist. Die durch Schließung von *I* in *II* induzierten Ströme haben geringere

Spannung als die durch das Öffnen induzierten. Letztere wirken darum physiologisch stärker. Die Elektrizitätsmengen (schraffierte Flächen) sind in beiden Fällen gleich, nur die Abflußdauer ist verschieden.

Diese Ungleichheit ist für physiologische und therapeutische Zwecke unerwünscht. Darum hat Helmholtz eine Modifikation dieses Wagnerschen Hammers angegeben, welche Fig. 481 schematisch darstellt. Der Strom geht zunächst den Weg $BaSIbB$ wie früher in Fig. 479; der Magnet S zieht E an und schließt nun unten bei r'. Jetzt teilt sich der Batteriestrom in a und b, nämlich $aSIb$ (großer Widerstand) und $ar'Fb$ (kleiner Widerstand als Shunt). Der durch S gehende Strom ist nicht unterbrochen, aber sehr schwach; der Magnet läßt los und die Feder oszilliert in die Höhe usw. Während also bei der Schaltung in Fig. 479 ein Moment eintritt, in dem der primäre Öffnungsstrom

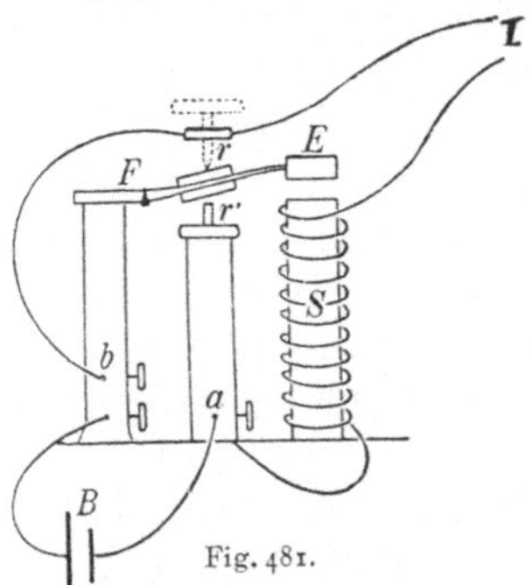
Fig. 481.

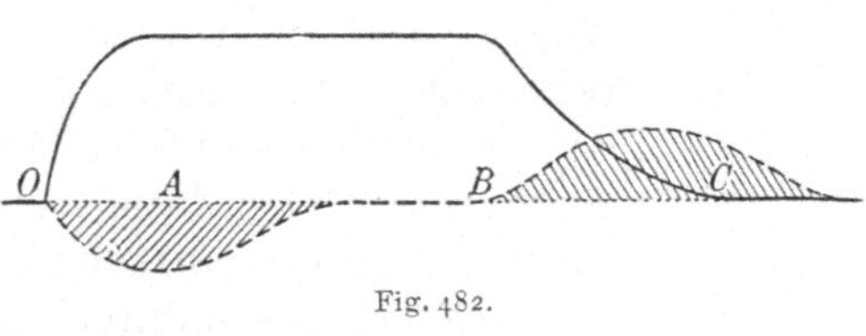
Fig. 482.

plötzlich unterbrochen wurde, tritt hier keine vollständige Unterbrechung ein, der Öffnungsstrom von I kann in einer stets geschlossen bleibenden Leitung abfließen. Fig. 482 stellt analog der Fig. 480, in der ausgezogenen Linie den primären, in der gestrichelten Linie den sekundären Stromverlauf dar. Man erreicht so ungefähre Symmetrie auf beiden Seiten der Nullinie: Öffnungs- und Schließungsstrom sind in II fast gleich.

634. Größere Funkeninduktoren wurden zuerst von Ruhmkorff gebaut, darum nennt man sie auch oft **Ruhmkorffs.** Ein plötzliches Schließen des Primärstromes ist wegen des langsamen Stromanstieges (große Selbstinduktion) unmöglich, wohl aber kann man durch passende Anordnungen ein fast momentanes Öffnen erzielen. Der primäre Gleichstrom (Fig. 483) sei bei a und b eingeschaltet. Er fließt durch $adrFcb$; die Eisenstäbe im Innern werden magnetisch, ziehen das Eisen E an, die Feder F biegt sich nach links, und es tritt Unterbrechnug bei r ein; die Feder, losgelassen und sich nach rechts biegend, schließt wieder usw. Bei Unterbrechung in r entsteht bei großer Selbstinduktion und großer Stromstärke ein lichtbogenförmiger, gut leitender Öffnungsfunke, wodurch

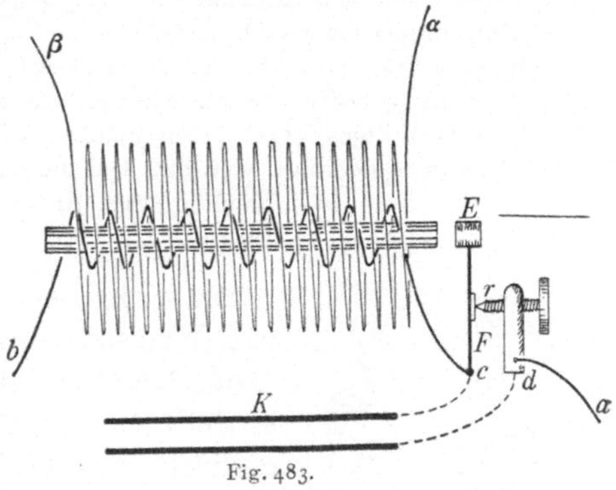
Fig. 483.

eine plötzliche Unterbrechung unmöglich wird. Darum ist der Unterbrechungsstelle parallel bei c und d ein Stanniol-Glimmerkondensator K angeschaltet. Dieser Kondensator ist ungeladen, wenn der Unterbrecher bei r geschlossen ist; sobald er aber geöffnet wird, lädt der Extrastrom der primären Spule den Kondensator und zwar von b

über die Batterie und ad die untere Fläche und von c aus direkt die obere. Dadurch wird der Primäröffnungsfunke bei r entlastet und ganz kurz. Es gelingt so eine fast momentane Öffnung, die Kraftlinien im primären Strom schrumpfen fast momentan zusammen. Der induzierte Öffnungsinduktionsstoß wird darum zeitlich sehr kurz, erreicht somit beim Abfluß einer bestimmten Elektrizitätsmenge eine sehr große Spannung. Das Hinauftransformieren der Spannung hängt natürlich ceteris paribus von dem Verhältnis der Windungszahlen in I und II ab. Bei größeren Apparaten und Verwendung starker Primärströme können zwischen den Enden α und β (Elektroden) der etwa aus 100000 Windungen bestehenden sekundären Rolle Funken bis zu 1,5 m Länge überspringen, die durch den primären Öffnungsstrom induziert werden. Bei solchen Spannungen kann die Isolierung nur durch besondere Sorgfalt und durch Anwendung technischer Kunstgriffe erreicht werden. So würden z. B. durch einfache Hin- und Herwicklung die hochgespannten Enden der sekundären Wicklung nahe aneinander kommen, der Funke würde im Innern überschlagen; man macht darum II aus einer Reihe von Teilspulen.

635. Von Wichtigkeit ist der bei r arbeitende **Unterbrecher.**

Unterbrecher wie in Fig. 483 nach dem Prinzip des Wagnerschen Hammers wurden durch sehr gute Platinkontakte in neuerer Zeit bedeutend verbessert; bei allzu großer Stromstärke versagen sie aber.

Man kann auch mittels eines kleinen Elektromotors ein Metallrad mit etwa sechs Zacken rasch drehen und gleichzeitig eine kleine Turbine betreiben, welche einen feinen Quecksilberstrahl auf die vorbeirotierenden Metallzacken spritzt. So oft diese Metallzacken, die mit dem einen Batteriepol verbunden sind, den mit dem anderen Batteriepol verbundenen Quecksilberstrahl schneiden, entsteht Kontakt. Dieser ganze Turbinen- oder Quecksilberstrahlunterbrecher ist (ohne Motor) in einem zylindrischen, mit Petroleum gefüllten Gefäß kompendiös zusammengebaut. Nach längerem Gebrauch tritt ein vollständiges Verschlammen des Petroleums und des Quecksilbers ein, der Apparat muß dann gereinigt werden. Bei neueren Apparaten arbeitet dieser Hg-Strahlunterbrecher statt unter Petroleum in Leuchtgas, was eine viel längere Betriebsdauer ermöglicht.

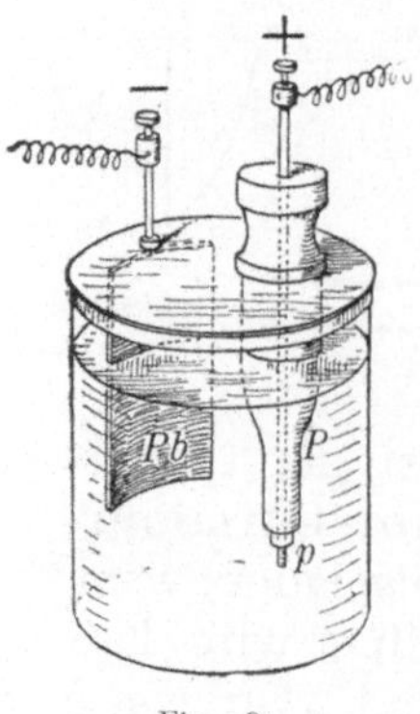

Fig. 484.

636. Sehr bequem für größere Spannungen des primären Kreises, mindestens 20 V, ist der **elektrolytische Unterbrecher von Wehnelt.** Ein großes Zylinderglas enthält verdünnte Schwefelsäure. Der Strom tritt durch eine Platinspitze p ein (Fig. 484), die bis auf ihr unterstes Ende durch ein Porzellanrohr P isoliert ist. Als Kathode dient eine große Bleiplatte Pb. An p bildet sich ein Sauerstoffbläschen, auch entsteht hier durch die (wegen der großen Stromdichte) große Joulesche Wärme ein Dampfbläschen, welches isoliert. Bei der plötzlichen Unterbrechung geht durch dieses Bläschen ein Öffnungsfunke, und die dadurch eintretende Explosion schleudert das Gasbläschen weg, wodurch neuerlicher Stromschluß eintritt usw. Die ganze Zelle ist sehr groß, damit sie sich nicht zu rasch erwärmt. Man erhält so bis zu 2000 Unterbrechungen in der Sekunde, und zwar um so mehr, je kleiner die Selbstinduktion der eingeschalteten Primärspule und je kleiner die herausstehende Platinspitze p ist. Die Primärspule des Ruhmkorff baut man darum in modernen Apparaten aus einigen getrennten Windungslagen; indem man diese durch eine Art Pachytrop in Serie oder parallel schaltet, ändert man die Anzahl der Unterbrechungen, was z. B. bei verschiedenen Härtegraden von Röntgenstrahlen (§ 684) sehr bequem ist. Gewöhnlich arbeitet man mit 500 Unterbrechungen pro sec. Immer aber muß die Größe der freien Platinspitze p zu ändern sein, was dadurch erreicht wird, daß sie durch eine nicht gezeichnete Schraubeneinrichtung am oberen Ende von P mehr oder weniger aus der Porzellanröhre herausgeschoben werden kann.

Die Unterbrechung geschieht bei elektrolytischen Unterbrechern so rasch, daß die Anwendung der Kondensatoren K (Fig. 483) entfallen kann.

637. Telephon. NS (Fig. 485) ist ein permanenter Stahlmagnet, dessen eines Ende von einer Spule s aus dünnem Draht umgeben ist. Diesem Stabende gegenüber ist eine dünne Eisenmembran ee befestigt, deren mittlere Partie frei liegt. Die Kraftlinien des Magnets gehen zum Teil durch diese Eisenmembran ee. Von ihnen sind nur je zwei gestrichelt gezeichnet, 1 und 2. Nähert man die Mitte der Eisenmembran ee dem Magnet, so gehen mehr Kraftlinien durch sie. Die gestrichelt gezeichneten Kraftlinien 1 (rechts eine, links eine) gelangen rasch mit ihrem oberen, punktiert gezeichneten Teile nach ee. Bei diesem Hinausrücken haben sie den Draht der Spule s geschnitten und in ihr einen Strom induziert. Das Entgegengesetzte tritt ein, wenn die Membran von dem Magnet entfernt wird. Der Übersichtlichkeit wegen sind nur diese vier Kraftlinien und das Hinaufrücken von zweien übertrieben gezeichnet.

Sprechen wir nun gegen diese dünne Eisenmembran ee, so schwingt die Mitte der Platte, sich ausbauchend, hin und her und bei diesem fortwährenden Nähern und Entfernen gegen den Magnetpol werden fortwährend Kraftlinien in entgegengesetzter Richtung durch die Spule gehen und es wird ein Wechselstrom erzeugt, der in Form und Frequenz genau den Schwingungen der Membran und den akustischen Schwingungen der Sprache entspricht. Führt man nun diesen Strom durch einen zweiten Apparat, der dem eben geschilderten ganz gleich ist, so wird dadurch der Magnetismus des zweiten Stahlstabes in demselben Tempo und in derselben

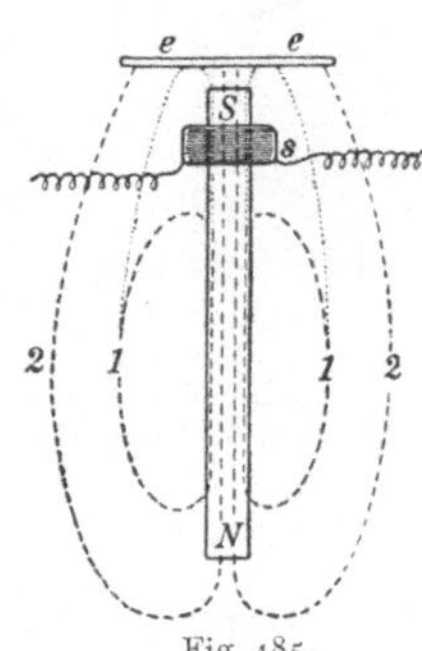
Fig. 485.

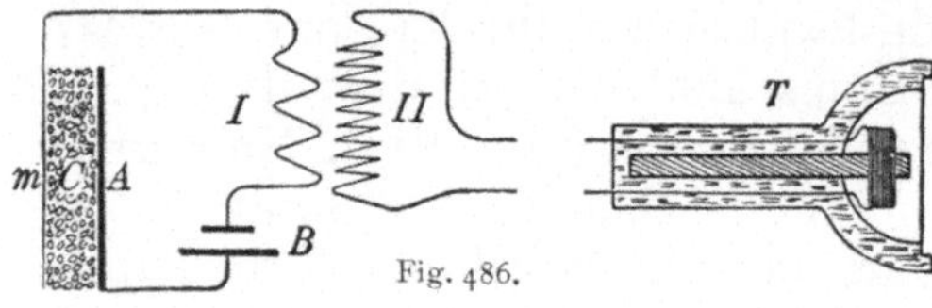

Fig. 486.

Größe geschwächt oder gestärkt; die zweite Membran gerät genau in dieselben Schwingungen wie die erste. Es werden somit dadurch im zweiten Instrument dieselben Schallwellen erzeugt, welche das erste Telephon in Schwingungen versetzten. Man kann auf diese Weise mittels einer Drahtleitung auf große Distanz sprechen.

638. In der schematischen Fig. 486 ist B eine Batterie, deren Strom durch das **Mikrophon** $A\,C\,m$ und eine dickdrähtige Spule I fließt. Ersteres besteht aus einer Metallplatte A, vor welcher eine dünne Metallmembran m angebracht ist. Der Zwischenraum zwischen beiden Metallplatten ist mit Kohlekörnern C angefüllt. Jede Erschütterung der Platte m wird einen Druck auf die Kohlekörner ausüben, dadurch den Widerstand und die Stromstärke ändernd. Um die Spule I ist eine sekundäre Spule II (in Fig. 486 nebenan gezeichnet) gewickelt, welche mit einem Telephon T in Verbindung steht. Alle Stromschwankungen, welche durch eine Erschütterung von m hervorgerufen werden, äußern sich in Stromschwankungen in I und werden durch Induktion in II das Telephon T zum Tönen bringen.

Während bei der Verwendung von Telephonen zum Sprechen und Hören (wie § 637)

Fig. 487a. Phonophor mit 2 Schallfängern und 1 dosenförmigen Hörer.

Mit Genehmigung der Firma Siemens-Reiniger-Veifa, Berlin.

die Energie des Stromes, der die ganze Leitung durchsetzt und sich dort zum Teil in Wärme verwandelt, aus der Energie der sprechenden Stimme geschöpft wird, bildet hier das Mikrophon eine Art Relais. Die Batterie B liefert die elektrische Energie, und die Energie der Stimme dient nur zur Erzeugung der Widerstandsänderung.

Man kann durch ein Mikrophon auch sehr schwache Geräusche laut und kräftig machen. Legt man ein Mikrophon z. B. in die Herzgegend eines Menschen, so hört man im Telephon die Herztöne in kräftiger Weise. Man kann aber auch, wenn man nur das Windungsverhältnis von I und II passend wählt, die Spannung dieses durch die Herztöne induzierten Stromes in II bis zur Möglichkeit

Fig. 487 b. Phonophor mit 4 Schallfängern und 1 Ohrsprecher.
Mit Genehmigung der Firma Siemens-Reiniger-Veifa, Berlin.

der Reizung eines Froschschenkels, der als Stromanzeiger dient, steigern; letzterer kann z. B. mittels eines Hebelchens durch seine Zuckungen den Rhythmus der Herztöne auf eine rotierende Trommel schreiben.

Auf diesem Prinzip beruhen auch die für Schwerhörige konstruierten verschiedenen Formen der „Otophone" und „Phonophore". Die Telephone werden dabei häufig als „Ohroliven" oder „Ohrstücke" in so kleinem Format ausgebildet, daß sie unmittelbar in das Ohr eingesteckt werden können (Fig. 487 a und 487 b).

8. Elektromagnetische Schwingungen.

639. Elektrische Schwingung. Zwei kommunizierende Röhren (Fig. 488) seien mit Quecksilber gefüllt. Wenn wir eine Höhendifferenz herstellen und dann die Röhren sich selbst überlassen, so wird das Quecksilber eine Zeitlang, abwechselnd links oder rechts höhergehend, hin und her pendeln.

Analoges gibt es in der Elektrizität. Wenn man eine **positiv und eine negativ geladene Kugel durch einen dicken Draht** plötzlich **verbindet**, so findet kein einfacher Ausgleich der Ladungen statt, sondern es werden, wie in Fig. 488 das Quecksilber auf- und abwärts pendelt, hier die **Ladungen** der beiden **Kugeln zwischen positiv und negativ regelmäßig abwechseln.**

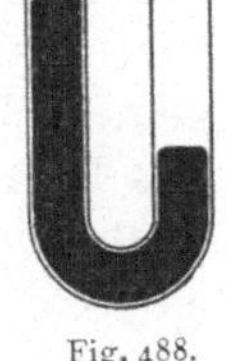

Fig. 488.

Während aber in Fig. 488 die Trägheit des Quecksilbers die Ursache des Hin- und Herpendelns ist, wird die analoge elektrische Schwingung **durch die Selbstinduktion erzeugt.** Bei leitender Verbindung der positiv und der negativ geladenen Kugel entsteht (durch den Schließungsextrastrom verzögert) nur allmählich ein Strom, der, wenn die Kugeln das gleiche Potential erreicht haben, (wegen des Öffnungsstromes) nicht aufhört, sondern, gleichsam übers Ziel schießend, die ursprünglich negative Kugel positiv auflädt usw.

Wenn man hingegen die Anordnung Fig. 489 sich selbst überläßt, so tritt ein allmählicher Ausgleich der Quecksilberhöhendifferenz ohne Schwingung ein. Die Ursache der Verschiedenheit in beiden Erscheinungen Fig. 488 und 489 liegt in der Reibung. In Fig. 489 haben wir unten ein enges Verbindungsrohr, in Fig. 488 ein weites, und wir können daher annehmen, daß, wenn wir gar keine Reibung hätten, das Quecksilber fortwährend um die Gleichgewichtslage hin und her schwingen würde. Ebenso würde ja auch ein Pendel ohne Reibung seine Schwingungen beibehalten. Auch eine angeschlagene Stimmgabel wird infolge der inneren Reibung, die Wärme erzeugt, immer kleinere Schwingungen machen. Hier tritt aber noch eine weitere Erscheinung in den Vorder-

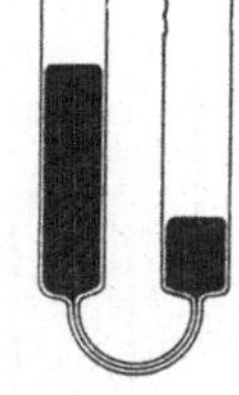

Fig. 489.

grund; die Stimmgabel beeinflußt das umliegende Medium, sie sendet Schallstrahlen aus, und da die Schwingungen der Gabel auch für diese Energie aufzukommen haben, muß auch diese Ausstrahlung die Dämpfung vergrößern.

Verbinden wir eine positiv und eine negativ geladene Kugel statt durch einen dicken Draht durch einen schlechten Leiter, z. B. durch eine befeuchtete Hanfschnur, so finden keine Schwingungen statt, der Ausgleich geschieht wie in Fig. 489. Wir haben also auch bei elektrischen Schwingungen einmal eine Art innerer Reibung, die Dämpfung erfolgt durch Umwandlung der Schwingungsenergie in Joulesche Wärme; anderseits werden wir sehen, daß auch hier, wie beim Schwingen einer Stimmgabel, oft ein bedeutender Teil der Schwingungsenergie in den Raum hinausgestrahlt wird.

640. Läßt man die beiden Belegungen einer Leidnerflasche durch einen dicken kurzen Funken sich entladen, so besteht (Feddersen 1859) der scheinbar einfache Funke aus einer Reihe von einzelnen Teilfunken: **oszillierende Funkenentladung.** Beobachtet man das Funkenbild in einem rasch rotierenden Spiegel, so erblickt man eine Reihe von Spiegelbildern, die unschwer erkennen lassen, daß der Funke abwechselnd hin und her geht.

Schaltet man z. B. in die Entladungsbahn ein Solenoid ein, so wird dieses von rasch wechselnden Strömen durchlaufen, und es entsteht daher an jedem Ende abwechselnd ein Nord- oder Südpol, welcher z. B. den leicht beweglichen Kathodenstrahl einer Braunschen Röhre (später § 671) synchron ablenkt; wir erhalten am phosphoreszierenden Schirm einen ausgedehnten Lichtstreif, der im rotierenden Spiegel zu einer Wellenlinie aufgelöst erscheint.

641. C in Fig. 490 sei ein Kondensator (z. B. Leidnerflasche), dessen Belegungen c_1 und c_2 durch die dick gezeichnete Leitung mit der Funkenstrecke F (etwa 0,5 cm lang) verbunden sind. Die beiden punktiert gezeichneten Drähte führen zu einer Influenzmaschine, welche c_1 positiv und c_2 negativ auflädt. Hat diese Spannungsdifferenz an der Funkenstrecke einen gewissen Wert erreicht, so bildet sich der Funke (Widerstand nur einige Θ) und stellt in F eine leitende Verbindung zwischen c_1 und c_2 her. Auf diese Weise geschieht die **Erzeugung einer elektrischen Schwingung** im Schwingungskreise $c_1 a F b c_2$; in die Leitung zur Influenzmaschine geht von dieser Schwingung nichts über, wenn von a abwärts und von b abwärts je eine größere Selbstinduktionsspule (Drosselventil) eingeschaltet ist.

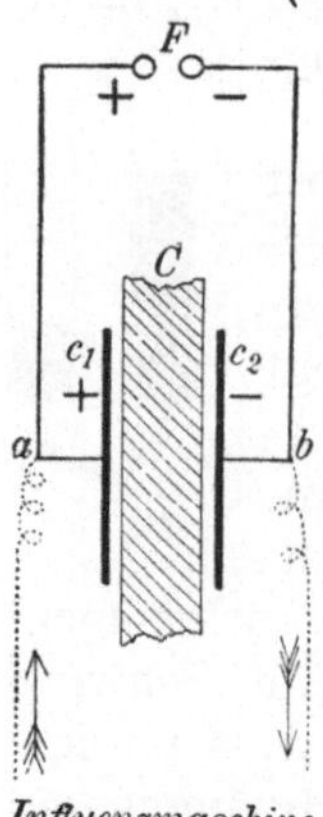
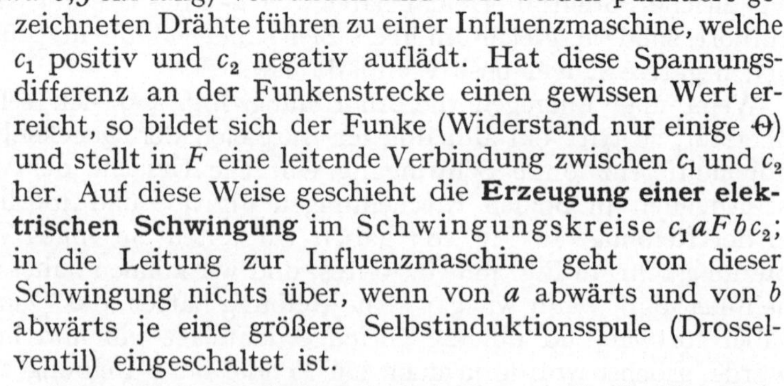

Influenzmaschine
Fig. 490.

Je größer die Selbstinduktion und die Kapazität des Schwingungskreises, desto länger ist die Schwingungsdauer, die in den gebräuchlichsten Fällen nach millionstel oder höchstens hunderttausendstel sec zählt, also sehr klein ist. Eine solche Schwingung ist also ein Wechselstrom mit sehr hoher Frequenz.

Ist L die Selbstinduktion der Leitung $c_1 a F b c_2$, die nicht zu klein sein darf, und C die Kapazität, so ist die Schwingungsdauer $\tau = 2\pi \sqrt{LC}$ sec. Das folgt sowohl aus rechnerischen Betrachtungen wie aus experimentellen Beobachtungen. Doch gilt die Formel nur, wenn der Ohmsche Widerstand der Leitung eine gewisse Größe nicht überschreitet, da sonst eigentlich Schwingungen überhaupt nicht zustande kommen, sondern die Entladung in Form einer „aperiodisch gedämpften Schwingung" (vgl. § 49) erfolgt.

Man verwendet in Fig. 490 statt der Influenzmaschine besser ein Induktorium. Auch dieses lädt ja zunächst z. B. c_1 positiv auf, was immerhin einige tausendstel sec dauert; dann schlägt der Funke bei F über, und es setzt die zeitlich um soviel kürzere elektrische Schwingung ein, die schon nach etwa zehnmaligem Hin- und Herpendeln infolge der Dämpfung verschwunden ist. Dann, nach einiger Zeit erst, entwickelt sich der entgegengesetzte Strom des Induktoriums, der aber c_2 positiv auflädt usw. Der Funke F springt (je nach der Unterbrechungszahl des Induktoriums) z. B. 500 mal pro sec über, und jedesmal ist mehr als hinlänglich Zeit zur Ausbildung einiger Schwingungen, deren 10 Hin- und Hergänge z. B. nur $\frac{10}{50\,000}$ sec dauern. (Siehe Fig. 498.) Darum ist die Beschaffenheit des Funkens F sehr wichtig. Während der eigentlichen wirklichen Entladungszeit soll der Funke für die Schwingung eine glühende Brücke bilden, dann aber soll er auslöschen, damit die Neuaufladung von C beginnen kann. Es ist daher jede Neigung des Funkens zu dauernder Lichtbogenbildung zu unterdrücken.

Zu dem Zwecke stellt man senkrecht zur Funkenstrecke zwei Magnetpole, welche die Funkenbahn elektromagnetisch hinausblasen (nach § 611), oder man verwendet mechanisches Hinausblasen mittels eines kräftigen Luftstromes, oder man läßt den Funken unter Öl, Petroleum u. dgl. überspringen. Man kann aber auch in vielen Fällen einfach Zinkkugeln als Funkenelektroden verwenden (oder noch besser „Löschfunken" § 657).

642. In Fig. 490 hängt der Schwingungskreis mit der Energiequelle (Influenzmaschine oder Induktorium) leitend zusammen, es ist dies eine „galvanische **Koppelung**" („Leitung ab gemeinsam").

Fig. 491 gibt eine etwas andere (für ärztliche Zwecke geeignetere) Anordnung mit zwei Kondensatoren C_1 und C_2, in der die hohe Spannung des Induktoriums nirgends in die obere Schwingungsleitung $C_1 t_1 t_2 C_2$ direkt eintreten kann.

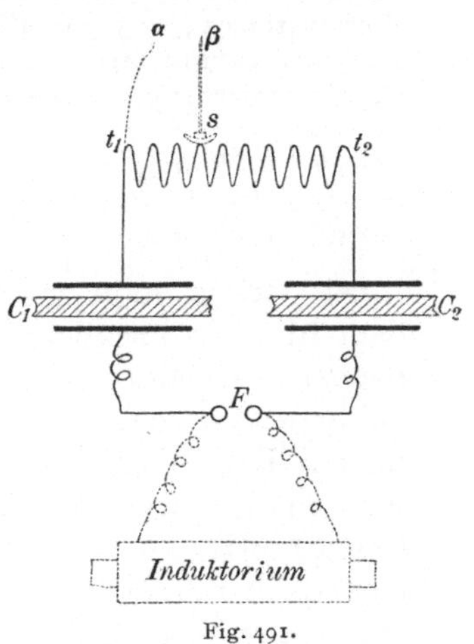

Fig. 491.

Ein von wenigen der (etwa 10) Windungen des $t_1 t_2$ abzweigender (gestrichelt gezeichneter) Nebenstrom $t_1 \alpha \beta s$ gestattet, da der Schleifkontakt s längs $t_1 t_2$ verschiebbar ist, eine Spannungsdosierung (§ 573) zwischen α und β, in welche Strecke z. B. ein Patient eingeschaltet wird. Hier ist der obere Teil des Schwingungskreises vom Induktorium isoliert, seine Betätigung erfolgt durch **elektrostatische Koppelung** in C_1 und C_2 (durch Vermittlung der elektrischen Kraftlinien, also „elektrische Kraftlinien gemeinsam"). Der Nebenschwingungskreis $t_1 \alpha \beta s$ aber ist an $C_1 F C_2 t_2 t_1 C_1$ galvanisch gekoppelt.

643. Da eine elektrische Schwingung ein Wechselstrom mit sehr hoher Frequenz (einige Hunderttausend pro sec), ein **Hochfrequenzstrom** ist, also hier die Kraftlinien sehr rasch entstehen und verschwinden, ist auch die **Induktionswirkung sehr stark.** Machen wir eine von elektrischen Schwingungen durchsetzte Spule zur Primärspule eines Induktoriums, dessen Sekundärwickelung etwa 100 bis 400 Windungen dünneren Drahtes enthält, so entstehen in letzterer Schwingungen mit einigen 100 000 V Spannung an den offenen Enden, wodurch eine Reihe glänzender Funkenexperimente ermöglicht wird. Primäre und sekundäre Spule sind hier, wie bei jedem Transformator, **magnetisch gekoppelt** („magnetische Kraftlinien gemeinsam"). Bei solchen Transformatoren — zuerst von Tesla verwendet — hat die Einbringung von Eisen keinen Zweck, weil bei hohen Frequenzen die Hysteresis viel zu groß würde, als daß der Eisenmagnetismus so rasch wechseln könnte.

644. Ein anderes Beispiel magnetischer Koppelung liefert folgende therapeutische Anwendung. Die von elektrischen Schwingungen oder Hochfrequenzströmen durchsetzte primäre Spule besteht aus etwa 16 Windungen und ist so weit, daß ein Mensch darin, ohne den Draht zu berühren, bequem stehen oder liegen kann. Der Körper des Patienten im Innern dieser Spule bildet gleichsam die sekundäre. Spule, er wird von induzierten Wirbelströmen (§ 625) durchflossen. Irgendwelche Empfindungen werden durch eine solche Autoinduktion (auch nach dem Erfinder **D'Arsonvalisation** genannt) nicht ausgelöst, ausgenommen solche suggestiver Natur, die sehr groß sein können (weil z. B. eine Glühlampe mit 2—4 V an um den Körper geschlungenen Drähten erglüht usw.). Die physiologische Wirkung soll in einer vielfach bestrittenen Erhöhung des Stoffwechsels usw. bestehen. Die im Körper induzierten Ströme sind wegen des großen Widerstandes außerordentlich schwach.

645. Bringt man in Fig. 491 zwischen α und β eine Glühlampe, so liegt diese in Parallelschaltung zu dem Drahte $t_1 s$, und man würde zunächst erwarten, daß die Zweigleitung $\alpha \beta$ nach dem Kirchhoffschen Gesetze fast keinen Strom führt, da ja der Ohmsche Widerstand des dicken Drahtes $t_1 s$ gegen den der Glühlampe verschwindend klein ist. Nun steigt aber die Impedanz oder der scheinbare Widerstand (§ 630) mit der Schwingungszahl; bei den sehr hohen Frequenzen elektrischer Schwingungen ist der scheinbare Widerstand $t_1 s$ so groß, daß ein großer Teil des Stromes durch den Nebenschluß der Glühlampe geht.

Bei solchen raschen Schwingungen werden die Wirkungen der Selbstinduktion sehr groß, und die Stromlinien verteilen sich nicht mehr gleichmäßig über den Querschnitt des Leiters, sondern verlaufen hauptsächlich nahe der Oberfläche (Haut- oder Skineffekt).

646. Bei allen bisher geschilderten Schwingungserregungen finden immer nur einige wenige (weil rasch gedämpfte) Schwingungen bei jedem einzelnen Funkenübergange statt; während der verhältnismäßig langen Zwischenzeit aber zwischen den einzelnen Funken schwingt das System nicht, analog wie wenn man eine stark gedämpfte Stimmgabel immer nur von Zeit zu Zeit (z. B. alle zwei bis drei Minuten einmal) anschlüge.

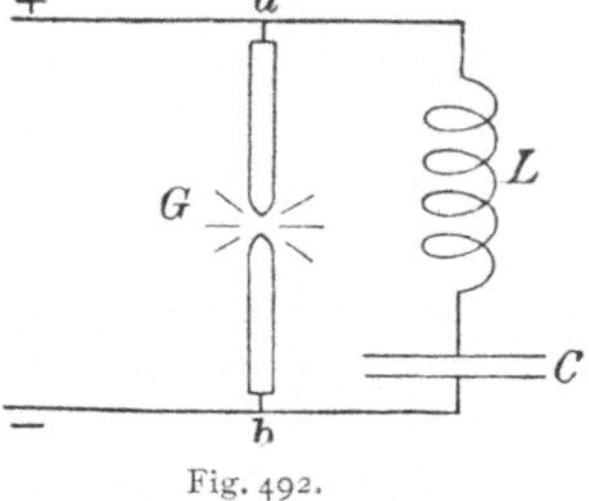

Fig. 492.

Diese Pause zwischen den einzelnen Schwingungen wird durch folgende Methode vermieden. In Fig. 492 ist einem Gleichstromlichtbogen G eine Selbstinduktion L und eine Kapazität C parallel geschaltet. Dann entsteht in L ein Wechselstrom (Lecher 1887). Läßt man den Lichtbogen, wie Poulsen (1904) zeigte, in einer (die Wärme gut leitenden) Wasserstoffatmosphäre brennen, so erhält man sehr kräftige und **kontinuierliche elektrische Schwingungen** in $Ga L Cb G$, deren Schwingungsdauer zwar theoretisch von L und C abhängt, in der Praxis aber sehr unkonstant ist.

Die Theorie dieser Erscheinung wurde im Anschluß an Betrachtungen über die Stabilität von Gasentladungen [Kaufmann (1900)] von Simon (1905) gegeben.

647. Wir wiesen bereits (§ 545) darauf hin, daß durch Ionenwanderungen bewirkte Konzentrationsänderungen, die im Organismus auftreten, **physiologische Wirkungen** erzeugen.[1])

Geht im Innern eines Organismus ein Strom durch die Grenzfläche von Protoplasma und einer wässerigen Lösung, so finden Konzentrationsänderungen statt, welche einerseits der Stromstärke proportional sind, anderseits aber nach allen Seiten hin diffundieren. Bei Berücksichtigung dieser entgegengesetzten Wirkungen läßt sich manche bisher unklare Erscheinung, besonders für elektrische Reizungen von kurzer Dauer, leicht verstehen.

Erst wenn eine Konzentrationsänderung eine bestimmte Größe erreicht, erfolgt ein Reiz, wird die Reizschwelle überschritten. Geht also eine bestimmte Elektrizitätsmenge rasch durch einen kleinen Querschnitt des Körpers, d. h. ist die Stromdichte sehr groß, so erfolgen große Konzentrationsänderungen, die nicht Zeit haben, wegzudiffundieren. Darum wirkt der steile Öffnungsstrom (Fig. 480) eines Induktors physiologisch stärker als dieselbe Elektrizitätsmenge des minder steilen Schließungsstromes; darum kann man durch passende Auswahl der dem Patienten aufzusetzenden Elektroden die Wirkung lokalisieren. Bei sehr raschen Wechselströmen (Schwingungen) werden jedoch die einzelnen Zweige zwar sehr steil (große Spannung und große

---

1) Eine sehr übersichtliche Darstellung von Nernst im „Handbuch der gesamten medizinischen Anwendungen der Elektrizität" von Boruttau. 1909—1911.

Stromdichte), aber infolge der raschen Richtungswechsel sind die elektrochemischen Wirkungen sehr gering.

So wird verständlich, daß man, wie zuerst D'Arsonval zeigte, die Enden der sekundären Teslaspule (§ 643) mit einer Spannung von 100000 V und mehr ohne Schädigung in die Hand nehmen kann, wobei ein eingeschaltetes Amperemeter einen den menschlichen Körper durchfließenden Strom von einigen A anzeigt und mehrere in dieselbe Leitung hintereinander geschaltete Glühlampen hell aufleuchten. Die physiologische Wirkung ist ceteris paribus der Wurzel aus der Frequenz ungefähr umgekehrt proportional.

Früher meinte man, daß Teslaströme darum ohne Schädigung vom Menschen ertragen würden, weil sie infolge des Hauteffektes (vgl. § 645) nur an der Oberfläche fließen. Ein solcher Effekt findet jedoch nur bei guten Leitern statt, nicht aber in einem schlecht leitenden organischen Gewebe.

648. Hochfrequenzströme durchsetzen also den menschlichen Körper wirklich und erzeugen hier große Joulesche Wärme, die sich durch passende Lokalisation therapeutisch verwenden läßt. Wollte man mittels Gleichstromes dieselbe Joulesche Wärme erzeugen, so wäre dies wegen der sonstigen physiologischen Wirkungen absolut tödlich.

Diese Thermopenetration oder **Diathermie** soll große und lokal ziemlich genau zu dosierende Temperatursteigerungen mit den entsprechenden Folgeerscheinungen, vorübergehendes Sinken arteriellen Blutdruckes, peripherische Gefäßerweiterungen usw. erzeugen. Während die Anwendung der Hitze von außen her, z. B. Fig. 202, infolge der Blutzirkulation, welche die Wärme konvektiv wegführt, nur einige Millimeter tief unter die Haut dringt, werden hier bei möglichst kontinuierlichen Schwingungsvorgängen (mit Stromstärken bis zu 10 A) sonst nicht erreichte Erfolge mikrobizider und anderer Art erzielt. Günstige Beeinflussungen werden erwähnt besonders bei rheumatischen und gichtischen Leiden oder gonorrhoischen Gelenkserkrankungen (Gonokokken sterben bei etwa 40⁰C ab).

Gedämpfte Hochfrequenzströme sollen auch als narbenerweichendes Mittel dienen.

649. Die **elektropathologischen Wirkungen** elektrischer Ströme sind kompliziert. Tödliche Wirkungen können bei besonders ungünstigen Umständen, nämlich bei besonders guten Kontaktbedingungen, z. B. Stehen in nasser Wanne, die ein Pol berührt, und Ergreifen des anderen Leitungsdrahtes mit nasser Hand (bipolare Berührung), schon bei kleinen Spannungen eintreten. Solche Unglücksfälle ergaben sich bei Gleichströmen bei etwa 250 V, bei Wechselströmen schon bei 100 V, ja sogar 60 V. Die untere Gefahrgrenze ist im allgemeinen für Gleichstrom bei 500, für Wechselströme bei 200 V. Letzteres gilt für eine Wechselstromfrequenz von 30—150, und es ist eigentlich zu bedauern, daß unsere technisch verwendeten niederen Frequenzen gefährlich sind, indes man bei höheren Frequenzen 100000 $\mathcal{V}$ und mehr ertragen kann. Die Selbstinduktion bei solchen Hochfrequenzströmen ist aber in den meisten Fällen ein Hindernis für ihre technische Verwertung. Eine genaue Angabe der Gefahrgrenze ist schon deshalb unmöglich, weil verschiedene Personen ganz verschieden reagieren. Unerwartete elektrische Schläge wirken stärker als solche, auf die man gefaßt ist.

In den meisten Fällen erfolgt der Tod wahrscheinlich durch Herzstillstand unter fibrillären Zuckungen; bei andauerndem Kontakte (über zwei Minuten) Erstickung infolge des allgemeinen Tetanus. Oft aber kann man zunächst von einem Scheintod sprechen, und es ist durch sofortige Einleitung künstlicher Atmung Rettung möglich.[1]

650. Bei hohen Frequenzen können aber auch zu große Joulesche Wärme oder Funkenentladungen und die durch diese verursachten Verbrennungen schädlich wirken. In neuerer Zeit jedoch wird die Funkenentladung von Hochfrequenztransformatoren (z. B. in Tesla-Anordnungen), die sog. **Fulguration,** besonders zur Behandlung frischer operativer Schnittflächen, zur Zerstörung eventuell bei der Operation übriggebliebener Krebskeime usw. in ausgedehntem Maße verwendet. Die Ozonbildung ist hier vielleicht auch in Betracht zu ziehen.

651. Analog der Fulguration, aber quantitativ schwächer, wirkt der Hochfrequenzkauter oder **Kaltkauter.** Es ist dies eine z. B. lanzettförmige Nadel aus Platin, welche mit einem Hochfrequenzpol von nicht allzu hoher Spannung verbunden ist. Bei dieser Thermopenetration herrscht unmittelbar am Kaltkauter eine sehr große Stromdichte, welche zwar hier so ansteigt, daß das Gewebe direkt verbrennt oder verschorft, bei rascher Bewegung aber ohne Verbrennung nur ein ungemein reines Trennen (Schneiden) ermöglicht, wobei zwischen Nadel und Gewebe ein fast mikroskopisches Funkenspiel eintritt.

652. Wir sahen, daß ein elektrischer Schwingungskreis einen zweiten, der mit ihm entweder galvanisch oder elektrostatisch oder elektromagnetisch (induktiv) gekoppelt ist, zum Mitschwingen bringt: dieses Mitschwingen wird immer erzwungen; es ist aber besonders stark, wenn der erregende Kreis und der erregte in **elektrischer Resonanz** stehen, (wie § 142 in der Akustik). Wir sahen (§ 641), daß die Schwingungsdauer einer elektrischen Schwingung (wenigstens in den einfachen von uns betrachteten Fällen) von der Selbstinduktion und den Endkapazitäten des Leiters abhängt, man kann also durch Änderung dieser beiden Größen die elektrische Schwingungsdauer auf Resonanz einstellen.

653. In Fig. 493 ist F eine mit einem Induktorium verbundene Funkenstrecke; die elektrische Schwingung geht den Weg $F C_1 a x y b C_2 F$, wo C_1 und C_2 zwei Kondensatoren, ac und bd zwei horizontal und parallel ausgespannte, blanke Drähte, **Lechersche Drähte** (1890), sind.

---

1) Jellinek, Elektropathologie. Stuttgart 1903. Elektrotechnik und Maschinenbau. Wien 1919.

Von dieser erregenden Schwingung (speziell von xy) wird der ungeschlossene Kreis $cxyd$ ins Mitschwingen gebracht, so daß c sich abwechselnd positiv und negativ und gleichzeitig d abwechselnd negativ und positiv auflädt. Legt man quer über cd eine (nicht gezeichnete) ausgepumpte Glasröhre, so leuchtet diese, aber nur, wenn die Schwingungszahl für den Schwingungskreis links und rechts gleich ist. Man kann durch Verschieben des auf den parallelen Drähten aufliegenden Drahtes, der Brücke xy, leicht auf scharfe Resonanz (Aufleuchten der Vakuumröhre bei cd) einstellen. Die Schwingung in xc (resp. yd) wird dann dargestellt durch Verdichtung (bzw. Verdünnung) der Elektrizität am Ende, analog den Schwingungen einer gedeckten Pfeife (Fig. 133). (In Fig. 493 sollten diese Längen xc und yd viel größer gezeichnet sein.) Da man aus dem bekannten Werte der Kapazität und der Selbstinduktion in $FC_1 axyb C_2F$ die Schwingungsdauer τ berechnen kann, und da in xc genau $\frac{1}{4}\lambda$ liegt, erhält man aus $\dfrac{\lambda}{\tau}$ die **Fortpflanzungsgeschwindigkeit der elektrischen Wirkung im Drahte**, und zwar $3 \cdot 10^{10}$ cm pro sec.

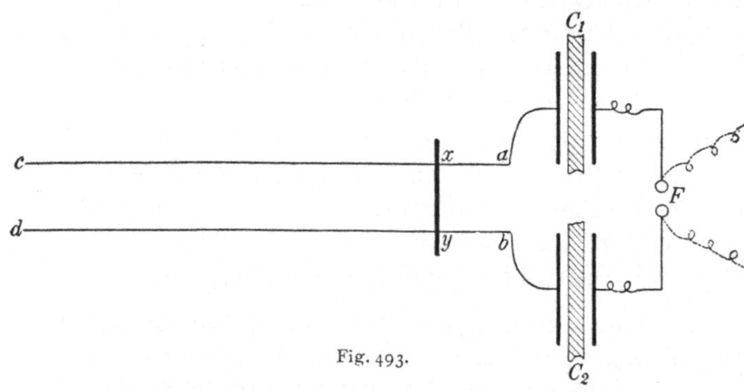

Fig. 493.

654. Elektromagnetische Lichttheorie. Die Versuche von Feddersen und einige wenige theoretische Arbeiten über elektrische Schwingungen bildeten ein kleines Kapitel der Elektrizitätslehre, das erst Maxwell (1865) und H. Hertz (1888) durch ihre berühmten Untersuchungen in gebührender Bedeutung erkennen ließen. Es sei Fig. 494 AB ein gerader Primärleiter, in dem zwischen A und B eine elektrische Schwingung hin- und herpendelt; ein sekundärer Leiter $A'B'$ in einiger Entfernung wird dadurch induziert, genau so wie die sekundäre Spule eines Induktoriums durch die primäre.

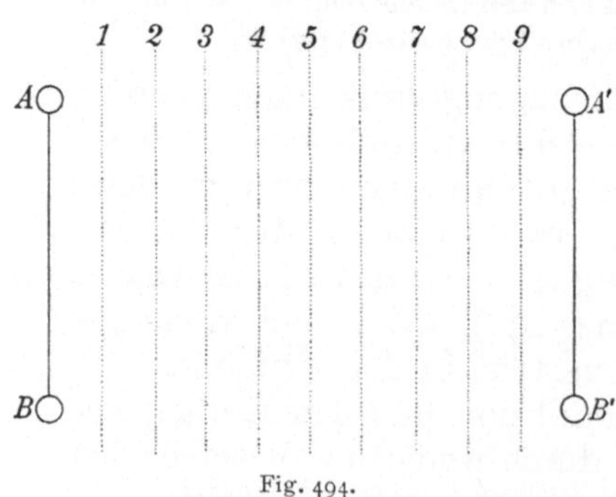

Fig. 494.

Geschieht diese Induktion momentan, oder braucht sie Zeit?

Maxwell beantwortet diese Frage theoretisch. Er brachte zunächst einige Faradaysche Anschauungen in mathematische Formeln und erweiterte sie. Bereits § 504 sahen wir, daß beim Entstehen elektrischer Kraftlinien, also auch beim Laden eines Kondensators im Dielektrikum ein kurzdauernder Verschiebungsstrom entsteht, beim Entladen ein entgegengesetzter. Der schwingungsdurchsetzte Leiter AB

induziert also nicht nur $A'B'$, sondern auch den isolierenden Zwischenraum. Wir haben hier im ganzen Dielektrikum induzierte Verschiebungsströme. Denken wir uns aus dem Dielektrikum einzelne Streifen 1, 2, 3 usw. (Fig. 494 punktiert gezeichnet) willkürlich herausgegriffen, so wird auch in allen diesen Streifen ein vertikal hin und her pendelnder Verschiebungsstrom entstehen, und zwar zuerst in 1, dann in 2, dann in 3 usw. Der ganze Vorgang ergibt eine Art Wellenbewegung, da der genau gleiche, hinauf und hinunter pendelnde Strom zuerst in 1 einsetzt, etwas später in 2, noch später in 3 usw. Wir haben also in unserem Beispiele eine von AB nach $A'B'$ fortschreitende, vertikale, transversale elektrische Welle.

Die Verschiebungsströme im Dielektrikum erzeugen aber auch, wie jeder Strom, ein magnetisches Feld; es muß also auch fortwährendes Hin- und Herpendeln von magnetischer Kraft eintreten, und es läßt sich zeigen, daß diese magnetische Welle senkrecht zur elektrischen steht. Maxwell untersuchte nun theoretisch die Fortpflanzung dieser elektromagnetischen Wellenbewegung. Das Resultat liefert eine Formel, welche enthält: die Dielektrizitätskonstante ε (§§ 491, 506), die Permeabilitätskonstante μ (§ 518) und das Verhältnis der Stromstärke im elektrostatischen Maße zur Stromstärke im elektromagnetischen Maße, nämlich $3 \cdot 10^{10}$ (§ 602). μ ist für alle praktischen Fälle $= 1$. Für ein Medium mit der Dielektrizitätskonstante ε berechnet Maxwell die Fortpflanzungsgeschwindigkeit einer elektrischen Welle mit $v = \dfrac{3 \cdot 10^{10}}{\sqrt{\varepsilon}}$. Hier ist v nach Maxwell nicht nur die Fortpflanzungsgeschwindigkeit einer elektromagnetischen Welle, sondern auch die einer Lichtwelle im Dielektrikum, dessen Dielektrizitätskonstante ε ist. Dann ist $\sqrt{\varepsilon} = \dfrac{3 \cdot 10^{10}}{v}$

$$= \frac{\text{Lichtgeschwindigkeit in Luft}}{\text{Lichtgeschwindigkeit im Medium}} = n \ (\S\ 304).$$

Das Quadrat des Brechungsexponenten muß also gleich sein der Dielektrizitätskonstante. Dies stimmt auch experimentell bei sehr langen Lichtwellen (Boltzmann), wenn nicht (meist bekannte) störende Nebenumstände eintreten.

Für den luftleeren Raum und praktisch für Luft ist ε als 1 anzunehmen, und es ist dann $v = 3 \cdot 10^{10}$ cm pro sec.

Nach Maxwell sind Lichtwellen nichts anderes als sehr kurze elektromagnetische Wellen.

Elektrische Wellen pflanzen sich nach dieser Theorie in Luft oder einem Isolator mit derselben Geschwindigkeit wie Licht fort und haben theoretisch auch alle Eigenschaften optischer Ätherwellen.

655. Daß dem wirklich so sei, zeigte **H. Hertz** experimentell.

Zwei je etwa 10 cm lange Metallzylinder a und b (Fig. 495) enden in zwei Kugeln, in welche durch die Drähte c und d ein Hochspannungsstrom (mittels Induktionsapparat, Influenzmaschine u. dgl.) eingeleitet wird. So oft in F ein Funke überspringt, entsteht in aFb eine kurzdauernde elektrische Vertikalschwingung (wie in Fig. 494), die, einem vertikal polarisierten Lichtstrahl gleich, vertikale elektrische Transversalwellen in den Raum hinausstrahlt. Stellt man aFb in die Brennlinie eines (punktiert gezeichneten) vertikalen, parabolisch gekrümmten Blechschirmes, so werden die elektrischen Strahlen parallel nur nach einer Seite geworfen, wie Licht in einem Scheinwerfer. Stellt man in den Weg dieser Strahlen in einigen Meter Entfernung einen genau gleich konstruierten Hohlspiegel (entgegengesetzt orientiert), so werden die elektrischen Wellen wieder in der Brennlinie dieses Spiegels vereinigt. In dieser Brennlinie ist ein Leiter $a'fb'$ befestigt, der in der Mitte isoliert hinter den Spiegel geht und bei f auf etwa 0,1 mm unterbrochen ist. In diesem Leiter $a'fb'$ wird nun eine sekundäre Schwingung induziert, aber nur, wenn er für genau dieselbe elektrische Schwingungsdauer abgestimmt ist wie die primäre Schwingung aFb, wenn er in elektrischer Resonanz ist; durch Verlängern oder Verkürzen der Drahtenden a' und b' kann man dies unschwer erreichen. Dann erscheinen, als Beweis für die in $a'fb'$ induzierte oder absorbierte Schwingung, in f kleine Fünkchen.

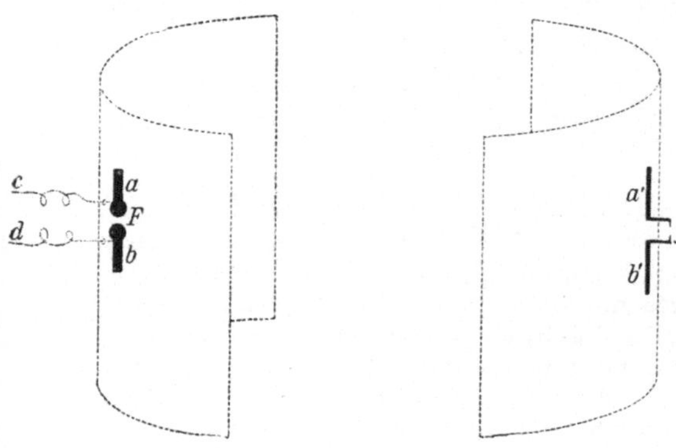

Fig. 495.

Hertz und seine Nachfolger zeigten so experimentell, daß dieser elektrische Wellenstrahl alle Eigenschaften eines vertikal polarisierten Lichtstrahles hat. Er kann durch Zwischenschalten eines Metallschirmes abgeblendet werden, der die auffallenden Schwingungen durch Induktion in seiner Masse (und die dadurch entstehende Joulesche Wärme) absorbiert.

Daß dieser elektrische Strahl reflektiert wird, beweist schon der Erfolg der Parabelspiegel; man kann das aber auch unschwer direkt zeigen. Ebenso kann man an dem Strahl Brechung und Interferenz nachweisen. Solche Versuche ergaben genau wie beim Licht die Möglichkeit der Messung der Wellenlänge. Die Schwingungsdauer läßt sich aus den Dimensionen von aFb berechnen (§ 641), und wir erhalten dann (gemäß der Formel § 131) die Geschwindigkeit $c = \dfrac{\lambda}{\tau}$. Bei den Originalversuchen von Hertz war $\lambda = 66$ cm und $\tau = 22 \cdot 10^{-10}$ sec. Daraus ergibt sich experimentell der Wert der Geschwindigkeit dieser elektrischen Wellen gleich der Lichtgeschwindigkeit. Lichtstrahlen sind somit nichts anderes als elektromagnetische Störungen des Äthers. Fast alle Erscheinungen des Lichtes können mit elektrischen Schwingungen nachgeahmt werden. Dabei aber hat Maxwell sowohl als auch Hertz darauf verzichtet, eine mechanische Vorstellung dieser periodischen Ätherstörungen zu geben.

Die kleinste elektromagnetische Schwingung, die bisher dargestellt wurde, hat 0,08 mm Wellenlänge (Glagolewa-Arkadiewa, 1924).

656. Jede elektrische Verschiebung erzeugt ein magnetisches Feld; mit der elektrischen Welle bildet sich daher auch eine magnetische aus.

Die elektromagnetische Lichttheorie zeigt nun, daß beide Wellenzüge in aufeinander senkrechten Ebenen schwingen. Dabei ist die Frage offen, ob die elektrische oder die darauf senkrecht schwingende magnetische Welle den transversalen Ätherschwingungen der mechanischen Undulationstheorie entspricht. Unter der Annahme, daß in den Versuchen von O. Wiener (§ 451) die elektrischen Verschiebungen die Schwärzung der photographischen Platte bewirken, also den „Licht"-Reiz bilden, ergibt sich die elektrische Schwingungsebene des Lichtes als senkrecht zur Polarisationsebene (§ 455).

Über die Vorgänge in den Emissionszentren des Lichtes (Elektronenbewegungen in den Atomen) vgl. §§ 692, 698.

657. Das Prinzip des in Fig. 495 dargestellten Versuches von Hertz wurde von Marconi (1895) zur **drahtlosen Telegraphie** ausgebildet. In einer unten geerdeten, etwa bis 200 m langen Vertikalstange, Antenne, wird eine stehende elektrische Schwingung erzeugt, die unten, an der Erde, dauernd das Potential Null hat, indes oben große positive und negative Potentiale wechseln. Eine zweite, weit entfernte, gleiche Empfangsantenne absorbiert diese Schwingungen, wodurch eine Zeichengebung ermöglicht wird.

Die Schwingungserregung erfolgt in der Aufgabeantenne in verschiedenster Weise; seit Braun (1900) meist so, daß man die Antenne an einen geschlossenen Schwingungskreis koppelt. Als Erreger für reine Antennenschwingungen verwendet man z. B. die sog. Stoßerregung (M. Wien 1906).

Man nimmt hier den wirksamen Funken ganz kurz, sog. „Löschfunken". Durch die (punktierten) Drähte in Fig. 496 links wird ein hochgespannter Strom zugeleitet, so daß in f ein kleiner Funken überspringt. Meistens verwendet man (in Fig. 496 nicht gezeichnet) nicht eine, sondern mehrere solcher kleinen Funkenstrecken hintereinander. So wird, besonders wenn die Fünkchen zwischen gut wärmeleitenden größeren Kupferkuppen überspringen,

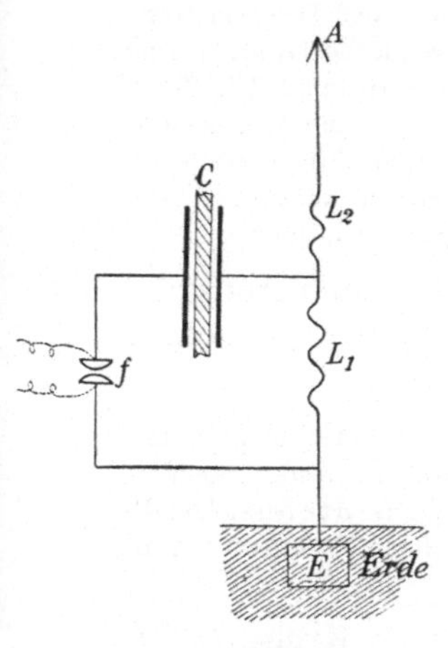

Fig. 496.

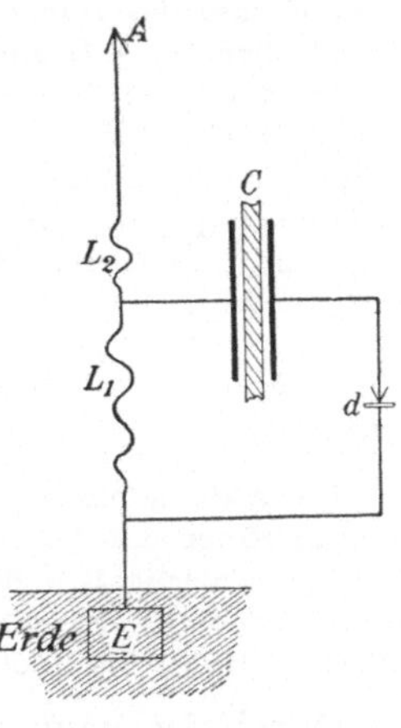

Fig. 497.

chen zwischen gut wärmeleitenden größeren Kupferkuppen überspringen, trotz großer Energie der einzelne Funke nicht heiß, weshalb diese kleinen Fünkchen eine sehr kurze Dauer haben. Der geschlossene Schwingungskreis: Kapazität C und Selbstinduktion L_1 wird hier nur von einem einzigen Schwingungsstoß durchsetzt; die Löschfunken in f verlöschen, sowie sie die ungeschlossene Antennenleitung EL_1L_2A in Schwingungen versetzt haben. A liegt ganz oben an der Spitze der Antenne (viel zu kurz gezeichnet); E ist eine gute Erdleitung, (viele vom Fußpunkte der Antenne wegziehende, in die Erde vergrabene Drähte). Diese Schwingungen in der Antenne, nicht gestört durch den angehängten (weil längst gedämpften) Schwingungskreis, gehen nun relativ lange (bis 100 mal) und sehr regelmäßig hin und her, wie etwa eine Stimmgabel, die durch einen kurzen Schlag zum Tönen gebracht wurde. Die verschiedenen L sind variable Selbstinduktionen, wodurch die Schwingungsdauer geändert werden kann.

Zur Funkenerzeugung verwendet man meist die sekundäre Wicklung eines Transformators, dessen Primärwicklung mit einem Wechselstrom von einer bestimmten Frequenz,

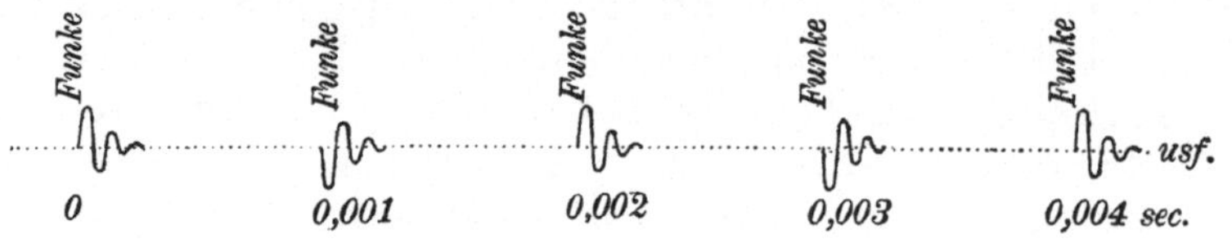

Fig. 498.

z. B. 1000 pro sec gespeist wird. Dann springt der Funke in f pro sec 1000 mal hin und her, man hört den entsprechenden Ton. Man nennt diese Einrichtung darum auch das System der tönenden Funken.

Dieses Tönen hat aber mit der eigentlichen elektrischen Schwingung nichts zu tun, es zeigt nur das Tempo der elektrischen Energiezufuhr, die Frequenz des Wechselstroms an. Haben wir z. B. pro sec 1000 Funken, so bedeuten in Fig. 498 die horizontale Linie die Zeit und die Ordinaten die jeweiligen Schwingungsströme in der Antenne. Die Zeichnung ist fehlerhaft, weil die wirklichen Schwingungen nicht so gedämpft sind, es sind ihrer nach jedem einzelnen Funkenübergang ja gegen 100. Überdies mußte (gleichfalls aus Raummangel) der Zwischenraum zwischen den einzelnen Funken zu kurz gezeichnet werden; diese Zwischenpausen sind im Verhältnis zur Schwingungsdauer größer.

Im Empfänger AL_2L_1E (Fig. 497) ist die Antenne durch Änderung der variablen Selbstinduktionen L mit der Aufgabeantenne in Resonanz gebracht.

Die Antenne enthält normal (wie Fig. 133 links) $\frac{1}{4}\lambda$. Um die Antenne bei großem λ (bis zu 10 000 m, Schwingungsdauer $\frac{1}{30\,000}$ sec) nicht allzu hoch zu machen, werden oben ans Ende der Vertikalantennen horizontale Querdrähte gespannt: Schirmantenne. Die dadurch ebenfalls erreichte große Kapazität des oberen Antennenendes läßt den Strom im Vertikaldrahte bis zu 60 A (gemessen mit Hitzdrahtampermeter) ansteigen.

Durch die Schwingung in L_1 wird in dem geschlossenen Kreise L_1Cd, wenn auch er in richtiger Resonanz ist, eine geschlossene Schwingung erzeugt. Hier liegt bei d ein Detektor, d. i. eine Einrichtung, um schwache elektrische Schwingungen bemerkbar zu machen. Es sind viele Arten von Detektoren konstruiert worden.

658. Die derzeit wichtigsten „**Detektoren**" sind die Kontaktdetektoren. Darunter versteht man zwei sich berührende Körper, meist eine metallische Spitze, die unter geringem Druck auf einer kristallinischen Substanz aufruht. Es können aber auch nur kristallinische oder nur metallische Substanzen als Detektoren verwendet werden. Die Empfindlichkeit letzterer ist allerdings eine geringere als diejenige, welche kristallinische Substanzen zeigen.

Wenn in d (Fig. 497) eine elektrische Schwingung durch die Kontaktstelle geht, so entsteht ein Gleichstrom, der hier immer wieder auftritt, so oft ein Wellenzug durch d fließt; parallel zu d, zwischen a und b, liegt ein Telephon, das in einer Höhe tönt, welche der Anzahl der Funken in f (z. B. 1000 pro sec) entspricht, und dieser Ton läßt sich von den jeweils charakteristischen Tönen fremder Stationen (oder dem knackenden Geräusch atmosphärischer Störungen) leicht unterscheiden.

Für das Zustandekommen des Gleichstromes, der für die Detektorwirkung wesentlich ist, können besonders zwei Fälle in Betracht kommen:

a) rein elektronische Vorgänge (Verschiedenheit der Austrittsarbeit der Elektronen in den beiden Stromrichtungen),

b) das Auftreten von Thermospannungen infolge Erwärmung der Kontaktstelle.

In vielen Fällen wird man das Auftreten des gleichgerichteten Stromes durch das Zusammenwirken dieser beiden Effekte erklären können. Man telegraphiert mit Morsezeichen, d. h. kurz und lang dauernden Tönen (von stets gleich bleibender Höhe, die von der Funkenzahl abhängt).

Bei 1000 Entladungen des Sendekreises pro sec entspricht z. B. ein Morsepunkt, der etwa $\frac{1}{10}$ sec dauert, etwa 100 Entladungen, also 100 Wellenzügen. Ein Nachteil dieses Systems ist, daß der Telegraphist das Telephon fortwährend am Ohr haben muß, um keinen Anruf zu versäumen.

Eine große Verstärkung erhalten elektrische Schwingungen durch Elektronenröhren (§ 674).

Mit Hilfe solcher Einrichtungen hat man schon rings um die Erde telegraphische Zeichen vermittelt. Die Signale gehen leichter über See als über Land und besser bei Nacht als bei Tag.

Die bisher geschilderten Systeme der drahtlosen Telegraphie arbeiten mit **gedämpften Schwingungen**. Man verwendet aber für Großstationen immer mehr **ungedämpfte Schwingungen**, z. B. mit Poulsenschem Lichtbogen (§ 646) oder noch besser direktem Wechselstrom. Man hat zu diesem Zwecke Maschinen mit einer Frequenz von 12000 pro sec gebaut.

9. Elektrische Ströme in Gasen.

659. Gase gelten gewöhnlich als **Nichtleiter**; doch erkannte schon **Coulomb** (1785), daß die langsame Abnahme der Ladung eines isoliert aufgestellten Leiters nur zum Teil auf mangelhafte Isolation der Stütze, zum Teil aber auch auf einer Leitung durch die umgebende Luft („**Zerstreuung der elektrischen Ladung**") beruht. Diese sehr schwache „natürliche" Elektrizitätsleitung in Luft oder in anderen Gasen kann beträchtlich verstärkt werden durch bestimmte Einwirkungen auf das Gas, z. B. Bestrahlung mit sehr kurzwelligem ultraviolettem Licht, mit Kathoden-, Kanal-, Röntgen- oder Becquerelstrahlen (vgl. §§ 673, 675, 677, 678, 699). Ferner ist die Leitfähigkeit stark erhöht in Flammen und (schwächer) in den von einer Flamme aufsteigenden bereits abgekühlten Gasen sowie in der Nähe glühender fester oder flüssiger Körper. Auch wenn Flüssigkeitstropfen zerspritzen, erhält die umgebende Luft ein erhöhtes Leitvermögen, ebenso, wenn sie in Blasen durch eine Flüssigkeit getrieben wird.

Man führt auch die natürliche Leitung der Gase auf derartige Einwirkungen zurück und faßt alle diese elektrischen Ströme in Gasen zusammen unter der Bezeichnung „**unselbständige Ströme**". Im Gegensatz dazu bezeichnet man als „**selbständige Entladungen**" solche Ströme, die ohne Einwirkung besonderer Vorgänge in einem Gase auftreten, wenn die elektrische Feldstärke hinreichend hohe Werte erhält, also z. B. die Potentialdifferenz zwischen zwei Elektroden über einen gewissen kritischen Wert („**Entladungsspannung**") gebracht wird. (Vgl. näheres in § 662).

660. Unselbständige Ströme. Bei diesen beobachtet man auffallende Abweichungen von dem einfachen Ohmschen Gesetze, das für die Stromleitung in Metallen oder in Elektrolyten gilt. Stellt man z. B. (Fig. 499) in der Nähe einer Röntgenröhre (oder eines radioaktiven Präparates) R zwei parallele Metallplatten m und m' einander gegenüber und verbindet sie durch eine Leitung, in der eine Batterie B von willkürlich regulierbarer Spannung und ein empfindliches Galvanometer G eingeschaltet sind, so beobachtet man die folgende Beziehung zwischen angelegter Spannung E und Stromstärke J:

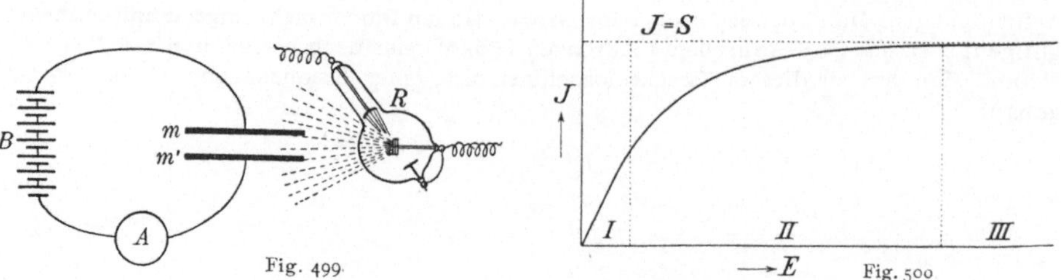

Fig. 499.   Fig. 500

Bei von Null an wachsender Spannung nimmt die Stromstärke zunächst proportional der Spannung zu (Teil I in Fig. 500), bei weiterer Steigerung von E wird das Anwachsen des Stromes langsamer und schließlich erreicht die Stromstärke asymptotisch einen konstant bleibenden Endwert S (sogenannter „Sättigungsstrom"), wie dies Fig. 500 andeutet. Der Sättigungsstrom ist unter sonst gleichen Bedingungen (gleiche Stärke der Röntgenstrahlung), dem Volumen des Gasraumes proportional, verdoppelt sich also z. B., wenn die Distanz mm' verdoppelt wird, während im analogen Falle bei einem Elektrolyten der Widerstand verdoppelt, also die Stromstärke auf die Hälfte sinken würde.

Schaltet man die Röntgenröhre aus, so erlischt der Strom zwischen m und m' nicht sofort, sondern sinkt erst rascher, später langsamer und wird schließlich unmerklich klein.

661. Gasionen. Man erklärt die Leitung in Gasen in ähnlicher Weise wie bei Elektrolyten durch das Vorhandensein von Ionen (vgl. § 533). Die oben genannten Vorgänge bewirken eine Ionisierung des Gases, d. h. die Bildung von entgegengesetzt gleich geladenen Teilchen aus Gasmolekeln. Die Natur dieser Gasionen ist aber von der der elektrolytischen Ionen verschieden; man nimmt an, daß bei der Ionisierung eines Gases von einem Teil der vorhandenen Gasmolekeln zunächst negative Elektronen (vgl. § 672) abgetrennt werden, so daß positiv geladene Molekülionen zurückbleiben. Sowohl die negativen Elektronionen als die positiven Molekülionen lagern mehrere neutrale Gasmolekeln an sich an und werden so zu komplexen Ionen oder „normalen Gasionen".

Da einander hinreichend nahe kommende Gasionen entgegengesetzter Ladung sich anziehen und zu einem elektrisch neutralen Teilchen vereinigen („Wiedervereinigung" oder „Rekombination" der Gasionen), tritt bei dauernder Wirkung eines ionisierenden Vorganges im Gas ein Gleichgewichtszustand ein, bei dem in der Zeiteinheit ebensoviele Ionenpaare neu entstehen als durch Wiedervereinigung verloren gehen. Nach Aufhören des ionisierenden Prozesses verschwinden dann infolge der Wiedervereinigung alle noch vorhandenen Ionen. Die Zahl der pro Volum- und Zeiteinheit sich wiedervereinigenden Ionenpaare ist proportional dem Quadrat der Anzahl der jeweils vorhandenen.

In einem elektrischen Felde bewegen sich die Ionen längs der Kraftlinien mit einer Geschwindigkeit, die der Feldstärke proportional ist. Die Geschwindigkeit bei der Feldstärke $1 \frac{\text{Volt}}{\text{cm}}$ heißt „Beweglichkeit" der Ionen; sie beträgt in Luft normaler Dichte etwa 1,5 cm/sec. Bei Erhöhung der Feldstärke wird die Zahl der stationär vorhandenen Ionen verkleinert, da neben der Wiedervereinigung die erhöhte Abscheidung an den Elektroden einen Ionenverlust bedingt. Im Grenzfalle bei sehr hohen Feldstärken gehen alle erzeugten Ionen an die Elektroden: Sättigungsstrom = Ionenladung × Zahl der in der Zeiteinheit erzeugten Ionenpaare.

662. Selbständige Entladungen. Infolge der natürlichen Ionisierung sind immer einige Ionen in einem Gase vorhanden. Bei sehr hohen Feldstärken $\left(\text{in Luft normaler Dichte bei etwa } 30000 \frac{\text{Volt}}{\text{cm}}\right)$ erlangen diese Ionen eine so hohe Geschwindigkeit, daß sie — analog wie Kathoden- oder Kanalstrahlen — beim Zusammenstoß mit Gasmolekeln diese ionisieren („Stoßionisierung"). Die so neu erzeugten Ionen erlangen bald ebenfalls große Geschwindigkeit und erzeugen durch Stoß wieder neue Ionen und so fort. Es entsteht daher explosionsartig eine so große Zahl von Ionen, daß relativ starke Ströme das Gas durchsetzen können, die gewöhnlich mit einem Leuchten des Gases verbunden sind (leuchtende Entladungen). Je nach dem Druck des Gases, der Form und Distanz der Elektroden, der Art der Elektrizitätszufuhr usw. bilden sich verschiedene Entladungsformen aus, z. B. Spitzenentladung, Büschel, Lichtbogen, Funken, Glimmentladung in verdünnten Gasen und andere.

663. Spitzen- und Büschelentladungen. Wird eine fein zugespitzte Nadel auf einige tausend Volt geladen, so erreicht in der unmittelbaren Umgebung der Spitze die elektrische Feldstärke einen für Stoßionisierung genügenden Wert (je feiner die Spitze, um so kleiner ist die „Entladungsspannung"; für negativ geladene Spitzen ist sie etwas kleiner als für positive). Die der Spitze gleichnamig geladenen Ionen werden abgestoßen und erzeugen, indem sie die neutralen Gasmolekeln mechanisch durch Reibung mitreißen, den sogenannten „elektrischen Wind".

Von weniger stark gekrümmten Teilen eines auf hohe Spannung geladenen Leiters gehen ähnliche Entladungen in Form von leuchtenden Büscheln aus („Büschelentladung"). Verwandt mit dieser Entladungsform ist das in der Natur (bei Gewittern oder Schneeböen) auftretende Elmsfeuer.

664. Lichtbogen. Werden zwei Leiter zuerst in Kontakt gebracht und dann im stromdurchflossenen Zustand voneinander entfernt, so erfolgt an der Unterbrechungsstelle unmittelbar vor der Trennung eine starke Joulesche Wärmeentwicklung. Bei hinreichend hoher Temperatur gibt nach der Unterbrechung des Kontaktes die heiße Kathode Elektronen ab (siehe auch § 673), und dadurch wird eine selbständige Entladung eingeleitet, die als Lichtbogen bezeichnet wird. Bei den zu Beleuchtungszwecken verwendeten Bogenlampen (vgl. § 590) erfolgt die Entladung zwischen Kohlenelektroden; hier ist eine Spannung von mindestens 40 Volt zur Aufrechterhaltung des Lichtbogens notwendig. Bogenentladungen zwischen Eisenelektroden wurden zuerst bei der Finsenschen Lichttherapie (vgl. § 410) angewendet.

665. Fig. 501 skizziert eine **Quecksilberbogenlampe** für physikalische Zwecke. In einer ausgepumpten horizontalen Röhre sind zwei Drähte eingeschmolzen, welche im Innern der Röhre mit Quecksilber bedeckt sind. Legt man an die Elektroden einen Gleichstrom von 50—100 V, so geschieht zunächst nichts, weil die Hg-Kuppen in der Horizontalröhre weit auseinanderliegen; neigt man aber (meist durch eigene Kippvorrichtungen) die Röhre für einen Moment, wodurch zwischen den beiden Elektroden eine Hg-

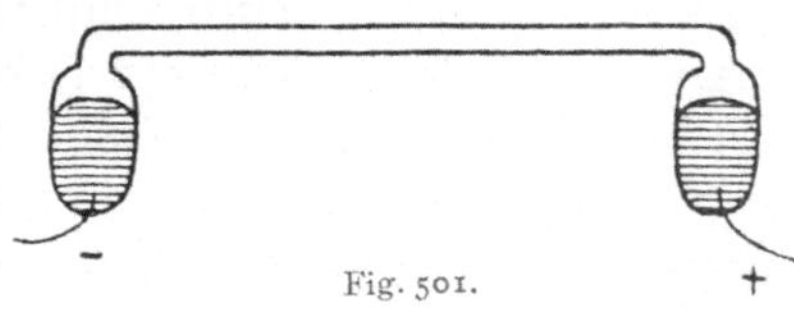

Fig. 501.

Verbindung eintritt, so geht Strom hindurch. Es bilden sich nun zwischen den auseinanderreißenden Hg-Tropfen zunächst kleine Lichtbogen, und wenn die Röhre wieder in die gezeichnete horizontale Lage kommt, bleibt ein glänzender, fast die ganze Röhre füllender, grünlich-blauer Lichtbogen bestehen.

Das die ganze Röhre bis knapp an die Anode erfüllende Licht gleicht der leuchtenden Lichtsäule an der positiven Elektrode einer Vakuumröhre bei mäßigem Drucke; zwischen Kathode und Hg-Lichtsäule liegt ein kleiner dunkler Kathodenraum. Solche Lampen liefern 1 HK Helligkeit pro 0,27 Watt, sind also viel billiger als alle anderen technisch gebrauchten Lichtquellen. Störend ist nur die Farbe und der dem Auge schädliche Reichtum an ultravioletten Strahlen. Für Beleuchtungszwecke baut man daher Hg-Lampen aus Glas, welches wenigstens einen Teil der ultravioletten Strahlung zurückhält.

Über die photochemischen und therapeutischen Wirkungen dieser Lampe sprachen wir § 407ff. Die medizinisch verwendeten Hg-Lampen bestehen aus Quarz (oder aus für ultraviolett ziemlich durchlässigem Uviolglas). Sie sind meist in kleinen durch strömendes Wasser gekühlten, vorn mit Quarz verschlossenen Metallkammern eingebaut. Es existieren für verschiedene medizinische Zwecke die verschiedensten Spezialkonstruktionen, z. B. solche als Ersatz der Heilwirkung der Sonnenstrahlung, sog. „künstliche Höhensonne" (§ 408).

666. Luftsalpetersäure. Bei starken Induktorien-Entladungen z. B. mit Wehnelt-Unterbrecher oder bei hochgespannten Wechselstrom-Entladungen bilden sich flammenartige Lichtbogen, in welchen sich der Sauerstoff und Stickstoff der Luft zu Stickoxyd, NO, verbinden. Da dieses Produkt durch die Hitze des Lichtbogens rasch zersetzt wird, muß man für dessen rechtzeitige Wegfuhr durch passende Gebläse sorgen. NO verwandelt man leicht in Salpetersäure und hat so zuerst einen Ersatz für die in absehbarer Zeit verbrauchten natürlichen N-Verbindungen, z. B. Chilesalpeter $NaNO_3$, gewonnen. Nitrate — besonders salpetersaurer Kalk $Ca(NO_3)_2$ — sind das wichtigste N-haltige Nahrungsmittel der Pflanzen; ein technisches Verfahren, Düngemittel aus dem N und O der Luft zu gewinnen, war von größter Bedeutung. Es gibt jetzt auch andere chemische Methoden.

667. Elektrische Funken. Elektrische Funken im eigentlichen Sinne des Wortes (zu unterscheiden von den sogenannten „Öffnungsfunken", die man beim Unterbrechen einer stromführenden Leitung auch mit geringen Spannungen erhält, und die im Wesen rasch erlöschende Bogenentladungen sind) nennt man fadenförmige, bei größerer Länge unregelmäßig gestaltete, oftmals geknickte, bisweilen baumartig verzweigte Entladungsbahnen, in denen das Gas und vom Elektrodenmaterial stammende Dämpfe bei sehr hohen Temperaturen intensiv leuchten. Funkenentladungen entstehen in Gasen normaler Dichte (oder nur mäßig verdünnten Gasen), wenn zwischen den gegenüberstehenden Elektroden eine sehr hohe Potentialdifferenz besteht, der Nachschub der Ladung aus der Elektrizitätsquelle aber nicht ausreicht, diese Spannung während der Entladung aufrecht zu erhalten. Der elektrische Strom bei der Funkenentladung hat sehr kurze Dauer (bisweilen weniger als 10^{-6} sec), aber große Stärke. Der „Schlagweite", d. i. der Länge des Funkens, ist die dazu erforderliche Spannung angenähert, aber nicht exakt proportional, so daß man bei Elektrisiermaschinen, Funkeninduktorien usw. die erreichte Spannung aus der erzielten Funkenlänge einschätzen kann.

Bei kugelförmigen Elektroden von 1 cm Radius gilt z. B.

Schlagweite:	0,1	0,2	0,5	1,0	2	5 cm
Spannung:	4700	8500	17900	32000	52100	76800 Volt.

In der Natur kommen Funkenentladungen im großen Maßstab (Länge von mehreren Kilometern) als Blitze vor; die Stromstärke ist hier von der Größenordnung 10000 Ampere, die Dauer 10^{-4} bis 10^{-3} sec; die Spannung zwischen Gewitterwolke und Erde oder zwischen zwei Wolken, die ihre Ladungen durch einen Blitz ausgleichen, können auf die Größenordnung 10^9 Volt geschätzt werden.

Die zündende, mechanische oder physiologische Wirkung von Blitzentladungen sucht man durch Blitzableiter, welche über die Gebäude aufragend die Entladungen aufnehmen und metallisch zu feuchten Stellen der Erde führen, unschädlich zu machen. Gefährliche Entladungen können auch durch Rückschlag entstehen, d. i. plötzliche Entladung von langsam entstandenen Influenzwirkungen, z. B. in großen Metallmassen; man schließt daher große Maschinen, Metallkessel usw. leitend an die Erde. Besondere Ausbildung erfuhren die technischen Blitzschutzvorrichtungen elektrischer Freileitungen, Starkstrom-, Telegraphen- und Telephonleitungen.

668. Ein wichtiger Einfluß des elektrischen Funkens auf Luft ist die Umwandlung des Sauerstoffes O_2 in **Ozon** O_3. Man spürt in der Nähe kräftiger Funkenentladungen stets Ozongeruch. Um größere Mengen zu erhalten, verwendet man Ozonapparate, deren Prinzip darin besteht, daß zwei in Glasröhren befindliche, einander gegenüberstehende parallele Metallstäbe an die Pole eines auf einige 1000 V hinauftransformierten Wechselstromes angeschlossen sind. Zwischen den Glasröhren gehen sehr viele kleine Fünkchen über, stille Entladungen, deren starkes ultraviolettes Licht wahrscheinlich die Ursache der Ozonbildung ist (§ 407). Da ebendieselbe Strahlung aber schon gebildetes Ozon zerstört, muß man durch passende Gebläse das erzeugte Ozon wegschaffen.

Es wurden große Anlagen z. B. in Petersburg, Paris usw. gebaut, um mittels Ozon Trinkwasser zu sterilisieren. (Statt der Metallstäbe verwendet man dabei eine Reihe paralleler durch Glas getrennter Metallplatten.)

669. Entladungen im luftverdünnten Raum. Ein elektrischer Funke in Luft von normaler Dichte zeigt an der positiven Elektrode einen stielartigen Ansatz, der sich gegen die negative Elektrode hin verästelt. Bringt man die Elektroden unter die Glocke einer Luftpumpe, so verbreitert sich die Lichterscheinung mit sinkendem Druck, aus dem Funken wird ein Lichtfaden (in Luft rötlich), der sich immer mehr zu einem Lichtbande verbreitert; dieses reicht von der Anode ins Innere des Gases, während an der Kathode das negative violette Glimmlicht auftritt; zwischen beiden Lichterscheinungen liegt der Faradaysche Dunkelraum. Das Glimmlicht wächst bei weiterem Auspumpen, indes das positive Lichtband immer kürzer wird, bis schließlich die in § 670 geschilderte Kathodenstrahlung auftritt.

Alle diese Erscheinungen, deren eingehende Schilderung hier zu weit führen würde, lassen sich durch Ionen- und Elektronenstoß ziemlich befriedigend erklären.

670. Kathodenstrahlen. Fig. 502 stellt eine allseitig geschlossene Glasröhre vor, aus der die Luft bis auf 0,01 mm Hg Druck ausgepumpt ist; ein luftdicht eingeschmolzener Platindraht führt zu einer Aluminiumscheibe, der Kathode K, und ein an irgendeiner Stelle eingeschmolzener zweiter Draht bildet die Anode A. Bei Anlegung einer großen Spannung (z. B. Influenzmaschine oder Ruhmkorff-Induktorium) erstrahlt, indes die ganze Röhre fast dunkel bleibt, die der Kathode gegenüberliegende Glaswand G in hellgrünem Flu-

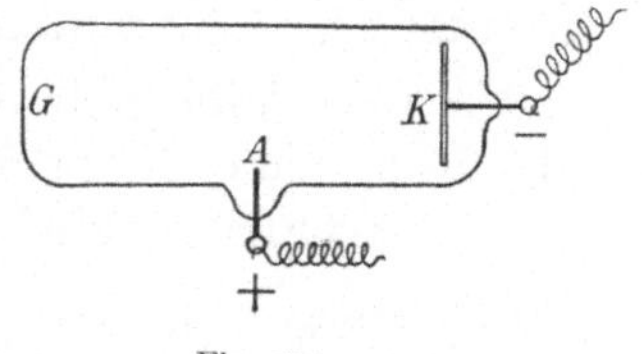

Fig. 502.

oreszenzlichte. Die Farbe dieses Fluoreszenzlichtes hängt von der Art des Glases in G ab. Gleichzeitig wird in G Wärme erzeugt, so daß G eventuell glüht und schmilzt.

Bringen wir zwischen diese Glaswand G und die Kathode K ein Metallblech, z. B. von der Form eines Kreuzes, so erscheint auf G ein dunkler Schatten dieses Kreuzes (Fig. 503). Es müssen also Strahlen von der Kathodenscheibe senkrecht und geradlinig fortgehen und beim Anlangen an der gegenüberliegenden Glaswand diese zum Fluoreszieren bringen. Solche Kathodenstrahlen wurden zuerst (1859) von v. Plücker beobachtet.

Fig. 503.

671. Aufklärung über das Wesen der Kathodenstrahlung liefert die **magnetische** und **elektrostatische Ablenkung.** In Fig. 504 wird ein schmales Kathodenstrahlbündel durch eine Metallblende d ausgeblendet, das, auf einen mit fluoreszierenden Substanzen bestrichenen Glimmerschirm P auffallend, einen kleinen Lichtfleck erzeugt: Braunsche Röhre.

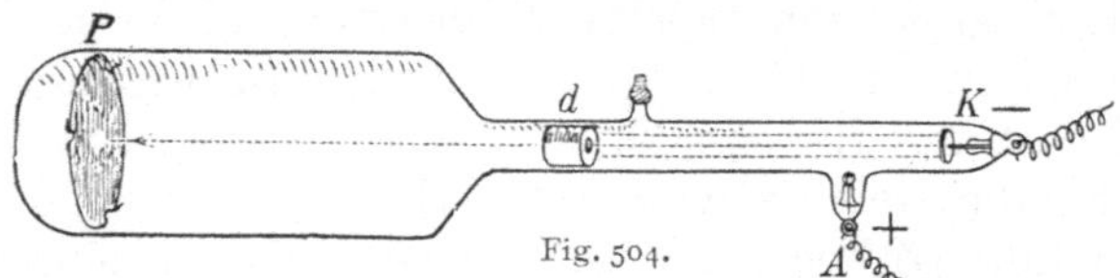

Fig. 504.

Bringt man einen Magnet so an die Röhre, daß die magnetischen Kraftlinien senkrecht zum Kathodenstrahl stehen, so wird dieser senkrecht zu diesen beiden Richtungen abgelenkt; der Lichtfleck auf P verschiebt sich. Man erkennt daraus (linke Handregel, § 611), daß die Kathodenstrahlung einem zur Kathode hingehenden Strom gleicht, oder daß von der Kathode weg ein negativer Strom geht. Ein Leitungsstrom kann das nicht sein, denn ein solcher fließt in einem Leiter den kürzesten Weg. In einer Kathodenröhre geht aber die Strahlung senkrecht von der Kathodenscheibe weg, wobei es ganz gleichgültig ist, wo die Anode (A in Fig. 502 oder 504) sich befindet.

Aber auch elektrostatische Kräfte lenken die Kathodenstrahlung so ab, wie wenn diese aus negativ geladenen Teilchen bestünde.

Dies wird auch bestätigt durch die Tatsache, daß eine isolierte Elektrode im Innern der Röhre beim Auftreffen von Kathodenstrahlen eine negative Ladung annimmt.

Daraus ergibt sich die naheliegende Hypothese, daß die Kathodenstrahlung eine Korpuskularstrahlung sei, d. h. in der Bewegung kleiner geladener Teilchen in der Richtung von der Kathode weg bestehe.

672. Diese Teilchen heißen **Elektronen.**

Aus der Messung der Ablenkung durch ein Magnetfeld bekannter Stärke läßt sich das Produkt $\dfrac{m\,v}{e}$ berechnen, wobei m die Masse, e die Ladung und v die Geschwindigkeit der Teilchen bezeichnet. In analoger Weise liefert die Beobachtung der Ablenkung durch elektrische Felder den Wert von $\dfrac{m\,v^2}{e}$. Durch Kombination beider Resultate erhält man also einerseits den Quotienten $\dfrac{m}{e}$, andererseits die Geschwindigkeit v. Es zeigt sich nun, daß die Geschwindigkeit der Elektronen von der Versuchsanordnung abhängt, insbesondere von der an die Elektroden gelegten Spannung und unter den gewöhnlichen Bedingungen etwa 10^9 bis 10^{10} cm/sec beträgt.

Für den Quotienten $\dfrac{m}{e}$ bzw. für die reziproke Größe $\dfrac{e}{m}$, die sogenannte „spezifische Ladung" der Elektronen, findet man aber immer denselben Wert und zwar $\dfrac{e}{m} = -1{,}76_6 \cdot 10^8 \dfrac{\text{Coul.}}{\text{g}}$

Bei der Elektrolyse (vgl. §§ 540, 543) zeigt sich, daß alle einwertigen Ionen dieselbe Ladung tragen und daß $\frac{e}{m}$ bei den H^+-Ionen den Wert $+\ 95\,750\ \frac{\text{Coul.}}{\text{g}}$ besitzt. Nimmt man daher — zunächst hypothetisch — an, daß die Ladung des Elektrons dem absoluten Betrage nach der Ladung eines einwertigen elektrolytischen Ions gleich sei (das sogenannte „Elementarquantum" der Elektrizität), so folgt daraus weiter, daß die Masse des Elektrons $\frac{1}{1845}$ von der Masse des Wasserstoffatoms sei.

Es sind also in den Atomen und Molekeln der Materie geladene Elementarbestandteile sehr kleiner Masse vorhanden, die sich von ihnen abtrennen lassen, und die bei den Kathodenstrahlen für sich allein beobachtet werden. Wie schon erwähnt (§ 661), führt man die Bildung von Gasionen primär auf die Trennung einer Molekel in ein negatives Elektron und ein positives Molekülion zurück, die also dieselbe Elementarladung tragen. An mikroskopisch beobachteten Teilchen (Öltröpfchen), die in einem ionisierten Gase solche Ladungen aufnehmen, hat nach einer Methode, deren ausführliche Besprechung hier zu weit führen würde, Millikan (1913) den absoluten Betrag dieser Ladung ziemlich genau (auf etwa $1\,^0/_{00}$) ermittelt und fand:

$$\text{Elektrisches Elementarquantum } e = 1{,}592 \cdot 10^{-19} \text{ Coul.}$$
$$= 4{,}774 \cdot 10^{-10} \text{ el. stat. Einh.}$$

Aus $\frac{e}{m}$ und e berechnet sich dann die Masse des Elektrons zu $9{,}01_5 \cdot 10^{-28}$ g und die des Wasserstoffatomes zu $1{,}66_3 \cdot 10^{-24}$ g und weiterhin die Masse eines Atoms oder einer Molekel für beliebige Stoffe, deren Atom- oder Molekulargewichte bekannt sind. Hieraus ergibt sich wieder die „Loschmidtsche Zahl" (vgl. § 219) zu $2{,}70_4 \cdot 10^{27}\ \frac{\text{Molekel}}{\text{cm}^3}$ — ein Wert, der mit dem aus der kinetischen Gastheorie abgeleiteten gut übereinstimmt, aber als noch genauer zu betrachten ist.

673. Die bisher besprochenen Kathodenstrahlen entstehen dadurch, daß in sehr verdünnten Gasen innerhalb der Röhre in der Nähe der Kathode durch Stoßionisierung (vgl. § 662) Elektronen von den Gasmolekeln abgespalten werden und sich dann im elektrischen Felde von der Kathode weg bewegen, ohne — wie in dichten Gasen — sich in gewöhnliche Gasionen umzuwandeln. Es gibt noch andere Methoden, Kathodenstrahlen zu erzeugen, bei denen die Elektronen aus der Kathode selbst stammen.

a) Fällt kurzwelliges (besonders ultraviolettes) Licht auf eine geeignete Metallplatte (z. B. Zn oder Al), die isoliert und mit einem Elektrometer verbunden ist, so bemerkt man keinen Einfluß des Lichtes, wenn die Platte positiv geladen war. Dagegen verliert sie eine negative Ladung rasch („lichtelektrischer Effekt" von Hallwachs [1886] entdeckt). Auf diesen Effekt, bei dem die Entladungsgeschwindigkeit der Intensität des Lichtes proportional ist, gründen sich die Methoden der „lichtelektrischen Photometrie" (Elster und Geitel), die z. B. für die Untersuchung des „Lichtklimas" von Höhenkurorten vielfach angewendet werden (Dorno). Der lichtelektrische Effekt beruht darauf, daß in der unmittelbaren Umgebung der belichteten Platte negative (aber keine positiven) Ionen gebildet werden. Analoge Versuche im Vakuum (Lenard) zeigen nun, daß infolge der ultravioletten Belichtung aus der Metallplatte Kathodenstrahlen austreten, die sich von den gewöhnlichen Kathodenstrahlen nur durch ihre geringere Geschwindigkeit (etwa 10^8 cm sec) unterscheiden.

b) **Glühkathodenstrahlen.** Im Vakuum oder in sehr verdünnten Gasen gehen ähnliche Kathodenstrahlen geringer Geschwindigkeit von einem glühenden Metalldraht oder -blech aus. Man konstruiert Glühkathodenröhren, indem man als Kathode einen Draht (meistens Wolfram) verwendet, dessen Enden durch zwei das Glasgefäß durchsetzende Zuleitungen mit dem Außenraum verbunden sind und durch Einschalten einer Stromquelle geringer Spannung („Heizbatterie", z. B. einige Akkumulatoren) elektrisch geglüht wird. Die Anode wird mit dem positiven Pole einer Stromquelle hoher Spannung verbunden, der Kathodenkreis mit dem negativen Pole derselben. Die von der Kathode emittierten langsamen Elektronen werden dann je nach der Spannung mehr oder weniger beschleunigt. Über die Anwendung bei Röntgenröhren siehe §686.

674. Anschließend wollen wir hier eine der wichtigsten Erfindungen auf dem Gebiete der drahtlosen Telegraphie nachtragen, auf die wir schon § 658 hinwiesen: die Elektronenröhre (auch Gitterröhre, Audion usw. genannt).

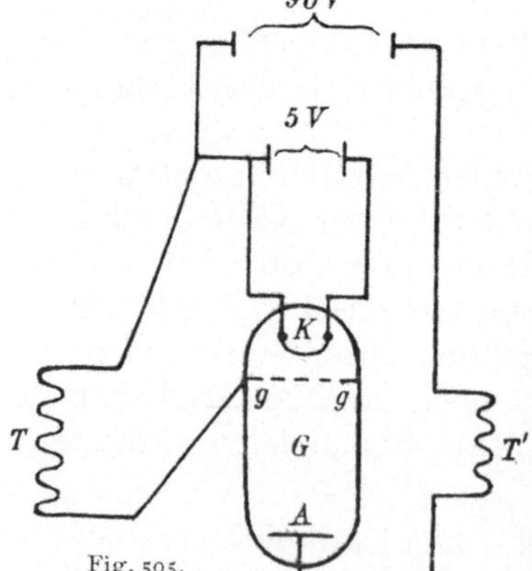

Fig. 505.

Fig. 505 ist eine Skizze dieses modernen Detektors. Eine stark ausgepumpte Glasröhre G enthält eine Glühkathode K aus Wolframdraht, welche durch eine kleine Batterie von 5 V dauernd zum Glühen gebracht ist. A ist die Anode. Legt man Gleichstrom von etwa 90 V an A und K, so geht von K nach A ein Elektronenstrom. Unter K steht ein Drahtsieb gg; wird dieses negativ geladen, so wird der Elektronenstrom etwas gebremst, wird es hingegen positiv geladen, wird der Elektronenstrom umgekehrt beschleunigt. T ist nun die Sekundärspule einer Empfangs-Antenne (oder einer Telephonleitung). Dann wird durch die in T erzeugte Schwingung das Gitter gg abwechselnd $+$ und $-$ aufgeladen, dadurch wird der schwache Elektronenstrom in der Leitung $(90\,V - K - A - T')$ eine entsprechende Schwingung erzeugen. Kuppelt man T' mit einem Telephon, so wird die ursprünglich schwache Schwingung in T bedeutend verstärkt. Man kann mehrere solcher Anordnungen wie Fig. 505 serienartig hintereinander schalten, so daß kaum merkbare ankommende elektrische Schwingungen ein Telephon zu lautem Tönen bringen können.

675. Wirkungen und Eigenschaften der Kathodenstrahlen. Außer der Fluoreszenzerregung rufen die Kathodenstrahlen dort, wo sie auftreffen, auch Erwärmung hervor (Umwandlung der kinetischen Energie der gebremsten Elektronen in Wärme), ferner den photochemischen analoge Wirkungen, also z. B. auch auf eine photographische Platte. Im durchstrahlten Gasraum findet Ionisierung statt.

Im allgemeinen werden Kathodenstrahlen schon von dünnen Schichten eines Stoffes absorbiert und zwar in erster Annäherung proportional der Dichte des Stoffes. Je größer die Elektronengeschwindigkeit ist, um so durchdringender wird die Kathodenstrahlung. Vgl. über Wirkungen und Eigenschaften auch die Ausführungen in § 702 über die wesensverwandten β-Strahlen.

676. Kathodenstrahlen außerhalb der Röhre. Bei hinreichend hohen Spannungen erhalten die Kathodenstrahlen eine große Geschwindigkeit, die sie befähigt, dünne Metallbleche zu durchdringen. Ist daher der Kathode gegenüber in die Wand des Glasgefäßes ein „Aluminiumfenster" eingesetzt, so dringen die Kathodenstrahlen aus diesem in den Außenraum hinaus (Lenard 1894). Unter Anwendung von Glühkathoden, sehr hoher Gasverdünnung und sehr starker Spannungen (etwa 300000 Volt) hat Coolidge (1926) intensive Wirkungen in der Außenluft beobachtet.

677. Kanal- und Anodenstrahlen. Wenn eine Kathodenstrahlröhre so modifiziert wird (Fig. 506), daß die Kathode eine mit Löchern (Kanälen) versehene Scheibe in der Mitte des Rohres bildet, so sind neben den in der Figur von der Kathode nach links gehenden Kathodenstrahlen (b) auch im rechten Teile der Röhre Strahlen (a) nachweisbar, die aus den Kanälen hervorkommend sich nach rechts ausbreiten (Kanalstrahlen, von Goldstein 1886 gefunden). In ähnlicher Weise wie die Kathodenstrahlen (vgl. § 671) auf magnetische und elektrische Ablenkbarkeit

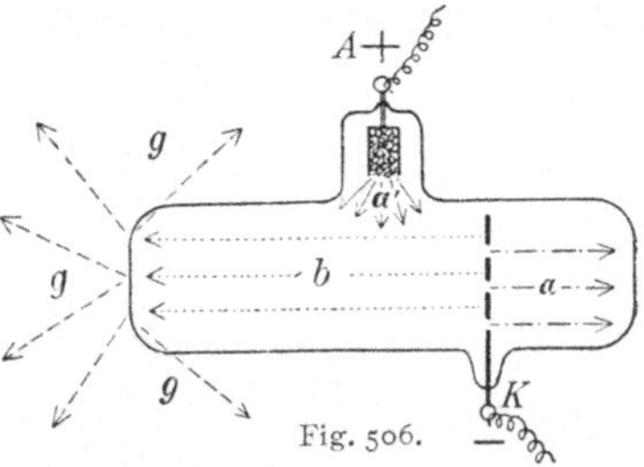

Fig. 506.

untersucht (W. Wien, J. J. Thomson), erweisen sie sich als eine Korpuskularstrahlung, die im wesentlichen aus positiv geladenen und ungeladenen Teilchen besteht. Die Geschwindigkeit dieser Teilchen hängt wieder von der Spannung ab und ist bedeutend kleiner als bei den Kathodenstrahlen. Für die Masse der geladenen Teilchen ergeben sich Werte von der Größenordnung der Atom- und Molekelmassen. Die Kanalstrahlen sind eben die bei der Erzeugung der Kathodenstrahlen (links von der Kathode) gebildeten Molekülionen (Molekel minus abgetrenntes Elektron), die den elektrischen Kräften folgend zur Kathode hingetrieben werden und infolge der Trägheit durch die Kanäle hindurchfliegen. Bei den häufigen Zusammenstößen mit den Gasmolekeln erfahren sie oft Umladungen (abwechselnde Aufnahme oder Wiederabgabe von Elektronen), so daß auch ungeladene (seltener auch negative) Teilchen entstehen. Durch Verfeinerung der Ablenkungsmessungen war es möglich, sehr genaue Massenbestimmungen vorzunehmen und so Präzisionsmessungen von Atom- und Molekulargewichten auszuführen (Aston seit 1919).

Verwandt im Wesen mit den Kanalstrahlen, die im Gasraum vor der Kathode entstehen, sind die Anodenstrahlen (Gehrke und Reichenheim, 1906), die als ursprünglich positiv geladene Teilchen von der Anode selbst ausgehen, falls diese mit leicht verdampfbaren Salzen (z. B. NaBr) bedeckt sind.

10. Röntgenstrahlen.

678. Dort, wo die Kathodenstrahlen an einen festen Körper anprallen, entstehen die von Röntgen (1895) entdeckten und von ihm mit X benannten Strahlen. Diese **Röntgen- oder X-Strahlen** sind in Fig. 506 durch g bezeichnet.

Diese Strahlen sind selbst unsichtbar, erzeugen aber Fluoreszenz und chemische (photographische) Wirkung und machen die Luft (durch Ionisierung, § 659) leitend. Sie sind durch magnetische und elektrische Felder nicht ablenkbar, unterscheiden sich also auch dadurch von Kathodenstrahlen.

Fig. 507 stellt die typische Form einer Röntgenröhre dar. Senkrecht von der Kathodenfläche K (aus schwer zerstäubbarem Aluminium) verlaufen die (in Fig. 507 ausgezogen gezeichneten) Kathodenstrahlen gegen die Antikathode k, wo die (gestrichelt gezeichneten) X-Strahlen entstehen. Die Antikathode k ist eine ebene Platte aus einem harten, schwer schmelzbaren Materiale, meist Wolfram; es soll nämlich ein Schmelzen infolge der durch das energische Elektronen-Bombardement erzeugten Erhitzung vermieden werden. k liegt darum überdies auf einer

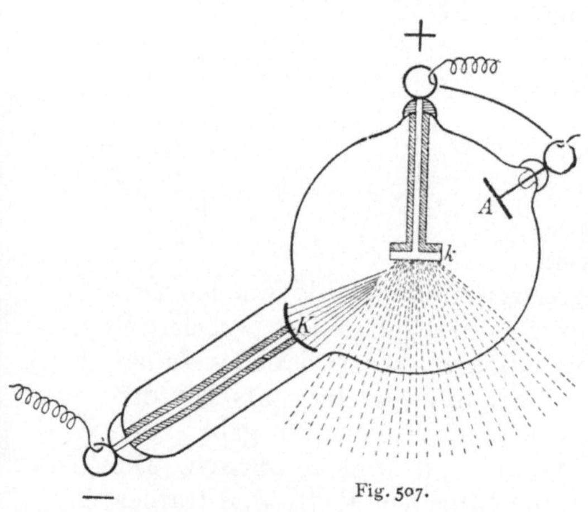

Fig. 507.

dicken wärmeleitenden Metallmasse auf und wird oft sogar mit Wasser oder Öl abgekühlt.

Fig. 507 ist der Übersichtlichkeit wegen nicht ganz richtig. Die X-Strahlen gehen nicht nur in der gezeichneten Richtung, sondern nach allen Seiten.

679. Daß X-Strahlen sich mit Lichtgeschwindigkeit fortpflanzen, zeigte E. Marx (1905). Die **Wellennatur der Röntgenstrahlung** zu beweisen, gelang lange nicht, weil die Wellenlängen sehr klein sind; selbst im feinsten (künstlichen) Gitter rücken ihre Beugungsstreifen (entsprechend Fig. 335) so nahe zusammen, daß sie sich alle in der Mitte übereinanderlegen. Laue (1912) benützte deshalb Kristalle, die infolge ihrer Struktur ein ungemein feines natürliches Raumgitter besitzen. Geht ein schmales Röntgenstrahlenbündel durch einen Kristall oder wird es von einer Kristallfläche reflektiert, so findet man, auf einem Fluoreszenzschirm oder einer photographischen Platte, Beugungsspektra, welche die Wellenlänge zu messen gestatten.

Als Spaltbreite oder Gitterkonstante (§ 438) hat man hier die Entfernung zweier Atome in der Kristallplatte, bei Steinsalz z. B. $2{,}8 \cdot 10^{-2}$ cm.

Nach neueren Vorstellungen soll ein NaCl-Kristall aus kleinen Elementarwürfelchen (Kantenlänge d) bestehen, dessen Ecken abwechselnd mit $\overset{+}{\text{Na}}$ und $\overset{-}{\text{Cl}}$ besetzt sind (Fig. 508).

Es sei K in Fig. 509 ein solcher Kristall. Auf ihn falle in der Richtung von R von einem horizontalen Bleispalt her ein Bündel kohärenter (§ 430) Röntgenstrahlen ein und werde in der Richtung r gegen eine photographische Platte reflektiert.

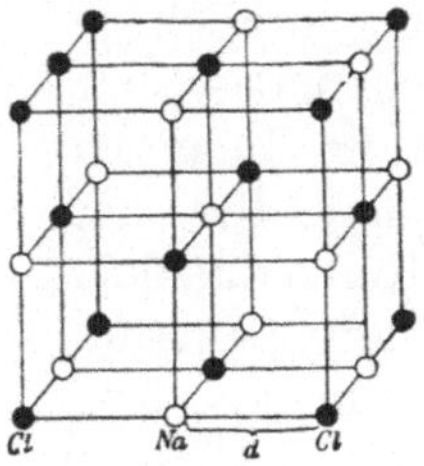

$R_1 r_1$ hat in Fig. 509 einen um $c b e$ längeren Weg als $R r$. Ist diese Gangdifferenz $2 \cdot d \sin \varphi = \lambda$ oder $= 2\lambda$ usw., so ergibt sich im

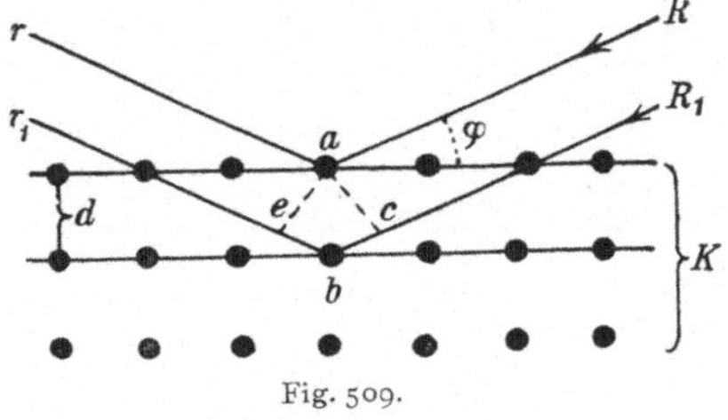

Fig. 508.

Fig. 509.

reflektierten Strahle Helligkeit. Auf der photographischen Platte vor $r r_1$ findet man nun immer eine schwache Wirkung, herrührend von der sogleich zu besprechenden Bremsstrahlung, welche ein kontinuierliches Spektrum liefert. In diesem tritt dann bei allmählich wachsendem φ plötzlich eine helle Linie auf, die dem sog. charakteristischen Spektrum angehört. Um alle Linien dieses Spektrums zu erhalten, muß man immer steigende $\sphericalangle \varphi$ verwenden.

Solche Röntgenspektrometer lassen dann die Wellenlängen des Röntgenspektrums berechnen, die von der Größenordnung 10^{-8} cm sind.

Die Röntgenstrahlung besteht aus zwei Teilen, der „Brems"-Strahlung und der „charakteristischen" Strahlung. Beide Spektra überlagern sich. Das kontinuierliche Spektrum der Bremsstrahlung tritt besonders stark auf bei Antikathoden von geringerem Atomgewicht, z. B. bei Kohle. Besteht die Antikathode aber aus schweren Metallen, so hat man im breiten Spektralbereich der Bremsstrahlung eingelagert auch noch eine aus scharfen Linien bestehende Eigenröntgenstrahlung, für jedes Antikathodenmaterial verschieden, eben die „charakteristische" Strahlung.

Die Bremsstrahlung entsteht durch das plötzliche Bremsen der Kathodenstrahlen an der Antikathode, darum, weil die fliegenden Elektronen einem elektrischen Strome entsprechen, bei dessen plötzlichem Ausschalten (z. B. Fig. 494) ein elektromagnetischer Impuls im Äther entstehen muß. (Daher auch Impulsstrahlung genannt.)

Die charakteristische Strahlung entsteht dadurch, daß das getroffene Atom der Antikathode in Eigenschwingungen gerät.

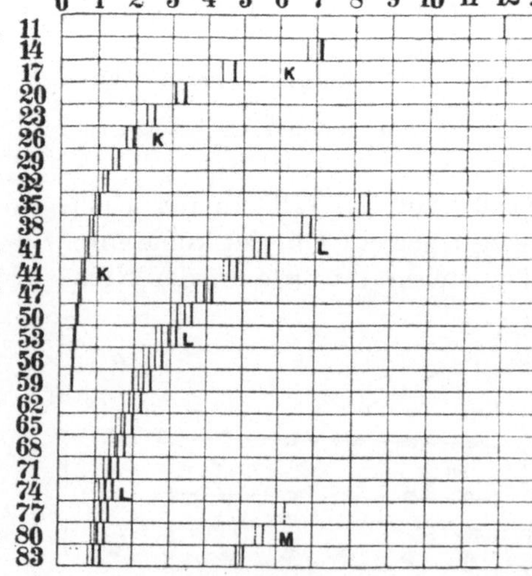

Fig. 510.

Mustert man nach der in Fig. 509 angedeuteten Weise das ganze Spektralgebiet der Strahlung einer bestimmten Antikathode durch, so erhält man das entsprechende Hochfrequenzlinienspektrum für das Element, aus dem die Antikathode besteht. Diese Spektren sind bei verschiedenen Elementen einander ähnlich; in Fig. 510 sind solche schematisch angedeutet. Links steht die chemische Bezeichnung des Elementes und dann in horizontaler Reihe das dazu gehörige Hochfrequenzspektrum, welches für Elemente kleiner Ordnungszahl zunächst aus zwei Serien von Linien, der K- und der L-Serie besteht, während bei höheren Atomgewichten noch eine M-Serie auftritt. Die Elemente sind nach steigenden Atomgewichten geordnet (Platzmangels wegen nicht vollständig angegeben). Man sieht, mit welcher Regelmäßigkeit die K- und die L-Linien mit steigendem Atomgewicht gegen links (kürzere λ) hinrücken. Moseley (1914) führte die Ordnungszahlen (Atomnummern N) ein, indem er für $H \ldots 1$, für das nächsthöhere Element $He \ldots 2$ usw. setzte. Diese Zahlen stehen in Fig. 510 rechts neben dem Atomsymbol. Dann ergibt sich, daß die analogen Wellenlängen proportional mit dem Quadrat der Ordnungszahlen kleiner werden. So fand man, daß es von H bis U 92 Elemente gibt mit 6 Lücken, d. h. 6 Elemente harrten noch der Entdeckung, 86 waren bekannt. Von diesen sechs sind die Nummern 72 (Hafnium), 43 (Masurium), 75 (Rhenium) und 61 (Illinium) seither erforscht und nur noch 85 und 87 sind unbekannt.

680. Fällt ein Röntgenstrahl auf einen Körper (außerhalb der Röhre), so sendet dieser **sekundäre Strahlen** aus. Diese bestehen aus drei Arten, 1. Diffuse oder zerstreute Strahlung, 2. Charakteristische Sekundärstrahlung, 3. Elektronenstrahlung.

Ad 1. Diffuse oder Streustrahlung. Die Röntgenstrahlung wird ähnlich wie gewöhnliches Licht in trüben Medien diffus zerstreut. Die Wellenlänge ist nachher nahe identisch mit der der einfallenden Strahlen. Wie A. H. Compton (1923) zeigte, wird aber die Wellenlänge der gestreuten Strahlung vergrößert und zwar um so mehr, je größer der Winkel ϑ zwischen Streustrahlung und primärer Strahlung ist $\left[\text{proportional } \sin^2\left(\frac{\vartheta}{2}\right)\right]$. Für $\vartheta = 180^0$ erreicht die Wellenverlängerung einen Maximalwert von 0,024 Å. E.

Ad 2. Charakteristische Sekundärstrahlung. Diese ist für Körper mit hohem Atomgewicht identisch mit der § 679 besprochenen charakteristischen Strahlung. Wenn also Röntgenstrahlung z. B. auf Eisen oder Wolfram usw. auffällt, erhält man dasselbe Röntgenspektrum, wie wenn Eisen oder Wolfram Antikathode wäre.

Nur muß die Bedingung eingehalten werden, daß die erregende Strahlung kürzere Wellenlänge hat (oder härter ist), analog der Regel von Stokes (§ 405). Die charakteristische Strahlung für Röntgenstrahlen ist analog der Fluoreszenz für gewöhnliche Strahlung.

Zur Erzeugung verschiedener Röntgenspektra braucht man also nicht die Antikathode auszuwechseln. Ein und dieselbe Röntgenröhre strahlt gegen verschiedene Metalle außerhalb der Röhre, deren sekundäre Strahlung dann weiter durch Beugung an Kristallen das charakteristische Röntgenspektrum dieser Metalle ergibt.

Ad 3. Elektronen. Die Röntgenstrahlung wirkt hier wie ultraviolette Strahlung von sehr kleiner Wellenlänge (ganz analog wie beim photoelektrischen Effekte § 673).

Die Geschwindigkeit der sekundären Kathodenstrahlen hängt von der Wellenlänge der Röntgenstrahlen ab und ist ungefähr proportional der reziproken Wurzel aus der Wellenlänge.

681. Absorption der Röntgenstrahlen. Schon unmittelbar nach der Entdeckung der Röntgenstrahlen galt als ihr auffallendstes Merkmal die außerordentliche Durchdringungsfähigkeit, vermöge derer sie noch hinter Metallplatten von mehreren Zentimetern Dicke nachgewiesen werden konnten. Genauere Versuche zeigten, daß die Durchdringungsfähigkeit je nach der Versuchsanordnung (Beschaffenheit der Röhre und der Stromquelle, vgl. § 684) verschieden ist. Man nannte die Strahlen (bzw. die sie aussendenden Röhren) „hart" oder „weich" je nach der größeren oder kleineren Durchdringungsfähigkeit. Man erkannte weiter, daß auch in der Strahlung einer bestimmten Röhre bei gleichen Bedingungen harte und weiche Strahlen gemischt vorkommen. Durch Einschalten z. B. einer dünnen Metallplatte kann man daher die weichen Strahlen absorbieren, während die harten hindurchgehen („Filtrieren" der Strahlung); es ist aber dabei zu beachten, daß die als „Filter" verwendete Platte eventuell selbst sekundäre Strahlen (§ 680) aussendet, welche sich den durchgelassenen Primärstrahlen überlagern.

Einfachere Gesetzmäßigkeiten bezüglich der Schwächung wurden gefunden, als man mittels der Interferenzerscheinungen in Kristallen homogene Strahlen bestimmter Wellenlänge untersuchen konnte. Eine solche homogene Strahlung wird beim Durchgang durch Platten verschiedener Dicke derart geschwächt, daß in gleichen Schichtdicken eines bestimmten Materiales immer die gleiche prozentuelle Verminderung erfolgt.

Man kann die Intensität J der Strahlung nach Durchsetzen einer Schichtdicke x eines bestimmten Stoffes darstellen durch die Formel $J = J_0 \cdot e^{-\mu x}$, wobei J_0 die Intensität der einfallenden Strahlung und $e = 2{,}718 \ldots$ die Basis der natürlichen Logarithmen ist. μ wird „Schwächungskoeffizient" genannt. Anschaulicher ist die Angabe der sogenannten „Halbwertsdicke" D, d. i. derjenigen Schichtdicke des betreffenden Stoffes, die die Strahlung gerade auf die Hälfte abschwächt. Sie läßt sich aus dem Schwächungskoeffizienten berechnen nach der Formel: $D = \dfrac{1}{\mu} \log \mathrm{nat}\, 2 = \dfrac{0{,}693}{\mu}$.

Messungen an Strahlen verschiedener Wellenlänge ergaben das Resultat: Die Strahlung ist um so härter, je kleiner die Wellenlänge ist. Es sind daher in der charakteristischen Strahlung der Elemente die Strahlen der K-Serie am härtesten, die der L-Serie weicher und die der M-Serie am weichsten.

Als Beispiel seien angeführt die Werte der Schwächungskoeffizienten μ und die Halbwertsdicke D von Aluminium als absorbierendes Medium für verschiedene Wellenlängen.

$\lambda =$ 8,3	1,54	1,04	0,78	0,56	0,21	0,17 Å. E.
$\mu =$ ca. 1600	135	46	19,5	7,0	0,89	0,60 cm^{-1}
$D =$ 0,0004$_3$	0,005$_1$	0,015	0,035	0,10	0,78	1,16 cm

Vergleicht man die Schwächung einer Strahlung bestimmter Wellenlänge in verschiedenen Stoffen, so findet man zunächst, daß die Größe μ mit der Dichte des absorbierenden Stoffes steigt, und ferner, daß sie bei Elementen mit dem Atomgewicht bzw. mit der „Atomnummer" N im periodischen System anwächst. Bei Verbindungen setzt sich die Schwächung additiv aus der von den Komponenten hervorgebrachten zusammen.

Infolgedessen zeigen z. B. organische Verbindungen, die nur die Elemente H, C, N und O (mit den Atomnummern 1, 6, 7, 8) enthalten, relativ geringe Schwächungskoeffizienten, während das in den Knochen enthaltene Element Ca ($N = 20$) stark absorbiert. Bei der Durchleuchtung des menschlichen Körpers ist dieser Umstand wesentlich, da er die scharfen Kontraste zwischen den Weichteilen und den Knochen bedingt. Noch viel stärker ist die Schwächung der Röntgenstrahlen in Metallen hoher Atomnummer, wie Pb ($N = 82$) oder Bi ($N = 83$). Hierauf beruht die Anwendung von Blei oder Bleiverbindungen in den verschiedenen Schutzvorrichtungen (vgl. § 687) und der Wismutsalze als Füllmaterial bei Röntgenbildern des Magens und des Darmkanals.

Die Schwächung der Röntgenstrahlen beim Durchsetzen von Materie erfolgt durch die Übereinanderlagerung zweier Vorgänge: wahre Absorption und Streuung. Dementsprechend kann man den Schwächungskoeffizienten μ in zwei Bestandteile zerlegen: $\mu = \tau + \sigma$; τ heißt „wahrer Absorptionskoeffizient", σ heißt „Streuungskoeffizient".

Beide Größen sind der Dichte s des Materiales proportional, aber in verschiedener Weise von der Wellenlänge λ und der Atomnummer N abhängig. Annähernd gilt τ prop. $s \cdot \lambda^3 N^3$, während im Bereiche der praktisch verwendeten Strahlen $\sigma = 0{,}2\, s$ (annähernd), also fast unabhängig von λ und N ist. Bei weichen Strahlen überwiegt daher weitaus die wahre Absorption, und diese ändert sich sehr stark mit der Wellenlänge und dem Material. Bei harten (kurzwelligen) Strahlen überwiegt dagegen die Schwächung durch Streuung und ist dann in erster Annäherung der Dichte des Stoffes proportional.

682. Röntgenstrahlen gehen durch Muskelfleisch, Leder, Holz, Papier usw. wenig geschwächt hindurch, in dickeren Metallschichten, Knochen usw. aber werden sie stärker absorbiert. Dies ermöglicht die Erzeugung von **Schattenbildern,** welche entweder durch Fluoreszenz oder durch Photographie sichtbar gemacht werden. Darum ist die Kathode K in Fig. 507 kugelförmig hohl gekrümmt, damit die senkrecht von dieser Fläche weggeschleuderten Elektronen auf einem Fleck (Brennfleck) der Antikathode k konzentriert werden. Von diesem Punkt gehen dann auch die Röntgenstrahlen aus und geben ein scharfes Schattenbild.

683. Röntgenoskopie. Bringt man Barium-Platin-Cyanür auf einen lichtundurchlässigen Kartonschirm und stellt hinter diesen eine Röntgenröhre, so geht die Strahlung durch den Schirm auf das Barium-Platin-Cyanür, das in grüngelbem Lichte fluoresziert. Hält man nun zwischen Schirm und Röntgenröhre z. B. die Hand, so sieht man auf dem Schirm das in Fig. 511 dargestellte Bild. Da die Hand möglichst an den Schirm angepreßt wird, ist das Bild nur wenig größer

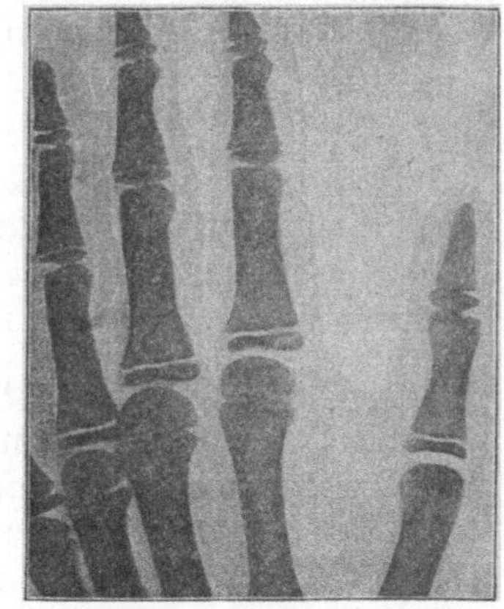

Fig. 511.

als das Original. Je weiter Gegenstand und Schirm von der Röntgenröhre, desto schärfer ist das Bild.

Man sieht so z. B. Geld in einer geschlossenen Börse, Perlen in der ungeöffneten Austernmuschel usw.

Röntgenphotographien gewinnt man, indem man z. B. die Hand auf eine mit der photographischen Platte beschickte Holzkassette knapp auflegt und nun durch kurze Zeit bestrahlt. Entwicklung und Fixierung der photographischen Platte erfolgt in gewöhnlicher Weise. Die Fig. 511 (verkleinert) ist in dieser Weise gewonnen.

Eine Verbesserung der „Röntgenographie" besteht darin, daß man mit der photographischen Platte gleichzeitig eine fest angepreßte Glasplatte mit blau fluoreszierendem Calciumwolframat in die Kassette bringt (Verstärkungsschirme).

Der diagnostische Wert dieser Methoden liegt auf der Hand: man kann normale Lage und pathologische Veränderungen von Knochen und Geweben, Vorhandensein von Fremdkörpern usw. meist unschwer konstatieren. Indem man der Nahrung Wismut-Salze oder -Emulsionen beimengt, kann man den Weg der Nahrung durch den Körper verfolgen.

An der Antikathode wird auch ein Teil der Kathodenstrahlung diffus reflektiert; die nach allen Seiten gehende sekundäre Kathodenstrahlung bringt die ganze Röhre zum Fluoreszieren. Es entsteht also an allen diesen Stellen eine schwache Röntgenstrahlung, die sog. „Glasstrahlung". — Für scharfe Bilder möglichst abblenden! —

Die genaue Lage von Fremdkörpern ist für Diagnose, Prognose und Therapie von größter Bedeutung. Aufnahmen aus zwei Richtungen erleichtern dies, und es existieren zahlreiche Verfahren zur radiologischen Lokalisation. In neuerer Zeit wird mit Erfolg bei chirurgischen Extraktionen von Fremdkörpern das Fortschreiten der Operation durch gleichzeitige Röntgenoskopie kontrolliert. Der Operateur hat mittels Stirngurtes lichtdicht ein „monokulares Kryptoskop'" angeschnallt, eine etwa 10 cm breite, 20 cm lange Blechröhre mit einem Röntgenschirm am Ende. Unter dem liegenden Patienten ist die Röntgenröhre aufgestellt. Nach etwa 20 Minuten der Dunkelanpassung sieht der Operateur bei Schließung des freien Auges im Kryptoskop ein Röntgenbild der Fremdkörper im Patienten, seine Klemmen, Messer usw., kann aber durch Öffnen des freien Auges auch momentan sein Operationsfeld im Tageslichte überblicken.

684. Wir unterschieden schon harte und weiche Röhren. Erstere senden kurze, letztere längere Wellen aus.

Bei ein und derselben Röhre steigt die Härte der Bremsstrahlung mit der Schnelligkeit der die Röntgenstrahlen erzeugenden Kathodenstrahlen, diese Geschwindigkeit steigt mit der Spannung der Entladung. Die kürzeste Wellenlänge, die in der Bremsstrahlung vorkommt, ist gegeben durch $\lambda = \frac{12\,350}{V}$, wobei λ in Å. E., V in Volt zu messen ist.

Die Spannung aber kann nur groß genommen werden, wenn die Röhre stark ausgepumpt ist. Eine Röhre mit zuviel Luft ist zu weich, eine Röhre mit zu wenig Luft zu hart. Eine harte, d. h. zu stark ausgepumpte Röhre hat einen zu großen Widerstand, die Entladung geht zum Teil außen längs des Glases, man hört darum ein starkes Knistern, das

Fluoreszenzlicht ist hellgrün und flackernd. Die Knochen im Röntgenbild erscheinen dann flau, weil diese Röntgenstrahlen auch durch die Knochen gehen, die Durchdringungsfähigkeit (Penetration) ist zu groß. Eine mittelharte, d. h. richtig ausgepumpte Röhre gibt ein scharfes Knochenbild, wie in Fig. 511; die Strahlung durchdringt die Weichteile, aber nur wenig die Knochen. In der Röhre sieht man nächst der Anode einen bläulichen Lichtschimmer, und man hört nur ein schwaches Knistern von den Außenentladungen. Weiche Röhren enthalten zuviel Luft, die Penetrationskraft ist zu klein; da auch die Weichteile der Hand Schatten erzeugen, ist das Bild wieder flau. Man erkennt weiche Röhren daran, daß das Fluorenszenzlicht fast gelb ist und in der Umgebung der Anode ein großer bläulicher Lichthof sichtbar wird.

In der Medizin verwendet man je nach dem Zweck verschieden harte Röhren.

685. Bei längerem Gebrauche findet man, daß die Röhren sich gleichsam selbst auspumpen, d. h. hart werden, weil die von den Elektroden zerstäubten Metalle Gas adsorbieren. Die Röhren sind daher oft mit **Regenerierungsvorrichtungen** versehen. Die Röhre in Fig. 512 enthält eine solche Einrichtung.

Zwei Metallhebel ab (um a drehbar) und cd (um c drehbar) bilden eine Zweigleitung zur Röntgenröhre. Ist die Röhre von

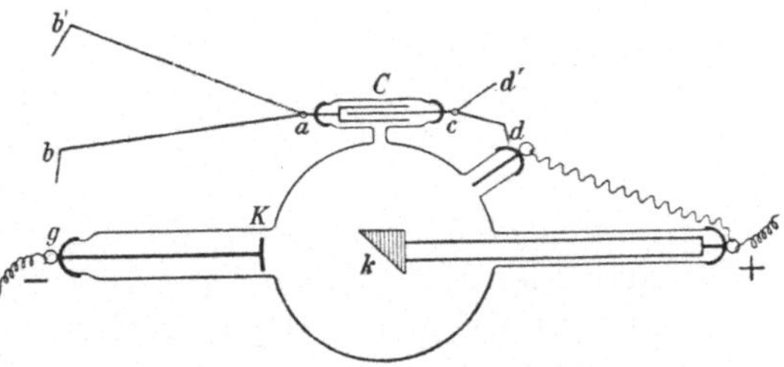

Fig. 512.

richtiger Härte, so fließt die Elektrizität von $+$ zu $-$ durch die Röhre selbst. Wird diese aber durch Selbstevakuierung zu hart, d. h. der Widerstand zu groß, so springt plötzlich ein Funke zwischen der Spitze b und der Metallkappe g über, der dem Zweigstrom $dcCabg$ entspricht. C ist ein kleiner Kondensator, dessen Metallbelegungen durch Glas oder Glimmer (in Fig. 512 wegen Kleinheit nicht gezeichnet) getrennt sind. In diesem Kondensator springen kleine Fünkchen (stille Entladung) über und machen Gas aus dem Glimmer frei, welches die große Röhre füllt, bis ihr Widerstand soweit gesunken ist, daß die Seitenentladung (Funken zwischen b und g und Fünkchen in C) aussetzt. Wird die Röhre wieder zu hart, beginnt die Selbstregenerierung aufs neue.

Eine andere Regeneration gibt die „Osmoregulierung", bei der ein außen geschlossenes Palladium-Röhrchen in die Röntgenröhre so eingeschmolzen ist, daß das Pd beiderseits des Glases einige cm vorsteht; außen ist das Pd-Röhrchen geschlossen. Erhitzt man nun diesen äußeren Teil mittels Gas- oder Spiritusflamme bis zur Rotglut, so absorbiert das Pd aus dem Flammengase H_2 (§ 224), welches durch das Pd in die Röhre hineindiffundiert.

Auch Hg-Ventile zum Zulassen einer Spur atmosphärischer Luft wurden zur Härteverringerung der Röntgenröhren verwendet.

686. Belastung der Röhren. Harte Röhren erfordern stärkere Spannungen. Zu große Stromstärken bringen die Antikathode zu schädlichem Glühen. Auch soll der Strom nie in verkehrter Richtung durchgehen. Da jedes Induktorium Schließungs- und Öffnungsstrom liefert, so muß die Spannung so gewählt werden, daß nur der Öffnungsstrom, der ja größere Spannung hat (§ 633), durchgeht. Man erkennt das an der „schließungslichtfreien" Art des Leuchtens.

Um ganz sicher den Strom nur in der gewünschten Stromrichtung durchzulassen, sind oft eigentümlich gestaltete Vakuumröhren als „Stromventile" vorgeschaltet. Oder man hat zur raschen Erkennung der Stromrichtung eine sog. „Glimmlichtröhre", d. i. eine Vakuumröhre mit zwei stabförmigen gleichen und symmetrischen Elektroden, vorgeschaltet. Von den beiden Elektroden ist hier die Kathode mit dem negativen Glimmlichte umgeben, bei einem eventuellen — zu vermeidenden — Wechsel der Stromrichtung haben dann beide Elektroden die Glimmlichtbedeckung.

Wehneltunterbrecher geben nicht nur die eine Stromrichtung des Öffnungsstromes, es bleibt auch etwas vom Schließungsstrom übrig, wodurch die Röhren leiden.

Am besten: Man nimmt hochgespannten (120000 V) Wechselstrom und kommutiert durch einen entsprechend rasch rotierenden Umformer (im Prinzip wie Fig. 429) diesen Wechselstrom in pulsierenden Gleichstrom. Leider aber ist dieser Hochspannungsgleichrichter ziemlich teuer.

Einen großen Fortschritt in der Röntgentechnik brachte dann die Konstruktion der „Coolidge-Röhre". In ihr besteht die Kathode aus einem spiralig gewundenen Wolframdraht (auf Molybdänträger), der durch einen besonderen Strom bis zum Glühen (ca. 2000° C) geheizt wird. Eine solche Elektrode emittiert eine außerordentlich große Zahl von Elektronen. Die „Standard"-Coolidgeröhre wird mit 125 Kilovolt betrieben (entsprechend einer Funkenlänge von ca. 25 cm). Spätere Konstruktionen gehen bis zu 300 Kilovolt und mehr hinauf, und liefern die härtesten bekannten Röntgenstrahlen (Fig. 513 a).

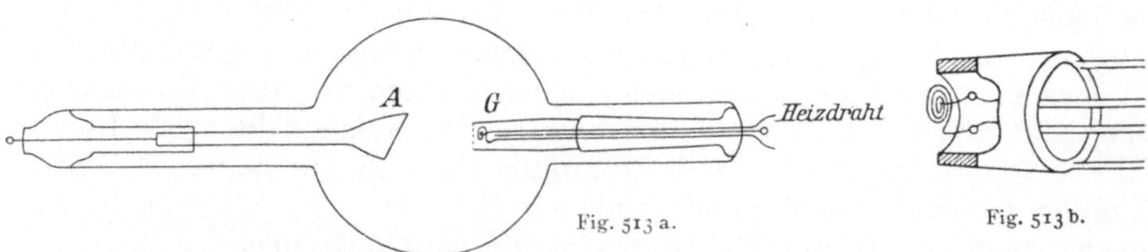

Fig. 513 a.   Fig. 513 b.

Die der Wolfram-Antikathode (A) gegenüberstehende Glühkathode (G) ist in Fig. 513 b vergrößert wiedergegeben.

Für röntgenspektroskopische Zwecke werden derartige Röhren meist aus Metall gefertigt.

Andere nach verwandten Prinzipien konstruierte Glühkathodenröhren stammen von Lilienfeld, Philips, Siegbahn.

687. Da Röntgenstrahlen starke chemische Wirkungen haben, wirken sie auch auf tierische Organe, besonders stark auf Keimdrüsen. So sind sie auch 'unter behutsamer Kontrolle in vielen Fällen von Haut- und Haarkrankheiten, bei vielen tuberkulösen Prozessen usw. mit Erfolg angewendet worden.

Für die **therapeutische Verwendung** hat sich eine eigene Wissenschaft, die Röntgenologie (oder mit Einschluß der Radiumstrahlung Radiologie) entwickelt. Es sei nur einiges physikalisch Interessante mitgeteilt.

Für therapeutische Zwecke braucht man keine punktförmige Strahlungsquelle, also keine gekrümmte Kathodenfläche (wie in Fig. 507); es genügt eine ebene Fläche, wodurch auch die Erhitzung der Antikathode geringer wird.

Die kräftigen Wirkungen von X-Strahlen sind bei längerer Einwirkung in allerhöchstem Grade schädlich (besonders auf Hoden, Ovarien, Milz, Knochenmark und Lymphapparat). Darum arbeitet der Röntgenologe durch Bleiplatten in Schirmform mit Fenstern aus Bleiglas gedeckt, durch Bleiglasbrillen beobachtend und mit Bleikautschukhandschuhen; eine Außerachtlassung dieser Vorsicht hat schon viel Schaden angerichtet.

Einen Schutz gegen X-Strahlen gewähren 2 mm dickes Blei, 10—20 mm dickes Bleiglas, 8 mm dicker bleiimprägnierter Kautschuk.

Die Sekundärwicklung des Röntgentransformators wurde in früherer Zeit nicht allzu dünn genommen, man verzichtete auf hohe Spannung, um dafür in der Röhre größere Stromstärken zu erlangen. In letzter Zeit aber, nachdem man erkannte, daß die therapeutisch wirksamen γ-Strahlen des Radiums noch kürzere Wellenlängen haben, macht man die Röhren möglichst hart. Man konstruierte zu dem Zwecke besondere Röhren und verwendete vor allem sehr hohe Spannung, also dünnsten Draht in der Sekundärspule. Auch werden durch Kunstgriffe nur die Anfangsspannungen, sog. Zündspannungen, verwendet. Die frühere lichtbogenartige Röntgenentladung sucht man in eine funkenartige zu verwandeln.

688. Verwendet man Röntgenstrahlung zu therapeutischen Zwecken, so ist die Kontrolle der Dosierung von größter Wichtigkeit. (Aber auch bei Verwendung einer Röntgenstrahlung für photographische Zwecke braucht man, wenn auch weniger dringend, ein bequemes Hilfsmittel zur Kontrolle der Wirkung.)

Wir müssen sowohl die Härte als auch die Intensität der Strahlung kennen.

Ein idealer **Härtemesser** müßte die Verteilung der Intensitäten im Röntgenspektrum einer Röhre angeben; ein solcher Apparat in für Röntgentechnik brauchbarer Form existiert nicht. Annähernd ergibt sich die Härte aus der Elektrodenspannung od'er aus dem Durchdringungsvermögen.

Bei einer indirekten Methode der Härtebestimmung mißt man die elektrische Spannungsdifferenz der Elektroden, weil die Härte von dieser (nämlich von der Geschwindigkeit der Kathodenstrahlung) abhängt (vgl. § 684). Hier ist der Vergleich verschiedener

Röhren bei verschiedenen Betriebsformen nicht einwandfrei, da ja der Gasinhalt der Röhre und besonders die Natur der Antikathode von Einfluß ist.

Eine andere direkte Methode der Härtebestimmung beruht auf Messung des Durchdringungsvermögens. Man sendet z. B. die Strahlung zur Probe durch mit verschieden dicken Platinblechen verschlossene kleine Öffnungen einer Bleiplatte auf einen Fluoreszenzschirm, oder man verwendet einen Metallkeil. Je durchdringender die Strahlung, durch desto dickere Platinschichten geht sie durch. Die selektive Absorption kann aber nur bei einheitlicher Strahlung bestimmte Werte geben. Selbst die Kombination zweier Metalle wird für verschiedene Röhren und Betriebsmethoden meist verschieden wirken. Die Bequemlichkeit dieser Methoden und der Umstand, daß die Resultate wenigstens in roher Annäherung richtig sind, erklären aber die starke Verwendung in der Praxis.

Eine andere Methode beruht auf dem Stokesschen Gesetze. Ein Sekundärstrahler wird (§ 405) nur dann Strahlen aussenden, wenn er von kürzeren (härteren) Wellen getroffen wird, als seiner Eigenstrahlung entspricht. Von z. B. fünf nebeneinanderliegenden Substanzen mit steigender Atomnummer strahlen also nur diejenigen bis zu einer bestimmten Atomnummer (Beobachtung mittels Photographie). Harte Strahlen erregen alle fünf Platten, weiche nur die erste.

Bei therapeutischer Verwendung der Röntgenstrahlung sollen die Strahlen oft erst in einer bestimmten Tiefe des Körpers absorbiert werden. Allzu weiche Strahlen werden in der Epidermis absorbiert, allzu harte durchstrahlen kleinere Weichteilschichten eventuell ohne Wirkung. Darum sind für Röntgenoskopie und -graphie alle Absorptionsverhältnisse von Wichtigkeit.

Intensitätsmesser beruhen auf chemischen oder ionisierenden Wirkungen der Strahlen oder auf der Wärmeentwicklung in der Röhre oder auf der Messung des durch die Röhre fließenden Stromes.

Auch diese Methoden sind nicht einwandfrei, besonders weil die quantitative Abhängigkeit der chemischen oder ionisierenden Wirkungen von der Wellenlänge zu wenig bekannt ist, oder weil nur die absorbierten Strahlen wirken, also die Wirkung der weichen Strahlen darum die der harten überwiegt.

Da im allgemeinen das Produkt aus Strahlungsintensität und Bestrahlungsdauer maßgeblich ist (vgl. photographische Wirkungen § 412), wird der Begriff der **Strahlendosis** für dieses Produkt eingeführt. Derzeit gilt offiziell eine auf ionisierende Wirkung basierte Einheit der Dosis: ein **Röntgen = 1 R.**

Definition: „Die absolute Einheit der Röntgenstrahlendosis wird von der Röntgenstrahlenenergiemenge geliefert, die bei der Bestrahlung von 1 cm^3 Luft von 18° C und 760 mm Druck bei voller Ausnützung der in der Luft gebildeten Elektronen und bei Ausschaltung von Wandwirkung eine so starke Leitfähigkeit erzeugt, daß die bei Sättigungsstrom gemessene Elektrizitätsmenge eine elektrostatische Einheit beträgt."

11. Elektronik und Atombau.

689. Der Begriff des Elektrons wurde entwickelt, um für die Kathodenstrahlen und ihre Eigenschaften eine theoretische Erklärung zu geben. Wie bereits (§ 672) ausgeführt wurde, lassen sich die Masse, die Ladung und die (von der Versuchsanordnung abhängige) Geschwindigkeit der Elektronen empirisch feststellen, und zwar ergab sich $m = 9{,}01_5 \cdot 10^{-28}$ g und $e = 1{,}592 \cdot 10^{-19}$ Coul. Wenn man nun Kathodenstrahlen zuerst längs der Kraftlinien eines elektrischen Feldes sich bewegen läßt, derart, daß sie vom Felde beschleunigt werden, oder von vornherein die mit den Kathodenstrahlen wesensgleichen, nur durch größere Geschwindigkeit ausgezeichneten β-Strahlen radioaktiver Stoffe (vgl. § 700) verwendet und dann an solchen sehr rasch bewegten Elektronen nach den schon besprochenen Methoden (magnetische und elektrische Ablenkung) den Quotienten $\frac{m}{e}$ und die Geschwindigkeit v bestimmt, so ergibt sich, daß $\frac{m}{e}$ um so größer ist, je größer die Geschwindigkeit der untersuchten Strahlen ist. Die Masse ist also abhängig von der Geschwindigkeit, und zwar nimmt sie mit dieser zu nach dem Gesetze

$$m = \frac{m_0}{\sqrt{1 - \dfrac{v^2}{c^2}}}.$$

m_0 ist die sogenannte „Ruhmasse“, c die Lichtgeschwindigkeit.

Zahlenmäßig erhält man z. B. aus dieser Formel:

$\dfrac{v}{c} =$	0	0,01	0,1	0,5	0,9	0,99	0,999	1
$\dfrac{m}{m_0} =$	1	$1 + 5 \cdot 10^{-5}$	1,005	1,155	2,294	7,09	22,4	∞

Die Masse ist also selbst bei Geschwindigkeiten von 3000 km/sec $= \frac{1}{100}$ Lichtgeschwindigkeit noch kaum merklich, bei 0,1 Lichtgeschwindigkeit nur um $\frac{1}{2}\,\%$ vergrößert, steigt aber enorm rasch an, wenn sich die Geschwindigkeit der Lichtgeschwindigkeit nähert, und wird bei dieser unendlich groß. Überlichtgeschwindigkeiten sind daher physikalisch unmöglich, weil sie eine Zufuhr unendlich großer Energie voraussetzen würden.

Eine theoretische Erklärung dieser Abhängigkeit der Masse von der Geschwindigkeit — einer aus den Gesetzen der Mechanik nicht ableitbaren Tatsache — hat Lorentz gegeben: Ein bewegter geladener Körper entspricht nach den Gesetzen der Elektrodynamik einem elektrischen Strome und erzeugt daher außer dem elektrostatischen Felde auch ein magnetisches Feld. Da aber das magnetische Feld einen Vorrat potentieller Energie darstellt, ist die kinetische Energie des geladenen Körpers größer als die kinetische Energie eines ungeladenen Körpers gleicher Masse. Der geladene Körper besitzt daher infolge seiner Ladung außer seiner gewöhnlichen Masse m noch eine „scheinbare“ oder „elektromagnetische“ Masse m' und zwar nimmt diese, wie Lorentz zeigte, nach der oben angegebenen

Formel $m' = \dfrac{m'_0}{\sqrt{1 - \dfrac{v^2}{c^2}}}$ zu. Für eine geladene Kugel (Ladung e, Radius a) ist $m'_0 = \dfrac{2\,e^2}{3\,a\,c^2}$.

Da nun bei den Elektronen die Gesamtmasse sich mit v nach obiger Formel ändert, ist die Masse hier als rein elektromagnetisch aufzufassen. Zugleich ergibt sich aus den Zahlenwerten von m_0 und e für die Elektronen ein Radius von der Größe $a =$ rund $2 \cdot 10^{-13}$ cm (gegenüber einem Radius von der Größenordnung 10^{-8}cm für Atome).

Auf dasselbe Resultat bezüglich der Abhängigkeit der Masse von der Geschwindigkeit führt die Einsteinsche Relativitätstheorie und zwar allgemein, ohne Beschränkung auf elektrisch geladene Teilchen. Weiterhin folgt aus dieser Theorie, daß jedem Energiebetrag E, von welcher Form immer diese Energie sei, eine Masse $m = \dfrac{E}{c^2}$ und umgekehrt jeder ruhenden Masse eine Energie $E = m\,c^2$ zukommt. Ein Energie ausstrahlender Körper verliert daher auch an Masse, allerdings in praktisch unmerklich geringem Maße. Die „Masse" verliert so ihre in der Mechanik primäre Stellung und wird gewissermaßen eine Eigenschaft der Energie, speziell beim Elektron der Energie seines elektromagnetischen Feldes.

690. Die Elektronen sind zunächst als Träger der Kathodenstrahlen frei und losgelöst von gewöhnlicher Materie untersucht worden. Es wurde aber schon erwähnt (§ 661), daß die Bildung von Gasionen primär als Abspaltung eines Elektrons von einem Atom oder einer Molekel des Gases gedeutet wird. Analog sind auch elektrolytische Ionen nichts anderes als Atome oder Atomgruppen (wie H, Na, Cl, OH, NO_3), die entweder ein Elektron abgegeben haben (positive Ionen) oder ein überzähliges aufgenommen haben (negative Ionen), bzw. zwei oder mehr Elektronen zu wenig oder zu viel besitzen, wenn sie mehrwertige Ionen (wie Cu, SO_4 usw.) sind. Von der Vorstellung ausgehend, daß also die Elektronen von den Atomen abtrennbare Elementarbestandteile derselben sind, kann man auch versuchen, verschiedene Vorgänge innerhalb der Materie aus der Bewegung der Elektronen zu erklären.

691. Elektronen in Metallen. Die Gesetze der Elektrizitätsleitung in Metallen (Ohmsches, Joulesches Gesetz usw.) wurden bisher rein „phänomenologisch" behandelt, ohne spezielle Vorstellung betreffend den Mechanismus des Elektrizitätstransportes. Man kann nun annehmen, daß der elektrische Strom in Metallen ebenso wie in Elektrolyten und in ionisierten Gasen auf der Bewegung elektrischer Teilchen beruhe und zwar freier, d. h. von den Metallatomen abgespaltener Elektronen. Die wirkliche Bewegung erfolgt also in entgegengesetzter Richtung als die konventionell als Stromrichtung bezeichnete, und die positiven Metallatomionen beteiligen sich infolge ihrer relativ großen Masse (15000 bis mehr als 300000 × Elektronenmasse) praktisch an der Bewegung nicht. Indem man sich also eine Art „Elektronengas" in den intramolekularen Zwischenräumen verteilt denkt, kann man in ähnlicher Weise wie in der kinetischen Gastheorie statistische Mittelwerte für die Energie, die Bewegungsgröße usw. der Elektronen berechnen und so die bereits bekannten Fundamentalgesetze der metallischen Leitung, der Thermoelektrizität usw. ableiten.

692. Elektronen innerhalb des Atomverbandes. Ebenso wird eine Reihe von Tatsachen erklärbar durch Bewegungen der Elektronen innerhalb der Atome. Ohne daß die elektronentheoretische Erklärung, die oft sehr verwickelt ist, hier eingehender dargestellt werden soll, seien einige „Effekte" angeführt, die von diesem Standpunkt aus gedeutet werden konnten.

693. Galvanomagnetische und thermomagnetische Effekte in Elektronenleitern. Die Effekte bestehen in einer Drehung der Äquipotentiallinien bzw. der Isothermallinien durch ein Magnetfeld. Steht die Richtung des Magnetfeldes senkrecht zu der des elektrischen bzw. eines Wärmestromes, so treten als „Transversaleffekte" auf:

Fig. 514.   Fig. 515.

1. Der „**Hall-Effekt**" (1879). Geht ein elektrischer Strom J (Fig. 514) durch eine Metallplatte (am besten Wismut), so sollen a und b gleiches Potential haben, G stromlos sein. Wird nun ein Magnetfeld senkrecht zu J eingeschaltet, so verschieben sich die Punkte a und b nach a' und b', es tritt eine transversale elektromotorische Kraft auf.

2. Der „**Ettingshausen-Effekt**" (1887). Wird in einem von einem elektrischen Strom durchflossenen Leiter ein Magnetfeld senkrecht zu der Stromrichtung erregt, so tritt eine transversale Temperaturdifferenz auf (Fig. 515).

3. Der „**Righi-Leduc-Effekt**" (1887). Steht der magnetische Vektor senkrecht zum Vektor des Wärmestromes, so tritt eine transversale Temperaturdifferenz auf; waren, gemessen durch ein Thermoelement, ursprünglich die Punkte a und b auf gleicher Temperatur, so rücken sie jetzt nach a' und b' (Fig. 516).

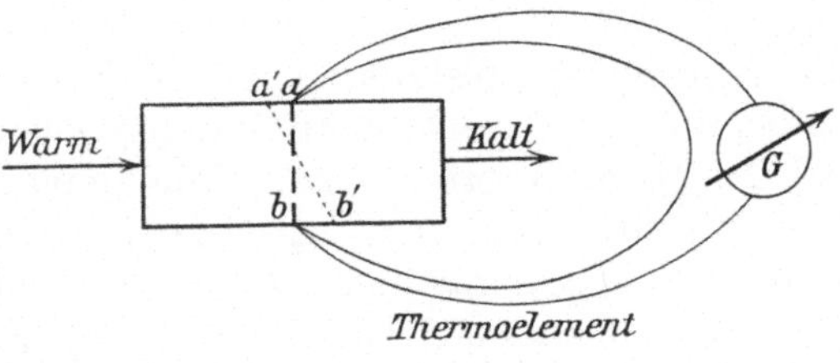

Fig. 516.

4. Der „**Nernst-(Ettingshausen-) Effekt**". Unter gleichen Bedingungen wie im vorstehenden Falle tritt auch eine transversale Potentialdifferenz auf.

Weiter findet man als „Longitudinaleffekte": Für elektrische Ströme Widerstandsänderung bei transversaler Magnetisierung, die der Feldstärke proportional ist und besonders stark bei Wismut erscheint (Verwendung von Wismutspiralen zur Ausmessung magnetischer Felder [vgl. § 577]) und das Auftreten einer thermoelektrischen Kraft zwischen transversalmagnetisiertem und nicht magnetisiertem Leiter. Für Wärmeströme zeigt sich analog eine Änderung der Wärmeleitfähigkeit und eine Peltier-Wirkung zwischen transversal magnetisiertem und nicht magnetisiertem Material.

Wird ein Magnetfeld derart erregt, daß die Richtung seiner Kraftlinien mit der eines elektrischen bzw. Wärmestromes zusammenfällt, so treten „Longitudinaleffekte" auf: für elektrische Ströme eine Widerstandsänderung und eine thermoelektrische Kraft zwischen longitudinalmagnetisiertem und nicht magnetisiertem Leiter; für Wärmeströme eine Änderung der Wärmeleitfähigkeit und eine Peltier-Wirkung zwischen longitudinalmagnetisiertem und nicht magnetisiertem Material.

694. Einstein-de Haas-Effekt (1915). In § 605 wurde auseinandergesetzt, daß ein Kreisstrom eine flache Magnetscheibe ersetzt und daß nach Ampère die Elementarmagnete molekularer Größe durch das Vorhandensein von Kreisströmen gedeutet werden können. Denkt man sich die kleinsten Elementarmagnete z. B. des Eisens durch kreisende Elektronen mit magnetischem Feld erklärt, so muß ein äußeres magnetisches Feld dahin wirken, die ungeordneten Elementarmagnete parallel zu richten, das heißt die Achse des Kreisstromes in die Feldrichtung zu drehen. Greift nun an einem sich drehenden Körper (wie bei einem Kreisel) eine Kraft an, welche die Richtung der Drehungsachse zu verändern strebt, so weicht nach den Gesetzen der Mechanik die Drehachse senkrecht zur Ebene des drehenden Kräftepaares aus. Das muß auch für die Drehachse der kreisenden Elektronen gelten, und wenn auch ihre Masse sehr klein ist ($\frac{1}{1845}$ des Wasserstoffatoms) und daher auch die Reaktionswirkung, die durch die Trägheit des elementaren Kreisels bedingt wird, ebenfalls sehr klein sein muß, so gelang es doch Einstein und de Haas, die Erscheinung festzustellen. Ein Eisenstäbchen hing in einer Stromspule, die mit Wechselstrom beschickt wurde. Durch die Drehkräfte, die bei der Magnetisierung bzw. Ummagnetisierung auftreten, sollte es mit dem Stromwechsel in wechselndem Sinn um die Spulenachse gedreht werden und tatsächlich geriet es in die entsprechenden Drehschwingungen. Damit erscheint die Deutbarkeit der Elementarmagnete durch Konvektionsströme erwiesen.

695. Optische Wirkungen des magnetischen und elektrischen Feldes. Faraday fand (1845), daß die Polarisationsebene des linear polarisierten Lichtes durch ein Magnetfeld gedreht wird (vgl. § 468).

Durchsetzt ein solcher Lichtstrahl der Wellenlänge λ in Luft einen Körper der Länge l in der Richtung der Kraftlinien eines magnetischen Feldes $\mathfrak{H}$, so ist der Drehungswinkel $\alpha = \omega \mathfrak{H} l$, wobei ω die Verdetsche Konstante (= der Drehung für 1 cm Länge in einem Feld von 1 Gauß) bedeutet. Die Drehung wird positiv gezählt (wie bei H_2O), wenn sie in der Richtung des Stromes erfolgt, der das magnetische Feld durch Umkreisung hervorruft. Gemessen in Bogensekunden bei Zimmertemperatur und für Natriumlicht ist z. B. für

	Phosphor	flüss. Schwefel	CS_2	NaCl	Quarz	Flußspat
$\alpha =$	7,3	4,4	2,5	2,0	1,0	0,54

	Benzol	Wasser	Bernstein
$\alpha =$	1,74	0,78	$\alpha = -0,60.$

Auch sehr dünne, noch durchsichtige Metallfolien zeigen magnetische Drehung der Polarisationsebene des Lichtes, besonders stark die ferromagnetischen (Fe, Co, Ni). Eisen dreht etwa 130000mal so stark wie Wasser.

Das magnetische „**Kerr-Phänomen**". Kerr entdeckte (1877), daß die Ebene des polarisierten Lichtes gedreht wird, wenn es von der polierten Endfläche eines starken Magneten reflektiert wird.

Das elektrische Kerr-Phänomen. Läßt man linear polarisiertes Licht durch einen mit CS_2 gefüllten Kondensator treten und stellt zunächst vor Anlegung einer Potentialdifferenz mittels eines Analysators auf dunkel ein, so bemerkt man nach Einschaltung des elektrischen Feldes Aufhellung. CS_2 ist doppeltbrechend geworden. Da die Wirkung praktisch ohne zeitliche Verspätung eintritt, so ermöglichen rasch wechselnde Ladungen des Kondensators ebenso rasch eintretende Änderungen des durchgelassenen Lichtes. Diese Erscheinung ist bedeutungsvoll für die Versuche der Bildtelegraphie.

Das wiederzugebende Bild wird durch einen Lichtstrahl abgesucht, wobei dieser mit wechselnder Intensität eine Selenzelle (vgl. § 577) oder eine lichtelektrische Zelle betätigt. Auf der Empfangsstation dient zur Wiedergabe der entsprechenden Intensitäten die Aufhellung des Gesichtsfeldes durch den Kerr-Effekt unter dem Einfluß der ankommenden Spannungsschwankungen (Karolus).

Zeeman-Effekt (1896). Wenn ein leuchtendes Gas, das eine oder mehrere scharfe Spektrallinien liefert, in ein Magnetfeld gebracht wird, so werden viele dieser Linien in zwei oder drei benachbarte Komponenten zerlegt. Und zwar erhält man in einer zu dem Magnetfeld parallelen Blickrichtung zwei Komponenten (Dublett), in einer zum Magnetfeld senkrechten Richtung drei (Triplett). Die Linien des Dubletts sind in entgegengesetzter Richtung zirkular polarisiert; die des Tripletts linear polarisiert.

Stark-Effekt (1913). Analoge Wirkungen wie ein Magnetfeld wurden durch Stark in starken elektrischen Feldern aufgefunden. Es tritt auch hier eine Aufspaltung der Spektrallinien ein mit ähnlichen Polarisationsverhältnissen.

696. Pyro- und Piezoelektrizität. Gewisse Kristalle zeigen bei Temperaturänderung entgegengesetzte elektrische Ladungen auf bestimmt orientierten Flächen (Aepinus 1756, Brewster 1825); man nennt sie pyroelektrisch. Die Elektrizitätsmengen, die durch eine Erwärmung und eine gleich große Abkühlung hervorgebracht werden, sind entgegengesetzt gleich. Die gesamte während einer bestimmten Temperaturänderung erzielte elektrische Ladung ist unabhängig von der Zeit, in der sie sich bildet. Besonders gut zeigen das Phänomen z. B. Turmalin, Lithiumsulfatmonohydrat, Rechtsweinsäure, Resorzin.

Die Entdecker der Piezoelektrizität sind die Brüder J. und P. Curie (1880), die nachwiesen, daß bei Druckänderungen gleichfalls Ladungsänderungen an bestimmten Kristallflächen auftreten. Es herrscht weitgehende Analogie mit den pyroelektrischen Erscheinungen. Besonders gut eignen sich z. B. in bestimmten Achsenrichtungen herausgeschnittene Platten aus Quarz oder Seignettesalz. Die elektrischen Eigenschaften z. B. des Seignettesalzes sind den ferromagnetischen des Eisens analog. Es entsprechen einander „dielektrische Verschiebung" und „magnetische Induktion", elektrische Feldstärke und magnetische usw., und es ergeben sich elektrische Hysteresisschleifen ähnlich denen bei der Magnetisierung (vgl. Fig. 401, S. 319). Umgekehrt bewirken elektrische (hochfrequente) Wechselfelder periodische Druckänderungen im Kristall und bringen ihn zum Tönen. Da sich solche Frequenzen sehr genau einstellen lassen, findet diese Eigenschaft jetzt weitgehende Anwendung in der Radiotechnik. Wood und Loomis (1927) erzielten damit auch sehr bemerkenswerte hochfrequente mechanische Schwingungen und zugleich lokale Wärmeerscheinungen, die auch biologische Anwendungen fanden.

697. Atombau. Als Urbestandteile der Materie gelten zur Zeit nur die einfach positiv geladenen Wasserstoffionen, das sind die ihres negativen Bestandteiles (Elektron) beraubten Wasserstoffatome oder Wasserstoffkerne, auch Protonen genannt, und negative Elektronen. Ihre elektrische Ladung ist ein „Elementarquantum", $e = 4{,}77 \cdot 10^{-10}$ elektrostat. Einh.; die Masse beim H-Kern beträgt $1{,}66 \cdot 10^{-24}$ g, beim Elektron $0{,}9 \cdot 10^{-27}$ g oder $\frac{1}{1844}$ der Masse des H-Kernes. Der Radius der Elektronen kann, soweit man hier überhaupt von bestimmten Größen sprechen darf, als von der Größenordnung 10^{-13} cm angesehen werden; derjenige des Protons wird noch um einige Zehnerpotenzen kleiner angenommen.

Ein für alle Elemente gültiges Atommodell hat E. Rutherford angegeben. Hiernach besteht ein Atom aus einem positiven Kern mit A Protonen und $(A - N)$ Elektronen; dann ist $N \cdot e$ seine positive Kernladung,

N die **Atomnummer** oder **Ordnungszahl** im periodischen System der Elemente. Diesen Kern, der einen Durchmesser der Größenordnung 10^{-13} bis 10^{-12} cm besitzen soll, umkreisen in relativ weiten Abständen, in Ringen oder Schalen mit Durchmessern bis zur Größenordnung 10^{-8} cm (der gewöhnlich für Atomdurchmesser angenommenen Größenordnung vgl. § 218), N negative Elektronen, so daß nach außen die gesamte Ladung kompensiert ist. Durch N ist nicht nur die Anzahl, sondern auch die Gruppierung der Elektronen in der „Hülle" bestimmt und damit sind es auch alle Eigenschaften (chemische, optische, elektrischmagnetische), die durch ihr Verhalten gedeutet werden. Für die chemische Wertigkeit gilt die Zahl der in den äußersten Elektronenschalen angeordneten Elektronen als maßgeblich. Atome mit gleichem N (bei verschiedenem A) heißen „isotop", sie nehmen die gleiche Stelle im periodischen System ein (vgl. § 703).

Elektronenbahntypen der Elemente.

		K	L	M	N	O	P	Q
$n_k =$		1_1	$2_1\,2_2$	$3_1\,3_2\,3_3$	$4_1\,4_2\,4_3\,4_4$	$5_1\,5_2\,5_3\,5_4\,5_5$	$6_1\,6_2\,6_3\,6_4\,6_5\,6_6$	7_1
1	H	1						
2	He	2						
3	Li	2	1					
4	Be	2	2					
5	B	2	2 1					
10	Ne	2	4 4					
11	Na	2	4 4	1				
12	Mg	2	4 4	2				
18	Ar	2	4 4	4 4				
19	K	2	4 4	4 4	1			
20	Ca	2	4 4	4 4	2			
29	Cu	2	4 4	6 6 6	1			
30	Zn	2	4 4	6 6 6	2			
36	Kr	2	4 4	6 6 6	4 4			
37	Rb	2	4 4	6 6 6	4 4	1		
38	Sr	2	4 4	6 6 6	4 4	2		
47	Ag	2	4 4	6 6 6	6 6 6	1		
48	Cd	2	4 4	6 6 6	6 6 6	2		
54	X	2	4 4	6 6 6	6 6 6	4 4		
55	Cs	2	4 4	6 6 6	6 6 6	4 4	1	
56	Ba	2	4 4	6 6 6	6 6 6	4 4	2	
79	Au	2	4 4	6 6 6	8 8 8 8	6 6 6	1	
80	Hg	2	4 4	6 6 6	8 8 8 8	6 6 6	2	
86	Em	2	4 4	6 6 6	8 8 8 8	6 6 6	4 4	
88	Ra	2	4 4	6 6 6	8 8 8 8	6 6 6	4 4	2
92	U	2	4 4	6 6 6	8 8 8 8	6 6 6	4 4 2	4

N. Bohr hat es verstanden, das Rutherfordsche Kern-Hüllen-Modell auszugestalten und ein Aufbauprinzip für alle chemischen Elemente aufzustellen. Beginnend mit $H = 1$, $He = 2$ positiven Kernladungen und umkreisenden Elektronen, immer weiter durch Aufnahme je eines Protons in den Kern und eines Elektrons in die Hülle, sukzessive zu den höheren Elementgebilden aufsteigend, gelangt man schließlich so bis zu den höchsten Atomnummern Th mit 90 und endlich U mit 92. Diese Einlagerung der Bausteine erfolgt periodisch derart, daß mit Abschluß einer Periode mit einem Edelgas (Ne, Ar, Kr, X) jeweils immer ein festeres Innengebilde bestehen bleibt, um welches die weitere Aufnahme von Bausteinen analog der vorhergehenden Periode geschieht, wie dies aus den Zahlenreihen der vorstehenden Tabelle erhellt. Die Elektronenbahnen werden dabei als Kreise und Ellipsen verschiedener Exzentrizität gedacht, wobei die Verhältnisse von Quantengesetzen beherrscht werden, und die Elektronen bewegen sich mit sehr großer Umlaufsgeschwindigkeit $\left(v = \dfrac{2\pi e^2 N}{n h}\right.$, worin $h =$ Wirkungsquantum, vgl. § 698$\big)$ in diesen Bahnen. In der Tabelle S. 437 bezeichnen K, L, M, N, O, P, Q die einzelnen „Schalen", wie sie sich jeweils mit Abschluß eines Edelgases bilden. In der Bezeichnung n_k bedeutet n die Hauptquantenzahl, welche die Bahnweite definiert, k die die Exzentrizität der Bahn bestimmende Nebenquantenzahl. Die Summe aller rechts stehenden Elektronen ist natürlich gleich der links angeführten Ordnungs- oder Kernladungszahl.

698. Atombau und Spektrallinien. Die vorstehenden Angaben beziehen sich auf den Normalzustand der nichtstrahlenden Atome. Bei höheren Temperaturen, wenn es zur Aussendung von Wellen (in einem Spektrum) kommt, existieren z. B. für den Wasserstoff, als das einfachste Element, mehrere Bahnen, in denen das Elektron kreisen kann (Fig. 517). Nach der Quantentheorie des Atombaues ist aber nicht jeder beliebige Radius zulässig, sondern es befinden sich unter den denkbaren Bewegungszuständen nur eine begrenzte Zahl stationärer. (In der Figur als 1, 2, 3, 4 ... angedeutet.) Jede bleibende Veränderung des Systems besteht in einem vollständigen Übergang von einem stationären Zustand in einen anderen, wobei $h\nu = E' - E''$ (h ist darin das sogenannte Plancksche Wirkungsquantum, eine universelle Konstante $= 6{,}55 \cdot 10^{-27}$ Erg. sec).

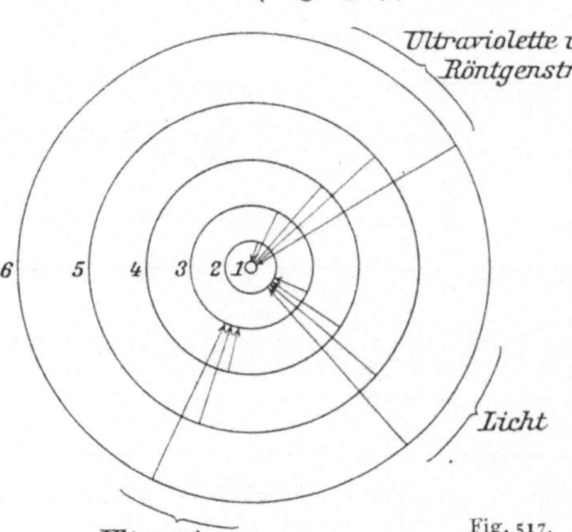

Fig. 517.

(E' und E'' bedeuten die Atomenergie in den zwei Zuständen; $v = \frac{c}{\lambda}$ die Frequenz der Schwingungen [= Lichtgeschwindigkeit c durch die Wellenlänge]). Das Wasserstoffspektrum ergibt sich nach Balmers Formel zu: $v = K\left(\frac{1}{n''^2} - \frac{1}{n'^2}\right)$ (worin n'' und n' ganze Zahlen sind). Die Konstante R (Rydberg-Ritzsche Konstante oder „Rydbergfrequenz") ist gleich $R = \frac{K}{c} = \frac{2\,\pi^2 e^4 m}{h^3 c} = 1{,}09737 \cdot 10^{-5}\,\mathrm{cm}^{-1}$ (e und m Ladung und Masse des Elektrons).

Für andere Elemente ist $v = N^2 K\left(\frac{1}{n''^2} - \frac{1}{n'^2}\right)$, worin N die Kernladungs- oder Ordnungszahl bedeutet.

Da (vgl. Loschmidtsche Zahl, § 219) immer eine sehr große Zahl von Atomen eines Elementes vorhanden ist, gibt es bei höherer Temperatur immer Vertreter der verschiedenen Zustände.

Die Elektronenbahnen brauchen aber nicht einfache Kreise zu sein; Einführung einer weiteren Quantenzahl gestattet das Vorkommen bestimmter Keplerbahnen (Ellipsen bestimmter Exzentrizität), und daraus ergibt sich weiter die Möglichkeit der Aufklärung der Feinstruktur der Spektren.

12. Radioaktivität.

699. Entdeckung. Unmittelbar nach der Entdeckung der Röntgenstrahlen wurde die — später bald als irrig erkannte — Vermutung ausgesprochen, daß diese X-Strahlen durch die Fluoreszenz an der Glaswand G in Fig. 502 erregt würden.

Becquerel (1896) untersuchte darum viele fluoreszierende Substanzen, indem er sie nach Lichtbestrahlung auf eine in schwarzes Papier gehüllte photographische Platte brachte; X-Strahlen hätten durch das Papier hindurch die Platte photographisch beeinflussen müssen. Das Resultat war ein negatives, nur bei Uransalzen (Kalium-Uranylsulfat) zeigte sich eine Wirkung. Bei weiterer Verfolgung dieser Erscheinung fand Becquerel aber, daß hierzu eine Fluoreszenzerregung des Uransalzes überflüssig sei, daß vielmehr alle Uransalze spontan (ohne Belichtung) dauernd derartige photographische Wirkungen ausüben. Es gehen also von Uranverbindungen eigentümliche Strahlen aus, die in ihrer Gesamtheit Becquerelstrahlen genannt wurden.

Beim Studium der Strahlen, welche von Uran und seinen Verbindungen ausgehen, wurde bald erkannt, daß nebst photographischen Wirkungen auch noch andere, z. B. lumineszenzerregende und vor allem Entladungserscheinungen bei elektrisch geladenen Körpern infolge von Ionisation der umgebenden Luft auftreten. Letzteres gestattete die Ausarbeitung verfeinerter Meßmethoden, und damit konnte in quantitativer Weise gezeigt werden, daß alle Uranverbindungen strahlen, und daß die Intensität nur von ihrem Gehalt an Uranelement, nicht von der chemischen Verbindungsform abhängt. Sie ist weiter unabhängig von allen physikalischen und chemischen Beeinflussungen, wie von der Temperatur, starken magnetischen oder elektrischen Feldern usw.

Wir definieren deshalb als „radioaktiv" diejenigen Substanzen, die spontan und unbeeinflußt von chemischen und physikalischen Einwirkungen Becquerelstrahlen aussenden.

Im Jahre 1898 haben dann G. C. Schmidt und M. Curie nahezu gleichzeitig entdeckt, daß Thorium analoge Eigenschaften hat wie Uran. Trotz sorgfältiger Prüfung aller übrigen Elemente konnte auch später an den bis dahin bekannten nur noch bei Kalium und Rubidium eine schwache Radioaktivität nachgewiesen werden.

Hingegen war es M. Curie aufgefallen, daß natürliche Uranmineralien, wie die Pechblende, eine Aktivität aufwiesen, die größer war, als dem Urangehalt entsprach. Sie zog daraus den richtigen Schluß, daß sich hier ein unbekanntes stark radioaktives Element in kleinen Dosen beigemengt finden müßte, und sie unternahm es gemeinsam mit P. Curie, das vermutete neue Element abzuscheiden. Die Erze wurden aufgeschlossen und jeweils diejenigen Fraktionen weiterbehandelt, die an Aktivität zugenommen hatten. So gelang es in rascher Folge (1898), mit der das Wismut enthaltenden Fraktion einen Stoff abzuscheiden, der den Namen Polonium erhielt, und dann mit der Barium enthaltenden Fraktion einen weiteren, der Radium genannt wurde. Bei gleichem Gewicht strahlen diese Stoffe um ein Vielfaches stärker als das Ausgangsmaterial. Später wurden noch andere und im ganzen im Verlaufe der radioaktiven Forschungen bisher 36 neue radioaktive Elemente aufgefunden (vgl. Tabelle S. 450).

700. Charakteristik der Strahlen. Die radioaktiven Strahlen sind komplexer Art. Zur Erforschung ihrer Natur wurden in erster Linie Absorptionsversuche herangezogen und sodann ihr Verhalten in magnetischen und elektrischen Feldern untersucht. Sie erwiesen sich teils als korpuskularer Art, teils als sehr kurzwellige elektromagnetische Schwingungen.

Man unterscheidet:

α-Strahlen, gebildet aus positiv geladenen, rasch fliegenden, materiellen Partikeln der Größe des Heliumatomes, die wenig ablenkbar sind im magnetischen bzw. elektrischen Felde und zwar im Sinne der „Kanalstrahlen".

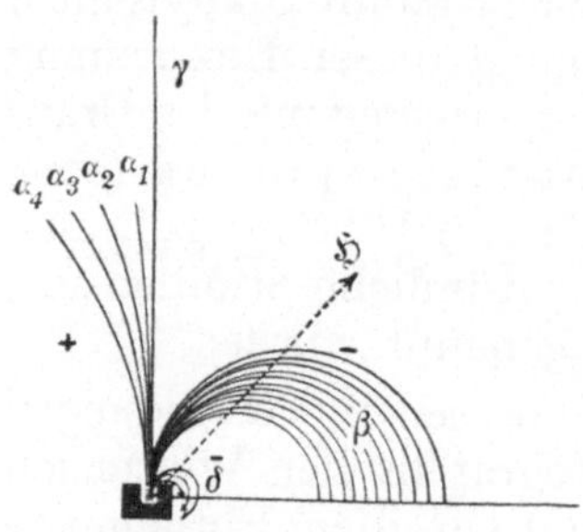

Fig. 518. Schematischer Strahlengang im Magnetfeld, vorne ein Nordpol, hinten ein Südpol, für Ra — RaC.

β-Strahlen, gebildet aus negativ elektrischen Korpuskeln (Elektronen), die relativ stark ablenkbar sind, je härter (je weniger absorbierbar), desto weniger, die in Analogie stehen zu den „Kathodenstrahlen".

γ-Strahlen, die sich als unablenkbar erweisen, keine Ladungen tragen und analog den „Röntgenstrahlen" als elektromagnetische Wellenstrahlen betrachtet werden.

Die Ablenkung der Korpuskularstrahlen im magnetischen Feld liefert die Größe $\frac{m}{e} \cdot v$, die Ablenkung im elektrischen Felde den Wert von $\frac{m}{e} \cdot v^2$, worin $\frac{e}{m}$ die „spezifische Ladung", v die Geschwindigkeit der Teilchen bedeuten. Aus der Kombination erhält man die Werte der Geschwindigkeiten und die der spezifischen Ladungen.

Letztere ergaben sich einheitlich für alle α-Strahlen $\frac{e}{m} = 4823 \frac{\text{magn. Einh.}}{\text{g}}$, für die β-Strahlen $\frac{e}{m} = 1{,}77 \cdot 10^7 \frac{\text{magn. Einh.}}{\text{g}} = 5{,}3 \cdot 10^{17} \frac{\text{stat. Einh.}}{\text{g}}$.

Die Anfangsgeschwindigkeiten sind für die α-Partikeln aus den verschiedenen radioaktiven Substanzen $1{,}4 \cdot 10^9$ bis $2{,}06 \cdot 10^9$ cm/sec, also von der Größenordnung Zehntel der Lichtgeschwindigkeit; für die β-Teilchen liegen sie zwischen $0{,}32 \cdot 10^{10}$ bis $2{,}993 \cdot 10^{10}$ und nähern sich im letzten Falle schon sehr stark der Lichtgeschwindigkeit.

Um die Größen e und m aus der spezifischen Ladung $\frac{e}{m}$ einzeln zu bestimmen, muß die Zahl Z der emittierten Teilchen und der gesamte durch sie bewirkte Ladungstransport (elektrische Strom) $Z \cdot e$ bestimmt werden.

Zur Bestimmung von Z kann die Eigenschaft der α-Teilchen herangezogen werden, auf Zinksulfid-(Sidotblende-)Leuchtschirmen ein Leuchten hervorzubringen, das, unter der Lupe betrachtet, sich aus einzelnen aufblitzenden Lichtpunkten zusammensetzt (Szintillationen"). Jeder einzelnen auftreffenden α-Partikel gehört ein distinkter Lichtblitz zu und dies läßt sich zu einer Methodik der α-Partikeln-Zählung ausarbeiten. Nach dieser und anderen Methoden ergibt sich, daß 1 g Radium pro Sekunde $3{,}7 \cdot 10^{10}$ α-Teilchen aussendet.

Die Ladung der β-Teilchen ergab sich einheitlich als die eines elektrischen Elementarquantums $= 4{,}77 \cdot 10^{-10}$ stat. Einh. $= 1{,}59 \cdot 10^{-20}$ magn. Einh., die der α-Teilchen durchwegs als gleich 2 Elementarquanten $= 9{,}55 \cdot 10^{-10}$ stat. Einh. $= 3{,}18 \cdot 10^{-20}$ magn. Einh.

Die Masse der α-Partikeln erwies sich gleich der der Heliumatome, im chemischen Maßsystem gleich 4, im absoluten gleich $6{,}6 \cdot 10^{-24}$ g; die sogenannte Ruhmasse der β-Teilchen entspricht $\frac{1}{1845}$ derjenigen des Wasserstoffes im chemischen Maße und ist gleich $9 \cdot 10^{-28}$ g.

Neben diesen Größen werden die **Absorptionsverhältnisse** der Strahlen als Merkmale herangezogen.

Bei α-Partikeln erweist sich die Flugbahn als eng begrenzt; es ergibt sich eine Entfernung in Luft, hinter welcher die Strahlungswirkungen plötzlich versagen. Diese Distanz heißt die „**Reichweite**". Sie liegt für die verschiedenen α-Strahler bei 15^0 C und Normalluftdruck von 760 mm zwischen 2,67 und 8,62 cm. Sie ist am kleinsten für die stabilsten, am größten für die kürzestlebigen radioaktiven Stoffe (Tab. S. 450). In festen Substanzen wird der Dichte entsprechend die gesamte α-Strahlung bereits von Schichten von etwa 0,1 mm völlig absorbiert. Sie vermögen daher z. B. in die Haut nicht tiefer einzudringen.

Für β- und γ-Strahlen erfolgt die Absorption zumeist angenähert in einer geometrischen Progression (vgl. § 681). Man kann daher als Kennzeichen diejenige Schichtdicke absorbierender Substanz angeben, hinter welcher jeweils gerade nur mehr die Hälfte der Strahlung austritt („**Halbierungsdicke**" D). Nach Durchsetzung einer Dicke $2\,D$ kommt dann nur mehr $\frac{1}{4}$, nach $3\,D$ noch $\frac{1}{8}$, nach $10\,D$ noch rund 1 Promille (genauer $\frac{1}{1024}$) zur Wirkung. Diese Halbierungsdicke liegt für die β-Strahlen zwischen 0,001 und 0,05 cm Aluminium; für die γ-Strahlen zwischen 0,1 und 1,5 cm Blei. Für verschiedene absorbierende Stoffe kann in erster Annäherung das Produkt aus D und der Dichte des Absorbens als konstant angesehen werden.

Wie aus der Tabelle S. 450 ersichtlich ist, gibt es unter den radioaktiven Stoffen welche, die bloß α-Strahlen, solche, die β- und γ-Strahlen, und solche, die alle drei Strahlenarten emittieren. Nach dem Gesagten kann man am einfachsten durch Abschirmung mit entsprechend dick gewählten Folien eine Strahlenfilterung vornehmen, wobei der Reihe nach die α-, dann die weichen und weiter die härteren β-Strahlen absorbiert werden und schließlich auch die harten γ-Strahlen von den weicheren getrennt werden können.

701. Sekundärstrahlen. Treffen die von den zerfallenden radioaktiven Atomen ausgesandten primären Strahlen auf Materie, so erregen sie in dieser weitere Strahlen, die im allgemeinen als „**Sekundärstrahlen**" bezeichnet werden.

β-**Strahlen** erregen derart sowohl sekundäre (im allgemeinen weichere) Elektronenstrahlen, als auch elektromagnetische Schwingungen von γ-Strahlart.

γ-**Strahlen** bewirken Elektronenemission aus dem getroffenen Material, also sekundäre β-Strahlung und ebenfalls direkt oder indirekt durch die sekundäre β-Strahlung sekundäre γ-Strahlung. Im Wechselspiel entstehen dann auch „tertiäre" usw. Strahlen, die aber unter obige Bezeichnung zusammengefaßt werden.

Bei Filterung der Strahlen durch verschiedenes absorbierendes Material kann man dementsprechend wohl die primären weicheren Strahlen eliminieren, jedoch entstehen im Filtermaterial (z. B. Einschlußröhrchen aus Ag oder Pt) neue von der Natur der Filter in ihrer Härte abhängige Sekundärstrahlen. Aus dem gleichen Grunde sind Schutzschirme aus

Blei gegen die γ-Strahlen von sehr problematischem Wert — 1,5 cm Pb setzen die Strahlung erst auf die Hälfte herab —, da an den Schirmen sekundäre Strahlen erregt werden.

Gleichzeitig mit der Emission von α-Teilchen aus dem Atomkern werden aus der Elektronenhülle der radioaktiven Atome je 2 Elektronen ausgesandt; man nennt diese relativ langsam fliegenden Teilchen, die dementsprechend nur geringes Ionisierungsvermögen besitzen, δ-Strahlen. Unter demselben Namen begreift man aber auch die aus fremden Atomen beim Auftreffen von α-Strahlen emittierten weichen Elektronenstrahlen.

Trifft ein α-Geschoß den Kern eines Wasserstoffatomes (in Wasserstoff oder wasserstoffhaltigen Verbindungen) so vermag es den Wasserstoffkern, das sogenannte „Proton", herauszuschleudern („Natürliche H-Strahlen"). Die Protonen können dann (wegen ihrer kleineren Masse, im Vergleich zum α-Teilchen $\frac{1}{4}$) beträchtlich größere Reichweiten (bis zur vierfachen) haben als das stoßende α-Teilchen. Aber auch aus anderen Atomkernen, z. B. Stickstoff, Aluminium usw., vermögen Kerntreffer durch α-Partikeln H-Strahlen zu erzeugen. Dies führt zu der fundamentalen Tatsache der künstlichen Kernzerlegung der Elemente oder **Atomzertrümmerung**. Unter Umständen kann aber auch das anprallende α-Teilchen vom getroffenen Kern festgehalten werden, während ein Proton ausgeschleudert wird, das heißt der getroffene Kern nimmt die Masse 4 auf, verliert die Masse 1, und es resultiert ein „Atomaufbau" bei Massenvermehrung um 3 Einheiten. Die H-Strahlen ähneln in ihren Wirkungen (Ionisation, photographische, Szintillationserregung usw.) den α-Strahlen.

702. Wirkungen radioaktiver Strahlen. Von der ionisierenden Wirkung war schon die Rede. Die dadurch hervorgerufene Stromleitung in Gasen ermöglicht exakte Meßverfahren. Besonders sei noch erwähnt, daß es dadurch C. T. R. Wilson auch gelang, die **Bahnspuren der einzelnen Strahlen** sichtbar zu machen. Expandiert man in einem wasserdampfhaltigen geschlossenen Raum, der von solchen Strahlen durchzogen wird, das Volumen plötzlich, so werden sich kleinste Tröpfchen auf den als Kondensationskerne wirkenden Ionen niederschlagen und man sieht die Bahnen der Strahlen in Form dünner Nebelstriche.

Wärmeentwickelung. Die radioaktiven Umwandlungen sind Wärmequellen. Die Bremsung der verschiedenen Strahlenarten bei der Absorption und die Verwandlung ihrer kinetischen Energie in Wärme läßt sich aus den Daten über Masse und Geschwindigkeit bei α- und β-Teilchen und indirekt für γ-Strahlen berechnen. Es ergibt sich theoretisch und experimentell, daß 1 g Radium (inklusive seiner ersten Zerfallsprodukte bis RaC, vgl. S. 450) stündlich 140 Kalorien entwickelt. Für Uran kann man ansetzen, daß 1 g (aus natürlichem Erz, d. h. samt allen Zerfallsprodukten) stündlich etwa 10^{-4} cal entwickelt; 1 g Thor (samt seinen Zerfallsprodukten) rund $2,2 \cdot 10^{-5}$ cal; 1 g Kalium jährlich $1,24 \cdot 10^{-4}$ cal. Die Bedeutung für den Wärmehaushalt der Erde ist einleuchtend. Bestünde eine gleichmäßige Verteilung der Radioelemente im ganzen Erdkörper von der gleichen Konzentration wie an der Erdoberfläche, so würde die dadurch bedingte Wärmeerzeugung die Abgabe an Wärme durch den Wärmestrom der Erde nach außen übersteigen und eine Temperaturzunahme von etwa $3 \cdot 10^{-5}$ Grad pro Jahr bewirken, also in einer Million Jahren um etwa 30 Grad. Demnach muß angenommen werden, daß bloß eine Erdrinde von etwa

20 km Dicke radioaktive Substanzen enthalte oder die Konzentration mit der Tiefe entsprechend abnehme.

Heliumbildung. Da die neutralisierten α-Teilchen gewöhnliche Heliumatome sind, muß sich mit der Zeit in α-strahlenden Substanzen Helium anreichern. 1 g Ra (mit seinen ersten Zerfallsprodukten) liefert jährlich $3 \cdot 10^{-5}$ g oder $0,174$ cm³ He.

Chemische Wirkungen. Da die Strahlen ionisierend wirken und damit Dissoziationen hervorbringen, werden Reaktionen hervorgerufen, wie sie auch durch andere Ionisatoren (Licht, Röntgenstrahlen, Erhitzung usw.) bedingt sind. Besonders zu beachten ist die Knallgasbildung aus Wasser, Ozonentwicklung, Selbstzersetzung von Radiumsalzen u. dgl.

Photographische Wirkungen. Die β- und γ-Strahlen rufen ähnliche Effekte hervor wie die Röntgenstrahlen; je nach ihrer Durchdringlichkeit werden entsprechende Radiogramme erzielt. Ausmessung von Schwärzungsintensitäten photographischer Platten kann zur Messung radioaktiver Wirkungen dienen. α-Partikeln, die normal auf eine Platte treffen, erzeugen nur je einen einzelnen Schwärzungspunkt, was auch zur Zählung verwendet werden kann. Bei streifender Inzidenz zeigen sich, der Reichweite in der Bromsilbergelatine entsprechend, Punktfolgen. Starke α-Bestrahlung vermindert die Quellbarkeit der Gelatine.

Verfärbungen. Gläser oder Porzellane, in denen Radiumpräparate aufbewahrt werden, verfärben sich, meist violett oder braun; hellgrüner Flußspat wird tief blau, rosa Kunzit wird grün, blauer Saphir wird topasgelb, Steinsalz wird bernsteinfarben und nach Erwärmung oder Pressung blau usw. usw. Derart lassen sich viele in der Natur vorkommende Mineralfarben, wie bei Rauchquarz, Amethyst, Flußspat u. dgl. durch radioaktive Einflüsse deuten. In manchen natürlichen Gesteinen (Glimmer, Biotit, Flußspat usw.) findet man in Dünnschliffen unter dem Mikroskop und in polarisiertem Licht verschiedenfarbige konzentrische Ringe (pleochroitische Höfe); sie rühren von Spuren in ihrem Zentrum eingeschlossener radioaktiver Stoffe her, deren α-Strahlen entsprechend ihren Reichweiten in geologischen Zeiten Verfärbungen hervorbrachten.

Lumineszenzwirkungen. Stark radioaktive Materialien leuchten im Dunkeln selbst. Sie erregen Lumineszenz bzw. Phosphoreszenz an zahlreichen Stoffen. α-Strahlen erzeugen Szintillationen an Sidotblende und Diamant. H-Strahlen wirken ähnlich, nur schwächer. β- und γ-Strahlen wirken stark auf Willemit, Kunzit, Scheelit usw. sowie auf die Leuchtsubstanzen von Röntgenschirmen, z. B. Bariumplatincyanür, Sidotblende, Calciumwolframat, Salipyrin usw. Durch Bestrahlung mit Radiumstrahlen werden Thermolumineszenz, Tribolumineszenz und verwandte Erscheinungen in geeignetem Material erregt.

Biologische Wirkungen. Anscheinend wirken analog zu gewissen Giftstoffen kleine Strahlendosen stimulierend, größere schädlich oder gar vernichtend auf Organismen. Hält man starke Präparate eine Weile zwischen den Fingern, so zeigt sich nach einer Latenzzeit von etwa einer Woche schmerzhafte Entzündung, die zur Blasenbildung übergeht und mit Atrophie der Muskulatur und Knochen endigt. Die Medizin verwendet einerseits bei der **Strahlentherapie** tunlichst lokalisierte, in ihrer Strahlenzusammensetzung möglichst gut definierte starke Präparate zur Zerstörung von Tumoren u. dgl. oder schwache Präparate für Hautreizwirkungen oder in der **Emanationstherapie** das gasförmige Zerfallsprodukt des Ra (vgl. § 705), die Radiumemanation in Form von Trink-, Inhalations- oder Badekuren. Während bei der Strahlentherapie wegen ihrer geringen Eindringlichkeit die α-Strahlen keine Rollen spielen, können diese bei Aufnahme in die Blutbahn bei der Emanationstherapie oder auch bei Injektion schwacher radioaktiver Präparate von Bedeutung werden.

Die Heilwirkung zahlreicher Thermen, wie Gastein, Baden-Baden, Kreuznach usw. usw. wird heute wenigstens teilweise auf radioaktive Einflüsse zurückgeführt; tatsächlich ist nachgewiesen, daß beim Trinken oder Inhalieren emanationshaltigen Wassers, ebenso wie aus warmem Bade RaEm in die Blutbahn eintritt.

703. Zerfallstheorie. Rutherford und Soddy verstanden es (1902), die Erscheinungen der Radioaktivität in der sogenannten Zerfalls- oder Umwandlungs- oder Desaggregationstheorie verständlich zu machen. Danach sind die Atome radioaktiver Elemente keine unteilbaren letzten Einheiten der Materie, sondern relativ komplizierte, aus kleineren subatomistischen Elementarbestandsteilen zusammengesetzte Gebilde, die sich von den Atomen inaktiver Elemente dadurch unterscheiden, daß die Anordnung der Bestandteile in ihnen instabil ist, und daß bei gleichzeitiger Ausscheidung eines oder mehrerer Elementarbestandteile (α- oder β-Teilchen) sich eine neue Anordnung einstellt. Infolge der Änderung der Zahl und Konfiguration der Bausteine besitzt die Neuanordnung geänderte physikalische und chemische Eigenschaften, sie stellt ein

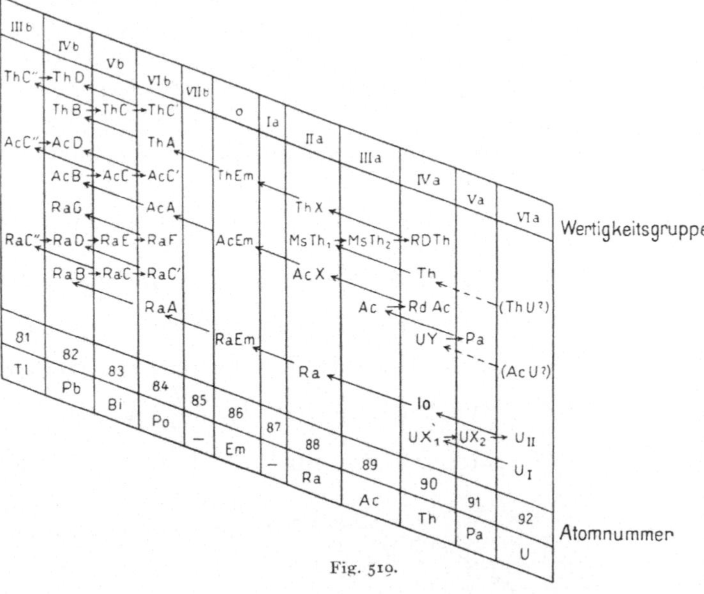

Atom eines neuen Elementes dar. Ist das Umwandlungsprodukt selbst nicht stabil, so geht der Prozeß weiter, und es kann eine Umwandlungsreihe mit einer größeren Anzahl von Zwischenprodukten entstehen, bis ein inaktives stabiles Endprodukt entsteht. In diesem Sinne unterscheidet man heute drei Familien, die Uran-, Thorium- und Actiniumfamilie (vgl. Tabelle S. 450). Ob alle, auch die derzeit als inaktiv geltenden Elemente solchen Umwandlungen unterliegen, nur so langsam, daß unsere Beobachtungsmethoden nicht hinreichen, dies festzustellen, ist unentschieden. Weiter ergibt sich die sogenannte „Verschiebungsregel". Bei der Aussendung eines α-Teilchens verliert der Atomkern zwei positive Ladungen, die Kernladung und zugleich die „Atomnummer" und damit die chemische Valenz sinkt um zwei Einheiten; das entstehende neue Atom steht im Schema der chemischen Elemente um zwei Stellen nach links gerückt. Bei der Aussendung eines β-Teilchens aus dem Atomkern steigt Kernladung und Ordnungszahl um eine Einheit (Fig. 519).

Dabei findet sich nun oft an gleicher Stelle des periodischen Systems der Elemente mehr als ein Stoff, z. B. UI und UII oder Pb, RaG, RaD, ThD, AcD, RaB, ThB, AcB usw. Man nennt solche Stoffe, die sich zwar ein wenig im Atomgewicht, nicht aber im allgemeinen in ihren physikalischen und chemischen Eigenschaften unterscheiden, „isotop". Die Isotopie ist übrigens keine auf radioaktive Elemente beschränkte Eigenschaft; F. W. Aston hat auch für viele inaktive (stabile) Elemente die Existenz von Isotopen nachgewiesen.

Das Zerfallsgesetz für einheitliche Substanzen lautet $N_t = N_0 e^{-\lambda t}$. Darin bedeutet N_t die zur Zeit t vorhandene Anzahl Atome dieser Art, N_0 die gleiche zu Beginn der Betrachtung, e die Basis der natürlichen Logarithmen ($e = 2{,}718\ldots$), λ die Zerfallswahrscheinlichkeit oder Zerfallskonstante. Da die Wirkung proportional der Zahl der zerfallenden Atome ist, die Zahl der zerfallenden $Z = \lambda N_t$ wiederum der Zahl der jeweils vorhandenen (N_t), so wird auch jede (z. B. die Ionisations-) Wirkung durch eine formal gleiche Beziehung $J_t = J_0 e^{-\lambda t}$ ausgedrückt. Die Zerfallswahrscheinlichkeit λ ist hierin definiert als der Quotient der in der Zeiteinheit zerfallenden Atome durch die Gesamtzahl der vorhandenen. Der reziproke Wert $\tau = \frac{1}{\lambda}$ heißt die mittlere Lebensdauer. Unter Halbierungszeit (Halbwertszeit) T versteht man jene Zeit, für welche jeweils $J_T = \frac{J_0}{2}$. Es ist $T = \tau \cdot \text{lognat } 2 = 0{,}693\,\tau = \frac{0{,}693}{\lambda}$. Nach $2\,T$ ist nur mehr $\frac{1}{4}$, nach $3\,T$ nur mehr $\frac{1}{8}$ der ursprünglichen Atome vorhanden usf.; nach $6{,}64\,T$ ist der Anfangswert auf $1\,\%$, nach rund $10\,T$ auf $1\,^0/_{00}$ abgefallen.

Für eine Reihe sich sukzessive ineinander verwandelnder Produkte einer Umwandlungsreihe gelten analoge, wenn auch etwas kompliziertere Gesetze. Reziprok zum Zerfall (z. B. I in Fig. 520) erfolgt die Bildung einer radioaktiven Substanz aus langlebiger Muttersubstanz (z. B. II in Fig. 520).

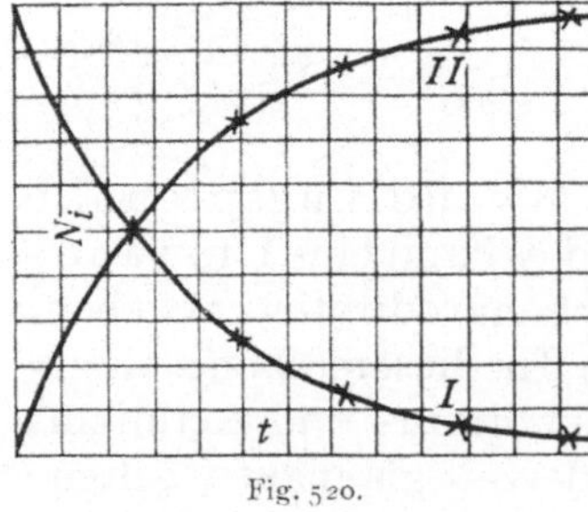

Fig. 520.

I Zerfall nach $N_t = N_0 e^{-\lambda t}$
II Bildung „ $N_t = N_\infty (1 - e^{-\lambda t})$.

Da im Gleichgewichtszustand einer Zerfallsreihe von jeder Atomart ebensoviel nacherzeugt werden muß, als von ihr verschwindet, gilt $\lambda_1 N_1 = \lambda_2 N_2 = \lambda_3 N_3 = \cdots$ und $T_1 : T_2 : T_3 \cdots = N_1 : N_2 : N_3 \cdots$, wobei die vorhandenen Mengen in Atomzahlen (Grammatomen) gemessen sind. Daraus folgt z. B. (vgl. Tab. S. 450), daß zu 1 g Uran im Gleichgewicht (z. B. in natürlichen Erzen) nur $3{,}4 \cdot 10^{-7}$ g Radium vorhanden sind oder 1 g Ra erst aus rund 3000 kg Uran enthaltenden Erzen gewonnen werden kann; daß zu 1 g Ra nur $6{,}5 \cdot 10^{-6}$ g Radiumemanation oder $2{,}2 \cdot 10^{-4}$ g Polonium vorhanden sein können usw. Andererseits wird die „Aktivität" z. B. bei α-Strahlern pro Gewichtseinheit angenähert proportional λ (verkehrt proportional T) sein, d. h. z. B. für 1 g Po rund 5000 mal so groß als für 1 g Ra (ohne dessen Zerfallsprodukte).

RaG, das stabile Endprodukt der Uran-Radium-Zerfallsreihe, ist eine Bleiart vom Atomgewicht 206. Je älter ein natürliches Uranerz ist, je länger also der unveränderliche Zerfall vor sich gegangen ist, desto mehr RaG muß sich in dem Mineral finden. Dies bietet die derzeit exakteste Möglichkeit der Altersbestimmung der Mineralien und damit auch der Erde. Man kommt so auf etwa $1{,}5 \cdot 10^9$ Jahre.

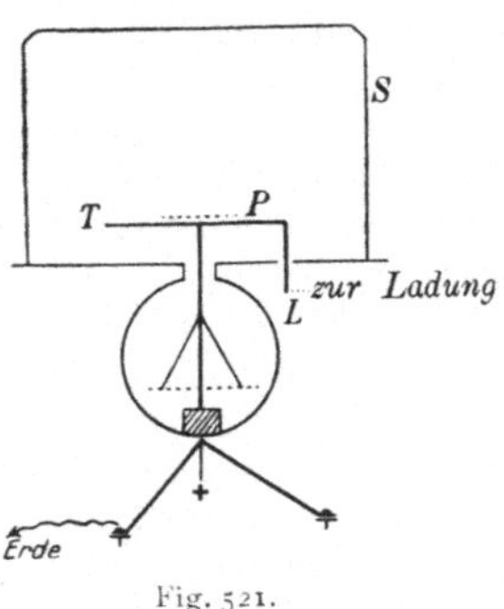

Fig. 521.

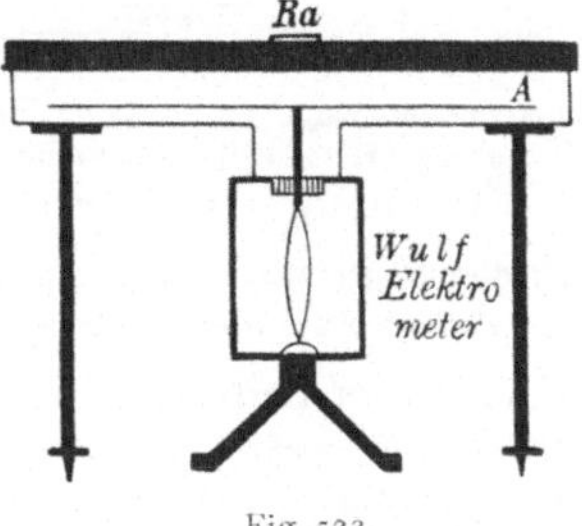

Fig. 522.

704. Eichungen. Zu quantitativen Messungen benützt man gewöhnlich den Ionisations-Sättigungsstrom, den man entweder bei definierten Apparaturen in absoluten Werten angeben kann oder mit dem eines Standardpräparates vergleicht. Für schwächere Präparate dient häufig hierzu eine Scheibe, die mit Uranoxyduloxyd (U_3O_8-Pulver) dicht belegt ist. Das zu vergleichende Material wird in tunlichst ähnlicher Form in flache Schälchen eingefüllt und z. B. in der „Topfanordnung" (Fig. 521) gemessen. Ist C die Kapazität des Apparates in cm, die Spannungseichung (Blättchendivergenz des Elektroskopes) in Volt gegeben, so ist für einen Spannungsabfall $V_1 - V_2$ in der Zeit t (sec) der erhaltene Strom

$$i = \frac{C(V_1 - V_2)}{300\,t} \text{ elektrostat. Einh.} = 1{,}11 \cdot 10^{-12} \frac{C(V_1 - V_2)}{t} \text{ Ampere.}$$ Bei jeder Messung ist die sogenannte „natürliche" Zerstreuung zu berücksichtigen, die infolge anderweitig stets vorhandener Radiatoren in geringem Ausmaß stets vorhanden ist, und die in Abwesenheit des Präparates festzustellen ist. Da α-Strahlen rund 100 mal so stark ionisieren als β-Strahlen, diese wiederum viel stärker als γ-Strahlen, so rührt bei Anwesenheit aller drei Strahlenarten die Wirkung vornehmlich von ersteren her. Trennung der Wirkungen von β- und γ-Strahlung erfolgt am einfachsten durch sukzessive Abschirmung mit passenden Metallfolien u. dgl. Stärkere Präparate kann man galvanometrisch messen (vgl. unten).

Für γ-Eichungen bringt man das Präparat in ein dickwandiges, allseitig geschlossenes Gefäß und mißt die Wirkung in einer in bestimmter Entfernung aufgestellten Ionisationskammer. Man verwendet auch große Plattenkondensatoren etwa vom Durchmesser 30 cm (Fig. 522). Als Deckplatten dienen Bleischeiben von 5 mm Dicke aufwärts. Das Präparat wird auf die Mitte der Platte aufgelegt. Wie bei allen β- und γ-Strahlenmessungen ist zu beachten, daß die Ionisation von der Dichte der in der Kammer befindlichen Luft abhängt, und daher auf Druck und Temperatur zu achten.

Für galvanometrische Messungen eignet sich der Kugelkondensator (Fig. 523). Die Kupferkugel (Cu) wird auf 1000—2000 Volt geladen und je nach der Stromstärke, die durch die vom Präparat (Ra) ausgehenden γ-Strahlen im Hohlraum zwischen den Kugeln Pb und Cu erzeugt wird, der Dauerausschlag am Galvanometer (G) unmittelbar abgelesen oder ein ballistisches Verfahren angewendet. In letzterem Falle wird z. B. ein Glimmerkondensator (K) bei Schlüsselstellung 1 eine bestimmte Zeit (1 Minute) aufgeladen, sodann der Kontakt bei 1 unterbrochen und der Schlüssel in Stellung 2 umgelegt. Es erfolgt Entladung des Kondensators zur Erde, und das Galvanometer zeigt einen ballistischen Ausschlag, dessen Extrem abgelesen wird. Der ballistische Ausschlag wächst proportional der Ladezeit; ist er gegenüber einem Dauerausschlag von 1 Skalenteil (etwa 1 elektrostatische Stromeinheit bei empfindlichen Galvanometern entsprechend) etwa 25 Skalenteile für die Ladezeit von 1 Min., so beträgt er für 10 Min. Ladezeit 250 sec usw. und man kann damit die Meßgrenzen in weitem Bereich vergrößern.

Zur Vergleichung dienen Radium-Standard-Präparate, primäre in Paris und Wien aufbewahrte Etalons sowie vom Wiener Radiuminstitute an die meisten Staaten gelieferte sekundäre.

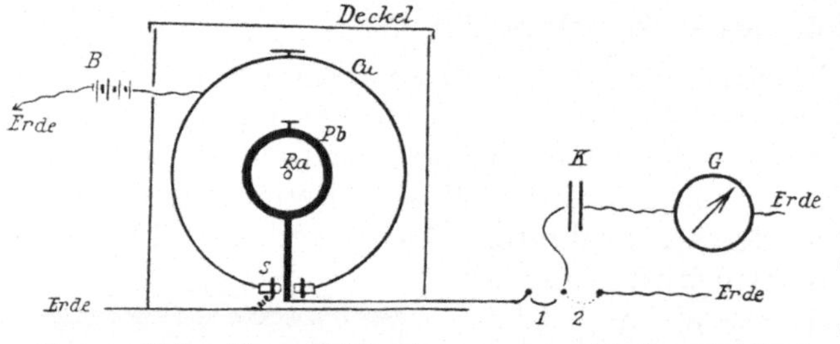

Fig. 523. *Pb* Kugel (aus 2 Halbkugeln zusammengesetzt), C = aufzuladende Kugel aus 2 Halbkugeln, *B* Batterie, S = geerdeter Schutzring, K = Glimmerkondensator, G = Galvanometer.

Mesothor-Radiothor-Präparate, die ähnliche Strahlen aussenden wie Radiumpräparate, unterscheiden sich je nach Alter (Betrag des vorhandenen Radiothors) und, da die Härte der γ-Strahlen sich von denen des RaC ein wenig unterscheidet, je nach den Absorptionsverhältnissen. Unter 1 mg Mesothor versteht man (nicht ganz scharf definiert) nicht die Gewichtsmenge, sondern diejenige Menge Mesothor, die in ihrer γ-Strahlung äquivalent ist 1 mg Radium.

705. Radiumemanation.

Besondere Bedeutung kommt dem ersten Zerfallsprodukt des Radiums, der gasförmigen Radiumemanation (Radon), zu. Chemisch verhält sie sich wie die Edelgase; jedoch zerfällt sie relativ rasch mit einer Halbierungszeit T von etwas weniger als vier Tagen. Im gleichen Tempo, wie sie, abgetrennt von der Muttersubstanz Radium, abstirbt, erzeugt aber Ra die RaEm wieder nach. RaEm kann ihrer Natur entsprechend als Gas von ihrem Ursprungsort konvektiv fortgeführt werden, und sie findet sich überall in der Erdatmosphäre sowie in zahlreichen Wässern, insbesondere angereichert in Heilquellen wie Gastein, in den Quellen des Erz- und Riesengebirges, denjenigen des Schwarzwaldes usw.

Als Einheit für die RaEm wurde „1 Curie" festgelegt: das ist diejenige Menge an Radiumemanation, die im Gleichgewicht mit 1 g Ra steht. Da in der Atmosphäre im Durchschnitt $1{,}3 \cdot 10^{-13} \dfrac{\text{Curie}}{\text{Liter}}$ enthalten sind, in den Heilquellen zwischen 10^{-10} und $10^{-6} \dfrac{\text{Curie}}{\text{Liter}}$, so empfiehlt sich hierfür die kleinere Einheit 1 Eman $= 10^{-10}$ Curie. Als Stromäquivalentseinheit ist die „Mache-Einheit" (M. E.) eingebürgert. Man mißt ja die Wirkung der vorhandenen Emanationsmenge durch den Sättigungsstrom. Diejenige Emanationsmenge im Liter einer Flüssigkeit oder eines Gases, die bei voller Ausnützung ihrer Strahlen allein, ohne ihre Zerfallsprodukte RaA, RaB, RaC, einen Sättigungsstrom von 10^{-3} elektrostat. Einh. unterhält, heißt 1 M. E. 1 Curie vermag durch seine α-Strahlen einen Sättigungsstrom von $2{,}75 \cdot 10^6$ elektrostatischen Einheiten (0,92

Milliampere) zu unterhalten. 1 Mache-Einheit entspricht daher $3{,}64 \cdot 10^{-10}$ Curie pro Liter

$$= 3{,}64 \; \frac{\text{Eman}}{\text{Liter}} \cdot$$

Zur Messung benützt man meist das „Zirkulationsverfahren" (Fig. 524). Die Emanation wird durch Luftblasen aus der Probe im Kreisstrom entnommen, bis sich nach ca. 15 Min. Gleichgewicht der Verteilung eingestellt hat.

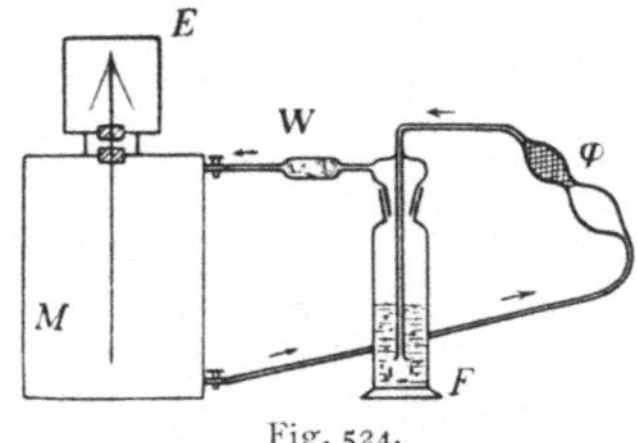

Fig. 524.

Zu korrigieren ist betreffs des Volumens außerhalb der Meßkanne (Fontaktometer), weil ja nur der in letzterer befindliche Anteil Em zur Wirkung gelangt. Ist das Meßgefäß starkwandig, so kann man es auch evakuieren und aus der Vorratsflasche durch das Wasser perlende Luft langsam einsaugen lassen. Bei den „Fontaktometern" wird zuweilen das aktive Wasser in die Kanne selbst eingehebert und in ihr einige Minuten zur Emanationsverteilung zwischen Luft und Wasser geschüttelt. Das vom Wasser eingenommene Volumen muß dabei aber klein sein gegenüber dem Gesamtvolumen der Kanne.

Aus der RaEm bildet sich den Halbierungszeiten entsprechend ziemlich rasch der aktive Niederschlag RaA, RaB, RaC, auch „induzierte Aktivität" genannt. Da RaA isotop mit Polonium, RaB mit Blei, RaC mit Wismut ist, handelt es sich dabei um feste Stoffe, freilich in unwägbar geringer Menge, die sich auf den Gefäßwänden niederschlagen. Ihre Strahlung addiert sich zu der der RaEm. Bei der Angabe für den Em-Gehalt wird aber der Sättigungsstrom von RaEm allein verlangt. Man kann hier so vorgehen, daß man nach Einführung der Em rasch mißt, dann die Em ausbläst, die übrigbleibende, vom aktiven Niederschlag herrührende Wirkung nunmehr bestimmt, eine Weile in ihrem Abklingen messend verfolgt und auf den Moment der Abtrennung von der Em zurückextrapoliert. Besser ist es, 3—4 Stunden nach Einfüllung der Em zu warten, dann hat sich bereits Gleichgewicht mit RaA, RaB, RaC hergestellt, und man kann den Gleichgewichtswert der Wirkung des aktiven Niederschlages in Abzug bringen.

Die γ-Strahlenwirkung des „Radiums" rührt nicht von Ra selbst, sondern erst von seinem Zerfallsprodukt RaC her. Deshalb kann an Stelle von Ra, im Gleichgewicht mit seinen ersten Zerfallsprodukten, auch RaEm $+$ RaA $+$ RaB $+$ RaC verwendet werden, wenn es sich um γ-Wirkungen handelt. Für medizinische Zwecke wird darum vielfach RaEm aus Radiumlösungen abgepumpt, von Fremdgasen gereinigt und in kleine Röhrchen gebracht, die der Radiumstrahlentherapie dienen. Die Wirkung verschwindet allerdings mit dem Zerfall der RaEm: nach 1 Tag sind 16,6%, nach 2 Tagen 30,4%, nach 3 Tagen 42%, nach 4 Tagen 51,6% verloren usw.

Die Radiumgehaltsbestimmung bei Erzen oder schwachen Radiumpräparaten erfolgt am einfachsten aus dem Emanationsgleichgewicht. Das Material wird in Lösung gebracht, die Lösung zu bestimmter Zeit durch Kochen oder Ausquirlen von Em völlig befreit und sodann eine Weile verschlossen aufbewahrt. Nach 1 Tag sind dann 16,6%, nach 2 Tagen 30,4%, nach 3 Tagen 42%, nach 4 Tagen 51,6% des Gleichgewichtswertes aus vorhandenem Ra nacherzeugt, und die Lösung kann daher in der vorstehenden Weise gemessen werden.

Uran-Radium-Familie	T	Strahlen	Actiniumfamilie	T	Strahlen	Thoriumfamilie	T	Strahlen
Uran I	$4,5 \cdot 10^9$ a	α	(Ac-Uran?)	—	(α)	(Th-Uran?)	—	(α)
Uran X_1	23,8 d	β	Uran Y	24,6 h	β	Thorium	ca. $1,65 \cdot 10^{10}$ a	α
99,65% ↓ 0,35%								
Uran X_2	68 s	βγ	Protactinium	$2,1 \cdot 10^4$ a	α	Mesothor 1	6,7 a	(β)
→ Uran Z	6,7 h	β						
Uran II ◄	ca. 10^6 a	α	Actinium	13,4 a	(β)	Mesothor 2	5,95 h	βγ
Ionium	ca. 10^5 a	α	Radioactinium	18,9 d	αβγ	Radiothor	1,9 a	αβ
Radium	1580 a	αβ	Actinium X	11,2 d	α	Thorium X	3,64 d	α
Radiumemanation (Radon)	3,825 d	α	Actiniumemana-tion (Acton)	3,92 s	α	Thoriumemanation (Thoron)	54,5 s	α
Radium A	3,05 m	α	Actinium A	ca. $1,5 \cdot 10^{-3}$ s	α	Thorium A	0,14 s	α
Radium B	26,8 m	βγ	Actinium B	36,0 m	βγ	Thorium B	10,6 h	βγ
Radium C	19,5 m	αβγ	Actinium C	2,16 m	αβ	Thorium C	60,8 m	αβ
99,96% ↓ β α; 0,04%			99,68% ↓ α → β; 0,32% Actini-um C'			35% ↓ α → β; 65% Thorium C'		
Radium C'	ca. 10^{-6} s	α		ca. $5 \cdot 10^{-3}$ s	α		ca. 10^{-11} s	α
→ Radium C''	1,32 m	β	Actinium C''	4,76 m	βγ	Thorium C''	3,2 m	βγ
Radium D	ca. 24 a	βγ						
Radium E	5 d	βγ	Actinium D (Bleiart)	—	—	Thorium D (Bleiart)	—	—
Radium F (Polonium)	136,5 d	α						
Radium G (Bleiart)	—	—						

T: Halbierungszeit; a: Jahre; d: Tage; h: Stunden; m: Minuten; s: Sekunden.

Lehrbuch der Chemie für Mediziner und Biologen. I. Teil: **Anorganische Chemie.** Mit einem Anhang: Anleitung zur Ausführung einfacher Versuche im chemischen Praktikum. Von Prof. Dr. *H. P. Kaufmann,* Vorstand der Anstalt für Pharmazie und Nahrungsmittelchemie der Univ. Jena. Mit 21 Fig. im Text. [VIII, 156 u. 41 S.] 8. 1921. Geh. RM 5.—, geb. RM 7.—

„Das Buch ist sowohl eine vorzügliche Einführung für den Anfänger, als auch ein gutes Repetitorium für den Geübteren. Häufige Hinweise auf die Bedeutung der Ionentheorie und zahlreiche Reaktionsgleichungen machen gut mit diesen wichtigen Erklärungs- und Hilfsmitteln chemischer Forschung vertraut. Die Stoffübersicht wird sehr erleichtert durch die jeweiligen Reaktionszusammenfassungen ‚Analytisches‘. Ich kann das vorliegende Buch allen medizinstudierenden Kommilitonen warm empfehlen, ja, ich wüßte kein anderes zu nennen, das für die Zwecke des angehenden Arztes besser geeignet wäre als das Kaufmannsche.“ **(Hamburger Universitätszeitung.)**

Lehrbuch der Botanik. Von Geh. Reg.-Rat Dr. *K. Giesenhagen,* weil. Prof. an der Univ. München. 10. Aufl. Mit 526 Textfig. [VI u. 395 S.] gr. 8. 1928. Geb. RM 15.—

Das Lehrbuch bringt die Botanik auf Grund der gegenwärtigen Anschauungen und neuesten Untersuchungen in dem Umfange zur Darstellung, wie sie als allgemeinbildendes Fach und als Grundlage für speziellere biologische Studien auf den Hochschulen für Mediziner, Pharmazeuten, Chemiker, Landwirte, Forstwirte und Lehrer der Naturwissenschaften gelehrt wird. Die allgemeinen Gesichtspunkte sind besonders hervorgehoben, dabei wird aber auch die Darstellung von Einzelheiten und Problemen, soweit sie besonderes Interesse erwecken, nicht außer acht gelassen. Das mit 560 nach Originalzeichnungen angefertigten Abbildungen ausgestattete Werk, das sich seit mehr als einem Vierteljahrhundert überall auf den deutschen Hochschulen eingebürgert hat, dürfte auch in seiner Neuauflage allen Anforderungen der Studierenden gerecht werden.

Die Anatomie des Menschen. Von Dr. *K. v. Bardeleben,* weil. Prof. an der Univ. Jena (ANuG 418 bis 423.) Geb. je RM 2.—

Teil I: **Zelle und Gewebe, Entwicklungsgeschichte, der ganze Körper.** 4. Aufl. Von Geh. Med.-Rat Prof. Dr. Dr. h. c. *E. Ballowitz,* Münster i. W. Mit zahlr. Abb. [In Vorb. 1928.]

Teil II: **Das Skelett.** 3. Aufl. Mit 53 Abb. [91 S.] kl. 8. 1919.

Teil III: **Muskel- und Gefäßsystem.** 4. Aufl. Von Geh. Med.-Rat Prof. Dr. Dr. h. c. *E. Ballowitz,* Münster i W. Mit zahlr. Abb. [In Vorb. 1928.]

Teil IV: **Die Eingeweide. (Verdauungs- und Atmungsorgane, Harn- und Geschlechtsorgane.)** 4., völlig neubearb. u. vermehrte Aufl. von Geh. Med.-Rat Prof. Dr. Dr. h. c. *E. Ballowitz,* Münster i. W. Mit 43 Abb. [VI u. 90 S.] kl. 8. 1928.

Teil V: **Nervensystem und Sinnesorgane.** 2. Aufl. Mit 49 Abb. i. T. [89 S.] kl. 8. 1919.

Teil VI: **Mechanik (Statik und Kinetik) des menschlichen Körpers.** 2. Aufl. Mit 26 Abb. [102 S.] kl. 8. 1918.

„Es ist nicht genug anzuerkennen, mit welchem glücklichen Urteil und welcher, bei dem Verf. allerdings selbstverständlichen, Sachkenntnis die wesentlichen Punkte aus dem spröden Thema herausgegriffen, und zu einer in ihrer Einfachheit so vollendeten Darstellung gebracht worden sind, daß sie, unterstützt durch ebenfalls in ihrer Einfachheit und Güte trefflichen Abbildungen wohl ‚allgemein‘ verständlich sein dürften. Ich möchte wünschen und hoffen, daß recht viel Ärzte und Studenten der Medizin das Werk lesen werden.“ **(Zeitschrift f. ärztliche Fortbildung.)**

Die Leibesübungen. Ihre biologisch-anatom. Grundlagen, Physiologie u. Hygiene mit Anhang: Erste Hilfe bei Unfällen. Lehrbuch der medizinischen Hilfswissenschaften u. d. Bewegungslehre d. Leibesübungen für Turn- und Sportlehrer, Turner und Sportsleute, Ärzte, Lehrer u. Studierende, f. d. Studium a. d. Hochschulen für Leibesübungen und an pädagogischen Akademien. Von Medizinalrat Dr. *J. Müller,* Prof. an der Preuß. Hochschule für Leibesübungen, Spandau. 4. Aufl. Mit 534 Abb. u. 25 Taf. im Text. [XII u. 598 S.] gr. 8. 1926. Geb. RM 20.—

„Der Arzt, der das Bedürfnis fühlt, einmal seine Kenntnisse in Anatomie und Psychologie wieder gründlich aufzufrischen und im modern-biologischen Sinne zu erneuern, wird bei Müller alles finden, was er braucht, alles Altbekannte und alles Allerneueste dabei kurz knapp, auf jeder Seite anregend, weil nirgends tote Aufzählung, sondern stets lebendige Handlung. Dem als rührig bekannten Verlage ist es besonders zu danken, daß er das Buch mit guten Bildern, Röntgenskizzen und Tafeln überaus reichlich ausgestattet hat.“ **(Fortschritte der Medizin.)**

Verlag von B. G. Teubner in Leipzig und Berlin